수문학

| 윤태훈 |

도서출판
구미서관

머 리 말

인간의 혈액은 심장 박동에 의하여 몸 전체를 흐르는 혈액 순환계를 형성한다. 혈액 순환계는 몸 안의 각 기관의 세포에 영양과 산소, 에너지를 공급하고, 체온을 유지하고, 호르몬을 운반하고, 세포의 신진대사에 의해 발생되는 이산화탄소, 느폐물 등을 회수하여 호흡계나 배설계로 전달하여 몸 밖으로 배출하는 역할을 하는 체액의 흐름을 담당하는 계통이다. 이와 같이 인간의 생존을 위하여 핵심적인 역할을 하는 혈액의 80%는 물이다. 따라서 혈액 순환계는 아주 작은 물순환계이고 이 물은 지구상의 수문순환으로부터 공급받는다. 수문순환은 강우가 지면에 도달하여 지면과 지표면하를 흘러 바다에 이르고 지면과 해수면으로부터 증발을 통해서 대기에 이르러 강우로 다시 강하하는 물의 순환계이고 이는 태양으로부터 공급받는 에너지에 의하여 작동된다. 수문순환으로부터 공급받는 물은 인체의 기능을 작동가능하게 하고 음용수를 통해서 인간의 생존을 가능하게 할 뿐만 아니라 인간이 포함되는 먹이망의 생태계를 지탱하고 청정에너지를 공급하고 산업에 필요한 용수를 제공하고 식량을 재배하고 모든 생명의 지속을 가능하게 한다. 직간접적으로 물과 간련되지 않는 인간 활동은 거의 없으며, 물이 없으면 유기물을 분해해서 재순환시키는 미생물도 존재할 수 없으며 복잡한 생태계의 먹이망도 존재할 수 없다. 이는 수문순환이 정상적으로 가동될 때 인간의 혈액순환계도 정상적으로 그 기능을 다 할 수 있어 지구상의 수문순환이 인간의 삶에 엄마나 중요한 가를 역설함과 동시에 수문순환에 관한 깊고 폭 넓은 이해의 필요성을 강조한다.

이와 같은 물이 풍성하기도 했으나 인구 증가, 인간의 생활수준이 높아짐에 따라 1인당 물 소비의 증가 및 각종 오염으로 인하여 가용수자원의 급격한 감소는 지역에 따라서는 물이 희귀한 물 자원이 되었다. 21세기는 물 안보가 지속적인 발전에 현안 문제가 되고 지구상의 통계에 의하면 세 사람중 한사람은 물 고통지역에 거주하고 2025년에는 2/3에 달하는 사람이 물 고통상황에서 살게 된다. 이러한 물 문제는 지구온난화로 인한 이상기후로 물 부족에 따른 가뭄은 더 심해지고 물이 넘치는 홍수는 그 규모가 더 커져 물 문제는 더욱 심화되고 있다.

이러한 물 문제의 대표적인 해결방안으로 홍시 시 넘치는 물을 저장하여 하류지역의 피해를 줄이고 물 부족 기간에 저류된 물을 공급하는 댐을 건설하였으나 이제는 댐을 건설할 수 있는 적지는 거의 남지 않아 이에 대한 대안으로 홍수 피해를 줄이고 물의 효율적인 이용방안이 도입되고 있다. 종래에는 물 부족의 해결방안이 수자원의 개발과 확대이었다. 이 접근방법은 공급관리 접근방법으로 물 공급을 향상, 증가하는데 역점을 두었다. 그러나 댐 개발 적지가 거의 사라지고 댐 건설이 환경과 사회에 미치는 영향에 대한 부정적인 견해가 고조됨에 따라 물 관리 접근방법이 공급위주에서 수요관리로 바뀌고 있다. 수요관리에서는 각종 용수의 효율적인 이용과 절수, 생활양상의 수정, 수자원의 낭비와 감소가 그 골격이 된다. 그러나 가장 바람직하고 효율적인 접근방법은 공급와 수요관리의 적절한 조합이다. 물 문제의 완화 내지 해결방안을 제대로 제시하기 위해서는 물, 식량 및 환경의 안보를 포함하는 물 공급과 수요의 요소간의 관계, 넓게는 지구상 물 순환에 관한 보다 넓고 깊은 이해가 필요하다. 이러한 막중한 과업의 대부분이 수문학분야의 일이고 이를 수행하는 사람은 수자원분야의 종사자들이다.

이 책은 이러한 요구를 충족하기 위하여 대학 수문학교재로 쓰여진 책이다. 독자들의 이해를 돕기 위하여 많은 예제, 선택한 문제의 풀이 및 많은 수의 문제를 포함했으며 새로운 내용을 포함하고 이론적인 내용이 보완되었다. 1장에서는 수문계가 소개되고, 강수와 증발이 2–3장에서 기술된다. 강우가 지면에 도달하여 해안에 이르는 과정인 지표, 지표하흐름이 4, 5, 6장에서 기술된다. 7장은 흐름계측을 설명하고 8–9장은 강수가 유역을 통하여 유출로 변환되는 과정과 흐름과정에서 저류와 저항의 영향으로 인한 유출의 변화를 기술한다. 10장은 유사이송을 기술하고 11–12장은 수문사상의 확률적인 해석과 발생빈도를 다룬다. 13장은 설계에 필요한 설계호우를, 14장은 도시지역의 유출을 다룬다.

인간을 포함한 모든 생태계의 생존과 건강, 인간의 삶의 질을 유지 개선, 물고통을 줄이고 나아가 물고통으로부터 자유로운 생태계를 가꿔 나가는 것은 수문학의 이해를 바탕으로 현명한 수자원관리를 통하여 가능하고 이에 본 수문학이 많은 기여를 할 수 있기를 바란다.

2014년 2월

윤 태 훈

저자 약력

윤태훈 박사는 한양대학교 토목공학과에서 33년간 봉직한 후 2003년 정년 퇴임하여 현재 한양대학교 토목공학과 명예교수이며 한강생태수리연구소를 운영하고 있다. 1961년 한양대 학사, 1967년 휴스턴대 석사, 1976년 고려대에서 박사학위를 받았으며 대학에서는 유체역학, 수리학, 수문학, 수치해석을 강의했으며 연구분야는 오염물과 온수방류의 확산, 유사이송의 2차원해석, 교각세굴과 세굴방지공 및 2차원 흐름의 수치해석 등이다.

Journal of Hydraulic Research(IAHR), Journal of Hydraulic Engineering (ASCE)에 게재된 논문을 비롯하여 150여 편의 논문을 발표했으며 응용수문학, 생태환경수리학, FORTRAN－IV 프로그래밍 등 9편의 저서가 있다. 대학에서는 학과장, 공과대학장, 한강수리환경연구소 소장을 역임했으며, 덴마크공과대학교 객원교수, 뉴욕주립대(버팔로) 연구교수, 한국수자원공사 사외이사, 한국항만협회 이사, 대한대댐회 이사, 대한토목학회의 부회장과 참여, 한국수자원학회의 부회장과 고문, 전국공과대학장 협의회 회장, 새만금사업 현대건설 자문단 단장, 2002～2011 과학기술부/건설교통부 수자원의 지속적 확보기술개발 사업단 전문위원회 위원장을 역임했으며 1993년 한국수자원학회 수공학워크샵을 창설했다.

국제학회활동으로는 미국토목학회의 FELLOW, Life Member; 국제수리학회(International Association for Hydro-Environment Engineering and Research, IAHR)의 Council member(2002～2005); IAHR-APD의 Executive Member(1990～2000); 2005년 IAHR 31st Congress의 General speaker; 1992년 Int. Advisory Comm. Member, Sixth IAHR Int. Symposium on Stochastic Hydraulics; 2001년 International Scientific Committee Member, The 8th International Symposium on Flow Modeling and Turbulence Measurements; 2004년 Int. Board Member, 2nd Int. Conf. on Scour and Erosion; Advisory Board Member, Journal of Hydro-Environment Research; Journal of Hydraulic Engineering, Journal of Hydraulic Research, Journal of Hydro-Environment Research, International Journal for Numerical Method in Fluids의 Reviewer로 활동 중이다.

한국공학한림원의 정회원을 거쳐 명예회원이고 상훈으로는 대한토목학회의 제1회 논문상, 학술상, 제4회 송산상; 한국수자원학회 학술상, 공로상; 한국대댐회 학술상; 한양대 백남학술상; 대한민국 녹조근정훈장을 받았으며 세계인명록으로는 1996년 MARQUIS Who's who in Science and Engineering, 2000년 Baron's Who's who in The ASIA 500과 2002년 Who's who in The Profiles of Excellence, 2007년 MARQUIS Who's who in Asia, 2002, 2009, 2012년 MARQUIS Who's who in The World에 등재되었다. 조선일보의 시론 "과학자는 배고프다", "4대강사업 성공하려면" 등 중앙 일간지에 기고가 30여회에 이른다.

차 례

제 14 장 도시수문학 503

1 서 론

인류문명의 발단은 물 문화라고 할 수 있다. 인류의 생존과 삶을 영위하기 위하여 마셔야 하는 물과 섭취해야 하는 음식물에 필요한 물을 공급하는 수단을 강구해야 했기 때문이다. 이러한 점에서 공학의 원조 또한 물 공학 또는 수자원공학이라 할 수 있다. 물은 우리 몸의 70%이상을 구성하고 인류와 생물이 존재하는데 필요할 뿐만 아니라 식량을 생산하는데 기본적인 요소이고 수송, 전력생산, 위락 및 그 외에 많은 부문에 물이 이용된다. 이러한 목적으로 사용될 수 있는 담수는 지구표면의 70%이상을 차지하고 있는 물의 2.5%에 불과하고 근래에 이르러 인구증가와 심한 기후변화로 인하여 물 부족문제가 심화되고 있다. 즉 홍수와 가뭄에 의한 피해규모와 발생 빈도가 증가하여 인간사회와 생태계에 미치는 악영향 또한 심화되고 있으며 세계기상기구에 의하면 2025년이 되면 전 세계인구의 2/3는 물 문제로 인한 고통을 받을 것으로 예견하고 있다.

수문학을 학습하고 연구하는 목적은 수문순환과 토양-물체계의 물리, 화학 및 생물적인 과정에 관한 지식을 이용하여 물의 과잉, 부족 및 수질에 관련된 문제를 해결하여 인간과 식량생산에 필요한 수자원을 개발하여 적정량의 물을 지속적이고 안정적으로 공급하고 가뭄과 홍수와 같은 자연재해에 대처하기 위함이라고 할 수 있다.

1.1 수문학의 정의

수문학(水文學; hydrology)의 hydrology는 물에 관련되는 *hydro*와 지식을 의미하는 그리스어인 *loge*의 합성어이다. 따라서 수문학은 간단히 물의 지식 또는 물 과학이다. 즉 수문학은 지구과학의 한 분야로서 지구상에 존재하는 물의 생성, 순환, 분포, 물리화학적 성질, 환경에 대한 반응 및 생물체와의 관계를 다루는 학문이다. 수문학의 영역은 지구상에 있는 물의 모든 순환과정을 포함한다(Chow등, 1988).

공학수문학(工學水文學; engineering hydrology)은 응용지구과학으로 물의 조절과 이용을 위한 구조물의 계획, 설계 및 운영에 관련된 분야를 다루는 학문이다. 이러한 수문학적 문제해결의 해법은 수리학, 수학, 통계학, 확률, 정보이론, 지질학, 토양학 및 생태학 등의 분야를 필요로 한다. 수문학은 공학, 기초과학 및 지구과학과 연계되는 학제 간 과학이다.

1.2 물 순환

물 순환 또는 **수문순환**(水文循環; hydrologic cycle)은 지구상에 있는 물(지표, 지하 및 대기에 존재하는)의 끊임없는 이동이다. 이는 수문학의 가장 기본적인 원리로서 물이 해양과 지표면에서 증발되고 증발된 수증기는 **기단**(氣團 – air mass) 형태로 이동 상승되고 응결되어 강수로 지표면에 이르러 하천수와 지하수로 이동하여 바다에 이르는 연속적인 과정이다. 따라서 강수, 유출 및 증발은 물을 수송하는 중요한 과정이다. 이들은 **생물권**(biosphere), **대기권**(atmosphere), **암석권**(lithosphere) 및 **수권**(hydrosphere)간의 물의 저류와 이동의 상호작용을 포함한다.

물의 순환은 시작과 끝이 없다. 그러나 그림 1.1과 같이 순환이 해양과 대지에서 증발로 시작되는 것으로 생각한다. 증발에 의한 수증기는 이동하는 기단에 의하여 이동, 상승한다. 수증기는 구름을 형성하고 적정조건에 이르면 응결되어 대지와 해상에 강수로 나타난다. 지면에 내린 강수는 다양한 경로를 따라 분산된다. 강수의 대부분은 지표면을 흘러 하천에 유입되여 바다에 이른다. 강수의 상당 부분은 토양에 잠정적으로 저류되어 있다가 증발과 식물에 의한 증산에 의하여 대기로 귀환된다. 나머지 강수의 일부분은 지면과 지표층의 토양을 통하여 수로에 유입되고 다른 일부는 지하 깊이 스며들어 지하수의 일부가 된다. 중력의 영향에 따라 지표수와 지하수는 낮은 곳으로 흘러 결국에는 바다로 흘러 들어간다. 그러나 지표수와 지하수의 상당량이 바다에 이르기 전에 증발과 증산에 의하여 대기로 귀환된다.

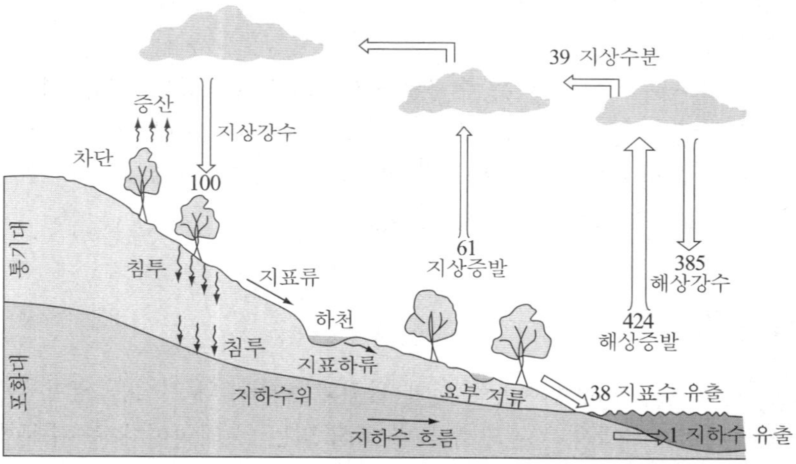

그림 1.1 물순환의 개괄도(지상강수량 119,000km^{3}를 100으로 한 상대단위)

물 순환과 해양. 해양은 지구상 강수의 근원이다. 따라서 해양의 상태변화에 따라 강수양상이 달라진다. 해양에 흡수되는 태양에너지가 지구의 물 순환을 유발한다. 대부분의 물 이동은 증발과 강수에 의하여 해양과 대기사이에서 일어난다. **지구해양순환**(global ocean conveyer)(그림 1.2)은 온도와 염도에 따라 결정되는 해수밀도차이에 의한 해류의 이동인 열염순환(熱鹽循環 – thermohaline circulation)이다. 열은 더운 표층수흐름을 통하여 양극으로 이동하고 차가운 심층수는 적도로

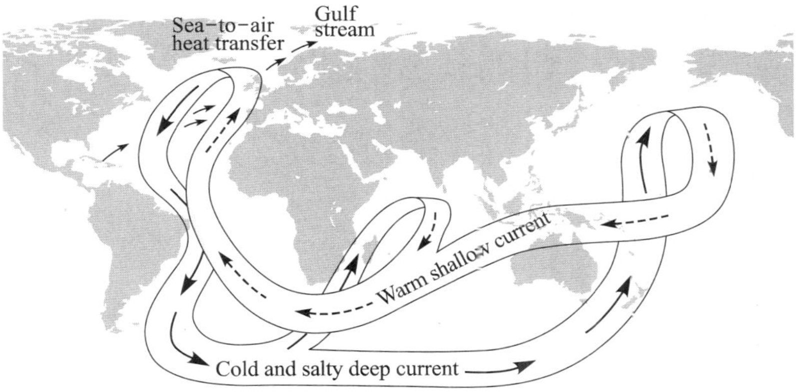

그림 1.2 지구해양순환(UNEP 2008)

귀환된다. 차가운 귀환수는 증발로 인하여 염도와 밀도가 높아지고 양극으로 흘러간 더운 물의 공간을 대체하여 상승한다. 해양순환은 이산화탄소(CO_2)를 심해에 전달하고 열과 용해물질을 배분하고 기후영역과 해양생물에 대한 영양원에 영향을 주는 점에서 인류에 미치는 영향이 지대하다.

1.3 수문계

복잡한 수문현상을 해석하기 위한 방편으로 계의 개념을 도입하여 간단화한 방법으로 수문현상을 나타낸다. **계**(系: system)는 입력변수(들)를 출력변수(들)로 변환시키는 물리, 화학 및 생물학적 과정의 집단이다(Dooge, 1968 – Clarke, 1973). 수문순환과 유역수문현상은 강우량, 증발산, 유출, 침투, 지하수를 성분으로 하는 수문계로 취급될 수 있다. 모형은 간단화한 계의 표현이다. 계는 입력 $I(t)$, 출력 $O(t)$ 및 계함수 $H(t)$로 구성된다. 계의 입력과 출력은 측정이 가능한 수문변수들이고 계함수는 입력과 계 구조간의 상호작용을 통하여 입력과 출력을 연계 또는 입력을 출력으로 변환하는 과정의 수학적인 표현이다. 그림 1.3a는 계를 나타내는 개괄도로 이를 식으로 나타내면 식 (1.1)과 같고 그림 1.3b는 유역이 계함수로 작용하는 간단한 강우 – 유출계이다.

$$O(t) = H(t)\,I(t) \tag{1.1}$$

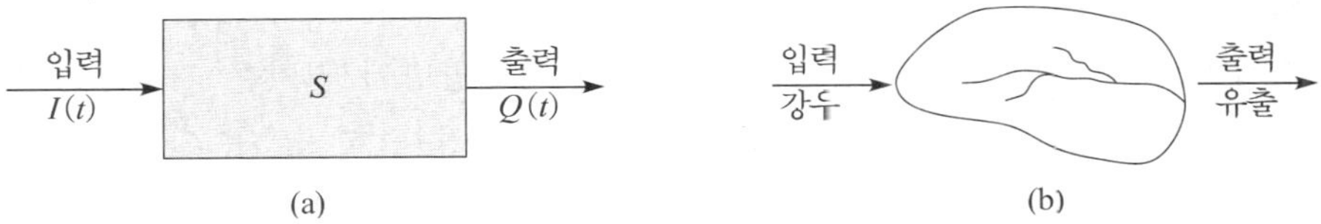

그림 1.3 계의 Black-box 모형

식 (1.1)은 $I(t)$를 $O(t)$로 변환하는 변환식으로 $H(t)$는 계함수 또는 **변환함수**(system (또는 transfer) function)이다. 계 또는 변환함수는 상수, 미분연산자, 적분연산자로 정의될 수 있다.

(1) 계함수가 상수인 경우:

$$O(t) = CI(t) \tag{1.2}$$

$$H(t) = \frac{O(t)}{I(t)} = C \tag{1.3}$$

여기서 상수 C는 계함수로 유역의 강우에 대한 유출을 나타내는 유출계수(14.3절) 또는 주어진 하도구간의 일정한 물 손실율이 될 수 있다.

(2) **계함수가 미분연산자를 포함한 경우**: 선형저수지에서 저류량 S는 유출량 O의 선형함수로 주어진다.

$$S = KO \tag{1.4}$$

여기서 K는 시간의 차원을 갖는 상수이다. 연속조건에 따라 유입량과 유출량의 차이는 저류량의 변화와 같다.

$$\frac{dO(t)}{dt} = I(t) - O(t) \tag{1.5}$$

식 (1.4)의 S를 식 (1.5)에 대입하고 정리하면

$$K\frac{dS(t)}{dt} + O(t) = I(t) \tag{1.6}$$

또는

$$H(t) = \frac{O(t)}{I(t)} = \frac{1}{1+KD} \tag{1.7}$$

여기서 D는 미분연산자 d/dt이다. 따라서 출력 $O(t)$는 식 (1.1)에 따라 입력 $I(t)$와 계함수 $H(t)$의 항으로 결정될 수 있다.

1.4 유역의 수문수지

유역(流域 – drainage basin, watershed 또는 catchment)은 단일 유출구를 통과하는 강우유출에 기여하는 모든 지면으로 정의된다. 유역의 경계는 지형 분수계에 의하여 정의되고 **유역면적**(流域面積 – drainage area)은 지형분수계 내 면적의 수평 투영면적이다. 유역에 내린 강우로 인한 유출은 분수계의 높은 지점에서 시작하여 등고선에 직각방향에서 낮은 지점으로 이동한다.

유역 수문수지(watershed hydrologic budget) 또는 물수지는 간단히 수문순환에 대한 질량보전 원리의 적용이다. 즉 유역 수문수지는 강수유입량, 유출과 증발산의 유출량, 유역의 저류량의 변화를 정량화한 수학적인 기술이다. 이는 특정 기간 Δt에 대하여 유역의 유입량 I와 유출량 O의 차이를 유역 내 저류량 ΔS의 변화율과 같게 한 질량평형식이다.

$$\frac{\Delta S}{\Delta t} = \bar{I} - \bar{O} \tag{1.8}$$

$$\frac{S_2 - S_1}{\Delta t} = \frac{I_1 + I_2}{2} - \frac{O_1 + O_2}{2} \tag{1.9}$$

여기서 $\bar{I}$와 $\bar{O}$는 각각 Δt기간에 대한 평균 유입량과 유출량이고 첨자 1, 2는 기간 Δt의 시작과 끝을 나타낸다. 시간 t에 대하여 I와 O가 연속적으로 변화하는 경우 식 (1.8)은

$$\frac{dS(t)}{dt} = I(t) - O(t) \tag{1.5}$$

식 (1.5)에서 I와 O는 $[L^3/T/L^2](=[L/T])$ 또는 $[L^3/T]$의 차원을 갖는다. 식 (1.5)는 수문학적인 해석과 합성의 기본식이다. 따라서 유역의 모든 수문학적인 해석은 식 (1.5)를 만족해야 한다. 식 (1.5)에서 유입량은 강수량과 지하수유입, 유출량은 지표유출, 지하수유출, 증발산으로 구성되고, 저류량은 지면, 수로, 저수지, 토양의 지표저류량과 지표하저류량을 포함한다.

$$\frac{dS}{dt} = P + G_{in} - (Q + G_{out} + ET) \tag{1.10}$$

이들 항을 체적의 항으로 표현하면

$$\Delta S = P + Q_{in} - Q_{out} + G_{in} - G_{out} - ET \tag{1.11}$$

여기서 모든 양은 $[L^3]$의 단위이고 P는 강우량, 강설량의 모든 강수량을, Q_{in}는 지표수유입량, Q_{out}는 지표수유출량, G_{in}는 지하수유입량, G_{out}는 지하수유출량, ET 는 증발량과 증산의 증발산, ΔS는 Δt동안 호수, 저수지를 포함한 유역 저류량의 변화량이다. 인위 개변이 없는 자연상태의 유역에서 장기간에 걸친 유입량과 유출량은 평형을 이루어 각종 저류량의 변화는 무시할 정도($\partial S/\partial t = 0$ 또는 $\Delta S = 0$)이고 지하수의 변화 역시 무시할 정도($G = G_{in} - G_{out} = 0$)가 된다. $Q = Q_{in} - Q_{out}$을 고려하면 식 (1.11)은

$$P - (Q + ET) = 0 \tag{1.12}$$

유역의 P와 Q가 측정되면 증발산 ET가 구해질 수 있다.

$$ET = P - Q \tag{1.13}$$

Q와 P는 직접측정이 가능한 양이고 정상상태에서 이들 측정치는 증발산과 침투모형의 검정에 이용된다. 수문수지는 지표수와 지하수의 발원과 이동 및 이들의 상호작용을 포함한다. 따라서 이들에 대한 전반적인 이해는 건전한 물 관리에 필요하다. 물수지는 물 관리가 수문순환에 미치는 영향을 정량화하고 경우에 따라서는 계획되는 사업에 따른 수문학적 결과를 예측하여 기존유역의 평가를 가능하게 한다.

1.5 지구상 물의 분포

수문순환의 각 과정을 통과하는 연간 물의 순환량은 그림 1.1와 같다. 이에 사용된 단위는 육지에 내린 강수량 119,000km^{3}을 100으로 한 상대적인 양이다. 바다로부터 연간 증발량(424단위)은 육지의 증발량(61단위)의 7배로 지구상 강수의 주요 근원이 된다. 육지에서 바다로 유입되는 연간 물의 양은 39단위이고 이의 거의 전부가 지표면(38단위)으로부터 발생하는 지표수이다. 이는 바다에서 육지로 유입되는 대기 수증기량(39단위)과 균형을 이룬다.

표 1.1 지구상의 물 분포

항 목	면 적 (10^6 km^2)	체 적 (km^3)	총수량의 백분율 (%)	담수의 백분율 (%)
바다	361.3	1,338,000,000	96.5	
지하수	269.6	23,400,000	1.69	
담수	134.8	10,530,000	0.76	30.1
염수	134.8	12,870,000	0.93	
토양수분	82.0	16,500	0.0012	0.05
극빙	16.0	24,023,500	1.7	68.6
기타빙설	0.3	340,600	0.025	1.00
호수	2.0	176,400	0.013	
담수	1.2	91,000	0.007	0.26
염수	0.8	85,400	0.006	
습지	2.7	11,470	0.0008	0.030
하천	148.8	2,120	0.0002	0.006
생물수	510.0	1,120	0.0001	0.003
대기수	510.0	12,900	0.0010	0.040
총수량	510.0	1,385,984,610	100	
담수	148.8	35,029,210	2.5	100

자료 : Shiklomanov and Sokolov(1983)

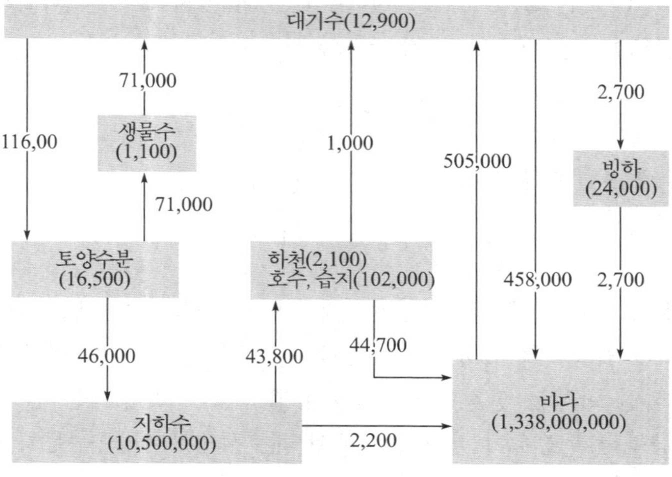

그림 1.4 수문순환과 지구상 물분포

표 1.1과 그림 1.4는 지구상의 물분포를 나타낸다. 지구상에 존재하는 물 13.86억km^3의 약 96.5%가 바다에 존재하며 이를 지구상에 고르게 분포시킨다면 그 깊이는 약 2.6km에 달한다. 육지에 존재하는 물은 지구상 물의 3.5%에 불과하고 이는 남·북극의 얼음으로 존재하는 물(1.7%), 지하수로 존재하는 물(1.69%) 및 0.04%의 지표수와 대기수 등으로 구성된다. 대기수는 그 양이 12,900km^3로 지구상 총수량의 1/100,000 정도이다.

또한 육지에 존재하는 물(3.5%)의 1%는 200~600m의 깊이에 있는 심층지하수로 염분을 포함하기도 한다. 따라서 담수는 2.5%에 불과하고 이중 68.6%는 남극과 북극의 얼음이고 나머지 30.1%가 천층지하수이다. 하천수는 담수의 0.006%에 불과하다. 식물과 동물의 조직에 존재하는 **생물수**(生物水－biological water)는 담수의 0.003%로 하천수의 절반에 이른다.

1.6 한국의 수자원과 이용현황

한국의 연평균 강수량(1978 ~ 2007)은 1,277mm로 세계 연평균 강수량 807mm의 1.6배이고 연평균 수자원 총량은 1,297억m^3이다. 그러나 한국의 인구 1인당 강수총량인 2,629m^3는 세계인구 1인당 강수총량 16,427m^3의 1/6 정도이고 1인당 연간 이용 가능한 수자원량은 1,453m^3(2005년)이다. 이는 한국이 수자원 부존량에서 물 고통국에 속함을 의미한다. 북한지역 유입량을 포함한 연평균 수자원총량은 1,297억m^3이다. 이중 이용 가능한 수자원량은 753억m^3이고 이 중 74%는 홍수기에 편중되며, 평상시 유출량은 193억m^3에 불과하다. 또한 가뭄시에는 강수량이 감소하여 과거 최대 가뭄상황에서는 이용 가능한 수자원량이 평년의 45% 수준인 337억m^3으로 감소한다.

연평균 수자원 총량 1297억m^3 중 42%에 해당되는 544억m^3는 증발, 침투 등에 의하여 손실되며 나머지 58%인 753억m^3가 하천을 따라 유출된다. 하천유출량 753억m^3(그림 1.6) 중 74%에 해당되는 420억m^3는 홍수시에 직접 바다로 흘러가 이용되지 않는다.

유역별 수자원 부존량은 표 1.3과 같이 한강이 338.6억m^3, 낙동강이 281.5억m^3, 금강이 124.7억m^3, 섬진강이 69.1억m^3, 영산강 45.2억m^3 등과 같다.

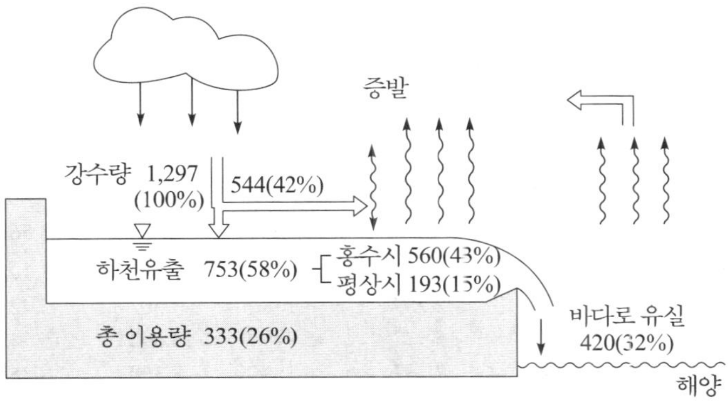

그림 1.5 한국의 연 평균 강수량의 배분

지하수원의 경우 대수층의 유효공극내에 존재하는 물로 정의되는 유효부존량은 15,450억m^3이나 이용가능량은 132억m^3에 불과하다. 대수층의 발달이 빈약하여 대규모 지하수의 개발은 어려운 상황이다. 1998년 현재 지하수 이용현황은 총 37억m^3로 추정된다. 이 수치는 제주도 지하수 이용량 14.72억m^3을 포함하지 않는다.

2007년 현재 전국의 총 용수 수요는 333억m^3이며 이에 대한 공급은 하천수와 지하수의 145억m^3와 댐저류량의 188억m^3로 구성되고, 이용수량 333억m^3의 수요는 농업용수 159억m^3, 생활용수 75억m^3, 하천유지용수 78억m^3, 공업용수 21억m^3로 구성된다(그림 1.7).

2006~2021년의 5년 단위 용수 수급계획은 표 1.2와 같다. 총 용수수요량은 하천수와 지하수 그리고 댐으로부터 공급된다. 표 1.2의 용수 수급계획은 현재 건설중이거나 계획중인 댐으로부터 용수 공급을 포함한다. 표 1.3에서 2006년의 용수공급은 4.03억m^3가 부족함을 나타낸다.

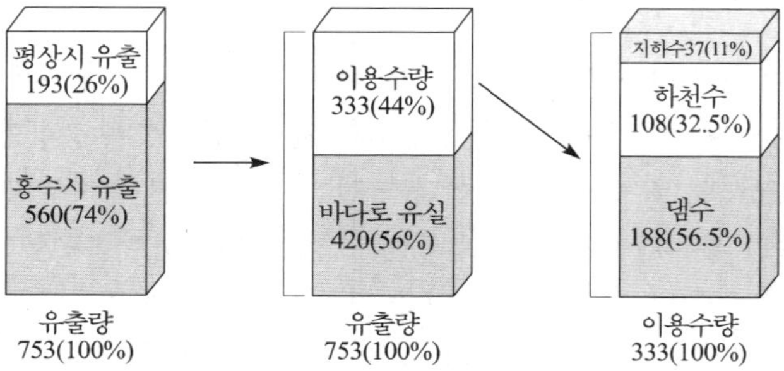

그림 1.6 한국의 하천유출량 753억m^3의 배분현황

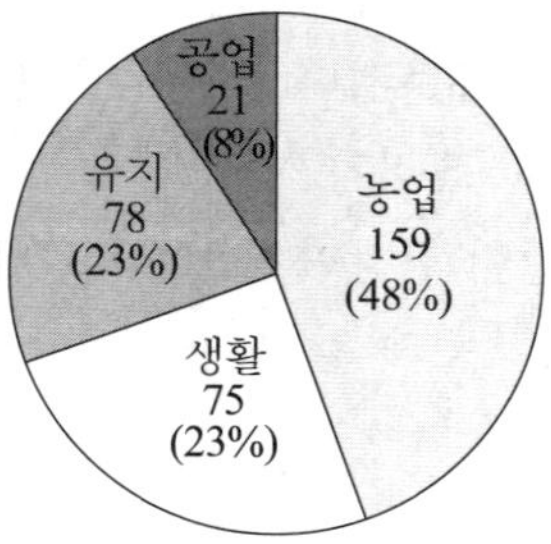

그림 1.7 2007년 이용수량 333억m^3의 수요구성(단위 : 억m^3) (물과 미래, 2013)

표 1.2 전국 용수수급 계획(기준수요)(건설교통부, 2006) (단위 : 10^6 m^3)

구분 \ 연도	2003	2006	2011	2016	2021
용수수요량	33,741	34,378	35,498	35,800	35,568
생활용수	7,627	7,877	8,103	8,180	8,195
공업용수	2,601	2,787	3,178	3,562	3,422
농업용수	15,965	15,977	15,849	15,690	15,583
유지용수	7,548	7,737	8,368	8,368	8,368
용수공급량	–	33,975	35,158	35,300	35,129
부족량	–	403	340	500	439

1.7 한국의 하천

한국의 하천은 주로 태백산맥을 발원지로 하여 서해안과 남해안으로 발달되었다. 따라서 한국 하천은 유역면적이 비교적 작고 유로연장은 짧다. 특히 동해안으로 유입되는 하천은 유로연장이 매우 짧고 경사가 급하여 출수가 매우 빠르다. 서해안과 남해안에 유입되는 하천도 상류부의 경사는 급하여 호우로 인한 홍수파가 짧은 시간내에 중하류에 도달한다. 한강과 낙동강과 같은 대하천에서도 유출은 수일 내에 바다에 유입된다.

표 1.3 한국 10대 하천의 특성과 수자원 부존량(1969~1998)

하천명	유역면적 (km^2)	유로연장 (km)[2]		유역별 연평균 강수량 (mm)	유역별 연평균 유출량 (10^6 m^3)	유역별 연평균 강수총량 (억 m^3)	유출계수
		간선	직할, 지방, 준용하천 포함				
한 강	26,018.0 (35,770)[1][2]	494.4	7,099.7	1,301.3	18,879.0	338.6	0.56
낙동강	23,727.7	510.4	7,300.2	1,186.3	13,758.1	281.5	0.49
금 강	9,810.1	394.8	3,691.9	1,271.6	6,627.4	124.7	0.53
섬진강	4,896.5	223.9	2,089.0	1,411.7	3,923.5	69.1	0.57
영산강	3,429.0	138.5	1,444.2	1,317.7	2,743.7	45.2	0.61
안성천	1,699.6	75.5	605.2	1,269.2	1,315.8	21.6	0.61
삽교천	1,612.0	63.9	620.0	1,234.7	1,017.0	19.9	0.51
만경강	1,400.5	80.9	608.0	1,253.9	1,030.7	17.6	0.59
형산강	1,166.8	63.3	285.1	1,138.0	585.0	13.3	0.44
동진강	1,129.3	51.0	488.2	1,277.9	809.6	14.4	0.56
기 타	22,431.2	–	6,012.4				
계	97,318.9 (99,460.7)		30,244.8	1,245[3]			0.58[3]

자료 : 수자원 장기종합계획(2000~2020) 건설교통부(2000)
[1]북한 포함, [2]한국하천일람(건설교통부, 2002), [3]전국 평균

표 1.4 주요 하천의 하상계수

하 천 명	국 명	하상계수(최대유량/최소유량)
한강(한남대교)	한 국	390
낙 동 강(진동)		260
금 강(공주)		300
섬 진 강(송정)		390
영 산 강(나주)		320
도 네 강	일 본	236
요 도 강		117
시 나 노 강		85
양 자 강	중 국	22
메 콩 강	베트남	35
간 지 스 강	인 도	35
나 일 강	이집트	30
세 느 강	프랑스	34
라 인 강	독 일	16
테 임 즈 강	영 국	8
콩 고 강	콩 고	4
미 조 리 강	미 국	75

수원지대의 지질은 수목성장에 부적당한 화강암지대가 많아 강우의 침투와 보수능이 낮아 호우시 일시에 많은 물이 유하하게 되어 중하류에 홍수를 유발하여 수해를 가중시킨다. 이와 같은 유역의 지형과 지질조건은 호우시에는 홍수를 유발하여 하천이 범람하고 비강우기에는 하천유량이 작아 물 부족 현상을 초래한다. 이와 같이 한국하천은 하천의 최대유량과 최소유량의 비로 정의되는 **하상계수**(河床係數 – river regime coefficient)가 매우 높다(표 1.4). 유럽 하천의 하상계수가 20~30정도임에 반하여 한국하천의 하상계수는 300을 초과하여 하천의 치수, 이수의 물 관리에서 매우 불리하다.

1.8 수문학의 역사

수문학에 관한 과학은 인류의 문명과 같이 시작되어 태고시대에도 식량 생산을 위한 물을 공급하는데 수로가 필요했다. 메소포타미아지역의 Sumeria에서는 B.C. 4000경에 수로를 개착하고 이를 통해서 물을 공급한 개착수로관개가 시행되었으며 근래 보도에 의하면 남미 페루 Andean에서 동시대의 것으로 판단되는 5,400년 내지 6,700년 전의 개착관개수로가 발견되었다. 이는 관개를 위한 수로 개착공사의 효시이며 영어단어 canal의 당초 뜻이 운하가 아닌 개착수로임을 나타낸다. 인류문명의 발상지인 이집트에서는 B.C. 4000년경 나일강에 댐이 축조되었으며 B.C. 3200년경 Scorpion왕조시대에 관개수로가 존재한 근거가 있고 B.C. 3000년경 Menes왕은 비옥한 하상에 수도 Memphis를 건설하기 위하여 나일강의 물줄기를 바꾸는 전환댐을 건설했던 것으로 기록된다. B.C. 2850년경에는 카이로 남방 수km 지점에 Sadd–el–kafra 댐이 건천에 축조되었다.

고대 로마에서는 로마시를 관류하는 테배레강이 있음에도 불구하고 깨끗한 물을 로마시민에게 공급하기 위하여 B.C. 312년 최초의 로마가도인 아피아가도와 동시에 아피아 수도(Aqua Appia)공사가 이루어 졌다(시오노 나나미, 2002). 아피아수도는 산지에서 솟아나는 샘물의 수원에서 로마까지 길이 16.7km의 지하수도로 1일 공급량은 73,000m^{3}에 이른다. 지하에 수로를 건설한 것은 양질의 수질을 유지하고 수온상승과 증발을 억제하기 위한 목적이었다. 수원의 적정성을 판정하기 위하여 물의 색, 불순물, 주변 초목, 토양 및 주민의 상태를 조사하고 청동항아리에 물을 며칠 동안 보관하여 부패여부, 물을 끓여서 거품이나 불순물이 떠오르는지에 관해서 조사했다. 또한 생활용수로 사용하기 위하여 주택지붕의 일부는 건물안쪽으로 경사지게 하여 빗물이 지하 저수조에 저장되도록 했다.

B.C. 144년에 착공된 세 번째 로마수도인 마르키아수도는 길이가 91.64 m로, 1일 공급량이 185,600 m^{3}에 이르고 680년 동안 물을 공급했다. 1870년에 복구를 통해 용량을 60% 늘려 현재 공급량은 302,400m^{3}에 이른다. 아피아수도를 비롯하여 로마에 이르는 수도는 총 11개로 총연장이 402 km, 1일 공급량이 1,000,000m^{3}를 넘었다. 당시 로마인구가 100만 내지 120만 명이었던 점을 감안하면 1인당 1일 급수량이 1,000리터로 현재 대도시의 물 공급량의 2배에 이르는 양이다. 이러한 수도는 로마뿐만 아니라 로마제국의 통치하에 있는 지역인 속주에서도 건설되었다.

수도가 지나는 골짜기가 작으면 사이폰을 이용했고 골짜기가 넓그 깊은 하천이면 교량위에 수도를 건설하는 수도교(水道橋 – aqueduct)를 도입했다. 대표적인 수도교는 프랑스 남부 님(Nimes)근처에 있는 퐁 뒤 가르(Pont du Gard)(그림 1.8, 1.9)이다. 수원지에서 님에 이르는 거리는 21 km, 고도차이는 17m이나 고지대를 우회하여 수로길이는 50km에 이르렀다. 퐁 뒤 가르 수도교는 길이가 275m, 높이는 하상에서 49m, 3층의 아치교이다. 폭 6.4 m인 1층은 도로로 사용되고 수로는 폭이 3m인 3층에 위치한 암거로 높이가 1.45m, 폭이 1.22m이다.

Biswas(1992)는 그의 저서에서 대규모 관개시설, Hammurabi에 의한 수법(B.C. 1700), 페르시아의 지하수 채취공을 이용하여 함양된 지하수를 경지나 물 수요지점까지 운반하는 인공지하수로인 Kanats건설과 같은 중동지역의 수리구조물에 관한 고고학적인 형적을 정리한 바 있다.

고대에서는 수문순환이 사색적 또는 철학적으로 다루어져 B.C. 1000년경부터 시인 Homer, 그리스의 Thales, Plato, Aristotle, 로마의 Luaetius, Seneca, Pling과 같은 철학자와 중세의 많은 학자들은 물의 순환개념과 지하수의 성인, 하천수의 수원에 관한 학설을 주장하였다. 특히 Homer는 지표수의 수원으로 바다에서 육지로 통하는 지하바다의 견해를 제안했으며 Plato는 강과 샘의 근원은 강우임을 주장했으며 Aristotle는 냉기가 공기를 물로 변환하고 산은 냉기를 가져서 공기를 물로 변환한다고 제안하였다. 그러나 이와 같은 견해는 과학적이지 못했다. 그리스의 철학자 Anaxagoras(B.C. 500～428)는 바다의 물이 태양에 의하여 대기로 상승되고 대기에

그림 1.8 프랑스 남부님(nimes) 부근에 있는 수도교 Pont du Gard전경

그림 1.9 프랑스 남부 님(nimes)부근에 있는 수도교 Pont du Gard와 수도내부

서 강우로 지면에 강하하여 지하저수지에 집수되어 강에 물을 공급하는 원시적인 물의 순환을 믿었다. 이러한 원시적인 물의 순환에 관한 이론은 그리스 철학자 Theophrastus(B.C. 320)가 응결과 동결에 의하여 강수가 형성됨을 설명하여 대기권에서의 물의 순환을 적절히 기술함으로써 물 순환의 이론을 수정하였다.

예수와 동시대 사람인 로마의 공학자 Marcus는 Theophrastus의 이론을 확장하여 지하수는 지면침투를 통한 강우와 강설로부터 발생한다고 주장하였으며 이는 현대 물 순환 이론의 선두자로 여겨진다. 물 순환의 개념이 중국에서는 B.C. 900년, 인도에서는 B.C. 400년, 페르시아에서는 10세기경에 대두되었다. 그러나 문예부흥기까지는 수문학의 의미있는 응용의 증거가 거의 없다.

수문계측은 B.C. 3000년경 나일강의 수위측정을 위한 Nileometer라고 하는 양수표가 개발되어 설치되었고, B.C. 1200년경 중국에서는 Oracle bones에 강우관측이 기록되었다. 인도에서는 B.C. 300년경 방대한 우량관측망이 존재했던 것으로 전해진다. 이들은 다 같이 세금징수의 수단이었던 것으로 전해진다.

문예부흥기간 수문학에 관하여 완전히 철학적이었던 개념이 점차 관측과학으로 변화되었다. 레오나르 다빈치(1452～1519)는 수문학과 수리학에 관심이 많아 봉부자를 이용하여 유속을 측정하고 처음으로 체계적인 유속분포에 관하여 연구하여 흐름면적, 유속 및 유량간의 관계를 정립하였다.

한편 A.D. 97년 로마의 물관리장관 Frontinus는 유속을 고려하지 않고 흐름면적만을 이용하여 하천유량을 산출하였다. Frazier(1974)에 의하면 레오나르 다빈치는 공기에 접한 수면층은 바닥에 접해 있는 물보다 저항이 작아서 빨리 흐른다고 하였다. 그러나 레오나르 다빈치 이전에는 수조 벽면의 위, 아래에 2개의 구멍을 뚫었을 때 아래에 위치한 구멍에서 나오는 물의 유속이 빠른 점에 근거하여 수면에서 보다 하상에 가까이 있는 물이 빨리 흐른다고 생각하였다. 불란서 과학자 Bernard Palissy(1510～1589)는 하천이 바다로부터 직접 물을 공급받는다는 이론을 반박하고 강이나 샘의 근원은 강우임을 밝혔다.

최초의 강우량과 지표류의 측정은 불란서 박물학자 Pierre Perrault(1608～1680)에 의하여 이루어졌다. 그는 측정된 강우량을 Seine강의 계산유량과 비교하여 유량은 강우량의 약 1/6임을 보였으며 나머지는 증발, 증산으로 손실된다고 주장하였고 Mariotte는 Seine강의 유량을 측정하여 이를 검증되었다. 우리나라 세종 24년(1442)에 제작된 측우기는 세계 최초의 과학적인 우량계로 이탈리아의 Castelli(1639)보다 200년가량 앞선다. 이 사실을 Smith(1992)는 McGraw-Hill 출판사의 Handbook of Hydrology에서, Shaw는 그의 저서 Hydrology in Practice에서 밝히고 있다. 영국의 천문학자 Halley(1656～1742)는 작은 접시를 이용하여 증발량을 측정하고 이 측정치를 이용하여 지중해의 증발량을 추정하였다. 이들은 18세기 수문학 발전의 기초를 이루었다.

18세기에 접어들어 많은 수리실험과 관측이 활발하게 이루어졌다. 베르누이정리, Chezy 평균유속공식, 피토관과 같은 새로운 수리학의 원리가 소개되었고 tipping bucket우량계, Price(1885)에 의한 유속계와 같은 양질의 계측기가 개발되었다. 이들은 수리학의 기초를 확립하였고 수문학의 정량적인 발전은 크게 촉진하였다.

수문학은 19세기에 접어들면서 보다 급속하게 발전하였으며 특히 지하수 수리학과 지표수 측정에서 현저한 발전이 이루어졌다. Dalton(1802)은 증발의 원리를 수립하였고 모관수 흐름의 이론이 Hagen-Poiseuille식(1839)으로 기술되었고 영국의 Mulvaney(1850)는 첨두유량을 결정하는 합리식을 제안하였으며 Darcy(1856)는 다공성 매질의 흐름법칙을 개발하였고 Dupuit-Thiem의 우물공식, 댐의 저류용량을 결정하는 Rippl diagram 등이 제안되었다.

지표수 수문학 분야에도 많은 공식과 계측기가 개발되어 체계적인 흐름계측이 시작되었다. Humphreys와 Abbott(1861)은 미시시피강의 유량측정을 보고했으며 미국 지질조사청(USGS)(1888)은 유량측정의 체계적인 프로그램을 처음으로 수립하였다. 유럽에서는 라인강의 Basel에서 1887년에 유량측정이 조직화되었다. 또한 개수로 등류의 마닝공식(1889)이 제안되었다.

20세기에 접어들어 정량적인 수문학이 자리를 잡아가게 되었다. 수문학 문제의 해결에 경험적인 접근방법이 주로 이용되었으며 이러한 경험적인 방법은 점차적으로 관측자료를 이용한 합리적인 해석으로 대치되었다. Green-Ampt(1911)는 물리적인 근거에 의한 침투모형을 개발했고 Hazen(1914)는 첨두홍수에 관한 빈도해석을 도입했으며 Richards(1931)는 비포화 흐름의 지배방정식을 유도했다. Sherman(1932)은 유효강우량을 직접유출로 변환하는 단위유량도를 고안했고 Horton(1933)은 침투이론을 개발하여 유효강우량을 결정하는 방안을 고안했다. Theis(1935)의 우물수리의 비평형식이 제안되었으며 Gumbel(1941)은 수문자료의 빈도해석에 극치분포를 제안했다.

컴퓨터 발달. 20세기 후반기에는 컴퓨터의 등장으로 보다 큰 규모에서 수문학적 해석을 가능하게 했고 수문과정의 복잡한 이론을 컴퓨터를 이용하여 적용 가능하게 했고 방대한 양의 수문관측 자료를 요약된 통계량으로 나타내어 수문현상의 이해를 돕고 수문학적 설계기준의 설정에 이용되었다. 또한 수문순환의 각 과정과 이들의 성분 간의 관계를 체계화하여 컴퓨터를 이용한 유출순환 모형이 개발되기에 이르렀다.

최초의 이러한 모형은 미국 육군 공병단에서 개발한 SSARR(Streamflow Synthesis and Reservior Regulation)로서 유역유출 계산을 통한 저수지조작과 유역개발을 위한 모형이다. 1959년에는 Stanford Watershed Model-IV가 개발되었다. 이들 모형을 모체로 하여 많은 수정, 보완된 모형이 나오게 되었다. 현대수문학에 현저한 기여를 한 모형은 미 육군공병단의 Hydrologic Engineering Center(HEC)(1973)가 개발한 HEC프로그램으로 HEC-HMS는 기능과 활용면에서 HEC-1을 크게 개량한 수지형 유역의 강우-유출과정을 모의한다. HEC-RAS는 HEC-2를 개량한 수계의 1차원 부정류의 수리계산을 수행하고 유사이송을 포함한다. 미국 환경청(Huber와 Roesner(1981))에 의하여 개발된 SWMM(Storm Water Management Model)은 도시우수관거 계통의 유출과 손실을 다루는 가장 종합적인 모형이다. ILLUDAS(1974)는 영국 British Road Research Laboratory에서 RRL의 명칭으로 개발된 모형을 미국에서 수정한 모형으로 도시 우수배수설계와 모의를 위하여 간단한 강우-유출 과정을 이용했다. 이와 같은 수문학적 컴퓨터 모형들은 이전에는 접근될 수 없었고 단지 경험적으로 정의된 영역에 적용되어 왔다.

수문학의 발전은 체제와 기구의 탄생을 필요로 했다. 1922년에 IASH(International Association of Scientific Hydrology)가 IUGG(International Union of Geodesy and Geophysics)내에 조직되었고, 1919년 AGU(American Geophysical Union)이 조직되었으며, ICOLD(Internationsl Commission on Large Dams)가 1928년 창립되었다. 수문연구를 지원해 온 국제기구로는 UNESCO와 WMO(World Meteorological Organization)가 있다. 수문학의 국제적인 연구와 교육프로그램으로 UNESCO는 10년간 지속된 IHD(International Hydrologic Decade, 1965~1974) 사업에 이어 1975년부터 국제수문개발계획(International Hydrological Program, IHP)을 5년 단위로 각국에서 자국 투자로 수문학 연구사업이 진행하며 7단계는 2008~2014년이다.

물 문제는 지구온난화에 의한 이상기후로 인해 국지적이 아닌 지구상의 문제인 점에서 물 관련 지식과 정보의 공유와 협조를 위하여 UN을 비롯한 세계물협의회(World Water Council), 세계물협력체(Global Water Partnership), 세계물포럼(World Water Forum)과 같은 많은 국제 물 관련기구가 최근에 탄생했다.

한 나라의 국가기구로 수문학 발전에 기여가 많은 조직은 미국의 육군공병단(U.S. Army Corps of Engineers(1802)), 지질조사청(Geological Survey, USGS(1879)), 국립해양대기청(National Oceanic and Atmospheric Administration, NOAA(1970))의 산하 기구인 기상청(National Weather Service, NWS(1870)), 개척청(Bureau of Reclamation, USBR(1903)), 1995년 자연자원보전청(National Resources Conservation Service, NRCS)으로 개칭된 토양보전청(Soil Conservation Service, SCS(1935)), 환경청(Environmental Protection Agency, EPA(1970)) 등이 있다.

1.9 한국의 수문학사

한국의 최초 수리구조물은 삼국시대 전북 김제의 벽골제(碧骨堤)(330년)와 그후 영천의 청제(菁堤)(530~596)가 전해진다. 강우량 측정은 1441년(세종23년) 서운관(書雲觀)에서 처음 제작하여 한양과 전국 각 도에 설치하여 전국적인 우량관측망을 구성하였다. 1442년(세종 24년)에

그림 1.10 금영측우기

금영측우기(錦營測雨器)는 조선 말기 1837년(헌종 3년) 청동을 사용하여 상·중·하 3단으로 제작되어 1910년까지 공주감영(公州監營)에 있던 것으로 그 후 일본 기상청에 옮겨졌다가 1971년 3월에 반환되어 현재 중앙기상대에 보물 제561호로 보관되어 있다. 이 측우기의 크기는 높이 32cm, 바깥지름 15cm, 안지름 14cm, 깊이 10.8cm, 무게 6.2kg이다. 측우기의 대석(臺石)은 높이 1.7m의 석재이다.

측우기가 제도화, 규격화되어 우량측정에 관한 제도를 수립하고 서운관을 비롯하여 지방에서는 각 관아의 뜰에 설치하여 각 도의 감사가 측정·기록을 보고하게 했다. 처음에는 쇠로 만들었으나 뒤에 구리도 사용되었으며 자기·도기가 대용하기도 했다. 당시 측우기는 높이 1척(尺) 5촌(寸)(30.9cm) 직경 7.5촌(寸)(14.46cm) 철제원통이었다. 측우기내 수심 측정에 사용된 주척이라고 명기된 자는 척, 촌, 분까지 잴 수 있는 자로 기록되었다. 측우기는 이탈리아의 Castelli(1639)보다 200년가량 앞선다. 현존하는 측우기로는 공주감영에 있던 금영측우기가 유일하다. 또한 강우강도에 따라 작은 비에서부터 강우를 미우(微雨), 세우(細雨), 소우(小雨), 하우(下 雨), 쇄우(灑雨), 추우(驟雨), 대우(大雨), 폭우(暴雨)의 8등급으로 분류했다(풍운기, 風雲記).

수위를 측정하기 위한 수위계가 측위기와 함께 제작되어 1441년(세종23년)) 청계천 마전교(馬廛橋)에 수위표가 설치되었고 이후 마전교는 수표교로 개칭되었다. 처음 나무기둥이 성종 때 돌기둥으로 교체되었다. 돌기둥 양면에는 1척에서 10척까지 눈금을 새겼으며, 다시 3·6·9척에는 ○표를 새겨 각각 갈수(渴水)·평수(平水)·대수(大水)를 나타내는 표지로 삼았다. 즉 6척 정도의 물이 흐르면 보통수위이고, 9척 이상이 되면 위험 수위로 개천의 범람을 예고할 수 있도록 하였다. 현재는 세종대왕기념관뜰에 보존되어 있는 수위표는 순조 때 만들어진 것으로 높이 3m, 너비 20cm, 6각 돌기둥이다.

역사적인 수리구조물을 살펴보면 벽골제(碧骨堤)는 전라북도 김제시 부량면에 위치한 저수지로 대한민국 저수지의 효시이다. 축조 시기가 신라 흘해왕 21년(330년)으로 기술되었으나 백제 멸망이 660년임을 감안하면 백제 11대 비류왕(330년)으로 보는 것이 타당할 것이다. 태종 15년(1415년)에 대규모 수축공사를 하였고 1925년 동진농지개량조합이 제방을 관개용수로로 개조함으로써 제방원형은 거의 사라져 저수지형태는 찾아 볼 수 없고 저수지는 농지화되었다. 1975년 발굴조사에서 5개의 수문이 발견되었으며 장생거(長生渠)는 그 중 하나이고 제방은 높이가 4.3m, 마루폭이 7.5m, 저수면적이 37km^{2}로 추정된다. 조선 초기에도 제방축조 기록이

그림 1.11 수표교와 수위표(왼쪽 사진은 설치 당시, 오른쪽 사진은 세종대왕기념관뜰에 보존)

그림 1.12 벽골제와 벽골제의 수문 장생거(대한토목학회, 2009)

있고 정조 6년(1782)에 조사한 전국 제언 총수는 3,378개소에 달한다. 조선 말기에는 수통에 의한 취수방법이 널리 사용된 것으로 전해진다. 또한 정조실록(1798)에 의하면 사이폰식의 도수공법이 적용되었다.

일제시대 조선총독부는 1915~1928년까지 14년간에 걸쳐 14개 하천을 대상으로 최초 하천조사를 실시했다. 이때부터 홍수량을 m^3/s 단위로 표기하기 시작하였으며 1925년 을축년의 홍수량이 한강 인도교(현 한강대교)에서 32,361m^3/s로 기록되었다. 이 무렵에 조선총독부 관리인 가지야마 공식이 나왔다.

해방이후 지금까지 수문학의 현저한 발전이 있었으며 1960년대 정부의 경제개발 5개년 계획에 따른 수자원 종합개발계획이 근간이 되었다고 할 수 있다. 1966~1975년까지 수자원 종합개발 10개년 계획은 실질적으로 최초의 물을 자원으로 하는 계획이었다. 이와 병행하여 1965년 한강유역합동조사단이 구성되어 본격적이고 체계적인 하천 유역조사가 시작되었다. 이에는 미국기술자가 참여하여 수문학의 선진기술을 직접 도입하는 계기가 되었다. 1967년 한국수자원개발공사(현 한국수자원공사)가 창립되고 한강유역조사단은 이에 합병되었다.

United National Development Progress(UNDP) 자금에 의하여 낙동강 유역합동조사단이 구성되어 1966~1974년까지 약 8년간 조사업무를 수행했다. 수문관련 부서는 내무부 토목국 이수과가 모체가 되어 건설부 수자원국(현 국토교통부 건설수자원정책실), 한국수자원공사, 기상청, 농촌공사, 수력발전을 관장하는 한국전력이 있으며, 학회로서는 1967년 창립된 한국수문학회(1995년 한국수자원학회로 개칭), 1972년 창립된 한국대댐회, 한국관개배수위원회가 있다.

1.10 수문학의 응용과 역할

물은 인간을 비롯한 생물의 생존에 필수 불가결한 요소이고 경제성을 갖는 중요한 자원이다. 이와 같이 중요한 요소이고 자원인 물도 그 양이 적당량의 한계를 벗어나 너무 많거나 적으면 심각한 사회와 경제문제, 생존문제까지 야기한다.

먼저 물의 양이 너무 많으면 즉 비가 많이 와서 홍수가 발생하면 하천이 넘치고 제방이 붕괴되어 자산이 침수되고 인명피해를 초래한다. 이는 홍수량의 조절을 필요로 하고 이러한 조절은 수문학에 의하여 가능하며 반대로 물의 양이 너무 적으면 물 부족 현상의 가뭄이 발생한다. 가뭄을 극복하기 위해서는 즉 물 수요를 충족하기 위해서는 양질의 충분한 양의 물을 필요한 시간(적기)에, 필요한 장소(적지)에 공급해야 한다. 이를 위해서는 (1) 용수원(수자원)을 확보하고, (2) 양질의 수질로 보존하여, (3) 물을 배분하는 것이다. 이러한 내용의 과업을 해결하는 것이 수문학이다.

앞에 기술된 내용을 구체적인 사항별로 살펴보면 다음과 같다.

(1) 예상되는 댐 지점에서 가능최대홍수량 또는 설계홍수량의 결정
(2) 다목적댐 저수지의 홍수조절용 용량의 결정
(3) 여수로, 도로암거 및 도시우수의 방류 및 배수계통에 대한 설계홍수량의 결정
(4) 저수지, 제방 및 수리구조물이 하천의 홍수량에 주는 영향
(5) 홍수예경보, 홍수터경계 및 홍수지도의 작성
(6) 계절과 경년 그리고 유역의 토지이용의 변화에 따른 유출 변화의 예측
(7) 유역의 지하수와 지표수와의 관계
(8) 가뭄에 대비한 용수원 확보 방안과 최적 물 배분 방안
(9) 한발로 인한 물 부족에 대비한 저수지의 용량결정
(10) 하천 수질유지에 필요한 하천유지용수량의 결정과 공급방안

수문학이 해결방안을 제공하거나 필요로 하는 주요 세부적인 분야를 나열하면 다음과 같다.

- 홍수조절과 홍수예경보
- 수리구조물의 설계
- 가뭄해소
- 급수
- 물 오염 방지
- 도시개발
- 산업개발
- 농경지개발
- 주운
- 식량생산
- 에너지 자원개발
- 토양보전
- 환경영향평가
- 토지이용변화
- 산림과 야생동물 관리
- 군사작전
- 위락, 낚시
- 어업

이들은 수문기술자가 해결해야 할 전형적인 문제들이다. 이러한 문제의 해결이 수문학의 정량적인 발전을 도모하게 된다. 이러한 해결은 수문관측과 수문학적 해석을 필요로 한다. 수문학적 해석은 강수, 침투, 증발 및 유출과 수문순환과정을 정량화 하는 방법론을 개발하는 것이다. 수문학적 해석이 높은 정확도에서 정량적으로 수행되기 위해서는 장기간의 정확한 수문기록이 제공되어야 한다.

물의 사용량은 문명의 척도가 된다. 문명사회일수록 생활수준이 향상됨에 따라 상수도 수요가 증가하고, 산업사회가 되어 공업용수의 수요가 증가하고, 인간수명의 연장과 자연인구의 증가에 따라 식량생산을 위한 관개용수가 증가하고, 위락과 여가를 위한 수량과 수변공간의

수요가 증대되어 장래 물 수요는 크게 증가할 것으로 예상된다. 생활오수와 산업폐기물로 인한 물오염이 가중되어 가용수자원이 감소하여 인구 1인당 가용수자원도 현격하게 감소하여 용수원의 확보는 더욱 심각한 문제로 등장할 것이다. 또한 생활의 고급화와 산업화는 수해로부터 위험을 크게 한다. 따라서 향후 물에 관한 문제는 더욱 크게 다가올 것이고 이에 대한 해결책을 제공하는 수문학의 역할 또한 크게 될 것이며 이에는 수문기술자의 질적 향상과 수적증가가 뒤따라야 한다.

1.11 수문학의 근래 경향

최근 수문실무에서는 자연환경의 보전과 기후변화에 대한 적응이 강조되고 있다. 그동안 수자원을 개발하고 이용하는 과정에서 자연이 훼손되고 수자원이 심각한 수준으로 오염되었다. 지표수와 지하수의 오염은 가정오수와 산업폐수의 무분별한 방류, 각종 폐기물의 방치와 매립과 이로 인한 침출수의 유입으로 발생된다. 따라서 음용수 수준으로 지표수와 지하수의 수질을 보전하고 보호하며 나아가 복원하는 것에 대한 요구가 거세게 일고 있다. 복원을 통한 정수와 보전에 대한 노력은 수문학에 관한 지식과 이러한 지식을 적용할 비전을 가진 수문학분야의 종사자들의 강한 기술적인 도전과 새로운 사업 분야를 창출하고 열어갈 것이다. 지속가능한 발전을 위해 생태계의 지속가능성을 저해하지 않으면서 사회적 · 경제적인 복지를 극대화할 수 있도록 물, 토지 및 관련 자원이 조화를 이루는 개발과 관리를 촉진하는 과정으로 정의되는 **통합수자원관리**(integrated water resources management, IWRM)기법 또한 강조된다.

지구온난화로 인한 기후변화는 자연적으로 발생했던 과거와는 달리 변화폭이 커져서 극단적인 상황 즉 홍수와 가뭄이 심화되고 겨울은 더 추워지고 여름은 더 더워지는 이상기후의 유발로 이어지는 추세이다. 이러한 기후변화에 대한 적응은 이상기후에 대한 대처방안을 요구한다. 대기 중에 존재하는 증기, 이산화탄소, 메탄 및 오존으로 구성되는 온실가스의 영향으로 대기의 온도가 상승하여 지구온난화를 유발한다. 대기의 온도상승은 화석연료의 사용증가에 따라 이산화탄소의 배출이 증가하고 이에 따라 증가된 온실가스의 농도에 비례한다. 지난 50년 동안 화석연료 사용의 급증으로 인한 지구온난화는 해수면 상승, 기후변화, 생태계의 변화 및 질병의 증가와 확산 등을 유발했다. 기온 상승으로 바닷물의 팽창과 빙하의 해빙으로 해수면상승이 일어나고, 증발이 증가하여 물 순환의 극한 상황이 심화되어 홍수와 가뭄의 빈도와 피해 규모가 증대된다. 종래에는 태풍이나 허리케인이 차가운 해상을 이동하는 과정에서 에너지손실로 세력이 약해지거나 소멸되기도 했으나 상승된 온도는 이들에 에너지 공급을 제공하여 그 세력이 강화된다. 2002년 태풍 루사와 2005년의 허리케인 카트리나는 대표적인 예이다.

정부간기후변화협의체(IPCC)에 의하면 2050년까지 이산화탄소 배출상한목표 450ppm을 달성할 경우 지구상의 기온은 2℃ 상승한다. 그러나 많은 연구결과는 2℃ 기온상승을 유지하기 위해서는 배출 상한선이 350ppm이어야 한다는 보고에도 불구하고 2013년 6월 현재 대기의 이산화탄소농도는 지구 역사상 최고치인 400.00ppm에 이르렀다.

화석연료 사용에 따른 이산화탄소를 감축하기 위하여 개발되는 신재생에너지가 화석연료를 100% 대체할 가능성은 거의 없으며, 획기적인 감축이 이루어진다고 해도 그때까지 배출되는 이산화탄소와 지금까지 배출된 이산화탄소의 소멸기간이 50~200년임을 고려하면 지구온난화와 이로 인한 이상기후는 계속될 것이다.

지구온난화의 악영향에 대한 조치를 적응(adaptation)이라 정의한다. 기후변화의 한 양상인 이상기후로, 최근 20년간 강우양상이 1920년대에 비하여 강우일수는 14% 감소한 반면 강우량과 강우강도는 각각 7%와 18%의 증가 추세로 나타났다. 이는 비가 나누어 오기보다 모아 집중적으로 내려 폭우와 가뭄을 심화시킨 기후의 변화를 의미한다. 2002년 8월 31일 태풍 루사로 인하여 강릉지역에 24시간 동안 내린 비의 양 870 mm는 강릉지역의 예상최대강수량(PMP) 510 mm를 크게 초과한 큰 폭우이고 이는 기존 강우기록을 이용해서는 예측이 불가능한 많은 강우량이다. 기후변화로 인한 강우량의 증가로 소양강댐 여수로 설계강우량이 632 mm에서 810 mm로 1.3배 증가됨에 따라 증가된 물을 방류하기 위하여 축조된 제2여수로는 최근 기후변화로 인한 강우량의 증가에 대처하기 위한 적응의 예이다. 이러한 문제는 전국에 걸쳐 일어날 것이며 앞으로 더욱 가중될 것이다.

문제는 자연적인 기후변화에 화석연료의 급증으로 인한 기후변화가 추가됨에 따라 추가적인 적응이 필요하나 추가적인 적응방안이 알려지지 않은 점이다. 이의 해결방안으로 기후변화의 영향을 평가하기 위한 컴퓨터모의프로그램이 필요하고 이를 위한 연구개발이 진행되고 있다.

문 제

1.1 식 (1.6)은 무강우 기간 하천유량의 점차적인 감소를 기술하는데 사용된다. 따라서 초기($t=0$)에서 $I(t)=0$, $Q(t)=0$이 된다. K=5days, $Q_o=3\text{m}^3/\text{s}$일 경우 식 (1.6)을 풀고 10일 동안 t에 대한 유량 Q를 도시하라.

1.2 면적이 6km^2인 유역에 6시간 동안 강우강도 15mm/hr의 비가 내렸다. 유역의 유출구에서 측정된 유출이 $2.2\times10^5\text{m}^3$이다. 강우량의 손실을 구하라.

1.3 저수지의 수면적이 10.2km^2, 연강우량이 1,250mm, 연증발산량이 950mm, 저수지의 저류량 증가량이 0.35m/yr이다. 연간 저수지의 유입량은 얼마인가? 이 경우 유입량을 구성하는 수문학적 성분은 어떤 것인가?

1.4 지구상의 극빙이 다 녹는다면 해수면상승은 얼마나 되는가? 단 육지가 침수되는 것은 무시한다.

1.5 면적이 10,100ha인 어느 지역의 월 강우량이 126mm, 지역을 관류하는 하천의 상류 유입량이 $12\times10^6\text{m}^3/\text{yr}$, 하류 유출량이 $17.2\times10^6\text{m}^3/\text{yr}$이다. 월 증발량을 산정하라.

1.6 면적이 620ha, 연강우량이 1,250mm, 유역에서 발원하여 유출되는 유량이 $0.071\text{m}^3/\text{s}$, 증발산량이 610mm/yr인 유역내에서 물 소비량이 $9{,}200\text{m}^3/\text{day}$이다. 물 사용에 대한 물 공급의 과부족을 밝히고 결과에 대한 대책을 제시하라.

1.7 저수지의 수면적이 1,200ha, 연강우량이 1,210mm, 저수지의 수면적이 15cm상승했다. 지하수의 영향을 무시하고 증발에 의한 물 손실량을 구하라.

2 강수량

강수(降水－precipitation)는 대기에서 지구표면에 도달하는 모든 형태의 수분으로 강우, 강설, 우박, 이슬비, 진눈개비, 이슬, 서리 및 안개를 포함한다. 강수는 주로 공기 중에 존재하는 수증기로부터 생성되고 강우가 형성되기 위해서는 대기에서 기단의 상승, 냉각, 응결 및 물방울 생성의 과정이 필요하다. 증기, 액체 및 고체 형태로 존재하는 대기수분은 증발과 증산에 의하여 보충되고 강수로 빠져나간다.

강수는 물의 주공급원이고 시간과 공간에서 다양한 변화를 갖는다. 한발과 홍수와 같은 강수 변화성에 관한 기술과 예측은 다양한 인간 활동에 기본적으로 필요한 사항이다. 즉 강수의 변화성을 포함한 강수기록은 급수, 홍수, 한발, 관개 및 관련구조물에 관한 조사, 설계 및 의사결정에 기본이 된다. 강수의 양, 양상 및 빈도의 지식은 시간과 공간의 다양한 크기에서 필요하다. 예를 들면 도시 소구역의 배수계통의 설계는 단일 호우사상의 자료를 필요로 하는 반면 한 지역의 급수문제는 수년간의 강수자료를 필요로 한다. 강수량자료는 유역의 유출을 산정하거나 강우－유출모형을 이용하여 하천유량을 예측하는데 이용된다. 본장에서는 강수의 형성, 측정방법 및 강우자료의 처리방안 등이 기술된다.

2.1 구름

구름은 지구의 대기에 떠다니는 반경이 약 0.02～0.05mm인 작은 물방울이나 얼음 알갱이들이 수십억 개 모인 집합체이다. 구름은 상승(증발), 냉각 및 응결의 세 과정을 통해서 형성된다. 구름을 생성하는 공기의 상승요인은 4가지이다. (1) 지표면이 불균등하게 가열될 때 대류에 의하여 상승하는 대류상승, (2) 공기가 산과 지형에 따라 상승하는 산악상승, (3) 공기가 저기압 중심지역으로 유입되어 상승하는 수렴상승(convergence lifting)(그림 2.1 참조), (4) 한냉기단과 온난기단이 만날 때 형성되는 전선에 의한 전선상승.

지면 또는 수면이 가열되면 그 위의 공기도 가열된다. 국지적으로 가열된 공기는 주위의 찬 공기보다 밀도가 작고 가벼워 대기로 상승한다. 가열된 공기뭉치가 상승되는 고도가 높아짐에 따라 대기 압력은 감소한다. 대기 압력 감소에 따라 공기뭉치는 열의 가감이 없는 단열적으로 팽창하고 크기는 증가한다. 이에 따라 수증기의 온도는 강하하여 냉각현상이 일어난다. 온도가 낮아진 공기뭉치는 온도가 높았을 때 포함했던 양의 수증기를 포용할 수 없으므로 잉여 수증기는 대기에 떠있는 미소한 입자표면에 물방울로 응결되기 시작한다. 응결은 공기뭉치내로 잠재열의 방출을 수반하여 응결은 가온과정(warming prococess)이 된다. 이로 인하여 팽창에 의한 냉각이 부분적으로 상쇄되어 상승에 따른 온도감소율이 완만해진다. 응결은 에어로졸 또는 응결핵이라고 하는 미립자를 필요로 하고 이들은 토립자, 먼지, 바다소금, 차량과 공장으로부터 오염물로 구성된다.

수증기가 물방울로 응결되기 시작될 때 공기뭉치는 포화되고 이슬점에 도달된다. 공기뭉치가 높은 고도에 이르면 냉각된 공기뭉치의 온도가 공기뭉치 주위 대기 온도와 같게 되고 이를 평형온도라 한다. 평형에 이르면 공기뭉치의 상승은 정지된다. 미소 물방울의 집합체는 가시적인 구름을 형성한다. 집합체는 햇빛을 반사하여 하얗게 보이고 구름층이 두꺼워 지거나 충분히 높으면 햇빛을 차단하여 회색으로 보인다.

2.2 강수형성

수평적으로 온도와 수증기의 성질이 유사한 거대한 공기덩어리로 정의되는 **기단**(氣團 - air mass)은 전선(또는 선풍), 수렴, 대류 및 산악의 네 과정에 의하여 상승한다. 기단이 상승하면 기압이 낮아지고 기단은 팽창하고 기온은 낮아지게 된다. 온도가 낮아짐에 따라 기단의 수증기 보유능력이 감소한다. 기단의 온도가 강하해서 그 이상의 수분을 보유할 수 없는 상태 즉 포화상태에 이르게 되고 그 이하로 온도가 내려가면 수증기의 일부는 **응결**(condensation)되어 액체상태로 변환된다. 만약 기온이 빙점보다 낮게 되면 수증기는 액체 상태를 거치지 않고 바로 고체인 빙정(ice crystal)으로 변환된다. 응결은 **응결핵**(凝結核 - condensation nuclei) 또는 씨(seed)라고 하는 극히 작은 입자(직경 0.1μm-10μm범위)인 에어로졸(aerosol)주위에 일어난다. 따라서 응결이 일어나기 위해서는 응결핵이 필요하다. 인공강우는 응결핵을 인공적으로 공급하여 강우를 유발하는 것이다.

응결핵으로 작용하는 것은 여러 가지 물질의 작은 입자로서 공기 중에 떠있는 작은 먼지 입자가 대표적인 예이다. 이온을 포함한 입자는 이온이 정전기적으로 물분자를 끌어당기기 때문에 응결에 보다 효과적이다. 대기 중 이온은 바다에서 증발한 소금입자 또는 연소에 의한 유황과 질소의 화합물이다. 강우형성과정은 응결핵주위에 물 분자의 부착으로 시작된다. 기단의 온도가 내려가면 응결핵주위에 응결되는 물입자의 양이 증가한다. 응결핵주위에 형성되는 액체입자는 매우 작아서 상향공기흐름 때문에 하강하지 못한다. 이 작은 물 입자가 다른 입자와 충돌 또는 병합에 의하여 성장하여 크기가 약 400μm(0.4nm)에 이르면 상향공기흐름을 극복할 정도의 무게가 되어 강수로 하강한다. 작은 물방울이나 빙정이 외적인자의 작용없이 응결에 의하여 3mm(3000μm) 정도의 크기인 빗방울로 성장하는 데에는 1~2일 정도가 소요된다. 따라서 작은 물방울이 빗방울로 성장하는 데에는 두 가지 외적인자의 작용이 중요하고 이 두 인자는 병합과정과 빙정과정이다.

병합과정(倂合過程 – coalescence process). 물입자의 충돌은 입자의 크기에 따른 하강 속도의 차이와 난류에 의한 공기운동에 의해서 일어난다. 충돌하는 입자는 병합되어 보다 큰 입자로 성장한다. 물입자의 중력이 마찰을 초과하여 하강하게 될 때까지 입자의 크기는 계속 성장한다. 물입자가 하강할 때 표면에서는 증발이 일어나 그 크기는 감소하여 에어로졸 크기로 감소하기도 한다. 중력은 입자의 하강속도를 크게 하여 직경이 7mm정도가 되면 빗방울의 속도는 10m/s가 되어 하강하면서 작은 빗방울로 부서진다. 이와 같은 작은 빗방울은 다시 성장과정인 병합과정을 반복하면서 강수를 형성한다.

빙정과정(氷晶過程 – ice crystal(Bergeron) process). 빙정과정은 −5℃에 이르는 빙점이하의 온도에서 빙정과 물방울이 공존할 때 일어난다. 빙정이 형성되기 위해서는 빙점이하의 응결핵인 **결빙핵**(結氷核 – freezing nuclei)이 필요하다. 빙점이하의 온도에서 물입자상의 증기압이 빙정상의 증기압보다 커서 빙정표면에 응결이 일어난다. −35℃에 이르는 낮은 온도조건에서는 결빙핵이 없더라도 물입자는 결빙된다. 빙정이 집단을 형성하게 되면 눈송이 형태로 강하하고 단일 빙정이 크게 성장하면 우박이나 진눈깨비로 지상에 강하한다.

2.3 강수의 종류

강수는 주로 이슬비, 비, 눈 또는 우박의 형태로 일어난다. 일반적으로 100μm(0.1mm)보다 작은 물 입자는 안개라 하고 이슬비(drizzle, mist)는 직경이 0.1～0.5mm인 미립 물입자로 구성되고 강수강도는 1mm/hr를 초과하지 않는다. 강우 또는 비는 대부분의 직경이 0.5mm보다 큰 물입자로 구성된다. 폭풍우(rainstorm)는 기상교란을 동반한 강우사상이다.

눈은 빙정으로 구성되는 복잡한 육각형모양이고 직경이 수 mm에 달하는 눈송이로 결집되는 경우가 많다. **강설**(降雪 – snowfall)은 눈의 형태로 내리는 강수이다. 눈보라(snowstorm)는 기상교란을 동반한 강설사상이다. **적설**(snowpack)은 하나 이상의 눈보라 후에 쌓인 눈의 축적이다. 융설은 고체에서 액체상태로 변한 눈의 체적이고 유출원천의 하나이다.

우박(hail)은 구형, 원뿔형 또는 불규칙한 모양의 얼음 덩어리의 강수로 직경은 5～125mm이다. 우빙(雨氷 – glaze)은 비나 이슬비가 하강하여 지상의 차가운 표면에 접촉하자마자 얼어버린 것이다. 진눈깨비(sleet)는 지상에 가까운 빙점이하의 공기층을 강하할 때 물방울이 얼거나 녹은 빙정이 다시 얼어서 형성되는 투명한 구형 얼음입자로 구성되는 강수이다.

2.4 강수유형

강수는 일반적으로 기단의 상승요인에 따라 전선(또는 선풍형), 저기압성, 대류형 및 산악형 강수로 분류된다.

2.4.1 전선 또는 선풍형강수

기단은 큰 공기 덩어리이다. 기단은 온도가 높아질수록 압력은 낮아지고 밀도는 감소하여 가벼워진다. 기단의 온도와 수분함량 등의 성질은 수평방향에서는 거의 균일하다. 상이한 성질의 두 기단을 분리하는 경계를 기준으로 온도와 습도의 차이가 현저할 때 이러한 경계를 전선면(frontal surface), 간단히 **전선**(前線; front)이라고 한다. 즉 전선은 온기단(warm airmass)과 한기단(cold airmass)이 혼합하지 않고 만나게 될 때 형성되는 뚜렷한 불연속면이다.

전선 또는 **선풍형강수**(旋風型降水; frontal(cyclonic) precipitation)는 저기압지역 또는 선풍영역으로 유입되는 기단이 상승하여 발생되는 강수로 전선형 또는 비전선형이 된다.

선풍영역(cyclone)은 원형바람운동을 갖는 큰 저기압영역이다. 강수의 대부분은 전선형강수이다. **전선형강수**(前線型降水; frontal precipitation)는 전선면의 한쪽의 따뜻한 기단이 다른 쪽의 차갑고 밀도가 큰 기단위로 상승할 때 일어난다. **온난전선형강수**(warm front precipitation)는 온기단이 한기단 위로 이동할 때 발생되며 전선의 경사가 1/100～1/300로 완만하여 상승속도는 비교적 느리다. 강수는 전선보다 300～500km 전방에까지 내리기도 하고 강수강도는 보통이며 전선이 완전히 통과할 때까지 강수가 계속된다. **한랭전선형강수**(cold front precipitation)는 한기단이 이동함에 따라 온기단이 강제로 상승하게 되어 일어나는 강수로 소나기와 같은 성질을 갖는다. 이 경우 한기단의 선단이 한랭전선 경계면이 된다. 한랭전선은 온난전선보다 이동이 빠르고 경사도 평균 1/50～1/150로 급하다. 결과적으로 온기단은 온난전선에 의해서 보다 한랭전선에 의하여 보다 급속히 강제 상승되어 강수강도도 일반적으로 더 크게 되며 최대강도의 강우량은 전선경계근처에서 일어난다. 선풍에는 열대성(인도의 선풍, 미국의 하리케인, 동남아시아의 태풍)과 온대성(exratropical cyclone)의 두 종류가 있다.

2.4.2 저기압성 강수(convergence precipitation)

북반구 지면의 저기압기단의 중심부분은 반시계방향으로 회전하고 이러한 회전운동은 지면에 가까운 저기압중심으로 주변의 공기를 끌어 들이는 수렴현상을 유발한다. 이와 같은 공기의 수렴현상은 공기를 위로 밀어 올리는 상승기류를 형성하여 상승되는 기단의 수증기는 냉각응결되어 빗방울을 형성한다. 저기압권은 열대지역과 아열대지역에서 발생한다.

2.4.3 대류형강수

대류형강수(對流型降水; convective precipitation)는 수분을 함유한 공기의 국부적인 상승에

그림 2.1 강수형성 (a) 전선(선풍)형 강수 (b) 저기압형 강수 (c) 대류형 강수 (d) 산악형 강수

의하여 발생된다. 여름에 지면의 상태에 따라 태양열을 흡수하는 정도가 다르므로 공간적으로 온도차이를 유발한다. 나대지의 공기는 쉽게 가열되어 주변의 공기보다 온도가 높아진다. 이러한 과정은 가열된 공기가 상승하여 온도가 노점이하르 낮아서 응결이 일어나는 고도에 도달할 때까지 반복해서 일어난다. 대류형 강수의 특성은 20km^2 보다 작은 면적에 국부적으로 발생하며 강도는 작은 소나기로부터 뇌우에 이르고 그 지속기간은 짧다. 대부분의 대류형강수는 열대지역이나 온대지역의 여름에 일어나고 이동성이다.

2.4.4 산악형강수

산악형강수(山岳型降水; orographic precipitation)는 더운 습윤공기가 외적요인에 의한 강제로 산을 따라 상승될 때 발생하는 강수이다. 더운 습윤기단이 산맥에 의하여 이동하지 못하고 상승하게 될 때 바람이 불어오는 방향(windward)의 경사면 산허리에는 비가 내리고 바람이 불어 가는 방향(leeward)의 배사면의 산복에는 건조한 것이 보통이다. 산악강우의 특성은 노점이 높은 고도의 지형에서 일어나므로 정체성이고 강수강도는 중에서 높은 강도에 이르고 지속기간은 비교적 길다. 강우지역은 길고 좁다.

2.4.5 인공강우

일기수정(日氣修正; weather modification) 또는 **일기조절**(日氣調節; weather control)은 대기의 자연적인 기상학적 현상을 인공적으로 변화시키는 것이다. 이는 강수의 증가 또는 감소, 우박과 번개의 억제, 태풍의 약화, 안개의 분산, 서리방지 등을 포함한다. **구름수정**(cloud modification 또는 cloud seed)은 기후수정의 한 형태로서 구름 속에 강수를 촉진하는 물질을 살포하여 강수를 유발하는 것으로 **인공강우**(artificially induced precipitation)라고 한다.

1946년 과냉 물입자를 포함한 구름에서 건빙(乾氷; dry ice)이 강수를 유발할 수 있다는 것이 판명되었다. 이는 소금의 한 종류인 **요드화은**(silver iocide)을 구름에 뿌려 수증기가 부착하도록 하여 강수를 유발하는 것이다. **모립살포재**(母粒撒布材; seeding agent)로 가장 널리 사용되는 건빙, 고체CO_2 및 요드화은은 과냉구름 속에서 결빙핵으로 작용한다. 보다 효과적인 결빙핵은 인공 눈을 만드는데 사용되어온 **슈도모나스**(pseudomoras)라고 하는 박테리아의 한 종류로 슈도모나스 표피에 있는 단백질이 얼음을 만드는 아주 작은 입자이다. 미생물의 단백질은 요드화은보다 강우 생성효율이 100만배 높다고 한다.

건빙을 구름 속에 살포하기 위해서는 항공기, 기구 드는 로켓을 이용해서 건빙을 구름 속으로 수송하고, 요드화은의 수송은 항공기 또는 지상에서 가열에 의한 증발장치에 의한다. 후자의 경우 햇빛에 노출되면 유효입자수가 매시간 1/10로 감소하는 단점이 있으나 운영비용이 저가이므로 많이 이용된다. 강수증가를 위한 **구름파종**(cloud seeding)에는 두 가지 방법이 있다. **정적방법**(static approach)은 1리터의 구름에 인공핵 하나의 비율로 주입하여 빙정을 형성하고 궁극적으로 강수입자로 성장시킨다. **동적방법**(dynamic approach)는 1리터의 적운(積雲)에 100~1000개의 핵을 주입하여 부력과 순환을 지속하도록 자극하여 자연강수의 확률을 증가시킨다.

미국에서는 1972년에 222,000km^2, 1977년까지 23개 주에서 676,000km^{2}의 면적에 이르는 면적에 인공강우가 시행되었으며, 중국에서는 2009년 베이징 상공에 인공강설을 위한 요드화 토막을 살포하여 3일간 지속된 강설로 주요 도로의 폐쇄가 발표된 바 있다. 한국에서는 1995년, 2001년 지상에서 요드화은을 연소시켜 연기를 구름까지 상승시키는 지상공급방법과 수송기를 이용하여 시도하였으나 강우에는 성공하지 못했다. 그러나 스키장에서는 성공적인 구름파종으로 인공눈을 생성하여 스키장을 운영하고 있다.

2.5 강우량 측정

강우량은 강우깊이(rainfall depth)로 나타내고 이는 강우가 지속되는 기간 일정한 면적에 내린 총 강우량을 그 면적으로 나눈 값이다. 단위는 mm이고 외국에서는 cm, in가 사용된다. 강수량측정에는 여러 가지 방법이 개발되었다. 강우량을 측정하는 **우량계**(雨量計; rain gage 또는 pluviometer)에는 보통우량계와 자기우량계가 있다. **자기우량계**(自記雨量計; recording rain gage)는 자동으로 누가강우량을 기록하고 telemeter장비를 갖추면 실시간 전송을 가능하게 하여 홍수조절과 물관리에 효율적으로 이용된다. 자기우량계에는 중량측정형, 부자형, tipping-bucket형 등이 있다. **보통우량계**(nonrecording rain gage)는 일반적으로 일강우량을 제공하는 반면 자기우량계는 분 또는 시강우량을 제공한다.

강우는 유역면적에 공간적으로 균일하게 내리지 않는다. 따라서 공간(유역면적)과 시간(호우기간)동안 강우의 변동성을 적절하게 관측할 수 있는 **우량관측망**(rain gage network)이 필요하다. 강우변동성은 지형, 바람, 호우이동 방향 및 호우형에 따라 다르다. 우량계의 위치와 간격은 강우자료의 사용목적과 강수형에 따라 다르게 된다.

한국의 우량관측망. 한국의 강우량 관측업무는 국토교통부, 기상청, 한국수자원공사 및 한국농촌공사에 의하여 수행되고 있다. 기상청의 71개의 관측소를 포함해서 총 466개소로 전국평균밀도는 213km^{2}로 세계기상기구에서 권장하는 우량관측소의 최소밀도(100～250km^2/개소)기준에 부합되지만 관측소의 위치가 지역적으로 편중되어 관측망의 밀도가 낮게 분포된 지역도 있다.

2.5.1 보통우량계

한국에서 사용하고 있는 보통우량계는 직경이 20cm, 높이가 60cm, 상단이 열린 원통과 이 원통의 상단에 위치하는 깔때기 모양의 수수기로 구성된다. 원통의 재질은 구리 또는 아연도금 철판이다. 우량측정은 수수기를 통하여 원통에 모아진 빗물을 우량측정용 유리 플라스크에 부어 계량한다. 수수용 원통은 월류되는 빗물을 모을 수 있도록 보다 큰 용기에 설치한다. 측정은 일 1회로하며 오전 9시에 측정한다. 일강우량이 0.1mm 이하이면 무강우로 처리하며 눈이나 우박의 경우에는 일정한 양의 물을 부어 녹인 후 총수량에서 부은 물의 양을 빼줌으로서 강설량을 측정할 수 있다.

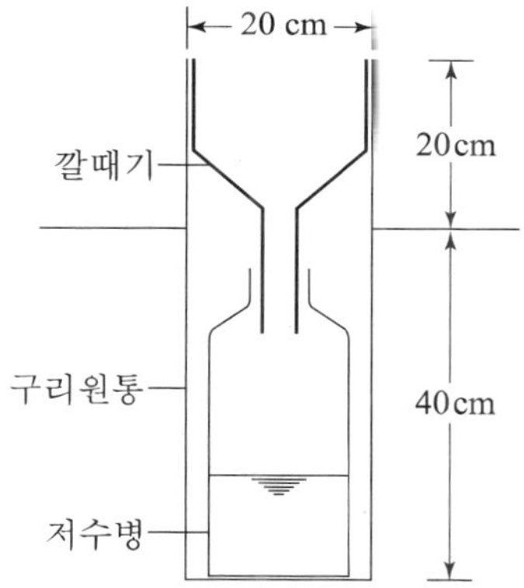

그림 2.2 보통우량계

미국 기상청에서 사용하는 표준우량계는 직경 8in 원통내에 원통횡단면적의 1/10이 되는 측정원통과 눈금이 있는 측정봉으로 구성된다. 우량측정은 측정봉을 내부원통에 넣어 강우깊이를 잰다. 측정원통의 단면적은 수수기 면적의 1/10이므로 0.1in의 강우량이 측정원통의 길이 1in을 채우게 된다. 측정봉의 눈금은 0.1in로 되어 0.01in 강우량의 측정이 가능하다.

2.5.2 자기우량계

자기우량계는 기록지에 시간에 대한 누가강우량을 기록하여 우량누가곡선을 제공하고 이로부터 강우량이 결정된다.

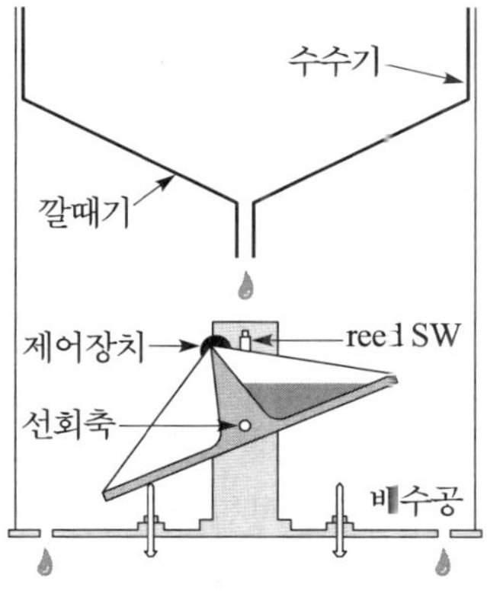

그림 2.3 Tipping Bucket형 자기우량계

Tipping Bucket 자기우량계는 수수기에 집수된 빗물이 한 쌍의 작은 용기의 하나에 빗물이 채워지면 평형이 깨어져 기울어지면서 물을 비우게 되고 동시에 회전하여 다른 쪽의 용기가 수수기 아래 위치한다. 기울어질 때마다 전기 맥동이 발생되어 기록계에 전송된다. 빗물이 채워지는 작은 용기는 0.1mm 또는 0.2mm에 대하여 설계된다. 이 우량계는 강설에는 부적당하고 기우는 용기의 관성이 모든 강우량의 측정을 방해하므로 선호되는 우량계는 아니다.

중량형 자기우량계(重量型自記雨量計; weighing type recording rain gage)는 누가강우량의 무게

를 계속해서 기록하는 우량계이다. 모아진 빗물의 무게는 펜으로 기록되나 최근에는 기억장치를 이용하여 기록되거나 원격자료수집지점에 전송된다. 이 우량계는 강설량기록에도 사용될 수 있다.

부자형 자기우량계(浮子型自記雨量計; floating type recording rain gage)는 원통에 모아진 강우량이 증가하여 수면이 상승함에 따라 수면에 위치한 부자가 같이 상승하도록 하고 상승하는 부자에 기록장치를 연결하여 시간에 따라 누가강우량을 기록한다. 원통의 빗물은 우량계에 따라 수동으로 비우거나 사이폰에 의하여 자동으로 비워진다.

저장형 우량계(貯藏型雨量計; storage type rain gage)는 직경이 보통 30.5cm, 높이가 1.6m인 원통으로 구성된다. 이는 원거리 산악지역의 빈번한 관리가 불가능한 곳에 설치하고 장기간 길게는 한 계절 동안 운용된다. 이는 강우뿐만 아니라 강설량 측정에 많이 이용된다. 특히 눈의 경우 바람의 영향을 막기 위하여 구멍이 많이 뚫어진 Alter shield라는 바람막이를 상단 위에 설치한다.

2.5.3 레이더에 의한 우량측정

레이더를 이용한 강수량측정의 가장 중요한 이점은 넓은 면적에 대하여 공간과 시간의 높은 해상도의 자료를 제공하는 점이다. 레이더는 5분 간격으로 작게는 1km^{2}에 대한 공간 해상도에서 강우량 측정자료를 제공한다. 단일 레이더로 10,000km^{2}에 이르는 면적의 강우량 측정이 가능하다. 우량측정의 원리는 레이더가 전자에너지를 송출하면 이 에너지는 강수에 충돌하여 그 일부는 반사되어 레이더에 되돌아오는데 이를 echo라고 하며 echo의 선명도는 강수강도의 척도이다. 반사레이더 맥동(pulse)인 전자신호의 강도는 강우입자의 수, 크기의 6승에 비례하고 거리의 자승의 역함수이다. 레이더와 강수측정지점사이의 거리는 에너지 송출시간과 echo의 수신되는 시간의 차이로 측정된다.

우량계와 연계하여 레이더를 이용하면 우량계로 측정하지 못한 지역의 강우량 측정이 가능하다. 그러나 나무나 건물에 의한 간섭이 현저하면 레이더에 의해서만 강우량을 결정하는 것은 가능하지 않다. 또한 인근 이슬비와 먼 거리의 보다 큰 강우의 신호가 유사하고 증발로 인하여 레이더에 의한 강우량과 지면에 도달하는 강우량이 다른 점 등 문제를 안고 있다. 현재 한국에는 관악산, 동해, 군산, 부산, 제주, 백령도 및 광덕산의 7개소와 강화도에 국토교통부가 관리하는 강우레이더가 설치되어 있다.

2.5.4 인공위성에 의한 강수량측정

인공위성은 강수를 직접 측정하는 것이 아니고 구름의 공간적인 범위와 온도를 측정한다. 강우량은 구름의 적외선 영상선명도 온도를 지상 우량계나 레이더에 의한 강우량 측정치와의 상관을 이용한 검정에 의하여 결정된다. 이에 필요한 정보는 인공위성의 visible(VIS)와 infrared(IR) radiometers와 microwave(MW) radiometers와 같은 상이한 감지자 출력의 조합을 통해서 제공된다. VIS와 IR radiometers는 가시 및 적외선파장에서 실제 구름온도와 거의 같은(Richards와

Arkin, 1981)구름층 상단의 선명도온도의 정보를 제공한다. 인공위성 적외선영상은 대기, 토지, 물에 근원을 갖는 복사에너지(radiant energy)의 측정으로 구성된다. 측정된 적외선에너지는 Stefan-Boltzman법칙을 이용하여 선명도온도라고 하는 온도로 변환된다. 온도체감율이 주어지면 선명도온도는 구름상단의 높이가 계산된다. microwave(MW) radiometers는 구름수분의 방사에 근거해서 구름형성의 물과 얼음의 함량을 추정할 수 있다. 이는 MW선명도온도가 액체와 얼음과 같은 대기수상(大氣水象; hydrometeor)에 민감하기 때문이다.

낮은 선명도온도는 높은 구름상단을 의미하고 이는 크고 두께가 큰 높은 확률의 강우를 의미한다. 반면에 높은 선명도온도는 낮은 구름상단(구름없음)을 의미하고 이는 강우의 낮은 확률을 의미한다. 위성의 적외선영상을 이용하여 구한 강우량은 직접 측정치가 아니고 구름특성으로부터 추정되므로 오류를 포함할 수 있다. 이러한 오류를 제거하기 위하여 우량계를 이용한 측정강우량과의 관계설정이 필요하다.

인공위성에 의한 강우량산정법은 우량계나 레이더의 설치가 용이하지 않거나 또 설치가 되어 있지 않는 산간지역과 해양의 강우량 측정에 이용된다. 또한 인공위성에 의한 강수자료는 지구기후변화에 관련된 강수의 장기적인 경향의 평가에 대한 기본적인 정보를 제공한다. 인공위성방법은 정확도는 우량계나 레이더보다 낮으나 공간(4km) 시간적인 높은 해상도의 장점을 갖는다.

2.6 결측치의 보완

관측자의 부재나 계기의 고장으로 강수기록의 결측치가 발생하게 되고 이에 대한 보완이 필요하게 된다. 보완방법에는 산술평균, 평년강우량비법, 역거리법, 선형프로그램, Kriging방법 등 많은 방법이 있으나 간단한 세 방법이 기술된다.

결측치의 보충은 주위에서 관측된 강우량의 정보를 이용하는 것으로 다음과 같은 식으로 표시할 수 있다.

$$R_x = \sum_{i=1}^{n} a_i R_i \tag{2.1}$$

여기서 R_x 는 관측점 x 의 결측치, a_i 는 관측점 i 의 기여도를 나타내는 가중인자, R_i 는 관측점 i 의 강우량, n 은 주위 관측점의 수이다.

산술평균법(arithmetic average method). 주위관측소(보통 3개 이상)의 평년 연강우량(2.9절 참조)과 결측관측소의 평년 년강우량과의 차이가 10%이내이면 주위에 있는 관측소 강수량의 산술평균치를 결측치로 적용한다.

평년강우량비법(平年降雨量比法; normal ratio method). 주위에 있는 관측소(보통 3개 이상)의 평년 연강수량 중 어느 하나라도 결측지점의 평년 연강수량과의 차이가 10%를 초과하면 평년강우량비법에 의하여 결측치가 보완된다.

$$P_X = \frac{1}{m}\left(\frac{N_X}{N_1}P_1 + \frac{N_X}{N_2}P_2 + \frac{N_X}{N_3}P_3 + \cdots + \frac{N_X}{N_m}P_m\right) \tag{2.2}$$

$$= \sum_{i=1}^{m}\left(\frac{N_X}{mN_i}\right)P_i$$

여기서 P는 강수량, N은 평년 연강수량, x는 결측관측소, 첨자 $i=1, 2, 3, \cdots$, m은 주위의 관측소, N_X/mN_i는 주위 각 관측소의 영향을 나타내는 가중인자로 식 (2.1)의 a_i 값을 나타낸다.

역거리법(逆距離法; inverse distance method). 이 방법은 결측관측소와 주위관측소간의 거리를 가중인자로 사용하는 방법이다. 그림 2.4에서 결측관측소의 좌표가(x_o, y_o)일 때 i 관측소와의 거리의 자승은 $D_i^2 = (x_o - x_i)^2 + (y_o - y_i)^2$ 이고 가중인자 a_i 는 식 (2.3)으로 주어지고 결측치는 식 (2.3)을 식 (2.1)에 대입하여 구해진다.

$$a_i = \frac{1/D_i^2}{\Sigma\, 1/D_i^2} \tag{2.3}$$

예제 2.1

A점 주위의 강우량이 다음과 같다. 관측점의 A의 결측강우량을 추정하라.

관측점번호	1	2	3	4	5
강우량(mm)	30	40	18	26	22

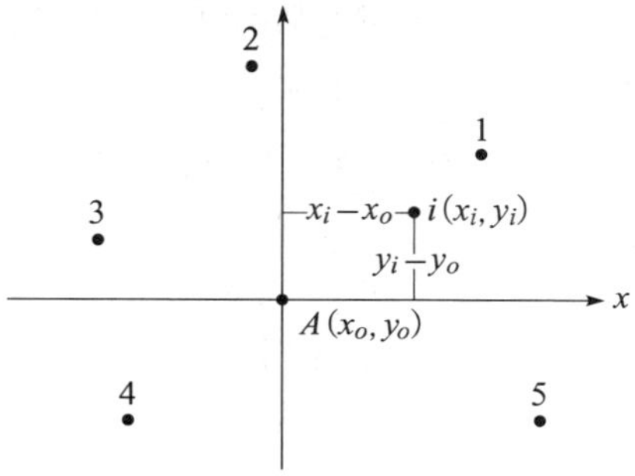

그림 2.4 역거리법 그림에 거리표시

풀이 관측점A 로부터 주위 각 측점간의 거리$(x_i - y_o)$와 $(x_i - y_o)$를 측정한다. 계산은 다음 표와 같다.

관측점번호	강우량 R (mm)	$x_i - x_o$	$y_i - y_o$	D_i^2	$1/D_i^2$	a_i	$a_i R_i$ (mm)
1	30	3.0	2.5	15.25	0.066	0.18	5.4
2	40	0.5	4.0	16.25	0.062	0.16	6.4
3	18	3.0	1.0	10.01	0.100	0.27	4.9
4	26	2.5	2.0	10.25	0.098	0.26	6.8
5	22	4.0	2.0	20.00	0.050	0.13	2.9
					0.376		26.4

$\Sigma 1/D^2 = 0.376$ 이므로 관측점 1의 가중인자 a_1 은 식 (2.3)에 의하여

$$a_i = \frac{1/D_i^2}{\Sigma 1/D_i^2} = \frac{0.066}{0.376} = 0.18$$

관측점 A 의 강우량은 식 (2.1)에 따라

$$R_A = \Sigma\, a_i\, R_i = 26.4\,\mathrm{mm}$$

2.7 강우기록의 일관성

우량계 주위에 나무가 자라거나, 주변에 건물이 세워지거나, 개발에 따라 우량계가 이동 또는 교체되고 측정과정이 변경될 수 있다. 이러한 변화가 일어나면 변화시점을 기준으로 변화전후의 강우기록은 **일관성**(一貫性; consistency)이 결여될 수 있다. 만약 일관성이 결여되는 것으로 나타나면 변화이전 기록과 일관성을 갖도록 변화이후의 기록을 보정해야 한다. 그러나 변화이후의 새로운 상태를 반영하기 위해서는 변화이전의 자료를 보정한다. 비일관성을 조사하는 방법에는 도해법과 통계적인 방법이 있으나 이중누가해석방법의 도해법이 가장 많이 쓰인다. **이중누가해석**(二重累加解析; double mass analysis)은 대상이 되는 관측소의 연 또는 계절 누가강우량을 주위 여러 관측소의 연 또는 계절 누가 강우량의 평균치와의 비교를 통해서 주어진 관측소의 강우기록의 일관성을 조사하는 방법이다.

그림 2.5는 C년도에 계기의 이동으로 인하여 C년도에서 기울기가 변화한 경우를 나타낸다. 이는 계기이동으로 C년 이후의 강우량이 크게 기록된 경우이다. C년 이후의 강우기록이 변화이전의 강우기록과 일관성을 갖게 하기 위해서는 C년 이후의 강우기록에 B/A를 곱한다. 그러나 새로운 강우경향을 반영하기 위한다면 변화이전의 기록에 A/B를 곱하여 보정한다. 이중누가해석의 이용에서 주의할 사항은 경사의 변화가 10%이상으로 뚜렷하지 않고 분산이 심하면 다른 방법으로 일관성이 조사되어야 하는 점이다.

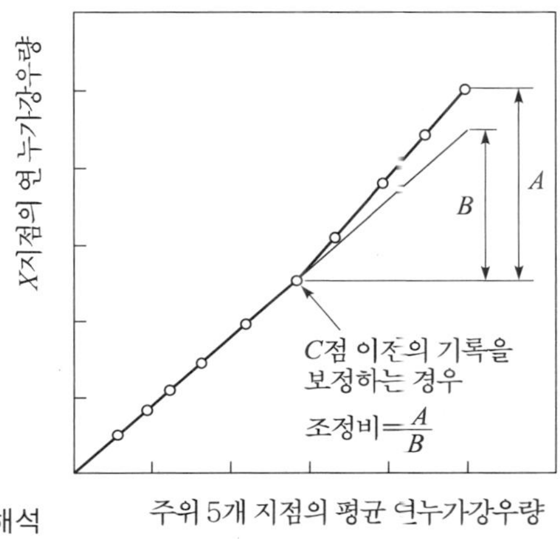

그림 2.5 강우량의 이중누가해석

예제 2.2

우량관측소 A와 B의 10년간 연평균 강우량이 표 2.1과 같다. 관측소 A 강우기록의 일관성을 조사하라. 비일관성이 나타날 경우 필요한 작업을 수행하라.

풀이▌ 표 2.1에서와 같이 누가강우량을 계산하고 이들을 그림 2.6과 같이 도시한다. 1995년에서 경사가 변한다. 1991～1995년의 경사는 1.1이고 1995년 이후에는 1.0이다. 두 경사의 차이는 1.1～1.0=0.1이고 변화율은 0.1/1.1×100=9%이다. 이는 10%를 초과하지 않으므로 자료는 약한 일관성을 가져서 조정을 필요로 하지 않는다. 그러나 1995년 이후의 강우기록과 일관성을 갖도록 하기 위해서는 1995년 이전 관측소 A의 기록에 1.0/1.1=0.9를 곱하여 조정한다.

표 2.1 연평균 강우량과 누가강우량

연 도	연강우량		누가연강우량	
	관측소 A	관측소 B	관측소 A	관측소 B
1991	1188	1358	1188	1358
1992	1008	1160	2196	2518
1993	940	1082	3136	3600
1994	1245	1435	4381	5035
1995	1231	1416	5612	6541
1996	1254	1245	6686	7696
1997	917	945	7783	8641
1998	1031	1021	8814	9662
1999	1191	1163	10005	10825
2000	1114	1123	11119	11948

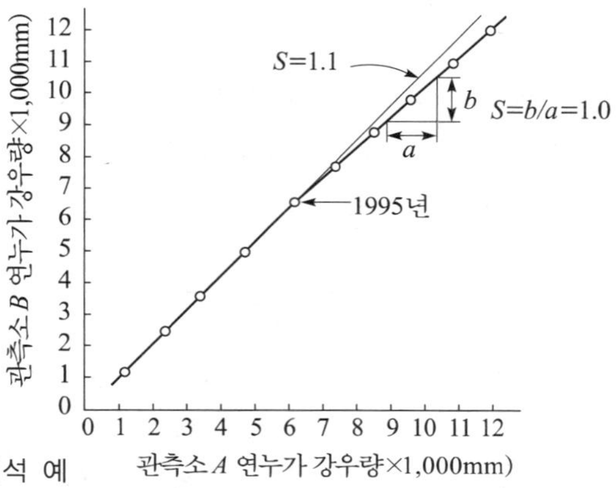

그림 2.6 강우량의 이중 누가해석 예

2.8 면적평균 강수량

한 유역내에 있는 여러 관측소에서 측정되는 강우량은 서로 같지 않다. 그러나 수문해석에서는 한 유역에 대한 강우량을 하나의 대표 강우량으로 나타내는 것이 필요하고 이는 공간적인 평균으로 주어진다. 즉 한 유역에 대한 강우량을 단일 숫자로 나타내는 것이 필요하다. 공간평균 즉 **면적평균강수량**(面積平均降水量; mean areal precipitation)을 구하는 방법에는 산술평균, Thiessen 방법, 등우선법, 고도-면적곡선법, 격자점법, 유한요소법, Kriging 등 많은 방법이 있다.

면적평균강수량는 $\overline{P}$는 유역내 관측소의 가중평균강수량으로 나타낼 수 있다.

$$\overline{P} = \sum_{i=1}^{N} a_i P_i \tag{2.4}$$

여기서 $\overline{P}$는 면적 평균강수량, N은 관측소의 수, a_i는 i 관측소의 가중인자, P_i는 i 관측소의 강수량이다. 따라서 $\overline{P}$를 산정하는 방법은 가중인자 a_i의 선택에 다라 다르게 된다. 간단한 3방법이 기술된다.

산술평균법(arithmetic mean method). 이는 유역내 각 관측소에서 측정된 강우량의 산술평균이다. 이 경우 식 (2.4)의 가중인자는 $a_i = 1/N$로 동일하다. 이 방법은 우량계의 밀도와 위치, 지형이 고려되지 않으므로 평탄지역에서 강우와 우량계의 분포가 비교적 균일한 작은 지역에 알맞다.

Thiessen(다각형)방법(Thiessen(polygon) method). 이는 강우량과 우량계의 불균일분포의 영향을 가중인자에 의하여 반영한다. 이 방법은 우량관측소의 위치를 지도상에 도시하고 인접관측소를 직선으로 연결한다. 이들 직선의 수직 2등분선을 그어 각 관측소 주위에 다각형을 형성한다. 이 다각형면적은 각 우량계에 의하여 대표되는 면적으로 각 우량관측소의 영향권을 나타내는 면적이다. 이 면적은 구적기로 측정되고 이를 총면적에 대한 비로 나타내면 $a_i = A_i / A$는 식 (2.4)의 가중인자가 된다. A_i는 i 관측소 영향권의 다각형 면적이고 A는 유역면적이다. 이는 산술평균보다 정확도가 높다.

$$\overline{P} = \frac{\Sigma P_i A_i}{\Sigma A_i} = \Sigma \frac{A_i}{A} P_i = \Sigma a_i P_i \tag{2.5}$$

등우선법(等雨線法; isohyetal method). 면적평균강우량산정에 가장 정확한 방법으로 고려된다. 이 방법은 지도상에 각 관측소의 위치와 강우량을 표시하고 동일한 강우량을 연결한 선인 **등우선**(等雨線; isohyets)을 작성한다. 계산의 정확도는 등우선의 정확도에 따라 좌우된다. 각 등우선 사이의 면적 A_i를 구적기로 측정하면 식 (2.4)의 가중인자는 총 유역면적에 대한 면적비 $a_i = A_i / A$로 결정된다. 여기에 각 등우선간의 평균강수량 $\overline{P}_i$를 곱해서 합하면 면적평균강우량이 구해진다.

이 방법은 지형의 영향을 포함하는 장점을 가지므로 산악지역에 더욱 적합하다. 그러나 이 방법은 관측점 수가 적으면 정도가 떨어지고 각 호우 사상마다 등우선의 작성을 필요로 한다.

$$\overline{P} = \frac{\Sigma \overline{P}_i A_i}{\Sigma A_i} = \Sigma \frac{A_i}{A} \overline{P}_i = \Sigma a_i \overline{P}_i \tag{2.6}$$

예제 2.3

그림 2.7a는 면적이 69.1km^{2}인 유역에 위치한 관측점들의 강우량을 나타낸다. 면적평균강우량을 (a) 산술평균법, (b) Thiessen방법, (c) 등우선법으로 산정하라.

풀이 (a) 산술평균법

식 (2.4)의 가중인자가 $a = 1/N$이므로 면적평균강우량은 $\overline{R} = \dfrac{\sum R_i}{N} = \dfrac{374}{6} = 62.33\,\mathrm{mm}$

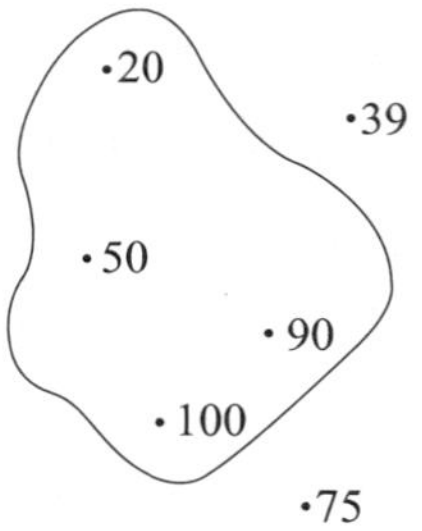

그림 2.7a 산술평균법

관측소	강우량(mm)	가중인자	$a_i R_i$(mm)
A	20	1/6	3.33
B	50	1/6	8.33
C	39	1/6	6.50
D	100	1/6	16.67
E	90	1/6	15.00
F	75	1/6	12.50
계	374		62.33

(b) Thiessen 방법

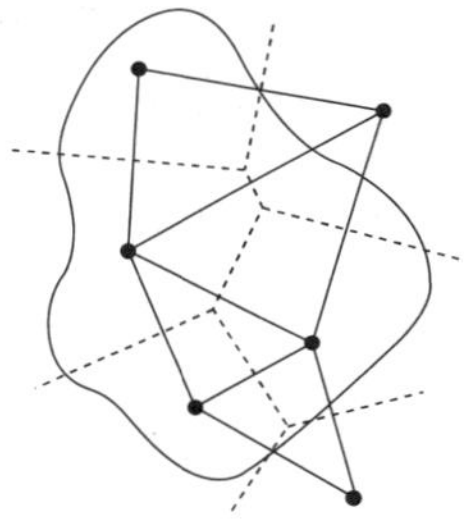

그림 2.7b Thiessen 방법

관측소	강우량 R_i(mm)	면적 A_i (km^2)	가중치 $a_i = A_i / \sum A_i$	$a_i R_i$ (mm)
A	20	12.00	0.174	3.48
B	50	16.00	0.232	11.60
C	39	9.00	0.130	5.07
D	100	14.00	0.203	20.30
E	90	18.00	0.260	23.40
F	75	0.10	0.001	0.07
	374	69.10	1.000	63.92

식 (2.5)에 따라 $\overline{R} = \sum R_i A_i / \sum A_i = 4418.5/69.1 = 63.9\mathrm{mm}$

(c) 등우선법

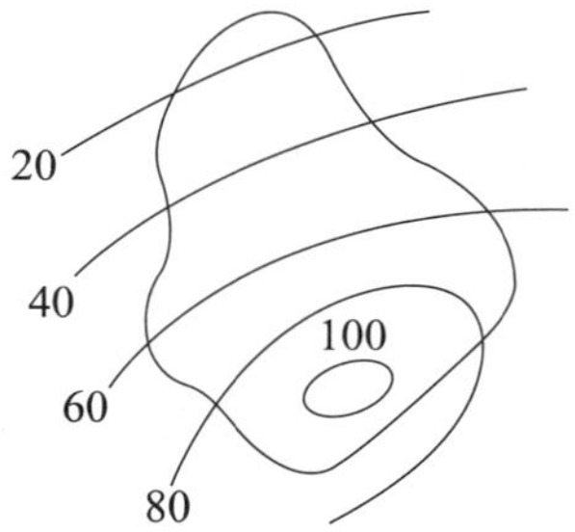

그림 2.7c 등우선법

강우량 (mm)	등우선간의 평균강우량, $\overline{R}_i$(mm)	면적 A_i (km^2)	가중치 $a_i = A_i / \sum A_i$	$a_i R_i$ (mm)
>100	105	1.95	0.028	2.94
80	90	15.29	0.221	19.89
60	70	15.16	0.220	15.40
40	50	16.56	0.240	12.00
20	30	18.19	0.263	7.89
<20	18	1.95	0.028	0.51
		69.10	1.000	58.62

식 (2.6)에 따라 $\overline{R} = \sum \overline{R_i} A_i / \sum A_i = 4050.85/69.1 = 68.62\mathrm{mm}$

2.9 강우자료의 표현

강수는 주로 종류(강우, 강설 등), 깊이(mm), 지속기간 및 강도의 항으로 기술된다. 강우량은 유역면적에 내린 강우의 총체적(m^3), 강우의 총 체적을 유역면적으로 나눈 강우깊이(mm), 단위시간에 대한 강우량인 **강우강도**(降雨强度; rainfall intensity)(mm/hr)의 세 방법으로 나타낸다. 강우가 계속되는 시간을 **지속기간**(持續期間; duration)이라 한다. 강우강도는 지속기간이 1시간인 강우량이고, 강우총체적과 강우깊이는 그 지속기간의 필요에 따라 다르게 된다. 강우자료는 지속기간별로 나타내고 지속기간은 강우자료의 사용목적에 따라 다르게 된다. 강우자료를 나타내는 지속기간으로는 짧게는 10분 단위에서 1시간단위(**시간강우량**(hourly rainfall)), 24시간 또는 일단위(**일강우량**(daily rainfall)), 월단위(**월강우량**(monthly rainfall)), 연단위(**연강우량**(annual rainfall)), 30년 단위(평년 강우량)까지 사용된다. 특히 30년 단위의 경우는 지난 30년간의 평균을 **평년**(平年; normal annual)이라고 하고 강우량의 경우 최근 30년간의 연평균강우량을 **평년연강우량**(平年年降雨量; normal annual rainfall)이라고 하고 10년마다 최근 30년 연평균강우량으로 갱신된다. 이는 국가간의 기상정보의 교환과 비교해석에 기준이 되는 자료를 제공하기 위함이다. 그림 2.15는 1971~2000년의 한국의 평년 연강우량을 나타낸다. 강수자료는 보통우량계의 경우 일강우량의 형태로, 자기우량계에서는 누가곡선의 형태로 기록된다. 강우량자료는 일반적으로 누가곡선 또는 주상도로 나타낸다.

우량누가곡선(雨量累加曲線; rainfall mass curve)은 호우기간의 강우량을 시간에 대하여 누가한 누가강우량을 시간에 대하여 도시한 것이다(그림 2.8). 우량누가곡선은 자기우량계에 의한 자료를 이용하여 도시된다. 누가곡선으로부터 임의의 지속기간에 대한 총강우량과 강우강도가 구해진다. 임의의 지속기간에 대한 강우량은 지속기간의 시작과 끝나는 시간에서 종거의 차이로 주어지는 강우량이고, 강우강도는 이 강우량을 지속기간으로 나눈 값이고 우량누가곡선의 기울기($i = \Delta R / \Delta t$)와 같다. 우량누가곡선은 항상 증가곡선이고 비강우기간에는 수평선구간으로 나타난다.

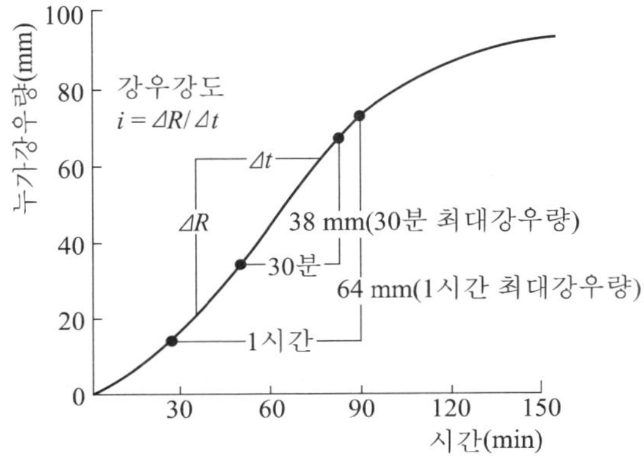

그림 2.8 우량누가곡선

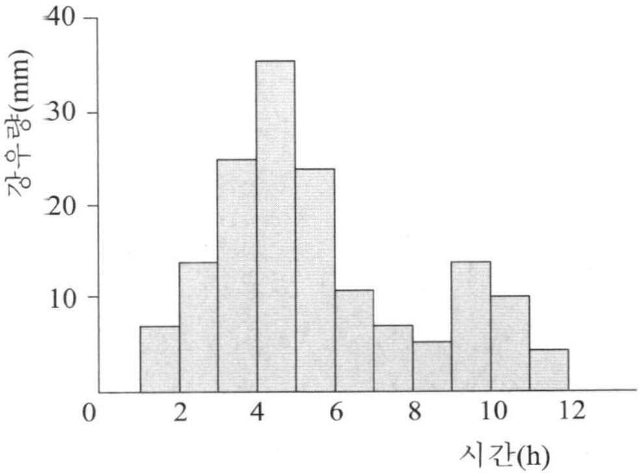

그림 2.9 우량주상도

우량주상도(雨量柱狀圖; rainfall hyetograph)는 단위 시간에 대한 평균 강우량을 나타내는 막대 그래프이다(그림 2.9). 이는 특정호우기간에서 최대강우강도의 결정과 전반적인 강우량의 분포를 파악하는데 유용하다.

예제 2.4

다음 강우기록우로부터 10분. 20분 및 30분에 대한 최대 강우량과 최대 강우강도를 산정하라.

시 간(min)	5	10	15	20	25	30	35	40
강우량(mm)	1.4	6.2	14.5	6.4	4.8	10.2	5.1	1.3

풀이 지속기간별 최대 강우량과 최대 강우강도는 표 2.2로부터 다음과 같다.

지속기간 10분 : 최대 강우량 = 20.9mm, 강우강도 = 20.9mm/(60/10)h = 125.4mm/h

지속기간 20분 : 최대 강우량 = 35.9mm, 강우강도 = 35.9/(60/20) = 107.7mm/h

지속기간 30분 : 최대 강우량 = 47.2mm, 강우강도 = 47.2/(60/30) = 94.4mm/h

표 2.2 예제 2.4의 계산과정

시간 (min)	강우량 (mm)	누가 강우량 (mm)	지속기간별 누가강우량		
			10min (mm)	20min (mm)	30min (mm)
0	0.0	0.0	–	–	–
5	1.4	1.4	–	–	–
10	6.2	7.6	7.6	–	–
15	14.5	22.1	20.7	–	–
20	6.4	28.5	**20.9**	28.5	–
25	4.8	33.3	11.2	31.9	–
30	10.2	43.5	15.0	**35.9**	43.5
35	5.1	48.6	15.3	26.5	**47.2**
40	1.3	49.9	6.4	21.4	42.3

2.10 강수 자료원

강수업무는 주로 국토교통부와 기상청의 두 기관에서 관장하며 각 기관은 각각 월보와 연보로 강수량기록을 발간하고 있다. 한국에서 체계적인 우량관측은 1917년 일본총독부에 의하여 시작되었으면 국토교통부는 1917~1961년 기간의 일우량 기록을 "수문조사서, 우량편"으로 발간하였다. 1962년 이후의 일우량자료는 국토교통부에 의하여 수위자료와 같이 "한국수문조사서"를 매년 발간하고 있으며 이중 1962~1978년의 17년간 우량, 수위기록을 모아 "한국수문조사서(우량, 수위)"를 단행본으로 발간하였다. 1973년에 설립된 한강홍수통제소를 비롯하여 5대 하천의 홍수통제소에서는 telemeter체제를 갖추어 일우량과 호우기간 시간우량을 수신하여 보관하고 있다. 한국수자원공사도 자체 telemeter우량관측소의 우량기록을 수집하여 수문자료집을 발간하고 있다.

기상청은 주로 도시지역에 설치된 관측소를 통하여 강우량뿐만 아니라 기온, 습도, 풍속, 풍향, 일조시간, 증발량, 강설량 등의 기후자료와 같이 기상월보와 기상년보로 발간한다. 또한 평년 연강우량(1971~2000)을 포함한 한국기후표와 한국기후도를 발간한다.

2.11 강수량의 시간, 지리적 분포

강수량은 대기순환의 전반적인 형태와 지역적인 인자에 따라 시간, 공간에서 변화를 갖는다. 지리적으로 강수량은 위도, 산악인자 및 수분공급원으로부터 거리에 따라 변한다.

시간적 분포. 강수량은 시간에 따라 크게 변화한다. 따라서 하나의 강우사상은 지속기간동안 강우량이 변할 뿐만 아니라 일, 주, 월, 계절, 연에 따라서도 다르게 된다. 강수기록은 부분적으로 증가하기도 하고 감소하기도 하나 그 추세가 계속되지 않고 평균치에 되돌아오는 경향을 갖는다. 시간적 변화의 경향을 조사하는 수단으로 장기간의 일기변수의 평균으로 정의되는 평년평균(平年平均; normal mean)이 사용된다(2.9참조).

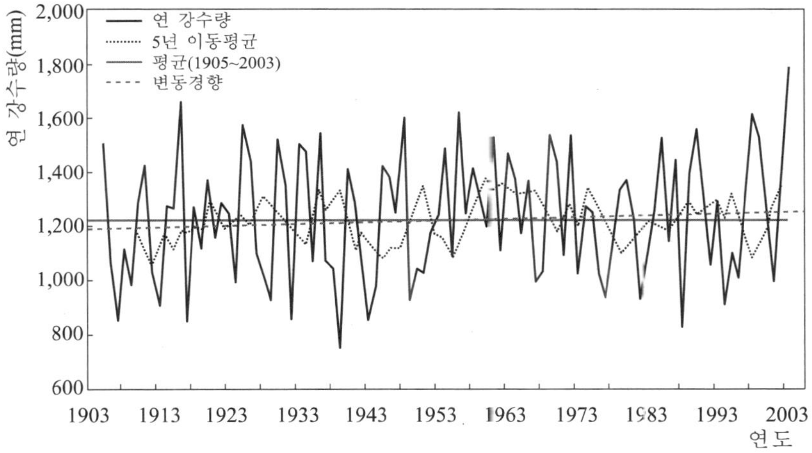

그림 2.10 연평균 강우량의 경년변화(국토교통부, 2006)

그림 2.10에서 지난 100년간의 연강우량은 약간의 증가경향을 나타낸다. 근대의 5년 이동평균 강우량은 가뭄이 거의 주기적으로 일어나는 경향을 보인다.

하나의 호우지속기간에 대한 시간 강우분포는 이산 또는 연속형태로 표현된다. 이산형은 강우주상도(그림 2.9)라 일컫고, 연속시간분포는 일반적으로 우량누가곡선(그림 2.8)으로 나타낸다. 지속기간(횡축)과 누가강우량(종축)을 총량에 대한 백분율로 도시하면 **무차원시간강우분포**(dimensionless temporal rainfall distribution)를 얻을 수 있다. 이는 중요한 강우특성인 시간적 강우양상을 나타내고 이는 총 강우량을 주상도로 변환하는데 이용되므로 강우로부터 설계홍수량을 계산하는데 중요한 도구가 된다. 한 지역의 시간적 강우양상은 몇 개의 전형적인 분포로 구분될 수 있다(그림 2.11).

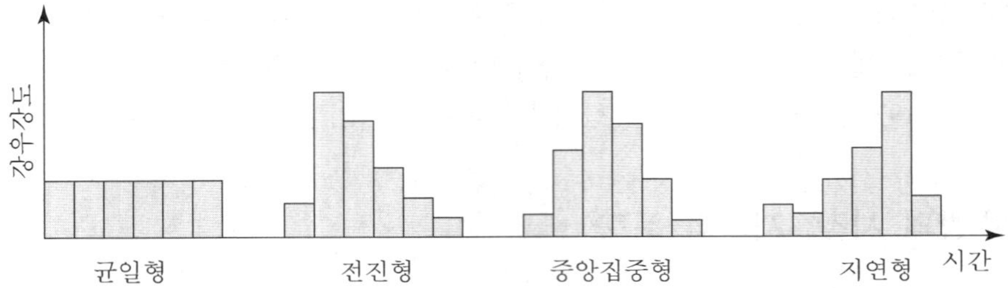

그림 2.11 강우형태의 주상도

하나의 호우사상 내에서 강우강도의 시간분포는 무작위이다. 겨울 강우나 작은 강우는 변화가 작은 비교적 균일분포이다. 그러나 호우는 높은 강우강도에서 시작하여 감소하는 전진형, 호우중간시간에 최대강우강도가 일어나는 중앙집중형 및 최대강우강도가 늦게 발생하는 지연형의 분포형태를 갖는다.

한국의 시간적 강우량 변화는 월 또는 계절에서 심하게 나타나며 연간 강우량의 변화 또한 현저하다. 그림 2.12에서 볼 수 있는 바와 같이 월평균강우량이 107mm인데 비하여 최저 12월 강우량은 14.8mm, 최대 8월 강우량이 303.8mm로 변화폭이 월 최소강우량의 20배 이상이고 연강우량의 2/3 이상이 6~9월에 편재된다.

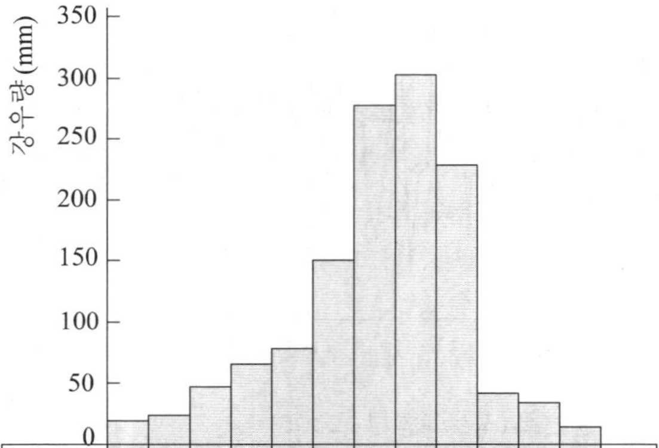

월	1	2	3	4	5	6	7	8	9	10	11	12	평균
평균강우량	15.7	26.3	42.6	64.1	72.3	163.3	281.6	303.8	228.6	40.4	29.7	14.8	106.9

그림 2.12 한국 월평균강우량(2005) (국토교통부, 2005)

지리적 분포. 강수량은 적도부근에서 가장 많고 위도가 증가함에 따라 감소하는 것이 일반적이나 강수량의 지리적 변화에 영향을 주는 인자는 위도 외에도 해안과 산악의 위치이다. 강수의 수분근원이 바다로부터 증발인 점에서 해안지역에 강수량이 많은 경향을 갖는다. 산맥을 가로질러 바람이 부는 경우 바람이 불어오는 경사면지역에는 강우량과 강우 횟수가 많다.

그러나 바람이 불어 가는 배사면 지역은 건조하고 강우량과 강우 횟수도 적다. 한국의 연평균강우량은 그림 2.15에서 알 수 있는 바와 같이 대관령－강릉지역, 남부중앙지역, 제주도지역에 많고 의성을 중심으로 한 경북지역이 가장 적다.

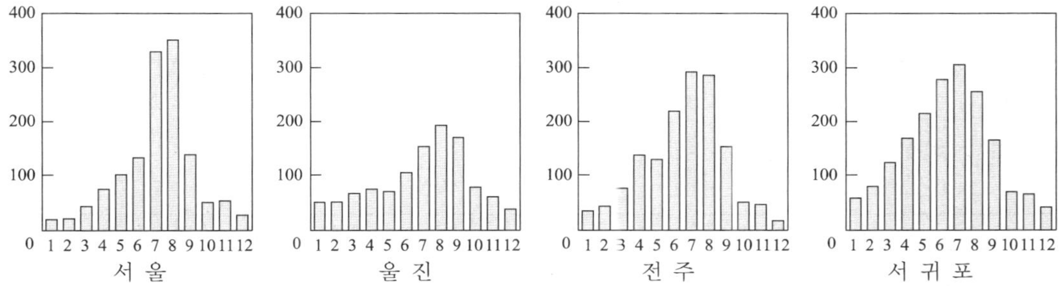

그림 2.13 평년월강수량(1971~2000) (한국기후도, 2001, 기상청)

2.12 가능최대강수량

가능최대강수량(可能最大降水量; probable maximum precipitation, PMP)은 세계기상 기구(WMO)에 의하면 "연중 특정시기에 지리적으로 특정위치에 주어진 호우지역에 걸쳐 물리적으로 가능한 주어진 지속기간 동안 이론적인 최대강수량깊이"로 정의된다. 이러한 극한 사상인 PMP는 막대한 자산피해와 인명손실이 예상되는 대댐의 여수로의 설계유량으로 채택되고 있다. PMP계산의 주요 과정은 관측호우의 수분최대화와 호우전이이다. 수분최대화는 최대 12시간 지속 1,000mb이슬점에 의한 가강수량을 구하여 호우 강우량을 증가하는 것이다. **가강수량**(可降水量; precitable water)은 모든 수증기가 응결되는 조건에서 단위면적을 갖는 공기기둥에 함유된 액체상태의 물의 양을 의미한다. 이슬점은 공기의 수분함유량(비습도)을 나타낸다. 이에 따라 이슬점은 대기수분의 지수로 사용된다. WMO에서는 최대 수분량을 구하는데 50년 이상의 최대 이슬점기록의 사용을 권장한다.

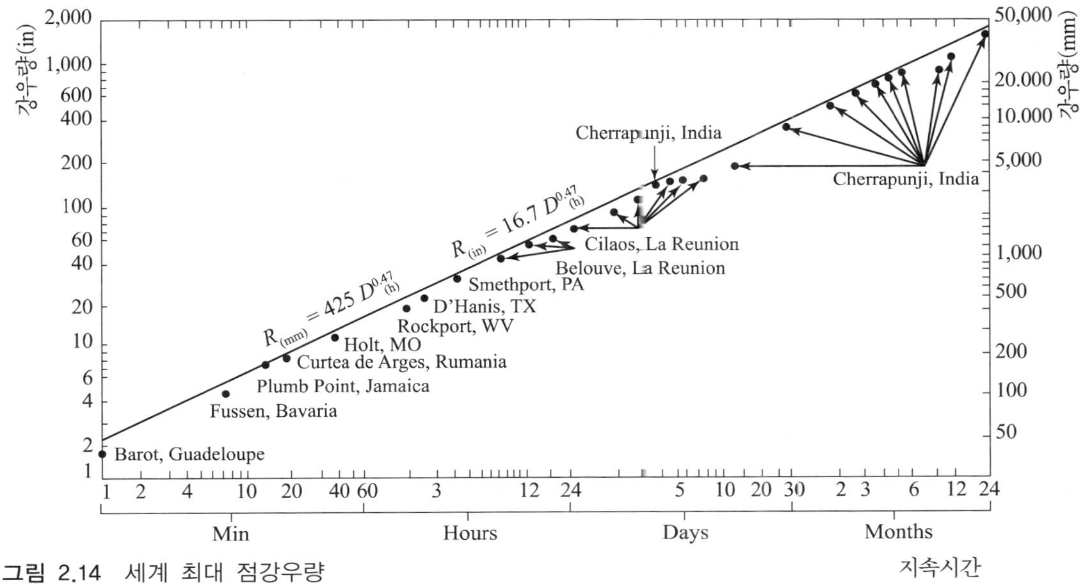

그림 2.14 세계 최대 점강우량

호우전이는 대상유역주위 넓은 지역에서 발생한 주어진 호우를 유역의 강우량을 대표할 수 있도록 이전하는 것이다. 호우전이는 주어진 호우에 대하여 호우가 발생가능한 기상학적으로 동질지역이 존재한다는 가정에 근거한다. 호우전이는 지리적인 전이과정에 존재하는 고도, 장애물 및 지형의 영향을 반영하도록 조정된다.

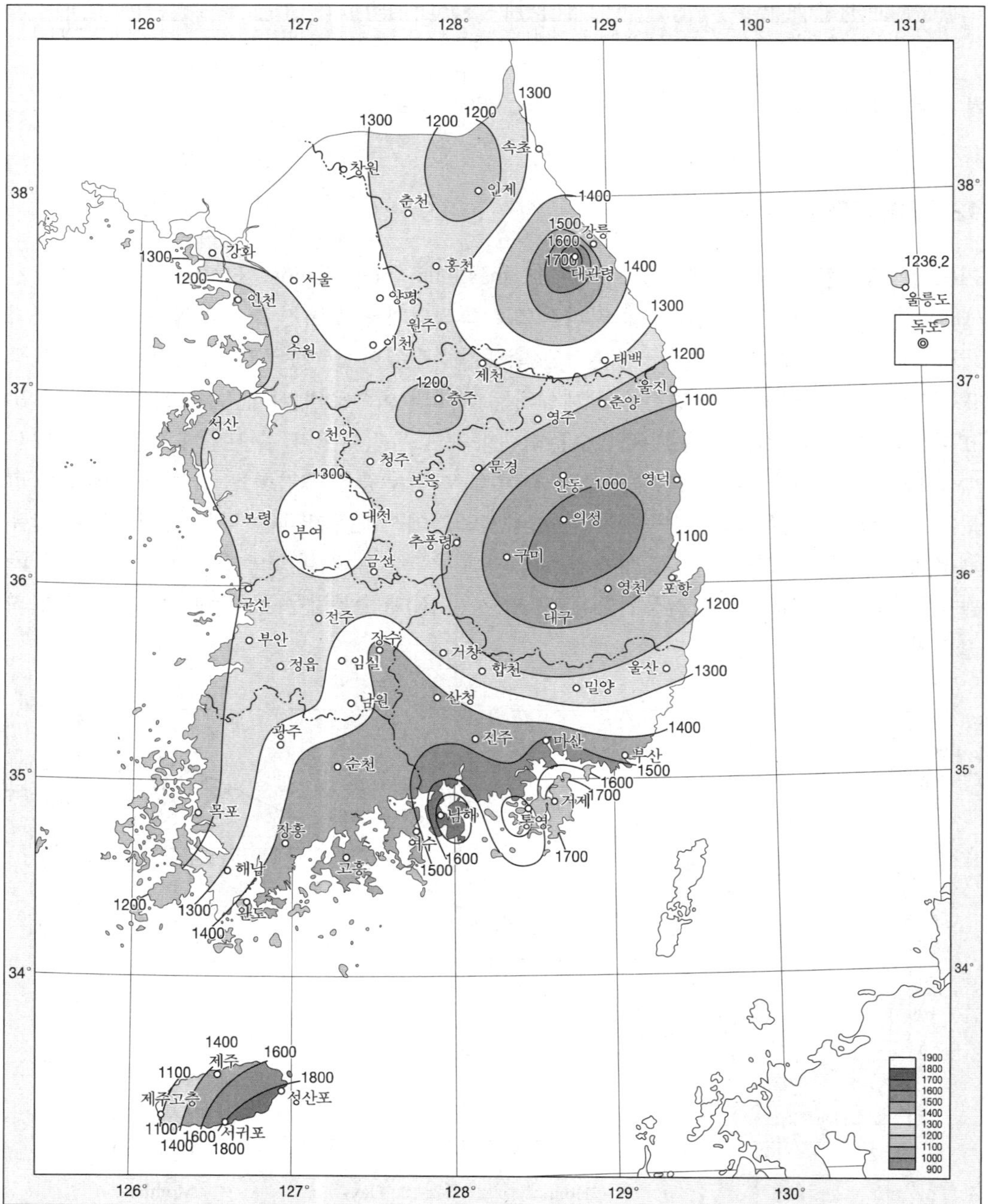

그림 2.15 평년 연강우량의 분포(1971~2001) (한국기후도, 2001, 기상청)

문 제

강우기록의 일관성

2.1 관측소 X와 주변 10개 관측소의 연평균 강수량이 다음에 주어진다. (a) 관측소 X의 강우자료의 일관성을 결정하라. (b) 어느 해에 변화가 일어났는가? (c) X관측소의 비보정 연평균 강수량은 얼마인가? (d) 최근 경향에 따라 보정된 연평균 강수량은 얼마인가? (e) 조정된 자료의 이중누가우량곡선을 도시하라.

연도	연 강수량(mm)		연도	연 강수량(mm)	
	관측소 X	10개 관측소평균		관측소 X	10개 관측소평균
1965	594	676	1978	770	7298
66	550	598	79	616	598
67	770	780	80	638	858
68	638	676	81	704	860
69	792	680	82	858	910
70	814	678	83	550	676
71	770	728	84	660	754
72	1276	1040	85	506	728
73	902	676	86	814	884
74	748	624	87	748	858
75	440	572	88	660	910
76	572	650	89	616	676
77	792	884	90	594	650

2.2 우량관측소 X의 연강수량과 주변 6개 관측소의 평균 연강수량이 다음과 같다. X관측소의 기록이 일관성을 결여하는 것으로 나타나면 이중누가해석을 이용하여 보정하라.

연도	X 관측소 강우량(mm)	6개 관측소 평균 강수량(mm)	연도	X 관측소 강우량(mm)	6개 관측소 평균 강수량(mm)
1974	304	322	1982	248	282
75	452	476	83	366	350
76	366	384	84	398	328
77	382	434	85	564	492
78	358	386	86	338	308
79	324	366	87	454	376
80	558	596	88	506	364
81	462	436	89		

결칙치 보완

2.3 관측점 $A(2.5, 1.5)$의 강우량 결측치를 평년강우량비법과 역거리방법으로 계산하라. 주위 관측점의 평년 강우량과 강우량은 다음과 같다.

관측점	관측점 좌표	평년 강우량(mm)	강우량(mm)
B	(1.0, 1.0)	180	120
C	(4.0, 1.0)	120	80
D	(3.0, 3.0)	200	160
A	(2.5, 1.5)	100	?

2.4 관측점 $X(1.7, -2.3)$ 의 강우량 결측치를 평년강우량비법과 역거리 방법으로 계산하라. 관측점 X이 평년 강우량은 210mm이다.

관측점	관측점 좌표	평년 강우량(mm)	강우량(mm)
A	(−2.0, 5.0)	120	15
B	(−1.7, 1.7)	140	37
C	(1.4, 3.0)	150	40
D	(−2.8, 4.2)	170	50
E	(5.5, 1.2)	180	55
F	(5.1, 3.6)	200	65

2.5 어느 호우기간 우량관측소 A는 고장으로 작동되지 않았으나 주변 관측소 B, C 및 D의 기록된 강우량은 각각 66, 57.1, 77.5mm이다. A, B, C, D관측소의 평년 연강우량이 각각 853, 942, 1049, 1191 mm이다. 관측소 A의 강우량을 추정하라.

2.6 5개 우량관측소의 7월 평균 강우량이 다음과 같다. 측점 B의 1990년 7월 결측치를 계산하라.

관측소	7월 평년 월강우량(mm)	1990. 7 관측치(mm)
A	76.2	88.9
B	114.3	?
C	50.8	48.3
D	63.5	68.6
E	121.9	127.0

면적 평균 강우량

2.7 다음에 보인 유역의 면적평균강우량을 산술평균, Thiessen방법 및 등우선법으로 산정하라. 각 방법의 가중인자를 계산하라.

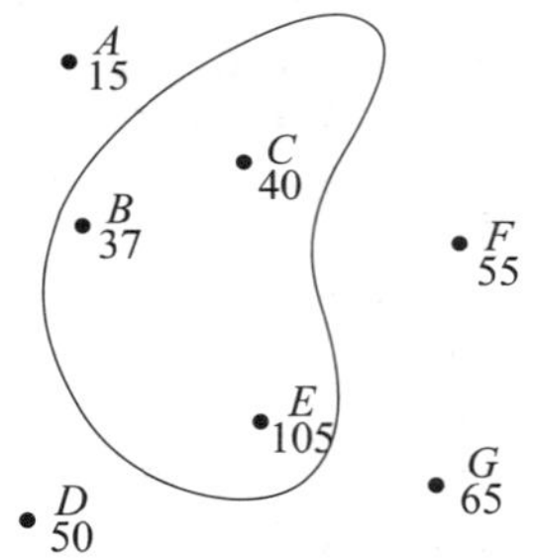

2.8 낙동강수계 위천의 1991년 7월 강우량이 다음과 같다. 세 가지 방법으로 유역평균강우량을 구하라. 유역면적은 472.5km^{2}이다.

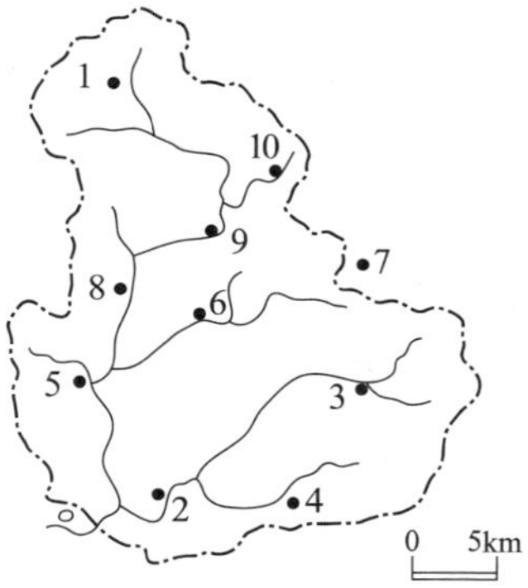

관측소번호	1991.7 강우량(mm)
1	266.2
2	384.6
3	520.1
4	384.3
5	368.0
6	340.0
7	417.2
8	401.0
9	419.4
10	437.0
11	286.8

2.9 다음은 보청천류역의 1995년 연강우량이다. 세 가지 방법으로 면적평균강우량을 산정하라. 유역면적은 475.7km^{2}이다.

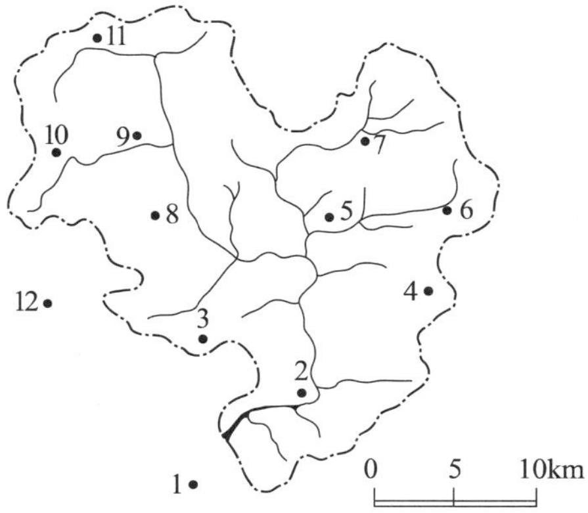

관측소 번호	연강우량 (mm)
1	1267.0
2	935.7
3	1019.9
4	1016.0
5	958.3
6	1131.0
7	1907.1
8	1098.1
9	1010.6
10	1049.4
11	835.7
12	938.3

강우자료의 표현

2.10 다음 강우기록에 대한 강우주상도와 우량누가곡선을 드시하라. 10, 20, 30분에 대한 최대강우량과 강우강도를 계산하라.

시 간(min)	0	5	10	15	20	25	30	35	40
강우량(mm)	0	2	5	6.3	5.6	5.3	4.0	3.0	0.7

2.11 어느 유역의 강우기록이 다음과 같다. 다음을 결정하라. (a) 처음 6시간의 평균 강우강도, (b) 전 호우기간 동안의 평균 강우강도, (c) 3, 6, 9시간에 대한 최대 강우량과 강우강도.

시 간(hr)	0～3	3～6	6～9	9～12
강우량(mm)	12	24	48	6

2.12 다음 강우기록의 우량누가곡선, 강우주상도를 작성하고 최대강우강도, 평균강우강도를 구하라.

시간(min)	강우량(mm)	시간(min)	강우량(mm)
4 : 30	0	50	72.1
40	1.5	6 : 00	74.6
50	3.0	10	76.2
5 : 00	8.1	20	78.0
10	12.2	30	80.8
20	24.3	40	83.2
30	44.2	50	84.8
40	56.9	7 : 00	89.2

2.13 다음 시간 강우량자료에 대하여 지속기간 1h, 2h 및 4h에 대한 최대 강우강도를 구하라.

시 간(h)	1	2	3	4	5	6	7	8
강우량(mm)	8	15	4	20	6	16	8	2

2.14 다음 강우량기록으로부터 총강우량, 5, 10, 20, 30분에 대한 최대 강우강도 및 평균 강우강도를 구하라.

시 간(min)	5	10	15	20	25	30	35	40
강우량(mm)	1.3	5.2	12.5	6.1	5.6	10.1	4.6	1.2

3 증발과 증발산

수면과 토양으로부터 증발과 증산은 수문순환의 중요한 과정의 하나로 지구 지표면에 내린 강우량을 수증기로 대기에 귀환한다. 증발과 증산의 구동력은 태양복사에너지이다. 지구상의 연간 증발량은 온대지역의 300mm이하에서 건조지역의 1,000mm에 이르고 해수면에서는 2,000mm를 상회한다. 증발되는 물의 양은 저수지와 지하저수지의 직접적인 손실을 구성한다. 따라서 증발에 의한 물손실의 산정은 저수지의 설계와 조작, 관개사업의 계획과 관개시설의 설계, 수질관리, 물 수지와 배분 및 급수해석 등 실질적으로 모든 물 관련 사업에 필요한 사항이다. 증발과 증산은 한 유역의 수분부족의 변화를 나타내는 척도이다. 이러한 관점에서 증발량과 증산량은 하천예보의 유출산정, 계획하는 관개사업에 필요한 수량의 결정에 사용되고 토양의 함수량결정에 중요한 인자이다. 증발은 하나의 하천유역이 생산할 수 있는 수량, 저수지의 필요 용량 및 작물의 소비수량의 산정에 미치는 영향이 크다.

3.1 증발과정

증발(蒸發; evaporation)은 수면(또는 지면)과 수면 상부공기와의 증기압의 차이로 인한 물분자 이동에 의하여 액체 상태의 물이 수증기로 변환되어 대기로 귀환하는 과정으로 mm/day 또는 cm/day로 표시한다. 물은 호수, 하천, 토양 및 젖은 식생과 같은 다양한 표면에서 증발한다. 고체상태에서 직접 수증기로 변환되는 과정을 승화(sublimation)라 한다. 눈과 얼음으로부터 승화에 의하여 상당한 양의 수증기가 대기에 유입한다. 그러나 이는 수면에서 일어나는 증발보다 훨씬 적다. 물 분자가 수면을 돌출하는데 필요한 에너지를 **증발잠재열**(蒸發潛在熱; latent heat of vaporization) 또는 **증발숨은열**이라 한다. 증발잠재열은 태양복사로부터 공급받으며 1대기압에서 1g의 물을 증기로 변환하는 데 필요한 열량(cal)이다. 20℃ 1기압에서 증발잠재열은 586cal/gm (586×4.1816J/cal×1,000kg/gm)=2.45KJ/gm=2.45MJ/kg) 이다. 즉 1gm의 물이 증발하는 데 586cal 또는 2.45MJ/kg에 해당하는 에너지(열)가 소모된다. 1cal는 물 1g의 온도를 1℃(14.5℃에서 15.5℃로) 올리는 데 필요한 열량에 해당된다. 수증기의 무게는 대기 중에 존재하는 다른 가스의 60%정도로 가벼워져서 수면위의 공기 중으로 상승하는 경향을 갖는다. 수증기는 수축, 팽창하고 이로 인하여 수증기 분자는 부분압력이라고 하는 자체의 압력을 가한다.

증발이 일어나는 과정은 다음과 같다. 수면의 온도가 T_s 이고 수면위의 공기층의 온도가 T_a 인 저수지와 같은 수체를 생각한다. 수면의 물 분자는 수소결합에 의하여 서로 결속되어 있다. 그러나 수온이 증가하면 활동성이 되어 주위 물 분자와의 결속력을 초과하는 높은 에너지를 갖는 물 분자는 주위 분자와의 결속을 끊고 수면에서 공기 중으로 돌출한다. 이는 돌출하는 물 분자의 에너지가 증발잠재열을 초과하는 현상이다. 수소결합을 끊을 만큼 충분한 에너지를 갖는 분자의 수는 수면온도 T_s 에 비례하고 T_s 의 상승은 에너지의 공급으로 이루어진다.

Fick확산제일법칙은 확산흐름율과 농도의 관계를 정의하고 이에 따라 물질은 농도가 높은 데서 낮은 데로 이동하고 흐름율은 농도구배에 비례한다. 수면은 물 분자로 포화되어 농도가 높고 수면위의 공기층은 물 분자(수증기)의 농도가 낮으므로 물 분자는 Fick제일법칙에 따라 수면에서 공기 중으로 이동한다. 즉 수증기이동은 수증기의 밀도구배 $d\rho/dz$에 비례한다. 밀도를 압력의 항으로 나타내면

$$E = -K\frac{de}{dz} \tag{3.1}$$

여기서 E는 증발율, e는 증기압, z는 수면을 기준으로 한 높이 및 K는 전달계수이다. 대기로 이동하는 물 분자가 증가함에 따라 수면상부 공기층의 수증기의 밀도가 증가한다. 공기층 수증기의 밀도가 증가함에 따라 공기층의 수증기압력 또한 증가하고 이에 따라 대기로 돌출하는 물 분자 수 즉 증발은 감소한다. 이는 수면의 포화증기압 e_s와 공기층 증기압 e_a의 차이 $(e_s - e_a)$가 클수록 증발이 증가함을 설명한다. 증발이 수면과 공기 중 물 분자의 농도차이에 비례하고 이 농도차이를 증기압의 항으로 나타낸 것이 **Dalton법칙**으로 식 (3.2)와 같이 기술된다.

$$E = C(e_s - e_a) \tag{3.2}$$

여기서 E는 증발율(mm/day), e_s는 수면온도에 대한 포화증기압(kPa 또는 mb), e_a는 공기온도 T_a에 대한 증기압(kPa 또는 mb), C는 풍속에 따라 결정되는 계수이다.

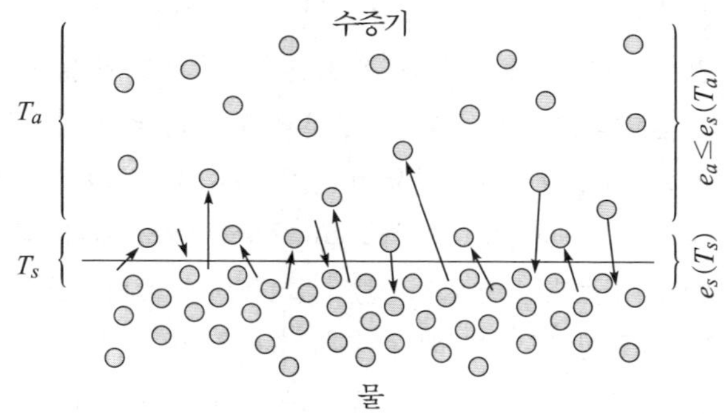

그림 3.1 수면 위 물 분자의 이동의 개괄도

대기로 돌출하는 물 분자는 이미 돌출된 분자와 충돌하여 일부 물 분자는 수면에 귀환한다. 수면으로 되돌아오는 물 분자보다 대기로 이동하는 물 분자가 많을 때 순증발이 일어난다. 대기 중 물 분자의 밀도가 증가하여 수면의 포화상태인 물 분자의 밀도와 같게 되면 평형상태에 이른다. 즉 수면 바로 위의 공기층은 수증기로 포화상태가 되어 얇은 포화층을 형성한다. 이 포화층 공기의 압력은 공기온도 T_a에서 포화증기압 $\epsilon_s(T_a)$가 되고 순증발은 영이 된다. 즉 공기의 증기압이 물의 포화증기압과 같게 되면 증발은 일어나지 않고 공기의 증기압이 가장 낮을 때 증발은 최대가 된다. 포화층 상부의 수증기 밀도는 고도에 따라 감소한다. 증발이 계속 일어나기 위해서는 포화층 공기의 수증기가 감소 또는 제거되어야 하고 이는 풍속에 좌우된다.

3.2 증발에 영향을 주는 인자들

증발은 수면뿐만 아니라 나지, 초목으로 피복된 토양, 초목, 지붕, 도로와 같이 강우에 노출되는 모든 불투수면에서도 일어난다. 증발률은 표면의 색, 반사성질, 표면의 노출상태에 따라 다르게 된다. 증발이 일어나기 위해서는 태양복사에너지, 바람 및 수분의 공급이 필요하고 이외에 증발에 영향을 주는 인자는 증기압구배, 온도, 기압, 습도, 수질, 토양 등이다.

태양복사열. 물 분자에서 가스 분자로의 상태변화는 증발잠재열의 에너지입력을 필요로 하므로 증발과정은 태양의 직접적인 복사를 받는 상태에서 가장 활발하다. 증발잠재열은 25℃에서 물 1g이 증발하는데 약 583.2cal가 필요하고 이는 물 입자간의 수소결합을 끊는데 필요한 에너지이다. 지구에 도달하는 태양복사열을 부분적으로 차단하는 구름은 에너지입력을 감소시켜 증발과정을 완만하게 한다.

$$E = \frac{Q_e}{\rho \lambda} \tag{3.3}$$

여기서 E는 증발율(cm/day), Q_e는 증발에 이용가능한 에너지(cal/cm^2 day), λ는 증발잠재열(cal/g), ρ는 공기밀도(g/cm^3)이다.

증기압. 이는 공기의 성질로 온도만의 함수이다. 더운 공기는 찬 공기보다 많은 수분을 보유하고 온도가 낮아지면 응결된다. 여름에 얼음 물 컵 표면에 물방울이 맺히는 것은 더운 습한 공기가 얼음 물 컵에 접촉할 때 공기의 온도가 낮아져 응결되기 때문이다.

용기에 두 가지 이상의 가스 예로 수증기와 산소가 존재할 때 각 가스는 다른 가스에 관계없이 용기 벽면에 압력을 작용하는데 이를 **부분압**(部分壓; partial pressure)이라 하고 수증기에 의하여 가해지는 부분압을 **증기압**(蒸氣壓; vapor pressure)이라 한다. 따라서 증기압은 용기 내 또는 공기뭉치에 함유된 수증기량의 척도이고 습윤공기와 건조공기의 압력차이이다. **포화증기압**(飽和蒸氣壓; saturated vapor pressure)은 용기 또는 수증기뭉치가 수증기를 최대로 함유한 상태의 증기압이다. 그림 3.2는 포화증기압과 온도의 관계를 나타내는 곡선으로 횡축에 주어진 온도에 대한 포화증기압은 곡선의 종축에서 읽을 수 있으며 이 곡선을 나타내는 식 (3.4)로 계산할 수 있다.

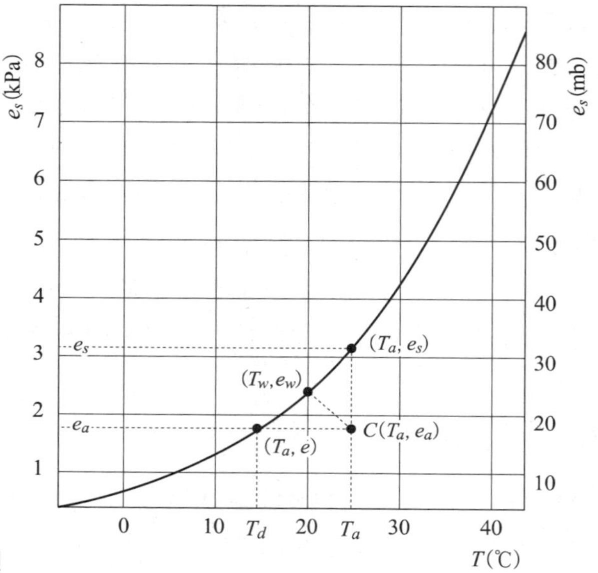

그림 3.2 포화증기압곡선

$$e_s = 0.611\exp\left(\frac{17.27\,T}{237.3 + T}\right) \tag{3.4}$$

여기서 e_s는 평균온도에 대한 포화증기압(kPa/℃), T는 평균 온도(℃)이다. 증기압을 구하기 위해서는 온도와 실제 수분량을 나타내는 상대습도 또는 이슬점온도를 필요로 한다.

$$e_a = e_s RH \tag{3.5}$$

여기서 e_a는 온도 T에 대한 증기압(kPa 또는 mb), e_s는 포화증기압(kPa 또는 mb), RH는 상대습도(%)이다.

Dalton 법칙에 따라 증발은 증기압구배(de/dz) 또는 포화증기압과 증기압의 차이 $(e_s - e_a)$이 크게 되면 증가한다. $(e_s - e_a)$는 그림 3.2의 온도 T_a에서 추가로 흡수할 수 있는 수증기의 양을 나타내고 이를 **포화증기압부족량**(飽和蒸氣壓不足量; saturation vapor pressure deficit)이라고 한다. (포화)증기압부족량은 공기뭉치가 추가로 흡수할 수 있는 수증기량의 척도이다.

상대습도. 상대습도는 수분을 최대로 보유한 포화상태의 수증기량에 대한 실제 공기에 포함된 실제수증기량의 비이고 [실제 증기압(e_a)/포화증기압(e_s)]×100으로 계산된다. 상대습도의 증가는 실제 증기압의 증가를 나타내고 이는 공기 습도의 상승으로 수증기를 흡수할 수 있는 능력이 감소하여 증발율이 완만해진다. 증발이 계속되기 위해서는 건조한 공기가 유입되어야 한다. 공기가 습한 해안보다 공기가 건조한 내륙에서 증발량이 많게 된다.

바람. 증발이 계속되면 수면과 공기 사이의 경계층은 수증기의 밀도가 증가하여 포화상태에 이르러 증발장애가 형성된다. 증발이 지속되기 위해서는 경계층이 건조한 공기로 대체되어야 하고 이는 바람에 의해서 가능하다. 따라서 증발은 풍속에 따라 증가하나 어느 정도에 이르면 증발율은 둔화된다. 증발(산)량의 추정은 특정 고도에서의 풍속을 필요로 한다. 그러나 측정된 풍속은 다른 고도의 자료인 경우가 많다. 고도 z_1의 풍속 u_1이 주어질 경우 고도 z_2의 풍속 u_2를 구하는 식은 다음과 같다(Allen 등, 1989).

$$u_2 = u_1 \frac{\ln(z_2 - 0.67h_v) - \ln(0.123h_v)}{\ln(z_1 - 0.67h_v) - \ln(0.123h_v)} \tag{3.6}$$

여기서 h_v는 식생의 높이, $0.67h_v$는 조도의 높이로 풍속이 영이 되는 높이, $0.123h_v$는 표면조도이다.

기온. 물 분자의 이동은 온도에 따라 증가한다. 온도상승에 따라 상대습도는 감소하고, 물 분자의 운동에너지는 증가한다. 이 증가된 에너지는 수면과 증발표면에서 공기 중으로 물 분자 이동을 가속시킨다. 이러한 이유로 물의 온도나 지표면의 온도가 높아질수록 열에너지가 증가하여 물 분자의 운동이 활발해져 수면과 증발표면에서 공기층으로 물 분자의 수송이 증가한다. 증발량산정에 사용되는 온도는 평균온도로 전 기간 온도의 평균 또는 최고온도와 최저온도의 평균으로 주어진다. 일 평균온도의 경우 24시간 온도의 평균 또는 일 최고와 일 최저온도의 평균으로 계산되고 후자가 주로 사용된다.

수질. 물에 고체가 용해되어 있으면 물의 증기압은 감소한다. 따라서 순수한 물의 증기압은 동일온도에서 염수의 증기압보다 높다. 1%의 염분함유는 약 1%정도로 증발율을 감소시킨다. 또한 염분함유율이 3%정도인 해수에서는 증발량이 담수에서보다 3%정도 낮게 된다. 수면에 막을 형성하는 물질은 증발을 감소시킨다.

증발표면의 성질. 온도상승은 증발율을 증가시킨다. 수심이 작으면 큰 경우보다 온도상승이 빨라서 증발도 빨라진다. 검정 흙이나 검정물체는 옅은 색의 흙이나 물체보다 입사되는 복사열을 더 많이 흡수해서 열로 변화시키므로 증발량이 많게 된다. 증발은 토양의 함수량에 영향을 받으므로 모관상승고가 높은 세립토양에서 증발율이 높다. 식생은 그늘을 형성하고 표면풍속을 감소시켜 증발은 감소한다. 초목, 건물과 같이 강우에 노출되는 모든 표면은 증발표면이 된다. 포화토양 표면의 증발율은 같은 온도의 수면에서와 거의 같고 토양이 건조하게 되면 증발은 중단된다.

눈과 얼음 표면에서도 증발은 일어나지만 눈 표면에서 최대증발량(노점이 15℃인 조건에서)은 30℃인 수면 증발량의 25%에 불과하다. 일반적으로 거칠고 불규칙한 표면에서는 마찰이 풍속을 감소시키나 난류의 유발에 의한 연직풍속성분은 증발을 증가시킨다. 수면에서 강한 바람은 파랑을 발생시켜 증발표면을 증가시킨다.

3.3 증발량측정

자유수면과 지표면의 증발량측정은 증발접시와 증발계를 이용하여 측정되며 보편적인 방법은 증발접시이다. 증발접시가 널리 이용되는 것은 비용이 저렴하고 조작이 간단하고 접시증발량과 저수지 증발량과의 비가 시간과 공간에서 그 변화가 작은 점이다. **증발계**(蒸發計; atmometer 또는 evaporimeter)는 증발량을 측정하는 기구이다. 여러 종류가 있으나 일반적으로 용기내의 물을 흡수하는 **다공성구**(porous bulb)로 구성된다. 다공성구 표면에서 증발이 발생하면 다공성구는 용기로부터 물을 흡수하므로 흡수에 따라 용기 내 수면의 강하깊이가 증발량의 척도가 된다.

증발접시

증발접시(evaporation pan)는 아연도금한 철재재질을 사용하여 제작한 원통접시이다. 여기에 물을 채우고 일정기간동안(보통 1일) 강하된 수위를 훅게이지를 이용하여 측정한다. 이 강하된 수위는 증발량(mm/day)을 나타낸다. 증발접시에는 설치되는 장소와 상태에 따라 지상, 매설 및 부상 증발접시가 있다.

지면증발접시(surface pan). 가장 보편적인 증발접시는 지면에 설치되는 지상증발접시이다. 증발접시의 크기는 내경이 120cm, 깊이가 30cm(그림 3.3)이고 내경이 20cm, 깊이 10m의 소형증발접시도 사용된다.

증발량 측정과정. 증발접시에 물을 채울 때에는 접시 벽에 의한 바람의 영향을 막기 위하여 접시 내 수면이 접시의 상단에서 5cm 아래까지 채우고 1일(24시간) 후에 강하된 수면을 접시벽면에 부착된 훅게이지를 이용하여 읽는다. 접시 내 수면이 진동하는 경우에는 읽는 값이 오차를 포함할 수 있다. 이로 인한 증발량의 오차를 줄이기 위하여 바닥에 작은 구멍을 가진 정온정을 설치하여 정온정의 정온 상태의 수위를 읽는다. 이와 같이 읽은 수면강하가 증발량(mm/day)이 된다. 증발량을 측정한 후에는 증발된 양에 해당하는 물을 보충하여 접시수면을 원래의 고정수위까지 올린다. 비가 오는 날의 증발량은 훅게이지로 측정한 수면 강하에 일강우량을 더해 구해진다. 일반적으로 증발량은 같은 장소에서 강우량과 풍속이 같이 측정된다. 미국에서 널리 사용되는 증발접시는 미국기상청의 Class A Pan으로 직경이 4ft(120.7cm), 깊이가 10in(25.4cm)이다. 증발접시는 15.4cm 정도 높이의 목재격자위에 설치하여 접시와 지면 사이에 공기가 순환되도록 하여 증발접시에 대한 지열의 영향을 배제한다. 태양열복사에 의한 접시벽면을 통한 열전도 때문에 접시증발량은 저수지증발량보다 크게 된다. 따라서 저수지증발량은 증발접시계수를 이용해서 접시증발량을 보정하여 결정된다. **접시계수**(pan coefficient)는 저수지증발량과 증발접시증발량의 비이다.

$$E_L = KE_P \tag{3.7}$$

여기서 E_L는 저수지증발량, E_P는 증발접시증발량, K는 접시계수이다. K값은 0.6~0.8범위이며 평균 0.7이다. K산정에 사용되는 증발량은 일반적으로 연증발량이나 5~9월간의 증발량이

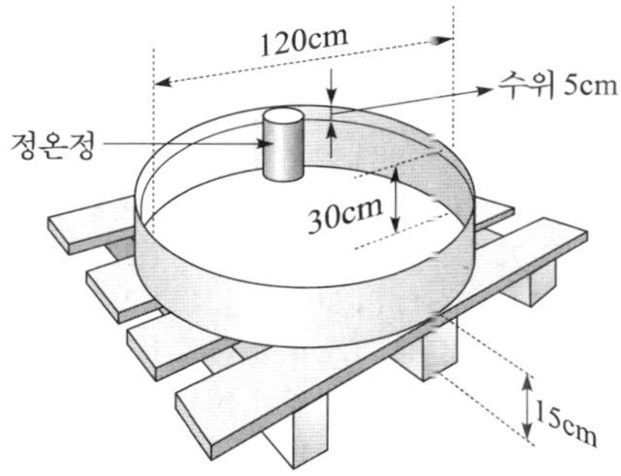

그림 3.3 지면 증발접시

사용되기도 한다.

매설증발접시(sunken pan). 이는 대개 4각형접시로 지면보다 낮게 설치되고 이에 따라 접시의 벽면이 받는 태양복사에 의한 온도상승의 영향을 무시할 수 있는 이점이 있으나 이물질이 들어가기 쉬워 관리 및 설치가 곤란할 뿐만 아니라 지열의 영향을 배제하기 어렵다. 접시계수는 0.75～0.95이다.

부상증발접시(floating pan). 이는 정사각형의 접시로 접시의 5/6가 물에 잠기도록 설치하고 저수지수면과 거의 같은 수위로 물을 채운다. 이는 접시벽면의 전도의 영향을 피할 수 있어서 저수지 증발량을 가장 정확하게 측정할 수 있다. 그러나 설치와 접근이 어렵고 파랑에 의하여 물이 튀겨 접시내로 들어가거나 나가는 것을 막을 수 없는 등 조작과 관리가 어렵다. 미국 지질조사국의 부상증발접시는 일변이 0.9m의 정사각형에 깊이는 46cm로 38.9cm가 물에 잠기며 접시계수는 0.80이다.

예제 3.1

(a) 일 강우량과 접시의 고정수위까지 수심을 유지하기 위하여 보충한 수량이 다음과 같을 경우 (a)증발접시의 일 증발량을 계산하라. (b) 저수지의 수면적이 4.3km^2 이고 접시계수가 0.7인 저수지의 일 증발량과 6일간 증발량을 구하라. 또한 6일간 물 손실량을 산정하라.

시 간 (일)	1	2	3	4	5	6
강 우 량 (mm)	0	6	1	0	0	5
보충수량 (mm)	16	15	8	14	10	12

풀이 (a) 일 접시증발량은 다음 표와 같이 접시의 고정수위까지 채운 수량과 강우량의 합으로 주어진다.

시간 (일)	1	2	3	4	5	6
접시증발량[강우량＋보충수량](mm)	16	21	9	14	10	17
저수지증발량[접시증발량×0.7](mm)	11.2	14.7	6.3	9.8	7.0	11.0

(b) 저수지의 일 증발량은 일 접시증발량에 접시계수 0.7을 곱해서 얻어진다.

6일간 증발량은 일 증발량의 합으로 60.9mm 이다.

저수지의 6일간 물 손실량은 $(60.9/1000) \times 4.3 \times 1000^2 = 261{,}870\text{m}^3$ 이다.

표 3.1 월평년증발량(1971～2000)

(단위: 0.1 mm)

관측소명 \ 월	1	2	3	4	5	6	7	8	9	10	11	12	전년
속 초	703	639	906	1,357	1,604	1,225	1,190	1,200	998	1,009	830	778	12,439
대 관 령	487	507	750	1,256	1,554	1,202	1,081	975	814	870	636	532	10,664
춘 천	356	439	744	1,177	1,443	1,439	1,286	1,235	973	714	435	352	10,593
강 릉	658	626	889	1,341	1,611	1,305	1,304	1,212	1,013	961	758	719	12,397
서 울	373	463	823	1,199	1,423	1,374	1,145	1,216	1,079	895	552	400	10,942
인 천	454	513	814	1,214	1,450	1,399	1,303	1,350	1,190	972	621	473	11,753
울 릉 도	417	436	765	1,194	1,542	1,190	1,237	1,247	1,003	906	645	486	11,068
수 원	363	454	791	1,158	1,420	1,425	1,286	1,306	1,079	853	507	377	11,019
서 산	376	458	800	1,075	1,409	1,365	1,215	1,323	1,020	809	463	368	10,681
울 진	678	634	871	1,288	1,600	1,318	1,280	1,327	1,042	989	761	708	12,486
청 주	337	437	7,750	1,174	1,432	1,411	1,299	1,318	1,017	785	4,444	339	10,768
대 전	357	453	797	1,212	1,473	1,385	1,311	1,312	1,031	814	464	354	10,963
추 풍 령	540	612	975	1,463	1,740	1,485	1,318	1,391	1,143	1,039	703	572	12,981
포 항	641	644	913	1,279	1,595	1,353	1,391	1,372	1,013	957	717	659	12,534
군 산	426	510	816	1,097	1,340	1,331	1,342	1,480	1,144	977	605	463	11,531
대 구	530	606	978	1,373	1,736	1,588	1,486	1,574	1,134	978	630	522	13,135
전 주	322	372	671	1,048	1,368	1,330	1,262	1,358	1,014	838	470	331	10,384
울 산	591	627	916	1,193	1,474	1,301	1,381	1,477	1,079	986	713	618	12,356
광 주	404	485	866	1,223	1,479	1,488	1,437	1,484	1,121	938	557	422	11,904
부 산	688	704	904	1,095	1,255	1,115	1,211	1,347	1,065	1,017	764	712	11,877
통 영	567	587	854	1,073	1,275	1,112	1,137	1,340	993	904	637	574	11,053
목 포	478	520	820	1,129	1,337	1,226	1,258	1,445	1,184	1,052	679	514	11,642
여 수	726	751	1,021	1,260	1,476	1,295	1,353	1,531	1,307	1,198	838	719	13,475
제 주	543	575	864	1,126	1,390	1,289	1,609	1,570	1,212	1,081	732	589	12,580
진 주	513	590	870	1,138	1,366	1,202	1,220	1,273	1,019	914	613	498	11,216

자료: 한국기후표(기상청, 2001)

3.4 수면 증발량결정

수면증발량을 결정하는 방법에는 물수지, 에너지수지, 질량수송, Penman(조합방법) 및 접시증발량자료(3.3 증발량 측정)가 있다.

3.4.1 물수지

증발량을 산정하는 **물수지**(water budget)식은 기본적으로 강우입력과 유출, 손실 및 유역저류량 간의 물 수지를 나타낸다.

$$E=(S_1-S_2)+I+P-O-O_s\,[\mathrm{m}^3] \tag{3.8}$$

여기서 E는 증발량, S_1과 S_2는 기간 Δt의 시작과 종료시점에서 저수지의 저류량, $S_1-S_2=\Delta S$는 저류량의 변화이고, I는 유입량, P는 강우량, O는 방류량 및 O_S는 저수지바닥과 벽면을 통해서 일어나는 침윤량이다. 모든 항의 단위는 1주 또는 그 이상의 기간에 대한 체적(m^3)이다. 이 방법은 보다 일반적으로 월 또는 연 증발량산정에 이용된다. 유입량, 방류량, 강우량 및 저류량의 변화는 비교적 정확하게 측정될 수 있다. 그러나 침윤량은 지하수위나 투수계수의 측정치로부터 간접적으로 구해지므로 정확도가 낮으나 침윤량 산정의 정확도는 실제 증발량에 영향을 미친다. 큰 온도변화에서는 저류량의 팽창과 수축의 영향이 커서 미국 Hefner호수의 경우 밀도변화에 대한 보정치로 10mm가 사용된 예도 있다. 물수지방법은 특히 비도시지역의 물 손실산정에 이용된다.

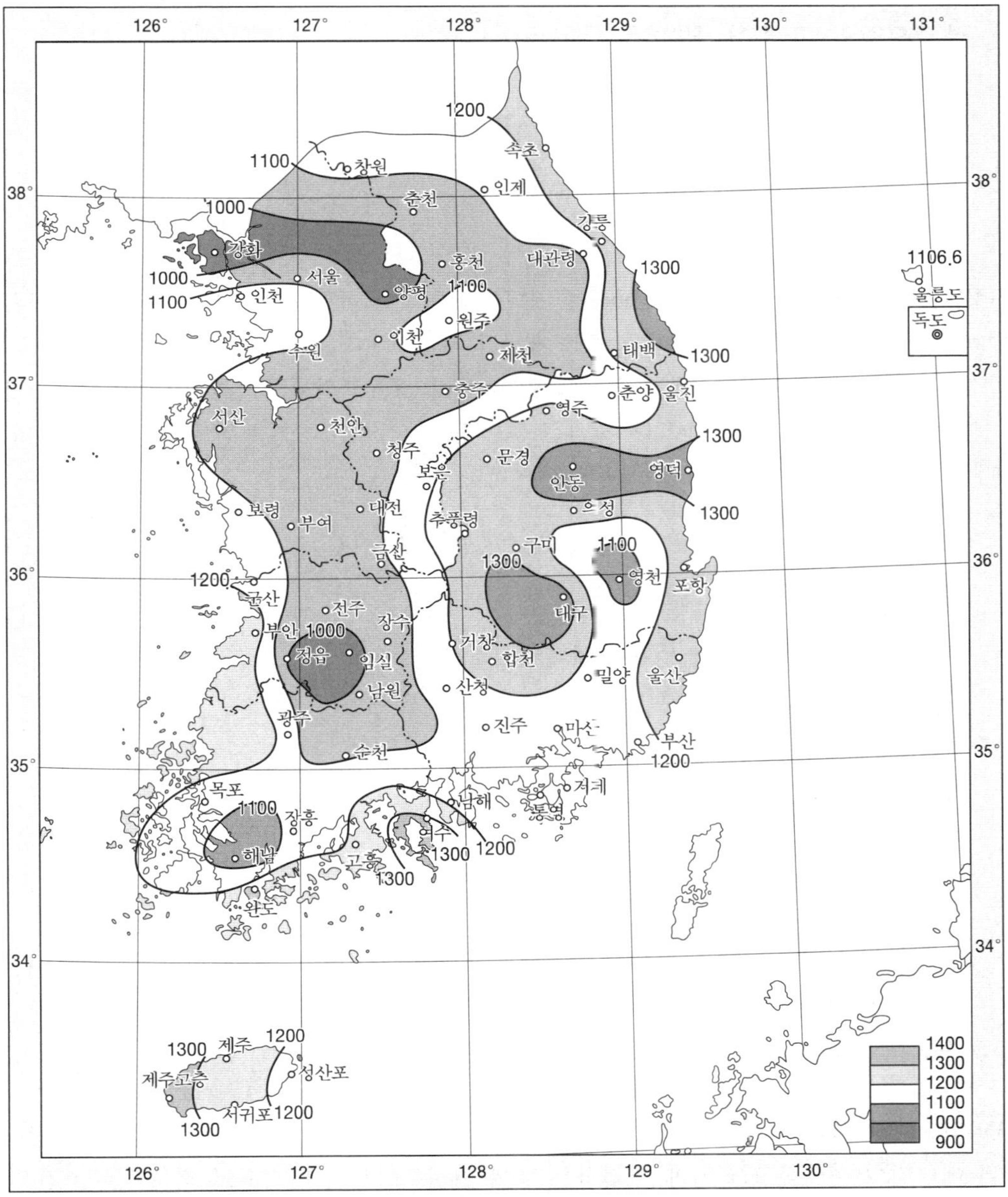

그림 3.4 평년연증발량(1971~2000) (한국기후도, 기상청, 2001)

예제 3.2

수면적이 4km²인 호수의 월 증발량을 산정하라. 평균방류량이 1.5m³/s, 평균유입량이 2.0m³/s, 월 강우량이 90mm이고 호수의 수면은 1개월 동안 4cm 강하했다. 침윤량은 무시된다.

풀이

월 방류량 $O = 1.5 \times 3600 \times 24 \times 30 = 38.88 \times 10^5 \mathrm{m}^3$

월 유입량 $I = 2.0 \times 3600 \times 24 \times 30 = 51.84 \times 10^5 \mathrm{m}^3$

월 강우량 $P = 90/1000 \times 4 \times 10^6 = 3.6 \times 10^5 \mathrm{m}^3$

저류량의 변화 $\triangle S = S_1 - S_2 = 4/100 \times 4 \times 10^6 = 1.66 \times 10^5 \mathrm{m}^3$

식 (3.8)을 적용하면 월 증발량은

$$E = S_1 - S_2 + I + P - O$$

$$= (1.66 + 51.84 + 3.6 - 38.88) \times 10^5 \mathrm{m}^3 / (4 \times 10^6 \mathrm{m}^2) = 0.456\mathrm{m} = 45.6\mathrm{cm}$$

3.4.2 에너지수지

에너지수지 방법(energy budget method)은 에너지항으로 쓰여진 에너지보존원리의 연속방정식을 풀어서 증발량을 구하는 방법이다. 증발에 소요되는 에너지는 유입에너지, 유출에너지 그리고 일정기간 동안 저수지 수체에 저장되어 있는 에너지를 고려함으로서 얻어진다. 그림 3.5와 같은 저수지의 수체에 대한 에너지수지식은 주어진 기간 동안 증발표면에 유입되는 에너지와 유출에너지는 같다는 에너지보전원리에 근거한다.

$$Q_\theta = Q_s - Q_r + Q_a - Q_{ar} - Q_{bs} + Q_v - Q_e - Q_h - Q_w \tag{3.9}$$

여기서 Q_θ = 물에 저장된 에너지

Q_s = 입사되는 단파태양복사에너지

Q_r = 반사되는 단파태양복사에너지

Q_a = 대기로부터 입사되는 장파복사에너지

Q_{ar} = 반사되는 장파복사에너지

Q_{bs} = 수면에서 역반사되는 장파복사에너지

Q_v = 유입, 유출되는 물에 의하여 이송된 에너지

Q_e = 증발에 사용된 에너지

Q_h = 물에서 대기로 전도되는 에너지(감열(현열)(sensible heat)손실)

Q_w = 증발되는 물에 의하여 빠져나간 에너지

식 (3.9)의 모든 항의 단위는 cal/cm²/day, MJ/m²/d 또는 langleys/d(ly/d)이다. 짧은 기간에는 물에 저장된 에너지의 변화를 정확하게 결정하는 것이 어려우므로 일반적으로 적용되는 기간은 1주 또는 그 이상이 된다. 식 (3.9)에서 Q_w는 $Q_w = CQ_e$와 같이 Q_e의 항으로 나타내나 그 크기가

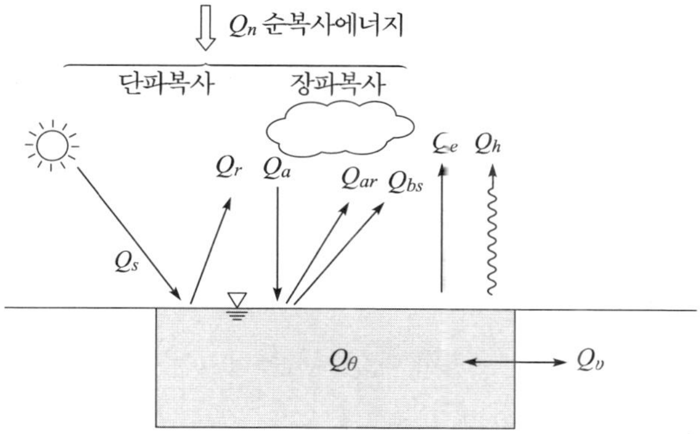

그림 3.5 저수지수체에 대한 에너지수지

미소하므로 무시되고, Q_θ는 수체 온도의 정기적인 측정으로, Q_v는 수체에 유입, 유출되는 물의 체적과 온도의 측정으로 결정된다. 현열 Q_h는 측정이 어려우므로 증발에 사용된 에너지와의 관계가 된다.

$$Q_h = B\,Q_e \tag{3.10}$$

여기서 B는 전도되는 현열과 증발잠재열의 비로로 정의되는 **보웬비**(Bowen ratio)이다.

$$B = \frac{Q_h}{Q_e} = \gamma\frac{T_s - T_a}{e_s - e_a} = 0.665\frac{P}{1,000}\,\frac{T_s - T_a}{e_s - e_a} \tag{3.11}$$

여기서 γ는 습도측정상수(식 3.26, 3.28참조), P는 대기압(mb), e_s는 수면온도 T_s(℃)에서 공기 포화증기압(mb), e_a는 대기온도 T_a(℃)에서 증기압(mb)이다.

태양복사에너지 Q_s. 태양복사에너지는 대기의 외계에서 태양에 직각인 면이 받는 파장이 $1\mu m$보다 작은 단파의 태양복사에너지로 1.366kW/m^2 또는 1.96cal/cm^2/min로 이는 **태양상수**(solar constant)에 해당된다. 그러나 지구표면에 도달하는 에너지는 그 일부이고 이는 구름에 의한 흡수와 우주로 반사 및 산란 등에 의한 손실 때문이다. 실제로 지구표면에 도달하는 단파 태양복사에너지는 일조시간을 이용하여 보정된다.

$$Q_s = R_A\left(a + b\frac{n}{N}\right) \tag{3.12}$$

여기서 R_A는 대기 외계에 도달한 태양복사에너지(cal/cm^2/day), Q_s는 지구표면에 도달된 단파 태양복사에너지(cal/cm^2/day), N은 최대일조시간, n는 실제 일조시간, a, b는 지역에 따른 상수로 0.18와 0.55(Penman, 1948)가 권장된다.

표 3.2 식 3.12 상수 a, b 값

지역	a	b	참고문헌
미국	0.22	0.54	Kimbal(1914)
오스트레일리아	0.25	0.54	Prescott(1940)
캐나다 5～ 8월	0.25	0.60	Gray(1970)
9～10월	0.34	0.52	
영국	0.18	0.55	Penman(1948)

반사태양복사에너지 Q_r . 지구표면에 도달한 태양복사에너지는 그 일부가 반사(반사태양복사에너지)되며 반사율은 지면의 성질에 따라 다르다.

$$Q_r = r\,Q_s \tag{3.13}$$

여기서 r는 단파반사계수(albedo, short-wave reflection coefficient)로 초지와 수면의 대표적인 albedo는 각각 0.23, 0.07이다.

순 장파 복사에너지 교환 Q_b. Q_b는 대기로부터 지표면에 도달한 장파복사에너지 Q_a, 지면에서 반사되는 반사장파복사에너지 Q_{ar}, 수면에서 역방사되는 장파복사에너지 Q_{bs}의 조합으로 장파에 의한 에너지 손실($Q_b = Q_{ar} + Q_{bs} - Q_a$)을 나타내고 식 (3.14)로 계산된다.

표 3.3 단파 반사계수(Eagleson, 1970)

물 질	albedo, r
눈	0.40～0.85
얼음	0.40～0.50
수면	0.03～0.40
삼림	0.14～0.18
흙 - 건조	0.14～0.30
습윤	0.08～0.12
모래	0.34～0.43
잔디	0.18～0.26
밀	0.10～0.23
논(벼)	0.12

$$Q_b = \sigma T_a^4 (\varepsilon - 1)(0.1 + 0.9\,n/N) \tag{3.14}$$

여기서 σ는 Stefan-Bolzman상수(1.17×10^{-7} cal/cm^2/°K^4/day, 2.0×10^{-9} mm/day °K^{-4}, 4.903×10^{-9} MJ m^{-2} °K^{-1} day^{-1} 또는 5.67×10^{-8} W/m^2/°K^4), T_a는 대기의 절대온도(℃ + 273), ε는 방사율이다. **방사율**(放射率; emmissivity) ε는 [하향 장파복사에너지/상향 장파복사에너지]의 비로 정의되고 식 (3.15)로 계산된다.

$$\varepsilon = a_e + b_e\sqrt{e_a} \tag{3.15}$$

여기서 e_a는 증발표면에서 2m 높이의 대기 증기압(mb)이고 a_e, b_e는 지역에 따른 상수로 각각 0.43～0.69, 0.029～0.082범위의 값을 갖는다.

표 3.4 식 (3.15)의 상수 a_e, b_e (Gray, 1970)

지 역	a_e	b_e
영 국	0.53	0.065
스웨덴	0.43	0.082
알제리아	0.48	0.058
미국 Washington D.C.	0.44	0.061
Oklahoma	0.68	0.036
오스트레일리아	0.47	0.063
인 도	0.62	0.029

순복사에너지 Q_n. 순복사에너지는 입사 단파에너지와 역복사되는 장파에너지의 차이로 주어진다.

$$Q_n = Q_s - Q_r - Q_b = (1-r)Q_s - Q_b \tag{3.16}$$

식 (3.10)과 (3.16)을 고려하여 식 (3.9)를 Q_e에 관하여 정리하면

$$Q_e = \frac{Q_n - Q_\theta - Q_v}{1+B} \tag{3.17}$$

증발에 사용된 에너지 Q_e (cal/cm²/day)를 $\rho\lambda$로 나누어 단위시간에 대한 깊이(단위면적에 대한 체적)cm/day로 환산한다.

$$E = \frac{Q_n - Q_\theta - Q_v}{\rho\lambda(1+B)} \tag{3.18}$$

여기서 E는 증발량(cm/day), ρ는 물의 밀도(g/cm³), λ는 증발잠재열(cal/g), T_s(℃)는 수면온도이다.

$$\lambda = 597.3 - 0.564\,T_s \tag{3.19}$$

표 3.5(a) 북반구의 외계 태양복사에너지(R_A)(cal/cm²/day)

북위	33	34	35	36	37	38	39	40	41	42	43	44
1월	473.3	458.8	444.2	429.5	414.8	400.1	385.3	370.5	355.6	340.8	325.9	311.1
2월	591.2	578.4	565.4	552.2	538.9	525.5	511.9	498.2	484.4	470.5	456.5	442.4
3월	742.2	732.7	723.0	713.2	703.1	692.7	682.2	671.5	660.6	649.4	638.5	626.6
4월	878.3	873.6	868.6	863.4	857.9	852.2	846.2	840.0	833.5	826.9	820.0	812.8
5월	965.7	965.4	964.7	963.9	962.8	961.4	959.9	958.1	956.1	953.9	951.4	948.8
6월	997.8	999.7	1001.3	1002.6	1003.8	1004.8	1005.5	1006.0	1006.4	1006.5	1006.5	1006.3
7월	978.6	979.5	980.1	980.5	980.6	980.6	980.3	979.8	979.1	978.1	977.0	975.7
8월	908.4	905.5	902.4	899.1	895.5	891.7	887.6	883.3	878.8	874.0	869.0	863.8
9월	790.7	783.1	775.4	767.4	759.2	750.8	742.1	733.2	724.1	714.8	705.3	695.5
10월	642.7	631.2	619.4	607.5	595.4	583.2	570.8	558.2	545.5	532.6	519.6	506.5
11월	505.8	491.9	477.8	463.6	449.4	435.1	420.7	406.3	391.8	377.2	362.6	348.0
12월	437.6	422.8	407.9	393.0	378.1	363.2	348.2	333.3	318.4	303.5	288.6	273.7

H. K. Chow, J. of Kor. Met. S℃. Vol. 10 No. 1, 1974.

표 3.5(b) 북반구의 외계 태양복사에너지(R_A)(mm water/day)(Criddle, 1958)

북위	90°	80°	70°	60°	50°	40°	30°	20°	10°	0°
1월	–	–	–	1.3	3.6	6.0	8.5	10.8	12.8	14.5
2월	–	–	1.1	3.5	5.9	8.3	10.5	12.3	13.9	15.0
3월	–	1.8	4.3	6.8	9.1	11.0	12.7	13.9	14.8	15.2
4월	7.9	7.8	9.1	11.1	12.7	13.9	14.8	15.2	15.2	14.7
5월	14.9	14.6	13.6	14.6	15.4	15.9	16.0	15.7	15.0	13.9
6월	18.1	17.8	17.0	16.5	16.7	16.7	16.5	15.8	14.8	13.4
7월	16.8	16.5	15.8	15.7	16.1	16.3	16.2	15.7	14.8	13.5
8월	11.2	10.6	11.4	12.7	13.9	14.8	15.3	15.3	15.0	14.2
9월	2.6	4.0	6.8	8.5	10.5	12.2	13.5	14.4	14.9	14.9
10월	–	0.2	2.4	4.7	7.1	9.3	11.3	12.9	14.1	15.0
11월	–	–	0.1	1.9	4.3	6.7	9.1	11.2	13.1	14.6
12월	–	–	–	0.9	3.0	5.5	7.9	10.3	12.4	14.3

표 3.6 일평균 최대 일조시간(N)(Singh, 1992)

(단위: hr)

북위(°N) \ 월	1	2	3	4	5	6	7	8	9	10	11	12
0°	12.1	12.1	12.1	12.1	12.1	12.1	12.1	12.1	12.1	12.1	12.1	12.1
10°	11.6	11.8	12.1	12.4	12.6	12.7	12.6	12.4	12.9	11.9	11.7	11.5
20°	11.1	11.5	12.0	12.6	13.1	13.3	13.2	12.8	12.3	11.7	11.2	10.9
30°	10.4	11.1	12.0	12.9	13.7	14.1	13.9	13.2	12.4	11.5	10.6	10.2
40°	9.6	10.7	11.9	13.2	14.4	15.0	14.7	13.8	12.5	11.2	10.0	9.4
50°	8.6	10.1	11.8	13.8	15.4	16.4	16.0	14.5	12.7	10.8	9.1	8.1

표 3.7 월평년 일조시간(1971∼2000) (단위: 0.1 hr)

관측소명 \ 월	1	2	3	4	5	6	7	8	9	10	11	12	전년
속초	1,837	1,745	1,947	2,155	2,287	1,595	1,467	1,551	1,730	1,927	1,688	1,847	21,776
철원	1,496	1,625	1,784	2,029	2,099	1,818	1,434	1,769	1,886	1,952	1,424	1,394	20,710
대관령	1,988	1,920	2,105	2,331	2,497	1,981	1,643	1,540	1,643	1,985	1,739	1,902	23,274
춘천	1,642	1,756	2,063	2,206	2,334	2,084	1,614	1,764	1,810	1,799	1,423	1,483	21,978
강릉	1,855	1,716	1,839	2,069	2,214	1,641	1,487	1,539	1,615	1,863	1,687	1,836	21,361
서울	1,584	1,633	1,975	2,107	2,243	1,878	1,307	1,553	1,845	2,005	1,513	1,499	21,142
인천	1,756	1,795	2,083	2,192	2,400	2,062	1,661	1,951	2,055	2,098	1,663	1,656	23,372
원주	1,786	1,825	2,137	2,372	2,542	2,323	1,975	2,068	2,039	2,065	1,646	1,654	24,432
울릉도	872	972	1,631	2,050	2,283	1,650	1,549	1,598	1,611	1,770	1,254	1,026	18,266
수원	1,661	1,708	2,045	2,186	2,331	1,994	1,564	1,737	1,922	1,999	1,577	1,576	22,300
충주	1,740	1,793	2,128	2,368	2,536	2,297	1,962	2,061	1,977	1,975	1,562	1,588	24,014
서산	1,537	1,647	2,077	2,209	2,403	1,987	1,547	1,876	1,986	2,049	1,486	1,429	22,233
울진	2,081	1,914	2,139	2,400	2,580	2,047	1,868	1,993	1,907	2,089	1,874	2,053	24,945
청주	1,598	1,678	2,007	2,246	2,415	2,024	1,733	1,897	1,869	2,007	1,534	1,549	22,557
대전	1,567	1,610	1,964	2,206	2,377	2,003	1,682	1,880	1,865	2,013	1,532	1,511	22,210
추풍령	1,702	1,685	1,971	2,192	2,323	1,862	1,564	1,648	1,728	2,018	1,662	1,654	22,009
안동	1,814	1,831	1,999	2,232	2,321	1,922	1,596	1,744	1,580	1,841	1,604	1,722	22,206
포항	1,815	1,682	1,857	2,075	2,259	1,657	1,588	1,674	1,577	1,877	1,733	1,857	21,651
군산	1,510	1,632	1,971	2,110	2,224	1,811	1,579	1,935	1,902	1,992	1,510	1,442	21,618
대구	1,921	1,813	2,037	2,209	2,353	1,844	1,618	1,737	1,702	2,022	1,750	1,891	22,898
전주	1,488	1,522	1,902	2,146	2,262	1,764	1,493	1,757	1,785	1,987	1,514	1,435	21,055
울산	1,892	1,739	1,853	2,062	2,235	1,680	1,612	1,729	1,581	1,927	1,790	1,950	22,050
마산	1,787	1,814	1,882	2,115	2,133	1,584	1,366	1,641	1,589	2,049	1,765	1,752	21,457
광주	1,621	1,649	1,979	2,168	2,321	1,774	1,631	1,882	1,818	2,059	1,637	1,600	22,139
부산	1,980	1,808	1,929	2,080	2,270	1,737	1,719	2,039	1,696	2,032	1,902	2,033	23,225
통영	1,871	1,759	1,956	2,031	2,158	1,641	1,539	1,941	1,693	2,039	1,830	1,928	22,386
옥포	1,446	1,494	1,850	2,032	2,227	1,744	1,670	2,136	1,867	2,076	1,637	1,458	21,637
여수	1,995	1,892	2,124	2,184	2,321	1,796	1,718	2,117	1,898	2,199	1,958	2,032	24,234
완도	1,567	1,618	1,890	2,095	2,203	1,704	1,651	2,051	1,827	2,059	1,667	1,565	21,897
제주	735	996	1,597	1,951	2,179	1,746	2,034	2,052	1,688	1,800	1,292	919	18,989
제주도	950	1,250	1,649	2,024	2,138	1,617	1,919	2,183	1,905	2,100	1,600	1,207	20,543
서귀포	1,536	1,528	1,745	1,855	2,028	1,469	1,442	1,864	1,779	1,998	1,743	1,630	20,617
진주	1,883	1,801	1,987	2,083	2,176	1,618	1,563	1,782	1,632	1,997	1,745	1,877	22,144
강화	1,792	1,902	2,264	2,379	2,567	2,312	1,907	2,122	2,252	2,206	1,706	1,626	25,035
양평	1,725	1,812	2,136	2,271	2,448	2,236	1,873	2,028	2,024	1,998	1,556	1,582	23,688

자료: 한국기후표(기상청, 2001)

예제 3.3

북위 37.5°에 위치한 어느 저수지의 6월 증발량을 구하라. 6월 평균기온은 21.1℃, 상대습도는 60%, 대기 압은 1000mb, 수면의 온도는 18℃, $n/N = 0.5$ 이다.

풀이 1. 태양복사에너지, Q_S

식 (3.12)의 상수로 $a = 0.22, b = 0.54$를 취하고 표 3.5a로부터 북위 37.5°에서 6월의 태양복사에너지

1004.3cal/cm²/day 를 취하여 식 (3.12)에 대입하면

$$Q_s = R_A\left(a+b\frac{n}{N}\right)= 1004.3\times(0.22+0.54\times0.5) = 492.1\,\text{cal/cm}^2\text{/day}$$

2. 반사복사에너지, Q_r

표 3.3으로부터 수면에서 단파반사계수 $r= 0.1$ 을 취하면 식 (3.13)에 따라

$$Q_r = rQ_s = 0.1(492.1) = 49.21\,\text{cal/cm}^2\text{/day}$$

3. 순 장파 복사에너지 교환, Q_b

기온 21.1℃에 대한 포화증기압은 식 (3.4)에 의하면

$$e_s = 0.611\exp\left(\frac{17.27\,T}{237.3+T}\right)=0.611\exp\left(\frac{17.27\times21.1}{237.3+21.1}\right)=2.503\text{kPa/℃},\ 25.03\text{mb}$$

상대습도가 60%이므로 실제증기압 e_a 는

$$e_a = e_s(RH) = 25.03(0.6) = 15.02\text{mb}$$

식 (3.15)의 상수로 표 3.4에서 $a_e= 0.44$, $b_e= 0.061$ 을 취하면 방사율 ϵ 는

$$\varepsilon = a_e + b_e\sqrt{e_a} = 0.44+0.061\sqrt{15.02} = 0.674$$

따라서 식 (3.14)에 의하여 Q_b 는

$$Q_b = \sigma T_a^4(\epsilon-1)(0.1+0.9\frac{n}{N}) = 1.17\times10^{-7}(273.3+21.1)^4(0.674-1.0)(0.1+0.9\times0.5)$$

$$=-157.59\ \text{cal cm}^{-2}\ \text{day}^{-1}$$

4. 전도에너지(현열), Q_h

전도에너지 Q_h 는 Bowen비 B(식 3.11)를 통해서 포함되고 Bowen비를 계산하기 위하여 수면온도 18℃에서 포화증기압 $e_s= 2.065\,\text{kPa} = 20.65\,\text{mb}$ (부록 B-1)을 이용하면

$$B=0.665\frac{P}{1{,}000}\frac{T_s-T_a}{e_s-e_a}=0.665\frac{1{,}000}{1{,}000}\frac{18-21.1}{20.65-14.98}=-0.364$$

5. 이송에너지와 저장에너지, $Q_v - Q_\theta$

적은 유입량과 유출량 그리고 저수지 수체의 작은 온도변화를 고려하여 $Q_v - Q_\theta$ 는 무시한다.

6. 증발잠재열, λ

수면온도 18℃에 대한 증발잠재열은 식 (3.19)에 의하여

$$\lambda = \ = 5987.3-0.564\,T_s = 597.3-0.564\times18.0 = 587.15\text{cal/g}$$

$Q_v = Q_\theta = 0$을 고려하고 18℃에 대한 물의 밀도 ρ=0.9986g/cm³(부록 A-1)을 적용하면 증발량은 식 (3.18)에 의하여

$$E=\frac{Q_n-Q_\theta-Q_v}{\rho\lambda(1+B)}=\frac{Q_n}{\rho\lambda(1+B)}=\frac{Q_s-Q_r-Q_b}{\rho\lambda(1+B)}=\frac{492.1-49.21+157.59}{0.9986\times587.15(1-0.364)}$$

$$=1.61\,\text{cm/day}$$

따라서 6월의 증발량은 48.3(=1.61×30)cm이다.

3.4.3 질량수송방법

질량수송방법(質量輸送方法; mass transfer method)은 증발 표면에서 대기에 이르는 와(渦; eddy)운동에 의한 수증기의 난류 수송개념에 근거하고 증발량은 증기압의 차이와 풍속의 함수로 결정된다. 이 방법은 Dalton법칙(식 3.2)의 C가 풍속함수로 표시된다.

$$E = f(u)(e_s - e_a) \tag{3.20}$$

여기서 E는 증발률(cm/day), $f(u)$는 풍속 u의 함수, e_s는 수면온도에 대한 공기의 포화증기압(mb), e_a는 수면으로 부터 높이 h에서 공기의 증기압(mb)이다. $e_s - e_a$는 포화증기압 부족량으로 수온에서 포화증기압과 수면상 기온의 증기압과의 차이이다. 이는 증발이 일어날 수 있는 공기의 증발력의 척도이다. 따라서 증발은 풍속과 포화증기압부족에 비례한다. $f(u)$는 $a(b+u)$와 Nu의 두 형태로 주어진다.

Meyer식(1944) – 개방수면의 증발량

$$E = C\left(1 + \frac{u_8}{16}\right)(e_s - e_a) \tag{3.21}$$

여기서 E는 증발량(cm/day), C는 계수로 개방수면의 큰 저수지에서 0.36, 습한 표면 또는 작은 수면에서 0.5이고, u_8(km/h)는 높이 8m에서의 풍속이다.

$50\,\text{m} < A^{0.5} < 100\,\text{km}$ 범위의 저수지 증발량(Harbeck,1962)

$$E = 0.029A^{-0.05}u_2(e_s - e_a) \tag{3.22}$$

여기서 A는 수면적(m^2), u_2는 수면상 2m에서의 풍속(m/s)이다.

예제 3.4

Meyer식을 이용하여 평균기온이 21.1℃, 수면의 온도가 18℃인 6월중 저수지의 증발량을 산정하라. 8m 상공에서 풍속이 4m/s, 상대습도가 $RH = 60\,\%$이다.

풀이 8℃에 대한 포화증기압은 식 (3.4)를 이용하면

$$e_s = 6.11\exp\left(\frac{17.27T}{237.3+T}\right) = 6.11\exp\left(\frac{17.27\times 18}{237.3+18}\right) = 20.65\text{mb}$$

같은 방법으로 21.1℃에 대한 포화증기압은 $e_s = 25.03$mb이므로 실제 증기압은

$e_a = e_s(RH) = 25.03\times 0.6 = 15.02$mb, 풍속은 $u = 4\text{ m/s} = 14.4\text{ km/h}$ 이므로

이들을 식 (3.21)에 대입하면

$$E = 0.36(1+14.4/16)(20.65-15.02) = 3.85\text{cm/day} \text{ 또는 } 115.5\text{cm/month}$$

예제 3.5

수면적이 5km^{2}인 저수지의 증발량을 구하라. 풍속이 10.3km/h, 수면의 포화증기압이 $e_s = 21\,\mathrm{mb}$, 수면상의 공기의 증기압이 15.3mb이다.

풀이 $A = 5\,\mathrm{km}^2 = 5 \times 10^6\,\mathrm{m}^2$, $u_2 = 10.3\,\mathrm{km/h} = 10.3 \times 1000/3600 = 2.86\,\mathrm{m/s}$ 이므로 증발량은 식 (3.22)에 의하여

$$E = 0.029(5 \times 10^6)^{-0.05} \times 2.86(21.0 - 15.3) = 0.22\ \mathrm{cm/day}$$

6월 증발량은 $0.22 \times 30 = 6.6$ cm/month

3.4.4 Penman방법(질량수송과 에너지수지의 조합방법)

Penman(1948)은 증발의 두 기본 인자인 증발을 지속시키는 에너지공급의 에너지수지와 증발표면의 수증기를 제거하는 확산미케니즘인 질량수송(또는 공기동력학)식을 조합하여 개방 자유수면의 증발량을 산정하는 Penman식(combination method)을 제안했다. 이는 순복사에너지, 공기온도, 상대습도 및 풍속의 자료를 필요로 한다. 수체의 자유수면에 대한 증발량을 산정하는 조합방법의 에너지교환은 그림 3.6에 나타낸 바와 같으며 다음과 같이 표시된다.

$$R_n = E + K + S + C \tag{3.23}$$

여기서 R_n은 순복사에너지(mm water/day)로 식 (3.9)에 주어진 항으로 표시하면 $R_n = (Q_s - Q_r + Q_a - Q_{ar} - Q_{bs})/\rho L$과 같고, E는 수면에서 증발에 이용 가능한 에너지(mm water/day)로 Q_e에 해당하고, K는 전도에너지(Q_h), S는 수체의 저장에너지(Q_θ), C는 수체에 이송되는 순에너지(Q_v)이다.

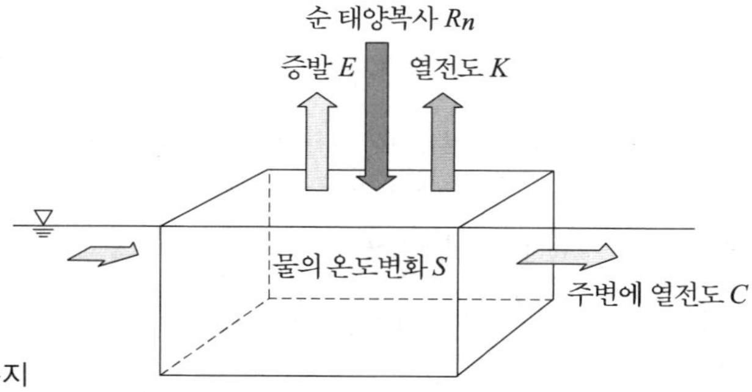

그림 3.6 수체의 열수지

단기간의 이송에너지 C와 저장에너지 S는 다른 에너지에 비하여 작으므로 무시하면 식 (3.23)은

$$R_n = E + K \tag{3.24}$$

E와 K는 Dalton법칙 또는 공기동역학식에 의하여 정의될 수 있다.

$$E = f(u)(e_s - e_a) \tag{3.20}$$

$$K = \gamma f_1(u)(T_s - T_a) \tag{3.25}$$

여기서 $f(u)$, $f_1(u)$는 풍속의 함수, e_s는 수면온도 T_s에서 공기포화증기압, e_a는 평균기온 T_a에서 증기압, γ는 **습도측정상수**(psychrometric constant)(kPa/℃)로 0.066kPa/℃ 정도이고 계산식은 다음과 같다.

$$\gamma = \frac{c_p P}{\epsilon \lambda} = 0.00163\, P/\lambda \tag{3.26}$$

여기서 γ는 습도측정상수[kPa ℃$^{-1}$], c_p는 정압비열($=1.013\times10^{-3}$MJ kg^{-1}℃$^{-1}$), P는 대기압(kPa)], ε는 수증기/건조공기의 분자무게의 비(=0.622), λ는 증발잠재열(MJ kg^{-1})이다.

$$\lambda = 2.501 - 0.002361\,T \tag{3.27}$$

여기서 T는 온도(℃)이다. 20℃에 대한 λ=2.45MJ kg^{-1}을 적용하면 습도측정상수 γ는

$$\gamma = 0.665\times10^{-3} P \tag{3.28}$$

식 (3.28)에서 P(kPa 또는 mb)에 대한 습도측정상수는 γ는 (kPa/℃ 또는 mb/℃)단위이다.

대기의 온도 T_a는 용이하게 측정되나 평균수면온도 T_s의 측정은 극히 어렵다. 그러나 만약 온도차이 $(T_s - T_a)$가 작으면 온도 차이를 압력차이의 항으로 나타내는 것이 가능 하다.

$$\Delta = \frac{de}{dT} \cong \frac{e_s - \epsilon_o}{T_s - T_a} \tag{3.29}$$

여기서 e_o는 공기온도 T_a에 대한 포화증기압, Δ (kPa/℃)는 T_a에서 **포화증기압곡선 기울기**(그림 3.2)이다. 상이한 T_a(℃)에 대한 기울기 Δ는 식 (3.30), 식 (3.31)(Richard 등, 1998)로 계산되고 식 (3.30)의 오른쪽 표현은 식 (3.4)의 e_s를 적용하여 얻어진다(Murray, 1967).

$$\Delta = \frac{4098\,[0.611\exp\{17.27\,T/(237.3+T)\}]}{(T+237.3)^2} = e_s\frac{4{,}098}{(T+237.3)^2} \tag{3.30}$$

$$\Delta = 0.20\,[0.00738\,T + 0.8072]^7 - 0.000116 \tag{3.31}$$

여기서 Δ는 (kPa/℃), T는 공기온도(℃)이다. 식 (3.25)의 K, (3.29)의 $T_s - T_a = (e_s - e_o)/\Delta$를 대입하고 Penman이 실험을 통하여 제시한 $f(u) \cong f_1(u)$를 고려하면 식 (3.24)는

$$R_n = \gamma f(u)\left(\frac{e_s - \epsilon_o}{\Delta}\right) + E \tag{3.32}$$

식 (3.32)를 정리하여 조정하고 식 (3.20)을 적용하면

$$\frac{\Delta(R_n - E)}{\gamma} = f(u)(e_s - e_o)$$
$$= f(u)(e_s - e_o + e_a - e_a) = f(u)(e_s - e_a) - f(u)(e_o - e_a)$$
$$= E - f(u)(e_o - e_a) = E - E_a \tag{3.33}$$

여기서 E_a는 질량수송에 의한 증발부분으로 다음과 같다.

$$E_a = f(u)(e_o - e_a) \tag{3.34}$$

식 (3.33)을 E에 관하여 정리하여 Penman식을 얻는다.

$$E = \frac{\Delta}{\Delta + \gamma} R_n + \frac{\gamma}{\Delta + \gamma} E_a \tag{3.35}$$

식 (3.35)에서 R_n과 E_a의 계수항은 가중인자로 이들의 합은 1.0이다. E를 구하기 위해서는 R_n, E_a 및 Δ 의 값이 필요하다. Δ 는 식 (3.30), (3.31)로 구해지고, 순복사에너지 R_n는 입사에너지와 퇴출에너지, 기온 및 일조시간의 항으로 결정된다.

$$R_n = R_I(1 - r) - R_o \tag{3.36}$$

여기서 R_I는 태양입사복사에너지(cal/cm^2–day), R_o는 퇴출장파에너지(cal/cm^2–day) 및 r 는 반사계수이다.

$$R_I = \left(a + b\frac{n}{N}\right) R_A \tag{3.37}$$

여기서 R_A 는 mm of water/day의 단위이다. R_o는 식 (3.14)의 형태로 주어지고 Penman(1948)에 의한 식은 다음과 같다.

$$R_o = \sigma T^4 (0.56 - 0.092\sqrt{e_a})(0.1 + 0.9n/N) \tag{3.38}$$

식 (3.37)과 (3.38)을 식 (3.36)에 대입하면

$$R_n = (1 - r) R_A \left(a + b\frac{n}{N}\right) - \sigma T^4 (0.56 - 0.092\sqrt{e_a})\left(0.1 + 0.9\frac{n}{N}\right) \tag{3.39}$$

여기서 e_a는 (mmHg)단위, σT_a^4는 (mm/day)단위이고 σT_a^4의 값은 표 3.8에서 취해 질 수 있다.

표 3.8 σT_a^4의 값(mm water/day) (1mm/day=58.48cal cm^{-2}day^{-1})

℃	0	1	2	3	4	5	6	7	8	9
0	11.2	11.4	11.5	11.7	11.9	12.0	12.2	12.3	12.5	12.7
10	12.9	13.1	13.3	13.7	13.7	13.9	14.2	14.2	14.4	14.6
20	14.8	15.0	15.3	15.5	15.7	15.9	16.1	16.3	16.5	16.7
30	17.0	17.2	17.4	17.1	17.8	18.1				

식 (3.34)의 E_a는 실험식으로 주어진다(Penman,1948; Shaw,1994).

$$E_a = 0.35(0.5 + 0.01u_2)(e_o - e_a) \quad (3.40)$$

여기서 E_a는 mm/day, u_2는 증발표면상 2m에서의 풍속(miles/day), e_o와 e_a는 mmHg 단위이다.

Penman식(Singh,1992)은

$$E_a = (0.175 + 0.0022u_2)(e_o - e_a) \quad (3.41)$$

여기서 E_a는 mm/day, e_o와 e_a는 mmHg 및 u_2는 km/hr단위이다. 고도 z(m)에서 측정된 u_z(km/h)로부터 u_2는 $u_2 = u_z(2.0/z)^{0.143}$을 이용해서 구해진다.

예제 3.6

북위 37.5°에 위치한 저수지의 6월의 증발량을 산정하라. 월 평균기온이 21.1℃, 2m 상공에서 풍속은 2m/s, 상대습도는 60% 및 대기압은 1010mb이다.

풀이 대기 온도 T= 21.1℃에 대한 포화증기압은 부록 B-1로부터 e_s = 25.04mb이므로 mmHg단위 (1mb = 0.75mmHg)에서는 e_s = 25.04 × 0.75 = 18.78mmHg이다. 따라서 증기압은 $e_a = e_s \times RH$ = 18.78(0.6) = 11.27mmHg 이다. T= 21.1℃에 대한 σT_a^4는

$$\sigma T_a^4 = (2.0\times10^{-9}\text{mm day}^{-1}{}^\circ\text{K}^{-4})\left[(273.3+21.1)^\circ\text{K}\right]^4 = 15.02\text{mm/day}$$

월간 일조시간으로 표 3.7의 서울 지역의 n=187.8h/mo=6.26h/day를 적용하면 표 3.6으로부터 N=14.25h/day 이므로 n/N= 0.44이고 표 3.5b로부터 R_A = 16.65mm/day이다. 식 (3.12)의 상수 a, b값으로 각각 0.22, 0.54를 취한다. 이들 값과 albedo r= 0.05를 식 (3.39)에 적용하면 순복사에너지 R_n은

$$R_n = (1-0.05)\times16.65(0.22+0.54\times0.44) - 15.02\times(0.56-0.09\sqrt{11.27})(0.1+0.9\times0.44) = 5.41\text{mm/day}$$

T_a= 21.1℃에 대한 Δ는 식 (3.30)에 의하면 ($1P_a$ = 0.01mb)

$$\Delta = \frac{4{,}098[611\exp\{17.27\times21.1/(237.3+21.1)\}]}{(237.3+21.1)^2} = 153.6Pa/℃ = 1.536\text{mb}/℃$$

P= 1010mb에 대한 γ은 식 (3.28)에 의하여

$$\gamma = 0.665\times10^{-3}(1010) = 0.672\text{mb}/℃$$
$$u_2 = 2\text{m/s} = 107\text{miles/day}$$

E_a는 식 (3.40)에 따라

$$E_a = 0.35(0.5+0.01\times107)(18.78-11.27) = 4.13\text{mm/day}$$

따라서 증발량은 식 (3.35)에 의하면

$$E = \frac{\Delta}{\Delta+\gamma}R_n + \frac{\gamma}{\Delta+\gamma}E_a = \frac{1.536}{1.536+0.672}5.41 + \frac{0.672}{1.536+0.672}4.13 = 5.02\text{mm/day}$$

6월 증발량은 5.02 × 30 = 150.6mm이다.

3.4.5 Priestley – Taylor방법

Priestley & Taylor(1972)방법은 Penman방법에서 공기역학항이 태양 복사에너지항의 약 30% 임을 고려하여 공기역학항을 태양 복사에너지항에 계수 α를 곱하여 나타냈으며 이 방법은 습한 지역의 증발량 또는 증발산능 산정에 사용된다.

$$E = \alpha \frac{\Delta}{\Delta + \gamma} \frac{Q_s}{\rho L} \tag{3.42}$$

여기서 E는 [cm/day], α값은 수면과 토지의 평균치로 $\alpha = 1.26$이다.

예제 3.7

북위 37.5。에 위치한 어느 저수지의 월평균기온이 21.1℃, 대기압이 P=1,010mb, 수면온도가 18℃이다. 증발량을 Priestly-Taylor방법으로 계산하라.

풀이 예제 3.3의 $Q_s = 492.1\,\mathrm{cal/cm^2/day}, L = 587.15\,\mathrm{cal/cm^3}$을 이용한다. 기온 21.1℃에 대한 Δ와 γ는 예제 3.6으로부터 각각 $\Delta = 1.536\mathrm{mb/℃}$, $\gamma = 0.672\mathrm{mb/℃}$이고 밀도는 $\rho = 0.9986\,\mathrm{g/cm^3}$(부록 A-1)이다. 이들 값을 식 (3.42)에 대입하면

$$E = 1.26 \frac{1.536}{1.536 + 0.672} \frac{492.1}{0.9986(587.15)} = 0.74\,\mathrm{cm/day}$$

3.5 증 산

증산(蒸散; transpiration)은 식물이 대사작용과 성장에 필요한 수분을 뿌리조직을 통하여 흙으로부터 흡수하고 이를 잎의 기공을 통하여 증기상태로 대기에 발산하는 과정이다. 대기는 기공 내의 공기보다 건조하여 대기와 기공 간에 농도의 구배가 형성되고 이는 기공 내 물 분자의 대기로의 분출을 유도한다. 뿌리를 통하여 흡수되는 물의 대부분은 대기로 배출되고 식물조직에 사용되는 물은 극히 일부이다. 대기 중 수분의 약 10%는 증산에 의하고 나머지 90%는 증발의 결과이다. 증산은 수분이 이탈하는 표면이 수면이 아니라 식물의 잎이라는 점을 제외하면 증발과 같이 고려될 수 있다.

증산은 증발산의 중요한 부분이고 수문순환의 중요한 인자로서 토양에 침투된 강수량을 대기로 귀환한다. 증산은 토양으로부터 수분을 잎까지 끌어올리고, 식물의 영양을 생산하는 광합성에 기본 요소인 대기 중 탄소가 식물세포 내로 유입될 수 있도록 기공을 열고, 더운 조건에서 식물 잎을 시원하게 하는 기능을 갖는다. 뿌리에 의하여 흡수되는 수분을 잎까지 끌어 올리는 것은 목질부(xylem)라고 하는 미세한 통로의 모관작용과 잎의 수분압력이 뿌리의 압력보다 크게 작은 압력차이에 의한다.

증산에 영향을 주는 환경 인자는 근본적으로 증발과 같다. 증산에 중요한 인자는 태양복사에너지, 증기압구배, 온도, 습도, 풍속, 토양수분 등이다. 증기압구배는 잎 내부공간과 대기와의

증기압 차이에 의하여 결정되고 잎에서 대기로 수분을 이송시키는데 요하는 에너지의 척도이다. 기온의 상승에 따라 증산은 증가하고 10℃ 상승에 다라 증산은 대략 2배로 증가한다. 증산에 대한 주 에너지 공급원은 태양 복사에너지이고 증산은 일사량에 따라 증가한다. 농약에 따라서는 흡수되는 일사량이 증가 또는 감소되고 이에 따라 증산도 증가, 감소된다. 바람은 잎 주위의 수분 함유막을 제거하여 증기압구배를 증가시켜 증산을 증가시킨다. 증산은 기공의 통수능과 수관의 공기흐름에 대한 저항을 포함한 식물의 형상적인 특성에도 영향을 받는다. 식물 잎의 기공의 수는 식물의 종류에 따라 다르나 일반적으로 cm^2에 8,000～120,000개 정도이다. 이들 기공은 주간에는 활발하게 수증기를 대기에 발산하고 야간에는 폐쇄되어 증산이 중단된다.

작물의 성장초기에 지면수분 손실의 대부분은 증발에 의하고 작물이 성장하여 토양의 많은 부분을 덮게 되면 증발산의 대부분은 잎으로부터의 증산에 의한다. 성숙한 활엽수는 70l/일의 물을 소비한다. 뿌리가 짧은 식물에서는 토양수분이 시들음점 아래로 떨어지면 증산이 중단된다. **시들음점**(wilting point)은 식물의 뿌리가 수분을 흡수할 수 없는 상태로 식물이 시드는 토양의 수분 함유량이다.

증산량의 측정. 증산량을 측정하는 **증산계**(蒸散計; phytometer)는 흙을 채우고 식물 한두 그루를 심은 용기이다. 흙 표면에는 왁스같은 물질로 막을 형성하여 흙의 수분증발은 식물의 증산만으로 일어나도록 한다. 증산량은 일정기간 시점과 종점의 식물과 흙을 포함한 용기의 무게의 차이로 주어진다. 용기 내 흙의 조건이 조사대상이 되는 자연 상태의 흙의 조건과 비슷할 경우 양호한 결과를 제공한다. 용기 내에 흙이 아닌 물을 채운 증산계(potometer 또는 transpirometer)도 이용된다.

지표면 증발산

증발산(蒸發散; evaportranspiration, ET)은 초목에 의한 증산(T)과 수면(호수, 해양), 토양, 눈, 얼음, 초목, 기타 표면으로부터의 증발(E)을 포함한다. **소비수량**(消費水量; consumptive use)은 지역의 총 증발량과 식물조직을 배양하는데 필요한 물을 포함한다. 그러나 실제에 있어서 증발산과 소비수량은 동의어로 사용된다.

한 유역의 수문학적 또는 장기간의 물 수지와 대수층으로부터 안전채수율, 홍수조절을 포함한 수자원관리를 다루는 문제에서는 총 증발량 즉 증발산량이 필요하다. 또한 증발산을 산정하는 실질적인 적용 예는 지속적인 식물성장에 물이 부족한 기간 동안 인공적인 급수를 위한 관개계통의 설계에 필요하다. 이와 같은 관개시설에 대한 급수문제에서 증발산능이란 용어가 발생하게 되었다. **증발산능**(蒸發散能; potential evaportranspiration, PET)은 완전히 초목으로 피복된 표면에 수분공급이 제한되지 않는 개방된 수면에서와 같은 상태에서 일어나는 증발산(최대 소비수량)으로 정의되고(식물이 필요로 하는 양의 물이 토양 중에 유지될 때 일어나는 증발산량) 증발산의 상한으로 고려된다. 포화지면으로부터 증발량은 일반적으로 증발산능의 약 90%에 달한다. **실제증발산**(實際蒸發散能; actual evapotranspiration, AET)은 토양수분이 변하는 자연 지표면조건에서 증산과 증발에 의하여 식물과 토양으로부터 실제로 제거되는 수분이다. 많은

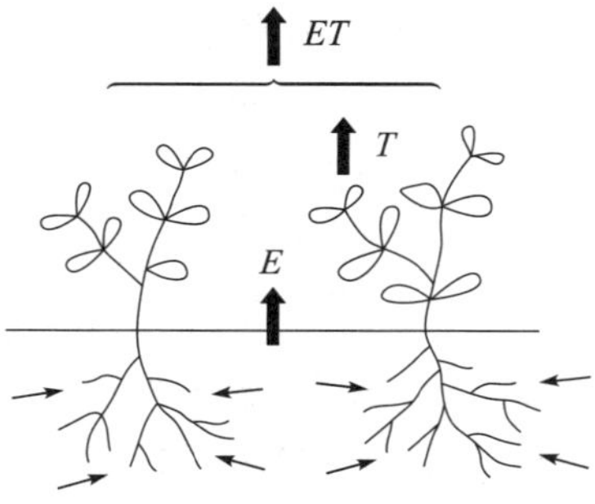

그림 3.7 증발산[증산(T)+증발(E)]

작물은 물이 부족한 환경에서 자라고 이에 따라 작물이 필요로 하는 부족한 수분공급에 관개가 이용된다. 추가로 필요한 수량은 증발산능과 실제증발산의 추정치에 의하여 결정된다.

작물 물 수요=증발산능−실제증발산

기준(작물)증발산(reference (crop) evapotranspiration, ETo)은 수분공급에 제한이 없는 표준작물로 이루어지는 기준 지표면으로부터 증발산으로 표준작물에 대한 증발산능이다. **기준지표면**(reference surface)은 작물 높이가 0.12m, 표면저항이 70m/s, albedo가 0.23인 가상적인 표준작물 잔디이다. 기준증발산은 작물의 형태, 작물개발과 관리에 관계없이 대기의 증발수요를 연구하기 위하여 도입되었다. 따라서 ETo에 영향을 주는 인자는 단지 기후이며 ETo는 기후자료로부터 계산될 수 있다. FAO Penman–Monteith방법은 통상 측정되는 기후자료를 사용하며 ETo를 결정하는 유일한 방법으로 권장된다(Allen, 1998). 다양한 작물에 대한 ETo는 작물계수를 도입하여 구해질 수 있다.

3.6 증발산 측정

증발산은 탱크형과 원통형 증발산계, 증발산 시험장, 지하수위변동 및 유역의 물수지 방법에 의하여 측정, 추정될 수 있다.

탱크형 증발산계(tanks 또는 evaportranspirometer). 이는 그림 3.8과 같이 흙을 채운 수밀성탱크와 하나의 집수탱크로 구성된다. 흙탱크는 상부표면을 잔디와 같은 식물을 심어서 식생피복이 되도록 한다. 흙탱크에 대한 물은 자연 또는 인공강우에 의해서 상부에서만 공급되고 바닥의 관수로를 통해서 일어나는 배수는 집수탱크내의 용기에 집수된다. 일정기간 동안 흙탱크에 공급된 수량과 집수조에 모인 수량의 차이가 증발산량에 해당되는 수량이다. 모든 식물은 최적성장에 필요한 수분조건을 필요로 한다. 탱크의 흙이 이와 같은 현지의 조건을 유지할 때 공급과 측정된 수량의 차이는 증발산능(PET)이 된다. 흙탱크의 규모는 직경과 길이가 5m 또는 10m인 원형 또는 정사각형에 깊이는 3m정도이다.

원통형증발산계(圓筒型蒸發散計; lysimeter). 이는 실제 증발산을 측정하기 위한 계측기로 주위 토양과 차단되고 작물이 자라고 있는 흙을 채운 바닥이 없는 원통이다. 따라서 토양의 보수능력

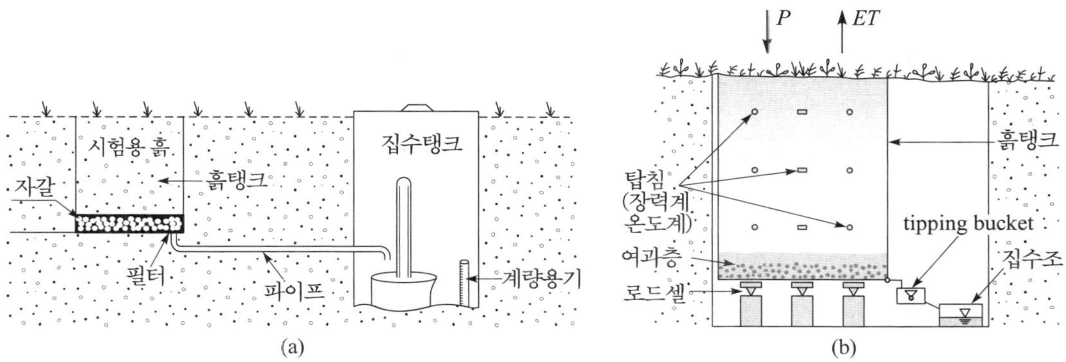

그림 3.8 탱크형 증발산계: (a) 비계량형; (b) 계량형

을 초과하는 수분은 흙을 통하여 배수되어 집수, 계량된다. 비자연적인 성장조건을 제공하는 단점을 피하는 이점을 갖는다. 증발산량 또는 소비수량은 공급된 수량과 식물에 필요한 수분조건에 따라 배수되는 수량과의 차이로 측정된다. 증발산계가 현지 토양조건을 만족하기 위해서는 온도, 밀도, 식생피복, 토양구조(조직), 공극률, 침투와 투수계수가 현지토양에 근사하도록 해야 한다. 이에는 계량형(weighing lysimeter)과 비계량형(non-weighing lysimeter)의 두 종류가 있다. 계량형은 격리된 토양체적의 질량변화를 측정하여 작물 증발산을 직접 계측한다. 계량형 증발산계의 계량방법에는 유압식, 로드셀 등이 사용된다.

증발산 시험장(蒸發散 試驗場; field plot). 이는 소구역(plot)으로부터 지표유출이 집수, 계량되고 심층 침투는 지하에 매설된 배수관에 의하여 집수되도록 특별히 설계된 소구역이다. 증발산량은 강수량 또는 관개형태로 공급된 수량에서 유출과 심층침투의 물 손실을 빼줌으로써 결정된다.

유역의 물수지. 한 유역의 장기간의 증발산량은 물 수지계산에 의해서 추정될 수 있다.

$$P - Q - ET - D + G \pm S = 0 \tag{3.43}$$

여기서 P는 강수량, Q는 유출, D는 침투, ET는 증발산량, G는 지하수 유입량 및 S는 토양 저류량이다. 한 유역의 저류량은 강우량과 계절에 따라 변하나 1년 단위와 같은 장기간에 걸쳐서는 그 변화가 크지 않으므로 토양수분과 지하수위 변화에 관한 항들은 무시될 수 있다. 따라서 장기간에 대한 강수량과 하천수량의 평균치의 차이는 상당한 정확도에서 연평균 증발산량의 추정치가 될 수 있다. 따라서 식 (3.43)은

$$ET = P - Q \tag{3.44}$$

일반적으로 물수지방법에 의한 증발산량의 추정은 산정기간에 따라 정확도가 다르게 된다.

예제 3.8

면적이 A=125km^{2}인 유역의 출구에서 유량이 Q=1.85m^3/s, 연강우량이 P=1,120mm이다. 연간 증발산량을 구하라.

풀이 유역면적 A=125km^2=1.25×10^{8}m^2, 유량이 Q=1.85m^3/s이므로 연간 유출량은 1.85×86,400×365=5.834×10^{7}m^3/yr이다. 따라서 유역의 단위면적에 대한 유출(유출고) Q는 (5.834×10^{7}m^3/y)/(1.25×10^{8}m^2)=0.467m=467mm. 연간 증발산량은 식 (3.44)에 따라

$$ET = P - Q = 1{,}120 - 467 = 653\text{mm}$$

와상관방법. 와상관(eddy correlation)은 지면이나 수면 위에 존재하는 경계층의 수증기와 같은 물질의 연직 흐름율을 계측한다. 와상관기법은 연직 공기흐름속도 w와 대기 수증기 밀도 ρ의 변동성분간의 상관을 평가하여 증발산을 측정하는 가장 직접적인 방법이다. 이는 지상 (수관)표면에서 대기로 이동하는 수증기를 직접 측정한다. 이 방법은 식생 상부 동일한 고도, 10Hz 주파수 20분 평균기간에서 측정되는 변동성분의 상관계수로부터 20–60분의 평균 증발산을 계산한다.

기본 계측장비는 연직 풍속을 측정하는 1–D sonic anemometer, 공기 온도변동성분을 측정하는 ultra fine–wire thermocouple air–temperature sensor, 자외선복사의 감쇠를 계측하여 증기밀도를 측정하는 krypton or Lyman–alpha hygrometer이다. 모든 측정은 동일한 와(eddy)의 특성이 측정될 수 있도록 같은 지점에서 10Hz의 주파수에서 수행된다. 감지자는 평균 식생높이보다 1–1.5m 상부에 위치시켜 1.5–3m로 추정되는 지표면 경계층 내에서 측정이 되도록 한다.

증발율은 연직 공기이동속도와 공기밀도의 변동성분의 곱의 시간평균에 비례하고 ET는 다음 식으로 산정될 수 있다(Swinbank, 1951; Knowles, 1996):

$$\lambda E = \lambda \overline{w' \rho_v'} \tag{3.45}$$

여기서 ρ_v는 수증기밀도(gm^{-3}), w'는 연직평균공기속도 $\overline{w}$의 변동성분(ms^{-1}), λ는 증발잠재열(Jg^{-1}), E는 증발산율(gm^{-2}s^{-1})이다. 증발산율 (gm^{-2}s^{-1})단위를 (cms^{-1})로 환산하기 위해서는 E(gm^{-2}s^{-1})에 10^{-4}[$=(\text{g}/\text{m}^2\text{s})(1\text{m}^3/10^6\text{g})(100\text{cm}/\text{m}) = 10^{-4}\text{cm}/\text{s}$]를 곱하고, (cm/day)로 환산하기 위해서는 E(gm^{-2}s^{-1})에 8.64를 곱한다.

그림 3.9 Eddy correlation계측기(왼쪽으로부터 Net radiometer, pyranometer(Net radiometer위의 작은 부분–태양복사), Quantum sensor(동화작용에 사용되는 태양복사), 3–D sonic anemometer(3차원 유속계)

곱의 시간평균은 1~5분 기간에 대한 변동성분의 곱의 평균을 나타낸다. 만약 w와 대기 수증기 밀도 ρ의 변동성분인 w', ρ_v'가 동시에 양수이면 평균보다 습한 공기는 지면을 떠나 증발을 유발하고, w', ρ_v'가 동시에 음수이면 평균보다 건조한 공기는 지면으로 강하하여 냉각된 다. 대기조건(풍속, 기온, 습도)이 정상이고 식생이 균일하고 바람이 불어오는 쪽으로 지형이 상당한 거리에 걸쳐 평탄한 경우 와상관방법은 증발산측정에 가장 정확한 방법이다. 와 상관방법은 수분공급의 제한, 무제한지역에 다 같이 ET를 직접 측정하는 이점을 갖는다.

에너지수지. 지표면에 대한 에너지수지(평형)을 이용해서 증발산을 계산할 수 있다. 에너지의 수평이송을 무시할 정도라고 가정하면 에너지수지는

$$R_n - G = \lambda E + H \tag{3.46}$$

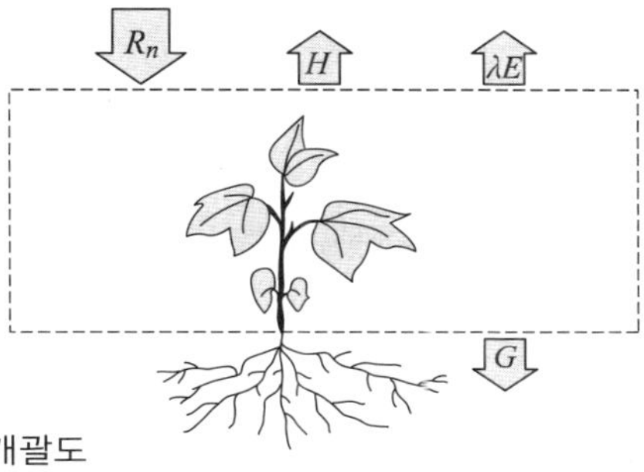

그림 3.10 표면 에너지수지의 개괄도

식 (3.46)의 좌변은 이용가능한 에너지를, 우변은 난류흐름율을 나타낸다. 여기서 R_n은 순복사에너지(Wm^{-2} 또는 $MJm^{-2}d^{-1}$)로 수관에 입사하는 에너지와 퇴출하는 에너지의 차이이고 식 (3.71)에 준해서 구해질 수 있다,

G는 토양으로 전도되는 현열흐름율인 토양열흐름율(soil heat flux)(Wm^{-2})은 토양 열량계측기와 토양의 열흐름율 측정결과의 조합을 통해서 계산된다. 그러나 나지 토양에 대한 R_n의 일정비율로도 구해질 수 있다(Fuchs와 Hadas, 1972).

$$G = C_G R_n \tag{3.47}$$

여기서 계수 C_G는 건조와 습윤토양에 대해 0.5에서 0.3의 범위의 값을 갖는다(Idso 등, 1975).

λE는 증발잠재열흐름율(evaporation latent heat flux)(Wm^{-2})로 액체에서 기체로의 상태 변화인 증발산과정에서 수관으로부터 퇴출되는 에너지를 나타낸다. λE는 에너지 평형식 $\lambda E = R_n - G - H$으로부터 계산될 수 있다.

H는 공기 중으로 이송되는 **현열흐름율**(sensible heat flux to atmosphere (by convection)) (Wm^{-2})로 수관과 공기 간의 온도구배의 결과로 수관에서 퇴출되는 에너지를 나타낸다. H($Jm^{-2}s^{-1}$ 또는 Wm^{-2})는 와상관을 이용해서 계산가능하다(Swinbank, 1951).

$$H = \rho_a c_p \overline{w' T'} \tag{3.48}$$

여기서 ρ_a는 공기밀도(gm^{-3}), c_p는 공기의 정압비열(J g^{-1}K^{-1}), T'(K)는 평균온도의 변동성분이다. 식 (3.48)을 이용하면 와상관의 고가이고 복잡한 순간 비습도의 측정을 피할 수 있는 반면 조건에 따라서는 순복사에너지 R_n, 토양 열흐름율 G의 산정이 문제가 될 수 있는 단점이 있다.

λE와 H는 난류와에 의해서 이송된다. 이러한 난류흐름율을 유발하는 에너지는 순복사에너지와 토양 열흐름율의 차이($R_n - G$)이다. 증발산량 ET(gm^{-2}s^{-1})는 식 (3.46)에 R_n, G 및 H를 적용하여 λE를 계산하고 이를 증발잠재열 λ로 나누어 구해진다.

$$ET = \lambda E / \lambda \tag{3.49}$$

증발산의 직접적인 계산방법. 증발접시 증발량과 작물표면의 증발산은 다르다. 그러나 10일 또는 그 이상의 기간에 대한 기준증발산 ET_o의 예측에는 증발접시가 타당한 값을 제공하므로 이에 접시계수를 곱하여 기준증발산 ET_o를 구할 수 있다.

$$ET_o = K_p E_p \tag{3.50}$$

여기서 E_p는 증발접시 증발량, K_p는 접시(작물)계수로 설치장소, 풍속 및 습도에 따라 0.35에서 0.85의 변화를 보인다(Allen 등, 1998).

3.7 증발산량 추정 – 수문기상학방정식

고가의 측정에 의하지 않고 증발산량을 산정하는 방법에는 에너지수지방법으로 Penman방법, FAO Penman–Monteith 방법, 기상자료와의 상관방법으로 Thornthwaite방법과 Turc방법, 경험식의 대표적인 Blaney–Criddle 방법이 있다.

Penman방법. 자유수면의 증발량(증발산능)을 산정하는 Penman방법(Penman, 1948)은 수분공급의 제한을 받지 않는 습윤 상태의 작은 작물(잔디)에 대한 증발산량능의 추정에도 사용되어 왔다. 작물의 반사계수(α)가 0.25정도인데 반하여 수면의 반사계수는 0.05 –0.07로 $R_n = (1-\alpha)R_s$에 따라 수면의 순복사에너지항이 작물의 경우보다 크다. 한편 작물의 거친 표면의 난류확산 미케니즘에 따라 수면에서보다 작물에서 질량수송항이 크게 되어 두 항 사이에 상쇄가 가능하고 이를 뒷받침하는 수면증발량과 증발산능이 거의 같다고 알려진다. 식생피복 즉 작물에 대한 간단화한 에너지수지는 다음 식과 같다.

$$R_n - G = \lambda E + H \tag{3.46}$$

여기서 R_n은 순복사에너지(MJm^{-2}d^{-1}), G는 토양 열흐름율밀도(MJm^{-2}d^{-1}), λE는 증발잠재열흐름율(MJm^{-2}d^{-1}), λ는 증발잠재열(MJkg^{-1}), E는 증발산율(kgm^{-2}d^{-1}=mm/day), H는 전도에 의한 현열흐름율(MJm^{-2}d^{-1})이다. 식 (3.46)의 각 항이 (W/m^2)이고 λ가 (J/g)이면 E는 (g/m^{2}s)단위이다.

보엔비(식 3.11)와 Dalton질량수송식 (식 3.20)을 이용하여 식 (3.46)으로부터 유도되는 증발산

Penman식 또는 수정Penman식은 다음과 같다(Ward와 Trimble, 1995).

수정Penman식
$$\lambda E=\underbrace{\left(\frac{\Delta}{\Delta+\gamma}\right)(R_n-G)}_{\text{Radiation}}+\underbrace{\left(\frac{\gamma}{\Delta+\gamma}\right)f(u)(e_s-e_a)}_{\text{Aerodynamic}} \tag{3.51a}$$

$$PET=\frac{\frac{\Delta}{\Delta+\gamma}(R_n-G)+\frac{\gamma}{\Delta+\gamma}6.43(1.0+0.53u_2)(e_s-e_a)}{\lambda} \tag{3.51b}$$

여기서 PET는 증발산(mm/day), $f(u)$는 풍속함수, Δ는 포화증기압곡선기울기(kPa℃$^{-1}$), γ는 습도측정상수(kPa℃$^{-1}$), e_s-e_a는 포화증기압 부족량(kPa), e_s는 (식생표면)포화증기압(kPa), e_a는 공기 증기압(kPa)이다.

식 (3.51)이 식 (3.35)와 다른 점은 작물에 대한 증발산을 산정하는 식으로 토양에 대한 열손실항 G을 포함한 것이다. 수정Penman식은 잔디표준 작물에 대해서는 양호한 결과를 제공하나 낮은 증발조건에서는 20%에 이르는 증발산이 과대 산정되기도 한다(Allen 등, 1998)

3.7.1 Penman–Monteith equation

Monteith(1965)는 식생표면으로부터 증발량을 산정할 수 있도록 식생의 경계층저항의 영향을 반영하는 공기역학적인 저항 r_a와 수증기흐름에 대한 식물의 기공, 총 잎 면적(표피) 및 토양표면의 저항인 표면저항 r_s가 포함되도록 Penman식을 수정했다. 따라서 Penman–Monteith방법은 작물의 기공과 공기역학특성과 관련된 저항과 기상변수로부터 증발량을 산정하는 방법이다. 이 방법은 건조, 습윤기후에서 정도가 높은 일관성이 있는 결과를 제공한다(Allen 등, 1998) 수관저항은 식생수관이 증산율에 미치는 영향력을 나타내고 이는 잎 기공의 개폐로 이루어진다. 공기역학적인 저항 r_a와 표면저항 r_s를 고려한 Penman–Monteith 증발산식은 식 (3.52)로 주어진다.

Penman–Monteith식
$$\lambda ET=\frac{\Delta(R_n-G)+\frac{\rho_a c_p}{r_a}(e_s-e_a)}{\Delta+\gamma\left(1+\frac{r_s}{r_a}\right)} \tag{3.52}$$

여기서 ET는 증발산(mm day^{-1}), ρ_a는 일정압력에서 평균공기밀도 (kg m^{-3}), c_p는 건조공기의 비열(1.013×10^{-3} MJkg^{-1} ℃$^{-1}$), r_a는 공기역학적인 저항(s m^{-1}), r_s는 수관표면저항(s m^{-1})이다.

FAO Penman–Monteith 방법. 이 방법은 “가정한 작물 높이가 0.12m, 표면저항이 70sm^{-1} 및 반사율 $\alpha=0.23$인 가상기준작물의 성장과 수분상태가 양호한 균일 높이의 광활한 잔디표면의 증발을 거의 재현하는” 기준작물표면의 조건에서 개발되었다.

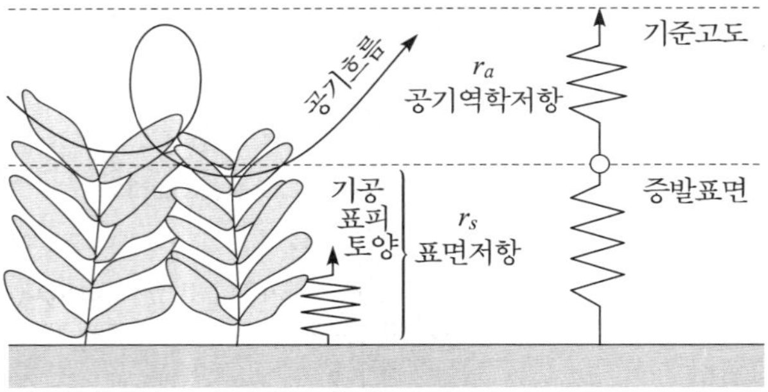

그림 3.11 수관저항 r_s와 공기 역학적인 저항 r_a, 작물표면 공기흐름의 개괄도(Allen 등, 1998).

Allen 등(1998)은 상수 매개변수(상수 λ=2.45MJ/kg, 고정 수관표면저항 r_s =70sm^{-1}, 공기역학적인 저항 $r_a = 208/u_2$(u_2는 높이 2m에서 풍속))을 도입한 $r_s/r_a = 70/(208/u_2) = 0.34u_2$와 $\rho_a c_p / r_a \approx \gamma\, 900\, u_2 / (T+273)(\mathrm{MJ\,m^{-2}K^{-1}day^{-1}})$을 대입함으로서 Penman-Monteith식 (3.52)를 수정하여 FAO의 증발산량계산의 유일한 표준방법으로 FAO Penman-Monteith식을 제시했다. 가상적인 기준 잔디표면에 대한 기준증발산량을 산정하는 식으로 시간, 비용 및 노력을 줄이고 모든 지역과 기후에 대하여 일관된 ETo를 제공하여 연중 상이한 기간과 상이한 지역의 증발산량과의 비교를 가능하게 하고, 다른 작물의 증발산량의 관계를 조사할 수 있는 기준을 제공한다. 특히 작물증발산량추정에는 가장 기본적이고 실용적인 방법으로 평가된다. 일관성을 위하여 모든 기상관측은 물 부족이 없는 푸른 잔디 지상 2m에서 수행된다. FAO Penman-Monteith식은 시, 일, 주 및 월 단위 증발산량 산정에 사용된다. FAO Penman-Monteith식은 다음과 같다(Allen 등 1998).

FAO Penman-Monteith식
$$ET_o = \frac{0.408\Delta(R_n - G) + \gamma \dfrac{900}{T+273.3} u_2 (e_s - e_a)}{\Delta + \gamma(1+0.34u_2)} \tag{3.53}$$

여기서 0.408은 순 복사에너지 ($R_n - G$)(MJm^{-2}day^{-1})를 mmday^{-1}로의 변환인자, ET_o는 기준증발산량(mmday^{-1}), R_n는 곡물표면에서 순 복사에너지(MJm^{-2}day^{-1}), G는 토양 열흐름율 밀도

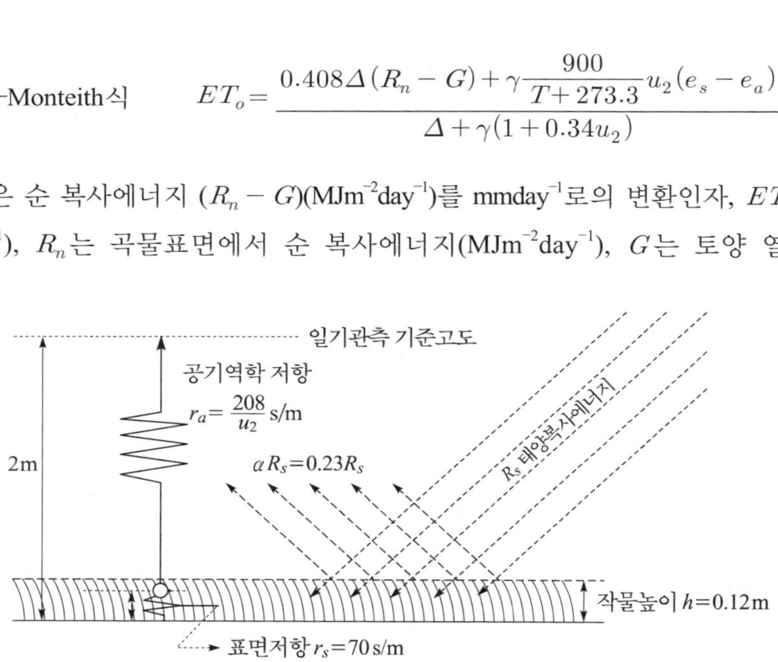

그림 3.12 가상기준작물의 특성(Allen 등, 1998)

(MJm^{-2}day^{-1}), T는 지상 2m에서 공기의 일평균온도(℃), u_2는 지상 2m에서 풍속(ms^{-1}), e_s는 포화증기압(kPa), e_a는 실제 증기압(kPa), Δ는 포화증기압곡선 기울기(kPa/℃), γ는 습도측정상수(kPa/℃)이다.

시간 증발산량(mmh^{-1})을 구하기 위해서는 식 (3.53)의 900을 37(=900/24)로, R_n와 G의 단위는 MJm^{-2}h^{-1}로 대치된다. Penman–Monteith방법은 온도, 상대습도(또는 실제 증기압), 고도, 태양복사 및 풍속의 자료를 이용하여 시간, 일, 5일, 월 및 계절의 증발산량의 산정에 이용된다.

대기압(P) :

$$P = 101.3\left(\frac{293 - 0.0065z}{293}\right)^{5.26} \tag{3.54}$$

여기서 P는 대기압(kPa), z는 평균 해면으로부터 고도(m)이다.

증발잠재열(λ) : λ는 온도에 대한 변화가 작으므로 단일치 λ=2.45 MJ kg^{-1}이 적용된다.

습도측정상수(γ) :

$$\gamma = \frac{c_p P}{\varepsilon \lambda} = 0.665 \times 10^{-3} P \tag{3.28}$$

여기서 γ는 습도측정상수[kPa ℃$^{-1}$], P는 대기압(kPa), λ는 증발잠재열, 2.45 MJ kg^{-1}, c_p는 정압비열[$=1.013 \times 10^{-3}$MJ kg^{-1} ℃$^{-1}$], ε는 [수증기/건조공기]의 분자무게의 비 (=0.622)이다.

일 평균온도(T_{mean})(℃) :

$$T_{mean} = \frac{T_{\max} + T_{\min}}{2} \tag{3.55}$$

상대습도(RH) : 상대습도는 포화증기압($e^o(T)$)에 대한 실제 증기압(e_a)의 비로 정의된다.

$$RH = 100\frac{e_a}{e^o(T)} \tag{3.56}$$

포화증기압(e_s) :

$$e^o(T) = 0.6108\exp\left(\frac{17.27T}{T + 237.3}\right) \tag{3.57}$$

여기서 $e^o(T)$는 온도 T(℃)에 대한포화증기압(kPa)이다. 식 (3.57)의 비선형에 따라 평균 포화증기압은 평균 일 최고, 최소온도에 대한 포화증기압의 평균으로 계산된다.

$$e_s = \frac{e^o(T_{\max}) + e^o(T_{\min})}{2} \tag{3.58}$$

포화증기압곡선기울기(slope of saturation vapor pressure curve)(Δ) :

$$\Delta = \frac{4098\left[0.6108\exp\{17.27\,T/(T+237.3)\}\right]}{(T+237.3)^2} = e_s\frac{4,098}{(T+237.3)^2} \tag{3.30}$$

여기서 Δ는 T(℃)에 대한 포화증기압곡선기울기(kPa/℃), T는 공기온도(℃)이다.

실제증기압(e_a) : 공기의 실제증기압 e_a(kPa)는 이슬점온도(T_{dew})(℃)를 이용한 식 (3.59) 또는 포화증기압 e_s와 상대습도 RH의 곱으로 주어진다.

$$e_a = e^o(T_{dew}) = 0.6108\exp\left[\frac{17.27\,T_{dew}}{T_{dew}+237.3}\right] \tag{3.59}$$

$$e_a = e_s RH \tag{3.5}$$

풍속(u_2) : 지면에서 $z=$m 높이의 풍속 u_2(m/s)는

$$u_2 = u_z\frac{4.87}{\ln(67.8z-5.42)} \tag{3.60}$$

여기서 z는 지면으로부터 높이(m), u_z는 높이 z에서 풍속(m/s) 이다.

외계(태양)복사에너지(R_a) : 이는 태양광에 수직인 대기 최상부면에 도달한 태양복사에너지 (0.082 $MJm^{-2}min^{-1}$)로 태양상수라고 한다. 1일 기간의 외계(태양)복사에너지는

$$R_a = \frac{24(60)}{\pi}G_{sc}d_r\left[\omega_s\sin(\phi)\sin(\delta)+\cos(\phi)\sin(\delta)\sin(\omega_s)\right] \tag{3.61}$$

여기서 R_a는 외계복사에너지($MJm^{-2}day^{-1}$), Gsc는 태양상수(0.082 $MJm^{-2}min^{-1}$), dr＝inverse relative distance factor(squared) for the earth–sun(무차원), ω_s는 일몰시간각(rad), ϕ는 위도(rad), δ는 태양적위(solar declination)(rad)이다.

각도(위도)를 radian으로 변환 $[Radians] = (\pi/180)$[decimal degrees]

$$d_r = 1 + 0.033\cos\left(\frac{2\pi}{365}J\right) \tag{3.62}$$

$$\delta = 0.409\sin\left(\frac{2\pi}{365}J - 1.39\right) \tag{3.63}$$

여기서 J는 1(1월 1일)과 365사이의 년 중 일수

$$\omega_s = \frac{\pi}{2} - \arctan\left[\frac{-\tan(\phi)\tan(\delta)}{\sqrt{1-\{\tan(\phi)\}^2\{\tan(\delta)\}^2}}\right] \tag{3.64}$$

일조시간(N) $$N = \frac{24}{\pi}\omega_s \quad (3.65)$$

태양(단파)복사에너지(R_s) : 이는 대기 외계에 도달하여 대기를 통과한 에너지(R_a)중에서 지구 표면에 도달한 복사에너지부분이다.

$$R_s = \left(a_s + b_s \frac{n}{N}\right) R_a \quad (3.66)$$

여기서 R_s는 태양(단파)복사에너지(MJm^{-2}day^{-1}), n는 실제 일조시간(hr), N는 최대 일조시간(hr), R_a는 외계 태양복사(MJm^{-2}day^{-1}), a_s b_s는 지역에 다른 상수로 검정자료가 없는 경우 a_s= 0.25, b_s=0.50이 권장된다.

청명하늘($n/N=1$) 복사에너지(R_{so}) : R_s가 실제 조건에서 동일한 기간과 표면에 도달한 복사에너지인 반면 R_{so}는 청명하늘($n/N=1$)조건에서 도달하는 복사에너지이다.

(1) a_s, b_s가 주어지는 경우 $$R_{so} = (a_s + b_s)R_a \quad (3.67)$$

(2) a_s, b_s가 주어지지 않는 경우 $$R_{so} = (0.75 + 2\times10^{-5}z)R_a \quad (3.68)$$

여기서 z는 평균 해면상 고도(m)이다.

순 태양(단파)복사에너지(R_{ns}) : 입사복사에너지와 반사복사에너지의 차이로 결정된다.

$$R_{ns} = R_s - \alpha R_s = (1-\alpha)R_s \quad (3.69)$$

여기서 R_{ns}는 순 태양(단파)복사에너지(MJm^{-2}day^{-1}), α는 albedo 또는 수관반사계수로 가상잔디 기준작물의 경우 0.23, R_s는 입사 태양복사에너지(MJm^{-2}day^{-1}), αR_s는 반사복사에너지이다.

순 (퇴출)장파복사에너지(R_{nl}) : 지구로부터 퇴출하는 장파복사($R_{l,up}$)와 지구가 흡수하는 장파복사($R_{l,down}$)의 차이이다. $R_{l,up} > R_{l,down}$이므로 R_{nl}은 에너지손실을 나타낸다.

$$R_{nl} = \sigma\left(\frac{T^4_{\max K} + T^4_{\min K}}{2}\right)(0.34 - 0.14\sqrt{e_a})\left(1.35\frac{R_s}{R_{so}} - 0.35\right) \quad (3.70)$$

여기서 R_{nl}은순 (퇴출)장파복사에너지(MJm^{-2}day^{-1}). T는 절대온도 (273.3+ ℃), σ는 Stefan-Bolzman상수 σ =4.903×10^{-9} MJm^{-2} °K^{-1}day^{-1}, e_a는 실제 증기압(kPa), R_s는 입사 태양복사에너지(MJm^{-2}day^{-1}), R_{so}는 청명하늘(n/N=1)에서 복사에너지(MJm^{-2}day^{-1})이다.

순복사에너지(R_n) : 순입사단파복사에너지 R_{ns}(하양이면 양수)와 순퇴출장파복사에너지 R_{nl}(상향이면 양수)의 차이로 결정된다. 따라서 R_n은 단파와 장파 복사 에너지성분을 포함한다.

$$R_n = \downarrow R_{ns} - \uparrow R_{nl} \tag{3.71}$$

토양열흐름율(soil heat flux)(G) : 이는 토양을 가열하는데 사용되는 에너지이다. G값은 토양이 더워지면(봄철) 양수이고 온도가 내려가면(가을철) 음수이다. G가 R_n에 비해서 작은 양이어서 에너지수지에서는 무시되기도 하나 증발산양을 산정하는 경우 이론적으로는 R_n에 G를 가감하는 것이 타당하다.

$$G = c_s \frac{T_i + T_{i-1}}{\Delta t} \Delta z \tag{3.72}$$

여기서 G는 토양열흐름율(MJ $m^{-2}day^{-1}$), c_s는 **토양열보유능**(soil heat capacity) (MJ m^{-3} ℃$^{-1}$), T_i는 시간 i에서 온도(℃), T_{i-1}는 시간 $i-1$에서 온도(℃), Δt는 시간간격(day), Δz는 유효토양깊이(m)이다. Δt에는 1일 이상의 기간이 사용된다. 유효깊이 Δz는 1일 또는 그 이상에 대해서는 0.10–0.20m, 1개월 이상인 경우에는 2m 이상이 적용된다.

1. 10일 이내 기간: $G_{day} \cong 0$ (3.73)

2. 월 단위 기간 : c_s =2.1MJ m^{-3} ℃$^{-1}$을 가정하면 식 (5.72)로부터

$$G_{month,i} = 0.07(T_{m,i+1} - T_{m,i-1}) \tag{3.74}$$

$T_{m,i+1}$이 알려지지 않으면

$$G_{month,i} = 0.14(T_{m,i} - T_{m,i-1}) \tag{3.75}$$

3. 시간단위에 대해서는

주간 : $G_{hr} = 0.1R_n$ (3.76)

야간 : $G_{hr} = 0.5R_n$ (3.77)

예제 3.9

북위 35.5̊, 표고 z = 80m에 위치한 잔디식생지역의 6월 증발산량을 FAO Penman–Monteith방법으로 구하라. 6월 24일 일 최고 기온이 27.2℃, 일 최저기온이 17.5℃, 5월 평균 일 기온은 17.8℃, 상대습도는 75%, $n/N = 0.5$, z = 3m에서 풍속이 5m/s이다. $\alpha = 0.23$

풀이▌ 고도 z = 80m에서 대기압

$$P = 101.3\left(\frac{293 - 0.0065z}{293}\right)^{5.26} = 101.3\left(\frac{293 - 0.0065 \times 80)}{293}\right)^{5.26} = 100.36\,\text{kPa}$$

P = 101.36kPa에 대한 습도측정상수 γ(식 3.28)

$$\gamma = 0.665 \times 10^{-3}P = 0.665 \times 10^{-3}(100.36) = 0.0667\,\text{kPa/℃}$$

일 평균 온도 $T=(27.2+17.5)/2=22.35$℃

27.2℃에 대한 포화증기압(식 3.57)

$$e^o(T_{max})=0.6108\exp[17.27(27.2)/(27.2+237.3)]=3.607\text{kPa}$$

$$e^o(T_{min})=0.6108\exp[17.27(17.5)/(17.5+237.3)]=2.000\text{kPa}$$

$$e_s=(3.607+2.000)/2=2.804\text{kPa}$$

실제 증기압 $e_a=e_s\,RH=2.804(0.75)=2.103\text{kPa}$

포화증기압부족량 $e_s-e_a=2.804-2.103=0.701\text{kPa}$

포화증기압곡선 기울기 Δ(식 3.30)

$$\Delta=e_s\frac{4,098}{(T+237.3)^2}=2.804\frac{4098}{(22.35+237.3)^2}=0.170\text{kPa/℃}$$

북위 35.5°를 radian으로 변환 $\phi=(\pi/180)(35.5)=0.619\text{rad}$

연중 일수 J=174(6월 24일)

$$d_r=1+0.033\cos[2\pi(174)/365]=0.967\text{rad}$$

$$\delta=0.409\sin[2\pi(174)/365-1.39]=0.409\text{rad}$$

여기서 J는 1(1월 1일)과 365사이의 년 중 일수

$$\omega_s=\frac{\pi}{2}-\arctan\left[\frac{-\tan(0.619)\tan(0.409)}{[1-\{\tan(0.619)\}^2\{\tan(0.409)\}^2]^{0.5}}\right]=1.581\text{rad}$$

외계(태양)복사에너지(R_a)

$$R_a=[24(60)/\pi](0.0820)(0.967)[1.581(0.231)+0.747\sin(1.581)]=40.44\ \text{MJm}^{-2}\text{day}^{-1}$$

참고로 표 3.5a를 이용하면 $R_a=1,002cal\,\text{cm}^{-2}\text{day}^{-1}\times4.1868\times10^{-2}=41.9\,\text{MJm}^{-2}\text{day}^{-1}$이다.

$$R_s=\left(a_s+b_s\frac{n}{N}\right)R_a=[0.25+0.5(0.5)](40.44)=20.22\ \text{MJm}^{-2}\text{day}^{-1}$$

$$R_{so}=(0.75+2\times10^{-5}z)R_a=[0.75+2\times10^{-5}(80)](40.44)=30.39\ \text{MJm}^{-2}\text{day}^{-1}$$

$$R_{nl}=4.903\times10^{-9}[\{(27.2+273.3)^4+(17.5+273.3)^4\}/2](0.34-0.14\sqrt{2.103})$$
$$\times[1.35(20.22/30.39)-0.35]=37.52(0.137)(0.548)=2.82\ \text{MJm}^{-2}\text{day}^{-1}$$

$$R_{ns}=R_s-\alpha R_s=(1-\alpha)R_s=(1-0.23)(20.22)=15.57\ \text{MJm}^{-2}\text{day}^{-1}$$

순 복사에너지 R_n

$$R_n=R_{ns}-R_{nl}=15.57-2.82=12.75\ \text{MJm}^{-2}\text{day}^{-1}$$

토양열흐름율(G) $G=0.14(T_{m,i}-T_{m,i-1})=0.14(22.35-17.8)=0.64\ \text{MJm}^{-2}\text{day}^{-1}$

$z=2$m에서 풍속 u_2(식 3.60)

$$u_2=u_z\frac{4.87}{\ln(67.8z-5.42)}=5\frac{4.87}{\ln(67.8\times3-5.42)}=4.6\text{m/s}$$

$$0.408\Delta(R_n-G)=0.408\times0.170(12.75-0.64)=0.84\ \text{MJm}^{-2}\text{day}^{-1}$$

$$ET_o=\frac{0.84+0.0667[900/(22.35+273.3)](4.6\times0.701)}{0.170+0.0667(1+0.34\times4.6)}=4.38\text{mm/day}$$

4.38mm/day를 6월 평균 증발산으로 가정할 경우 6월 증발산량은 4.38×30=262.8mm/mo이다.

3.7.2 Thornthwaite방법

Thornthwaite(1948)는 미국 중동부지역에 원통형증발산계를 이용하여 측정한 증발산과 기온과의 상관을 이용하여 증발산능을 추정하는 방법을 개발하였다. 이 방법은 온도자료만을 사용하여 월 또는 계절의 증발산능을 산정하는 간편성의 이점을 가지나 이론적인 타당성이 약하고 식생의 영향을 포함하지 않아 Penman방법에 필요한 자료가 없는 지역에 한해서 적용이 권장된다. 이 방법은 1개월 이상의 기간에 대한 월 평균온도 T_m (℃)와 위도를 이용하여 월 증발산능 PET를 계산한다.

$$PET_x = 1.62\frac{D}{30}\frac{N}{12}\left(\frac{10\,T_m}{J}\right)^a \tag{3.78}$$

여기서 $a = 6.75\times10^{-7}J^3 - 7.71\times10^{-5}J^2 + 1.792\times10^{-2}J + 0.492$, PET_x는 월증발산능(cm/mo), J는 **연열지수**(annual heat index)로 월평균온도의 항으로 계산된다. 기온이 영하인 달은 계산에서 제외된다.

표 3.9 식 (3.70)의 일조시간 보정인자(Bras,1990)

북위	1월	2월	3월	4월	5월	6월	7월	8월	9월	10월	11월	12월
0°	1.04	0.94	1.04	1.01	1.04	1.01	1.04	1.04	1.01	1.04	1.01	1.04
10°	1.00	0.91	1.03	1.03	1.08	1.06	1.08	1.07	1.02	1.02	0.98	0.99
20°	0.95	0.90	1.03	1.05	1.13	1.11	1.14	1.11	1.02	1.00	0.93	0.94
30°	0.90	0.87	1.03	1.08	1.18	1.17	1.20	1.14	1.03	0.98	0.89	0.88
35°	0.87	0.85	1.03	1.09	1.21	1.21	1.23	1.16	1.03	0.97	0.86	0.85
40°	0.84	0.83	1.03	1.11	1.24	1.25	1.27	1.18	1.04	0.96	0.83	0.81
45°	0.80	0.81	1.02	1.13	1.28	1.29	1.31	1.21	1.04	0.94	0.79	0.75
50°	0.74	0.78	1.02	1.15	1.33	1.36	1.37	1.25	1.06	0.92	0.76	0.70

$$J = \sum_{m=1}^{12}\left(\frac{T_m}{5}\right)^{1.5} \tag{3.79}$$

식 (3.78)의 PET_x는 1개월을 30일로 취하고 일출에서 일몰까지의 일조시간을 12시간으로 취했을 때 월증발산능이다. 따라서 월증발산능은 다음과 같이 보정된다.

$$PET = PET_x \times \frac{D}{30}\frac{N}{20} \tag{3.80}$$

여기서 D는 특정 월의 일수, N은 일조시간이다. N은 표 3.6에 주어지나 일조시간 조정인자인 $DN/(30\times12)$는 표 3.9에 주어진다.

예제 3.10

서울지역의 월평균온도가 표 3.10의 2란과 같다. 월 증발산능을 구하라. 작물의 성장기가 5월 15일에서 9월 15일까지 일 때 계절 소비수량을 산정하라.

표 3.10 Thornthwaite방법에 의한 증발산능 계산 예

월 (1)	월평균온도 T_m(℃) (2)	월열지수 $j=(T_m/5)^{1.5}$ (3)	PET_x (cm) (4)	일조시간보정인자 표 3.9 (5)	PET (cm) (6)
1	−3.5	–	–	–	–
2	−1.1	–	–	–	–
3	4.1	0.74	1.028	1.03	1.059
4	11.4	3.48	4.245	1.10	4.670
5	17.1	6.43	7.450	1.22	9.089
6	21.1	8.85	9.971	1.23	12.264
7	24.5	11.09	12.267	1.25	15.334
8	25.3	11.64	12.826	1.17	15.006
9	20.5	8.47	9.580	1.04	9.963
10	13.9	4.70	5.590	0.97	5.422
11	6.6	1.52	1.989	0.84	1.671
12	−0.6	–	–	–	–

$$J=\sum j=56.92$$

풀이 $a=(6.75\times10^{-7})56.92^3-(7.71\times10^{-5})56.92^2+(1.792\times10^{-2})56.92+0.492=1.387$

서울지역의 위도가 북위 37.5°이므로 이에 해당되는 표 3.10의 5란의 일조시간 보정인자 1.22는 표 3.9로 부터 얻어진다. 월 증발산능은 6란과 같고 계절 증발산능은 52.28cm이다.

$$PET=(9.089)\frac{16}{31}+12.264+15.334+15.006+(9.963)\frac{15}{30}=52.28\text{cm}$$

3.7.3 Blaney–Criddle방법

Blaney–Criddle방법(1962)은 관개시설의 설계에서 작물의 물 수요 추정에 미국 서부지역에서 널리 사용되어온 소비수량공식으로 미 자연자원보전청(NRCS)의 권장공식이다. 위도와 온도 자료만을 이용해서 월 또는 계절(작물 생장기간 또는 관개기간)의 실제 증발산량의 산정에 이용된다. 증발산추정에 필요한 태양복사대신에 월 평균기온과 연 일조시간의 월백분율이 사용될 수 있는 것으로 가정된다. 작물의 일별 소비수량은 월평균온도, 연 일조시간의 월별 백분율과 **작물계수**(作物係數; crop coefficient)의 곱으로 주어진다(Xu와 Singh, 2001).

$$ET=k_c P(0.46T+8.13) \tag{3.81}$$

여기서 ET는 소비수량(mm/day 또는 mm/mon), P는 연간 일조시간에 대한 일 또는 월평균 일조시간의 백분율(표 3.11), T는 주어진 일 또는 월 평균온도(℃), k_c는 각 작물에 따른 작물계수로 표 3.12와 같다.

표 3.11 연 일조시간의 월백분율(Jensen 등, 1990)

북위＼월	1	2	3	4	5	6	7	8	9	10	11	12
50°	5.99	6.32	8.24	9.24	10.68	10.92	10.99	9.99	8.46	7.44	6.08	5.65
48°	6.17	6.41	8.26	9.17	10.52	10.72	10.81	9.89	8.45	7.51	6.24	5.85
46°	6.33	6.50	8.28	9.11	10.38	10.53	10.65	9.79	8.43	7.58	6.37	6.05
44°	6.48	6.57	8.29	9.05	10.25	10.39	10.49	9.71	8.41	7.64	6.50	6.22
42°	6.61	6.65	8.30	8.99	10.13	10.24	10.35	9.62	8.40	7.70	6.62	6.39
40°	6.75	6.72	8.32	8.93	10.01	10.09	10.22	9.55	8.39	7.75	6.73	6.54
38°	6.87	6.79	8.33	8.89	9.90	9.96	10.11	9.47	8.37	7.80	6.83	6.68
36°	6.98	6.85	8.35	8.85	9.80	9.82	9.99	9.41	8.36	7.85	6.91	6.81
34°	7.10	6.91	8.35	8.80	9.71	9.71	9.88	9.34	8.35	7.90	7.02	6.93
32°	7.20	6.97	8.36	8.75	9.62	9.60	9.77	9.28	8.35	7.95	7.11	7.05
30°	7.31	7.02	8.37	8.71	9.54	9.49	9.67	9.21	8.33	7.99	7.20	7.16

표 3.12 작물계수, k_c(Blaney and Criddle, 1962; Ponce, 1989)

작 물	성장기간	작물계수		작 물	성장기간	작물계수	
		습윤지역	건조지역			습윤지역	건조지역
감 자	3–5개월	0.65–0.75		양 파		0.30–0.45	
고 구 마		0.30–0.45		오 렌 지	연중	0.45–0.55	
곡 물	3개월	0.75–0.85		옥 수 수	4개월	0.75–0.85	
담 배	4개월	0.70–0.80		초원, 잔 디		0.75–0.85	
목 화	7개월	0.60–0.70		채 소		0.15–0.30	
바 나 나	연중	0.80–1.00		콩	3개월	0.60–0.70	
벼	3–5개월	1.00–1.10		토 마 토	4개월	0.65–0.70	
알 파 파		0.85–0.90		포 도 밭	5–7개월	0.50–0.60	

예제 3.11

북위 35。에 위치한 광주지역의 감자 생육기간이 8월 15일에서 11월 10일까지이다. 월 평균 기온이 다음과 같을 때 계절 소비수량을 산정하라.

풀이▌ 8월의 소비수량

8월의 연 일조시간의 월백분율은 표 3.11자료의 내삽에 의하면 9.375이므로 16일(15–31일)에 대한 값 P는 $P_8 = 9.375(16/31) = 4.536$이고 감자의 작물 계수는 표 3.12로부터 $k_c = 0.7$이다. $P_8 = 4.536$과 $k_c = 0.7$을 식 (3.81)에 적용하면 5월 소비수량은

$$ET_8 = 0.7 \times 4.536(0.46 \times 26.1 + 8.13) = 63.93\text{mm/mo}$$

기간 (1)	월평균기온(℃) (2)	일수 (3)	연 일조시간 백분율 (4)	k_cP (5)	ET(mm) (6)
8월 15–31일	26.1	16	9.375(16/31)=4.536	3.175	63.93
9월	21.4	30	8.355	5.849	105.13
10월	15.4	30	7.875	5.513	83.87
11월 10일	8.7	10	6.965(10/30)=2.322	1.625	19.71

$\Sigma = 272.64$

같은 요령으로 계산을 수행하면 월 소비수량은 6란과 같고 계절 소비수량은 6란의 합으로 272.64mm 이다.

문 제

3.1 기온이 26℃, 상대습도가 75%인 경우 (a)포화증기압, (b)실제 증기압, (c)증기압 부족량을 구하라.

3.2 높이 0.8m에서 풍속이 3km/h일 대 높이 8m에서 풍속을 계산하라. 콩 작물의 높이는 0.7m이다.

증발량 측정

3.3 일 강우량과 보충한 수량이 다음과 같은 경우 증발접시의 일 증발량을 구하라. 접시계수가 0.7인 경우 수면적이 1.8km^{2}인 저수지의 6월 중물 손실을 구하라

시 간(day)	1	2	3	4	5
강 우 량(mm)	0	15.3	28.7	5.6	0.5
보충수량(mm)	6.2	0.6	2.2	7.4	2.4

3.4 측후소에서 관측된 자료가 다음과 같다. 평균 증발접시계수를 구하라.
(힌트: 질량수송방법으로 일 증발량을 먼저 계산한다.) A = 2.5km^2

일자	평균수온 (℃)	평균공기온도 (℃)	상대습도 (%)	풍속 (mph)	접시증발량 (mm)
6. 7	16	25	45	18	4.2
6.14	17	30	20	10	5.7
6.20	15	23	47	40	7.6
6.26	23	32	35	30	19.3

증발량결정

3.5 수면적이 2.4km^{2}인 어느 저수지 한 달 동안 관측된 유입량이 0.91m^3/s, 유출량이 0.73m^3/s, 침윤손실이 34mm, 총강우량이 112mm, 증발량이 158mm이다. 저수지의 저류량의 변화를 산정하라.

3.6 북위 37°에 위치한 지역의 6월 평균 온도가 25℃인 경우 반사계수 0.23에 대한 순 복사에너지를 구하라.

3.7 북위 36°에 위치한 어느 저수지의 6월 증발량을 에너지수지방법을 이용하여 구하라. 6월 평균기온은 22℃, 상대습도는 RH=63%, 대기압은 1013mb, 수면의 albedo=0.2, 온도는 18℃, n/N=0.48이다.

3.8 대전지방의 5월 기상자료가 다음과 같을 때 5월 증발량을 계산하라. 평균기온=17.5℃, 상대습도=67%, 대기압=1012mb, 수면온도=15℃, 평균풍속=2.1m/s, 월 일조시간=296hrs.

3.9 어느 지역의 7월 평균기온이 28℃, 태양복사에너지가 380 ly/day, 평균이슬점온도가 16℃, 평균풍속이 50mi/day이다. 7월 한 달간 $10\,\mathrm{m} \times 25\,\mathrm{m}$ 수영장의 수심을 일정하게 유지하는데 필요한 최소공급수량을 결정하라.

3.10 안동호의 6월 중 증발량을 에너지수지 방법으로 산정하라. 위도 북위 36.5°, 평균기온 26℃, 일조시간 10hr, 수면온도 18℃, 상대습도 70%, 수면적 51.3km^{2}이다.

3.11 안동호의 6월 중 기상자료가 다음과 같을 때 안동호의 6월 중 물 손실량을 산정하라. 수면적이 51.3 km^2, 풍속 $u_2 = 10\,\mathrm{km/hr}$, 평균기온 28℃, 상대습도 75% 이다.

3.12 북위 36°에 위치한 지역의 6월 평균기온이 22℃, 수면의 온도가 18℃인 6월중 저수지의 증발량을 Meyer 식을 이용하여 산정하라. 8m 상공에서 풍속이 1.9m/s, 상대습도가 63%이다.

3.13 저수지의 수면 온도가 18.2℃, 평균 기온이 25℃, 상대습도가 56%, 8m 상공의 풍속이 3km/h이다. 저수지의 7월 증발량을 구하라.

3.14 북위 36° 대전지역에 위치한 저수지의 6월의 증발량을 Penman방법으로 산정하라. 월 평균기온이 22℃, 2m상공에서 풍속은 1.9m/s, 상대습도는 RH=63%, 대기압은 1013mb, 반사계수는 r=0.2, 수면온도는 18℃이다.

3.15 다음 기상조건에 대한 증발량을 Penman방법으로 산정하라. 공기온도 25℃, 순 복사에너지 578cal/cm²/day, 풍속 $u_2 = 150$km/day, 상대습도 50%이다.

3.16 기온이 5℃, 순 복사에너지가 100cal/cm²/day 인 겨울과 기온이 30℃, 순 복사에너지가 520 cal/cm²day인 여름의 증발량(mm/day)을 Priestley-Taylor방법으로 산정하라.

3.17 7월 중에 평균 순 복사에너지가 520cal/cm²/day, 기온이 28℃, 상대습도 60 %, 풍속, 수면온도가 19℃, 대기압이 1000mb 일 때, 증발량(mm/day)을 (a) 에너지 방법 (b) 질량수송 (c) Penman 방법 및 (d) Priestley-Taylor방법으로 구하라.

증발산

3.18 북위 35° 표고 180m에 위치한 지역의 어느 해 7월 10일 기온이 24℃, 9일 기온이 23℃, 11일 기온이 25℃, 10일 증기압이 2.5kPa, 풍속이 1.5m/이다. albedo를 0.23으로 가정하여 Penman방법으로 증발산량 ET를 산정하라.

3.19 다음 조건에 대하여 Penman방법으로 일 증발산능을 계산하라. 북위 32°, 표고가 해발 300m, 월평균기온 18℃, 평균습도 70%, 평균관측 일조시간 10시간, 2m에서 풍속이 50km/day, 지면은 녹색작물이다.

3.20 북위 37° 해발 표고가 150m인 잔디지역(반사계수 $\alpha = 0.23$)의 7월 15일 최고 기온이 30.2℃, 일 최저 기온이 18.82℃, 2m에서 풍속이 u_2=2.3m/s, 상대습도가 71%, 5월의 월 평균기온이 21.4℃, n/N=0.5이다. FAO Penman-Monteith식으로 6월 증발산량을 추정하라.

3.21 북위 36° 해발 표고가 120m지역의 6월 일 평균기온이 20.9℃, 일조시간이 310 h/mo, 2m에서 풍속이 u_2=2m/s, 상대습도가 72%, 5월의 일 평균기온이 16.8℃이다. Penman-Monteith식으로 6월 증발 산량을 구하라.

3.22 북위 36° 해발 표고가 120m지역의 6월 10일 일 평균기온이 19.6℃, 일조시간이 n=10h, 10m에서 풍속이 10m/s, 상대습도가 72%이다. Penman-Monteith식으로 시간 증발산량(mm/h)을 구하라. 이 경 우 Penman-Monteith식에 입력되는 값은 mm/h 단위이고 900은 37로 대치된다.

3.23 북위 35°에 위치한 어느 지역의 6월의 증발산능을 Thornthwaite방법으로 계산하라. 월 평균 기온(℃)은 다음과 같다.

월	1	2	3	4	5	6	7	8	9	10	11	12
기온(℃)	-3.5	-1.1	4.1	11.4	17.1	21.1	24.5	25.3	20.5	13.9	6.6	-0.6

3.24 북위 32°에 위치한 지역의 월 증발산능을 산정하라. 월 평균 기온은 다음과 같다. 작물재배기간이 5월 19일부터 9월 20일까지 일 때 이 기간에 대한 소비수량을 결정하라.

월	평균기온(℃)	월	평균기온(℃)
1	-2.1	7	24.9
2	-0.3	8	25.1
3	-4.3	9	20.1
4	11.9	10	13.3
5	17.1	11	6.1
6	21.4	12	-0.2

3.25 북위 38°에 위치한 지역의 벼 농사기간이 5월 20일에서 9월 말까지 이다. 월 평균기온이 다음과 같을 때 Blaney–Criddle 방법으로 계절 소비수량을 산정하라.

월	5	6	7	8	9
평균 온도(℃)	17.4	1.9	24.9	25.4	20.8

3.26 북위 40°에 위치한 어느 지역의 7월 중 작물에 대한 증발산을 Blaney–Criddle 방법으로 구하라. 일 평균기온은 25℃, 상대습도 60%, 풍속 1 m/s이다.

3.27 북위 35°에 위치한 포도밭의 월 평균온도가 다음과 같다. Blaney–Criddle 방법으로 증발산량 ET를 구하라.

월	6	7	8	9
평균 온도(℃)	25.5	28.0	26.3	24.0

4 지표하흐름

지표하흐름(subsurface flow)은 넓은 의미에서 지표토양을 통해서 스며드는 침투, 표토층의 흐름인 중간흐름(interflow), 지하수흐름을 포함한 지표하의 모든 흐름을 의미하는 수문순환의 주요부분이다. 토양에서 물 흐름은 중력과 표면장력에 의하여 지배된다. 지표하흐름의 발생과정과 영역은 그림 4.1과 같다. 그러나 좁은 의미의 지표하흐름은 지표면과 지하수위 사이의 비포화영역으로 정의되는 통기대(vadose zone)에 침투된 강수부분의 흐름으로 **지표하유출**(地表下流出; subsurface(storm) runoff)이라고도 한다. 지하수위는 비포화층과 포화층의 경계면이고 이 경계면의 압력은 대기압과 같다. 통기대에서 물 이동은 농업, 오염물 수송 및 홍수조절에 중요하다. 본 장에서는 좁은 의미의 지표하흐름이 기술된다.

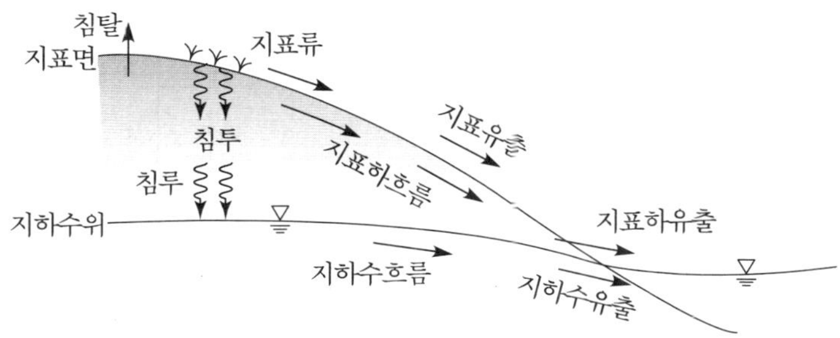

그림 4.1 지표하수의 흐름과 영역

4.1 비포화흐름

토양은 기본적으로 암석 표면층의 풍화작용과 침식의 결과물로 식물에서 발생된 유기물질과 다른 유기물을 포함한다. 토양의 표면층인 표토는 주로 부드러운 유기물 또는 부식토로 구성되고 표토 하부에는 뿌리 등으로 변형된 풍화물질이 존재한다. 토양은 기본적으로 흙입자, 입자간의 공극 및 물의 세 요소로 구성되고 물은 공극의 일부 또는 전부를 점유한다. 공극에 있는 물을 **토양수**(土壤水; soil water)라 한다. 토양이나 암석에 저류되어 있는 물의 양은 토양의 총체적에 대한 공극 체적의 비로 정의되는 공극율에 의하여 지배되고 20–60%의 범위를 갖는다. 토양은 일반적으로 평균 입경으로 분류된다(표 10.1).

표토층은 흙 입자사이에 공간을 갖는 다공성 매질(porous medium)이고 일반적으로 물의 이동을 허용하는 투수성 다공성 매질이다. 이러한 공간을 **공극**(空隙; void, interstice, pore, pore space)이라 한다. 공극은 물과 공기를 포함하므로 토양은 흙입자, 물 및 공기의 혼합구조이다(그림 4.2). 공극이 공기 또는 공기와 물로 채워지면 비포화 상태이고 이러한 표토층의 흐름을 **비포화 흐름**(unsaturated flow)이라 한다. 공극이 완전히 물로 채워지면 포화상태가 되고 흐름은 **포화흐름**(saturated flow)이 된다. 표토층 토양은 비가 온 후 잠정적인 기간을 제외하고는 비포화상태에 있다. 포화흐름에서는 중력이 지배적인 인자로 토양의 투수계수와 동수경사의 영향을 받는 반면 비포화흐름은 중력과 흡착력에 의하여 지배된다(식 4.13). 비포화층에서 중력에 의하여 배수된 후에도 토립자 사이 공극이 수분을 보유하는 것은 흡착력의 영향이다. **흡착력**(matric force)은 중력에 독립적으로 흙입자에 작용하며 흙입자 표면에 물분자를 끌어당기는 부착력(adhesion force)과 물분자 입자간의 인력인 응집력(cohesion force)으로 구성된다. 흡착력에 의하여 흙입자 사이에 잔존하는 수분을 **흡착수**(hygroscopic water)라 하고 흡착력이 낮은 곳에서 높은 곳으로 이동시키는 것은 모관작용(capillary action)이다.

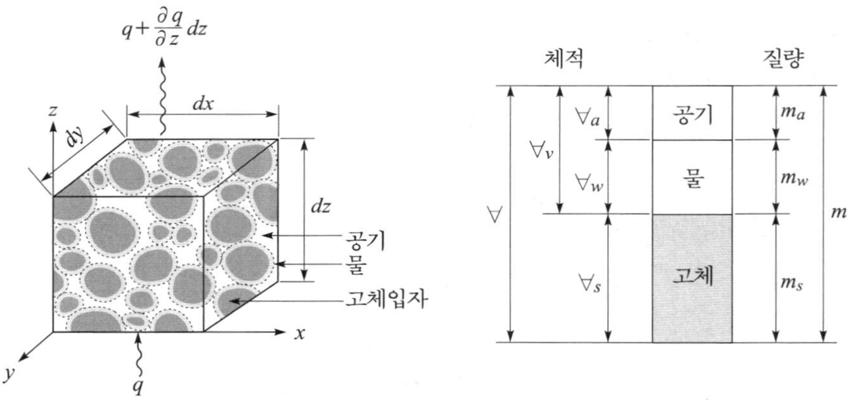

그림 4.2 비포화 다공성 매질의 단면, 검사체적 및 토양층의 구성요소

다공성매질의 대표적인 특성은 공극율이다. 공극율은 토양 투수성의 지배적인 인자이고 투수성은 공극율에 비례한다($k = a\eta^b$, 여기서 k는 고유투수계수, η는 공극율). **공극률**(空隙率; porosity)은 토양에서 공극공간의 척도로서 표본 토양의 총체적($\forall$)에 대한 공극 의 체적($\forall_v$)의 비로 정의된다.

$$\eta = \frac{\text{공극체적}}{\text{토양총체적}} = \frac{\forall_a + \forall_w}{\forall} = \frac{\forall_v}{\forall} \tag{4.1}$$

토양의 공극률 η의 범위는 대략 $0.25 \sim 0.75$이다. 공극의 체적 $\forall_v$는 물($\forall_w$)과 공기($\forall_a$)의 체적으로 구성되고($\forall_v = \forall_w + \forall_a$) 체적은 cm^3 또는 단위면적당 깊이(cm)로 나타낸다. **공극비**(空隙比; void ratio) e는 토양표본의 고체 체적($\forall_s$)에 대한 공극의 체적($\forall_v$)의 비로 정의된다.

$$e = \frac{\text{공극 체적}}{\text{고체 체적}} = \frac{\forall_v}{\forall_s} \tag{4.2}$$

토양표본의 물 함유량을 나타내는 **토양함수비**(土壤含水比; soil moisture(water) content)θ 는 체적 또는 질량으로 표시되고 체적 함수비와 중량 함수비로 구분된다.

$$\theta = \frac{\text{공극내 물의 체적}}{\text{토양의 총체적}} = \frac{\forall_w}{\forall} \quad \text{또는} \quad \theta = \frac{\text{공극내 물의 질량}}{\text{토양의 총질량}} = \frac{\mathrm{m_w}}{\mathrm{m_s}} \tag{4.3}$$

θ 의 범위는 $0 \leqq \theta \leqq \eta$ 이고 토양이 포화상태일때 토양함수비는 공극률과 같게 된다. 공극이 물로 채워지는 정도를 나타내는 **포화도**(飽和度; degree of saturation) S는 토양표본의 공극체적에 대한 물 체적의 비로 정의된다.

$$S = \frac{\text{물의 체적}}{\text{공극 체적}} = \frac{\forall_w}{\forall_v} \tag{4.4}$$

함수비, 공극율 및 포화도 간의 관계는 다음과 같다.

$$\theta = \eta S \tag{4.5}$$

예제 4.1

공극율이 0.5, 포화도가 0.6, 토양층의 두께가 1m인 표토층에 저류될 수 있는 물의 최대 깊이와 토양수의 체적 함수비를 구하라.

풀이 식 (4.1)로부터 공극의 체적은 $\forall_v = \eta \forall$로 주어지므로 이를 단위면적에 대하여 나타내면 1m 표토층은 두께 0.5m의 물을 보유 할 수 있다.

$$\forall_v = 0.5 \times 100 = 50\text{cm/단위면적(cm}^2)$$

포화도가 60%이므로 체적 함수비는 식 (4.5)로부터 0.3cm/cm이다.

$$\theta = \eta S = 0.5 \times 0.6 = 0.3\text{cm/cm} \quad \text{또는} \quad 0.3\text{cm}^3/\text{cm}^3$$

연속방정식. 그림 4.2에 보인 **검사체적**(檢査體積; control volume)의 체적은 $d\forall = dx\ dy\ dz$ 이고 이에 포함된 물의 체적은 $\theta\, dx\, dy\, dz$ 이다. 토양을 통한 물의 흐름은 토양의 단위면적에 대한 체적흐름률을 의미하는 Darcy흐름률(Darcy flux)$q = Q/A$ 로 측정된다. Darcy흐름률은 벡터이므로 각 좌표방향의 성분을 가지나 여기서는 수평 성분을 영으로 가정하고 연직 성분만이 고려된다. $z-$축에 따라 상향흐름이 양(+)으로 고려된다.

검사체적에 대한 질량보존 원리는

$$0 = \frac{d}{dt}\int_{CV} \rho_w\, d\forall + \int_{CS} \rho_w \boldsymbol{V} \cdot d\boldsymbol{A} \tag{4.6}$$

여기서 ρ_w 는 물의 밀도, $\boldsymbol{V}$는 속도벡터, $d\boldsymbol{A}$ 는 $\boldsymbol{V}$에 수직인 면적요소, CV는 검사체적 및 CS는 **검사경계면**(檢査境界面; control surface)이다. 식 (4.6)의 첫 항은 검사체적내에 저장된 물의 질량 시간 변화율로 ρ_w 를 상수로 가정하면 다음과 같다.

$$\begin{aligned}\frac{d}{dt}\int_{CV}\rho_w\, d\forall &= \frac{d}{dt}(\rho_w\,\theta\, dx\, dy\, dz) \\ &= \rho_w\, dx\, dy\, dz\frac{d\theta}{dt}\end{aligned} \tag{4.7}$$

식 (4.6)의 둘째 항은 검사체적의 경계를 통하여 이송된 물의 순유출이다. 그림 4.2에서 검사체적의 바닥에서 유입유량은 $q\, dx\, dy$, 윗면에서 유출유량은 $\left(q+\frac{\partial q}{\partial z}dz\right)dx\ \ dy$ 이므로 **순유출**(純流出; net outflow)은

$$\begin{aligned}\int_{CS}\rho_w\, \boldsymbol{V}\cdot d\boldsymbol{A} &= \rho_w\left(q+\ \frac{\partial q}{\partial z}dz\right)dx\, dy-\ \rho_w\, q\, dx\, dy \\ &= \rho_w\, dx\, dy\, dz\frac{\partial q}{\partial z}\end{aligned} \tag{4.8}$$

식 (4.7)과 (4.8)을 식 (4.6)에 대입하고 $\rho_w\, dx\, dy\, dz$ 로 나누면

$$\frac{\partial \theta}{\partial t}+\ \frac{\partial q}{\partial z}=0 \tag{4.9}$$

식 (4.9)는 다공성매질에서 **1차원 비포화 부정류 연속방정식**(1次元 非飽和 不定流 連續方程式; continuity equation for one-dimensional unsteady unsaturated flow)이다. 이 식은 지표하 천층흐름에 적용된다. 심층 대수층과 같이 깊이가 크게 되면 유체의 압력변화로 인하여 물의 밀도와 공극의 밀도가 변하므로 이들의 영향이 연속방정식에 포함되어야 한다.

운동방정식. Darcy흐름률 q는 매질의 단위길이에 대한 수두손실을 나타내는 지하수위의 경사 S_f 와 매질의 성질인 투수계수의 지배를 받는다(5.4.1. 참조).

$$q=KS_f \tag{4.10}$$

여기서 K는 매질의 **투수계수**(透水係數; hydraulic conductivity)이다. 연직방향 흐름에서 흐름의 총 수두를 h로 나타내면 $S_f=-\,\partial h/\partial z$ 이고 (−) 기호는 흐름방향에서 마찰에 의하여 총 수두 h가 감소함을 나타낸다. 따라서 Darcy법칙(Darcy's law)은

$$q=-\,K\frac{\partial h}{\partial z} \tag{4.11}$$

자유수면 포화흐름(自由水面飽和흐름; unconfined saturated flow)에서는 중력과 마찰이 작용하

나 비포화흐름에서는 표면장력에 의하여 흙 입자가 물을 빨아올리는 **흡인력**(吸引力; suction force)이 포함된다. 흙의 흡인작용은 다음과 같이 설명될 수 있다. 물을 채운 용기에 건조한 흙 원기둥을 연직으로 세우면 모관작용에 의하여 수분이 건조한 흙기둥에 흡상되어 수면보다 높이 올라간다. 이 올라가는 높이는 흡인력과 중력이 평형을 이루는 높이이다. 수두 h는 높이로 측정되고 이는 유체의 단위중량에 대한 에너지이다. 비포화 다공성매질에서 유체의 총에너지 중에서 토양의 흡인력에 의한 에너지 부분을 **흡인수두**(吸引水頭; suction head) ψ라 한다. 흡인수두는 매질의 함수비의 함수이다. 그림 4.3에 보인 바와 같이 점토의 경우 함수비에 따라 투수계수(K)는 비례하는 반면 흡인수두(ψ)는 반비례하는 현저한 변화를 보인다. 총수두 h는 흡인수두 ψ와 (중력)수두 z의 합이다.

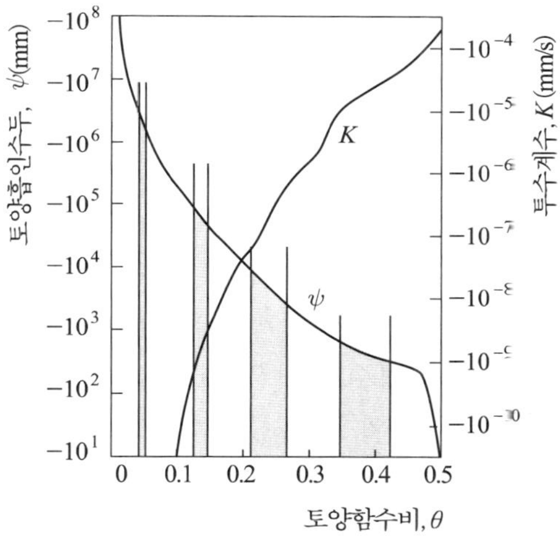

그림 4.3 점토의 함수비에 따른 토양 흡인수두 ψ와 투수계수 K의 변화(Raudkivi, 1979)

$$h = \psi + z \tag{4.12}$$

매질 내 유속은 매우 작으므로 속도수두는 h에 포함되지 않는다. 식 (4.12)를 식 (4.11)의 h에 대입하면

$$q = -K\left(\frac{\partial \psi}{\partial z} + \frac{\partial z}{\partial z}\right) \tag{4.13}$$

식 (4.13)에서 q는 흡인력과 중력에 의하여 발생함을 나타낸다. 토양함수비 θ를 도입하여 식 (4.13) 우변의 첫 항에 연쇄법칙을 적용하면

$$q = -\left(K\frac{\partial \psi}{\partial \theta}\frac{\partial \theta}{\partial z} + K\right) = -\left(D\frac{\partial \theta}{\partial z} + K\right) \tag{4.14}$$

여기서 D는 **토양수확산계수**(土壤水擴散係數; soilwater diffusivity)$(K\frac{\partial \psi}{\partial \theta})$이고 $[L^2/T]$의 차원을 갖는다. 식 (4.14)를 식 (4.9)에 대입하면

$$\frac{\partial \theta}{\partial t} = \frac{\partial}{\partial z}\left[D(\theta)\frac{\partial \theta}{\partial z}\right] + \frac{\partial K(\theta)}{\partial z} \tag{4.15}$$

식 (4.15)는 비포화다공성 매질의 **비포화부정류**(非飽和不定流; unsteady unsaturated flow)에 대한 지배방정식인 **1차원 Richard 식**(one dimensional Richard's equation)으로 해는 수치해석에 의하여 주어진다. 식 (4.15)에서 흡인성분과 중력성분의 상대적인 중요성은 초기 조건의 영향을 받는다. 초기에 토양이 건조하면 흡인력이 지배적이 되어 흐름은 수평 또는 연직이 된다. 토양이 습윤(포화)상태이면 흡인력은 감소하고 중력이 흐름을 주도한다. 포화토양에서는 $\partial\theta/\partial t$는 영이고 $K(\theta)$는 상수가 되어 식 (4.15)는 1차원 Laplace식이 된다.

4.2 침투과정

침투(浸透; infiltration)는 물이 중력과 모세관 작용에 의하여 토양표면의 공극을 통하여 토양층내로 스며드는 현상이다. 물이 흙에 스며드는 율을 **침투율**(浸透率; infiltration rate) f 라 하고 f 는 [mm/h]의 차원을 갖는다. 대부분의 조건에서 침투율은 물이 흙 표면을 처음 접촉하는 강우초기에 최대이고 그 속도 또한 최대이다. 침투된 물의 하부 공극으로의 이동은 중력과 모관력(또는 장력, 흡인력)의 작용에 의한다. 즉 중력은 물을 공극내로 밀어 넣고 모관력은 물을 끌어들인다. 그러나 공극으로부터 물이 빠져나가는 경우 두 힘은 서로 반대로 작용한다. 침투된 물은 마찰이 가장 작은 통로를 따라 중력수로 낮은 데로 흘러 중간흐름으로 하천에 이르거나 연직으로 이동하여 지하수에 이른다. 이와 같이 중력에 의한 토양층내의 연직흐름을 **침루**(浸漏; percolation)라 한다. 지표면 토양에서 침투된 물이 침루에 의하여 이동되지 않고 표토층에 잔류상태에 있으면 침투는 장애를 받아 감소한다. 계속되는 강우로 침투가 계속되어 토양이 포화되면 침루에 의하여 표토층의 흙에서 물이 아래로 빠져나가는 양 만큼 침투가 일어나 침투율이 일정하게 되고 이 일정한 침투율을 **종기침투율**(終期浸透率; final infiltration rate) f_c 라 한다.

주어진 조건에서 물의 공급이 충분할 때 일어나는 최대 침투율을 **침투능**(浸透能; infiltration

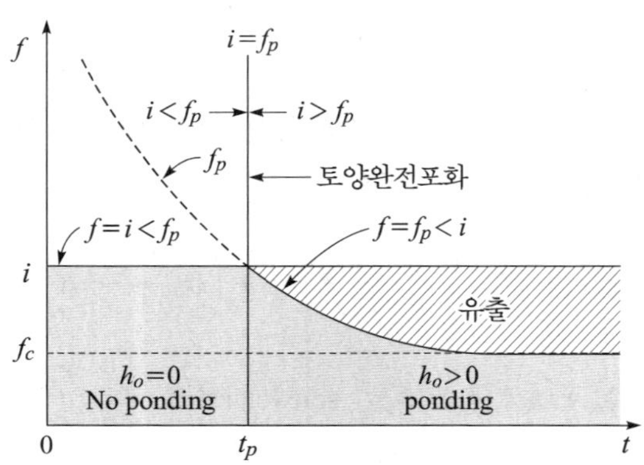

그림 4.4 침투과정

capacity 또는 potential infiltration rate) f_p 라 하고 이는 시간에 따라 감소한다. 실제 침투율 f 는 **공급율**(supply rate) i_s (강우량－(증발＋차단))가 침투능 f_p 와 같거나 초과할 때에만 침투능 f_p 와 같게 된다. 즉 호우기간 동안에는 어느 시점에서나 침투율 f 는 공급율 i_s 와 침투능 f_p 의 작은 값과 같게 된다. 이론적으로 $i_s \leq f_p$ 일 때 실제 침투율은 공급률과 같게 된다. 많은 경우 i_s는 강우강도 i로 대체된다.

강우강도 i가 침투능 f_p를 초과하면 지면에 물이 고이는 담수가 발생하고 이의 수심인 **담수심**(湛水深; ponding depth) h_o는 영보다 크게 되어($h_o > 0$) 유출이 일어난다. 이를 정리하면 다음과 같다.

$$i < f_p \text{이면} \quad h_o = 0, \ f = i < f_p, \quad i_e = 0 \tag{4.16}$$

$$i > f_p \text{이면} \quad h_o > 0, \ f = f_P < i, \quad i_e > 0 \tag{4.17}$$

여기서 i_e는 유효강우강도이다. 만약 손실이 주로 침투에 의하여 발생한다면 유효강우강도(또는 유출) i_e는 다음 식으로 산정될 수 있다.

$$i_e = i - f \tag{4.18}$$

f 는 강우초기에 침투가 최대인 초기침투율 f_o 와 같고 시간이 경과됨에 따라 감소한다. 초기 침투가 크게 되는 것은 모관력과 중력에 의한다. 모관작용에 의하여 토양수분을 지표면으로 끌어올리는 과정을 **침탈**(浸脫; exfiltration)이라 한다. 이 과정은 상향 모관력이 중력을 초과할 때 일어난다. 침탈된 물은 보통 증발에 의하여 지면에서 사라진다. 지면의 증발잠재력은 상향 모관력을 증가시켜 모관상승 즉 침탈의 증가에 이른다. 중력으로 물이 빠져 나간후 토양에 남아 있는 수분상태인 **포장용수량**(field capacity)에 이르면 중력은 무시 할 정도가 되고 장력이 지배적이 된다.

침투에 영향을 주는 인자. 침투는 토양특성(종류, 조직, 구조, 깊이, 수리특성(다공성), 초기함수조건), 강우특성(강우강도, 지속기간), 지표면조건(토지이용, 식생피복상태, 지면경사, 토양다짐상태, 사면상태), 지표하조건(뿌리조직, 지하수위 깊이, 투수계수) 등의 영향을 받는다.

침투는 수문순환의 중요한 과정으로 강우－유출도형의 중요한 인자이고 식생성장에 필요한 수분의 공급, 지하수함양, 하천수공급, 홍수예측, 관개계획, 오염물이동에 필요하고 지표유출, 토양침식, 지표수에 유입되는 유사와 오염물을 감소시킨다. 또한 침투는 수문순환의 이해와 평가에 기본인자이고 초과강우량과 직접유출의 산정에 중요하다.

4.3 해석적 침투모형

해석적 침투모형은 일반으로 침투율을 토양특성과 경과시간의 함수로 나타내고 대부분의 모형은 침투능을 기술한다. 이들 모형의 매개변수는 시간에 대한 침투율의 측정 자료를 이용해서 결정된다. 강우기간에는 차단, 증발 및 요부저류로 구성되는 지면보류가 무시할 정도여서 강우량은 침투와 유출로 나타나는 유효강우량의 두 성분으로 구성된다. 따라서 침투모형은 유효강우량을 구하는 수단이 된다.

4.3.1 Horton 모형

침투율은 시간에 따라 지수적으로 감소하여 거의 일정한 값에 도달한다(Horton, 1939). 즉

$$f = f_c + (f_o - f_c)e^{-kt} \tag{4.19}$$

여기서 f 는 시간 t 에서 침투율(mm/h), f_o 는 강우 초기에 최대인 초기 침투율이고 이는 침투가 계속됨에 따라 감소하여 토양이 포화되었을 때 일정치인 종기침투율 f_c 에 이른다. k 는 **감쇠상수**(decay constant)$[T^{-1}]$ 이다. 식 (4.19)는 $t=0$ 에서 $f=f_o$ 이고 $t=\infty$ 이면 $f=f_c$ 가 된다. 매개변수 f_o, f_c, k는 침투의 관측 자료로부터 결정된다. 주어진 기간 동안 침투량의 누가깊이는 **누가침투량**(累加浸透量: cumulative infiltration)으로 식 (4.19)의 적분은 시간 t 에서의 누가침투량을 제공한다.

$$F = \int f dt = f_c t + \frac{f_o - f_c}{k}\left[1 - e^{-kt}\right] \tag{4.20}$$

식 (4.19)와 (4.20)에서 t를 소거하면

$$F = \frac{f_o - f}{k} - \frac{f_c}{k}\ln\left(\frac{f - f_c}{f_o - f_c}\right) \tag{4.21}$$

식 (4.21)로부터 주어진 F에 대한 f가 계산된다. 담수는 침투능이 감소하여 강우강도와 같게 될 때($f_p = f = i$) 발생하므로 담수되기까지 누가침투량은 $F = it$로 주어진다. 따라서 담수 누가침투량 F_p는 식 (4.21)에서 $f = i$로 놓아 구해지고 담수시간 t_p는 $t_p = F_p/i$로부터 구해진다.

$$F_p = \frac{f_o - i}{k} - \frac{f_c}{k}ln\left(\frac{i - f_c}{f_o - f_c}\right) \tag{4.22}$$

담수 이후($t > t_p$) 침투율은 $f = f_p$로 주어지고 누가침투량은 식 (4.20)의 변형인 식 (4.23)으로부터 구해진다.

$$F = f_c(t - t_o) + \frac{f_o - f_c}{k}\left[1 - e^{-k(t - t_o)}\right] \tag{4.23}$$

Horton모형은 강우강도가 침투능을 초과($i \geq f_p$)하는 경우에 적용되므로(Linsley, 1982) 강우강도가 침투능보다 작은 경우에는 그림 4.5b에서와 같이 담수는 $t=0$이 아닌 $t=t_p$에서 시작되므로 음영부분의 면적 F_p가 사선부분의 면적과 같도록 침투곡선을 t_o만큼 이동한다. 식 (4.23)의 해는 수치해석으로 가능하다.

t가 크게 되는 경우 k는 식 (4.20)으로부터 다음과 같이 구할 수 있다.

$$k = \frac{f_o - f_c}{F_c} \tag{4.24}$$

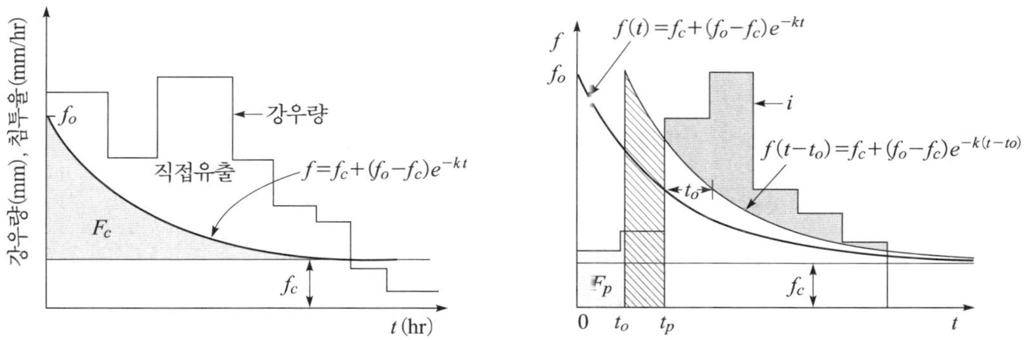

(a) $t = 0$에서 담수발생($i_{t=0} > f_o$) 경우

(b) $t = t_p$에서 담수발생($i_{t=0} < f_p$) 경우

그림 4.5 Horton의 침투율과 누가침투량

여기서 F_c는 $F_c = F - f_c t$로써 그림 4.5a에서 음영부분의 면적이다. 매개변수의 결정은 다음 두 가지 간단한 방법으로 침투자료에 곡선을 적합시키는 것이다. (1) t에 대한 f 값을 도시할 경우 f 값이 거의 일정하게 될 때 f는 f_c값을 제시한다. 따라서 미지수는 f_o와 k가 된다. 시간-침투곡선상 임의의 두 점의 t와 f 값을 식 (4.19)에 대입하여 얻어지는 2개의 식은 미지수 f_o와 k를 제공한다. f_o / f_c의 값은 대략 5 정도이다. (2) 다른 방법은 식 (4.19) 양변의 대수를 취한다.

$$\ln(f - f_c) = \ln(f_o - f_c) - kt \tag{4.25}$$

반대수지상에 식 (4.25)를 도시하면 직선을 나타내므로 경사($-k$)와 절편 $\ln(f_o - f_c)$을 쉽게 얻는다. f_c는 f가 거의 일정하게 되는 값이고 $f - f_c$는 $t = 0$에서 $f_o - f_c$가 된다.

예제 4.2

Horton매개변수가 f_o=6.2cm/h, $f_c = 0.3\,\text{cm/h}$, k=0.75/h인 지역에 호우가 3시간 지속된 후의 침투율과 총 침투량(심)을 구하라.

풀이 침투율 $f = f_c + (f_o - f_c)e^{-kt} = 0.3 + (6.2 - 0.3)e^{-0.75(3)} = 0.92\,\text{cm/h}$

침투량 $F = f_c t + \dfrac{f_o - f_c}{k}(1 - e^{-kt}) = 0.3(3) + \dfrac{6.2 - 0.3}{0.75}[1 - e^{-0.75(3)}] = 7.94\,\text{cm}$

예제 4.3

Horton매개변수가 f_o=2.2cm/hr, $f_c = 0.3\,\text{cm/h}$, k=1.2/h인 지역에 내린 강우강도가 표 4.1의 2란과 같다. 침투에

의한 손실을 구하고 유효강우강도를 결정하라.

풀이 계산내용은 표 4.1과 같다. 침투능 f_p는 시간간격 Δt의 중앙에서 계산되어 Δt가 끝나는 시간에 수록된다. Δt=0–0.2h의 중간 값 t=0.10h에 대해서 계산되는 침투능은 t=0.2h에 수록된다.

식 (4.19) $$f_p = 0.3 + (2.2 - 0.3)\exp(-1.2 \times 0.1) = 1.99\text{cm/h}$$

이와 같이 계산된 f_p는 3란에 주어지고 4란에 수록된 침투율은 i와 f_p중 작은 값이다. 이는 t=0.10h의 경우 f_p=1.99cm/h가 침투가능하나 공급되는 강우강도는 i=1.0cm/h이기 때문이다. 유효강우강도 i_e는 $i_e = i - f$로 주어진다. 결과는 그림 4.5에 도시된바와 같다. 총강우량 $\Delta t \sum i$=(0.2hr)(19.4cm/hr) =3.88cm 중 침투된 누가침투량 $F = \Delta t \sum f$ =(0.2h)(10.21cm/h) = 2.04cm이고 나머지는 총유효강우량 $\Delta t \sum i_e$ =(0.2h)(9.19cm/h)=1.84cm로 유출된다.

표 4.1 Horton모형을 이용한 침투예제

t hr (1)	i cm/hr (2)	f_P cm/hr (3)	f cm/hr (4)	i_e cm/hr (5)
0.00	1.00	2.20	1.00	0.00
0.20	1.00	1.99	1.00	0.00
0.40	2.00	1.63	1.63	0.37
0.60	3.00	1.34	1.34	1.66
0.80	3.00	1.12	1.12	1.88
1.00	3.00	0.95	0.95	2.05
1.20	2.50	0.81	0.81	1.69
1.40	1.50	0.70	0.70	0.80
1.60	1.00	0.61	0.61	0.39
1.80	0.80	0.55	0.55	0.25
2.00	0.60	0.50	0.50	0.10
	Σ=19.40		Σ=10.21	Σ=9.19

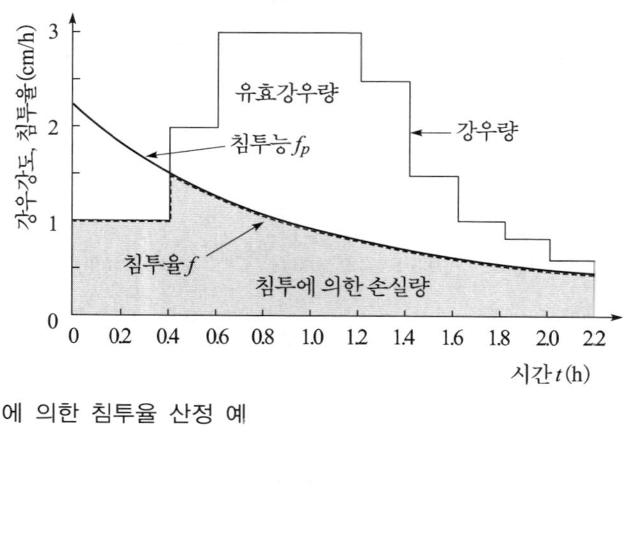

그림 4.6 Horton방법에 의한 침투율 산정 예

4.3.2 Philip 모형

Philip 침투모형은 흡수수두와 중력수두를 나타내는 두 항으로 주어진다(Philip, 1957).

$$f = \frac{1}{2} S t^{-1/2} + A \tag{4.26}$$

여기서 f 는 시간 t 에서의 침투율(mm/h), S 는 불포화토양의 흡입능을 나타내는 **흡수계수**(吸收係數; sorptivity), A 는 침투를 나타내는 매개변수로 투수계수와 같은 차원을 갖으며 그 크기는 지표면에서의 포화투수계수에 근사한 값을 갖는다. 식 (4.26)에 따라 $t=0$ 에서 $f=\infty$ 이나 실제는 유한한 값을 갖으며 $t=\infty$ 에서는 $f=A$ 이다. 식 (4.26)의 적분은 누가침투량을 제공한다.

$$F = S t^{1/2} + A t \tag{4.27}$$

매개변수의 산정은 정규방안지에 f 의 측정치를 $t^{-0.5}$ 에 대하여 도시하고 직선을 적합시킨다. 식 (4.26)에 따라 절편은 A 를, 경사는 1/2S를 제공한다.

4.3.3 Holtan 모형

Holtan모형은 침투율이 토양이 물을 보유할 수 있는 가용저류용량에 비례한다는 개념에 근거한다. 물이 침투하면 토양의 가용저류요량은 감소하고 이에 따라 침투율도 감소한다. Holtan방법은 당초 농지에 대하여 개발되었으나(Holtan, 1961) 비농지에 대해서도 널리 이용되고 있다.

$$f = GIA\, S_a^{1.4} + f_c \tag{4.28}$$

여기서 f 는 침투율(in/h), GI 는 작물의 **성장지수**(成長指數; growth index)로써 파종시 $GI=0.1$ 에서 수확기 $GI=1.0$ 에 이르고, A 는 가용저류용량의 침투능(in/h)으로 지면과 연결된 공극과 침투에 영향을 주는 뿌리의 밀도를 나타내는 지수로 표 4.2에 주어진 바와 같다. S_a 는 지표층 토양이 물을 저장할 수 있는 **가용저류용량**(可用貯留容量; available storage)(in)이고 f_c 는 침투율이 일정치에 달했을 때의 종기침투율(in/h)로 수문학적 토양군에 따라 표 4.3에 주어진다.

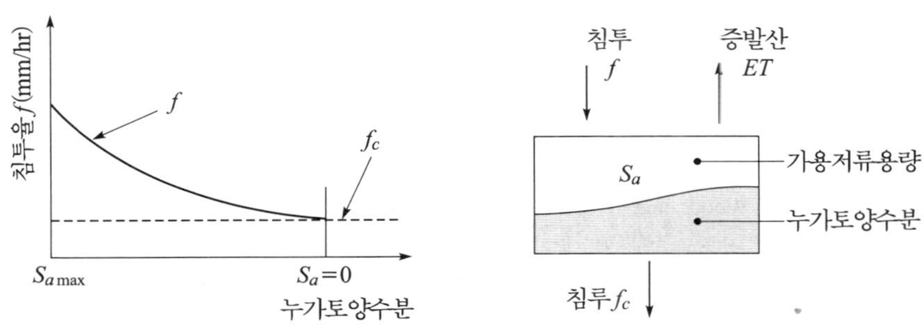

그림 4.7 Holtan모형의 토양수분과 가용저류용량

가용저류용량 S_a는 침투가 진행됨에 따라 감소한다. 이 과정에서 침투율 f는 S_a를 잠식하는 반면 침루에 해당하는 종기침투율 f_c와 증발산 ET는 S_a를 회복시킨다. 따라서 $\triangle t$시간동안 S_a의 감소 $\triangle S_a$는 다음 식으로 계산된다.

$$\triangle S_a = f\triangle t - (f_c \triangle t + ET) \tag{4.29}$$

여기서 $f\Delta t = F$는 Δt 동안의 침투량으로 $f\Delta t$와 $i\Delta t$ 중에 작은 값이 적용된다. Holtan모형은 보다 물리적인 근거와 강우량이 적은 기간 동안 침투와 침투능의 회복을 기술할 수 있는 점에서 Horton모형에 대하여 이점을 갖는다. 그러나 이 모형의 어려운 점은 표토층 두께의 결정이다. Holtan은 경작 깊이를 표토층의 두께 d로 사용할 것을 제안하였다.

Holtan 모형의 적용과정. (1) 초기함수비 θ_i를 측정 또는 추정한다. (2) 초기 가용저류용량은 $S_a = (\theta_s - \theta_i)d$에 의하여 계산된다. 여기서 θ_s는 포화함수비로 공극률과 같고, θ_i는 주어진 시간에서 함수비이다. (3) 식 (4.28)을 이용하여 초기침투율 f를 계산한다. (4) 시간 Δt 경과 후 S_a는 식 (4.29)를 이용하여 $S_{ai} = S_{ai-1} - \triangle S_a$에 의하여 계산한다. (5) 시간 Δt 후의 침투율을 식 (4.28)에 의하여 계산한다. (6) 위 과정을 반복한다.

증발산(ET)을 무시할 경우 직접유출(유효강우량)은 지면의 물수지에 따라 다음과 같이 주어진다.

$$i_e = i\,\Delta t - \Delta F - \Delta S \tag{4.30}$$

여기서 i_e는 직접유출(mm 또는 cm), ΔF는 Δt 동안 침투량의 변화량($f\Delta t$)(mm 또는 cm), ΔS는 Δt 동안 지면요부의 저류량변화(mm 또는 cm)이다.

표 4.2 Holtan모형의 A 지수(Frere, 1975)

토지이용과 피복	지면상태[a]	
	불량	양호
Fallow[b]	0.10	0.30
Row crops	0.10	0.20
Small grains	0.20	0.30
Hay(legumes)	0.20	0.40
Hay(sod)	0.40	0.60
Pasture(bunch grass)	0.20	0.40
Temporary pasture(sod)	0.20	0.60
Permanent pasture(sod)	0.80	1.00
Woods and forests	0.80	1.00

[a] 잡초와 방목에 대하여 필요한 조정
[b] 휴경지의 경우 불량은 줄경작을, 양호는 잔디가 입혀진 상태를 의미

표 4.3 종기침투율(Musgrave, 1955)

수문학적 토양군	f_c(cm/h)	f_c(in/h)
A	0.76	0.30–0.45
B	0.38–0.76	0.15–0.30
C	0.13–0.38	0.05–0.15
D	0.00–0.13	0.00–0.05

한편 Terstriep과 Stall(1974)는 bluegrass turf에 대하여 Holtan모형의 매개변수를 다음과 같이 제시했다. 지면피복상태가 다르게 되면 표 4.4의 값을 조정되어야 한다.

표 4.4 Horton과 Holtan모형의 매개변수(Terstriep과 Stall, 1974)

수문학적 토양군	A	B	C	D
f_c(mm/hr)	25.4	12.7	6.3	2.5
f_o(mm/hr)	254	203	127	76
k(hr−1)	2	2	2	2
S_a(mm)	152	102	76	51
GIA(mm/hr)	0.274	0.274	0.274	0.274
f_c(in/hr)	1	0.5	0.25	0.1
f_o(in/hr)	10	8	5	3
k(hr−1)	2	2	2	2
S_a(in)	6	4	3	2
GIA(in/hr)	1.0	1.0	1.0	1.0

예제 4.4

표 4.5에 주어진 강우사상에 대한 각 시간 간격의 침투량과 유효강우량을 Holtan방법으로 산정하라. 지면은 목초지로 수문학적 토양군은 C형으로 이에 상응하는 f_c는 표 3.4로부터 $f_c = 6.3$mm/h, 초기가용 저류용량은 $S_a = 76$mm이다. 지면요부저류 S는 $S=7$mm, 증발산량은 무시된다.

풀이 1. $t=15$min … $S_a=76$mm, $GIA=0.274$(표 4.4)에 대한 f_p를 식 (4.28)을 이용하여 계산한다.

$$f_p = GIA S_a^{1.4} + f_c = 0.274(76)^{1.4} + 6.3 = 124.03\text{mm/h}$$

침투능깊이(침투량)는 $f_p \Delta t = 124.03 \times 0.25 = 31.0$mm로 계산되고 실제 침투율은 공급율인 강우강도 i와 침트능 f_p 중 작은 값이 된다. 이는 침투능은 $f_p = 124.03$mm/h이나 공급가능한 강우강도는 $i=10.8$ mm/h 이기 때문이고 이에 따라 지면저류와 유효강우량은 발생하지 않는다. 지면저류는 강우량이 침투능을 만족할 때 일어나고, 유효강우량은 강우량이 침투능과 지면저류를 만족할 때에 발생한다. 가용저류용량 S_a의 감소량은 식 (4.29)에 따라 $\Delta S_a = f\Delta t - (f_c \Delta t + ET) = 2.7 - (6.3 \times 0.25 + 0) = 1.13$mm이다.

2. $t=30$min … 가용저류용량은 $S_{at} = S_{a(t-1)} - \Delta S_a = 76.0 - 1.13 = 74.87$mm로 감소된다.

3. $t=75$mm … 강우량 $i\Delta t=52.5$mm는 실제 침투량 19.1mm를 초과하고 지면저류 $S=7$mm를 만족함으로 유출(유효강우량 i_e)이 발생하고 i_e는 식 (4.30)에 의하여 $i_e = 26.4$mm로 산정된다.

$$i_e = i\Delta t - (f\Delta t + \Delta S) = 52.5 - (19.1 + 7.0) = 26.4\text{mm}$$

4. $t=120$ min … 침투능깊이 $f_p \Delta t = 22.96 \times 0.25 = 5.74$mm는 강우량 $i\Delta t = 5.5$mm을 초과하나 $S=7.0$ mm으로부터 0.24(=5.74−5.5)mm를 공급받으면 5.74mm의 침투가 가능하다. 따라서 S는 $S=7.0-0.24=6.76$mm로 감소하고 유출은 일어나지 않는다.

5. $t=135$min … 침투가능 깊이는 $f_p \Delta t$=4.51mm이나 공급되는 강우량은 $i\Delta t$=3.0mm에 불과하므로 부족량 1.51mm는 지면저류 6.76mm에서 공급받게 됨으로 지면저류 S는 6.76−1.51=5.25mm로 감소한다.

6. $t=150$min … 침투가능 깊이는 $f_p \Delta t$=3.72mm이나 공급되는 강우량은 $i\Delta t$=2.2mm에 불과하므로 부족량 1.52mm는 지면저류5.25mm에서 공급받게 됨으로 지면저류 S는 5.25−1.52=3.75mm로 감소한다.

7. $t=175$min … 강우가 중단되면 지면저류, 실제 침투량 및 직접유출(유효강우량)의 합은 총강우량과 같아야 한다.

   총강우량(127.0mm)=(지면저류+실제 침투량+직접유출(유효강우량))=2.09+85.33+39.61
   =127.03mm

표 4.5 Holtan방법을 이용한 유효강우량

시간	강우강도	강우량	지면저류변화	지면저류	가용저류용량	침투능	실 제 침투율	실제침투깊이	가용저류 용량감소	유 효 강우량
t (min)	i (mm/h)	$i\Delta t$ (mm)	ΔS (mm)	$\Sigma\Delta S$ (mm)	S_a (mm)	f_p (mm/h)	f 또는 f_p (mm/h)	f(또는 f_p)Δt (mm)	ΔS_a (mm)	i_e (mm)
0										
15	**10.8**	2.7	0.00	0.00	**76.00**	124.03	10.8	2.7	1.13	0.00
30	**13.2**	3.3	0.00	0.00	74.87	121.59	13.2	3.3	1.73	0.00
45	**28.0**	7.0	0.00	0.00	73.14	117.88	28.0	7.0	5.43	0.00
60	**67.2**	16.8	0.00	0.00	67.71	106.45	67.2	16.8	15.23	0.00
75	**210.0**	52.5	**7.00**	**7.00**	52.48	76.40	76.40	19.1	17.53	26.40
90	**88.0**	22.0	0.00	7.00	34.95	45.98	45.98	11.50	9.93	10.50
105	**42.0**	10.5	0.00	7.00	25.02	31.15	31.15	7.79	6.22	2.71
120	**22.0**	5.5	−0.74	6.76	18.80	22.96	22.96	5.74	4.17	0.00
135	**12.0**	3.0	−1.51	5.25	14.63	18.02	18.02	4.51	2.94	0.00
150	**8.8**	2.2	−1.52	3.75	11.69	14.86	14.86	3.72	2.15	0.00
175	**6.0**	1.5	−1.69	2.09	9.54	12.74	12.74	3.19	1.62	0.00
		Σ=127.0		2.09				Σ=85.33		Σ=39.61

4.3.4 Green-Ampt 모형

Green-Ampt 모형은 보다 물리적인 근거를 가진 모형으로 (1) Darcy 법칙의 이론적인 근거에서 유도되었고, (2) 매개변수는 흙 성질로부터 계산될 수 있는 물리적인 의미를 갖으며, (3) 다양한 토양조건에서 좋은 결과를 제공하고, (4) 깊이에 따라 투수계수가 변하는 토양에 적용가능하다.

Green-Ampt 모형에서 물의 건조토양층으로의 침투는 습윤토양과 건조토양을 구분하는 뚜렷한 경계로 정의되는 **습윤전선**(濕潤前線; wetting front)의 형상으로 일어난다고 가정된다. 침투가 계속되어 습윤전선이 아래로 이동함에 따라 토양의 함수비는 강우 초기 함수비 θ_i에서 포화함수비 θ_s(공극율 η)로 증가한다. 침투가 진행되는 임의의 시간 t에서 함수비분포는 그림 4.8의 곡선으로 표시되나 Green-Ampt모형에서는 수분변화곡선이 습윤전선으로 근사된다. 강우강도 i가 침투율 f를 초과하면 지면에 물이 고이고 이의 수심인 담수심 h_c는 $t=0$에서부터 유지되는 것으로 가정된다. Darcy법칙을 적용한 Green-Ampt 식은 다음과 같다(Green과 Ampt, 1911).

Darcy법칙
$$q_z = -K\frac{\partial h}{\partial z} \tag{4.11}$$

$$h = h_o + \psi + z \tag{4.31}$$

여기서 h는 침투를 유발하는 총수두, h_o는 담수심[cm], ψ는 습윤전선의 **모관흡인수두**(毛管吸引水頭; capillary suction head)[cm], z는 습윤전선의 깊이[cm], $(h_o+\psi+z)/z$는 동수경사를 나타낸다. $q_z=-f_p$와 총수두 h를 고려하면 식 (4.11)은

$$f_P = K\frac{h_o+\psi+z}{z} \tag{4.32}$$

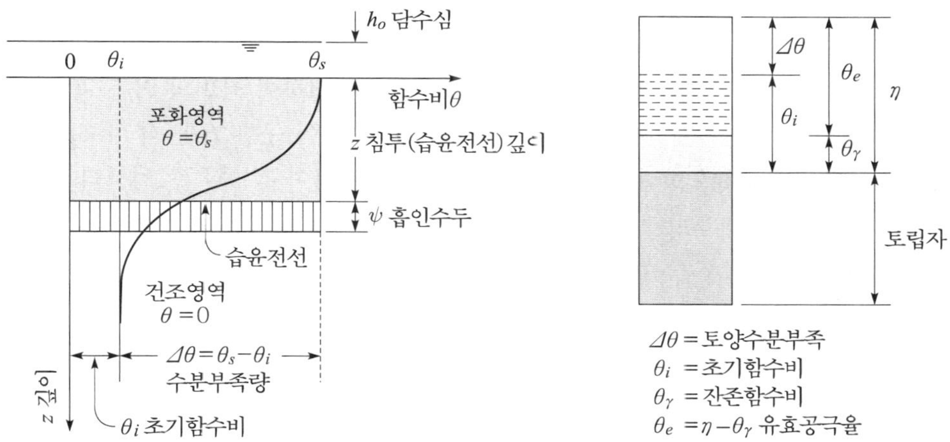

그림 4.8 Green-Ampt 모형

Δt시간동안 침투량은 $f\Delta t$이고 이는 또한 침투 깊이를 나타낸다. Δt동안 습유전선이 Δz 하강하면 이로 인하여 물로 채워진 공극의 체적은 $\Delta z(\theta_s-\theta_i)$이고 이는 침투량 $f\Delta t$와 같다. 즉 $f\Delta t=\Delta z(\theta_s-\theta_i)$. 이로부터 Δt동안 포화영역 깊이의 증분 Δz는

$$\Delta z = \frac{f\Delta t}{\theta_s-\theta_i} \tag{4.33}$$

Δt동안 침투율 f는 i와 f_P중 작은 값이 된다. 총(누가)침투량 $F=ft$와 토양 내 누가침투깊이 z의 관계는 식 (4.33)으로부터 다음과 같다.

$$z = \frac{F}{\theta_s - \theta_i} = \frac{F}{\Delta\theta} \tag{4.34}$$

또는

$$F = (\theta_s - \theta_i)z = \Delta\theta z \tag{4.35}$$

여기서 $\Delta\theta = \theta_s - \theta_i$는 초기함수비 θ_i와 포화함수비 θ_s의 차이로 **토양수분부족**(土壤水分不足; soil water deficit)이다. 담수심이 매우 작으면 $h_o \cong 0$ 이고 식 (4.35)를 이용하면 식 (4.32)는

$$f_p = K\left(1 + \frac{\psi\Delta\theta}{F}\right) \tag{4.36}$$

$f = dF/dt$ 를 적용하고 식 (4.36)을 변수분리하면

$$\int_0^F \frac{F}{F + \psi\Delta\theta} dF = \int_0^t K dt \tag{4.37}$$

식 (4.37)을 $t = 0$에서 $F = 0$인 조건에서 적분하면 누가침투량 F가 얻어진다.

$$F = Kt + \psi\Delta\theta \ln\left(1 + \frac{F}{\psi\Delta\theta}\right) \tag{4.38}$$

식 (4.38)은 누가침투량에 대한 Green–Ampt식이다. K, t, ψ 및 $\Delta\theta$가 주어지면 F를 가정(통상 초기가정으로 $F = Kt$)하고 이를 식 (4.38)식의 우변에 대입하여 좌변의 F를 구하고 좌우변의 값이 같게 될 때까지 반복계산으로 F를 결정한다. 이와 같이 구한 F를 식 (4.36)에 대입하여 침투능 f_P를 구한다. 또 다른 방법은 식 (4.38)을 시간 t에 관하여 정리한 후 일연의 F를 가정하여 t를 구하고 식 (4.36)으로부터 f를 계산하여 시간 t에 대한 f와 F를 도시한다. 이 곡선으로부터 주어진 시간에 대한 f와 F를 구한다.

Green–Ampt 모형을 강우에 적용하는 경우 식 (4.35) ~ (4.38)은 강우 초기부터 지면이 담수상태($i \geq f_p$)인 경우이고 침투율 f는 침투능 f_p과 같다. 만약 $i < f_p$이면 지면담수는 담수시간 t_p까지 일어나지 않는다. **담수시간**(湛水時間; ponding time)은 강우가 시작하는 시간에서 지면이 담수되기 시작하는 시간까지의 시간 간격으로 정의되고 이는 침투능이 강우강도 i와 같게 될 때($f_p = i$)까지 시간과 같다.

일정한 강우강도에 대하여 실제 침투율 f는 다음과 같이 요약될 수 있다.

(1) $t < t_p$ 일 때 $\qquad f = i, \qquad F = it \qquad (4.39)$

(2) $t = t_p$ 일 때 $\qquad f = f_p = i, \quad F_p = it_p \qquad (4.40)$

$t = t_p$에서 누가침투량 $F_p = it_p$의 t_p는 알려지지 않은 상태이므로 F_p는 식 (4.36)에서 $f = i$로 놓고 F에 관하여 정리하여 F_p를 계산하는 식 (4.41)을 얻는다.

$$F_p = \frac{\psi \Delta \theta}{i/K-1} \tag{4.41}$$

담수시간 t_p

$$t_p = \frac{F_p}{i} \tag{4.42a}$$

식 (4.41)을 (4.42a)의 F_p에 대입하면

$$t_p = \frac{K\psi \Delta\theta}{i(i-K)} \tag{4.42b}$$

(3) $t > t_p$ 일 때

$$f = f_P = K + \frac{K\Delta\theta\psi}{F} \tag{4.36}$$

$t > t_p$에 대한 Green-Ampt모형은 초기 포화(담수)조건에서 적용되므로 식 (4.38)은 다음과 같이 수정된다. 식 (4.37)을 $t = t_p$에서 $F = F_p$인 조건에서 적분하고 시간 t에 관하여 정리하면 다음과 같다(Haan 등,1882).

$$t = t_p + \frac{1}{K}\left[F - F_p + \psi\Delta\theta \ln\left\{\frac{\psi\Delta\theta + F_p}{\psi\Delta\theta + F}\right\}\right] \tag{4.43}$$

이에 대한 Mein과 Larson(1973)에 의한 적분결과는

$$K(t - t_p + t_p^{'}) = F - \psi\Delta\theta \ln\left(1 + \frac{F}{\psi\Delta\theta}\right) \tag{4.44}$$

여기서 $t_p^{'}$는 강우 초기에 담수되는 조건에서 F_p가 침투되는데 요하는 시간과 동등한 시간으로 식 (4.38)을 이용해서 계산된다.

Green-Ampt모형의 매개변수: Green-Ampt모형을 적용함에는 투수계수 K, 모관 흡인수두 ψ, 포화함수비 θ_s(공극률 η), 초기함수비 θ_i 등의 매개변수의 값이 필요하다. 이들 매개변수들은 침투율 측정자료에 Green-Ampt 모형을 적합시켜 결정된다. 초기함수비 θ_i는 실측에 의하여 결정되고 θ_s, ψ, K의 값으로 표 4.6이 이용될 수 있다. 그러나 이는 일차적인 값으로 이용되고 실측자료를 이용하여 보정되어야 한다. 표 4.6은 Rawls 등(1983)이 미국 전역에 걸쳐 약 5,000개의 토양 표본을 분석하여 결정한 결과이다.

초기함수비 θ_i 대신 **유효포화**(有效飽和; effective saturation)S_e가 주어지는 경우 토양수분부족 $\Delta\theta = \theta_s - \theta_i$는 다음과 같이 주어진다. 중력에 의하여 완전히 배수된 토양 토립자 표면에 부착력에 의하여 남아 있는 수분인 토양의 잔존함수비(residual moisture content)(5.3.2 보유수율 참조)를 θ_r로 나타내면 유효포화 S_e는 가용함수비 $\theta - \theta_r$와 최대가용함수비 $\eta - \theta_r$와의 비이다.

$$S_e = \frac{\theta - \theta_r}{\eta - \theta_r} = \frac{\text{가용함수비}}{\text{최대가용함수비}} \tag{4.45}$$

여기서 최대가용함수비 $\eta - \theta_r$는 **유효공극률**(有效空隙率; effective porosity) θ_e를 정의한다.

유효공극율은 토양층 내 물 흐름을 가능하게 하는 상호 연결된 공극이다.

$$\theta_e(=\eta_e)=\eta-\theta_r$$

함수비 θ의 범위가 $\theta_r \le \theta \le \eta$ 이면 S_e의 범위는 $0 \le S_e \le 1.0$이다. 초기함수비 $\theta=\theta_i$에서 식 (4.45)는

$$\theta_i-\theta_r = S_e(\eta-\theta_r) = S_e\theta_e \tag{4.46}$$

습윤전선의 하강에 따른 함수비의 변화 $\Delta\theta=\eta-\theta_i$는 식 (4.46)을 적용하고 $\Delta\theta=\eta-\theta_i=\eta-(S_e\theta_e+\theta_r)$이므로 여기에 $\eta-\theta_r=\theta_e$를 대입하면

$$\Delta\theta=(1-S_e)\theta_e \tag{4.47}$$

표 4.6 토양별 Green-Ampt 모형 매개변수(Rawls, 1983)

토양종류	공극률	유효공극률	습윤전선의 흡인수두	투수계수
	$\eta=\theta_s$	θ_e	ψ (cm)	K(cm/h)
Sand	0.437	0.417	4.95	11.78
Loamy sand	0.437	0.401	6.13	2.99
Sandy loam	0.453	0.412	11.01	1.09
Loam	0.463	0.434	8.89	0.34
Silt loam	0.501	0.486	16.68	0.65
Sandy clay loam	0.398	0.330	21.85	0.15
Clay loam	0.464	0.309	20.88	0.10
Silty clay loam	0.471	0.432	27.30	0.10
Sandy clay	0.430	0.321	23.90	0.06
Silty clay	0.479	0.423	29.22	0.05
Clay	0.475	0.385	31.63	0.03

예제 4.5

표 4.7의 누가침투량과 침투율의 측정치에 대하여 Green-Amp 침투모형을 적합하라.

표 4.7 침투량의 측정치와 계산 예

시간 (min) (1)	누가침투량 F(mm) (2)	침투율 f (mm/h) (3)	$1/F$ (4)
3	8.6	172.3	0.116
5	11.3	92.2	0.089
10	17.8	88.0	0.056
15	24.6	79.4	0.041
20	30.9	71.1	0.032
25	36.6	66.6	0.027
30	42.1	65.7	0.024
40	53.0	63.7	0.019
50	63.9	64.3	0.016
60	73.7	58.2	0.014
80	93.4	57.3	0.011
100	112.8	58.4	0.0089
120	131.9	55.5	0.0076
140	151.0	49.9	0.0066

풀이▌ 식 (4.36)을 식 (a)와 같이 변형하고 f 를 $1/F$(표4.7의 4란)에 대하여 도시하여 직선을 적합시킨다.

$$f = K + K\Delta\theta\psi\frac{1}{F} \tag{a}$$

그림 4.9로부터 절편은 $K = 50$mm/h이고 직선의 기울기는 $K\Delta\theta\,\psi = 700$이다. 이로부터 $\Delta\theta\,\psi = 14$가 된다. 따라서 식 (a)는

$$f = 50 + \frac{700}{F} \tag{b}$$

$\dfrac{dF}{dt} = f$ 이므로

$$\frac{dF}{dt} = 50 + \frac{700}{F} = \frac{50F + 700}{F} \tag{c}$$

또는

$$\frac{F}{50F + 700}dF = dt \tag{d}$$

$t = 0$ 에서 $F = 0$ 임을 이용하여 적분하면

$$t = \frac{F}{50} - \frac{700}{50^2}log(50F + 700) + C(= \frac{700}{50^2}log\,700)$$

$$= \frac{F}{50} + 0.28\log\left(\frac{14}{F+14}\right) \tag{e}$$

일련의 F값에 대하여 식 (b)와 (e)를 이용하여 f 와 t를 구한다. t에 대한 f 와 F를 표로 작성하거나 도시하면 임의의 t 에 대한 f 와 F를 구할 수 있다.

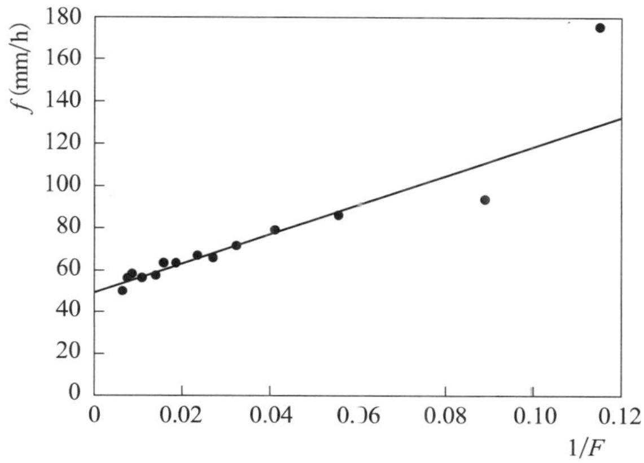

그림 4.9 Green-Ampt모형 적합의 계산 예

예제 4.6

토양 sandy clay($\theta_s = 0.43$, $\theta_i = 0.26$, $\psi = 23.9$cm, $K = 0.06$cm/hr)에 내린 일정한 강우강도 0.5cm/hr의 2 hr 강우사상에 대한 침투량[cm]과 유출을 식 (4.43)을 이용하여 구하라. 강우종료시의 침투율은 얼마인가? 지면저류량의 변화 ΔS는 무시된다.

풀이▌

$$\Delta\theta = \theta_s - \theta_i = 0.43 - 0.26 = 0.17$$

$$\psi\Delta\theta = 23.9(0.17) = 4.06$$

담수침투량 $F_p = \dfrac{\psi\Delta\theta}{i/K-1} = \dfrac{4.06}{0.5/0.06-1} = 0.55\text{cm}$

담수시간 $t_p = F_p/i = 0.55/0.5 = 1.1\text{hr}$

유출은 담수시간 $t_p(=1.1\text{hr})$이후에 발생한다. 계산과정은 F의 증분에 대하여 식 (4.43)으로부터 시간 t를, 식 (4.36)으로부터 침투능 f_p를 구하는 것이다.

$F=0$: $t<t_p$이므로 $f=i=0.5\text{cm/hr}$

$F=0.3$: $F<F_p$이므로 $t=F/i=0.3/0.5=0.6\text{hr}$이고 $t<t_p=1.1\text{hr}$이므로 $f=i=0.5\text{cm/hr}$

$F=F_p=0.55$: $t=t_p=1.1\text{hr}$, $f=0.5\text{cm/hr}$, $\Delta F=f\Delta t=0.5(0.5)=0.25\text{cm/hr}$

$F=0.6$: 식 (4.43)과 식 (4.36)에 $F=0.6\text{cm}$를 대입하면 t와 f는 각각 1.2hr와 0.47cm/hr이다

$$t = t_p + \frac{1}{K}\left[F - F_p + \psi\Delta\theta \ln\left\{\frac{\psi\Delta\theta + F_p}{\psi\Delta\theta + F}\right\}\right]$$

$$= 1.1 + \frac{1}{0.06}\left[0.6 - 0.55 + 4.06\ln\left(\frac{4.06+0.55}{4.06+0.6}\right)\right] = 1.20\text{hr}$$

$$f = f_P = K + \frac{K\Delta\theta\psi}{F} = 0.06 + \frac{0.06(4.06)}{0.6} = 0.47\text{cm/hr}$$

$t>t_p$ 또는 $F>F_p$이므로 유출이 발생하고 이에 대한 유효강우량은 식 (4.30)에 따라

$$i_e = i\Delta t - \Delta F - \Delta S = 0.5\times 0.1 - 0.05 - 0.0 = 0.0$$

$F=0.7$: $F=0.6$에서와 같은 과정으로 계산된다. $F=0.7$ 대한 유효강우량은

$$i_e = i\Delta t - \Delta F - \Delta S = 0.5\times 0.23 - 0.1 - 0.0 = 0.015\text{cm}$$

표 4.8 계산예제 4.6의 계산 내용(Green－Ampt모형)

F (cm)	t (hrs)	Δt (hrs)	f (cm/hr)	ΔF (cm)	i_e (cm)
0	0	0	0.50	0	0
0.3	0.60	0.60	0.50	0.30	0
0.55	1.10	0.50	0.50	0.25	0
0.6	1.20	0.10	0.47	0.05	0
0.7	1.43	0.23	0.41	0.10	0.015
0.8	1.69	0.26	0.37	0.10	0.030
0.9	1.98	0.29	0.33	0.10	0.045
0.906	2.0	0.02	0.33	0.006	0.004

예제 4.7

토양이 sandy clay loam인 지역에 내린 강우강도가 표 4.9의 2란과 같다. 토양의 특성은 $\theta_s=0.398$, $\psi=21.85\text{cm}$, $K=0.15\text{cm/hr}$이고 $\theta_i=0.2$이다. Green–Ampt모형을 이용하여 침투율을 구하고 손실은 침투만에 의하여 일어나는 것으로 가정하여 유효강우량을 구하라. 담수심은 무시한다.

풀이 $\Delta\theta = \theta_s - \theta_i = 0.398 - 0.20 = 0.198$, $\psi\Delta\theta = 21.85 \times 0.198 = 4.3$

(1) 제1강우기간(0.0–10분)

강우가 시작되는 시간인 t=0.0min에서 습윤전선의 깊이는 $z=0$이다. 따라서 침투능은 식 (4.32) ($h_o=0$)에서 무한대이므로 담수는 일어나지 않고 침투율은 공급율(강우강도)과 같게 된다 ($f=i$). 식 (4.32)에서 z_o와 z_{10}의 평균치가 사용되어야 하나 z_{10}이 알려지지 않은 상태에서 z_o이 적용된다. 5란 의 f는 f_p와 i중 작은 값이 된다. 6탄의 Δz는 Δt동안 습유전선이 강하한 깊이로 식 (4.33)으로부터 $\Delta z = f\Delta t/(\theta_s - \theta_i) = 1.5(10/60)/0.198 = 1.26$cm로 계산된다. 8란의 유효강우강도 i_e는 $i_e = i - f$로 계산된다.

$t = 10$min에서 누가침투심은 $F = i\Delta t = 1.5(10/60)$(또는 $F = \Delta\theta z = 0.198(1.26)$) $= 0.25$cm, 침투능은 $f_p = 0.15(1 + 4.33/0.25) = 2.75$cm/hr이다.

(2) 제2강우기간(10–20분)

이 기간의 침투심(습윤전선의 깊이) z_2는 $z_2 = z_1 + \Delta z = 0.0 + 1.26 = 1.26$cm 또는 $z = F/\Delta\theta = 0.25/0.198$에 의해서도 구해진다. 식 (4.32) 또는 식 (4. 35)에 의한 $t = 10$min에서 $f_p = 2.75$cm/hr는 $f_p > i$이므로 제2강우기간 초기에 담수는 일어나지 않는다.

강우강도 $i = 1.5$cm/hr가 지속되므로 담수 침투량과 담수시간을 구하면

$$F_p = \frac{\psi\Delta\theta}{i/K - 1} = \frac{21.85(0.198)}{1.5/0.15 - 1} = 0.48\text{cm}$$

$$t_p = F_p/i = 0.48/1.5 = 0.32\text{hr} \equiv 19.2\text{min}$$

담수시간이 $t_p = 19.2$min이므로 제2강우기간이 끝나는 시점 또는 제3강우기간 시점에서 담수가 시작되고 담수시간 $t_p = 19.2$min까지 침투율 f는 공급율(강우강도) $i = 1.5$cm/hr와 같게 되어 모든 강우는 침투된다.

제2강우기간의 침투량은 $\Delta F_2 = 1.5(10/60) = 0.25$cm이므로 기간의 끝($t = 20$min)에서 누가침투심은 $F_2 = 0.25 + 0.25 = 0.5$cm, 침투능은 $f_p = 0.15(1 + 4.33/0.5) = 1.45$cm/hr이다

표 4.9 Green–Ampt모형에 의한 침투율 계산(계속)

t (min) (1)	i (cm/hr) (2)	Z (cm) (3)	f_p (cm/hr) (4)	f (cm/hr) (5)	ΔZ (cm) (6)	F (cm) (7)	i_e (cm/hr) (8)
0.0–10	1.5	0.00–1.26	∞	1.50	1.25	0.25	0.00
10–20	1.5	1.26–2.52	2.75	1.50	1.25	0.50	0.00
20–30	1.5	2.52–3.74	1.45	1.45	1.22	0.74	0.05
30–40	4.5	3.74–4.61	1.03	1.03	0.87	0.91	3.47
40–50	4.5	4.61–5.33	0.86	0.86	0.72	1.06	3.64
50–60	4.5	5.33–5.97	0.76	0.76	0.64	1.18	3.74
60–70	3.0	5.97–6.56	0.70	0.70	0.59	1.30	2.30
70–80	2.0	6.56–7.11	0.65	0.65	0.55	1.41	1.35
80–90	2.0	7.11–7.62	0.61	0.61	0.51	1.51	1.49
90–100	1.0	7.62–8.11	0.58	0.58	0.49	1.61	0.51
100–110	1.0	8.11–8.57	0.55	0.55	0.46	1.69	0.54
110–120	1.0	8.57–9.02	0.53	0.53	0.45	1.79	0.47
	Σ=28.0			Σ=10.72			Σ=17.66

(3) 제3강우기간(20-30분)

이 기간이 시작되면서 $i > f_p$이고 $t_p = 19.2$min이므로 제3강우시점(20분)에서 담수가 발생함과 동시에 유출이 시작된다. 이후 계산과정은 이전과 동일하다.

표 4.9는 t에 대한 F와 f_p값의 제공과 도시를 가능하게 하고 다음과 같은 정보를 제공한다. 총 침투량은 $F = \Delta t \sum f = (1/6\text{hr})(10.72\text{cm/hr}) = 1.79\text{cm}$이고 식 (4.34)를 이용해서도 구할 수 있다. 총 유효강우량은 $R = \Delta t \sum i_e = (1/6\text{hr})(17.66\text{cm/hr}) = 2.94\text{cm}$이다. $F + R = 1.79 + 2.94 = 4.73$cm이 총 강우량 4.67cm(=(1/6hr)(28cm/hr))보다 큰 것은 반올림에 의한 결과이다.

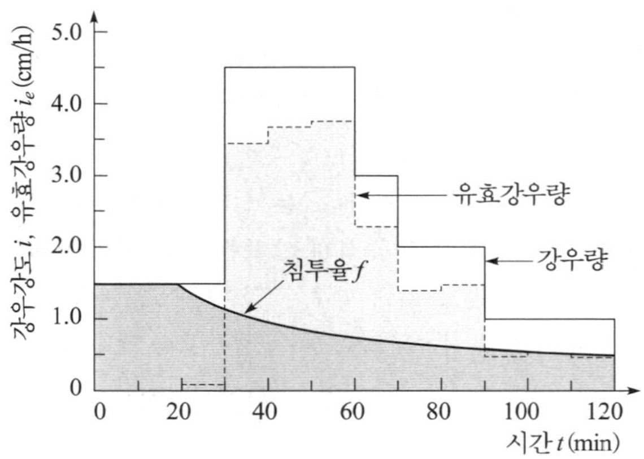

그림 4.10 Green-Ampt모형에 의한 침투율과 유효강우강도 계산 예

참고로 담수가 시작되는 제3강우기간(20-30분)에 대해서는 t에 대한 F와 f_p의 관계는 식 (4.44)를 이용해서도 가능하다. 식 (4.38)에서 t를 t_p'로 대치하고, $F_p = 0.48$cm를 적용하면

$0.15 t_p' = 0.48 - 21.85(0.198)\ln(1 + 0.48/(21.84 \times 0.198))$로부터 $t_p' = 0.17$hr이다. t_p'를 식 (4.44)에 대입하면

$0.15(t - 0.32 + 0.17) = F - 21.85(0.198)\ln(1 + F/(21.85 \times 0.198))$를 t에 관하여 정리하면

$$t = 0.15 + 6.67F - 28.87\ln(1 + 0.23F) \qquad \text{(a)}$$

F의 증분에 대하여 식(a)으로 부터 t를, 식 (4.36)으로부터 f_p를 구한다.

예제 4.8

토양이 실트롬인 지역에 내린 강우강도가 표 4.10과 같다. 토양의 특성은 $\theta_s = 0.50$, $\psi = 16.68$cm, $K = 0.65$cm/hr, $\theta_i = 0.30$이다. Green-Ampt모형으로 유효강우량을 구하라. 요부저류는 0.5cm이다.

풀이 지면에 요부가 없는 경우에는 담수가 시작되면서 유출이 일어난다. 그러나 지면요부가 있는 경우에는 강우량이 침투량을 초과하게 될 때 지면담수가 시작되어 $S = 0.5$cm가 다 채워질 때까지 계속된다. $S = 0.5$cm가 만족되는 시간 이후 침투를 초과하는 강우량은 유출로 나타난다. 강우가 중단되면 요부의 물은 고갈 될 때까지 침투된다. 토양수분 부족은 $\Delta\theta = \theta_s - \theta_i = 0.5 - 0.3 = 0.2$이다.

1. 제1강우기간(0 ~ 0.5 hr)

   침투능이 무한대($f_p=\infty$) 또는 강우강도($i=0.5$cm/hr)가 투수계수($K=0.65$cm/hr)보다 작으므로 담수는 일어나지 않고 모든 강우는 침투된다. 누가침투량은 $F_1=i\Delta t=0.5(0.5)=0.25$cm이고 침투능은 식 (4.36)에 따라

$$f_P=K\left(1+\frac{\psi\Delta\theta}{F}\right)=0.65\left(1+\frac{16.68(0.2)}{0.25}\right)=9.32\,\text{cm/hr}$$

2. 제2강우기간(0.5 ~ 1.0 hr)

   담수침투량은
$$F_P=\frac{\psi\Delta\theta}{i/K-1}=\frac{16.68(0.2)}{2/0.65-1}=1.61\,\text{cm}$$
$$\Delta F_P=1.61-0.25=1.36\,\text{cm}$$

   따라서 담수시간은 $t_P=F_P/i=1.36/2.0=0.68$hr이다. t_P가 제2강우기간 0.5 hr보다 크므로 제2강우기간에서는 담수가 일어나지 않으며 모든 강우는 침투되고 침투량은 $\Delta F_2=i\Delta t=2.0(0.5)=1.0$cm이고 누가침투량은 $F_2=0.25+1.0=1.25$cm이다. 침투능은 식 (4.36)에 따라

$$f_P=0.65\left(1+\frac{16.68(0.2)}{1.25}\right)=2.38\,\text{cm/hr}$$

3. 제3강우기간(1.0 ~ 1.5)hr

   강우강도 $i=3.0$cm/hr가 침투능 $f_P=2.38$cm/hr보다 크므로 제3강우기간의 시점($t=1.0$hr)에서 담수가 발생된다. 따라서 t_P는 $t_P=1$hr로 수정되고 식 (4.41)이 이용된다. 먼저 식 (4.38)의 t를 t_P'으로 대치하여 t_P'을 구한다. $0.65t_p'=1.25-16.68(0.2)\ln[1+1.25/(16.68\times0.2)]$으로부터 t_P'를 구하면 $t_P'=0.289$hr이다. 이 들을 식 (4.44)에 적용하고 $0.65(t-1.0+0.289)=F-16.68(0.2)\ln[1+F/(16.68\times0.2)]$를 t에 관하여 정리하면

$$t=0.711+1.538F-5.132\ln(1+0.3F) \qquad \text{(a)}$$

   식 (a)로부터 $t=1.5$ hr에서 누가침투량은 $F_3=2.21$cm이고 이 기간의 침투량 ΔF_4는 연속되는 누가침투량의 차이로 주어진다. 즉 $\Delta F_4=2.21-1.25=0.96$cm. $i\Delta t=1.5$cm의 $\Delta F=0.96$cm 초과량 0.54cm는 요부에 저류되어 저류량 S를 형성한다. 초과량 0.54cm는 $S=0.5$cm를 만족하므로 유출이 시작된다. 이 경우 $\Delta S=0.5$cm이므로 유출(유효강우량)은 식 (4.30)에 따라

$$i_e=i\Delta t-\Delta F-\Delta S=1.5-0.96-0.5=0.04\,\text{cm}$$

침투능은
$$f_P=0.65\left(1+\frac{16.68(0.2)}{2.21}\right)=1.63\,\text{cm/hr}$$

4. 제4강우기간(1.5 ~ 2.0hr)

   강우강도 $i=1.8$cm/hr는 침투능 $f_P=1.63$cm/hr보다 크므로 제4강우기간에서도 담수는 계속되므로 식 (a)가 적용된다. $t=2$hr에서 누가침투량은 식 (a)로부터 $F_4=2.96$cm이다. 따라서 이 기기간의 침투량은 $\Delta F=2.96-2.21=0.75$cm이다. 요부는 만수상태로 요부 저류량의 변화가 없으므로 ($\Delta S=0.0$) $i\Delta t=0.9$cm의 $\Delta F=0.75$cm를 초과하는 량은 유출된다.

$$i_e=i\Delta t-\Delta F-\Delta S=0.9-0.75-0.0=0.15\,\text{cm}$$
$$f_P=0.65(1+16.68(0.2)/2.96)=1.38\,\text{cm/hr}$$

5. 제5강우기간(2.0 ~ 2.5hr)
   강우강도 $i=0.5$cm/hr는 침투능 $f_P=1.38$cm/hr보다 작으므로 강우는 전량 침투되고 유출은 중단되나 담수상태는 계속된다. $t=2.5$hr에서 누가 침투량은 식 (a)로부터 $F_5=3.6$cm이다. 강우량 ($i\Delta t=0.25$cm)이 $\Delta F=0.64$cm(=3.6−2.96)보다 작으므로 요부 저류량의 일부가 침투되고 이로 인한 요부 저류량의 감소량은 $i_e=0.0$이므로 식 (4.30)에 따라

$$\Delta S=i\Delta t-\Delta F-i_e=0.25-0.64-0.0=-0.39\text{cm}$$

   따라서 요부에 남은 저류량은 $0.5-0.39=0.11$cm가 된다.

표 4.10 예제 4.8의 계산 내용

t (hr)	F (cm)	f_P (cm/hr)	Δt (hr)	ΔF (cm)	i (cm/hr)	$i\Delta t$ (cm)	ΔS (cm)	$\Sigma\Delta S$ (cm)	i_e (cm)
0.0	0.00	∞	0.5						
				0.25	0.5	0.25		0.0	0.0
0.5	0.25	9.32	0.5				0.0		
				1.00	2.0	1.00		0.0	0.0
1.0	1.25	2.38	0.5				0.0		
				0.96	3.0	1.50		0.50	0.04
1.5	2.21	1.63	0.5				0.50		
				0.75	1.8	0.90		0.50	0.15
2.0	2.96	1.38	0.5				0.0		
				0.64	0.5	0.25		0.11	0.0
2.5	3.60	1.25	0.5				−3.90		

4.4 침투량 측정

침투량측정은 특정지점에 설치한 용기에 채운 물이 토양으로 스며드는 양을 이용하는 침투계의 지점측정(point measurement)과 유역의 강우－유출자료의 해석을 이용하는 지역측정(areal measurement)으로 구분된다. 지점측정의 **침투계**(浸透計; infiltrometer)에는 일류토양에 적합한 일류침투계, 지면에 빗방울의 영향이 크게 작용하는 경우에 적합한 강우모의기, 큰 공극이 있는 토양에 적합한 장력침투계, 고랑관개와 같이 흐르는 물의 영향이 큰 경우의 고랑침투계가 있고, 지역측정에는 수문곡선 해석방법이 있다. 많이 쓰이는 침투량 결정방법에는 일류식과 스프링클러식 (강우모의기)의 침투계, 수문곡선 해석의 세 방법이 있으며 침투계는 침투능을 측정하는 수단이다.

4.4.1 일류침투계

일류침투계(溢流土壤; flooding infiltrometer) 또는 **원관침투계**(圓管浸透計; cylinder infiltro-meter)에는 단일원통(single ring, $D\geq 30$cm)과 2중원통(double ring)침투계가 있다.
2중원통침투계는 동심원인 2개의 금속원통으로 구성되고 원통의 직경은 내부원통이 25cm, 외부원통이 35cm정도, 높이는 20cm 정도이다. 내부원통주위의 흙을 포화시켜 내부원통의 물은 연직방향으로만 이동하도록 하기 위하여 외부원통에는 횡방향으로 이동되는 물을 공급하기 위함이다. 지면에서 5cm 깊이로 매설하고 두 개의 원통에 같은 깊이로 물을 채운 후 내부원통에

는 일정한 수심(5cm)이 유지되도록 하여 침투율이 일정하게 될 때까지 훅게이지를 이용하여 내부원통의 수심 강하를 읽어 침투량을 결정한다. 측정방법에 따라 수두강하와 일정수두의 침투계로 구분된다.

일정수두식. 원통의 일정수두까지 물을 채운 후 수두를 일정하게 유지하기위하여 추가 공급되는 물의 체적은 토양에 침투되는 물의 체적과 같다. 측정은 공급양이 일정하게 될 때까지 계속된다. 시간간격동안 침투체적은 침투증분(cm/hr)으로 환산된다.

수두강하식. 원통의 고정된 깊이까지 물을 채우고 일정수두 강하에 소요된 시간을 측정, 또는 Δt동안 수두 강하량을 측정한다. 소요되는 시간 또는 강하량이 일정하게 될 때까지 측정한다. 이는 원통 내 수두가 비교적 클 때 적용된다.

일류침투계에서 토양이 포화되면 침투율이 일정하게 되고 이에 따라 수두강하도 일정하게 된다. 수두강하가 일정하게 된 기간의 침투자료를 시간에 대하여 도시하여 얻어지는 그라프의 기울기는 토양의 포화투수계수를 제공한다. 2중원통의 복잡함을 개선하기 위하여 단일원통 이동식 침투계가 개발되었다.

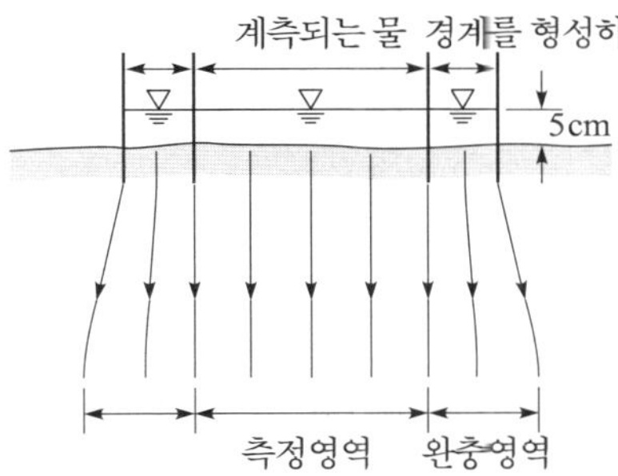

그림 4.11 일류형 침투계

4.4.2 강우모의기

스프링클러형침투계(sprinkler infiltrometer)라고도 하는 **강우모의기**(降雨模擬機; rainfall simulator)는 일류침투계의 정수압과 흙에 작용하는 빗방울 충격의 영향이 결여되는 단점을 보완하기 위하여 개발되었다. 강우모의기에서는 경계벽이 설치된 매우 작은 구역의 흙의 침투능을 초과하는 공급율로 스프링클러를 이용하여 지면에서 2m정도의 상향노즐을 통해서 물을 공급하고 유출이 일정하게 될 때까지 측정한다. 공급되는 수량을 측정하고 모의유역에서 흘러나오는 물(유출)은 모아서 계량한다. 공급되는 수량과 유출의 차이가 침투량이 된다. 침투량은 일류식보다 작다. 강우모의기는 강우강도, 지속기간 등 자연강우의모의가 가능하다.

예제 4.9

2중침투계의 측정결과로부터 침투능을 구하라.

풀이 침투능은 Δt동안 수두강하량(cm)을 구하고 이를 단위시간에 대한 침투능(cm/hr)으로 환산한다.

$t = 0 \sim 1$min의 경우 $f_a = \Delta h \Delta t = 0.4(1/60) = 24.0$cm/h

시간(min)	0	1	2	5	10	20	30	60	90	120
수두강하량(cm)	0	0.4	0.75	1.55	2.55	3.55	4.35	5.15	5.75	6.35
Δt동안수두강하량(cm)	0	0.4	0.35	0.8	1.0	1.0	0.8	0.8	0.6	0.6
침투능(cm/hr)	0	24	21	16	12	6	4.8	1.6	1.2	1.2

4.4.3 수문곡선해석

강우량과 이로 인한 유출수문곡선을 해석하여 한 유역의 침투량을 산정하는 것이 가능하다. 다수의 우량계를 이용하여 한 유출사상에 대한 유역의 평균 강우량을 구한다. 이러한 호우에 대한 유출의 양은 하천수위표에 의하여 측정된다. 유역에 내린 강우량과 유출된 수량의 차이는 유역의 침투량 산정의 기초가 된다. 수문곡선해석은 현지 유역의 정량적인 자료를 이용하는 장점을 갖는다. 수문학적 수지는 증발산, 요부저류 및 차단의 산정을 필요로 한다. 증발산은 단기호우의 경우 무시할 정도이고 장기강우의 경우 매우 작다.

수문곡선에 의한 침투량 산정은 유역단위 침투량인 반면, 침투계에 의한 침투량 측정은 유역 내 한 점에 대한 값이다. 전 유역에 대하여 침투량은 균일하지 않으므로 평균치를 구할 수 있도록 침투량 측정은 유역의 여러 지점에서 수행되어야 한다.

4.5 침투지수

큰 유역의 경우 강우에 대한 유출의 응답이 늦고 지속기간이 긴 호우에 대한 침투의 시간분포는 크게 중요하지 않다. 이러한 조건에서는 강우가 지속되는 동안 침투율이 일정한 것으로 가정한다. 이와 같이 일정한 침투율을 **침투지수**(浸透指數; infiltration index)라 한다. 일정한 침투율의 침투지수법은 강우초기의 높은 침투율을 과소하게 산정하고 강우 종기의 낮은 침투율을 과대하게 산정하는 경향을 갖는다. 이러한 이유로 침투지수법은 지속기간이 길어서 초기의 높은 침투율의 비중이 낮은 강우나, 초기의 토양수분함량이 높아 초기 침투율이 상대적으로 작은 상태에 있는 유역에 적합하다. 지수방법은 호우유출의 체적을 산정하는 가장 간단한 과정이다. 침투지수에는 ϕ – 지수와 W – 지수가 있다.

ϕ – 지수. ϕ – 指數(ϕ – index)는 강우주상도에서 시간축에 평행한 직선으로 표시되는 일정한 강우강도로 윗부분의 강우량은 직접유출과 같다. 그림 4.12에서 백색부분의 면적은 유역의 관측된 직접유출고(mm)를 나타내므로 ϕ로 표시된 직선은 ϕ – 지수가 된다. 직선 아래면적은 직접유출로 나타나지 않는 강우로 지면보류(차단, 요부저부, 증발)와 침투를 포함한 모든 손실을 나타낸다. ϕ – 지수는 시산방법 또는 질량평형(예제 4.10)을 이용해서 결정된다.

W – 지수. W – 지수(W–index)는 강우강도가 침투능을 초과하는 시간동안의 평균침투율이다.

$$W = \frac{F}{T} = \frac{1}{T}\left(P - Q_s - S\right) \tag{4.48}$$

여기서 T는 강우강도가 침투능을 초과하는 기간, F는 T시간동안의 총침투량, P는 T에 해당하는 시간의 총강우량, Q_s는 직접유출, S는 지면보류(차단과 요부저류)이다. W-지수는 지면보류와 강우기간 동안 무강우시간을 포함한다. W-지수는 식 (4.48)에서와 같이 근본적으로 ϕ-지수에서 시간 평균된 지면보류(차단과 요부저류)를 뺀 값과 같다.

$$\phi = \frac{F+S}{T} = \frac{P-Q_s}{T} \tag{4.49}$$

$$W = \frac{P-Q_s-S}{T} = \frac{P-Q_s}{T} - \frac{S}{T} = \phi - \frac{S}{T} \tag{4.50}$$

토양이 매우 습윤한 조건에서 침투능은 최소이고 지면보류는 매우 작아서($S \cong 0$) 식 (4.50)에서 W-지수와 ϕ-지수는 거의 같게 된다. 이 경우 W-지수를 $W_{\min}$-지수($W_{\min}$ index)라 하고 최대가능홍수량산정에 사용된다.

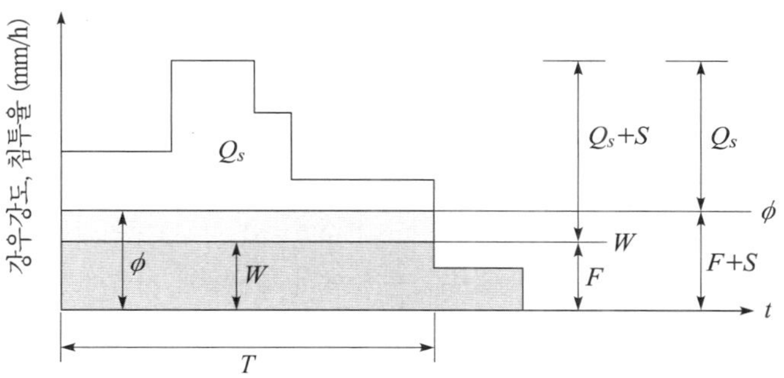

그림 4.12 ϕ-지수와 W-지수의 정의

예제 4.10

6시간 강우량이 다음과 같고, 유출고가 26 mm이다. ϕ-지수와 W-지수를 계산하라. 지면보류는 총강우량의 10%로 가정한다.

시간(min)	1	2	3	4	5	6
강우량(mm)	5	18	15	3	10	5
강우량(mm)	0	12.33	9.33	0	4.33	0

풀이 총강우량은 56 mm이므로 침투량은 30 mm(=56−26)이다. 그림 4.13에서 ϕ값은 5~10 mm범위에 있는 것으로 가정하면 질량평형은 다음과 같이 나타낼 수 있다.

$$(18-\phi)+(15-\phi)+(10-\phi)=26\text{mm} \tag{a}$$

식 (a)를 ϕ에 관하여 풀면 ϕ=5.67mm/h로 가정한 ϕ의 범위는 타당하다. 만약 가정이 틀리면 계산된 ϕ-지수는 가정된 범위를 벗어난다. 계산된 총초과강우량 25.99mm는 유출고 26mm와 일치한다. W-지수는 ϕ-지수에서 지면보류율을 뺀 것과 같고 강우강도가 침투능을 초과하는 시간은 3시간이므로

$$W = \phi - \frac{S}{T} = 5.67 - \frac{56 \times 0.1}{3} = 5.67 - 1.87 = 3.8\text{mm/h}$$

W - 지수는 차단과 지면보류를 포함하지 않으므로 ϕ - 지수보다 작다

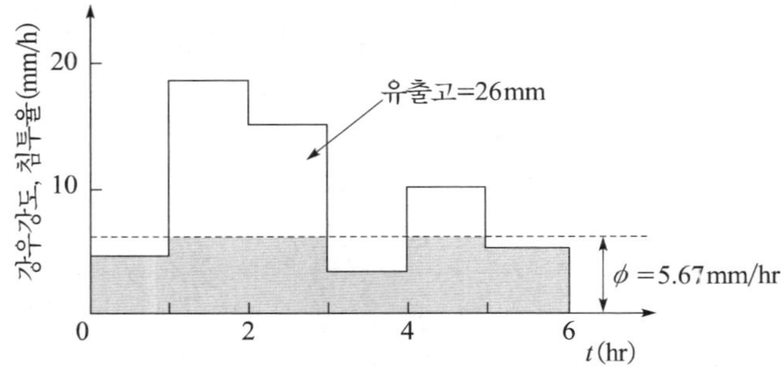

그림 4.13 ϕ–지수계산

문 제

Horton 모형

4.1 Horton식의 매개변수가 $f_o = 75$mm/hr, $f_c = 13$mm/hr, $k = 4.2\text{hr}^{-1}$이다. 0, 0.5, 1.0, 1.5, 2hr 후의 침투율과 누가침투량을 Horton모형으로 구하고 이들 결과를 시간의 함수로 도시하라. 또한 침투율을 누가침투량의 함수로 도시하라.

4.2 f_o가 87.5mm/hr, k가 2.0hr^{-1}, f_c가 6.3mm일 때 t =8hr에서 침투율과 처음 8시간 동안 침투량을 Horton모형으로구하라.

4.3 다음 자료에 Horton식을 적합하라.

시간 (hr)	1	3	∞
침투율(mm/hr)	2.36	1.28	1.00

4.4 silt loam 토양에서 침투율이 다음과 같다. Horton식의 매개변수 f_o, f_c 및 k를 결정하라.

시간(hr)	0	0.08	0.17	0.30	0.44	0.70	1.12	2.62	3.20
침투율(mm/hr)	6.7	5.4	4.4	3.3	2.5	1.5	0.7	0.2	0.10

4.5 5mm/h의 강우가 지속될 때 sandy clay에 침투되는 침투율의 측정 자료가 다음과 같다. 침투율을 Horton식으로 나타내는데 필요한 매개변수 f_o, f_c 및 k를 결정하라. t = 12hr에서 요부저류가 만족되는 것으로 가정한다.

시간(hr)	0	1.10	1.56	2.33	3.07	3.92	4.88	7.09
누가침투량(mm)	0	5.4	7.5	10.0	12.0	14.0	16.0	20.0
침투율(mm/hr)	5	5	3.7	2.9	2.5	2.2	2.0	1.7

Philip 모형과 Holtan 방법

4.6 문제 **4.5**의 자료에 대하여 Philip식의 매개변수를 결정하라.

4.7 점토에 대한 Philip식의 매개변수가 $S = 42\text{mm hr}^{-1/2}$, $A = 90$mm/hr일 경우 0.5시간 간격으로 3시간 기간

의 누가침투량과 침투율을 계산하라. 침투율과 누가침투량을 시간의 함수로 도시하라. 지면은 처음부터 담수조건에 있다.

4.8 Philip식의 매개변수가 $S = 45\text{mm hr}^{-1/2}$, $A = 3.6\text{mm/hr}$이다. 시간 0, 0.5, 1.0, 1.5 및 2.0시간(hr)에서 누가 침투량을 결정하라. 침투율과 누가침투량을 시간의 함수로 도시하고 침투율을 누가침투량의 함수로 도시하라. 지면은 계속 담수상태로 가정한다.

4.9 다음 강우량에 대하여 각 시간 간격별 침투량을 Holtan 방법으로 산정하라. 유역의 반은 삼림이고 나머지 반은 작은 곡물이다. 토양형은 B형이고 GI=1.0이다.

시간(hr)	0	1	2	3	4	5
강우량(mm)		10	20	30	5	0

4.10 Holtan매개변수가 $GIA = 0.274$, f_c =3.8mm, S_a =3.8mm과 같다. 다음 강우기록에 대한 침투량과 유효강우량을 구하라. 지면요부저류와 증발산량은 무시된다.

시간(hr)	0.5	1.0	1.5	2.0	2.5	3.0
강우량(mm)	5.2	8.3	15.4	10.6	5.0	1.5

Green – Ampt 모형

4.11 초기유효포화가 S_e =30%, 유효공극율이 θ_e =0.46, 투수계수가 K=0.6cm/hr, 모관흡인 수두가 ψ= 16.24cm인 실트롬토양에 2cm/hr의 강우가 4시간 지속된다. Green–Ampt모형을 이용하여 담수가 일어나는 시점과 누가침투량이 F = 5cm될 때의 시간과 침투율을 계산하라.

4.12 토양이 롬인 지역에 내린 강우강도가 다음 표와 같다. 토양의 특성은 θ_s = 0.62, ψ =18.67cm, K= 0.5cm/hr이고 θ_i = 0.28이다. Green–Ampt모형을 이용하여 침투율을 구하고 손실은 침투만에 의하여 일어나는 것으로 가정하여 유효강우량을 구하라. 담수심은 무시한다.

시간(min)	0–20	20–40	40–60	60–80	80–100	100–120	120–140
강우강도(cm/hr)	3.5	3.5	5.0	4.0	2.3	2.0	3.0

4.13 강우강도가 각각 (a) 10 mm/hr, (b) 25 mm/hr인 조건에서 초기유효포화가 25%인 점토롬토양의 지면을 담수시키는데 필요한 담수시간과 누가침투량을 계산하라.

4.14 25%초기 포화상태의 점토롬에 내린 30 mm/hr의 강우에 대한 1시간 후의 누가침투량과 침투율을 계산하라.

4.15 초기 유효포화가 20%인 실트점토 토양의 수면 담수에 필요한 담수시간과 침투식을 다음 조건에서 산정하라. (a) 10 mm/hr, (b) 30 mm/hr.

4.16 초기유효포화가 40%인 사질롬토양에 일정하게 내린 20mm/hr의 강우에 대하여 1시간 후의 침투율(mm/hr)과 침투심(mm)을 Green–Ampt 방법으로 구하라. 지면은 계속 담수상태로 가정한다.

4.17 Green–Ampt 방법을 이용하여 15mm/hr의일정한 강우에 대한 침투율과 누가침투량을 10분 간격으로 6시간까지 계산하라. 실트점토양의 초기유효포화는 20%이고 계속 담수상태이다.

4.18 초기함수율이 0.2인 사질롬에 12mm/hr의 강우가 일정하게 내린다. Green–Ampt 방법으로 유효강우강도를 결정하라. 포화상태에서 함수율이 0.52이고 투수계수가 2×10^{-4}mm/s이다. 평균모관 흡인수두는 260mm이다.

4.19 120분 동안 20분 간격으로 내린 강우강도가 38, 38, 152, 101, 25, 81mm/hr로 총강우량은 145mm이다. Green–Ampt 방법으로 연속된 강우의 유효강우량을 산정하라. 포화투수계수 20mm/hr, 공극률 0.6, 초기

함수율 0.26, 평균모관흡인수두 182mm, 요부저류 12mm를 가정한다.

4.20 30분 간격으로 3시간 내린 강우강도가 12, 0.5, 112, 125, 76mm/hr이다. Green-Ampt 방법으로 30분 간격의 유효강우량을 구하라. 토양은 사질토로서 공극률이 0.6, 포화투수계수가 8.4×10^{-3}mm/s, 초기 함수율이 0.15, 평균모관 흡인수두는 162mm이고 요부저류는 무시한다.

침투량 측정

4.21 다음 두 경우에 대한 침투심과 침투율을 구하라.

	시간(min)	강우량(mm)	유출(mm)
(a)	10	18	9
(b)	16	22	17

4.22 내부 원통의 직경이 25cm인 2중 일류침투계의 중앙 원통에 30분 동안 0.4리터의 물을 부운 경우 침투율을 구하라.

4.23 폭이 30cm, 길이가 50m인 밭의 관개고랑에 주입된 유량이 1l/s이고 흘러나온 물이 0.85l/s인 경우 평균 침투율을 구하라.

침투지수

4.24 다음 강우에 대한 유출고가 190mm이다. ϕ - 지수를 계산하라.

시간(hr)	0–2	2–4	4–6	6–8	8–10	10–12
강우강도(mm/hr)	12	24	48	36	6	18

4.25 어느 호우의 20분 간격의 강우강도가 다음과 같다. 직접유출이 62mm일 경우 (a) 총강우량과 (b) ϕ - 지수를 결정하라.

20분 기간	1	2	3	4	5
강우강도(mm/hr)	62	126	162	87	24

4.26 유역면적이 12km^{2}인 유역의 수문곡선으로부터 계산된 직접유출의 체적이 $2.1 \times 10^6 \mathrm{m}^3$이다. 이 수문곡선을 유발한 호우는 52mm/hr의 강우강도로 5시간 지속됐다. (a) ϕ - 지수와 (b) 유효강우량을 구하라.

4.27 문제 **4.25**에서 차단과 요부저류의 합이 $S = 10$mm로 가정하고 W - 지수를 계산하라.

5 지하수

5.1 서 론

지하수는 넓은 의미로 지질층의 모든 공극에 있는 물을 나타내는 데에 사용된다. 그러나 구체적으로 지표면 아래 토양의 공극이 물과 공기로 채워지는 통기대와 물로 완전히 채워지는 포화대에 존재하는 물을 총칭하여 **지표하수**(地表下水; subsurface water)라 하고 **지하수**(地下水; ground water)는 포화대에 존재하는 물로서 지하수위 아래에 있는 물을 의미한다. 지하수는 비교적 오염될 가능성이 적고, 작은 도시나 관개시설이 없는 지역의 용수공급원이 되며, 하천의 상시유량의 원천이 되고, 수문순환의 중요한 과정을 이루고 있으며 우물, 하천, 호수 및 해안으로 흐른다.

지하수 흐름을 이해하는 데에는 시간과 공간의 영향, 다공성매질과 유체의 성질 및 흐름의 경계에 관한 지식이 필요하다. 지하수 흐름은 3차원 흐름이나 우물과 같이 흐름이 대칭이 아니면 이론적인 해는 매우 복잡하다. 그러나 한 방향에서 흐름의 변화가 작으면 2차원 흐름의 가정이 가능하고 실제 대부분의 문제가 이에 속한다. 경우에 따라서는 1차원의 흐름도 가정된다. 지하수의 흐름과 성질은 시간과 공간에 따라 변한다. 시간에 따라 변할 때 부정류 문제가 되고 공간에 따라서만 영향을 받을 때는 부등류 문제가 된다. 지하수 흐름의 경계는 지질구조와 자유수면으로 주어지며 지하수 흐름을 해석함에는 이러한 경계가 정의되어야 한다.

지하수 수문학은 대수층이 급수원이 되고 폐기물토부터 오염의 위협이 되는 점에서 중요하다. 대수층으로 폐기물의 유입으로 지하수의 수질이 악화되고, 양수로 인하여 흐름양상이 변한다. 따라서 수문 전문가는 지하수 흐름과 오염물이등의 방향과 양을 예측할 수 있는 지식을 갖는 것이 필요하다.

지표수에 대한 지하수의 장점. 이상기후의 영향을 받지 않고 증발손실이 없고, 하천의 상시흐름의 근원이 되고, 개발의 비용이 낮고, 아주 소규모의 대지를 필요로 하고, 많은 지역에서 대용량의 개발이 가능하고, 붕괴의 위험이 없고, 수온이 일정하고, 물의 생물학적인 청결도가 높고, 방사성 낙진으로 인한 급속한 오염이 발생하지 않고, 도수로 계통의 역할을 하여 관로나 굴착수로를 필요로 하지 않는 점이다.

지하수 수문학에서 다루는 내용. (1) 급수 - 급수정은 음용수, 관개 및 공업용수를 공급한다. 우물을 굴착하기 위해서는 필요한 수문지질 자료수집, 물을 생산할 수 있는 대수층의 용량결정, 사용목적에 대한 적합성을 확인하기 위한 물 화학적 시험이 수행된다; (2) 수자원관리 - 대수층을 관리하기 위해서는 양수 주관기관, 양수량, 우물의 위치, 오염원의 위치를 파악, 결정한다. 각종 지상구조물의 건설사업이 지하수 수위와 지하수량에 미치는 영향도 고려된다; (3) 배출수(dewatering) - 건물이나 굴의 굴착공사에 따른 심층 굴착으로 인하여 유입되는 지하수의 배출은 주변 지하수위를 강하시켜 지반침하를 유발한다. 댐 안전해석에서는 침윤율과 공극압이 추정된다. 지하수수문학은 매립과 페기물의 지하저장 장소의 선정도 포함한다; (4) 환경조사와 대수층의 정화 - 오염된 대수층의 복원은 오염물 유집정의 굴착, 양수와 처리된 공기 또는 정수의 주입 등을 포함한다.

5.2 지표하수의 연직분포

지표하수 또는 넓은 의미의 지하수의 영역은 지하수위를 기준으로 하여 지하수위 상부층은 통기대, 하부층은 포화대로 구분된다. **지하수위**(地下水位; water table, phreatic surface)는 다공성 매질의 공극에 있는 물의 압력이 대기압과 같은 점을 연결한 면으로 정의되고 포화대의 상단으로 통기대와 포화대의 경계를 형성한다. 그러나 대개의 경우 지하수위 위에 포화 모관수대가 존재한다(그림 5.1).지하수위는 불투수층이 존재하지 않는 자유수면 대수층에 나타나며 자유수면 대수층에 우물을 굴착했을 때 우물의 수면은 지하수위를 나타낸다. 연직단면에서 지표하수의 구분이 그림 5.1에 주어지고, 그림 5.2는 지표하수의 분류와 발생을 나타내는 지각의 상부단면도이다.

통기대(通氣帶; vadose zone 또는 zone of aeration)는 공극이 물과 공기로 채워진 층으로 이는

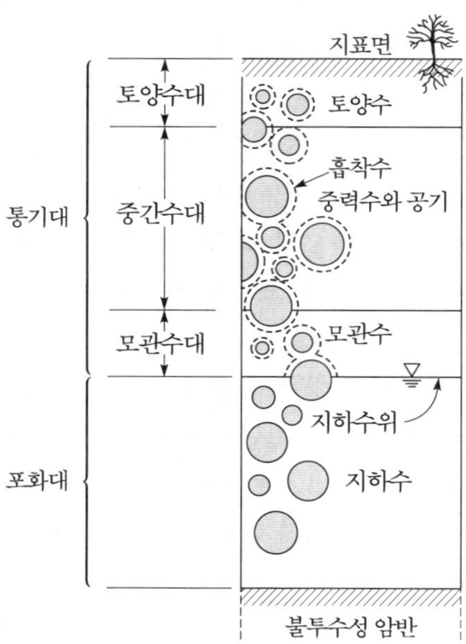

그림 5.1 지표하수의 구분

다시 토양수대, 중간수대, 모관수대로 세분된다. 통기대에서 수분의 이동은 큰 공극을 통해서는 중력에 의한 중력수(重力水; gravitywater)로 아래로 이동하고 작은 공극을 통해서는 모세관현상에 의하여 물이 흡수된다. 하향 운동하는 중력수는 그 과정에서 **모관공극**(毛管空隙; capillary pore)에 의해서도 흡수된다. 지면에 있는 모관공극이 물로 채워지고 흡수력이 감소하면 물이 지면을 통하여 흙속으로 스며드는 현상으로 정의되는 침투율은 감소하고 균질 흙에서는 통기대가 포화될 때까지 점진적으로 감소한다. 통기대가 포화되면 포화대에서 물의 이동은 중력에 의하여 일어나고 이를 침루(4.2 참조)라 한다. 통기대가 포화되면 침투율은 침루율과 같게 된다. 즉 흙속에서 물의 이동이 크게 되면 이에 따라 침투율도 증가한다.

토양수(土壤水; soil water)는 통기대의 공극에 존재하는 물을 지칭한다. 공극에 존재하는 토양수는 세 형태를 갖는다. 분자 흡수력 의하여 세립 흙 입자의 표면에 부착된 엷은 수막인 **흡착수**(吸着水; hygroscopic water), 세립자보다 큰 미립자 사이의 공극에 표면장력에 의한 **모관수**(毛管水; capillary water) 및 중력에 의하여 하향 운동하는 중력수이다. 모관수와 흡착수는 중력에 의하여 배수되지 않는다. 강우로 인하여 토양수대가 모관수를 초과하는 토양수를 보유하면 중력에 의한 중력수로 배수된다. 물이 공극으로 내려갈 때에는 중력과 장력이 같이 작용한다. 중력은 물을 공극으로 밀어 넣고 장력은 공극내로 끌어들인다. 그러나 공극에서 물이 빠져나갈 때에는 이들은 서로 반대로 작용한다.

토양수대(土壤水帶; soil water zone). 토양수대는 토양수가 존재하는 지표영역으로 지표면에서 지하로 식물의 뿌리가 미치는 영역인 뿌리대(root zone)까지 이른다. 뿌리대의 깊이는 흙과 초목에 따라 크게 변하고 그 깊이는 10m에 이르기도 하며 심한 강우기간 외에는 비포화 상태에 있다.

중간수대(中間水帶; intermediate vadose zone). 이는 토양수대에서 모관수대에 이르는 중간영역으로 물의 연직 하향흐름(중력수)의 연결통로이다. 지하수위가 지표면에 접근해 있으면 토양수대와 모관수대가 중첩되어 중간수대는 사라지고, 지하수위가 깊은 경우에는 그 깊이가 100m 이상이 되기도 한다. 건조상태에서는 수분이 흡착수와 모관수로 존재한다.

모관수대(毛管水帶; capillary zone, capillary fringe). 고세관현상에 의하여 지하수위 상부 흙입자 사이로 물이 흡상되는 높이까지의 토층이다. 이는 공극의 크기에 반비례하고 표면장력에 비례하는 흙구조의 함수로 지역에 따라 다르다(그림 4.3 참조). 점토토양에서는 모세관 공극이 작아 흡인력이 커서 모관수대는 1m이상이 되기도 한다. 사질토에서는 흡인력은 작으나 공극크기가 커서 보다 많은 물을 보유한다. 압력은 대기압보다 작다.

포화대(飽和帶; zone of saturation, phreatic zone)의 영역은 지하수면에서부터 아래로는 불투수층인 암반에 이르고 그 깊이는 수백 미터에 이르기도 한다. 깊이가 증가하면 상부의 무게에 따라 공극의 공간이 감소 내지 사라져 물의 함유량도 감소한다. 지역에 따라서는 포화대가 한정된 불투수층위에 국부적으로 존재하는데 이를 주수(宙水; perched ground water)라 한다. 포화대에서 발생하는 물을 일반적으로 단순히 지하수라 한다.

지하수의 구성은 강수를 근원으로 하는 **대기수**(大氣水; meteoric water), 암석의 형성과정에서 암석에 존재하는 물로 일반적으로 염분을 함유하는 **암석수**(岩石水; connate water), 지층내에서 화학적으로 생성되며 암석의 틈을 통하여 지면으로 나오는 **초생수**(初生水; juvenile water) 이다. 암석수와 초생수는 그 양은 많지 않으나 지하수에 바람직하지 않은 광물질의 제공원이 되어 문제가 된다.

강수량이 적고 지하수위가 매우 깊으면 강수로부터의 함양은 거의 없고 관개, 호수 및 하천으로부터의 함양이 주공급원을 이룬다. **지하수함양**(地下水涵養; groundwater recharge)에 기여하는 하천을 **함양하천**(涵養河川; influent stream 또는 losing stream)이라 한다. 한편 하천이 지하수위와 교차하게 되어 지하수가 하천으로 흘러나오는 하천을 **침출천**(浸出川; effluent stream 또는 gaining stream)이라 한다. 항상 물이 흐르는 **항류천**(恒流川; perennial stream)은 일반적으로 침출천인 경우가 많다. 이에 반하여 **일시천**(一時川; ephemeral stream)은 근원이 지하수가 아니라 강우이므로 비우기에는 물이 흐르지 않는다.

포화대가 지표면과 교차하는 지점에서는 샘(spring)이 형성된다. 이와 같은 샘이 규모가 비교적 크면 하천의 근원인 흐름을 형성하고 작은 경우에는 흘러나오면서 증발되기도 한다. 그림 5.2는 여러 가지 형태의 샘과 대수층의 구분을 나타낸다.

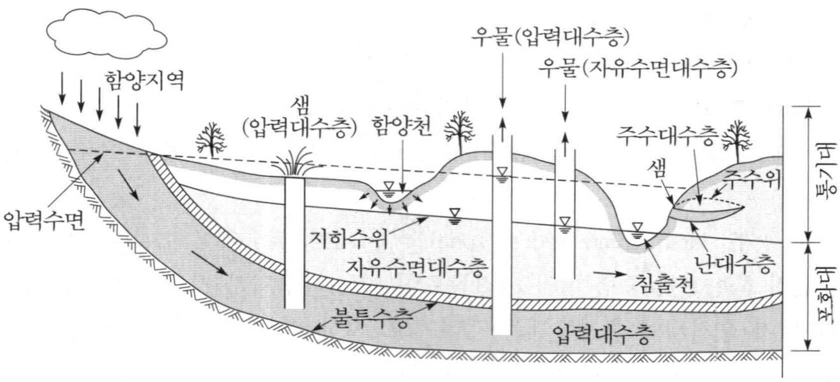

그림 5.2 지하수의 생성, 대수층과 우물의 구분

5.3 대수층

대수층(帶水層; aquifer)은 충분한 양의 물을 보유할 뿐만 아니라 한 지점에서 다른 지점으로 물을 수송할 수 있는 투수성 지질구조이다. 이러한 대수층은 10^{-2} Darcy 또는 그 이상의 고유투수계수를 갖는 지질구조이다(5.4.3참조). 비압밀상태의 모래와 자갈이 대표적인 예이다. 이에 반하여 **난대수층**(難帶水層; aquiclude)은 포화상태로 물을 보유하나 우물과 샘에 충분한 양의 물을 공급할 만한 속도로 물을 수송할 수 없는 지질구조로 점토가 그 예이다. **비대수층**(非帶水層; aquifuge)은 물을 보유하지도 않고 수송할 수도 없는 암석과 같은 지질층이다. **반대수층**(半帶水層; aquitard)은 포화상태로 물을 보유하나 빈약한 투수성으로 지하수이동을 저해하여 우물로 자유로이 흘러나오지 못한다. 그러나 대수층과의 물 이동이 상당한 정도이므로 그 두께가 크면 중요한 지하저수지 역할을 한다. 예로 점토성 모래를 들 수 있다.

대수층의 종류. 대수층은 지하수면의 존재에 따라 자유수면대수층과 압력대수층, 누수대수층 및 주수대수층으로 구분된다.

자유수면대수층(自由水面帶水層; unconfined aquifer, free, phreatic, water-table aquifer). 이는 지하수위를 상부경계로 가지며 지하수위는 자유수면과 같이 대기압하에 있어서 지하수위가 기우는 방향으로 물이 흐르게 되는 대수층을 자유수면대수층이라 하고 비피압대수층이라고도 한다. 자유수면 대수층에 굴착된 우물의 수위는 자유수면을 나타낸다. 지하수위의 상승과 강하는 대수층에 저류되어 있는 수량에 변화에 주로 기인한다. 지하수위의 모양과 경사는 양수상태와 투수성에 따라 다르게 된다. 하천제방의 침윤선으로 나타나는 흐름은 자유수면대수층의 한 예이다. 자유수면대수층은 급수원으로 이용되고 폐기 물과 화학물질에 의하여 오염되기도 한다.

압력대수층(壓力帶水層; confined aquifer, pressure aquifer, artesian aquifer). 이는 지층형성 과정에서 대수층위에 불투수층이 존재하여 상부에 있는 불투수층의 눌림에 의하여 대기압보다 높은 압력을 받는 대수층으로 피압대수층이라고도 한다. 압력대수층에 굴착된 우물의 수면은 대수층 상부에 위치한 불투층보다 높게 되고 이는 관수로 흐름에서 동수경사선에 해당한다. 압력대수층이 지표면에 까지 이어져 지표수가 토양에 침투되는 지역을 **함양지역**(涵養地域; recharge area)이라 한다(그림 5.2).

압력대수층에 굴착된 우물의 수면변동은 지하수 저류량의 변화가 아니라 주로 압력변화에 기인한다. 압력대수층에 있는 물의 정수압수두를 연결한 곡면을 **압력수면**(壓力水面; piezometric surface)이라 한다. 압력대수층에 수개의 우물을 굴착했을 때 이들 우물의 수면은 압력수면을 정의한다. 압력수면이 지표면 보다 높게 되면 **유출천**(流出泉; flowing well)이 생긴다. 이를 자분우물(artesian well) 또는 샘이라 한다. 오염위험이 적고 양질의 급수원이 된다.

주수대수층(宙水帶水層; perched aquifer). 이는 자유수면대수층의 특별한 경우로 지하수위보다 높게 위치한 국부적인 불투수층 위에 형성된 대수층이다. 침투수는 이 불투수층에 모여 주수위를 상부경계로 포화렌스를 형성한다. 주수위는 주수대수층의 수위이다.

누수대수층(漏水帶水層; leaky aquifer). 일반적으로 완전한 자유대수층이나 압력대수층은 드물고 대개의 대수층은 이들의 혼합상태인 누수대수층이다. 누수대수층의 물은 인접한 반대수층을 통하여 공급된다. 예로 부분적으로 반투수성 압력층을 포함한 압력대수층, 반투수성 지층위에 위치한 자유대수층을 들 수 있다. 실제로는 압력대수층의 경계층이 완전한 불투수층이 아닌 경우에는 이 경계층을 통해서 압력대수층으로 물이 이동된다. 따라서 이러한 경우에는 흐름영역이 변경되므로 누수가 계산에 포함된다.

대수층의 성질

대수층의 흐름해석에는 공극율, 보유수율, 비산출량, 저류상수, 비저류상수, 투수계수, 투수량계수와 같은 대수층의 성질의 이해를 필요로 한다.

5.3.1 공극율(η)

대수층의 중요한 성질의 하나가 **공극**(空隙; void, interstice, pore, pore space)으로 이는 흙이나 암석입자간의 틈이다. 이들 공극은 수로역할을 하므로 지하수흐름에 중요한 인자이다. 공극은 지질형성 과정에서 생긴 것과 지질형성 후에 생긴 것으로 구분된다. 후자는 절리, 균열, 용액통로, 식물과 짐승에 의한 것을 예로 들 수 있다. **공극률**(空隙率; porosity)은 매질내 공극의 체적 $\forall_v$와 매질의 총체적 $\forall$와의 비로 대수층의 보수용량의 척도이다. 공극율은 깊이에 따라 감소하고 이는 상부 하중과 다짐의 결과이다.

$$\eta = \frac{\forall_v}{\forall} \tag{5.1}$$

유효공극비(有效空隙比; effective porosity)은 지하수 흐름에 기여하는 상호 연결된 공극의 체적과 총체적과의 비이다. 표면장력에 의하여 입자표면에 부착된 물 입자 체적만큼 유효공극율은 공극율보다 작다.

5.3.2 자유수면 대수층 – 보유수율(S_r)과 비산출량(S_y)

자유수면 대수층에서 지하수위가 강하하면 중력에 의하여 공극에 있는 물은 빠져나오고 그 공간은 공기로 채워진다. 공극의 벽면에 작용하는 표면장력과 입자사이 작은 공극에 자용하는 분자(인)력은 중력보다 커서 중력에 의한 배수 후에도 공극벽면에는 엷은 막 형태로, 작은 공극을 채우는 물이 남아 있게 된다. 이와 같이 남아있는 물의 체적과 매질의 총체적과의 비를 자유수면 대수층의 **보유수율**(保留水率; specific retention of unconfined aquifer)이라 한다.

$$S_r = \frac{\forall_{retained}}{\forall_{total}} = \frac{\forall_r}{\forall} \tag{5.2}$$

여기서 $\forall$ 는 매질의 체적, $\forall_r$ 은 부착력과 표면장력에 의하여 토입자 표면에 잔존하는 물의 체적이다.

비산출량은 자유수면대수층에서 매질로부터 중력에 의하여 자유로이 흘러나오는 물의 체적

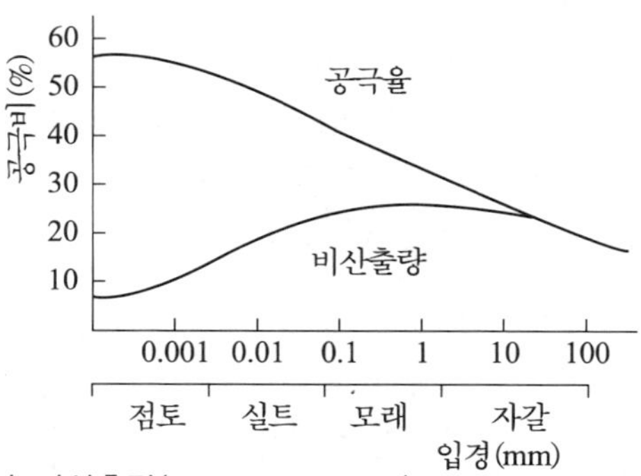

그림 5.3 입경에 대한 공극율과 비산출량(Mansell, 20030)

과 매질의 총체적과의 비로서 유효공극률이라고도 한다. 보유수율로 인하여 비산출량은 일반적으로 공극율보다 작다. 미립자인 점토토양에서는 정전기 인력으로 공극의 체적이 커도 비산출량은 매우 작다. 입자가 커서 배수가 자유로운 물질에서는 비산출량이 공극율과 거의 같다(그림 5.3). 비산출량은 저류수량 또는 가용수량의 척도를 나타내고 보유수율은 중력에 의한 배수 후에 매질에 남아있는 수량을 나타낸다.

비산출량(specipic yield(of unconfined aquifer))의 정량적인 정의는 지하수위의 단위강하에 따라 단위면적을 갖는 (자유수면)대수층 기둥으로부터 중력에 의하여 흘러나오는 물의 체적이다 $[L^3/L^2L]=[L^3/L^3]$(그림 5.4a). 이는 후술되는 압력대수층의 저류상수에 상응한다. 비산출량의 범위는 0.01–0.3(Lohman, 1972)정도로 상한치는 공극율 η와 같다. 정의에 따라

$$S_y=\frac{\forall_{drained}}{\forall_{total}}=\frac{1}{A}\frac{d\forall}{dh} \tag{5.3}$$

여기서 S_y는 비산출량, A는 매질의 바닥면적, $d\forall$는 흘러나오는 물의 체적, dh는 지하수위의 강하이다. 따라서 비산출량과 보유수율의 합은 공극율 η와 같게 된다.

$$\eta=S_r+S_y \tag{5.4a}$$

또는

$$S_y=\eta-S_r \tag{5.4b}$$

예제 5.1

면적 0.015 km²에 걸쳐서 지하수위가 1.5 m 강하하였다. 토양의 비산출량이 4%일 때 이 영역으로부터 흘러나오는 수량을 결정하라.

풀이 면적이 $A=15{,}000\,\text{m}^2$이므로 토양의 총 체적은 15,000×1.5=22,500m³이다. 따라서 총수량은 식 (5.3)에 따라 S_y×(토양의 총체적)이므로 0.04×22,500=900m³이다.

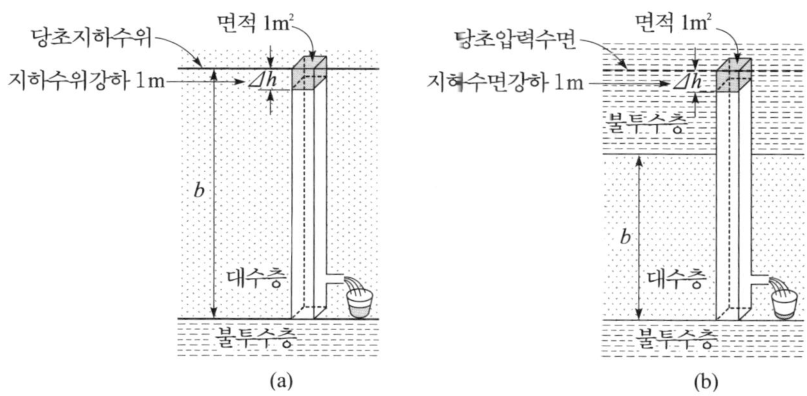

그림 5.4 (a)자유수면 대수층의 비산출량(Sy ≈ 0.01–0.3),
(b)압력대수층의 저류상수(S ≈ 0.00005–0.005) (Ferris, 1962)

예제 5.2

면적이 120km^2, 공극율이 $\eta = 28\%$, 보유수율이 $S_r = 10\%$인 자유수면대수층에서 양수로 인한 지하수위 강하가 2.4m이다. 비산출량과 저류량의 감소를 구하라.

풀이 식 (5.4a)로부터 비산출량은 $S_y = 28 - 10 = 18\%$이다. 저류량의 감소 또는 대수층으로부터 빠져나온 물의 양은 $V = A\Delta h S_y = 120 \times 10^6 \times 2.4 \times 0.18 = 5.184 \times 10^7 \mathrm{m}^3$이다.

5.3.3 압력대수층 – 저류상수(S)와 비저류상수(S_s)

저류상수(貯留常數; storage coefficient, storativity)는 압력대수층에서 단위 압력수두강하에 따라 단위면적은 갖는 압력대수층의 기둥으로부터 흘러나오는 물의 체적이다(그림 5.4b). 이는 자유수면대수층의 비산출량에 대응하는 매개변수이다. 그러나 포화상태인 압력대수층의 공극으로부터 흘러나오는 물은 자유수면 대수층에서와 같이 중력에 의해서가 아니라 공극 압력의 변화에 기인한다. 저류상수S는 공극율보다 작고 그의 범위는 0.00005–0.005(Todd, 1980)이다.

압력대수층 상부의 불투수성 지층의 무게는 압력대수층의 입자와 공극 내 물에 의하여 지지된다. 한편 공극 내 물은 지층 무게에 의하여 압력을 받는다. 압력대수층에서 지하수를 양수함에 따라 공극의 수압은 감소한다. 이로 인하여 입자는 압축되고 물은 팽창한다. Jacob에 의한 이들의 관계는 다음과 같다.

$$S = \eta\gamma_w b\left(\frac{1}{E_w} + \frac{1}{\eta E_s}\right) \tag{5.5a}$$

또는

$$S = \rho g b(\alpha + \eta\beta) \tag{5.5b}$$

여기서 S는 저류상수, b는 대수층의 두께, E_w는 물의 체적탄성계수, E_s는 흙 입자의 체적탄성계수, α는 대수층의 압축률$(1/E_s)$, β는 물의 압축률$(1/E_w)$, η는 공극률, γ_w는 물의 단위중량이다.

식 (5.5)의 첫째 항은 물의 팽창률을, 둘째 항은 대수층의 압축률을 나타낸다. 저류상수는 대수층의 두께를 포함하므로 대수층 또는 지역에 따라 변한다. 만약 두께 b를 포함시키지 않는다면 대수층의 성질을 상수로 나타내는 것이 가능하다. 저류상수 S는 대수층에 따라 변하는 대수층의 두께 b를 포함하므로 $b = 1$로 하여 두께를 포함시키지 않음으로서 대수층의 성질을 상수인 비저류상수, S_S로 나타내는 것이 가능하다. **비저류상수**(比貯留常數; specific storage)는 단위압력수두강하에서 단위체적의 대수층으로부터 흘러나오는 물의 체적으로 정의되고 대수층의 가용수량의 척도로 식 (5.6)으로 주어진다.

$$S_S = \frac{S}{b} = \rho g(\alpha + \eta\beta) \tag{5.6}$$

예제 5.3

압력대수층의 두께가 45m, 공극률이 0.35이다. (a) 저류상수와 비저류상수를 구하라. (b) 수위강하가 10m일 때 대수층에서 흘러나오는 수량을 구하라. $\alpha = 1.5 \times 10^{-9}\mathrm{cm^2/dyn}$, $\beta = 1.125 \times 10^{-9}\mathrm{cm^2/dyn}$

풀이▌ (a) 저류상수는 식 (5.5b)에 따라

$$S = \gamma_w b(\alpha + \eta\beta)$$

$$= 980\frac{\mathrm{dyn}}{\mathrm{cm^3}}(45 \times 100)\mathrm{cm}\,(1.5 \times 10^{-9} + 0.35 \times 1.215 \times 10^{-9})\frac{\mathrm{cm^3}}{\mathrm{dyn}} = 8.49 \times 10^{-3}$$

비저류상수는 식 (5.6)에 따라

$$S_s = \frac{S}{b} = \frac{8.49 \times 10^{-3}}{45 \times 100} = 1.89 \times 10^{-6}/\mathrm{cm}$$

(b) 흘러나오는 수량은 $S\times$(수두강하) 또는 $S_s\times$(두께)$\times$수두강하이므로

$8.49 \times 10^{-3} \times 10\,\mathrm{m} = 0.0849\ \mathrm{m^3/m^2}$(단위면적)

식 (5.3)을 참고하면 수두강하에 따라 압력대수층과 자유수면대수층으로부터 흘러나오는 수량은 식 (5.7)로 주어질 수 있다.

$$V = SA\Delta h \tag{5.7}$$

여기서 V는 대수층으로부터 흘러나오는 물의 체적, S는 비산출량(S_y) 또는 저류상수(S), A는 대수층의 평면적, Δh는 지하수위 또는 압력수면의 강하이다.

예제 5.4

자유수면대수층의 비산출량이 0.01, 압력대수층의 저투상수가 0.0005, 대수층의 면적이 $100\mathrm{m^2}$, 수두강하가 2.5m일 때 대수층으로부터 흘러나오는 물의 체적을 구하라.

풀이▌ 식 (5.7)을 적용하면

자유수면대수층 $V = 0.01 \times (100 \times 10^6) \times 2.5 = 2{,}500{,}000\mathrm{m^3}$

압력대수층 $V = 0.0005 \times (100 \times 10^6) \times 2.5 = 125{,}000\mathrm{m^3}$

같은 조건에서 자유수면대수층의 수량이 압력디수층 수량의 20배에 달한다(그림 5.4 참조).

5.4 지하수운동

5.4.1 Darcy법칙

Darcy법칙은 지하수 운동의 기본법칙으로 1956년 프랑스의 Henri Darcy의 실험을 통하여 제안되었다. 즉 다공성 매질을 통하여 흐르는 유량 Q는 수두손실 h_L과 단면적 A에 비례하고 흐름의 길이 L에 반비례한다.

$$Q = -\frac{KAh_L}{L} = KAS \tag{5.8}$$

여기서 K는 비례상수로 투수계수$[L/T]$이고 $S=-h_L/L$은 동수경사이다. (−)기호는 흐름방향으로 수두가 감소함을 나타낸다. 단위면적에 대한 유량을 **비유량**(比流量; specific discharge) q, 또는 **유출속도**(流出速度; discharge velocity) V로 정의되고 식 (5.8)로부터

$$q = V = \frac{Q}{A} = -K\frac{h_L}{L} \tag{5.9}$$

여기서 V는 매질의 전단면을 통하여 흐르는 **Darcy 속도**(Darcy velocity), h_L는 길이 L에 대한 수두손실이다.

수두손실을 결정하기 위하여 그림 5.5에서 단면 1, 2에 에너지식을 적용하면

$$\frac{V_1^2}{2g} + \frac{P_1}{\gamma} + z_1 = \frac{V_2^2}{2g} + \frac{P_2}{\gamma} + z_2 + h_L \tag{5.10}$$

여기서 V는 Darcy유속, P는 압력, γ는 물의 단위중량, z는 표고이다. 그러나 다공성매질에서는 유속이 매우 작으므로 속도수두는 큰 오차없이 무시될 수 있다. 따라서 속도수두를 무시하면 수두손실 h_L은

$$h_L = \left(\frac{P}{\gamma} + z_1\right) - \left(\frac{P}{\gamma} + z_2\right) \tag{5.11}$$

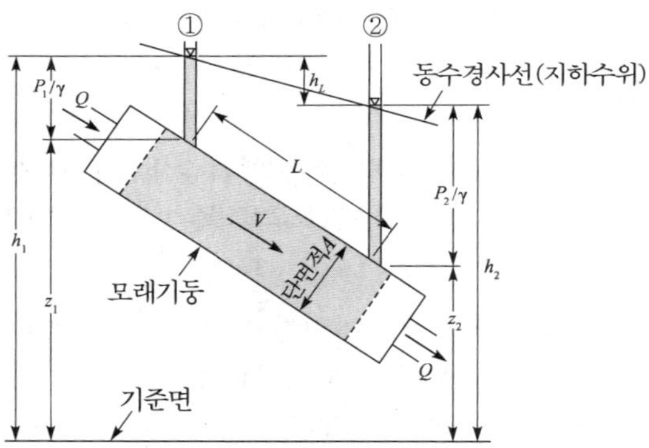

그림 5.5 Darcy법칙의 모래기둥의 수두손실

식 (5.11)로부터 에너지 손실수두는 포텐셜만의 함수로 정의된다. h_L/L은 동수경사로 수두의 경사 S와 같게 되므로 동수경사 h_L/L을 dh/dL로 나타내면 유속은 식 (5.9)로부터

$$V = -K\frac{dh}{dL} \tag{5.12a}$$

또는

$$V = KS \tag{5.12b}$$

Darcy법칙은 1차원흐름에 대하여 제안되었으나, 실제 흐름은 3차원이므로 각 좌표방향에 속도성분이 존재하게 된다. 따라서 3차원흐름에 대한 Darcy식은 다음과 같다.

$$V_x = -K_x \frac{\partial h}{\partial_x}, \quad V_y = -K_y \frac{\partial h}{\partial y}, \quad V_z = -K_z \frac{\partial h}{\partial z} \tag{5.13}$$

식 (5.13)은 각 좌표방향의 투수계수가 상이한 이방성 매질에 대한 Darcy식이다. 등방성 매질에 대해서는 $K = K_x = K_y = K_z$이므로 식 (5.13)은

$$V_x = -K \frac{\partial h}{\partial x}, \quad V_y = -K \frac{\partial h}{\partial y}, \quad V_z = -K \frac{\partial h}{\partial z} \tag{5.14}$$

유량을 구하기 위한 식 (5.8)의 해는 도식적 또는 수치적 해법으로 구해진다. 도식적 해는 유선과 등포텐셜선으로 구성되는 유선망을 구축하여 주어진다.

5.4.2 Darcy속도와 침윤속도

다공성 매질의 흐름은 실제로 공극을 통해서만 일어나는데 반하여 식 (5.8)과 (5.11)의 Darcy속도는 매질의 전단면을 통하여 흐름이 일어나는 것으로 가정되었으므로 가상속도이다. V_v를 매질의 공극만을 통해서 흐르는 **침윤속도**(浸潤速度; seepage velocity), A_v를 단면적에서 공극이 차지하는 면적이라 하면 연속 방정식 $Q = AV = A_v V_v$로부터

$$V_v = V \frac{A}{A_v} \tag{5.15}$$

매질의 길이 L을 우변의 분모, 분자에 곱하면

$$V_v = V \frac{AL}{A_v L} = V \frac{\forall}{\forall_v}$$

공극률의 정의인 $\eta = \forall_v / \forall$ 에 따라 공극의 실제속도인 침윤속도 V_v는 식 (5.16)에서와 같이 Darcy속도 V보다 크다($V_v > V$).

$$V_v = \frac{V}{\eta} \tag{5.16a}$$

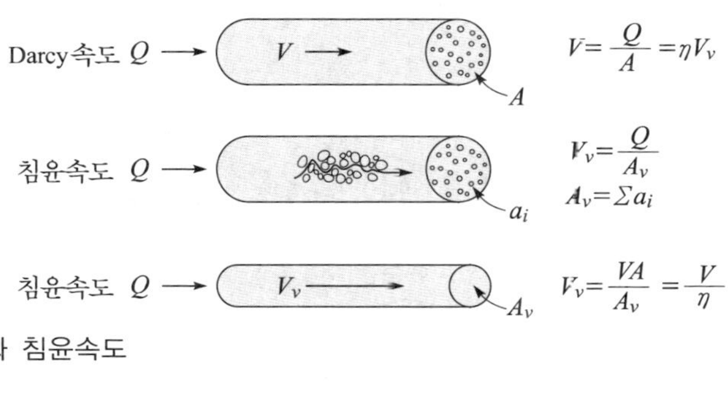

그림 5.6 Darcy속도와 침윤속도

공극의 i의 단면적을 a_i, 유속을 v_i라 하면 총공극의 평균유속은 $\bar{v}=\sum a_i v_i/\sum a_i$이므로 유량은 $Q=AV=\sum a_i v_i=\bar{v}\sum a_i=V_v A_v$이다. 따라서 침윤속도 V_v는

$$V_v=\bar{v}=VA/\sum a_i \tag{5.16b}$$

$A>\sum a_i$ 또는 $A/\sum a_i>1$이므로 $V_v=\bar{v}>V$이다.

층류에서 유속은 동수경사에 선형적으로 변하므로 Darcy법칙도 다공질의 층류에 적용되는 것으로 생각할 수 있다. 층류는 레이놀즈수로 구분되므로 Darcy법칙이 적용될 수 있는 흐름(의 한계)도 레이놀즈R_e 수로 정의될 수 있다. 실험에 의하면 Darcy법칙은 $Re<1$ 의 범위에서 적용되나 $Re\leqq 10$ 의 범위에서도 적용가능하다.

$$Re=\frac{Vd_m}{\nu} \tag{5.17}$$

여기서 V는 Darcy 속도(cm/s), d_m 은 흙입자의 평균입경(cm) 및 ν는 동점성계수(cm^2/s)이다.

예제 5.5

그림 5.7의 압력대수층의 투수계수가 50m/day, 공극률이 0.2이다. 800m 떨어진 두 지점에 위치한 우물의 수위가 각각 45m, 49m이다. 압력대수층의 두께가 30m, 평균 폭이 3km이다. (a) 대수층을 통하여 흐르는 유량을 구하라. (b) Darcy속도와 침윤속도를 계산하라 (c) 4km 하류지점까지의 유하시간을 구하라.

풀이 (a) 흐름단면적이 $30\times3\times1000=9\times10^4 m^2$ 이고 동수경사가 $S=\frac{49-45}{800}=5\times10^{-3}$m/m이므로

유량은 식 (5.8)에 따라 $Q=KAS=50\times9\times10^4\times5\times10^{-3}=22{,}500 m^3/day$

(b) Darcy속도 $V=\frac{Q}{A}=\frac{22{,}500}{9\times10^4}=0.25$m/day

이는 식 (5.12)에 의해서도 얻어진다. 침윤속도는 식 (5.16)에 의하여

$$V_v=\frac{V}{\eta}=\frac{0.25}{0.2}=1.25\text{m/day}$$

(c) 4km 하류까지 유하시간 $t=\frac{L}{V_v}=\frac{4{,}000}{1.25}=3{,}200$days

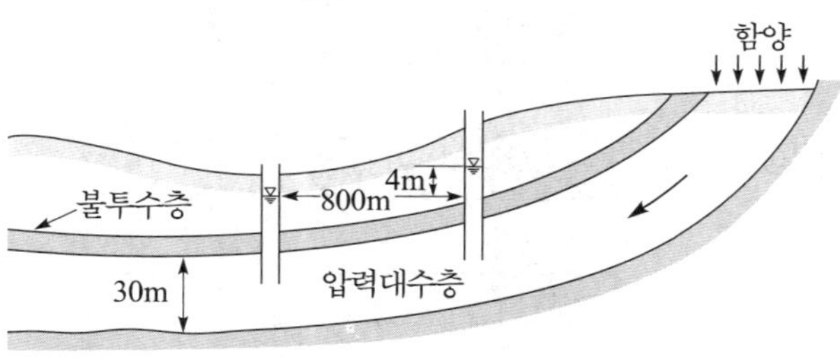

그림 5.7

5.4.3 투수계수(K)

대수층은 지하 저수지로서의 기능을 가질 뿐만 아니라 높은 에너지수두에서 낮은 에너지수두로 물을 수송하는 도수로(導水路) 역할도 한다. 이러한 두 기능은 공극의 체적뿐만 아니라 공극의 연결상태의 영향도 받는다. 도수역할에 중요한 매개변수인 투수계수는 Darcy식의 비례상수로서 다공성 매질의 성질과 이를 통하여 흐르는 유체의 성질의 조합을 나타낸다. 유체의 성질로는 점성계수 μ, 단위중량γ, 매질의 성질에는 공극, 입자크기분포, 입자형상이 관련된다. 매질의 **투수성**(透水性; permeability)은 물의 수송능력을 나타내는 매질과 공극의 상호연결상태의 성질이고 흐름과는 무관하다. 양질의 대수층은 공극율과 투수성이 높다. 수송매질로서 매질의 성질을 나타내는 것이 **고유투수계수**(固有透水係數; intrinsic(or specific) permeability)k 이다. 매질의 투수성질인 k와 유체의 성질을 조합했을 때 이를 **투수계수**(透水係數; coefficient of permeability, hydraulic conductivity)라 한다. 투수계수는 공극 체적의 척도일 뿐만 아니라 공극의 연결수준의 척도를 나타낸다.

$$K = k(\rho g/\mu) \tag{5.18}$$

여기서 K는 투수계수, k는 고유투수계수, r는 물의 단위중량, μ는 물의 점성계수이다. 투수계수는 식 (5.12)로부터 흐름의 단위길이에 대한 단위수두강하에서 단위면적을 통하여 단위유량이 수송될 때 K는 1(단위시간에 대한 단위길이)의 투수계수를 갖는다고 한다. 따라서 투수계수는 속도$[LT^{-1}]$의 차원을 갖는다. 식 (5.12a)로부터

$$K = -\frac{V}{dh/dL} = -\frac{\mathrm{m/day}}{\mathrm{m/m}} = -\mathrm{m/day}$$

투수계수의 단위는 m/day, ft/day, gallons/day/ft^2(meinzer) 등이다. 투수계수는 흐름과 매질의 성질(투수성)을 나타내는 반면 고유투수계수는 물의 수송능력을 나타내는 매질의 성질이고 흐름과는 무관하다.

식 (5.18)의 K를 식 (5.12)에 대입하고 $V = q$와 $\nu = \mu/\rho$를 고려하면 고유투수계수 k는

$$k = \frac{q\nu}{gS} \tag{5.19}$$

여기서 q는 비유량($V = Q/A$)으로 Darcy속도와 같고, ν는 동점성계수($= \mu/\rho$)이다. 단위동수경사에서 단위면적을 통하여 단위동점성계수의 단위유량이 흐를 때 매질은 1의 고유투수계수를 갖는다고 한다. 식 (5.18)을 식 (5.12)에 대입하고 k의 단위에 관하여 정리하면 면적의 단위 $[L^2]$을 가짐을 알 수 있다. k의 단위로는 Darcy가 있고 이 값은

$$1\,\mathrm{Darcy} = 0.987(\mu\mathrm{m})^2 = 0.987 \times 10^{-8}\,\mathrm{cm}^2 = 0.831\,\mathrm{m/d}(20℃)$$

표 5.1 공극률, 비산출량, 투수계수(Todd, 1980)

매질의 종류	공극률 η (%)	비산출량 S_y (%)	투수계수 K (m/day)
굵은 자갈	28	23	150
중간 자갈	32	24	270
가는 자갈	34	25	450
굵은 모래	39	27	45
중간 모래	39	28	12
가는 모래	43	23	2.5
실트	46	8	0.08
점토	42	3	0.0002
미립사암	33	21	0.2
실트질	34	6	−
표석점토	31	16	0.49
사질 표석점토	−	16	30
자갈 표석점토	41	21	0.2
잔디	45	−	1.4
풍화 화강암			

5.4.4 투수량계수(T)

투수량계수(透水量係數; transmissivity)는 대수층 총두께의 물 수송능력을 나타낸다. 두께가 균일한 대수층에서 투수량계수는

$$T = Kb \tag{5.20}$$

여기서 T는 투수량계수, b는 대수층의 두께이다. 투수량계수의 단위는 (m/day)(m) = m^2/day 이다.

폭이 w, 두께가 b인 대수층의 유량과 투수량계수는 식 (5.8)로부터

$$Q = KAS = K(bw)S = TwS \tag{5.21}$$

또는

$$T = bK = Q/wS \tag{5.22}$$

투수계수는 공식, 실험실 방법, 추척물시험, 관측우물의 양수시험 등에 의하여 결정할 수 있다. 투수계수 결정에 가장 신뢰할 수 있는 방법은 양수시험방법이다.

5.4.5 대수층의 이질성과 이방성

지하수가 흐르는 **다공성매질**(多孔性媒質; porous medium)은 등방과 이방성, 균질과 이질성 매질로 구분된다. **등방성 매질**(等方性 媒質; isotropic medium)은 주어진 점에서 모든 방향으로 균일한 성질(예로 투수계수)을 갖는다. **이방성 매질**(異方性 媒質; anisotropic medium)은 방향에 따라 그 성질(투수계수)이 다르다. **이질성 매질**(異質性 媒質; heterogeneous medium)은 등방 또는 이방성 매질에서 공간적으로 불균일한 성질을 갖는 반면 **균질성 매질**(均質性 媒質; homogeneous medium)은 모든 점에서 그 성질(투수계수)이 동일하다 흐름영역의 모든 점에서 방향에 관계없이 투수계수가 같은 매질을 **균질등방성 매질**(均質等方性 媒質; homogeneous and isotropic medium)이라 한다. 투수계수가 흐름방향에 따라 다르고 이러한 성질이 흐름영역의 모든 점에서 동일한 매질을 **균질이방성 매질**(均質異方性 媒質; homogeneous anisotropic medium)이라 한다.

지금까지의 투수계수에 관한 기술은 대수층의 지질구조가 균질 등방성 매질(즉 모든 곳에서 모든 방향의 투수계수 K가 동일한)인 것으로 가정되었다. 그러나 이와 같은 지질구조는 거의 발견되기 어렵고 방향에 따라 투수계수 K의 값이 다른 이방성 구조이다. 이러한 경우에는 각 방향에 따라 K가 다르게 된다.

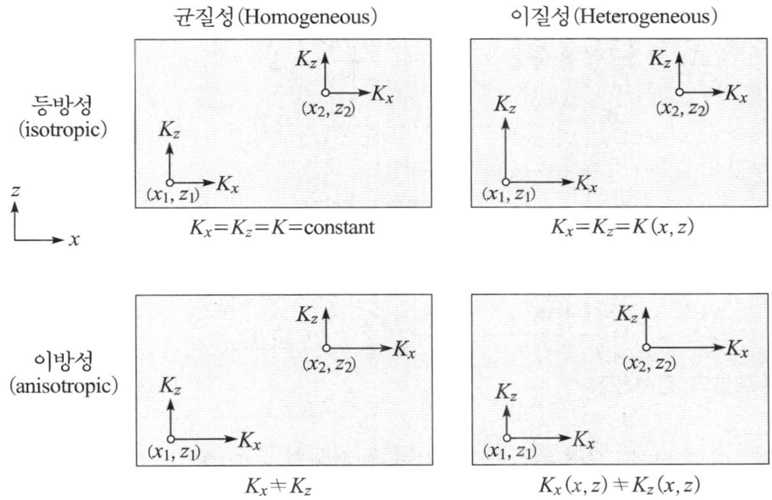

그림 5.8 대수층 연직단면에서 매질의 이질성과 이방성의 관계의 도시

압력대수층이 두 개의 수평층으로 구성되고 각 층은 수평방향 투수계수와 두께가 각각 K_1와 K_2, z_1과 z_2이고 두 층의 연직방향 투수계수가 K_z이고, $K_z \ll K_1$ 또는 K_2이라면 흐름은 주로 수평방향으로 일어난다.

수평흐름 – 전체 층의 수평방향 투수계수 K_x는

$$K_x = \frac{K_1 z_1 + K_2 z_2}{z_1 + z_2} \tag{5.23}$$

연직흐름 – 두개 층의 연직투수계수 K_z는

$$K_z = \frac{z_1 + z_2}{\dfrac{z_1}{K_1} + \dfrac{z_2}{K_2}} \tag{5.24}$$

이는 2층대수층의 등가연직투수계수를 나타낸다.

5.5 지하수 흐름방정식

5.5.1 압력(피압)대수층의 흐름방정식

연속방정식은 질량보존원리로부터 유도된다. 질량보존원리는 순 질량유출률(질량유입률 − 질량유출률)과 질량변화율이 같음을 의미한다. x, y, z 방향의 속도성분을 u, v, w, 유량성분을 Q_x, Q_y, Q_z 라 한다. 그림 5.9의 검사체적에서 $\Delta y \Delta z$ 단면에 유입되는 질량유입률과 $\Delta y \Delta z$ 단면에서 유출되는 질량유출률은 각각 다음과 같다.

$$\text{단면 } \Delta y \Delta z \text{의 질량유입률} = \rho Q_x = \rho u \Delta y \Delta z \tag{a}$$

$$\text{단면 } \Delta y \Delta z \text{의 질량유출률} = \rho Q_x + \frac{\partial(\rho Q_x)}{\partial x}\Delta x = \left[\rho u + \frac{\partial(\rho u)}{\partial x}\Delta x\right]\Delta y \Delta z \tag{b}$$

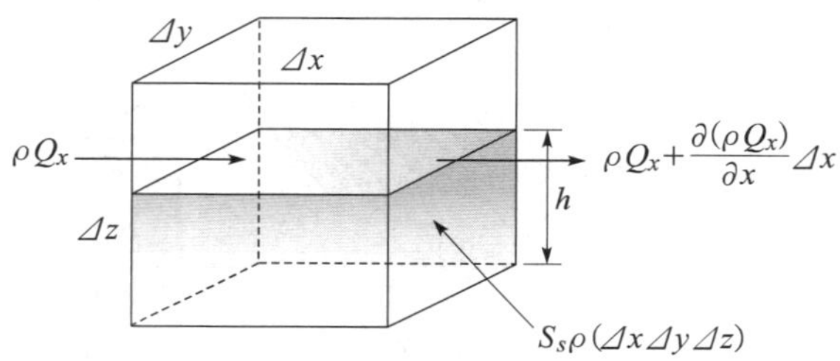

그림 5.9 지하수흐름의 검사체적

x −방향의 순 유출률은 질량유입률과 질량유출률의 차이이고 식 (a), (b)로부터

$$\text{순 유출률} = [\text{유입율} - \text{유출율}] = (\rho u)\Delta y \Delta z - \left[(\rho u) + \frac{\partial(\rho u)}{\partial x}\Delta x\right]\Delta y \Delta z$$

$$= -\frac{\partial(\rho u)}{\partial x}\Delta x \Delta y \Delta z \tag{c}$$

같은 방법으로 y, z 방향에 대한 순 질량유출률은 각각 다음과 같다.

$$-\frac{\partial(\rho v)}{\partial y}\Delta x \Delta y \Delta z, \quad -\frac{\partial(\rho w)}{\partial z}\Delta x \Delta y \Delta z \tag{d}$$

요소 $\Delta x \Delta y \Delta z$ 에 대한 총 순질량유출률은 x, y, z 방향의 순 질량유출률의 합으로 주어진다.

$$\text{총 순질량유출률 } -\left[\frac{\partial(\rho u)}{\partial x} + \frac{\partial(\rho v)}{\partial y} + \frac{\partial(\rho w)}{\partial z}\right]\Delta x \Delta y \Delta z \tag{e}$$

요소 $\Delta x \Delta y \Delta z$ 내 유체의 질량은

$$\Delta M = \rho \eta \Delta x \Delta y \Delta z \tag{5.25}$$

여기서 η 은 공극률이다. 요소체적 $\Delta x \Delta y \Delta z$ 에 대한 총 순질량유출률(식 (e))은 요소 질량 ΔM 의 변화율 $\partial(\Delta M)/\partial t$ 와 같으므로

$$-\left[\frac{\partial(\rho u)}{\partial x}+\frac{\partial(\rho v)}{\partial y}+\frac{\partial(\rho w)}{\partial z}\right]\Delta x \Delta y \Delta z=\frac{\partial(\Delta M)}{\partial t} \tag{5.26a}$$

또는 $$\left[\frac{\partial(\rho u)}{\partial x}+\frac{\partial(\rho v)}{\partial y}+\frac{\partial(\rho w)}{\partial z}\right]=-\frac{1}{\Delta x \Delta y \Delta z}\frac{\partial(\Delta M)}{\partial t} \tag{5.26b}$$

식 (5.26)에서 (−)기호는 대수층으로부터 물이 흘러나오는 순 유출률을 (+)로 하기 위함이다. ΔM 의 변화율 $\partial(\Delta M)/\partial t=\partial(\rho\eta\Delta x \Delta y \Delta z)/\partial t$ 에서 ρ, η 및 Δz 는 연직방향의 압축과 팽창에 의하여 변하고 수평방향의 변화는 무시된다. 따라서 질량변화율은

$$\frac{\partial \Delta M}{\partial t}=\left(\eta \Delta z\frac{\partial \rho}{\partial t}+\rho \Delta z\frac{\partial \eta}{\partial t}+\rho\eta\frac{\partial(\Delta z)}{\partial t}\right)\Delta x\,\Delta y \tag{f}$$

첫째 항은 물의 압축을, 나머지 두 항은 매질의 압축을 나타낸다. 이들을 대수층의 압축계수 α, 유체의 압축계수 β, 및 공극압 P 의 항으로 나타내면

$$\frac{\partial \Delta M}{\partial t}=(\alpha+\eta\beta)\rho\Delta x\,\Delta y\,\Delta z\,\frac{\partial P}{\partial t} \tag{g}$$

여기서 $\alpha=\dfrac{1}{E_s}$, $\beta=\dfrac{1}{E_w}$, $E_s=$ 대수층 매질의 체적탄성계수, $E_w=$물의 체적탄성계수이다. 압력을 수두($P=\gamma h$) 항으로 나타내면

$$\frac{\partial \Delta M}{\partial t}=(\alpha+\eta\beta)\,\rho\Delta x \Delta y \Delta z\;\gamma\frac{\partial h}{\partial t} \tag{5.27}$$

한편 식 (5.26b)의 좌변을 전개하면

$$\rho\left(\frac{\partial u}{\partial x}+\frac{\partial v}{\partial y}+\frac{\partial w}{\partial z}\right)+\left(u\frac{\partial \rho}{\partial x}+v\frac{\partial \rho}{\partial y}+w\frac{\partial \rho}{\partial z}\right) \tag{h}$$

식 (h)의 둘째 항은 첫째 항에 비하여 매우 작으므로 무시한다. 따라서 식 (5.26b)는

$$-\rho\left(\frac{\partial u}{\partial x}+\frac{\partial v}{\partial y}+\frac{\partial w}{\partial z}\right)=\frac{1}{\Delta x \Delta y \Delta z}\frac{\partial \Delta M}{\partial t} \tag{5.28}$$

각 좌표방향에 대한 Darcy식은

$$u=-K_x\frac{\partial h}{\partial x},\; v=-K_y\frac{\partial h}{\partial y},\; w=-K_z\frac{\partial h}{\partial z} \tag{5.14}$$

식 (5.14)와 (5.27)을 식 (5.28)에 대입하면 연속방정식은

$$\frac{\partial}{\partial x}\left(K_x \frac{\partial h}{\partial x}\right)+\frac{\partial}{\partial y}\left(K_y \frac{\partial h}{\partial y}\right)+\frac{\partial}{\partial z}\left(K_z \frac{\partial h}{\partial z}\right)=(\alpha+\eta\beta)\gamma\frac{\partial h}{\partial t} \tag{5.29}$$

식 (5.6)의 비저류상수 $S_S=\rho g(\alpha+\eta\beta)=(\alpha+\eta\beta)\gamma$ 를 고려하면 식 (5.29)는

이질이방성 $$\frac{\partial}{\partial x}\left(K_x \frac{\partial h}{\partial x}\right)+\frac{\partial}{\partial y}\left(K_y \frac{\partial h}{\partial y}\right)+\frac{\partial}{\partial z}\left(K_z \frac{\partial h}{\partial z}\right)=S_S\frac{\partial h}{\partial t} \tag{5.30}$$

이는 **이질이방성 압력대수층의 연속방정식**(continuity equation for nonhomogeneous anisotropic confined aquifer)이다. 균질이방성이면 투수계수는 공간적으로 동일하므로

균질이방성 $$K_x\frac{\partial^2 h}{\partial x^2}+K_y\frac{\partial^2 h}{\partial y^2}+K_z\frac{\partial^2 h}{\partial z^2}=S_S\frac{\partial h}{\partial t} \tag{5.31}$$

균질등방성 압력대수층에 대해서는 $K_x=K_y=K_z=K$이므로

균질등방성 $$\frac{\partial^2 h}{\partial x^2}+\frac{\partial^2 h}{\partial y^2}+\frac{\partial^2 h}{\partial z^2}=\frac{S_s}{K}\frac{\partial h}{\partial t} \tag{5.32}$$

두께가 b인 압력대수층의 저류상수 $S=bS_s$와 투수량계수 $T=bK$를 도입하면

균질등방성 $$\frac{\partial^2 h}{\partial x^2}+\frac{\partial^2 h}{\partial y^2}+\frac{\partial^2 h}{\partial z^2}=\frac{S}{T}\frac{\partial h}{\partial t} \tag{5.33}$$

식 (5.33)은 압력대수층의 부정류 미분방정식 또는 지하수흐름의 **비평형식**(非平衡式; nonequilibrium equation)이다. 식 (5.33)은 열전도 확산식과 유사하다. 압력 또는 수두 h가 시간에 따라 변하지 않는 정상흐름에서는 $\partial h/\partial t=0$이므로 식 (5.33)은 Laplace방정식이 된다.

정상균질등방성 $$\frac{\partial^2 h}{\partial x^2}+\frac{\partial^2 h}{\partial y^2}+\frac{\partial^2 h}{\partial z^2}=0 \quad \text{또는} \quad \nabla^2 h=0 \tag{5.34}$$

5.5.2 자유수면(비피압)대수층의 흐름방정식

자유수면을 갖는 자유수면대수층에서는 물의 압축은 고려되지 않으나 수두 h는 상수가 아닌 변수이므로 흐름방정식은 비선형방정식으로 주어진다.

$$\frac{\partial}{\partial x}\left(K_x h\frac{\partial h}{\partial x}\right)+\frac{\partial}{\partial y}\left(K_y h\frac{\partial h}{\partial y}\right)=S_y\frac{\partial h}{\partial t} \tag{5.35}$$

식 (5.35)는 **비선형 Boussinesq식**(nonlinear Boussinesq equation)으로 해는 극히 어려우므로 선형화를 이용해서 해석된다. 균질성 자유대수층($K_x=K_y=K$)의 경우에는

$$\frac{\partial}{\partial x}(h\frac{\partial h}{\partial x})+\frac{\partial}{\partial y}(h\frac{\partial h}{\partial y})=\frac{S_y}{K}\frac{\partial h}{\partial t} \tag{5.36}$$

등방균질매질에서 압력 또는 수두가 시간에 변하지 않는 정상흐름에서는

$$\frac{\partial^2 h^2}{\partial x^2} + \frac{\partial^2 h^2}{\partial y^2} = 0 \tag{5.37}$$

5.5.3 지하수 흐름방정식의 해법

1) 유선망: 지하수 흐름계의 도해법
2) 해석적 해법: 특정조건에 대하여 간단화한 지배방정식의 해
   예로 Theis식은 수평흐름, 일정한 대수층의 두께 및 무한한 흐름영역의 범위 등과 같은 가정하에서 우물방사흐름의 해를 제공
3) 수치해(컴퓨터모형) : 지하수 흐름을 설명하는 무한한 수의 식을 유한한 수의 식으로 변환하고 이산화하여 컴퓨터를 이용하는 해법으로 대표적인 컴퓨터모형은
   Finite difference method– MODFLOW
   Finite element method – Saturated/Unsaturated Transport Model(SUTRA)

유선망. 유선망(flow nets)은 직교하는 등포텐셜선(equipotential line, 일정 수두)과 유선(流線; streamline, 지하수가 이동하는 선)으로 구성되는 망으로 주어진 경계조건에 대한 대수층의 정상지하수흐름의 방향과 유량을 구하는 도해법이다. 유선망은 균질 등방성 대수층의 수평, 정상흐름을 나타내는 2차원 Laplace식의 해를 제공한다 유선망구축은 다음 가정을 필요로 한다.

1. 대수층은 완전 포화된 균질 등방성 대수층
2. 수두가 시간에 따라 변하지 않는 정상상태의 대수층
3. 흐름은 층류이고 Darcy법칙이 적용
4. 모든 경계조건이 주어진다.

유선망구축에 고려되는 경계조건

a) 불투수성경계(no-flow boundary) – $\partial h/\partial x = 0$, $\partial h/\partial y = 0$, $\partial h/\partial n = 0$

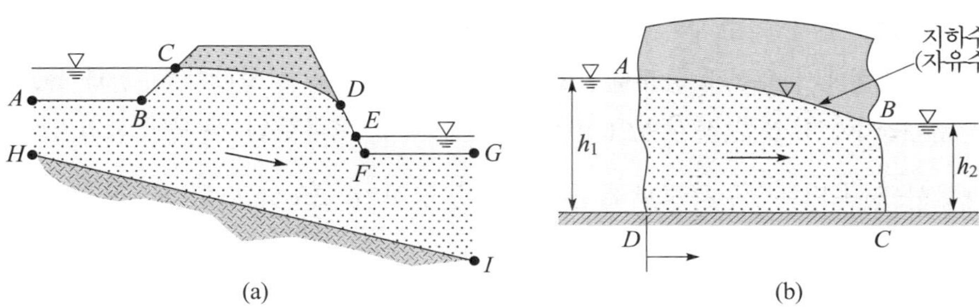

그림 5.10 자유수면 대수층흐름의 2차원 연직단면의 경계조건 :
그림(a)에서 일정수두경계(ABC, EFG), 불투수성경계(HI), 지하수위(자유수면)경계(CD), 침윤면경계(DE); 그림(b)에서 일정수두경계(AD, BC), 불투수성경계(DC), 지하수위(자유수면)경계(AB)

경계를 통과하는 흐름이 존재하지 않고 이에 따라 동수경사가 존재하지 않는다. 불투수성 경계에 유선(흐름)은 평행하고 등포텐셜선은 직교한다. 이는 대수층의 경계를 이루고 압력대수층의 상부 점토, 바닥암반을 나타낸다. 그림 5.10(a, b)에서 바닥경계 $H-I$와 DC는 불투수성경계로 $\partial h/\partial z=0$이고 연직경계 $A-H$, $G-I$가 불투수층이라면 $\partial h/\partial x=0$이다.

b) **일정수두경계**(constant head boundary) – $h=$constant

경계는 모든 점에서 수두가 같은 등포텐셜을 나타내고 호수, 하천의 경우 기지의 수위를 나타낸다. 일정수두경계에 유선은 직교하고 등포텐셜선은 평행하다. 경계에 평행한 흐름은 존재하지 않고 이에 따라 동수경사가 존재하지 않는다. 그림 5.10(a)에서 ABC와 EFG는 일정수두경계이다. 그림 5.10(b)에서 상류면 AD는 D에서 압력수두 $p/\rho g=h_1$, 위치수두 $z=0$으로 총수두는 $h=z+p/\rho g=h_1$이고, A에서는 압력수두 $p/\rho g=0$, 위치수두 $z=h_1$이므로 AD의 모든 점은 총수두가 $h=h_1$인 일정수두경계이다. 따라서 상류면 AD는 일정수두경계 이고 같은 이유로 하류면 BC도 일정수두경계($h=h_2$)이다.

c) **지하수위경계**(water table boundary) – $h=z$(not constant)

지하수위경계는 자유수면 대수층에서 자유수면으로 포화대수층의 상부 지하수위경계가 된다. 지하수위경계(자유수면)에서는 (1) 압력이 대기압과 같으므로($P/\rho g=0$) 총수두 $h(=z+P/\rho g)$는 위치수두 z와 같으나($h=z$) 상수는 아니다($h\neq constant$). (2) 지하수위경계를 통과하는 흐름이 존재하지 않는다($\partial h/\partial n=0$). 자유수면인 지하수위(그림 5.10)에서 (a)의 $C-D$와 (b)의 $A-B$는 포화대수층의 상부경계로 지하수위경계(자유수면)을 나타낸다. 수두 h는 상수가 아니다. 따라서 자유수면의 위치와 모양은 미지로 해의 한 부분이 된다. 지하수위에 침루나 함양이 없는 경우 지하수위(자유수면)에 수직 유속성분은 영이고 하나의 유선을 나타낸다. 유선은 등포텐셜선과 직교하는 경계이다.

유선망구축

1. 등포텐셜선(ϕ) 간의 수두차이(Δh)는 일정하다(그림 5.11).
2. 등포텐셜선은 유선과 직교하고 일정수두경계에 평행하고 불투수성경계에 직각이다.
3. 유선(ψ)은 교차하지 않고 유선 간의 유량은 일정하다.
4. 균질 등방성매질에서 유선과 등포텐셜선의 직교는 사각형을 형성한다. 유선과 등포텐셜선은 곡선이 되기도 하여 곡선 사각형이 형성되고 이 경우 사각형의 두 중앙선의 길이는 같다.

그림 5.11에서 연속되는 두 등포텐셜선간의 수두강하가 $\Delta h\cong dh$일 때 동수경사 i는

$$i=\frac{dh}{ds} \tag{5.38}$$

인접한 두 유선사이의 구간은 유관(stream tube) 역할을 하여 대수층의 단위 두께에 대한 유량 q는

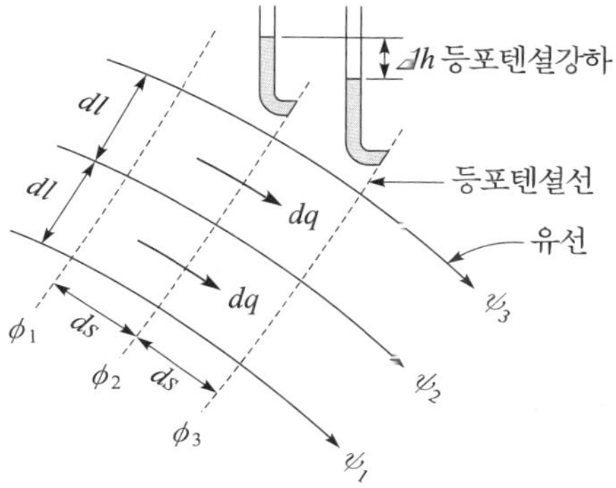

그림 5.11 유선과 등포텐셜선

$$q = K\, i\, dl = K\frac{\Delta h}{ds}dl \tag{5.39}$$

유선망의 사각형의 조건에 따라 $ds \cong dl$이므로 이를 적용하면 식 (5.39)는

$$q = K\, dh \tag{5.40}$$

유선의 총 수두강하가 h이고 등포텐셜선간의 구간(4각형)수가 n_d이면 dh는

$$dh = \frac{h}{n_d}$$

따라서 식 (5.40)은

$$q = K\frac{h}{n_d} \tag{5.41}$$

유관이 n_f개인 대수층의 단위 폭에 대한 총 유량은

$$Q = q n_f = \frac{n_f}{n_d} K h \tag{5.42}$$

여기서 n_f는 유관의 수, h는 유선에 대한 총 수드손실(강하), n_d는 유망에서 수두강하의 구간수, K는 투수계수이다.

예제 5.6

다음 그림과 같이 상하 불투수벽 사이에 위치한 투수계수가 $K = 10^{-5}$m/s, 수두차이가 $h = 14$m인 대수층에 유선망을 작성하고 유량을 구하라.

풀이 등포텐셜선간의 수두강하를 $\Delta h = 2$m로 하면 등포텐셜선의 구간 수는 $n_d = 14/2 = 7$이다. 이를 근거로 하여
유선망을 작성할 경우 $n_f = 4$이므로 유량은 식 (5.42)에 따라

$$Q = \frac{4\times 10^{-5}\times 14}{7} = 8\times 10^{-5}\text{m}^3\text{/s/m}$$

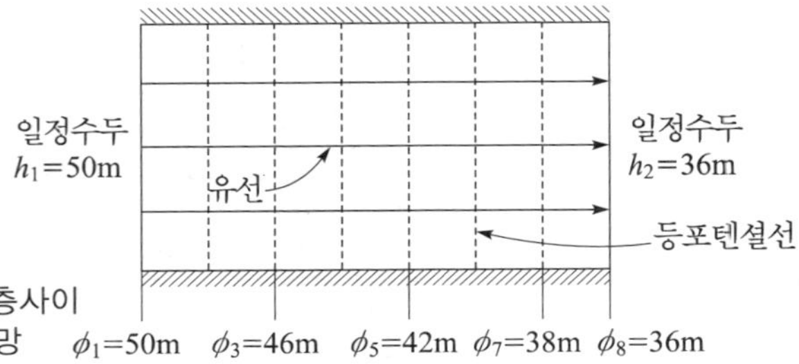

그림 5.12 상하 불투수층사이 영역의 유선망

수치해(컴퓨터모형). 수치모의는 간단화한 흐름계를 설명하는 일연의 식에 근거해서 수두, 유량 등을 예측 한다. 수치모의에서는 편미분방정식과 초기, 경계조건이 주어지고, 흐름계를 이산화하고, 이산화에 대응하는 편미분방정식을 간략화하여 컴퓨터를 이용하여 해를 구한다. 수치해석기법으로는 유한차분법, 유한요소법이 이용된다. 이점은 복잡한 형상, 초기, 경계조건을 용이하게 다룰 수 있고 비선형계에 적용가능한 점이다.

유한차분법 : 이는 지배방정식의 미분항을 이산형으로 대치하여 편미분 지배방정식을 간략화하는 방법이다.

2D 흐름방정식 $$\frac{\partial^2 h}{\partial x^2}+\frac{\partial^2 h}{\partial y^2}=\frac{S}{T}\frac{\partial h}{\partial t} \tag{5.43}$$

시간미분에 후방차분을 적용한 식 (5.43)의 차분화는

$$\frac{h_{i-1,j}-2h_{i,j}+h_{i+1,j}}{\Delta x^2}+\frac{h_{i,j-1}-2h_{i,j}+h_{i,j+1}}{\Delta y^2}=\frac{S}{T}\frac{h_{i,j,n}-h_{i,j,n-1}}{\Delta t} \tag{5.44}$$

정상흐름에서는 $$\frac{S}{T}\frac{\partial h}{\partial t}\approx\frac{S}{T}\frac{h_{i,j,n}-h_{i,j,n-1}}{\Delta t}=0$$

이므로 $\Delta x=\Delta y$인 경우를 고려하면 식 (5.44)는

$$h_{i,j}=\frac{h_{i-1,j}+h_{i+1,j}+h_{i,j-1}+h_{i,j+1}}{4} \tag{5.45}$$

식 (5.45)는 그림 5.13에서와 같이 주위 4개 절점의 값을 이용하여 중앙에 위치한 절점의 값을 구하는 과정이다.

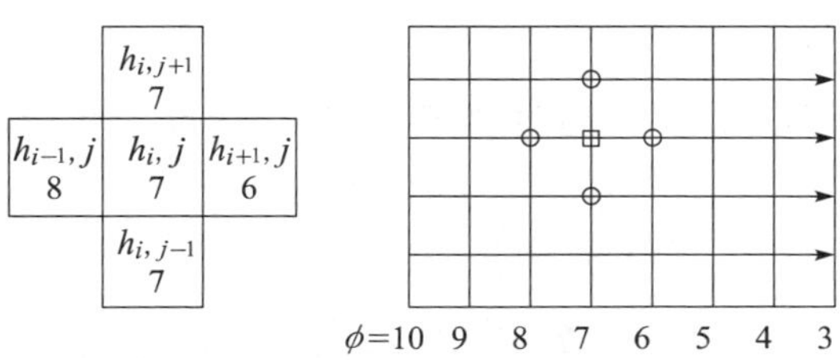

그림 5.13 격자상에서 식 (5.45)의 도시

5.6 정상흐름 수리학

정상상태의 흐름은 시간에 따라서 흐름특성이 변하지 않고($d/dt = 0$) 공간에 대해서만 수두와 흐름특성이 변함을 의미한다. 5.5절의 지배방정식의 해는 비교적 간단한 경계조건과 대수층이 균질등방성의 조건에서 가능하고 복잡한 경계를 갖는 흐름의 해석은 수치모의를 이용해서 가능하다.

5.6.1 압력대수층의 일방향 흐름

그림 5.14의 일방향 정상흐름은 흐름방향으로 감소하는 동수경사선(piezometric head)을 나타낸다. 일방향 정상흐름에 대한 식은 식 (5.34)로부터

$$\frac{\partial^2 h}{\partial x^2} = 0 \tag{5.46}$$

경계조건 $x = 0$ 에서 $h = h_o$를 적용한 식 (5.46)의 해는

$$h = -\frac{V}{K}x - h_0 \tag{5.47}$$

수두 h 는 흐름방향에서 x 에 따라 선형으로 감소된다. 식 (5.47)을 V 에 관하여 정리하고 두께 b 를 곱하면 대수층의 단위 폭당 유량은 다음과 같이 Darcy법칙으로 주어진다.

$$q = Kb\frac{h_o - h}{x} \tag{5.48}$$

$x = L$에서 수두를 h_d라 하면 수두 h는

$$h = \frac{h_d - h_o}{L}x + h_o \tag{5.49}$$

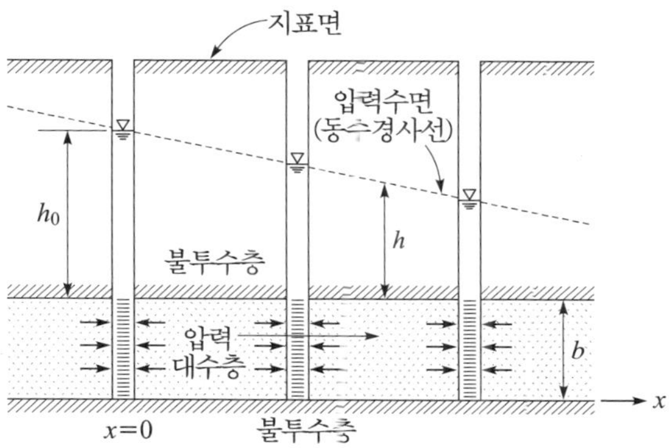

그림 5.14 압력대수층에서 정상 일방향 흐름

예제 5.7

하천에 평행하게 수로가 굴착되어 있다. 하천의 수위가 40m, 수로의 수위가 37m이다. 하천과 수로가 두께 10m, 폭이 500m인 압력대수층으로 연결되어 있다. 투수계수가 0.008 m/hr일 때 하천으로부터 수로로 유입되는 침윤량을 결정하라.

풀이 식 (5.48)에 따라 $q = Kb\dfrac{h_o - h}{x} = (0.008)(10)\left(\dfrac{40-37}{500}\right)$

$= 0.0048\text{m}^3/\text{hr}$ 또는 $0.115\text{m}^3/\text{day}$

5.6.2 자유수면대수층의 일방향흐름

자유수면대수층에서는 흐름영역을 구분하는 경계중 하나가 자유수면이다. 따라서 흐름영역의 모든 경계가 알려지고 고정된 압력대수층과는 달리 자유수면대수층에서는 자유수면이 유선을 형성하여 자유수면의 높이가 변하게 된다. 따라서 흐름단면이 변하게 되어 지하수면이 흐름분포를 결정하고 반대로 흐름분포가 지하수면을 지배하게 된다. 또한 자유수면대수층에서는 흐름이 수두의 일차함수가 아니다. 따라서 Laplace식의 직접적인 해석이 가능하지 않게 된다. 이러한 자유수면 대수층의 흐름문제는 Dupuit가정에 근거해서 해석될 수 있다. **Dupuit가정**은 다음과 같다.

1. 유속은 동수경사선의 정현($\sin\theta = dh/ds$)이 아니라 정접($\tan\theta = dh/dx$)에 비례한다. 따라서 Darcy식은 $V = -K\dfrac{dh}{dx}$로 표시된다.
2. 연직단면의 모든 점에서 흐름은 수평이고 균일하다. 따라서 모든 유선은 수평이고 등포텐셜선은 연직이다.

그림 5.15와 같은 $x-z$ 평면에서 일차원 흐름을 고려한다. 단위 폭의 유량 q는 Darcy 법칙에 따라

$$V = -K\frac{dh}{dx} \tag{5.50}$$

$$q = -Kh\frac{dh}{dx} \tag{5.51}$$

여기서 h는 지점 x에서 자유수면 또는 침윤선의 높이이다. 일차원 흐름의 식 (5.37)은

$$\frac{d^2h^2}{dx^2} = 0 \tag{a}$$

식 (a)를 적분하면

$$h^2 = Ax + B \tag{b}$$

여기서 A, B는 상수이다. 경계조건 $x=0$, $h=h_0$ 으로부터 B는

$$B = h_o^2 \tag{c}$$

식 (b)를 미분하면

$$2h\frac{dh}{dx} = A \tag{d}$$

식 (5.51)을 변형하면 $h\dfrac{dh}{dx} = -\dfrac{q}{K}$ 와 같다. 이를 식 (d)와 같게 놓고 정리하면 상수 A를 얻는다.

$$A = -2\frac{q}{K} \tag{e}$$

상수 A, B를 식 (b)에 대입하면 수두의 식 (5.52)를 얻는다.

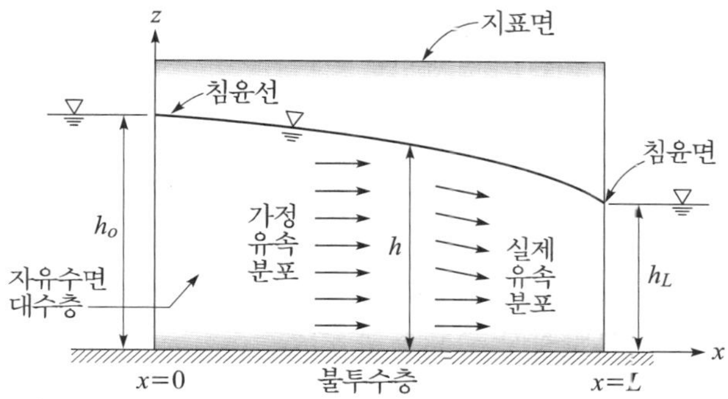

그림 5.15 자유대수층의 정상흐름

$$h^2 = h_0^2 - \frac{2q}{K}x \tag{5.52}$$

식 (5.52)를 자유수면의 식으로 **듀핏식**(Dupuit equation)이라 한다. 식 (5.52)에 경계조건 $x = L$, $h = h_L$을 적용하고 q에 관하여 정리하면

$$q = \frac{K(h_0^2 - h_L^2)}{2L} \tag{5.53}$$

식 (5.53) 또한 Dupuit식이다. 식 (5.53)을 식 (5.52)에 대입하면

$$h = \left(h_0^2 - \frac{(h_0^2 - h_L^2)}{L}x\right)^{1/2} \tag{5.54}$$

식 (5.54)를 **듀핏포물선**(Dupuit parabolic line)이라 한다.

예제 5.8

제방(그림 5.15 참조)의 길이가 60m, 투수계수가 $K = 10^{-6}$ m/s 일 때 제방의 단위 폭당 유량을 구하라. 제방의 좌우측의 수심은 각각 10m와 2m이다.

풀이 식 (5.53)을 이용하면

$$q = \frac{K(h_0^2 - h_L^2)}{2L} = \frac{10^{-6}(10^2 - 2^2)}{2(60)} = 8.0\times10^{-5}\,\text{m}^3/\text{s/m} \text{ 또는 } 6.9\,\text{m}^3/\text{day/m}$$

5.7 정류우물수리학

새로 굴착한 우물에서 양수를 시작하면 우물의 수면과 우물주위 대수층의 지하수위의 정수압과의 차이에 의해서 우물주위 대수층으로부터 물이 우물로 흘러 들어온다. 따라서 우물주위 대수층의 지하수위는 우물경계에서부터 강하하기 시작하여 지하수위는 우물을 향하여 경사를 갖는 깔때기 모양의 곡선이 된다. 이러한 곡선을 **수면강하곡선**(水面降下曲線; cone of depression)이라 한다. 양수하기 이전의 지하수위와 수면강하곡선간의 연직거리 z(그림 5.16, 5.17)를 **수면강하**(水面降下; drawdown)라 한다. 우물에서 장기간 양수를 한 후에도 수면강하가 일어나지 않는 지점까지의 우물에서 거리를 **영향반경**(影響半徑; radius of influence)이라 한다. 이는 수면강하곡선의 경계를 이룬다.

우물수리학(well hydraulics)에서는 수면강하곡선이 안정된 정상상태로 보고 해석하는 **방사정류**(放射定流; steady radial flow) 또는 **평형상태**(平衡狀態; equilibrium state)와 시간에 따라 수면강하곡선이 변하는 부정류조건에서 흐름을 해석하는 **방사부정류**(放射不定流; unsteady radial flow) 또는 **비평형상태**(非平衡狀態; nonequilibrium state)가 있다. 압력대수층의 부정류 지하수흐름(식 5.33)을 극좌표로 나타낸 미분방정식은 다음과 같다.

$$\frac{\partial^2 h}{\partial r^2} + \frac{1}{r}\frac{\partial h}{\partial r} = \frac{S}{T}\frac{\partial h}{\partial t} \tag{5.55}$$

여기서 h는 수두, r은 반경, t는 시간, T는 투수량계수 및 S는 저류상수이다. 평형상태 즉 정류($\partial h/\partial t = 0$)에서 식 (5.55)는

$$\frac{d^2 h}{dr^2} + \frac{1}{r}\frac{dh}{dr} = \frac{1}{r}\left(\frac{d}{dr}(r\frac{dh}{dr})\right) = 0 \tag{5.56}$$

또는

$$r\frac{dh}{dr} = C \tag{5.57}$$

상수 C는 Darcy법칙을 적용해서 구해진다.

5.7.1 압력대수층 우물 수리학 – Thiem식

압력대수층에서 물의 배출 : 압력대수층에서는 암반구조와 물의 압력이 상부하중을 지지한다. 양수가 계속되어 우물주위 압력수면이 강하하면 (1) 물의 압력이 감소하여 물에 의한 지지가 약화되고 물이 팽창하여 공극으로부터 물이 빠져나오고, (2) 암반구조는 압축되고 이로 인하여 공극의 공간이 수축되면서 물이 빠져나온다. 압력대수층에서 물의 배출은 대수층의 전 깊이에서 일어난다.

압력대수층에서 흐름은 모든 곳에서 수평이므로 Dupuit가정을 적용할 수 있다. 두께 b, 반경 r인 원통둘레면적 $2\pi rb$를 통해서 우물을 향하여 흐르는 유량은

$$Q = AV = 2\pi rbK\frac{dh}{dr} \tag{5.58}$$

식 (5.57)의 C는 $Q/2\pi bK$임을 알 수 있다. 경계조건 $r = r_w$, $h = h_w$ 를 적용하여 식 (5.58)을 r에 관하여 적분하고 Q에 관하여 정리하면

Thiem식
$$Q = 2\pi Kb\frac{h - h_w}{\ln(r/r_w)} \tag{5.59}$$

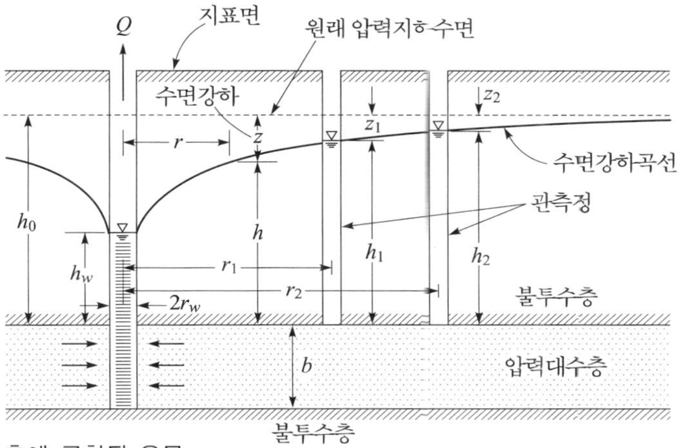

그림 5.16 압력대수층에 굴착된 우물

이는 반경 r이 증가하면 h는 무한히 증가하는 것을 나타내나 h의 최대치는 h의 초기치인 h_0이다. 따라서 양수가 계속되고 시간이 경과함에 따라 수면강하곡선이 강하하므로 정류는 존재할 수 없다. 그러나 양수시간이 길게 되면 수면강하곡선의 변화가 미미하게 된다. 또한 r이 상당히 크면 h는 h_0에 근접하고 수면강하는 우물로부터 거리에 대수적으로 변한다. 식 (5.59)를 **평형식**(平衡式; equilibrium equation) 또는 **Thiem식**이라 하며 이로부터 대수층의 성질인 K나 T를 구할 수 있다. 임의의 두 점으로 수면강하곡선을 정의할 수 있으므로 하나의 우물로부터 상이한 거리에 있는 두 관측정의 수면강하를 측정함으로써 식 (5.59)로부터 K 또는 T를 계산할 수 있다.

$$T = Kb = \frac{Q}{2\pi(h_2 - h_1)}ln\frac{r_2}{r_1} \tag{5.60}$$

여기서 r_1과 r_2는 우물로부터 두 관측정까지의 거리, h_1와 h_2는 이들 관측정의 수두이다. 그러나 실무에서 수두 h보다 수면강하 $z = h_0 - h$가 측정되므로 식 (5.60)을 z항으로 나타내면

$$T = \frac{Q}{2\pi(z_1 - z_2)}ln\frac{r_2}{r_1} \tag{5.61}$$

양수 Q로 인한 r_1과 r_2에서의 수면강하 $z\,(= z_1 - z_2)$는

$$z = \frac{Q}{2\pi T} ln \frac{r_2}{r_1} \tag{5.62}$$

식 (5.60−5.62)를 적용하기 위해서는 평형상태 즉 수면강하의 시간에 따른 변화가 완만하게 될 때까지 일정한 율로 양수를 계속해야 한다. 또한 수면강하의 측정이 용이하도록 하기 위해서 관측정은 우물에 가까워야 한다.

예제 5.9

압력대수층의 평균 두께가 20m, 대수층상부의 불투수층의 두께가 15m이다. 직경이 0.5m 우물에서 양수량이 Q=0.3m³/min이고 이로부터 50m, 500m에 우치한 관측정에서 장기간 양수한 후 관측정의 수위강하가 각각 4m, 1m이다. (a) 투수계수와 (b) 우물에서 수면강하를 구하라.

풀이 (a) $T = Kb$을 고려하여, 식 (5.61)을 두 관측정에 적용하면

$$T = \frac{Q}{2\pi(z_1 - z_2)} ln\left(\frac{r_2}{r_1}\right) = \frac{0.3/60}{2\pi(4-1)} ln\left(\frac{500}{50}\right) = 6.11 \times 10^{-4} \text{ m}^2/\text{s}$$

$$K = T/b = 6.11 \times 10^{-4}/20 = 3.06 \times 10^{-5} \text{m/s}$$

(b) 식 (5.62)을 우물과 50m에 있는 관측정에 적용하면 우물에서 수면강하 z_o는

$$z_o - z_1 = \frac{Q}{2\pi T} ln\left(\frac{r_1}{r_o}\right) = \frac{0.3/60}{2\pi(6.11 \times 10^{-4})} ln\left(\frac{50}{0.25}\right)$$

$$z_o = 7.9\text{m}$$

5.7.2 자유수면대수층의 우물수리학

자유수면대수층에서 물의 배출. 양수로 인하여 지하수위가 강하해도 도든 물이 빠져나오지는 않고 일부분은 표면장력과 분자(인)력에 의하여 입자표면과 작은 공극에 남아 있게 된다(5.3.2 보유수율 참조). 자유수면대수층에 있는 우물에 관한 정상방사흐름도 Dupuit가정을 이용하여 유도된다. 불투수층까지 굴착한 우물의 경우 우물주위 대수층의 흐름이 방사형이고 수면강하가 대수층의 두께에 비하여 작을 때 $(z \ll h_0)$ 우물주위 동심원을 형성하는 경계의 수두를 일정하게 취급할 때 이는 정상류 흐름해석을 가능하게 한다. 반경 r에서 높이 h인 원통둘레면적 $(2\pi rh)$를 통해서 우물을 향하여 흐르는 유량은 우물에서의 양수량 Q와 같다.

$$Q = 2\pi r K h \frac{dh}{dr} \tag{5.63}$$

이 경우 식 (5.57)의 C는 $Q/2\pi Kh$이다. 경계조건 $r = r_w$에서 $h = h_w$이고$r = r_0$에서 $h = h_0$임을 적용하여 식 (5.63)을 적분하면

$$Q = \pi K \frac{h_0^2 - h_w^2}{\ln(r_0 / r_w)} \tag{5.64}$$

여기서 r_o은 영향반경을 나타내고 이는 대수층과 양수조건에 따라 다르나 실제에서 100~500m가 채택된다. 반경 r_1와 r_2에 대하여 식 (5.64)를 변형하면

$$Q = \pi K \frac{h_2^2 - h_1^2}{\ln(r_2/r_1)} \tag{5.65}$$

또는

$$K = \frac{Q}{\pi(h_2^2 - h_1^2)} ln\frac{r_2}{r_1} \tag{5.66}$$

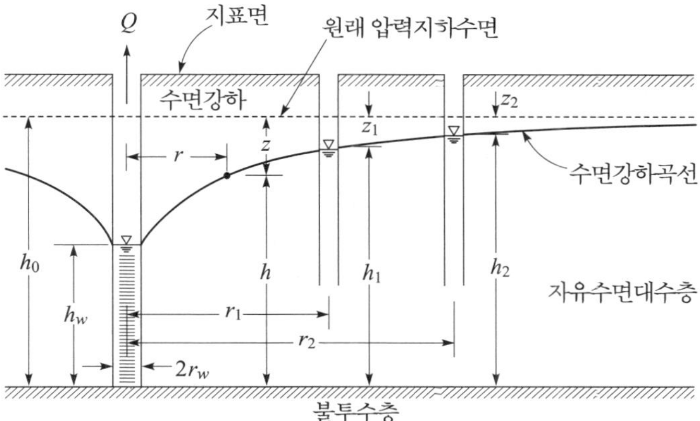

그림 5.17 자유수면대수층에 굴착된 우물

우물 주변에서는 흐름의 연직성분이 크게 되며 Dupuit가정에 위배되나 식 (5.66)으로 구해지는 K는 실제문제에서 충분히 정확하다. 수면강하 z가 대수층의 두께 y에 비하여 아주 작다고 가정하면 $2y = h_1 + h_2$를 고려하고 수두 h를 수면강하 z항으로 나타내면 식 (5.66)은 다음과 같이 쓸 수 있다.

$$K = \frac{Q\ln(r_2/r_1)}{2\pi(z_1 - z_2)y} \tag{5.67}$$

예제 5.10

자유수면대수층에서 직경 40cm인 우물이 불투수 암반층까지 굴착되었다. 지하수위가 h_o=30m이고 0.3m^3/min으로 장시간 양수한 후 30m와 600m에 위치한 관측정에서 관측된 수위가 각각 22m와 28m이다. 투수계수를 구하라.

풀이 Q = 0.3m^3/min = 5×10^{-3}m^3/s이므로 식 (5.66)으로부터

$$K = \frac{Q}{\pi(h_2^2 - h_1^2)} ln\left(\frac{r_2}{r_1}\right) = \frac{5\times10^{-3}}{\pi(28^2 - 22^2)} ln\left(\frac{600}{30}\right) = 1.57\times10^{-4}\text{m/s}$$

5.8 부정류 우물수리학

5.8.1 압력대수층의 우물을 향한 부정류 : Theis식

압력대수층 우물에서 양수가 계속되면 이에 따라 우물주위 압력수면도 계속 강하하여 흐름상태도 시간에 따라 변한다. 이와 같이 수두와 흐름 상태가 시간에 따라 변하므로 정상상태인 평형상태에 달하지 않는 비평형 상태에 있게 된다. 이를 나타내는 미분 방정식이 식 (5.55)이다. 식 (5.55)를 수면강하 z 항으로 나타내면

$$\frac{\partial^2 z}{\partial r^2} + \frac{1}{r}\frac{\partial z}{\partial r} = \frac{S}{T}\frac{\partial z}{\partial t} \tag{5.68}$$

Theis는 지하수 흐름과 열전도와의 유사성에 근거를 두어 시간과 대수층의 저류특성을 고려한 해를 구하였고 이는 다음 가정을 근거로 한다.

(1) 대수층은 균질 등방성, 균일 두께이고 무한한 영향반경을 갖는다. (2) 대수층의 투수량계수는 일정하다. (3) 물은 대수층 저류량으로부터 흘러나오고 수두강하에 따라 순간적으로 물이 흘러나온다. (4) 우물은 대수층의 총 두께에 걸쳐 굴착되고 우물의 직경이 매우 작아서 우물내의 저류는 무시된다. (5) 양수량은 일정하고 양수 이전 지하수위와 흐름은 수평이다.

우물을 일정한 강도의 수학적인 sink로 가정하고 $t=0$ 에서 $h=h_0(z=0)$와 $t \geq 0$일 때 $r \to \infty$ 에서 $h=h_0(z=0)$의 경계 조건을 적용하여 구한 식 (5.68)의 해는

$$z = \frac{Q}{4\pi T}\int_u^\infty \frac{e^{-u}}{u}du \tag{5.69}$$

$$u = \frac{r^2 S}{4Tt} \tag{5.70}$$

여기서 z는 우물에서 거리 r에 있는 관측정에서의 수면강하(m), Q는 양수량(m^3/day), T는 투수량계수(m^3/day/m), t는 양수개시 후 경과시간(day), S는 저류상수이다. 식 (5.69)를 **비평형식**(非平衡式; nonequilibrium equation) 또는 **Theis식**(Theis equation)이라 한다. 식 (5.69)의 적분은 u의 함수인 지수적분으로서 급수 $W(u)$로 전개될 수 있고 $W(u)$를 **우물함수**(well function)라 한다. 우물함수를 도입하면 식 (5.69)는

$$z = \frac{Q}{4\pi T}W(u) \tag{5.71}$$

$$W(u) = \int_u^\infty \frac{e^{-u}}{u}du = -0.5772 - \ln u + u - \frac{u^2}{2 \cdot 2!} + \frac{u^3}{3 \cdot 3!} - \cdots \tag{5.72}$$

상이한 u에 대한 우물함수 $W(u)$의 값은 표 5.2로 주어진다. 따라서 식 (5.69)는 다음과 같이 표현된다.

$$z = \frac{Q}{4\pi T}\left[-0.5772 - \ln u + u - \frac{u^2}{2 \cdot 2!} + \frac{u^3}{3 \cdot 3!} - \cdots\right] \tag{5.73}$$

비평형식은 우물의 양수 시험자료를 이용하여 S와 T의 계산을 가능하게 하고 다음과 같은 이유로 평형식보다 우선적으로 채택된다. (1) 저류상수 S값이 결정될 수 있고, (2) 하나의 관측정만이 필요하고, (3) 일반적으로 단기간의 양수로 가능하고, (4) 정류의 가정이 필요없다. 식 (5.73)을 적용함에는 수학적인 어려움 때문에 Theis, Jacob 및 Chow 방법과 같은 근사해가 나오기에 이르렀으며 Theis, Jacob 방법이 다음에 기술된다.

예제 5.11

압력대수층에 양수율이 3,000m^3/day인 우물이 계획된다. 대수층의 두께가 $b = 50$m, 저류상수가 $S=0.0008$, 투수계수가 $K = 20$m/day이다. 우물에서 1일, 30일 양수 후 150m지점의 수면강하를 구하라.

풀이 투수량계수는 $T = Kb = 20 \times 50 = 1{,}000$m^2/day이므로 식 (5.70)에 따라 u값은

1일 양수 후 $u = r^2S/4Tt = 150^2 \times 0.0008/(4 \times 1000 \times 1) = 4.5 \times 10^{-3}$

30일 양수 후 $u = r^2S/4Tt = 150^2 \times 0.0008/(4 \times 1000 \times 30) = 1.53 \times 10^{-4}$

$u = 4.5 \times 10^{-3}$, $u = 1.53 \times 10^{-4}$에 대한 우물함수 $W(u)$는 표 5.2로부터 각각 $W(u) = 4.84$, $W(u) = 8.26$이므로 식 (5.71)에 따라 수면강하는

1일 양수 후 $z = QW(u)/4\pi T = 3000 \times 4.84/(4 \times 3.14 \times 1000) = 1.16$m

30일 양수 후 $z = 3000 \times 8.26/(4 \times 3.14 \times 1000) = 1.97$m

---

5.8.2 압력대수층의 부정류해석 : Theis방법

식 (5.71)을 다시 쓰면
$$z = \left[\frac{Q}{4\pi T}\right] W(u) \tag{5.74}$$

식 (5.70)을 다시 쓰면
$$\frac{r^2}{t} = \left[\frac{4T}{S}\right] u \tag{5.75}$$

식 (5.74)와 (5.75)에서 괄호안의 값은 일정한 양수량 Q에 대하여 상수이므로 $W(u)$와 u의 관계는 z와 r^2/t의 관계와 같게 된다. 즉 $r^2/t - z$ 곡선은 $u - W(u)$의 곡선과 비슷하게 된다.

Theis방법의 과정은 다음과 같다. 전대수지상에서 $W(u)$를 종축에, u를 횡축에 도시하여 **유형곡선**(類型曲線; type curve)를 작성한다. 유형곡선이 작성된 동일한 크기의 전대수지상에 수면강하 z를 종축에, r^2/t를 횡축에 도시하여 **자료곡선**(data curve)을 얻는다. 이와 같이 작성한 두 곡선의 두 좌표축들을 평행하게 유지하면서 두 곡선이 일치할 때까지 상하좌우로 조정한다. 이와 같이 조정하여 두 곡선이 일치하게 되면 겹치는 부분의 임의의 점을 선정한다. 선정되는 점은 꼭 곡선상의 점이 될 필요는 없다. 그러나 유형곡선상에서 10의 배수가 되는 좌표의 점을 취하는 것이 편리하다. 이 임의의 점의 좌표 $W(u)$, u, z, r^2/t를 이용하여 식 (5.74), (5.75)로부터 S, T를 구한다.

표 5.2 우물함수 $W(u)$

u	1.0	2.0	3.0	4.0	5.0	6.0	7.0	8.0	9.0
$\times 1$	0.219	0.049	0.013	0.0038	0.0011	0.00036	0.00012	0.000038	0.000012
$\times 10^{-1}$	1.82	1.22	0.91	0.70	0.56	0.45	0.37	0.31	0.26
$\times 10^{-2}$	4.00	3.35	2.96	2.68	2.47	2.30	2.15	2.03	1.92
$\times 10^{-3}$	6.33	5.64	5.23	4.95	4.73	4.54	4.39	4.26	4.14
$\times 10^{-4}$	8.63	7.94	7.53	7.25	7.02	6.84	6.69	6.55	6.44
$\times 10^{-5}$	10.94	10.24	9.84	9.55	9.33	9.14	8.99	8.86	8.74
$\times 10^{-6}$	13.24	12.55	12.14	11.85	11.63	11.45	11.29	11.16	11.04
$\times 10^{-7}$	15.54	14.85	14.44	14.15	13.93	13.75	13.60	13.46	13.34
$\times 10^{-8}$	17.84	17.15	16.74	16.46	16.23	16.05	15.90	15.76	15.65
$\times 10^{-9}$	20.15	19.45	19.05	18.76	18.54	18.35	18.20	18.07	17.95
$\times 10^{-10}$	22.45	21.76	21.35	21.06	20.84	20.66	20.50	20.37	20.25
$\times 10^{-11}$	24.75	24.06	23.65	23.36	23.14	22.96	22.81	22.67	22.55
$\times 10^{-12}$	27.05	26.36	25.96	25.67	25.44	25.26	25.11	24.97	24.86
$\times 10^{-13}$	29.36	28.66	28.26	27.97	27.75	27.56	27.41	27.28	27.16
$\times 10^{-14}$	31.66	30.97	30.56	30.27	30.05	29.87	29.71	29.58	29.46
$\times 10^{-15}$	33.96	33.27	32.86	32.58	32.35	32.17	32.02	31.88	31.76

예제 5.12

압력대수층에 굴착된 우물의 양수량이 3,000m^3/day이고 양수기간 동안 우물에서 $r=50$m 거리에 있는 관측정에서 관측된 수면강하는 표 5.3과 같다. Theis방법으로 투수량계수 T와 저류상수 S를 구하라.

풀이 관측 자료로부터 표 5.3의 3, 6 및 9란과 같이 r^2/t를 계산하고 z와 r^2/t를 전대수지상에 도시하여 $r^2/t-z$ 자료곡선을 얻는다(그림 5.18). 또한 표 5.2의 $W(u)$와 u를 동일 규격의 전대수지에 도시하여 이들 점들을 연결하는 유형곡선을 그린다. 두 대수지를 겹친 다음 좌표축들이 서로 평행하도록 유지하면서 두 곡선이 일치할 때 까지 상하 좌우로 이동시킨다. 곡선을 포함한 일치한 부분의 모든 점은 해가 된다.

일치점으로 A를 선정하면 $u=8\times10^{-2}$, $W(u)=2.0$, $r^2/t=10^3$, $z=0.4$를 읽는다. 이들 값을 식 (5.74)에 적용하면 투수량계수 T는

$$T=\frac{Q}{4\pi z}W(u)=\frac{3000(2.0)}{4\pi(0.4)}=1194\text{m}^2/\text{day}$$

$r^2/t=10^3\text{m}^2/\text{min}=1{,}440{,}000\text{m}^2/\text{day}$이므로 식 (5.75)로부터 저류상수 S는

$$S=\frac{4Tu}{r^2/t}=\frac{4\times1{,}194\times8\times10^{-2}}{1{,}440{,}000}=0.000265$$

표 5.3 양수시험자료

t (min)	z (m)	r^2/t (m^2/min)	t (min)	z (m)	r^2/t (m^2/min)	t (min)	z (m)	r^2/t (m^2/min)
0	0	∞	8.0	0.64	312	80	1.08	31
1.0	0.22	2500	14	0.76	179	120	1.20	21
2.0	0.36	1250	30	0.91	83	180	1.28	14
4.0	0.48	625	50	1.02	50	240	1.34	10

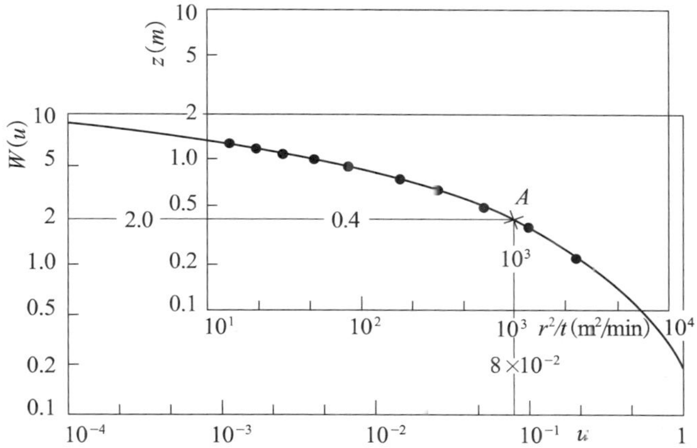

그림 5.18 비평형식의 Theis해법

압력대수층 Cooper-Jacob 방법. 이 방법은 흐름이 정상상태에 이르렀을 때 적용 가능한 Theis 방법을 간단화한 방법이다. 식 (5.70)에서 r이 작고 양수시간 t가 크게 되면 u는 작은 값이 되어 식 (5.73)에서 처음 두 개항 이외에는 무시할 만큼 작은 값이 된다. 따라서 식 (5.73)의 수면강하는 다음과 같이 된다.

$$z=\frac{Q}{4\pi T}\left(-0.5772-\ln\frac{r^2 S}{4Tt}\right)$$
$$=\frac{Q}{4\pi T}\left(\ln 0.562-\ln\frac{r^2 S}{4Tt}\right) \tag{a}$$

이를 상용대수로 바꿔서 다시 쓰면

$$z=\frac{2.3\,Q}{4\pi T}\log\frac{2.25\,Tt}{r^2 S} \tag{b}$$

따라서 식 (b)의 z와 t를 반대수지상(t를 대수축)에 도시하면 직선이 된다. 그림 5.19에서 $z=0$일 때 시간을 t_o라 하면 식 (b)는

$$0=\frac{2.3Q}{4\pi T}log\frac{2.25\,Tt_o}{r^2/S} \tag{c}$$

가 되고 이를 정리하면

$$\frac{2.25\,Tt_o}{r^2 S}=1 \tag{d}$$

또는

$$S=\frac{2.25\,Tt_c}{r^2} \tag{5.76}$$

시간 t_1과 t_2사이의 수면강하 변화 $\Delta z=z_2-z_1$을 고려하면 식 (b)는

$$T = \frac{2.3Q}{4\pi \Delta z} log(t_2/t_1) \tag{e}$$

시간축에서 $t_2/t_1 = 10$이 되도록 t_2과 t_1을 하나의 대수 주기에 대하여 취하면 $\log(t_2/t_1) = 1$이 되어 식 (e)은 다음과 같이 된다.

$$T = \frac{2.3Q}{4\pi \Delta z} \tag{5.77}$$

따라서 대수층의 흐름특성을 구하는 과정은 먼저 식 (5.77)로부터 T를 구하고 식 (5.76)을 이용하여 S를 결정한다. 이 Cooper–Jacob방법은 $u < 0.01$ 의 범위에서 타당하다. 따라서 양수시간은 다음 조건을 만족해야 한다.

$$t \geq 25\frac{r^2 S}{T} \tag{5.78}$$

예제 5.13

표 5.3의 양수시험자료에 대한 투수량계수 T와 저류상수 S를 Cooper–Jacob방법으로 구하라.

풀이 표 5.3의 z와 t를 그림 5.19와과 같이 반대수지에 도시하고 이들 점들을 직선으로 나타낸다. $z = 0$에 대한시간 $t_o = 0.34\text{min} = 2.36 \times 10^{-4}\text{day}$, 시간 축의 $\log_{10}(t_2/t_1) = \log_{10}(10^3/10^2) = 1$에 해당하는 $\Delta z = 0.46\text{m}$를 얻는다. 이들을 식 (5.77)에 적용하면 투수량계수 T는

$$T = \frac{2.3Q}{4\pi \Delta z} = \frac{2.3(3000)}{4\pi(0.46)} = 1194\ \text{m}^2/\text{day}$$

저류상수 S는 식 (5.76)으로부터

$$S = \frac{2.25\,T t_o}{r^2} = \frac{2.25 \times 1194 \times (2.36 \times 10^{-4})}{50^2} = 0.000254$$

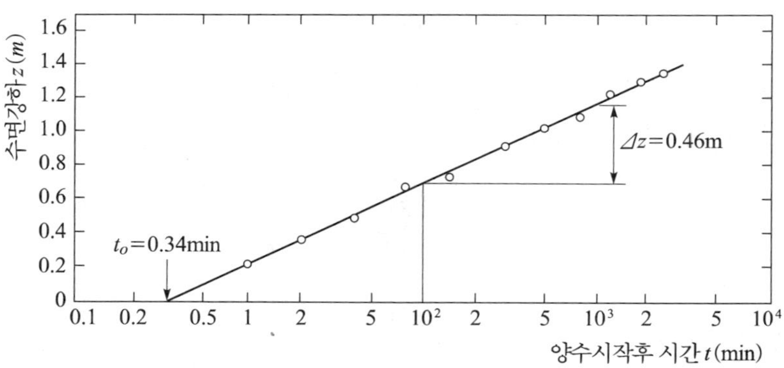

그림 5.19 비평형식의 Cooper–Jacob해법

예제 5.14

투수계수가 10m/day, 저류상수가 0.002, 두께가 30m인 압력대수층에 우물을 굴착하여 2000m³/day의 양수율로 양수한다. 우물에서 20m인 지점의 10일 후의 수면강하를 구하라.

풀이 투수량계수 $T = Kb = 10 \times 30 = 300\text{m}^2/\text{day}$에 대한 u는

$$u = \frac{r^2 S}{4Tt} = \frac{20^2 \times 0.002}{4 \times 300 \times 10} = 6.7 \times 10^{-5}$$

우물함수는 표 5.2로부터 $u = 6.7 \times 10^{-5}$에 대하여 $W(u) = 9.035$이다. 따라서 식 (5.70)으로부터 수면 강하는

$$z = \frac{Q}{4\pi T} W(u) = \frac{2000 \times 9.035}{4\pi \times 300} = 4.8\text{m}$$

예제 5.15

예제 5.14에서 30일간 양수한 후의 영향반경을 구하라.

풀이 영향반경 r_o에서는 수면강하가 영($z_o = 0$)이나 $z_o = 1\text{ cm} = 0.01\text{m}$를 가정한다. 식 (5.71)에 의하면

$$W(u) = \frac{4\pi T z_o}{Q} = \frac{4\pi \times 300 \times 0.01}{2000} = 0.019$$

표 5.2로부터 $W(u) = 0.019$에 대한 u는 $u = 2.75$이다. 따라서 식 (5.70)으로부터 영향반경은

$$r_o = \left(\frac{4Ttu}{S}\right)^{0.5} = \left(\frac{4 \times 300 \times 30 \times 2.75}{0.002}\right)^{0.5} = 7{,}036\text{m}$$

5.8.3 자유수면대수층의 부정류해석

자유수면대수층에서 양수에 의한 최대 수면강하가 대수층 두께의 10%를 초과하지 않으면 압력대수층의 해석방법이 근소한 오차범위 내에서 적용될 수 있다. 그러나 최대 수면강하가 대수층 두께의 10%를 초과해서 10~25%범위이면 식 (5.79)로 정의되는 Jacob 수정을 필요로 한다(Jacob, 1944).

$$z_c = z - \frac{z^2}{2b} \tag{5.79}$$

여기서 z는 관측된 수면강하, z_c는 수정된 수면강하, b는 양수이전 대수층의 두께이다.

예제 5.16

양수이전의 자유수면대수층의 두께가 30m, 양수 후 수면강하가 3.6m인 경우 수정여부를 결정하라.

풀이 대수층두께에 대한 수면강하의 백분율이 $(3.6/30) \times 100 = 12\%$로 10%를 초과하므로 수정이 필요하다. 식 (5.79)에 따라

$$z_c = 3.6 - (3.6)^2/(2 \times 30) = 3.384\text{m}$$

압력대수층의 해석방법을 적용하기 위해서는 수면강하에 3.6m대신 3.384m가 사용되어야 한다.

5.9 대수층경계에 인접한 우물 흐름

모든 대수층은 하천, 호수와 같이 물을 공급하는 함양경계, 또는 암석층과 같이 물의 공급을 차단하는 불투수층을 우물 주위의 경계로 갖는다. 이와 같은 경계에 인접한 우물은 경계의 영향을 받으므로 무한경계의 대수층에 근거한 공식들은 유한경계의 대수층에는 적용되지 않는다. 유한경계 대수층의 해석을 가능하게 하기 위해서는 유한경계 대수층을 무한경계 대수층으로 변환시키는 것이 필요하고 이는 **영상우물**(image well)과 중첩원리를 적용함으로서 가능하다.

5.9.1 하천인근우물

그림 5.20a와 같이 하천 인근에 있는 우물에서 일정한 유량 Q를 양수하는 경우 임의의 지점에서 자유수면의 변화, 하천으로부터 유입된 유량 Q_s 에 대한 Q의 비를 구하는 것 등이 요구된다. 이들에 대한 해석과정은 다음과 같다. 대수층의 크기가 무한대라 생각하고 그림 5.20b와 같이 양수정에 의한 수면하강곡선을 작성하고 우물의 반대쪽에 하천으로부터 등거리 L에 실제 우물인 양수정과 성질이 같은 **영상함양정**(影像涵養井; image recharge well)을 위치시킨다. 하천은 대수층에 물을 공급하므로 영상우물은 함양정으로 가정한다. 함양정의 수면강하곡선은 실제 우물의 그것과 같으나 뒤집어 놓은 모양이 된다. 하천에서의 수위는 양수정에 의한 수면강하와 함양정에 의한 수면상승이 같은 값이므로 상쇄되어 변함이 없고 최종적인 수면강하곡선은 [(함양정의 수면강하곡선)−(양수정의 수면 강하곡선)]으로 구해진다.

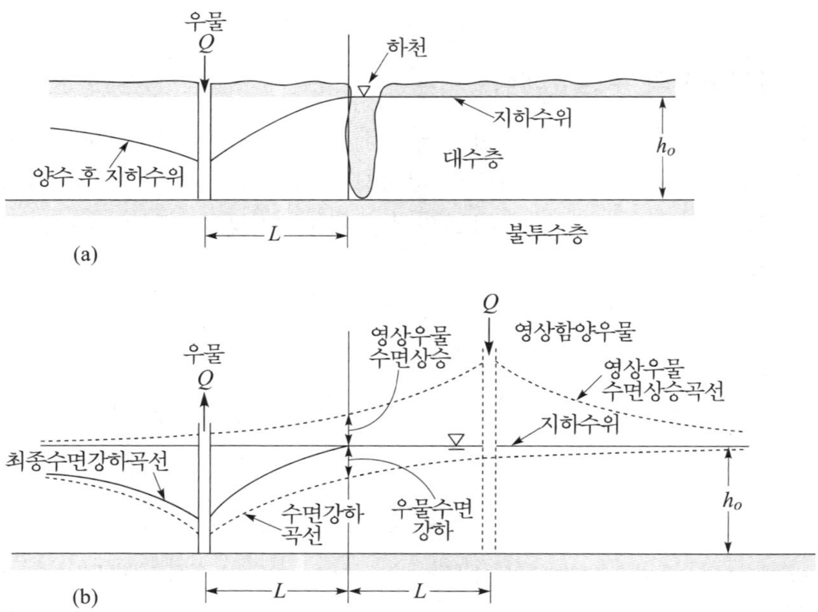

그림 5.20 영상함양우물

두 우물을 연결한 선과 하천과의 교차점을 좌표의 원점으로 할 경우 하천으로부터 거리 L에 위치한 실제 우물과 영상함양우물(그림 5.21)에 대한 임의의 점P의 좌표가 x, y이면 우물과 P점간의 거리는

$$r_1 = \sqrt{(L-x)^2 + y^2} \tag{a}$$

$$r_2 = \sqrt{(L+x)^2 + y^2} \tag{b}$$

압력대수층. 실제 우물로부터 거리 L의 하천(O점)과 거리 r_1의 P점간에 압력대수층 우물의 식 (5.62)를 적용한다. O와 P점에서 수면강하의 차이 $z_1 (= h_o - h_p)$는

$$z_1 = \frac{Q}{2\pi bK} ln \frac{L}{r_1} \tag{c}$$

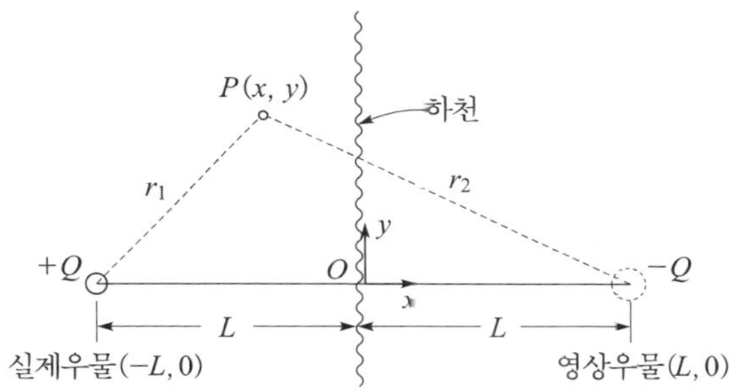

그림 5.21 하천인근의 실우물과 영상우물의 좌표

영상우물로부터 거리 L의 O점과 거리 r_2의 P점에서의 수면강하의 차이를 z_2라 하면 식 (5.62)는

$$z_2 = \frac{-Q}{2\pi bK} ln \frac{L}{r_2} \tag{d}$$

점$P(x,\ y)$의 수면강하 z는 z_1과 z_2의 합인 총수면강하 $z = z_1 + z_2$로 주어진다.

$$z = \frac{Q}{2\pi bK} ln \frac{r_2}{r_1} = \frac{Q}{4\pi bK} ln \frac{(L+x)^2 + y^2}{(L-x)^2 + y^2} \tag{5.80}$$

우물에서 수면강하는 $r_1 = r_w$(우물반경), $r_2 = 2L$이므로 식 (5.80)은

$$z = \frac{Q}{2\pi bK} ln \frac{2L}{r_w} \tag{5.81}$$

자유수면대수층. 자유수면대수층에서 양수 Q로 인한 점$P(x,\ y)$의 수면강하 z는 식 (5.65)로부터

$$h_o^2 - h^2 = \frac{Q}{\pi K} ln \frac{r_2}{r_1} = \frac{Q}{2\pi K} ln \frac{(L+x)^2 + y^2}{(L-x)^2 + y^2} \tag{5.82}$$

예제 5.17

하천에서 100m거리의 압력대수층에 굴착된 직경 0.4m의 우물에서 3,000m^3/day로 양수하는 경우 (a) 우물과 (b) $x=-40$m, $y=100$m인 P점(그림 5.21 참조)에서 수면강하를 구하라. 압력대수층의 투수계수는 15m/day, 두께는 30m이다.

풀이▌ (a) 우물에서 수면강하는 $r_1=0.2$m, $r_2=200$m을 식 (5.80)에 적용하면

$$z=\frac{Q}{2\pi bK}ln\frac{r_2}{r_1}=\frac{3,000}{2\pi\times15\times30}ln\frac{200}{0.2}=7.34\text{m}$$

(b) P점의 수면강하는 $r_1=\sqrt{(100-40)^2+100^2}=116.62$m, $r_2=\sqrt{(100+40)^2+100^2}$ $=172.05$m을 식 (5.80)에 적용하면

$$z=\frac{Q}{2\pi bK}ln\frac{r_2}{r_1}=\frac{3,000}{2\pi\times15\times30}ln\frac{172.05}{116.62}=0.41\text{m}$$

5.9.2 불투수경계에 인접한 우물

우물 주위의 대수층이 불투수층경계를 갖는 경우에는 경계를 통해서 흐름이 일어나지 않는다. 따라서 우물의 불투수경계 반대쪽에 있는 대수층으로부터는 지하수의 공급을 받지 못한다. 이와 같이 공급을 받지 못하는 양의 수량은 우물의 반대쪽에 있는 우물에서 양수로 인하여 일어나는 것으로 생각할 수 있다. 즉 불투수경계의 반대쪽 등거리에 유량 Q를 양수하는 영상우물을 두어 실제 우물과 영상우물의 수면 강하곡선을 중첩하여 해석된다. 즉 [(실제우물의 수면강하곡선) + (영상우물의 수면강하곡선)]으로 주어진다.

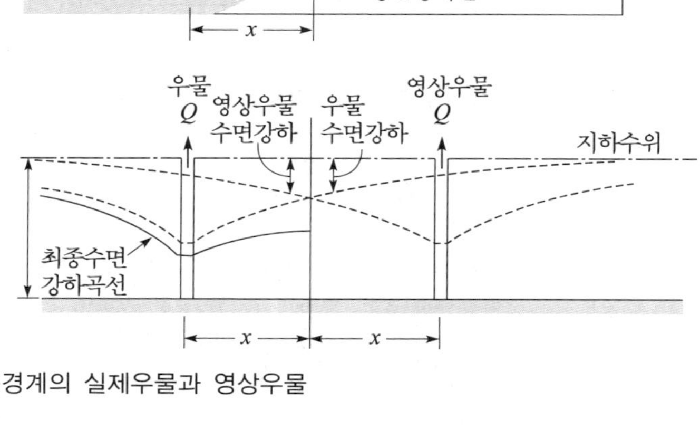

그림 5.22 불투수층경계의 실제우물과 영상우물

그림 5.22에서 두 우물이 양수우물이므로 식 (d)의 (−)부호는 (−)가 된다. 기준거리 R(하천이 있는 경우의 기준거리 L에 해당하는)을 수위강하 영향이 없는 지점인 영향원의 반경이나 섬의 경계로 하고 이 경우 수두는 h_o이다. 따라서 식 (c), (d)의 합은

$$z = \frac{Q}{2\pi bK} \ln \frac{R^2}{r_1 r_2} \tag{5.83}$$

r_1, r_2는 식 (a), (b)로 정의되고 R은 영향원의 반경, 또는 섬의 경계이다.

예제 5.18

영향원의 반경이 1.2km이고 불투수경계로부터 60m거리에 투수계수가 15m/day, 두께가 40m 압력대 수층에 굴착된 직경 0.5m의 우물에서의 수면강하가 1.5m일 경우 양수율을 구하라.

풀이 우물의 경계 P점은 두 우물의 연결직선상에 있으므로 $z=0$이다. P점의 x−자표는 불투수경계인 O점으로부터 $x=60-0.25=59.75\text{m}$ 이므로 식 (a), (b)의 r_1, r_2는 각각 $r_1=\sqrt{(60-59.75)^2+0}=0.25$, $r_2=\sqrt{(60+59.75)^2+0}=119.75$ 이다. 식 (5.83)으로부터 양수율은

$$Q=\frac{2\pi Kbz}{\ln(R^2/r_1r_2)}=\frac{2\pi(15)(40)(1.5)}{\ln[1{,}200^2/(0.25)(119.75)]}=524.3\text{m}^3/\text{day}$$

5.10 우물구역 설계

안전채수량(安全採水量; safe yield)은 주변 지반침하, 염수침투, 자연적인 지하수함양에 의한 보충이 불가능한 과도한 지하수위강하, 기존 우물의 양수에 대한 간섭, 특히 주변의 오염된 지표수의 과도한 유도함양, 기존의 오염된 지하수영역에 접근됨이 없이 양수할 수 있는 지하수의 양수율이라 할 수 있다. 따라서 이와 같은 조건을 만족하는 양수비용이 양수되는 물 값과 같거나 낮은 지하수위를 맞은 대수층이 탐색된다.

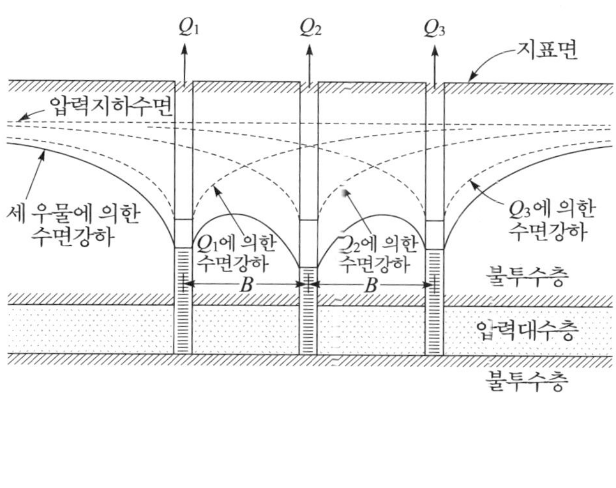

그림 5.23 우물간섭

우물구역(well field)의 인접한 여러 개의 우물에서 동시에 양수할 경우 수면강하곡선은 중첩되어 간섭이 일어나고 중첩된 지하수위는 그림 5.23과 같이 나타난다. 따라서 임의의 지점에서의 수면강하 z_T는 개개 우물의 수면강하 z_i의 합으로 주어진다. 즉

$$z_T = \sum_{i=1}^{N} z_i \tag{5.84}$$

한 지점에서의 총수면강하는 우물의 수, 양수율, 대수층의 성질(투수계수) 및 우물 간의 거리 등이 주어지면 계산될 수 있다.

자유수면대수층. 한 우물로부터 거리 r과 양수로 인한 지하수위변화가 거의 없는 지점까지의 거리r_o(영향반경)간에 대한 식은 식 (5.65)로부터 다음과 같이 얻어진다.

$$h_o^2 - h^2 = \frac{Q}{\pi K} ln(r_o / r) \tag{5.85}$$

여기서 h_o와 h는 r_o과 r에서의 지하수위의 높이이다. 이는 Q, K, r_o, r 및 h_o가 주 어지면 우물로부터 거리 r에서의 수면강하 $z(=h_o - h)$ 를 구할 수 있음을 나타낸다.

만약 우물이 N개이면 식 (5.85)는 수면강하의 중첩원리(식 5.84)에 따라 다음과 같다.

$$h_o^2 - h^2 = \sum \frac{Q_i}{\pi K} \ln\left(\frac{r_{oi}}{r_i}\right) \tag{5.86}$$

여기서 r_{oi}는 우물 i에서 영향반경, r_i는 우물 i에서 수면강하를 구하는 지점까지의 거리이다. 식 (5.86)은 수면강하가 비교적 작은 경우에 적용된다.

압력대수층. 압력대수층의 수면강하에 대한 식은 식 (5.59)로부터 다음과 같으며 비평형상태에 대해서는 Theis방법의 중첩이 적용된다.

$$h_o - h = \sum_{i=1}^{N} \frac{Q_i}{2\pi K b} \ln\left(\frac{r_{oi}}{r_i}\right) \tag{5.87}$$

5.11 지하수함양

지하수함양(地下水涵養; groundwater recharge)은 지표면에서 지하 저류지에 물을 다시 채우는 것이다. 강수량이 지하수 함양에 원천이 될 뿐 아니라 자연적인 함양방법이다. 그러나 많은 지역에서 인공함양이 필요하고, 이에는 여러 가지 방법이 있다. 인간 활동에 의하여 지하수 함양 사업과는 별개로 함양되기도 한다. 유역에 대한 지하수 함양은 하천의 상시 흐름을 지배한다.

인공 함양 방법. 인공적인 지하수함양에는 다음과 같이 다양한 방법이 있으며 살수방법은 침투지법, 수로방법, 구거법, 일수법을 포함한다.

침투지법(浸透池法; basin method). 단일 또는 여러 개의 침투지에 하천물을 채우면, 토양을 침투해서 지하 저류지를 다시 채우게 된다. 침투지는 제방을 쌓거나 굴착해서 형성되고, 함양률은 지하수위와 침투지의 수위차이에 비례한다. 함양률은 시간에 따라 감소하고, 이는 주로 미세입자에 의하여 토양공극이 막히기 때문이다.

수로방법(水路方法; stream channel method). 충적하천에서는 하상과 하안을 통하여 지하로 물이 스며들어간다. 함양률을 높이기 위해 하상을 넓고 평탄하게 하거나, 투수성 하상재료를 사용하여 임시댐을 축조하기도 한다.

구거법(溝渠法; ditch method). 수로방법과 유사하다. 하천에 인접해서 바닥이 평편하고 얕은 그리고 연속된 도랑을 파고, 하천물을 유입시킨다. 도랑의 폭은 0.3m ~ 1.5m정도이고, 도랑의 경사는 미세부유물이 퇴적되지 않을 정도가 필요하다.

일수법(溢水法; flooding method). 침투지법과 유사하나 제방이나 굴착에 의하지 않고 비교적 평탄한 자연대지에서 침투되도록 물을 살수한다. 침식을 방지하고, 흙이 교란되는 것을 피하기 위하여 엷은 층에서 낮은 유속으로 물을 지면에 분프시킨다. 자연적인 경계가 없을 경우에는 일수지역 주위에 둑을 쌓는 것이 필요하다. 이 방법은 간단하고 저렴하다.

함양갱(涵養坑; recharge pit). 비교적 얕고 견고한 지층의 아래에 투수성층이 존재할 경우, 지층에 갱을 뚫는 것은 효율적인 함양방법이 된다. 경우에 따라서는 갱의 바닥과 측벽을 투수성이 높은 재료로 채운다. 이와 같은 자갈층은 미세물질로 막히는 것을 방지하기 위함이고, 2~3년마다 자갈층을 바꾼다.

함양우물(涵養우물; recharge well). 구조는 양수우물과 같으나, 조작은 우물과 반대로 지면에서 물이 주입된다. 수위강하곡선과 반대인 **수면상승곡선**(水面上昇曲線; cone of recharge)이 형성된다.

유도함양(誘導涵養; induced recharge). 하천 주변에 위치한 우물에서 양수를 하면 우물의 수위가 낮아져, 하천에서 우물을 향하여 급한 동수경사가 형성되어 우물을 향하여 많은 유량이 유입되는 과정을 유도침투라 한다.

폐수처분(廢水處分; wastewater disposal). 2차 처리된 물을 함양목적으로 사용하면 물리화학적 및 생물학적 불순물을 제거하여 수질을 개선한다. 주입방법으로 살수법, 함양갱, 함양정 등이 사용된다.

5.12 염수침투

염수침투(鹽水浸透; saline water intrusion in aquifer)는 해안지역의 지하수개발로 인한 담수 지하수위의 저하로 해수와 담수간의 정역학적인 평형이 깨져 비중이 큰 해수가 담수대수층으로 유입되는 현상이다. 염수는 지하수의 주요 오염원의 하나이다. 염수침투가 일어나는 것은 다음 세 가지 경우이다. (1) 해안지역에서 지하수개발에 따른 양수로 인한 지하수위의 강하로 지하수면 경사가 감소 또는 역경사가 되어 비중이 큰 해수의 침투를 허용하고, (2) 지하수와 해수 사이의 장벽(barrier)의 제거, 예로 해안 배수로의 굴착으로 조석에 의한 해수가 내륙으로 들어와 해수가 대수층으로 스며들어 가고. (3) 염분을 포함한 오수를 지하에 폐기함으로서 침투를 통하여 일어난다.

Ghyben–Herzberg 관계. 해안지역에 위치한 우물의 경우 그림 5.24에서 A, B에 대한 담수와 해수간의 정역학적 평형은 다음과 같이 표현된다.

$$\rho_s g h_s = \rho_f g (h_s + h_f) \tag{5.88}$$

여기서 ρ_f와 ρ_s는 각각 담수와 해수의 밀도, h_s는 기준면에서 해수의 수두, h_f는 해면상 담수의 수두이다. 식 (5.88)을 h_s에 관하여 정리하면

$$h_s = \frac{\rho_f}{\rho_s - \rho_f} h_f \tag{5.89}$$

식 (5.89)를 Ghyben–Herzberg**관계**라 한다. 기준면에서 경계면의 높이 z는 $z = H_s - h_s$이므로 식 (5.89)를 적용하면

$$z = H_s - \frac{\rho_f}{\rho_s - \rho_f} hs \tag{5.90}$$

식 (5.89)에 $\rho_f = 1.0\,\text{g/cm}^3$, $\rho_s = 1.025\,\text{g/cm}^3$을 적용하면 h_s는

$$h_s = 40 h_f \tag{5.91}$$

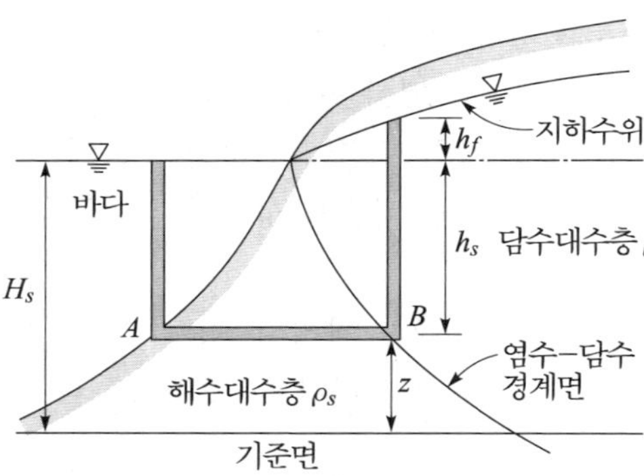

그림 5.24 해안자유대수층에서 담수와 염수와의 관계

식 (5.91)은 $\rho_f = 1.0\,\text{g/cm}^3$, $\rho_s = 1.025\,\text{g/cm}^3$의 평형상태에서 h_s가 h_f의 40배가 됨을 의미한다. 따라서 해수면을 기준으로 담수의 수두가 1m이면 해수–담수 경계면은 해수면보다 40m 아래에 위치한다. 이 상태에서 지하수양수로 인하여 담수의 수두가 1m보다 작게 되면($h_s > 40h_f$) 해수가 침투하고, 1m보다 크게 되어 $h_s < 40h_f$이면 해수의 침투가 일어나지 않는다. Ghyben–Herzberg관계는 흐름이 거의 수평인 경우에 만족할만한 결과를 제공하고 해안부근에서와 같이 연직흐름성분이 크게 되면 염수–담수경계면의 위치결정에 많은 오차가 포함된다. 압력대수층에 대해서는 지하수위를 압력수두로 대체함으로 적용가능하다. 염수와 담수간에 평형상태가

유지되기 위해서는 (1) 지하수위가 해수면보다 높아야 하고, (2) 지하수위는 해안쪽으로 경사를 가져야 한다. (1)의 경우와 반대로 과대한 양수로 지하수위가 강하하여 해안쪽으로 경사를 가진 지하수위가 우물쪽으로 감소하는 경사를 갖게 되면 해수의 침투가 유발된다. 해수의 침투로 해안대수층이 오염되면 염분을 제거하는 것은 거의 불가능하게 되어 대수층은 수원으로서 그 기능을 상실하게 된다.

예제 5.19

해안에서 150m, 300m거리에 위치한 관측정에서 측정된 해수면상 지하수위가 각각 0.36m, 0.8m 이다. 염수침투가 일어나지 않는 염수-담수경계면을 구하라.

풀이 $\rho_f = 1.0\text{g/cm}^3$, $\rho_s = 1.025\text{g/cm}^3$인 경우 해수면하 경계면 위치는 식 (5.91)에 의하면

150m 거리의 관측정에서 $h_s = 40h_f = 40 \times 0.36 = 14.4\text{m}$

300m 거리의 관측정에서 $h_s = 40h_f = 40 \times 0.8 = 32.0\text{m}$

염수면상승. 담수층하부에 염수층이 존재하는 해안지역에 위치한 우물에서 양수할 경우 염수와 담수의 경계면의 국부적인 상승이 일어난다(그림 5.25). 이러한 현상을 **염수면상승**(鹽水面上昇; upconing)이라 한다. 정상상태의 압력대수층에서 염수면상승 z_u(Todd, 1980)는

$$z_u = \frac{Q\rho_f}{2\pi dK(\rho_s - \rho_f)} \tag{5.92}$$

여기서 K는 투수계수, d는 우물바닥 아래 초기담수-염수경계면의 깊이이다. z_u값이 한계치 $z_c = z_u/d = 0.3 \sim 0.5$에 이르면 염수는 우물에 도달하여 우물물은 오염된다. 염수-담수경계면의 상승을 한계치 이하로 유지하는 최대양수율은 $z_u = 0.5d$를 식 (5.92)에 대입하여 구해진다.

$$Q_{\max} = \pi d^2 K \frac{\rho_s - \rho_f}{\rho_f} \tag{5.93}$$

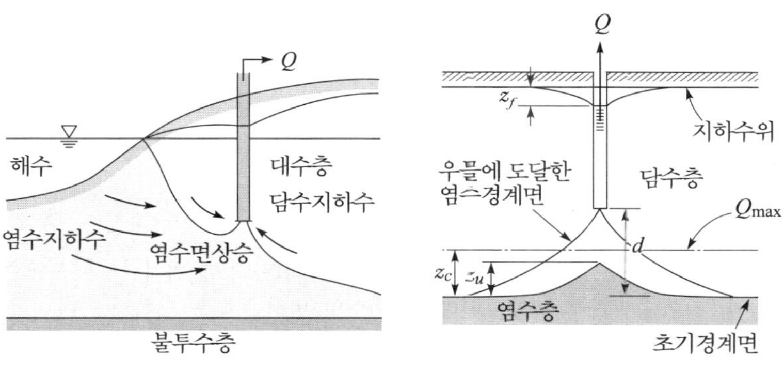

그림 5.25 해안대수층에서 염수면상승의 발생과 양수우물에서 염수의 염수면상승

실제 상황에서는 담수층과 염수층 사이의 중간층으로 염기성층이 형성되어 작은 양의 양수에서도 염수가 우물에 이르게 된다. 그러나 염수면상승효과는 d를 증가시키고 Q를 감소시킴으로 최소화할 수 있다.

예제 5.20

대수층의 담수층 깊이가 40m이고 이 담수층 아래 염수층($\rho_s = 1.025\text{g/cm}^3$)이 존재한다. 담수층에 깊이 25m의 우물이 굴착된다. 대수층의 투수계수가 10m/day일 때 염수의 유입없이 양수할 수 있는 최대유량과 염수면 상승을 구하라.

풀이 $d = 40 - 25 = 15\text{m}$ 이다. 주어진 값들을 식 (5.93)과 (5.92)에 각각 적용하면

$$Q_{\max} = \pi d^2 K \frac{\rho_s - \rho_f}{\rho_f} = \pi(15\text{m})^2(10\text{m/day})\left(\frac{1,025 - 1,000}{1,000}\right) = 176.6\text{m}^3\text{/day}$$

$$z_u = \frac{Q\rho_f}{2\pi dK(\rho_s - \rho_f)} = \frac{(176.6\text{m}^3/\text{day})(1,000\,\text{kg/m}^3)}{2\pi(15\text{m})(10\,\text{m/day})(25\,\text{kg/m}^3)} = 7.5\text{m}$$

담수-염수 경계면이 $z_u = 7.5\text{m}$상승함에 따라 d는 $d = 15 - 7.5 = 7.5\text{m}$로 감소한다.

염수침투방지. 대수층이 한번 염수침투로 오염되면 회복하는 데에는 수년이 소요되거나 불가능하므로 염수침투를 방지하는 것이 필요하다. 해안에서 염수침투 방지방법으로는 (1) 동수경사가 해안쪽으로 향하도록 우물구역의 위치선정과 양수를 조작한다. (2) 인공함양으로 평형상태에 근거한 담수-염수경계면을 낮게 하여 $h_s \le 40h_f$의 관계가 유지되도록 한다. (3) 해안에 인접 평행한 우물을 굴착하고 양수를 계속해서 해안 염수와 육지의 담수가 유입되도록 한다. (4) 해안에 인접 평행한 우물을 파고 인공함양을 통해서 동수경사가 해안과 육지로 향하도록 한다. (5) 수밀성 지수벽 역할을 하도록 대수층의 상당 깊이까지 불투수층 심벽을 건설한다.

염수면상승에 대해서는 (1) 가능한 한 염수층으로부터 우물을 멀리한다. (2) 식 (5.92)에 준하도록 양수율을 낮게 유지한다. (3) 담수 아래의 염수를 양수하는 별도의 우물을 유지 관리한다.

문 제

대수층

5.1 대수층 공극률이 0.35인 사암 1m^3 내의 고형 물질의 체적을 구하라.

5.2 어느 한 종류의 흙의 밀도가 1.6g/cm^3, 토입자의 비중이 2.6이다. 공극률을 구하라.

5.3 면적이 20km^2인 자유수면대수층의 지하수위가 지면에서 10m 깊이에 위치한다. 이 대수층에 $2\times107\text{m}^3$의 물이 가해졌을 때 지하수위가 4m 상승했다. 대수층의 비산출량을 구하라.

5.4 어느 압력대수층의 평균 두께가 50m, 공극률이 0.35이다. 물의 압축률이 $4.3\times10^{-5}\text{cm}^2\text{/kg}$, 다공성매질의 압축률이 $3.5\times10^{-5}\,\text{cm}^2\text{/kg}$이다. 대수층의 저류상수를 계산하라.

5.5 식 (5.5b)를 이용하여 $S = 0.00006236$, $\gamma = 9800\mathrm{N/m^3}$, $\eta = 0.35$, $b = 16.2\mathrm{m}$, $\beta = 4.2\times10^{-10}\mathrm{m^2/N}$인 압력대수층을 구성하는 입자의 압축계수 α를 구하라.

5.6 $\alpha = 10^{-8}\mathrm{m^2/N}$, $\beta = 4.2\times10^{-10}\mathrm{m^2/N}$, $\rho = 1000\mathrm{kg/m^3}$, $\eta = 0.3$, 두께가 30m인 압력대수층의 저류상수와 팽창에 대한 물의 기여도를 구하라.

5.7 평균입경이 0.002m, 온도가 20℃ 일 때 Darcy 법칙이 적용될 수 있는 최대 유속을 구하라.

5.8 한 토양의 투수계수가 15℃에서 0.005m/s일 경우 고유투수계수는 얼마인가?

5.9 다음 지층의 투수계수를 산정하라.

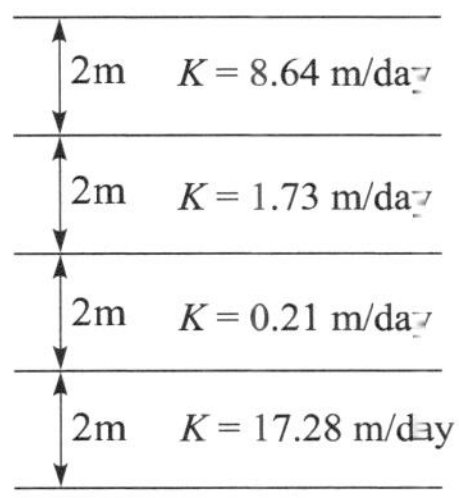

5.10 유체의 밀도가 $\rho = 1\mathrm{g/cm^3}$, 고유투수계수가 $k = 5$ Darcys, 유체점성계수가 $\mu = 1cP$인 다공성매질의 투수계수를 계산하라. 1poise($1P$) = 1g cm^{-1}s^{-1}, $1cP = 0.01P$

지하수 운동

5.11 다음 조건에 대한 Darcy속도와 침윤속도를 계산하라. 투수계수 $K = 2\times10^{-4}\mathrm{cm/s}$, 동수경사 $S = 0.01$, 단면적 $A = 80\mathrm{cm^2}$, 공극률 $\eta = 0.25$

5.12 투수계수 $K = 8\times10^{-5}\mathrm{cm/s}$인 다공성 매질에서 동수경사 $S = 0.01$, 단면적 $A = 1200\mathrm{m^2}$에 대한 유량을 구하라.

5.13 다음 그림에서 경우 투수계수가 120m/day이고 공극률이 0.26이다. 두 우물의 수면차이가 30cm이다. (a) 대수층의 단위 폭에 대한 유량을 구하라. (b) 함양지점에서 하천에 이르는 도달시간을 구하라.

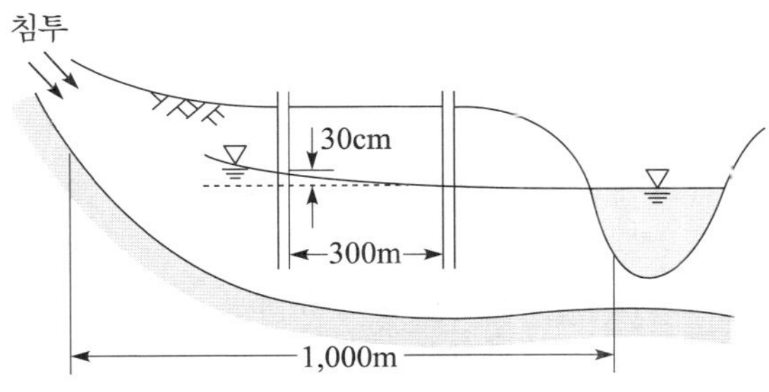

정상흐름수리학

5.14 두 수역을 분리시키는 자유수면대수층의 폭이 250m이다. 투수계수가 1.2m/day, 수면차이는 0.8m, 수위가 낮은 수역의 수심이 1.5m이다. 유량(m^3/s/m)을 구하라.

5.15 두 수역을 분리하는 자유수면대수층의 폭이 170m이다. 수면차이는 40m, 유량이 0.018 m^3/s/m, 수위가 낮은 수역의 수심이 1.8m 이다. 대수층의 투수계수를 구하라.

5.16 두 하천 사이에 위치한 압력대수층의 평균 두께가 15m, 투수계수가 0.001m/s이다. 수위가 30m인 하천으로부터 300m지점에 위치한 압력수두가 29.5m이다. 두 하천 사이의 유량을 구하라.

5.17 100m 떨어진 두 관측우물의 수면차이가 40cm이고, 사암층의 고유투수계수가 10Darcy일 때 자유수면대수층 지하수 흐름의 유속을 구하라. 온도는 15℃이다.

우물수리학

5.18 자유수면대수층에서 직경 50cm인 우물이 불투수암반층까지 굴착되었다. 지하수위가 $h_o=25$m이고 2m^3/min으로 장시간 양수한 후 50m와 400m에 위치한 관측정에서 관측된 수위강하가 각각 7m와 1.5m이다. 투수계수를 구하라.

5.19 두 관측우물의 간격이 30m, 수면차이가 10cm이다. 수면이 높은 우물에 주입된 추적물이 낮은 수면의 우물에 도달하는데 6일이 걸렸다. 투수계수를 구하라.

5.20 투수계수가 20m/day인 자유수면대수층에 굴착된 직경 30cm우물의 수면이 바닥으로부터 60m이고, 이는 원래의 지하수위보다 양수로 인하여 10m 낮은 것이다. 영향 반경이 1km일 경우 우물의 양수율을 계산하라.

5.21 투수계수가 30m^3/day/m^2 인 자유수면대수층에 굴착된 40cm의 우물에서 0.03m^3/s로 양수한다. 70m 떨어진 관측우물의 수면이 원래의 지하수위 50m 보다 3m 강하되었다. 우물의 수위를 구하라.

5.22 초기 지하수위가 8.2m인 자유수면대수층에 굴착된 우물에서 65l/s 율로 정상상태에 이를 때까지 양수한다. 우물에서 15m, 31m 떨어진 관측우물의 수면강하가 각각 1.8m, 1.4m이다. 투수량계수를 결정하라.

유선망

5.23 불투수층에 축조된 흙댐 상부 저수지 수심이 7.2m, 하류수심이 2.0m, 댐 폭이 14m인 흙댐에 유선망을 작성하고 댐을 통과하는 총유량(침윤량)을 구하라. 흙댐의 상류사면의 경사는 40°, 하류사면의 경사는 30°, 댐의 길이는 80m, 투수계수는 $K=5.8\times10^{-4}$cm/s이다.

5.24 암반층에 두께가 50m인 대수층에 축조된 콘크리트중력댐의 상류 저수지 수심이 15m, 하류수심이 1.5m, 댐의 폭이 20m, 길이가 32m, 댐의 하부지반에 매설된 깊이가 3m인 경우 유선망을 작성하고 댐 하부 대수층을 통과하는 총유량을 구하라. $K=1.8\times10^{-3}$cm/s

정상흐름수리학(압력 대수층)

5.25 압력대수층의 평균 두께가 20m, 대수층상부의 불투수층의 두께가 25m이다. 직경이 0.5m 우물에서 양수량이 $Q=3$m^3/min이고 이로부터 100m, 500m에 우치한 관측정에서 장기간 양수한 후 관측정의 수위강하가 각각 6m, 1m이다. (a) 투수계수와 (b) 우물에서 수면강하를 구하라.

5.26 두께가 25m, 투수계수가 10m/day인 압력대수층에 직경 40cm인 우물이 굴착된다. 이 우물은 반경이 1km인 원형섬의 중앙에 위치한다. 섬 주위의 수위가 70m이다. 우물의 수위가 50m 이상으로 유지되도록 하기 위한 양수율을 결정하라. 공극률이 0.25일 경우 섬의 경계에서 우물까지의 흐름시간을 구하라.

5.27 두께 30m인 압력대수층에 30cm 우물이 굴착된다. 우물로부터 15m와 40m에 위치한 두 관측우물의 수면차이가 3m이다. 정상상태에 도달한 양수율이 4m^3/min이다. 투수량계수를 구하라.

5.28 압력대수층의 두께가 50m, 폭이 600m이다 1.2km 떨어진 두 관측우물의 수면이 각각 70m, 62m, 투수계수가 0.7m/day 이다. (a) 대수층을 흐르는 1일 유량, (b) 두 관측 우물 중간에 위치한 지점에서 압력수두는 얼마인가?

부정류 우물수리학

5.29 투수량계수가 0.004 m^2/s, 저류상수가 0.0005인 대수층에 굴착된 우물에서 0.004m^3/s로 양수한다. 양수 시작 24시간 후에 우물에서 250m 떨어진 관측우물의 수면강하를 계산하라.

5.30 압력대수층에 굴착된 우물에서 양수되는 유량이 2,500 m^3/day이다. 양수기간 동안 우물에서 r=60m거리에 있는 관측정에서 관측된 수면강하는 다음과 같다. Theis방법으로 투수량계수 T와 저류상수 S를 구하라.

5.31 4 l/s로 양수함에 따라 150m 떨어진 관측우물에서 수면강하는 다음과 같다. 투수량계수와 저류상수를 구하라.

시간(min)	0	10	15	30	60	90	120
수면강하(m)	0	0.16	0.25	0.42	0.62	0.73	0.85

5.32 투수량계수가 1250m^2/day 인 압력대수층에 굴착된 우물에서 거리 61m에 위치한 관측우물의 양수시험자료가 다음과 같다. 양수율을 계산하고 유형곡선방법으로 저류상수를 구하라.

시간(min)	1	3	5	10	18	30	50	100	150	210	240
수면강하(m)	0.2	0.37	0.45	0.57	0.67	0.76	0.85	0.99	1.05	1.1	1.12

5.33 압력대수층과 양수조건이 다음과 같다. 수면강하를 구하라. $Q=0.003\text{m}^3/\text{s}$, $T=70\text{m}^2/\text{day}$, $t=365$ days, $r=0.2\text{m}$, $S=6\times10^{-3}$.

5.34 문제 **5.30**의 투수량계수 T와 저류상수 S를 Cooper–Jacob방법으로 구하라.

5.35 문제 **5.32**를 Cooper–Jacob 방법으로 풀되 방법의 타당성을 검토하라.

5.36 투수계수가 15m/day, 저류상수가 0.004, 두께가 25m 인 대수층에 굴착된 우물에서 125m^3/day로 양수할 때 우물에서 10m 거리에 위치한 관측정에서 양수 5일 후의 수면강하를 구하라.

5.37 투수량 계수가 120m^2/day, 저류상수가 0.03인 대수층에 75m의 우물이 굴착된다. 직경 30cm 우물에서 2m^3/min의 율로 양수한다. 우물의 수위가 15m 일 때 1년과 3년 후의 양정고를 구하라.

5.38 투수량계수가 100m/day, 저류상수가 0.2인 대수층에 직경 40cm의 우물이 굴착된다. 양수를 시작해서 2년 후의 최대 수면강하가 7m를 초과하지 않을 양수율을 구하라.

5.39 두께 25m인 압력대수층에 직경 20cm의 우물이 굴착된다. 25l/s 로 양수를 시작해서 15시간 후에 우물의 수면상하가 3m, 3일 후에 수면상하가 3.3m가 된다. 투수량계수와 저류상수를 계산하라. 또한 수면강하가 4.0m가 될 때까지의 양수 기간을 계산하라.

5.40 두께가 15m인 자유수면대수층에 굴착된 우물에서 거리 20m에 위치한 관측우물의 양수시험결과가 다음과 같다. 양수율은 0.095m^3/s이다. 투수량계수와 비산출량을 구하라. 이 경우 압력대수층으로 취급하는 것이 가능한가?

시간(min)	30	60	90	120	300	500	1000	2400
수면강하(m)	2.44	3.23	3.88	4.11	4.83	5.52	7.02	8.85

대수층 경계에 인접한 우물

5.41 두께가 50m, 투수계수가 20m/day인 압력대수층에서 5m^3/min로 양수한다. A점과 우물에서 수면강하를 구하라.

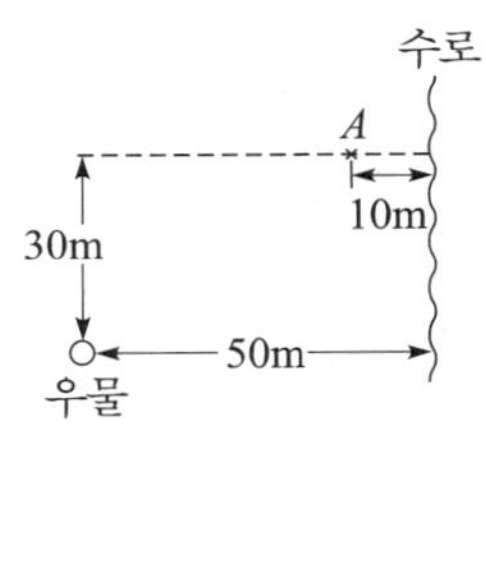

5.42 투수계수 $K= 30\text{m/day}$인 자유수면대수층의 한쪽경계가 하천이다. 하천에서 80m거리에 직경 40cm의 우물을 파서 $3000\text{m}^3/\text{day}$로 양수할 경우 우물에서 수면강하를 결정하라. 하천의 수심은 20m이다.

5.43 문제 **5.42**에서 하천 위치에 불투수층이 존재할 경우 A점에서의 수면강하를 구하라. 영향원의 반경은 2km이다.

5.44 하천에서 거리가 120m에 위치한 우물에서 $50\text{m}^3/\text{day}$로 10일간 양수한다. 압력대수층의 저류상수는 $S=0.0005$, 투수량계수는 $T=500\text{m}^2/\text{day}$ 이고 우물에서 하천방향으로 $x=100\text{m}$지점에서 $y=100\text{m}$인 P점의 수면강하를 구하라.

5.45 다음의 경우 $110\text{m}^3/\text{day}$로 양수할 때 수면강하를 구하라.

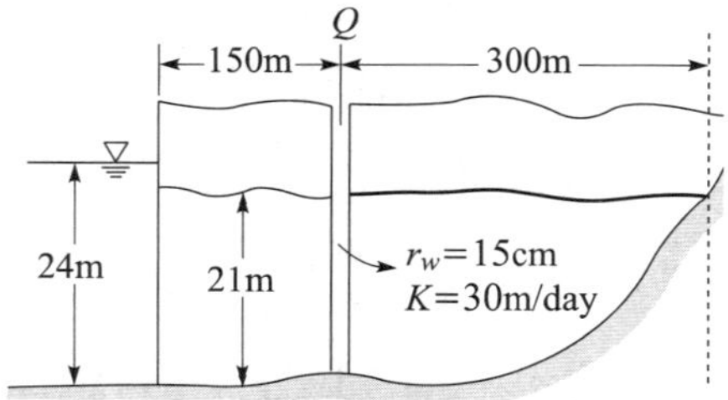

염수침투

5.46 해안 대수층의 담수층의 두께가 30m이다. 우물을 24m 깊이로 굴착하여 $0.014\text{m}^3/\text{s}$로 양수한다. 대수층의 투수계수가 30m/hr이다. 정상상태에서 염수의 염수면상승을 계산하라.

5.47 문제 **5.46**에서 염수가 양수되는가? 만약 그렇지 않다면 염수가 올라오지 않은 조건에서 최대 양수율은 얼마이겠는가?

6 지표수

6.1 유출

6.1.1 유출성분

초기강우의 대부분은 초목이나 건물에 의해 차단되고 지면에 도달하는 강우부분은 지면을 통하여 지중으로 침투한다. **차단**(遮斷; interception)은 강수가 식물의 수관과 줄기에 부착되어 저류되는 현상이다. 차단된 강우의 대부분은 증발되고 차단은 수종에 따라 강우량의 20%에 이르기도 한다. 강우가 계속되어 차단저류량을 초과하는 강우부분은 지면에 이르러 침투된다. 침투로 인하여 표토층의 공극이 포화상태에 이르는 침투능을 초과하는 강우는 지표면 오목한 부분인 요부에 저류되는 **요부저류**(凹部貯留; depression storage)상태에 있게 된다. 강우가 계속되어 요부를 넘치는 물은 지표면을 수막으로 덮고 수막의 두께가 증가하면 중력에 의하여 흐름(지표류)이 형성되어 수로에 유입된다. **유출**(流出; runoff)은 이와 같이 수로흐름으로 나타나는 강수부분을 의미한다. **지면보류**(地面保留; surface retention)는 지면과 지면상부에 남아있는 강수부분으로 차단, 요부저류 및 호우기간의 증발을 포함한다. **수문손실**(水文損失; hydrologic losses)은 식생차단, 요부저류 및 토양침투를 포함한다.

강우가 지면에 내려 수로에 도달하고 증발, 증발산으로 대기에 직접 귀환하는 과정의 수문순환을 **유출순환**(流出循環; runoff cycle)이라 한다. 그림 6.1은 비교적 건조한 지역에 내린 호우의 분리와 각 성분크기의 시간적인 변화를 나타낸다. 강우가 지면에 도달하여 하천에 이르는 경로에 따라 유출은 지표유출, 지표하유출, 지하수유출로 구분되고 이들은 총 유출 또는 하천흐름을 구성하는 성분이다.

지표유출(地表流出; surface runoff)은 지표면을 흘러서 유역의 출구인 **유출구**(流出口; outlet)에 나타나는 유출 부분으로 수로에 내리는 강수를 포함한다. 지표유출은 강우깊이가 수문손실을 초과할 때 일어난다. 수로에 도달하기까지 지표면 위를 흐르는 지표유출을 특히 **지표류**(地表流; overland flow)라 한다. 이와 구별하기 위하여 하천을 흐르는 유출을 하천흐름(streamflow)이라 하며, 이들의 합을 **총 유출**(總流出; total runoff)이라 한다. 지표유출은 첨두유량에 기여하는 주요 성분이고 또한 수로에 제일 먼저 도달하여 수문곡선의 증수부와 첨두를 형성한다.

지표하유출(地表下流出; subsurface runoff) 또는 **중간유출**(interflow)은 표토속으로 침투하여

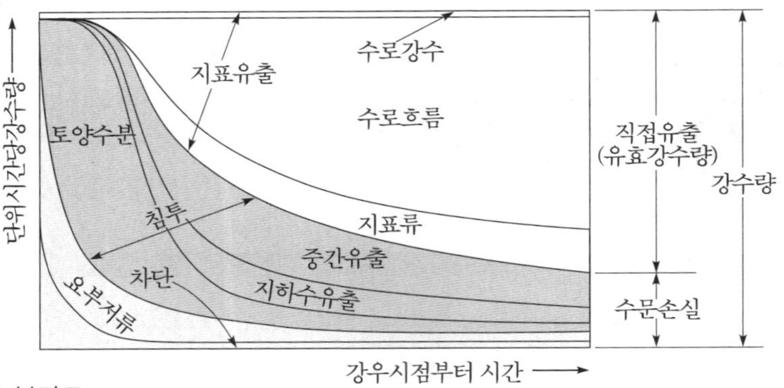

그림 6.1 강우의 분리도

표토층을 통하여 하천에 이르기까지 횡적으로 흐르는 강우부분이다. 따라서 이는 지표유출 같이 빨리 흐르지 않으므로 지표유출보다 늦게 수로에 도달하고 첨두에 기여하지 않는다. 지표하유출은 그 일부가 단시간내에 하천에 이르는 **신속 지표하유출**(迅速 地表下流出; prompt subsurface runoff)과 장기간 후에 지하수 형태로 하천흐름에 합류 하는 **지연 지표하유출**(遲延 地表下流出; delayed subsurface runoff)로 구분된다.

지하수유출(地下水流出; groundwater runoff)은 간단히 지하수라고도 하며 표토층을 통하여 침투한 물이 심층 포화대수층에 이르러 지하수를 형성하는 유출부분으로 결국에는 하천으로 유출된다.

그러나 실제로 유출을 해석하는 경우 상기 3종의 분류와는 달리 총 유출을 직접유출과 기저유출로 구분한다. **직접유출**(直接流出; direct runoff)은 강수 후 비교적 짧은 시간 내에 하천으로 흘러 들어가는 유출부분으로 지표유출, 신속 지표하유출 및 하천강수(channel precipitation)로 구성된다. **기저유출**(基底流出; base flow)은 지하수와 지연지표하유출로 구성되어 갈수기에 하천을 형성하고 이를 유발한 강우와는 수일, 수주간의 지체를 갖는다. 강우이전 하천의 평상시 의 흐름흐름은 기저유출에 기인하고 강우기간 동안 기저유출은 침투의 일부를 포함하여 증가된다.

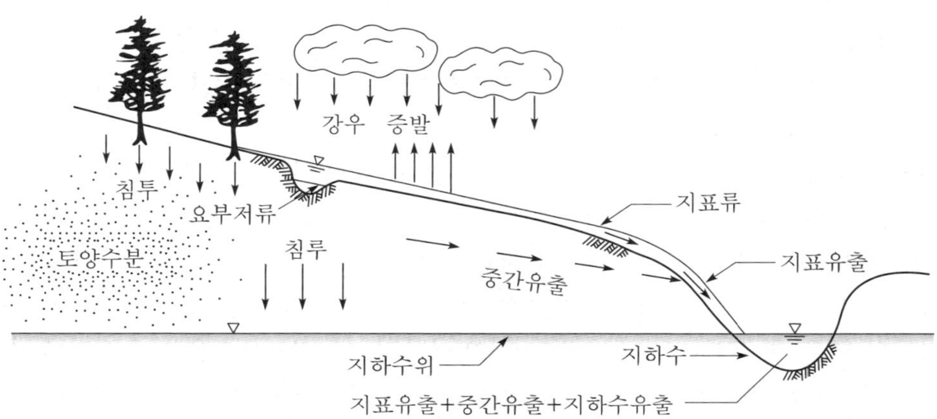

그림 6.2 유출성분

강수기간 동안 강수는 전술한 차단, 요부저류 및 증발로 구성되는 지면보류, 침투, 초과강수로 분리된다. **초과강수**(超過降水; precipitation excess)는 지표유출에 직접 기여하는 강수부분으로 강수가 강우만으로 구성될 때는 **초과강우**(超過降雨; rainfall excess)가 된다.

지표유출을 형성하지 않는 강우부분, 즉 증발, 차단, 요부저류 및 침투를 강우손실(損失; rainfall loss 또는 abstraction)이라 한다. 그러나 이들 양이 수문순환계에서 실제로 손실되는 것은 아니다. 강수량 중 직접유출에 기여하는 부분을 **유효강수량**(有效降水量; effective precipitation)이라 하며 이는 초과강수와 신속 지표하유출을 유발하는 강수부분으로 구성된다. 강수가 강우만으로 구성되는 경우 **유효강우량**(有效降雨量; effective rainfall)이라 한다. 신속 지표하유출을 직접유출에 포함시키지 않으면 유효강우량과 초과강우는 같게 되고 일반적으로 양자는 동의어로 사용된다.

6.1.2 유출에 영향을 주는 인자들

유출은 유역의 기후적인 인자(climate factor)와 유역특성(basin charateristics), 수로특성(channel characteristics) 및 토지이용을 나타내는 지형학적 인자(地形學的 因子; physiographic factor)의 영향을 받는다.

기후적인 인자. 유출은 강수로부터 차단, 요부저류, 증발, 증산, 침투 등에 의한 손실을 제외한 나머지 강수 부분이다. 손실을 유발하는 이들 인자들은 기후와 계절변화에 따라 다르게 된다. 유출은 비, 눈, 서리 등 강수의 종류와 강수의 형, 강우강도, 지속시간, 지역적 분포, 강수빈도, 호우이동방향 등에 따라 달라진다. 유역 내 초목의 종류, 구성, 성장정도, 밀도, 차단의 정도는 계절에 따라 다르게 된다. 증발과 증산은 기온, 바람, 대기압, 온도의 기후적인 인자에 따라 크게 영향을 받는다.

유역특성. 유역(流域; basin, watershed, catchment 또는 river basin)이란 하천의 임의의 단면을 통과하는 유량에 기여하는 분수령을 경계로 하는 고든 지면으로 정의된다. 따라서 유역은 하나의 유출구를 갖는다. 이러한 유역의 특성을 나타내는 인자는 유역의 크기, 모양, 지형, 경사, 향방, 토양, 표고, 하천의 밀도와 지질 등이다.

지질은 유역의 침투성을 결정한다. 침투성이 낮은 유역은 높은 첨두유량, 높은 유출율, 비교적 급한 수문곡선의 증수부를 유발한다. 침투성이 높은 유역은 첨두유량과 유출율이 작고 완만한 증수부를 갖는다.

유역면적이 크면 일반적으로 유출은 크게 된다. 유역면적 전체에 대한 유출을 나타내는 방법의 하나는 단위면적당의 유량(총유출/유역면적, $m^3/sec/km^2$)으로 정의되는 **비유량**(比流量; specific discharge)이며 일반적으로 유역면적이 크게 되면 도달시간은 길어지며 첨두유량은 감소경향을 나타낸다. 유역의 모양은 유출구에서 첨두가 일어나는 시간과 크기에 크게 영향을 준다. 긴 장방형유역에서는 일반적으로 첨두유량이 일어나는 시간이 길고 첨두의 크기는 작으며 첨두부의 모양은 두툼하게 된다. 반면 부채꼴이나 반원형의 유역에서는 첨두가 일어나는 시간도 빠르고 그 크기도 크게 된다(그림 6.3).

유역응답(流域應答; catchment response)은 강우입력에 대한 유출의 상대적인 집중정도와 도달시간(timing)의 항으로 나타낸 유역의 반응이다. 유역의 모양은 특히 작은 유역에서 수문곡선 모양에 미치는 영향이 크다. 다른 조건이 같을 때 (1) 길고 좁은 유역(그림 6.3a)은 형상인자가 작고 밀집비가 1보다 훨씬 커서 물이 유출구에 도달하는 시간이 길어서 지연된 유출응답을 갖는다. 이에 따라 유역의 수문곡선은 그림 6.3c의 A와 같이 기저시간이 길고 납작하게 된다. 여기서 형상인자는 유역면적과 유로의 직선길이 자승의 비(A/L^2)이고 밀집비는 유역의 주변길이와 등가원 주변길이의 비이다. (2) 원형에 가까운 유역(그림 6.3b)은 반대로 형상인자가 크고 밀집비는 1에 가까워 유역응답이 신속하고 첨예한 유역응답은 갖는다. 이러한 유역은 그림 6.3c의 B와 같이 뾰족하고 기저시간이 짧은 수문곡선을 유발한다.

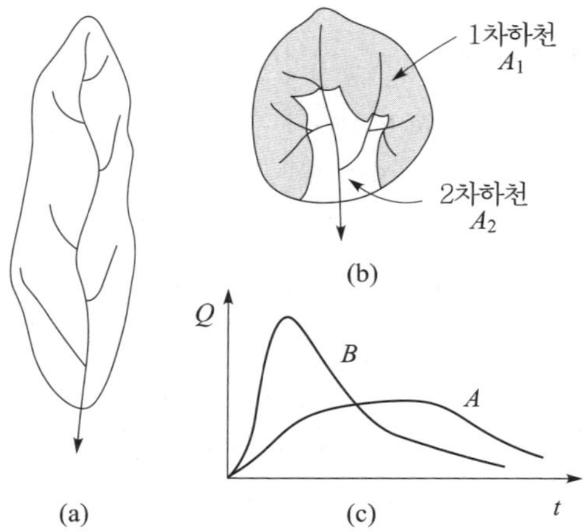

그림 6.3 유출수문곡선에 대한 유역형상의 영향

수리학적 조도는 지면을 유하하는 물의 수심과 속도에 영향을 주는 지표의 물리적 특성의 복합물이다. 조도가 작을수록 수문곡선의 첨두는 크고 빨리 도달하게 된다. 요부저류요소가 많을수록 유출수문곡선의 첨두는 감소하고 도달시간은 길어진다.

유역의 경사가 크게 되면 물의 유하시간이 단축되고 침투량 또한 감소하여 첨두유량을 발생하는 시간이 빨라질 뿐만 이니라, 그 크기에 있어서도 증가하게 된다. 유역의 향방 즉 유역이 위치한 방향에 따라 강우량이 달라진다. 예를 들어 기류의 이동방향에 유역의 분수령부분이 산맥으로 분계되어 있으면 산악강우를 형성하여 바람이 불어오는 경사면 산허리에는 비가 많이 내리고 바람이 불어가는 방향의 배사면에는 비가 덜 내린다. 강우전선이 계절성을 가지고 있으면 향방에 따라 유출은 달라진다. 유역에 따라 차이는 있으나 표고가 증가함에 따라 강우량도 증가하는 것으로 나타난다. 이외에도 물리적인 요소로 초기함수조건, 침투, 표토의 종류, 지리조건, 호수, 습지 등의 지형조건, 수계망에 따라 크게 영향을 받는다.

수로의 특성은 흐름의 속도와 소통능력에 의하여 지배된다. 속도와 소통능력에 영향을 주는 인자는 수로의 크기, 조도, 저류효과를 갖는 단면의 변화와 배수(back water)를 초래하는 인자, 수로의 종단경사, 길이 및 지류 등이다.

6.2 수문곡선

수문곡선(水文曲線; hydrograph)은 시간에 대한 유량의 변화를 나타내는 그래프이다. 수문곡선은 유출에 영향을 주는 모든 인자들의 특성을 반영한다. 시간의 단위는 분, 시간 및 일이다. 넓은 의미의 수문곡선은 유량뿐만 아니라, 수위와 유속의 시간적인 변화도 포함한다. 따라서 이들을 특별히 구별할 때에는 **유량수문곡선**(流量水文曲線; discharge hydrograph), **수위수문곡선**(水位水文曲線; stage hydrogrph)이라 하나 일반적으로 수문곡선은 유량수문곡선을 지칭한다. 수문곡선이 시작해서 끝나는 시간폭은 단일호우사상의 수 시간에서부터 하천의 연간 유출에 대한 년(年)이 되기도 한다. 시간폭이 1년인 **연수문곡선**(年水文曲線; annual hydrogrph)은 유역의 강수량, 증발량 및 하천수의 장기간의 물수지를 나타낸다. (유량)수문곡선은 수위수문곡선의 수위변화를 수위-유량곡선에 의하여 유량으로 환산하여 얻어진다. 이러한 수문곡선은 여수로 같은 구조물설계뿐만 아니라 흐름의 추적과 분석, 흐름의 모의발생 등 조사연구에 사용된다.

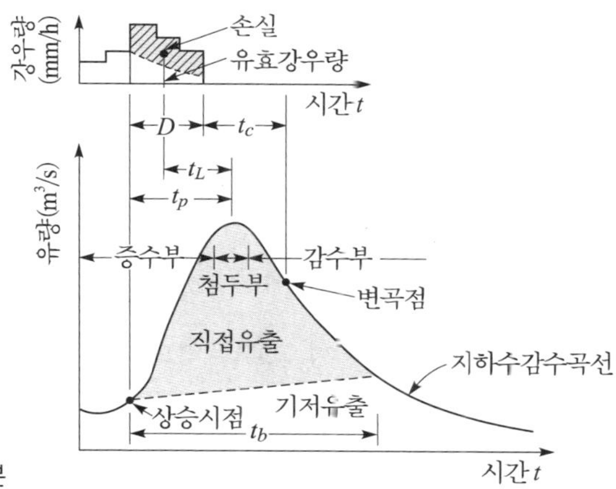

그림 6.4 수문곡선의 성분

수문곡선의 성분. 단일호우에 의하여 유발되는 대표적인 수문곡선은 **증수부**(增水部; rising limb) 또는 **상승부, 첨두부**(尖頭部; crest), **감수부**(減水部; falling limb 또는 recession curve)로 구성된다. 증수부의 모양은 유출을 야기하는 강우의 성격과 유역의 형상에 따라 달라진다. 유역의 경사가 급하고 형상이 반원형에 가까우면 증수부는 급한 경사를 갖고 유역이 완경사에 길면 완만한 증수부를 나타낸다(그림 6.3참조). 감수부의 변곡점은 하천에 대한 지표유출의 유입이 끝나는 시간으로 고려된다. 따라서 이 시간 이후의 감수곡선은 유역으로부터 탈수됨을 나타낸다.

감수곡선은 강우특성에는 무관하고 중간유출과 지하수감수곡선에 영향을 주는 침투와 지표토양에 따라 달라진다. 감수곡선을 식으로 나타내면

$$Q_1 = Q_o\, k_r \tag{6.1}$$

여기서 Q_o 는 임의의 시간(t_o)의 유량, Q_1 는 단위시간(보통 24시간) 후 시간(t)의 유량, k_r 는 **감수상수**(減水常數; recession(depletion) constant)로 1보다 작다. 식 (6.1)의 일반식은

$$Q_t = Q_o\, k_r^t \tag{6.2}$$

또는

$$Q_t = Q_o e^{-\alpha t} \tag{6.3}$$

여기서 Q_t는 t 단위시간(그림 6.4에서 t_b이후의 시간) 후의 유량, α는 감수상수이다. 감수기간에는 유역에 유입이 없으므로 하천유량 Q_t는 유역의 저류량 S_t의 감소를 나타낸다.

$$-\frac{dS_t}{dt} = Q_t \tag{6.4}$$

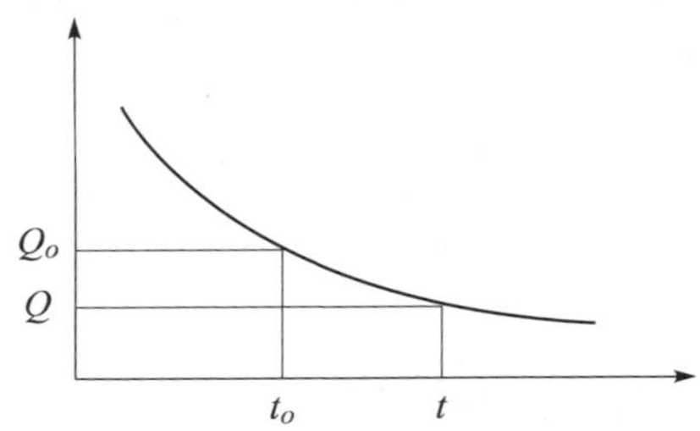

그림 6.5 수문곡선의 감수곡선

식 (6.4)에 식 (6.2)를 대입하고 $t=0$에서 t까지 적분하면

$$S_o - S_t = \frac{Q_t - Q_o}{\ln k_r} \tag{6.5}$$

식 (6.5)는 시간 간격 $t=0$에서 t까지 유량의 항으로 유역의 저류량의 변화를 나타낸다. $t=\infty$에서 유역이 완전히 탈수상태가 되어 $Q_{t=\infty}=0$과 $S_{t=\infty}=0$이 됨을 고려하여 시간 t에서 $t=\infty$까지 식 (6.4)를 적분하면

$$S_t = -\frac{Q_t}{\ln k_r} \tag{6.5}$$

k_r와 Q_o가 주어지면 식 (6.2)와 (6.5)로부터 시간 t에 대한 유역의 잔류 저류량이 계산될 수 있으며 이들 식에서 (−)기호는 유역의 저류량이 감소함을 의미한다.

유량을 대수 종축으로 하여 시간에 대하여 반대수지상에 감수곡선 식 (6.2)를 도시하면 직선으로 나타나고 직선의 기울기는 감수상수 k_r를 제공한다.

예제 6.1

어느 유역의 수문곡선의 감수부에서 10일 간격의 유량이 0.6m³/s, 0.1m³/s 이다. 감수상수를 결정하라.

풀이 $t=0$에서 $Q_o = 0.6\text{m}^3$, $t=10$days에서 $Q_{10} = 0.1\text{m}^3/\text{s}$ 이므로 이들을 식 (6.2)에 대입하면

$$0.1 = 0.6\, k_r^{10}$$

양변의 대수를 취하고 $\log k_r$ 에 관하여 정리하면

$$\log k_r = \frac{\log 0.1 - \log 0.6}{10}$$

이로부터 식 (6.2)의 감수상수 k_r 은 $k_r = 0.755$ 이고 감수곡선은 $Q_t = Q_o(0.755)^t$ 이다.

시간매개변수. 수문곡선의 특성이 그림 6.4와 같이 시간의 항으로 기술될 수 있다.

첨두시간(尖頭時間; time to peak), t_p – 수문곡선의 상승시점에서 첨두까지 시간이다. 이는 유역 특성과 강우의 공간 분포에 따라 다르게 된다. 유역의 상류부에 내린 강우에 의한 첨두시간은 하류부 강우의 경우보다 길다. 긴 첨두시간을 갖는 수문곡선은 짧은 경우보다 작은 첨두를 갖는다.

지체시간(遲滯時間; lag time 또는 basin lag), t_L – 유효 강우량의 중심에서 수문곡선의 중심까지의 시간 폭으로 정의한다. 그러나 실제로는 강우중심에서 첨두까지 시간이 많이 사용된다.

도달시간(到達時間; time of concentration), t_c – 도달시간은 두 방법으로 정의된다. (1) 유역의 가장 먼 지점(수리학적으로)의 물 입자가 유출구까지 유하하는데 소요되는 시간, (2) 강우주상도와 수문곡선을 도시한 그라프에서 유효강우량이 끝나는 시간에서 수문곡선 감수부의 변곡점까지의 시간이다(McCuen, 1989).

기저시간(基底時間; time base), t_b – 직접유출이 시작되는 시간에서 끝나는 시간까지의 시간폭으로 정의된다.

6.3 기저유출의 분리

한 호우에 대한 수문곡선은 호우 이전의 하천유량과 호우로 인한 유출량을 합한 것이므로 특정 호우와 이로 인한 유출과의 관계를 해석하기 위해서는 총 유량으로부터 호우에 의하여 발생된 유량, 즉 직접유출을 분리하는 것이 필요하다. 직접유출은 유효강우량에 해당하는 유출 부분이다. 따라서 수문곡선해석의 첫 단계는 수문곡선을 직접유출과 기저유출로 분리하는 일이며 이 작업을 **기저유출의 분리**(基底流出分離; baseflow separation)라 한다. 이는 직접유출성분의 시작과 끝을 정의한다. 호우시점에서 수문곡선의 급격한 상승이 기저유출의 시작으로 판별될 수 있으나 끝은 분명하게 판명되지 않는다.

6.3.1 주지하수감수곡선 – 다수의 유량기록이 있는 경우

주지하수감수곡선(主地下水減水曲線; master groundwater(또는 baseflow) recession curve, 또는 normal depletion curve)은 하천의 한 지점에서 관측된 많은 수의 감수곡선을 중첩하여 얻어지는 유역의 탈수로 인한 유량감소를 나타내는 특성곡선이다. 많은 수문곡선의 감수부분만을 그림 6.6a와 같이 반대수지상에 유량이 작은 감수곡선부터 유량 크기에 맞추어 차례로 도시하고 모든 감수곡선에 접선이 되는 곡선을 적합시킨다. 이 곡선을 선형 방안지에 도시하여 주지하수

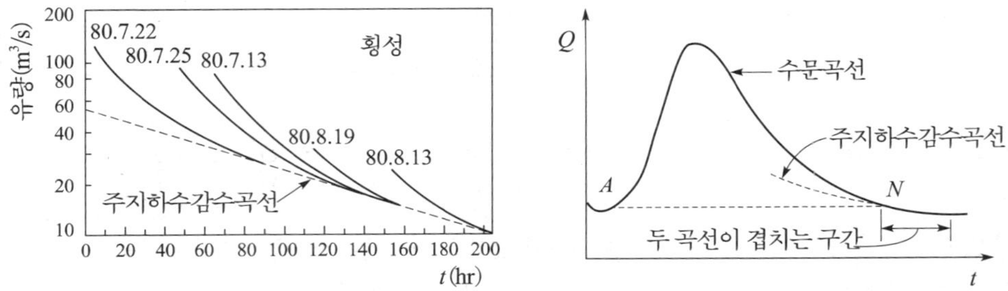

(a) 반대수지에 감수곡선의 도시 (b) 주지하수 감수곡선의 적용 (기저유출 분리)

그림 6.6 주지하수 감수곡선의 유도와 적용

감수곡선을 얻는다. 주지하수감수곡선에 식 (6.2)를 적합시켜 곡선을 식으로 나타낸다. 기저유출분리에 적용은 그림 6.6b에 주어진 수문곡선의 감수부에 트레싱지에 작성된 주지하수감수곡선을 중첩시켜 두 곡선이 분리되는 점(N)을 표시한다. N은 직접유출이 끝나는 시점을 나타내므로 N과 상승기점을 연결하여 기저유출을 분리한다.

6.3.2 경사급변점

주지하수감수곡선방법은 다수의 수문곡선이 있을 경우에 가능하며 그렇지 않은 경우에는 수문곡선의 감수부에서 경사급변점을 찾아서 수문곡선의 상승시점과 연결하는 것이다(그림 6.7d). 이는 (1) 감수부를 반대수지상에서 도시(유량을 대수종축에 취하여)하여 경사가 변하는 점을 찾거나, (2) 감수부에 대하여 일정한 시간간격(2시간 또는 2 이상)의 유량의 비를 계산하고 이 비를 시간에 대하여 도시하여 경사가 변하는 점을 찾는다.

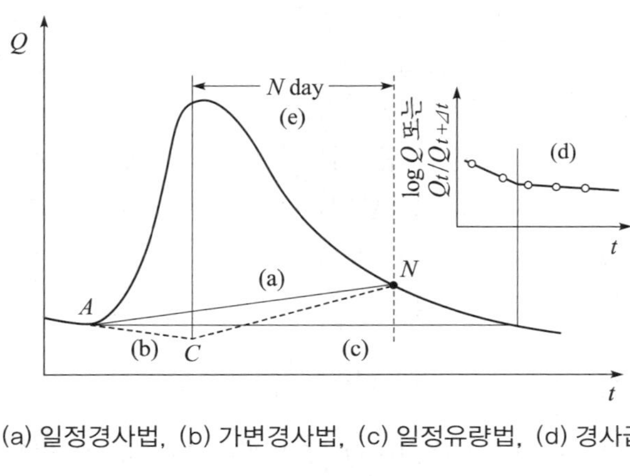

그림 6.7 기저유출분리 (a) 일정경사법, (b) 가변경사법, (c) 일정유량법, (d) 경사급변점법 (e) N-dat법

예제 6.2

수문곡선이 그림 6.8과 같다. 경사급변점을 이용하여 기저유출을 분리하라.

풀이▌ 감수부의 A점에서 시작하여 6시간 간격으로 유량비 Q_t/Q_{t+6}을 계산한다.

표 6.1 경사급변점을 이용한 기저유출분리 계산 예

일 (1)	시간 (hr) (2)	Q_t (m^3/s) (3)	Q_{t+6} (m^3/s) (4)	Q_t/Q_{t+6} (5)
5	12:00	58.0	45.0	1.29
	18:00	45.0	36.0	1.25
	24:00	36.0	30.0	1.20
6	6:00	30.0	25.9	1.16
	12:00	25.9	22.9	1.13
	18:00	22.9	20.6	1.11
	24:00	20.6	18.9	1.09
7	6:00	18.9	17.7	1.07
	12:00	17.7	16.9	1.05
	18:00	16.9	16.4	1.03
	24:00	16.4	–	

표 5란을 2란의 시간에 대하여 도시하면(그림 6.8) 6일 10:00시 경에 경사 급변점 N이 발생함을 알 수 있다. 따라서 N과 상승시점을 연결하여 기저유출을 분리한다.

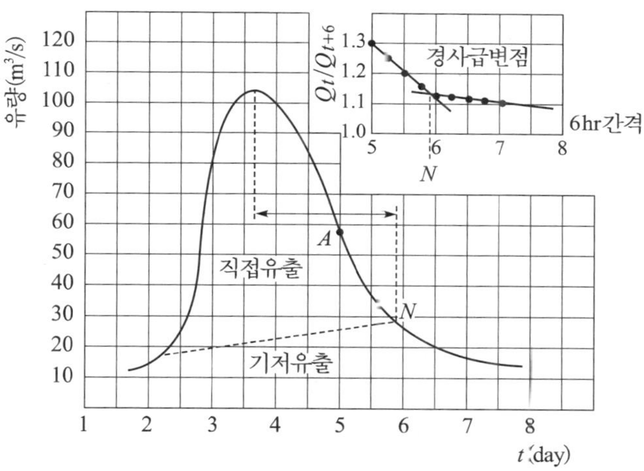

그림 6.8 경사급변점에 의한 기저유출분리 계산 예

6.3.3 가변경사법과 N-day 방법

가변경사법. 직접유출이 시작되기 이전의 기저유출곡선을 상승시점 A (그림 6.7)에서 첨두(C점)까지 연장하고 직접유출이 끝난 이후의 감수곡선을 변곡점까지 연장한 후 C, N을 직선으로 연결한다.

N-day 방법. 직접유출이 첨두 이후 고정시간 N-day에서 끝나는 것으로 가정한다. 그 림 6.7에서 상승시점(A)이전의 감수곡선을 첨두(C 점)까지 연장하고 C와 N을 연결한다. N점은 식 (6.6)으로 정의된다(Linsely, 1982).

$$N = 0.8\,A^{0.2} \tag{6.6}$$

여기서 N은 시간(day), A는 유역면적(km^2)이다. 이 방법은 유역면적이 작은 유역에는 적합하지 않은 것으로 알려져 있으며 일반적으로 긴 기저시간을 제공한다.

6.4 NRCS유출곡선번호방법에 의한 초과강우량 산정

초과강우량(超過降雨量; rainfall excess)은 총강우량 중에서 지표유출로 나타나는 강우부분이다. 초과강우량은 차단, 요부저류, 증발, 침투의 형태로 나타나는 강우부분인 손실을 총강우량에서 빼줌으로써 얻어진다. 미국 자연자원보전청(自然資源保全廳; U.S. Natural Resources Conservation Service(NRCS) 이전 토양보전청(Soil Conservation Services(SCS))은 유역의 토양특성과 지면피복 상태에 관한 자료만을 이용하여 총강우량으로부터 초과강우량을 구할 수 있는 **NRCS유출곡선번호방법** 간단히 **곡선번호방법**(NRCS runoff curve number method)을 개발하였다.

강우가 시작하여 차단, 요부저류 및 침투로 인하여 유출이 시작되기까지 유출로 나타나지 않는 초기강우부분을 **초기손실**(初期損失; initial abstraction) I_a라 한다. 유출이 시작된 후에 유출로 나타나지 않는 강우부분을 **실제보유수량**(實際保留水量; actual retention) 또는 총손실이라 하고 이는 주로 침투로 구성되어 표토층에 잔존하는 강우로 F로 나타낸다. 따라서 총강우량은 초과강우량 또는 직접유출(Q), 실제보유수량(F), 초기손실(I_a)의 세 성분으로 분리되며 이들 관계는 식 (6.7), 그림 6.9와 같다.

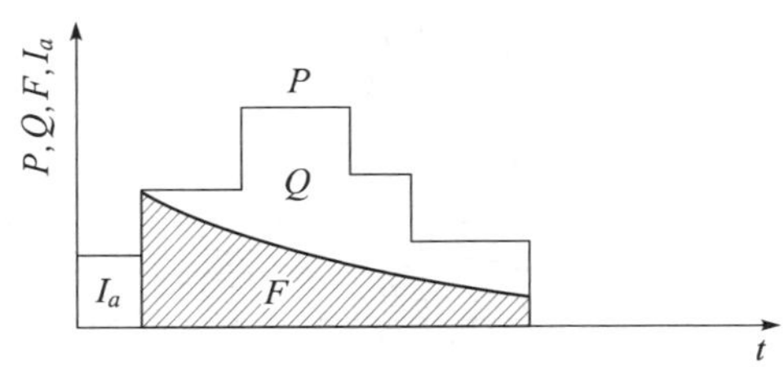

그림 6.9 강수량의 분리(직접유출, 초기손실, 실제보유수량)

$$F = (P - I_a) - Q \tag{6.7}$$

곡선번호방법은 실제보유수량 F와 최대잠재보유수량 S의 비는 실제유출 Q와 잠재유출 $(P - I_a)$의 비와 같다는 비례가정에 근거한다.

$$\frac{Q}{P - I_a} = \frac{F}{S} \tag{6.8}$$

식 (6.8)을 Q에 관하여 정리하면

$$Q = \frac{(P - I_a)^2}{(P - I_a) + S} \qquad P > I_a \tag{6.9}$$

식 (6.9)는 직접유출 Q에 대하여 한 개의 기지값 P와 2개의 미지값 I_a와 S를 포함한다. 유출이 시작되기 전에 최대잠재보유수량 S의 20%는 초기손실로 채워지는 것으로 가정되어 $I_a = 0.2S$을 적용하면 식 (6.9)는

$$Q = \frac{(P - 0.2S)^2}{P + 0.8S} \qquad P \geq 0.2S \tag{6.10}$$

식 (6.10)은 주어진 강우량 P에 대한 유출고 Q를 계산하는 기본식이다. 식 (6.10)의 P와 Q는 각각 누가강우량(mm)과 누가유효강우량(또는 누가유출고)(mm)이다. 손실로 해석되는 실제보유수량 F는 식 (6.7), (6.8)로부터

$$F = \frac{S(P - I_a)}{P - I_a + S} \tag{6.11}$$

식 (6.10)의 S값은 미국 자연자원보전청의 **유출곡선번호**(流出曲線番號; NRCS runoff curve number, RCN)의 항으로 주어진다. 간단히 **곡선번호**(曲線番號; curve number) CN은 유역의 수문학적 토양형, 토지이용과 처리상태 및 선행토양함수조건의 함수이며 한 유역의 유출능력을 나타내는 무차원수이다.

$$S = \frac{25400}{\text{CN}} - 254 \tag{6.12}$$

$$\text{CN} = \frac{25400}{\text{S} + 254} \tag{6.13}$$

곡선번호결정

(1) 강우량과 유출고의 관측치가 주어지는 경우

식 (6.10)의 S를 식 (6.13)에 대입하여 CN을 강우량 P와 유출고 Q의 항으로 나타내면

$$\text{CN}_{\text{obs}} = \frac{25,400}{254 + 5P + 10Q - 10\sqrt{Q^2 + 1.25QP}} \tag{6.14}$$

여기서 CN_{obs}는 관측기록으로부터 유도된 관측곡선번호이다. 따라서 한 유역의 강우량 P와 유출고 Q의 관측치가 주어지면 곡선번호를 결정할 수 있다.

(2) 유역특성으로부터 구하는 경우

강우량 P와 유출고 Q의 관측자료가 없는 미계측유역의 유출곡선번호는 미국 NRCS에 의하여 제공된 표 6.3으로부터 구해질 수 있다. 이들 표의 CN은 다양한 수문학적 토양피복상태에 따라 다르고 수문학적 토양피복상태는 수문학적 토양군, 토지이용과 처리(식생피복의 유형과 상태), 수문학적 지표조건, 선행함수조건의 조합을 설명한다.

수문학적 토양군(水文學的 土壤群; hydrologic soil group). NRCS는 토양의 유출특성을 결정하는 토양형과 토지이용을 고려하여 침투능의 서술적 지수로서 토양을 A, B, C, D의 4개의 분류로 나타낸다.

표 6.2 수문학적 토양군(US NRCS,1972)

토양군	토양성질
A	낮은 유출률(lowest runoff potential) 깊은 자갈층으로 높은 침투율 배수 매우 양호
B	비교적 낮은 유출률(moderately low runoff potential) 사질토로서 대체로 높은 침투율 배수 대체로 양호
C	비교적 높은 유출률((moderately high runoff potential) 대부분 점토토양 콜로이드 천적토로 낮은 침투율 배수 대체로 불량
D	높은 유출률(highest runoff potential) 점토질 토양으로 거의 불투수성이고 매우 낮은 침투율 배수 매우 불량

선행함수조건(先行含水條件; antecedent moisture condition, AMC). 이는 유출의 크기에 직접적인 영향을 주는 호우이전 토양의 수분상태를 나타내는 지표이다. 유출곡선방법은 5일 선행 강우량에 따라 3단계의 선행함수조건을 갖는다. 건조 선행함수조건(AMC-I)은 토양이 건조해서 유출 잠재력이 최저이고, 평균 선행함수조건(AMC-II)은 평균유출조건이고, 습한 선행함수조건(AMC-III)은 유역이 선행강우로 포화되어 유출이 최고인 상태이다.

CN(II)가 주어지는 경우 건조상태(AMC-Ⅰ)와 습윤상태(AMC-Ⅲ)에 대한 CN은 식 (6.15)와 (6.16)으로 계산된다.

$$\mathrm{CN(I)} = \frac{\mathrm{CN(II)}}{2.3 - 0.013\,\mathrm{CN(II)}} \tag{6.15}$$

$$\mathrm{CN(III)} = \frac{\mathrm{CN(II)}}{0.43 + 0.0057\mathrm{CN(II)}} \tag{6.16}$$

표 6.3 선행토양함수조건(US NRCS,1972)

AMC	선행토양수분상태	5일 선행강우량 P_5(mm)	
		성수기	비성수기
Ⅰ	토양이 건조 상태로 유출률이 낮은 상태	$P_5 < 35.56$	$P_5 < 12.70$
Ⅱ	토양의 수분과 유출률이 보통인 상태	$35.56 < P_5 < 53.34$	$12.70 < P_5 < 27.94$
Ⅲ	선행강우로 인하여 토양이 포화 상태로 유출률이 높은 상태	$P_5 > 53.34$	$P_5 > 27.94$

표 6.4 유출곡선번호(AMC-II, $I_a = 0.2S$)(US NRCS,1972)

피복상태		수문학적 조건 및	수문학적 토양군별 유출곡선번호			
토지이용	처리상태	평균불투수면적(%)	A	B	C	D
A. 농경지 휴경지			77	86	91	94
줄경작(row crops)	등고선경작	불량	70	79	84	88
		양호	65	75	82	86
소립곡물(small grains)	등고선경작	불량	63	74	82	85
(밀, 보리, 귀리, 호밀 등)		양호	61	73	81	84
조밀파종콩과작물	등고선경작	불량	64	75	83	85
		양호	55	69	78	83
B. 비농경지 초지(pasture, grassland, range)		보통	49	69	79	84
채초지(meadow)		양호	30	58	71	78
임야(woods)		보통	36	60	73	79
농가(건물, 주변도로와 대지)		-	59	74	82	86
C. 완전히 개발된 도시지역						
개방공간(잔디, 공원, 골프장, 묘지 등):						
불량상태(poor): 초지피복 50%이하			68	79	86	89
보통상태(fair): 초지피복 50-75%			49	69	79	84
양호상태(good): 초지피복 75%이상			39	61	74	80
불투수지역:						
포장된 주차장, 지붕, 접근차도			98	98	98	98
도시도로 및 지역간 도로(streets & roads):						
포장도로(연석 및 우수관거가 있는)			98	98	98	98
포장도로(개거가 있는)			83	89	92	93
자갈도로			76	85	89	91
흙길			72	82	87	89
도시지구(urban districts):						
상업 및 업무지역		85	89	92	94	95
산업시설지역		72	81	88	91	93
주거지구(지구면적에 따라):						92
1/8acre(500m² 이하)		65	77	85	90	
1/4acre(1,000m² 이하)		38	61	75	83	87
13acre(1,400m² 이하)		30	57	72	81	86
1/2acre(2,000m² 이하)		25	54	70	80	85
1acre (4,000m² 이하)		20	51	68	79	84
2acre (8,100m² 이하)		12	46	65	77	82
D. 개발중인 도시지역						
새로 조성된 단지(식생피복이 없는 투수성지역)			77	86	91	94

수문학적 조건: 침투와 유출에 영향을 주는 식생지역의 밀도와 수관, 연중 계속 피복량, 초지 또는 조밀파종 콩과식물의 양, 지면의 잔존물의 피복백분율(≥20%이면 양호), 지면조도와 같은 인자들의 조합에 근거한다. **불량**(poor) : 침투에 지장을 주고 유출을 증가하는 인자. **양호**(good) : 평균 이상으로 침투를 증가시키고 유출을 감소하는 인자.

목초지, 초지. 불량: 피복이 50% 이하이고 부초가 없고 과방목 됨. **보통**: 피복이 50-75%이고 과방목되지 않음. **양호** : 피복이 75% 이상이고 약간의 방목.

임야. 불량: 숲 잔존물과 작은 나무가 있고 관목은 과잉방목 또는 정규적인 소각으로 파손. **보통**: 임야는 방목되나 소각되지 않고, 약간의 숲 잔존물이 토양을 피복. **양호**: 임야는 방돈되지 않고 토양은 상당 부분이 잔존물과 관목으로 피복.

표 6.5 도시불투수지역 유출곡선번호(AMC-II)

불투수지역 면적(%)	곡선번호	불투수지역 면적(%)	곡선번호
100	98	50	94
90	97.5	45	93
80	97	40	92.5
70	96.5	35	91
60	96	< 30	91
55	95		

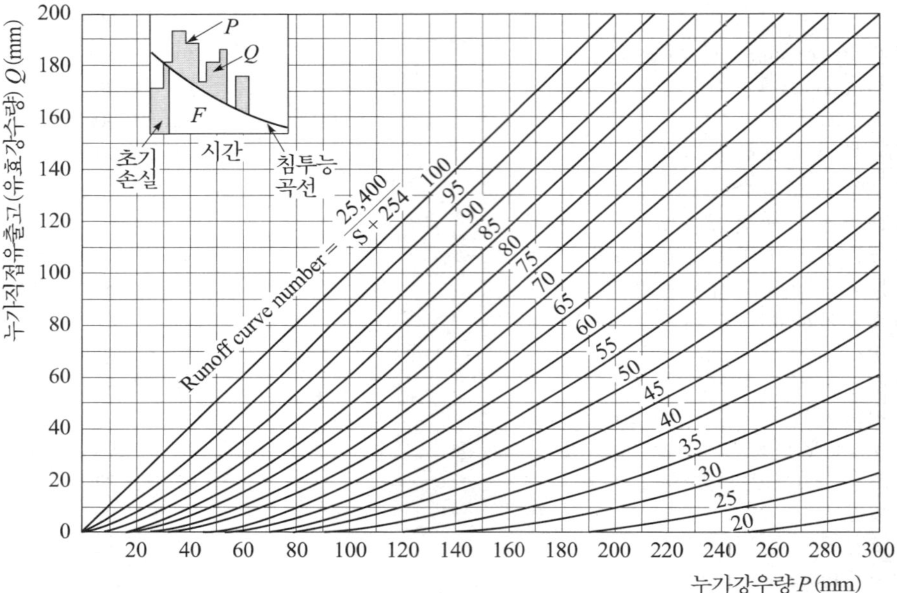

그림 6.10 NRCS강우유출식의 도해(US NRCS,1972)

예제 6.3

면적이 1.2 km^2인 지역이 개발된다. 그 중 75%가 불투수성지역이고 나머지 25%가 투수성지역이다. 투수성지역의 1/2은 양호한 상태의 잔디이고 나머지 1/2은 빈약한 잔디 피복상태이다. 수문학적 토양군은 C이다. 개발지역의 CN을 결정하고 표 6.6의 2란의 강우자료에 대한 초과강우량과 손실을 구하라.

풀이 CN산정 내용은 다음 표와 같다. 표 6.4로부터 불투수지역의 CN은 98이므로 75%의 면적 가중치를 고려한 불투수성지역의 CN은 98×0.75=73.5이다. 참고로 표 6.5의 불투수성지역(75%)의 유출번호 는 CN=96.8이다. 이에 대한 최대잠재보류수량 S는 식 (6.12)에 따라 S=25,400/92.6-254=20.3mm이고 초기손실 I_a는 $I_a=0.2S=0.2(20.3)=4.06$mm이다. 이들을 이용한 계산내용은 표 6.6과 같다

피복상태	피복비율	CN	CN 비율
불투수성 지역	0.75	98	73.5
투수성 지역			
양호 잔디	0.125	74	9.2
불량 잔디	0.125	79	9.9
			가중 CN=92.6

표 6.6에서 초기손실 I_a=4.06mm는 처음 1시간(0-1)의 강우량 1mm와 다음 (1-2)시간의 강우량 5mm 중 3.06mm를 포함한다. 따라서 2시간대에서 I_a=4.06mm를 만족한 후 초과강우량(유출)이 발생하게 되고 이는 식 (6.10)을 이용하면 $Q=(6-0.220.3)^2/(3+0.820.3)0.17$mm로 계산된다. $t=2$hr에서 손실(누가침투량) F는 식 (6.11) 또는 식 (6.7)로부터 $F=P-(Ia+Q)=6-(4.06+0.17)=1.77$mm로 구해진다.

표 6.6 초과강우량과 손실 계산

시간 t (hr)	강우강도 i (mm/hr)	강우량 ΔP (mm)	누가강우량 P (mm)	누가초과강우량 P_e (mm)	초과강우량 Q (mm)	손실 F (mm)
0	0.0	0.0	0.0	0.0	0.0	0.0
1	1.0	1.0	1.0	0.0	0.0	0.0
2	5.0	5.0	6.0	0.17	0.17	1.77
3	20.0	20.0	26.0	11.40	11.23	10.71
4	10.0	10.0	36.0	19.53	8.13	23.81
5	4.0	4.0	40.0	22.97	3.44	32.5

예제 6.4

0.6km^{2}의 유역이 0.4km^{2}의 밭 경작과 0.2km^{2}의 산림으로 구성되어 있다. 수문학적 토양군은 각각 D와 C이다. AMC-III조건에서 30mm 강우에 대한 유출고와 유출체적을 구하라.

풀이 표 6.4로부터 CN값은 소립낟알작물(small grain, C, 양호)이 CN=84, 삼림(임야)이 양호조건으로 CN=77이다. 이 경우에는 면적가중평균 CN이 계산된다.

$$\text{면적가중평균 CN(II)}=\frac{\sum A\,CN}{\sum A}=\frac{0.4\times 84+0.2\times 77}{0.4+0.2}=81.7$$

AMC-III에 대한 CN(III)은 식 (6.16)으로부터 CN(III)=91.2를 구하고 이를 식 (6.12)에 대입하여 S=25.4mm를 얻는다. S=25.4mm와 P=30mm를 식 (6.10)에 대입하여 유출고 12.3mm를 계산하고 이에 유역면적을 곱하여 유출체적을 구한다.

$$Q=\frac{(P-0.2S)^2}{P+0.8S}=\frac{(30-0.2\times 25.4)^2}{50+0\,8\times 25.4}=12.3\text{mm}$$

$$V_Q=\text{AQ}=0.6\times 10^6\times 12.3\times 10^{-3}=7{,}380\text{m}^3$$

예제 6.5

CN(69.85)과 AMC-II조건을 적용하여 표 6.7의 2란에 주어진 호우에 대한 손실과 초과강우량의 시간분포를 결정하라.

풀이 CN=69.85에 대한 최대잠재보유수량 S는 식 (6.12)에 따라 S=25400/CN-254=25400/69.85-254 =109.6mm이므로 I_a=0.2S=21.92mm이다. 누가강우량이 21.92mm가 될 때까지 모든 강우량은 초기손실이 된다. 즉 누가강우량이 초기손실 I_a= 21.92mm를 초과할 때에 유출이 시작된다. 이는 처음 1시간에 일어난 강우량 5.1mm와 다음 1 시간에 일어난 강우량 17.9mm 중 16.82mm를 포함한다.

표 6.7 시간별 초과강우량과 손실계산

시간	누가강우량	강우량	누가손실(mm)		손실	누가초과강우량	초과강우량
t (h)	P (mm)	(mm)	I_a	F	f (mm/h)	P_e (mm)	Q (mm)
(1)	(2)	(3)	(4)	(5)	(6)	(7)	(8)
0	0	0	0	–	–	0	
1	5.1	5.1	5.1	–	–	0	
2	23.0	17.9	21.92	1.07	1.07	0.01	0.01
3	32.3	9.3	21.92	9.48	8.41	0.9	0.89
4	58.7	26.4	21.92	27.54	18.06	9.24	8.34
5	118.1	59.4	21.92	51.23	23.69	44.95	35.71
6	134.4	16.3	21.92	55.51	4.28	56.97	12.02
7	136.1	1.7	21.92	55.92	0.41	58.26	1.29

$P > 21.92$mm에 대하여 연속적인 손실 F가 식 (6.11)에 의하여 계산된다.

$$F = \frac{S(P - I_a)}{P - I_a + S} = \frac{109.6(P - 21.92)}{P - 21.92 + 109.6} = \frac{109.6(P - 21.92)}{P + 87.68}$$

예를 들면 2시간 후에 누가강우량이 $P = 23.0$mm이므로 F는

$$F = \frac{109.6(23.0 - 21.92)}{23.0 + 87.68} = 1.07\text{mm}$$

이는 5란에 보인 바와 같이 누가손실의 시간별 변화를 나타낸다. 손실의 시간분포는 5란의 시간별 누가 손실의 차이로서 6란에 주어진다. 누가초과강우량은 초기손실과 손실량에 대한 잔류강우량이다. $t = 2$h의 경우 P_e는 식 (6.7)에 의하여

$$P_e = P - I_a - F = 23.0 - 21.92 - 1.07 = 0.01\text{mm}$$

이는 7란에 보인 바와 같고 8란의 초과강우량은 7란의 시간별 누가초과강우량의 차이로 주어진다. 즉 8란은 초과강우량의 시간별 분포이다. 이들 결과는 식 (6.10)을 이용하여 초과강우량을 먼저 구하고 식 (6.7)에 의하여 F를 구할 수 있다.

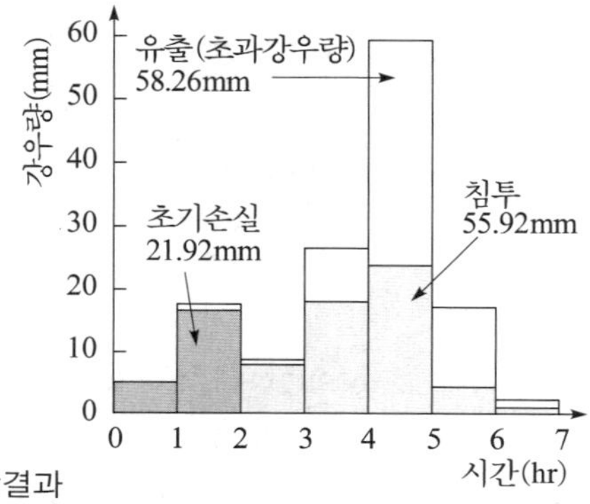

그림 6.11 예제 6.5의 계산결과

6.5 지표류

지표류(地表流; overland flow)는 수로계통에 이르는 지표면상의 초과강우량의 흐름으로 정의된다(그림 6.2). 여기서 수로는 집중된 흐름이 일어나는 지형구조이다. 강우의 지속으로 토양이 포화상태가 되어 강우강도가 침투능을 초과하고 지면요부가 채워지면 지면에 흐름(유출)이 시작되어 지표류가 형성된다. 지표류는 지표면상에 엷은 수막형태로 흐르므로 **박류** 또는 **판상류**(薄流 또는 板狀流; sheet flow)라고도 한다. 지표류는 2차원 흐름으로 초기에는 층류이나 수심과 유속이 증가하면 난류가 된다. 이 경우 한계 레이놀즈수는 $R_e = 4VR/v = 2,000$(Chow 등, 1988)이다. 지표류는 수심이 작으나 지면을 덮는 물의 양은 상당한 양에 이르고 이를 **지면저류**(地面貯留; surface detention)라 한다. 이는 하천에 유입되기 이전에 일어나므로 최초의 지표유출이다. 지표류모형은 확정론적 방법으로 이론은 층류와 난류, 연속, 운동량방정식에 근거한 미분방정식으로 기술된다. 지표류모형은 유출첨두에 이르는 유출집중과 **유출확산**(流出擴散; runoff diffusion)의 영향을 포함하고, 초과강우량의 시간과 공간의 변화를 나타내는 분포성격을 가져서 수문곡선의 발생을 가능하게 한다. 지표류는 소유역의 유출양상을 나타내므로 지표류 모형의 적용은 원칙적으로 소유역에 국한된다.

6.5.1 지표류 이론

지표류의 수학적 기술은 질량보존의 연속방정식에 근거한다.

$$\frac{\partial Q}{\partial x} + \frac{\partial A}{\partial t} = 0 \tag{6.17}$$

식 (6.17)은 흐름방향의 단위길이에 대한 유량의 변화($\partial Q/\partial x$)와 단위시간에 대한 흐름면적 또는 단위길이의 저류량 $S = A \times 1$ 의 변화($\partial S/\partial t = \partial A/\partial t$)간의 평형을 설명한다. 중간유입이 있는 경우 식 (6.17)은

$$\frac{\partial Q}{\partial x} + \frac{\partial A}{\partial t} = q_l \tag{6.18}$$

여기서 q_l은 단위 길이당 중간, 측방 유입량 또는 유출량(유입은 (−), 유출은 (−))$[L^2 T^{-1}]$ 이다. 일반적으로 지표류는 흐름방향으로 길이가 L, 경사가 S_o, 폭이 무한대인 평면에서 일어나는 것으로 가정된다. 이 경우 단위 폭에 대한 식 (6.18)은

$$\frac{\partial q}{\partial x} + \frac{\partial h}{\partial t} = i \tag{6.19}$$

여기서 q는 단위 폭당 유량, h는 수심, i는 측방유입(초과 강우량) 또는 단위면적당 유입량 (LT^{-1}) 이다. 강우가 시작되면 평면상에 물이 모여 낮은 데로 흐르기 시작한다. 유출구를 통과하는 유량과 평면상의 저류량은 영에서부터 증가하기 시작한다. 강우가 지속되어 가장 먼 지점

의 강우가 유출구를 통과하는 시점에서 유출구의 유출량과 평면상의 저류량은 일정한 값에 이르게 되고 이 일정한 값을 각각 **평형유출**(平衡流出; equilibrium outflow)과 **평형저류체적**(平衡貯留體積; equilibrium storage volume)이라 한다. 평형에 이르는 시간은 도달시간과 같고 지표류에서는 **평형시간**(平衡時間; time to equilibrium)이라 한다. 강우가 지속되면 평형상태는 계속되고 강우가 중단되면 유출과 저류량은 짧은 시간에 감소하여 영에 이르게 된다. 이 과정이 그림 6.12에 설명된다. 평형상태에서 유출량은 유효강우량의 유입과 같으므로

$$q_e = 0.278 \times 10^{-6} iL \tag{6.20}$$

여기서 q_e는 평형유출량(m^3/s/m), i는 유효강우량(mm/hr), L은 평면의 길이(m)이다. 식 (6.20)은 합리식(14장)에서 유출계수가 1.0(C=1.0)인 경우이다.

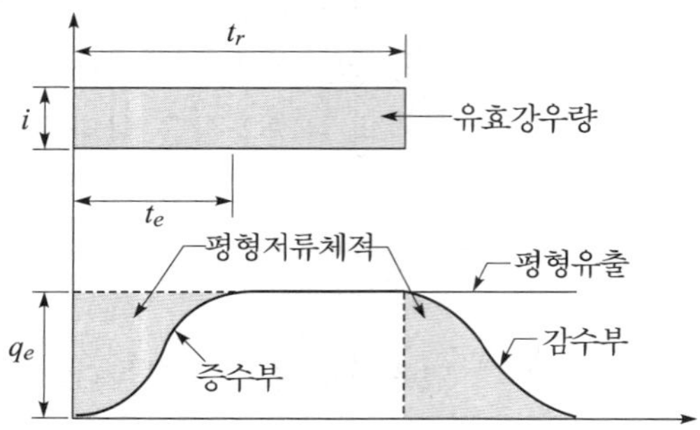

그림 6.12 지표류 수문곡선(t_r: 강우지속시간; t_e: 평형시간)

한편 Chow(1988)는 침투율과 지표면의 경사를 도입하여 평형유출을 다음과 같이 유도하였다.

$$q_e = (i - f) \times 10^{-6} L \cos\theta \tag{6.21}$$

여기서 i는 강우강도(mm/h), f는 침투율(mm/h) 및 θ는 지면경사이다. 평형저류체적은 그림 6.12에서 음영부분의 면적으로 다음과 같이 근사된다.

$$S_e = \frac{q_e t_e}{2} \tag{6.22}$$

여기서 S_e는 단위폭당 평형저류체적(m^3), t_e는 평형시간(sec)이다. 지표류해석은 하류단에서 흐름상태, 평형흐름의 유량, 평형시간, 지표류 수문곡선의 상승부와 감수부의 모양을 필요로 하고 이들은 연속방정식과 운동량 방정식의 해로 주어진다.

연속방정식 식 (6.19)의 단위 폭당 유량 q를 유속의 항 $q(=uh)$으로 나타내면

$$\frac{\partial h}{\partial t} + u\frac{\partial h}{\partial x} + h\frac{\partial u}{\partial x} = i \tag{6.23}$$

여기서 u는 평균유속 $u = q/h$이다. 운동량방정식은

$$\frac{\partial u}{\partial t} + u\frac{\partial u}{\partial x} + g\frac{\partial h}{\partial x} + g(S_f - S_o) + \frac{iu}{h} = 0 \tag{6.24}$$

식 (6.23)과 (6.24)로 기술되는 지표류의 해는 (1) 저류개념, (2) 운동파기법, (3) 확산파기법 및 (4) 동역학파기법과 같은 접근방법으로 얻어진다. 저류개념은 저수지추적에 이용된 개념과 유사하다. 운동파기법은 저류개념의 개선방법이나 유출의 확산을 고려하지 않은 유출해석이다. 확산파기법은 운동파기법의 개선방법으로 유출확산을 포함한 기법이다. 동역학파기법은 확산파기법의 개선방법으로 식 (6.23)과 식 (6.24)의 해를 구하는 기법이다.

6.5.2 저류개념해법

이 기법은 주로 Horton(1938)과 Izzard(1944) 작업에 근거한다. 평형상태에서 유출량 q_e과 저류체적 S_e의 관계는

$$q_e = aS_e^m \tag{6.25}$$

여기서 a, m은 상수이다. 평균수심 h_e는 다음과 같이 정의된다.

$$h_e = \frac{S_e}{L} \tag{6.26}$$

식 (6.25)와 식 (6.26)을 조합하면

$$q_e = bh_e^m \tag{6.27}$$

여기서 $b = aL^m$다. 지수 m값은 흐름에 따라 다르다. 즉 층류에서는 $m = 3$, 난류에서는 평균유속공식에 따라 Chezy와 Darcy-Weisbach공식의 경우 $m = 3/2$, Manning공식의 경우 $m = 5/3$이다. 평형시간은 식 (6.22)와 (6.25)를 t_e에 관하여 정티하면

$$t_e = \frac{2}{q_e^{(m-1)/m} a^{1/m}} \tag{6.28}$$

(1) 층 류

레이놀즈수가 $R_e = V4R/ = V4h_e/\nu \leq 2000$인 층류에서 유속분포는

$$v = \frac{gS_o}{\nu}\left(h_e y - \frac{y^2}{2}\right) \tag{6.29}$$

여기서 ν는 동점성계수($\nu = \mu/\rho$)이다. 평균유속 V는 v를 수심 h_e에 대하여 적분하고 수심 h_e로 나눔으로써 구해진다.

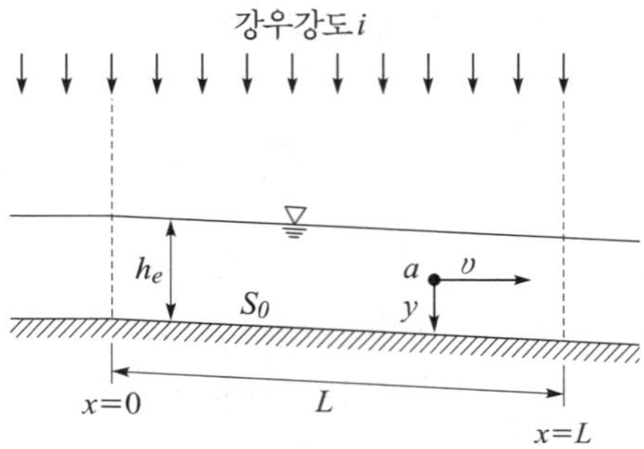

그림 6.13 지표류

$$V = \frac{gS_o h_e^2}{3\nu} \tag{6.30}$$

단위폭당 유량 q는 식 (6.30)에 수심을 곱해서 결정된다.

$$q = \frac{gS_0}{3\nu} h_e^3 \tag{6.31}$$

식 (6.31)로부터 식 (6.27)의 b와 m은 각각

$$b = aL^m = \frac{gS_o}{3\nu}, \ m = 3 \tag{6.32}$$

강우상태에서 마찰인자 f는 강우강도에 따라 증가한다. $f = C_L/Re$로 가정할 경우 C_L은 저항계수(抵抗係數; resistance coefficient)이고 Chow와 Yen(1976)에 의하면

$$C_L = 96 + 108(i/25.4)^{0.4} \tag{6.33}$$

여기서 i는 강우강도(mm/hr)이다. 등류에 대한 Darcy–Weisbach식 $h_f = f(L/4R)(V^2/2g)$을 $h_f/L = S_o$, $R \cong h_e$을 고려하여 수심 h_e에 관하여 정리하면

$$h_e = \frac{f\ V^2}{8gS_o} \tag{6.34}$$

$V = q/h_e$를 대입하면 식 (6.34)는

$$h_e = \left(\frac{f}{8gS_o}\right)^{1/3} q^{2/3} \tag{6.35}$$

$f = C_L/Re$과 식 (6.33), (6.35)에 따라 h_e는 강우강도 i의 함수이다. 지표류의 평형유량은 식 (6.31))으로부터 $q_e \sim h_e^3$의 관계를, 강우상태에서 지표류의 평형유량은 식 (6.35)으로부터 $q_e \sim h_e^{3/2}$의 관계를 갖음을 알 수 있다. 식 (6.28)에 $q = iL$과 $m = 3$(층류)을 적용하면 층류의 평형시간은

$$t_e = \frac{2L^{1/3}}{i^{2/3}b^{1/3}} \tag{6.36}$$

여기서 t_e는 평형시간(s), L은 지표류의 길이(m), i는 강우강도(m/s)이다.

(2) 난 류

난류에서 평균유속은 Manning공식으로 정의된다.

$$V = \frac{1}{n} R^{2/3} S_o^{1/2} \tag{6.37}$$

$R = h_e$를 고려하고 식 (6.37)에 수심을 곱하여 단위 폭의 유량으로 표시하면

$$q = \frac{S_o^{1/2}}{n} h_e^{5/3} \tag{6.38}$$

이로부터 식 (6.27)의 b와 m은 각각

$$b = aL^m = \frac{1}{n} S_o^{1/2}, \quad m = \frac{5}{3} \tag{6.39}$$

이 됨을 알 수 있다. 식 (6.28)에 $q = iL$을 고려하면 난류의 평형시간은

$$t_e = \frac{2(n\,L)^{1/m}}{i^{(m-1)/m}\, S_o^{1/2m}} \tag{6.40}$$

여기서 t_e는 평형시간(s), L은 지표류의 길이(m), i는 강우강도(m/s)이다.

식 (6.40)은 Manning공식에 근거한 $m = 5/3$에 대하여 유도되었으나 m =5/3 ~ 3범위의 층류-난류혼합흐름에도 적용된다. 식 (6.38)을 h_e에 관하여 정리하면

$$h_e = \left(\frac{n\,q_e}{S_o^{1/2}}\right)^{3/5} \tag{6.41}$$

층류($m = 3$)와 난류($m = 5/3$)의 중간흐름으로 75%가 난류흐름인 $m = 2$에 대하여 Horton에 의한 지표류 수문곡선은 다음과 같다(Dooge, 1973).

$$\frac{q}{q_e} = \tanh^2\left[2\left(\frac{t}{t_e}\right)\right] \tag{6.42}$$

$m = 3$ (층류)에 대한 무차원 상승수문곡선은 그림 6.14와 같다(Izzard, 1944). 식 (6.20)과 식 (6.36)에 의하여 q_e와 t_e를 각각 계산하고 이들을 그림 6.14에 적용하면 수문곡선의 상승부를 계산할 수 있다.

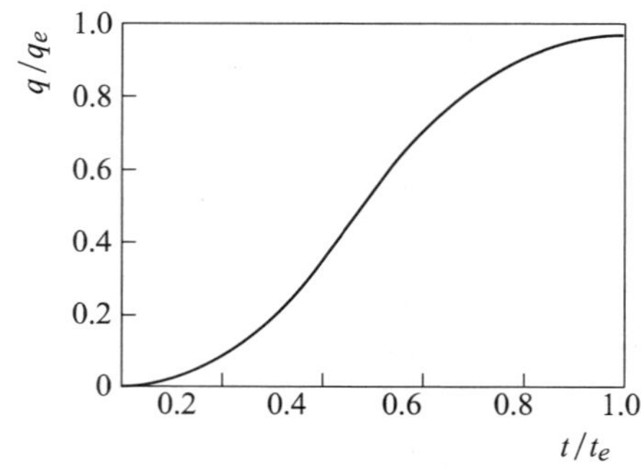

그림 6.14 저류개념에 의한 무차원 상승수문곡선($m=3$) (Izzard,1944)

예제 6.6

아스팔트 포장된 폭이 100m, 횡경사가 0.2%인 도로에 내린 20mm/h와 200mm/h의 강우에 대한 지표면의 하류단(도로 측구의 유입부)에서 단위 폭의 유량, 수심 및 유속을 구하라. $\nu=1.2\times10^{-6}\text{m}^2/\text{s}$, $n=0.015$.

풀이 (a) 20mm/h 강도의 강우

강우강도는 $i=20\text{mm/h}=5.56\times10^{-6}\text{m/s}$이다. $f=0$과 $\theta=\tan^{-1}(S_o)=\tan^{-1}(0.002)=0.115°$, $\cos(0.115°)=1.0$ 및 지표류 유로의 길이는 도로 폭의 1/2이므로 $L=100/2=50$m를 식 (6.21)에 대입하면

$$q_e=(i-f)L\cos\theta=(5.56\times10^{-6}-0)\times50\times1.0=2.78\times10^{-4}\text{m}^3/\text{s/m}$$

레이놀즈수는 $$R_e=\frac{4Vh_e}{\upsilon}=\frac{4q_e}{\upsilon}=\frac{4\times2.78\times10^{-4}}{1.2\times10^{-6}}=927$$

따라서 흐름은 층류이다. 식 (6.33)을 이용하여 저항계수 C_L을 구한다.

$$C_L=96+108(i/25.4)^{0.4}=96+108(20/25.4)^{0.4}=194$$

마찰손실계수는 $f=C_L/R_e=194/927=0.209$, 평형수심은 식 (6.35)에 따라

$$h_e=\left(\frac{f}{8gS_o}\right)^{1/3}q_e^{2/3}=\left(\frac{0.209}{8\times9.81\times0.002}\right)^{1/3}(2.78\times10^{-4})^{2/3}=0.00469\text{m}$$

유속은 $$V=q_e/h_e=2.78\times10^{-4}/0.00469=0.059\text{m/s}$$

(b) 200mm/h 강도의 강우

강우강도는 $i=200\text{mm/h}=5.56\times10^{-5}\text{m/s}$이다. $f=0$과 $\theta=\tan^{-1}(S_o)=\tan^{-1}(0.002)=0.115°$, $\cos(0.115°)=1.0$ 및 지표류 유로의 길이 $L=100/2=50$m를 식 (6.21)에 대입하면

$$q_e=(i-f)L\cos\theta=(5.56\times10^{-5}-0)\times50\times1.0=2.78\times10^{-3}\text{m}^3/\text{s/m}$$

레이놀즈수는 $R_e=4q_e/\nu=4(2.78\times10^{-3})/1.2\times10^{-6}=9{,}270$이므로 이 흐름은 난류이다. 수심은 식 (6.41)로 주어진다.

$$h_e=(nq_e/\sqrt{S_o})^{3/5}=(0.015\times2.78\times10^{-3}/\sqrt{0.002})^{3/5}=0.015\text{m}$$

유속은 $$V=q_e/h_e=2.78\times10^{-3}/0.015=0.19\text{m/s}$$

6.5.3 지표류의 운동파 해

운동량방정식에서 동역학적 항(관성항과 압력항)이 무시할 만큼 작고 중력과 마찰력이 지배적일 때 운동파가 일어나고 이 경우 운동량방정식 식 (6.24)는 다음과 같이 된다.

$$S_o = S_f \tag{6.43}$$

이는 등류의 식이고 배수의 영향이 없으므로 유량은 수심만의 함수이다. 즉

$$q = bh^m \tag{6.44}$$

여기서 b, m은 식 (6.27)과 유사한 상수들이다.

Horton방법에서 유출량은 유출체적에 관계되므로 전술한 바와 같이 방류량은 지표류의 평균수심에 관계된다. 반면 운동파방법에서 유출량은 유출수심에 관계된다. 지표류는 수평이 아닌 수면경사를 가져 저수지보다는 수로흐름과 같은 거동을 가지므로 저류개념보다 운동파방법이 지표류 해석에 보다 적합하다. 그러나 운동파는 확산을 결여하는 반면 저류개념은 이를 포함한다. 따라서 유출확산(runoff diffusion)이 현저한 경우에는 저류개념이 운동파방법보다 적절하다. 지표류의 운동파방법은 연속방정식 (식 6.19)와 운동량방정식 (식 6.43)의 변형인 식 (6.44)로 구성된다. 연속방정식을 다시 쓰면

$$\frac{\partial q}{\partial x} + \frac{\partial h}{\partial t} = i \tag{6.19}$$

수심 h는 식 (6.19)의 수치해로 결정되고 이를 식 (6.44)에 대입하면 유량이 결정된다.

식 (6.44)에서 b와 m을 상수로 취급하고 수심에 관하여 미분하면

$$\frac{\partial q}{\partial h} = mbh^{m-1} = m\left(\frac{q}{h}\right) = mu = c_k \tag{6.45}$$

여기서 c_k는 운동파의 전파속도이다. m은 일반적으로 1보다 크므로 c_k는 일반적으로 평균유속 u보다 크다. 식 (6.19)의 첫 항에 연쇄법칙을 적용하고 $\partial q/\partial h = c_k$를 고려하면

$$\frac{\partial h}{\partial t} + c_k \frac{\partial h}{\partial x} = i \tag{6.46}$$

식 (6.46)은 h를 독립변수로 하는 지표류에 적용 가능한 운동파식이다. 식 (6.19)에 c_k를 곱하고 둘째 항에 연쇄법칙을 적용하면 q를 독립변수로 하는 운동파식을 얻는다.

$$\frac{\partial q}{\partial t} + c_k \frac{\partial q}{\partial x} = ic_k \tag{6.47}$$

식 (6.46)의 좌변은 h의 전미분 dh/dt와 같으므로 $dh/dt = i$를 적분하면

$$h = it \tag{6.47}$$

연속방정식으로부터 유효강우량 i가 일정할 때 수심은 시간에 선형으로 증가함을 나타낸다. 식 (6.44)를 평형상태에 대하여 쓰면

$$q_e = bh_e^m \tag{6.48}$$

식 (6.27)의 평균수심과 달리 식 (6.48)의 h_e는 출구에서 평형흐름의 수심이다. 식 (6.44)를 식 (6.48)로 나누고 식 (6.47)을 대입하면

$$\frac{q}{q_e} = (\frac{h}{h_e})^m \tag{6.49}$$

$$\frac{q}{q_e} = (\frac{t}{t_k})^m \tag{6.50}$$

여기서 t_k는 **운동학적 시간매개변수**(kinematic time parameter) 또는 도달시간으로 다음과 같이 정의된다.

$$t_k = \frac{h_e}{i} \tag{6.51}$$

식 (6.50)은 $t \leq t_k$에 대하여 적용된다. 그렇지 않으면 유량은 평형유량을 초과하게 되고 이는 물리적으로 불가능하다. 이러한 점에서 t_k는 운동학적 첨두시간으로 해석될 수 있다.

식 (6.48)에 $q_e = iL$, $b = \frac{1}{n}S_o^{1/2}$(난류 상태의 Manning 마찰에 대하여) 및 식 (6.51)을 적용하면 운동학적 시간매개변수는

$$t_k = \frac{(nL)^{1/m}}{i^{(m-1)/m} S_o^{1/(2m)}} \tag{6.52}$$

t_k가 결정되면 식 (6.50)은 지표류수문곡선의 증수부를 제공한다. Woolhiser와 Liggett(1977)에 의하여 정의된 **운동파수**(運動波數; kinematic wave number) K는 다음과 같다.

$$K = \frac{S_o L}{F^2 h_o} \tag{6.53}$$

여기서 F는 출구에서의 평형흐름에 대한 Froude수, h_o는 출구에서의 평형흐름의 수심 즉 h_e이다. $K > 20$인 흐름은 운동학적흐름을 나타내므로 $K > 20$일 때 식 (6.44)가 적용가능하고 K가 작은 경우에는 식 (6.44)가 식 (6.24)의 근사해가 될 수 없다. S_o가 클수록 즉

경사가 급할수록 K는 크게 되며 흐름은 운동학적 흐름에 가깝게 된다. 실질적으로 $S_o = 0.01$ 또는 그 이상이면 흐름은 운동학적 흐름이다. 그림 6.15는 상이한 K에 대한 운동파식의 해를 무차원 시간 $t^* = t/t_k$에 대하여 무차원 유량 $q^* = q/q_e$를 도시한 것이다. 그림에서 알 수 있는 바와 같이 $K \leq 10$이면 운동방정식에서 관성항과 압력항을 포함하지 않음으로서 큰 오차가 유발된다.

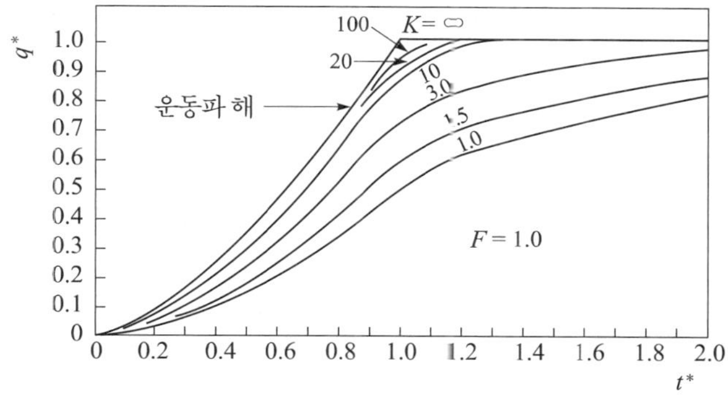

그림 6.15 수문곡선 증수부에 대한 운동파수 K의 영향(Woolhiser Liggett, 1977)

6.6 유량의 변동성

하천유량은 월, 계절 및 연의 시간에서 일정하지 않고 변하므로 일관된 급수와 발전의 관리와 계획에 운영정보를 제공뿐만 아니라 유역으로부터 유입되는 오염물로 인한 수질의 위험을 해석하기 위해서는 유량 변동성의 경향을 아는 것이 필요하다. 이러한 변동성의 경향 탐색은 특정 지점에서 장기간의 유량이나 수위자료 또는 추정을 필요로 한다. 하천유량의 변동성 조사에는 빈도곡선, 지속기간곡선 및 누가곡선이 이용되고 빈도곡선은 12장에서 기술된다.

6.6.1 유량지속곡선

지속(기간)곡선(持續(期間)曲線; duration curve)은 자료 기록기간 내 특정 유량과 같거나 초과(또는 작은)하는 유량의 시간 백분율을 나타내는 곡선이다. 도시되는 자료가 하천유량일 경우 이를 **유량지속곡선**(流量持續曲線; flow duration curve) 또는 **유황곡선**(流況曲線)이라 한다. 사용되는 기간의 단위는 일, 월 및 연이다. 백분율의 계산은 먼저 장기간(10년 이상 권장)의 유량자료를 증가 크기순으로 정리하고 각 유량(또는 유량자료를 계급 구간으로 구분하는 경우 계급구간 유량)과 같거나 큰 유량이 발생하는 일수를 총 일수로 나누어 시간백분율을 얻는다. 유량지속곡선은 시간백분율을 횡축에, 유량크기(계급의 경우 하한치)를 종축에 도시하여 작성된다. 가뭄이나 전력에 관한 문제에서는 연중 지속되리라 예상되는 최소 연속유량에 관한 정보가 필요하므로 유량자료는 증가순으로 정리되고, 홍수문제에서는 감소크기순으로 정리된다. 시간단위는 저수시설 없이 취수하는 경우에는 최소유량이 나타나도록 일 단위를 사용하고 저수지설계에는 월 또는 연 단위가 사용된다. 시간단위가 증가하면 곡선의 변화폭이 감소하여 곡선의 경사는 완만해진다(그림 6.16).

곡선 아래의 면적은 어느 기간 동안 총유출체적을 나타내므로 유량지속곡선은 저수시설 없이 특정목적에 얼마만한 물을 사용할 수 있는가, 어떤 특정유량을 1년 중 며칠이나 공급할 수 있는가 또는 저수지축조 여부 등을 결정하는데 필요하다. 유량지속곡선은 부족한 수량을 확보하는데 필요한 저류용량을 추정하고 홍수나 가뭄의 지속기간을 결정하는데 유용할 뿐만 아니라,

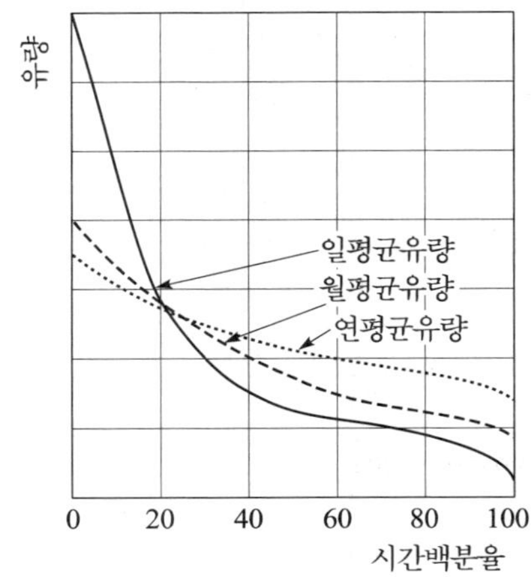

그림 6.16 기간별 유량지속(기간)곡선

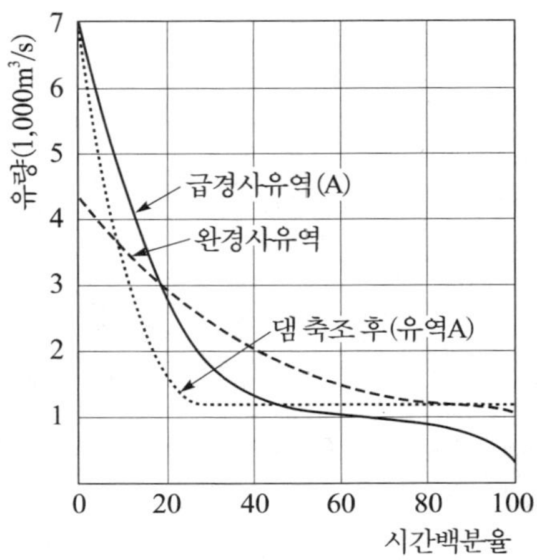

그림 6.17 유량지속(기간)곡선

주운, 수력발전, 급수, 관개 및 수질문제에도 필요하다. 유사량곡선(그림 10.3)과 연계하면 유량지속곡선은 연평균 총유사량산정에 이용된다.

그림 6.17에서 A유역의 경우 저수시설 없이 전 기간을 통하여 취수할 수 있는 유량은 300m^3/s이고 20%에 해당하는 기간에는 2800m^3/s의 유량을 공급할 수 있다. 만약 전 기간을 통해서 1200m^3/s의 유량공급이 필요할 경우 44%에 해당하는 기간(1년 중 204일간)에만 공급이 가능하므로 나머지 56%에 해당하는 기간의 공급을 위해서는 저수시설이 필요하게 된다. 저수시설의 영향은 유량지속곡선의 저수부분을 올리고 고수부분을 낮추어 전체적으로 유량의 변화폭이 감소하고 또한 곡선의 경사도 완만해진다(그림 6.17). 저수시설 등으로 유량이 조절되는 경우 조절유량지속곡선의 작성은 자연 유량과 달리 저수용량의 함수로 계산된 조절유량이 사용된다. 그림 6.17에서 조절 후에는 1200m^3/s 공급기간이 75%로 늘어나 전 기간에 대하여 소요량 1200m^3/s공급이 가능하게 된다. 발전전용의 경우 1200m^3/s에 대해서는 상시발전인 **고정발전**(固定發電; firm power)이 가능하고, 1200m^3/s를 초과하는 나머지 25% 기간에 대해서는 1200m^3/s를 초과하는 **이차발전**(二次發電; secondary power)이 가능하다. 저수시설 없이 발전하는 **수로식발전**(水路式發電; run of river power)의 경우에는 비조절지속곡선이 사용된다.

유량지속곡선이 설계도구로서의 약점은 유량의 발생순서를 나타내지 않는 점이다. 따라서 갈수량이 얼마나 오래 지속되는지 또는 갈수기가 어떻게 분포되었는지는 알 수 없다. 이 경우에는 수문곡선이 사용된다.

유량지속곡선은 하천간의 유황비교에 매우 효과적이다. 지속곡선이 완만한 하천은 다공성 물질의 유역으로 유역의 강우 저류량이 많고 넓은 홍수터가 발달되어 유역이 포화되지 않는 한 유출은 강우양상의 반영도가 낮다. 이러한 하천은 홍수가 적고 지하수공급이 많은 즉 하상계수가 낮은 하천이다. 지속곡선의 경사가 급한 하천은 유역의 저류량이 적고 유출은 강우양상을 반영하는 작은 산지유역인 경우로 홍수와 한발이 빈번하고 지하수가 적은 하천으로 하상계수는 높아 이수와 치수 면에서 매우 불리하다. 후자의 경우는 조절을 필요로 하고 상류에 댐을 축조하여 조절하면 하류에서의 지속곡선은 완만하게 되어 상시유량의 증가를 도모할 수 있다.

수력발전의 유량추정. 수력발전에서 수차는 특정 유량(예로 평균 유량의 1.3배)에서 조작되도록 설계된다. 따라서 이를 크게 초과하는 유량은 이용이 불가능하며 아주 낮은 유량에서는 효율이 떨어지고 특정 최소유량이하에서는 수차를 정지시킨다. 수차의 출력은 주로 최대와 최소유량사이의 유량지속곡선의 형상에 좌우된다. 수차의 설계유량이 Q_d라면 수차는 $0.25Q_d$와 Q_d의 범위에서 조작되는 것으로 가정된다. 수차에 의하여 발전되는 전력은

$$P = \rho g \eta Q H (W) \tag{6.54}$$

$$P = \frac{\rho g \eta Q H}{736} = 13.3 \eta Q H (hp) \quad (1hp = 736\,W) \tag{6.55}$$

여기서 P는 전력(watt, W), Q는 유량(m^3/s), H(m)는 수두(m), η는 수차와 발전기의 효율, ρ는 물의 밀도($1000 kg/m^3$) 및 g는 중력가속도($9,81 m/s^2$)이다. 수차에 의하여 생산되는 에너지 E는 시간에 대한 수력 P의 적분으로 주어진다. 이 경우 수두는 변하지 않는 것으로 가정된다.

$$E = \rho g \eta H \int Q dt \ (\text{kWh}) \tag{6.56}$$

식 (6.56)의 적분은 유량지속곡선에서 상하경계사이의 면적이 된다.

예제 6.7

표 6.8의 유량기록에 대한 유량지속곡선과 수력지속곡선을 도시하고 다음을 결정하라. (a) 연간 75%의 기간에 예상되는 유량, (b) $30m^3/s$의 유량을 공급받을 수 있는 가능성, (c) 효율이 70%, 낙차가 15m인 경우 4000kW의 상시발전이 가능한가?

풀이 유량지속곡선의 초과확률은 Weibul공식($P = m/(n+1)$: 12장 참조)으로 계산되고, 수력지속곡선의 종거는 유량지속곡선의 종거인 유량에 수두, 효율 및 환산계수를 곱하여 얻는다. 수력지속곡선의 수력은 식 (6.54)에 따라 다음과 같이 계산된다.

$$P = \rho g \eta Q H = 1000 \times 9.81 \times 0.7 \times 15Q = 110{,}400Q(W) = 0.11Q(MW)$$

표 6.8 일평균유량과 예제 6.7의 계산

일평균유량 (m^3/s)	발생회수	누가회수 m	하한치에 같거나 초과되는 백분율 $m/(n+1)$(100)(%)	수력 $P=0.11Q$ (MW)
125–150	6	6	0.44	13.75
100–124	20	26	1.89	11.00
75–99	152	178	12.95	8.25
50–74	372	550	40.00	5.50
40–49	467	1017	73.96	4.40
30–39	246	1263	91.85	3.30
20–29	62	1325	96.36	2.20
10–19	43	1368	99.49	1.10
5–9	6	1374	99.93	0.55

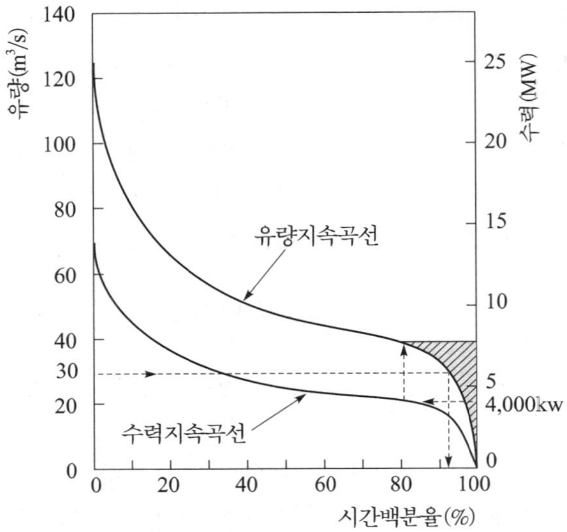

그림 6.18 예제 6.7의 유량지속곡선과 수력지속곡선

(a) 그림 6.18의 유량지속곡선으로부터 연간 75%의 기간에 예상되는 유량은 40m^3/s,

(b) 30m^3/s를 공급받을 수 있는 가능성은 그림 6.18의 유량지속곡선으로부터 92%,

(c) 연간 4000kW의 상시 발전에 필요한 유량은 $P=9.8QH\eta=9.8\times15Q\times0.7=102.9Q=4000$kW 로부터 Q=39m^3/s이며 이는 그림 6.18의 두 지속곡선으로부터도 얻어진다. 연중 Q= 39m^3/s를 공급하기 위해서는 그림 6.18에서 사선부분에 해당하는 저류용량을 갖는 저류구조물이 상류에 필요하다.

6.6.2 유량누가곡선

유량누가곡선(流量累加曲線; flowmass curve 또는 **Rippl diagram**)은 시간에 대한 누가유량을 도시한 곡선이다. 즉 기점시간부터 시간(월 또는 연)을 횡축에, 각 시간까지 발생한 유출 또는 유량의 총체적을 종축에 도시하여 작성된다(그림 6.19b). 그러나 실제 유량누가곡선의 작성에서는 하천수면에서의 증발량과 수로경계의 침윤에 대해 누가유량을 보정을 필요로 한다. 유량누가곡선에서 시간 t 에 대한 종거는 해당 수문곡선에서 t 까지 수문곡선 아래 면적이 되며 이를 식으로 나타내면 다음과 같다.

$$\forall = \int_{t_1}^{t_2} Q\,dt \approx \Sigma\, Q\Delta t \tag{6.57}$$

여기서 $\forall$ 는 **유출체적**(流出體積; m^3, m^3/sec–day), Q 는 시간의 함수로 주어지는 유량 또는 수문곡선의 종거이다. 곡선의 경사가 급한 구간은 (유입)유량이 많은 풍수기간이고 완만한 구간은 유량이 적은 저수기간을 나타낸다. 곡선의 양 끝을 연결한 직선 A–A′의 기울기는 총기록기간의 평균유량을 나타낸다. 따라서 유량누가곡선상에서 두 점간의 종거차이는 두 점간의 기간에 대한 총유량을 나타낸다. 따라서 이 두 점을 연결한 선의 경사는 그 기간 동안의 평균유량을

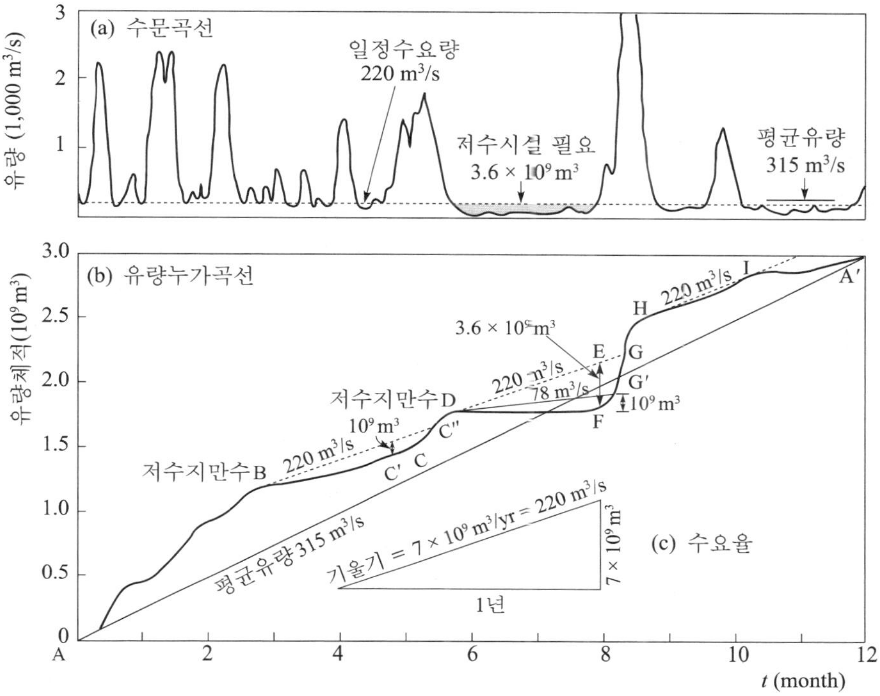

그림 6.19 수문곡선과 유량누가곡선

나타낸다($Q = d\forall/dt$).

유량누가곡선상의 어느 한 점에서의 경사는 그 시간에서 유량 또는 저수지의 경우에는 저수지에 유입되는 유량을 나타낸다.

물 수요율(需要率; rate of draft)과 동일한 경사를 갖는 선을 **수요율선**(需要率線; draft line)이라 한다(그림 6.19c). 만약 유량누가곡선의 기울기가 수요율선보다 급하면 자연하천의 공급률은 수요율보다 크다. 그림 6.19b의 A−B, C−D 및 F−G기간에서는 공급이 수요를 초과한다. 기울기가 수요율선보다 완만하면 공급은 수요를 충족하지 못한다. 그림 6.19b에서 B−C′와 D−F기간이 이에 해당한다. 따라서 이들 기간에서 수요를 충족시키기 위해서는 상류 저수지로부터 방류가 필요하다. 관개, 급수 또는 수력에 대한 수요는 일정하지 않고 월에 따라 변하므로 이를 충족하는 수요율선은 직선이 아닌 곡선이 된다. 점 B, D, H, I는 저수지가 만수상태로 고려된다. D점에 대해 생각하면 수문곡선(그림 6.19a)에서 알 수 있는 바와 같이 갈수기가 계속되므로 상류에 위치한 저수지는 만수상태로 물을 저장하고 있어야 차기 갈수기에 용수공급이 가능하게 된다. 수요율선과 유량누가곡선 사이의 연직거리는 수은을 충족하는데 필요한 저류용량을 나타낸다.

유량누가곡선의 주요 용도는 특정수요를 충족시키는데 필요한 저수지용량의 결정, 주어진 저수용량으로부터 공급가능량의 결정, 저수지조작 및 홍수추적의 도구로 사용된다.

(1) 저수지용량결정

(a) 도해법: 연속되는 기간 동안에 대하여 저수지에 유입(공급)량과 유출(수요)량의 차이의 누가

치중에서 최대치가 필요한 저류용량이 된다.

$$S = \max(I - O) \tag{6.58}$$

여기서 S는 저수지의 용량(m³), I는 유입(공급)유량(m³/s) 및 O는 유출(수요)유량(m³/s)이다.

(b) 해석적 방법 : 유량누가곡선을 이용하는 저수지용량결정방법에서는 저수지가 초기에 또는 건기가 시작되는 시점에서 만수상태로 고려된다. 시작 시점부터 임의의 기간별로 계산된 저수지의 누가유입량(또는 공급량)과 누가방류량(또는 수요량)의 차이 중에서 최대치가 필요한 저류용량이 된다.

$$S = \max(\forall_D - \forall_S) \tag{6.59}$$

여기서 S는 저수지의 용량(m³), $\forall_D$는 누가수요(또는 유입)량(m³) 및 $\forall_S$는 누가공급량(또는 유량)(m³)이다. 수요율이 만약 220m³/s이라 하면 그림 6.19c와 같이 220m³/s/yr의 기울기를 작성하고 B, D, H, I점에서 이에 평행선을 그어 이들 평행선과 유량누가곡선과의 연직 거리차이 중 제일 큰 값이 식 (6.59)의 S에 해당되는 저수지의 최소용량이 된다. 220m³/s를 공급하는데 C′에서는 10^9m³이 부족하고 F에서는 3.6×10^9m³이 부족하므로 3.6×10^9m³가 필요한 최소저수지용량이 된다.

(c) 연속첨두해석방법(sequent peak analysis) : 유입체적(I)과 수요체적(D)의 차이의 누가치 $\sum(I-D)=\sum I-\sum D$를 시간에 대하여 도시한 **대체누가곡선**(alternative mass curve) 또는 **잔차누가곡선**(residual mass cureve)을 이용해서 저수지 소요 용량을 구하는 것이 가능하다. 대체유량누가곡선에서 첫번째 첨두 P_1보다 크고 다음에 발생한 첨두 P_2를 연속첨두라 한다. 그림 6.20의 대체누가곡선에서 P_1과 P_2사이의 저류용량 S_1은 처음 첨두 P_1과 최저점 T_1간의 차이($S_1 = P_1 - T_1$)가 된다. 이 과정은 모든 첨두에 대하여 반복되고 소요저류용량은 $(P_i - T_i)$ 중 최대치가 된다.

저수지의 저류용량산정 시 저수지에 유입되는 관측유량은 저수지수면으로부터 증발량, 강수량, 댐을 통한 침윤량, 인접유역으로부터 유입량, 하류수요에 따른 방류량 및 유사유입량에 대하여 보정되어야 한다.

$$S = \max(P_i - T_i) \tag{6.60}$$

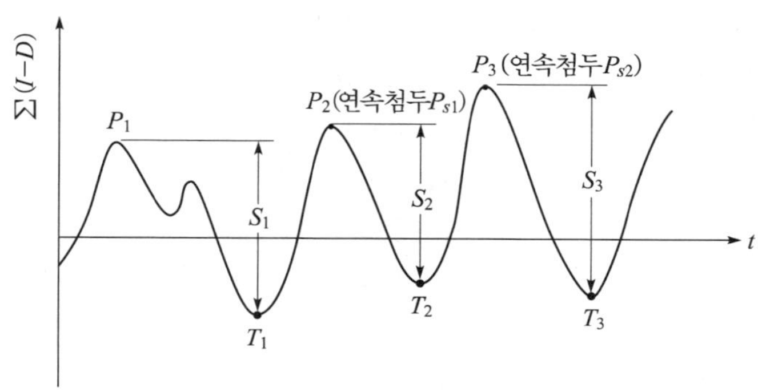

그림 6.20 대체(잔차)누가곡선

(2) 공급가능량 산정

유량누가곡선의 다른 용도는 주어진 저수용량으로부터 공급가능량의 결정이다. 만약 저수지의 용량이 $10^9 m^3$로 주어졌을 경우 공급가능량을 유량누가곡선상에서 구해 보기로 한다. B, D점에서 종거차가 $10^9 m^3$가 되도록 접선을 그어 C″점과 G″점을 얻는다. BC의 기울기는 $220m^3/s$으로 $220m^3/s$의 공급이 가능하고 DG′는 $78m^3/s$의 공급량을 나타내므로 최대공급가능량은 $220m^3/s$이 된다.

예제 6.8

저수지에 유입되는 하천의 월 유량기록이 표 6.9의 2란과 같고 낙차는 50m이다. (a) 연 평균유량을 공급 하는데 필요한 최소 저수지용량을 (1) 유량누가곡선, (2) 해석적방법 및 (3) 더체유량누가곡선을 이용하여 결정하라. (b) 효율이 $\eta = 70\%$인 경우 연속적으로 발전 가능한 수력을 구하라. (c) 경제적인 최대 저류용량이 $140 \times 10^6 m^3$일 경우 공급 가능한 유량은 얼마인가?

풀이 유량누가곡선 작성의 계산과정은 표 6.9와 같고 1란에 대하여 4란을 도시한 유량누가곡선은 그림 6.21과 같다. 연간 누가유입체적이 $1897.7 \times 10^6 m^3$(4란)이므로 연평균 유량은 $Q = 60.2m^3/s$로 이는 연간 평균 수요율로 고려된다.

$$Q = \frac{1897.7 \times 10^6}{365 \times 86400} = 60.2m^3/s$$

(a) **(1) 도해법** : 연중 $60.2m^3/s$을 공급하기 위해 필요한 저류용량은 그림 6.21에서 수요율선과 유량누가곡선의 최대 연직거리로 용량은 $180 \times 10^6 m^3$이다.

표 6.9 월평균유량과 예제 6. 8의 계산

월	월평균유량	월유입량체적	월누가유입 체적$\sum I$	월평균수요	월수요량 체적 D	월누가수요 체적$\sum D$	$\sum I - \sum D$
	(m^3/s)	($10^6 m^3$)	($10^6 m^3$)	(m^3/s)	($10^6 m^3$)	($10^6 m^3$)	($10^6 m^3$)
(1)	(2)	(3)	(4)	(5)	(6)	(7)	(8)
1	35	93.7	93.7	60.2	161.2	161.2	−67.5
2	90	217.7	311.4	60.2	145.6	306.8	4.6
3	80	214.3	525.7	60.2	161.2	468.0	57.7
4	69	178.8	704.5	60.2	156.0	624.0	80.5
5	28	75.0	779.5	60.2	161.2	785.2	−5.7
6	32	82.9	862.4	60.2	156.0	941.2	−78.8
7	82	219.6	1082.0	60.2	161.2	1102.4	−20.4
8	60	160.7	1242.7	60.2	161.2	1263.6	−20.9
9	89	230.7	1473.4	60.2	156.0	1419.6	53.9
10	80	214.3	1687.7	60.2	161.2	1580.8	106.9
11	49	127.0	1814.7	60.2	156.0	1736.8	77.9
12	31	83.0	1897.7	60.2	161.2	1898.0	−0.3

(2) 해석적 밥법 : 표 6.9의 8란에서 가장 높은 값과 가장 낮은 값의 최대 차이가 요구되는 최소 저류용량이다.

$$\text{저류용량} = 106.9 \times 10^6 - (-78.8 \times 10^6) = 185.7 \times 10^6 m^3$$

(3) 대체누가곡선: 그림 6.22에서 최소 저수지용량은 최대 종거차이로 $S = \max(P_i - T_i) = 180 \times 10^6 m^3$이다.

(b) 낙차 50m, 연간 평균 수요율 $Q = 60.2 m^3/s$에 대한 연속적으로 상시발전이 가능한 수력은

$$P = \frac{1000QH}{75}\eta = \frac{1000 \times 60.2 \times 50}{75} \times 0.7 = 28093 \text{hp}$$

$$= 28093 \times 736 = 20.7 \times 10^6 \text{W} = 20.7 \text{MW}$$

(c) **공급 가능한 유량**: 그림 6.21에서 최대 종거차가 예상되는 D점에서 $140 \times 10^6 m^3$를 제공하는 연직거리 DF를 정하고 BF를 연결한다. 직선 BG의 기울기는 저류량 $140 \times 10^6 m^3$가 공급할 수 있는 최대 공급율(유량)을 나타내고 그 값은 다음과 같이 $54.9 m^3/s$이다.

$$\text{BG의 기울기} = \frac{650 \times 10^6 m^3}{137 \text{day} \times 86400 \text{s/day}} = 54.9 m^3/s$$

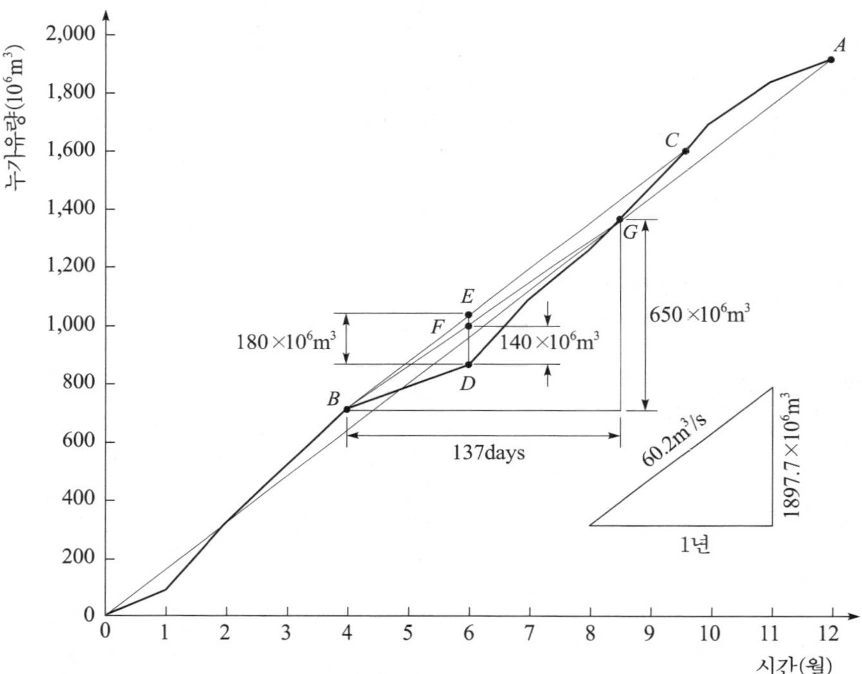

그림 6.21 예제 6.8의 유량누가곡선(1란에 대한 4란의 도시)

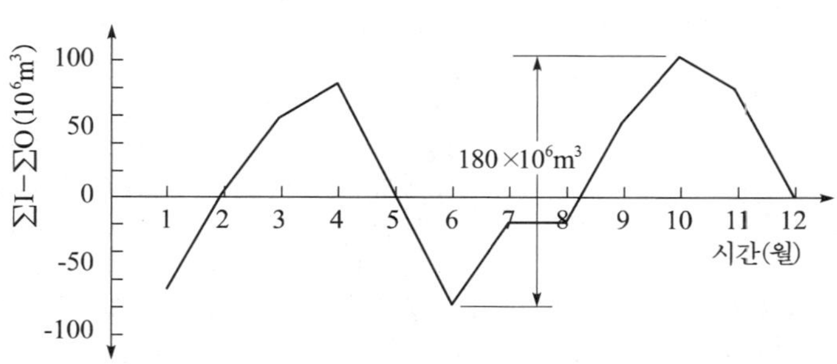

그림 6.22 예제 6.8의 대체누가곡선 (1란에 대한 8란의 도시)

문 제

수문곡선

6.1 어느 하천의 수문곡선 감수부의 유량이 시간 t_p에서 1,200m^3/s 이다. 24시간 간격의 감수상수가 0.8일 때 5일 후의 시간(t_p+5)에서 유량을 산정하라.

6.2 한 하천의 수문곡선 감수부의 유량 160m^3/s이 3일 후에 120m^3/s으로 감소했다. 감수곡선을 구하라.

6.3 다음 유량자료로부터 감수상수를 이론과 도해법으로 구하라.

시간(day)	1	2	3	4	5	6	7	8	9	10
유량(m^3/s)	20	14	30	39	24	12	8.3	5.0	1.3	0

6.4 다음 자료를 반대수지에 도시하여 직접유출이 중단되는 시간을 이용하는 방법외에 다른 방법으로 감수상수를 결정하라. 유역면적은 0.45ha이다.

시간(h)	유량(m^3/s)	시간(h)	유량(m^3/s)
1	3.18	9	6.53
2	3.11	10	4.68
3	3.05	11	3.27
4	6.85	12	2.33
5	5.89	13	1.87
6	9.61	14	1.68
7	4.32	15	1.50
8	0.27	16	1.35

기저유출분리

6.5 일평균유량의 수문곡선이 다음 표와 같다. (a) 지표유출, 중간유출 및 기저유출의 감수상수를 결정하라. (b) 지표유출, 중간유출 및 기저유출을 분리하고 각 수문곡선과 체적을 계산하라.

시간(day)	유량(m^3/s)	시간(day)	유량(m^3/s)
1	250	12	150
2	238	13	141
3	4815	14	132
4	7335	15	125
5	5922	16	118
6	1386	17	111
7	454	18	105
8	252	19	100
9	197	20	95
10	176	21	90
11	161		

6.6 유역면적이 1,200km^{2}인 지점의 수문곡선이 다음과 같다.
(a) 감수상수를 0.9로 가정하여 기저유출을 분리하라. (b) 감수상수외 다른 방법들을 이용하여 직접유출을 구하여 비교하라. (c) 비유량(m^3/s/km^2)을 구하라.

시간(day)	유량(m^3/s)	시간(day)	유량(m^3/s)
1	6.8	8	100.5
2	1067.0	9	86.7
3	778.3	10	74.7
4	435.8	11	64.1
5	278.9	12	55.1
6	178.6	13	47.3
7	133.9	14	41.1

6.7 문제 **6.6**에서 직접유출을 다음 단위로 표시하라.

(a) m^3/s-day(SMD) (b) 유출고(mm) (유출체적을 유역면적으로 나누어 유역의 단위 면적당의 강우깊이를 **유출고**(runoff depth)라 정의함.)

6.8 다음 수문곡선에 대하여 감수곡선방법으로 기저유출을 분리하고 유출고를 결정하라. 유역면적은 0.15km^2이다

시간(hr)	1	2	3	4	5	6	7	8	9	10	11	12	13	14	15
유량(m^3/s)	0.9	0.88	2.0	4.6	5.7	4.5	3.0	1.9	1.4	1.0	0.75	0.4	0.48	0.43	0.4

6.9 다음 수문곡선의 기저유출을 (a) 감수곡선방법과 (b) 경사급변점방법으로 분리하여 직접유출 수문곡선을 구하고 (c) 유출고를 계산하라. 유역면적은 275km^2이다.

시간(h)	유량(m^3/s)	시간(h)	유량(m^3/s)
0	6.85	50	44.0
5	6.25	55	34.0
10	5.60	60	27.5
15	25.0	65	20.5
20	60.0	70	13.7
25	78.0	75	10.0
30	85.7	80	6.0
35	72.0	85	3.25
40	62.5	90	3.0
45	53.5	95	2.80

6.10 문제 **6.8**을 (a) 경사급변점, (b) N-day 방법으로 해석하라.

SCS-유출곡선번호

6.11 면적이 4.2km^2인 유역의 40%가 주거지역, 10%가 포장도로, 10%가 상업지역, 20%가 산업지역, 20%가 공원 등 공지이다. 수문학적 토양군이 C이고 강우량이 120mm이다. AMC-Ⅱ조건에 대한 유출고를 계산하라.

6.12 면적이 7.5km^2인 유역의 50%가 산림, 20%가 주거지역, 30%가 양호한 상태의 초원이다. 수문학적 토양군이 40%는 B이고 60%는 C이다. 강우량이 96mm일 때 AMC-Ⅲ조건에 대한 유출고를 산정하라.

6.13 CN=82, AMC-Ⅱ 조건에 대한 25년 설계강우량에 대한 누가유출고를 계산하라. 또한 누가손실을 계산하여 누가유출고와 누가손실을 시간에 대하여 도시하라. 초과강우량의 주상도를 작성하라.

시 간(h)	0.5	1.0	1.5	2.0	2.5	3.0	계
25년(mm)	9.3	14.4	56.7	38.0	12.8	8.7	139.9
100년(mm)	11.7	19.9	70.9	46.3	18.2	14.5	181.5

6.14 문제 **6.13**을 100년 설계강우량에 대하여 되풀이 하라.

6.15 서울지역에 위치한 집수면적 $2km^2$의 토지이용과 수문학적 토양군이 다음과 같다. 성수기의 5일 선행강우량이 37.5mm일때 10년 빈도 3시간지속 강우에 대한 유출체적을 계산하라.

면적, km^2	토양형	토지이용과 수문학적 조건
0.4	C	주거지역
1.2	D	경작지(conservation treatment)
0.4	B	삼림(good cover)

지표류

6.16 지표류 평면의 길이가 70m이다. 초과강우량 30mm/h에 대한 평형유량을 구하라.

6.17 지표류 평면의 길이가 100m, 폭이 150m, 평형시간이 0.3h 및 초과강우량이 50mm/h이다. 평형저류체적(m^3)을 결정하라.

6.18 $L = 50$m, $S_o = 0.01$, $i = 60$mm/h, 수온 20℃인 층류에 대한 평형시간을 저류개념해법으로 결정하라.

6.19 문제 **8.17**에서 평형상태에서 평균지표류 수심을 계산하라. 만약 수온이 25℃로 상승하면 수심의 변화는 어떻게 되는가?

6.20 $L = 50$m, $S_o = 0.02$, $i = 60$mm/h, $n = 0.05$, $\nu = 1.1 \times 10^{-6} m^2/s$인 난류에 대한 지면의 하류단에서 평형시간, 유량, 수심 및 유속을 결정하라.

6.21 $L = 80$m, $S_o = 0.015$, $i = 40$mm/h, $n = 0.05$ 의 75% 난류에 대한 지표류의 증수부를 Horton식 (식 6.42)으로 계산하라.

6.22 $L = 40$m, $S_o = 0.008$, $n = 0.07$, $i = 50$mm/h인 지표류에 운동파해법이 적용가능한지 밝혀라.

6.23 폭이 25m, 길이가 $L = 50$m, 경사가 $S_o = 0.0025$ 인 주차장이 콘크리트로 포장되었다. 강우강도가 $i = 65$mm/h인 30분 강우에 대한 수문곡선을 Izzard방법으로 구하라.

6.24 길이가 20m, 경사가 1%인 불투수면에 70mm/h의 강우가 내린다. 불투수면의 하류단에서 단위폭의 유량, 수심 및 유속을 구하라. ($n = 0.015$, $\nu = 1.2 \times 10^{-6} m^2/s$)

6.25 문제 **6.24**에서 침투율이 12mm/h인 잔디에 비가 내리고 마찰손실계수가 $f = 75$ 일 때 흐름을 해석하라.

유량의 변화성(유량지속곡선과 유량누가곡선)

6.26 다음은 평창강 방림지점의 월평균 유량기록(1991년)이다.

시간(월)	1	2	3	4	5	6	7	8	9	10	11	12
유량(m^3/s)	0.06	0.05	6.8	45.41	31.42	18.77	61.91	26.45	14.06	32.14	16.9	1.04

(a) 유량지속곡선을 작성하라. (b) 낙차 15m, 발전소 효율을 80%로 가정하여 전력지속곡선을 작성하라. (c) 예상평균유량과 전력을 결정하라. (d) 고정전력을 구하고 이를 2배로 할 경우 필요한 조치는?

6.27 다음 유량기록에 대한 유량지속곡선과 수력지속곡선을 도시하고 다음을 결정하라. (a) 연간 75% 의 기간에 예상되는 유량, (b) $30m^3/s$를 공급받을 수 있는 가능성, (c) 효율이 75%, 낙차가 20m인 경우 3000kW의 상시발전이 가능한가?

시간(월)	1	2	3	4	5	6	7	8	9	10	11	12
유량(m^3/s)	6	14	16	17	26	50	40	35	31	22	19	12.5

6.28 다음은 어느 하천의 2년간 월 평균 유량기록이다.

시간(월)	1	2	3	4	5	6	7	8	9	10	11	12
유량(m^3/s)	1.6	6.8	35.8	16.9	21.0	30.9	74.3	45.1	26.0	36.9	6.3	32.5
	28.3	10	9.5	45.7	17.9	42.2	101.3	60.6	60.7	18.0	84	3.4

(a) 평균유량을 구하라. (b) 월평균 $20m^3/s$를 공급 받을 수 있는 기간은 얼마인가? (c) 낙차를 20m, 발전소 효율은 80%라 할 때 3MW를 발전할 수 있는 기간은? (d) 평균유량이하의 유량에 의해서 얻을 수 있는 총전력은 얼마인가?

6.29 일정 수요율 $30m^3/s$을 충족하기 위한 최소저수지용량을 도해법으로 계산하라. 월별 유량은 다음과 같다.

시간(월)	1	2	3	4	5	6	7	8	9	10	11	12
평균 월유량(m^3/s)	12	18	24	60	54	66	72	60	54	42	48	18

6.30 저수지에 유입되는 월 유량기록이 다음 표와 같다. 연 평균유량을 공급하는데 필요한 최소 저수지용량을 (a) 유량누가곡선, (b) 해석적방법 및 (c) 대체유량누가곡선을 이용하여 결정하라.

시간(월)	1	2	3	4	5	6	7	8	9	10	11	12
유량(m^3/s)	99	143	169	248	272	401	290	389	323	134	86	68

6.31 월 하천유량이 다음과 같다. $30m^3/s$의 수요를 유지하는데 필요한 최소저수지 용량을 결정하라. (a) 도해법, (b) 해석적방법.

시간(월)	1	2	3	4	5	6	7	8	9	10	11	12
평균 월유량(m^3/s)	42	48	18	12	18	24	60	54	66	72	60	54

6.32 문제 **6.31**에서 수요가 다음과 같이 변동되는 경우 월수요를 충족하는 저수지 용량을 결정하라. 저수지 면적은 $15km^2$이고 강우량의 유출환산에 필요한 유출계수는 $C = 0.5$ 이다.

시간(월)	1	2	3	4	5	6	7	8	9	10	11	12
수 요 량(cm)	48	52	44	50	73	62	49	38	25	31	37	44
증 발 량(cm)	12	14	18	19	19	18	16	12	10	6	6	10
월강우량(cm)	7	6	4.5	3	18	24	18	14	12	10	12	9

6.33 어느 하천의 월유량이 다음과 같다. 최대균일 수요를 충족하는 최소저수지용량을 결정하라.

시간(월)	1	2	3	4	5	6	7	8	9	10	11	12
유량(m^3/s)	75	66	40	23	26	41	5	74	66	40	26	29

6.34 어느 하천의 월유량이 다음과 같다. 낙차가 30cm, 발전소효율이 85%일 경우 40MW를 발전하는데 필요한 저류용량을 결정한다. 또한 최대고정발전은 얼마나 되겠는가?

시간(월)	1	2	3	4	5	6	7	8	9	10	11	12
유량(m^3/s)	56.2	61.5	119.2	257.9	234	202	162	132	189	212	184.2	126.3

6.35 어느 하천의 월평균 유량이 다음과 같다. 평균유량을 구하라. 월류가 허용되지 않을 경우 저수지의 용량을 결정하라.

시간(월)	10	11	12	1	2	3	4	5	6	7	8	9
유량(m^3/s)	12	4.2	5.2	4.8	2.4	3.0	6.3	9.7	15.3	16.6	7.0	16.9

7 흐름계측

흐름계측(hydrometry 또는 stream gaging)은 강우량, 지하수, 지표수, 강설량, 증발, 토양수분 및 유사이송의 질과 양을 포함하는 물 순환 요소의 계측과학이다. 그러나 많은 경우 흐름계측은 개방된 흐름수역에서 수위, 유량, 하상표고 및 유사이송을 계측하는 협의의 의미로 정의된다.

하천의 흐르는 물의 양과 공간, 시간적인 변화에 관한 자료는 지표수공급과 관리, 수자원구조물 설계, 홍수예보 및 물수지에 중요하고 필요한 정보이다. 이러한 정보 중에서 가장 직접적인 것은 하천의 한 횡단면을 통과하는 단위시간에 대한 물의 양으로 정의되는 **하천유량**(河川流量; stream flow) 간단히 **유량**(流量; discharge)의 측정이다. 유량의 직접적이고 연속적인 측정은 어려우나 수위의 연속적인 기록을 얻는 것은 상대적으로 용이하므로 대부분의 하천유량관측소에서 획득되는 기본 자료는 하천의 수위이고 이를 유량으로 환산한다. 그러나 근래에는 계측기의 발달로 현지에서 수심과 유량의 직접적인 측정이 이루어지고 있다.

흐름계측은 **관측소**(gaging station)와 하천에서 연속적인 수위와 유량을 측정하는 과정이고 이는 측정방법과 계측기의 사용을 포함한다. 계측대상은 수위, 유량, 하상표고 및 유사량이다. 이러한 목적으로 연속적인 수위관측, 유량측정 및 유사량과 같은 수문학적인 양의 측정을 가능하게 하는 장비를 하천관측소에 설치한다. 하천유역에는 다수의 관측소로 구성되는 관측망이 형성되어 수자원에 관한 정보가 제공된다.

7.1 수위 측정

수위(水位; stage)는 고정된 기준면에 대한 하천수견의 표고이고 하상에서 수면까지의 연직거리인 수심과는 구별된다. 기준면은 평균해면 또는 하상보다 낮게 임의로 취해지는 기준이 될 수 있는 지점의 표고이다. 기준면은 영구적인 기준으로 유지하기 위하여 안정된 구조물에 설정한다. 이와 같은 기준표고를 **영점표고**(零点標高; gage datum)라 한다. 수위를 측정하는 **수위계**(水位計; stage gage)에는 보통수위계와 자기수위계의 두 종류가 있다. **보통수위계**(普通水位計; nonrecording or manual gage)는 지정된 시간에 수동으로 수위를 측정하는 것으로 그림 7.1에서와 같이 눈금이 새겨진 자(尺)로서 교각이나 구조물에 고정하여 수면이 상승 높이를 눈금으로 읽는 **준척수위계**(staff gage), 추를 내려뜨려 수위를 읽는 **추선수위계**(wire weight gage), 부자를

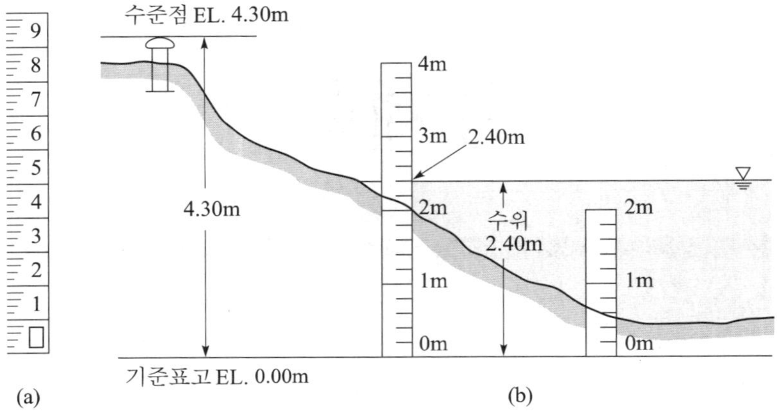

그림 7.1 준척수위계

이용한 **부자수위계**(float gage), 첨두수위계 등이 있다. **자기수위계**(自記水位計; recording gage)는 자동으로 연속적인 수위를 기록한다.

수위측정의 목적은 시간에 대한 수위의 변화를 나타내는 수문곡선과 수위에 대한 유량의 관계를 나타내는 수위-유량관계곡선의 작성, 주운, 홍수예보, 물 관리 및 오폐수처분에 이용하기 위함이다.

7.2 자기수위계

자기수위계는 수위감지, 기록 및 자료의 수집과 보관관리의 세 부분으로 구성된다.

수위감지장치

부자감지기. 수면과 같이 승강하는 부자에 줄을 연결하고 이 줄의 다른 끝에 연결된 펜이 이동하여 수위를 기록한다. 부자는 **정온정**(靜穩井; stilling well)(그림 7.2)에 설치되고 정온정은 하안 또는 제방에 위치한다. 제방에 설치하는 경우에는 직경이 5cm정도인 두 개의 관을 통하여 하천에 연결된다. 두 개의 관사용은 고장이나 수선을 위함이다. 정온정의 바닥은 최저수위보다 1m 정도 낮게 하고 상부는 100년 홍수위 이상으로 한다.

기포수위감지기(氣泡水位感知器; bubble gage sensor). 수중에 위치한 관의 끝에 오리피스를 연결하고 질소와 같은 가스를 오리피스를 통하여 기포로 방출한다. 오리피스에서 수압은 그 점의 수심에 비례하므로 관의 가스압력은 기준면에 설치된 오리피스에서 수압 또는 수두와 같다. 따라서 관의 가스압력을 측정하여 기준면에 대한 수심을 얻는다.

압력변환기(壓力變換器; pressure transducer). 수중 임의의 점의 정수압은 수심에 직접 비례하므로 이 수압을 전기적인 신호로 변환하여 기록한다.

영상수위계. 카메라를 설치하여 수위표의 영상과 수위의 독치를 전송받아 실시간 수위관측이 가능하다.

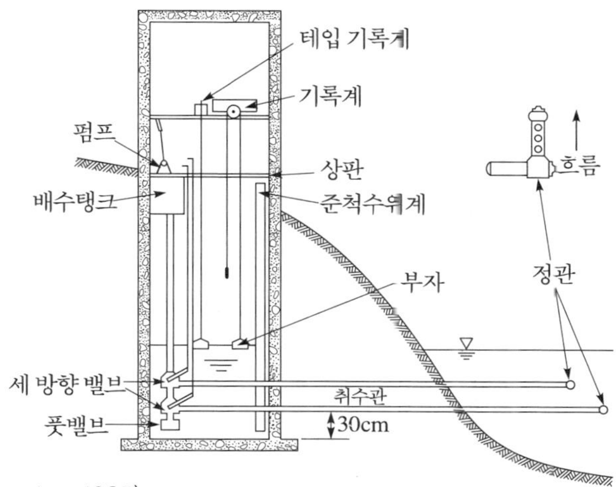

그림 7.2 정온정설치(Herschy, 1985)

기록관리. 시계를 이용하여 기록지나 테이프가 감기도록 하고 부자나 기포수위계에 의하여 펜을 작동시킨다. 최근에 개발된 기록장치는 감지기로부터 신호를 수신해서 기록에 필요한 형태로 변환하여 기록하거나 자료를 다른 기억장치에 전송한다.

하천흐름의 체계적인 계측은 국토교통부, 한국수자원공사, 한국농촌공사에 의하여 수행된다. 이들 기관은 수위측정을 위하여 수위관측소를 운영하고 있으며 수위는 주로 자기수위계와 전송형(T/M)자기수위계를 채용하고 있다. 일부 수위관측소는 부근 하천단면의 유속측정을 통하여 유량측정을 병행하고 있다. 국토교통부의 경우 4대강 홍수통제소가 관장하던 유량측정업무의 효율을 높이기 위하여 2007년 신설된 한국건설기술연구원산하 유량조사사업단으로 이관되었다.

7.3 첨두수위계

첨두수위계(尖頭水位計; crest stage gages)는 준척수위계를 읽는 것이 용이하지 않거나, 자기수위계가 첨두수위를 기록한다는 보장이 되지 않는 지점에서 **첨두수위**(crest stage, highwater mark)의 저렴하고 보완적인 기록을 제공한다. 이러한 목적으로 여러 가지 방안이 고안되었다.

(1) 수위에 따라 상승하여 최고수위에서 정지하는 작은 부자.

(2) 비에 젖지 않도록 보호된 교각이나, 막대에 수용성 페인트를 칠해서 최고수위를 읽는다.

(3) 병 계측기 : 이는 준척의 눈금을 나타내는 높이마다 빈병을 수평으로 위치시킨다. 물이 채워진 제일 위쪽의 병이 최고수위를 나타낸다(그림 7.12).

(4) 미국지질조사국에서 사용되는 수위계는 눈금막대, 연직원통 및 소량의 코르크로 구성된다. 수위가 상승하면 원통바닥의 코르크는 수면에 떠서 상승하여 물이 올라간 최고수위 흔적으로 눈금막대에 남게 된다. 눈금막대를 꺼내서 첨두수위를 읽고 코르크를 닦은 후 다시 통에 넣는다.

7.4 유속계에 의한 하천유속측정

7.4.1 유속계

유속계(流速計; current meter)는 유량을 측정하는 가장 보편적인 계측기이다. 유속계는 컵 또는 프로펠러 형태인 여러 개의 회전자로 구성된다. 주어진 시간동안 회전자의 회전수는 흐름의 유속에 직접 비례하고 회전수 N과 유속 v의 관계는 선형이다.

$$v = a + bN \tag{7.1}$$

여기서 a, b의 값은 각 유속계의 검정에 의하여 주어진다. 유속계는 회전축의 방향에 따라 연직축유속계와 수평축유속계로 분류된다. 연직축 회전자는 컵 또는 날개이고 수평축 회전자는 프로펠러이다. 두 경우 다 같이 매(또는 5)회전마다 '딸각' 소리를 내거나 회전수를 수자로 제시하고 기억장치에 저장된다. 연직축 컵유속계는 **프라이스유속계**(Price current meter)라고 하며 구조와 명칭은 그림 7.3과 같다.

프라이스유속계의 문제점. 측방향의 흐름도 유속계 회전자의 회전에 영향을 주므로 측방 흐름이 있는 수역에서는 실제 종방향 유속보다 큰 유속이 계측될 수 있다. 이러한 지역에서는 정확한 유속측정을 위하여 프로펠러유속계 또는 Sontek의 2, 3차원 유속계인 Flow tracker와 같은 유속계가 사용되어야 한다.

7.4.2 유속계 조작방법

유속계의 조작은 하천의 크기와 접근 용이도에 따라 다르게 된다.

도섭(徒涉; wading)**.** 눈금있는 장대에 유속계를 부착하여 관측지점에 위치시키고 관측자는 하안쪽 하류에 위치한다. 수심이 1.5m, 유속이 1.5m/s보다 작은 경우에 적합하다.

교량. 하천을 횡단하는 교량위에서 유속계를 수동 또는 고가 활차에 의해 강하한다.

보트. 폭이 아주 넓은 하천에서는 보트를 이용해서 유속을 측정한다. 먼저 하천을 횡단하는 줄을 늘어뜨리는 것이 필요하다. 이는 측정이 필요한 위치에 보트를 고정하고, 하폭을 측정하는 추가적인 목적을 갖는다.

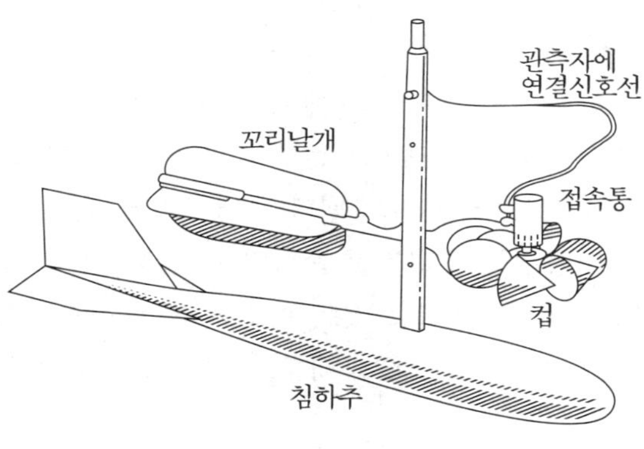

그림 7.3 Price유속계

케이블방법. 관측자는 하안에서 기계적인 조작으로 유속계를 관측지점까지 이동시키고 필요수심까지 강하시킨다.

케이블카. 관측자는 케이블카를 타고 하천을 횡단 이동하면서 유속계를 강하시킨다.

7.4.3 유속분포

매끄러운 경계를 갖는 수로에서 난류의 연직방향 유속분포는 경계층 상부의 전단과 난류의 영향을 받지 않는 자유흐름영역(자유수면이 경계층과 일치할 때 이는 무시된다), 하부 전단흐름의 외부(후류)영역과 내부영역으로 세 영역으로 구분될 수 있다. 내부영역은 대수영역, 완충영역 및 점성저층을 포함한다. 이들 영역에 대한 유속분포는 다음과 같다.

점성(층류)저층(黏性(層流)底層; viscous sublayer)은 바닥(경계벽)에 인접한 점성이 지배적인 아주 얇은 층이다.

점성(층류)저층
$$\frac{u}{u_*} = \frac{u_* y}{\nu} \tag{7.2}$$

여기서 u_*는 전단속도, ν는 동점성계수, 식 (7.2)는 $u_* y/\nu < 5$의 벽면에 인접한 얇은 층에 적용된다.

내부영역(內部領域, inner region)은 $y/h < 0.2$ 범위의 영역으로 난류응력이 무시할 정도이고 점성응력이 지배적인 벽면 인접영역인 내부영역의 **대수유속분포**(對數流速分布; logarithmic velocity distribution) 또는 **벽법칙**(壁法則; law of the wall)은

$$\frac{u}{u_*} = 5.75 \log \frac{u_* y}{\nu} + 5.56 \tag{7.3}$$

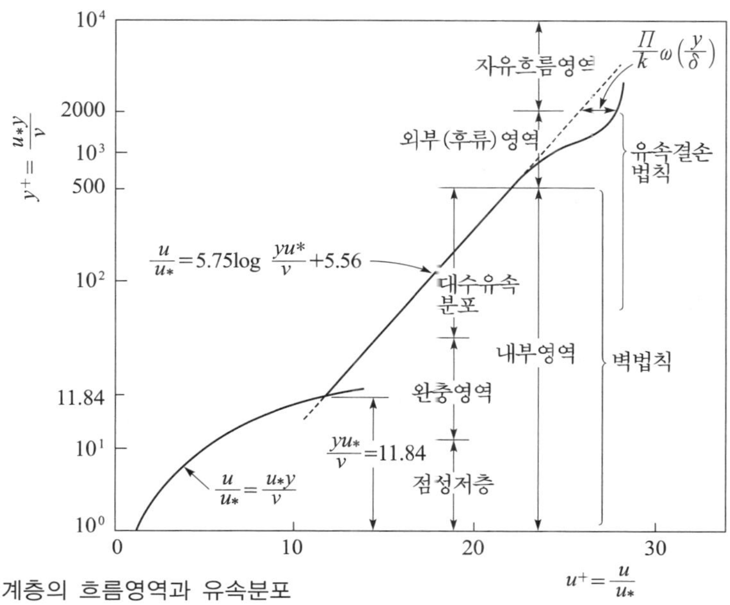

그림 7.4 난류경계층의 흐름영역과 유속분포

외부영역에도 사용되는 바닥이 수리학적으로 거친 수로의 유속분포는

$$\frac{u}{u_*}=5.75\log\frac{y}{k}+8.5 \tag{7.4}$$

여기서 k는 조도크기이다.

외부영역(外部領域; outer(wake) region) : 난류응력이 지배적이고 점성응력이 매우 작은 $(0.2<y/h<1.0)$의 영역에는 벽법칙(law of the wall)이 적용되지 않는다. 매끄러운 벽면과 거친 벽면에 다 같이 적용되는 외부영역의 **유속결손법칙**(流速缺損法則; velocity-defect law)은

$$\frac{u_{\max}-u}{u_*}=-\frac{1}{\kappa}ln\frac{y}{\delta} \tag{7.5}$$

내・외부영역에 다 같이 적용되는 **후류함수**(後流函數; wake function) $w(y/\delta)=2\sin^2(\pi y/2\delta)$를 도입한 유속분포(Coles, 1956)는

$$\frac{u}{u_*}=\frac{1}{\kappa}ln\frac{u_*y}{\upsilon}+B+\frac{\Pi}{\kappa}w\left(\frac{y}{\delta}\right) \tag{7.6}$$

여기서 $u_{\max}$은 최대유속, Π는 후류강도계수, κ는 카만상수, δ는 경계층의 두께이다.

레이놀즈수가 $10^6\sim10^7$인 난류경계층 흐름영역의 유속분포는 **멱법칙**(冪法則; power law) (Dickinson, 1967)으로 나타낼 수 있다.

$$\frac{u}{u_{\max}}=\left(\frac{y}{h}\right)^{1/N} \tag{7.7}$$

매끄러운 난류에서는 $N=7$이고 개수로 등류에는 다음 식으로 정의된다(Chen,1990).

$$N=\kappa\sqrt{8/f} \tag{7.8}$$

폭이 큰 사각형 개수로에서 최대유속은

$$u_{\max}=\frac{N+1}{N}\frac{q}{h}=\frac{N+1}{N}u_*\sqrt{\frac{8}{f}} \tag{7.9}$$

여기서 q는 단위폭의 유량, f는 Darcy마찰계수, 평균유속 $\bar{v}$는 식 (7.10)으로 정의된다,

$$\bar{v}=\frac{1}{h}\int_0^h vdy \tag{7.10}$$

예제 7.1

수심이 1.2m인 수로의 연직유속분포가 $v=2y^{1/7}$이다. 평균유속을 구하라.

풀이

$$\bar{u}=\frac{1}{1.4}\int_o^{1.4}vdy=\frac{1}{1.4}\int_o^{1.4}2y^{1/7}dy$$

$$= \frac{1}{1.4}\,\frac{7}{8}\left[(2y)^{8/7}\right]_o^{1.4} = 2.0\text{m/s}$$

7.4.4 유속측정

실제 하천의 대표적인 연직유속분포는 그림 7.5와 같으며 이는 대수유속분포에 의하여 가장 근사하게 표현된다. 최대유속은 수면에서 $0.05h$–$0.25h$의 범위에서 일어난다. 유량산정을 위해서는 평균유속이 필요하고 이는 주로 1점법, 2점법에 의하여 구해진다.

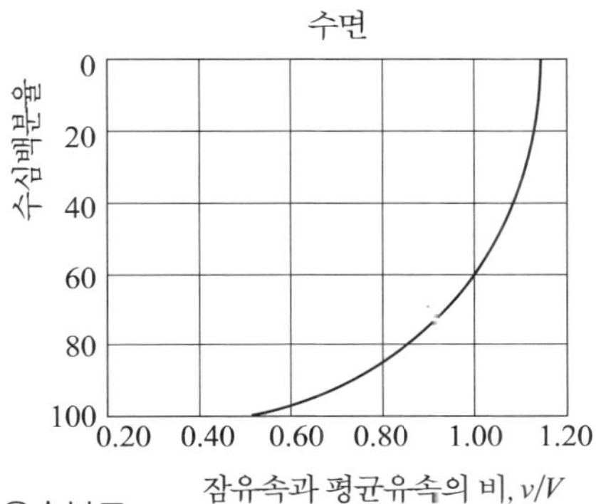

그림 7.5 하천의 대표적인 연직유속분포

1점법은 수면에서 수심의 0.6지점의 유속을 평균유속으로, **2점법**은 수면에서 수심의 0.2, 0.8배 되는 두 점 유속의 평균을 평균유속으로 취하는 방법이다.

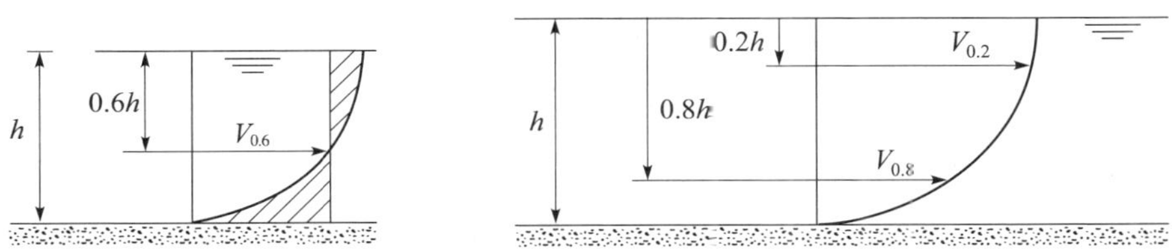

그림 7.6 1점법과 2점법

예제 7.2

수심이 4m인 하천의 한 연직단면에서 측정된 점유속이 다음과 같다. 평균유속을 결정하라.

수심 y(m)	수심비 y/h	유속 V(m/s)
0.2	0.05	1.1
0.8	0.20	1.05
1.6	0.40	1.0
2.4	0.60	0.9
3.2	0.80	0.7
3.8	0.95	0.2

풀이 1점법. 표에서 수심비 0.6에 해당하는 유속으로 $V = V_{0.6} = 0.9\text{m/s}$

2점법. $V = \frac{1}{2}(V_{0.2} + V_{0.8}) = \frac{1}{2}(1.05 + 0.7) = 0.875\text{m/s}$

7.4.5 수심측정

수심측정(水深測定; sounding; ecohsounding; bathymetry)은 수심을 비롯하여 하천 횡단면, 하상형상, 하상표고 및 하상변동에 관한 정보를 제공한다. 이러한 자료는 유량계산, 수리구조물의 설계, 준설 및 주운에 필요하다. 유량측정을 포함한 이들 작업에는 하천을 횡단하는 작업선이 필요하고 근래에는 이러한 목적으로 GPS가 이용된다. 유량산정에는 유속이 측정되는 점의 수심과 유속의 동시 측정이 필요하고 수심측정은 다음 방법들에 의하여 가능하다.

(1) **도섭봉**(徒涉棒; wading(sounding) rod). 눈금이 그려진 봉의 영점을 하상에 위치시켜 눈금에서 수심을 읽는다.

(2) **음파측심기**(音波測深器; sonic sounder; echo sounder). 음향측심의 원리에 근거한 음파측심기는 하천수심에 대한 연속기록을 제공한다. 변환기(transducer)에서 고정된 시간간격으로 발신된 초음파신호가 하상에 도달한 후 반사되어 되돌아오는 시간이 계기에서 측정된다. 수중의 음속을 앎으로서 계기는 되돌아오는데 걸리는 시간으로부터 수심을 계산하여 기록한다. 이 방법은 유속과 수심의 제한을 받지 않는다.

(3) **측심추**(測深錘; sounding weight(line)). 금속줄에 연결된 추를 강하하여 수심을 측정한다. 추는 교량, 보트, 케이블에서 강하되고 수심과 유속이 크게 되면 무거운 추를 기계적으로 감아 오르내린다. 측심추의 측심선은 빠른 흐름으로 인하여 연직거리가 아닌 하류로 휘어진 길이를 나타내므로 이에 대한 보정이 필요하다.

7.5 부자에 의한 유속측정

유속을 측정하는 가장 간단한 방법은 주어진 거리 L을 부자가 통과하는데 소요되는 시간 t를 측정하여 거리 L을 시간 t로 나누는 것이다.

$$v = L/t \tag{7.11}$$

이 방법은 홍수시 과대한 유속, 수심 또는 부유물로 인하여 유속계의 사용이 불가능할 때 이용된다. 부자에는 수면, 수중 및 **봉부자**(棒浮子; float rod) 등 여러 종류가 있다. 하폭의 4~5배에 해당하는 직선하도구간(L) 상류단면의 약간 상류에서 하폭을 몇 개의 소폭구간으로 나누고 각 소폭구간에서 부자를 띄운다. 일반적으로 부자는 교량, 제방 또는 보트를 이용하여 띄운다. 식 (7.11)에 의한 유속은 수면부자는 0.85, 수중 및 봉부자는 1.0의 보정계수를 곱하여 평균유속으로 환산된다.

전자부자는 봉부자에 GPS 전자칩을 내장하여 부자가 이동하는 시간과 좌표(거리와 방향)의 실시간정보를 제공받아 보다 정도가 높은 유속의 측정이 가능하고 야간이나 우천시에도 측정이 가능하다. 유량의 예비조사에 많이 이용된다. 유량계산에는 유속측정시의 수위와 흐름단면적이 필요하다.

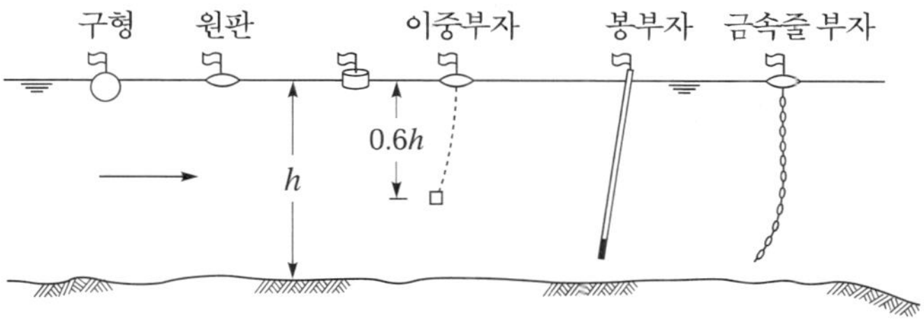

그림 7.7 유속측정부자

7.6 유속 – 면적방법에 의한 유량계산

유속 – 면적방법(流速 – 面積方法; velocity–area method)은 연속방정식 $Q = VA$에 근거한다. 실제로 하천유량의 결정은 하천의 흐름단면을 여러 개의 소단면으로 분할하고 각 소단면의 평균 유속과 면적의 곱으로 주어지는 각 소단면의 유량을 구한 후 이들을 합하여 결정한다.

$$Q = \sum V_i A_i \tag{7.12}$$

여기서 Q는 하천단면의 유량(m^3/s), V_i는 소단면의 평균 유속(m/s), A_i는 소단면의 면적(m^2)이다. 소단면은 연직단면으로 그 수는 5~15개 정도가 권장되고 한 소단면의 유량이 총유량의 10%를 초과하지 않도록 분할한다. 소단면의 유속과 면적의 곱을 얻는 과정에 따라 중간단면, 평균단면, 수심 – 유속적분 및 등속선방법이 있으며 그중 중간단면 방법이 많이 사용된다.

중간단면방법(midsection method). 각 **연직선**(鉛直線; vertical)의 유속을 연직선을 포함한 소단면의 평균유속으로 취한다. 그림 7.8에서 연직선 ③의 유속 V_3은 사선으로 나타낸 소단면 ③의 평균유속이다.

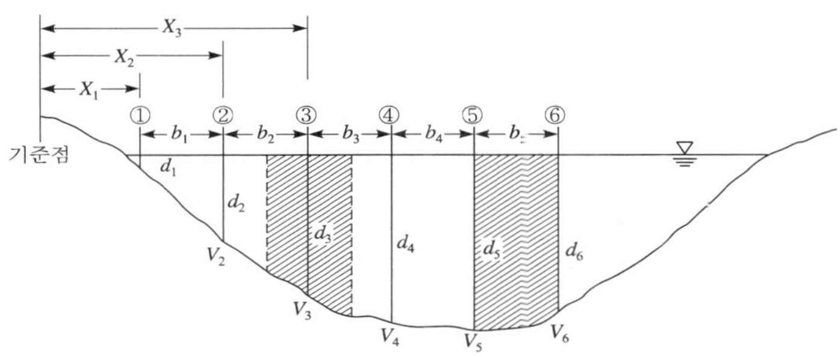

그림 7.8 중간단면방법과 평균단면방법의 소단면

소단면 ③의 유량 $A_3 V_3 = \dfrac{b_2 + b_3}{2} d_3 V_3$

소단면 ⓘ의 유량 $$A_i V_i = \frac{b_{i-1} + b_i}{2} d_i V_i \tag{7.13}$$

예제 7.3

표 7.1의 (1)~(4)란의 측정자료에 대한 유량을 중간단면방법으로 계산하라. 유속계검정은 $v = 0.05 + 0.02N$이고 v는 m/s, N은 회전수(rpm)이다.

풀이 계산내용은 표 7.1과 같다. 하천의 양안에 위치한 작은 소단면의 유량계산에서 평균유속은 인접 소단면 유속의 65~90%를 취한다. 따라서 첫째 소단면의 평균유속은 $V_2 \times 0.65 = 0.73 \times 0.65 = 0.47$m/s이다. 5란의 점유속은 $v = 0.05 + 0.02N$으로 계산된다. $N = 42$의 경우 $v = 0.05 + 0.02 \times 42 = 0.89$m/s이다. 평균유속은 2점법으로 계산된다. 폭(7란)은 1란 거리의 차이로 주어지고 유효폭은 측점(연직선)의 좌우에 있는 두 소구간 폭의 평균이다. 9란의 면적은 2란×8란이다. 각 소단면의 유량은 6란과 9란의 곱으로 10란에 보인 바와 같고 유량은 각 소단면 유량의 합인 7.486 m^3/s이다.

표 7.1 중간단면방법에 의한 유량계산

기준점으로 부터 거리 x(m) (1)	수심 y (m) (2)	유속계 위치 (y/d) (3)	유속계 회전수 N(rpm) (4)	유속: 점유속 (m/s) (5)	유속: 평균 (m/s) (6)	폭 b (m) (7)	유효폭 (m) (8)	면적 A (m^2) (9)	유량 ΔQ (m^3/s) (10)
3.0	0.3				0.47	0.0	0.5	0.15	0.071
4.0	1.1	0.2	42	0.89	0.73	1.0	1.0	1.1	0.803
		0.8	26	0.57					
5.0	2.2	0.2	48	1.01	0.89	1.0	1.0	2.2	1.958
		0.8	36	0.77					
6.0	2.6	0.2	54	1.13	0.95	1.0	1.0	2.6	2.470
		0.8	36	0.77					
7.0	2.0	0.2	40	0.85	0.81	1.0	1.0	2.0	1.620
		0.8	36	0.77					
8.0	0.8	0.6	26	0.57	0.57	1.0	1.0	0.8	0.456
9.0	0.4	0.6	12	0.29	0.29	1.0	1.0	0.4	0.108
10.0	0.0				0.00	1.0	0.5	0.0	0.000
합계								9.25	7.486

7.7 지수-유속법에 의한 유량계산

지수-유속법은 조석의 영향, 하류에 위치한 댐 또는 두 하천의 합류의 영향으로 인한 배수, 역류, 조도의 변화로 인하여 재래의 수위-유량관계곡선이 부적당하거나 수위-유량관계곡선이 존재하지 않는 흐름수역에 적용하기 위하여 USGS에 의하여 개발되었다(Levesque 등, 2012). **지수-유속법**(指數-流速法; index-velocity method)은 지수-유속 V_i와 수로평균유속 V의 관계식인 지수 적절한 유속곡선에 의한 V와 수위-면적곡선에 의한 흐름단면적 A를 곱하여 유량을 계산하는 방법이다. 평균유속 V는 지수-유속 V_i와 동시에 측정된 유량(Q)를 수위-면적곡선으로부터 주어지는 흐름단면적 A로 나누어 계산된다($V=Q/A$). 유량측정은 흐름조건에 따라 상이한 위치에서 수행되므로 수로평균유속계산에 유량이 측정된 흐름면적은 사용되지 않는다.

수위-면적곡선(水位-面積曲線; stage-area rating)은 유속이 측정된 지점(ADVM설치지점)이나 인근의 고정된 수로단면에서 표준횡단면이라고 하는 측정된 횡단면을 이용해서 구축된다. 수위가 측정된 수로단면의 횡단면적은 수로의 수심측량자료를 이용하여 수위의 함수로 계산한다. 단면적의 범위는 예상되는 최저, 최고수위에 대한 횡단면적이다. 이와 같이 구한 횡단면적을 수위에 대하여 도시하여 수위-면적곡선을 작성한다. 수위-면적곡선로부터 구해지는 흐름단면적은 (1) 평균유속($V=Q/A$)의 계산과, (2) 지수-유속곡선에 의한 평균유속과 같이 유량계산($Q=VA$)에 사용된다.

지수-유속곡선(指數-流速曲線; index-velocity rating). 지수-유속곡선은 지수-유속 V_i(횡축)에 대하여 수로평균유속 V(종축)를 도시한 점에 회귀분석을 적용하여 V_i와 V의 관계를 정의하는 회귀곡선이다. 이는 선형 또는 곡선의 형태를 갖는다.

- 선형의 경우

$$V=aV_i+c \tag{7.14}$$

- 수위의 변화폭이 큰 경우 평균유속은 유속과 수위의 함수가 되어 평균유속은 유속과 수심을 포함한다.

$$V=(a+bH)V+c \tag{7.15}$$

여기서 H는 수위, a, b는 회귀식의 계수, c는 상수이다.

지수-유속(指數-流速; index-velocity)은 음향도플러유속계(acoustic Doppler velocity meter, ADVM)와 같은 유속계를 이용하여 측정한 유속의 시간과 범위에 대하여 평균된 유속이다. 즉 하천의 횡단구간에 설정된 10여개(통상 12-15개)의 세포(cell)(그림 7.9)에서 측정되는 세포유속의 평균인 범위평균(range average)과 유량이 측정되는 기간에 대한 평균인 시간평균 유속이다. 수위와 지수-유속이 측정될 때 인근 수로단면에서 유량도 동시에 측정되고 유량이 측정되는 동안 측정되는 수위와 지수-유속의 범위평균과 시간평균이 계산된다.

표 7.2 지표유속방법개발에 수집된 자료의 예시(Huang, 2004)

횡단시간	측정유량 Q (m^3/s)	수로평균유속 V (m/s)	표본수집시간	수위 H (m)	지수유속 V_i (m/s)	흐름횡단면적 A (m^2)
12:44:56	2.482	0.304	12:44:56	0.470	0.351	8.175
12:49:03	2.264	0.280	12:48:18	0.460	0.336	8.098
12:57:01	1.914	0.239	12:57:24	0.453	0.274	8.041

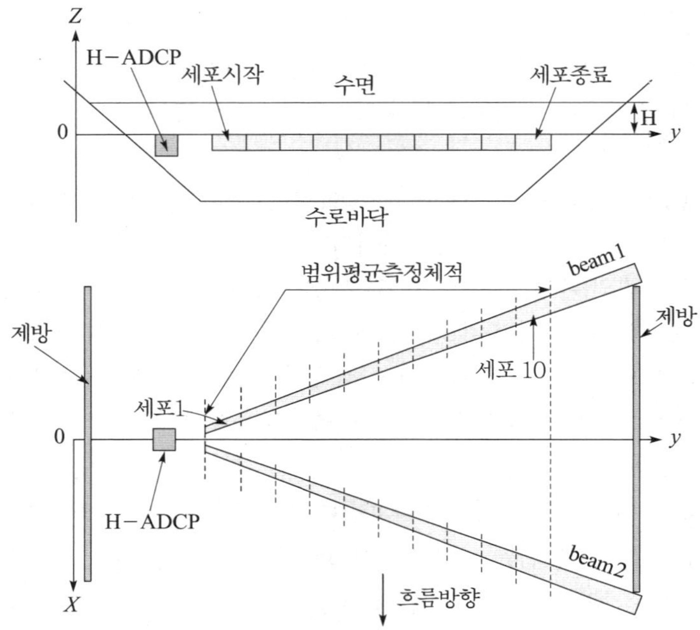

그림 7.9 H-ADCP설치도(Levesque와 Oberg, 2012)

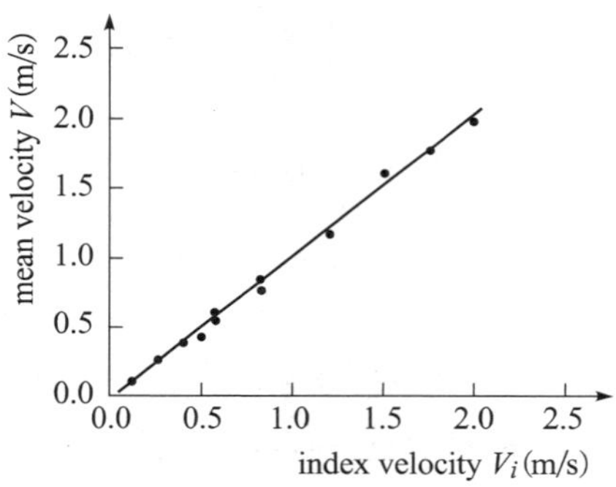

그림 7.10 지수-유속곡선

유량계산: (a) 면적 A를 구하기 위하여 기록된 수위가 수위-면적곡선에 입력된다. (b) 수위에 해당하는 지수-유속이 지수-유속곡선에 입력되어 수로평균유속 V가 계산된다. (c) 유량은 $Q = VA$(식 7.16)에 A와 V를 적용하여 유량 Q를 계산된다. 위의 유량계산에는 통상 USGS의 ADAPS프로그램이 이용된다.

$$Q = VA = (aV_i + c)A \tag{7.16}$$

지수-유속측정에 많이 사용되는 음향도플러유속계(acoustic Doppler velocity meters, ADVM)을 비롯하여 ChannelMaster H-ADCP(Horizontal Acoustic Doppler Current Profiler), 음향유속계(Acoustic Velocity Meter, AVM) 등과 같은 유속계가 사용되고 유량측정에는 Stream Master H-ADCP와 같은 계측기가 주로 사용된다.

7.8 경사 - 면적방법에 의한 유량계산

경사-면적방법(傾斜-面積方法; slope-area method)은 수리학적 원리를 이용한 수위-유량곡선의 연장방법으로 이는 특히 대홍수의 홍수흔적을 이용하여 대홍수의 유량을 구하는 방법으로 이용된다. 수면곡선의 경사를 결정하기 위해서는 하천구간의 상. 하류에 두 개 이상의 고수흔적(高水痕迹; high water mark)이 필요하고 횡단면의 수리자료(단면적, 동수반경)는 홍수가 지난 후에 측량을 통해서 계산되고 유량은 마닝공식을 이용해서 결정된다.

$$Q = \frac{1}{n} A R^{2/3} S^{1/2} \tag{7.17}$$

단면적과 동수반경은 에너지경사 S를 결정하는 상・하류 두 단면의 평균값들이다. 이 방법에 의한 결과는 10% 정도 오차를 갖는 것으로 알려져 있다. 에너지경사 S는 상・하류의 고수위 흔적으로 결정된다.

$$S = \frac{h_1 - h_2}{L} \tag{7.18}$$

여기서 h_1과 h_2는 상류와 하류의 고수위 흔적이고 L은 구간의 길이이다. 그러나 부등류인 경우에는 상・하류의 유속이 다르므로 속도수두가 포함되어야 한다.

$$S = \frac{h_1 - h_2 + V_1^2/2g - V_2^2/2g}{L} \tag{7.19}$$

여기서 V_1과 V_2는 상・하류 단면에서 평균유속이다.

예제 7.4

폭이 10m인 사각형 단면의 소하천에서 홍수가 지난 후 1km 구간의 상・하류에서 조사된 고수 홍수흔적이 각각 22.5m, 22.0m이다. 이에 대응하는 수심이 2.5m, 2.[illegible]m이고 마닝 조도계수는 0.025로 조사되었다. 유량을 구하라.

풀이 방법 1 : 등류

1. 상・하류 두 단면의 단면적과 동수반경은 다음과 같다.

$A_1 = 2.5 \times 10 = 25\text{m}^2$ $\qquad R_1 = \dfrac{25}{(2.5 \times 2 + 10)} = 1.667\text{m}$

$A_2 = 2.1 \times 10 = 21\text{m}^2$ $\qquad R_2 = \dfrac{21}{(2.2 \times 2 + 10)} = 1.458\text{m}$

평균단면적과 평균동수반경

$\overline{A} = \dfrac{1}{2}(25 + 21) = 23\text{m}^2$ $\qquad \overline{R} = \dfrac{1}{2}(1.667 + 1.458) = 1.5625\text{m}$

에너지경사는 수면차이가 $\Delta y = 0.5$ m 이므로 $S_f = \Delta y / L = 0.5/1000 = 0.0005$

단면적과 동수반경의 평균치를 마닝공식에 적용하면 유량은

$$Q = \frac{1}{n}\ \overline{A}\,\overline{R}^{\ 2/3} S^{1/2} = \frac{1}{0.025} \times 23 \times 1.5625^{2/3} \times 0.0005^{1/2}$$

$$= 27.7\text{m}^3/\text{s}$$

방법 2 : 부정류

방법 1에서는 수면경사와 에너지경사가 같은 등류로 취급했다. 그러나 홍수시에는 홍수파가 형성되어 등류가 일어나지 않는다. 따라서 부정류의 경우 평균에너지경사 S_f는 평균 통수능을 이용해서 구해진다.

$$S_f = \frac{Q^2}{K^2} = \frac{h_f}{L} \tag{7.20}$$

여기서 h_f는 하도구간 L에 대한 수두손실이고 K는 **통수능**(通水能; conveyance)이다.

$$K = \frac{1}{n} A R^{2/3} \tag{7.21}$$

상 하류 두 지점에서 통수능은 각각 $K_1 = \dfrac{1}{0.025} \times 25 \times 1.667^{2/3} = 1{,}046.15$

$$K_2 = \frac{1}{0.025} \times 21 \times 1.458^{2/3} = 1{,}080.2$$

평균 통수능은 기하평균으로 주어진다.

$$K = (K_1 K_2)^{0.5} = (1{,}046.15 \times 1{,}080.2)^{0.5} = 1{,}063 \tag{7.22}$$

또한 $S_f = 0.5/1000 = 0.0005$ 이므로 $Q = K S_f^{0.5}$ 로부터 유량은

$$Q = 1{,}063 \times 0.0005^{0.5} = 23.77\text{m}^2/\text{s}$$

두 단면간의 수두손실 h_f 는

$$h_f = (z_1 + \frac{V_1^2}{2g}) - (z_2 + \frac{V_2^2}{2g}) = \left(z_1 + \frac{Q^2}{2g A_1^2}\right) - \left(z_2 + \frac{Q^2}{2g A_2^2}\right) \tag{7.23}$$

$$= (22.5 + \frac{23.77^2}{19.62 \times 25^2}) - (22.0 + \frac{23.77^2}{19.62 \times 21^2})$$

$$= 0.5 + 0.046 - 0.065 = 0.481$$

여기서 z는 수위이다.

새로운 h_f를 이용하여 S_f와 Q가 차례로 다시 계산되고 그 내용은 다음 표와 같다.

반복 횟수	h_f (m)	S_f	Q (m^3/s)	$V_1^2/2g$ (m)	$V_2^2/2g$ (m)	h_f (식 7.23) (m)
1	0.500	0.000500	23.77	0.046	0.065	0.481
2	0.481	0.000481	23.31	0.044	0.063	0.481

2회 계산결과 이 하천의 유량은 23.31m^3/s이고 방법1에서 등류로 취급하여 구한 유량 27.7m^3/s은 $27.7 - 23.31 = 4.39\text{m}^3/\text{s}$ 만큼 크게 산정된다.

7.9 추적물희석에 의한 유량측정(희석법)

희석법(稀釋法; dilution method)은 주어진 양과 농도의 **추적물**(tracer)을 하천흐름에 주입하여 완전한 혼합이 이루어진 하류지점(하폭의 25배 이상의 거리)에서 측정된 농도자료와 질량보존 법칙을 적용하여 유량을 결정한다. 주입방법에는 순간주입과 일정율주입의 두 방법이 있으며 사용되는 추적물(追跡物; tracer)로는 염화나트륨, 중크롬산나트륨, 리튬나트륨, 형광물질, Rhodamine B, 박테리아와 방사성동위원소 등이 있다.

7.9.1 순간주입방법 (gulp or sudden injection method)

농도가 C_1, 체적이 V인 추적물용액을 하천(그림 7.11)에서 순간적으로 주입하고 완전한 혼합이 이루어진 하류 한 지점을 통과하기 시작해서 완전히 통과하여 할 때까지(하류지점의 단면 2의 농도 C_2가 배경농도 C_0에 같게 될 때까지) 혼합물의 표본을 일정한 시간간격으로 채취하여 **시간-농도곡선**(時間濃度曲線; time-concentration curve)을 얻는다.

단면 1에서 추적물의 질량 $= VC_1$

단면 2에서 추적물의 질량 $= Q\int_0^\infty (C_2 - C_0)dt \cong Q\sum_{i=1}^{N}(C_{2i} - C_o)\Delta t$

여기서 N은 표본의 수이다. 이들을 같게 놓고 Q에 관하여 정리하면

$$Q = \frac{VC_1}{\sum_{i=1}^{N}(C_{2i} - C_o)\Delta t} \tag{7.24}$$

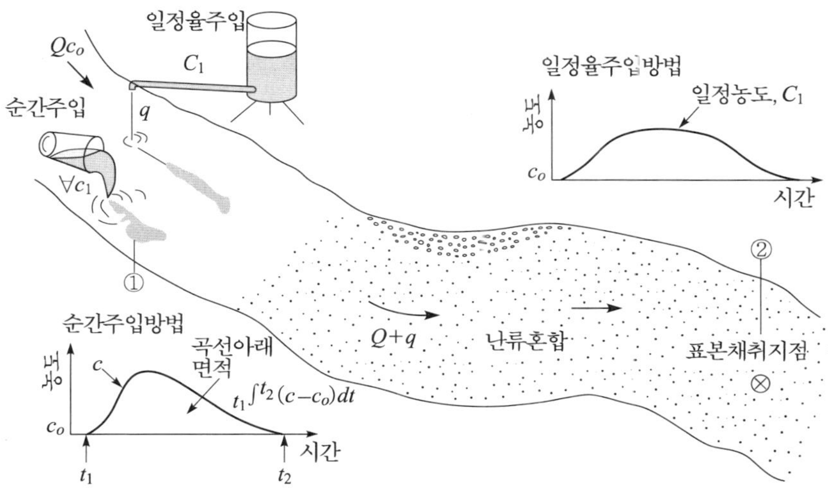

그림 7.11 희석법에 의한 유량측정

여기서 C_1 = 주입되는 추적물의 농도(mg/ℓ 또는 $\mu g/\ell$), C_0 = 추적물의 배경농도 (mg/ℓ 또는 $\mu g/\ell$), C_2= 하류단면에서 추적물표본의 농도(mg/ℓ 또는 $\mu g/\ell$), V = 주입용액의 체적(ℓ), Q=하천유량(ℓ/s 또는 m³/s)이다.

배경농도가 무시할 만큼 작거나 영이면 식 (7.24)에서 C_0 는 제거된다. 순간주입방법은 간단하고 경제적이나 정밀한 표본체취 과정이 필요하고 일정율 주입방법보다 정확도가 떨어진다.

예제 7.5

농도가 2.4g/ℓ 인 추적물 20ℓ를 하천에 일시에 주입한 후 하류 5km, 10km의 두 지점에서 측정한 농도가 다음과 같다. (a) 5km, 10km지점에서 유량을 구하라. (b) 유량이 일정하다고 가정하고 추적물의 손실을 백분율로 구하라. (c) **색소운**(色素雲; dye cloud)의 평균속도를 계산하라.

풀이 C_1=2.4g/l, Δt=0.5hr이고 배경농도 C_o= 0 이므로 식 (7.24)는 Q= $VC_1/\Sigma C_{2i}\Delta t$로 된다.

시간(hr)	0	0.5	1.0	15	2	2.5	3	3.5	4	4.5	5	5.5	6	6.5	7
5km 지점에서 농도($\mu g/\ell$), C_2	0	0.2	0.6	1.2	0.8	0.7	0.3	01	0	0					
10km지점에서 농도($\mu g/\ell$), C_2	0	0	0	0.1	0.6	0.8	0.6	0.5	0.3	0.3	0.2	0.1	0	0	0

(a) 5km 지점에서 $Q=\dfrac{VC_1}{\Sigma C_{2i}\Delta t}=\dfrac{20(2.4)}{1.95\times10^{-6}(3,600)}=6,838l/s$ 또는 6.838m³/s

10km 지점에서 $Q=\dfrac{VC_1}{\Sigma C_{2i}\Delta t}=\dfrac{20(2.4)}{1.75\times10^{-6}(3,600)}=7,619l/s$ 또는 7.619m³/s

(b) 추적물 손실$=\dfrac{\Sigma C_5-\Sigma C_{10}}{\Sigma C_5}\times100=\dfrac{3.9-3.5}{3.9}\times100=10\%$

표 7.3 희석법에 의한 유량계산

시간	5km 지점			10km 지점		
(hr)	$C_2(\mu g/\ell)$	$C_2\Delta t$	C_2t	$C_2(\mu g/\ell)$	$C_2\Delta t$	C_2t
0	0	0	0	0		
0.5	0.2	0.1	0.10	0		
1.0	0.6	0.3	0.60	0	0	0
1.5	1.2	0.6	1.80	0.1	0.05	0.15
2.0	0.8	0.4	1.60	0.6	0.3	1.20
2.5	0.7	0.35	1.75	0.8	0.4	2.00
3.0	0.3	0.15	0.90	0.6	0.3	1.80
3.5	0.1	0.05	0.35	0.5	0.25	1.75
4.0	0	0	0	0.3	0.15	1.20
4.5	0	0	0	0.3	0.15	1.35
5.0				0.2	0.1	1.00
5.5				0.1	0.05	0.55
6.0				0	0	0
합계	3.9	1.95	7.1	3.5	1.75	11.0

(c) 추적물 또는 색소운의 속도를 구하기 위해서는 색소운의 이동거리의 계산이 선행된다. 시간-농도

곡선의 중심에 대한 시간은 $t=0$에 관한 시간-농도곡선의 1차 모멘트를 취함으로 구해진다.
5km 지점 : 색소운의 중심이 5km 지점 통과 시간 : t_5

$$\sum C_2 t = t_5 \sum C$$

$$t_5 = \frac{\sum C_2 t}{\sum C} = \frac{7.1}{3.9} = 1.82\text{hr}$$

10km 지점 : 색소운의 중심이 10km 지점 통과 시간 : t_{10}

$$\sum C_2 t = t_{10} \sum C$$

$$t_{10} = \frac{\sum C_2 t}{\sum C} = \frac{11.0}{3.5} = 3.14\text{hr}$$

두 지점 간 색소운의 이동시간이 1.32hr(=3.14−1.82)이므로 색소운의 속도는

$$v_c = \frac{L}{t_{10} - t_5} = \frac{5\text{km}}{1.32\text{hr}} = 1.05\text{m/s}$$

7.9.2 일정율주입방법 (constant rate method)

농도가 C_1인 추적물 용액을 일정한 주입율로 주입하기 시작해서 하류 임의의 지점에서 농도가 전 흐름단면에 대하여 일정하게 될 때까지 충분히 긴 기간 동안 계속 주입하고 이 지점에서 추적물표본을 2~3회(이론적으로 1회) 채취한다. 질량보존원리를 적용하면

$$QC_o + qC_1 = (Q+q)C_2 \tag{7.25}$$

여기서 q =추적물용액의 일정한 주입율(ℓ/s 또는 m³/s), C_2 =하류에서 일정한 수준에 달한 추적물의 농도(mg/ℓ)이다. 식 (7.25)를 Q에 관하여 정리하면

$$Q = \frac{C_1 - C_2}{C_2 - C_o} q \tag{7.26}$$

$Q \gg q$와 $C_2 \gg C_o$인 점을 감안하면 식 (7.26)은

$$Q = \frac{C_1}{C_2} q \tag{7.27}$$

이 방법의 중요한 점은 일정한 양의 추적물의 주입이다. 이 목적으로 Marriote용기가 사용될 수 있다. 또한 이 방법에서는 주입지점에서부터 농도를 측정하는 하류단면에 이르는 구간에서 적절한 혼합이 일어나고 추적물이 흡착 등으로 손실되지 않음이 필요하다.

이 방법은 순간주입방법보다 고가이고 시간이 많이 소요되고 홍수시에는 부적당하다. 그럼에도 불구하고 표본채취가 2~3 회로 충분하고 농도가 일정한 기간에서는 어느 시간에서나 채취할 수 있는 이점이 있다. 그러나 순간주입방법보다 많은 양의 추적물이 소요된다.

예제 7.6

농도가 $2.0 g/\ell$ 인 추적물 용액을 $3.2\times10^{-5}\text{m}^3/\text{s}$ 로 주입하고 하류 3개 지점에서 채취한 농도가 $C_2 = 4.2\mu g/\ell$ (또는 $4.2\times10^{-6}g/\ell$), $4{,}15\mu g/\ell$, $4{,}30\mu g/\ell$ 이다. 유량을 결정하라.

풀이 하류지점의 농도 C_2는 산술평균으로 산정한다.

$$C_2 = \frac{4.20+4.15+4.30}{3} = 4.22\ \mu g/\ell \text{ 또는 } 4.22\times10^{-6}\ g/\ell$$

식 (7.27)에 의하면 유량은

$$Q = \frac{C_1}{C_2}q = \frac{2.0}{4.22\times10^{-6}}3.2\times10^{-5} = 15.2\text{m}^2/\text{s}$$

7.10 음향법 – 음향도플러유속계

음향도플러유속계(acoustic Doppler current profiler, ADCP)는 도플러원리를 이용하여 수위, 유속, 유량을 측정하고 이동선박에 장착된 ADCP는 유속, 흐름방향, 수심측정이 가능한 계측기이다. 측정이 가능한 최대수심은 1,000m에 이르고 128개의 수심에서 흐름에 관한 정보의 제공이 가능하다.

주파수가 F_s인 소리를 내는 음원과 소리를 듣는 수신자가 이동하면 수신자는 주파수가 F_d로 변화된 소리를 듣게 되는 현상을 **도플러효과**(Doppler effect)라 한다. 예로 주어진 시간 t_1동안 5개의 파가 이동하는 수로 옆에서 있는 관측자를 생각한다. 만약 관측자가 파의 전파방향과 반대방향으로 이동하면 t_1동안 5개 이상의 파를 보게 되고 주파수는 증가한다. 반면 관측자가 파의 전파방향과 같은 방향으로 이동하면 t_1동안 5개보다 적은 수의 파를 보게 되고 주파수는 감소한다. 한편 동일한 음원으로부터의 소리를 정지 상태에서 들을 때와 이동하면서 들을 때의 주파수의 차이를 **도플러변이**(Doppler shift)라 한다. 예를 들어 정지 상태에서 듣는 음의 주파수가 10kHz이고 음원을 향하여 이동 중에 듣는 음의 주파수가 10.1kHz이라면 도플러변이는 0.1kHz이다. 1hertz(Hz)는 wave (cycle)/s와 같다. 도플러효과를 식으로 나타내면

$$F_d = \frac{C\pm v_o}{C\pm v_s}F_s \tag{7.28}$$

여기서 F_d는 도플러변이된 주파수(Hz), F_s는 정지상태에서 음원으로부터 발신되는 음의 주파수(Hz), v_o는 관측자의 이동속도(m/s), v_s는 음원의 이동속도(m/s) 및 C는 음속 또는 파속(m/s)이다.

음원과 관측자가 서로 접근하면 v_o는 (+), v_s는 (−)이고 $F_d > F_s$

음원과 관측자가 서로 멀어지면 v_o는 (−), v_s는(+) 이고 $F_d < F_s$

정지상태($v_s = 0$)인 음원에서 수신자가 이동하는 경우 식 (7.28)은

$$F_d = F_s(V/C) \tag{7.29}$$

여기서 V(m/s)는 음원과 수신자간의 상대적인 속도($C \pm v_o$)이다. 식 (7.29)에서 수신자가 보다 빨리 이동하면 즉 V가 증가하면 도플러변이(F_d)는 증가하고, 수신자가 음원으로부터 멀어지면 F_d는 감소하고, 음의 주파수(F_s)가 증가하면 F_d는 증가하고, 음속(C)이 증가하면 F_d는 감소한다.

수중에서 전파되는 음은 작은 부유물체에 의하여 산란된다. 음을 산란하는 미립 부유물체는 미립자 또는 플랑크톤이다. ADCP는 고정된 주파수에서 초음속의 음파를 발신하고 산란자에 의하여 되돌아오는 반향을 수신하는 도플러효과를 이용한다. ADCP의 중요한 사항은 산란자가 흐름과 같은 속도로 이동하는 점이다. 발신되는 음은 산란자에 의해서 모든 방향으로 산란되나 대부분은 산란자에 의하여 영향을 받지 않고 진행한다. 음원으로 되돌아오는 적은 양의 역산란은 도플러변이이다.

산란자가 ADCP로부터 멀어지면 산란자가 느끼는 음은 ADCP와 산란자간의 상대속도에 비례하여 보다 낮아진 주파수로 도플러변이 된 음이다. 산란자가 멀어짐에 의하여 도플러변이된 음의 일부는 산란자가 음원인 것처럼 ADCP를 향아여 역산란된다. 결과적으로 음은 산란자의 멀어짐에 의하여 변이되고, 이 변이된 역산란을 ADCP가 수신하는 것이 된다. 따라서 도플러변이가 2배됨에 따라 식 (7.29)는

$$F_d = 2F_s(V/C) \tag{7.30}$$

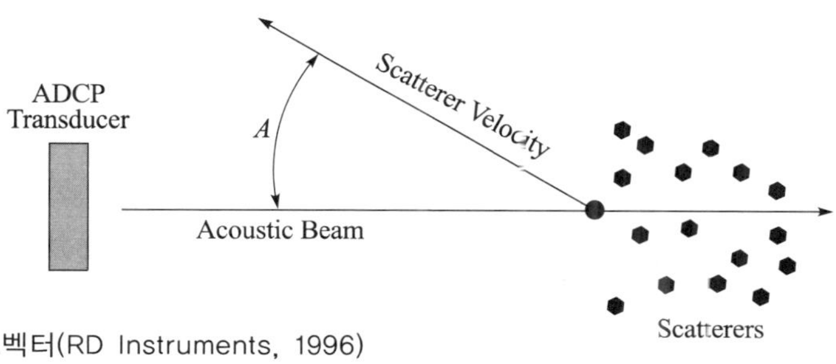

그림 7.11 상대속도벡터(RD Instruments, 1996)

도플러변이는 음원과 수신자가 가까워지거나 멀어짐에 따라 즉 동일방향과 반대방향의 일직선상에 한해서 일어난다. 도플러변이를 동일-반대방향선에 국한할 경우 산란자의 이동방향이 ADCP변환기가 발신하는 음향의 방향과 다르게 되면 부유입자로부터 되돌아오는 반향을 ADCP 발신방향의 성분으로 조정하기 위하여 식 (7.30)은 (7.31)과 같이 수정된다.

$$F_d = 2F_s(V/C)\cos A \tag{7.31}$$

여기서 A는 ADCP와 부유입자의 연결선과 반향속드방향과의 각도이다(그림 7.11).

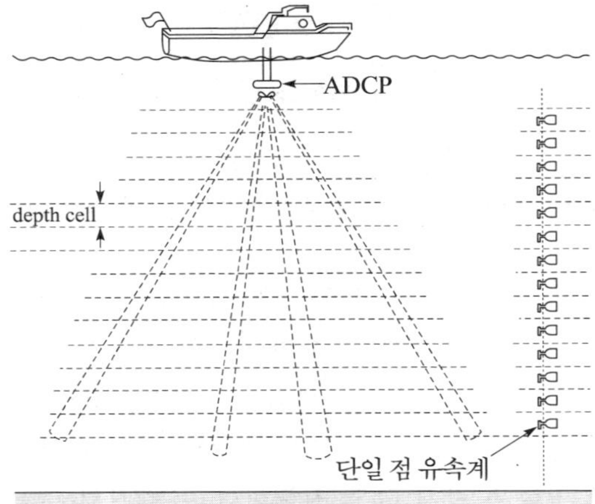

그림 7.12 재래유속계와 ADCP수심세포의 비교(RD Instruments, 1996)

ADCP는 음향맥동을 연속적으로 발신하여 수신되는 역산란반향이 128개에 이르는 많은 수의 수심을 나타내는 균일한 수심폭의 수심세포(depth cell)로 분할하고(그림 7.12) 이들 자료의 컴퓨터프로그램의 해석을 통하여 수위, 유속, 흐름방향, 유량이 제공된다.

실제 하천의 유속은 ADCP기준으로 측정된 유속은 ADCP변환과정을 통해서 지구좌표로 환산된 유속이다. ADCP의 장점은 균일한 수심세포로 분할 된 각 세포에 대하여 유속분포가 주어지고 각 수심세포는 단일 유속계에 상응된다. 따라서 ADCP유속분포는 일정한 수심 간격으로 많은 수의 유속계를 그림 7.12와 같이 연직으로 배열한 것과 같다. 제래 유속계는 유속계가 위치한 수심의 점 유속을 제공하는 반면 ADCP유속분포는 일정한 수심간격에서 유속을 제공하고, 수심세포의 수심구간에 대하여 평균유속을 제공한다. 그러나 수면의 0.75m구간과 바닥에서 0.05h구간에서는 ADCP가 작동되지 않는다.

7.11 수리학적 방법에 의한 유량측정

수심이 작은 하천, 개천 또는 개수로의 유량측정에는 위어, 오리피스 그리고 계측용 수로가 이용된다. 이들 장치들은 대개 영구적인 구조물이고 이들에 의한 측정은 에너지원리에 근거한다. 위어(weir)는 수로를 가로질러 설치되어 그 위로 물이 흐르도록 하는 장애물이라 할 수 있다. 장애물이 연직평판으로 상단이 칼날같이 될 때 **칼날위어**(sharp crested weir)라 하고, 상단이 흐름방향으로 상당한 길이를 가질 때 **광정위어**(broad crested weir)라 한다. 위어는 그 모양에 따라 삼각형, 사각형, 사다리꼴 위어로 분류된다. 사각형위어의 길이가 수로 폭과 같으면 **전폭위어**(suppressed weir), 수로 폭보다 작으면 **수축위어**(contracted weir)라 하고, 하류수심이 위어마루보다 높으면 **수중위어**(submerged weir)라 한다.

7.11.1 칼날위어

위어공식은 단수축과 접근유속에 따라 적용공식이 다르게 된다.

전폭사각형위어(suppresed rectangular weir): 그림 7.13의 단면 1, 2에 베르누이식을 적용하고 접근유속을 무시할 경우 유량은 다음과 같이 주어진다.

$$Q = \frac{2}{3}\sqrt{2g}\,LH^{3/2}$$

흐름의 수축과 다른 영향을 고려하기 위하여 유량계수를 도입하면 다음과 같다.

$$Q = \frac{2}{3}C_d\sqrt{2g}\,LH^{3/2} \tag{7.32}$$

여기서 Q는 유량(m³/s), L은 위어길이(m), H는 수두(m) 및 C_d는 유량계수이다.

Rehbock의 실험에 의한 유량계수 C_d는

$$C_d = 0.611 + 0.08\,H/P \tag{7.33}$$

여기서 P는 위어의 높이다.

단수축사각형 위어(end contracted rectangular weir): 위어의 길이가 수로 폭보다 작을 경우 위어 폭은 단수축에 따라 감소된다.

$$Q = \frac{2}{3}C_d\sqrt{2}\,g(L - 0.1\,n\,H)H^{3/2} \tag{7.34}$$

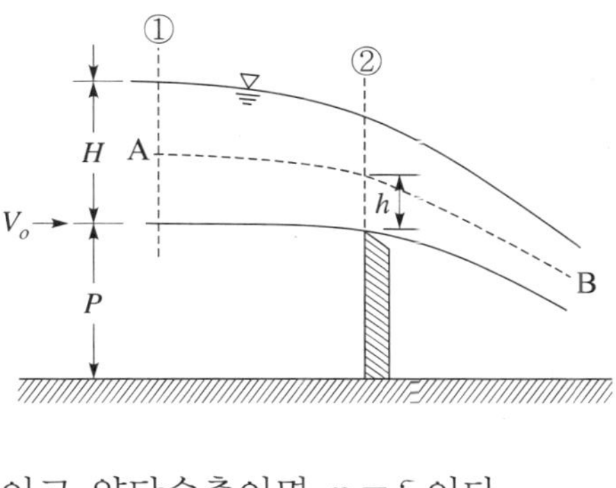

그림 7.13 칼날위어

여기서 n은 단수축의 수이고 양단수축이면 $n = 2$이다.

접근유속이 고려되는 사각형위어: 접근유속이 고려되는 경우 식 (7.34)는 다음과 같이 수정된다.

$$Q = \frac{2}{3}C_d\sqrt{2g}\,(L - 0.1nH))\left[(H + \frac{V_o^2}{2g})^{3/2} - (\frac{V_o^2}{2g})^{3/2}\right] \tag{7.35}$$

식 (7.35)에서 접근유속 V_o값은 Q가 알려진 후에 가능하다. 따라서 처음에는 $V_o = 0$으로 놓고

Q를 구하고 이를 식 (7.35)에 대입하여 V_o를 구한다. 이 V_o를 이용하여 개선된 Q를 계산하고 1% 오차범위가 될 때까지 위 과정이 반복된다.

삼각형위어. 삼각형단면의 위어에서는 수두를 증가시킬 수 있는 장점이 있어 작은 유량 측정에 적합하다.

$$Q = \frac{8}{15} C_d \sqrt{2g}\, tan\frac{\theta}{2} H^{5/2} \tag{7.36}$$

여기서 θ는 위어의 사잇각이다. $\theta = 90^\circ$인 경우 $C_d = 0.585$이고 이를 식 (7.36)에 대입하고 정리하면

$$Q = 1.38\, H^{5/2} \tag{7.37}$$

7.11.2 광정위어

위어 마루의 흐름방향 길이가 수두 H의 $0.47H$배 이상이면 광정위어로 분류된다. 그림 7.14에서 단면 ①, ②에 위어마루를 기준으로 에너지식을 적용하면

$$H = h + V^2/2g \tag{a}$$

V에 관하여 정리하면 $V = \sqrt{2g(H-h)}$이고 유량은 $Q = AV$로부터

$$Q = C_d L h \sqrt{2g(H-h)} \tag{b}$$

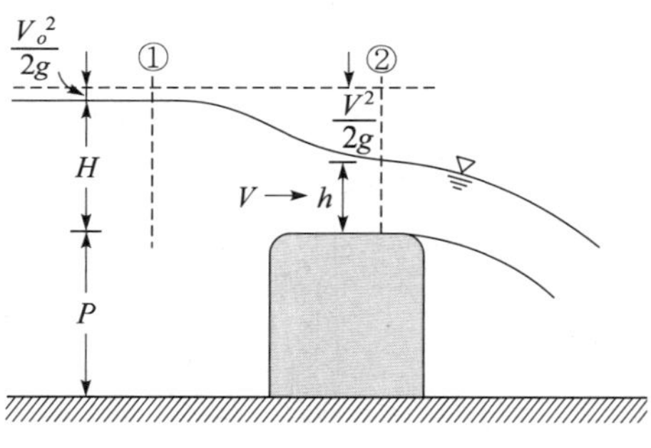

그림 7.14 광정위어

광정위어의 단면②에서 흐름이 한계류이면 $h = \frac{2H}{3}$이고 유량은 최대가 된다. $h = \frac{2}{3}H$를 식 (b)에 대입하고 정리하면 다음과 같이 된다.

$$Q = 0.385\, C_d \sqrt{2g}\, L H^{3/2} \tag{7.38}$$

유량계수는 $C_d = 0.85 \sim 1.1$의 값을 가지나 모형실험이나 현지측정을 통해서 검정되어야 한다. 유량측정에서 광정위어가 칼날위어에 대하여 장점을 갖지 않는 점에서 광정위어는 유량측정에 거의 사용되지 않는다.

작은 유량의 정확도를 높이고 큰 유량도 계측하기 위해서는 좁은 삼각형 또는 사각형위어와 긴 광정위어를 조합이 이용된다.

7.11.3 수중위어

하류수위가 위어 마루보다 높게 되면 위어는 수중위어가 되고 위어를 통과하는 유량은 잠기는 현상의 영향으로 감소된다. 하류수심이 작아서 자유롭게 흐르는 자유위어와 수중위어의 유량관계는 위어 상 하류 수두의 항으로 나타낼 수 있다(Villemonte, 1947).

$$\frac{Q}{Q_s} = \left[1 - \left(\frac{H_2}{H_1}\right)^n\right]^{0.385} \tag{7.39}$$

여기서 Q는 자유위어의 유량, Q_s는 수중위어의 유량, H_1는 상류수두, H_2는 하류수두, $n =$ 위어형상계수이다.

수축위어	$n = 1.14$
전폭위어	$n = 1.50$
90°삼각위어	$n = 2.50$

예제 7.7

수로 폭이 20m, 수심이 2.6m, 평균유속이 1.20m/s이다. 수심을 3.6m로 증가시키는데 필요한 위어의 높이를 구하라.

풀이 수로의 유량 : $Q = bhV = 20(2.6)(1.20) = 62.4\text{m}^3/\text{s}$. 위어의 설치로 위어상류 수위는 1m 상승되어 수심이 3.6m가 된다. 이 경우 접근유속과 속도수두는 다음과 같다.

접근유속 $$V_o = \frac{Q}{bh} = \frac{62.4}{20(3.6)} = 0.87\text{m/s}$$

속도수두 $$\frac{V_o^2}{2g} = \frac{0.87^2}{2(9.81)} = 0.039\text{m}$$

위어가 자유 또는 수중위어인지 알 수 없으므로 자유방류와 수중위어의 두 경우를 다 고려한다.

a. 자유방류의 경우

식 (7.35)에 따라 $$Q = \frac{2}{3} C_d \sqrt{2g}\, L \left[\left(H + \frac{V_o^2}{2g}\right)^{3/2} - \left(\frac{V_o^2}{2g}\right)^{3/2}\right]$$

$C_d = 0.62$ 로 가정하면

$$62.4 = \frac{2}{3}(0.62)\sqrt{2(9.81)}\,[(H + 0.039)^{3/2} - 0.039^{3/2}]$$

$$H = 1.47\text{m}$$

위어마루를 기준으로 수두는 1.47m이므로 위어높이 P는 $3.6 = P + H$로부터 $P = 3.6 - 1.47 = 2.13\text{m}$이다. 하류수위(2.6m)가 위어 높이(2.13m)를 초과하므로 수중위어가 된다.

b. 수중위어의 경우

위어마루에 대한 상・하류의 수두는 각각 $H_1 = 3.6 - P$, $H_2 = 2.6 - P$이다. 수심이 3.6m로 증가된 상태에서 접근유속의 영향을 무시한 경우 수중위어의 유량은 식 (7.32)로부터

$$Q_S = \frac{2}{3} C_d \sqrt{2g}\, L H_1^{3/2} = \frac{2}{3}(0.62)\sqrt{2(9.81)}\,(20)(3.6 - P)^{3/2}$$

$$= 36.6\,(3.6 - P)^{3/2}$$

식 (7.39)로부터

$$\frac{Q}{Q_s} = \frac{62.4}{36.6(3.6 - P)^{1.5}} = \left[1 - \left(\frac{2.6 - P}{3.6 - P}\right)^{1.5}\right]^{0.385}$$

시산에 의하면 $P = 2.1$m이다. 따라서 수심을 3.6m로 증가시키는 위어 높이는 2.1m이다.

7.11.4 계측수로

계측수로는 (1) 수로의 폭을 수축하거나, (2) 수로 폭의 수축과 하상에 턱을 설치하여 국부적으로 흐름을 가속시키는 방안이다. 첫째 방안은 **벤추리수로**(venturi flume)라 한다. 계측수로는 수축단면에서 한계흐름이 일어나도록 설계되고 계측수로의 유량은 에너지식에 근거하여 구해진다. 계측수로는 다음과 같은 장점을 갖는다. (1) 수두손실과 상하 수위차이가 작다. (2) 접근유속의 영향을 적게 받는다. (3) 토사퇴적 문제가 없다. (4) 부유물의 제약을 받지 않는다. (5) 물에 잠기는 문제가 없고 양호한 측정이 가능하다.

수축부(throat) 단면 ②에서 비에너지와 유속은

$$H = h_2 + \frac{V_2}{2g} \tag{a}$$

$$V_2 = \sqrt{2g(H - h_2)} \tag{b}$$

사각형 수축부 단면(폭이 b)의 경우 유량은

$$Q = b h_2 \sqrt{2g(H - h_2)} \tag{c}$$

만약 수축부에서 한계흐름이 일어난다면 $h_2 = \frac{2}{3}H$이다. 따라서 유량은

$$Q = 0.385\, C_d \sqrt{2g}\, b H^{3/2} \tag{7.40}$$

식 (7.40)에서 H는 접근유속수두를 포함한 총수두이다. 수축부를 포함한 계측수로를 USBR에 의하여 개발된 표준치수로 설치되는 계측수로를 파샬계측수로(Parshall flume)라 한다.

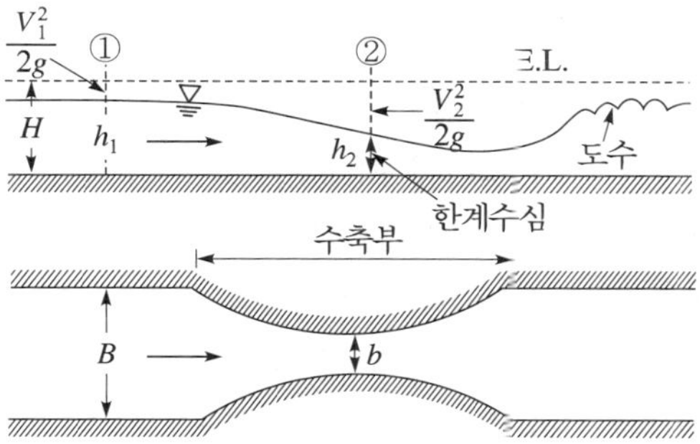

그림 7.15 벤투리계측수로

7.12 수위 - 유량관계

7.12.1 수위 - 유량곡선

수위 - 유량곡선(水位 - 流量曲線; stage-discharge curve, rating curve)은 수위와 유량의 관계를 나타내는 곡선으로 수위에 대하여 측정된 유량을 도시하여 얻어진다. 수위 - 유량곡선의 주목적은 측정된 수위를 유량으로 환산하기 위함이다. 대거의 경우 간단히 수위와 유량의 도시로 충분하고 대표적인 곡선모양은 포물선이다(그림 7.16) 곡선주위 자료점의 분산이 작아야 하고 일반적으로 2%보다 작은 것이 요구된다. 분산이 크게 되는 원인은 다음과 같다. (1) 하상의 세굴과 퇴적, 수초의 성장으로 인하여 수위 - 유량 관계의 지배인자가 이동하는 경우, (2) 수면곡선이 조석, 저수지 수위 변동, 지류 유입 등에 의한 배수의 영향을 받는 경우, (3) 측정이 주의 깊게 수행되지 않는 경우이다. 많은 경우 유량측정은 저수위나 평수위에서 이루어진다. 그러나 치수문제를 다루는 경우에는 고수위의 홍수량자료가 필요하다. 따라서 수위 - 유량곡선의 또 다른 중요한 목적은 수위 - 유량곡선의 연장이다.

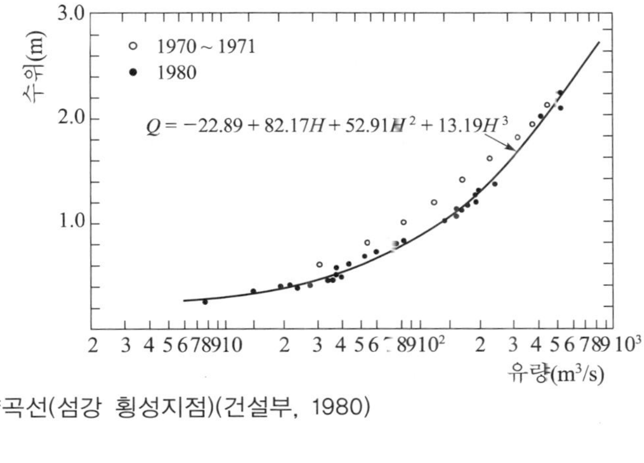

그림 7.16 수위-유량곡선(섬강 횡성지점)(건설부, 1980)

7.12.2 경사 – 수위 – 유량관계곡선

하천 폭의 감소, 수리구조물 및 하천의 합류로 인하여 배수가 일어나게 되면 유량은 수위와 수면경사의 함수가 되므로 수면경사가 제 3의 매개변수로 포함되어야 한다. 수면경사를 유량의 영향인자로 포함시키기 위해서는 **기준관측소**(基準觀測所; base gaging station)와 하류에 **보조관측소**(補助觀測所; auxiliary gaging station)를 설치하여 수위를 동시 관측한다. 두 관측소의 수위차이는 하천구간의 수면강하(fall) F 또는 수면경사 $S=F/L$을 나타낸다. 마닝공식에 따라 유량은 경사 S 또는 수면강하 F의 함수이므로 다음과 같이 표현된다.

$$\frac{Q}{Q_o}=\left(\frac{S}{S_o}\right)^m=\left(\frac{F}{F_o}\right)^k \tag{7.41}$$

여기서 Q_o는 $F=F_o$ 또는 $S=S_o$인 등류의 유량이다. 마닝공식에 의하면 지수 m은 $m=0.5$이다. 두 관측소간의 수면은 일반적으로 직선이 아니므로 $F/L=S$가 성립되지 않는다. 따라서 지수 k는 0.5가 되지 않고 측정 자료해석을 통해서 결정된다.

7.13 수위 – 유량곡선의 연장

일반적으로 홍수시와 같은 고수위에서는 빠른 유속, 큰 수심 및 부유물 등으로 인하여 유량측정이 어렵거나 불가능하고 또한 위험하다. 따라서 고수위에 대한 유량을 얻기 위해서는 수위 – 유량 곡선의 연장이 필요하고 이에는 전대수지방법, Stevens방법 및 경사 – 면적방법(7.8절)에 의해서 가능하다.

전대수지 방법(logarithmic method). 수위 – 유량곡선을 다음과 같이 유량을 수위의 지수함수로 가정한다.

$$Q=k(g-z)^b \tag{7.42}$$

여기서 g는 수위, k와 b는 상수이다. z는 유량이 영이 되는 수위이다. 식 (7.42)의 Q와 수위 $(g-z)$를 전대수지에 도시하면 직선이 되므로 연장이 가능하다. 그러나 식 (7.42)의 z값이 주어지지 않으면 z값이 먼저 결정되어야 한다. $(g-z)$에 대한 Q의 도시가 직선이 되도록 z를 변화시켜 z를 결정한다.

Stevens방법. 이는 Chezy평균유속공식 $V=C\sqrt{RS}$을 이용한 방법으로 V는 평균유속이다.

$$Q=AC\sqrt{RS} \tag{7.43}$$

여기서 Q는 유량(m^3/s), A는 흐름단면적(m^2), R은 동수반경(m), S는 에너지선의 경사, C는 Chezy상수이다. S를 일정하다고 가정하여 $C\sqrt{S}=k$로 놓고 넓은 수로로 가정하여 동수반경 R을 수심 h로 대치($R\cong h$)하면 식 (7.43)은

$$Q=kA\sqrt{h} \tag{7.44}$$

따라서 식 (7.44)에서 Q는 변수 $A\sqrt{h}$의 일차함수이므로 $Q \sim kA\sqrt{h}$의 관계는 직선이 됨을 알 수 있다. 한편 $A\sqrt{h}$는 수위 g의 함수이고 Q는 $A\sqrt{h}$의 함수인 동시에 g의 함수이므로 $Q \sim A\sqrt{h}$의 관계와 $g \sim A\sqrt{h}$의 관계를 같은 그림에 도시하고 고수위에 대한 유량을 $Q \sim A\sqrt{h}$의 연장선상에서 구할 수 있다.

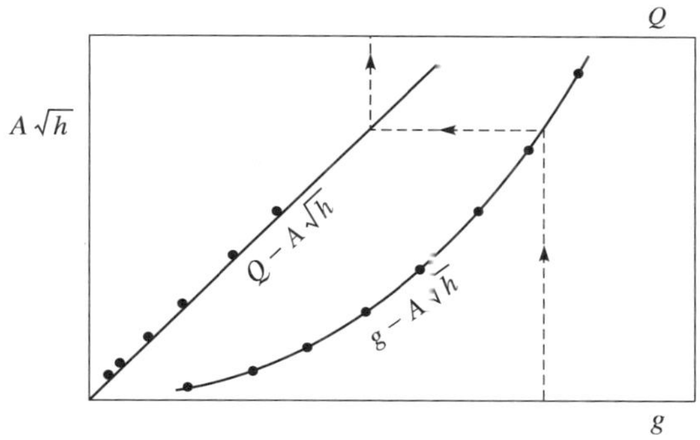

그림 7.17 Stevens방법

예제 7.8

표 7.4의 1~4란은 수위-유량곡선의 자료이다. 곡선을 연장하고 수위 5.48m에 대한 유량을 (a) 전대수지법, (b) Stevens방법에 의하여 결정하라.

표7.4 수위-유량곡선연장(전대수지법, Stevens방법)

수위 m (1)	면적 A (m²) (2)	수심 h(m) (3)	유량 (m³/s) (4)	$A\sqrt{h}$ (5)
1.60	126.9	1.12	207.0	134.3
0.78	45.6	0.30	43.5	25.0
1.95	202.9	1.47	326.8	246.0
3.06	357.7	2.58	640.5	574.5
2.56	272.1	2.08	454.5	392.4
3.60	410.8	3.12	805.5	725.7
4.20	492.6	3.72	1060.5	950.2
1.14	85.7	0.66	114.6	69.6
1.83	173.6	1.35	280.5	201.7
2.32	240.9	1.84	400.5	326.8
2.73	327.0	2.25	556.0	490.5
3.12	376.6	2.64	683.4	612.0
4.00	484.2	3.52	1023.0	908.0
4.56	509.0	4.08	1158.0	1029.0
5.48	586.0	5.00	1450.0	1300.0

풀이 (a) 전대수지법: 수위와 유량을 전대수지에 도시하면 그림 7.18에서와 같이 직선으로 나타나므로 절선부분과 같이 연장 이 가능하다. 이로브터 수위 5.48 m에 대한 유량은 1,700 m³/s이다.

(b) Stevens방법: 표 7.4의 5란의 $A\sqrt{h}$를 계산한다. 3란과 5란을 이용하여 $h - A\sqrt{h}$를, 5란과

4란을 이용하여 $A\sqrt{h} \sim Q$를 동일한 산술방안지에 도시한다(그림 7.19). [수위=영점표고+수심]의 관계식을 이용하여 수심이 영인 영점표고를 결정한다. 표 7.4에서 수위가 1.6m인 경우 수심이 1.12 m이므로 영점 표고는 1.6−1.12=0.48m이다. 수위 5.48m에 대한 수심은 $h = 5.48 - 0.48 =$ 5.0m이므로 그림 7.19에서 $h = 5.0$m에 대하여 $h \sim A\sqrt{h}$ 곡선에서 $A\sqrt{h} = 1{,}300$ 을 읽고 $A\sqrt{h} \sim Q$ 곡선에서 $A\sqrt{h} = 1{,}300$에 대하여 $Q = 1{,}450\mathrm{m^3/s}$를 읽는다.

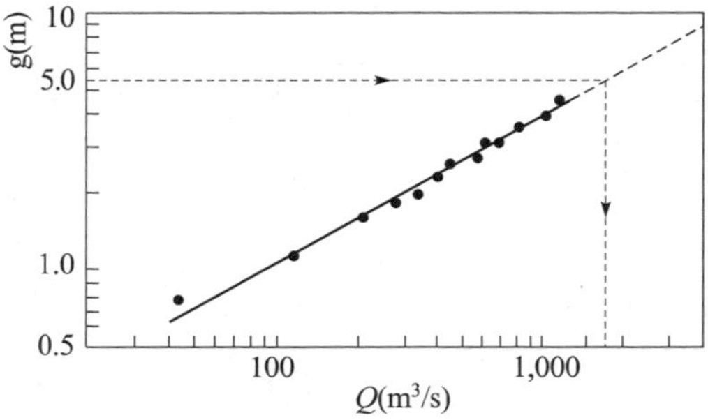

그림 7.18 예제 7.8의 전대수지법

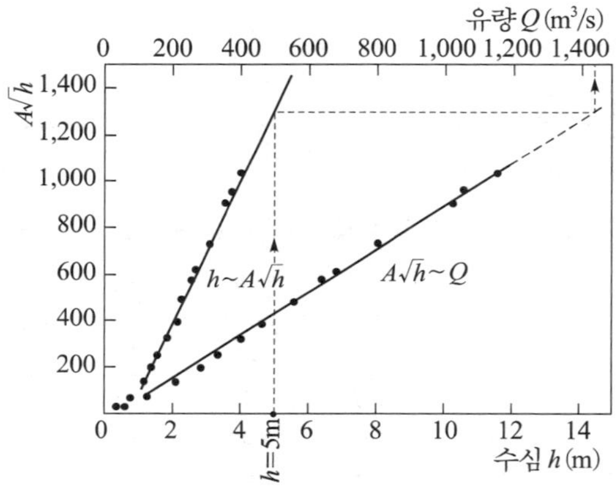

그림 7.19 예제 7.8의 Stevens방법

문 제

하천 유량측정

7.1 연직유속분포가 $v = 1.9(2-y)^{1/7}$ 일 때 수심 2m에 대한 평균유속을 구하라. y는 수면에서부터 측정되는 수심이다.

7.2 연직유속분포가 대수분포로 주어진다.

$$v = 1.4 + 0.8\log\frac{y}{d}$$

여기서 y는 하상에서부터 연직거리이다. 수심이 $d = 2.0$m인 경우 다음 방법으로 평균유속을 구하라. (a) 직접적분 방법, (b) 도시적분방법

7.3 다음은 수심 3m인 연직선의 점유속이다. 상이한 방법으로 평균유속을 계산하라. 이들 결과를 유속-곡선방법에 의한 결과에 대한 오차를 백분율로 표시하라.

수심비(y/d)	유속(m/s)
0.05	0.84
0.20	0.82
0.40	0.78
0.60	0.71
0.80	0.62
0.90	0.52

유량계산

7.4 유속측정결과가 다음과 같다. 유량을 산정하라.

하안으로부터 거리(m)	0	2	4	6	8	10	12	14	16	18	20
수심(m)	0	1.3	2.7	3.7	4.1	4.3	3.3	2.7	1.9	1.3	0.6
유속(m/min)	0	40	46	54	58	50	48	46	44	26	0

7.5 다음 유속 측정자료에 대한 유량을 산정하라.

좌안으로부터 거리(m)		0	1	2	3	4	5	6	7
수심(m)		0.0	1.25	2.0	3.0	2.5	2.0	1.5	0.0
유속(m/s)	0.2d	**0.0**	**0.5**	**0.75**	**1.00**	**0.85**	**0.80**	**0.70**	**0.0**
	0.8d	**0.0**	**0.3**	**0.5**	**0.6**	**0.5**	**0.5**	**0.4**	**0.0**

7.6 유속측정 성과가 다음과 같다. 중간단면방법으로 유량을 계산하라.

측점번호 (i)	하안부터 거리 (m)	수심 (m)	평균속도 (m/s)	측점번호 (i)	하안부터 거리 (m)	수심 (m)	평균속도 (m/s)
1	0.0	0.00	0.00	12	60.0	1.70	1.53
2	4.0	1.00	0.16	13	65.0	2.00	1.56
3	10.0	1.50	0.4	14	70.0	2.20	1.48
4	16.0	1.60	0.54	15	75.0	2.40	1.31
5	22.0	1.90	0.67	16	80.0	2.40	1.02
6	28.0	1.50	0.36	17	85.0	2.70	0.78
7	34.0	1.45	0.43	18	90.0	1.80	1.02
8	40.0	1.80	0.72	19	95.0	1.20	0.77
9	45.0	2.05	1.02	20	98.0	1.00	0.59
10	50.0	1.95	1.20	21	99.0	0.00	0.00
11	55.0	1.90	1.25				

7.7 측정된 유속을 이용하여 작성한 등속선 사이의 면적이 다음과 같다. 유량을 결정하라.

유속 (m/s)	등속선간의 면적 (m^2)
>0.5	1.6
0.5–0.4	4.5
0.4–0.3	6.9
0.3–0.2	8.3
0.2–0.1	3.2
0.1–0.0	3.2

7.8 유량측정결과가 다음과 같다. 유속계 검정은 $v=0.04+0.02N$이고 v는 m/s, N은 분당 회전수이다. 중간단면방법으로 유량을 결정하라.

하안으로 부터거리 (m)	수심 (m)	유속계 위치 y/d	회전수 (rpm)
0	0.00		0
2	0.50	0.60	45
4	0.95	0.60	53
6	1.62	0.20	59
		0.80	47
8	1.80	0.20	66
		0.80	52
10	1.24	0.20	52
		0.80	40
12	0.20	0.60	32
13	0.00		0

7.9 폭이 6m인 사각형수로의 유량을 경사-면적방법으로 구하라. 500m 구간의 상·하류 수심이 각각 2.0m, 2.2m, 수면의 차이가 0.25m, 조도계수가 0.025이다.

7.10 길이가 900m인 하천구간의 상·하류 흐름단면적이 각각 400m^2, 462m^2, 수심이 각각 4m, 4.2m 이다. 수면차이가 0.5m, 조도계수가 0.03이다. 유량을 결정하라.

희석법

7.11 일정율주입방법의 희석법을 이용한 유량측정에서 농도가 6.8 g/l인 추적물을 10ml/s로 주입한다. 혼합이 전단면에 걸쳐 일어난 하류지점에서 측정된 농도가 0.051mg/l이다. 유량을 구하라.

7.12 순간주입방법의 희석법을 이용한 유량측정에서 농도가 4.2 g/l, 체적이 12.0×10^{-3}m^{3}인 추적물을 주입한 후 하류에서 체취된 시간-농도곡선이 다음과 같다. 유량을 구하라.

시간(min)	0	3	6	9	10	13	18	23	30
농도(μg/1)	0	0.7	5.1	11.2	12.0	9.0	4.1	1.2	0

수리학적인 방법에 의한 유량측정

7.13 폭이 3m인 사각형위어에 수두 0.3m로 물이 흐른다. 만약 위어를 90°인 삼각형위어로 교체할 경우 위어상의 수심을 구하라. 삼각형과 사각형위어의 유량계수는 각각 $C_d=0.59$, $C_d=0.63$이다.

7.14 수로의 폭이 3.5m, 등류수심이 1.8m이다. 수로의 유량이 10 m^3/s일 때 수로 끝에 위어를 설치하여 자유방류되는 위어의 높이를 결정하라. 위어의 유량계수는 $C_d=0.95$이다.

7.15 수중위어의 깊이가 3m이다. 위어마루의 높이가 상류수위보다는 20cm, 하류수위보다는 15cm 낮다. 유량을 구하라. 위어의 유량계수는 $C_d=0.82$이다.

수위-유량곡선

7.16 다음 방법으로 수위-유량곡선을 유도하라. (a) 도시방법 (b) 회귀식

수위(m)	0.7	1.0	1.2	1.4	1.5	1.7	2.1	2.5	2.7	3.0
유량(m^3/s)	7	11	15	18	20	25	35	45	58	72

7.17 다음 자료를 이용하여 수위-유량곡선을 작성하라.

수위(m)	0.3	0.6	0.9	1.2	1.5	2.0	2.3	2.6	3.0	3.3	3.7	3.85
유량(m^3/s)	2	12	33	66	119	182	266	378	490	630	770	840

수위-유량곡선의 연장

7.18 다음 자료에 대한 수위-유량곡선을 작성하라. 전대스지방법으로 수위-유량곡선을 연장하여 수위 14.35m에 대한 유량을 구하라.

수위 (m)	면적 (m^2)	수심 (m)	유량 (m^3/s)
10.52	23.7	0.45	30.6
11.04	108.0	0.63	147
11.28	161.1	0.96	231
11.68	214.2	1.38	321
12.01	295.2	1.56	453
12.34	356.4	1.71	570
12.76	450.0	1.83	750
14.35	738.0	2.7	–
10.75	60.7	0.54	81
11.21	141.3	0.34	198
11.52	193.5	1.17	283
11.79	261.9	1.47	393
12.05	307.8	1.62	483
12.63	433.8	1.80	723
12.97	472.5	1.95	819

7.19 문제 **7.18**를 Stevens 방법으로 수행하라.

7.20 문제 **7.16**에서 수위 5.0m에 대한 유량을 구하라.

8 강우-유출해석

많은 수자원관련 설계문제에서 첨두유량만으로는 그 목적을 이루지 못하는 경우 시간에 대한 유출의 변화와 유출체적이 필요하고 이는 강우-유출해석을 필요로 한다. 강우-유출해석은 강우량을 유출로 변환하는 과정의 문제로 유역에 내린 강우의 차단, 침투, 증발, 증산, 요부저류를 포함하는 복잡한 유출과정을 해석하는 분포형 모형을 통해서 구해질 수 있다. 그러나 이 접근방법은 자료의 불충분, 복잡하고 과대한 작업량으로 실제적인 방법이 되기 어려운 점에서 집체형 개념적 모형이 널리 사용된다. **집체모형**(lumped model)은 유역을 단일 단위로 취급하여 수문과정을 나타내는 매개변수의 공간적인 변화를 고려하지 않고 평균치를 사용하는 모형으로 유역응답은 개개 소유역의 응답을 고려함 없이 전 유역의 유출구에서 결정된다. 개념적모형은 증발산, 지면저류, 침투, 유출과 같은 주요 수문학적 과정의 기술에 간단한 수학적인 식을 사용하는 모형이다. 이는 과정이 복잡한 편미분방정식을 풀기 보다는 모형 매개변수를 도입하여 수문학적인 변환과정을 단순화함으로서 사용이 단순하고 적절한 유출수문곡선을 제공하는 점에서 유용하다. 집체형 개념적 모형의 대표적인 예가 초과강우량을 유출수문곡선으로 변환하는 단위도이다. 본 장에서는 단위도, 순간단위도 및 합성단위도의 개념, 유도 및 적용이 기술된다.

8.1 수문계 모형

계(系; system)는 입력과 출력을 상호 관련시키는 구조이고 그림 8.1은 가장 간단한 계로 black-box모형을 나타낸다. 수문순환은 **수문계**(水文系; hydrologic system)로 간주될 수 있고, 유역은 강우입력에 대하여 유출출력을 갖는 강우-유출계가 된다. 선형계의 간단한 예로 110V 입력을 220V 출력으로 변환(승압)하는 변압기를 들 수 있다.

그림 8.1에서 S는 계의 **변환함수**(變換函數; transfer function)이다. 그림 8.2는 저수지를 계로 나타낸 예로 저수지의 저류량 $S(t)$가 유출량 $Q(t)$에 비례한다고 가정되는 **선형저수지**(線型貯

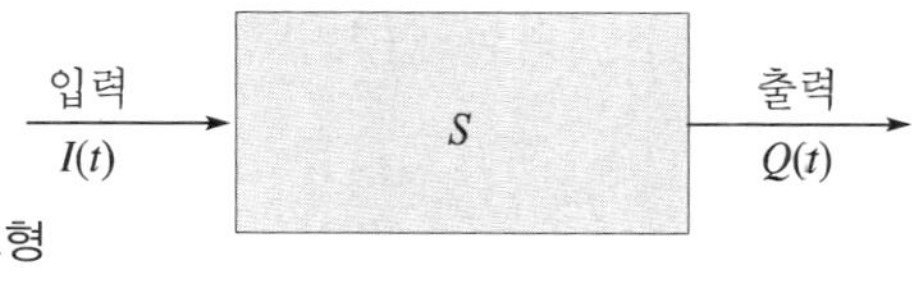

그림 8.1 계의 Black-box 모형

水池; linear reservoir)를 설명한다.

$$S(t) = KQ(t) \tag{8.1}$$

식 (8.1)에서 비례상수 K는 **저류상수**(storage constant)로 선형저수지에 대해서 상수이다. 저류량은 유입량에 대하여 지체와 감쇠의 영향을 갖는다.

선형계(線型系; linear system)는 비례원리와 중첩(가법)원리를 만족하고 그렇지 않은 계는 비선형계이다. 또한 선형계는 계의 거동이 선형미분방정식으로 기술되는 계이다.

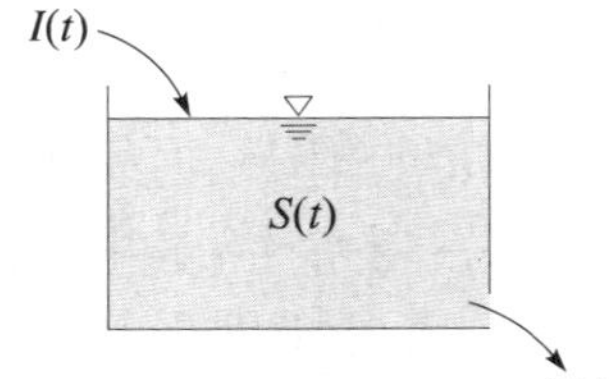

그림 8.2 선형저수지

비례원리 : 이는 계의 입력과 출력이 같은 축척비를 갖는 것을 의미한다.

$$y = H(ax) = aH(x) \tag{8.2}$$

중첩(가법)원리. 두 입력의 합에 의한 계의 출력이 독립된 두 계의 출력의 합과 같다.

$$y_1 + y_2 = H(x_1) + H(x_2) = H(x_1 + x_2) \tag{8.3}$$

여기서 x, y는 입력과 출력, H는 **계함수**(系函數; system function), **응답함수**(應答函數; response function), 또는 **변환함수**(變換函數; transfer function)이고, a는 상수이다.
$y(t) = H[x(t)] = [x(t)]^2$는 다음과 같이 가법이 적용되지 않는 점에서 선형이 아닌 비선형이다.

$$H(x_1 + x_2) = (x_1 + x_2)^2 \neq H(x_1) + H(x_2) = x_1^2 + x_2^2$$

저수지의 저류량 S와 유출량 Q의 일반적인 관계는 다음과 같다.

$$S = KQ^n \tag{8.4}$$

여기서 n은 지수이고 K는 저류상수이다.

(i) **선형계** : $n = 1$이고 저류상수 K가 시불변 상수이면 저류량은

$$S = KQ \tag{8.1}$$

유입량을 유출량과 저류량의 변화에 연계하는 연속방정식은

$$I - Q = \frac{dS}{dt} \tag{8.5}$$

식 (8.1)을 식 (8.5)에 대입하면 선형저수지를 설명하는 선형미분방정식 식 (8.6)을 얻는다.

$$I - Q = K\frac{dQ}{dt} \tag{8.6}$$

K가 시간의 함수($K = K(t)$)이면 식 (8.5)식에 따라 (8.6)은

$$I = Q\left(1 + \frac{dK(t)}{dt}\right) + K(t)\frac{dQ}{dt} \tag{8.7}$$

식 (8.7)은 시변 선형저수지를 설명하는 선형미분방정식이다.

(ii) **비선형계**: $n \neq 1$이고 K가 시불변상수이면 식 (8.4)의 미분은

$$\frac{dS}{dt} = \frac{d}{dt}(KQ^n) = KnQ^{n-1}\frac{dQ}{dt}$$

이에 식 (8.5)를 적용하면

$$I = Q + KnQ^{n-1}\frac{dQ}{dt} \tag{8.8}$$

식 (8.8)은 비선형저수지를 설명하는 비선형미분방정식이다.

8.2 응답함수

선형계의 응답은 충격응답함수로 특징지워진다. **단위충격응답함수**(unit impulse response function) $u(t-\tau)$는 시간 τ에서 선형계에 순간적으로 입력된 단위충격(單位衝擊; unit impulse)에 대한 시간 t에서 계의 출력을 나타내는 함수이다(그림 8.3). 시간 $(t-\tau)$는 충격이 적용된 이후 시간지체이다. 그림 8.2에서 비어 있는 저수지가 단위량의 물로 인하여 순간적으로 채워질 경우 저수지의 유출함수 $Q(t)$는 단위충격응답함수이다. 소유역에 순간적인 단위강우가 내렸을 때 유출구에서의 유출 또한 단위충격응답함수이다.

유효강우량과 같이 연속되는 입력은 미소충격의 합으로 처리된다. 시간 τ와 $\tau + d\tau$사이에서 계에 입력 $I(\tau)d\tau$를 고려한다. 예를 들어서 $I(\tau)$가 강우강도(mm/hr)이고 $d\tau$는 지속시간(hr)이라면 $I(\tau)d\tau$는 $d\tau$시간 동안 계에 입력된 강우량(mm)이 된다. 응답함수가 $u(t-\tau)$인 계에

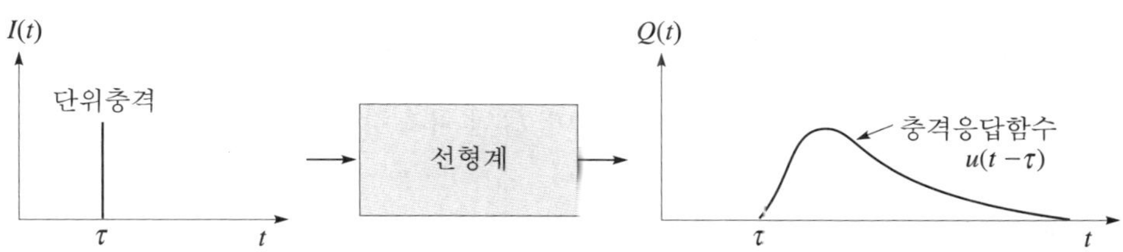

그림 8.3 선형계에 대한 단위충격응답함수

입력이 $I(\tau)d\tau$이면 $(t-\tau)$시간 후 계의 출력인 직접유출은 $I(\tau)u(t-\tau)d\tau$가 된다. 시간함수인 총입력 $I(\tau)$에 대한 응답은 각 충격에 대한 응답의 적분으로 주어지고 결과는 그림 8.4와 같이 직접유출수문곡선을 제공한다. 이 경우 적용되는 적분은 회선적분(식 8.9)으로 8.4절에서 상술된다.

$$Q(t)=\int_0^t I(\tau)u(t-\tau)d\tau \tag{8.9}$$

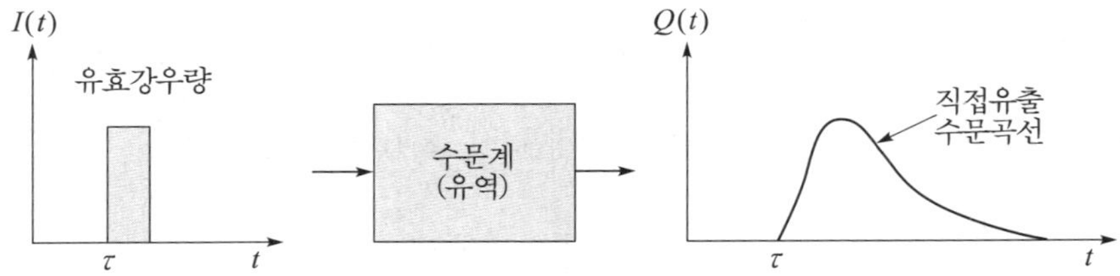

그림 8.4 선형 수문계(유역)

8.3 단위유량도의 이론

1932년 미국의 Sherman은 유효강우량을 직접유출로 변환하는 도구로서 단위유량도의 개념을 개발하였다. 한 유역의 **단위유량도**(單位流量圖; unit hydrograph), 간단히 **단위도**(單位圖; unitgraph)는 단위시간 동안 일정한 강우강도로 전 유역에 걸쳐 균일하게 발생한 1cm(1mm 또는 1in.)의 유효강우량에 의하여 유발되는 직접유출수문곡선으로 정의된다. 이 경우 수문곡선의 유출체적을 깊이인 유출고로 나타내면 1cm(1mm 또는 1 in.)이다. **유출고**(流出高; runoff depth)는 유출체적을 유역면적으로 나누어 유출을 깊이로 나타낸 것이다. 이 경우 단위시간은 도달시간보다 작은 임의의 시간으로 유효강우량의 지속기간이 된다. 단위도의 기본개념은 다음 여섯 개의 가정에 근거한다.

1) 기저시간의 일정(principle of equal time base)

동일한 지속기간을 갖는 유효강우량으로 인한 수문곡선의 기저시간은 강우강도에 관계없이 일정하다. 이는 상이한 강우강도에 따라 유출의 크기는 달라도 유출이 시작해서 끝나는 시간폭이 같음을 의미한다.

2) 비례원리(principle of proportionality)

주어진 지속기간의 강우에 의한 직접유출수문곡선의 기저시간이 일정하므로 수문곡선의 종거는 유효강우량의 체적에 비례한다. 지속기간이 D인 유효강우량과 이에 의한 직접유출 수문곡선의 기저시간이 $2D$인 단위도를 생각한다.

그림 8.5(a)에서 1cm 유효강우량으로 인한 직접유출수문곡선은 단위도의 종거에 1를 곱하여 얻어지고 그림 8.5(b)에서는 유효강우량이 2cm이므로 단위도의 종거에 2를 곱하면 2cm에 대한

직접유출수문곡선이 구해진다. 그림 8.5에서 주목되는 사실은 (b)의 유효강우량이 (a)의 2배이면 이에 비례하여 수문곡선의 종거도 2배가 되는 점이다.

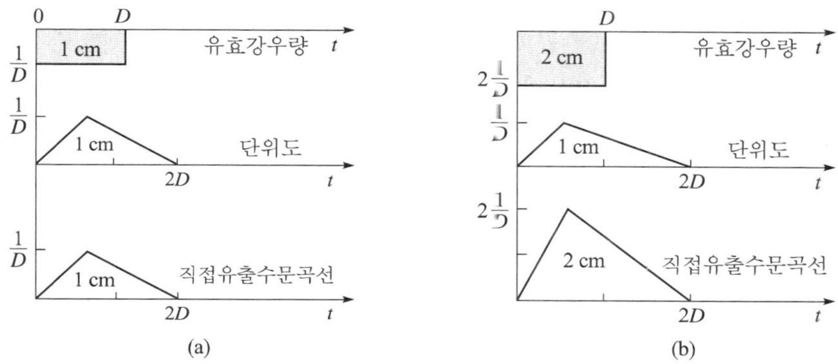

그림 8.5 비례원리: (a)1cm 유효강우량; (b)2cm 유효강우량

3) 중첩원리(principle of superposition)

연속된 두개의 단위유효강우량에 대한 수문곡선은 각 단위유효강우량에 의한 수문곡선들을 단위시간만큼 지체시킨 후 이들 종거의 합으로 주어진다. 유효강우량이 2D동안 지속되는 경우를 고려한다.

그림 8.6에서 2cm 강우는 시간 D에서 시작하므로 2cm 강우에 적용되는 단위도와 이 강우로 인한 유출수문곡선도 시간 D에서 시작됨을 알 수 있다. 즉 시간 D만큼 지체된다. 따라서 2cm 강우에 의한 직접유출수문곡선은 D시간 지체된 단위도의 종거를 2배하여 얻어진다. 유효강우량 1cm와 2cm에 의한 수문곡선은 1cm에 의한 수문곡선의 종거와 D시간 지체된 2cm에 의한

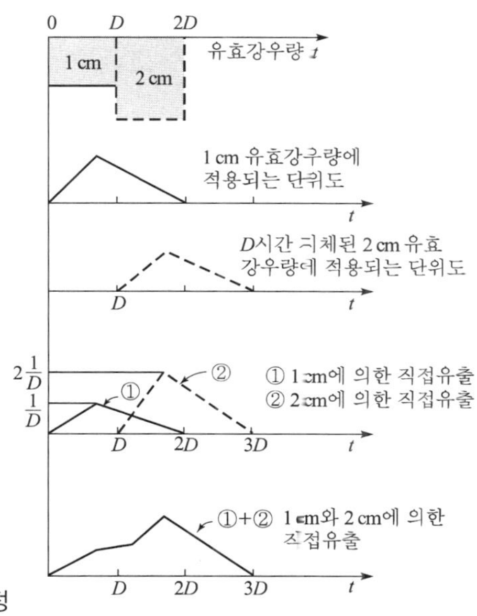

그림 8.6 비례-지체-중첩과정

수문곡선의 종거를 중첩하여 얻어진다.

4) 수문곡선의 모양은 유역특성(모양, 크기, 경사, 토양 등)과 강우특성(강우양상, 강도, 지속기간)을 반영한다(그림 6.3).
5) 유효강우량은 지속기간동안 균일한 시간분포 즉 일정한 강우강도를 갖는다.
6) 유효강우량은 유역의 전 면적에 걸쳐 균일한 공간분포를 갖는다.

단위도의 한계. 단위도를 적용하기 위해서는 위의 4, 5, 6의 조건이 만족되어야 하는데 이점이 단위도적용에 제약조건이 된다. 따라서 단위도를 적용하기 위해서 선정되는 호우는 일정 강우강도의 가정을 만족하기 위하여 그 지속기간이 짧아야 하고, 유역면적이 크면 강우분포가 불균일하게 되므로 이 가정을 만족하기 위해서는 소유역으로 분할하여 적용함이 필요하다. 단위도의 적용한계는 Sherman에 의하면 1300～8000km^2, Linsely에 의하면 5000km^{2}이다.

8.4 회선적분

그림 8.6에서와 같이 유효강우량 1cm와 2cm에 의한 직접유출수문곡선을 구하는 과정은 (1) 비례원리에 의한 곱, (2) 강우지속기간에 따른 지체, (3) 중첩의 3단계로 구성된다. 이들 세 과정의 연산자를 식 (8.10)의 **회선적분**(回旋積分; convolution integral)으로 나타낸다.

$$Q(t) = \int_0^t R(\tau)\,u(t-\tau)\,d\tau \tag{8.10}$$

여기서 R은 유효강우량, u는 단위충격응답함수인 단위도, Q는 유출이다. 실제 수문자료는 이산형으로 주어지므로 식 (8.10)을 이산형으로 나타내면

$$Q(t) = \sum_{\tau=0}^{t} R(\tau)\,u(t-\tau)\,\Delta\tau \tag{8.11}$$

수치계산을 위하여 식 (8.11)은 다음과 같이 표현된다.

$$Q_n = \sum_{m=1}^{n \leq M} R_m\, U_{n-m+1} \tag{8.12}$$

또는

$$Q_n = \sum_{m=1}^{n} R_m\, U_{n-m+1} \qquad n \leq M \tag{8.13a}$$

$$Q_n = \sum_{m=1}^{M} R_m\, U_{n-m+1} \qquad M \leq n \leq n_U \tag{8.13b}$$

여기서 Q_n은 직접유출수문곡선(선형계의 출력)의 종거, R_m은 유효강우량, U_{n-m+1}은 단위도의 종거, M은 R_m의 종거수, n_U는 단위도 U_{n-m+1}의 종거수 및 N은 직접유출수문곡선 Q_n의

종거수이다. 이들은 다음과 같은 관계를 갖는다.

$$N = M + n_U - 1 \tag{8.14}$$

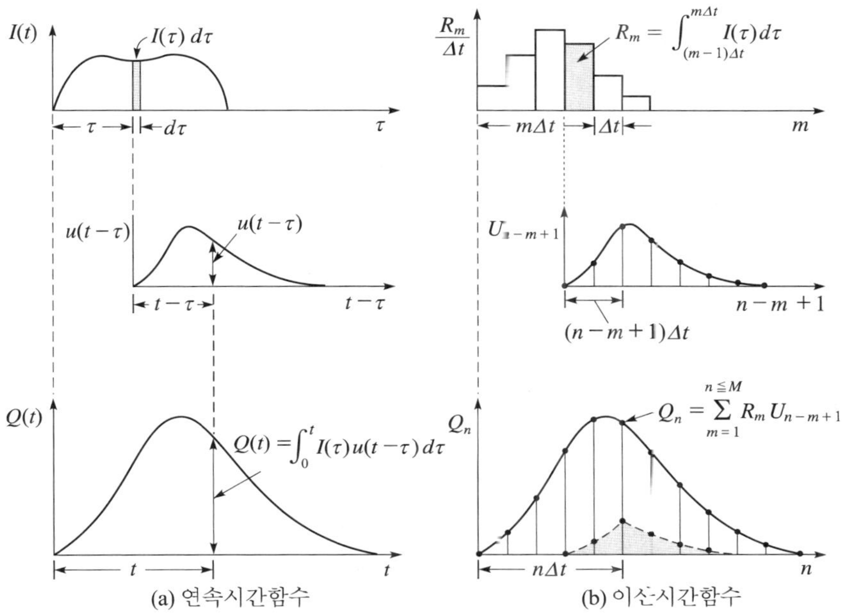

그림 8.7 회선적분

식 (8.12)를 풀어 쓰면 다음과 같다.

$$
\begin{aligned}
Q_1 &= R_1 U_1 \\
Q_2 &= R_2 U_1 + R_1 U_2 \\
Q_3 &= R_3 U_1 + R_2 U_2 + R_1 U_3 \\
&\vdots \\
Q_m &= R_m U_1 + R_{m-1} U_2 + \cdots + R_1 U_m \\
&\vdots \\
Q_{N-1} &= R_m U_{N-m} + R_{m-1} U_{N-m+1} \\
Q_N &= R_M U_{N-M+1}
\end{aligned}
\tag{8.15}
$$

이를 행렬로 나타내면

$$[Q] = [R][U] \tag{8.16}$$

직접유출 수문곡선의 종거가 N이면 Q_N에 관하여 N개의 식이 존재하고(식 (8.15)), Q_N은 최대$(N - M + 1)$개의 단위도 종거의 항으로 기술된다. 식 (8.10)과 (8.11)의 과정이 그림 8.7에 설명되고 식 (8.15)의 곱-지체-중첩의 과정은 그림 8.5와 8.6에서 설명된다.

예제 8.1

연속된 유효강우량 R_1, R_2, R_3 (그림 8.8a)에 대한 직접유출수문곡선의 종거를 계산하라. 선형계의 단위충격응답함수(단위도)(그림 8.8 b)는 여섯 개의 종거로 구성된다.

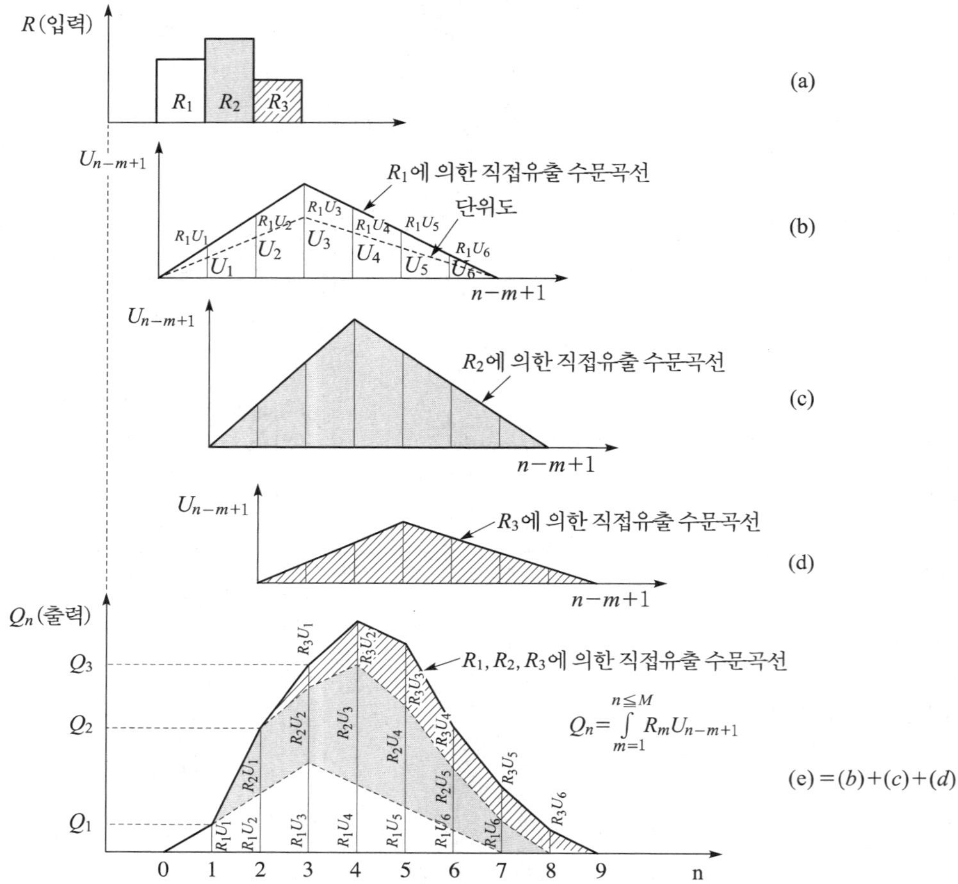

그림 8.8 선형계의 출력에 대한 회선적분식의 적용(예제 8.1)

풀이 $M=3$, $n_U=6$ 이므로 Q_n의 종거수는 $N=M+n_U-1=3+6-1=8$이다.

$n=1$: $n<M$이므로 $Q_1=\sum_{m=1}^{1} R_m U_{n-m+1}$, $Q_1=R_1 U_{1-1+1}=R_1 U_1$

$n=2$: $n<M$이므로 $Q_2=\sum_{m=1}^{2} R_m U_{n-m+1}$, $Q_2=R_1 U_2+R_2 U_1$

$n=3$: $n=M$이므로 $Q_3=\sum_{m=1}^{3} R_m U_{n-m+1}$, $Q_3=R_1 U_3+R_2 U_2+R_3 U_1$

$n=4\sim 7$: $n>M$이므로 $Q_n=\sum_{m=1}^{m} R_m U_{n-m+1}$ $Q_4=R_1 U_{4-1+1}+R_2 U_{4-2+1}+R_3 U_{4-3+1}$

$$=R_1 U_4+R_2 U_3+R_3 U_2$$

$$Q_5 = R_1 U_5 + R_2 U_4 + R_3 U_3$$

$$Q_6 = R_1 U_6 - R_2 U_5 + R_3 U_4$$

$$Q_7 = R_2 U_6 + R_3 U_5$$

$$Q_8 = R_3 U_5$$

계산 결과와 과정은 그림 8.8과 같다.

8.5 단위유량도의 유도

단위도는 일반적으로 강우-유출 사상을 나타내는 우량주상도와 이로 인한 유출수문곡선을 이용해서 유도된다. 순간단위도기법(8.13.1)을 이용해서도 유도가 가능하며 미계측유역에서는 단위도를 합성하는 합성단위도기법(8.9~12)이 사용된다. 사용되는 수문곡선은 단위도의 가정을 만족할 수 있도록 강우지속기간이 짧고 유역면적이 작은 유역으로부터의 단일 호우에 의한 단봉수문곡선을 선정함이 요망된다. 지속기간이 짧으면 균일한 강우강도와 균일한 공간분포에 대한 조건의 만족이 가능하다.

단일 호우로 인한 수문곡선으로부터 유도되는 단위도는 오차를 포함하는 경우가 많으므로 동일한 지속기간을 갖는 수개의 호우 각각에 대하여 단위도를 유도하고 이들을 평균해서 유역의 대표단위도를 결정한다. 이 경우 특히 단위도의 첨두가 동일 시각에 일어나지 않는 경우가 대부분이므로 산술평균을 하게 되면 실제보다 낮은 첨두를 초래하므로 이를 피하는 방법은 첨두의 크기와 발생시간을 각각 평균하여 이 점을 통과하고 유출고가 1cm가 되도록 단위도의 첨두부를 도시한다. 강우량과 수문곡선의 실측자료를 이용하여 단위도를 유도하는 방법에는 역과정방법과 역회선방법이 있다.

8.5.1 역회선방법(Deconvolution method)

회선적분식 (식 8.12 또는 8.15)에서 Q와 R이 주어지면 U를 구하는 것이 가능하고 이는 회선의 역과정이므로 역회선방법이라 한다. 식 (8.15)의 첫 식에서 R_1, Q_1이 주어지면 U_1이 구해지고, 둘째 식에 R_1, R_2, Q_2, U_1을 대입하면 U_2가 구해진다. 이와 같이 주어진 값들을 계속 대입하여 단위도의 종거를 구하는 점에서 **전방대입법**(forward substitution method)라고도 한다. 식 (8.12)를 단위도의 종거 U에 관하여 정리하면

$$U_i = \frac{Q_i - \sum_{j=i-1,1}^{m=2,M} U_j R_m}{R_1} \tag{8.17}$$

식 (8.17)에서 i는 1에서 n_U까지 변한다. n_U는 단위도의 종거수로 수문곡선의 종거수가 N,

유효강우량 주상도의 종거수가 M일 때 n_U는

$$n_U = N - M + 1 \tag{8.18}$$

j는 $(i-1)$에서 1까지 감소하고 m은 2에서 M까지 증가한다. $i = 1, 2, \cdots, n_U$에 대한 U_n의 계산과정은 예제 8.2의 식 (b)에서 설명된다. 주어진 Q_n과 R_m으로부터 U를 구하는 경우 식 (8.14)로부터 $N > n_U$임을 알 수 있다. 이는 미지수를 포함한 식의 수가 단위도종거 U의 수 n_U보다 많음을 나타내고 이 경우는 과잉결정(overdetermined)이 되는 문제이다. 이러한 경우 관측된 유량과 유도된 단위도를 이용하여 계산된 유량과의 차이인 잔차의 자승합을 최소로 하여 단위도를 구하는 최적해가 필요하다. 즉 식 (8.19)의 E를 최소로 하는 U를 구하는 것이다.

$$E = \sum_{i=1}^{N} (Q_i - Q_{ci})^2 \tag{8.19}$$

여기서 Q_i는 관측유량, Q_{ci}는 유도된 단위도를 사용하여 계산된 유량이다.

예제 8.2

표 8.1에 주어진 유효강우량과 직접유출에 대한 1시간 단위도를 역회선방법으로 유도하라.

풀이 유효강우량의 종거가 $M=3$, 수문곡선의 종거수가 $N=7$이므로 단위도의 종거수는 5이다.

$$n_U = N - M + 1 = 7 - 3 + 1 = 5$$

식 (8.15)에 따라 직접유출을 유효강우량 R_1, R_2, R_3와 단위도의 종거 U의 항으로 나타낸다.

표 8.1 역회선방법에 의한 단위도 유도

시간 (h)	유효강우량 R(cm)	직접유출 Q(m^3/s)	단위도 U(m^3/s)
1	2	0	
2	3	6	0
3	1	21	3.0
4		30	6.0
5		25.5	4.5
6		16.5	3.0
7		7.5	1.5
8		1.5	0
9		0	

$$\begin{aligned} Q_1 &= R_1 U_1 \\ Q_2 &= R_1 U_2 + R_2 U_1 \\ Q_3 &= R_1 U_3 + R_2 U_2 + R_3 U_1 \\ Q_4 &= R_1 U_4 + R_2 U_3 + R_3 U_2 \end{aligned} \tag{a}$$

$$Q_5 = R_1 U_5 + R_2 U_4 + R_3 U_3$$

$$Q_6 = R_2 U_5 + R_3 U_4$$

$$Q_7 = R_3 U_5$$

식 (a) 또는 식 (8.17)을 이용하여 U_n 을 구하면 다음과 같다.

$$U_1 = \frac{Q_1}{R_1} = \frac{6}{2} = 3$$

$$U_2 = \frac{Q_2 - R_2 U_1}{R_1} = \frac{21 - 3 \times 3}{2} = 6$$

$$U_3 = \frac{Q_3 - R_2 U_2 - R_3 U_1}{R_1} = \frac{30 - 3 \times 6 - 1 \times 3}{2} = 4.5 \qquad \text{(b)}$$

$$U_4 = \frac{Q_4 - R_2 U_3 - R_3 U_2}{R_1} = \frac{25.5 - 3 \times 4.5 - 1 \times 6}{2} = 3.0$$

$$U_5 = \frac{Q_5 - R_2 U_4 - R_3 U_3}{R_1} = \frac{16.5 - 3 \times 3 - 1 \times 4.5}{2} = 1.5$$

이와 같이 유도된 단위도는 사용된 자료가 정확하면 타당성을 갖는다. 그러나 사용된 자료가 정확하지 않을 경우 단위도의 유출고가 1cm와 다를 수 있고 이 경우 단위도의 유출고가 1cm가 되도록 종거를 조정한다. 특히 조정을 필요로 하는 이유는 식 (a)에서 미지수를 포함한 식은 7개이나 5개의 단위도 종거를 구하는 과정에서 사용된 식은 처음 5개뿐이다. 즉 과잉결정의 문제가 발생한 것이다. 따라서 구해진 $U_1, \cdots, U_5$ 는 나머지 두 식도 만족해야 하는 문제를 안고 있다.

8.5.2 역과정방법(Inverse procedure method)

단위도의 주 용도가 유효강우량으로부터 직접 유출수문곡선을 구축하는 것이다. 반대로 강우와 유출자료부터 단위도를 유도하는 것은 역과정이 된다. 역과정 방법에 의한 단위도유도 과정은 다음과 같다.

1. 수문곡선을 직접유출과 기저유출로 분리하여 직접유출수문곡선(直接流出水文曲線; direct runoff hydrograph, DRH)를 구하고 이를 적분해서 직접유출체적을 구한다.
2. 직접유출체적을 유역면적으로 나눈 깊이인 유출고(cm 또는 mm)를 계산한다.
3. 직접유출수문곡선의 종거를 직접유출고로 나누어 단위도 종거를 계산한다.
4. 우량주상도에서 ϕ - 지수방법 등으로 단위도의 단위시간을 결정한다.

예제 8.3

유역면적이 61.4km^{2}인 유역의 강우량과 수문곡선이 표 8.2에 주어진다. 역과정방법으로 단위유량도를 유도하고 단위도의 단위시간을 결정하라.

풀이

표 8.2 역과정에 의한 단위도 유도

시간 (hr)	강우량 (mm)	총유량 (m^3/s)	기저유량 (m^3/s)	직접유출 (m^3/s)	단위도 (m^3/s)
0		12	10	0	0
1		10	10	0	0
2		50	10	40	20
3	0	100	10	90	45
4	4	90	10	80	40
5	11	70	10	60	30
6	15	47	10	37	18.5
7	9	30	10	20	10
8	3	20	10	10	5
9		14	10	4	2
10		10	10	0	0
11		10	10	0	
	Σ=42			Σ=341	Σ=170.5

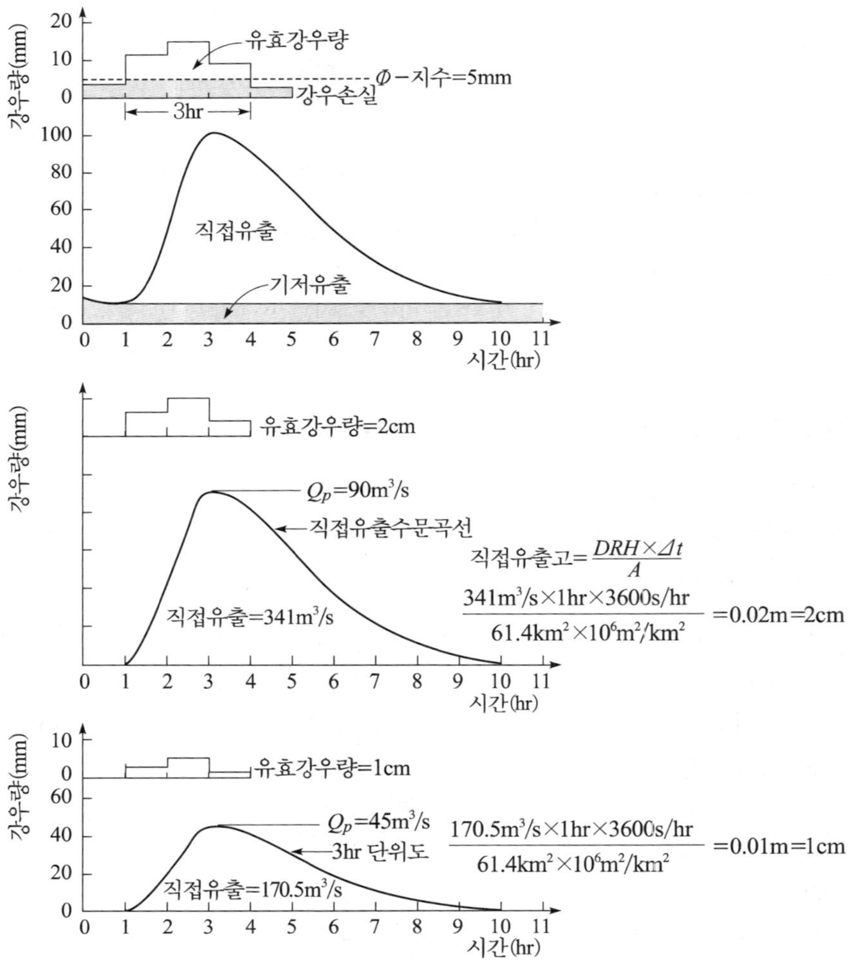

그림 8.9 단위도 유도

그림 8.9에서 직접유출이 10시에 끝나는 것으로 가정하여 이를 상승시점과 연결하여 기저유출과 직접유출을 분리한다. 직접유출이 341(m^3/s)×1hr(3600s/1hr)=1,227,600m^{3}이므로 이를 유역면적 A=61.4km^{2}로 나누어 유출고로 나타내면 1,227,600/(61.4×10^6)=0.02m=2cm이다. 유출고가 1cm가 되도록 직접유출수문곡선의 종거를 2로 나누어 단위도의 종거를 얻는다.

단위도의 단위시간 결정. 단위도의 단위시간은 유효강우량의 지속시간과 같으므로 유효강우량의 지속기간을 구하는 것이 된다. 우량주상도에서 총강우량 42 mm 중 직접유출고가 20 mm가 되도록 ϕ – 지수법을 적용하면 ϕ – 지수는 5mm/h이므로 우량주상도로부터 유효강우량의 지속기간은 3시간이 된다. 따라서 유도되는 단위도의 지속기간은 3시간이고 유도되는 단위도는 3시간단위도가 된다. 유효강우량은 시간별 강우량에서 ϕ – 지수=5mm/h를 빼줌으로서 얻어진다.

8.6 복합강우로부터 단위도 유도 – 행렬해법

실제 강우기록은 단순한 단일 첨두를 유발하는 이상적인 호우이기보다는 다첨두의 복잡한 수문곡선을 유발하는 복합강우가 대부분이다. 이러한 경우 단위도 유도 방법으로 역과정방법은 적합하지 않다. 다첨두의 복잡한 수문곡선으로부터 단위도를 유도함에는 역회선방법이 적용될 수 있다.

그림 8.10에서와 같이 강우주상도를 일정한 시간 간격의 강우요소로 구분하는 것이 가능할 때 수문곡선을 각 강우 요소에 상응하는 요소 수문곡선으로 분리하는 것이다. 또는 그림 8.8a, e에서와 같이 유효강우량 주상도와 수문곡선상에서 같은 시간 간격에 대한 Q를 읽을 수 있다. 이 경우 식 (8.12)의 Q와 R이 주어진다.

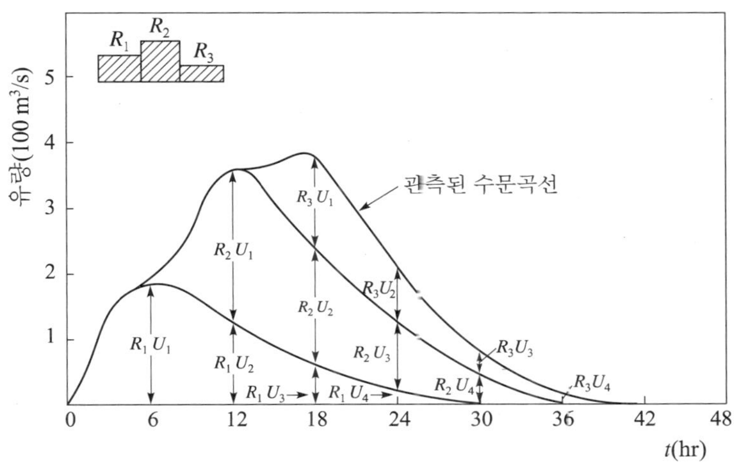

그림 8.10 복합강우로부터 단위도 유도

식 (8.13) 또는 (8.15)를 행렬로 나타내면

$$\begin{bmatrix} R_1 & 0 & 0 & 0 \\ R_2 & R_1 & 0 & 0 \\ R_3 & R_2 & R_1 & 0 \\ 0 & R_3 & R_2 & R_1 \\ 0 & 0 & R_3 & R_2 \\ 0 & 0 & 0 & R_3 \end{bmatrix} \begin{bmatrix} U_1 \\ U_2 \\ U_3 \\ U_4 \\ 0 \\ 0 \end{bmatrix} = \begin{bmatrix} Q_1 \\ Q_2 \\ Q_3 \\ Q_4 \\ Q_5 \\ Q_6 \end{bmatrix} \tag{8.20}$$

행렬$[R]$은 정사각형 행렬이 아니므로 $[R]$의 역행렬이 존재하지 않는다. 또한 식 (8.20)에서 미지수 U보다 주어진 식의 수가 더 많으므로 단위도 종거는 과잉결정의 문제가 된다. 따라서 식 (8.20)의 과잉결정 조건 때문에 해는 $U= R^{-1}Q$로 주어지지 않는다. U에 관하여 식 (8.20)을 풀기 위해서는 먼저 R의 전치행렬 R^T를 양변의 앞에 곱하여 정사각형 행렬 Z로 변환한다.

$$R^T RU = R^T Q \tag{8.21}$$

$$ZU = R^T Q \tag{8.22}$$

여기서 $Z= R^T R$이다. 식 (8.22)의 양변에 Z의 역행렬 $Z^{-1} = [R^T R]^{-1}$을 곱하여 U를 구한다.

$$U = [R^T R]^{-1} R^T Q \quad \text{또는} \quad U = Z^{-1} R^T Q \tag{8.23}$$

식 (8.23)의 많은 요소가 영이므로 역행렬을 구하는 과정이 용이하지 않고 또한 U의 종거가 음수가 되거나 체적이 1보다 작거나 진동을 나타낸다. 따라서 관측치 Q와 계산치 $RU(= Q_c)$와의 차이$(Q- RU)$를 식 (8.19)에 따라 최소로 하는 최적해가 필요하다.

예제 8.4

유효강우량이 0.4, 0.8, 직접유출수문곡선의 종거가 0.24, 0.64, 0.32이다. 행렬해법을 이용하여 단위도를 유도하라.

풀이 단위도의 종거수는 식 (8.18)에 따라 $n_U= N-M+1= 3-2+1= 2$이다. 주어진 자료를 식 (8.20)의 행열로 나타내면

$$\begin{bmatrix} 0.4 & 0 & 0 \\ 0.8 & 0.4 & 0 \\ 0 & 0.8 & 0 \end{bmatrix} \begin{bmatrix} U_1 \\ U_2 \\ 0 \end{bmatrix} = \begin{bmatrix} 0.24 \\ 0.64 \\ 0.32 \end{bmatrix} \tag{a}$$

행렬 Z는

$$Z = R^T R = \begin{bmatrix} 0.4 & 0.8 & 0 \\ 0 & 0.4 & 0.8 \\ 0 & 0 & 0 \end{bmatrix} \begin{bmatrix} 0.4 & 0 & 0 \\ 0.8 & 0.4 & 0 \\ 0 & 0.8 & 0 \end{bmatrix} = \begin{bmatrix} 0.8 & 0.32 & 0 \\ 0.32 & 0.8 & 0 \\ 0 & 0 & 0 \end{bmatrix} \tag{b}$$

Z의 역행열 $Z^{-1} = [R^T R]^{-1}$을 구하면

$$Z^{-1} = \begin{bmatrix} 1.488 & -0.595 & 0 \\ -0.595 & 1.488 & 0 \\ 0 & 0 & 0 \end{bmatrix} \tag{c}$$

$Z^{-1}R^T$를 계산하면

$$Z^{-1}R^T = Z^{-1} = \begin{bmatrix} 1.488 & -0.595 & 0 \\ -0.595 & 1.488 & 0 \\ 0 & 0 & 0 \end{bmatrix} \begin{bmatrix} 0.4 & 0.8 & 0 \\ 0 & 0.4 & 0.8 \\ 0 & 0 & 0 \end{bmatrix} = \begin{bmatrix} 0.595 & 0.952 & -0.476 \\ -0.238 & 0.119 & 1.190 \\ 0 & 0 & 0 \end{bmatrix} \quad \text{(d)}$$

식 (8.23)의 U는

$$U = Z^{-1}R^TQ = \begin{bmatrix} 0.595 & 0.952 & -0.476 \\ -0.238 & 0.119 & 1.190 \\ 0 & 0 & 0 \end{bmatrix} \begin{bmatrix} 0.24 \\ 0.64 \\ 0.32 \end{bmatrix} = \begin{bmatrix} 0.6 \\ 0.4 \\ 0 \end{bmatrix} = \begin{bmatrix} U_1 \\ U_2 \\ 0 \end{bmatrix} \quad \text{(e)}$$

따라서 단위도의 종거는 $U_1=0.6$, $U_2=0.4$, $U_3=0.0$이다.

8.7 단위유량도를 이용한 직접유출 수문곡선의 유도

단위도의 주 용도는 유효강우량 주상도로부터 직접유출수문곡선을 구하는 것이다. 단위도를 이용하여 직접유출 수문곡선을 구하기 위해서는 4.3절의 침투해석, 6.4절의 NRCS방법 및 13.4절의 방법을 이용하여 강우기록으로부터 손실량을 분리하여 유효강우량을 구한다. 단위도가 적용될 수 있도록 이 유효강우량기록을 단위도의 단위시간과 같은 시간간격의 주상도로 나타낸다. 만약 이 경우 주상도에서 각 강우요소의 지속시간이 다르게 되면 각 지속기간에 해당하는 단위도가 필요하다. 주상도의 각 강우요소의 유효강우량을 단위도의 종거에 곱하여 얻어지는 개개 수문곡선의 종거의 합인 중첩이 직접유출 수문곡선이 된다. 각 수문곡선의 시점은 해당 유효강우량의 시작시간과 같게 되어 지속시간만큼씩 지체된다. 총수문곡선은 직접유출수문곡선에 기저유출을 합하여 얻어진다.

예제 8.5

표 8.3의 3란의 3시간 단위도를 적용하여 2란의 강우량에 대한 최대유량을 구하라.

풀이 3시간 단위도가 적용될 수 있도록 강우기록을 3시간 간격으로 분할하고 손실우량의 분리는 일정비손실우량법(강우주상도상에서 일정한 비율의 강우량을 손실로 취급하는 방법)을 적용한다(13.4 절). 이는 유출계수와 같은 개념이다. 유출계수 C를 0.5으로 가정하면 유효강우량은 각각 12mm, 24mm, 0mm, 17mm 가 된다. 이들 유효강우량에 대한 직접유출은 단위도의 종거에 이들 유효강우량을 곱해서 얻어지고 유효강우량의 시점만큼 지체된 결과는 표 8.3의 4, 5 및 6란과 같다. 총직접유출은 4, 5 및 6란의 직접유출의 중첩으로 주어지며 7란과 같다. 총수문곡선은 7란에 8란의 기저유출을 합하여 얻어진다. 최대유량은 그림 8.11에 보인 바와 같이 355.2m^3/s이다.

표 8.3 단위도 적용예

시간 (hr) (1)	강우량 (mm) (2)	3hr 단위도 (m^3/s) (3)	(3)×1.2 (m^3/s) (4)	(3)×2.4 (m^3/s) (5)	(3)×1.7 (m^3/s) (6)	직접유출 (4)+(5)+(6) (m^3/s) (7)	기저 유출 (m^3/s) (8)	총유량 (7)+(8) (m^3/s) (9)
09	20	0	0			0	20	20.0
12	40	60	72	0		72	10	92.0
15	8	93	111.6	144.0		255.6	19	274.6
18	28	71	85.2	232.2	0	317.4	18	335.4
21		54	64.8	170.4	102.0	337.2	18	355.2
24		40	48.0	129.6	158.1	335.7	18	353.7
03		29	34.3	96.0	120.7	251.5	18	269.5
06		20	24.0	69.6	91.8	185.4	20	205.4
09		13	15.6	48.0	68.0	131.6	21	152.6
12		7	8.4	31.2	49.3	88.9	22	110.9
15		3	3.6	16.8	34.0	54.4	23	77.4
18		0	0	7.2	22.1	29.3	24	53.3
21				0	11.9	11.9	25	36.9
24					5.1	5.1	25	30.1
03					0	0	25	25.0

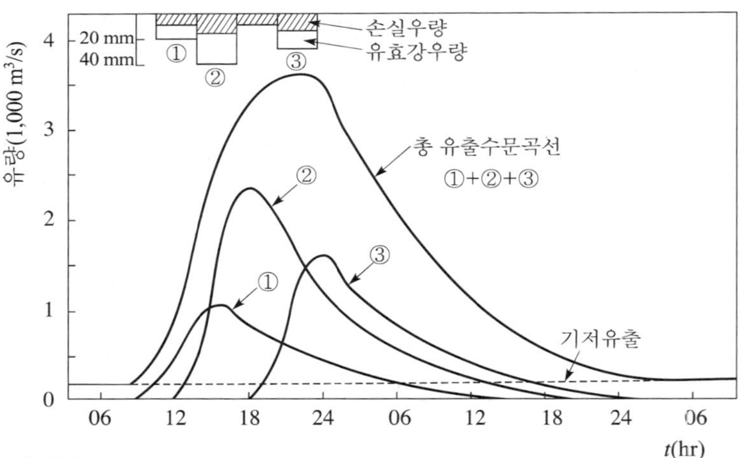

그림 8.11 단위도의 적용

8.8 단위도의 단위시간변경

단위도는 특정 지속기간의 단위강우량에 대한 단위 직접유출고(1cm)를 나타낸다. 따라서 동일한 유역에서도 지속기간이 다른 강우사상으로부터 유도되는 단위도 역시 다르게 된다. 단위도는 단위 직접유출고(1cm)를 나타내므로 강우지속기간이 길어지면 단위도의 기저시간은 길어지고 첨두는 이에 반비례하여 감소한다. 단위도의 지속기간 변경에는 지체방법과 S-수문곡선방법이 있다.

8.8.1 지체(또는 중첩)방법 (lagging 또는 superposition method)

이 방법은 지속기간을 배수로 증가시키는 경우에 한해서 가능하다. 따라서 t_1시간 단위도로부터 nt_1시간단위도의 유도를 생각한다. 그러나 여기서는 $n=2$에 대해서 설명하기로 한다. t_1시간 단위도를 유발하는 유효강우량은 $1/t_1$ cm/hr(또는 $1/t_1$ mm/hr)의 강우강도로 t_1 시간 내린다. 만약 강우강도가 $1/t_1$ cm/hr인 강우가 $2t_1$ hr 계속해서 내렸다면 유효우량은 2cm가 되고 지속기간은 $2t_1$ 시간이 된다. 따라서 $2t_1$ 시간 지속된 강우로 인한 수문곡선은 직접유출이 2cm이므로 수문곡선의 종거를 2로 나누면 유출이 1cm가 되어 $2t_1$시간 단위도가 얻어진다. 실제로 이를 구하는 과정은 $t_1=$ 4시간 단위도의 경우 $t_1=4$ 시간 단위도에 다른 4시간 단위도를 4시간 지체시켜 두개의 4시간 단위도의 종거를 합하여 얻어지는 수문곡선의 종거를 2로 나누면 8시간 단위도가 얻어진다. 8시간 단위도는 기저시간이 4시간만큼 더 길어지며 첨두는 감소한다. 이는 동일한 강우량이 1/2의 강우강도로 2배의 지속기간 만큼 더 오래 내리는 강우를 생각하면 쉽게 이해될 수 있다.

예제 8.6

표 8.4의 2란에 주어진 2시간 단위도로부터 6시간 단위도를 결정하라.

풀이 $\dfrac{6시간단위도}{2시간단위도}=3$이므로 3개의 2시간 단위도를 2시간씩 지체시켜 중첩하여 얻어지는 수문곡선의 유출고는 3cm이다. 따라서 중첩하여 얻은 수문곡선의 종거를 3으로 나누면 6시간 단위도를 얻는다.

표 8.4 지체 방법에 대한 단위도의 단위시간 변경

시간 (hr) (1)	2h 단위도 (m^3/s) (2)	2시간 지체된 2h 단위도 (m^3/s) (3)	4시간 지체된 2h 단위도 (m^3/s) (4)	합계 (2)+(3)+(4) (m^3/s) (5)	6시간단위도 (5)/3 (m^3/s) (6)
0	0			0	0
1	1.50			1.50	0.50
2	8.52	0		8.52	2.84
3	11.80	1.50		13.30	4.43
4	6.10	8.52	0	14.62	4.87
5	1.40	11.80	1.50	14.70	4.90
6	0	6.10	8.52	14.62	4.87
7		1.40	11.80	13.20	4.40
8		0	6.10	6.19	2.30
9			1.40	1.40	0.47
10			0	0	0
계	29.32			87.96	29.58

또는 2시간 단위도를 유발한 강우량은 1cm=10mm, 강우강도는 5 mm/h(=10 mm/2h)이다. 이러한 강우가 3개 계속되므로 강우량은 3(5mm/hr×2hr)=30mm=3cm이므로 유출고가 1cm가 되는 6시간 단위도를 얻기 위해서는 강우량과 중첩수문곡선의 종거를 3으로 나눈다. 표 8.4의 2란은 2시간 단위도의 종거이고 3, 4란은 각각 2, 4시간씩 지체시킨 2시간 단위도의 종거이다. 5란은 이들 세 단위도

종거의 합으로 3 cm의 유출고를 나타낸다. 따라서 5란의 수문곡선의 종거를 3으로 나누면 유출고는 1 cm가 되어 단위도가 되고 이를 유발한 유효강우량의 지속기간은 6시간이므로 6시간 단위도가 된다(그림 8.5, 8.6 참조).

8.8.2 S - 수문곡선방법

S - 수문곡선방법을 이용하면 주어진 단위시간의 단위도를 길거나 또는 짧은 단위시간의 단위도로 변환하는 것이 가능하다.

S - 수문곡선(S-hydrograph, SH)은 1cm/h의 일정한 강우강도로 무한히 지속되는 유효강우에 의하여 유발되는 수문곡선이다. 한 유역에 강우강도가 $1/t_1$ mm/h, 지속기간이 t_1시간인 단위강우(1cm)가 도달시간에 해당되는 지속기간에 이르도록 지속되면 유출구에서 유출은 **평형유출**(平衡流出; equilibrium outflow) Q_e에 달하고, 단위강우로 인한 수문곡선의 중첩으로 얻어지는 수문곡선은 그림 8.12 (a)와 같은 S - 수문곡선이다.

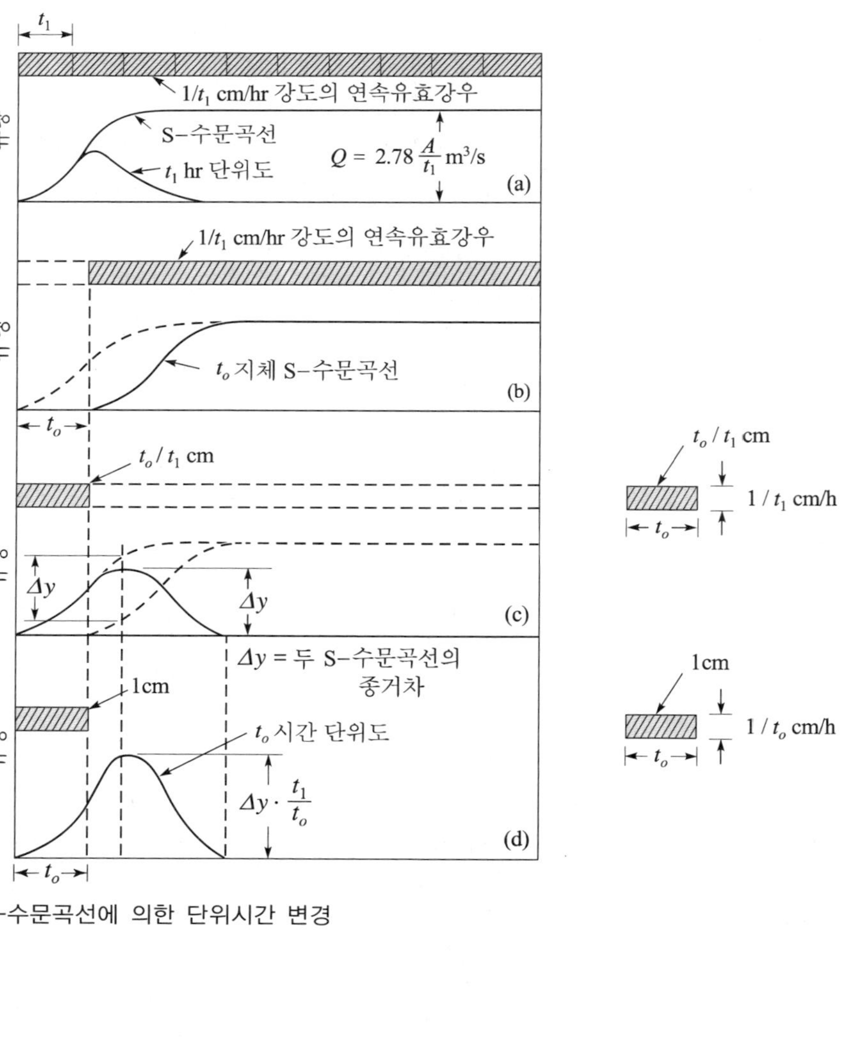

그림 8.12 S-수문곡선에 의한 단위시간 변경

$$Q_e = \frac{1}{t_1}(\text{mm/h})A\ (\text{km}^2) = 0.278\frac{A}{t_1}(\text{m}^3/\text{s}) \tag{8.24a}$$

또는
$$Q_e = \frac{1}{t_1}(\text{cm/h})A\ (\text{km}^2) = 2.78\frac{A}{t_1}(\text{m}^3/\text{s}) \tag{8.24b}$$

그림 8.12에서와 같이 강우강도가 $1/t_1$ mm/h, 지속기간이 t_1시간인 단위강우(1cm)로 인한 수문곡선은 t_1시간 단위도가 된다. 따라서 S-수문곡선은 t_1시간 단위도를 t_1시간만큼 차례로 지체시켜 이들의 종거를 중첩해 감으로써 작성된다. 단위도의 기저시간이 t_b일 경우 t_1시간마다 1cm의 직접유출을 발생하는 강우가 계속된다면 t_b시간 후에 평형유출에 도달한다. 따라서 S-수문곡선 작성에는 (t_b/t_1)개의 t_1시간 단위도가 필요하다.

S-수문곡선에 의한 단위도의 단위시간 변경과정.

t_1시간 단위도로부터 t_o시간 단위도를 구하는 과정은 그림 8.12와 같다.

(1) 그림 8.12(a)는 $1/t_1$cm/h 강우강도로 t_1시간 내린 단위 유효강우량(1cm)에 의한 t_1시간 단위도와 이의 중첩으로 인한 S-수문곡선을 나타낸다.

(2) 만약 (1)과 동일한 강우강도의 강우가 t_o시간에서 시작되는 경우 이로 인한 S-수문곡선은 t_o시간만큼 늦게 시작되고 이를 t_o시간 **지체 S-수문곡선**(遲滯 S-水文曲線; lagged 또는 offset S-hydrograph)이라 한다(그림 8.12 b).

(3) 이 두 S-수문곡선의 종거 차이에 의한 수문곡선(그림 8.12c)은 강우강도 $1/t_1$ cm/hr, 지속기간 t_o시간인 유효강우량 (t_o/t_1)cm로 인한 수문곡선이다.

(4) 지속기간이 t_o시간인 유효강우량 (t_o/t_1)cm를 (t_o/t_1)로 나누면 유효강우량이 1cm가 되고 이로 인한 수문곡선은 단위도가 된다. 따라서 그림 10.12c의 수문곡선의 종거를 t_o/t_1로 나누면 t_o시간 단위도가 얻어진다. 이 단위도는 유효강우량의 지속기간이 t_o시간이므로 t_o시간단위도이다. 이 과정은 t_1시간 S-수문곡선(또는 t_1시간 단위도)으로부터 t_o시간단위도를 유도하는 것이므로 t_o는 t_1보다 클 수도 작을 수도 있다. 위 과정을 식으로 나타내면 다음과 같다.

(a) t_1시간 S-수문곡선(또는 t_1시간 단위도)으로부터 t_o시간단위도 유도 :

$$u(t_o;t) = \frac{t_1}{t_o}[S(t) - S(t-t_o)] \tag{8.25}$$

여기서 S는 t_1 시간 단위도로부터 유도된 S-수문곡선이다.

(b) 1시간 S-수문곡선(또는 1시간 단위도)으로부터 t_o시간단위도 유도 :

$$u(t_o;t) = \frac{1}{t_o}[S(t) - S(t-t_o)] \tag{8.26}$$

예제 8.7

유역면적이 10.55km²인 유역의 2시간 단위도(표 8.5의 2란)로부터 3시간 단위도와 1시간 단위도를 유도하라.

풀이 S - 수문곡선의 첨두 또는 평형유출은 식 (8.24b)에 따라 Q_e = 2.78(10.55/2) = 14.66m³/s이다. 표 8.5의 6란에 주어진 S - 수문곡선은 2란의 2시간 단위도를 2시간씩 지체시켜 3개의 2시간 단위도의 종거를 중첩하여 얻어짐을 나타낸다. (6)란의 진동하는 값을 14.66m³/s로 조정함이 필요하다. 그러나 차이가 크지 않으므로 조정하지 않고 계산이 수행된다. 2시간 단위도를 유발한 유효강우량은 지속기간이 2hr이고 강우강도가 5mm/hr(0.5cm/hr)이다. 8란에 주어지는 수문곡선은 6란의 S - 수문곡선에서 7란의 3시간 지체 S - 수문곡선을 뺌으로서 얻어진 수문곡선으로 0.5cm/hr 강우강도로 3시간 내린 1.5cm (= 0.5cm/hr × 3hr)의 유효강우량에 의한 수문곡선이다. 따라서 1cm에 의한 수문곡선 즉 단위도를 얻기 위해서는 8란의 종거를 1.5(= 3/2)으로 나누는 것이 필요하다(9란). 11란은 6란의 S - 수문곡선에서 10란의 1시간 지체 S - 수문곡선을 뺌으로서 얻어진 수문곡선이다. 이는 유효강우량 0.5cm (= 0.5cm/hr × 1hr)에 의한 수문곡선이므로 11란의 종거에 2를 곱하여 1cm가 되게 함으로써 1시간 단위도가 얻어진다.

표 8.5 S-수문곡선에 의한 단위도의 단위시간 변경

시간 (hr) (1)	2 h 단위도 (m³/s) (2)	2시간 지체2h 단위도 (m³/s) (3)	4시간 지체2h 단위도 (m³/s) (4)	6시간 지체2h 단위도 (m³/s) (5)	2 h S-수문 곡선 (m³/s) (6)	3h지체 S-수문 곡선 (m³/s) (7)	S-수문 곡선 종거차 (6)-(7) (8)	3 h 단위도 (8)÷3/2 (m³/s) (9)	1 h 지체 S-수문 곡선 (m³/s) (10)	S-수문 곡선 종거차 (6)-(10) (11)	1 h 단위도 (11)÷1/2 (m³/s) (12)
0	0				0		0	0	0	0	0
1	1.50				1.50		1.50	1.0	0	1.50	3.00
2	8.52	0			8.52		5.68	2.84	1.50	7.02	14.04
3	11.80	1.50			13.30	0	887	4.43	8.52	4.78	9.56
4	6.10	8.52	0		14.62	1.50	8.78	4.87	13.30	1.32	2.64
5	1.40	11.80	1.50	0	14.70	8.52	4.10	4.90	14.62	0.08	0.16
6	0	6.10	8.52	1.50	14.62	13.30	0.91	4.87	14.70	0	0
7		1.40	11.80	8.52	14.70	14.62	0	4.40	14.62		
8		0	6.10	11.80	14.62	14.70		2.03	14.70		
9			1.40	6.10	14.70	14.62		0.47	14.62		
10			0	1.40	14.62	14.70			14.70		
11				0	14.70	14.62			14.62		

합성단위유량도

단위도 유도에 필요한 강우량과 유출자료가 없는 유역의 경우가 대부분이다. 이와 같이 관측기록이 없는 미계측 유역에 대해서는 단위도의 주요 특성과 유역의 물리적인 특성을 관련시킨 경험식을 이용하여 단위도가 합성된다. 이와 같이 유도되는 단위도를 **합성단위유량도**(synthetic unit hydrograph)라 한다. 합성단위도 유도에는 네 가지 유형이 있다. (1) 수문곡선특성(첨두유량, 기저시간 등)과 유역특성과의 관계(Snyder, 1938; Gray, 1961), (2) 무차원단위도 이용(NRCS, 1972), (3) 유역저류모형의 응용(Clark, 1943), (4) 선형저수지모형(Nash model). 이들은 각 방법이 유도된 유역과 유사한 특성을 갖는 유역에 적용됨이 원칙이다.

8.9 Snyder 합성단위도

유역면적이 30~30,000km^{2}인 미국 Appalachia지역에 대하여 Snyder(1938)는 단위도를 유역의 특성의 항으로 정의하였다. 이와 같이 합성되는 단위드는 그림 8.13에서와 같이 5개의 특성치를 필요로 한다.

1. **유역지체**(流域遲滯; basin lag) 또는 **지체시간**(lag time) t_L은 유효강우의 중심에서부터 수문곡선의 중심까지의 시간폭으로 정의된다. 그러나 강우중심에서 수문곡선의 첨두까지의 시간이 주로 채택된다. 이러한 자료가 없는 경우에는 유역특성으로 정의된다.

$$t_L = C_t (LL_C)^{0.3} \tag{8.27}$$

여기서 t_L은 유역지체(hr), L은 유로연장(km), L_c는 유역의 유출구에서 유로를 따라 유역의 중심에 가장 가까운 유로상의 지점까지의 거리(km), C_t는 동일지역의 계측유역으로부터 유도되는 유역경사를 나타내는 계수로 일반적으로 1.4~1.7의 값을 갖는다. 낮은 C_t 값은 급경사 유역을 나타낸다.

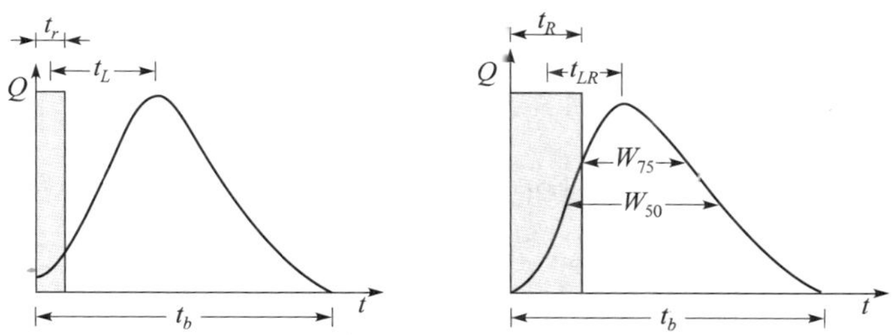

(a) $t_r = t_L / 5.5$ (b) $t_R \neq t_{LR} / 5.5$

그림 8.13 Snyder 합성단위도

2. 첨두유량

$$Q_p = \frac{2.78\,C_p A}{t_L} \tag{8.28}$$

여기서 Q_P는 1cm 유효강우량에 대한 첨두유량(m^3/s), A는 유역면적(km^2), C_P는 유역의 저류용량을 나타내는 계수로 동일지역의 계측유역으로부터 유도된다. 첨두유량의 발생시간 t_P는 $t_p = t_r/2 + t_L$이다. Q_P가 1cm(또는 1mm) 유효강우량에 대한 첨두유량일 때 C_P값은 일반적으로 0.54~0.68(또는 0.054~0.068)의 값을 취한다. 2.78은 m^3/s 단위의 Q를 얻기 위한 환산계수이다.

3. 기저시간

$$t_b = 72 + 3t_L \tag{8.29}$$

여기서 t_b는 기저시간(hr)이다. 그러나 많은 경우 식 (8.29)로 계산되는 기저시간이 너무 클 경우 다음과 같이 조정된다. 단위도의 면적은 1cm의 직접유출을 나타내므로 단위도를 삼각형

으로 가정하면 $(Q_{PR}t_b/2)/A = 1\text{cm}$의 관계식으로부터 기저시간은

$$t_b = \frac{5.56A}{Q_{PR}} \tag{8.30}$$

4. **지속기간**: 유효강우량의 지속기간 $t_r(hr)$은

$$t_r = t_L/5.5 \tag{8.31}$$

로 정의된다. 그러나 실제 유효강우량의 지속기간 t_R이 t_r와 다를 경우 t_L과 Q_P는 다음과 같이 조정된다.

$$t_{LR} = t_L + 0.25(t_R - t_r) \tag{8.32}$$

$$Q_{PR} = \frac{Q_P t_L}{t_{LR}} \tag{8.33}$$

5. **단위도의 폭**: 미육군공병단에 의하여 제안된 단위도의 폭은 다음과 같다.

$$W_{50} = 2.14(Q_{PR}/A)^{-1.08} \tag{8.34a}$$

$$W_{75} = 1.22(Q_{PR}/A)^{-1.08} = 0.57W_{50} \tag{8.34b}$$

여기서 W_{50}과 W_{75}는 각각 첨두유량의 50%, 75%에 대한 단위도의 시간폭(hr)이다. W_{75}와 W_{50}의 시작과 끝나는 시간은 각각 $t_P - W_{75}$(또는 W_{50})/3, $t_P + W_{75}$(또는 W_{50})$(2/3)$로 정의된다.

예제 8.8

면적이 500km^2, $L = 50$km, $L_c = 28$km, $C_t = 1.6$, $C_p = 0.52$인 유역의 4시간 단위도를 유도하라.

풀이 t_L, t_r 및 Q_P는 식 (8.27), (8.31) 및 (8.28)에 따라

$$t_L = 1.6(50 \times 28)^{0.3} = 14.06\,\text{hr}$$

$$t_r = t_L/5.5 = 14.06/5.5 = 2.56\,\text{hr}$$

$$Q_P = \frac{2.78\,C_P A}{t_L} = \frac{2.78 \times 0.52 \times 500}{14.06} = 51.41\,\text{m}^3/\text{s}$$

4시간 단위도는 $t_R = 4$ hr이므로 $t_r = 2.56$ hr와는 차이가 크다. 따라서 식 (8.32)와 (8.33)에 따라 조정된다.

$$t_{LR} = t_L + 0.25(t_R - t_r) = 14.06 + 0.25(4 - 2.56) = 14.42\,\text{hr}$$

$$Q_{PR} = Q_P t_L / t_{LR} = 51.41 \times 14.06/14.42 = 50.13\,\text{m}^3/\text{s}$$

Q_{PR}의 발생시간 t_P는 $t_P = 4/2 + t_{LR} = 2 + 14.42 = 16.42$hr

기저시간은 식 (8.30)으로부터 $t_b = 72 + 3t_L = 72 + 3 \times 14.42 = 115.26\text{hr}$

$t_b = 115.26$hr는 너무 큰 값으로 판단되므로 식 (8.30)을 이용하면

$$t_b = \frac{5.56A}{Q_{PR}} = \frac{5.56 \times 500}{50.13} = 55.46\text{hr}$$

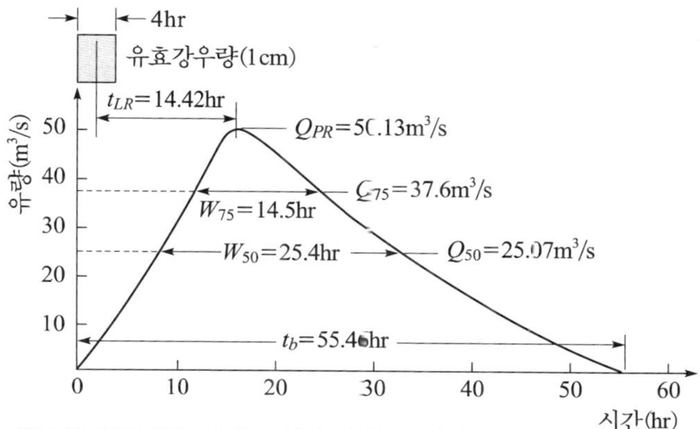

그림 8.14 Snyder합성단위도법에 의한 4시간 단위도 계산 예

단위도의 시간 폭은 식 (8.34a), (8.34b)로부터

$$W_{50} = 2.12\,(50.13/500)^{-1.08} = 25.42\text{hr}$$

$$W_{75} = 0.57\,W_{50} = 0.57 \times 25.42 = 14.49\text{ hr}$$

W_{75}: 시작시간 $t_P - W_{75}/3 = 16.42 - 14.49/3 = 11.59\text{ hr}$;

끝나는 시간 $t_P + W_{75}(2/3) = 16.42 + 14.49(2/3) = 26.08\text{ hr}$

W_{50}: 시작시간 $t_P - W_{50}/3 = 16.42 - 25.42/3 = 7.95\text{ hr}$;

끝나는 시간 $t_P + W_{50}(2/3) = 16.42 + 25.42(2/3) = 33.37\text{ hr}$

8.10 NRCS방법

NRCS무차원 수문곡선방법(NRCS nondimensional hydrograph method)은 유량을 첨두유량과의 비로, 시간을 첨두까지의 시간인 **첨두시간**(time to peak)과의 비로 나타내는 무차원단위도이다. 첨두유량과 유역지체가 주어지면 무차원수문곡선을 이용하여 단위도가 유도될 수 있다. 그림 8.15a는 무차원수문곡선을 나타낸다. 첨두유량 Q_P와 첨두시간 t_P는 그림 8.15b에 보인 삼각형 단위도로부터 추정된다. 무차원단위도에서 주목되는 사실은 그 림 11.5a 로부터 $t_P = 0.2t_b$ 또는 $t_b = 5t_P$, 감수부의 변곡점의 위치는 $1.7t_P$이고 증수부의 체적은 총체적의 37.5 %인 점이다. 무차원단위도는 지리적으로 상이하고 크기가 다양한 유역의 다수의 단위도로부터 유도되는 평균무차원 수문곡선이다. 무차원단위도의 특징은 유역의 크기와 형상의 영향이 배제되는 점이다.

무차원단위도에서 증수부 즉 첨두시간 t_P까지 유출체적이 전체의 37.5%이고 기저시간 t_b에 대한 유출체적이 100%인 점으로부터 다음 관계가 성립된다.

$$t_b = t_P / 0.375 = 2.67 t_P \tag{8.35}$$

이로부터 감수부의 시간폭 t_r은 $t_r = t_b - t_P = 1.67 t_P$ (8.36)

그림 11.5b로부터 첨두시간은 $t_P = \dfrac{D}{2} + t_L$ (8.37)

여기서 D는 유효강우량의 지속기간이다.

NRCS는 유역지체 t_L을 도달시간의 항으로 제시하였다.

$$t_L = 0.6 t_c \tag{8.38}$$

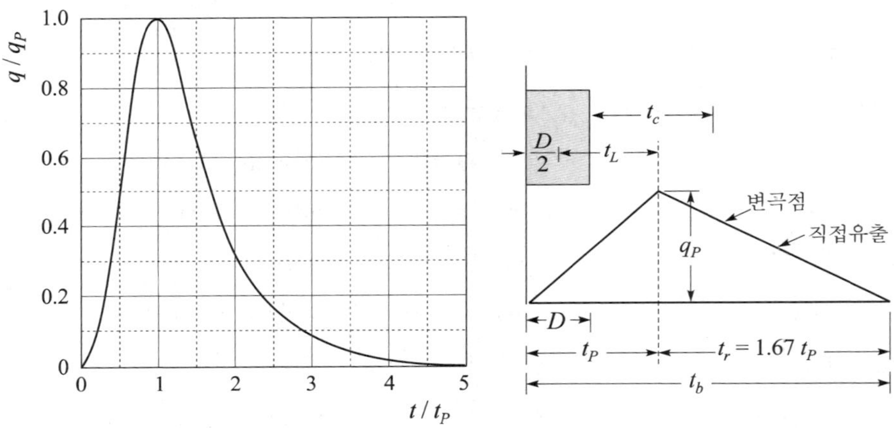

(a) 무차원단위도 (b) 삼각형단위도

그림 8.15 NRCS 합성단위도

NRCS는 t_c를 두 가지 방법으로 정의한다. (1) 유역의 분수령에서 유출구까지 유하시간, (2) 유효강우가 끝나는 시간에서 단위도 감수부의 변곡점까지 시간. 한편 단위도를 삼각형으로 나타낼 경우 삼각형 단위도의 면적은 1cm의 직접유출과 같으므로 밑변이 $2.67 t_P$, 높이가 Q_P인 삼각형으로부터 첨두유량 Q_P는

$$Q_P = \frac{2.08 A}{t_P} (\mathrm{m^3/s \cdot cm}) \tag{8.39a}$$

$$Q_P = \frac{0.208 A}{t_P} (\mathrm{m^3/s \cdot mm}) \tag{8.39b}$$

여기서 A는 유역면적(km^2)이다. 한편 유역특성과 잠재브유수량을 이용한 NRCS의 유역 지체는 다음과 같다.

$$t_L = \frac{L^{0.8}(S+1)^{0.7}}{8334\,Y^{0.5}} \tag{8.40}$$

여기서 t_L은 유역지체(h), L은 유역의 유로연장(m), S는 잠재보유수량(mm)(6.4 참조), Y는 유역경사(%)이다. NRCS방법은 유역면적이 작은($A < 1{,}300km^2$) 유역에 적합하다.

예제 8.9

도달시간이 1.5hr, 유역면적이 $4km^2$인 유역의 20분 단위도를 (a) 무차원 단위도, (b)삼각형 수문곡선방법으로 유도하라.

풀이 (a) 무차원 단위도

강우지속기간이 t_r =20분=0.33hr, 지체시간이 $t_L = 0.6\,t_c = 0.6 \times 1.5 = 0.9$hr이므로 첨두시간은

$$t_P = D/2 + t_L = 0.33/2 + 0.9 = 1.065\text{hr}$$

식 (8.39a)로부터 첨두는 $Q_P = 2.08 \times 4/1.065 = 7.8m^3/s \cdot cm$

그림 8.15a를 이용하여 계산된 20분 단위도는 표 8.6과 같다.

표 8.6 NRCS방법에 의한 합성단위도

t/t_P	t (hr)	Q/Q_P	$Q(m^3/s)$
0	0	0	0
0.2	0.213	0.100	0.780
0.5	0.533	0.470	3.667
0.8	0.850	0.930	7.254
1.0	1.065	1.000	7.800
1.5	1.600	0.680	5.304
2.0	2.130	0.280	2.184
3.0	3.200	0.055	0.429
4.0	4.260	0.011	0.086
5.0	5.330	0.000	0.000

(b) 삼각형 단위도

삼각형 단위도는 $t_b = 2.67\,t_P = 2.67 \times 1.065 = 2.84$hr, $t_p = 1.065$hr와 $Q_p = 7.8m^3/s$를 이용하여 작성되고 직접유출고는 1cm에 대하여 검토된다.

$$t_P = D/2 + t_L = 0.33/2 + 0.9 = 1.065\text{hr}$$

식 (8.39a)로부터 첨두는

$Q_P = 2.08 \times 4/1.065 = 7.8m^3/s \cdot cm$

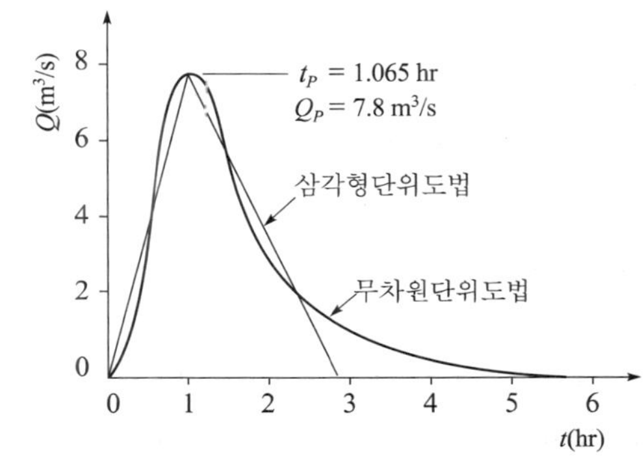

그림 8.16 무차원단위도와 삼각형 단위도(계산예)

예제 8.10

수문학적 토양군이 D이고 면적이 $2km^2$인 상업지역에 대한 1시간 삼각형 단위도를 유도하라. 평균 유역경사는 1%, 유로연장은 1,800m, 1시간 강우량은 63mm이다.

풀이 NRCS유출곡선번호방법을 이용한다. 토양군 D의 상업지역에 대한 곡선번호는 표 6.4로부터 CN=95이다. 선행토양함수조건은 AMC-II으로 가정하면 잠재보유수량 S와 직접유출고는 각각 식 (6.12)와 (식 6.10)에 따라

$$S = \frac{25,400}{\text{CN}} - 254 = \frac{25,400}{95} 254 = 13.4\text{mm}$$

$$Q = \frac{(P - 0.2S)^2}{P + 0.8S} = \frac{(63 - 0.2 \times 13.4)^2}{63 + 0.8 \times 13.4} = 49.4\text{mm}$$

유역지체와 첨두시간은 각각 주어진 값들을 식 (8.40)과 (8.37)에 대입하면

$$t_L = \frac{1,800^{0.8}(13.4 + 1)^{0.7}}{8,334 \times 1.0^{0.5}} = 0.31\text{h}$$

$$t_P = \frac{D}{2} + t_L = 0.5 + 0.31 = 0.81\text{h}$$

유효강우량 1mm에 대한 삼각형 단위도의 첨두유량 q_P는 식 (8.39b)에 의하면

$$Q_P = \frac{0.208 \times A}{t_P} = \frac{0.208 \times 2}{0.81} = 0.51\text{m}^3/\text{s}$$

단위 유효강우량 1mm에 대한 첨두유량이 $0.51m^3/s$이므로 유효강우량(직접 유출고) 49.4mm에 대한 첨두유량은 $0.51m^3/s$의 49.4배가 된다. 즉 $0.51 \times 49.4 = 25.2m^3/s$. 따라서 삼각형 단위도는 첨두시간이 0.81h, 첨두유량이 $25.2m^3/s$, 기저시간이 $t_b = 2.67t_P = 2.67 \times 0.81 = 2.16\text{h}$이다.

8.11 시간 – 면적방법

단위도를 이용하여 유효강우량을 직접유출 수문곡선으로 변환하는 유사한 방법인 **시간 – 면적방법**((時間 – 面積方法; time–area method)은 시간 – 면적주상도를 이용하여 유효우량주상도를 유출수문곡선으로 변환시키는 방법이다. 이 방법은 유출의 이동을 나타내는 유역의 **전이**(translation)의 영향만을 포함하고 유역의 저류영향은 포함하지 않는다. 따라서 시간 – 면적방법을 이용하여 유도되는 수문곡선은 저류영향 또는 확산의 영향이 결여되어 저류영향이 고려되는 수문곡선보다 큰 첨두를 갖는다. 저류영향을 고려하기 위해서는 시간 – 면적방법에 의한 전이수문곡선을 유입수문곡선으로 하여 유역의 유출구에 위치한 선형저수지를 통한 추적을 수행한다. 저류의 영향은 저류상수 K에 따라 결정되고 이는 8.12절에서 기술된다.

시간 – 면적방법의 골격이 되는 것은 등시간선이고 시간 – 면적방법을 적용하기 위해서는 등시간선의 작성이 필요하다. **등시간선**(等時間線; isochrons)은 유역의 유출구까지 동일한 **유하시간**(travel time)을 갖는 지점을 연결한 선이다. 유역을 등시간선에 의하여 구분되는 수개의 소유

역으로 분할한다(그림 8.17a). **시간 – 면적주상도**(時間 – 面積柱狀圖; time–area diagram)는 등시간선 사이의 면적을 각 유하시간에 대하여 도시한 그래프(그림 8.17b)이고, 유역의 출구까지 소유역의 상이한 유하시간의 분포를 나타내며 이는 유출구로부터 유출의 시간분포를 추정하는데 이용된다. 시간 – 면적주상도는 출구에 대한 유하시간의 밀도함수이고 유역에 균일하게 내린 순간단위입력에 의한 유출을 나타낸다. 따라서 시간 – 면적함수 $A_r = A_r(t)$ 즉 시간 – 면적주상도는 단위도와 같은 유역의 응답함수이고 강우입력 I(t)에 대한 유출은 다음과 같이 표현된다.

$$Q(t) = \int_0^t I(\tau) A_r(t-\tau) d\tau \tag{8.41}$$

시간 – 면적방법에 의한 수문곡선은 유출의 전이영향만을 모의하므로 **전이수문곡선**(轉移水文曲; translation hydrograph)이라고도 하며, 크기에는 변함없이 전이만을 모의하므로 **선형수로**(linear channel)로 대표되고 전이내용은 단순히 지체이다. 시간 – 면적주상도의 종거는 등시간 i와 $i-1$ 사이의 기간에 유출구를 통과하는 평균유출을 나타낸다. 시간 – 면적주상도의 기저시간은 도달시간 t_c을 나타내고 그림 8.17b에서 $t_5 = t_c$가 된다.

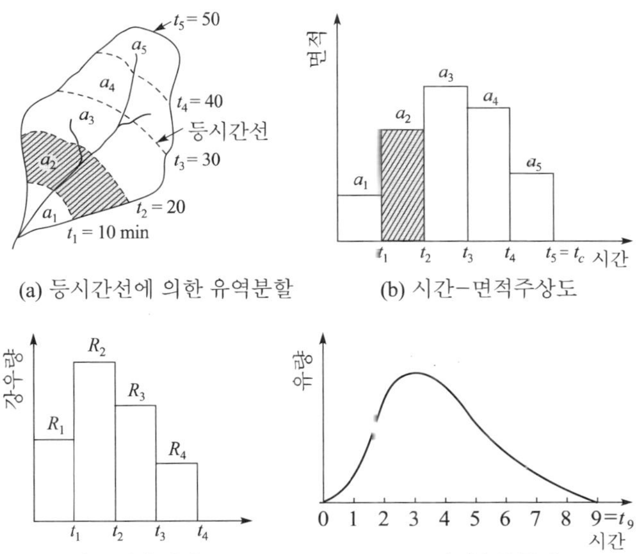

그림 8.17 시간–면적방법

시간 – 면적주상도의 적용. 주어진 설계 우량주상도에 대한 전이수문곡선의 계산과정이 기술된다. 이 경우 유효강우주상도(그림 8.17c)와 시간 – 면적주상도의 시간 간격은 같아야 한다. 그림 8.17c에서 강우의 각 요소는 전 유역에 적용된다. 각 소유역으로부터 유출은 시간 – 면적주상도의 시간 간격만큼 지체되어 유출구에 도달한다. 상이한 강우 R_1, R_2, $\cdots$에 대한 소구역 $a_1, a_2, \cdots$로부터 유출구에 동시에 도달하는 유출은 시간 – 면적주상도에 따른 시간 간격만큼 지체시키고 이들의 합을 구함으로서 결정된다. 즉

$$Q_1 = R_1 a_1 \tag{8.42a}$$

$$Q_2 = R_2 a_1 + R_1 a_2 \tag{8.42b}$$

$$Q_3 = R_3 a_1 + R_2 a_2 + R_1 a_3 \tag{8.42c}$$

일반형은

$$Q_i = R_i a_1 + R_{i-1} a_2 + \cdots + R_1 a_i \tag{8.43}$$

또는

$$Q_i = \sum_{k=1}^{i \le n} R_{i-k+1} a_k \tag{8.44}$$

여기서 Q_i는 전이수문곡선의 종거(m^3/s), R_i는 유효강우주상도의 종거(mm/hr), a_i는 시간-면적주상도의 종거(km^2), n는 시간구간의 수이다.

예를 들어 그림 8.17에서 강우량 R_1에 대한 a_3의 유출, R_2에 대한 a_2의 유출, R_3에 대한 a_1의 유출은 유출구에 동시에 도달하여 총유량 Q_3을 구성한다(식 8.42c). 시간-면적주상도 $A_r(t)$는 식 (8.41)과 같이 단위도(단위충격응답함수)의 기능을 갖는다. 시간-면적주상도의 종거수는 소유역의 수와 같고 이는 단위도의 종거수와 일치한다. 따라서 식 (8.14)에 따라 그림 11.7d의 전이수문곡선의 종거수는 8(=유효강우요소의 수+ 소유역의 수-1=5+4-1)이다. $i = 1, 2, \cdots, 8$에 대해 식 (8.44)를 적용하면 그림 8.17d와 같은 전이(유출)수문곡선을 얻는다. 유출수문곡선의 기저시간 t_b는 도달시간 $t_c = 5$와 유효강우량의 지속기간 $t_r = 4$의 합인 9이다. 이를 식으로 나타내면

$$t_b = t_c + t_r \tag{8.45}$$

식 (8.44)에서 유효강우량 R(mm/hr)에 대한 유량 Q(m^3/s)은 다음 식으로 계산된다.

$$Q(m^3/s) = 0.278 Ra \tag{8.46}$$

여기서 a는 소유역의 면적(km^2)이다.

이 방법의 장점은 유역의 형상과 강우의 시간변화가 시간-면적주상도에 반영되어 결과적으로 유출수문곡선에 반영되는 점이다.

예제 8.11

표 8.7의 2, 3란에 주어진 유효강우주상도와 시간-면적주상도에 대한 유출수문곡선을 구하라.

풀이 계산되는 수문곡선의 종거수는 식 (8.14)에 따라 N=소구역수 + 유효강우량 요소수 $-1 = 4 + 3-1 = 6$ 개가 된다. 유출수문곡선의 종거는 식 (8.42) 에 따라

$$Q_1 = R_1 a_1 = 10 \times 10 = 100 (km^2 \cdot mm/h)$$

$$Q_2 = R_2 a_1 + R_1 a_2 = 20 \times 10 + 10 \times 30 = 500 (km^2 \cdot mm/h)$$

식 (8.46)에 의하여 km^2 mm/h 단위의 유량을 (m^3/s) 단위로 환산하면

$$Q_1 = 0.278 \times 100 = 27.8(m^3/s)$$

$$Q_2 = 0.278 \times 500 = 139.0(m^3/s)$$

나머지 계산은 표 8.7에 주어진다. 유출수문곡선의 기저시간은 식 (8.45)에 따라 도달시간(4h)과 유효강우량의 지속기간(3h)의 합으로 정의되므로 7h가 된다.

표 8.7 시간-면적방법에 의한 전이수문곡선 유도

시간 (h) (1)	유효강우강도 R (mm/h) (2)	요소면적 a (km^2) (3)	우량 Ra(km^2 mm/h) 10 (4)	20 (5)	15 (6)	합계 (7)	유량 (m^3/s) (8)
0			0			0	0
1	10	10	100	0		100	27.8
2	20	30	300	200	0	500	139.0
3	15	25	250	600	150	1000	278.0
4		20	200	500	450	1150	319.7
5				400	375	775	215.0
6					300	300	83.4
7					0	0	0

8.12 CLARK 방법

Clark방법은 순간단위도 개념을 이용하고 한 유역에 대하여 단 하나의 단위도를 유도한다. Clark방법의 기본개념은 유역을 대표하는 시간-면적주상도의 추적에 의하여 지속기간이 영인 단위유효강우량을 유출수문곡선으로 변환하는 것이다. 이와 같이 유도되는 수문곡선은 지속기간이 영이고 입력이 단위강우량(1cm 또는 1mm)이므로 순간단위도(IUH)이다(8.13.1참조). 추적과정은 직렬로 연결된 선형수로와 유역의 출구에 위치하고 유역과 동등한 저류특성을 갖는 선형저수지로 구성된다. 선형수로의 출력이 선형저수지의 입력이 되고 선형저수지의 출력이 IUH가 된다. 선형수로는 크기에는 변함없이 유출의 전이(translation)만을 모의하고 그 내용은 지체이다. 선형저수지는 유역의 저류와 저항의 영향을 반영하고 내용은 유출의 **확산**(diffusion) 또는 **감쇠**(attenuation)이다. 즉 강우입력 주상도를 유출수문곡선으로 변환하는 것은 전이영향의 결과인 지체와 저류영향의 결과인 확산과 감쇄를 포함한다. 시간-면적함수(주상도)의 형상의 중요도가 낮으므로 이를 2등변 삼각형으로 대치해도 정확도에는 거의 차이가 없고 중요한 매개변수는 도달시간 t_c와 저류상수 K이다.

선형저수지의 역할은 유역의 유출구에 가상적인 선형저수지를 위치시켜 저류량이 유출량에 선형으로 비례하도록 한다.

$$S_i = KC_i \tag{8.47}$$

여기서 S_i는 기간 i 끝에서 저류량, O_i는 기간 i 동안의 유출량, K는 저류상수로 시간의 차원 $[T]$을 갖는다.

유입량과 유출량의 차이는 저류량의 변화와 같으므로

$$\overline{I_i} - \frac{O_{i-1} - O_i}{2} = \frac{S_i - S_{i-1}}{\Delta t} \tag{8.48}$$

여기서 $\overline{I_i}$는 기간 i 동안의 평균유입량으로 시간 – 면적주상도로부터 결정된다. 식 (8.47)을 식 (8.48)에 대입하고 O_i에 관하여 정리하면

$$O_i = C\overline{I_i} + (1 - C)\, O_{i-1} \tag{8.49}$$

$$C = \frac{2\Delta t}{2K + \Delta t} \tag{8.50}$$

식 (8.49)의 수치해는 시간 – 면적주상도로 정의되는 유입량의 추적으로 그림 8.18d와 같은 IUH가 된다. Δt 시간 단위도는 Δt 간격의 두 IUH의 종거의 평균으로 계산되고 Δt 시간 단위도의 시간 i에서의 종거는 다음과 같다.

$$U_i = \frac{1}{2}(O_i + O_{i-1}) \tag{8.51}$$

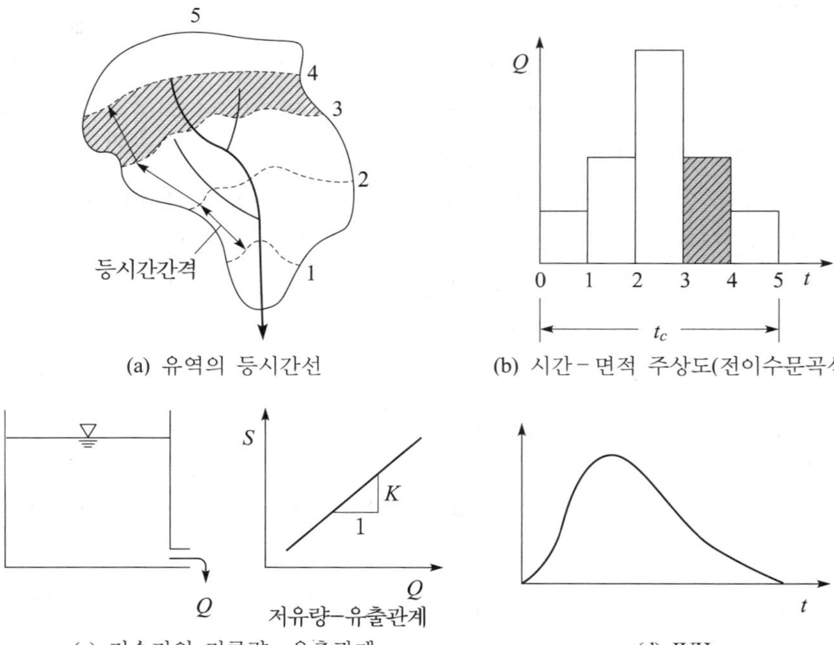

그림 8.18 Clark단위도 개념

Clark방법에는 다음 세 자료가 필요하다.

1. **도달시간, t_c**: 계측유역의 경우 t_c는 유효강우량이 끝나는 시간에서 수문곡선의 감수부 변곡점까지의 시간이다. 미계측유역에서는 경험공식을 이용하여 산정한다. 도달시간은 유역의 등시간선도의 작성에서 유역을 분할하는 소유역의 수를 정의한다.
   한국 5대 하천의 유역면적이 33.6 ~ 4,255.7 km^{2}인 중소하천 52개 지점의 자료를 이용하여 유도된 도달시간은 다음과 같다(윤 등, 2005).

$$t_c = 1.08\frac{A^{0.09}L^{0.16}}{S^{0.12}} \tag{8.52}$$

여기서 t_c는 도달시간(h), A는 유역면적(km^2), L은 유로연장(km), S는 유로경사(m/m)이다.

2. **저류상수, K**: 이는 유역의 저류특성을 반영한다. 계측유역에서 저류상수는 수문곡선의 변곡점에서의 평균유량을 변곡점의 기울기로 나눈 값과 같다. 선형저수지에서는 저유량－유량곡선의 경사(식 8.1)를 나타낸다. 유출수문곡선에서 감수부의 변곡점에 해당하는 시간에서 유역에 대한 유입이 끝나므로 식 (8.48)에서 $\overline{I_i} = 0$으로 놓으면

$$-\frac{O_{i-1} + O_i}{2} = \frac{S_i - S_{i-1}}{\Delta t} \tag{8.53}$$

또는

$$-\overline{O} = \frac{dS}{dt} \tag{8.54}$$

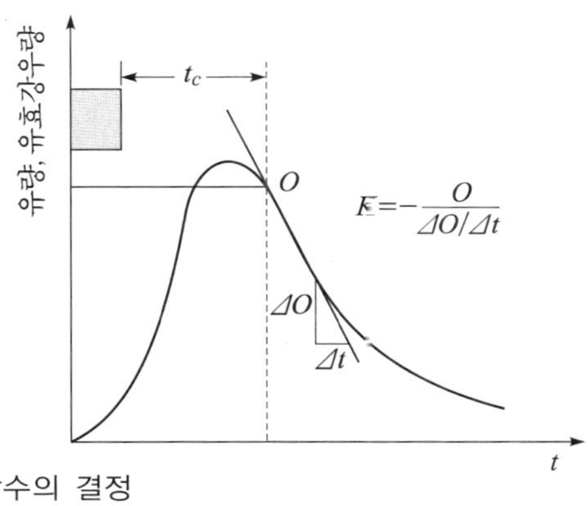

그림 8.19 도달시간과 저류상수의 결정

식 (8.47)을 식 (8.53)에 대입하고 K에 관하여 정리하면

$$K = \frac{(O_{i-1} + O_i)/2}{-(O_i - O_{i-1})/\Delta t} \tag{8.55}$$

또는

$$K = -\frac{\overline{O}}{dO/dt} \tag{8.56}$$

식 (8.56)으로부터 K는 변곡점의 평균유량을 변곡점의 기울기로 나눈 값과 같다. K를 구하는 다른 방법은 식 (8.1)에 따라 변곡점 이후 감수곡선이 나타내는 유출체적을 변곡점의 유량으로 나누는 것이다.

미계측유역에서 K의 산정은 다음과 경험식에 의한다.

Clark식(1945) $$K = \frac{CL}{\sqrt{S}} \text{ (h)} \tag{8.57}$$

Linsley식(1945) $$K = \frac{bL\sqrt{A}}{\sqrt{S}} \text{ (h)} \tag{8.58}$$

Sabol식(1988) $$K = \frac{t_c}{1.46 - 0.0867L^2/A} \tag{8.59}$$

한국 5대 하천의 유역면적 33.6 ~ 4,255.7 km^2인 중소하천 52개 지점의 자료를 이용하여 유도된 상관계수 0.82의 저류상수는 다음과 같다(윤 등, 2005).

$$K = 1.89A^{0.108}L^{0.179} \tag{8.60}$$

여기서 K는 저류상수(h), t_c는 도달시간(h), A는 유역면적(km^2), L은 유로연장(km), S는 평균경사, C는 0.5 ~ 1.4, b는 0.01 ~ 0.03의 값을 취한다.

3. 시간-면적주상도 : 유역의 지형도상에서 출구에 대하여 등유하시간을 갖는 지점을 연결한 등시간선을 긋는다(그림 8.18a). 등시간선 사이의 면적을 구하고 도달시간의 함수로 면적을 도시하여 그림 8.18b와 같이 시간 - 면적주상도를 작성한다. 이 경우 면적은 [cm(또는 mm)/h-km^2]의 단위를 가지므로 유량(m^3/s)의 단위로 변환된다.

$$I_i = \frac{2.78a_i}{\Delta t} \left(\text{또는 } I_i = \frac{0.278\,a_i}{\Delta t} \right) \tag{8.61}$$

여기서 I_i는 시간 - 면적주상도로 나타낸 유입량의 기간 i 의 끝에서 종거(m^3/s), a_i는 시간 - 면적주상도의 종거(km^2), Δt는 계산간격의 시간(hr)이다.

Clark방법의 장점과 시간 - 면적방법과의 차이. 시간 - 면적방법은 시간 - 면적주상도에 유역의 전이(지체)의 영향만을 반영한다. 반면에 Clark방법은 전이와 저류(확산 또는 감쇠)를 다 같이 포함하여 실제 유출의 물리적인 현상을 보다 구체적으로 기술한다.

예제 8.12

유역면적이 173km^2, t_c = 6hr, K=5hr인 유역의 2시간 단위도를 유도하라. (a) 강우강도가 전 유역에 걸쳐 1cm로 일정한 경우, (b) 지역에 따라 강우강도가 변하는 경우.

풀이▮ (a) 강우강도가 일정한 경우 : 시간간격 Δt=1hr에 대한 등시간선간의 면적을 도시한 시간 - 면적주상도는 그림 8.20과 같다. Δt=1hr이므로 식 (8.61)은 $I_i = 2.78a_i$가 되고 a(cm/h–km²)는 I(m³/s)로 환산된다(표 8.8의 3란). 식 (8.50)과 (8.49)에 따라

$$C = \frac{2\Delta t}{2K + \Delta t} = \frac{2(1)}{2(5)+1} = 0.182$$

$$O_i = CI_i + (1-C)O_{i-1} = 0.182I_i + 0.818O_{i-1} \quad \text{(a)}$$

식 (a)를 이용하여 유입량(3란)을 추적하여 유출량 즉 순간단위도를 얻는다(4란).

t=1h: $O_1 = 0.182I_1 + 0.818O_0$ = 0.182(50) + 0.818(0) = 9.1m³/s

t=2h: $O_2 = 0.182I_2 + 0.818O_1$ = 0.182(66.7) = 0.818(9.1) = 19.58m³/s

(b) 강우강도가 일정하지 않는 경우: 강우가 전 유역에 걸쳐 균일하게 1cm 내린 (a)의 경우와는 달리 1, 2구역에는 1.5cm, 3, 4구역에는 0.8cm 5, 6구역에는 0.5cm가 내렸다면 표 8.8의 2란의 값은 다음과 같이 조정되고 2란 이하의 과정은 (a)의 경우와 같다. 즉 1, 2구역에는 1.5배, 3, 4구역에는 0.8배, 5, 6구역에는 0.5배한다.

(a)의 경우	0	18	24	47	38	25	11
(b)의 경우	0	27	36	37.6	30.4	12.5	5.5

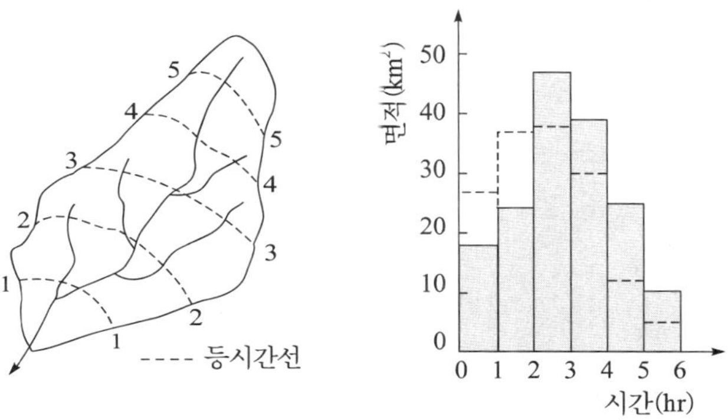

그림 8.20 유역의 등시간선도와 시간-면적 주상도

표 8.8 Clark방법에 의한 단위도 유도

시간 (hr) (1)	유입량 면적a (km²) (2)	유입량 I (m³/s) (3)	O(IUH) (m³/s) (4)	2hr UH Q (m³/s) (5)	시간 (hr) (1)	유입량 면적a (km²) (2)	유입량 I (m³/s) (3)	O(IUH) (m³/s) (4)	2hr UH Q (m³/s) (5)
0	0	0	0	0	10			22.64	28.24
1	18	50.0	9.1		11			18.52	
2	24	66.7	19.58	9.79	12			15.15	20.40
3	47	130.7	39.80		13			12.39	
4	38	105.6	51.78	35.63	14			10.14	122.65
5	25	69.5	55.01		15			8.29	
6	11	30.6	50.57	51.18	16			6.78	8.46
7			41.37		17			5.55	
8			33.84	42.20	18			4.54	5.66
9			27.68						

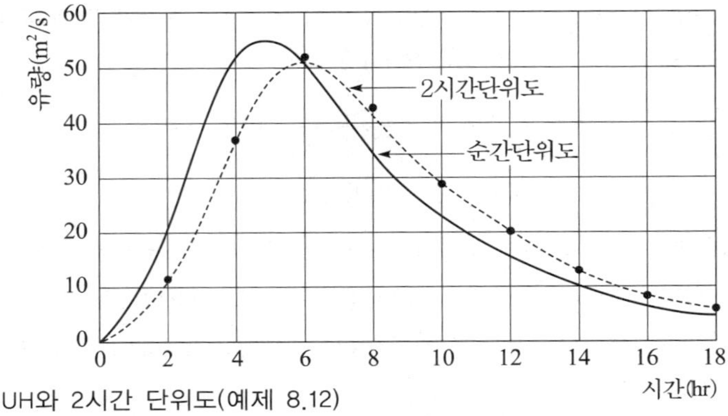

그림 8.21 IUH와 2시간 단위도(예제 8.12)

8.13 단위유량도의 개념적 모형

8.13.1 순간단위도

단위 유효강우량(1cm 또는 1mm)이 전 유역에 걸쳐 균일하게 순간적으로 내릴 경우 생성되는 유출수문곡선을 **순간단위도**(瞬間單位圖; instantaneous unit hydrograph, IUH)라 한다. IUH는 주어진 유역의 단위충격응답함수이고 선형과 시간불변의 가정에 근거한다. 순간 입력이 델타함수로 표시되는 점에서 순간단위도는 유역의 충격응답함수 또는 Green함수이다. 균일한 강우입력에 대한 응답인 유역의 유출은 강우입력과 순간단위도의 회선적분에 의하여 주어진다(그림 8.7)

$$y(t) = \int_0^t I(\tau)u(t-\tau)d\tau \tag{8.62}$$

여기서 $y(t)$는 유출, $I(t)$는 강우입력, $u(t-\tau)$는 유역의 단위응답인 순간단위도(IUH)로 선형계의 충격응답함수인 **핵함수**(kernel function)이다. $y(t)$는 유역의 단위면적에 대한 강우유출율이다. 따라서 면적이 A인 유역의 유출구에서 유출 $Q(t)$에 대해서 $y(t)$는 Q/A를 나타내고 $[L/T]$의 차원을 갖는다. $y(t)$는 단위강우량(1cm)에 대한 단위유출율(1cm/h)이므로 $u(t)$는 $[T^{-1}]$의 차원을 갖는다. 면적 A인 유역에 대한 유출 $Q(t)$는

$$Q(t) = A\int_0^t I(\tau)u(t-\tau)d\tau \tag{8.63}$$

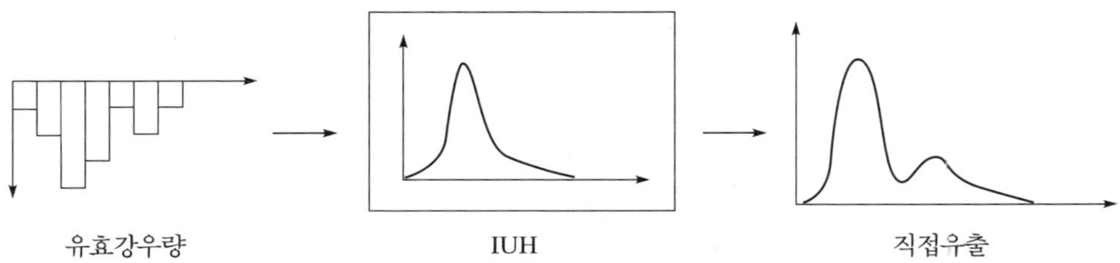

그림 8.22 순간단위도에 의한 유효강우량의 직접유출변환

그림 8.7에 보인 바와 같이 식 (8.62)에 주어진 시간 t에서 $y(t)$는 강우 시작시간 $\tau=0$에서 $\tau=t$까지 각 순간 τ에서 $u(t-\tau)$를 가중인자로 하는 과거 모든 강우입력의 결과이다. 적분에서 τ는 가변수이고 t는 상수로 취급된다. IUH모양은 단일 첨두를 갖는 수문곡선이고 $s=t-\tau$에 대한 특성은 다음과 같다(그림 8.7참조).

$$
\begin{aligned}
&0 \le u(s) \le \text{양의 첨두치} && s > 0 \\
&u(s) = 0 && s \le 0 \qquad (8.64)\\
&u(s) \to 0 && s \to \infty
\end{aligned}
$$

$$\int_0^\infty u(s)ds = 1.0 \qquad (8.65)$$

$$\int_0^\infty u(s)tds = t_L \qquad (8.66)$$

t_L은 순간단위도의 **지체시간**(lag time)이고 이는 강우주상도의 중심과 직접유출수문곡선의 중심간의 시간 간격으로 정의된다. IUH의 경우 IUH의 유효강우량의 지속기간이 영인 점에서 t_L은 IUH 중심까지의 시간이다.

t_o시간 단위도의 유도: 순간단위도 식 (8.62)를 이용하여 강우입력 $I(t)=1/t_o$에 대한 t_o시간 단위도 $u(t_o;t)$의 유도가 가능하다.

$$
\begin{aligned}
&I(t) = 1/t_o && 0 \le t \le t_o \qquad (8.67)\\
&I(t) = 0 && t > t_o
\end{aligned}
$$

t_o시간 단위도는 지속기간이 t_o인 유효강우량 $I(t)$와 IUH 종거 $u(t)$의 곱을 $t=0$에서 $t=t_o$까지 회선적분으로 주어진다.

$$u(t_o;t) = \int_0^{t_o} \frac{1}{t_o} u(t-\tau)\,d\tau \qquad (8.68)$$

$(t-\tau)=s$로부터 $d\tau=-ds$를 고려하면 식 (8.68)은

$$u(t_o;t) = \frac{1}{t_o}\int_{t-t_o}^{t} u(s)ds \qquad (8.69)$$

식 (8.69)는 그림 8.23에서 시간 t에서 단위도의 종거는 시간 $(t-t_o)$에서 t까지 순간단위도의 적분치의 평균을 의미한다. t_1에서 t_o시간 단위도의 종거 u_1은 시간 (t_1-t_o)에서 t_1까지 순간단위도 $u(t)$(IUH곡선의 굵은 부분①)의 적분치를 적분시간인 t_o로 나눈 평균치이다.

IUH에서 유효강우량이 유역에 적용되는 지속기간은 영이며 이는 이론적인 개념이고 실제 유역에서는 실현될 수 없다. IUH는 강우지속기간에 관계되지 않으므로 단위도에 대한 유효강우

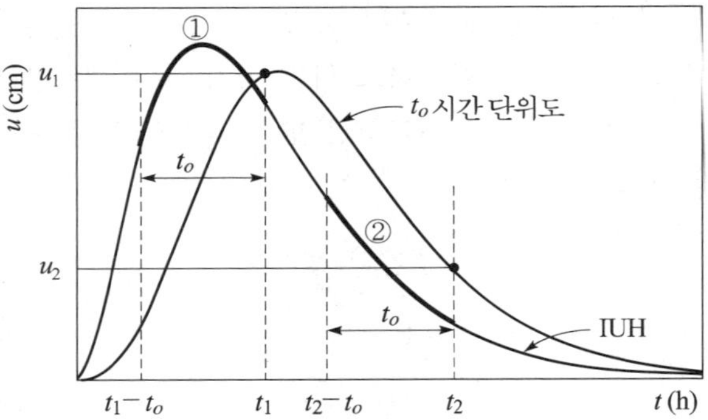

그림 8.23 순간단위도와 t_o시간 단위도의 관계: 시간 t_1에서 t_o시간 단위도의 종거 u_1은 순간단위도의 시간 $t_1 - t_o$에서 t_1구간의 평균치임을 나타낸다.

량의 지속기간의 영향을 제거할 수 있고 강우에 대한 유역의 반응을 특성지우는 점에서 유용하다. 따라서 IUH는 유역의 지상학적 인자에 관계시킬 수 있다.

S-수문곡선의 유도. 순간단위도를 이용해서 S-수문곡선이 유도된다. 즉 $t=0$에서 시작하는 일정한 단위입력 $I(t)=1.0$의 단위 계단함수에 식 (8.62)를 적용하여 S-수문 곡선을 유도한다.

$$S(t)=\int_0^t I(t)\,u(t-\tau)d\tau=\int_0^t u(t-\tau)d\tau \tag{8.70}$$

$I(t)$의 단위가 (L/T)이므로 $S(t)$ 또한 (L/T)의 단위를 갖는다. 식 (8.70)에서 S-수문곡선은 IUH를 적분한 곡선이고 시간 t에서 S-수문곡선 종거는 IUH를 $0 \sim t$까지 적분한 면적이다.

8.13.2 선형저수지

선형저수지는 저류량 S가 유출량 Q에 선형적으로 비례하는 가상적인 저수지이다(8.1절).

$$S=KQ \tag{8.1}$$

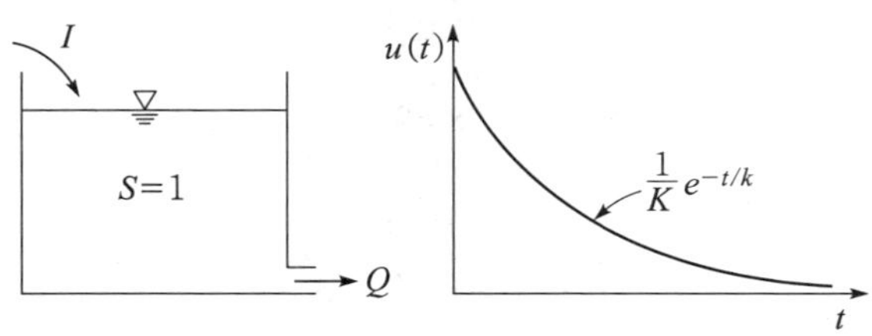

그림 8.24 선형저수지의 IUH

저수지는 유입량에 대하여 지체와 감쇠의 영향을 갖는다. 저수지의 유입량 I와 유출량 Q의 차이는 저류량의 변화율이므로 연속방정식은

$$I-O=\frac{dS}{dt} \tag{8.5}$$

$t=t_o$ 에서 유입량 I가 중단되는($I=0$) 경우 식 (8.1)을 적용하면

$$Q=-K\frac{dQ}{dt} \tag{8.6}$$

식 (8.6)을 적분하면

$$Q=Ce^{-\tau/K} \tag{8.71}$$

여기서 τ는 유입량이 중단된 이후 경과된 시간, C는 적분상수이다. $t=t_o(\tau=0)$에서 $Q=Q_o$를 이용하면 $C=Q_o$ 이므로 식 (8.71)은

$$Q=Q_o e^{-\tau/K} \tag{8.72}$$

식 (8.72)는 유입량 I가 중단된 이후 유출량이 지수적으로 감소함을 나타낸다. $t_o=0$에서 저류량이 S_o인 저수지를 채우는 순간유입량의 경우 식 (8.1)은 $S_o=KQ_o$ 이므로 이를 적용하고 $\tau=t$를 고려하면 식 (8.72)는

$$Q=\frac{S_o}{K}e^{-t/K} \tag{8.73}$$

IUH는 무한히 짧은 지속기간의 단위충격에 대한 응답이므로 단위입력 즉 단위체적 $S_o=1$을 적용하면 선형저수지의 IUH는 식 (8.74)와 같다.

$$u(t)=\frac{1}{K}e^{-t/K} \tag{8.74}$$

즉 식 (8.74)는 계의 응답을 나타내는 선형저수지의 순간단위도이다.

8.13.3 Nash모형

대표적인 개념적 순간단위도는 2 매개변수 **Nash모형**이다. 이는 n개의 선형저수지로 구성되고 한 저수지의 유출량은 다음 저수지의 유입량이 된다. 수학적으로 Nash모형은 상류 유입량을 하류 선형저수지에 n번 회선함으로서 얻어진다.

식 (8.74)에 따라 저류상수가 K_1인 첫째 저수지의 출력은 $Q_1=1/K_1\ e^{-t/K_1}$이고 이는 또한 첫째 저수지의 IUH이다. 저류상수가 K_2인 둘째 저수지의 IUH가 $1/K_2e^{-t/K_2}$일 경우 직렬로 연결된 두 선형저수지의 유출량은 통합 계의 IUH가 된다. 즉 둘째 저수지의 유출량은 Q_1유입량에 둘째 저수지의 IUH를 핵함수로 하는 식 (8.75)의 회선적분으로 주어진다.

$$Q_2(t) = u(t) = \int_0^t Q_1(t)\ u_2(t-\tau)d\tau = \int_0^t \frac{1}{K_1}e^{-\tau/K_1}\frac{1}{K_2}e^{-(t-\tau)/K_2}d\tau$$

$$= \int_0^t \frac{1}{K_1}e^{-\tau/K_1}\frac{1}{K_2}e^{-t/K_2}e^{\tau/K_2}d\tau = \frac{1}{K_1K_2}e^{-t/K_2}\int_0^t e^{(K_1-K_2)\tau/K_1K_2}d\tau$$

$$= \frac{1}{K_1K_2}e^{-t/K_2}\left[e^{t(K_1-K_2)/K_1K_2}-1\right]\frac{1}{K_1-K_2}K_1K_2$$

$$= \frac{1}{K_1-K_2}(e^{-t/K_1}-e^{-t/K_2}) \tag{8.75}$$

모든 선형저수지의 저류상수가 같을 경우 즉 $K_1 = K_2 = \cdots = K$이면 개개 저수지의 출력(IUH)는 다음과 같이 유도된다. 처음 저수지의 유출량은 식 (8.75)로 표시되고 이는 둘째 저수지의 유입량으로 고려된다. 식 (8.74)를 변수 τ인 유입량으로, 변수 $t-\tau$ 인 IUH를 핵함수로 한 식 (8.76)의 회선적분은 둘째 저수지의 유출량을 제공한다.

$$Q_2 = \int_0^t I_1(\tau)u(t-\tau)d\tau = \int_0^t \frac{1}{K}e^{-\tau/K}\frac{1}{K}e^{-(t-\tau)/K}d\tau$$

$$= \frac{t}{K^2}e^{-t/K} \tag{8.76}$$

식 (8.76)으로 주어지는 둘째 저수지의 유출량은 셋째 저수지에 유입량($Q_2 = I_2$)이 되어 셋째 저수지를 통하여 추적된다.

$$Q_3 = \int_0^t I_2(\tau)u(t-\tau)d\tau = \int_0^t \frac{\tau}{K^2}e^{-\tau/K}\frac{1}{K}e^{-(t-\tau)/K}d\tau$$

$$= \frac{t^2}{2K^3}e^{-t/K} \tag{8.77}$$

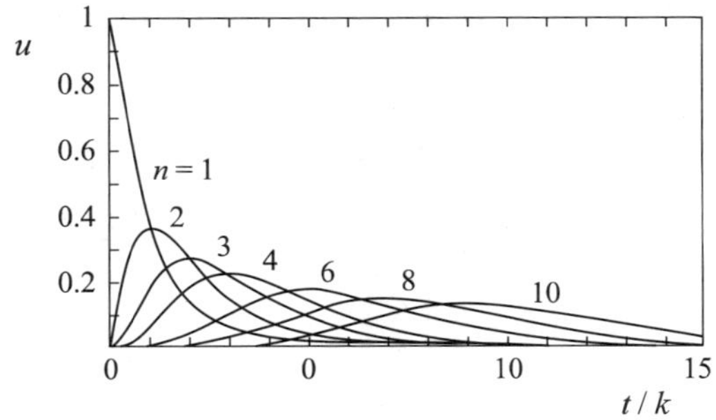

그림 8.25 감마밀도함수로 주어지는 단위응답함수 IUH에 대한 저수지의 수 N의 영향

이와 같은 추적과정을 계속하여 n 번째 저수지로부터 유출량 $Q_n(=u(t))$을 얻는다.

$$u(t) = Q_n(t) = \frac{1}{K\Gamma(n)}\left(\frac{t}{K}\right)^{n-1} e^{-t/K} \tag{8.78}$$

매개변수 K와 n의 결정. 이는 모멘트방법에 의하여 결정될 수 있다. IUH는 $t=0$에서 순간적으로 적용된 유효강우량의 물 입자들의 유역유출구에 도달시간의 빈도이다. 입자들의 평균 도달시간인 IUH의 지체시간은 $t=0$인 원점에 관한 IUH의 1차 모멘트로 정의된다.

$$\begin{aligned} M_1 &= \int_0^\infty u(t)\,t\,dt = \int_0^\infty \left(\frac{t}{K}\right)^{n-1} \frac{t}{\Gamma(n)} e^{-t/K} d\left(\frac{t}{K}\right) \\ &= nK\int_0^\infty \left(\frac{t}{K}\right)^{n} \frac{1}{\Gamma(n+1)} e^{-t/K} d\left(\frac{t}{K}\right) \\ &= nK \end{aligned}$$

윗 식의 적분은$(N+1)$차 감마밀도함수의 적분이다. 따라서 감마밀도함수의 곡선아래 면적은 1이므로 $M_1 = nK$가 된다. 이는 IUH의 지체시간(lag time)이다.

같은 방법으로 시간의 원점에 관한 2차 모멘트는

$$\begin{aligned} M_2 &= \int_0^\infty u(t)t^2dt = \int_0^\infty \left(\frac{t}{K}\right)^{n-1} \frac{t^2}{\Gamma(n)} e^{-t/K} d\left(\frac{t}{K}\right) \\ &= n(n+1)K^2\int_0^\infty \left(\frac{t}{K}\right)^{n+1} \frac{1}{\Gamma(n+2)} e^{-t/K} d\left(\frac{t}{K}\right) \\ &= n(n+1)K^2 \end{aligned}$$

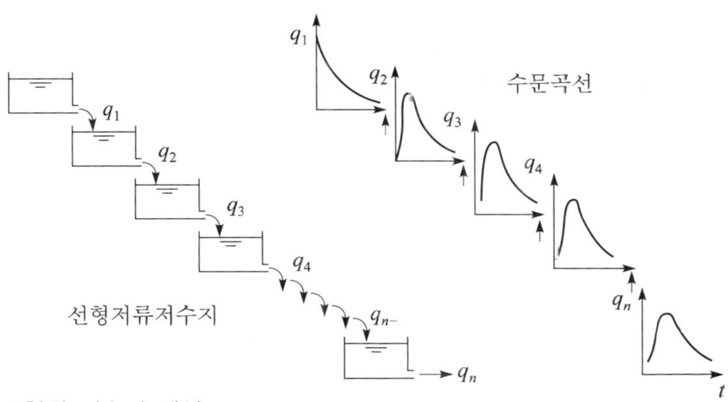

그림 8.26 Nash모형의 저수지 계열

따라서 IUH의 원점에 관한 1, 2차 모멘트는 각각

$$M_1 = nK \tag{8.79}$$

$$M_2 = n(n+1)K^2 \tag{8.80}$$

1차 모멘트 M_1은 유효강우량 중심과 IUH 중심과의 지체시간을 나타낸다. 선형의 원칙에 따라 유효강우주상도의 각 요소와 이로 인한 직접유출 수문곡선은 동일한 지체시간을 갖는다. 즉 유효강우주상도의 중심과 직접 유출수문곡선의 중심간의 시간 차이는 $M_1 = nK$와 같다.

유효강우주상도의 원점에 관한 1차 모멘트를 총유효강우량으로 나눈 값을 M_{R1}, 직접유출수문곡선의 원점에 관한 1차 모멘트를 총직접유출로 나눈 값을 M_{Q1}이라 하면 다음 관계식을 얻는다.

$$M_{Q1} - M_{R1} = nK \tag{8.81}$$

또한 유효강우량주상도의 원점에 관한 2차 모멘트를 총유효강우량으로 나눈 값을 M_{R2}, 직접유출수문곡선의 원점에 관한 2차 모멘트를 총직접유출로 나눈 값을 M_{Q2}라 하면

$$M_{Q2} - M_{R2} = n(n+1)K^2 + 2nKM_{R1} \tag{8.82}$$

M_{R1}, M_{Q1}, M_{R2} 및 M_{Q2}는 수문자료로부터 결정이 가능하므로 식 (8.81)과 (8.82)로 부터 n, K를 구할 수 있고 이는 IUH를 정의한다. Nash는 유역면적 12～2,200km^{2}의 범위에 대하여 n=2.08～5.55, K=1.52～14.35를 제시한 바 있다. 한국 하천의 18개 유역의 유역면적 54～1,360 km^{2}에 대하여 n=1.00～5.98, K=1.57～10.30이 제시된 바 있으며 이들은 유역특성의 항으로 결정될 수 있다(윤, 1986). 즉

$$n = 0.271\,L^{0.264}\,S^{-0.276} \tag{8.83}$$

$$K = 45.169\,L^{-0.945}\,L_{ca}^{0.689}\,S^{0.16} \tag{8.84}$$

여기서 L은 유로연장(km), L_{ca}는 유출구에서 유역의 중심에 가장 가까운 유로 상의 지점까지의 거리(km) 및 S는 유역경사이다.

문 제

회선적분

8.1 선형저수지의 저류상수 K가 유효강우량주상도와 직접유출수문곡선의 중심간의 시간으로 정의되는 지체시간 t_L과 같음을 증명하라.

8.2 단위도의 기저시간이 3h이고 종거는 1.0, 0.5m^3/s이다. 유효강우량 (a)=20mm, (b)=30mm에 대한 직접유출을 구하고 이들을 깊이(cm)로 나타내라. 유역면적은 0.54km^{2}이다.

8.3 단위도의 기저시간이 5h이고 종거는 1.0, 2.0, 1.35, 0.67m^3/s이다. 한 시간 간격의 유효강우량이 20, 50, 30mm이다. 직접유출수문곡선을 구하라. 직접유출고를 계산하여 유효강우량과 비교하라. 유역면적은 1.8km^{2}이다.

단위도 유도

8.4 6시간 82mm의 유효강우량에 의한 다음 홍수수문곡선으로부터 단위도와 유역면적을 구하라.

시간 (h)	유량 (m^3/s)	시간 (h)	유량 (m^3/s)
08	55	12	179
12	50	16	148
16	49	20	121
20	66	24	77
24	176	04	49
02	264	08	36
04	289	10	30
07	264	12	22
08	247	16	20

8.5 유효강우량의 강도와 지속기간이 각각 1cm/h, 4시간이다. 이로 인한 직접유출수문곡선은 기저시간이 8시간, 첨두가 중앙에서 1cm/h인 삼각형이다. 4시간 단위도를 구하라.

8.6 유역면적이 45km^{2}인 유역에서 관측된 2시간 지속된 호우로 인한 유출자료가 다음과 같다. 기저유출을 1.5m^3/s로 가정하여 단위도를 유도하라.

시간(hr)	0	1	2	3	4	5	6	7	8	9	10	11	12
유량(m^3/s)	1.5	3.0	6	12	18	12	10.5	9	7.5	6	4.5	3	1.5

8.7 다음과 같은 강우, 유출자료를 이용하여 단위도와 단위시간을 유도하라. 유역면적은 9.54km^{2}이고 초과강우량 산정에는 ϕ - 지수를 사용하라.

시간(hr)	0	1	2	3	4	5	6	7	8	9	10	11
강우량(mm)	12	32	32	10								
유량(m^3/s)	3	3	10	21	30	24	18	12	9	6	3	3

8.8 기저유출을 분리하고 단위도를 유도하라. 유역면적은 60km^{2}이다.

시간 (h)	유량 (m^3/s)	시간 (h)	유량 (m^3/s)
08	46	12	122
12	41	16	94
16	40	20	72
20	55	24	55
24	113	04	40
04	147	08	29
06	152	12	22
08	147	16	15

8.9 면적이 42km^{2}인 유역의 기록된 다음 강우-유출기록에 대한 단위도와 단위시간을 결정하라.

시간t(h)	0	1	2	3	4	5	6	7	8	9	10	11
강우량(mm)		6	15	27	9	3						
유량(m^3/s)	10	10	30	70	100	80	60	40	30	20	10	10

8.10 면적이 315km^{2}인 유역의 유출구에서 기록된 다음 강우 - 유출기록에 대한 단위도와 단위시간을 결정하라.

시간(h)	0	1	2	3	4	5	6	7	8	9	10	11
강우량(cm/h)		0.5	2.5	2.5	0.5							
유량(m^3/s)	00	100	300	700	1000	800	600	400	300	200	100	100

8.11 문제 **8.5**의 수문곡선이 2시간 지속된 호우로 인한 수문곡선일 경우 역과정방법으로 단위도를 결정하라.

8.12 문제 **8.6**의 수문곡선이 5시간 지속된 호우로 인한 수문곡선일 경우 역과정방법으로 단위도를 유도하라.

8.13 유역면적이 75.6km^{2}인 유역의 강우량과 수문곡선이 다음과 같다. 역과정방법으로 단위유량도를 유도하고 단위도의 단위시간을 결정하라.

시간(h)	0	1	2	3	4	5	6	7	8	9	10
강우량(mm)	0	5	20	35	25	10					
유량(m^3/s)	30	30	90	210	300	240	180	120	90	60	30

8.14 직접유출수문곡선과 유효강우량이 다음과 같을 경우 역회선방법으로 단위도를 계산하라.

시간(hr)	0	1	2	3	4	5	6	7	8	9	10	11	12
유효강우량(mm)	5.5	9	11	8	5.5	2.4							
유량(m^3/s)	0	6	20	50	80	102	100	80	52	30	10	3	0

8.15 다음 강우 - 유출기록에 대한 1시간 단위도를 역회선방법으로 유도하라.

시간(h)	1	2	3	4	5	6	7	8	9	10	11
유효강우량(cm/h)	1.2	3.0	2.2								
직접유출(m^3/s)	0.15	1.05	2.7	6.1	24.5	53.0	50.0	20.5	10.5	6.2	3.7

8.16 유역면적이 240km^{2}인 유역의 자료가 다음과 같을 때 역회선방법으로 6시간 단위도를 유도하라. 강우량 손실산정에는 일정비손실우량법을 적용하고 기저유출은 22m^3/s이다.

시간(hr)	6	12	18	24	30	36	42	48	54	60	66
강우량(mm)	16.5	38.5	27.5	16.5							
유량(m^3/s)	29	78	191	249	191	109	54	36	27	24	23

8.17 다음에 주어진 수문곡선과 유효강우량으로부터 역회선방법에 의해 단위도를 유도하라.

시간(hr)	0	1	2	3	4	5	6	7	8	9	10	11	12
유효강우강도(mm/hr)	0.5	0.8	1.0	0.7	0.5	0.2							
유량(m^3/s)	0	5	18	46	74	93	91	73	47	23	9	2	0

8.18 유역면적이 18km^{2}인 유역으로부터 강우 - 유출기록이 다음과 같다. 0.5시간 단위도를 행열기법, 선형프로그램 및 선형회귀기법으로 유도하라. 균일 강우손실을 가정한다.

시간(hr)	0.5	1.0	1.5	2.0	2.5	3.0	3.5	4.0	4.5
강우량(mm)	7	3.0	3.3	3.6	4.6	3.6	1.8		
유량(m^3/s)	1.0	2.0	3.6	5.7	8.4	8.7	7.1	4.8	3.2

시간(hr)	5.0	5.5	6.0	6.5	7.0	7.5	8.0	8.5	9.0
유량(m^3/s)	1.0	2.0	3.6	5.7	8.4	8.7	7.1	4.8	3.2

8.19 기저유출을 일정하게 0.4m³/s로 가정하여 역회선방법으로 단위도를 유도하라.

시간(hr)	1	2	3	4	5	6	7	8	9	0	11
강우량(mm/h)	25	50	0	25							
유량(m^3/s)	0.4	0.8	5.2	16.4	22.8	20.4	18.4	10.4	4.4	2.4	0.4

8.20 행열해법으로 단위도를 유도하라.

시간 (h)	유효강우량 (cm)	직접유출 (cm/hr)
2	2	0.5
4	2	1.0
6		0.5

8.21 다음 자료에 대한 단위도의 종거를 최소자승법으로 구하라.

시간(h)	1	2	3	4	5	6
강우량(cm/h)	2.0	4.0	[illegible]			
유출(cm/h)	0.66	2.07	2.47	1.43	0.63	0.13

단위도 적용

8.22 다음 3시간 단위도를 이용하여 주어진 강우량에 대한 수문곡선을 계산하라. 유출곡선 번호 CN = 80을 가정한다.

시간(hr)	0	3	6	9	12	15	18	21	24
강우량(mm/hr)		6	10	18	2				
유량(m^3/s)	0	12	24	36	30	24	18	12	0

8.23 2시간 단위도와 유효강우량이 다음과 같은 유역의 수문곡선을 계산하라. 기저유출은 15m³/s로 가정한다.

시간(hr)	0	1	2	3	4	5	6	7	8	9	10	11	12	13
유량(m^3/s)	0	6	18	36	72	90	88	66	54	42	30	18	6	0

시간(hr)	0	3	6
유효강우강도(mm/nr)		10	20

8.24 다음 1시간 삼각형 단위도를 이용하여 주어진 호우에 대한 유출수문곡선을 계산하라.

강우량 시간(hr)	0	1	2	3	4
강우량(mm)		25	25	75	58

단위도 시간(hr)	0	1	2	3	4	5	6
유량(m^3/s)	0	1.0	2.0	1.5	1.0	0.5	0

8.25 1시간 단위도를 이용하여 다음 강우량에 의하여 유발되는 유출수문곡선을 결정하라. 유효강우량산정에는 ϕ=6mm 가정한다.

시간t(h)	0	1	2	3	4	5	6	7	8	9	10	11
강우량(cm)		8	15	22	3	10						
단위도종거(m^3/s)	0	5	10	7.5	5.0	2.5	0					

8.26 한 유역이 크기, 모양, 경사 및 수로길이가 거의 같은 A, B 두 소유역으로 구성되고 이들 소유역의 유출이 유역의 유출구 C에서 합류한다. 소유역의 개발이전과 개발후(도시화)에 대한 1시간 단위도가 다음과 같다.

1시간 단위도

시간(hr)		0	1	2	3	4	5	6
유량(m^3/s)	개발전	0	9	0				
	개발후	0	1	2	3	2	1	0

(a) 기존의 상태에서 60mm/hr로 2시간 내린 강우에 대한 첨두유출을 유역의 유출구 C에서 구하라. 총강우손실은 25mm이다.

(b) A는 기존상태에 있고 B는 완전도시화가 된 것으로 가정한다. 유효강우량이 50mm/hr로 1시간 내릴 경우 유역의 유출구에서 유출수문곡선을 유도하라.

(c) A, B가 전부 완전 도시화 될 경우 유효강우량이 50mm/hr로 1시간 내릴 경우 유출구에서 유출수문곡선을 계산하라.

단위시간 변경

8.27 2시간 단위도의 기저시간이 4h, 첨두가 중앙에서 0.75cm/h인 삼각형이다. 4시간 단위도를 구하라.

8.28 1시간 단위도의 기저시간 3h, 높이가 1h에서 1 cm/h이다. 2시간 단위도를 유도하라.

8.29 2시간 단위도의 기저시간이 4h, 첨두가 중앙에서 0.8cm/h인 삼각형이다. 3시간 단위도를 S-수문곡선 방법으로 구하라.

8.30 문제 **8.28**을 S-수문곡선 방법으로 구하라.

8.31 다음 1시간 단위도로부터 2시간 단위도를 유도하라. (a) 지체방법, (b) S-수문곡선 방법

시간(hr)	0	1	2	3	4	5	6
Q (cms)	0	14	28	21	14	7	0

8.32 면적이 265km^{2}인 유역의 4시간 단위도로부터 8시간 단위도를 (a) 지체방법, (b) S-수문곡선 방법에 의하여 구하라.

시간(hr)	0	1	2	3	4	5	6	7	8	9	10
Q (m^3/s)	0	5.6	35	61.6	84	98	84	72.8	64.4	53.2	44.8

시간(hr)	11	12	13	14	15	16	17	18	19	20	21
Q (m^3/s)	37.8	30.8	25.2	19.6	15.4	11.2	8.4	5.6	2.8	1.4	0

8.33 다음의 4시간 단위도로부터 6시간 단위도를 유도하라. 6시간 단위도를 이용하여 4시간 단위도를 유도하여 결과를 검증하라.

시간(hr)	0	2	4	6	8	10	12	14	16	18	20	22	24
Q (m^3/s)	0	10	30	60	100	90	80	70	50	40	20	10	0

8.34 면적이 32.5km²인 유역에 내린 균일강도의 강우로 인한 유출수문곡선이 다음과 같다. (a) S－수 문곡선을 작성하고 S－수문곡선의 평형유출로부터 호우의 강우강도(cm/h)를 결정하라. (b) 2시간 단위도를 유도하라. (c) 2시간 단위로 내린 강우로 인한 유출고가 0.4, 1.0 및 1.4cm일 때 이 호우로 인한 첨두유출 (m^3/s)을 구하라.

시간 (h)	유출 (m^3/s)	시간 (h)	유출 (m^3/s)
0	0	8	21.6
1	4.4	9	17.2
2	16.7	10	12.7
3	40.1	11	9.1
4	49.9	12	5.8
5	44.8	13	3.6
6	35.1	14	1.7
7	28.4	15	0

Snyder와 NRCS 합성단위도

8.35 유역면적이 40km², $L=10$km, $L_c=3$km인 유역의 4시간 단위도를 Snyder방법으로 유도하라. $C_t=1.80$, $C_P=0.58$.

8.36 유역면적이 360km², $L=32$km, $L_c=13$km인 유역의 2시간 단위도를 Snyder방법으로 유도하라. $C_t=1.45$, $C_P=1.7$.

8.37 (a) 유역면적이 250km², $L=30$km, $L_c=18$km, $t_R=2$h, $t_{LR}=5$h인 유역에 대한 C_P와 C_t를 결정하라. 첨두유량은 270m^3/s · cm이다.

(b) 동일유역의 상류 150km², $L=20$km, $L_c=12$km인 유역의 2시간 단위도를 유도하라.

8.38 문제 8.35의 유역의 4시간 단위도를 NRCS방법으로 유도하고 문제 8.35의 결과와 비교하라.

8.39 유역면적이 400km², 유역지체가 8h인 유역의 4시간 단위도를 NRCS방법으로 계산하라.

8.40 유역면적이 2km², $L=2$km, $L_c=1$km인 유역의 4시간 단위도를 (a) Snyder, (b) NRCS방법으로 유도하라.

8.41 유역면적이 2.5km², $L=1.9$km, $L_c=1.4$km, $C_t=1.5$, $C_P=0.14$인 유역에 대한 2시간 단위도를 (a) Snyder방법, (b) NRCS방법으로 유도하라.

시간－면적방법

8.42 유역면적이 42km², 도달시간 6시간인 유역의 시간－면적주상도를 이용하여 주어진 유효강우량에 대한 유출수문곡선을 계산하라.

시 간 (h)	면적 (km²)	유효강우량 (mm)
0		
2	8	04
4	20	10
6	14	20
8		25
10		08

8.43 유역면적이 61km², 도달시간이 4시간이고 시간 – 면적주상도와 강우량이 다음과 같다. 유출수문곡선을 계산하라. NRCS곡선번호 CN=75이다.

시 간 (h)	면 적 (km^2)	총강우량 (mm/h)
0		
1	11	8
2	17	20
3	23	35
4	10	25
5		20
6		6

8.44 유역면적이 61km²인 유역의 유출수문곡선을 시간 – 면적방법으로 구하라. 유효강우량산정에는 유출곡선번호 CN=75를 이용하라.

시 간 (h)	면 적 (km^2)	누가강우량 (mm)
0		
1	11	8
2	17	28
3	23	63
4	10	88
5		108
6		114

8.45 폭이 100m, 길이가 1000m, 평균경사가 0.01인 직사각형 유역의 도달시간과 유역지체를 계산하라. 시간 – 면적주상도를 작성하라. 50mm/h의 강도로 2시간 지속된 유효강우량에 대한 직접유출수문곡선을 작성하라.

8.46 상류폭이 200m, 길이가 1000m인 삼각형 유역의 흐름방향 경사가 0.01이다. 시간 – 면적 주상도를 작성하라. 50mm/h의 강도로 2시간 지속된 유효강우량에 대한 직접유출수문곡선을 작성하고 문제 8.45와 비교하라.

8.47 임의의 유역의 지형도를 이용하여 등시간선도를 작성하라.

Clark 방법

8.48 $\Delta t = 3\text{h}$, $K = 3\text{h}$을 이용하여 Clark방법으로 3시간 단위를 유도하라.

시간(h)	0	3	6	9	12
면적(km^2)	51	65	35	14	

8.49 $\Delta t = 1\text{h}$, $K = 2\text{h}$을 이용하여 Clark방법으로 3시간 단위를 유도하라.

시간(h)	0	1	2	3	4	5	6
면적(km^2)	8	16	24	16	10	6	

8.50 유역면적이 200km²인 유역으로부터 다음과 같은 등유하시간 자료를 얻었다. Clark방법으로 다음을 유도하라. (a) 순간단위도, (b) 1시간 단위도 도달시간=8시간, 저류상수=7.6시간

면적번호	면적 (km^2)	유하시간 (hr)
1	8.5	1
2	24.0	2
3	50.0	3
4	37.0	4
5	21.0	5
6	28.0	6
7	25.5	7
8	4.0	8

순간단위도와 Nash모형

8.51 강우강도가 일정한 유효강우로 인한 S-수문곡선이 $S(t)=8{,}600t/(2+t)$로 주어진다. 여기서 S는 m^3/s단위, t는 h단위이다. (a) 순간단위도를 유도하고 유출고가 1cm되도록 환산하라. (b) 2시간에 걸쳐 내린 시간당 강우량이 각각 5cm, 7cm이다. 순간단위도를 이용하여 2, 3시간 후의 유량을 계산하라.

8.52 주어진 유역의 순간단위도가 $u(t)=(t+1.5)^{-2}$이다. $u(t)$의 단위는 $[T^{-1}]$이다. (a) 1cm/h 의 유효강우량이 무한히 지속될 때 이로 인한 S-수문곡선의 식을 유도하라. (b) 3시간 동안 2cm/h의 강우강도로 내린 유효강우로 인한 4시간 후의 유출율(유량)을 계산하라. (c) 처음 3시간에는 2cm/h로, 다음 5시간동안에는 1.6cm/h로 내린 강우로 인한 5시간 후의 유출율을 계산 하라.

8.53 선형수문계에서 계의 저류량 $S(t)$는 $S(t)=KQ(t)$와 같이 유출량 $Q(t)$에 비례하는 것으로 가정한다. K는 저류상수이고 초기조건은 $Q(t=0)=0$이다. 유입량 $I(t)$와 저류상수 K의 항으로 유출량 $Q(t)$의 식을 유도하라.

8.54 Nash모형에서 일정한 K에 대하여 n을 변화시키면서 IUH를 발생시켜 IUH에 대한 n의 영향을 조사하라.

8.55 Nash모형에서 n을 일정하게 고정하고 상이한 K에 대하여 IUH를 발생시키고 IUH에 대한 K의 영향을 조사하라.

8.56 식 (8.82)를 증명하라.

8.57 20mm/h의 강도로 4시간 지속된 유효강우량에 대한 유역면적이 1km²인 유역의 직접유출수문곡선을 계산하라. 저류상수는 $K=3$h이다.

8.58 다음 자료에 대하여 Nash방법에 의한 IUH를 결정하라. 유역면적이 38km², 강우량손실이 6mm/hr, 기저유출이 5m³/s이다.

시간(6hr단위)	1	2	3	4	5	6	7	8	9
강우량(mm/hr)	15	42	35	35	11				
유량(m^3/s)	18	90	200	220	175	100	50	21	10

8.59 어느 지역에 2mm/hr의 강우가 4시간 지속되었다. 이 지역의 침투는 Horton 침투식으로 주어지고 매개변수는 f_o=2mm/hr, f_c=0.5mm/hr, k=6hr^{-1}이다. 이 지역의 순간단위도가 다음과 같다.

$$u(t)=\frac{1}{4}e^{-t/4}$$

유출수문곡선을 계산하고 $t=$ 4hr에서 유출을 구하라(힌트: 회선적분사용).

9 홍수추적

추적(追跡; routing)은 하천, 수로, 저수지, 유역을 통하여 이동하는 물(수문곡선)의 시간과 공간적인 변화(수심 또는 유량)를 저류의 영향과 흐름저항을 고려하여 예측하는 수학적 기법이다. 물의 이동은 연속, 운동량방정식에 의하여 기술된다. 추적의 목적은 홍수예보, 저수지와 수로의 설계, 저수지의 조작, 홍수터의 기능조사, 유역모의 등을 하기 위함이다.

9.1 흐름추적방법

흐름추적(flow routing)은 수문계의 상류에 주어진 유입수문곡선에 대하여 하류의 하나 또는 그 이상의 지점에서 흐름의 도달시간과 크기 즉 유출수문곡선을 결정하는 과정이다. 수문계가 수로이면 과정을 **하도추적**(streamflow routing), 수문계가 저수지면 저수지추적, 수문계가 강우에 대한 유역이면 유역추적(8.11, 8.12절)이라 한다. 또한 흐름이 홍수이면 추적과정을 **홍수추적**(flood routing)이라 한다. 추적은 크게 수문학적 추적과 수리학적 추적으로 구분된다.

수문학적 추적(水文學的追跡; hydrological routing)은 질량보존에 근거한 저류개념을 나타내는 연속방정식의 변형인 저류방정식과 유량과 저류량의 관계를 이용하는 방법으로 특정 지점에서 시간만의 함수로 흐름이 계산된다. 수정Puls방법, Muskingum 및 Muskingum-Cunge방법을 포함하고 **집체추적**(集体追跡; lumped routing)이라고도 한다.

수리학적 추적(水理學的追跡; hydraulic routing)은 질량과 운동량의 보존의 원리에 근거한 연속방정식과 운동량 방정식을 푸는 과정으로 추적방법은 완전한 동역학파식에서 운동파 근사해에 이르고 수문계를 통하여 공간과 시간의 함수로 흐름이 계산된다. **분포추적**(分布追跡; distributed routing)이라고도 한다.

수문학적 추적은 계산과정이 간단하다. 그러나 합류에 의한 배수, 댐 붕괴파는 해석되지 않고 고리형태의 수위-유량관계를 가질 수 있는 완만한 경사의 하천에는 부적당하고 완만하게 상승하는 수문곡선에 적용되는 제약조건을 갖는다. 반면에 수리학적 추적은 상세한 정보를 제공하나 해석과정이 복잡하고 계산시간이 길고 많은 입력자료를 필요로 한다.

하도나 저수지를 통한 홍수파의 이동과 이와 관련된 홍수파의 유하시간과 감쇠는 홍수추적의 주요 내용으로 홍수관련 문제 해결에 중요한 사안이다. 따라서 하도나 저수지를 통과하는 홍수파의 시간, 공간적인 변화를 예측하기 위해서는 홍수추적의 이론적인 그리고 실질적인 면을 이해하는 것은 기본이다.

수문학적 추적은 연속방정식 $I - O = \Delta S/\Delta t$에 근거한다. 추적의 핵심은 하도나 저수지 상류에 주어진 유입수문곡선에 대한 유출수문곡선을 예측하는 것이고 이 경우 저류량 S는 유출수문곡선 예측에 중요한 인자이다. 하도와 저수지추적은 S와 O의 상대적인 관계에 따라 구분될 수 있다.

저수지추적의 첨두유출. 그림 9.1은 저수지와 하도의 유입 · 유출수문곡선, 저류곡선 및 유량–저류량관계를 나타낸다. 저수지에서는 저수지의 저류효과, 하도구간에서는 하도의 저항과

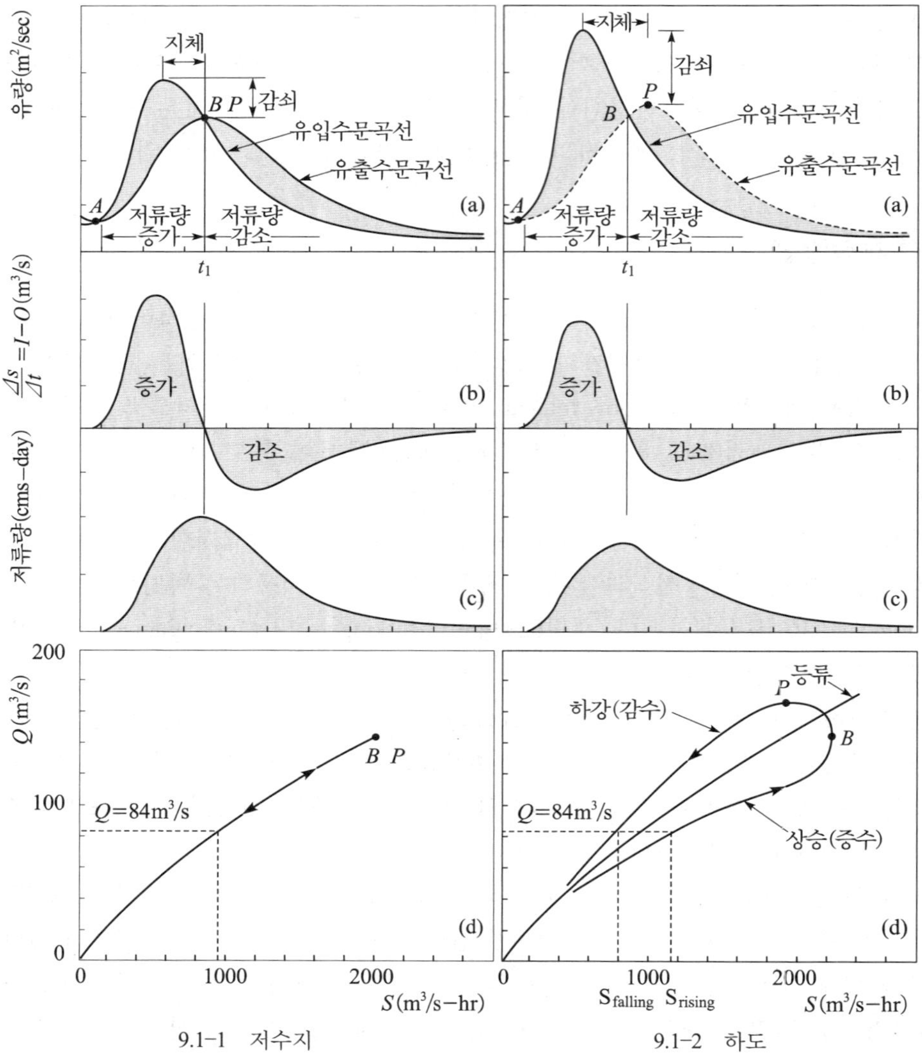

그림 9.1 저수지와 하도구간의 저류량, 저류량-유량의 관계
(B는 유입수무곡선과 유출수문곡선의 교차점; P는 유출수문곡선의 첨두)

저류용량에 따라 유출첨두는 감쇠되고 지연된다. 그림 9.1a의 음영부분은 저류량을 나타내고 시간 t_1까지는 유입이 유출을 초과하여 시간 t_1까지 저수지와 하도구간의 저류공간을 채워 저류량의 증가를, t_1 이후에는 저수지, 하도구간으로부터 물이 빠져나가는 저류량의 감소를 나타낸다.

시간 t_1에서 유출이 유입을 초과하기 시작하여 저수지와 하도구간에서 물이 빠져나가는 과정에 진입한다. 저류량이 최대인 시간 t_1에서 저수지에서는 유출이 최대이나 하도에서는 유출첨두가 지연되어 t_1이후에 발생한다. 저수지에서 수위 h가 최대일 때 저류량 S는 최대이고 그 반대도 성립된다. 즉

$$\frac{dh}{dt}=0\text{일 때 }\frac{dS}{dt}=0$$

저수지의 방류량 Q는 오리피스 또는 위어의 수두가 최대일 때 최대가 된다. 즉

$$\frac{dh}{dt}=0\text{일 때 }\frac{dQ}{dt}=0$$

따라서 저류량이 최대일 때($dS/dt=0$) 방류량이 최대($dQ/dt=0$)가 되어 $I-O=\Delta S/\Delta t$로부터 $I=O$가 된다. 이에 따라 저수지의 유출첨두는 그림 9.1-1a에서와 같이 유입수문곡선과 교차해야 한다. 그림 9.1-1a, d에서 B와 P는 일치하고 이는 저류량 S가 방류량 Q만의 함수임을 의미한다.

$$\frac{dQ}{dt}\Big|_{dS/dt=0}=0 \tag{9.1}$$

하도추적의 첨두유출. 하도구간의 저류량은 수위의 상승과 하강의 함수이다. 따라서 저류량은 추적구간의 유입과 유출의 함수가 되어 저수지와 달리 수위만으로 저류량을 나타낼 수 없다. 유입수문곡선과 유출수문곡선이 교차하는 시간(그림 9.2에서 $t=sm$)에서 저류량이 최대이므로 $dS/dt=0$이다. 따라서 K가 상수임을 고려하여 식 (9.16) $S=K[XI+(1-X)O]$을 시간에 관하여 미분하여 영으로 놓으면

$$X\left(\frac{dI}{dt}\right)_{sm}=-(1-X)\left(\frac{dO}{dt}\right)_{sm} \tag{9.2}$$

식 (9.2)를 만족하는 X는 Muskingum추적방법의 추적매개변수 X를 제공한다. 식 (9.2) 의 dI/dt와 dO/dt는 그림 9.2의 $t=sm$에서 각 수문곡선의 기울기로 주어진다.

저류량이 최대인 $t=sm$에서 O가 최대가 되기 위해서는 $dO/dt=0$이 만족되어야 한다. 그러나 Muskingum추적방법의 가중인자 X는 $0<X<0.5$의 범위이므로 $dO/dt=0$가 성립되기 위해서는 식 (9.2)에서 $dI/dt=0$이 만족되어야 하나 이는 불가능하다. 따라서 저류량이 최대인 시점 $t=sm$에서 유출이 최대가 되지 않는다.

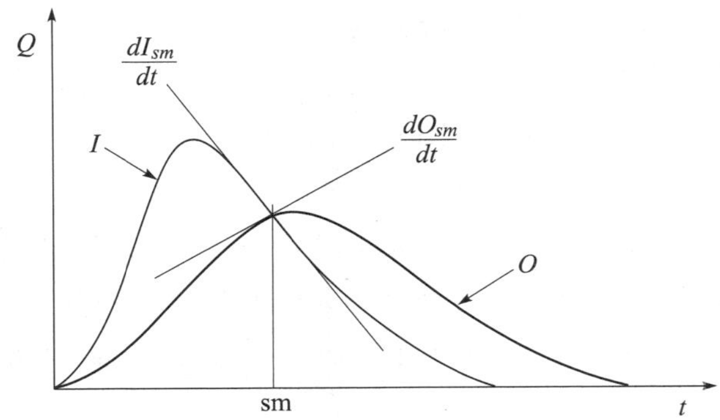

그림 9.2 저류량이 최대인 시간 $t=sm$에서 유입수문곡선과 유출수문곡선의 기울기

하도의 저류량은 태형저류량과 쐐기저류량으로 구성된다. **태형저류량**(prism storage)은 그림 9.3에서 하상에 평행선의 아래 저류량을 일컫고 평행선과 수면사이의 저류량을 **쐐기저류량**(wedge storage)이라 한다. 홍수파가 하천의 한 구간을 통과할 때, 상승단계 기간에서는 구간의 하류 유출량이 증가하기이전에 상류 유량이 증가하여 상당량의 쐐기저류량이 존재한다. 홍수파의 하강단계 기간에는 구간의 유출량보다 유입량의 감소가 현저하여 쐐기저류량은 실제로 존재하지 않는 음수가 된다. 즉 같은 유량에 대하여 구간내의 저류량은 하강단계에서 보다 상승단계에서 크게 되어 그림 9.1-2(d)와 같이 고리모양(loop)을 나타내어 $Q_{\max}$(B)은 $S_{\max}$(P)와 동시에 발생하지 않고 지연되어 $S_{\max}$보다 늦게 발생한다.

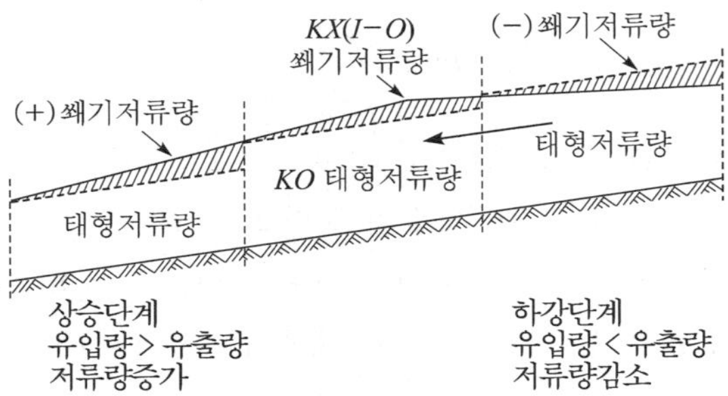

그림 9.3 태형 및 쐐기저류량

9.2 저수지 홍수추적

저수지추적(貯水池追跡; reservoir routing)은 유입수문곡선, 초기조건, 저수지특성 및 조작규정이 주어진 조건에서 저수지로부터 방류되는 유출수문곡선을 계산하는 과정이다.

계획되는 저수지에 적용되는 저수지추적은 설계목적으로 그 내용은 다음과 같다. (1) 홍수조절이 목적인 경우, 주어진 설계 유입수문곡선에 대하여 설정된 유량을 방류하기 위하여 필요한 저수지의 용량(또는 댐 높이)과 여수로의 규모가 결정된다; (2) 설정된 저수지의 용량(또는 댐 높이)과 여수로에 대하여 주어진 설계 유입수문곡선의 감쇠효과를 조사한다.

기존 저수지에 저수지 추적을 적용하는 것은 저수지조작이 그 목적이다. (1) 주어진 저수지 용량과 여수로 여건에 따라 상이한 유입조건과 저수지조건에 따라 수문의 개방조건을 결정한다; (2) 이상 기후 등으로 인한 유입수문곡선의 변화에 대하여 저수지의 용량(또는 댐 높이)과 여수로의 적정성을 검토한다; (3) 댐 하류하천의 홍수예보를 위한 홍수위와 홍수량의 정보를 제공하는데 이용된다; (4) 수자원의 계획과 관리에 사용된다. 저수지 추적의 기본이 되는 저류추적은 유역 특히 저수지를 포함한 유역의 유출해석과 단위도의 유도에도 적용된다.

홍수파가 저수지를 통과하게 되면 첨두는 감쇠, 지체되고 기저시간은 길어지는 변화를 받게 된다. 이와 같은 수문곡선에 대한 저수지 영향의 이해를 돕기 위하여 그림 9.1–1에 보인 바와 같은 유입수문곡선과 유출수문곡선을 생각한다. 유입수문곡선은 저수지의 상류에서 유입되므로 저수지에 의하여 영향을 받지 않는다. 그러나 유출수문곡선은 저수지에 의해 변형된 수문곡선이다. 유출수문곡선의 첨두는 유입수문곡선의 첨두보다 작고 또한 늦게 나타나고 유출수문곡선의 기저시간은 유입수문곡선의 기저시간보다 길어짐을 알 수 있다. 이와 같은 유출첨두의 감소를 **감쇠**(減衰; attenuation)라 하고, 두 첨두의 시간차이를 **지체**(遲滯; lag)라 한다. 이들은 홍수추적에 중요한 매개변수이고 저수지의 저류량 S와 유량 Q의 관계를 나타내는 **저류함수**(貯留函數; storage function)의 형태에 따라 다르게 된다.

$$S = f(Q) \tag{9.3}$$

저류함수에는 세 가지 형태를 들 수 있다. (1) 저류량은 방류량만의 비선형함수로 이는 저수지의 저류량과 저수지수면에 대한 방류량과의 관계로 결정된다. 이는 본장에서 다루는 저수지추적의 기본이 된다. (2) 저류량이 유입량과 유출량의 선형함수로 하도추적의 Muskingum방법이 된다. (3) 다수 선형저수지모형의 해석으로 저류량은 유량 Q와 시간미분인 dQ/dt의 함수로 결정된다.

저류량–유량관계는 그림 9.1에서와 같이 단일치 또는 이중치가 된다. 단일치 저류량–유량관계는 그림 9.1–1과 같고 수평수면을 갖는 저수지에 적용된다. 이러한 저수지는 길이에 비하여 폭이 넓고 깊은 저수지이다. 저수지수면이 수평일 때 저류량은 수면표고의 함수이고 저수지의 방류량 또한 수면표고(또는 방류구에서 수심)의 함수이다. 이들 두 관계를 조합함으로서 단일치 저류함수 $S = f(t)$가 얻어진다. 그림 9.1a의 증수기간 동안(A에서 B까지) 유입량이 유출량을 초과하여 두 곡선 사이의 사선부는 저수지의 저류량이 구축됨을 나타낸다.

유출수문곡선의 감수기간에는 유출량이 유입량을 초과하여 두 곡선 사이의 면적은 저류량의 감소를 나타낸다. 이는 유입수문곡선과 유출수문곡선이 교차($I = O$)하는 B점에서 저류량이 최대임을 의미한다. 이는 식 (9.4)에서 최대저류량은 $I - O = dS/dt = 0$일 때 일어나기 때문이다. 또한 그림 9.1–1a에서 유출량은 B점에서 최대이고 이는 저류량이 최대일 때 여수로의 수심 또한 최대가 되기 때문이다. 그림 9.1–2의 2중치 저류량–유량관계는 배수(背水; backwater)영향으로 저수지 수면이 곡선으로 나타나는 깊고 좁은 저수지 또는 수로에 적용된다. 배수에 의한 저류량은 흐름계를 통과하는 유량의 변화율에 좌우된다. 배수에 의한 지체영향 때문에 첨두유출은 유입수문곡선과 유출수문곡선의 교차점보다 늦게 일어나 유출수문곡선의 첨두를 나타내는 P는 유출수문곡선의 첨두 B와 일치하지 않는다.

저수지 방류량은 수문에 의하여 조절, 비조절 또는 조절과 비조절의 조합형 중의 하나이다. 조절방류는 수문이 있는 여수로 방류로서 수문조작에 따라 결정된다. 대규모 저수지는 대개 조절 방류구조이다. 수문이 없거나 완전히 개방된 상태는 비조절방류이고 이 경우 방류량은 저수지 수위만의 함수이다. 소규모 홍수조절지는 대개 비조절방류구조이다. 조절과 비조절 방류의 조합형은 수문을 통한 조절방류와 비상여수로를 통한 방류이다.

9.2.1 저류방정식

저수지추적의 개념은 유입량에 대한 유출량을 감소시키는 저수지의 저류효과이다. 이를 유발하는 저류량은 유입체적과 유출체적의 차이 즉 [유입체적－유출체적＝저류량]이다. 이를 시간 (Δt) 대한 변화량인 유량의 항으로 나타내면 유입유량 I와 유출유량 Q의 차이는 저류량의 변화 $\Delta S/\Delta t$의 변화 같다.

$$I - Q = \frac{\Delta S}{\Delta t} \tag{9.4}$$

여기서 ΔS는 Δt 동안의 저류량의 변화량이다. 식 (9.4)를 $\Delta t(=t_2 - t_1)$의 시작시간 t_1과 끝나는 시간 t_2에서의 값들로 표시하면 다음과 같다.

$$\frac{I_1 + I_2}{2}\Delta t - \frac{Q_1 + Q_2}{2}\Delta t = S_2 - S_1 \tag{9.5}$$

식 (9.5)는 저류시설의 추적방정식이고, 저수지추적은 시간 t_1에서 I_1, I_2, Q_1 및 S_1이 알려질 때 시간 t_2에서 저수지 유출량 Q_2와 저류량 S_2을 구하는 문제이다. 미지수가 2개(Q_2와 S_2)이므로 이들을 구하기 위해서는 식 (9.5)외에 Q와 S의 관계를 나타내는 저류량－유량함수(strorage-discharge function)의 관계식이 필요하다.

9.2.2 표고－저류량－유량관계

식 (9.5)를 이용한 저수지추적에는 (1) 표고－저류량곡선, (2) 표고－유량곡선, (3) 저류량－유량관계곡선이 필요하고 저류량－지시방법에서는 저류량지시곡선이 필요하다.

표고－저류량곡선. 이는 표고에 대한 저수지의 저류량을 나타내는 곡선으로 지형도의 등고선을 이용해서 작성된다. 표고 h_i에 해당하는 등고선으로 둘러싸인 면적 A_i를 구적기로 구하고 같은 방법으로 표고 h_{i+1}에 해당하는 면적 A_{i+1}을 구하면 표고 h_i와 h_{i+1} 사이의 체적인 저류량 ΔS는 $\Delta S = [(A_i + A_{i+1})/2]\Delta h$로 계산되고 $\Delta h(=h_{i+1} - h_i)$는 등고선 간격이다. 따라서 표고 h_n에 대하여 저류량 S_n을 도시하여 표고－저류량곡선을 얻는다(그림 9.4)

$$S_n = \frac{h}{2}(A_1 + 2\sum A_i + A_n) \tag{9.6}$$

표고 – 유량곡선. 이는 저수지수면의 표고에 대한 저수지의 방류량을 나타내는 곡선이다 (그림 9.4). 평상시에는 방류관을 통하여 저수지의 물을 하류로 방류하나 홍수시에는 여수로를 통하여 방류되고 여수로와 방류관을 통하여 방류되기도 한다. 방류관의 유량은 오리피스공식을 이용해서 산정되고, 여수로 유량은 위어공식에 의해서 계산된다.

비조절 여수로 $$Q = CLH^{3/2} \tag{9.7}$$

조절 여수로 $$Q = \frac{2}{3}\sqrt{2g}\,CL(H_1^{3/2} - H_2^{3/2}) \tag{9.8}$$

방류관 $$Q = C_d A\sqrt{2gh} \tag{9.9}$$

여기서 Q = 유량(m^3/s), C = 유량계수, L = 위어 유효길이(m), H = 접근속도수두를 포함한 총수두, H_1 = 여수로 바닥기준 총수두, H_2 = 수문의 하부단 기준 총수두, h = 오리피스 수두, C_d = 오리피스 유량계수 및 A = 방류관 단면적이다.

9.3 수정Puls 추적방법

저수지추적식인 식 (9.5)에서 I_1 와 I_2 는 주어지고 Q_1 과 S_1 는 초기치로 주어지거나 전단계 계산에서 알려진다. 따라서 식 (9.5)는 Q_2 와 S_2 의 2개의 미지값을 갖는다. 식 (9.5)의 양변에 $2/\Delta t$ 를 곱하여 저류량의 항들을 유량으로 환산하고 기지의 값들이 좌변에 오도록 정리하면

$$I_1 + I_2 + (2S_1/\Delta t - Q_1) = 2S_2/\Delta t + Q_2 \tag{9.10}$$

수정Puls추적방법(modified Puls routing method)(이를 저류량 – 지시방법이라고도 한다)이 저류량 – 지시방법과 다른 점은 저류량 – 지시방법에서는 Q와 $S + Q\Delta t/2$ 곡선을 이용하여 저류량의 단위에서 추적계산이 수행되는 반면 **수정Puls추적방법**에서는 Q와 $(2S/\Delta t + Q)$ 곡선을 사용하여 저류량의 단위가 아닌 유량의 단위에서 추적계산이 수행되는 점과 평균유입량의 계산과정이 없는 간편성을 갖는다. 이 추적방법은 하도추적에도 사용된다. 표고에 대한 유량 Q와 저류량 S를 이용하여 $(2S/\Delta t + Q)$를 계산하여 이를 횡축에, Q를 종축에 도시하여 저류량 – 유량관계곡선을 작성한다(그림 9.5). 추적계산은 식 (9.10)의 좌변의 각항이 기지이므로 좌변의 계산결과는 우변의 $(2S_2/\Delta t + Q_2)$값을 제공하고, 이에 대응하는 Q_2 는 저수지 추적곡선상에서 또는 내삽법으로 구해진다. 다음 시간단계의 계산을 위해 $2S_2/\Delta t - Q_2$의 값이 필요하고 이는 직접 계산하거나 또는 다음 식으로 계산된다.

$$\left(2\frac{S_2}{\Delta t} - Q_2\right) = \left(\frac{2S_2}{\Delta t} + Q_2\right) - 2Q_2 \tag{9.11}$$

예제 9.1

표 9.2의 2란에 주어진 설계유입수문곡선이 저수지를 통하여 추적하라. 표고－저류량관계는 표 9.1의 1란과 3란을 도시한 그림 9.4로 주어진다. $Q=2.0LH^{3/2}$로 계산되는 4란의 위어방류량을 1란에 대하여 도시하면 표고－유량관계를 얻는다(그림 9.4). 여수로의 길이는 15m, 마루의 표고는 520m, 댐 정부의 표고는 526m이다. 초기 저수지 수위는 표고 520m이고 초기 저류량과 방류량은 모두 영으로 취급 된다.

풀이▌ 저류량－유량관계곡선은 표 9.1의 3란에 대하여 4란을, 저류량 지시곡선은 5란에 대하여 4란을 도시하여 작성된다(그림 9.5).

표 9.1 표고-저류량-유량 관계

표고 (m) (1)	수두 (m) (2)	저류량, S $\times 10^6$(m^3) (3)	유량, Q (m^3/s) (4)	$2S/\Delta t+Q$ (m^3/s) (5)
520	0.0	0	0	0
520.5	0.5	0.125	10.6	80
521	1.0	0.3	30.0	197
522	2.0	0.62	84.9	429
523	3.0	1.0	155.9	711
524	4.0	1.43	240.0	1,034
525	5.0	1.91	335.4	1,397
526	6.0	2.56	440.9	1,830

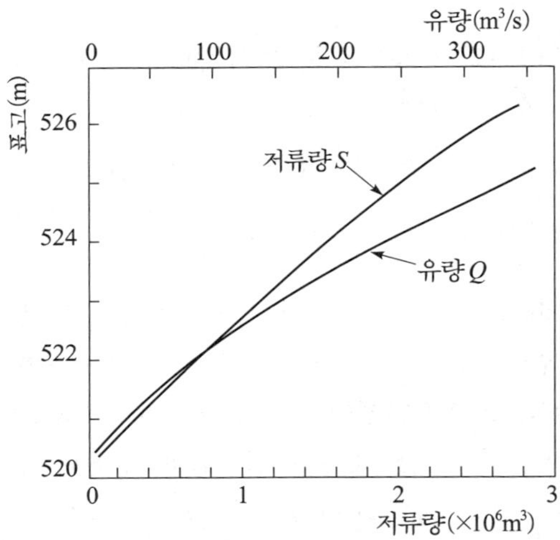

그림 9.4 표고-저류량곡선과 표고-유량곡선

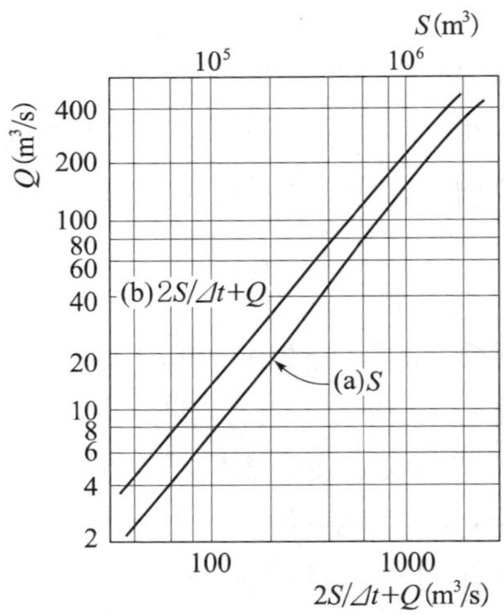

그림 9.5 저류량-유량곡선과 저류량지시곡선

추적계산 $t=$ 2hr: 표 9.2의 $t=1$hr에서 $I_1=Q_1=S_1=0$ 이므로 $2S_1/\Delta t-Q_1=0$이다. 따라서 식 (9.10)은

$$(I_1+I_2)+(2S_1/\Delta t-Q_1)=2S_2/\Delta t+Q_2$$

$$(0+40)+0=40=2S_2/\Delta t+Q_2$$

$2S_2/\Delta t+Q_2=40\text{m}^3/\text{s}$에 대한 Q_2는 그림 9.5에서 읽거나 또는 표 9.1(4란과5란)의 내삽에 의하여 $Q_2=4.7\text{m}^3/\text{s}$을 얻는다.

추적계산 $t=3$hr : $2S_2/\Delta t - Q_2$의 값은 식 (9.11)에 의하여 구해지나 그림 9.5에서 $Q_2 = 4.7\text{m}^3/\text{s}$에 대하여 $S_2 = 65{,}000\text{m}^3$이므로 $2S_2/\Delta t - Q_2 = 2\times 65{,}000/3{,}600 - 4.7 = 31\text{m}^3/\text{s}$이다. 식 (9.10)에 의하여

$$(I_2 + I_3) + (2S_2/\Delta t - Q_2) = 2S_3/\Delta t + Q_3$$

$$(40 + 90) + 31 = 161\ \text{m}^3/\text{s} = 2S_3/\Delta t + Q_3$$

$2S_3/\Delta t + Q_3 = 161\text{m}^3/\text{s}$에 대한 Q_3는 그림 9.5 또는 표 9.1의 내삽에 의하여 $Q_3 = 24\text{m}^3/\text{s}$이다. 계산결과는 표 9.2와 같다. 유입량과 방류량의 체적은 같아야 한다. 유입량 체적은 $2{,}277\text{m}^3/\text{s}\times 3{,}600\text{s} = 8{,}197{,}200\text{m}^3$, 방류량의 체적은 $2{,}163\text{m}^3/\text{s}\times 3{,}600\text{s} = 7{,}786{,}800\text{m}$로 차이는 5%이다. 추적결과는 그림 9.6과 같다.

표 9.2 수정Puls추적방법의 계산예

시간 (hr) (1)	유입량 I (m^3/s) (2)	$I_1 + I_2$ (m^3/s) (3)	$2S/\Delta t - Q$ (m^3/s) (4)	$2S/\Delta t + Q$ (m^3/s) (5)	방류량 Q (m^3/s) (6)	저류량 S ($\times 10^6\text{m}^3$/s) (7)
1	0		0		0	0
2	40	40	31	40	4.7	0.065
3	90	130	116	161	24	0.252
4	165	255	232	371	70	0.544
5	255	420	381	652	141	0.94
6	300	555	514	936	208	1.30
7	294	594	587	1108	252	1.51
8	270	564	605	1151	262	1.56
9	230	500	587	1105	252	1.51
10	185	415	541	1002	227	1.38
11	145	330	496	871	193	1.24
12	112	257	479	753	165	1.07
13	85	197	356	626	133	0.88
14	56	141	290	497	99	0.70
15	35	91	239	381	72	0.56
16	15	50	189	289	50	0.43
17	0	15		204	31	
$\sum I = 2{,}277$				$\sum Q = 2{,}163$		

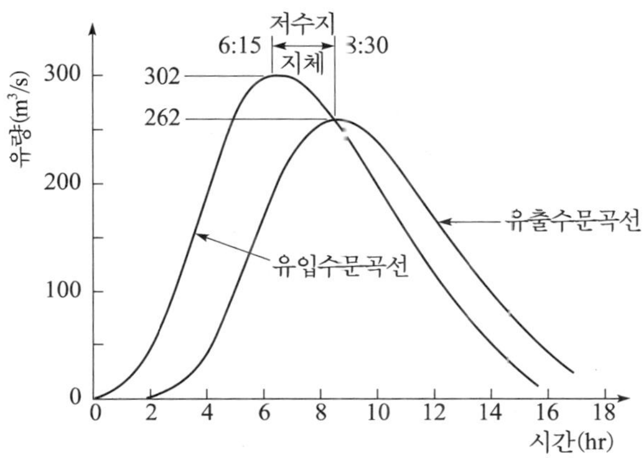

그림 9.6 유입수문곡선과 추적유출수문곡선(예제 9.1)

조절방류 저수지추적. 대부분의 저수지는 여수로에 설치된 수문을 이용하여 방류량을 조절한다. 홍수조절의 경우 저수지조작규정에 따라 설정된 유량이 방류된다. 조절되는 방류량이 포함되는 경우 식 (9.10)은

$$\frac{I_1+I_2}{2}-\frac{Q_1+Q_2}{2}-\overline{Q}=\frac{S_2-S_1}{\Delta t} \tag{9.12}$$

또는

$$I_1+I_2+\frac{2S_1}{\Delta t}-Q_1-2\overline{Q}=\frac{2S_2}{\Delta t}+Q_2 \tag{9.13}$$

여기서 $\overline{Q}$는 Δt시간동안 평균조절방류량이다. 모든 방류량이 조절되는 경우 식 (9.12)는

$$S_2=S_1+\frac{\Delta t}{2}(I_1+I_2)-(\Delta t)\overline{Q} \tag{9.14}$$

식 (9.14)에서 저류량은 평균유입량과 평균조절방류량에 따라 갱신된다.

9.4 하도추적

하도추적(河道追跡; stream channel (또는 river) routing)은 고유의 하도특성을 갖는 한 하도구간의 상류에서 유입되는 유입량(또는 유입수문곡선)과 중간에서 유입되는 측방유입량에 대한 하도구간의 하류에서 유출량(또는 유출수문곡선)을 계산하는 과정이다. 하나의 하도구간을 통과하는 홍수파는 하도의 저항과 저류효과에 의하여 홍수파의 첨두는 감쇠되고 지체된다. 추적계산은 하도의 저류효과가 홍수첨두의 감쇠에 주는 영향의 결정, 홍수벽과 제방의 설계수위의 결정 및 홍수예경보 등에 이용된다. 하도추적을 목적별로 살펴보면 다음과 같다.

(1) 수위 : 대상지점에 도달하는 홍수파의 최대수위와 수위의 변동(상승과 하강)을 예측하는 것으로 이러한 정보는 하도에 건설되는 구조물의 설계와 홍수예보에 필요하다.
(2) 첨두유량 : 홍수파의 최대유량 예측은 여수로, 교량, 암거 및 수로단면 설계에 필요하다.
(3) 총유량 : 홍수량의 체적은 홍수조절, 조정지(또는 유수지), 관개 및 급수시설의 설계와 조작에 필요하다.
(4) 범람면적 : 최대수위에서 범람되는 지역의 정보(침수위와 침수범위)는 토지이용, 홍수터의 점유와 구조물관리 및 홍수예경보에 중요하다.
(5) 홍수예보 : 특정지점에서 홍수발생에 대한 경보시간, 범람 또는 침수의 시작시간과 기간 및 위험수위 또는 피해예상수위의 도달시간의 예보 등을 포함한다.

하도추적은 하천의 부정류계산을 지칭하게 된다. 흐름추적과 홍수추적은 동의어로 사용되는데 이는 대부분의 흐름추적의 응용이 홍수해석, 홍수조절, 구조물 설계 또는 홍수예경보에 관한 내용이기 때문이다.

하도추적에는 수문학적 하도추적과 수리학적 하도추적의 두 방법이 있다. 저수지 추적의

경우와 같이 수문학적추적은 저류개념의 연속방정식에 근거하고 수리학적추적은 질량과 운동량보전의 원리에 근거한다. 수리학적 추적기법에는 세 유형이 있다. (1) 운동파, (2) 확산파, (3) 동역학파. 동역학 파는 개수로에서 부정류에 대한 가장 완전한 모형이고 운동파와 확산파모형은 동역학파 모형의 간단형으로 간단함의 이점을 갖는다.

수문학적 하도추적은 수정Puls방법, Muskingum방법 및 Muskingum-Cunge방법으로 대표되고 수문학분야의 대부분의 문제에서 만족할만한 결과를 제공하나 역류가 발생하거나, 합류점이나 삼각주와 같이 복잡한 수로계통 및 배수가 일어나는 경우에는 적합하지 않다. 댐파괴로 인한 홍수파도 수문학적 추적방법에 의해서는 다루어질 수 없다. 연속방정식과 운동량방정식을 이용하는 수리학적 추적은 위에 언급된 복잡한 흐름의 추적을 가능하게 하나 많은 입력자료, 복잡한 작업, 많은 계산시간을 필요로 한다. 수리학적 추적은 지표류 또는 박류(또는 판상류) 및 복잡한 유역의 유출해석모의 등에 널리 이용된다.

9.5 하도저류량

하도추적에 필요한 자연하천의 저류량은 저수지의 경우와 달리 유출량만의 함수가 아니라 유입량과 유출량에 의하여 결정된다. 그림 9.1-2a에서 유입량과 유출량의 종거차이는 식 $I-O=\Delta S/\Delta t$ 에 따라 하도구간의 저류량의 변화율을 나타낸다.

유입량이 유출량을 초과하여 하도구간 내 저류량이 증가하면 $\Delta S/\Delta t$ 는 양수이고, 유출량이 유입량을 초과하여 저류량이 감소하면 $\Delta S/\Delta t$ 는 음수가 된다. 하도구간의 저류량을 유량에 대하여 도시하면 고리(loop)모양을 나타낸다. 그림 9.1-2d에서 주어진 유량에 대한 저류량은 홍수파의 상승단계에서 하강단계에서 보다 크게 됨을 알 수 있다.

하도추적은 쐐기저류량을 나타내는 유량-저류량관계를 필요로 한다. 이는 유입량과 유량의 함수로 결정되며 다음 두 방법에 의하여 산정될 수 있다.

(1) **수면곡선방법**: 추적하도구간을 여러 개의 소구간으로 분할하고 주어진 유량의 수면곡선에 대하여 각 소구간의 체적을 계산하여 합을 구한다. 이러한 과정은 각 유량에 대하여 수행된다. 이 방법은 하천의 횡단면 측량과 부정류 수면곡선계산에 많은 작업을 필요로 하고 고가이여서 다른 방법이 불가능할 때 채택된다. 예를 들면 수로의 변경이나 제방의 축조가 계획되어 건설전후의 흐름조건이 다르게 되는 경우이다.

(2) **저류연속방정식**: 자연하천구간의 저류량을 결정하는 보편적인 방법은 저류연속방정식(식 9.10)을 이용하는 것으로 계산과정은 그림 9.1과 예제 9.2에서 설명된다. 식 (9.10)을 S_2에 관하여 정리하면

$$S_2 = S_1 + [I_1 + I_2 - (O_1 + O_2)]\Delta t/2$$

$$= S_1 + \left(\frac{I_1 + I_2}{2} - \frac{O_1 + O_2}{2}\right)\Delta t \tag{9.15}$$

추적과정에서 필요한 것은 ΔS이고 저류량의 절대값이 아니므로 $S=0$에 대한 기준은 임의로 취해질 수 있다. 따라서 임의의 시간에서 저류량은 $S=0$을 기준으로 한 시점 이후의 양(+)의 저류량과 음(−)의 저류량(그림 9.1-2b)의 합을 구하는 것이다.

예제 9.2

표 9.3의 2란과 3란에 주어진 유입, 유출수문곡선에 대한 수로구간의 저류량을 결정하라.

풀이 계산과정은 표 9.3에 요약된다. 추적 시점인 $t=6$hr에서 $S=0.0$으로 가정되고 이 값이 4란과 5란의 첫줄에 기입된다. 추적기간 Δt는 6hr이다. $t=12$hr에 대한 저류량은 $S=72\text{m}^3/\text{s(hr)}$으로 계산된다.

표 9.3 하도저류량 계산

시간	유입량	유출량	저류량	
			(m^3/s−hr)	(m^3/s−day)
(hr)	(m^3/s)	(m^3/s)		
(1)	(2)	(3)	(4)	(5)
06	32	32	0	0.00
12	64	40	72	3.00
18	180	54	522	21.75
24	240	86	1362	56.75
06	204	120	2076	86.50
12	152	144	2352	98.00
18	114	160	2238	93.25
24	84	152	1896	79.00
06	64	128	1500	62.50
12	50	102	1152	48.00
18	40	84	924	38.50
24	32	64	696	29.00
06	26	52	522	21.75
12	22	40	390	16.25
18	20	32	300	12.50
24	18	26	240	10.00
06	18	22	204	8.50
12	16	20	180	7.50
18	16	20	158	6.50

$$S_2 = S_1 + [I_1 + I_2 - (O_1 + O_2)]\,\Delta t/2$$

$$= 0.0 + (32 + 64 - (32 + 40))(6/2) = 72\text{m}^3/\text{s}-h$$

4란의 S=72m^3/s(hr)를 체적으로 환산하면 S=72m^3/s(hr)(3,600s/hr)=259,200m^3이 되고 4란의 값을 24hr로 나누어 m^3/s−day단위의 3m^3/s−day을 얻는다. 단위 m^3/s−hr는 1시간동안 흐른 물의 체적으로 3,600m^3와 같고, 단위 m^3/s−day는 24시간동안 흐른 물의 체적으로 86,400m^3와 같다. 이들 단위는 큰 수치의 체적을 취급할 때 편리하다. 그림 9.7a는 이 계산과정을 설명하고 9.7b는 5란의 결과를 도시한 것이다.

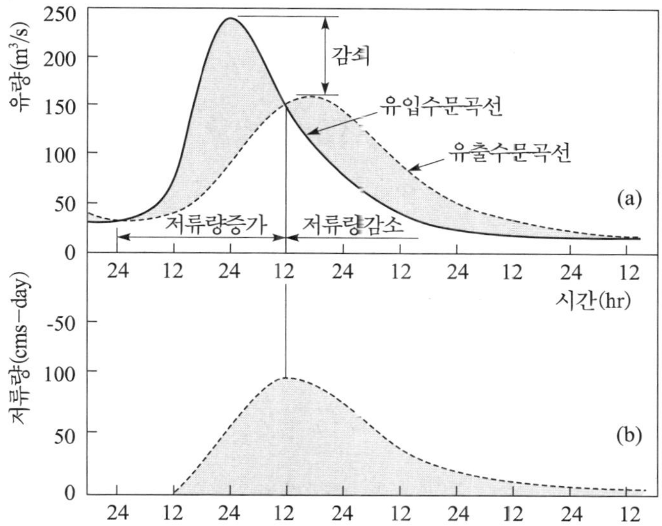

그림 9.7 하도구간의 저류량(예제 9.2)

9.6 Muskingum 방법

Muskingum방법은 1938년 미국 Ohio주의 Muskingum강 유역의 홍수방어 수단의 설계를 위하여 개발된 이래 가장 보편적으로 사용되는 수문학적 하도추적방법이다. 하도의 저류량은 일반적으로 유입량과 유출량의 함수이다. Muskingum방법에서 저류량은 유입량과 유출량의 선형함수($S = KQ$)이고 쐐기저류량과 태형저류량의 합으로 주어진다. 태형저류량은 KO이고 쐐기저류량은$KX(I-O)$이다(그림 9.3). 따라서 총저류량은 두 성분의 합이다.

$$S = KO + KX(I - O)$$

또는

$$S = K[XI + (1 - X)O] \tag{9.16}$$

여기서 S는 저류량, I는 유입량, O는 유출량, K와 X는 추적매개변수이고, X는 $0 \le X \le 0.5$ 범위의 유입량과 유출량에 대한 가중인자이다. 유입량과 유출량의 단위가 m^3/s이고 K의 단위가 hr이면 저류량 S의 단위는 m^3/s-hr이고 이는 $m^3/s\text{-}h = 3{,}600 m^3$이다. K가 sec단위이면 저류량의 S의 단위는 m^3이다. 식 (9.16)은 본질적으로 선형저수지 개념의 일반화이며 선형저수지추적은 Muskingum하도추적에서 $X = 0$인 특수한 경우이다. 홍수파의 모양이 변하지 않고 운동파전파 속도로 전파되는 선형운동파와 달리 Muskingum홍수파는 전이(이동)와 변형(감쇠)을 포함하고 수문곡선의 상승이 완만한 경우에 국한되고 배수에는 적용되지 않는다. 식 (9.21)에서 계수가 음수되는 것을 피하기 위한 조건인 $2KX \le \Delta t \le K$을 만족하기 위해서는 하도구간의 유하시간이 Δt와 거의 같도록 구간을 분할한다. 이 경우 소구간의 수는 $K/\Delta t$이다.

시간 1, 2에서 저류량은 각각

$$S_1 = K[XI_1 + (1-X)O_1] \tag{9.17}$$

$$S_2 = K[XI_2 + (1-X)O_2] \tag{9.18}$$

저류량의 변화에 대한 식 (9.10)을 다시 쓰면

$$S_2 - S_1 = \frac{I_1 + I_2}{2}\Delta t - \frac{O_1 + O_2}{2}\Delta t \tag{9.10}$$

식 (9.17), (9.18)을 식 (9.10)에 대입하고 O_2에 관하여 정리하면

$$O_2 = C_0 I_2 + C_1 I_1 + C_2 O_1 \tag{9.19}$$

$$C_o = \frac{-KX + 0.5\Delta t}{D_o}, \quad C_1 = \frac{KX + 0.5\Delta t}{D_o}$$

$$C_2 = \frac{K - KX - 0.5\Delta t}{D_o} \tag{9.20}$$

$$D_o = K - KX + 0.5\Delta t \tag{9.21}$$

유입수문곡선, 초기조건, 추적기간 Δt, 추적매개변수 K, X가 주어지면 추적계수는 식 (9.20–21)에서 계산되고 유출수문곡선은 식 (9.19)로 계산된다.

추적매개변수(routing parameter) K, X.

추적매개변수 K : K는 하도구간에 대한 홍수파의 유하시간으로 추정되고 추적의 전이부분을 담당한다. K는 하도구간의 길이와 유량의 크기(홍수파속도)의 함수이고 시간의 차원을 갖는다.

추적매개변수 X : X는 단순히 유입량과 유출량의 상대적인 영향을 나타내는 가중인자로 확산과 감쇠를 유발하는 수로특성의 함수이다. X는 추적의 저류영향의 반영으로 첨두유량과 수문곡선의 퍼짐을 감소한다. $X=0$은 저류량에 대한 유입량의 영향이 적거나 무시할 정도의 경우로 저수지가

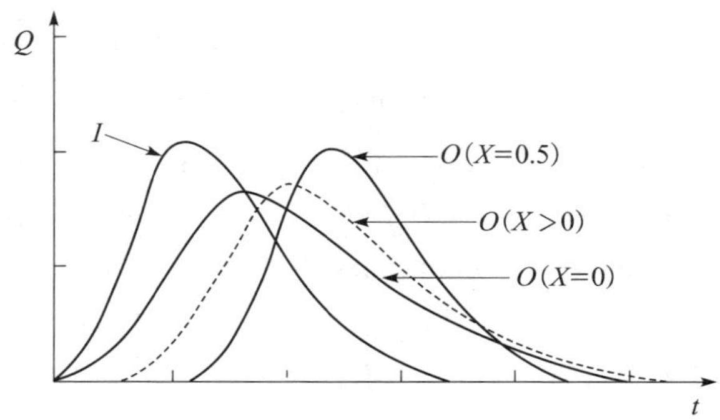

그림 9.8 하도추적에서 전이와 저류과정, $X=0.5$는 단순 전이, $X>0$은 전이와 저류, $X=0$은 단순 저류인 유출수문 곡선을 나타낸다.

그 예이고 쐐기저류량은 존재하지 않아 배수도 존재하지 않는다. 이는 수평수면을 갖는 저수지의 경우로 저류효과만을 반영하는 선형 저수지 추적이 된다. $X=0.5$는 유입량과 유출량에 동등한 가중치를 부여하여 홍수파는 단순히 하류로 K시간 만큼 이동(전이)한다. 따라서 X는 $0 \le X \le 0.5$의 범위에 있고 자연하천에서 0.0~0.3의 범위이고 평균 0.2정도이다. 추적결과는 X값에 민감하지 않으므로 X값 결정에 높은 정도가 꼭 필요하지는 않는다.

추적매개변수(追跡媒介變數; routing parameter) ***K*, *X*의 결정.** Muskingum방법에서 저류량은 가중치가 부여된 유입량과 유출량의 단일치 함수로 가정된다. 따라서 식 (9.16)에서 저류량 S는 $[(XI+(1-X)O)]$의 선형함수이므로 X의 바른 값이 사용되는 경우 S를 $(XI+(1-X)O)$에 대해 도시하면 직선이 되고 기울기는 K를 제공한다. 하도구간에 주어지는 유입, 유출수문곡선으로부터 K와 X를 결정하는 과정은 다음과 같다. 식 (9.16)에 따라 종축에 S를, 횡축에는 몇 개의 선정된 X에 대한$[XI+(1-X)O]$를 도시하면 일반적으로 고리형태를 나타낸다. 이 중에서 직선에 가장 가까운 고리형태를 제공하는 X가 주어진 하도구간에 대한 적절한 X값이 된다. 저류상수 K는 식 (9.16)에 따라 직선의 기울기로 주어진다(그림 9.9).

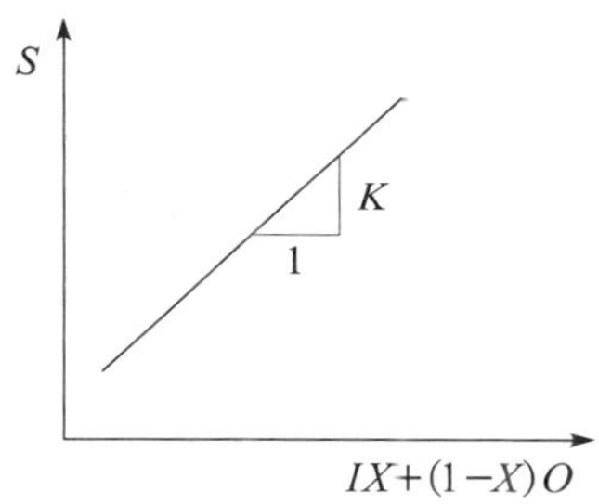

그림 9.9 Muskingum추적방법의 K의 결정

예제 9.3

표 9.4의 2, 3란에 주어진 유입 및 유출 수문곡선에 대한 Muskingum추적매개변수 X와 K를 구하라.

풀이 $X=0.2$의 경우

$t=0$hr: 저류량은 S=0.0(초기 저류량을 영으로 가정)

가중유량은 $XI+(1-X)O=0.2\times1.0+(1-0.2)\times1.0=1.0\text{m}^3/\text{s}$

$t=1$hr: 저류량(식 (9.15) $S=0.0+[(1.0+2.0)/2-(1.0+0.85)/2]=0.58\text{m}^3/\text{sh}$

가중유량은 $XI+(1-X)O=0.2\times2.0+(1-0.2)\times0.85=1.08\text{m}^3/\text{s}$

나머지 부분에 대한 계산은 표 9.4에 주어진다. 표 9.4의 $X=0.2$, 0.25 및 0.3에 대한 $[XI+(1-X)O]$와 S값이 그림 9.10에 도시되었다. 이로부터 $XI+(1-X)O$와 S의 선형관계를 가장 잘 나타내는 $X=0.25$가 적정치로 취해지고 그림 9.10의 $X=0.25$에서 $K=2.4/0.6=4h$로 주어진다.

표 9.4 Muskingum 추적방법의 매개변수의 결정

t hr (1)	I m^3/s (2)	O m^3/s (3)	S m^3/s-hr (4)	$X=0.2$ $XI+(1-X)O$ m^3/s (5)	$X=0.25$ $XI+(1-X)O$ m^3/s (6)	$X=0.3$ $XI+(1-X)O$ m^3/s (7)
0	1.0	1.00	0	1.00	1.00	1.00
1	2.0	0.85	0.58	1.08	1.38	1.20
2	4.0	0.90	2.71	1.52	1.68	1.83
3	3.0	1.93	4.80	2.14	2.20	2.25
4	2.0	2.38	5.15	2.30	2.29	2.27
5	1.5	2.42	4.25	2.14	2.07	1.99
6	1.0	2.02	3.03	1.82	1.77	1.71
7	1.0	1.73	2.16	1.58	1.55	1.51
8	1.0	1.53	1.53	1.42	1.40	1.37
9	1.0	1.38	1.08	1.30	1.29	1.27

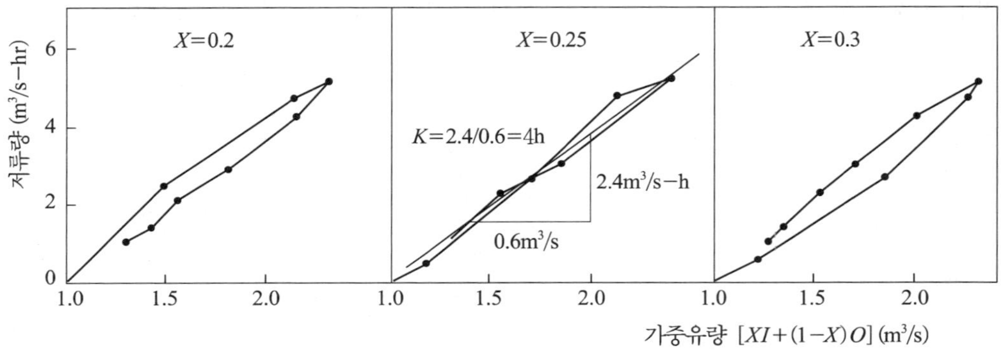

그림 9.10 Muskingum추적방법의 매개변수의 결정

예제 9.4

표 9.5의 2란에 유입수문곡선이 주어지고 기저유출은 40m³/s이다. $K=4$hr, $X=0.20$ 및 $\Delta t=2$hr에 대하여 유입수문곡선을 Muskingum방법으로 추적하여 유출수문곡선을 계산하라.

풀이 식 (9.20–21)을 이용하여 계수 D_o, C_0, C_1 및 C_2를 계산한다.

$$D_o = K - KX + 0.5\Delta t = 4 - 4\times 0.2 + 0.5\times 2 = 4.2$$

$$C_o = \frac{-KX + 0.5\Delta t}{D_o} = \frac{-4\times 0.2 + 0.5\times 2}{4.2} = 0.048$$

$$C_1 = \frac{KX + 0.5\Delta t}{D_o} = \frac{4\times 0.2 + 0.5\times 2}{4.2} = 0.428$$

$$C_2 = \frac{K - KX - 0.5\Delta t}{D_o} = \frac{4 - 4\times 0.2 - 0.5\times 2}{4.2} = 0.524$$

C_0, C_1 및 C_2의 합이 1.0이 되는지 검토한다. $C_o + C_1 + C_2 = 0.048 + 0.428 + 0.524 = 1.0$. 초기조건은

표 9.5 Muskingum 방법에 의한 하도추적

시간 hr (1)	유입량, I m^3/s (2)	$0.048 I_2$ m^3/s (3)	$0.428 I_1$ m^3/s (4)	$0.524 O_1$ m^3/s (5)	유출량, O m^3/s (6)
0	40		–	–	40
2	45	2.2	17.2	21.0	40.4
4	60	2.9	19.3	21.2	43.4
6	80	3.8	25.7	22.7	52.2
8	130	6.2	32.4	27.4	66.0
10	220	10.6	55.6	34.6	100.8
12	440	21.2	94.2	52.8	168.2
14	560	26.9	188.3	88.1	303.3
16	570	27.4	239.7	158.9	426.0
18	520	25.0	244.0	223.2	492.2
20	440	21.2	222.6	257.9	501.7
22	350	16.8	188.3	262.9	468.0
24	280	13.4	149.8	245.2	408.4
26	200	9.6	119.8	214.0	343.4
28	140	6.7	85.6	179.9	272.2
30	100	4.8	59.9	142.6	207.3
32	75	3.6	42.8	108.6	155.0
34	57	2.7	40.7	81.2	124.6
36	48	2.3	24.6	65.3	92.0
38	43	2.1	20.5	48.2	70.8
40	40	1.9	18.4	37.1	57.4

$I_1 = O_1 = 40 m^3/s$ 이다. 첫째시간 구간에서 유출량 O_2는 초기치 $I_1 = O_1 = 40 m^3/s$와 표 9.5의 $I_2 = 45 m^3/s$를 식 (9.19)에 대입하여 구한다.

$$O_2 = C_o I_2 + C_1 I_1 + C_2 O_1 = 0.048 I_2 + 0.428 I_1 + 0.524 O_1$$
$$= 0.048 \times 45 + 0.428 \times 40 + 0.524 \times 40$$
$$= 2.2 + 17.2 + 21.0 = 40.4$$

다음 시간구간의 계산은 같은 과정의 반복으로 결과는 표 9.5의 6란에 주어진다. 첨두유량은 $570 m^3/s$에서 $502 m^3/s$로 12%감소하고 4시간 지체된다.

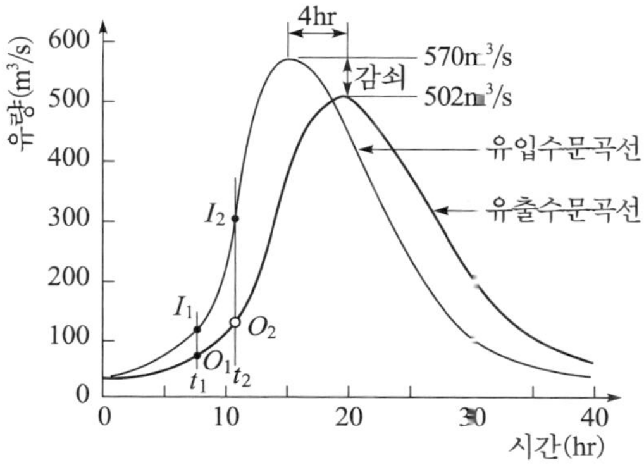

그림 9.11 Muskingum방법에 의한 하도추적 (예제 9.4)

9.7 Saint-Venant 식

Saint-Venant식은 연속방정식과 운동방정식으로 구성되고 1차원 비정상 변화류의 흐름을 기술한다. Saint-Venant식의 유도는 다음 가정을 전제로 한다. (1) 흐름은 일방향이고 유속은 흐름단면적에 걸쳐 균일하다. (2) 수압은 정수압이다. (3) 바닥의 경사는 작다. (4) 전단에 의한 마찰손실의 계산에 마닝공식이 사용된다. (5) 유체는 무수축, 일정한 밀도의 유체이다.

연속방정식

연속방정식의 근거가 되는 부정류의 질량보존원리는 Reynold수송이론으로부터 유도된다.

$$0=\frac{d}{dt}\int_{CV}\rho d\forall+\int_{CS}\rho \boldsymbol{V}\cdot dA \tag{9.22}$$

여기서 $\forall$는 **검사체적**(檢査體積; control volume, CV)의 체적, A는 검사체적의 경계면인 **검사경계면**(檢査境界面; control surface, CS), V는 유속, ρ는 유체밀도 및 t는 시간이다. 식 (9.22)는 검사체적내의 질량증가율과 검사경계면을 통한 질량의 순유출율의 합이 영임을 나타낸다. 즉 유출량에서 유입량을 뺀 값이 저류량의 변화율과 같음을 의미한다. 강우량이나 측방유입량을 갖는 하도구간에 이 개념을 적용하기 위하여 그림 9.12와 같이 하도구간 Δx인 검사체적을 생각한다. 검사체적에 유입량은 상류단에서 유입되는 유량 Q와 수로의 측벽에 분포되어 있는 **측방유입량**(lateral inflow) q의 합이다. q의 차원은 수로의 단위길이당의 유량이므로 [m³/s/m]이고 측방유입량은 qdx이다. 따라서

$$\text{질량유입율}=\int_{\substack{CS\\IN}}\rho V\cdot dA=-\rho(Q+qdx) \tag{9.23}$$

여기서 (-)기호는 $V\cdot dA=V\cdot n dA$에서 n을 외향법선으로 규정할 때 $\boldsymbol{V}$와 n의 방향이 서로 반대이기 때문이다. 검사체적으로부터 질량유출율은

$$\text{질량유출율}=\int_{\substack{CS\\OUT}}\rho \boldsymbol{V}\cdot d\boldsymbol{A}=\rho\left(Q+\frac{\partial Q}{\partial x}dx\right) \tag{9.24}$$

검사체적의 체적은 Adx이고 A는 흐름단면적이다. 검사체적 내 저류된 질량의 변화율은

$$\text{질량변화율}=\frac{d}{dt}\int_{CV}\rho d\forall=\frac{\partial(\rho A dx)}{\partial t} \tag{9.25}$$

순유출율은 [유출량−유입량]고 식 (9.22)는 순유출율이 질량변화율과 같음을 의미하므로 식 (9.23), (9.24) 및 (9.25)를 식 (9.22)에 대입하면

$$\frac{\partial(\rho A dx)}{\partial t}-\rho(Q+qdx)+\rho\left(Q+\frac{\partial Q}{\partial x}dx\right)=0 \tag{9.26}$$

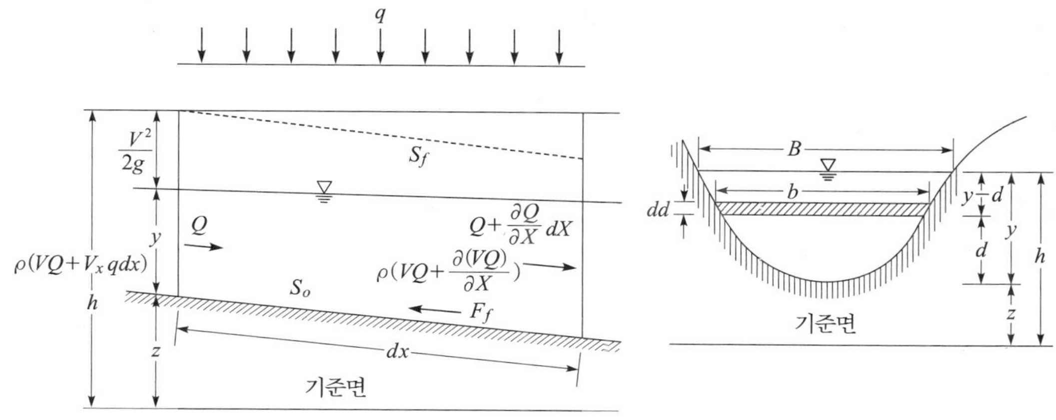

(a) 종단면도　　(b) 횡단면도

그림 9.12 검사체적

밀도 ρ가 상수이면 식 (9.26)의 양변을 ρdx로 나누고 정리하면 **보전형 연속방정식**(保全形連續方程式; conservative form of continuity equation)을 얻는다.

$$\frac{\partial A}{\partial t}+\frac{\partial Q}{\partial x}=q \tag{9.27}$$

식 (9.27)은 균일수로와 비균일수로에 다 같이 적용된다. **균일수로**(均一水路; prismatic channel)는 단면적과 경사가 일정한 수로이다. 측방유입량을 무시하고 유량 Q를 유속의 항 $V=Q/A$으로 나타내고 식 (9.27)을 수로의 단위폭에 대한 표현으로 바꾸면

$$\frac{\partial y}{\partial t}+\frac{\partial}{\partial x}(Vy)=0 \tag{9.28}$$

식 (9.28)은 **비보전형 연속방정식**(non-conservative form of continuity equation)이다.

운동량방정식

운동량보전은

[외력의 합] = [검사체적에 저장된 운동량의 변화율] + [운동량의 순유출율]이 됨을 기술한다. 따라서 뉴톤의 제2법칙에 따라

$$\Sigma F=\frac{d}{dt}\int_{CV}\mathbf{V}\rho d\forall+\int_{CS}\mathbf{V}\rho\mathbf{V}\cdot d\mathbf{A} \tag{9.29}$$

검사체적에 작용하는 외력의 합은 다음과 같다.

$$\Sigma F=F_g+F_f+F_p \tag{9.30}$$

여기서 F_g는 물의 무게에 의한 중력, F_f는 바닥과 측벽에 작용하는 마찰력, F_p는 압력이다.

중력. 검사체적 내 유체의 체적은 $A\,dx$ 이고 무게는 $\rho g A\,dx$ 이다. 수로바닥의 경사가 작으면 $\sin\theta \cong \tan\theta = S_o$ 이므로 중력은

$$F_g = \rho g A\,dx \sin\theta \approx \rho g A S_o dx \tag{9.31}$$

마찰력. 검사체적의 바닥과 벽면에 작용하는 전단응력에 의한 마찰력은 $-\tau_o P dx$ 이다. 여기서 τ_o 는 바닥전단응력, P 는 윤변이다. $\tau_o = \gamma R S_f = \rho g (A/P) S_f$ 를 고려하면 마찰력은

$$F_f = -\rho g A S_f\,dx \tag{9.32}$$

여기서 S_f 는 **마찰경사**(摩擦傾斜; friction slope)로 마닝공식으로부터 결정된다.

압력. 압력은 검사체적의 상류단면에 작용하는 압력 F_{PU} 와 하류단면에 작용하는 압력 $F_{PD} = F_{pu} + \partial F_{pu}/\partial x\,dx$ 의 차이 $F_p = (-\partial F_{pu}/\partial x)dx$ 이다. 그림 9.12에서 수로 폭 b 가 일정한 경우 수심이 $(y-d)$ 인 요소면적 bdd 에 작용하는 수압은 $\rho g(y-d)bdd$ 이다. 따라서 상류 흐름단면에 작용하는 수압 F_{pu} 와 $F_p (= F_{pu} - F_{pd})$ 는

$$F_{pu} = \int_0^y \rho g (y-d) b dd = \rho g b \int_0^y (y-d) dd = \frac{1}{2}\rho g b y^2 \tag{9.33}$$

$$F_p = -\frac{\partial F_{PU}}{\partial x}dx = -\frac{\partial}{\partial x}\left(\frac{1}{2}\rho g b y^2\right)dx = -\rho g b y \frac{\partial y}{\partial x}dx = -\rho g A \frac{\partial y}{\partial x}dx \tag{9.34}$$

식 (9.30)의 외력의 합은 식 (9.31), (9.32) 및 (9.34)를 대입하여 얻어진다.

$$\sum F = \rho g A S_o dx - \rho g A S_x dx - \rho g A \frac{\partial y}{\partial x} dx \tag{9.35}$$

운동량 순유출. 검사체적에 대한 질량유입율이 $(-\rho(Q + q\,dx))$ (식 9.23)이므로 운동량 유입율은 식 (9.23)의 좌변과 우변의 질량유입율에 각각의 유속을 곱하여 계산된다.

$$\int_{\substack{CS\\IN}} V \rho \boldsymbol{V} \cdot d\boldsymbol{A} = -\rho(\beta V Q + \beta v_x q\,dx) \tag{9.36}$$

여기서 $\rho \beta V Q$ 는 수로의 상류단에서 유입되는 운동량이고 $\rho \beta v_x q dx$ 는 수로에 측방유입량의 운동량이다. v_x 는 측방유입량의 수로방향 유속성분이다. 단면의 운동량보정계수 β 는 다음과 같이 정의된다.

$$\beta = \frac{1}{V^2 A}\int\int v^2 dA \tag{9.37}$$

검사체적에서 유출되는 운동량은

$$\int_{\substack{CS\\OUT}} \boldsymbol{V}\rho\,\boldsymbol{V}\cdot d\boldsymbol{A}=\rho\left[\beta VQ+\frac{\partial(\beta VQ)}{\partial x}dx\right] \tag{9.38}$$

검사경계면을 통한 운동량의 순유출은 식 (9.36)과 (9.38)로부터

$$\begin{aligned}\int_{CS}\boldsymbol{V}\rho\,V\cdot d\boldsymbol{A}&=-\rho(\beta VQ+\beta v_x q\,dx)+\rho\left[\beta VQ+\frac{\partial(\beta VQ)}{\partial x}dx\right]\\&=-\rho\left(\beta v_x q-\frac{\partial(\beta VQ)}{\partial x}\right)dx\end{aligned} \tag{9.39}$$

운동량 변화율. 검사체적의 체적이 $A\,dx=d\forall$이고 이에 대한 운동량은 $\rho A\,dx\,V$ 또는 $\rho Q dx$ 이므로 검사체적에 저장된 운동량의 변화율은

$$\frac{\partial}{\partial t}\int_{CV}\boldsymbol{V}\rho\,d\forall=\rho\frac{\partial Q}{\partial t}dx \tag{9.40}$$

따라서 운동량 방정식은 식 (9.35), (9.39) 및 (9.40)를 식 (9.29)에 대입하여 얻어진다.

$$\begin{aligned}&\rho gAS_o dx-\rho gAS_f dx-\rho gA\frac{\partial y}{\partial x}dx\\&=-\rho\left[\beta v_x q-\frac{\partial(\beta VQ)}{\partial x}\right]dx+\rho\frac{\partial Q}{\partial t}dx\end{aligned} \tag{9.41}$$

양변을 ρdx로 나누고 V를 Q/A로 대치하면 **보전형운동량방정식**(保全形運動量方程式; conservative form of momentum quation)을 얻는다.

$$\frac{\partial Q}{\partial t}+\frac{\partial(\beta Q^2/A)}{\partial x}+gA\left(\frac{\partial y}{\partial x}-S_o+S_f\right)-\beta q v_x=0 \tag{9.42}$$

측방유입량을 무시한 흐름의 단위폭에 대한 **비보전형 운동량방정식**(non-conservative form of momentum equation)은

$$\frac{\partial V}{\partial t}+V\frac{\partial V}{\partial x}+g\left(\frac{\partial y}{\partial x}-S_o+S_f\right)=0 \tag{9.43}$$

9.8 수리학적 추적모형의 분류

부정류에 작용하는 중요한 힘은 관성력, 압력, 중력 및 마찰력이다. 부정류의 운동방정식은 이들의 항으로 구성되고 표 9.6의 각 항의 물리적인 의미는 다음과 같다. **국부가속**(局部加速; local acceleration) 항은 시간에 대한 유속변화에 의한 운동량의 변화를 설명하고, **이송가속**(移送

加速; advective acceleration)항은 수로를 따라 공간적인 유속변화에 의한 운동량의 변화를 설명하고, 이들 국부, 이송가속항은 관성력을 나타낸다. 압력항은 수로를 따라 수심의 변화에 비례하는 운동량을 설명하고, 중력항은 하상경사 S_o 에 비례하는 운동량을, 마찰력항은 마찰경사 S_f 에 비례하는 운동량을 나타낸다.

표 9.6 Saint-Venant 식의 요약

연속방정식	
보전형	$\dfrac{\partial A}{\partial t} + \dfrac{\partial Q}{\partial x} = 0$
비보전형	$\dfrac{\partial y}{\partial t} + V\dfrac{\partial y}{\partial x} + y\dfrac{\partial V}{\partial x} = 0$
운동량방정식	
보전형	$\underbrace{\dfrac{1}{A}\dfrac{\partial Q}{\partial t}}_{\text{국부 가속항}} + \underbrace{\dfrac{1}{A}\dfrac{\partial}{\partial x}\left(\dfrac{Q^2}{A}\right)}_{\text{이송 가속항}} + \underbrace{g\dfrac{\partial y}{\partial x}}_{\text{압력항}} - \underbrace{g(S_o}_{\text{중력항}} - \underbrace{S_f)}_{\text{마찰력항}} = 0$
비보전형 (단위폭에 대한)	$\dfrac{\partial V}{\partial t} + V\dfrac{\partial V}{\partial x} + g\dfrac{\partial y}{\partial x} - g(S_o - S_f) = 0$ $g(S_o - S_f)$: 운동파모형 모형 $g\dfrac{\partial y}{\partial x} - g(S_o - S_f)$: 확산파모형 $\dfrac{\partial V}{\partial t}$부터 전체: 동역학파모형

운동파. 자연하천 흐름에 지배적인 힘은 중력과 마찰력이다. 관성력과 압력이 중요하지 않고 중력과 마찰력이 지배적인 흐름은 **운동파**(運動波; kinematic wave)이다. 운동파에서는 중력과 마찰력이 평형($S_o = S_f$)을 이루어 등류를 발생하므로 현저한 가속이 일어나지 않는다. 따라서 홍수파의 모양에는 변화가 없고 첨두의 감쇠없이 하류방향으로만 흐른다. 운동파도 동역학파와 같이 시간-공간평면에서 특성곡선으로 나타낼 수 있으나 파의 하류방향인 1방향 특성곡선만이 존재한다. 이는 배수나 역류가 발생하지 않는 비교적 급한 수로에 적용됨을 의미한다. 에너지경사선은 수로바닥과 평행하고 작은 구간에서 흐름은 **정상등류**(定常等流; steady uniform flow)가 된다. 따라서 제방에 고정된 위치에 있는 관측자에게 보이는 수면의 변화는 비교적 긴 기간에 걸쳐 수면전체가 상승, 하강하는 것으로 보인다(그림 9.13).

확산파. 압력, 중력 및 마찰력에 비하여 관성항이 무시할 정도인 흐름은 **확산파**(擴散波; diffusion wave)로 기술될 수 있다. 확산파는 홍수파의 감쇠를 포함하므로 흐름은 **정상부등류**(定常不等流; steady nonuniform flow)이다. 운동파에 $\partial y/\partial x$ 항이 추가되고 이는 감쇠효과를 반영한다. 확산파는 홍수터 등으로 인한 감쇠요인을 포함하여 운동파가 적용될 수 없는 하도에 사용된다.

동역학파. 동역학파는 압력, 중력 및 마찰력뿐만 아니라 관성항도 포함한다. 홍수파의 감쇠와 상류(常流)에서 유량이나 수위의 변화가 상류로 전파되는 배수와 역류현상도 동역학파에 포함된다. 따라서 동역학파에 대한 에너지경사선과 수면경사는 짧은 구간에서도 수로바닥에 평행하

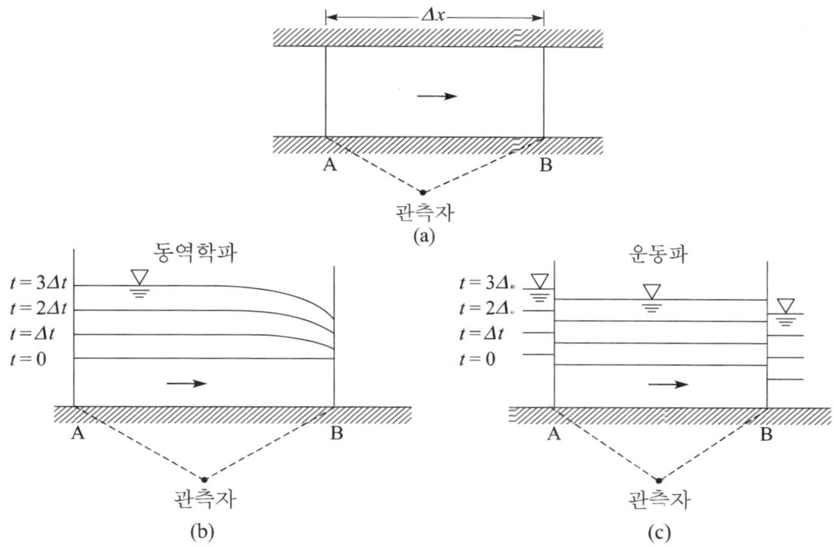

그림 9.13 정지관측자에게 보이는 짧은 구간의 운동파와 동역학파(운동파에서는 수면이 하상 에 평행한 정상류이고 동역학파에서는 감쇠가 일어나 수면은 하상에 평행하지 않다)

지 않고 흐름은 **비정상부등류**(非定常不等流; unsteady nonuniform flow)이다. 동역학파는 상, 하류로 전파되어 이들은 시간－공간평면에서 2개의 특성곡선으로 나타낼 수 있다.

표 9.7 운동량 방정식의 형

모형	흐름	운동량방정식
운동파	정상등류	$S_f = S_o$
확산파	정상부등류	$S_f = S_o - \dfrac{\partial y}{\partial x}$
동역학파	비정상부등류	$S_f = S_o - \dfrac{\partial y}{\partial x} - \dfrac{1}{g}\dfrac{\partial V}{\partial t} - \dfrac{V}{g}\dfrac{\partial V}{\partial x}$

9.9 운동파추적

운동파는 중력과 마찰력이 중요하고 가속항의 관성력과 압력은 중요하지 않은 흐름이다. 중력과 마찰력이 서로 평형을 이루어 흐름은 등류가 된다. 홍수파에는 운동파와 동역학파가 다 존재하나 많은 경우 수로경사가 급하면 운동량방정식 (식 9.43)에서 중력과 마찰력이 지배적이어서 대부분의 홍수파는 운동파로 이동한다. 운동파추적은 연속방정식과 등류의 운동량 방정식을 푸는 것이다. 급경사수로, 우수배수계통과 같이 정리된 수로(도시지역)에 적합하다. 배수영향을 처리하지 못하고 감쇠를 구현하지 않고 전이만 일어나므로 운동파추적은 수문곡선을 구성하는 각 요소 유량이 하류단에 도달하는 시간을 계산하는 것이 된다. 감쇠가 발생하는 것은 흐름이 아닌 수치기법에 기인한다.

9.9.1 운동파모형

운동파모형은 연속방정식과 운동량방정식의 조합으로 구성된다.

연속방정식 $$\frac{\partial A}{\partial t} + \frac{\partial Q}{\partial x} = q \tag{9.44}$$

운동량방정식 $$S_o = S_f \tag{9.45}$$

관성, 압력, 중력 및 마찰력을 포함하는 운동량방정식에서 국부, 이송가속항과 압력항이 제외되므로 운동량방정식 (식 9.43)은 식 (9.45)와 같이 간단하게 된다. 식 (9.45)는 중력과 마찰력이 평형을 이루므로 흐름은 등류이다. 등류는 마닝공식이나 체지공식으로 기술된다.

마닝공식 $$Q = \frac{1}{n} A R^{2/3} S_f^{1/2} = \left(\frac{1}{n} \frac{S_f^{1/2}}{P^{2/3}} \right) A^{5/3} \tag{9.46}$$

식 (9.45)로 표현되는 운동량방정식은 등류이므로 등류의 식인 식 (9.46)을 고려하면 운동량방정식은 다음과 같이 두 형태로 나타낼 수 있다.

(1) 유량을 단면적의 함수로 나타내는 경우

$$Q = \alpha A^{\beta} \tag{9.47}$$

여기서 α, β는 유량-단면적곡선의 매개변수로 마닝공식을 적용할 경우 식 (9.46)에 따라

$$\alpha = \frac{1}{n} \frac{S_f^{1/2}}{P^{2/3}} \tag{9.48}$$

$$\beta = 5/3 \tag{9.49}$$

윤변 P는 A에 관계되지 않는 것으로 가정하고 즉 α를 상수로 가정하고 식 (9.47)을 A에 관하여 미분을 취하면

$$c_k = \frac{dQ}{dA} = \alpha \beta A^{\beta - 1} = \beta \frac{Q}{A} \tag{9.50a}$$

$$c_k = \beta V \tag{9.50b}$$

여기서 V는 평균유속, c_k는 운동파의 전파속도이다. β는 평균유속과 전파속도를 관련하는 인자이고 큰 β는 유하시간을 단축하여 수문곡선의 유하시간에 중요한 영향을 준다. 식 (9.27)의 첫 항에 연쇄법칙$(\partial A/\partial Q)(\partial Q/\partial t)$을 적용하고 식 (9.50a)를 적용하면 **운동파모형**(運動波模型; kinematic wave model)을 얻는다.

$$\frac{\partial Q}{\partial t} + \left(\frac{dQ}{dA} \right) \frac{\partial Q}{\partial x} = \left(\frac{dQ}{dA} \right) q$$

$$\frac{\partial Q}{\partial t} + c_k \frac{\partial Q}{\partial x} = c_k q \tag{9.51}$$

중간유입량이 없는 경우

$$\frac{\partial Q}{\partial t} + c_k \frac{\partial Q}{\partial x} = 0 \tag{9.52}$$

식 (9.52)는 흐름이 운동파인 즉 관성과 압력(수심구배)이 무시된 파의 운동을 기술하는 운동파모형으로 x와 t를 독립변수로 하는 1계 편미분방정식이다. 따라서 운동파는 전파속도 $\dfrac{dQ}{dA}$(또는 $\beta V = c_k$)로 이동하고 감쇠되지 않는다. 파의 감쇠는 2계 편미분방정식에 의해서만 기술될 수 있다.

(2) 단면적을 유량의 함수로 나타내는 경우

$$A = \alpha_1 Q^{\beta_1} \tag{9.53}$$

여기서 α_1, β_1은 유량－단면적곡선의 매개변수로 식 (9.46)과 비교하면 다음과 같다.

$$\alpha_1 = \left(\frac{n P^{2/3}}{S_f^{1/2}} \right)^{0.6} \tag{9.54}$$

$$\beta_1 = 0.6 \tag{9.55}$$

식 (9.27)의 첫 항에 연쇄법칙를 적용하고 여기에 식 (9.53)의 Q에 관한 미분(α_1은 Q에 관하여 상수로 가정)을 대입하면 다른 형태의 운동파모형을 얻는다.

$$\frac{\partial Q}{\partial x} + \alpha_1 \beta_1 Q^{\beta_1 - 1} \frac{\partial Q}{\partial t} = q \tag{9.56}$$

식 (9.53)으로부터 $\alpha_1 \beta_1 Q^{\beta_1 - 1} = \beta_1 \dfrac{A}{Q} = \dfrac{\beta_1}{V}$과 $\beta_1 = \dfrac{1}{\beta}$임을 고려하면 $\dfrac{\beta_1}{V} = \dfrac{1}{c_k}$이므로 $\alpha_1 \beta_1 Q^{\beta_1 - 1} = 1/c_k$이다. 이를 고려하면 식 (9.56)은 식 (9.51)과 같게 됨을 알 수 있다. β값은 흐름, 횡단면의 모양 및 적용되는 마찰식에 따라 다르게 된다. 마찰을 마닝공식으로 나타내는 경우 난류는 $\beta = 1 \sim 5/3$(직사각형과 삼각형 4/3, 사다리꼴 4/3 ~ 5/3, 원형 1.25), 넓은 수로의 층류는 $\beta = 3$, 천이류에서 $\beta = 5/3 \sim 3$의 값을 갖는다. Chezy식으로 기술되는 넓은 수로의 흐름은 $\beta = 3/2$의 값을 갖는다.

A와 Q의 선택의 차이점: 식 (9.47)의 양변의 대수를 취하고 미분하면

$$\ln Q = \ln \alpha + \beta \ln A \tag{9.57}$$

$$\frac{dQ}{Q} = \beta \frac{dA}{A} \tag{9.58}$$

마닝공식 또는 Darcy-Weisbach공식을 사용하는 경우 β는 1보다 크다. 횡단면적을 독립변수로 선정하면 유량계산의 오차는 $\beta(>1)$만큼 증폭된다. 그러나 식 (9.53)에서와 같이 Q를 독립변수로 선정하면 이를 피할 수 있다.

예제 9.5

마닝공식을 이용하여 삼각형수로의 β를 계산하라.

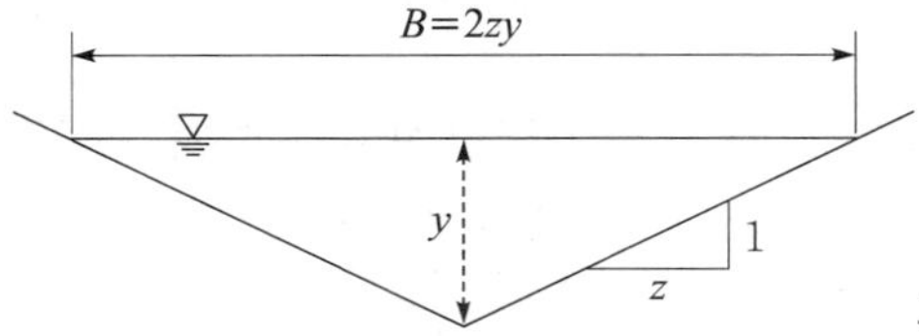

그림 9.14 삼각형수로

풀이 삼각형수로단면에서 사면의 경사가 z일 때 단면적 A, 윤변 P 및 동수반경 R은 각각 다음과 같다.

$$A = zy^2,\ \ P = 2y\sqrt{1+z^2},\ \ R = A/P$$

이들을 식 (9.46)의 마닝공식에 대입하고 식 (9.47)과 비교하면 $\beta = 4/3$이다.

$$Q = \frac{\sqrt{S}}{n}\frac{A^{5/3}}{P^{2/3}} = \frac{\sqrt{S}}{n}\frac{(zy^2)^{5/3}}{(2y\sqrt{1+z^2}\,)^{2/3}}$$

$$= \frac{\sqrt{S}\,z^{5/3}y^{10/3}}{n2^{2/3}y^{2/3}(1+z)^{1/3}} = \frac{0.63\sqrt{S}}{n}\left(\frac{z}{1+z^2}\right)^{1/3}A^{4/3}$$

9.9.2 운동파 전파속도

수파(water wave)는 유량이나 수면의 표고와 같은 흐름양상의 변화이고 파의 **전파속도**(傳播速度; wave celerity)는 흐름의 변화 즉 파형이 수로를 따라 이동하는 속도이고 그 크기는 파형에 따라 다르다. 운동파에서는 운동량방정식의 가속항과 압력항이 무시할 정도이므로 파운동은 주로 연속방정식에 의하여 기술된다. 파형이 전파되는 것은 정지 또는 이동하는 유체에서 다 같이 일어나므로 파의 전파속도는 물이 흐르는 유속과는 판이하게 다른 물리적인 현상이다. 운동파는 유량 변화의 결과이다. 유량의 변화인 증분 dQ를 전미분으로 나타내고 양변은 dx로 나누면

$$dQ = \frac{\partial Q}{\partial x}dx + \frac{\partial Q}{\partial t}dt \tag{9.59}$$

$$\frac{dQ}{dx} = \frac{\partial Q}{\partial x} + \frac{dt}{dx}\frac{\partial Q}{\partial t} \tag{9.60}$$

식 (9.56)과 식 (9.60)은 다음 조건에서 동일하게 된다.

$$\frac{dQ}{dx} = q \tag{9.61}$$

$$\frac{dx}{dt} = \frac{1}{\alpha_1 \beta_1 Q^{\beta_1 - 1}} \tag{9.62}$$

식 (9.53)을 A에 관하여 미분하고 $\frac{dQ}{dA}$에 관하여 정리하면

$$\frac{dQ}{dA} = \frac{1}{\alpha_1 \beta_1 Q^{\beta_1 - 1}} \tag{9.63}$$

식 (9.62)와 (9.63)은 우변이 같으므로 $dX/dt = dQ/dA$이고 이에 식 (9.50)을 연계하면

$$c_K = \frac{dQ}{dA} = \frac{dX}{dt} \tag{9.64}$$

여기서 c_k는 운동파 전파속도이다. 속도 $dx/dt = c_k$로 흐름을 따라 이동하는 관측자는 유량증가율이 $dQ/dx = q$임을 보게 되고 만약 $q = 0$이면 관측자는 유량의 변화가 없는 일정한 유량을 느끼게 될 것이다. $dA = Bdy$(B는 하폭)를 식 (9.64)에 적용하면 운동파 전파속도를 수심 y의 항으로 나타낼 수 있다.

$$c_k = \frac{1}{B}\frac{dQ}{dy} \tag{9.65}$$

$$c_k = \frac{1}{B}\frac{dQ}{dy} = \frac{1}{B}\frac{d(VA)}{dy} = V + A\frac{dV}{dA} \tag{9.66}$$

식 (9.65)로부터 운동파 전파속도는 수위－유량곡선의 기울기 dQ/dy의 함수임을 알 수 있다. 이 기울기는 수위에 따라 변하므로 운동파 전파속드는 상수가 아니라 수위에 따라 변함을 알 수 있다. $c_k = \beta V = \beta Q/A$가 Q의 함수이면 식 (9.52)는 비선형으로 반복해를 필요로 한다. 따라서 비선형운동파의 해는 수위와 유량의 변화에 따른 운동파 전파속도의 변화를 포함한다. 간단한 선형해(예제 9.7)은 운동파 전파속도를 상수로 가정한다.

예제 9.6

사각형수로의 폭이 60m, 하상경사가 0.01 및 조도계수가 0.03이다. 유량이 170 m³/s일 때 평균유속과 운동파의 전파속도를 계산하라.

풀이 $R \simeq y$를 고려한 마닝공식은 $Q = \frac{1}{n} AR^{2/3} S^{1/2} = \frac{1}{n} S^{1/2} (By) y^{2/3}$

y에 관하여 정리하고 주어진 값들을 대입하면

$$y = \left(\frac{nQ}{s^{1/2} B}\right)^{3/5} = \left(\frac{0.03 \times 170}{(0.01)^{1/2} \times 60}\right)^{3/5} = 0.91\text{m}$$

유속은 $V = Q/(By) = 170/(60 \times 0.91) = 3.11\text{m/s}$

넓은 수로로 고려되는 수로의 운동파의 전파속드c_k는 식 (9.65)에 의하면

$$c_k = \frac{1}{B}\frac{dQ}{dy} = \frac{1}{B}\frac{d}{dy}\left(\frac{S^{1/2}B}{n}y^{5/3}\right)$$

$$= \frac{S^{1/2}}{n}\frac{5}{3}y^{2/3} = \frac{0.01^{1/2}\times 5\times 0.91^{2/3}}{0.03\times 3} = 5.22\,\mathrm{m/s}$$

9.9.3 운동파의 수치해

운동파모형의 해는 이론해와 수치해로 주어진다. 식 (9.51) 또는 (9.56)의 수치해는 주어진 하도매개변수 α 와 β, 측방유입량 $q(t)$ 및 초기, 경계조건에 대하여 $x-t$ 격자망의 각 점에서 $Q(x, t)$를 구하는 것이고 궁극적으로는 구간 하류에서 유출수문곡선 $Q(L, t)$를 구하는 것이다. 운동파는 파형이 변하지 않고 첨두의 감쇠없이 하류방향으로만 진행한다. 그러나 운동파모형인 식 (9.51) 또는 (9.56)의 수치해에서는 파가 전파되는 과정에서 파고와 파형이 변하는 경우가 발생한다. 이러한 변화는 물리적인 현상에 의해서가 아닌 수치기법에 의해서 발생된다. 이러한 수치적인 파의 변형은 적용되는 수치기법과 Courant수의 크기에 좌우된다. 파의 변화는 파고의 감소, 파형의 변화 또는 양자의 조합이 된다. 파고의 감소를 **감쇠**(減衰; attenuation, dissipation), 형상의 변화를 **분산**(分散; dispersion), 감쇠와 분산의 조합을 **확산**(擴散; diffusion)이라 한다.

식 (9.51) 또는 (9.56)은 시간과 공간에서 유량 Q의 변화를 기술하는 비선형 1계편 미분방정식이다. 이는 파의 전파속도 c_k(또는 dQ/dA)가 유량의 함수이기 때문이다. 비선형인 식 (9.51), (9.56)에 대한 유한차분식을 수립하는데 세 가지 방법이 가능하다.

(1) 운동파 전파속도의 상수에 의한 선형화 : 식 (9.51)에서 $c_k = dQ/dA$ 또는 식 (9.56)에서 c_k에 해당하는 $\alpha_1\beta_1 Q^{\beta_1 - 1}$를 상수로 가정하여 식 (9.51) 또는 (9.56)을 선형화한다. 이는 식 (9.66)에서 c_k가 상수 가 아닌 점에 위배된다. 이에는 전방차분 또는 후방차분과 같은 1계기법인 수치기법이 적용되어 파고의 감쇠와 분산의 조합인 확산이 야기된다. (2) 기지의 값을 이용한 선형화기법: dQ/dA(또는 $\alpha_1\beta_1 Q^{\beta_1 - 1}$)에 기지값의 Q를 사용한다. (3) 비선형 운동파기법; 비선형기법은 조건없는 안정상태에서 유출문곡선에 큰 오차없이 넓은 범위의 $\Delta t/\Delta x$에 대하여 해가 가능하고 비선형 운동파모형의 차분식의 해에는 Newton-Raphson방법이 이용된다.

수치기법의 정확도는 미분방정식을 재현하는 능력의 척도이다. 정확도가 높을수록 재현의 정도가 높게 된다. 전방 또는 후방차분화는 1계기법(first order scheme)으로 1계정확도(first order accuracy)를 가져서 수치감쇠(數値減衰; numerical attenuation)와 수치분산(數値分散; numerical dispersion) 즉 수치확산((數値擴散; numerical diffusion)을 야기한다. 중앙차분은 2계기법으로 2계정확도(second order accuracy)를 가져서 수치분산만을 야기한다. 3계기법은 감쇠와 분산의 어느 것도 야기하지 않는다. 수치감쇠와 분산은 격자크기에 의하여 발생되는 것이고 물리적

현상에 관계되지는 않는다.

유한차분해는 계산과정에서 수치오차를 유발한다. 주어진 시간단계에서 다음 시간단계로 계산이 진행되는 과정에서 이러한 오차가 증폭되지 않을 때 유한차분기법은 안정하게 된다. 수치안정은 상대적인 격자크기에 좌우된다. 양해법에서 안정조건은 Courant 조건으로 주어지고 **Courant수**는 다음과 같이 정의 된다.

$$C = c_k \frac{\Delta t}{\Delta x} \tag{9.67}$$

식 (9.67)에서 Courant수 C는 파의 전파속도 c_k와 **격자전파속도**(格子傳播速度; grid celerity) $\Delta x / \Delta t$와의 비이다. 양해법의 안정조건는 다음과 같다.

$$C = c_k \frac{\Delta t}{\Delta x} \leqq 1 \tag{9.68}$$

또는

$$\Delta t \leqq \frac{\Delta x}{c_k} \tag{9.69}$$

Courant조건은 시간증분 Δt가 구간 Δx를 파가 전파되는데 소요되는 시간보다 작아야 한다. 또는 격자전파속도 $\Delta x / \Delta t$가 운동파의 최대 전파속도보다 커야한다(9.69). Δt가 아주 커서 Courant 조건이 만족되지 않으면 물의 적체가 일어난다.

기지의 값을 이용한 선형화기법. 이는 차분식에 전방차분을 이용하여 그림 9.15에서 격자의 세모서리의 알려진 값을 이용해서 Q_{i+1}^{n+1}을 구하는 것이다. 식 (9.56)의 차분화과정에서 ($\alpha_1 \beta_1 Q^{\beta_1 - 1}$)에 포함된 유량 Q에 Q_{i+1}^{n+1}이 사용되면 식 (9.56)은 Q_{i+1}^{n-1}에 관하여 비선형이 된다. 이를 선형화하기 위해서 $\alpha_1 \beta_1 Q^{\beta_1 - 1}$에 사용되는 Q값에 그림 9.15의 대각선상의 값의 평균을 사용하는 것이다.

$$Q \approx \frac{Q_{i+1}^{n} + Q_i^{n+1}}{2} \tag{9.70}$$

측방유입량 q는 $(i+1)$번째 값의 평균으로 주어진다.

$$q = \frac{q_{i+1}^{n+1} + q_{i+1}^{n}}{2} \tag{9.71}$$

시간과 공간에 다 같이 전방차분을 이용하여 식 (9.56)을 차분화하고 식 (9.70), (9.71)을 대입하면 선형운동파의 유한차분형을 얻는다.

$$\frac{Q_{i+1}^{n+1} - Q_i^{n+1}}{\Delta x} + \alpha_1 \beta_1 \left(\frac{Q_{i+1}^{n} + Q_i^{n+1}}{2} \right)^{\beta_1 - 1} \left(\frac{Q_{i+1}^{n+1} - Q_{i+1}^{n}}{\Delta t} \right) = \frac{q_{i-1}^{n+1} + q_{i+1}^{n}}{2} \tag{9.72}$$

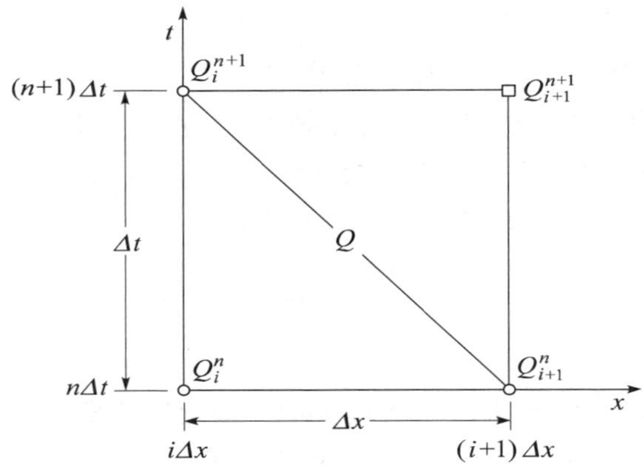

그림 9.15 운동파모형의 차분화

식 (9.72)를 Q_{i+1}^{n+1}에 관하여 정리하면

$$Q_{i+1}^{n+1} = \frac{\dfrac{\Delta t}{\Delta x} Q_i^{n+1} + \alpha_1 \beta_1 Q_{i+1}^n \left(\dfrac{Q_{i+1}^n + Q_i^{n+1}}{2} \right)^{\beta_1 - 1} + \Delta t \left(\dfrac{q_{i+1}^{n+1} + q_{i+1}^n}{2} \right)}{\dfrac{\Delta t}{\Delta x} + \alpha_1 \beta_1 \left(\dfrac{Q_{i+1}^n + Q_i^{n+1}}{2} \right)^{\beta_1 - 1}} \tag{9.73}$$

예제 9.7

폭이 60m, 길이가 5,000m, 경사가 0.01, 마닝조도계수가 $n = 0.03$인 수로구간에 대한 선형운동파모형을 수립하고 $\Delta x = 1000\,\text{m}$, $\Delta t = 3\,\text{min}$을 이용하여 표 9.8의 3란의 유입수문곡선을 추적하라. 측방유입량은 없고 초기조건은 유량이 50m^3/s이다.

풀이 $\beta_1 = 0.6$이고 α_1는 $P \approx B = 60\,\text{m}$를 고려하여 식 (9.54)를 이용하면

$$\alpha_1 = \left(\frac{n P^{2/3}}{S_f^{1/2}} \right)^{0.6} = \left[\frac{0.030 \times 60^{2/3}}{(0.01)^{1/2}} \right]^{0.6} = 2.5$$

$\Delta t = 3\,\text{min} = 180\,\text{sec}$, $\Delta x = 1000\,\text{m}$ 및 $q = 0$에 대한 식 (9.73)은

$$Q_{i+1}^{n+1} = \frac{\dfrac{180}{1000} Q_i^{n+1} + (2.5)(0.6)\, Q_{i+1}^n \left(\dfrac{Q_{i+1}^n + Q_i^{n+1}}{2} \right)^{(0.6-1)}}{\dfrac{180}{1000} + (2.5)(0.6) \left(\dfrac{Q_{i+1}^n + Q_i^{n+1}}{2} \right)^{(0.6-1)}} \tag{a}$$

표 9.8에서와 같이 계산은 상류에서 하류로 진행한다. 이는 흐름이 하류로만 진행하는 운동파의 특성 에 의한다. 초기조건 $Q_i^1 = 50\text{m}^3/\text{s}$에 따라 첫줄을 전부 50이 된다. 상류경계조건은 유입수문곡선 Q_i^n으로 $i = 1$란의 유량이다.

유량이 50m^3/s를 초과하기 시작하는 것은 $t = 9$min 이후이므로 $t = 12$min에 대한 유량 Q의 계산이 예시된다. $n = 4$에 대한 Q_i^4는 전부 계산된 기지의 값이고 $i = 1$란의 Q_1^5은 경계조건으로 주어지

므로 첫번째 미지값은 $Q_{i+1}^{n+1} = Q_2^5$ 이다. 표 9.8에서 음영으로 보인 바와 같이 세 개의 알려진 값 $Q_1^4 = 50\text{m}^3/\text{s}$, $Q_1^5 = 57.5\text{m}^3/\text{s}$, $Q_2^4 = 50\text{m}^3/\text{s}$으로부터 상자로 표시된 Q_2^5를 구하는 것이다. 이들 세 값을 차분식 (a)에 대입하면

$$n=5,\ i=2 \qquad Q_2^5 = \frac{\frac{180}{1000}Q_1^5 + (2.5)(0.6)Q_2^4\left(\frac{Q_2^4+Q_1^5}{2}\right)^{-0.4}}{\frac{180}{1000} + (2.5)(0.6)\left(\frac{Q_2^4+Q_1^5}{2}\right)^{-0.4}} = 52.79\text{m}^3/\text{s}$$

다음은 n=5(12min)에 대한 $i=3(2000\text{m})$에서의 유량 $Q_{n+1}^{i+1} = Q_3^5$를 구하는 것이다 이는 $Q_2^4 = 50\text{m}^3/\text{s}$, $Q_2^5 = 52.79\text{m}^3/\text{s}$, $Q_3^4 = 50\text{m}^3/\text{s}$로 부터 Q_3^5를 구하는 것이다. 이들을 차분식 식 (a)에 대입하면 $Q_3^5 = 51.02\text{m}^3/\text{s}$를 얻는다. 같은 과정을 통해서 Q_i^5 계산이 끝나면 Q_i^6 이 계산된다. 그림 9.16은 5개 지점에 대하여 계산된 유출수문곡선을 나타낸다.

표 9.8 선형운동파의 수치해

시간 (min)	시간지수 n	거리(m) 0	1000	2000	3000	4000	5000
		$i=1$	2	3	4	5	6
0	1	50.00	50.00	50.00	50.00	50.00	50.00
3.0	2	50.00	50.00	50.00	50.00	50.00	50.00
6.0	3	50.00	50.00	50.00	50.00	50.00	50.00
9.0	4	50.00	50.00	50.00	50.00	50.00	50.00
12.0	5	57.50	52.79	51.02	50.37	50.14	50.05
15.0	6	65.00	57.43	53.41	51.49	50.63	50.26
18.0	7	72.50	63.30	57.16	53.60	51.73	50.08
⋮	⋮	⋮	⋮	⋮	⋮	⋮	⋮
51.0	18	155.00	146.28	137.05	127.26	116.96	106.34
54.0	19	162.50	153.97	144.97	135.44	125.35	114.81
57.0	20	170.00	161.65	152.87	143.58	133.74	123.38
60.0	21	162.50	162.06	157.24	150.02	141.33	131.61
63.0	22	155.00	158.69	157.93	153.77	147.17	138.83
66.0	23	147.50	153.39	155.78	154.72	150.73	144.40
69.0	24	140.00	147.11	151.78	153.29	151.94	147.94
72.0	25	132.50	140.33	151.69	150.02	151.04	149.40
75.0	26	125.00	133.29	146.36	145.47	148.42	148.94
78.0	27	117.50	126.13	140.29	140.05	144.51	146.86
⋮	⋮	⋮	⋮	⋮	⋮	⋮	⋮
144.0	49	50.00	50.03	50.20	50.68	51.70	53.43
147.0	50	50.00	50.02	50.13	50.48	51.25	52.62
150.0	51	50.00	50.01	50.09	50.34	50.92	52.00

$Q=50\text{m}^3/\text{s}$에 대하여 예제 9.6에 준하여 계산된 운동파의 전파속도 ($c_K=3.19\text{m/s}$)는 $\Delta x/\Delta t$ $(=1{,}000/180=5.56\text{m/s})$와 일치하지 않으므로 수치분산이 예상되고 1계수치기법이 사용된 점에서 확산이 예상된다. 이는 표 9.8의 상자로 표시된 첨두유량은 하류로 유하함에 따라 감쇠를 나타내는 결과로 입증된다.

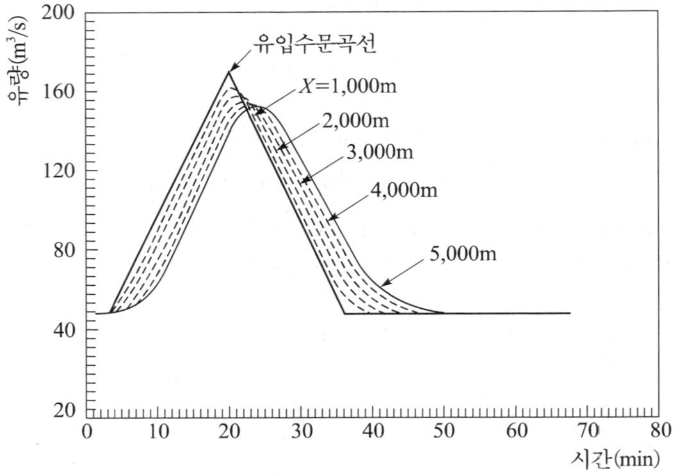

그림 9.16 운동파의 수치해(기지의 값을 이용한 선형화기법)(예제 9.7)

9.9.4 운동파의 적용한계

홍수파의 본체부분은 운동파이고 운동파전파속도로 유하한다. 따라서 감쇠가 매우 작거나 존재하지 않는다. 실제로 장기간 급경사수로를 유하하는 홍수파는 운동파이다. 지표류와 수로흐름에 대한 운동파의 적용기준이 Woolhiser–Liggett과 Ponce(1989)에 의하여 각각 제안되었으며 Ponce(1989)에 의하면 다음 조건을 만족하는 수로에서 흐름은 운동파이다.

$$\frac{t_r S_o V_o}{y_o} \geq 85 \tag{9.74}$$

여기서 t_r는 유입수문곡선의 **상승시간**(time of rise), S_o는 바닥경사, V_o는 평균유속, y_o는 평균수심이다.

예제 9.8

유입수문곡선의 상승시간이 12hr, 바닥경사가 $S_o=0.001$, 평균유속이 $V_o=2\text{m/s}$, 평균수심이 2m인 홍수파가 운동파인지 검토하라.

풀이 주어진 값들을 식 (9.74)의 좌변에 대입하면 43.2이다. 이는 85보다 작으므로 운동파가 아니고 현저한 확산이 예상된다. 만약 바닥경사가 $S_o=0.01$으로 증가하면 식 (9.74)의 좌변은 432가 되어 운동파조건을 만족한다. 이는 수로경사가 급할수록 흐름은 완전한 운동파가 됨을 시사한다.

9.10 확산파

운동파방법은 지표류, 급경사흐름 추적에 적합하다. 대부분의 자연 하천의 부정류에는 확산이 존재하므로 운동파방법은 수치확산을 도입하지 않고서는 수문곡선의 확산을 계산하는 것이 가능하지 않다. 그러나 확산파모형은 이러한 확산의 계산이 가능하여 완만한 하도에서 급상승하는 수문곡선, 홍수파 첨두의 감쇠, 장애물과 합류에 의한 배수 계산에 사용된다. 확산파는 상하류 경계조건을 필요로 한다.

관성이 압력, 중력 및 마찰력에 비하여 무시할 정도로 작은 홍수파는 **확산파**(diffusion wave)로 기술될 수 있으며 확산파모형은 연속방정식 (9.27)과 운동량방정식 (9.43)에서 국부, 이송의 두 가속항이 제외된 운동방정식 (9.75)로 이루어진다.

$$\frac{\partial y}{\partial x} = S_o - S_f \tag{9.75}$$

운동파에서는 운동량방정식이 정상등류로 귀결되는데 반하여 확산파에서는 정상부등류가 됨을 알 수 있다. 따라서 운동파와 확산파의 차이점은 $\partial y / \partial x$ 항의 유무이다. $\partial y / \partial x$ 는 개수로의 부등류에 존재하는 홍수파의 감쇠를 유발하는 자연적인 확산과정을 나타내고 수심의 공간변화를 나타내는 이송가속항이다. 연속방정식 식 (9.27)과 식 (9.75)은 정상 부등류를 기술하는 두 편미분방정식이다. 이들 두 식은 Q를 종속변수로 하는 하나의 식으로 정리된다.

$$\frac{\partial Q}{\partial t} + c_k \frac{\partial Q}{\partial x} = D \frac{\partial^2 Q}{\partial x^2} \tag{9.76}$$

여기서 c_k는 운동파전파속도(dQ/dA)이고 D는 **수리확산계수**(水理擴散係數; hydraulic diffusivity)이다. 식 (9.76)의 좌변은 운동파식임은 알 수 있고 우변은 물리적인 확산을 기술하는 2계 편미분항이다. 또한 식 (9.76)은 색소나 오염물에 관한 확산방정식(擴散方程式; diffusion equation)과 같음을 알 수 있고 이로부터 홍수파의 감쇠가 기술될 수 있음을 알 수 있다. 수리확산계수는 **수로확산계수**(水路擴散係數; channel diffusivity)라고도 하며 $[L^2 T^{-1}]$의 차원을 갖으며 다음과 같이 정의된다.

$$D = \frac{Q_o}{2BS_o} = \frac{q_o}{2S_o} \tag{9.77}$$

여기서 Q_o는 평균유량, B는 수로폭, $q_o = Q_o / B$이다. 식 (9.76)으로부터 산지하천과 같이 급경사 수로에서는 D가 작아서 우변은 무시되어 운동파가 됨을 알 수 있고 경사가 완만한 하천에서는 D가 크게 되어 감쇠를 나타내는 확산항이 중요하게 된다. 식 (9.76)은 식 (9.51)이나 (9.56)보다 홍수파 이동을 보다 정확하게 해석한다. 또한 식 (9.76)는 운등량의 모든 영향을 기술하지는 못하나 긴 하천이나 홍수터를 갖는 하천에서 중요한 홍수첨두의 물리적인 감쇠를 기술한다. 확산파모형은 운동파가 갖지 않는 홍수파의 감소의 기능을 갖는다.

확산파의 적용한계. 대부분의 홍수파는 약간의 물리적인 확산을 가지므로 운동파보다는 확산파에 의하여 보다 근사하게 모의된다. 이러한 이유로 확산파가 운동파보다 실제 문제에 널리 이용된다. 확산파모형으로 홍수의 이동과 확산을 적절히 기술할 수 없는 경우에는 동역학파모형이 사용된다. 동역학파는 특히 상류(常流)영역에서 강하게 감쇠현상을 갖는다. 그러나 실제 대부분의 홍수흐름은 확산이 완만하여 확산파로 모의될 수 있다. 확산파의 확인 여부의 기준은 다음 조건에 준한다(Ponce, 1989).

$$t_r S_o \left(\frac{g}{y_o} \right)^{1/2} \geq 15 \tag{9.78}$$

여기서 t_r은 유입수문곡선의 상승시간, S_o는 바닥경사, y_o는 평균수심, g는 중력가속도이다.

예제 9.9

예제 9.8의 홍수파가 확산파인지 검토하라.

풀이▌ $t_r = 12\,\text{hr}$, $S_o = 0.001$, $y_o = 2\text{m}$를 식 (9.78)의 좌변에 대입하면 95.7로서 15보다 크다. 문제의 홍수파가 예제 9.8의 운동파 기준은 만족하지 않으나 확산파 조건은 만족하여 확산파로 판명된다. 만약 식 (9.78)의 확산파 조건도 만족하지 않는다면 동역학파가 사용되어야 할 것이다. 만약 바닥경사가 0.0001로 완만한 하천이면 식 (9.78)의 좌변은 9.57로 15보다 작아 확산파조건을 만족하지 않으므로 동역학파 모형이 적용되어야 하고 이는 동역학파추적이 운동파, 확산파에서 제외되었던 국부, 이송가속성분의 관성을 포함하기 때문이다.

9.11 Muskingum-Cunge방법

Muskingum-Cunge방법은 흐름과 하도특성에 의한 확산을 고려한 추적매개변수의 갱신계산을 통하여 수문곡선의 감쇠를 반영할 수 있는 확산유사모형으로 연속(저류)방정식에 근거한 Mus-kingum방법을 수정한 모형이다.

그림 9.15에 준한 식 (9.19)의 Muskingum추적식은 다음과 같다.

$$Q_{i+1}^{n+1} = C_o\, Q_i^{n+1} + C_1\, Q_i^n + C_2\, Q_{i+1}^n \tag{9.79}$$

Cunge(1969)는 유량에 관한 Taylor전개를 이용하고 적용되는 매개변수에 따라 식 (9.79)는 운동파모형(식 9.56) 또는 운동파 전파속도 c_k와 확산계수 D가 각각 식 (9.80)과 (9.81)로 정의될 때 확산파모형(식 9.76)이 되는 것을 밝혔다. 환언하면 Muskingum-Cunge방법의 식 (7.79)는 이송-확산식(식 9.76 또는 9.82)의 근사해가 되는 것을 밝혔다.

$$c_k = \frac{\Delta x}{K} \tag{9.80}$$

$$D = \frac{c_k \Delta x}{2}(1 - 2X) \tag{9.81}$$

Muskingum–Cunge방법의 확산식인 식 (9.82)는 연속방정식으로부터 유도된다.

$$\frac{\partial Q}{\partial t} + \frac{\Delta x}{K}\frac{\partial Q}{\partial x} = \left[c_k(1-X)\Delta x - \frac{\Delta x^2}{2K} \right] \frac{\partial^2 Q}{\partial x^2} \tag{9.82}$$

식 (9.82)의 괄호[ ]는 확산계수를 나타내어 식 (9.82)는 운동파전파속도와 확산계수를 갖는 이송-확산식이다. 식 (9.82)에서 $\partial Q/\partial x$와 $\partial^2 Q/\partial x^2$의 계수는 각각 운동파전파속도와 확산계수이다.

운동파전파속도 $$c_{kn} = \Delta x / K \tag{9.83}$$

확산계수 $$D_n = \Delta x \left[c_k(1-X) - c_{kn}/2 \right] \tag{9.84}$$

여기서 c_{kn}, D_n은 수치해석과정에서 생성된 값들이다 식 (9.84)는 이산화과정에 도입되는 Δx가 저류방정식에 내재해 있는 확산의 발원지임을 설명한다. 추적대개변수 X, K를 추정하기 위하여 식 (9.83), (9.84)의 수치적인 확산을 물리적인 확산과 같게 놓는다(Cunge, 1969). 즉 c_{kn}을 식 (9.64)의 c_k와, D_n을 식 (9.77)의 D와 같게 놓고 X, K에 관하여 정리하면

$$K = \frac{\Delta x}{dQ_o/dA_o} = \frac{\Delta x}{c_k} \tag{9.85}$$

$$X = \frac{1}{2}\left(1 - \frac{Q_c}{c_k \Delta x B S_o}\right) \tag{9.86}$$

여기서 c_k는 Q_0에 해당하는 운동파 전파속도(식 (9.50) 또는 (9.64)로 계산)), Q_0는 기준유량, A_o는 기준유량에 준하는 흐름단면적, B는 Q_0와 연관된 수면폭, S_0는 하상경사이다. 식 (9.86)의 물리량은 시간(Δt)과 공간(Δx)에 대한 평균이다. 수치적 안정을 위해서 $0 \leq X \leq 1/2$이 요구된다.

식 (9.85)는 주어진 유량이 운동파전파속도 c_k로 구간 Δx를 유하하는데 소요되는 홍수파 유하시간을 나타낸다. c_k는 선형모형에서는 상수이고 비선형모형에서는 유량에 따라 변한다. 식 (9.86)에서 X는 구간길이 Δx, 기준유량 Q_o, 운동파전파속도 c_k 및 하상경사 S_o의 함수임을 나타낸다.

측방유입량을 고려할 경우 식 (9.76)과 (9.79)는 각각 다음과 같이 수정된다.

$$\frac{\partial Q}{\partial t} + c_k \frac{\partial Q}{\partial x} - D\frac{\partial^2 Q}{\partial x^2} = c_k q_L \tag{9.87}$$

$$Q_{i+1}^{n+1} = C_o Q_i^{n+1} + C_1 Q_i^n + C_2 Q_{i+1}^n + C_3 q_L \tag{9.88}$$

여기서 $Q_L = q_L \Delta x$, 식 (9.79)와 (9.88)의 계수 C_0, C_1 및 C_2는 식 (9.20–21)로 주어지고 C_3은 식 (9.89)로 정의된다.

$$C_3 = \frac{\Delta t}{K - KX + 0.5\Delta t} = \frac{\Delta t}{D_o} \tag{9.89}$$

Muskingum방법은 매개변수 X를 변화시킴에 의하여 확산을 반영할 수 있고, 선형운동파식은 적용되는 차분화방법과 격자크기에 따라 수치감쇠, 분산을 야기한다(예제 9.7). K와 X가 상수로 취해지면 식 (9.79)는 운동파 모형 (식 9.51 또는 9.56)의 유한차분해가 된다. K와 X가 식 (9.85)와 (9.86)으로 주어지는 경우 식 (9.79)는 확산파모형의 근사해가 된다. 수치오차를 최소화하고 정확도를 높이기 위해서는 Δx와 Δt가 작아야 한다(Jones,1981).

$$\Delta t \leqq Tr / M \tag{9.90}$$

여기서 $M \geqq 5$이고 T_r은 수문곡선에서 상승부의 시간이다.

$$\Delta x = \simeq 0.5 c_k \Delta t \left[1 + \left(1 + 1.5 \frac{q}{c_k S_o \Delta t} \right)^{1/2} \right] \tag{9.91}$$

여기서 q는 단위폭의 유량이다. X의 변화가 추적결과에 미치는 영향은 민감하지 않다. 따라서 상수 X의 적용도 무방하다(Koussis, 1978).

Muskingum–Cunge추적은 식 (9.79)의 대수식을 푸는 것으로 수행된다. 식 (9.79)의 계수 K와 X는 다 같이 시간과 공간에 따라 변하므로 각 시간과 공간으로 정의되는 계산지점에서 식 (9.85)와 (9.86)을 이용하여 새롭게 계산되고 이들을 식 (9.20–21)에 대입하여 C_0, C_1 및 C_2가 수정된다.

Muskingum–Cunge방법은 운동파방법에 대하여 2가지 장점을 갖는다. (1)운동파의 해는 편미분방정식의 유한차분식에 의하여 주어지는데 반하여 식 (9.79)의 해는 선형 대수식에 의하여 주어지고 전체 추적구간에 대한 해를 통하여 수문곡선이 제공되는 운동파추적에 반하여 추적구간 내 필요한 단면에서 완전한 수문곡선을 제공한다. (2) 식 (9.79)에 의한 해는 운동파방법에 비하여 Δt와 Δx의 선정에 융통성이 있어서 파의 감쇠를 작게 하는 경향이 있다.

Muskingum–Cunge방법의 장단점. 장점으로는 정확도에서는 거의 같으나 간편성 때문에 Muskingum–Cunge방법이 확산파모형보다 선호된다. 즉 매개변수추정에 많은 작업을 요하는 Muskingum방법에 반하여 Muskingum–Cunge방법은 매개변수의 검정을 필요로 하지 않는다. Muskingum–Cunge방법에서 추적매개변수 X, K는 식 (9.85)과 (9.86)을 통하여 흐름특성을 반영할 수 있다. 매개변수는 물리적인 근거를 가지므로 미계측 지점에도 적용가능하고 넓은 유량범위에서 부정류식의 결과와 대등한 결과를 제공한다.

단점과 적용한계로는 상류로 전파되는 하류교란을 처리하지 못하고 하류 홍수터의 범람으로 인하여 운동파 전파속도에 변화가 클 때 하류경계에서 수문곡선을 정확하게 예측하지 못한다.

Muskingum–Cunge방법은 이송확산식의 근사해로 고려되어 홍수파의 감쇠는 반영되나 역류와 배수영향을 반영하지 못하고 평탄 수로에서 급격히 상승하는 홍수파에는 부적당하다. Muskingum 방법과 같이 단일함수 수위-유량관계에 한정되므로 배수영향이 없는 하도, 부정류를 포함하지 않는 하도에 적용되는 한계를 갖는다.

Muskingum방법과 Muskingum–Cunge방법의 차이점. Muskingum방법은 저류개념에 근거하므로 X, K는 하도구간에 대한 평균치이고 기록을 이용해서 계산된다. 그러나 Muskingum–Cunge 방법에서는 X, K가 실측 유량자료와 하도특성을 이용하여 추적단계마다 갱신 계산되므로 흐름과 하도특성의 반영도가 높다.

기준유량 Q_o의 선정. 기준유량으로는 평균 또는 첨두유량이 선정된다. 기준유량으로 평균유량이 약간의 개선을 제공하는 반면 첨두유량의 사용은 작업이 간편하다(Ponce, Yevjevich 1978). 이들 두 유량의 조정치로 식 (9.92)가 사용된다.

$$Q_o = Q_b + 1/2(Q_p + Q_b) \tag{9.92}$$

여기서 Q_b는 기저유출, Q_p는 첨두유량이다. 첨두유량을 사용하는 경우가 첨두와 첨두시간이 동역학 추적결과에 더 근접하다는(Merkel, 2002) 엇갈린 결과들이 발표되었다. 예제 9.10에서 알 수 있는 바와 같이 일반적으로 기준유량의 크기가 추적결과에 미치는 영향은 무시할 정도이다.

예제 9.10

표 9.9의 2란은 유입수문곡선이다. Δx =18km하도구간의 하류에서 Δt = 1hr에 대한 유출수문곡선을 Muskingum–Cunge방법으로 구하라. 하천의 특성은 하폭이 B=190m, 수로경사가 S_o=0.0006, 조도계수가 n=0.03이다. 기준유량으로 첨두유량에 근접하는 Q_o=1,700m^3/s을 선정한다.

풀이 마닝공식에 의하면 Q_o=1,700m^3/s에 대한 수심과 유속은 각각 y_o=4.28m, V_o=2.1m/s이고 직사각형 수로로 가정할 경우 수심 y=2m에 대한 단면적과 유량은 각각 380m^2, 485m^3/s이다. 식 (9.47) $Q=\alpha A^{\beta}$로부터 매개변수 β가 유도된다.

$$\beta = \frac{\log(Q_i/Q_{i-1})}{\log(A_i/A_{i-1})} \tag{9.93}$$

y=2, 4.28m에 대한 값들을 식 (9.93)에 대입하면 β값은 $\beta = \log(1700/485)/\log(813.2/380) = 1.65$이다. $\beta = 1.65$를 이용한 운동파 전파속도 c_k는 $c_k = \beta V_o = 1.65 \times 2.1 = 3.47$m/s이다. 참고로 식 (9.65)에 의하면 c_k= 3.59m/s를 얻는다. 따라서 K와 X는

$$K = \frac{18{,}000\text{m}}{3.47\text{m/s}} = 5187\text{s} = 1.44\text{hr}$$

$$X = \frac{1}{2}\left(1 - \frac{1700}{190(0.0006)(3.47)(18000)}\right) = 0.38$$

식 (9.20–21)로부터 C_o=−0.034, C_1=0.752, and C_2=0.282를 얻는다. 추적은 식 (9.79)를 이용하여 수행되며 결과는 표 9.10과 그림 9.18에 보인 바와 같다. 기준유량의 선정에 대한 Muskingum–Cunge방법의

민감도를 조사하기 위하여 유량 $Q_o=1,900$과 1,078m^3/s에 대한 추적결과도 주어진다. 1,078m^3/s는 식 (9.92)를 이용하여 산정된 평균유량이다. 두 유량에 대한 매개변수는 다음과 같다.

$Q_o=1900\text{m}^3/\text{s},\ y_o=4.60\text{m},\ V_o=2.17\text{m/s},\ \beta=1.65,\ c_k=3.58\text{m/s},\ K=1.397\text{hr},\ X=0.259$

$Q_o=1078\text{m}^3/\text{s},\ y_o=3.25\text{m},\ V_o=1.75\text{m/s},\ \beta=1.65,\ c_k=2.89\text{m/s},\ K=1.73\text{hr},\ X=0.409$

그림 9.18에서와 같이 유출수문곡선은 기준유량의 선정에 크게 영향을 받지 않음을 알 수 있다.

표 9.10 Muskingum-Cunge 하도추적 예제

t	I	Q		
		$Q=1700$	$Q=1078$	$Q=1900$
(hr)	(m^3/s)	(m^3/s)	(m^3/s)	(m^3/s)
(1)	(2)	(3)	(4)	(5)
0	140	140	140	140
1	220	137	129	147
2	360	192	170	207
3	625	304	259	330
4	910	525	461	548
5	1390	785	733	827
6	1635	1211	1131	1216
7	1735	1512	1449	1498
8	1530	1679	1665	1634
9	1290	1580	1608	1545
10	1065	1379	1429	1359
11	853	1160	1218	1148
12	724	944	996	944
13	595	790	835	789
14	500	653	690	654
15	410	546	577	545
16	346	450	475	451
17	282	378	399	376
18	216	311	331	309
19	190	244	258	246
20	160	206	217	206

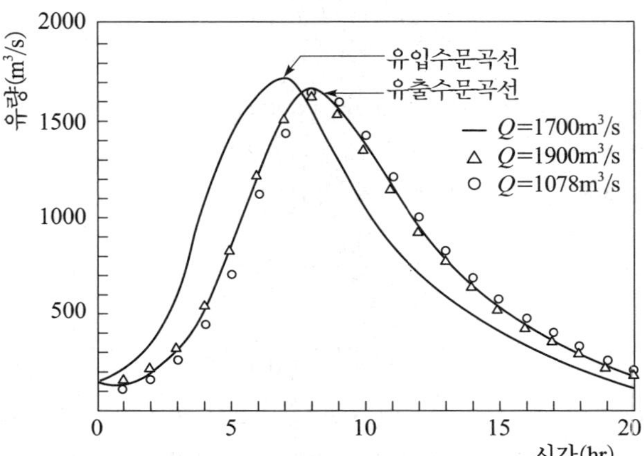

그림 9.18 Muskingum-Cunge 하도추적 수문곡선(예제 9.10)

β는 마닝공식을 이용하는 경우 $\beta=5/3$이다. 그러나 홍수터를 갖는 복단면에는 마닝공식이 적용되지 않는다. $\beta>1.0$의 경우 평균유속은 유량증가에 따라 증가하고 $\beta<1.0$의 경우는 수심이 작은 홍수터가 포함되어 유량 증가에 따라 평균유속은 감소한다. 한편 $\beta=1.0$의 경우에는 평균유속은 일정하다.

9.12 동역학파 추적

운동파는 정상등류에 부합되도록 운동량방정식을 간단화하여 얻어지고, 확산파는 정상 부등류에 부합되도록 운동량방정식을 간단화하여 얻어진다. 이들 중 특히 확산파는 하도추적에 널리 사용되어 왔다. 운동파와 확산파모형은 수로경사가 일반적으로 급하고($S_0 > 0.0001$), 조석, 지류 및 저수지 조작과 같은 하류교란의 영향이 상류로 전파되지 않고 하류로만 전파되는 흐름을 기술하는데 적용된다.

배수(backwater)영향과 같이 관성과 압력이 다 같이 중요한 흐름을 해석하기 위해서는 관성과 압력이 다 같이 운동량방정식에 필요하다. 이러한 경우에는 **동역학파추적방법**(動力學波追跡方法; dynamic wave routing method)이 필요하며 이는 완전한 Saint-Venant식의 수치해를 필요로 한다. 또한 자연하천은 물론 도시유역과 우수배수계통을 포함한 흐름의 보다 높은 정확도의 수문학적모의는 동역학파와 같은 복잡한 흐름추적모형을 필요로 한다. 동역학파는 운동파나 확산파보다 많은 물리적인 정보를 제공하나 해는 훨씬 복잡하다. St. Venant식의 해는 특성곡선방법과 수치해의 두 방법으로 주어진다. 동역학파의 수치해는 연속, 운동량 방정식을 수치적으로 푸는 것으로 해법에는 유한차분법, 유한요소법, 유한체적법이 있다.

동역학파는 운동파나 확산파의 해가 물리적인 현상을 적절히 나타내지 못하는 경우에 권장된다. 특히 아주 평탄한 경사를 갖는 수로의 흐름, 저수지에 유입량, 현저한 배수 또는 역류가 일어나는 경우 동역학파 해가 적용된다. 또한 하천수위의 정확한 시간변화가 요구되는 경우에도 권장된다.

동역학파추적은 다른 추적방법보다 많은 물리적인 성질을 반영하므로 정확도가 높아서 다른 추적방법을 비교하는 기준이 된다. 그러나 동역학파추적의 단점은 많은 기하학적인 자료와 상하류 경계조건을 필요로 하고 이들 자료가 적절하게 제공되지 않으면 정확도는 낮아진다. 또한 많은 경우 수치해의 불안정이 발생하여 해에 대한 수렴이 어려워진다.

9.12.1 동역학 수위 – 유량관계

등류는 하상경사 S_o와 마찰경사 S_f가 같아 수면과 하상이 평행한 흐름의 경우로 관성과 압력이 무시할 정도이고 중력과 마찰력만이 중요한 경우에 일어난다. 등류인 경우 수위와 유량의 관계는 그림 9.19a의 등류 수위–유량곡선과 같이 단일치 함수로 하나의 수위에 대응하는 유량은 하나이다. 운동량방정식에서 관성과 압력과 같은 항이 무시할 정도가 아니면 수위–유량관계는 그림 9.19b와 같이 단일치 함수가 아닌 고리모양을 형성하는데 이는 수위가 유량만의 함수가 아니고 변하는 에너지경사, 수로와 제방의 저류량의 영향을 받기 때문이다. 주어진 수위에 대한 유량은 수문곡선의 감수부에서 보다 증수부에서 더 크다. 수문곡선이 여러 개의 첨두를 갖게 되면 다중 고리를 갖는 복잡한 수위－유량곡선이 된다(그림 9.20).

이러한 고리가 형성되는 것은 세굴, 퇴적 또는 하상 변화에 의한 것이 아니라 수리학적인 현상에 의한 것이다. 고리의 폭은 부정류의 척도로서 고리의 넓은 폭은 심한 부정류인 동역학흐름을 나타낸다. 고리의 폭이 좁으면 흐름은 약한 부정류인 확산파임을 시사하고 만약 고리가 실질적으로 존재하지 않으면 흐름은 운동파로 근사될 수 있다. 운동파흐름의 기본가정은 운동량이 정상등류로 모의될 수 있어 수위－유량곡선은 단일치 함수이다. 댐 파괴홍수파와 같이 심한 부정류에 대해서는 동역학파만이 고리형태의 수위－유량관계를 적절하게 해석하는 방법이다.

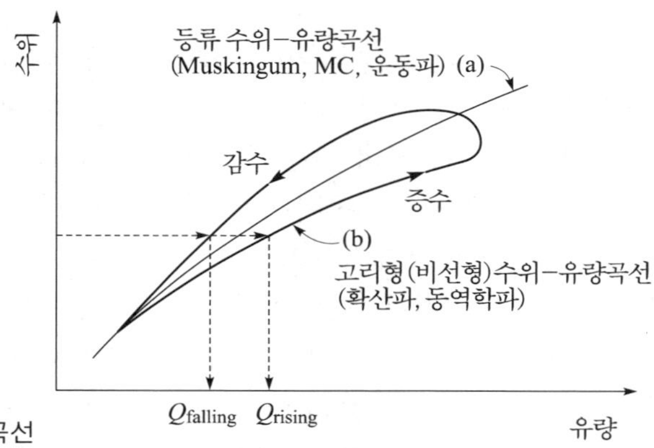

그림 9.19 수위－유량곡선

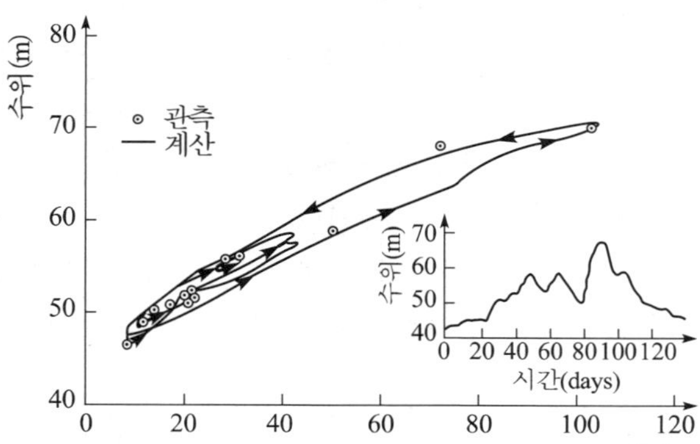

그림 9.20 다중첨두의 수위－유량곡선(Chow, 1988)

9.12.2 동역학파 전파속도

동역학파(dynamic wave)를 수학적으로 기술함에는 연속방정식과 완전한 운동량방정식을 필요로 하는 장파로 정의된다. 식 (9.64)로 주어지는 운동파전파속도는 하류의 한 방향으로만 전파된다. 그러나 동역학파에서는 $x-t$평면에서 두 개의 특성곡선으로 대표되듯이 두 개의 속도가 존재하고 동역학파의 운동을 기술함에 운동량방정식 (식 9.43)의 모든 항이 포함되므로 동역학적 교란은 상류와 하류 양방향으로 전파된다.

자연하천의 홍수파에는 운동파와 동역학파가 다 같이 존재한다. 운동량방정식에서 다른 항이 무시할 정도가 아닌 경우에는 바닥경사 S_o가 가장 지배적이어서 홍수파의 본체는 운동파로 이동한다. 따라서 대부분의 홍수파는 운동파로 이동하고 홍수파 본체의 속도는 운동파속도로 근사된다. 운동량방정식인 식 (9.43)에서 다른 항들이 무시할 정도가 아닌 경우 이들은 그림 9.21에서와 같이 홍수파의 본체 전후에서 속도 $V\pm\sqrt{gy}$로 이동하는 **동역학파 선단**(動力學波先端; dynamic wave front)을 형성한다.

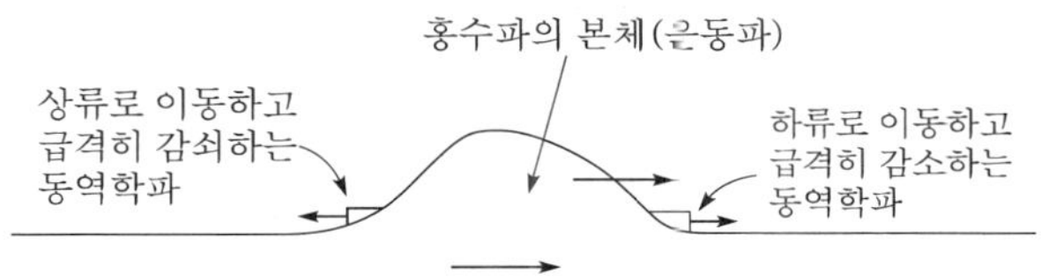

그림 9.21 홍수파 이동

넓은 사각형수로 (R ≅ y)에 Chezy식을 적용할 경우 식 (9.50b)의 β는 $\beta=3/2$이므로 운동파전파속도는

$$c_k=\frac{3}{2}V \tag{9.93}$$

산지급류를 제외하면 대부분의 자연하천 흐름에서 $1/2\,V<\sqrt{gy}$ 또는 $F_r<2$인 점을 감안하면 식 (9.93)의 c_k는 동역학파 선단의 속도 $V+\sqrt{gy}$보다 작다. 이러한 흐름에서 동역학파 선단은 홍수파의 본체(운동파)를 앞지른다. 상류로 전파되는 동역학파의 속도 $(V-\sqrt{gy})$는 항상 $c_k=dQ/dA$보다 작으므로 홍수파 본체 후미에 있게 된다. $F_r>1$ 또는 $V>\sqrt{gy}$인 사류에서는 파가 상류로 전파될 수 없으므로 운동파의 근사가 잘 맞는다. 동역학파는 지배적인 운동파의 영향을 주로 받아 운동파로 이동하는 홍수파 본체보다 훨씬 빠르게 이동하고 빨리 감쇠하기 때문에 거의 식별되지 않는다.

동역학파 전파속도는 Saint-Venant식에 대한 특성곡선식을 개발하여 얻어질 수 있다. 비보전형 Saint-Venant식 (식 9.43)으로부터 특성곡선식은

$$\frac{dx}{dt}=V\pm c_d \tag{9.94}$$

$$\frac{d}{dt}(V\pm 2c_d)=g(S_o-S_f) \tag{9.95}$$

여기서 c_d는 동역학파 전파속도로서 사각형 수로에서 다음과 같이 정의된다.

$$c_d = \sqrt{gy} \tag{9.96}$$

여기서 y는 수심이다. 임의의 단면을 갖는 수로에서는 $c_d = \sqrt{gA/B}$이다. 전파속도 c_d는 정지 수역에서 동역학파의 속도이다. 전술한 바와 같이 이동하는 물(그림9.21)에서는 $V - c_d$의 속도로 상류로 진행하는 파와 $V + c_d$의 속도로 하류로 진행하는 파의 두 파가 존재한다.

예제 9.11

사각형수로의 폭이 80m, 바닥경사가 0.005, 마닝조도계수가 0.03이다. 유량이 140m³/s인 지점에서 동역학파의 전파속도를 구하라.

풀이 $R \approx y$, $S_o = S_f$ 및 폭 B인 수로에 대한 마닝공식은

$$Q = \frac{1}{n} S_f^{1/2} A R^{2/3} = \frac{1}{n} S_o^{1/2} (By)\, y^{2/3}$$

y에 관하여 정리하고 주어진 값들을 대입하면

$$y = \left[\frac{nQ}{S_o^{1/2} B}\right]^{3/5} = \left[\frac{0.03 \times 140}{0.005^{1/2} \times 80}\right]^{3/5} = 0.84\text{m}$$

따라서 평균유속은 $V = \dfrac{Q}{By} = \dfrac{140}{80 \times 0.84} = 2.08\text{m/s}$

운동파 전파속도 c_k는 식 (9.65)에 따라

$$c_k = \frac{1}{B}\frac{dQ}{dy} = \frac{1}{B}\frac{d}{dy}\left[\frac{S_o^{1/2} B}{n} y^{5/3}\right]$$

$$= \left[\frac{S_o^{1/2}}{n}\right]\left[\frac{5}{3}\right] y^{2/3} = \frac{0.005^{1/2} \times 5 \times 0.84^{2/3}}{0.03 \times 3} = 3.5\,\text{m/s}$$

동역학파 전파속도는

$$c_d = \sqrt{gy} = \sqrt{9.81 \times 0.84} = 2.87\text{m/s}$$

상류로 전파되는 동역학파의 전파속도는

$$V - c_d = 2.08 - 2.87 = -0.79\text{m/s}$$

하류로 전파되는 동역학파의 전파속도는

$$V + c_d = 2.08 + 2.87 = 4.95\text{m/s}$$

그림 9.21을 참고로 하여 결과를 해석할 경우 운동파 전파속도(3.5m/s)로 유하하는 홍수파는 물의 평균유속(2.08m/s)보다 빨리 이동하고 동역학파는 상류로는 0.79m/s의 속도로, 하류로는 4.95m/s로 동시에 이동한다.

9.12.3 음해성 동역학파 모형

동역파추적은 연속방정식과 운동량방정식의 Saint Venant식의 해를 구하는 것이다.

$$\frac{\partial A}{\partial t} + \frac{\partial Q}{\partial x} = q \tag{9.27}$$

$$\frac{\partial Q}{\partial t} + \frac{\partial(\beta Q^2/A)}{\partial x} + gA\left(\frac{\partial y}{\partial x} - S_o + S_f\right) - \beta q v_x = 0 \tag{9.42}$$

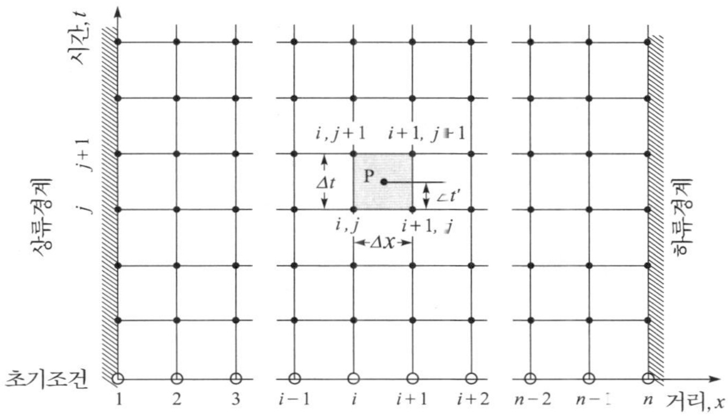

그림 9.22 $x-t$ 평면상의 차분해법

음해성 차분법은 기지의 값을 가진 현 시간단계와 미지의 값인 다음 시간단계의 두 시간축의 모든 점에 St.Venant식을 동시에 적용하여 구성되는 연립방정식의 해를 구하는 것이다. 기지의 값을 가진 현 시간단계로부터 미지의 값인 다음 시간단계의 값을 구하는 양해법은 그 적용이 간단하나 수치안정에 필요한 시간증분의 크기에 제약을 받는다. 예를 들면 양해법은 수치안정에 1분의 시간증분이 필요한 경우에 반하여 음해법에서는 같은 문제해석에 1시간의 시간증분도 사용가능하다.

음해성 차분기법은 그림 9.22에서 보인 P점 주위의 가중 4점방법을 사용한다. 유량, 수위와 같은 변수를 u로 나타낸다.

시간차분화. 시간 차분화는 거리 $i\Delta x$와 $(i+1)\Delta x$에서 시간 차분치의 평균으로 근사된다. i에서 $\frac{\partial u}{\partial t}$의 차분화는 $(u_i^{j+1} - u_i^j)/\Delta t$이고, $(i+1)$에서는 $(u_{i+1}^{j+1} - u_{i+1}^j)/\Delta t$이므로 거리 i와 $(i+1)$의 중간에 위치한 P점에서 $\frac{\partial u}{\partial t}$의 차분화는

$$\frac{\partial u}{\partial t} = \frac{u_i^{j+1} + u_{i+1}^{j+1} - (u_i^j + u_{i+1}^j)}{2\Delta t} \tag{9.97}$$

공간차분화. 시간 $j\Delta t$와 $(j+1)\Delta t$에서 공간차분에는 평균이 아닌 가중인자 θ가 적용된다. j에서 $\frac{\partial u}{\partial x}$의 차분화는 $(u_{i+1}^j - u_i^j)/\Delta x$이고, $(j+1)\Delta t$에서는 $(u_{i+1}^{j+1} - u_i^{j+1})/\Delta x$이므로

가중인자 θ를 적용할 경우 $\frac{\partial u}{\partial x}$의 차분화는

$$\frac{\partial u}{\partial x} = \theta \frac{u_{i+1}^{j+1} - u_i^{j+1}}{\Delta x} + (1-\theta)\frac{(u_{i+1}^{j} - u_i^{j})}{\Delta x} \tag{9.98}$$

u의 평균치도 가중인자 θ를 적용하여 정의된다.

$$\bar{u} = \theta \frac{u_i^{j+1} + u_{i+1}^{j+1}}{2} + (1-\theta)\frac{(u_i^{j} + u_{i+1}^{j})}{2} \tag{9.99}$$

여기서 $\theta(=\Delta t'/\Delta t)$는 그림 9.22에서 시간축에 대한 P점의 위치를 결정한다. $\theta=0$이면 P점은 j시간선에 위치하고 기법은 완전 양해법이 된다. $\theta=1$이면 P점은 $(j+1)$시간선에 위치하고 기법은 완전 음해법이 된다. 음해법은 θ가 0.5~1.0 범위에 있을 경우이고 ($\theta=0.5$이면 box scheme이라 한다) Fread는 $\theta=0.55 \sim 0.6$의 값을 제안했다.

음해법과 양해법의 주요 차이점은 음해법은 모든 시간증분에 대해서 조건없이 안정한 반면 양해법은 Courant조건을 만족하는 시간증분에서만 안정하다. $0.5 \leq \theta \leq 1.0$의 조건에서 가중 4점법은 어느 시간증분에서나 조건없이 안정하다.

문 제

저수지추적

9.1 우수조절용 사각형단면의 지하탱크의 크기가 길이 30m, 폭 20m, 높이 3m이다. 탱크의 배수는 탱크 바닥에 설치된 오리피스에 의한다. 오리피스의 단면적은 0.14m^2, 유량계수는 0.6이다. 수위-유량곡선과 수위-저류량곡선을 작성하라.

9.2 문제 **9.1**의 결과를 이용하여 저류량-지시곡선을 작성하고 저류량-유량곡선을 같이 도시하라. $\Delta t=$ 5min.

9.3 문제 **9.2**의 결과를 이용하여 다음 유입수문곡선을 문제 9.1의 탱크를 통하여 추적하라. 초기 저류량과 유량은 영이다.

시간(min)	0	5	10	15	20	25	30	35	40	45	50
유량(m^3/s)	0	0.3	0.9	1.4	1.70	1.54	1.26	0.9	0.42	0.14	0

9.4 계획되는 댐의 저류량과 유량이 다음과 같다. $2S/\Delta t + Q$와 Q의 저수지추적곡선을 작성하라. $\Delta t=$ 2hr.

저류량(10^{6}m^3)	86	93	101	115	127
유량(m^3/s)	66	261	597	1529	2610

9.5 문제 **9.4**의 특성을 갖는 저수지에 대한 다음 수문곡선의 추적을 수정 Puls방법으로 수행하라. 저수지의 최대저류량과 유량은 얼마인가? 저수지의 초기저류용량은 86×10^{6}m^{3}이다.

시간(h)	0	2	4	6	8	10	12	14	16	18
유입량(m^3/s)	69	115	267	345	600	1510	2220	1680	1070	750

9.6 저수지추적곡선 $S+\dfrac{Q}{2}\Delta t$와 $\dfrac{2S}{\Delta t}+Q$를 작성하라. $\Delta t=2\text{hr}$이다. 저류량－유량곡선을 같이 도시하라.

표고 (m)	저류량 (10^5m^3)	유량 (m^3/s)	표고 (m)	저류량 (10^5m^3)	유량 (m^3/s)
360	0	0	384	126	92
365	2.9	0	385	155	138
370	17	0	386	172	161
375	40	0	387	230	207
380	69	0	388	264	230
381	80	12	389	322	310
382	92	35	390	345	345
383	115	69			

9.7 초기 저수지 수위를 380m로 가정하고 다음 유입수문곡선으로 인한 문제 **9.6**의 저수지의 최대저수위와 유량을 결정하라. 초기 저수지수위를 각각 370m와 383m로 가정하여 추적결과를 비교하라.

시간 (hr)	유량 (m^3/s)	시간 (hr)	유량 (m^3/s)
0	46	16	184
2	75	18	172
4	92	20	148
6	126	22	126
8	138	24	115
10	195	26	92
12	230	28	69
14	218	30	46

9.8 다음 유입수문곡선을 저수지를 통해서 추적하라. 여수로의 특성은 다음과 같다.

$$Q=1.8LH^{3/2},\quad 길이\ L=21\text{m},\quad 여수로\ 마루높이=18\text{m}$$

유입수문곡선

시간(hr)	0	0.4	0.8	1.2	1.6	2.0	2.4	2.8	3.2	3.6
유량(m^3/s)	0	18	63	75	48	28.5	16.5	9	2.4	0

표고－저류용량

표고(m)	18	18.3	18.6	18.9	19.2	19.5
저류용량(m^3)	370	407	444	487	530	580

9.9 다음 저류용량－유량자료를 이용하여 $2S/\Delta t+Q$와 Q의 관계를 계산하여 도시하라. $\Delta t=2\text{hr}$

저류량(10^6m^3)	70	76	81.5	95	105.2
유량(m^3/s)	56	225	515	1320	2250

초기 저류용량을 $70\times10^6\text{m}^3$으로 하여 다음 유입수문곡선을 추적하라.

시간(hr)	0	2	4	6	8	10	12	14	16	18
유량(m^3/s)	50	84	193	250	430	1090	1610	1216	775	540

9.10 추적기간 $\Delta = 0.5$hr로 하여 저수지추적 계산을 수행하라.

표고-저류용량-유량

수위(m)	5.5	6.05	6.5	7.05	7.5	8.05	8.5
저류량($10^6 m^3$)	0.0	763	1677	2758	4017	5470	7132
유량(m^3/s)	0.0	0.16	0.67	1.90	3.49	5.37	7.51

유입수문곡선

시간(hr)	0:0	0:5	1.0	1.5	2.0	2.5	3.0	3.5	4.0	4.5	5.0	5.5	6.0	6.5	7.0	7.5
유량(m^3/s)	0	0.66	1.32	2.64	3.96	5.94	4.18	3.08	2.64	1.98	1.65	1.32	1.03	0.62	0.37	0.0

9.11 초기 저수지 수위를 4.35m, 추적기간 $\Delta t = 15$분으로 하여 다음 저수지 추적을 수행하라.

표고-저류용량-유량

수위(m)	4.35	4.50	4.65	4.80	4.95	5.10	5.25	5.28	5.35	5.40	5.47	5.55	5.70
저류량(m^3)	20	54	115	254	574	1185	2185	2445	3145	4.55	5385	8615	16610
유량(m^3/s)	0.00	0.44	0.95	1.58	2.12	2.84	3.63	3.80	4.24	4.48	4.85	5.44	6.43

유입수문곡선

시간(h:min)	0:00	0:15	0:30	0:45	1:00	1:15	1:30	1:45	2:00	2:15	2:30	2:45	3:00
유량(m^3/s)	0	0.16	0.24	0.37	0.65	1.22	3.12	6.24	8.36	9.18	9.32	8.87	8.19
시간(h:min)	3:15	3:30	3:45	4:00	4:15	4:30	4:45	5:00	5:15	5:30	5:45	6:00	
유량(m^3/s)	7.48	6.78	6.10	5.44	4.79	4.23	3.77	3.41	3.12	2.85	2.61	2.39	

9.12 댐마루의 표고가 115m, 여수로의 마루표고가 110m, 유량이 $Q = 1.7(18)H^{1.5}$으로 주어지는 댐의 여유고를 수정 Puls 방법으로 결정하라. 초기 저수지 수위는 여수로의 정부로 가정한다.

표고-저류용량

표고(m)	110	111	112	113	114	115
저류량($10^6 m^3$)	3.00	3.05	3.15	3.35	3.25	4.25

유입수문곡선

시간(hr)	0	1	2	3	4	5	6	7	8	9	10
유량(m^3/s)	0	10	16	33	60	93	115	137	165	148	120
시간(hr)	11	12	13	14	15	16	17	18	19	20	21
유량(m^3/s)	104	80	60	42	32	15	10	7	2	1	0

9.13 문제 **9.8**을 수정 Puls방법으로 추적하라.

9.14 문제 **9.9**를 수정 Puls방법으로 추적하라.

하도저류량

9.15 다음에 주어진 하도구간의 상하류 수문 곡선을 이용하여 하도저류량을 결정하라.

시간(hr)	0	6	12	18	24	30	36	42	48	54	60	66
유입량(m^3/s)	10	16.6	49	52	41	28	18	13	10	9.5	9	8.5
유출량(m^3/s)	10	10	16	26	35.6	40	38	30.4	21	14.2	10	9.5

9.16 다음에 주어진 하도구간의 상하류 수문 곡선을 이용하여 하도 저류량을 계산하라.

시간(hr)	0	12	24	36	48	60	72
유입량(m^3/s)	17.3	28.9	35.9	37.0	30.6	22.0	16.4
유출량(m^3/s)	3.1	7.5	16.3	28.8	33.7	34.0	28.0

시간(hr)	84	96	108	120	0132	144	156
유입량(m^3/s)	12.6	9.8	7.7	6.2	5.0	4.2	3.6
유출량(m^3/s)	21.9	17.0	13.6	10.9	9.0	7.5	6.2

Muskingum추적

9.17 Muskingum추적방법의 매개변수 K에 대한 다음 식을 유도하라.

$$K = \frac{0.5\,\Delta t[(I^{n+1} + I^{n}) - (Q^{n+1} + Q^{n})]}{X((I^{n+1} - I^{n}) - (Q^{n+1} + Q^{n}) - (1 - X)(Q^{n+1} - Q^{n})}$$

9.18 다음 자료를 이용하여 Muskingum추적에 필요한 상수 K와 X를 유도하라.

시간(hr)	0	1	2	3	4	5	6	7	8	9	10
유입량(m^3/s)	1.0	2.0	4.0	3.5	2.5	.8	15	1.2	1.0	1.0	1.0
유출량(m^3/s)	1.0	1.2	1.6	2.0	2.5	2.8	2.6	2.0	1.7	1.4	1.2

9.19 다음 자료로부터 Muskingum 추적상수를 유도하라.

시간(hr)	0	6	12	18	24	30	36	42	48	54	60	66
유입량(m^3/s)	0.5	2.3	5.1	3.75	3.0	2.3	1.7	0.75	0.75	–	–	–
유출량(m^3/s)	0.5	1.0	2.0	3.2	3.4	3.1	2.64	2.1	1.4	1.1	1.0	0.86

9.20 Muskingum추적방법으로 8 km 하류지점에서의 수문곡선을 계산하라. $K = 12\text{hr}$, $X = 0.15$. 유출수문곡선의 초기치는 유입수문곡선의 초기치와 같다.

시간(hr)	0	6	12	18	24	30	36	42	48	54	60
유량(m^3/s)	1.5	2.25	4.5	13.5	30	25.2	22.5	18	9.0	3.0	1.5

9.21 1340m 하천구간의 Muskingum상수가 $K = 0.24\text{hr}$, $X = 0.25$이다. 초기유량을 22 m^3/s으로 가정하여 추적하라.

시간(hr)	0	0.5	1.0	1.5	2.0	2.5	3.0	3.5	4.0
유입량(m^3/s)	25	30.4	37.3	46.1	58.4	78	173.1	386	538

시간(hr)	4.5	5.0	5.5	6.0	6.5	7.0	7.5	8.0
유입량(m^3/s)	625	610	616	584	437	294	193	137

9.23 Muskingum상수가 $K = 4hr$, $X = 0.15$인 수로구간의 하류에서 수문곡선을 유도하라.

시간(hr)	0	2	4	6	8	10	12	14	16	18	20
유량(m^3/s)	3	6	30	60	42	25	15	9	3	3	3

Saint-Venant식

9.24 a. 수문학적 추적과 수리학적추적의 장단점을 기술하라.
b. 운동파 근사의 한계는 무엇인가?
c. 어느 경우에 운동파모형이 동역학파모형에 대등한가?
d. 선형과 비선형 운동파모형의 차이를 기술하라.

9.25 운동량 보정계수 $\beta=(1/V^2A)\int\int v^2 dA$를 다음의 수심, 유속측정 자료를 이용하여 계산하라.

하한으로부터 거리(m)	0	10	20	30	40	50	60	70	80	90	100	110	120
수심(m)	0	2.7	3.37	3.37	3.3	3.45	3.37	3.42	2.88	2.2	1.21	0.5	0
유속(m/s)	0	0.16	0.9	0.87	1.0	0.81	0.65	0.5	0.46	0.33	0.2	0.12	0

운동파 추적

9.26 넓은 사각형수로의 흐름에 마닝공식이 적용될때 운동파 전파속도가 $c_k=5V/3$임을 증명하라. V는 평균유속이다.

9.27 폭이 B, 길이 L, 경사 S_o, 마닝조도계수 n, 유량이 Q인 넓은 사각형수로에서 운동파의 유하시간 T가 다음과 같이 됨을 증명하라.

$$T=\frac{3}{5}\left[\frac{nB^{2/3}}{S_o^{1/2}}\right]^{3/5}Q^{-2/5}L$$

$B=60$m, $L=80$, $S_o=0.00035$, $n=0.04$, $Q=60(\text{m}^3/\text{s})$일때 유하시간(day)을 구하라.

9.28 마닝공식, Chezy공식 및 Darcy-Weisbach식을 이용하여 β값을 유도하라.

9.29 3000 m 상류지점을 300m^3/s의 홍수첨두가 통과할때 경보를 한다면 하류지점에서는 얼마의 시간여유를 갖게 되는가? 수로는 하폭이 150m, 경사가 1%, 마닝조도계수가 0.035인 사각형수로로 가정하라.

9.30 다음과 같은 특성을 갖는 홍수파가 운동파인지 검토하라. 상승시간 $t_r=6$hr, 바닥경사 $S_o=0.016$, 평균유속 $V_o=1.0$m/s, 평균수심 $y_o=2.5$m.

9.31 다음과 같은 홍수파가 확산파인지 검토하라. 상승시간 $t_r=6$hr, 바닥경사 $S_o=0.006$, 평균수심 $y_o=2.5$m.

9.32 식 (9.66)을 유도하라.

운동파의 수치해

9.33 제형수로에서 홍수파의 추적에 대한 선형운동파모형의 차분식을 개발하라. 측방유입은 무시한다.

9.34 $\Delta t=1$min, $\Delta x=60$m를 이용하여 다음 수문곡선의 추적을 선형수치운동파모형으로 20분까지 계산하라.

시간(hr)	0	20	40	60	80	100	120	140	160
유량(m^3/s)	15	42	275	375	310	163	75	25	17

9.35 사각형수로의 폭이 30m, 바닥경사가 0.015, 마닝조도계수가 0.032이다. $\Delta x=1500$m, $\Delta t=10$min을 이용하여 선형운동파모형으로 Q_{i+1}^{j+1}을 결정하라. $R=y$로 가정하라.

격자	$i, j+1$	i, j	$i+1, j$
Q(m^3/s)	29	22	19.7

9.36 문제 **9.35**를 뉴톤방법을 이용하여 비선형운동파모형으로 해석한다.

9.37 예제 9.7에서 운동파 전파속도를 구하고 Counant 조건을 검토하라.

9.38 예제 9.7을 Newton-Raphson기법을 이용한 비선형운동파기법으로 수행하라.

확산파

9.39 문제 **9.27**을 확산파 모형으로 해석하라.

Muskingum-Cunge방법

9.40 Muskingum-Cunge방법으로 12km 하류지점에서의 수문곡선을 계산하라. 하폭이 160m, 하상경사가 0.00075, c_k=2.8m/s이다.

시간(hr)	0	1	2	3	4	5	6	7	8	9	10	11	12	13	14	15	16	17	18	19	20
유입량(m^3/s)	10	12	19	30	50	78	102	107	103	97	88	76	67	57	46	38	30	24	18	12	10

9.41 폭이 30m, 길이 2400m, 경사 0.005, 마닝조도계수 $r = 0.015$인 사각형 콘크리트수로에서 $Q = 60 + 84\left(\dfrac{-\cos 2\pi t}{T}\right)$를 Muskingum-Cunge방법으로 추적하라. $T = 120\text{min}$이다.

9.42 경사가 0.008, 조도계수가 0.03인 하천의 850m상류에 유입되는 기저시간이 3시간, 첨두시간이 1시간, 첨두유량이 12m^3/s인 삼각형 유입수문곡선을 Muskingum-Cunge방법으로 추적하라. 단면특성은 다음과 같다.

y(m)	A(m^2)	W_p(m)
0	0	0
0.3	0.9	0.25
0.6	2.2	0.44
0.9	4.4	0.50
1.2	8.0	0.62
1.5	13.0	0.75
2.0	19.0	0.90

동역학파 추적

9.43 $x-t$ 격자망에서 4개점의 유량이 $Q_i^j = 210\text{m}^3/\text{s}$, $Q_i^{j+1} = 215\text{m}^3/\text{s}$, $Q_{i+1}^j = 203\text{m}^3/\text{s}$, 및 $Q_{i+1}^{j+1} = 208\text{m}^3/\text{s}$이다. $\Delta t = 1\text{hr}$, $\Delta x = 300\text{m}$, $\theta = 0.55$를 사용하여 4점음해법에 의하여 $\dfrac{\partial Q}{\partial t}$와 $\dfrac{\partial Q}{\partial x}$를 계산하라.

10 침식과 유사이송

10.1 서 론

강우와 지표유출은 지표면으로부터 토립자를 이탈, 이동 시키는 주요 인자이다. **유사**(流砂; sediment)는 물, 바람에 의하여 지표면으로부터 이탈, 이송 및 퇴적되는 **토립자**(土粒子; soil particle)이다. 수문순환에서 유사의 연구는 생성, 이송 및 퇴적의 세 과정으로 구분된다. 이는 수문순환의 다양한 물 수송상태와 연관된다. 유역에서 토립자 이탈에 의한 유사생성은 주로 빗방울 충격의 결과이다. 지표면으로부터 토립자가 이탈되면 지표유출은 하향경사를 따라 먼저 지표류상태로, 종국에는 하천흐름 상태로 유사를 수송하는 역할을 한다. **유사퇴적**(流砂堆積; sediment deposition)은 흐름의 운동에너지가 감소하여 토립자가 흐름에 휩쓸리는 현상인 유사의 **유입**(誘入; entrainment)이 지속될 수 없고 유사를 운반할 능력이 상실될 때에 일어난다.

유사생성(流砂生成; sediment production)은 유사가 생산되는 과정, 유사의 근원과 양의 확인 및 하류지점에 운반된 유사량인 **유사산출량**(sediment yield)을 결정하는 모든 과정을 지칭한다. 유사의 근원은 일반적으로 상류유역이고 하안침식도 중요한 유사원이다. **유사이송**(流砂移送; sediment transport)은 흐르는 물에 의하여 부유상태, 바닥을 따라 전도와 활동상태로 유사가 이송되는 현상을 지칭한다. 하천흐름이 수로바닥에서 세굴을 유발하고 토입자를 부유, 소류상태로 이송하고 퇴적시켜 하상지형을 변형하는 현상을 광의의 유사이송이라 한다. 유사이송은 흐름이 유사를 운송할 수 없어서 퇴적이 일어날 때까지 하류 방향으로 계속된다. 유사퇴적이 처음 발생하는 전형적인 경우는 흐름이 감속되는 저수지 입구이다. 퇴적은 에너지경사가 갑자기 감소하거나 유사를 운송할 흐름의 능력이 현저하게 감소하는 곳에서는 어디서나 일어난다. 하천을 따라 퇴적을 유발하는 구조물이 없으면 유사이송은 해안까지 진행되며 운동에너지가 소산되어 퇴적이 일어나 삼각주를 형성한다.

유역의 유사산출량의 추정과 유사이송은 다음과 같은 많은 문제의 해결에 필요하다. 댐과 저수지의 설계; 오염물의 수송; 침식에 대한 토양보전의 설계와 안정하도설계; 오염된 유사 특히 오염된 바닥유사의 재부상에 의한 도시용수, 관개 및 위락에 사용되는 수질의 악화; 홍수기간 동안 수위결정; 어족, 생물군과 같은 하천 생태계에 대한 영향의 평가; 유사입자에 부착된 오염물의 이동조사; 퇴적에 대한 주운수심의 유지, 잡물저류지의 설계, 저수지나 호소의 용량

(수명)감소; 유역관리의 효과결정 등에 필요하다. 또한 교량교각과 제방의 세굴위험의 예측, 저수지퇴적량의 예측, 강과 하구 바닥지형의 변화를 예측하는 도구이다. 유사는 자체로서 오염물인 동시에 방사성물질, 농약, 영양물과 같은 오염물의 운반자이기도 하다.

10.2 유사의 성질

유사형성. 유사는 암석의 분리와 분해의 산물이다. **분리**(分離; disintegration)는 화학적인 변화 없이 암석이 작은 입자로 부서지는 모든 과정인 쇄설과정을 포함한다. 암석의 분리는 큰 온도 변화나 결빙과 해빙의 반복에 의한다. **분해**(分解; decomposition)는 화학 반응에 의하여 암석의 광물질성분이 쇄설되는 과정이다. 분해는 탄산염화작용, 수화작용, 산화 및 용해과정을 포함한다.

입자성질. 유사입경(크기)(流砂粒徑; size of sediment particle). 유사는 크기에 따라 조약돌, 자갈, 모래, 실트, 점토의 5개군으로 구분되고 표 10.1에 보인 바와 같다. 조약돌은 개개로 측정되고 자갈은 개개 또는 체를 이용하여 측정된다. 모래는 체를 이용해서 측정되고 실트와 점토는 정지상태의 수중에서 침강속도를 측정하여 구분된다. 유사의 크기는 입자의 직경으로 측정된다.

1. 평균입경(mean diameter) : 입자의 가장 긴 크기를 a, 다른 두 직교 방향의 크기를 b, c라 할 때 a, b, c의 산술평균이다.
2. 공칭입경(nominal diameter) : 유사입자와 같은 체적을 갖는 구(球)의 직경이다.
3. 침강입경(fall diameter 또는 sedimentation diameter) : 24℃ 정지상태의 증류수에서 입자와 동일한 침강속도와 비중(2.65)을 갖는 구의 직경이다.
4. 체입경(sieve diameter) : 주어진 입자가 겨우 통과하는 사각형 체 개구부 일변의 길이와 같은 구의 직경이다.

그러나 실제로 사용되는 하상물질의 크기는 입경분포에 의하여 정의된다(Simons and Senturk, 1992)). 주로 사용되는 입자의 크기는 다음과 같다.

d_{35}: 표본의 작은 35 %의 최대입경으로 Einstein에 의하여 사용되었다.

d_{50}: 표본의 작은 50 %의 최대입경으로 중앙치에 해당된다. 유사혼합물의 대표입경으로 가장 많이 사용된다.

d_{65}: 작은 65 %의 최대입경으로 유사혼합물의 조도를 나타내는데 사용되어 왔다.

평균입경, d_m

$$d_m = \Sigma \frac{\Delta_i d_i}{100} \tag{10.1}$$

여기서 Δ_i 는 그림 10.1의 종축에서 증분을 나타내고, d_i 는 Δ_i 의 상・하한치에 의하여 정의되는 크기의 평균이다.

기하평균입경, d_g

$$d_g = antilog \left[\Sigma \frac{\Delta_i \log d_i}{100} \right] \tag{10.2}$$

표 10.1 체에 의한 유사 분류(Lane, 1947)

등급	크기(mm)
전석(boulders)과 호박돌(cobbles)	
매우 큰 전석(very large boulders)	4096–2048
큰 전석(large boulders)	2048–1024
중간 전석(medium boulders)	1024–512
작은 전석(small boulders)	512–256
큰 호박돌(large cobbles)	256–128
작은 호박돌(small cobbles)	128–64
자갈(gravel)	
매우 굵은 자갈(very coarse gravels)	64–32
굵은 자갈(coarse gravels)	32–16
중간 자갈(medium gravels)	16–8
작은 자갈(fine gravels)	8–4
아주 작은 자갈(very fine gravels)	4–2
모래(sand)	
매우 굵은 모래(very coarse sand)	2.0–1.0
굵은 모래(coarse sand)	1.0–0.5
중간 모래(medium sand)	0.50–0.25
잔모래(細沙; fine sand)	0.250–0.125
아주 잔모래(very fine sand)	0.125–0.062
실트(silt)	
굵은 실트(coarse silt)	0.062–0.031
중간 실트(medium silt)	0.031–0.016
잔 실트(fine silt)	0.016–0.008
아주 잔 실트(very fine silt)	0.008–0.004
점토(clay)	
굵은 점토(coarse clay)	0.0040–0.0020
중간 점토(medium clay)	0.002–0.0010
잔 점토(fine 점토)	0.0010–0.0005
아주 잔 점토(very fine clay)	0.0005–0.00025

입자의 분포가 대수정규분포일 경우 **기하평균입경**(幾何平均粒徑; geometric mean size)은 15.9%와 84.1%를 통과하는 직선이 50 %선과 만나는 점으로 정의된다.

$$\boldsymbol{d}_g = (d_{15.9}\, d_{84.1})^{1/2} \tag{10.3}$$

여기서 $d_{15.9}$와 $d_{84.1}$은 각각 입자 무게의 작은 15.9%와 84.1%에 해당하는 입자크기이다. 이 경우 **기하표준편차**(幾何標準偏差; geometric standard deviation) σ_g는

$$\sigma_g = \left(\frac{d_{84.1}}{d_{15.9}} \right)^{1/2} \tag{10.4}$$

유사분포가 대수정규분포가 아닌 경우에도 $\boldsymbol{d}_g$와 σ_g는 같은 방법으로 계산된다.

형상. 입자형상은 구형도와 원상도의 항으로 정의되고 수치로 나타낸다. **구형도**(球形度; sphericity)는 입자와 같은 체적을 갖는 구의 표면적과 입자의 표면적의 비이다. 그러나 표면적의 측정이 어려운 점에서 구형도는 입자와 같은 체적을 갖는 구의 직경과 입자를 외접하는 구의 직경과의 비로 정의된다. 구가 아닌 모든 형상은 1보다 작은 구형도를 갖는다. **원상도**(圓狀度; roundness)는 입자 모서리의 평균 곡율반경과 최대내접원의 반경과의 비로 정의된다. 이는 유사입자 모서리의 날카로움(sharpness)를 의미하고 입자의 마모정도를 나타내는 척도로 사용된다. **형상인자**(形狀因子; shape factor)는 입자형상를 나타내는 도구로 사용되기도 한다.

$$SF = \frac{c}{(ab)^{1/2}} \tag{10.5}$$

여기서 SF는 형상인자, a, b 및 c는 직교 좌표계에서 입자 길이이다. 일반적으로 a는 가장 긴, b는 중간, c는 가장 짧은 길이이다. 둥근 자연 유사입자는 $SF = 0.7$정도이다.

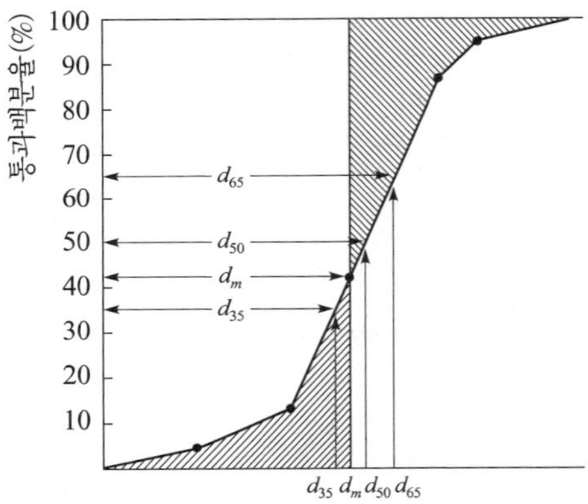

그림 10.1 입경빈도분포곡선

단위중량과 비중. 유사입자의 단위중량은 단위체적의 무게이다. 유사입자의 비중은 동일한 체적을 갖는 입자의 무게와 물의 무게와의 비이다. 유사의 비중으로 일반적으로 2.65가 사용된다.

침강속도. 유사입자의 **침강속도**(沈降速度; fall velocity)는 정지 상태인 수중에서 입자의 종기 침강속도이다. 침강속도는 입자의 성질(크기, 형상 및 단위중량), 주변유체의 단위중량 및 점성의 함수이다. 구형 입자의 침강속도는 [입자의 수중무게=항력] 의 관계식인 $(\gamma_s - \gamma)\frac{\pi}{6}d_s^3 = C_D \frac{1}{2}\rho w^2 \frac{\pi}{4}d_s^2$ 으로부터 유도되며 다음과 같다.

$$w = \left(\frac{4}{3} \frac{g d_s}{C_D} \frac{\gamma_s - \gamma}{\gamma} \right)^{1/2} \tag{10.6}$$

여기서 w는 침강속도, g는 중력가속도, d_s는 입자직경, C_D는 항력계수, γ_s는 유사입자의 단위중량, γ는 물의 단위중량이다. 항력계수는 $R_e = w d_s / \nu$로 정의되는 입자레이놀즈 수의 함수이다. ν는 물의 동점성계수이다. 입자레이놀즈수 R_e이 0.1보다 작으면 항력계수는 $C_D = 24/R_e$ 와 같고 이를 식 (10.6)에 대입하면 **스토크법칙**(Stokes law)을 얻는다.

$$w = \frac{g\,d_s^2}{18\nu}\left(\frac{\gamma_s - \gamma}{\gamma}\right) \tag{10.7}$$

퇴적유사의 단위중량. 퇴적유사의 단위중량은 단위체적에 대한 퇴적 유사의 건조무게이다. 유사 입자간의 공극 때문에 퇴적유사의 단위중량은 개개 입자의 단위 중량보다 항상 작다. 퇴적유사의 단위중량은 유사의 무게를 체적으로 또는 체적을 무게로 환산하는데 필요하다. 이는 특히 유사퇴적으로 인한 저수지의 용량감소를 계산하는데 필요하다.

퇴적유사의 단위중량은 경과시간의 영향을 많이 받으며 이는 특히 실트와 점토에서 현저하다. 저수지 퇴적유사의 시간에 대한 단위중량의 변화는 Lane과 Koelzer(1953)식으로 주어진다.

$$\gamma_m = \gamma_1 + B\log T \tag{10.8}$$

여기서 γ_m 은 T년 후 퇴적유사의 단위중량(kg/m^3), γ_1은 초기중량으로 일반적으로 압밀되기 시작하여 1년 후의 퇴적유사의 단위중량이 사용되고, B는 압밀을 나타내는 계수이다. 표 10.2는 γ_1과 B의 값을 제공한다.

표 10.2 저수지 퇴적유사의 단위중량산정에 관한 상수(Dendy와 Bolton 1976)(kg/m^3)

저 수 지 조 건	모 래		실 트		점 토	
	γ_1	B	γ_1	B	γ_1	B
항상 또는 거의 잠긴 경우	1497	0	1046	91.8	483	258
저수지 수위강하가 있는 경우	1497	0	1191	43.5	741	172
저수지 수위강하가 심한 경우	1497	0	1272	16.1	966	97
저수지에 통상 물이 없는 경우	1497	0	1320	0	1256	0

예제 10.1

저수지에 퇴적된 유사의 50년 후 단위중량을 구하라. 토사는 항상 물에 잠긴 상태이고 모래(30 %), 실트(40 %) 및 점토(30 %)로 구성된다.

풀이 식 (10.8)에 각 성분 퇴사의 단위중량(표 10.2)를 적용하면

모래 $\gamma_m = 1{,}497 + (0)\log 50 = 1{,}497\text{kg/m}^3$

실트 $\gamma_m = 1{,}046 + 91.8\log 50 = 1{,}201\text{kg/m}^3$

점토 $\gamma_m = 483 + 258\log 50 = 921\text{kg/m}^3$

따라서 평균단위중량은 $\gamma = 1{,}497 \times 0.3 + 1{,}201 \times 0.4 + 921 \times 0.3 = 1{,}205.8\text{kg/m}^3$

10.3 유사생성

하천에 존재하는 유사는 그 근원이 토양침식이다. **침식**(浸蝕; erosion)은 물, 바람 및 지질학적인 인자의 작용에 의하여 지표면으로부터 토양과 암석물질이 이완, 분리 및 이송되는 일련의 자연적인 과정이다. 장기적으로 침식의 영향은 지표면이 삭박(노출된 표면으로부터 토양과 암석입자들이 제거)되어 낮은 지대로 이송되고 종국에는 퇴적되는 과정으로 이어진다.

유사생성에 관해서는 근원지에서 침식되는 유사량과 하류 지점에 운송되는 유사량은 구분된다. **총유사생성량**(gross sediment production 또는 gross erosion)은 근원으로부터 침식, 제거되는 유사량이고, **유사산출량**(流砂産出量; sediment yield)은 침식된 토립자가 주어진 하류지점에 실제로 운송되는 양이다. 즉 유사산출량은 특정기간 동안 주어진 지점에서 측정 가능한 유역으로부터의 총 유사량으로 정의된다. 침식된 입자는 문제의 지점에 도달하기 전에 일부가 퇴적되기도 하므로 유사산출량은 총 유사생성량보다 일반적으로 적다. 유사산출량과 총유사생성량의 비를 **유사운반비**(流砂運搬比; sediment delivery ratio, SDR)라 하고 이는 이송과정에서 퇴적으로 인하여 침식된 유사의 감소량의 측정 도구이다.

$$SDR = \frac{S}{E_g} \tag{10.9}$$

여기서 S는 유사산출량, E_g는 총유사생성량이다. 총유사생성량은 일반적으로 단위시간, 유역의 단위면적에 대한 유사의 무게로 추정된다(ton/ha/yr 또는 ton/km^2/yr). 유사산출량은 특정지점을 통과하는 단위시간에 대한 유사량의 무게로 나타낸다(ton/day).

10.3.1 침식의 분류

침식은 소요시간과 근원에 따라 분류될 수 있다.

소요시간에 의한 분류. 소요시간에 따라 정상침식과 가속침식으로 분류된다. **정상침식**(또는 지질학적 침식)(定常浸蝕; normal 또는 geologic erosion))은 기후, 모암, 강우, 지형 및 식생피복의 함수로 극히 완만하게 일어나며 지구 표면을 형성하는 고체물질에 따라 다양한 속도로 일어난다. **가속침식**(또는 인위적 침식)(加速浸蝕; accelerated 또는 human induced erosion))은 벌채, 경작, 산불 및 자연식생의 파괴로 일어나며 일반적으로 식생피복의 감소로 정상침식보다 빠른 속도로 일어난다.

근원에 의한 분류. 근원에 따라 침식은 판상침식, 세류침식, 구곡침식, 하도침식으로 분류된다. **판상침식**(板狀浸蝕; sheet erosion)은 주로 지표류에 의하여 지표면의 엷은 층이 제거되는 현상이다. **세류침식**(細流浸蝕; rill erosion)은 실개천 흐름과 같은 흐름에 의하여 토양이 제거되는 현상이다. **구곡침식**(溝谷浸蝕; gully erosion)은 발단과정에 있는 수로에서 제거되는 토양으로 정상적인 경작에서는 제거될 수 없을 정도의 큰 입자이다. **하도침식**(河道浸蝕; channel erosion)은 그 발단이 하안침식과 하상저하 형태로 하상에서 일어나는 침식이다. 그러나 실무에서는 침식을 고지침식과 하도침식으로 구분한다. **고지침식**(高地浸蝕; upland erosion)은 주로 판상침식과 세류침식으로 구성되고 하도침식은 판상, 세류침식을 제외한 모든 침식을 포함한다.

10.3.2 하도침식

하도침식은 고지침식을 제외한 구곡침식, 하안침식, 하상저하, 홍수터세굴 및 다른 모든 유사원을 포함한다. 구곡은 발달과정에 있는 초기수로이다. 구곡의 발달은 심한 기후변화, 부적절한 토지이용, 또는 수로 바닥표고의 변화에 따라 가속된다. 하류지점에 운송되는 유사의 양으로 나타나는 구곡작용은 완경사에서 급경사에 이르는 두꺼운 표토층을 갖는 지역에서 뚜렷하게 발견된다. 구곡작용으로 발생되는 총유사량은 일반적으로 고지침식량 보다 적다. 수로법선의 변경이나 하안의 자연식생의 제거는 하안침식 증가의 원인이 된다. 전형적인 댐 하류의 하상저하는 추가적인 유사원을 구성한다.

여러 형태의 하도침식에 의한 토양손실을 결정하는 방법은 다음과 같다. (1) 상이한 시간에 촬영된 항공사진을 비교해서 수로의 발달정도로 평가한다. (2) 하천의 횡단면의 측량을 실시하여 횡단면적의 시간적인 변화로 결정한다. (3) 역사적인 자료를 수집하여 수로의 발달정도로 결정한다. (4) 현장조사를 실시하여 수로의 연간발달정도로 평가한다. 현지조사에 근거한 하안침식의 추정식은 다음과 같다.

$$S = HLR \tag{10.10}$$

여기서 S는 연간 하안침식의 체적, H는 제방의 평균높이, L은 침식되는 제방길이(양안이 침식되면 2배) 및 R은 연간 제방의 후퇴율(한쪽은 침식되고 다른 한쪽은 퇴적되는 경우에는 순 후퇴율을 적용한다). 하상저하의 추정식은

$$S = WLD \tag{10.11}$$

여기서 S는 연 하상저하의 체적, W는 하상저하 구간의 평균하폭, L은 하상저하 구간의 길이, D는 연하상저하율이다.

10.3.3 유사산출량

실제로 공학에서 중요한 것은 근원에서 침식되는 유사생성량이 아니라 하류지점에 운반되는 유사량인 유사산출량이다. 유사산출량은 모든 형태의 침식을 포함하는 총유사생성량에 유사운반비를 곱해서 계산된다. 따라서 유사산출량의 계산은 총유사생성량과 적정 유사운반비의 산정에 달려있다.

유사운반비는 주로 (1) 유사원, (2) 하천운반계통과 유사원과의 거리, (3) 하천운반계통의 밀도와 조건, (4) 유사의 크기와 조직 및 (5) 유역특성의 함수이다. 유사운반비는 유사원에 따라 다르게 된다. 판상, 세류침식에 의한 모든 유사가 하천흐름에 포함되지는 않는다. 그러나 하도침식에 의한 유사는 일반적으로 하류지점에 운반된다. 운반계통에 대한 유사원의 근접정도가 유사운반

비 산정에 중요한 변수이다. 하류지점에 운반되는 유사의 양은 주로 하천운반계통 즉 흐름이 유사입자를 유입(誘入)해서 보유하는 능력에 좌우된다. 실트와 점토는 모래보다 쉽게 운반될 수 있다. 유역특성도 유사운반비에 영향을 미친다. 유역의 심한 기복은 높은 침식율과 운반비를 나타내고 높은 수계밀도는 높은 유사운반비를 나타낸다.

유사운반비의 추정. 유사운반비(SDR)는 총유사생성량에 대한 유사산출량의 비이다. 유사산출량은 여러가지 방법으로 산정될 수 있다. 저수지에서 유사산출량의 산정은 저수지 퇴적량의 측량에 의하여 결정될 수 있다. 또는 문제의 지점에서 유사량을 직접 측정하여 산정 가능하다. 총유사생성은 USLE와 같은 경험식을 이용하여 계산된다.

실제 측정치가 없는 경우에는 통계적인 해석을 이용하여 SDR을 예측하는 지역적인 회귀식을 개발 할 수 있다. 가장 간단한 SDR예측식은 유역면적에 근거하는 것이다. SDR은 주어진 면적에 대하여 큰 변화를 보이나 개략적인 값은 유역면적의 항으로 나타낼 수 있다.

Singh (1992) $$SDR = A^{-0.2} \tag{10.12a}$$

Boyce(1975) $$SDR = 0.41\,A^{-0.3} \tag{10.12b}$$

여기서 A는 유역면적(km^2)이고 표 10.3은 유역면적에 대한 SDR을 나타낸다.

표 10.3의 사용은 토양의 조직, 침식형태, 운반계통 및 퇴적면적을 고려하는 판단을 필요로 한다. 예로 유역이 사질토이면 표 10.3으로 주어지는 SDR값은 감소되어야 한다. 표10.3과 그림 10.2에서 SDR은 유역면적이 증가함에 따라 감소하는 것을 알 수 있다. 유역면적이 증가하면 유역의 기복은 감소하고 유역 내 유사가 퇴적될 가능성이 높기 때문이다. 개략적인 SDR은 그림 10.2와 표 10.3에서 얻어질 수 있으나 보다 정밀한 조사가 필요하다.

한편 SWAT(Soil and Water Assessment Tool)에서는 강우량과 유출 자료를 이용해서 SDR를 추정한다.

$$SDR = \left[(q_p/\mathrm{Pr})(0.78285 + 0.21716\,Q/P)\right]^{0.56} \tag{10.12c}$$

여기서 q_p는 첨두유출(mm/hr), P_r는 첨두강우강도(mm/hr), P는 강우량(mm), Q는 유출고(mm)이다.

표 10.3 유사운반비(NRCS, 1971)

면 적(km^2)	유사운반비
0.05	0.580
0.10	0.520
0.50	0.390
1.0	0.350
5.0	0.250
10.0	0.220
50.0	0.153
100.0	0.127
500.0	0.079
1000.0	0.059

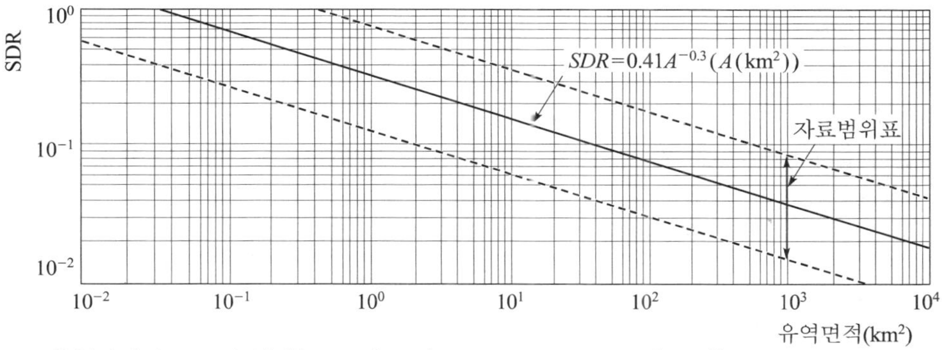

그림 10.2 유역면적과 SDR의 관계(Boyce(1975), Frentle and Julien(1987))

유사산출량 (또는 비유사량)경험식. 유역의 단위면적에 대한 유사산출량을 **비유사(산출)량**(比流砂(産出)量; specific sediment yield)라 하고 이는 유역특성에 근거한 경험식을 이용해서 추정된다.

(1) 유역면적에 의한 유사산출량 : 유역면적이 1~30,000mi²인 유역에 대하여 Dendy-Bolton(1976)은 다음과 같은 경험식을 유도하였다.

$$\frac{S}{S_R} = \left(\frac{A}{A_R}\right)^{-0.16} \tag{10.13}$$

여기서 S는 연간 비유사산출량(ton/mi²/year), S_R는 유역면적 1mi²에 대한 기준 유사산출량으로 $S_R = 1{,}645$ ton/mi²/yr에 해당된다. A는 유역면적(mi²), A_R은 기준 유역면적 (1mi²)이다.

(2) 연평균유출에 의한 비유사산출량 : Dendy-Bolton은 연평균 유출자료를 갖는 505개의 저수지 퇴적자료를 이용하여 다음과 같은 경험식을 유도하였다.

$$\text{연평균유출,} \quad Q < 2\text{in} \qquad \frac{S}{S_R} = 1.07\left(\frac{Q}{Q_R}\right)^{0.46} \tag{10.14a}$$

$$\text{연평균유출,} \quad Q \geq 2\text{in} \qquad \frac{S}{S_R} = 1.19e^{-0.11(Q/Q_R)} \tag{10.14b}$$

여기서 Q는 연평균유출(in), Q_R는 기준 연평균유출로 $Q_R = 2$in이다.

$S_R = 1645$tons/mi²/yr, $Q_R = 2$in 및 $A_R = 1$mi²을 적용하면 식 (10.14a, b)는

$$Q < 2\text{in} \qquad S = 1280\,Q^{0.46}\,(1.43 - 0.26\log A) \tag{10.15a}$$

$$Q \geq 2\text{in} \qquad S = 1965\,e^{-0.055Q}\,(1.43 - 0.26\log A) \tag{10.15b}$$

경우에 따라서는 토양, 지질, 지형, 토지이용 및 식생이 연평균유출이나 유역면적보다 유사산출량에 영향을 크게 미친다. 그러므로 식 (10.15)는 유역 계획에 대한 유사산출량산정에 일차적인 개략치를 제공한다.

예제 10.2

유역면적이 각각 35.5mi^2, 11,283mi^2, 연평균유출이 3.15in, 1.45in이다. Dendy–Bolton 방법으로 유사산출량을 계산하라.

풀이 유출이 각각 3.15>2in, 1.45<2in이므로 식 (10.15b)와 (10.15a)가 각각 적용된다.

$Q = 3.15 > 2\text{in}$

$$S = 1965\exp(-0.055\times 3.15)(1.43 - 0.26\log 35.5) = 1{,}696\ \text{tons/mi}^2\text{/yr}$$

유사산출량 $1{,}696 \times 35.5 = 60{,}241\,\text{tons/yr}$

$Q = 1.45 < 2\text{in}$

$$S = 1280 \times 1.45^{0.46}(1.43 - 0.26\log 11{,}283) = 572\,\text{tons/mi}^2\text{/yr}$$

유사산출량 $572 \times 11{,}283 = 6{,}453{,}876\,\text{tons/yr}$

유사량곡선. **유사량곡선**(流砂量曲線; sediment rating curve)은 유사량과 유량의 관계곡선으로 유사량 측정자료가 없을 경우 주어진 유량에 대한 유사량추정에 사용된다. 유사량곡선은 유량과 유사량의 동시 측정자료에 의하여 작성되고 유사량공식을 이용하여 작성되기도 한다. Fleming(1969)은 세계 250여 유역자료를 이용하여 식 (10.16)과 표 10.4를 작성하였다.

$$Q_S = aQ^n \tag{10.16}$$

여기서 Q_s는 연평균 부유사량(tons), Q는 연평균유량(m^3/s) 및 a, n은 상수로 표 15.4에 주어진다. 식 (15.16)은 개략적인 유사량의 규모를 제공하고 ±50 %의 오차가 예상된다.

표 10.4 식 10.16의 상수 a와 n 값

식 생 피 복	n	a
광엽과 소나무과식물의 혼합	1.02	4,000
소나무식물과 긴 잔디	0.82	59,000
짧은 잔디와 관목	0.65	177,000
불모지와 관목	0.72	446,000

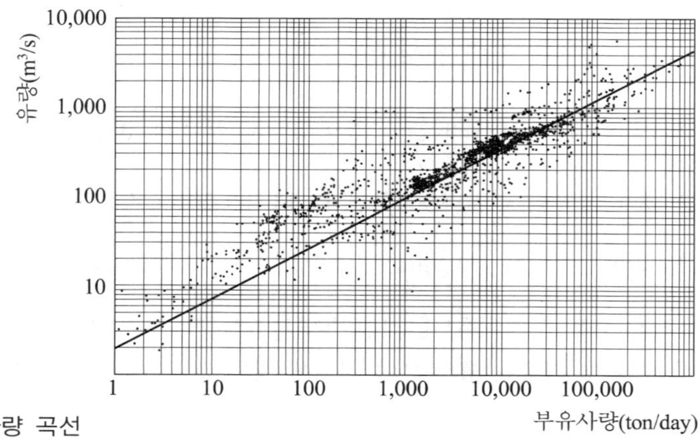

그림10.3 유사량 곡선

10.3.4 범용토양손실공식

유사생성에 주요한 인자는 강우와 유역특성이다. 강우인자는 호우의 총운동에너지와 강우강도의 조합으로 주어진다. 유역인자는 토양의 침식성, 사면의 길이와 경사, 식생피복과 관리상태, 경작방법을 포함하고 이들로 인한 고지침식량은 범용토양손실식을 이용하여 산정한다.

범용토양손실공식(汎用土壤損失式; universal soil loss equation, USLE)은 미국 농무부에 의하여 개발되었다(Winschmeier 와 Smith,1960, 1978).

$$A = RKLSCP \tag{10.17}$$

여기서 A = 판상, 세류침식에 의한 연 토양손실량(ton/ha/yr) 또는 단일 호우에 의한 토양손실량(ton/ha/호우), R = 강우인자로 특정 호우나 연평균강우량의 운동에너지의 척도,

K = 토양침식인자, L은 사면-길이인자, S는 사면경사, C는 작물관리인자 및 P는 경작인자이다. 미국에서 적용 가능한 이들 인자는 표와 도표로 제공된다. USLE는 작은 지역의 판상 및 세류침식에 대한 식으로 구곡침식, 수로침식에는 부적당하고 퇴적을 반영하지 못한다. USLE는 피복 또는 잔유물이 없고 새로 밭갈이를 한 경사가 9%, 길이가 22.13m인 침식연구토지인 단위밭(unit plot)토양의 침식량에 관한 식이다. 강우량과 토양의 두 주요 인자는 표준조건에서 침식이 가능한 양을 결정하고 경사, 관리, 조정인자들은 침식감소(경사가 증가하는 경우에는 증가)가능성을 결정한다.

10.4 유사이송

유사이송(流砂移送; sediment transport)은 흐르는 물에 의하여 유사가 유입(entrainment), 이송되는 현상이다. 유사이송의 원리에 관한 이해는 수리, 수문 및 수자원공학에 관한 많은 문제의 해석에 기본이다. 유사이송의 연구는 유사이송역학, 유사이송예측 및 유사추적으로 구분될 수 있다. 유사이송력학은 유사가 흐르는 물에 의하여 유입, 수송되는 기본과정을 지칭한다. 유사이송예측은 수로나 하천에서 유사이송이 평형 또는 정상상태일 때 유사량을 예측하는 방법과 기법이다. 유사이송의 예측은 유사이송 공식에 의하여 이루어진다. 유사추적은 유사이송이 비평형 또는 비정상상태에서 유사량을 예측하는 기법으로 시간과 공간에 대한 유사량의 변화, 하상의 상승과 저하에 관한 정보를 제공한다. 유사이송에 관한 기술은 유체역학, 하천공학 및 충적지형학의 원리에 근거한다. 흐름의 에너지와 난류는 유사를 유입하고 수송하는 능력을 하천에 부여한다.

유사량(流砂量; sediment load 또는 sediment discharge)은 하천흐름에 의하여 주어진 지점을 통과하는 유사의 이송율이고 단위는 단위시간당 무게 또는 체적이다. 이송형태에 따라 유사량은 소류사와 부유사로 분류된다. **소류사**(掃流砂; bed load)는 주로 연직 속도구배에 의한 하상전단응력과 난류작용에 의하여 하상을 따라 입자가 미끄러지는 활동, 굴러가는 전동 및 바닥에서

뛰어오르는 도약의 형태로 이동하는 유사량이다. **부유사**(浮遊砂; suspended load)는 난류작용에 의하여 흐름에 뜬 상태로 이동하는 유사량이다. 소류사로 수송되는 입자는 그 크기가 부유사로 수송되는 입자보다 크다. 소류사와 부유사의 구분은 명확하지 않는데 이는 입자에 따라서는 한 지점에서는 소류사로, 다른 지점에서는 부유사로 이동하기 때문이다. **하상물질유사량**(河床物質流砂量; bed material load 또는 bed sediment load)은 하상에 근원을 갖고 소류사 또는 부유사로 이동하는 유사량이다. 즉 이는 소류사량과 부유상태의 하상물질 유사량의 합이다. **세유사량**(洗流砂量; washload)은 부유상태의 미세입자로 구성되고 흐름단면에 고르게 분포된다. 주 근원은 하상이 아닌 판상침식으로 퇴적가능성이 없는 실트, 점토와 같은 미립 유사량이다. 세유사량은 흐름의 수리학에 영향을 받지 않고 하도를 따라 흘러간다. **총유사량**(總流砂量; total sediment load)은 주어진 흐름 단면적을 통과하는 유사의 총량으로 정의된다.

총유사량 = 소류사량 + 부유사량 = 세유사량 + 하상물질유사량

만약 주어진 흐름단면에 대한 유량이 Q(m^3/s), 유사량이 Q_s(kg/s), 그리고 유사농도가 C(kg/m^3) 일 때 이들의 관계는

$$Q_S = CQ(\text{kg/s}) \tag{10.18a}$$

$$Q_S = 86.4\,CQ(\text{ton/day}) \tag{10.18b}$$

유사의 시동. 하천 흐름의 연직유속분포는 하상부근에서 현저한 유속구배(du/dy)를 갖는다. 이러한 속도구배는 하상에 놓여 있는 입자에 전단응력($\tau = \mu du/dy$)으로 작용한다. **하상전단응력**(河床剪斷應力; bottom shear stress)은 바닥의 단위면적에 작용하는 접선방향의 힘이다.

$$\tau_o = \gamma RS \tag{10.19a}$$

넓은 수로($R \simeq d$)

$$\tau_o = \rho g d S \tag{10.19b}$$

여기서 τ_o는 바닥전단응력, γ는 물의 단위중량, ρ는 물의 밀도, g는 중력가속도, R은 동수반경, d는 수심 및 S는 흐름의 에너지경사이다.

하상에 있는 입자에 작용하는 흐름의 접선방향의 힘(전단응력)이 자연적인 저항력을 충분히 초과할 때 입자는 움직이게 된다(그림 10.4a). 비응집성 유사의 경우 이러한 움직임(또는 유입)에 대한 저항력은 주로 입자의 무게이다. 흐르는 유체에 의하여 입자에 작용하는 힘인 전단력이 증가하여 입자가 움직이기 시작하는 현상을 **시동**(始動; threshold motion 또는 incipient motion)이라 하며 시동에 관한 지식은 안정하상설계에 중요하다. 이동하상 개수로의 바닥 유사입자에 작용하는 힘에는 중력 $W = \rho_s g \forall$, 부력 $F_b = \rho g \forall$, 항력 $F_D = C_D \rho A_s V^2/2$ 또는 $F_D = C d_s^2 \tau_o$, 양력 $F_L = C_L \rho A_s V^2/2$ 이 있다(그림 10.4b). 여기서 $\forall$는 입자체적, A_s는 입자단면적, V는 평균유속, ρ_s는 입자의 밀도, C_D와 C_L은 항력과 양력계수, d_s는 평균입경이다.

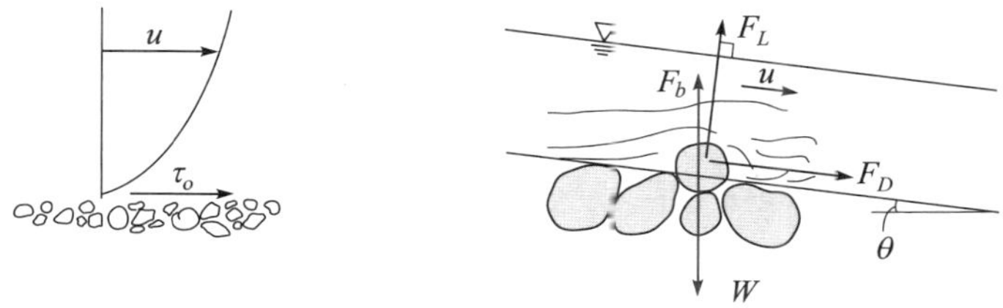

(a) 하상에 작용하는 전단응력 (b) 돌출입자에 작용하는 힘

그림 10.4 입자에 작용하는 힘

하상의 입자는 입자에 작용하는 항력 F_D이 저항력 F_R보다 크거나 또는 입자의 바닥과의 접점에 관한 불안정력(항력, 양력, 부력)모멘트 M_o가 자중에 의한 안정(저항)모멘트 M_R보다 크게 될 때 움직이게 되고 이 현상은 통상 전단응력의 항으로 정의된다. 입자의 시동조건은 입자가 움직이기 시작하는 바닥전단응력으로 정의되는 **한계(하상)전단응력**(限界(河床)剪斷應力; critical (bottom) shear stress) 또는 **한계소류력**(限界掃流力; critical tractive force)이다. 이 보다 큰 바닥전단응력에서 입자는 이동하게 된다. 유사이송에 관련되는 매개변수는 바닥전단응력(τ_o), 평균입경(d_s), 입자와 물의 밀도(ρ_s, ρ), 중력가속도(g) 및 점성계수(μ)이다. 차원해석에 의한 이들의 관계는

$$\frac{\tau_o}{\rho(S_s-1)g\,d_s}=f\left(\frac{u_*\,d_s}{\nu}\right) \tag{10.20}$$

여기서 S_s는 입자의 비중이다. 식 (10.20)의 좌변은 무차원 전단응력으로 Shields 매개변수, 우변은 **경계(또는 전단)레이놀즈수**(boundary (shear) Reynolds number) R_* 이다.

$$R_*=\frac{u_* d_s}{\nu} \tag{10.21}$$

여기서 u_*는 전단속도, d_s는 평균입경 및 ν는 동점성계수이다. 전단속도는

$$u_*=\sqrt{\tau_o/\rho}=\sqrt{g\,dS} \tag{10.22}$$

주어진 흐름과 유사의 조건에 대한 한계소류력의 결정은 그 성질상 경험적이다. **Shields 곡선**(Shields' diagram)(그림10.5)는 한계소류력을 결정하기 위하여 이론과 경험적인 접근방법을 조합한 결과로서 입자의 이동여부를 나타낸다. 곡선상부는 입자가 이동하는 이동영역, 곡선하부는 비이동영역이다. Shields곡선의 횡축은 경계(또는 전단)레이놀즈수 R_*이고 종축은 무차원 전단응력인 Shields매개변수(또는 안정매개변수)이다.

$$\tau_*=\frac{\tau_o}{\rho(S_s-1)gd_s} \tag{10.23}$$

여기서 τ_*는 **Shields매개변수** 및 S_s는 입자의 비중이다. Shields매개개변수의 한계치인 **한계 Shields매개변수**(또는 **무차원 한계소류력**) τ_{*c}은 바닥입자의 시동조건($\tau_* = \tau_{*c}$)으로 정의된다. 이에 따른 소류사의 시동조건은

$$\tau_* > \tau_{*c} \tag{10.24}$$

즉 소류사이송의 발단은 바닥전단응력 τ_o가 한계치 $(\tau_o)_c$보다 크게 될 때 일어난다.

$$(\tau_o)_c = \rho(S_s - 1) g\, d_s\, \tau_{*c} \tag{10.25}$$

τ_{*c}는 레이놀즈수 R_*의 함수이고 완전히 거친 난류에서 Shields매개변수 τ_{*c}는 거의 상수이고 그림 10.5에서 $R_* = 1,000$에서 Shields매개변수는 $\tau_{*c}=0.06$에 이른다.

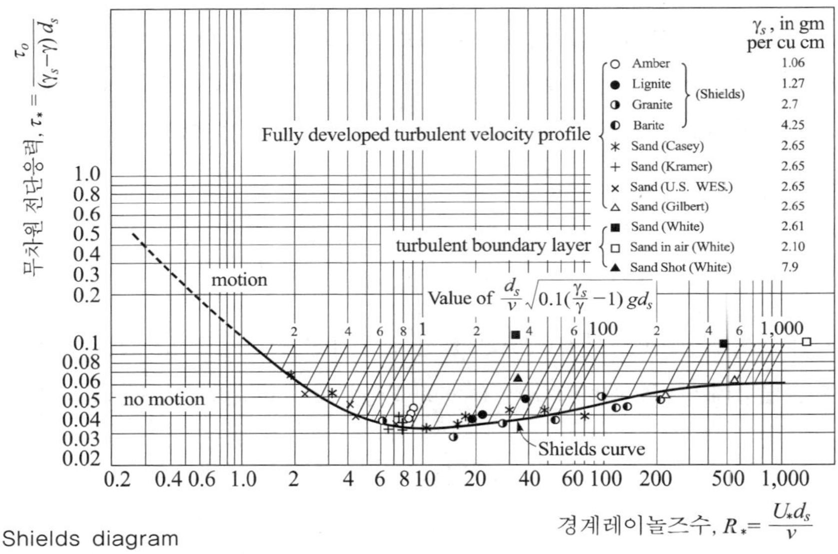

그림 10.5 Shields diagram

예제 10.3

수심이 2m, 경사가 0.0001인 수로 바닥의 입자 크기가 3mm이다. Shields곡선을 이용하여 입자의 이동 여부를 조사하라. 수온은 20℃이다.($\rho = 998.2 \fallingdotseq 1000\text{kg/m}^3$)

풀이 식 (10.19b)에 따라 바닥전단응력은

$$\tau_o = \rho g d S = 1,000 \times 9.81 \times 2 \times 0.0001 = 1.962\text{N/m}^2$$
$$= 1,000 \times 2 \times 0.0001 = 0.2\text{kg중/m}^2$$

(공학단위 0.2kg중/m^{2}을 간단히 0.2kg/m^{2}으로 표기한다.)

식 (10.23)으로부터

$$\tau_* = 0.2/[(2.65-1) \times 1,000 \times 3/1,000] = 0.0404$$

식 (10.22)로부터 전단속도는 $u_* = \sqrt{gdS} = \sqrt{9.81\times 2\times 0.0001} = 0.0443\text{m/s}$이고 부록 A-1로부터 동점성계수는 $\nu = 1.007\times 10^{-6}\text{m}^2/\text{s}$이므로 식 (10.21)에 의하여 R_*은

$$R_* = 0.0443\times 3/1,000/(1.007\times 10^{-6}) = 131.98$$

그림 10.5로부터 $R_* = 131.98$에 대한 무차원 한계소류력은 $\tau_c^* = 0.046$이다. $\tau^* = 0.0404$는 무차원한계소류력 $\tau_c^* = 0.046$보다 작으므로 입자는 이동하지 않는다.

예제 10.4

다음 수로 조건에서 유사입자가 이동하는 한계유속과 유량을 결정하라. 하폭이 30 m, 경사가 0.001, 하상입경이 3 mm, 수온이 15 ℃($\nu = 1.141\times 10^{-6}\text{m}^2/\text{s}$)이다.

풀이 넓은 수로로 가정하여 동수반경 R에 관하여 $R \simeq a$를 적용한다. 먼저 τ_*를 $\tau_* = \dfrac{\tau_o}{(\gamma_s - \gamma)d_s} = 0.04$로 가정면 $\tau_o = 0.04(\gamma_s - \gamma)d_s$이다. 한편 바닥전단응력은 $\tau_o = \gamma RS$이므로 $0.04(\gamma_s - \gamma)d_s = \gamma RS$로부터 동수반경 R을 구하면

$$R = 0.04\frac{\gamma_s - \gamma}{\gamma}\frac{d_s}{S} = 0.04\times(2.65-1)\times(3/1,000)/0.001 = 0.198\text{m}$$

$\tau_* = 0.04$의 가정을 검토한다($\rho = 999.1 \cong 1000\text{kg/m}^3$).

$\tau_o = \gamma RS = 1000\times 0.198\times 0.001 = 0.198\text{kg/m}^2$ 또는 1.942N/m^2

식 (10.22)에 의한 u_*는 $u_* = \sqrt{\dfrac{\tau_o}{\rho}} = \sqrt{\dfrac{1.942}{1,000}} = 0.044\text{m/s}$이므로 레이놀즈수는

$$R_* = \frac{u_* d_s}{\nu} = \frac{0.044\times 3/1,000}{1.141\times 10^{-6}} = 115.69$$

그림 10.5에서 $R_* = 115.69$에 대한 무차원 한계소류력은 $\tau_{*c} = 0.046$이다. 이는 가정치 0.04보다 크므로 $\tau_* = 0.045$로 다시 가정하고 위 과정을 되풀이한다.

$$R = 0.045\times 1.65\times\frac{3/1000}{0.001} = 0.223\text{m}$$

$$\tau_o = 1000\times 0.223\times 0.001 = 0.223\text{kg/m}^2$$

$$u_* = \sqrt{gRS} = \sqrt{9.81\times 0.233\times 0.001} = 0.0468\text{m/s}$$

$$R_* = \frac{0.0468\times 3/1,000}{1.141\times 10^{-6}} = 123$$

그림 10.5에서 $R_* = 123$에 대하여 $\tau_{*c} = 0.045$이므로 가정은 타당하다.

마닝공식을 이용하기 위하여 마닝조도계수를 Strickler식 식 (10.26)을 이용하여 계산한다.

$$n = \frac{(d_s)^{1/6}}{21} \tag{10.26}$$

여기서 n은 마닝조도계수, d_s는 입경(mm)이다.

$$n = \frac{(d_s)^{1/6}}{21} = \frac{(3/1000)^{1/6}}{21} = 0.018$$

$$V = \frac{1}{n} R^{2/3} S^{1/2} = \frac{1}{0.018} 0.223^{2/3} 0.001^{1/2} = 0.646 \mathrm{m/s}$$

$d \simeq R = 0.223$m이므로 유량은 $Q = (bd)\,V = (30 \times 0.223) \times 0.646 = 4.3 \mathrm{m^3/s}$

유속이 0.646 m/s, 유량이 4.3 $\mathrm{m^3/s}$ 보다 크게 되면 유사입자는 움직이기 시작한다.

하상형상. 하상형상은 흐름에 의하여 하상에 가해지는 항력과 하상이 흐름에 가해지는 저항의 상호작용에 의하여 유발된 바닥물질의 이동에 의한 결과이다. 하상형상을 형성하는 주 인자는 수심, 유속, 유사입경 및 침강속도이다. 신뢰도가 높고 포괄적인 유상이송공식을 개발하는데 주요 장애의 하나는 하상형상의 복잡한 특성이다. 흐름에너지가 감소되는 주요 원인은 바닥경계면의 조도에 의한 마찰과 하상형상에 의한 형상(압력)항력이다. 유속과 난류구조는 마찰인자(또는 조도계수) 및 하상형상과 직접적인 상호관계를 갖고 유사운반특성은 직접적으로 유속과 난류구조에 관계된다.

일반적으로 마찰인자 또는 마닝조도계수를 결정하는 것이 어려운 문제이고 충적하천에서는 더욱 어려운 문제이다. **충적하천**(沖積河川; alluvial stream)은 흐름에 의하여 이송된 유사(흙, 모래, 자갈)의 퇴적으로 수로의 경계(바닥과 하안)가 형성된 수로로 유량의 변화에 따라 하상형상이 변형되는 하천이다. 하상이 변하는 충적하천에서는 두 종류의 마찰(항력)이 존재한다. 즉 바닥표면에 의한 표면항력과 바닥형상에 의하여 발생되는 압력변화에 따른 형상(압력)항력이다. 충적하천에서는 흐름상태가 변함에 따라 하상형상이 급격히 변하여 표면항력과 형상항력을 반영하는 조도계수가 변하고 이는 흐름에 대한 마찰의 변화로 흐름의 변화를 유발한다. 변화된 흐름은 다시 하상형상의 변화를 유발하고 이러한 상호작용은 계속된다. 이러한 사실은 하천흐름을 해석하는데 조도크기를 제공하는 하상형상에 관한 지식이 필요함을 천명한다. 하상형상의 변화는 그 변화폭이 매우 커서 이로 인한 마찰인자는 10배 이상의 변화를 나타낸다. 하상형상은 대략 다음과 같다.

(1) **사련하상**(砂漣河床; rippled bed) : 낮은 유속($F_r \ll 1$)에서 복잡하고 작은 파상(波狀)형태의 하상형상으로 파장은 0.5m이내이고 높이는 3cm보다 작다. 종단면은 대략 삼각형으로 상류는 완만한 경사이고 하류는 안식각에 가까운 급경사를 갖는 것이 보통이다. 흐름은 토립자를 하류 사면위쪽으로 그리고 마루위로 계속 이동시켜 사련은 하류로 서서히 이동한다. 사련은 0.6mm보다 큰 유사에서는 거의 일어나지 않는다.

(2) **사구**(砂丘; dunes) : 큰 유속($F_r < 1$)과 유사량에서 사구가 형성된다. 사구는 사련보다 크고 사련은 사구의 상류사면에 계속하여 형성된다. 사구의 종단면은 사련과 같이 삼각형 형상으로 상류사면은 완만하고 하류사면은 급한 경사를 갖는다. 길이-높이의 비는 보통 10~40이다. 사구가 하류로 이동함에 따라 유사도 같이 이송된다. 큰 유속에서 사련은 사라지고

사구는 형상이 보다 완만하게 된다. 사구 하류측에 형성되는 곡부의 와(eddy)는 수면에 강한 난류의 **수면융승**(水面隆昇; boil)을 유발한다.

(3) 천이(遷移; transition) : 보다 큰 유속에서 발생하고 하닥형상은 작은 높이의 사련 또는 사구와 평탄하상과 같은 이질적인 배열로 구성된다.

(4) 평탄하상(平坦河床; plane bed 또는 flat bed) : 유속($F_r < 1$)이 계속 증가하면 사구는 사라지고 하상형상은 평탄하게 된다. 소류사량은 상당량에 이른다.

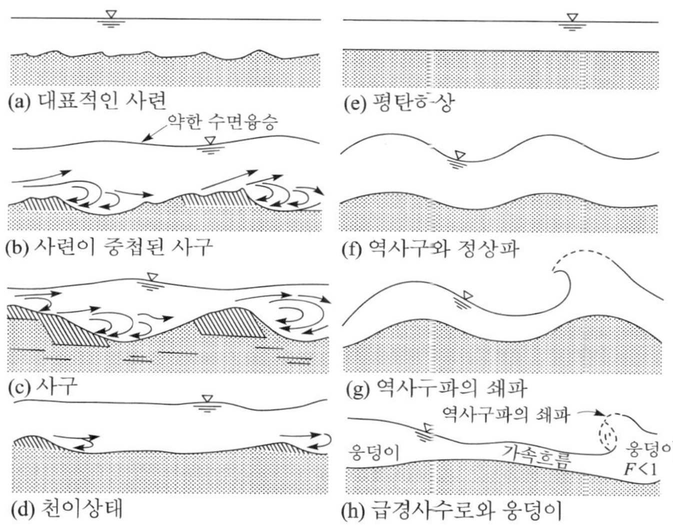

그림 10.6 충적하천의 하상형상

(5) 역사구(逆砂丘; antidunes) : 유속이 증가하여 한계유속($F_r = 1$)에 접근하면 수면의 중력파는 진폭이 증가하고 정상파 또는 서서히 이동하는 파열의 형태로 변형된다. 수면의 중력파는 수면파에 대응하는 파열(波列)을 하상에 발생시킨다. 하상파열의 진폭은 수면파의 진폭 보다 작다. 이와 같이 형성된 하상파열을 역사구라 하고 이는 종종 하류가 아닌 상류로 이동하기 때문이다. 사파(砂波; sand wave) 후류부의 낮아진 압력이 하류사면의 입자를 이동시켜 하류에 있는 다음 사파의 상류사면에 퇴적시킴에 따라 상류로 이동하게 된다. 수면파는 유속이 증가함에 따라 불안정하게 되어 쇄파될 때까지 성장한다. 쇄파됨에 따라 난류교란은 역사구를 말살하나 계속되는 수면파 형성에 따라 역사구가 다시 형성된다. 역사구의 종단면은 삼각형에서 유속이 증가함에 따라 완만하게 변한다. 흐름은 사류($F_r > 1$)이다.

(6) 급경사수로와 웅덩이(chutes and pools) : 유속이 증가하여 사류($F_r > 1$)가 되면 역사구의 형성과 소멸의 반복이 심화되어 종국에는 급경사 수로와 웅덩이의 구조 형태로 발전된다. 급경사수로는 유사가 퇴적되어 쌓인 큰 규모의 **유사퇴**(流砂堆; sediment mound)로 구성되고 유사퇴는 고속흐름의 수로를 형성한다. 유사퇴는 그 하류흐름이 때로는 상류(subcritical

flow)에 이어지고 유사퇴와 웅덩이 사이에는 수중도수가 발생한다. 어떤 의미에서는 이 유사퇴도 상류로 서서히 이동하는 큰 역사구이다.

(7) 사주(砂洲; bars) : 모양은 사구형상이나 길이는 하폭과 같거나 크고, 높이는 사구를 발생시키는 흐름의 평균수심과 같은 크기이다. 상류 사면에는 사련이나 사구가 형성된다. 사주는 만곡수로의 내측이나 지류 유입지점의 하류에 주로 형성된다.

10.5 소류사량

유사량공식은 소류사, 부유사 하상물질유사 및 총유사량공식으로 분류될 수 있고 소류사량공식은 유도된 근거에 따라 전단응력, 단위폭유량, 확률개념 및 에너지평형개념에 의한 공식 등으로 분류될 수 있다. 대부분의 소류사량 예측공식은 하상의 전단응력($\tau_o - \tau_c$)에 근거한다. 전단응력은 소류사가 활동, 전동 및 도약의 형태로 이동하는 수로경계에 적용되는 단위 면적당의 소류력이다.

DuBoys공식

유사량을 산정하는 최초 공식의 하나로 다음과 같다.

$$q_b = \psi_D \tau_o (\tau_o - \tau_c) \tag{10.27}$$

여기서 q_b는 수로의 단위폭에 대한 소류사량(m^3/sm), ψ_D는 유사입경에 대한 매개변 수(m^6/kg^{2}s),

표 10.5 DuBoys식의 ψ_D와 τ_c값

입경(mm)	ψ_D(m^6/kg^{2}s)	τ_c(kg/m^2)
1/8	0.0032	0.078
1/4	0.0019	0.083
1/2	0.0011	0.107
1	0.0007	0.156
2	0.0004	0.249
4	0.0002	0.439

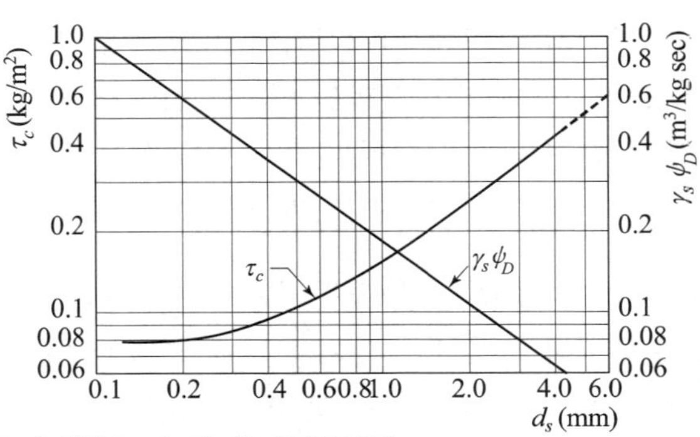

그림 10.7 DuBoys공식의 매개변수 ψ_D와 한계전단응력 τ_c

τ_o는 바닥전단응력(kg/m²), τ_c는 한계전단응력(kg/m²)이다. q_b는 τ_c에 대한 τ_o의 상대크기 $(\tau_o - \tau_c)$에 비례함을 나타낸다. ψ_D와 τ_c의 값은 Straub(1935)에 의하여 표 10.5와 그림 10.7로 주어진다. 그림 10.7에서 ψ_D는 $\gamma_s \psi_D$로 주어지므로 소류사량은 무게의 단위(kg/s m)인 $g_b = q_b \gamma_s$로 주어진다. d_s는 균일 모래의 입경(mm)이다.

Shields공식

$$g_b = \rho g q_b = 10qS\frac{\tau_o - \tau_c}{(\gamma_s/\gamma - 1)^2 d_s} \tag{10.28}$$

Schoklitsch공식

식 (10.19), 마닝공식 $V = 1/nR^{2/3}S^{1/2}$ 및 $q = Vd$로부터 τ_o에 관한 표현을 얻는다.

$$\tau_o = \rho g (nq)^{3/5} S^{7/10} \tag{10.29}$$

위식을 식 (10.27)에 대입하면

$$q_b = \psi_D \frac{S^{1.4}\gamma^2}{(1/n)^{1.2}} q^{3/5}(q^{3/5} - q_c^{3/5}) \tag{10.30}$$

여기서 q는 단위폭 유량, q_c는 유사시동이 일어나는 바닥의 경사가 S_c인 수로의 단위폭의 유량이다. 위 식을 수정한 Schoklitsch공식은

$$g_b = 2500S^{3/2}(q - q_c) \quad d_s \geq 0.006\text{m} \tag{10.31}$$

$$q_c = 0.26\left(\frac{\rho_s - \rho}{\rho}\right)^{5/3} \frac{d_s^{3/2}}{S^{7/6}} \tag{10.32}$$

Meyer-Peter-Muller공식

Meyer-Peter-Miiller소류사량공식은 다음가 같다(1948).

$$\left(\frac{k_r}{k_r'}\right)^{3/2} \gamma R_b S = 0.047(\gamma_s - \gamma)d_m + 0.25\left(\frac{\gamma}{g}\right)^{1/3}\left(\frac{\gamma_s - \gamma}{\gamma_s}\right)^{2/3} g_b^{2/3} \tag{10.33}$$

여기서 k_r은 전반적인 저항계수, k_r'는 토입자의 표면마찰에 의한 저항계수, R_b는 바닥에 대한 동수반경, d_m은 대표입경이다. 에너지경사 S는 두 성분으로 구성되는 것으로 고려될 수 있다.

$$S = S' + S'' \tag{10.34}$$

여기서 S'는 입자조도에 의한 저항을 극복하는데 요하는 에너지경사, S''는 사구와 같은 바닥형상에 따른 형상(압력)항력에 의한 저항을 극복하는데 요구되는 에너지경사이다. k_r와 k_r'는 각각 S와 S'에 대응하는 저항(조도)계수이고 다음 식으로 정의된다.

$$V = k_r R_b^{2/3} S^{1/2} \tag{10.35}$$

$$V = k_r' R_b^{2/3} S'^{1/2} \tag{10.36}$$

위 두 식으로부터 다음 관계가 성립된다.

$$\frac{S'}{S} = \left(\frac{k_r}{k_r'}\right)^2 \tag{10.37}$$

k_r'의 Strickler식은 $$k_r' = 21.1/d_s^{1/6} \tag{10.38}$$

여기서 d_s는 균일 입자의 입경(mm)이고 경계레이놀즈수 $R_* = \sqrt{f/8}\, V d_{90}/\nu \geq 100$인 수리학적으로 거친 경계이면 k_r'는 다음의 Meyer–Peter–Muller식으로 주어진다.

$$k_r' = 26/d_{90}^{1/6} \tag{10.39}$$

여기서 d_{90}은 m단위이고 중량에서 90%는 이 보다 작다.

사구가 형성되지 않는 평탄하상에서는 $S'' = 0$이므로 $S'/S = (k_r/k_r')^2 = 1$이고 $S = S'$이므로 식 (10.33)에 이들 관계를 적용하면

$$\gamma R_b S' = 0.047(\gamma_s - \gamma)d_m + 0.25\left(\frac{\gamma}{g}\right)^{1/3}\left(\frac{\gamma_s - \gamma}{\gamma_s}\right)^{2/3} g_b^{2/3} \tag{10.40}$$

식 (10.40)은 다음과 같이 정리된다(Julien, 1 995).

$$q_b = 8\sqrt{(S_s - 1)g d_s^3}\,(\tau_* - 0.047)^{3/2} \tag{10.41}$$

Einstein–Brown공식

이는 Brown(1950)에 의한 아인슈타인공식의 수정형이다.

$$\phi = 40\left(\frac{1}{\psi}\right)^3 \qquad \phi > 0.03 \ (\text{또는 } \frac{1}{\psi} > 0.09) \tag{10.42}$$

$$\frac{1}{\psi} = \frac{\tau}{(\gamma_s - \gamma)\, d_s} = \tau_* \tag{10.43}$$

$$\phi = \frac{g_s}{F\gamma_s\sqrt{(\gamma_s/\gamma - 1)g d_s^3}} = \frac{g_s}{\gamma w d_s} \tag{10.44}$$

$$F = \sqrt{\frac{2}{3} + \frac{36\nu^2}{g\, d_s^3(\gamma_s/\gamma - 1)}} - \sqrt{\frac{36\,\nu^2}{g\, d_s^3(\gamma_s/\gamma - 1)}} \tag{10.45}$$

여기서 $1/\psi$ 는 Shields매개변수와 동일하고 d_s 는 일반적으로 d_{50}이 취해지며 w는 Rubey 침강속도이다.

$$w = F\sqrt{(\gamma_s/\gamma - 1)g\, d_s} \tag{10.46}$$

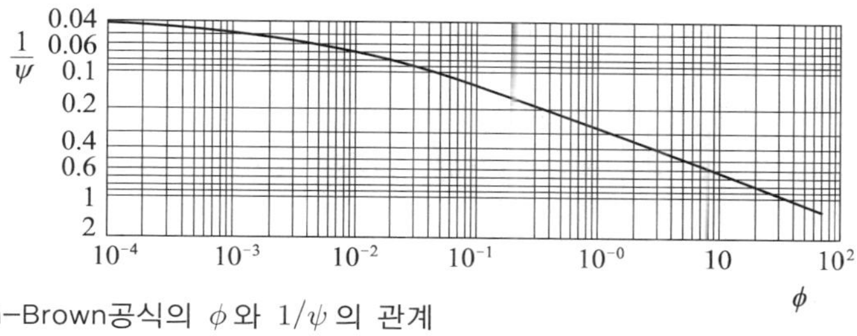

그림 10.8 Einstein-Brown공식의 ϕ와 $1/\psi$의 관계

Nielsen간략공식(1992)

$$q_b = 0.65 \times 2.5(\tau_* - \tau_{*c})d_s(4.8u_*) \tag{10.47}$$

예제 10.5

어느 하천의 특성이 다음과 같다. 수심이 3.2m, 평균유속이 2.41m/s, 경사가 0.0011, 폭이 34m, 유량이 262m³/s, 조도계수가 $n = 0.030$, 하상물질의 평균입경이 $d_s = 0.011$m, 수온이 15℃ ($\nu = 1.14 \times 10^{-6}$m²/s)이다. 소개된 공식들을 이용한 소류사량을 계산하라.

풀이 $R \simeq d$로 가정된다.

$$\tau_o = \rho g h S = 1{,}000 \times 9.81 \times 3.2 \times 0.0011 = 34.351\,\text{N/m}^2$$

$$= 1{,}000 \times 3.2 \times 0.0011 = 3.52\,\text{kg중/m}^2$$

(공학단위 kg중을 간단히 kg으로 표기한다.)

$$q = Q/b = 262/34 = 7.712\,\text{m}^3/\text{sm}$$

$$v = q/h = 7.712/3.2 = 2.41\,\text{m/s}$$

$$u_* = \sqrt{gRS} = (9.81 \times 3.2 \times 0.0011)^{1/2} = 0.186\,\text{m/s}$$

$$d_{50} \simeq d_{35} \simeq d_{65} \simeq d_{90} = 0.011\,\text{m로 가정}$$

$$R_* = \frac{u_* d_s}{\nu} = \frac{0.186 \times 0.011}{1.14 \times 10^{-6}} = 1{,}794$$

$$\tau_* = \frac{\tau_o}{\rho(S_s - 1)d_s} = \frac{3.52}{1{,}000(2.65 - 1)0.011} = 0.194$$

$R_* = 1{,}794$에 대한 한계 Shields 매개변수 $(\tau_*)_c$는 그림 10.5로부터 $(\tau_*)_c = 0.06$이다.

(1) Du Boys공식

그림 10.7을 $d_s = 0.011$m$= 11$mm에 대하여 연장하면 $\gamma_s\psi_D = 0.03$, $\tau_c = 0.95$kg/m²이므로 소류사량은

$$g_b = \gamma_s q_b = \gamma_s \psi_D \tau_o(\tau_o - \tau_c) = 0.03 \times 3.52(3.52 - 0.95) = 0.27\,\text{kg/sm}$$

(2) Schoklitsch공식

$$q_c = 0.26\left(\frac{\rho_s - \rho}{\rho}\right)^{5/3}\frac{d_s^{3/2}}{S^{7/6}} = 0.26 \times 1.65^{5/3}(0.011)^{3/2}/0.0011^{7/6} = 1.956\text{m}^3/\text{sm}$$

$$g_b = 2{,}500S^{3/2}(q - q_c) = 2{,}500 \times 0.0011^{3/2}(7.712 - 1.956) = 5.525\text{kg/sm}$$

(3) Shields공식

$(\tau_*)_c$=0.06이므로 $(\tau_o)_c$는 식 (10.25)에 따라

$$(\tau_o)_c = \rho(S_s - 1)g\,d_s\tau_{*c} = 1{,}000(2.65 - 1)9.81 \times 0.011 \times 0.06 = 10.683\text{N/m}^2$$

또는 1.089kg/m²

$$g_b = 10qS\frac{\tau_o - \tau_c}{(\gamma_s/\gamma - 1)^2 d_s} = 10 \times 7.712 \times 0.0011\frac{3.52 - 1.089}{(2.65 - 1)^2 \times 0.011} = 6.886\text{kg/sm}$$

(4) Meyer-Peter-Muller공식

(a) 식 (10.40)이용

식 (10.39) $k_r' = 26/d_{90}^{1/6} = 26/0.011^{1/6} = 55.133$

식 (10.36) $V = k_r' R_b^{2/3} S'^{1/2}$의 $2.41 = 55.133 \times 3.2^{2/3} S'^{1/2}$로부터 S'는

$$S' = 0.000405.$$

식 (10.40)에 주어진 값들을 대입하여 g_b를 구한다.

$$1{,}000(9.81)(3.2)(0.000405) = 0.047(2650 - 1000) \times 0.011$$
$$+ 0.25(1{,}000)^{1/3}[(2.65 - 1.0)/2{,}65]^{2/3} g_b^{2/3}$$
$$g_b = 6.506\text{kg/sm}$$

(b) 식 (10.41)이용

$$q_b = 8\sqrt{(S_s - 1)gd_s^3}\,(\tau_* - 0.047)^{3/2}$$
$$= 8\sqrt{1.65 \times 9.81 \times 0.011^3}\,(0.194 - 0.047)^{3/2}$$
$$= 0.00209\text{m}^2/\text{s} \text{ 또는 } g_b = q_b \times 2{,}650 = 5.539\text{kg/sm}$$

(5) Einstein-Brown공식

$R' = R = d$를 가정

$$\psi = \frac{\rho_s - \rho}{\rho}\frac{d_s}{R'S} = \frac{(2.65 - 1.0)0.011}{3.2 \times 0.0011} = 5.156$$

$$\phi = 40(1/\psi)^3 = 40(1/5.156)^3 = 0.292$$

$$\frac{36\nu^2}{gd_s^3(S_s - 1)} = \frac{36(1.14 \times 10^{-6})^2}{9.81 \times 0.011^3(2.65 - 1.0)} = 2.172 \times 10^{-6}$$

$$F = \sqrt{2/3 + 2.172 \times 10^{-6}} - \sqrt{2.172 \times 10^{-6}} = 0.814$$

$$g_s = \phi F \gamma_s \sqrt{(S_s - 1) g d_s^3}$$
$$= 0.292 \times 0.814 \times 2{,}650 \sqrt{(2.65 - 1.0) 9.81 \times 0.011^3}$$
$$= 2.924 \text{kg/sm}$$

(6) Nielsen공식($0.69 < d_s < 28.7$)mm

$$q_b = 0.65 \times 2.5 (\tau_* - \tau_{*c}) d_s (4.8 u_*)$$
$$= 0.65 \times 2.5 (0.194 - 0.06) \times 0.011 \times (4.8 \times 0.186) = 2.138 \times 10^{-3} \text{m}^2\text{/s}$$

또는 g_b=5.667kg/sm

예제 10.6

하천의 평균수심이 0.6 m, 평균유속이 0.8 m/s, 경사가 0.0008, 폭이 18 m, 유량이 8.7m^3/s, 조도계수가 $n = 0.025$, 하상물질의 평균입경이 $d_s = 0.0015$m, 수온이 15℃ ($\nu = 1.14 \times 10^{-6}$m^2/s), 평균 입경은 1.5mm 이다. 소개된 공식들을 이용하여 소류사량을 계산하라.

풀이 $R \simeq d$가 가정된다.

$$\tau_o = \rho g d S = 1{,}000 \times 0.6 \times 0.0008 = 0.48 \text{kg중/m}^2$$
$$q = Q/b = 8.7/18 = 0.483 \text{m}^3\text{/s·m}$$
$$u_* = \sqrt{gRS} = \sqrt{9.81 \times 0.6 \times 0.0008} = 0.0686 \text{m/s}$$

$d_{35} \simeq d_{65} \simeq d_{50}$ =0.0015m(1.5mm)로 가정

$$\tau_* = \frac{\tau_o}{\rho (S_s - 1) d_s} = \frac{0.48}{1{,}000 (2.65 - 1) 0.0015} = 0.194$$

$$R_* = \frac{u_* d_s}{\nu} = \frac{0.0686 \times 0.0015}{1.14 \times 10^{-6}} = 90.26$$

R_*에 대한 한계 Shields 매개변수 $(\tau_*)_c$는 그림 10.5로부터 $(\tau_*)_c$=0.044이고 각 소류사량 공식을 이용한 계산결과는 표 10.6에 예제 10.5의 결과와 같이 주어진다.

표 10.6 예제 10.5와 10.6의 흐름 – 하상조건과 소류사량 계산결과 비교

예제10.5 $d_s = 0.011$m(11mm) d=3.2m V=2.41m/s τ_o =0.48kg/m^2 S= 0.0011
예제10.6 $d_s = 0.0015$m(1.5mm) d=0.6m V=0.8m/s τ_o =0.48kg/m^2 S= 0.0008

공식명	DuBoys	Schok–litsch	Shields	M–P–M	Eistein–Brown	Nielsen
예제 10.5	0.27	5.525	6.886	5.539	2.92	5.667
예제 10.6	1.38	0.019	0.351	1.06×10^{-4}	0.14	0.319

10.6 부유사량

하천에서 부유물질의 이송은 난류의 이송확산과 대류의 조합에 의하여 일어난다. 이송확산은 종방향 흐름의 수심에 걸쳐 입자의 무작위운동과 혼합의 결과이다. 입자가 물보다 무거운 흐름에서는 바닥에 인접한 영역의 유사농도가 더 크고 난류확산은 이 영역의 입자들을 농도가 낮은 상부영역으로 상향이송을 유발한다. 대류(convection)에 의한 유사운동은 바닥이 급격히 낮아지는 구간 또는 도수에서 발생되는 대규모 와(vortex)에 의하여 입자가 상향운동을 하는 경우이다. 부유상태에 있는 토립자의 연직운동은 침강속도와 연직방향 난류유속의 변동성분간의 평형상태에 관련된

다. 난류확산에 의하여 입자가 부상하기 위해서는 연직속도의 변동성분 v'의 root-mean-square $\sqrt{\overline{v'^2}} = v'_{rms}$가 침강속도 w_s보다 커야 한다($v'_{rms} \geq w_s$). 즉 난류유속의 연직변동성분이 입자의 무게와 평형을 이룰 정도로 강해지면 바닥입자가 부상하게 된다. $v'_{rms} = 0.8u_*$ 또는 $u_*/w_s = 0.8$의 조건에서 입자가 부상한다(Bagnold, 1966). 난류유속의 변동성분이 전단속도와 같은 차원의 크기를 갖는 점에 근거한 많은 연구결과에 의하면 바닥입자의 부상기준은

$$u_*/w_s > 0.2 \sim 2 \tag{10.48}$$

즉 전단속도 u_*가 침강속도 $0.2 \sim 2w_s$의 범위에 있을 때 유사입자는 바닥에서 부상 한다.

부유사농도. 물-유사혼합물의 주어진 체적에 대한 부유사 농도는 건조유사의 무게와 물-유사혼합물의 무게의 비이다. 부유사농도의 단위에는 ppm 또는 mg/l이 사용된다. 부유사농도는 흐름의 수심에 따라 변화하며 하상에 가까울수록 크고 수면에 이를수록 감소한다. 모래와 같은 큰 입경의 유사는 수심에 따라 큰 변화를 하는 반면, 실트, 점토와 같은 미세입자는 수심에 걸쳐 거의 균일한 부유사 농도분포를 나타낸다. 부유사운동의 기본 미분방정식은 다음과 같다.

$$w_s C + \epsilon_s \frac{dC}{dy} = 0 \tag{10.49}$$

여기서 C는 부유사농도, ϵ_s 유사확산계수, y는 바닥에서 연직거리이다. 식 (10.49)는 연직 수주의 임의 수심에서 침강속도에 의한 하향운동이 난류확산에 의한 상향이송과 평형을 이루는 현상을 기술한다. 이를 적분하면

$$\ln\left(\frac{C}{C_a}\right) = -w_s \int_a^y \frac{dy}{\epsilon_s} \tag{10.50}$$

여기서 a는 $C = C_a$되는 점의 표고이다(그림 10.9, 10.10). ϵ_s=상수로 가정하면 농도분포는

$$\frac{C}{C_a} = \exp\left[-\frac{w_s}{\epsilon_s}(y-a)\right] \tag{10.51}$$

식 (10.51)은 $w_s(y-a) < \epsilon_s$이면 농도는 수심에 걸쳐 점차적으로 균일하게 되고 $w_s(y-a) > \epsilon_s$면 유사의 대부분이 바닥부근에 집중되는 상태가 된다. 흐름에서 유사확산 계수 ϵ_s는 난류확산계수(와점성계수 또는 운동량교환계수) ϵ와 거의 같다고 가정된다($\epsilon_s \simeq \epsilon$). 난류확산계수는 운동량의 수송계수로 단위 체적에 대한 운동량(ρv)이 높은 점에서 낮은 점으로 이동하는 운동량 수송율 나타낸다. 와점성계수 ϵ은 수심에 대하여 도물선분포를 갖는다.

$$\epsilon = \kappa u_* y(1-y/d) \tag{10.52}$$

여기서 κ는 von Karman상수(정지수역에서 0.4), u_*는 전단속도, d는 수심이고 관계식 $du/dy = u_*/\kappa y$, $\tau = \rho\epsilon du/dy$, $\tau = \tau_o(1-y/d)$ 및 $\tau_o = \rho u_*^2$으로부터 유도된다. κ가 상수일 때 ϵ는 $y = d/2$에서 최대치가 되어 식 (15.52)로부터 $\epsilon_{max} = 0.25\kappa u_* d$이다.

흐름과 유사의 확산계수가 같다고 가정하고($\epsilon = \epsilon_s$) 식 (10.52)를 식 (10.49)에 대입하 고 변수분리를 이용하여 적분하면

$$\frac{C}{C_a} = \left[\frac{d-y}{d-a}\frac{a}{y}\right]^z \tag{10.53}$$

여기서 a는 바닥에서 **기준면표고**(基準面標高; reference level), C_a는 기준면에서의 유사농도, Z는 **Rouse수**로 다음과 같이 정의된다.

$$z = \frac{w_s}{\kappa u_*} \tag{10.54}$$

기준면표고 a값은 하상형상고(Δ)의 1/2과 같은 값으로 가정되거나, Δ가 알려지지 않으면 등가모래 조도높이 k_s와 같게 가정된다. a의 최소치로는 $a_{min} = 0.01d$가 취해진다(Rijn, 1984b).

$$a = 0.5\Delta,\ a = k_s,\ a_{min} = 0.01d \tag{10.55}$$

식 (10.54)의 z는 상향 난류유체의 힘과 하향 중력의 영향을 나타내는 부유매개변수로 전단속도에 대한 침강속도의 비를 나타낸다. 식 (10.53)은 연직농도분포를 나타내고 이를 도시한 것이 그림 10.9이다. 그림 10.9에서 어느 z값에서나 농도는 바닥부근에서 더 크게 되고 수면을 향하여 감소한다. 세립유사이거나 강한 난류 또는 양자의 조건을 나타내는 작은 Rouse수 z에 대한 부유사 농도분포는 수심에 대하여 거의 균일하다. 큰 입경의 유사를 나타내는 큰 Rouse수 z에 대한 농도는 수심에 따라 큰 변화를 보여 하상 부근에서 농도가 크게 됨을 알 수 있다. 한편 일정한 침강속도에서 전단속도의 증가는 수심에 걸쳐 농도의 균일한 분포가 증가된다.

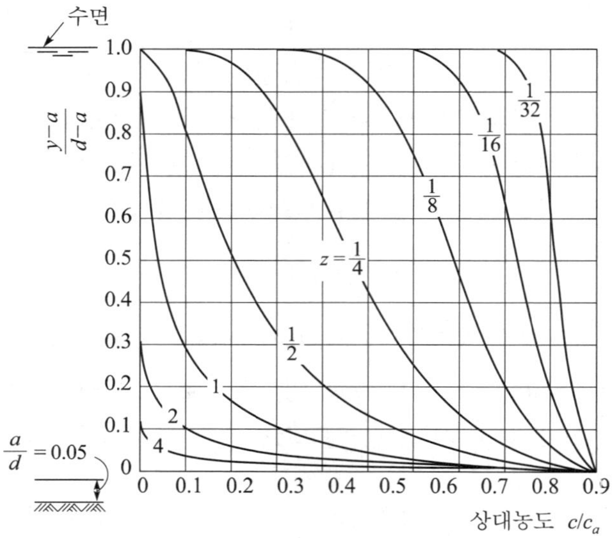

그림 10.9 부유사농도의 연직분포

부유사량. 부유사량은 부유사의 농도 C와 유속 u의 곱을 기준면 a에서 수면 d까지 적분으로 주어진다. 단위폭 흐름에 대한 부유사량은

$$q_{ss} = \int_a^d Cu\,dy = \overline{C}\,q = \overline{C}\,Vd \tag{10.56}$$

여기서 C와 u는 수심 y에서 (시간 평균)농도와 유속, a는 기준면표고, q는 단위폭당 유량, $\overline{C}$는 수심평균 유사농도, V는 평균유속, d는 수심이다. 식 (10.56)은 유사의 흐름방향의 속도성분이 유체입자의 속도와 같음을 의미한다. 바닥 인접부인 **소류사층**(掃流砂層; bed-load layer)에서 유사이송은 소류사이송 형태(전동, 활동, 도약)로 일어난다. 이에 따라 부유사는 소류사층 a의 상부영역에서 발생한다. 따라서 기준면표고 a는 소류사층의 두께 δ_b로 취해지고($a=\delta_b$) 기준면($y=a$)에서의 유사농도 C_a는 소류사층의 유사농도 C_b로 계산된다($C_a = C_b$). ($a=\delta_b$)와 C_a는 각각 식 (10.57), (10.58)로 계산된다(Rijn, 1984a,b).

$$a = \delta_b = 0.3\,d_s\,D_*^{0.7}\,T^{0.5} \tag{10.57}$$

$$C_a = C_{y=a} = C_b = 0.015\frac{d_s}{a}\frac{T^{1.5}}{D_*^{0.3}} \tag{10.58}$$

여기서 D_*는 입자매개변수 $D_* = d_s\left[(s_s-1)g/\nu^2\right]^{1/3}$, T는 이송매개변수 $T=\tau_*/\tau_{*c}-1$, τ_*는 무차원 소류력(Shields매개변수), τ_{*c} 무차원 한계소류력(한계 Shields 매개변수) 이다.

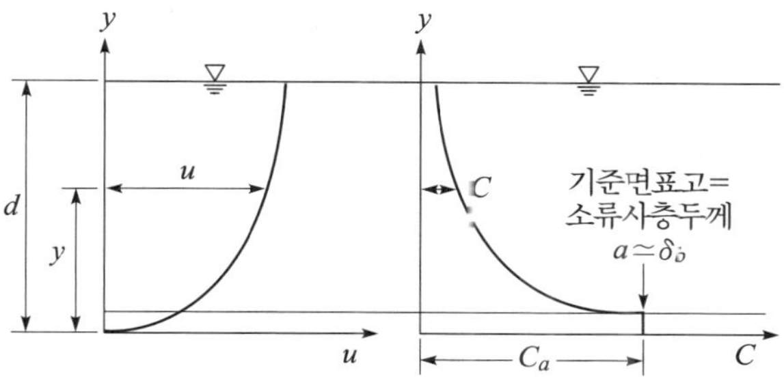

그림 10.10 기준면표고의 정의

(10.53)은 다음과 같이 쓰여 진다.

$$C = C_a\left[\frac{d/y-1}{d/a-1}\right]^z \tag{10.59}$$

식 (10.56)에 의한 부유사량은 다음 가정하에 계산된다.

(1) 유사입자의 확산이 유체입자의 확산과 동일한 특성을 가져 확산계수 또한 같은 값을 갖는다. 그러나 실제에서는 고체인 유사입자의 확산이 유체입자의 확산과 다르고 토립자의 출현은 난류흐름을 간섭하여 난류혼합계수에 영향을 준다.

(2) 유사확산계수와 유체확산계수가 식 (15.52)에서와 같이 포물선분포로 가정된다. 그러나 자연하천에서 난류는 하천경계마찰에 의하여 발생되어 자유수면에서 보다 수로바닥부근에서 강하다. 따라서 ϵ_s의 상수가정은 타당하지 않다. 근대 연구에 의하면 바닥에서 1/2수심까지는 포물선분포를, 1/2수심에서 수면까지는 일정한 값을 갖는 반-포물선분포이며 (Coleman, 970) 이는 농도분포에 보다 적합하다(Rijn 1984).

$$\epsilon_s = \kappa u_* y(1-y/d) \qquad y/d < 0.5 \tag{10.60}$$

$$\epsilon_s = 0.25\kappa u_* d \qquad y/d > 0.5\ (\text{외부영역}) \tag{10.61}$$

예제 10.7

수심이 0.7m, 하상경사가 0.005, 하상물질의 중앙입경이 0.25mm인 넓은 하천의 부유사량을 계산하라. 수온은 15℃($\nu = 1.141\times10^{-6}\text{m}^2/\text{s}$)이다.

풀이 먼저 평균유속을 계산한다. 이는 넓은 구형수로의 등류 운동량방정식과 마찰공식을 이용한다.

운동량방정식 $$V = \sqrt{8g/f}\ \sqrt{d\sin\theta} \tag{10.62}$$

난류 Colebrook-White식 $$\frac{1}{\sqrt{f}} = -2.0\log\left(\frac{k_s}{3.71D_H} + \frac{2.51\nu}{VD_H\sqrt{f}}\right) \tag{10.63}$$

여기서 f는 Darcy-Weisbach마찰인자, $D_H(=4A/P=4R)$는 수리반경, R은 동수반경, k_s는 등가모래조도이다. 넓은 수로에서 $R\simeq d$임을 고려하고 식 (10.62)의 V와 주어진 값들을 식 (10.63)에 대입하면 $f=0.0187$을 얻는다. $\sin\theta \cong S$를 고려하면 식 (10.62)로부터 $V=3.833$m/s이다.

$\tau_o = \rho g d S = 1{,}000 \times 9.81 \times 0.7 \times 0.005 = 34.355\text{N/m}^2$ 또는 3.5kg중/m.(3.5kg/m^2 표현사용)

$u_* = V\sqrt{f/8}$ 또는 $u_* = \sqrt{\tau_o/\rho}$를 이용하면 $u_* = 0.185$m/s

$d_s = 0.25$mm에 대한 침강속도는 식 (10.7) Stokes법칙에 따라 $w_s = 0.0315$m/s

식 (10.48)에 따라 $u_*/w_s = 0.185/0.0315 = 5.87 > 2$ 이므로 부유사가 발생한다.

Shields매개변수 $$\tau_* = \frac{\tau_o}{\rho(S_s-1)g\,d_s} = \frac{34.355}{1{,}000(2.65-1)9.81\times(0.25/1{,}000)} = 8.48$$

경계레이놀즈수 $$R_* = \frac{u_* d_s}{\nu} = \frac{0.185\times 0.25/1{,}000}{1.141\times 10^{-6}} = 40.53$$

그림 10.5로부터 경계레이놀즈수 R_*에 대한 한계 Shields매개변수는 $(\tau_*)_c = 0.0375$이다.

거친 수로에서 난류의 대수유속분포(식 7.3)은 내부영역($y/d \le 0.2$)에 한해서 적용되므로 전수심에 적용 가능한 유속분포로 멱법칙을 사용한다.

식 (7.8) $$N = \kappa\sqrt{8/f} = 0.4\sqrt{8/0.0187} = 8.27$$

식 (7.9) $$u_{\max} = \frac{N+1}{N} u_* \sqrt{\frac{8}{f}} = \frac{8.27+1}{8.27}(0.185)\sqrt{\frac{8}{0.0187}} = 4.289\text{m/s}$$

식 (7.7) $$u = u_{\max}(y/d)^{1/N} = 4.289(y/0.7)^{1/8.27} \tag{a}$$

입자매개변수 $$D_* = d_{50}\left[\frac{(S_s-1)g}{\nu^2}\right]^{1/3} = \frac{0.25}{1{,}000}\left[\frac{(2.65-1)9.81}{(1.141\times 10^{-6})^2}\right]^{1/3} = 4.246$$

이송매개변수 $$T = \tau_*/(\tau_*)_c - 1 = 8.48/0.0375 - 1 = 225.13$$

입자 도약고 $$\delta_b = 0.3D_*^{0.7}T^{0.5}d_s = 0.3(4.246)^{0.7}(225.13)^{0.5}\times 0.25/1{,}000 = 0.0031\text{m}$$

$$z = \frac{w}{\kappa u_*} = \frac{0.0315}{0.4\times 0.185} = 0.426$$

기준면표고 a값으로 고려될 수 있는 $\delta_b = 0.0031$m, $k_s \cong d_s = 0.00025$m는 a값의 최소치 $a_{\min} = 0.01d = 0.007$m보다 작으므로 $a_{\min} = 0.007$m를 기준면표고 a값으로 적용한다.

기준면농도 $C_a(d_s = D_{50})$ $$C_a = 0.015\frac{d_{50}}{a}\frac{T^{1.5}}{D_*^{0.3}} = 0.015\frac{0.25/1000}{0.007}\frac{225.13^{1.5}}{4.246^{0.3}} = 1.173$$

위 결과를 식 (10.59)에 대입하면

$$C = C_a\left[\frac{d/y-1}{d/a-1}\right]^z = 1.173\left[\frac{0.7/y-1}{0.7/0.007-1}\right]^{0.426} \tag{b}$$

식 (a)와 (b)를 이용하여 계산된 수심 y에 대한 유속과 부유사 농도는 표 10.7의 2, 3란에 주어지며 이들의 곱(uC)은 수심 y에 대한 부유사량을 제공한다. 전 수심에 대한 부유사량 q_{ss}는 다음과 같다.

$$q_{ss} = (\Sigma uC)\Delta y = 6.409\times 0.07 = 0.449\text{m}^3/\text{sm}$$

표 10.7 예제 10.7의 누유사량 계산과정

수심 y (m)	유속 u (m/s)	농도 C	uC (m/s)
0.07	3.246	0.423	1.373
0.14	3.530	0.299	1.055
0.21	3.707	0.237	0.879
0.28	3.839	0.197	0.756
0.35	3.944	0.166	0.655
0.42	4.032	0.139	0.560
0.49	4.108	0.115	0.472
0.56	4.178	0.092	0.384
0.63	4.235	0.065	0.275
0.70	4.289	0.00	0.000
			$\Sigma=6.409$

10.7 총유사량과 하상물질 유사량

총유사량은 전술한 바와 같이 단위시간에 주어진 흐름단면을 통과하는 유사의 총량으로 소류사량과 부유사량의 합 또는 세유사량과 하상물질유사량의 합이다. 세유사량이 상대적으로 적으면 총유사량은 하상물질유사량과 같게 되고 많은 경우 하상물질우사량이 총유사량으로 사용된다. 하상물질(total load)의 유사량공식으로 Engelund-Hansen공식, Ackers-White공식 및 Rijin방법이 있으나 Engelund-Hansen공식이 기술된다. 하상물질유사는 그 근원이 하상이므로 하상을 따라 또는 부유상태로 이동하는 유사이다. 하상물질유사량은 소류사량과 하상에 근원을 갖는 부유사량으로 구성된다.

Engelund-Hansen공식. Engelund-Hansen(1972)은 Bagnold의 **소류동력**(掃流動力; stream power) 개념과 상사원리를 적용하여 유사량공식을 유도하였다.

$$\phi=\frac{q_s}{\sqrt{(S_s-1)g\,d_{50}^3}} \tag{10.64}$$

여기서 ϕ는 무차원 유사량으로 마찰인자 f와 무차원 전단응력 τ_*의 항으로 정의된다.

$$f\phi=0.1\tau_*^{5/2} \tag{10.65}$$

$$f=\frac{2gdS}{V^2} \tag{10.66}$$

$$\tau_*=\frac{\tau_o}{\gamma(S_s-1)\,d_{50}}=\frac{dS}{(S_s-1)\,d_{50}} \tag{10.67}$$

위 식들을 종합하면

$$q_s=0.05\gamma_s V^2\sqrt{\frac{d_{50}}{g(\gamma_s/\gamma-1)}}\left[\frac{\tau_o}{(\gamma_s-\gamma)d_{50}}\right]^{3/2} \tag{10.68}$$

여기서 q_s는 수로의 단위폭 유사량, d는 수심, d_{50}은 바닥물질의 중앙입경, S는 하상경사, S_s는 유사의 비중, V는 평균유속이다. 이는 이론적으로 사구하상에 적용되나 입경이 0.15mm보다 큰 흐름영역에도 적용된다.

예제 10.8

흐름조건과 하상물질의 특성이 다음과 같다. Engelund-Hansen방법으로 하상물질 유사량을 계산하라.

유량 $Q=1{,}272\text{m}^3/\text{s}$ 단위폭 유량 $q=5.3\text{m}^3/\text{sm}$ 하상경사 $S=0.0012$

하폭 $B=403.9\text{m}$ 수심 $d=2.5\text{m}$ 바닥물질 비중 $S_s=2.65$

수온 $T=15℃$, $\nu=1.141\times10^{-6}\text{m}^2/\text{s}$

표 10.8 하상물질 계급별 성질

유사계급직경 (mm)	기하평균 (mm)	무게백분율 (P)
0.168–0.233	0.198	0.025
0.233–0.6	0.374	0.075
0.6 –1.20	0.849	0.420
1.20 –2.38	1.690	0.405
2.38 –4.76	3.366	0.075

표 10.9 입경구성비

입경 (mm)	무게백분율 (P)
0.59	16
0.80	35
0.88	50
1.00	65
1.18	84
1.47	90

풀이

평균유속 $$V=\frac{Q}{Bd}=\frac{1{,}272}{240\times2.5}=2.12\text{m/s}$$

$R\simeq d$로 가정하면 전단속도는

$$u_*=\sqrt{gdS}=(9.81\times2.5\times0.0012)^{1/2}=0.172\text{m/s}$$

계산은 $d_s=0.198$mm에 대하여 기술되고 나머지는 표 10.10에 주어진다.

무차원 전단응력(식 10.67) $$\tau_*=\frac{dS}{(S_s-1)d_s}=\frac{2.5\times0.0012}{(2.65-1)0.198/1{,}000}=9.183\text{kg/m}^2$$

마찰인자(식 10.66) $$f=\frac{2gdS}{V^2}=\frac{2\times9.81\times2.5\times0.0012}{2.12^2}=0.013$$

무차원 유사량(식 10.65) $$\phi=\frac{0.1\tau_*^{5/2}}{f}=\frac{0.1\times9.183^{5/2}}{0.013}=1{,}965.7$$

단위폭의 유사량(식 10.64)

$$q_s=\phi\left[(S_s-1)gd_s^3\right]^{1/2}=1{,}965.7\left[(2.65-1)9.81\times(0.198/1{,}000)^3\right]^{1/2}=0.022\text{m}^3/\text{sm}$$

전 하폭에 대한 유사량 $$Q_s=q_sB=0.022\times240=5.28\text{m}^3/\text{s}$$

유사농도 $$C_s=Q/Q_s\times10^6=(5.28/1{,}272)\times10^6=4{,}150.94\text{ppm}$$

$$PC_s=0.25\times4{,}150.94=103.77\text{ppm}$$

하상물질 유사량은 10.227m^3/s이다.

표 10.10 Engelund-Hansen방법에 의한 하상토질 유사량 계산과정

기하평균 d_s(mm)	무게백분율 P	τ_* (kg/m^2)	ϕ	q_s (m^3/sm)×10^{-2}	Q_s (m^3/s)	C_s (ppm)	PC_s (ppm)
0.198	0.025	9.183	1965.7	2.20	5.28	4150.94	103.77
0.378	0.075	4.861	400.75	61.60	2.784	2188.68	164.15
0.849	0.420	2.142	51.65	0.514	1.234	970.13	407.45
1.690	0.405	1.076	9.238	0.258	0.619	486.64	197.09
3.366	0.075	0.540	1.648	0.129	0.310	243.71	18.28
					Σ=10.227		

10.8 유사추적

유사산출량의 계산은 총유사량을 제공하고 유역나의 유사생성에 관한 시간과 공간적인 변화에 관한 정보는 제공하지는 않는다. 유사량공식은 정상 평형상태에 있는 흐름의 가정에 근거한다. 그러나 **유사추적**(流砂追跡; sediment routing)은 유역, 수로, 하천, 저수지 및 하구에서 유사의 생성, 이송 및 퇴적의 분포와 부정류 유사량계산을 가능하게 하여 시간과 공간에 대한 유사량의 변화량을 제공한다. 유사추적은 많은 양의 계산을 필요로 하여 컴퓨터를 이용함으로서 용이하게 처리된다. 유사추적은 유사산출량과 유사량계산 외에도 유사의 생성, 이송 및 퇴적의 시간·공간적인 정보가 필요할 때에 사용된다. 유사추적방법은 특히 하천과 저수지에서 유사과 이에 따른 하상변동의 이송과 퇴적에 관한 상세한 해석에 유용하다.

흐름추적. 유사추적은 흐름추적(9장)을 필요로 하고 이는 흐름의 연속방정식과 운동량방정식의 수치해로 수위, 유량, 에너지경사 및 수로의 수리학적 매개변수의 시간과 공간적인 변화를 제공한다(Chang,1982).

$$\frac{\partial Q}{\partial t}+\frac{\partial Q}{\partial s}-q=0 \tag{10.69}$$

$$\frac{1}{A}\frac{\partial Q}{\partial t}+g\frac{\partial y}{\partial s}+\frac{1}{A}\frac{\partial}{\partial s}\left(\frac{Q}{A}\right)^2+gS_o-\frac{Q}{A^2}q=0 \tag{10.70}$$

유사추적. 이는 (1) 유사연속방정식의 수치해와 (2) 유사량공식을 이용한 소류사량 계산의 두 성분으로 구성된다. 유사추적은 각 시간 단계에서 흐름단면의 변화를 계산하는데 사용된다. 유사추적의 절차는 먼저 소류사량을 계산한다. 이에 필요한 수리변수의 값은 흐름추적의 결과로 주어진다. 유사량(Q_s)이 계산되면 유사연속방정식을 이용하여 수로단면에서 수로경계의 변화(ΔA_b)를 계산한다. 이 변화는 하상과 하안에서 일어난다. 유사연속방정식인 Exner식은

$$(1-\lambda)\frac{\partial A_b}{\partial t}+\frac{\partial Q_s}{\partial x}-q_s=0 \tag{10.71}$$

여기서 λ는 바닥물질의 공극율, A_b는 수로의 횡단면적, Q_s는 유사량, q_s는 단위길이에 대한 횡 유입유사량이다. 미 육군 공병단의 HEC-6, Iowa대학의 CHARIMA, Chang의 FLUVIAL은 유사추적모형의 예이다.

10.9 저수지의 유사토적

유사는 고지와 수로에서 생성되어 흐르는 물의 작용에 의하여 하류하천으로 이송된다. 저수지나 호수의 입구에서와 같이 흐름 단면적의 확대로 인하여 유속이 감소하면 유입(誘入)과 수송능력이 감쇠되어 퇴적이 발생한다. 저수지에 유입되는 유사 중 큰 입자는 저수지입구 부근에 퇴적되어 삼각주를 형성하고, 부유상태의 미립유사는 댐 부근의 최심부에 퇴적되고 일부는 방류구를 통하여 하류하천으로 흘러간다.

유사를 운반하는 하천에 저수지가 축조되면 유사량의 상당량이 저수지에 퇴적된다. 이로 인하여 저수지의 유효저류용량이 점진적으로 감소된다. 따라서 저류시설의 계획에서는 유사저류 또는 제거에 관한 조치가 마련되어야 한다.

저수지의 주요 부분에 퇴적되는 물질은 세사, 실트 및 점토로서 유입부의 삼각주에 퇴적되지 않고 거의 부유상태로 이송된 유사이다. 만약 유입흐름이 저수지의 수면층보다 밀도가 크면 침강하여 저수지 바닥을 따라 이동하는 바닥 밀도류를 형성한다. 저수지의 유사 퇴적율은 중요한 경제적인 현안이 된다. 즉 저수지는 수력발전과 수자원 개발사업의 주요 사항이므로 저수지의 설계수명이 중요한 사안이 된다.

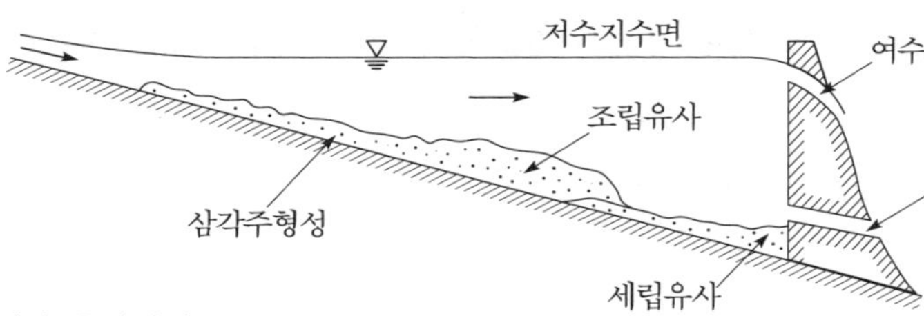

그림 10.11 저수지의 유사퇴적

10.9.1 저수지포착율

저수지에 유입되는 유사의 대부분은 저수지내에 퇴적되고 이는 저수지 용량의 감소를 유발한다. 유사퇴적에 의한 저수지의 용량감소는 (1) 유입 유사량, (2) 유입유사의 저수지내 포착율, (3) 퇴적토사 밀도의 영향을 받는다.

저수지계획에 관한 목적을 위해서는 저수지 수명동안 유사 퇴적용량의 산정이 필요하고 이는 유사의 포착율의 항으로 가능하다.

$$V_s = E Q_s \tag{10.72}$$

여기서 V_s 는 연간토사퇴적용량(m^3/yr), Q_s 는 저수지내로 유입되는 유사의 체적(m^3/yr) 및 E 는 저수지 포착율이다.

저수지 포착율(捕捉率; trap effficiency)은 흐름에 의하여 수송되는 유사를 저수지가 포착하는 능력이다. 이는 유입유사에 대한 포착되는 유사의 백분율로 정의된다. 포착율은 (1) 흐름의 저수지내 체류시간 또는 연평균 유출용적에 대한 저수지 체적의 비, (2) 유사특성의 함수이다. 포착율 결정과정은 다음과 같다.

1. 저수지의 용량 C(m^3)을 결정한다.
2. 저수지의 연평균 유입량(유출체적) I(m^3)를 결정한다.
3. 그림 10.12를 이용하여 C/I에 대한 포착율을 백분율로 결정한다. 유사원의 조사나 입경별 유사량의 조사를 통하여 유입유사의 조직을 측정한다. 저수지가 유사로 채워짐에 따라 포착율은 감소하므로 포착율을 기간별로 수정 조정함이 필요하다.

유사유입량 Q_s 는 유사이송기법 또는 실제 저수지 퇴적량의 측정으로 산정된다. 저수지 퇴적유사의 체적은 유입되는 유사량의 무게 W_s 와 단위중량에 따라 다르고 퇴적된 유사의 단위중량은 유사의 종류와 퇴적기간에 따라 다르게 된다. 오래된 퇴적은 압밀 시간을 많이 갖고 퇴적에 의한 하중을 받는다. 퇴적유사량 산정에는 일반적으로 계산시점을 기준으로 평균 단위중량이 사용된다.

$$Q_s = \frac{W_s}{\gamma_m} \tag{10.73}$$

여기서 Q_s 는 저수지에 유입유사량, W_s 는 유입유사량의 무게, γ_m 은 퇴적유사의 평균단위중량이다. Lane과 Koelzer는 퇴적유사의 T 년후 단위중량 γ_m 의 산정식을 다음과 같이 제안하였다.

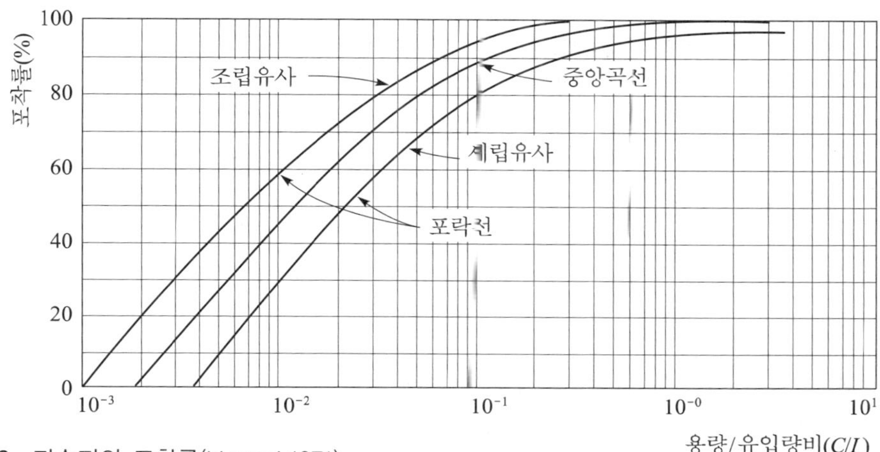

그림 10.12 저수지의 포착률(Vanoni,1971)

$$\gamma_m = \gamma_1 + B \log T \tag{10.74}$$

여기서 γ_1은 초기단위중량, B는 압밀계수이다. 식 (10.74)는 매 연간 퇴적유사량에 적용되고 시간 T에서 총 퇴적유사의 평균중량은 T년까지의 적분으로 산정되어야 한다. 표 10.11은 미국 자연자원보전청(1983)에 의한 일반 목적을 위한 50년 후 평균단위중량을 나타낸다.

표 10.11 50년간 퇴적된 유사의 단위중량

재료	수중단위중량 (kg/m^3)	공기단위중량 (kg/m^3)
점토	640–960	960–1280
실트	880–1200	1200–1360
모래	1360–1600	1360–1600
모래, 자갈	1520–2080	1520–2080

예제 10.9

저수지의 저류용량이 8×10^6m^3, 유역면적이 250km^{2}이다. 연평균유출이 0.4m/yr, 유사생성량이 1200tons/km^{2}으로 추정된다. 유사는 대부분이 세립이다. 퇴적유사의 단위중량을 1500kg/m^{3}으로 가정하여 저수지의 저류용량이 2×10^6m^{3}으로 감소하는데 소요되는 기간을 결정하라.

풀이 퇴사로 인하여 저류용량이 감소되는 기간을 매 $\Delta V = 2\times 10^6\,\mathrm{m}^3$마다 계산한다. 저수지에 유입되는 연 평균 유입량은 $I = 0.4\times 250\times 10^6 = 10^8\,\mathrm{m}^3$이고 계산내용은 다음 표와 같다. 3란은 각 기간의 끝에서 유입량에 대한 저수지 용량과의 비를 나타낸다. $i=0$인 경우 $C/I = 8\times 10^6/10^8 = 0.08$. (5)란은 세립유사에 대한 그림 10.12의 하부곡선으로부터 읽은 C/I에 대한 포착률이다. 연간 유입유사의 퇴적체적은 다음과 같다.

$$I_s = \frac{\text{생성량}\times A}{\gamma_m} = \frac{1200\,\mathrm{tons/km^2/yr}\times 1000\,\mathrm{kg/ton}\times 250\,\mathrm{km^2}}{1500\,\mathrm{kg/m^3}}$$

$$= 200{,}000\,\mathrm{m^3/yr}$$

간격 i (1)	저수지용량 (10^6m^3) (2)	C/I (3)	기간별 평균 C/I (4)	포착률 E_i (5)	연수 yr (6)
0	8	0.08			
			0.07	0.73	13.7
1	6	0.06			
			0.05	0.65	15.4
2	4	0.04			
			0.03	0.54	18.5
3	2	0.02			
계					47.6

실제 퇴적유사의 체적은 $I_s E_i$이고 매 ΔV가 채워지는데 소요되는 연수는 $\Delta V/(I_s\times E_i)$이므로 (6)란의 $i=0\sim1$의 경우 2×10^6m^{3}이 감소하는데 소요되는 연수는 $2\times10^6/(200{,}000\times0.73)=13.7$년이 된다. 6란의 합은 저수지 용량이 2×10^6m^{3}으로 감소하는데 48년이 소요됨을 나타낸다.

예제 10.10

평균유량이 $14m^3/s$, 평균유사량이 11kg/s인 하천에 저수지가 건설된다. 이송되는 유사는 50% 모래, 15% 실트 및 35%의 점토로 구성된다. 퇴적유사는 항상 물에 잠긴 상태이다. 유효저수용량이 10^7m^3이다. 평균 입경은 그림 10.12의 중앙치에 대한 곡선으로 가정된다. 유사저류용량(sediment storage)을 포함하지 않는 유효저류용량이 $2\times10^7m^3$이다. 저수지의 수명을 100년으로 계획할 경우 총 저수지 용량을 결정하라.

풀이 연간 저수지에 유입되는 유사량의 무게는

$$W_s = 11(3600)(24)(365) = 3.47\times 10^8 \text{kg/yr}$$

100년간 퇴적되는 유사의 평균단위중량은 식 (10.8)과 표 10.2로부터

$$\gamma_m = \gamma_{sand} + \gamma_{silt} + \gamma_{day}$$

$$= 0.5[1{,}497 + 0(\log 100)] + 0.15[1.046 + 91.8(\log 100)] + 0.35[483 + 258(\log 100)]$$

$$= 1282.6 \text{kg/m}^3$$

따라서 100년간 유입유사의 체적은

$$Q_s = \frac{W_s}{\gamma_m} = \frac{3.47\times 10^8}{1282.6} = 270{,}500 \text{m}^3$$

연간 평균유입유량은 $I = 14(3600)(24)(365) = 4.42\times 10^8 \text{ m}^3/\text{yr}$

저수지 총용량은 유효저류용량과 유사저류용량의 합이 되므로

$$C = 2\times 10^7 + EQ_s = 2\times 10^7 + 270{,}500E$$

저수지 용량을 $C = 2.2\times 10^7 m^3$으로 가정하면 $C/I = 2.2\times 10^7/4.42\times 10^8 = 0.0495$이므로 포착율은 그림 10.12의 중앙치 곡선으로부터 $E = 0.77$이다. 따라서 총 저수지용량 C는

$$C = 2.2\times 10^7 + (270{,}500)\times 0.77 = 2.22\times 10^7 \text{m}^3$$

이는 가정치($2.2\times 10^7m^3$)와 거의 같으므로 ($2.22\times 10^7m^3$)을 100년 수명 저수지 용량으로 채택한다.

10.9.2 저수지 설계수명

저수지설계수명(貯水池設計壽命; reservior design life)은 저수지가 예정된 목적을 수행하는데 필요한 기간이다. 예를 들면 유역보호나 홍수조절을 위하여 설계되는 구조물은 50~100년의 설계수명이 적용되기도 하나 수자원 개발을 위한 댐의 수명은 항구적이라야 할 것이다. 계획된 설계수명이 유한하거나 항구적이거나 간에 저수지의 완전한 설계 저류용량을 보전하기 위해서는 저수지 퇴적에 대한 조치가 취해져야 한다. 이는 (1) 일정기간 또는 필요에 따라 저수지 퇴사의 제거나, (2) 설계된 저수용량을 잠식하지 않고 퇴적된 유사를 전부 수용할 수 있는 충분히 큰 저류용량을 확보하는 것이다. 유사퇴적계산은 일반적으로 저수지 용량설계에 포함된다.

퇴적유사의 분포. 퇴적유사의 분포는 댐과 저수지의 조작과 유지관리에 실질적으로 영향을 미친다. 퇴적유사의 양과 형태는 유사의 성질, 저수지의 모양, 저수지 바닥의 지형, 접근수로의 성격, 체류시간, 저수지의 목적에 따라 다르게 된다. 입경이 큰 유사는 저수지 유입구 부근에 퇴적되고

미세유사는 저수지내에서 긴 거리를 운반되어 댐 가까이에 퇴적된다.

유사저류지. **유사저류지**(流砂貯留池; sediment retention 또는 debris basin)는 유사와 잡물이 저수지를 포함한 주수로 계통에 이르기 전에 이들을 포착하기 위한 목적으로 고지지역에 위치하는 소규모 저수지로 침사지와 기능은 같으나 규모면에서 구별된다고 할 수 있다. **잡물**(debris)은 조약돌, 자갈, 나뭇가지 또는 다른 식물성 물질로서 이들은 수로나 수리학적인 구조물을 막히게 하여 기능을 감소시키거나 계획시기보다 빨리 설계수명에 이르거나 구조물의 붕괴에 이르게 하기도 한다.

잡물저류지(雜物貯留池; debris basin)는 잡물의 잠정기간동안 억류만을 위한 목적으로 수로나 저수지 상류에 위치한다. 잡물저류지는 일반적으로 규모가 작고 수시로 청소할 수 있도록 설계된다. 일부 잡물저류지는 하나 또는 두개의 주요 호우동안에 채워지는 규모를 갖거나 50～100년의 설계수명을 갖기도 한다. 규모는 공사비와 위치 조건에 따라 결정된다.

문 제

유사성질

10.1 토립자의 직경이 0.1mm, 비중이 2.65이다. 15℃ 정수에서 입자의 침강속도를 Stokes법칙으로 구하라.

10.2 직경이 0.2mm, 비중이 2.65인 입자의 침강속도를 계산하라. 항력계수는 $C_D = 4$이다.

10.3 100년 경과된 저수지 퇴사의 단위중량을 계산하라. 퇴사는 모래 50%, 실트 30% 및 점토 20%로 구성된다.

유사생성

10.4 면적이 30km^{2}인 유역의 연평균유출이 6cm일 때 Dendy-Bolton공식으로 유사산출량을 구하라.

10.5 다음 자료에 대한 유사산출량을 산정하라.

유역면적(km^2)	2	10	100	1,000	10,000
연평균유출(mm)	45	60	105	150	112

유사이송역학

10.6 수심이 2.5m, 경사가 0.0002인 수로에서 직경이 2mm인 입자의 시동여부를 조사하라. 비중은 2.65이고 동점성계수는 1 centistoke이다.

10.7 수심이 1m, 경사가 0.0005인 하상에 위치한 비중 2.65, 직경 3mm인 입자의 시동여부를 조사하라. 수온은 10℃이다.

10.8 넓은 수로의 경사가 0.002, 하상입자의 중앙 입경이 2.5mm, 비중이 2.65이다. 바닥이 세굴되지 않을 최대수심을 결정하라. 수온은 15 ℃이다.

10.9 다음 흐름 조건에 대한 소류사량을 DuBoys, Shields, M-P-M공식으로 구하라. 수심이 3m, 평균유속이 1m/s, 수로경사가 0.00012, 평균입경이 0.4mm 및 하폭 80m이다.

10.10 단면이 거의 사각형인 하천의 폭이 60m, 경사가 0.0003, 마닝조도계수가 0.03, 유량이 60m^3/s, 바닥물질의 평균입경이 0.25mm이다. DuBoys공식으로 소류사량(tons/day)을 구하라.

10.11 하천의 폭이 100m, 수심이 5m, 경사가 0.0005, 바닥물질의 중앙입경이 10mnm이다. 다음을 계산하라.

(a) 한계전단응력, (b) DuBoys, Schoklitsch, Shields, Meyer–Peter–Muller, Einstein–Brown, Nielsen 공식에 의한 소류사량

10.12 바닥경사가 0.0004, 바닥 물질의 중앙입경이 0.12 mm, 침강속도가 0.01 m/s, 마닝조도계수가 0.04, 유량이 $q=0.3\,\mathrm{m^3/s/m}$인 하천의 소류사량을 산정하라. (a) DuBoys, (b) Shields, (c) Meyer–Peter–Muller, (d) Einstein–Brown공식, (e) Nielsen.

10.13 폭 b=60m, 깊이 d=0.5m, 하상경사 S_o=0.005, d_{50}=2.0mm인 하천의 소류사량을 DuBoys방법으로 산정하라.

10.14 수심 d=2.2m, 폭 b=30m, 하상경사 S=0.0006, 하상물질의 중앙입경 d_{50}=4mm인 하천의 (a) 평균유속, (b) 바닥전단응력, (c) 전단속도, (d) Shields매개변수, (e) 소류사가 발생하는지? (f) 소류사가 발생하면 소류사량을 구하라.

10.15 어느 하천의 유사와 수리특성이 다음과 같다. 수심 d=0.3m, 폭 b=5m, 수면경사 S_f=0.0015, $\nu=1.0\times10^{-6}\mathrm{m^2/s}$. DuBoys, Shields, MPM, Einstein–Brown방법으로 소류사량을 구하라. 또한 각 입경에 대한 소류사량을 계산하라.

입경 (mm)	크기백분율 (%)	수심 (m)	단위폭유량 ($\mathrm{m^2/s}$)
0.062	0.06	0.08	0.32
0.131	0.30	0.09	0.35
0.252	1.60	0.11	0.48
0.356	7.30	0.13	0.60
0.501	18.4	0.14	0.72
0.712	38.4	0.15	0.76
0.996	58.7	0.16	0.90
1.410	78.2	0.20	1.30
1.992	91.6	0.24	1.65
2.860	99.6	0.30	2.25

10.16 넓은 수로의 단위폭 유량이 $q=22\mathrm{m^2/s}$, 수심 d=3.6m, 하상경사 S=0.001, 입자중앙입경 d_{50}=5mm인 하천의 소류사량을 (a) DuBoys, (b) M–P–M, (c) Engelund–hansen방법으로 계산하라.

10.17 폭 b=30m, 하상경사 S=0.0006, d_s=1.12mm, 단위폭 유량 $q=3\mathrm{m^2/s}$인 하천의 소류사량을 M–P–M, Einstein–Brown 방법으로 산정하라.

부유사량

10.18 수심이1.2m, 하상경사가 0.001, 평균유속이 2.6m/s, 하상물질의 중앙입경이 0.20mm인 넓은 하천의 부유사량을 계산하라. 수온은 15℃($\nu=1.141\times10^{-6}\mathrm{m^2/s}$)이다.

10.19 폭 b=80m, 깊이 d=1.2m, 하상경사 S_o=0.0005, 단위폭 유량 $q=3.5\mathrm{m^3/s\ m}$, d_{50}=0.10mm인 하천의 부유사량을 계산하라.

10.20 수심이 1.1m, 하상경사가 0.005, 중앙입경이 0.2mm인 하천의 (a) Rouse수, (b) 부유사농도의 도시, (c) 부유사량을 구하라.

10.21 하상물질의 중앙입경이 0.25mm인 하천의 폭이 5m, 수심이 0.36m, 하상경사가 0.012, 마닝조도 계수가 0.032이다. (a) 유량, (b) 바닥전단응력, (c) 전단속도, (d) 침강속도, (e) Shields매개변수, (f) 바닥물질이 이동하고 부유사가 발생하는지? (g) 소류사량, (h) 부유사량, (i) 총유사량을 계산하라.

총유사량

10.22 수심 3m, 하폭이 60m, 경사가 0.0004, 유량이 $60m^3/s$인 하천의 바닥 물질의 입경이 0.25mm, $S_s = 2.65$이다. 하상물질유사량을 Engelund–Hansen방법으로 산정하라. 수온은 15℃이다.

10.23 Engelund–Hansen방법으로 하상물질 유사량을 산정하라. 하천의 수심은 3.2m, $S = 0.001$ 대표입경이 3mm, 수온 20℃, 조도계수 $n = 0.03$이다.

10.24 유량이 $110\ m^3/s$, 수심이 2.4 m, 경사가 0.00025, 하폭이 52m, 수온이 15℃인 하천의 하상물질 유사량을 Engelund–Hansen방법으로 산정하라. 하상물질(비중=2.65)은 다음과 같이 구성된다.

입경 (mm)	기하평균 (mm)	무게에 의한 비율 (P)
0.060–0.125	0.880	0.050
0.125–0.250	0.177	0.024
0.250–0.500	0.345	0.037
0.500–1.000	0.707	0.026
1.000–2.000	1.414	0.080

10.25 수심이 12m, 하폭이 25m, 단위폭 유량이 $1.15m^2/s$, 수온이 15℃인 하천의 입경분포가 다음과 같다. Engelund–Hansen방법으로 총유사량을 구하라.

입경 (mm)	무게백분율 (%)
0.056	0.03
0.12	0.11
0.256	0.36
0.540	0.29
1.15	0.13
2.06	0.06
3.85	0.02

10.26 유량이 $105m^3/s$, 수심이 2.32m, 하폭이 46m, 하상경사가 0.0025, 수온이 15℃인 하천의 하상물질 특성이 다음과 같다. 하상물질 유사량을 Engelund–Hansen방법으로 계산하라.

유사계급입경 (mm)	기하평균 (mm)	무게백분율 (%)
0.062–0.125	0.076	0.03
0.125–0.25	0.187	0.24
0.25–0.50	0.356	0.39
0.50–1.0	0.717	0.26
1.00–2.0	0.423	0.08

저수지유사퇴적

10.27 저수지의 용량이 $3\times10^6m^3$, 유역면적이 $200km^2$이다. 연평균유출이 350mm, 유사생성량이 $1200tons/km^2$, 퇴적된 유사의 단위중량이 $1500\ kg/m^3$이다. 그림 10.12의 중앙곡선을 이용하여 저수지용량이 $1\times10^6m^3$으로 감소하는데 소요되는 기간을 결정하라.

10.28 저수지의 용량이 $60\times10^6m^3$, 연간 유입유량이 $80\times10^6m^3$이다. 유역면적이 $1000km^2$, 유사생성량이 $300tons/km^2$이다. 입자분포는 모래 10%, 실트 40%, 점토 50%이고 유사는 항상 수중에 잠긴다. 저수지

용량의 80%가 유사로 채워지는데 소요 연수를 결정하라.

10.29 유역면적이 700km^2, 연평균유출이 200mm인 지점에 저류용량이 5×10^6m^{3}인 저수지가 건설된다. 퇴적 유사의 단위중량은 1400kg/m^{3}으로 가정된다. (a) 저수지 용량이 30% 감소하는데 소요되는 기간은 얼마인가? (b) 저수지가 유사로 완전히 채워지는데 얼마나 걸리는가? Dendy–Bolton식을 이용하여 유사산출량을 추정한다.

10.30 평균하상경사 0.0025, 연평균유량이 5×10^8m^3/yr 인 하천에 용량이 10^9m^{3}인 저수지가 위치된다. 유사량은 대부분이 평균입경 0.12mm의 소류사량으로 하절기 약 2개월 걸쳐 일어나는 45m^3/s의 홍수량에 의한다. 하폭은 60m, 조도계수는 0.03이다. 향후 50년 후에 퇴사로 인한 저수지 용량감소를 추정하라.

10.31 유역면적이 6000km^{2}인 하천에 용량이 1.2×10^8m^{3}인 저수지가 위치한다. 하천의 경사는 0.0004, 조도계수는 0.03이다. 입경이 0.12mm인 유사량은 DuBoys공식으로 결정된다. 유량이 30m^3/s, 하폭이 80m일 때 60년 동안에 퇴사로 인한 저수지의 용량감소를 결정하여라.

11 수문통계학

수문학의 많은 수문과정은 무작위 속성 때문에 확률적인 입장에서 해석되고 설명된다. 예를 들면 하천유량이나 강우량의 모든 우연성은 정량적으로 해석할 수 없으므로 이들을 확정론적인 방법으로 예측하는 것이 가능하지 않다. 따라서 이는 확률적인 방법론을 필요로 한다. 첫째, 댐, 교량, 수로 및 암거등과 같은 모든 수공구조물은 각각의 설계홍수량을 안전하게 소통 또는 유하시키도록 설계, 시공된다. 그러나 설계홍수량을 크게 설정하더라도 설계홍수사상이 초과될 가능성 즉 위험도는 존재하게 된다. 따라서 이러한 위험도가 어느 정도이며 어떻게 이러한 위험도를 정량화할 수 있는가 하는 문제가 제기되고 이는 확률개념을 통해서 밝혀질 수 있다. 둘째, 수문변수들간의 관계를 수립하고 많은 수문설계방법이 부분적으로는 이론적인 원리에 근거하나 대부분의 설계방법의 도출은 자료해석의 형태를 이용하고 있다. 이들의 경우 주어진 수문사상의 장래 발생확률의 추정을 필요로 하고 이는 통계확률적인 방법을 이용하여 장래 예측이 가능하다. 셋째, 관측된 자료의 해석과 평가를 용이한 형태로 나타내는 것이 가능할 뿐 아니라 증발과 풍속과 같은 변수간의 관계의 조사도 가능하게 한다. 넷째, 수문시계열에 경향의 존재여부와 장래사상에 대한 외삽을 가능하게 한다. 다섯째, 기록 기간을 연장하고 결측치를 보완하기 위하여 추계학적모형을 이용하여 합성시계열을 발생하는 것이 가능하다. 이들의 처음 네 방법론이 11, 12장에서 기술된다.

11.1 확률개념

확률변수(確率變數; random (stochastic) variable) X는 확실성을 가지고 예측할 수 없는 하천유량이나 강우량과 같은 사상의 크기로서 무작위 또는 불확실성과정의 결과를 확률분포에 의하여 설명되는 변수이다. 확률변수 X에는 이산형과 연속형이 있다. 어느 한 해에 제방이 월류되는 사상의 수와 같이 정수로 나타낼 수 있는 수는 이산형 확률변수이고, 연속된 홍수위 기록은 연속형 확률변수이다. 확률변수 X는 확률분포에 의하여 기술되는 변수이므로 확률분포는 변수의 관측치 x가 X의 특정범위의 값과 같게 되는 가능성을 규정하고 $P(X=x)$와 같이 표현된다. 예를 들면 X가 어느 지점의 연강우량이라면 X의 확률분포는 어느 해의 연강우량의 관측치가 $x=1000$ mm에 같거나 보다 작게 되는 가능성을 규정한다. 일반적으로 확률변수는 대문자로,

확률변수의 특정 값은 소문자로 나타낸다.

확률변수의 관측치 $x_1,\ x_2, \cdots,\ x_n$ 의 집단을 **표본**(標本; sample)이라 하고 이는 무한한 크기의 집단인 **모집단**(母集團; population)으로부터 추출된 것으로 가정한다. 모집단은 일정한 통계적 성질을 갖는 반면, 표본의 통계적 성질은 표본에 따라 모집단과 달라질 수 있다. 모집단으로부터 추출되는 모든 표본의 집단을 **표본공간**(標本空間; sample space)이라하고, 표본공간의 구성요소를 **사상**(事象; event)이라 한다. 예를 들면 연강우량의 표본공간은 이론적으로 영에서 무한대에 이르는 강우량이고 임의의 강우량 예를 들면 800mm보다 작은 강우량의 발생은 하나의 사상이다.

사상A의 확률이란 확률변수의 관측이나 **시행**(試行; trial)에서 사상A가 일어날 가능성이다. 사상A의 확률은 많은 시행 후에 A가 발생하는 **상대빈도**(相對頻度; relative frequency)로 정의된다. 따라서 n 시행에서 A 가 n_A 번 일어났다면 사상 A의 확률 $P(A)$는 n_A/n 가 된다. 표본크기가 증가하면 상대빈도는 보다 정확한 확률 추정치가 된다.

$$P(A) = \lim_{n \to \infty} \frac{nA}{n} \tag{11.1}$$

확률은 다음 몇 가지 법칙을 따르게 된다.

1. **총 확률**. 표본공간 Ω 는 m 개의 사상 또는 비중첩 공간 $A_1, A_2, \cdots, A_i, \cdots, A_m$ 으로 구성된다. 사상 A_i의 확률은 양수이고 1보다 작거나 같다.

$$0 \leqq P(A_i) \leqq 1 \tag{11.2}$$

모든 사상의 확률의 합 즉 총 확률은 1이다.

$$P(A_1) + P(A_2) + \cdots + P(A_m) = P(\Omega) = 1 \tag{11.3}$$

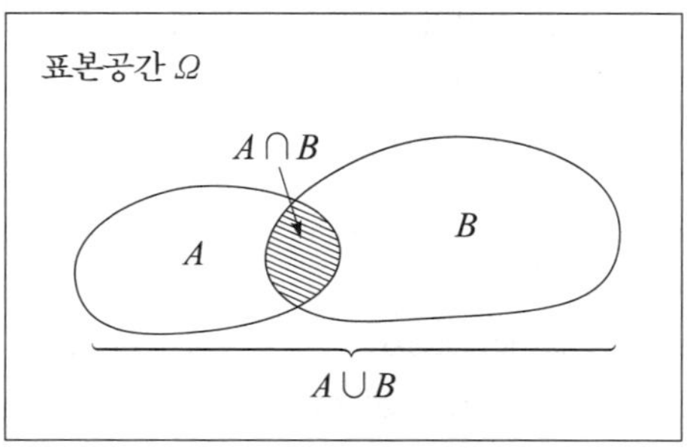

그림 11.1 표본공간

2. **합집합과 교집합**. 두 사상 A, B가 배반사상이 아니면 겹치는 부분을 가지게 되고 이 겹치는 부분을 A, B의 **교집합**(交集合; intersection)이라 하고 $A \cap B$로 표시한다. 사상 B의 발생이 A의 발생과 무관하면 두 사상은 독립적이고 이를 **독립사상**(獨立事象; independent event)이라 한다. A, B가 독립사상일 때 A, B 둘 다 일어나는 **결합확률**(結合確率; joint probability)은 A, B의 각 확률의 곱과 같다.

$$P(A \cap B) = P(A)P(B) \tag{11.4}$$

두 사상 A, B의 **합집합**(合集合; union)은 A나 B에서 일어나는 모든 표본점들로서 $A \cup B$로 나타낸다. A 또는 B의 확률, 즉 합집합의 확률은 A, B의 각 확률의 합에 이중으로 포함되는 A, B의 결합확률을 뺀 값과 같다.

$$P(A \cup B) = P(A) + P(B) - P(A \cap B) \tag{11.5}$$

만약 A, B가 독립사상이면 식 (11.5)는 식 (11.4) 따라

$$P(A \cup B) = P(A) - P(B) - P(A)P(B) \tag{11.6}$$

만약 A, B가 독립배반사상이면 $P(A \cap B) = 0$이므로 식 (11.5)는

$$P(A \cup B) = P(A) + P(B) \tag{11.7}$$

3. 여사상. 만약 $\overline{A}$가 A의 **여사상**(余事象; complement) 즉 $\overline{A} = \Omega - A$라면

$$P(\overline{A}) = 1 - P(A) \tag{11.8}$$

4. 조건부확률. 두 사상 A, B에서 사상 A는 금년에 유량이 5,000m^3/s 을 초과하는 확률이고, 사상 B는 내년에 유량이 5,000m^3/s를 초과할 확률이라 한다. A, B의 중복된 부분은 $A \cap B$ (그림 11.1)로서 이는 A와 B가 2년 연속해서 일어나는 사상이다. 이는 A가 일어나는 조건에서 B가 일어나는 확률을 나타낸다. 이를 **조건부확률**(條件附確率; conditional probability)이라 하고 $P(B/A)$로 표시되고 다음과 같이 정의된다.

$$P(B/A) = \frac{P(A \cap B)}{P(A)} \tag{11.9}$$

이는 결합확률 $P(A \cap B)$가 식 (11.10)으로 주어짐을 의미한다.

$$P(A \cap B) = P(B/A)P(A) \tag{11.10}$$

A, B가 독립사상이면 식 (11.4) 에 따라 식 (11.9)는 식 (11.11)과 같이 된다.

$$P(B/A) = P(A) \cdot P(B)/P(A) = P(B) \tag{11.11}$$

앞의 예에서 두 사상 A, B가 연도에 관계없이 독립적이라면 2년 연속해서 유량이 5,000m^3/s 보다 크게 되는 확률은 어느 한해에 유량이 5,000m^3/s를 초과하는 확률의 자승 $P(A)^2 = [P(A)]^2$ 으로 주어지고 만약 10년 연속해서 5,000m^3/s를 초과하는 확률은 $P(A)^{10} = [P(A)]^{10}$ 으로 주어진다.

수문자료의 통계해석에서 중요한 사항은 사상(기록 또는 자료)이 독립적이면 각 사상의 발생 순서에 관계없이 자료해석이 수행되는 점이다.

5. 홍수량이 5,000m^3/s에 같거나 초과하는 사상 A의 확률을 $P(A) = 1/3$ 이라 할 때 5,000m^3/s

보다 작은 홍수량이 일어나는 사상 B의 확률은 $P(B)=2/3$가 된다. 3년 동안에 A가 2회 일어나는 확률을 생각한다. 3년 동안에 A가 2회 일어나는 확률은 B가 1회 일어나고 이들은 서로 독립적이므로 $\frac{1}{3}\frac{1}{3}\frac{2}{3}=\frac{2}{27}=0.074$이다. 그러나 A가 2회 발생하는 조합은 AAB, ABA, BAA와 같이 3가지이므로 3년 동안에 A가 2회 일어날 모든 확률은

$$P(3\text{회 시행 2회 성공})=3\left(\frac{1}{3}\right)^2\left(\frac{2}{3}\right)=0.22 \quad \text{또는 } 22\%$$

이다. 이를 조합의 일반식으로 나타내면

$$P(n\text{시행 } k\text{회성공})=\binom{n}{k}p^k(1-p)^{n-k} \tag{11.12}$$

예제 11.1

표 11.1은 전주의 1916년부터 1988년까지의 73년간 연 최대 일강우량이고 그림 11.2는 빈도 막대그래프이다. (a) 어느 한 해의 일 최대 강우량 R이 150mm보다 작게 되는 확률과 200mm를 초과할 확률, (b) 150과 200mm사이의 확률을 구하라.

풀이 (a) $R<150$mm를 사상 A, $R>200$mm를 사상B라 한다. 표 11.1로부터 이들 범위에 있는 값들의 수는 각각 $n_A=60$, $n_B=6$이다. $n=73$년이므로 $P(A)=60/73=0.822$, $P(B)=6/73=0.082$.

(b) 연 최대일강우량이150과 200mm사이에 있을 확률은 $R\leq 150$mm와 $R\geq 200$mm의 여사상이므로 식 (11.8)로부터

$$\begin{aligned}P(150\leq R\leq 200)&=1-\{P(R<150)+P(R>200)\}\\&=1-(0.822+0.082)=0.069\end{aligned}$$

표 11.1 전주 연최대 일강우량(mm)(1916~1988)

년	1910	1920	1930	1940	1950	1960	1970	1980
0	–	198.7	127.4	82.0	93.8	102.1	61.0	110.0
1	–	98.7	80.6	194.5	143.1	170.8	96.1	114.1
2	–	86.5	112.5	336.1	72.0	89.6	68.5	51.3
3	–	85.7	87.47	70.6	118.5	137.3	73.4	127.8
4	–	138.4	107.8	104.6	94.5	116.9	87.8	167.3
5	–	154.1	51.4	144.2	128.0	89.8	95.7	106.9
6	170.1	80.3	204.6	205.8	63.5	101.9	178.3	114.6
7	69.0	75.3	74.1	81.9	64.6	103.2	54.9	104.3
8	62.9	54.4	66.7	222.8	202.2	60.3	112.1	111.7
9	77.1	65.6	51.2	65.5	146.9	97.0	232.1	–

평균 $\bar{x}=117.2$mm

표준편차 $S=55.22$mm

예제 11.2

전주지방의 연 최대 일강우량이 독립적임을 가정하여 연속 2년 동안 150mm보다 작게되는 확률을 구하고 상대빈도로 구한 값과 비교하라.

풀이 2년 연속하여 $R < 150$mm되는 사상을 C라 한다. 예제 11.1에서 $P(R < 150) = 0.822$ 이고 이는 독립사상이므로

$$P(C) = [P(R < 150)]^2 = (0.822)^2 = 0.676$$

표 11.1에서 2년 연속해서 $R < 150$mm인 경우는 48이므로 $P(C) = n_c / n = 48/73 = 0.656$ 으로서 이는 독립사상을 가정해서 구한 결과 거의 일치한다.

예제 11.1과 11.2에서 추정된 확률은 한정된 크기의 표본으로부터 구한 것이므로 근사치이다. 확률을 구하는 또 다른 방법은 자료에 확률분포함수를 적합하여 이 분포(곡선)을 이용해서 사상들의 확률을 결정하는 것이다.

11.2 확률밀도함수와 분포함수

표본인 관측치들이 동일한 확률분포에서 추출된 것이라고 가정하면 이들을 정리하여 **빈도막대그래프** 또는 **빈도주상도**(frequency histogram)로 나타낼 수 있다. 먼저 관측치를 몇 개의 계급 또는 구간으로 나누고 각 구간의 값을 횡축에, 각 구간의 관측치의 수(빈도)를 종축에 도시하여 그림 11.2와 같이 연 최대 일강우량의 빈도막대그래프를 얻는다.

구간 또는 계급의 수는 빈도막대그래프의 모양에 영향을 준다. Stuges(1926)에 의하면 적정 계급(또는 구간)의 수 m은

$$m = 1 + 3.3 \log n \tag{11.13}$$

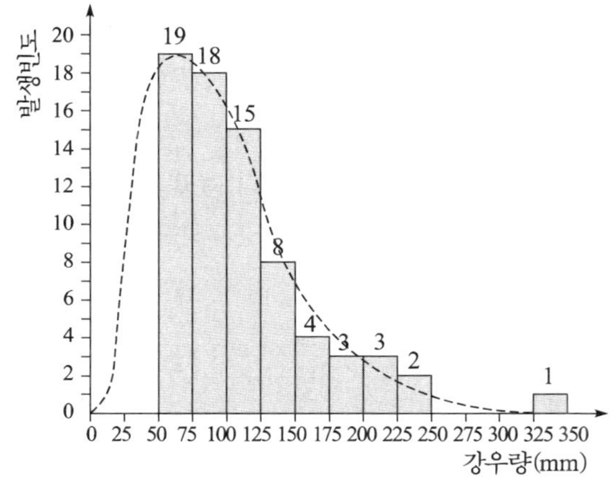

그림 11.2 연 최대일강우량의 발생빈도그래프(전주)

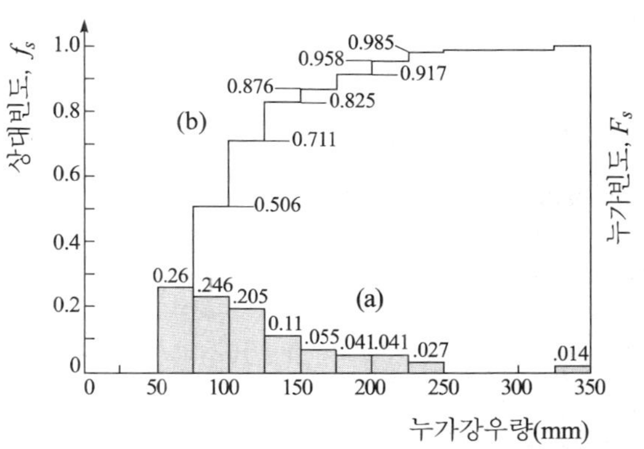

그림 11.3 연 최대일강우량의 상대빈도(a)와 누가빈도막대그래프(b)(전주)

여기서 n은 자료의 수이다. Spiegel(1961)은 계급수로 5~20을 제안했고 Steel과 Torrie(1960)는 구간 폭이 표준편차의 1/3~1/4을 초과하지 않을 것을 제안하였다.

상대빈도함수(相對頻度函數; relative frequency function) $f_s(x_i)$는 x_i의 범위 $\{x_i - \Delta x,\ x_i\}$를 나타내는 i 구간의 관측치 n_i를 관측치의 총수 n으로 나눈 값으로 정의된다.

$$f_s(x_i) = \frac{n_i}{n} \tag{11.14}$$

여기서 첨자 s는 함수가 표본자료로부터 계산됨을 나타낸다. 식 (11.14)는 확률변수 X가 구간 $\{x_i - \Delta x,\ x_i\}$에 있을 확률

$$P(x_i - \Delta x \le X \le x_i) = \frac{n_i}{n} \tag{11.15}$$

의 추정치이다. 표 11.1의 자료를 식 (11.14)에 준하여 나타낸 것이 그림 11.3a이고 이로부터 강우량이 구간 50~75mm에서 발생할 확률은 0.26이다. x_i까지 상대빈도의 합은 **누가빈도함수**(累加頻度函數; cumulative frequency function) $F_s(x)$이다.

$$F_s = \sum_{j=1}^{i} f_s(x_j) \tag{11.16}$$

이는 사상 또는 관측치가 x_i보다 작거나 같게 되는 확률인 누가확률 $P(X \le x_i)$의 추정치이다. 표 11.1의 자료를 식 (11.16)에 따라 나타낸 것이 그림 11.3b이고 이로부터 강우량 R이 구간 75mm~100mm보다 작거나 같게 되는 확률이 0.506이고 누가확률의 최대치는 1.0이다. 이들 개념이 이산확률변수와 연속확률변수에 대하여 기술된다.

이산확률변수의 확률. 이산확률변수(離散確率變數; discrete probability variable) X는 $x_1, x_2, x_3, \cdots, x_n$과 같이 하나씩 셀 수 있는 변수이다. 이산확률함수에 대한 확률은 질량함수로 주어진다.

$$P(x_k) = P(X = x_k) \tag{11.17}$$

$P(x_k)$는 이산확률변수 X가 x_k에 같게 되는 확률을 규정하는 **확률질량함수**(確率質量函數; probability mass function, pmf)로 다음과 같은 성질을 갖는다.

$$0 \le P(x_k) \le 1.0 \tag{11.18}$$

$$\sum_{k=1}^{n} P(x_k) = 1.0 \tag{11.19}$$

여기서 n은 사상의 총 수이다. 확률변수 X가 $a,\ b$ 사이에 있게 되는 확률은

$$P(a \le X \le b) = \sum_{a \le x_i \le b} P(x_i) \tag{11.20}$$

확률변수 X가 x_k보다 작거나 같게 되는 확률은 x_k까지 일어난 확률의 합으로서 **누가분포함수**(累加分布函數; cumulative distribution function, cdf)로 정의된다.

$$\begin{aligned} P(X \le x_k) &= \sum_{i=1}^{k} P(x_i) \\ &= F(x_k) \end{aligned} \tag{11.21}$$

상대빈도함수 $f_s(x_i)$와 누가분포함수 $F_s(x_k)$는 표본변수에 관하여 정의되고 이들에 상응하는 모집단에 대한 함수는 $n \to \infty$, $\Delta x \to 0$이 될 때 얻어진다.

연속확률변수의 확률

확률밀도함수 : 상대밀도 $f_s(x_i) = n_i/n$는 구간 Δx의 확률이므로 $(n_i/n)/\Delta x$는 구간의 단위길이에 대한 확률로서 확률의 평균밀도를 나타낸다. 따라서 연속확률변수의 **확률밀도함수**(確率密度函數; probability density function, pdf) $f(x)$는 $n \to \infty$, $\Delta x \to 0$의 극한에서 얻어진다.

$$f(x) = \lim_{\substack{n \to \infty \\ \Delta x \to 0}} \frac{f_s(x)}{\Delta x} \tag{11.22}$$

$f(x)$는 구간 $[x, x + \Delta x]$에서 확률의 밀도 또는 농도를 나타낸다. 이는 다음과 같은 성질을 갖는다.

$$f(x) \ge 0 \tag{11.23}$$

$$\int_{-\infty}^{\infty} f(x)dx = 1 \tag{11.24}$$

식 (11.24)는 확률밀도함수를 나타내는 곡선의 아래 총면적이 1.0임을 의미한다. 구간 a, b 사이의 확률(그림 11.4)은

$$P(a \le X \le b) = \int_a^b f(x)dx \tag{11.25}$$

연속확률변수에 대한 **누가확률분포**(累加確率分布; cumulative probability distribution) 또는 **누가밀도함수**(累加密度函數; cumulative density function, CDF)는 이산확률변수와 유사하게 정의된다. $F(x)$는 하한치 0에서 상한치 1까지 증가함수이다.

$$F(x) = P(X \le x) = \int_{-\infty}^{x} f(x)dx \tag{11.26}$$

$$0 \le F(x) \le 1.0 \tag{11.27}$$

이로부터 주어진 x 에 대한 $F(x)$ 는 누가확률 $P(X \le x)$ 을 나타내고 확률밀도함수의 적분으로 주어진다. $F(x_1)$은 그림 11.4a의 밀도함수 $f(x)$에서 $x = x_1$의 좌측 면적은 식 (11.26)을 나타내고, 그림 11.4b의 분포함수에서는 $x = x_1$에 대한 종거 $F(x_1)$으로 표시낸다.

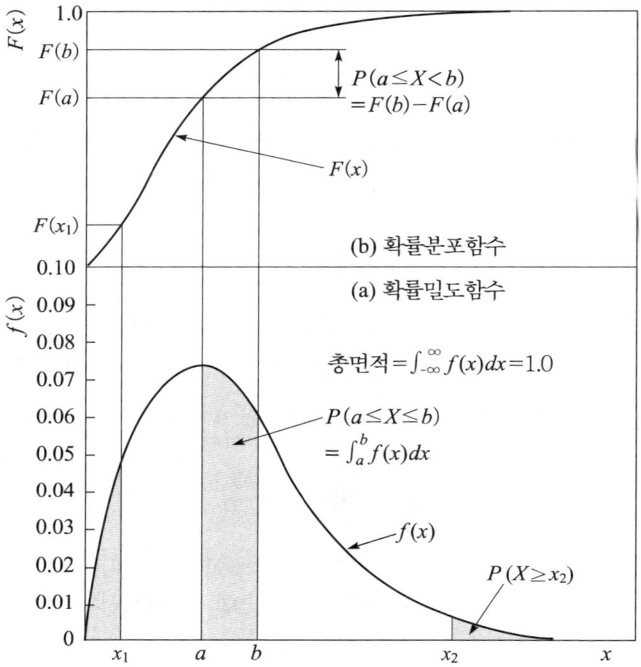

그림 11.4 연속확률밀도함수와 누가밀도함수

확률밀도함수는 확률분포함수의 미분으로 얻어지고 이에 따라 확률밀도함수 $f(x)$는 분포함수 $F(x)$의 기울기를 나타낸다.

$$f(x) = \frac{dF(x)}{dx} \tag{11.28}$$

x_i 의 확률 $P(x_i)$ 는 다음과 같이 $f(x)$ 와 $F(x)$ 항으로 나타낼 수 있다.

$$\begin{aligned} P(x_i) &= P(x_i - \Delta x \le X \le x_i) = \int_{x_i - \Delta x}^{x_i} f(x)dx \\ &= \int_{-\infty}^{x} f(x)dx - \int_{-\infty}^{x_i - \Delta x} f(x)dx \\ &= F(x_i) - F(x_i - \Delta x) \\ &= F(x_i) - F(x_{i-1}) \end{aligned} \tag{11.29}$$

누가확률 $P(X \le x)$를 나타내는 누가확률분포 $F(x)$를 간단히 분포함수라 하며 **비초과확률**(非超過確率; nonexceedance probability)이라고도 한다. 이에 반하여 확률변수 X가 x와 같거나 크게 되는 확률을 **초과확률**(超過確率; exceedance probability)이라 하며 여사상과 식 (11.26)을 적용하면 식 (11.30)과 같다.

$$P(X \ge x) = 1 - P(X < x) = 1 - F(x) \tag{11.30}$$

11.3 기대치와 분위수

기대치

A가 S라는 금액을 받을 확률이 p라면 A가 받으리라고 기대되는 금액인 기대치는 pS이다. 또는 주사위를 던져서 개개 숫자가 나올 확률은 $p_k = 1/6(k = 1,\ 2,\ 3,\ 4,\ 5,\ 6)$이므로 $k = 2$의 기대치는 (2) $(1/6) = 1/3$, $k = 5$의 기대치는 (5) (1/6) = 5/6이다. 따라서 이들 6개의 숫자 집단을 변수 X로 나타낼 때 X의 기대치는 개개 숫자의 기대치를 전부 더한 것과 같다.

$$E(X) = \sum_{k=1}^{6} x_k p_k = \sum x_k \left(\frac{1}{6}\right) \tag{11.31}$$

$$= (1)(1/6) + (2)(1/6) + (3)(1/6) + (4)(1/6) + (5)(1/6) + (6)(1/6) = 3.5$$

$E(X)$를 확률변수 X의 **수학적기대치**(數學的期待値; mathematical expectation) 간단히 **기대치**(expected value)라 한다. 위 결과는 기대치가 주사위의 숫자 1, 2,$\cdots$, 6중 하나의 숫자인 정수가 안 될 수 있음을 나타낸다. X가 연속확률변수이면 X에 대한 기대치는

$$E(X) = \int_{-\infty}^{\infty} x f(x) dx \tag{11.32}$$

여기서 $f(x)$는 확률밀도함수이다. 이로부터 확률질량함수 또는 확률밀도함수 $f(x)$는 평균강우량, 평균홍수량과 같은 확률변수함수의 기대치의 산정을 가능하게 한다.

분위수

확률분포를 기술하는 가장 간단한 방법은 분위수이고 중앙치 $x_{0.50}$은 그의 한 예이다. 중앙치는 크기순의 자료집단을 2등분한다. 2등분개념을 연장하여 자료집단을 4등분하여 Q_1, Q_2, Q_3으로 나타낼 때 이들을 **4분위수**(四分位數; quartiles)라 하며 Q_2는 둘째 4분위수로 중앙치와 같다. 같은 방법으로 자료집단을 10등분하여 D_1, D_2,$\cdots$, D_9로 나타내는 값들을 **십분위수**(deciles), 100등분하여 P_1, P_2,$\cdots$, P_{99}로 나타내는 값들을 **백분위수**(percentiles)라 한다. 관측치가 75개인 경우 25-백분위수는 19번째 작은 자료이다. 5-십분위수와 50-백분위수는 중앙치와 같다. 0.01-분위

수는 첫째 백분위수. $100p$-분위수는 p-백분위수이다. 4분위수, 십분위수, 백분위수를 통틀어 **분위수**(分位數; quantiles)라 한다.

일반적으로 증가 크기순인 자료집단의 q-분위수(qth-quantile)는 자료의 q-부분(또는 백분율)은 이보다 작고 자료의 $(1-q)$부분은 이보다 큰 값으로 정의된다. 예를 들어 0.3(또는 30%)-분위수는 자료의 30%는 이보다 작고 자료의 70%는 이보다 크게 되는 값을 정의한다. 이에 따라 확률변수 X의 0.5-분위수는 중앙치를 나타내고 0.75-분위수는 $P(X \le x) = 0.75$를 만족하는 x_p이고 이는 그림 11.5에서 확률밀도함수와 확률분포함수로 설명된다. **분위수도시**(分位數圖示; quantile plot)는 수문량(Q_i)에 대한 누가확률의 도시로 확률분포함수($F(Q_i)$)를 나타내며 그림 11.5의 오른쪽은 분위수 도시의 예이다.

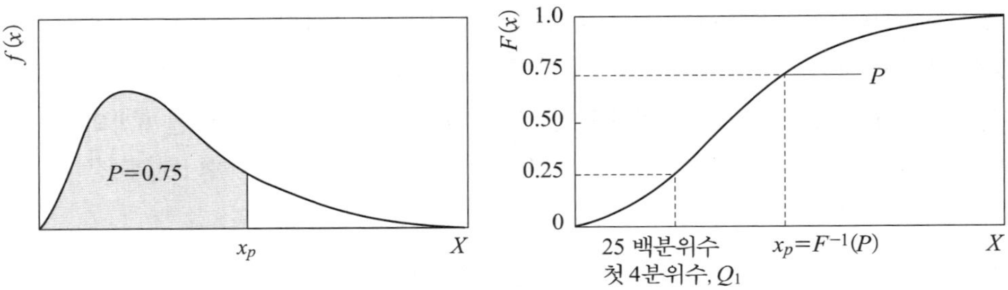

그림 11.5 0.75-분위수, 누가분포함수의 역 및 분위수도시

보다 일반적으로 확률변수 X의 p-분위수(또는 $100p$-백분위수)는 식 (11.33)을 만족하는 x_p이다. 즉 확률이 p인 X값 $X = x_p$이다. 분위수 x_p(quantile x_p)를 구하는 문제는 비초과확률(누가확률) $F = F(x_p)$에 대한 X를 구하는 문제이다. 따라서 확률변수 X의 p-분위수는 식 (11.33~35)를 만족하는 값 x_p이다.

$$P(X \le x_p) = F(x_p) = p \tag{11.33}$$

$$\int_{-\infty}^{x_p} f(x)dx = \int_{-\infty}^{x_p} dF(x) = p \tag{11.34}$$

$$x_p = F^{-1}(p) \tag{11.35}$$

예로 재현기간(12.1절 참조) $T=100$년 분위수 x_T의 추정은 $F = 1 - 1/T$에 따라 주어지는 비초과확률 F에 대한 x_T를 구하는 문제이다. 즉 $F = 1 - 1/100 = 0.99$이므로 100년 홍수는 x_{100} 또는 $x_{0.99}$를 구하는 것이 된다. 식 (11.33)은 $100p$-백분위수는 누가확률이 p인 값임을 설명하고 $100p$-분위수 x_p는 $100(1-p)$% 초과사상이라고도 한다.

예제 11.3

다음 자료 수가 $n=15$인 자료계열의 90-백분위수(90th percentile)를 구하라.
{7.2, 6.3, 8.6, 5.4, 4.6, 9.4, 8.9, 6.1, 3.4, 9.2, 9.6, 7.6, 4, 8, 4.4}

풀이 주어진 자료를 증가 크기순으로 정리한다.

{3.4, 4, 4.4, 4.6, 5.4, 6.1, 6.3, 7.3, 7.6, 8, 8.6, 8.9, 9.2, 9.4, 9.6}

90-백분위수는 자료의 90%는 이보다 작고 10%는 이보다 크게 되는 자료계열에서의 위치이다. 90-백분위수에 해당하는 자료의 위치 k의 결정에는 자료 수가 n일 때 $k=0.9n$ 또는 $k=p(n+1)/100$(p는 백분위수)가 이용된다. 후자를 택하면 $k=90(15+1)/100=14.4$이다. 그러나 $k=14.4$는 존재하지 않음으로 다음과 같은 방법들이 적용된다.

방법 1: 가장 가까운 정수로 절삭한다. $k=14$르 90-백분위수는 9.4이다.
방법 2: 14.4의 양측 수의 평균을 취한다. 90-벅분위수는 $(9.4+9.6)/2=9.5$이다.
방법 3: 선형내삽법을 사용한다. 따라서 90-백분위수는 $9.4+(9.6-9.4)\times 0.4=9.48$이다.

11.4 모멘트

확률변수의 통계적 특성을 나타내는 중앙집중도 분산, 비대칭도 및 첨예도는 확률변수의 통계적 모멘트를 이용하여 기술된다. 통계적 모멘트에는 곱모멘트(product moment)와 L-모멘트(L-moment)가 있다. 공업역학에서 일반화되어 있는 곱모멘트, 간단히 모멘트의 개념이 본 절에서 기술된다. 확률밀도함수나 확률질량함수는 그의 모멘트가 매개변수와 관련된 함수형이다. 따라서 모멘트가 알려지면 분포의 매개변수가 구해질 수 있다.

연속확률변수 X의 원점에 관한 r차 모멘트는

$$E(X^r)=\int_{-\infty}^{\infty} x^r f(x)dx \tag{11.36}$$

여기서 $f(x)$는 확률밀도함수이다. 이산확률변수에 대한 r차 모멘트는

$$E(X^r)=\sum_{i=1}^{n} x_i^r P(x_i) \tag{11.37}$$

여기서 n은 표본수이고 $P(x)$는 확률질량함수이다. 평균에 관한 r차 모멘트는

$$E[(X-\mu)^r]=\int_{-\infty}^{\infty}(x-\mu)^r f(x)dx=\int_{-\infty}^{\infty}(x-\mu)^r dF(x) \tag{11.38}$$

여기서 μ는 연속확률변수 X의 평균이고 $F(x)$는 분포함수이다. 이산확률변수의 평균에 관한 r차 모멘트는

$$E[(X-\mu)^r]=\sum_{i=1}^{n}(x-\mu)^r P(x_i) \tag{11.39}$$

중앙집중도, 분산, 비대칭도 및 첨예도를 설명하는 데에는 1, 2, 3 및 4차 모멘트($r=1, 2, 3, 4$)가 사용된다. 곱모멘트의 단점은 표본을 이용한 추정치가 이상치에 민감하고 모멘트의 차수가 증가함에 따라 정확도가 크게 감소하는 점이다.

통계학의 목적은 많은 수의 자료를 적은 수의 자료로 줄여서 자료 집단의 기본적인 정보를 추출하기 위함이다. 평균, 분산과 같은 통계적인 **매개변수**(媒介變數; parameter)는 모집단의 특성으로서 이들은 확률변수의 모멘트로 정의되고 확률변수의 함수에 관한 기대치이다. 그러나 실제로 모집단의 특성은 표본으로부터 추정된다.

중앙집중도. **평균**(平均; arithmetic mean)은 자료축에서 산술평균이 놓이는 위치를 나타내는 자료의 **중앙집중도**(中央集中度; central tendency)의 대표적인 위치척도이다. 중앙집중도에는 평균외에 최빈수와 중앙치가 있다. **최빈수**(最頻數; mode)는 발생빈도가 가장 높은 변수의 값이고, **중앙치**(中央値; median)는 둘째 4분위수 Q_2로 확률분포를 2등분하는 변수의 값으로 자료를 크기순으로 나열 했을 때 중앙에 위치하는 값이다. 자료수가 짝수일 경우에는 중앙 두 값의 평균이 된다. 평균은 원점에 관한 일차모멘트로 정의되고 확률변수 X의 기대치$E(X)$이다.

연속확률변수의 평균
$$\mu = E(X) = \int_{-\infty}^{\infty} x f(x) dx \tag{11.40}$$

이산확률변수의 평균
$$\mu = E(X) = \sum_{i=1}^{n} x_i P(x_i) \tag{11.41}$$

μ는 모집단의 확률가중평균으로 확률질량함수 $P(x)$의 중심이다. 모집단의 평균 μ에 대한 표본추정치는 $\overline{x}$로 나타내고 산술평균으로 계산된다. 모집단의 매개변수는 그리스문자로, 표본으로부터의 추정치는 알파벳으로 표기한다.

$$\overline{x} = \frac{1}{n} \sum_{i=1}^{n} x_i \tag{11.42}$$

이는 x_i의 상대적인 중요도 즉 각 요소의 비중이 $1/n$로 같은 값인 경우이고 비중이 서로 다른 경우에는 **가중평균**(加重平均; weighted average)이 도입된다.

$$\overline{x} = \frac{1}{n} \sum_{i=1}^{n} w_i x_i, \ n = \sum_{i=1}^{n} w_i \tag{11.43}$$

여기서 w_i는 x_i의 가중인자이다.

평균에는 산술평균 외에 기하평균과 조화평균이 있다.

변동성. 이는 평균에 대한 자료의 퍼짐정도를 나타내는 척도이다. 즉 표본자료가 평균주위에 퍼져있는 분포의 분산정도 또는 반대로 평균에 얼마나 가까이 위치해 있는가의 척도이다. 따라서 표본의 모든 값이 평균치와 같으면 분산은 영이 된다. 자료의 **변동성**(變動性; variability)은 평균에 대한 분포의 분산을 나타내고 모집단의 **분산**(分散; variance) σ^2은 평균에 관한 2차 모멘트로 정의된다.

$$\text{연속확률변수} \quad \sigma^2 = \mu_2 = Var(x) = E\left[(x-\mu)^2\right] = \int_{-\infty}^{\infty} (x-\mu)^2 f(x)dx \tag{11.44}$$

$$\text{이산확률변수} \quad \sigma^2 = \mu_2 = Var(x) = E\left[(x-\mu)^2\right] = \sum_{i=1}^{n} (x-\mu)^2 P(x_i) \tag{11.45}$$

원점에 관한 2차 모멘트 $E(X^2)$와 평균에 관한 2차 모멘트 $E(X-\mu)^2$는 다음과 같은 관계를 갖는다(Soong, 1981).

$$E(X^2) = E(X-\mu)^2 + \mu^2 = \sigma^2 + \mu^2 \tag{11.46}$$

또는

$$\sigma^2 = E(X^2) - \mu^2 \tag{11.47}$$

분산 σ^2에 대한 표본의 추정치는 S^2으로 나타나고 다음 식으로 계산된다.

$$S^2 = \frac{1}{n-1}\sum_{i=1}^{n}(x - \overline{x})^2 \tag{11.48}$$

σ^2의 최적추정치 S^2의 계산에서 n 대신 $n-1$이 사용된 것은 표본이 모집단보다 작게 되는 경향에 따라 표본의 통계가 치우침이 없도록 하기 위함이다. 분산은 확률변수 X가 갖는 단위의 자승이므로 X와 단위의 불일치에 따라 적용에 한계를 갖는다. 따라서 확률변수의 평균과 같은 차원을 갖는 **표준편차**(標準編差; standard deviation)가 많이 사용된다. 표준편차는 분산의 제곱근이다. 모집단의 표준편차 σ는 표본의 표준편차 S로 추정된다. 평균을 계산하지 않고 분산을 계산하는 경우에는 다음식이 이용된다.

$$S^2 = \frac{1}{n-1}\left[\sum_{i=1}^{n} x_i^2 - \frac{1}{n}\left(\sum_{i=1}^{n} x_i\right)^2\right] \tag{11.49}$$

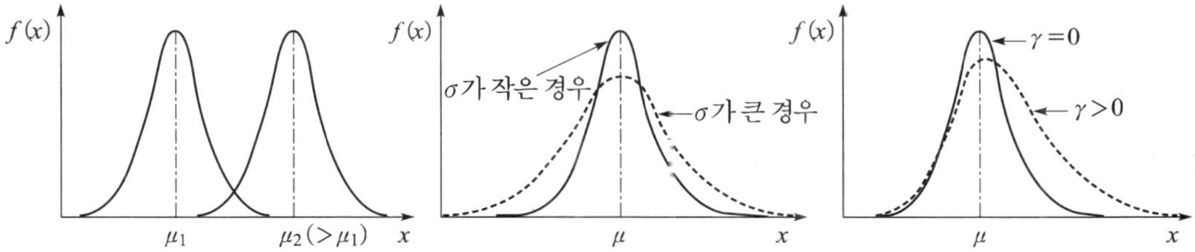

그림 11.6 빈도분포에서 (a) 평균, (b) 표준편차, (c) 왜곡도변화의 영향

그림 11.6b에서와 같이 표준편차가 클수록 자료의 분산이 크게 됨을 알 수 있다. **변동계수**(變動係數; coefficient of variation)는 분산의 또 다른 추정치로 분산의 무차원척도이고 두 확률변수의 불확실성의 비교와 상이한 크기의 하천에서 유량의 상대적인 변동성을 비교하는데 유용하다.

모집단의 변동계수 $$C_v = \sigma / \mu \tag{11.50}$$

표본의 변동계수 $$C_v = S / \overline{x} \tag{11.51}$$

왜곡도. 수문학에서 대부분의 분포는 대칭이 아니고 좌측 또는 우측으로 기울어진 왜곡된 분포이다. **왜곡도**(歪曲度; skewness)는 평균에 대한 분포의 비대칭성의 척도이고 평균에 관한 3차 모멘트로 정의된다.

$$\begin{aligned} \mu_3 &= E[(x-\mu)^3] = \int_{-\infty}^{\infty} (x-\mu)^3 f(x)dx \\ &= E[x^3] - 3\mu E[x^2] + 2\mu^3 \end{aligned} \tag{11.52}$$

가장 일반적으로 사용되는 비대칭성의 척도는 **왜곡도계수**(歪曲度係數; coefficient of skewness)γ이다.

$$\gamma = \frac{\mu_3}{\sigma^3} \tag{11.53}$$

모집단의 왜곡도계수 γ에 대한 표본의 추정치 C_s는 다음과 같이 계산된다.

$$C_s = \frac{n}{(n-1)(n-2)S^3} \sum_{i=1}^{n} (x_i - \overline{x})^3 \tag{11.54}$$

평균을 계산하지 않고 왜곡도계수를 계산하는 경우

$$C_s = \frac{n\sum_{i=1}^{n} x_i^3 - 3\sum_{i=1}^{n} x_i \sum_{i=1}^{n} x_i^2 + \frac{2}{n}\left(\sum_{i=1}^{n} x_i\right)^3}{(n-1)(n-2)S^3} \tag{11.55}$$

자료의 분포가 대칭이면 $\gamma = 0$이고, $\gamma > 0$인 **양왜곡도**(positive skewness)이면 오른쪽으로 긴 꼬리를 갖는 분포(그림 11.6c)이고, $\gamma < 0$인 **음왜곡도**(negative skewness)이면 왼쪽으로 긴 꼬리를 갖는 분포이다.

첨(예)도. **첨(예)도**(尖(銳)度; kurtosis)는 정규분포에 대한 분포의 뾰족하거나 평평한 정도를 나타내는 척도이고 평균에 대한 4차 모멘트로 정의된다.

$$\mu_4 = E[x-\mu)^4] = \int_{-\infty}^{\infty} (x-\mu)^4 f(x)dx \tag{11.56}$$

첨예도의 척도로는 **첨예도계수**(尖銳度係數; coefficient of kurtosis) κ가 사용되고 첨예도계수 κ의 추정치 C_k는 식 (11.58)로 계산된다.

$$\kappa = \frac{\mu_4}{\sigma^4} \tag{11.57}$$

$$C_k = \frac{n^2}{(n-1)(n-2)(n-3)S^4}\sum_{i=1}^{n}(x_i - \bar{x})^4 \tag{11.58}$$

정규분포의 첨예도계수는 $\kappa = 3$이다. 이를 근거로 **초과첨예도**(excess kurtosis)가 사용되기도 한다.

$$\text{초과첨예도} = \frac{\mu_4}{\sigma^4} - 3 = \kappa - 3 \tag{11.59}$$

초과첨예도가 양수이면 분포는 정규분포보다 뾰족하고, 음수이면 정규분포보다 평평하다.

예제 11.4

표 11.2의 2란에 주어진 전주지방 연 최대 일강우량(1970~1979)의 평균, 표준편차, 변동계수, 왜곡도계수 및 첨예도계수를 계산하라.

풀이 1970~1979년의 연 최대 일강우량(표 11.2의 2란)의 평균은 식 (11.42)에 따라

$$\bar{x} = \frac{1}{n}\sum_{i=1}^{n} x_i = \frac{1}{10}(14,965) = 1,496.5\,\text{mm}$$

표 11.2 전주지방 연강우량의 통계량 계산예

연 (1)	연최대일강우량 x (mm) (2)	$(x-\bar{x})^2$ (3)	$(x-\bar{x})^3$ (4)	$(x-\bar{x})^4$ (5)
1970	2,110	376,382.25	2.309×10^8	1.417×10^{11}
1971	1,690	37,442.25	7.245×10^6	1.402×10^8
1972	1,950	205,662.25	9.327×10^7	4.230×10^{10}
1973	840	430,992.25	-2.829×10^8	1.858×10^{11}
1974	1,690	37,442.25	7.245×10^6	1.402×10^8
1975	890	367,842.25	-2.231×10^8	1.352×10^{11}
1976	1,500	12.25	42.826	150.063
1977	460	1,074,332.25	-1.114×10^9	1.154×10^{12}
1978	2,240	552,792.25	4.110×10^8	3.056×10^{11}
1979	1,595	9,702.25	955,671.625	9.413×10^7
계	14,965	3,092,602.50	-8.694×10^8	$1,966,898\times10^6$

평균으로부터 편의량 $(x-\bar{x})$의 자승은 표에서 3란과 같고 합계는 3,092,602.5이다. 따라서 식 (11.48)에 따라 분산, 표준편차 및 식 (11.51)에 따라 변동계수는 각각

$$S^2 = \frac{1}{n-1}\sum_{i=1}^{n}(x-\bar{x})^2 = \frac{1}{9}(3,092,602.5) = 343,622.5$$

$$S = \sqrt{S^2} = \sqrt{343{,}622.5} = 586.2\text{mm}$$

$$C_v = S/\bar{x} = 586.2/1{,}496.5 = 0.392$$

평균에 대한 편의량의 3승은 4란과 같고 합계는 -8.694×10^8 이다. 따라서 식 (11.54)에 의하면 왜곡도 계수 C_s 는

$$C_s = \frac{n\sum(x-\bar{x})^3}{(n-1)(n-2)S^3} = \frac{10(-8.694 \times 10^8)}{9 \times 8 \times 586.2^3} = -0.599$$

평균에 대한 편의량의 4승은 5란과 같고 첨예도계수는 식 (11.58)에 따라

$$C_k = \frac{n^2}{(n-1)(n-2)(n-3)S^4}\sum_{i=1}^{n}(x_i - \bar{x})^4$$

$$= \frac{10^2 \times 1{,}966{,}898 \times 10^6}{(10-1)(10-2)(10-3) \times 586.2^4} = 3.305$$

초과첨예도는 $3.305 - 3 = 0.305$ 이다.

11.5 L-모멘트

L-모멘트는 증가 크기순 관측치의 확률가중모멘트의 선형조합으로 정의되고 수문자료의 통계적인 특성을 요약하는 방법이다. L-모멘트는 자승, 3승을 필요로 하지 않고 증가 크기순으로 정리된 관측치의 단순한 선형조합이다. 따라서 곱-모멘트와 달리 이상치, 가장 큰 관측치에 덜 민감하고 종래의 곱-모멘트비에서 발생하는 심한 편의의 어려움이 없다. 결과적으로 곱-모멘트통계량이 심하게 편의되고 변동성인 반면 L-모멘트통계량은 거의 불편이고 거의 완전한 정규분포를 갖는다. 반면 종래의 곱-모멘트통계량은 표준오차가 크게 되고 기록연수보다 큰 홍수의 예측은 표준오차를 증가시킨다. L-모멘트에 의한 매개변수 추정치는 최우도방법에 의한 추정치보다 정확도가 높다. 매개변수추정에서 특히 적은 표본의 경우 곱-모멘트추정보다 신뢰성이 높고 계산상 최우도방법보다 다루기가 용이하고 L-모멘트의 추정치는 불편이다 (Hosking, 1990).

L-모멘트는 확률분포의 매개변수 추정, 최적 확률분포형의 결정, 모집단분포의 왜곡 확인, 지역빈도해석에 사용되고 또한 L-모멘트비는 상이한 확률분포의 가설을 시험하는 데 사용된다. L-모멘트와 이로부터 개발된 통계량은 지역빈도해석에서 비일치성, 지역동질성 및 적합도를 검토하는데 사용된다(Hosking과 Wallis, 1993). L-모멘트를 이용한 지역빈도해석은 종래의 곱-모멘트를 이용한 방법보다 월등하고 거의 불편의 매개변수의 추정치를 제공한다. L-모멘트는 적합도 검정, 지역적인 동질성과 분포선정방법의 수단으로 유용한 것으로 입증되었다.

$X_{(i/n)}$는 n개의 표본을 증가 크기순으로 나열했을 때 i번째로 큰 관측치를 나타낸다($i = n$은 제일 큰 표본이다). 자료 X의 L-모멘트는 다음과 같이 정의된다.

평균 $\lambda_1 = E[x]$ (11.60)

표준편차 $\lambda_2 = (1/2)E[X_{(2/2)} - X_{(1/2)}]$ (11.61)

왜곡도 $\lambda_3 = (1/3)E[X_{(3/3)} - 2X_{(2/3)} + X_{(1/3)}]$ (11.62)

첨예도 $\lambda_4 = (1/4)E[X_{(4/4)} - 3X_{(3/4)} + 3X_{(2/4)} - X_{(1/4)}]$ (11.63)

첫째 L-모멘트 λ_1은 산술평균($\lambda_1 = \bar{x}$)으로 중앙집중도를, 둘째 L-모멘트 λ_2는 L-모멘트의 표준편차로 퍼짐의 척도를, λ_3과 λ_4는 각각 왜곡도와 첨예도를 나타낸다. 분산, 왜곡도계수가 곱-모멘트 $E(X)$, $E(X^2)$, $E(X^3)$의 함수로 정의되는 것과는 달리 L-모멘트는 분포에 관계없이 다음과 같이 확률가중모멘트 β_r의 선형함수로 주어진다.

$$\begin{aligned} \lambda_1 &= \beta_0 \\ \lambda_2 &= 2\beta_1 - \beta_0 \\ \lambda_3 &= 6\beta_2 - 6\beta_1 + \beta_0 \\ \lambda_4 &= 20\beta_3 - 30\beta_2 + 12\beta_1 - \beta_0 \end{aligned} \quad (11.64)$$

확률가중모멘트(probability weighted moment, PWM) β_r의 불편 추정치 b_r는 다음과 같이 주어진다.

β_r의 추정 일반식 $$b_r = \frac{1}{n}\sum_{i=1}^{n}\frac{(i-1)(i-2)\cdots(i-r)}{(n-1)(n-2)\cdots(n-r)}x_i \quad (11.65)$$

r=0, 1, 2 및 4에 대한 β_r의 불편 추정치 b_r는 식 (17.65)로부터 다음과 같다.

$$b_0 = M_{1,0,0} = E[x] = \frac{1}{n}\sum_{i=1}^{n}x_i = \bar{x} \quad (11.66)$$

$$b_1 = M_{1,1,0} = E[xF(x)] = \frac{1}{n}\sum_{i=2}^{n}\frac{i-1}{n-1}x_i \quad (11.67)$$

$$b_2 = M_{1,2,0} = E[xF(x)^2] = \frac{1}{n}\sum_{i=3}^{n}\frac{(i-1)(i-2)}{(n-1)(n-2)}x_i \quad (11.68)$$

$$b_3 = M_{1,3,0} = E[xF(x)^3] = \frac{1}{n}\sum_{i=4}^{n}\frac{(i-1)(i-2)(i-3)}{(n-1)(n-2)(n-3)}x_i \quad (11.69)$$

표본의 L-모멘트 l_r은 식 (11.64)의 b_r를 식 (11.65) 또는 식 (11.66–69)의 b_r로 대치하여 계산된다. **L-모멘트비(L-moment ratio)**는 다음과 같이 정의된다.

$$\tau = \tau_2 = \lambda_2/\lambda_1 \qquad 0 < \tau < 1 \quad (11.70)$$

$$\tau_3 = \lambda_3/\lambda_2\ , \qquad \tau_4 = \lambda_4/\lambda_2 \qquad -1 < \tau < 1 \quad (11.71)$$

τ(또는 τ_2)는 변동계수(L-C_v)로 축척과 분산의 척도, τ_3(L-C_s)는 왜곡도의 척도, τ_4 (L-C_k)는 첨예도의 척도이다. 표본의 L-모멘트비 t 또는 t_r은 식 (11.70), (11.71)의 λ_r을 표본 추정치 l_r로 대치하여 구해진다. 곱모멘트에서와 같이 L-모멘트를 이용하여 분포의 변동, 왜곡 및 첨예의 척도를 계산할 수 있다. **L-모멘트비도**(L-moment ratio diagram)는 L-왜곡도 τ_3를 L-변동계수 τ_2의 함수로 도시하고, L-첨예도 τ_4를 L-왜곡도 τ_3의 함수로 도시한 것으로 표본자료를 설명하는 모집단의 분포를 찾는데 유용하다. τ_3와 τ_2의 도시는 2매개변수의 분포를 선정하는데, τ_4와 τ_3의 도시는 3매개변수의 분포를 선정하는데 사용된다.

표 11.3 곱-모멘트비와 L-모멘트비의 정의

	곱-모멘트비	정의	L-모멘트비	정의	
변동계수	C_v	σ/μ	L-C_v	$\tau_2=\lambda_2/\lambda_1$	(11.72)
왜곡도계수	γ	$E[(x-\mu)^3]/\sigma^3$	L-C_s	$\tau_3=\lambda_3/\lambda_2$	(11.73)
첨예도계수	κ	$E[(x-\mu)^4]/\sigma^4$	L-C_k	$\tau_4=\lambda_4/\lambda_2$	(11.74)

예제 11.5

증가순으로 정리된 10년간의 연최대 유량자료(1971-1980) (m^3/s)에 대한 L-모멘트를 계산하라.

77 120 120 126 137 152 163 227 239 284

풀이 증가순으로 정리된 유량자료를 이용하여 확률가중모맨트 b_r을 아래 표와 같이 먼저 계산한다. 유량자료의 평균이 $\bar{x}=164.3m^3/s$, 표준편차가 $S=61.37m^3/s$로 계산되고 처음 4 확률가중모멘트(PWM)는 식 (11.66-69)에 따라

$$b_o=\bar{x}=164.3$$

$$b_1=\frac{1}{n(n-1)}\sum_{i=2}^{n}(i-1)x_i=\frac{1}{10(9)}9{,}081=100.9$$

$$b_2=\frac{1}{n(n-1(n-2)}\sum_{i=3}^{n}(i-1)(i-2)x_i=\frac{1}{10(9)(8)}53{,}936=75.0$$

표 11.4 L-모멘트 계산 예

유량 (m^3/s)	순위 i	b_1 $(i-1)x_i$	b_2 $(i-)(i-2)x_i$	b_3 $(i-1)(i-2)(i-3)x_i$
77	1	-	-	-
120	2	120	-	-
120	3	240	240	-
126	4	378	756	756
137	5	548	1644	3288
152	6	760	3040	9120
163	7	978	4890	19560
227	8	1589	9534	47670
239	9	1912	13384	80304
284	10	2556	20448	1431366
Σ=1643		Σ=9081	Σ=53936	Σ=363834

$$b_3 = \frac{1}{n(n-1)(n-2)(n-3)} \sum_{i=4}^{n} (i-1)(i-2)(i-3)x_i$$
$$= \frac{1}{10(9)(8)(7)} 363{,}834 = 60.28$$

이들 확률가중모멘트를 이용한 연최대유량자료의 L-모멘트와 L-모멘트비는 다음과 같다.

$$l_1 = b_o = \bar{x} = 164.3$$
$$l_2 = 2b_1 - b_0 = 2(100.9) - 164.3 = 37.5$$
$$l_3 = 6b_2 - 6b_1 + b_0 = 6(75.0) - 6(100.9) + 164.3 = 8.9$$
$$l_4 = 20b_3 - 30b_2 + 12b_1 - b_o = 20(60.28) - 30(75.0) + 12(100.9) - 164.3 = 2.1$$

L-모멘트비(식 11.70–71)

$$t = t_2 = l_2/l_1 = 37.5/164.3 = 0.228$$
$$t_3 = l_3/l_2 = 8.9/37.5 = 0.237$$
$$t_4 = l_4/l_2 = 2.1/37.5 = 0.056$$

11.6 수문변수의 확률분포형

하천유량, 홍수량, 강우량, 증발 등과 같은 확률적인 또는 추계적인 현상의 모형을 확률분포로 나타낼 수 있는 경우 100년 홍수, 50년 6시간 강우량 또는 10년 7일 갈수량과 같은 분포의 특정 분위수의 추정이 필요하다. 수자원사업에 관한 설계는 수문변수의 크기, 체적, 기간, 및 길이 등에 관한 빈도분포를 필요로 한다. 예를 들면 특정 크기의 홍수량이 초과되는 확률 또는 빈도가 요구되는 점이다. 수문변수의 빈도를 제공하는 확률분프는 관측자료인 표본으로부터 유도된다. 표본분포는 모집단의 분포를 정확하게 나타내지 않는다. 따라서 표본으로부터 모집단의 최적분포를 도출하기 위해서는 여러 분포의 적용 가능성이 검토되고, 적용되는 분포는 평균, 표준편차, 다른 모멘트에 의하여 결정된다. 확률함수에는 그 수가 많으나 본 장에서는 수문학에서 가장 일반적으로 사용되는 정규, 대수정규, 이항, 감마, 지수, 피어선Ⅲ, 대수피어선Ⅲ, GEV, Gumbel, Weibull 분포 등이 기술된다. 근러에는 Wakeby, Generalized Pareto, Generalized Logistic분포의 이용도가 높아지고 있다.

이항분포

각 사상의 결과가 성공 또는 실패(예로 T년 홍수가 일어나는지 일어나지 않는지)하는지에 관한 독립사상의 계열을 검토하는 일이 자주 일어난다. 이와 같은 계열은 각 시행의 성공확률이 일정한 값 p인 독립시행으로 구성된다. 성공, 실퍼의 두 결과만을 갖는 시행을 **Bernoulli시행**(Bernoulli trial)이라 한다. **이항분포**(二項分布; binomial distribution)는 n시행에서 정확하게 x 성공(또는 x성공과 $(n-x)$실패)의 확률에 대한 답을 준다. x성공 후에 $n-x$ 실패가 일어날 확률은 n독립사상이므로 성공확률 p^x와 실패확률 $(1-p)^{n-x}$의 곱이다. 즉 $p^x(1-p)^{n-x}$이다.

이는 x 성공과 $(n-x)$ 실패라는 사상이 일어날 수 있는 조합 중의 하나이므로 x 성공이 일어날 수 있는 모든 경우 $(x=0,\ \cdots,\ x=n)$가 고려되어야 한다. n 사상에서 x 사상을 선정할 수 있는 수(조합)는

$$\binom{n}{x}=\frac{n!}{x!\,(n-x)!}$$

이다. x 성공이 일어날수 있는 확률은 각 시행의 확률에 시행의 가능회수$\binom{n}{x}$를 곱하여 얻어진다(예제 11.6b 참조).

$$P(X)=\binom{n}{x}p^{x}(1-p)^{n-x} \quad n=0,1,2,\cdots,n \tag{11.75}$$

이는 11.1의 5항과 같이 해석된다. 기호 $B(n,\ p)$는 매개변수가 $n,\ p$인 이항분포를 나타낸다. 평균, 분산 및 왜곡도계수는 다음과 같다.

$$E(X)=\mu=np \tag{11.76}$$

$$Var(X)=\sigma^2=np(1-p) \tag{11.77}$$

$$\gamma=\frac{1-2p}{[np(1-p)]^{1/2}} \tag{11.78}$$

그림 11.7a는 이항분포의 한 예이며 특히 n이 크고 $p=0.5$이면 왜곡도가 영이 되어 대칭분포(그림 11.7b)가 된다. 누가분포함수는

$$F(X)=\sum_{i=1}^{n}\binom{n}{i}p^{i}(1-p)^{n-i} \tag{11.79}$$

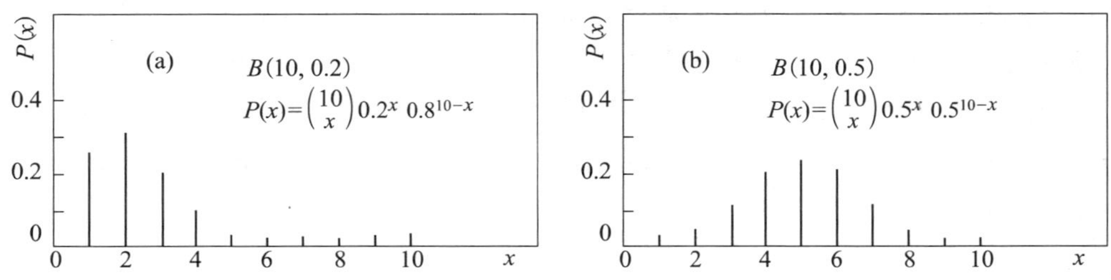

그림 11.7 이항분포의 질량함수

예제 11.6

공사 기간이 3년인 구조물에 대한 가물막이 댐이 20년 홍수에 대하여 축조된다. $B(3,\ 0.05)$에 대한 다음 확률을 구하라. (a) 20년 홍수가 3년 동안에 평균 몇 번 일어나는가? (b) 가물막이 댐이 3년 동안 정확하게 한번 월류 될 확률, (c) 20년 홍수가 3년 동안에 일어나지 않은 확률. (d) 가물막이 댐이 3년째에 월류 될 확률.

풀이 (a) 이는 1회 또는 그 이상 일어나는 경우이므로 3년 동안에 한 번도 일어나지 않을 확률의 여사상이다. 20년 홍수가 매년 일어날 확률(12.1절 참조)은 $p=1/20=0.05$이므로 여사상을 이용하면.

$$p(\text{1회 또는 그 이상 일어나는 홍수})=1-p(\text{3년 동안 홍수 무발생})$$
$$=1-\binom{3}{0}(0.05)^0(1-0.05)^3=0.143$$

(b) 월류될 사상 A의 확률이 p이면 비월류인 여사상 B의 확률은 $(1-p)$이다. 각 해에 월류될 확률은

첫째 해	$ABB=p(1-p)(1-p)=p(1-p)^2$
둘째 해	$BAB=(1-p)p(1-p)=p(1-p)^2$
셋째 해	$BBA=(1-p)(1-p)p=p(1-p)^2$

월류 사상이 3회 일어나므로 구하고자 하는 확률은

$$P(X=1)=3p(1-p)^2=3\times 0.05\times 0.05^2=0.135$$

또는 식 (11.75)를 이용하면 $P(X=1)=\binom{3}{1}p^1(1-p)^2=3\times 0.05\times 0.95^2=0.135$

(c) $p=0.05,\ n=3,\ x=0$이므로 식 (11.75)에 의하면

$$P(\text{3시행 } k=0 \text{ 성공})=\binom{3}{0}0.05^0(1-0.05)^3=\frac{3!}{0!(3-0)!}0.05^0\times 0.95^3=0.857$$

일어나지 않은 확률 0.857은 신뢰도를 나타내므로 위험도는 14.3%(=1−0.857)이다.

(d) 첫해와 둘째 해에 비월류 될 확률은 $(1-p)$이고 3년째 월류 될 확률은 p이다. 이들은 서로 독립사상이므로

$$P=(1-p)(1-p)p=0.95^2\times 0.05=0.045$$

지수분포

만약 확률변수 X가 호우사상간의 시간간격인 사상간시간(interarrival time)이라면 X는 다음과 같은 확률밀도함수를 갖는 **지수분포**(指數分布; exponential distribution)가 된다. 지수분포는 감마분포($f(x)=\lambda^\eta x^{\eta-1}e^{-\lambda x}/\Gamma(\eta)$)에서 $\eta=1$인 특수한 경우이다.

$$f(x)=\lambda e^{-\lambda x} \qquad x\geq 0 \tag{11.80}$$

평균 $$\mu=\frac{1}{\lambda} \tag{11.81}$$

분산 $$\sigma^2=\frac{1}{\lambda^2} \tag{11.82}$$

표준편차는 평균과 같다. 따라서 변동계수는 $C_v=1$이다. 지수분포는 일정한 왜곡도계수 $C_s=2$를 갖는 양왜곡분포이다. 누가분포함수는 다음과 같다.

$$F(x)=\int_0^x \lambda e^{-\lambda x}\,dx=1-e^{-\lambda x} \tag{11.83}$$

감마나 극치분포와 같이 복잡한 왜곡된 분포를 근사하는데 사용된다. 총강우량이나 하천유량분포의 적합에 사용되기도 하나 대부분의 경우 홍수나 호우사상간 시간간격을 결정하는데 적용된다.

예제 11.7

1년 중 어느 지역에 발생한 호우사상이 120개이고 평균지속기간이 4.6hr이다. 계절적인 변화를 무시할 경우 8,760hr의 1년 중 평균 호우사상간 시간간격은

$$\bar{x} = \frac{8,760 - 120 \times 4.6}{120} = 68.4\text{hr}$$

$\lambda = 1/\bar{x} = 0.0146\text{hr}^{-1}$을 적용한 모멘트방법에 의하여 지수분포가 적합된다. (a) 호우간의 시간 간격이 5일 $=120$hr 이상일 확률 $P(X \geq 120)$을 구하라. (b) 두 호우간의 시간이 12시간 또는 그 이하가 되는 확률을 구하라.

풀이 (a) $P(X \geq 120)$은 $P(X < 120) = F(x)$의 여사상이므로 식 (11.83)에 따라

$$P(x \geq 120) = 1 - P(x < 120) = 1 - \int_0^{120} \lambda e^{-\lambda x}\, dx$$

$$= 1 - \left[1 - e^{-\lambda t}\right]_0^{120} = e^{-\lambda(120)} = e^{-0.0146(120)} = 0.17$$

(b) $P(x \leq 12) = \int_0^{12} \lambda e^{-\lambda t}\, dx = 1 - e^{-\lambda t} = 1 - \exp(-0.0146 \times 12)$

$= 1 - 0.84 = 0.16$

예제 11.8

어느 지역에 발생한 호우사상들의 평균 강우 깊이가 12mm이다. 호우의 강우 깊이가 25mm보다 작거나 같게 되는 호우의 발생횟수의 백분율은 구하라.

풀이 $\lambda = 1/\mu = 1/12,\ x = 25$mm이므로 식 (11.83)에 의하여

$$F(x) = 1 - e^{-\lambda x} = 1 - e^{-25/12} = 0.875$$

호우사상의 87.5%는 그 강우 깊이가 25mm보다 작거나 같다.

예제 11.9

어느 지역의 홍수간 평균기간이 약 2년이다. 다음 홍수가 5년 또는 그 이상의 기간에서 발생할 확률을 구하라.

풀이 $\lambda = 1/\bar{x} = 1/2 = 0.5$이므로 식 (11.83)에 따라

$$F(x \leq 5) = 1 - \exp(-0.5 \times 5) = 1 - 0.081 = 0.918$$

$$F(x \geq 5) = 1 - F(x < 5) = 1 - 0.918 = 0.082$$

5년 또는 그 이후에 홍수가 발생할 확률은 8.2%로 매우 낮다.

정규분포

정규분포(正規分布; normal distribution)는 종모양의 대칭분포로서 Gauss분포 또는 **정규오차곡선**(normal error curve)이라고도 한다. 확률, 통계 전 영역의 기본이 되는 정규분포는 중심극한정리에 근거한다. **중심극한정리**(中心極限定理; central limit theorem)는 동일한 확률분포를 갖는 충분히 큰 수의 독립 확률변수의 평균값은 정규분포에 가까워진다는 정리이다. 동일한 확률분포를 갖는 독립 확률변수 $X_1,\ X_2,\cdots,\ X_n$의 평균이 μ, 표준편차가 σ가 유한한 값을 갖는다면, $\overline{X}=(X_1,\ X_2,\cdots,\ X_n)/n$의 분포는 기댓값 μ, 표준편차 $\sigma/\sqrt{n}$인 정규분포에 수렴한다. 이 정리는 X가 어떠한 분포인지에 관계없이 성립된다. 많은 독립 사상의 합으로 주어지는 연강우량과 같은 수문변수는 정규분포가 되는 경향을 갖는다. 정규분포의 매개변수는 평균 μ와 표준편차 σ이고 확률밀도함수는 다음과 같으며 기호 $N(\mu,\ \sigma^2)$으로 나타낸다.

$$f(x)=\frac{1}{\sigma\sqrt{2\pi}}exp\left[-\frac{(x-\mu)^2}{2\sigma^2}\right] \qquad -\infty\le x\le\infty \tag{11.84}$$

변환변수인 **표준정규변수**(標準正規變數; standard normal variable) z를 정의함으로서

$$z=\frac{x-\mu}{\sigma} \tag{11.85}$$

다음과 같이 하나의 매개변수를 갖는 **표준정규분포**(標準正規分布; standard normal distribution)의 확률밀도함수를 얻으며 기호 $N(0,\ 1)$으로 나타내고 이는 평균이 영, 분산이 1인 분포를 의미한다.

$$f(z)=\frac{1}{\sqrt{2\pi}}(-z^2/2) \qquad -\infty\le z\le\infty \tag{11.86}$$

누가분포함수는 다음과 같이 $f(z)$의 적분으로 주어진다.

$$F(z)=\int_{-\infty}^{z}\frac{1}{\sqrt{2\pi}}e^{-u^2/2}du \tag{11.87}$$

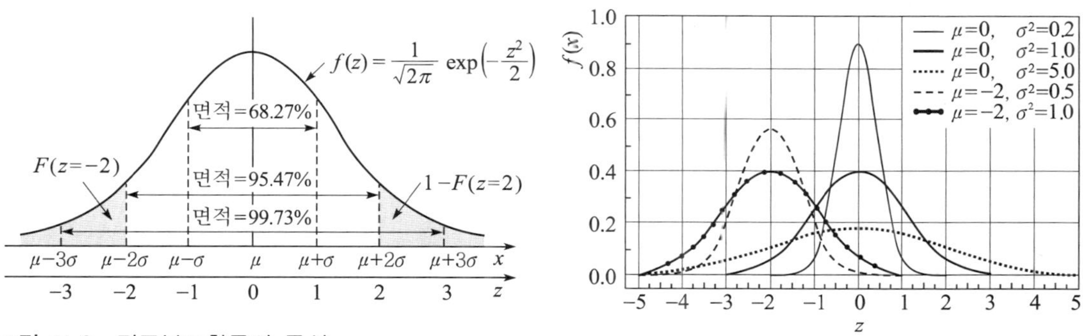

그림 11.8 정규분포확률의 특성

정규분포의 특징은 평균치를 기준으로 등분포가 되어 왜곡도가 영인 대칭분포이다. 따라서 평균, 중앙치 및 최빈수가 일치한다. 식 (11.87)의 적분은 해석적으로는 수행되지 않으므로 z의 분포함수 $F(z)$(부록 C-1) 또는 간략식(11.88)(Dorenzo, 1977)을 이용해서 구한다.

$$F(z)=1-0.5\exp\left[-\frac{(83z+351)z+562}{703/z+165}\right] \qquad 0<z\leq 5 \tag{11.88}$$

$$z_p=F(p)^{-1}=\frac{p^{0.135}-(1-p)^{0.135}}{0.1975} \tag{11.89}$$

예제 11.10

한강 한강대교지점의 연 최대 홍수기록(표 11.5)의 평균이 10,840m^3/s, 표준편차가 6,051m^3/s 인 경우 (a) 100년홍수, (b) 30,000 m^3/s를 초과하는 홍수량의 확률을 구하라.

풀이 (a) 100년 홍수는 $1/T=1/100=0.01$의 초과확률 $P(X>x)$에 상응하므로 비초과 또는 누가확률 $P(X=x)=0.99$를 만족하는 x를 구하는 것이다. 이는 $F(z)=0.99$를 만족하는 z를 구함으로 가능하다. 부록 C-1로부터 $F(z)=0.99$에 대한 z는 $z=2.327$이다. 식 (11.85)에 따라

표 11.5 한강대교(구 인도교) 연 최대홍수량(1952~1986)(m^3/s)

년	1950	1960	1970	1980
0	–	8,500	15,700	12,000
1	–	6,850	7,550	3,100
2	12,200	9,050	30,000	5,300
3	10,600	15,300	4,150	4,350
4	11,400	13,200	5,300	6,571
5	9,200	6,000	6,100	5,550
6	15,200	25,900	13,400	6,800
7	7,700	7,860	3,650	–
8	18,000	11,400	15,200	–
9	15,800	17,850	12,700	–
평균	$\bar{x}=10{,}840\ \mathrm{m^3/s}$		$\bar{y}=3.974(y=\log x)$	
표준편차	$S=6{,}051\ \mathrm{m^3/s}$		$S_y=0.235$	

$$x=10{,}840+2.327(6{,}051)=24{,}920.68\mathrm{m^3/s}$$

(b) 30,000 m^3/s를 초과하는 초과확률은 $P(X>30000)=1-P(X\leq 30000)$로 주어지므로 비초과확율 $P(X\leq 30000)$을 먼저 구한다. 변환변수 z는 식 (17.85)에 따라

$$z=\frac{30{,}000-10{,}840}{6{,}051}=3.166$$

따라서 $P(X\leq 30{,}000)$은 표준정규분포에서

$$F(z)=\frac{1}{\sqrt{2\pi}}\int_{-\infty}^{3.166}e^{-z^2/2}dz$$

로 주어지므로, 부록 C-1로부터 $z=3.166$에 해당하는 $F(z)$는 $F(3.166)=0.9992$로 주어진다. 따라서 초과확률은

$P(X>30{,}000)=1-P(X\leq 30{,}000)=1-0.9992=0.0008$ 또는 0.08%이다.

대수정규분포

하천유량과 같이 많은 수문 자료계열은 정규분포를 하지 않으나 대수로 변환된 계열은 정규분포에 가까운 분포를 한다. 확률변수 $y=\log x$ 가 정규분포이면 x 는 **대수정규분포**(對數正規分布; log-normal distribution)이다. 따라서 대수정규분포는 왜곡된 분포에 자주 이용된다. 정규분포에 대한 대수정규분포의 이점은 분포의 범위가 $x>0$ 이므로 모든 수문자료가 음수가 아닌 점에 부합되고 대수변환은 수문자료에서 일반적으로 나타나는 양왜곡도를 감소시키는 경향이 있다. 이와 같은 감소경향은 대수를 취하면 작은 수에서 보다 큰 수에서 감소효과가 크기 때문이다. 대수변환에는 상용, 자연대수의 양자 다 사용된다. y 는 정규분포이므로 변환된 변수 y 의 왜곡도계수는 영($C_s=0$)이다. 확률밀도함수, 매개변수인 평균 $\mu_y=\bar{y}$, 분산 $\sigma_y^2=S_y^2$ 은 다음과 같다.

$$f(x)=\frac{1}{x\sigma_y\sqrt{2\pi}}exp\left[-\frac{(y-\mu_y)^2}{2\sigma_y^2}\right] \qquad x>0 \tag{11.90}$$

$$y_i=\ln x_i \tag{11.91}$$

$$\bar{y}=\frac{1}{n}\sum_{i=1}^{n}y_i \tag{11.92}$$

$$S_y^2=\frac{1}{n-1}\sum_{i=1}^{n}(y_i^2-n\bar{y}^2) \tag{11.93}$$

정규분포의 적용은 두 방법으로 시행된다.

1. 모멘트방법에 의한 매개변수추정: 변환되지 않은 자료(x)의 도멘트를 계산하여 변환된 대수치의 모멘트와 관계시키는 것이다. x 자료계열과 변환된 $y=\ln x$ 자료계열의 매개변수(평균, 분산, 변동계수 및 왜곡도계수)의 관계식은 다음과 같다.

$$E(X)=\mu_x=\exp(\mu_y+\sigma_y^2/2) \tag{11.94}$$

$$Var(X)=\sigma_x^2=\mu_x^2[\exp(\sigma_y^2)-1] \tag{11.95}$$

$$C_v=[\exp(\sigma_y^2)-1]^{0.5} \tag{11.96}$$

$$C_s=(\exp\sigma_y^2-1)^{1/2}(\exp\sigma_y^2+2)=3C_v+C_v^3 \tag{11.97}$$

모멘트방법에 의하거나 식 (17.94), (17.95)를 σ_y, μ_y에 관하여 정리하고 $n\ln x=\ln x^n$을 이용하면

$$\sigma_y=\left[\ln(1+\sigma_x^2/\mu_x^2)\right]^{1/2}=\left[\ln(1+C_v^2)\right]^{1/2} \tag{11.98}$$

$$\mu_y=\ln\mu_x-\sigma_y^2/2=1/2\ln\left[\mu_x^2/(1+C_v^2)\right] \tag{11.99}$$

2. **모든 유량자료의 대수변환**: 변환된 자료 $y(=\ln x)$의 평균과 분산을 식 (11.92－93)을 이용하여 계산한다. 표준정규분포의 부록 C-1은 대수정규분포에도 적용된다. $Y=\ln X$가 단조(monotonic)함수이므로 $P(X \leq x)=P(Y \leq y)$가 성립된다. Y가 정규분포이므로 $P(Y \leq y)=P(Z \leq z)$가 또한 성립되고 여기서 z는

$$z=\frac{y-\mu_y}{\sigma_y} \tag{11.100}$$

상용대수 $Y=\log(X)$가 적용되는 경우 평균과 분산은

$$\mu_x=10^{\mu_y+2.303\sigma_y^2/2},\ \sigma_x^2=\mu_x^2(10^{2.303\sigma_y^2}-1) \tag{11.101}$$

식 (11.101)을 σ_y^2과 μ_y에 관하여 정리하면

$$\sigma_y^2=\left[\log(1+\sigma_x^2/\mu_x^2)\right]/2.303 \tag{11.102}$$

$$\mu_y=\log\mu_x-2.303\sigma_y^2/2 \tag{11.103}$$

여기서 $2.303=\ln(10)$이다.

3. **화률가중모멘트방법에 의한 매개변수추정**: 1, 2차 L-모멘트 l_1, l_2의 표현으로부터 $y=\ln x$의 평균과 표준편차는 다음과 같이 유도된다(Rao와 Hamed 2000).

$$S_y=2\,erf^{-1}(l_2/l_1)=2\,erf^{-1}(t)=2z/\sqrt{2} \tag{11.104}$$

$$\bar{y}=\ln l_1-S_y^2/2 \tag{11.105}$$

여기서 $erf(t)=2/\sqrt{2}\int_0^t e^{-z^2}dz=2F(t\sqrt{2})-1$, 오차함수 $erf^{-1}(t)$는 $z/\sqrt{2}$로 산정되고 z는 정규분포함수 $F=(t+1)/2$에 대한 표준정규변량이다.

예제 11.11

대수정규분포를 이용해서 예제 11.10을 반복하라. 대수변환된 y의 평균과 표준편차는 각각 3.974, 0.235(표 11.5)이다.

풀이 (a) 100년 홍수는 $1/T=1/100=0.01$의 초과확률 $P(X>x)$에 상응하므로 $P(X \leq x)=0.99$를 만족하는 X를 구하는 것이고 이는 $F(z)=0.99$를 구하는 것이 된다. 부록 C-1로부터 $F(z)=0.99$에 대한 z는 $z=2.327$이다. 식 (11.100)에 따라

$$y=\bar{y}+zS_y=3.974+2.327(0.235)=4.521$$

$$y=\log x\text{로 부터 } x=10^y=10^{4.521}=33{,}189\text{m}^3/\text{s}$$

이 값은 예제 11.10의 정규분포의 24,914m³/s보다 크다. 그러나 대수정규분포가 실제 자료의

왜곡도를 보다 정확하게 반영하는 점에서 33,139m^3/s가 개선된 유량으로 고려될 수 있다.

(b) 30,000 m^3/s의 초과확률

(1) 변환자료이용: $y = \log_{10}(30,000) = 4.477$이므로 식 (11.100)에 따라

$$z = \frac{y - \mu_y}{\sigma_y} = \frac{4.477 - 3.974}{0.235} = 2.140$$

부록 C-1부터 $z = 2.14$에 대하여 $F(2.14) = 0.9838$이다.

따라서 $P(X > 30,000) = 1 - 0.9838 = 0.0162$

(2) 모멘트방법 이용 : $C_{vx} = S/\bar{x} = 6,051/10,840 = 0.558$

식 (11.95), (11.96) 또는 식 (11.98)로부터 $S_y^2 = \ln(C_{vx}^2 + 1) = \ln(0.558^2 + 1) = 0.271$

μ_y는 식 (11.99)에 따라 $\bar{y} = \ln\bar{x} - S_y^2/2 = \ln(10,840) - 0.271/2 = 9.155$

식 (11.100)에 따라 $S_y = \sqrt{0.271} = 0.521$과 $y = \ln(30,000) = 10.309$에 대한 z는

$$z = \frac{y - \bar{y}}{S_y} = \frac{10.309 - 9.155}{0.521} = 2.215$$

부록 C-1로부터 $F(2.215) = 0.9866$이므로

$$P(X > 30,000) = 1 - 0.9866 = 0.0134$$

(b)에서 (2)의 $\bar{y}$와 S_y는 (1)의 상용대수 값들과 달리 자연대수의 값들이다. $P(X > 30,000)$에 대한 대수정규분포의 두 값 0.0162와 0.0134는 예제 11.10 정규부포의 0.0008보다 크다. (a)의 확률에서와 같은 이유로 대수정규분포의 결과게 높은 비중이 주어질 수 있다.

감마분포

감마분포는 홍수량을 위시하여 일, 월, 연 하천유량과 강우량깊이의 해석에 널리 사용된다. 감마분포는 완만하게 변하는 우측으로 긴 꼬리를 갖는 양왜곡분포형을 갖는다. 따라서 일반적으로 왜곡된 분포를 나타내는 수문자료를 대수변환과 같은 변환을 하지 않고서도 왜곡된 수문변수를 기술하는데 유용하다. 또한 감마분포는 η번째 사상의 발생시간을 결정하는데 사용된다. η번째 사상의 발생시간 X_η는 첫 번째 사상까지의 시간 T_1, 첫 번째 사상과 두 번째 사상간의 시간 T_2, 두 번째와 세 번째 사상간의 시간 T_3를 계속하여 T_η까지 합산한 시간이다. 즉 $X_\eta = T_1 + T_2 + T_3 \cdots + T_n$. 사상간의 시간간격 T는 지수분포로 설명되므로 감마분포는 η개 지수함수의 합의 결과이다. 2변수 감마분포의 확률밀도함수와 모멘트법에 의한 평균, 분산, 왜곡도계수는 다음과 같다.

$$f(x) = \frac{\lambda^\eta x^{\eta-1} e^{-\lambda x}}{\Gamma(\eta)} \qquad x \geq 0 \tag{11.106}$$

$$E[X] = \eta/\lambda \tag{11.107}$$

$$Var[X] = \eta/\lambda^2 \tag{11.108}$$

$$\gamma = \frac{2}{\sqrt{\eta}} = 2C_v \tag{11.109}$$

여기서 $\eta > 0$는 형상매개변수, λ는 축척매개변수, Γ는 감마함수이다. 매개변수는 식 (11.107)과 (11.108)로부터

$$\eta = \frac{\bar{x}^2}{S_x^2} \tag{11.110}$$

$$\lambda = \frac{\bar{x}}{S_x^2} \tag{11.111}$$

누가분포함수 $F(x)$는

$$F(x) = \int_0^x f(u)du = \frac{\lambda^\eta}{\Gamma(\eta)}\int_0^x u^{\eta-1}e^{-\lambda u}du = \frac{\Gamma(\eta, \lambda x)}{\Gamma(\eta)} \tag{11.112}$$

여기서 $\Gamma(\eta)$는 감마함수, $\Gamma(\eta, \lambda x)$는 불완전 감마함수, $\Gamma(\eta)$는 표(부록 C-8)로 주어진다.

표준화 감마변수 y는

$$y = \lambda x \tag{11.113}$$

이에 대한 확률밀도함수와 누가분포함수는 각각

$$f(y) = y^{\eta-1}e^{-y}/\Gamma(\eta), \qquad F(x) = \int_0^y \frac{y^{\eta-1}e^{-y}}{\Gamma(\eta)}dy \tag{11.114}$$

상이한 형상매개변수 η에 대한 $F(x)$에 해당하는 표준화 감마변수 y는 표 11.6으로 주어진다. 2변수감마분포(η, λ)는 하한계가 영이고 이는 3변수감마분포 또는 피어선Ⅲ분포에서 하한계를

표 11.6 감마분포의 변환변수 y값
(Natural Environment Research Council, 1975)

$F(y)$	$\eta=1$	$\eta=2$	$\eta=5$	$\eta=10$	$\eta=20$
0.10	0.105	0.532	2.433	6.221	14.53
0.20	0.223	0.824	3.090	7.289	16.17
0.30	0.357	1.097	3.634	8.133	17.44
0.40	0.511	1.376	4.148	8.904	18.57
0.50	0.693	1.678	4.671	9.669	19.67
0.60	0.916	2.022	5.237	10.476	20.81
0.70	1.204	2.439	5.890	11.387	22.08
0.80	1.609	2.994	6.721	12.519	23.63
0.90	2.303	3.890	7.994	14.206	25.90
0.95	2.996	4.744	9.154	15.705	27.88
0.99	4.605	6.638	11.605	18.783	31.85

영($x_o=0$)으로 놓은 경우에 해당된다. 이의 단점은 하한계가 영보다 작은 수문변수에 적용되는 경우이다. 하한계로 x_0를 도입하면 $(x-x_o)$는 3변수감마분포가 되고 피어선III분포와 같게 된다. $\eta \rightarrow \infty$ 이면 감마분포는 대칭인 정규분포에 접근하고 $0<\eta<1$ 이면 $x=0$ 에서 무한대가 되는 심한 비대칭분포가 된다. $\eta=1$이면 지수분포가 얻어진다.

예제 11.12

장성 삼서지방의 강우기록(표12.2)로부터 $F(x)=0.90$에 해당하는 연 일최대강우량을 구하라.

풀이 평균치 $\bar{x}=117.2$mm, 표준편차 $S=40.1$mm(표12.2)로부터 먼저 η와 λ를 계산한다.
평균 $\bar{x}=\eta/\lambda=117.2$, 분산 $S^2=\eta/\lambda^2=40.1^2$이므로 이로부터 λ와 η를 구하면 각각

$$\lambda=\bar{x}/S^2=117.2/40.1^2=0.0729$$

$$\eta=\bar{x}\lambda=117.2\times 0.0729=8.544$$

따라서 $F(x)=0.90$과 $\eta=8.544$에 대한 y는 표 11.6으로부터 $y=12.397$이므로 $F(x)=0.90$ 또는 재현기간 10년에 해당하는 강우량은 식 (11.113)에 따라

$$x=y/\lambda=12.397/0.0729=170.05\text{mm}$$

피어선III분포(Pearson type III distribution)

피어선III분포는 3변수 감마분포(three parameter Gamma distribution, P3)라고도 한다. 확률밀도함수는 3개의 매개변수 λ, η 및 하한계 x_o로 기술되고 이들은 모멘트방법에 의한 평균, 표준편차 및 왜곡도계수의 변환으로 주어진다.

1. 모멘트방법에 의한 매개변수추정(Rao와 Hamed 2000)

$$\eta=\left(\frac{2}{C_s}\right)^2 \tag{11.115}$$

$$\lambda=\frac{S}{\sqrt{\eta}} \tag{11.116}$$

$$x_o=\bar{x}-S\sqrt{\eta}=\bar{x}-\lambda\eta \tag{11.117}$$

2. 확률가중모멘트방법에 의한 매개변수추정(Hosking과 Wallis 1997).

(1) $0<|t_3|<1/3$이면 $z=3\pi t_3^2$

$$\eta=\frac{1+0.2906z}{z+0.1882z^2+0.0442z^3} \tag{11.118}$$

(2) $1/3 \le |t_3| < 1$이면 $z = 1 - |t_3|$

$$\eta = \frac{0.36067z - 0.59567z^2 + 0.25361z^3}{1 - 2.78861z + 2.56096z^2 - 0.77045z^3} \tag{11.119}$$

$$\lambda = \frac{\sqrt{\pi}\, l_2 \Gamma(\eta)}{\Gamma(\eta + 1/2)} \tag{11.120}$$

$$x_o = l_1 - \eta\lambda \tag{11.121}$$

$\lambda > 0$, $x_o = 0$이면 P3는 감마분포가 되고 $\gamma_x = 2C_v$가 된다. $\eta = 1$, $\gamma_x = 2$이면 지수분포가 된다. 연최대 홍수량에 적용되며 왜곡자료는 대수변환을 취하여 왜곡도를 줄 일 수 있다.

대수피어선Ⅲ분포

X가 **대수피어선Ⅲ분포**(Log-Pearson type Ⅲ distribu tion, LP3)이면 $y = \log x$ 또는 $\ln x$는 피어선III분포(3변수 감마분포)를 따른다. 이는 US Water Resources Council이 권장하는 미국 연최대 홍수량 빈도해석의 기준이 되는 분포이다. 대수변환은 변환된 자료($\log x$)의 왜곡을 감소시킨다. 이러한 점에서 첨두홍수량자료의 해석에 많이 이용된다. $y = \log x$ 의 왜곡도계수가 영($\gamma_y = 0$)이면 $\log x$ 가 평균에 관하여 대칭이 되어 대수피어선Ⅲ분포는 대수정규분포가 되고 y는 정규분포가 된다. $|\gamma| = 2$이면 LP3는 지수분포에 접근한다. 대수피어선Ⅲ분포의 한계 x_o는 자료의 왜곡에 따라 다르게 된다. 오른쪽으로 꼬리를 갖는 양왜도($\lambda > 0$)이면 $\log x \ge x_o$(또는 $X \ge e^{x_o}$)으로 x_o(또는 e^{x_o})는 하한계가 되고, 음왜도($\lambda < 0$)이면 $\log x \le x_o$(또는 $0 < X < e^{x_o}$)으로 되어 x_o가 상한계가 된다. 대수피어선Ⅲ분포의 3 매개변수 λ, η 및 x_o는 피어선Ⅲ분포의 식 (11.115-117)과 같이 주어지며 이 경우 평균, 표준편차 및 왜곡도계는 $y = \ln x$(또는 $y = \log x$)에 대하여 계산된다.

일반극치분포(GEV)

극치는 자료군의 최대 또는 최소치이다. 주어진 지점에서 연 최대유량계열은 극치계열을 형성한다. 수문학에서는 최대홍수, 극심한 가뭄 또는 최대강우량과 같은 극치에 많은 관심을 갖게 된다. **극치분포**(極値分布; extreme value distribution)는 주로 연 최대(소)치 계열분포의 이론적인 유도에 관한다. **일반극치분포**(一般極値分布; generalized extreme value, GEV)의 확률밀도함수, 누가분포함수, 평균 및 분산은 각각

$$f(x) = \frac{1}{\alpha}\left[1 - k\left(\frac{x-u}{\alpha}\right)\right]^{1/k-1} e^{-\left[1-k\left(\frac{x-u}{\alpha}\right)\right]^{1/k}} \tag{11.122}$$

$$F(x) = \exp\left\{-\left[1 - \frac{k(x-u)}{\alpha}\right]^{1/k}\right\} \tag{11.123}$$

$$\mu = u + \frac{\alpha}{k}[1 - \Gamma(1+k)] \tag{11.124}$$

$$\sigma^2 = \left(\frac{\alpha}{k}\right)^2 [\Gamma(1+2k) - \{\Gamma(1+k)\}^2] \tag{11.125}$$

여기서 k는 분포형을 나타내는 형상매개변수로 −0.6 ~ 0.6의 범위이다. u는 위치매개변수, α는 축척매개변수이다. 분포함수 $F(x)$의 역은 분위수추정식을 제공한다.

$$x = u + \frac{\alpha}{k}[1 - (-\log F)^k] \tag{11.126}$$

1. 모멘트방법에 의한 GEV분포의 매개변수추정:
   GEV는 형상매개변수 k에 따라 분포형이 달라지고 k값은 왜곡도계수 C_s에 의하여 결정된다(Rao와 Hamed 2000).

   (1) EV2: $k < 0$

   (a) $1.14 < C_s < 10$

$$k = 0.2858221 - 0.357983\,C_s + 0.116659\,C_s^2 - 0.022725\,C_s^3 + 0.002604\,C_s^4 - 0.000161\,C_s^5 + 0.000004\,C_s^6 \tag{11.127}$$

   (b) $-10 < C_s < 0$

$$k = -0.50405 - 0.00861\,C_s + 0.015497\,C_s^2 + 0.005613\,C_s^3 + 0.00087\,C_s^4 + 0.000065\,C_s^5 \tag{11.128}$$

   (2) EV3: $k > 0$, $-2 < C_s < 1.14$

$$k = 0.277648 - 0.322016\,C_s + 0.060278\,C_s^2 + 0.016759\,C_s^3 - 0.005873\,C_s^4 - 0.00244\,C_s^5 - 0.000050\,C_s^6 \tag{11.129}$$

   매개변수 α와 u는 식 (11.124)와 (11.125)를 이들에 관하여 정리하여 얻어진다.

$$\alpha = [S^2k^2/\{\Gamma(1+2k) - \Gamma^2(1+k)\}]^{1/2} \tag{11.130}$$

$$u = \bar{x} - \frac{\alpha}{k}[1 - \Gamma(1+k)] \tag{11.131}$$

2. 확률가중모멘트방법에 의한 GEV분포의 매개변수추정:
   매개변수는 L-모멘트 항으로 주어진다(Hosking과 Wallis 1997).

$$k \approx 7.8590c + 2.9554c^2, \quad c = \frac{2}{3+\tau_3} - \frac{\log 2}{\log 3} \tag{11.132}$$

$$\alpha = \frac{\lambda_2 k}{(1-2^{-k})\Gamma(1+k)} \ , \ u = \lambda_1 - \alpha\,[1-\Gamma(1+k)]/k \tag{11.133}$$

예제 11.13

28년 연최대 풍속자료에 GEV분포를 적용하여 L-모멘트방법으로 풍속분위수를 추정하라.

연최대풍속(1950–1977) (mi/hr) Florida, Macon(Hosking 1997)

32	32	34	37	37	38	40	40	40	42
42	42	43	44	45	45	46	48	49	50
51	51	51	53	53	58	58	60		

풀이 28년 풍속자료의 평균은 $\bar{x}$=45.04mi/hr이고 처음 3확률가중모멘트(PWM)는 식 (11.66)~(11.68)에 따라(예제 11.5 참조)

$$b_o = \bar{x} = 45.04$$

$$b_1 = \frac{1}{n(n-1)}\sum_{i=2}^{n}(i-1)x_i = 24.75$$

$$b_2 = \frac{1}{n(n-1)(n-2)}\sum_{i=3}^{n}(i-1)(i-2)x_i = 17.27$$

이들 PWM을 이용한 연최대풍속자료의 L-모멘트를 계산한다(식 11.64, 11.70–71).

n	l_1	l_2	t	t_3	t_4
28	45.04	4.46	0.0990	0.0406	0/0838

이들 모멘트를 식 (11.132–133)에 대입하여 GEV의 매개변수를 구한다.

$$c = \frac{2}{3+\tau_3} - \frac{\log 2}{\log 3} = \frac{2}{3+0.0406} - \frac{\log 2}{\log 3} = 0.0268$$

$$k \approx 7.8590c + 2.9554c^2 = 7.8590 \times 0.0268 + 2.955 \times 0.0268^2 = 0.213$$

$$\alpha = \frac{\lambda_2 k}{(1-2^{-k})\Gamma(1+k)} = \frac{4.46 \times 0.213}{(1-2^{-0.213})(\Gamma(1+0.213)} = 7.56$$

$$u = \lambda_1 - \alpha\,[1-\Gamma(1+k)]/k = 45.04 - 7.56\,[1-\Gamma(1+0.213)]/0.213 = 42.1$$

분위수 추정식은 식 (11.126)에 매개변수의 값을 대입한다.

$$x(F) = u + \alpha\left[1-(-\ln F)^k\right]/k$$

$$= 42.1 + 7.56\left[1-(-\ln F)^{0.213}\right] \tag{a}$$

식 (a)를 이용한 연최대풍속자료에 대한 누가확률별 분위수는 다음과 같다.

F	0.01	0.10	0.50	0.90	0.99
$x(F)$(mi/hr)	28	35	45	56	64

표 11.7 확률분포형

분포	확률밀도함수	범위	매개변수 및 모멘트
이항	$P(x)=\binom{n}{x}P^x(1-P)^{n-x}$	$o \leqq x \leqq n$	$\mu=np,\ \sigma^2=np(1-p)$
정규	$f(x)=\frac{1}{\sigma\sqrt{2\pi}}exp\left(-\frac{(x-\mu)^2}{2\sigma^2}\right)$	$-\infty \leqq x \leqq \infty$	$\mu=\bar{x}\ ,\ \sigma=S_x$
대수정규	$f(x)=\frac{1}{x\sigma_y\sqrt{2\pi}}\exp\left(-\frac{(y-\mu_y)^2}{2\sigma_y^2}\right)$ $y=\log x$	$x>0$	$\mu_y=\bar{y}\ ,\ \sigma_y=S_y$
지수	$f(x)=\lambda e^{-\lambda x}$	$x \geqq 0$	$\lambda=\frac{1}{\bar{x}}$
감마(2변수)	$f(x)=\frac{\lambda^\eta x^{\eta-1}e^{-\lambda x}}{\Gamma(\eta)}$ $\Gamma(\eta)=\int_0^\infty u^{\eta-1}e^{-u}du$	$x \geqq 0$	$\lambda=\frac{\bar{x}}{S_x^2}$ $\eta=\frac{\bar{x}^2}{S_x^2}=\frac{1}{CV^2}$
피어선III (3변수감마)	$f(x)=\frac{\lambda^\eta(x-x_o)^{\eta-1}e^{-\lambda(x-x_o)}}{\Gamma(\eta)}$ 변환변수 $y=(x-x_o)/\lambda$	$x \geq x_o$	$\lambda=\frac{S_x}{\sqrt{\eta}},\ \eta=\left(\frac{2}{C_s}\right)^2$ $x_o=\bar{x}-S_x\sqrt{\eta}$
대수피어선III	$f(x)=\frac{\lambda^\eta(y-y_o)^{\eta-1}e^{-\lambda(y-y_o)}}{x\Gamma(\eta)}$ $y=\log x$	$\log x \geq y_o$	$\lambda=\frac{S_y}{\sqrt{\eta}},\ \eta=\left(\frac{2}{C_s(y)}\right)^2$ $y_0=\bar{y}-S_y\sqrt{\eta}$ ($C_s(y)$ 양수 가정)
GEV	$f(x)=\frac{1}{\alpha}\left[1-k(\frac{x-u}{\alpha})\right]^{1/k-1}e^{-\left[1-k(\frac{x-u}{\alpha})\right]^{1/k}}$ $F(x)=\exp\left\{-\left[1-\frac{k(x-u)}{\alpha}\right]^{1/k}\right\}$		$\mu=u+\left(\frac{\alpha}{k}\right)[1-\Gamma(1+k)]$ $\sigma^2=\left(\frac{\alpha}{k}\right)^2\{\Gamma(1+2k)-[\Gamma(1+k)]^2\}$
극치 I (Gumbel)	$f(x)=\frac{1}{\alpha}\exp\left[-\frac{x-\mu}{\alpha}-\exp\left(-\frac{x-\mu}{\alpha}\right)\right]$	$-\infty < x < \infty$	$\mu_x=u+0.5772\alpha$ $\sigma_x^2=\pi^2\alpha^2/6 \cong 1.645\alpha^2$ $\gamma_x=1.1396$
극치III (Weibull)	$f(x)=\frac{k}{\alpha}\left(\frac{x-u}{\alpha}\right)^{k-1}\exp\left[-(\frac{x-u}{\alpha})^k\right]$ $F(x)=1-\exp\left[-(\frac{x-u}{\alpha})^k\right]$ $x=u+\alpha[-\log(1-F)]^{1/k}$ $x_T=u+\alpha(\log T)^{1/k}$		$\mu=u+\alpha\Gamma(1+1/k)$ $\sigma^2=\alpha^2[\Gamma(1+2k)-\{\Gamma(1+1/k)\}^2]$

일반극치분포(GEV)는 k에 따라 I, II, III 세 븐포형을 갖는다.

$k=0$ $C_s=1.1396$ 일반극치 I 분포 GEV I (Gumbel 분프) $-\infty < x < \infty$

$k<0$ $C_s>1.1396$ 일반극치 II 분포 GEV II(Frechet분포) 하한계 $u+\frac{\alpha}{k} \leqq x < \infty$

$k>0$ $C_s<1.1396$ 일반극치III분포 GEV III(Weibull분포) 상한계 $-\infty \leqq x \leqq u+\frac{\alpha}{k}$

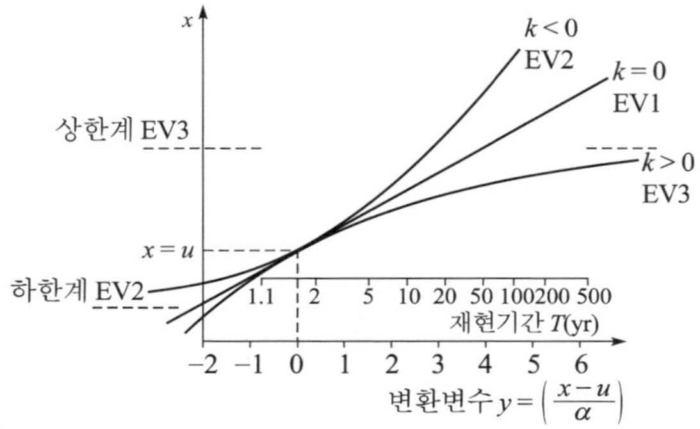

그림 11.9 관계식 $x = u + (1 - e^{-ky})/k$의 변환변수 y의 함수로 나타낸 3유형의 극치분포

11.7 매개변수추정 – 확률분포의 적합

수문자료계열에 확률분포를 적합시킴으로서 자료가 갖는 확률적인 많은 양의 정보를 매개변수와 함수의 형태로 간결하게 집약시킬 수 있고, 특정 빈도나 확률을 갖는 수문사상을 추정할 수 있으며 추계모형에서는 확률변수의 발생도 가능하다. **확률분포적합**(確率分布適合; fitting of probability distribution)은 확률변수에 내재해 있는 확률밀도함수를 찾아내는 것이고 그 내용은 분포의 매개변수를 추정하는 것이다. 확률분포의 적합 즉 매개변수추정에는 모멘트방법, 최우도법, L-모멘트방법, 회귀분석(최소자승법)(11.7절), 도시방법(18.4절)등이 있다.

11.7.1 모멘트방법

모멘트 방법(method of moment)에 의한 확률분포의 적합은 원점에 관한 확률밀도함수의 모멘트와 이에 상응하는 표본자료의 모멘트를 같게 놓아 매개변수를 추정하는 방법으로 빠르고 간단한 방법이다. 적합과정은 매개변수와 같은 수의 확률밀도함수의 원점에 관한 모멘트식과 표본자료로부터 구한 모멘트식을 같게 놓아 매개변수에 관하여 푼다. 예로 정규분포의 적합은 자료로부터 평균과 분산을 구하는 것이다.

예제 11.14

관측치 x_1, x_2, $\cdots$, x_n이 정규분포로 가정된다. 매개변수(평균 μ와 분산 σ^2)를 추정하라.

풀이 원점($x = 0$)에 관한 모집단의 1, 2차 모멘트는

$$E(X) = \mu_1(0) = \mu$$

$$E(X^2) = \mu_2(0) = \sigma^2 + \mu^2 \qquad (11.47)$$

이에 대응하는 표본의 모멘트는

$$M_1(0) = \overline{x}$$

$$M_2(0) = \frac{1}{n}\Sigma x_i^2$$

표본의 모멘트가 모집단 모멘트의 불편 추정치라면 이들 모멘트를 같게 놓을 수 있다.

$$\mu=\bar{x}$$

$$\sigma^2+\mu^2=\frac{1}{n}\Sigma x_i^2 \tag{a}$$

μ와 σ^2의 추정치를 각각 $\hat{\mu}$, $\widehat{\sigma^2}$라 하면 이들은 식 (a)의 해로 주어지고 식 (11.48)을 적용하면

$$\hat{\mu}=\bar{x}$$

$$\widehat{\sigma^2}=\frac{1}{n}\Sigma x_i^2-\bar{x}^2=\frac{1}{n}\Sigma(x_i-\bar{x})^2=\frac{n-1}{n}S^2$$

예제 11.15

어느 연 최대 유량계열 X가 대수정규분포로 가정된다. 대수정규분포의 매개변수 μ와 σ를 추정하라.

풀이 X의 처음 두 모멘트인 평균 μ_x과 분산 σ_x^2은 매개변수 μ_y와 σ_y의 함수로 주어진다.

$$\mu_x=\exp(\mu_y+\sigma_y^2/2) \tag{11.94}$$

$$\sigma_x^2=\mu_x^2\left[\exp(\sigma_y^2)-1\right]=\exp(2\mu_y+\sigma_y^2)\left[\exp(\sigma_y^2)-1\right] \tag{11.95}$$

식 (11.94)와 (11.95)의 양변의 대수를 취하여 μ_x와 σ_x^2을 표본자료에 관한 평균 $\bar{x}$와 분산 S_x^2으로 대치하고 $\bar{x}$와 S_x^2에 관하여 풀면 μ_y와 σ_y^2의 추정치 $\hat{\mu}$와 $\widehat{\sigma^2}$를 얻는다.

$$\hat{\sigma}^2=\log(1+S_x^2/\bar{x}^2) \tag{11.134}$$

$$\hat{\mu}=\log\left[\frac{\bar{x}}{\sqrt{1+S_x^2/\bar{x}^2}}\right]=\log\bar{x}-\hat{\sigma}^2/2 \tag{11.135}$$

표 11.5의 홍수량기록의 평균과 표준편차는 각각 $\bar{x}$=10,840m³/s, S_x=6,051m³/s이고 대수변환된 y의 평균과 표준편차는 각각 3.974, 0.235이다. $\bar{x}$와 S_x를 위식에 대입하면 $\hat{\mu}$와 $\hat{\sigma}^2$는 각각 3.976과 0.343이다.

11.7.2 최우도법

최우도법(最尤度法; method of maximum likelihood)은 특정 표본자료의 발생확률을 최대로 하는 확률분포의 매개변수를 결정하는 방법이다. 이를 위해 먼저 매개변수의 함수로 정의되는 우도함수를 결정하고 이 우도함수를 극대화하는 확률분포의 매개변수의 최적치를 결정하는 것이다. 확률분포 매개변수의 최적치는 관측된 표본이 일어날 결합확률 또는 **우도**(likelihood)를 최대로 하는 값이다. 표본공간은 dx로 구분된 독립된 동일한 분포를 갖는 $x_1,\ x_2,\ \cdots,\ x_n$의 표본으로 구성된다. $X=x_i$의 밀도함수는 $f(x_i,\alpha)$, 발생확률은 $f(x_i,\alpha)dx$이다. 여기서 α는 매개변수로 단일치 또는 수개가 될 수 있다. 관측치는 독립적이므로 결합확률은 $f(x_1,\alpha)dx\ f(x_2,\alpha)dx\cdots f(x_n,\alpha)dx=\left[\prod_{i=1}^{n}f(x_i,\alpha)\right]dx^n$으로 주어진다. dx는 크기가 고정되므로 관측된 표본의 결합확률을 최대로 하는 것은 우도함수 L을 최대로 하는 것과 동일하다.

$$L = \prod_{i=1}^{n} f(x_i, \alpha) \tag{11.136}$$

L과 이의 대수치 $\ln L$은 동일한 위치에서 최대치를 갖고 $\ln L$은 곱을 합으로 변환하므로 작업이 용이하여 L보다는 대수우도함수 $\ln L$이 선호된다.

$$\ln L = \sum_{i=1}^{n} \ln\left[f(x_i, \alpha)\right] \tag{11.137}$$

$\ln L$을 최대로 하는 매개변수 α는 $\partial \ln L / \partial \alpha = 0$의 해로 주어진다.

$$\frac{\partial \ln L}{\partial \alpha} = \sum_{i=1}^{n} \frac{\partial}{\partial \alpha} lnf(x_i, \alpha) = 0$$

예제 11.16

관측치 x_1, x_2, $\cdots$ x_n이 정규분포로 가정된다. 매개변수 μ와 σ^2를 최우도방법으로 추정하라.

풀이 우도함수는 정규분포의 결합밀도함수로 다음과 같이 주어진다.

$$L = \prod_{i=1}^{n} f(x_i) = \left(\frac{1}{\sigma\sqrt{2\pi}}\right)^n \prod_{i=1}^{n} e^{-\frac{1}{2}\left(\frac{x_i - \mu}{\sigma}\right)^2} \tag{a}$$

식 (a)의 대수우도함수는

$$\mathrm{lnL} = \mathrm{n}\ \ln\frac{1}{\sigma} + n\ln\frac{1}{\sqrt{2\pi}} - \frac{1}{2\sigma^2}\Sigma(x_i - \mu)^2 \tag{b}$$

$\ln L$의 최대치는 $\partial \ln L / \partial \mu = 0$와 $\partial \ln L / \partial\ \sigma^2 = 0$의 해로 주어진다. 후자의 경우 식 (b)의 $n\ln(1/\alpha)$는 $n\ln\frac{1}{\sigma} = -\frac{n}{2} ln\sigma^2$로 변환하여 미분을 수행한다.

$$\frac{\partial \mathrm{lnL}}{\partial \mu} = \frac{1}{\sigma^2}\sum_{i=1}^{n}(x_i - \mu) = 0 \tag{c}$$

$$\frac{\partial \ln L}{\partial \sigma^2} = -\frac{n}{2\sigma^2} + \frac{1}{2\sigma^4}\sum_{i=1}^{n}(x_i - \mu)^2 = 0 \tag{d}$$

식 (c)와 (d)를 μ와 σ^2에 관하여 풀면 정규분포의 매개변수 μ와 σ^2의 추정치 $\hat{\mu}$와 $\widehat{\sigma^2}$를 얻는다.

$$\hat{\mu} = x, \quad \widehat{\sigma^2} = \frac{1}{n}\Sigma(x_i - x)^2 = \frac{n-1}{n}S^2$$

이 결과는 예제 11.14 모멘트 방법의 결과와 같음을 알 수 있다.

11.7.3 L－모멘트방법

L-모멘트를 이용한 매개변수추정은 모멘트방법에서와 같이 표본 L-모멘트를 모집단 모멘트와 같게 놓음으로서 매개변수추정이 가능하다.

예제 11.17

GEV분포의 매개변수 k, α, ξ를 L-모멘트를 이용해서 추정하라(Hosking과 Wallis 1997).

풀이 GEV의 처음 3 L-모멘트는

$$\lambda_1 = \xi + \alpha\,[1 - \Gamma(1+k)]/k \tag{11.138}$$

$$\lambda_2 = \alpha\,(1 - 2^{-k})\Gamma(1+k)/k \tag{11.139}$$

$$\tau_3 = 2(1-3^{-k})/(1-2^{-k}) - 3 \tag{11.140}$$

식 (11.138 ~ 140)으로부터 GEV분포의 매개변수를 구한다. 그러나 k에 대한 식 (11.140)의 정확해가 불가능하므로 근사해가 주어진다.

$$k \approx 7.8590c + 2.9554c^2, \quad c = \frac{2}{3+\tau_3} - \frac{\log 2}{\log 3} \tag{11.141}$$

이를 이용한 α, ξ는 다음과 같이 구해진다.

$$\alpha = \frac{\lambda_2 k}{(1-2^{-k})\Gamma(1+k)}, \quad \xi = \lambda_1 - \alpha\,[1 - \Gamma(1+k)]/k \tag{11.142}$$

이론적으로 최우도법이 가장 타당하여 가장 적절한 추정치를 제공하고 자료가 충분한 경우에는 추정방법에 따른 추정치의 적절성 비교의 기준으로 사용되기도 하나, 과정이 복잡하고 확률분포에 따라서는 해석적 해가 가능하지 않다. 따라서 실제 수문해석에서는 간단한 모멘트방법이 적용에 편리하다. L-모멘트방법은 모멘트방법, 최우도법과 같이 단순히 L-모멘트추정치를 모집단의 모멘트와 같게 놓고 분포의 매개변수에 관하여 푸는 것이다. 특히 지역빈도해석(18장)에 사용될 때 현저한 이점을 갖는다.

11.8 적합도 검정

표본자료에 대한 확률분포의 적합과정에서 얻어진 확률분포의 매개변수의 적정성에 관한 검토가 필요하다. 표본집단이 선정된 확률분포에 적합하다는 가설을 조사하는 과정을 **적합도검정**(適合度檢定; goodness of fit test)이라 하고 이는 선정된 확률분포에 의하여 계산된 값을 관측치(표본)와 비교하여 선정된 분포가 표본을 얼마나 근사하게 나타내는지의 적합도를 평가하는 것이다. 구체적으로 상대빈도함수 또는 누가빈도함수의 이론치와 표본치를 비교함으로서 가능하다. 누가빈도함수의 경우에는 Kolmogorov-Smirnov방법, 확률도시상관계수 및 Cramer-von Mises방법이, 상대빈도함수에는 χ^2 검정이 사용된다.

모집단의 표본인 수문자료계열에 확률분포를 적합시킴으로써 모집단이 갖는 확률적인 많은 양의 정보를 매개변수와 함수의 형태로 간결하게 집약시킬 수 있고 용이하게 나타낼 수 있다. **귀무가설**(歸無假說: null hypothesis)은 모집단간의 매개변수에 변화 또는 차이가 없는 또는 관측치와 기대치간에 차이가 없는 경우의 가설로 H_o로 나타낸다. 어느 홍수량자료 x에 정규분포가 적합된다는 가설도 귀무가설이 된다. 그러면 x를 어느 정도의 정확도에서 정규분포로 나타낼 수 있는지 검토되어야 한다. 홍수자료 x가 정규분포라는 가설 H_o를 받아들여야 하는데 만약 기각했다면 제 1 종오류가 발생한다. 제 1 종오류가 유발될 수 있는 최대확률을 검정의 **유의수준**(有意水準; level of significance)이라 한다. 유의수준으로 0.05(5%), 0.01(1%)가 주로 사용된다. 만약 0.05 또는 5%가 가설검정에 선정되면 H_o가 채택되어야 하는데 기각할 확률이 100에 5라는 사실이다. 다시 말하면 "x가 정규분포이다"라는 바른 결정을 내린 것은 95%의 확신(신뢰도)을 갖는다는 사실이다. **신뢰도**(信賴度; confidence level)는 (1−유의수준)으로 정의되고 95, 99%가 주로 사용된다. 이러한 경우 우리는 가설 H_o가 0.05의 유의수준에서 기각되었다고 한다. 즉 우리의 결정은 5%의 확률에서 틀릴 수도 있다는 것이다.

도해법. 가장 간단한 방법은 관측자료를 확률지(정규, 대수정규, 극치, 대수극치 등)에 도시하는 방법이다. 적합되는 분포가 관측치의 분포를 정확이 나타낸다면 관측자료는 확률지상에서 직선으로 도시된다. 이 방법은 육안으로 판정이 가능하고 체계적이고 설명되지 않는 편의를 탐색하기 위하여 관측자료와 적합되는 분포를 비교하는데 유용하다(12.2 도시위치 참조).

χ^2 검정

표본자료를 계급구간으로 나타내는 경우 계급구간 i에서 표본의 관측빈도 O_i와 모집단의 확률변수에 대한 기대빈도 E_i에 대한 χ^2 검정통계량인 χ_c^2은 다음과 같다.

$$\chi_c^2 = \sum_{i=1}^{k} \frac{(O_i - E_i)^2}{E_i} \tag{11.143}$$

여기서 k는 구간의 수이다.

χ^2은 카이제곱분포로 자유도 ν인 χ^2-확률분포는 독립된 ν개의 표준정규확률변수 z_i의 자승합으로 정의되는 분포이다(Haan, 1977).

$$\chi_\nu^2 = \sum_{i=1}^{\nu} z_i^2 \tag{11.144}$$

검정에 대한 귀무가설은 가설분포가 자료에 적합된다는 것이다. 식 (11.143)의 검정통계량인 χ_c^2가 한계치 $x_{\nu,1-\alpha}^2$보다 크면 귀무가설은 기각된다. 이는 자료 또는 표본에 가설분포를 적합하는 것이 부적당함을 의미한다.

$$x_c^2 > x_{\nu,1-\alpha}^2 \tag{11.145}$$

한계치 $x_{\nu,1-\alpha}^2$는 자유도 ν를 갖는 χ^2-분포의 유의수준 α%에 해당하는 값으로 표(부록 C-6)로 주어진다. 자유도 ν는 $\nu = k - p - 1$이고, k는 구간의 수, p는 자료 또는 표본으로부터 구해져야 하는 가설분포의 매개변수의 수이다. 예로 정규분포의 경우 평균과 표준편차의 두 매개변수가 필요하므로 $p=2$ 이다. 총 자료를 분할하는 구간 수 k를 정하는 방법은 각 구간의 기대빈도가 최소 5가 되도록 한다. χ^2 검정은 편측기각역검정(片側棄却域檢定)이고 자료수가 많은 $n>30$ 이상인 경우에 알맞다.

예제 11.18

다음 일 유량기록에 대한 5%의 유의수준에서 정규분포의 적합도를 χ_c^2방법으로 검토하라. 유량등급으로 15m³/s이 제안된다.

17.0, 67.2, 53.3, 26.8, 30.0, 19.0, 32.6, 38.3, 43.6, 8.7

풀이 유량 Q의 범위를 15m³/s 간격으로 5개 등급으로 구분한다.

표 11.8 정규분포 적합도의 χ^2-검정계산 예

간격 (1)	유량등급 (2)	O_i (3)	$f_s(x_i)$ (4)	$F_s(x_i)$ (5)	z_i (6)	$F(z_i)$ (7)	$P(x_i)$ (8)	E_i (9)	χ_c^2 (10)
1	<15	1	0.1	0.1	−1.056	0.146	0.146	1.46	0.145
2	15–30	4	0.4	0.5	−0.207	0.418	0.272	2.72	0.602
3	30–45	3	0.3	0.8	0.643	0.740	0.323	3.23	0.016
4	45–60	1	0.1	0.9	1.492	0.932	0.192	1.92	0.441
5	60–75	1	0.1	1.0	2.341	0.990	0.058	0.58	0.314
		10	1.0						$\Sigma=1.518$

평 균 $\bar{x}=33.65$ m³/s
표준편차 $S=17.66$ m³/s

정규분포를 적합하기 위하여 표본통계량 $\bar{x}=33.65$ m³/s, $S=17.66$ m³/s가 μ와 σ값으로 사용된다. 각 자료등급구간의 상한치에 해당하는 표준정규변량 z는 식 (11.85)에 따라 계산된다(6란). 예로 $i=3$에 대하여

$$z=\frac{x-\bar{x}}{S}=\frac{45-33.65}{17.66}=0.643$$

이에 대한 누가확률은 부록 C-1에 의하여 $F(0.643)=0.74$로 주어지며 7란에 기록된다. 각 구간에 대한 확률은 식 (11.29)로 주어진다. $i=3$의 경우

$$P(x_i)=P(x_i-\Delta x\le X\le x_i)=F(x_i)-F(x_{i-1})$$
$$=F(45)-F(30)=0.740-0.418=0.323$$

같은 방법으로 계산된 결과는 8란과 같다. 7란은 정규분포에 의한 기대빈도로 $i=3$인 경우 $E_i=nP(x_i)=10\times0.323=3.23$이다. 10란은 식 (11.143)에 의한 χ^2 통계량이다. $i=3$인 경우

$$\chi_c^2=\frac{(3-3.23)^2}{3.23}=0.016$$

자유도는 $\nu=k-p-1=5-2-1=2$이다. 여기서 k는 $k=5$이다. 자유도 2와 유의수준 $\alpha=5\%$ $(1-\alpha=95\%)$에 대한 χ^2 통계량은 부록 C-6으로부터 $\chi_{2,0.95}=5.991$이다. χ^2-통계량은 $\chi_c^2=1.518$로서 $\chi_c^2<\chi_{2,0.95}$이므로 무귀가설은 95% 신뢰수준에서 기각되지 않는다. 즉 정규분포의 적합이 가능하다.

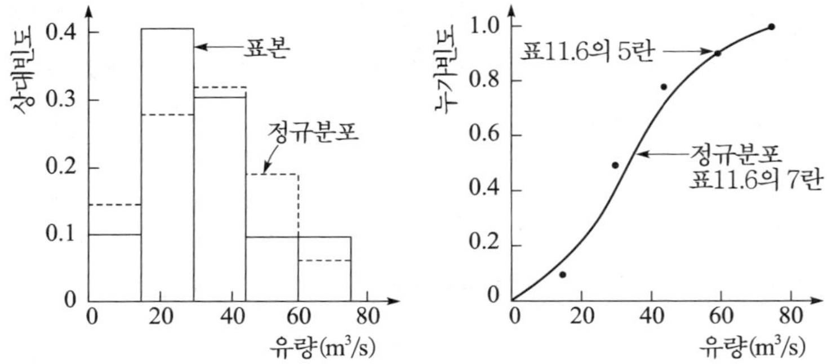

그림 11.10 홍수량에 적합된 정규분포

Cramer von Mises방법

관측치의 누가분포함수 F_n을 이론적인 확률분포함수 F와 비교하여 적합도를 판정하는 Cramer –von Mises기준은 다음과 같이 정의된다.

$$nW^2 = n\int_{-\infty}^{\infty}[F(x) - F_n(x)]^2 dF(x) \tag{11.146}$$

여기서 $F_n(x)$는 증가순인 n개의 관측치 $x_1, x_2, \cdots, x_n$의 누가분포함수이고 이에 대한 Cramer–von Mises검정 통계량 W_n는 다음 식으로 계산된다.

$$W_n = nW^2 = \sum_{i=1}^{n}\left[\frac{2i-1}{2n} - F(x_i)\right]^2 + \frac{1}{12n} \tag{11.147}$$

W_n가 검정한계치 $W_{1-\alpha}(n)$보다 작으면 즉 $W_n \leq W_{1-\alpha}(n)$의 조건을 만족하면 관측치에 적용된 분포함수 F_n이 누가분포함수 F로부터 왔다는 가설은 유의수준 α에서 기각되지 않는다. 적합도검정에 분포함수를 이용하는 점에서는 K-S검정과 같다. 일반적으로 K-S검정보다 강력한 것으로 간주된다.

표 11.9 Cramer–von Mises검정한계치

표본수	유의수준	한계치		
	α	0.1	0.05	0.001
	$1-\alpha$	0.90	0.95	0.99
5		0.343	0.441	0.671
8		0.364	0.451	0.698
10		0.347	0.454	0.707
20		0.349	0.459	0.724
∞		0.347	0.451	0.743

예제 11.19

표 11.10의 유량자료에 정규분포가 적합된다. Cramer-von Mises방법으로 적합도를 검정하라. 기록연수 $n=10$년, 평균이 $\bar{x}=18.05\text{m}^3/\text{s}$, 표준편차가 $S=13.22\text{m}^3/\text{s}$이다.

표 11.10 Cramer-von Mises검정 예제

i (1)	x_i (2)	z (3)	$F(z)$ (4)	$\frac{2i-1}{2n}$ (5)	$\left[\frac{2i-1}{2n}-F(z)\right]^2$ (6)
1	2.43	−1.182	0.1186	0.055	0.0040
2	4.64	−1.014	0.1553	0.150	0.00003
3	6.66	−0.862	0.1944	0.250	0.0031
4	12.68	−0.406	0.3428	0.350	0.00005
5	13.08	−0.376	0.3532	0.450	0.0093
6	14.18	−0.293	0.3848	0.550	0.0273
7	21.08	0.229	0.5906	0.650	0.0035
8	29.73	0.894	0.8116	0.750	0.0038
9	35.70	1.335	0.9090	0.850	0.0035
10	40.28	1.682	0.9537	0.950	0.00001
	$\Sigma=180.46$				$\Sigma=0.05459$

풀이 표 11.10에서 2란은 증가순으로 정리된 유량, 3란은 표준정규변량 z, 4란은 z에 대한 누가확률 $F(z)$(부록 C-1), 5, 6란은 식 (11.147)의 항들이다. W_n은 식 (11.147)에 따라

$$W_n=0.05459+1/(12\times 10)=0.0629$$

유의수준 $\alpha=0.05$에 대한 한계치는 $1-\alpha=0.95$와 $n=10$년에 대해서 표 11.9로부터 $W_{0.95}(10)=0.454$이다. $W_n<W_{0.95}(10)$이므로 5% 유의수준에서 정규분포는 기각되지 않는다.

Kolmogorov-Smirnov 검정

Kolmogorov-Smirnov(K-S)검정은 표본의 누가분포함수 $F_n(x)$가 가설누가분포함수 $F(x)$와 같게 되는지의 가설을 검정하는 것이다. $F_n(x)$는 표본의 연속분포함수로 n개의 관측치에 대한 분포이다. K-S검정의 검정통계량 D_n은 다음과 같다.

$$D_n=\max_{all\,x}|F_n(x)-F(x)| \tag{11.148}$$

만약 검정통계량 D_n이 한계치 $d_{\alpha,n}$보다 크면 즉 $(D_n>d_{\alpha,n})$이면 가설 $F_n(x)=F(x)$는 유의수준 α에서 기각된다. $d_{\alpha,n}$은 검정통계량의 한계치로서 유의수준 α와 표본수 n의 함수로 부록 C-7에 주어진다. 원칙적으로 표본분포 $F_n(x)$과 이론분포 $F(x)$의 차이 D_n은 모든 x에 대하여 검토되어야 한다. 이들 차이는 주어진 x_i에 대하여 $|F(x_i)-F_n(x_i)|$ 와 $|F(x_i)-F_n(x_{i-1})|$를 통해서 검토된다.

위의 과정은 x가 연속확률변수인 경우이나 이산확률변수인 경우에도 과정은 동일하다. K-S

검정은 확률분포가 명시되고 가설분포의 매개변수가 하나라도 명시되지 않은 경우에는 사용되지 말아야 한다. K–S검정은 표본수가 적은 경우에도 적용가능하고 표본수가 적은 분포의 경우에는 χ^2 검정보다 K–S검정이 보다 효율적이다. K–S검정은 자료의 변환이나 계급구간으로 집합이 되지 않은 원자료의 상태에서 수행된다. 그러나 χ^2 검정에서는 계급별 자료의 집합이 필요하다.

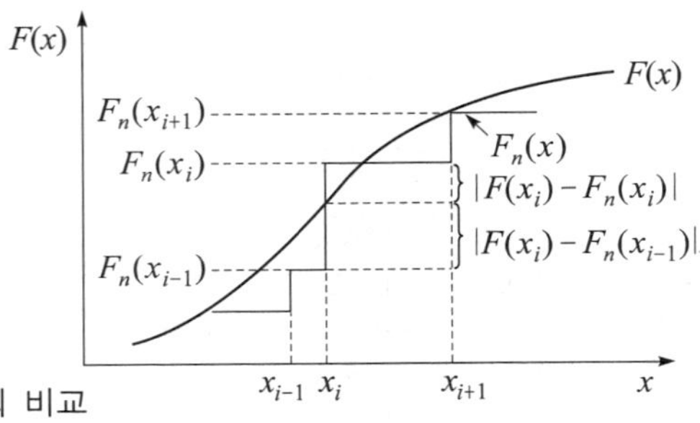

그림 11.11 $F(x)$와 $F_n(x)$의 비교

예제 11.20

예제 11.18의 자료에 대한 (a) 정규분포의 적합도를 K–S방법으로 검정하라. (b) 누가빈도함수를 도시하라.

풀이 계급구간을 적용하지 않고 원자료를 사용한다. 표본통계량은 $\bar{x}$=33.65m^3/s, S=17.66m^3/s이다. 5% 유의수준에서 $n=10$에 대한 검정통계량의 한계치는 부록 C–7로부터 $d_{0.05,10}=0.409$이다. 표본의 검정통계량 D_n은 표본과 이론의 누가확률분포함수의 차이 중 최대치로 그 값은 표 11.11에서 6란의 경우 $D_n=0.124$, 7란의 경우 유의 $D_n=0.079$이다. 이들은 다 검정통계량 $d_{0.05,10}=0.409$ 보다 작으므로 정규분포의 가설은 5% 유의 수준에서 기각되지 않는다.

표 11.1 연최대홍수량의 정규분포 적합도 K–S검정 계산예

순위	홍수량 (m^3/s)	$F(x_i)$	z	$F(z)$	$\lvert F_n(x_i)-F(z_i)\rvert$	$\lvert F_n(x_{i-1})-F(z_i)\rvert$
(1)	(2)	(3)	(4)	(5)	(6)	(7)
1	8.7	0.1	−1.413	0.079	0.021	**0.079**
2	17.0	0.2	−0.943	0.166	0.034	0.066
3	19.0	0.3	−0.830	0.203	0.097	0.103
4	26.8	0.4	−0.388	0.322	0.078	0.022
5	30.0	0.5	−0.207	0.418	0.082	0.018
6	32.6	0.6	−0.059	0.476	**0.124**	0.024
7	38.3	0.7	0.263	0.604	0.096	0.004
8	43.6	0.8	0.563	0.713	0.087	0.013
9	53.3	0.9	1.113	0.867	0.033	0.067
10	67.2	1.0	1.900	0.971	0.029	0.071

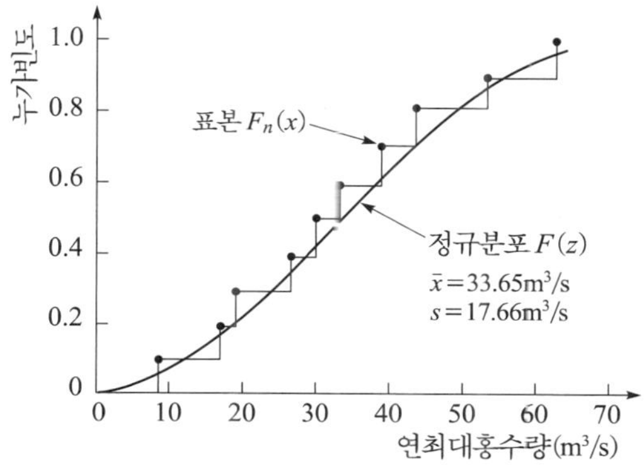

그림 11.12 연최대홍수량의 정규분포 적합에 대한 KS검정

확률도시상관계수

관측된 표본의 분포를 나타내기 위하여 가정한 확률분포의 적합도를 평가하는 수단으로 이용되는 **확률도시상관계수**(probability plot correlation coefficient, PPCC)검정은 크기순의 관측치(x_i)와 이에 대응하는 도시위치로 결정되는 적합 분위수(w_i)간의 상관을 이용한다. 검정되는 표본이 가정한 분포와 같은 분포를 갖는다면 x_i와 w_i의 도시는 선형이 된다. 따라서 PPCC는 적합의 정량적인 평가를 제공하는 확률도시의 선형의 척도가 된다. PPCC가 1.0에 가까울수록 관측치에 대한 선정된 분포의 적합도는 높아지고 PPCC가 1.0이면 표본자료는 적합된 분포로부터 추출된 것으로 간주될 수 있다. Filliben(1975)의 PPCC ρ는

$$\rho=\frac{\sum_{i=1}^{n}(x_i-\bar{x})(w_i-\bar{w})}{\left[\sum_{i=1}^{n}(x_i-\bar{x})^2\sum_{i=1}^{n}(w_i-\bar{w})^2\right]^{1/2}} \tag{11.149}$$

여기서 $\bar{x}$는 x계열의 평균, $\bar{w}$는 w_i의 평균, n은 표본크기, $w_i=E(x_i)$는 가정된 누가분포함수 F의 역함수 F^{-1}항으로 구해진다.

$$w_i=F^{-1}(p_i) \tag{11.150}$$

여기서 p_i는 불편 도시위치이다. 정규분포에 대한 p_i는 다음과 같다.

$$\begin{aligned} p_i &= 1-(0.5)^{1/n} && i=1 \\ p_i &= (i-0.3175)/(n+0.365) && i=2,\cdots,\ n-1 \\ p_i &= (0.5)^{1/n} && i=n \end{aligned} \tag{11.151}$$

표준정규분포와 대수정규분포에 대한 Joiner & Rosenblatt(1971)의 제안식은 다음과 같다.

$$w_i = 4.91\left[p_i^{0.14} - (1-p_i)^{0.14}\right] \tag{11.152}$$

정규분포에 대한 불편 도시위치 p_i에 대하여 제안된 Blom(1958)식은

$$p_i = \frac{i-0.375}{n+0.25} \tag{11.153}$$

식 (11.150), (11.151) 또는 식 (11.152), (11.153)을 식 (11.149)에 대입하여 PPCC를 구한다. x_i가 대수분포인 경우에는 $y_i = \ln(x_i)$를 이용하여 식 (11.149)로부터 ρ를 구한다. 표본자료가 가정한 확률분포라는 가설을 만족하는 ρ의 조건은 다음과 같으며 한계치 ρ_c는 표 11.12에 주어진다.

$$\rho > \rho_c \tag{11.154}$$

표 11.12 정규분포와 Gumbel분포에 대한 PPCC 한계치 ρ_c(Vogel, 1987)

	정규분포-Blom 공식			Gumbel 분포-Gringorten공식		
	유 의 수 준(α)			유 의 수 준(α)		
n	0.10	0.05	0.01	0.10	0.05	0.01
10	0.9347	0.9180	0.8804	0.9260	0.9084	0.8630
15	0.9506	0.9383	0.9110	–	–	–
20	0.9600	0.9503	0.9290	0.9517	0.9390	0.9060
30	0.9707	0.9639	0.9490	0.9622	0.9526	0.9191
40	0.9767	0.9715	0.9597	0.9689	0.9594	0.9286
50	0.9807	0.9764	0.9664	0.9726	0.9646	0.9389
60	0.9835	0.9799	0.9710	0.9760	0.9685	0.9467
70	–	–	–	0.9787	0.9720	0.9506
75	0.9865	0.9835	0.9757	–	–	– –
80	–	–	–	0.9804	0.9747	0.9525
100	0.9893	0.9870	0.9812	0.9831	0.9779	0.9596
300	0.99602	0.99525	0.99354	0.9925	0.9902	0.9819
1,000	0.99854	0.99824	0.99755	0.99708	0.99622	0.99334

표 11.12는 도시위치공식 Blom식을 이용한 정규분포 및 대수정규변량의 대수치에 대한 한계치와 Gringorten공식을 이용한 Gumbel분포에 대한 한계치 ρ_c를 제공한다. PPCC는 일반적으로 2개의 매개변수를 갖는 정규, 대수정규 및 Gumbel분포의 적합도 검정에 유용하고, 표본 크기에 구애받지 않으므로 신축성이 있고, 확률도시와 상관계수만을 필요로 하므로 개념이해가 용이하며 상관계수만을 계산하므로 검정과정이 간단하다.

예제 11.21

표 11.13의 유량자료에 대한 정규분포의 적합도를 확률도시상관계수방법으로 검정하라. 기록연수와 평균은 각각 $n=10$년, $\bar{x}=18.05\text{m}^3/\text{s}$이다.

풀이 표에서 3란의 불편 도시위치 p_i는 식 (17.153)의 Blom식에 의한다. 예로 $i=3$인 경우

$$p_3=\frac{i-0.375}{n+0.25}=\frac{3-0.375}{10+0.25}=0.2561$$

표 11.13 정규분포의 PPCC검정 계산 예

i (1)	x_i (2)	p_i (3)	w_i (4)	$(x_i-\bar{x})^2$ (5)	$(x_i-\bar{x})(w_i-\bar{w})$ (6)	$(w_i-\bar{w})^2$ (7)
1	2.43	0.0610	−1.5478	243.98	24.177	2.396
2	4.64	0.1585	−0.9989	179.83	13.395	0.998
3	6.66	0.2561	−0.6533	129.73	7.441	0.427
4	12.68	0.3537	−0.3738	28.84	2.007	0.140
5	13.08	0.4512	−0.1221	24.70	0.607	0.150
6	14.18	0.5488	0.1221	14.98	−0.473	0.150
7	21.08	0.6563	0.3738	9.18	1.133	0.140
8	29.73	0.7439	0.6533	136.42	7.631	0.427
9	35.70	0.8415	0.9989	311.52	17.631	0.998
10	40.28	0.9390	1.5478	494.17	34.408	2.396
Σ	180.46			1,573.75	107.957	8.222

4란의 적합분위수는 식 (11.152)로 계산된다. $i=3$인 경우

$$w_i=4.91\left[p_i^{0.14}-(1-p_i)^{0.14}\right]$$

$$=4.91\left[0.2561^{0.14}-(1-0.2561)^{0.14}\right]=-0.6533$$

표의 계산결과를 식 (11.149)에 대입하면

$$\rho=\frac{107.957}{(1{,}573.35\times 8.222)^{1/2}}=0.949$$

$\alpha=5\%$, $n=10$에 대한 정규분포의 PPCC 한계치는 표 11.12로부터 $\rho_c=0.918$이다. $\rho>\rho_c$이므로 5% 유의수준에서 정규분포는 기각되지 않는다.

11.9 회귀분석

하천의 한 지점에서 유량의 크기에 영향을 주는 인자에는 강우량, 증발량, 유역면적, 유역의 지표상태, 침투 등을 들 수 있다. 유량과 이들 인자(독립변수)와의 관계식을 도출하여 이들 인자(독립변수)의 항으로 유량(종속변수)을 예측할 수 있는 것이 요망된다. 이와 같이 독립변수와 종속변수간의 관계식을 **회귀식**(回歸式; regression equation)이라 하고, 회귀식을 구하는 수학적인 과정을 **회귀분석**(回歸分析; regression analysis)이라 한다. 독립변수가 1개인 단순선형회귀식의 형태는

$$Y = b_0 + b_1 x \tag{11.155}$$

여기서 b_0, b_1은 회귀계수로서 b_0는 절편계수, b_1은 경사계수라고도 한다.

최소자승법. 식 (11.155)의 경사계수와 절편계수의 값은 최소자승법을 이용해서 결정된다. 최소자승법의 원리는 계수들의 최적추정치를 얻는 과정이다. 최소자승법은 측정치와 예측치의 차이인 편차(偏差; deviation) 또는 잔차(殘差; residual)e 의 자승합을 최소로 하는 것이다.

$$e_i = Y_i - y_i \tag{11.156}$$

$$S = \min \sum_{i=1}^{n} (Y_i - y_i)^2 \tag{11.157}$$

여기서 Y_i는 i 번째 예측치, y_i는 i 번째 측정치, e_i는 i 번째 편차이다. 식 (11.157)은 변수 x, y의 관계를 가장 잘 대표하는 최적선(best fit of line)이 되기 위한 조건이다.

해석과정. 식 (11.155)의 Y를 식 (11.157)에 대입하고 미지수 b_0, b_1에 관하여 식 (11.158)의 미분을 취한 후 영으로 놓는다.

$$S = \sum_{i=1}^{n} (b_o + b_1 x_i - y_i)^2 \tag{11.158}$$

$$\frac{\partial S}{\partial b_o} = 2\sum_{i=1}^{n} (b_o + b_1 x_i - y_i) = 0 \tag{11.159a}$$

$$\frac{\partial S}{\partial b_1} = 2\sum_{i=1}^{n} x_i (b_o + b_1 x_i - y_i) = 0 \tag{11.159b}$$

식 (11.159)를 정리하면 정규방정식(normal equation) (11.160)을 얻는다.

$$\Sigma\, b_0 + b_1 \Sigma\, x = \Sigma\, y \tag{11.160a}$$

$$b_0 \Sigma\, x + b_1 \Sigma\, x^2 = \Sigma\, xy \tag{11.160b}$$

식 (11.160a, b)에서 합계와 변수의 첨자는 생략되었다. 식 (11.160a, b)를 절편 b_0와 기울기 b_1에 관하여 풀면

$$b_1 = \frac{n\sum_{i=1}^{n} x_i y_i - \sum_{i=1}^{n} x_i \sum_{i-1}^{n} y_i}{n\sum_{i=1}^{n} x_i^2 - (\sum_{i=1}^{n} x_i)^2} \tag{11.161}$$

$$b_o = \frac{\sum_{i=1}^{n} x_i^2 \sum_{i=1}^{n} y_i - \sum_{i=1}^{n} x_i \sum_{i=1}^{n} x_i y_i}{n\sum_{i=1}^{n} x_i^2 - (\sum_{i=1}^{n} x_i)^2} = \frac{1}{n}\sum_{i=1}^{n} y_i - \frac{b_1}{n}\sum_{i=1}^{n} x_i = \overline{y} - b_1 \overline{x} \tag{11.162}$$

예제 11.22

표 11.14의 1과 2란은 인천지방의 평년 월 최대기온(x)와 평년 월강우량(y)(1931~1960) 이다. x에 대한 y의 회귀식을 유도하라.

풀이 정규방정식의 계산이 표 11.14에 주어지고 표 11.14으르부터 b_0, b_1의 계수값을 식 (11.160)에 대입하여 정규방정식을 얻는다.

$$12b_o + 189.3\,b_1 = 1,092.5$$

$$189.3\,b_o + 4,143.77\,b_1 = 25,005.49$$

위식을 b_0, b_1에 관하여 풀면 회귀식의 절편 $b_o = -14.84$와 기울기 $b_1 = 6.71$를 얻는다. 따라서 회귀식은 식 (11.163)으로 주어지고 이를 도시한 것이 그림 11.13이다.

$$Y = -14.84 + 6.71x \tag{11.163}$$

표 11.14 회귀분석 계산예

월 (1)	기온 x(℃) (2)	강우량 y(mm) (3)	x^2 (4)	y^2 (5)	xy (6)	Y (7)	$e = Y - y$ (8)	e^2 (9)	$\bar{y} - y$ (10)
1	0.4	15.8	0.16	249.64	6.32	−12.16	−27.96	781.79	−75.24
2	2.8	17.9	7.84	320.41	50.12	3.95	−13.95	194.60	−73.14
3	8.0	49.9	64.0	2490.01	399.20	38.84	−11.06	122.32	−41.14
4	14.8	66.3	219.04	4395.69	981.24	84.47	18.17	330.15	−24.74
5	20.5	72.5	420.25	5256.25	1486.25	122.72	50.22	2522.05	−18.54
6	24.5	139.4	600.25	19432.36	3415.30	149.56	10.16	103.23	48.36
7	27.9	303.8	778.41	92294.44	8476.02	172.37	−131.43	17273.84	212.76
8	29.4	180.4	864.36	32544.16	5303.76	182.43	2.03	4.12	89.36
9	25.4	136.4	645.16	18604.96	3464.56	155.59	19.19	368.26	45.36
10	19.5	45.0	380.25	2025.00	877.50	116.00	71.00	5041.00	−46.04
11	12.2	35.1	148.84	1232.01	428.22	67.02	31.92	1018.89	−55.94
12	3.9	30.0	15.21	900.00	117.00	11.33	−18.67	348.57	61.04
Σ	189.3	1,092.5	4,143.77	179,744.93	25,005.49			28,108.79	$(\bar{y} - y)^2$
Σ/n	15.78	91.04							$=75,558.71$

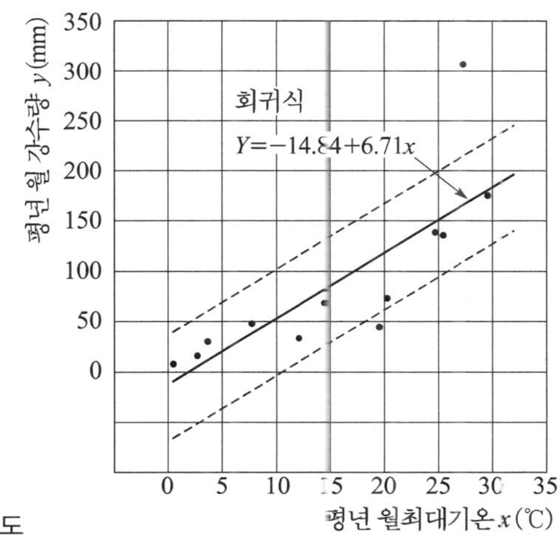

그림 11.13 회귀식의 유도

회귀식의 신뢰도. 두 변수 x, y의 회귀식을 얻었을 때 이 회귀식이 x, y 함수관계를 어느 정도 잘 나타내는지, 회귀식에 의한 x에 대한 y의 예측치가 어느 정도로 타당한지가 검토되어야 한다. 즉 **회귀식의 신뢰도**(reliability of regression equation)가 검토되어야 한다. 회귀식의 적합도를 나타내는 신뢰도의 평가는 도시해석방법, 상관계수, 표준추정오차를 이용함으로서 가능하다. 도시해석(graphical analysis)은 실측치와 예측치의 도시로 시각적으로 판정이 빠르고 분포의 범위, 극치의 존재, 두 변수간의 관계형을 쉽게 알 수 있으나 정량적인 비교가 안 되는 단점이 있다.

상관계수. 상관은 관측된 두 변수간의 관련도를 나타내고 **상관계수**(correlation coefficient)는 관련도의 정량적인 척도이다. 일반적으로 확률변수 y의 관측치들은 어느 정도 변동을 갖고 이는 표본의 분산으로 나타낼 수 있다. 식 (11.49)에서와 같이 분산은 평균에 대한 편차의 자승합을 자유도로 나눈 값이다. 평균에 대한 편차의 자승합으로 주어지는 **총변동**(total variation) TV는 다른 변수 x의 변동으로 설명되는 **설명변동**(explained variation) EV와 설명되지 않는 **비설명변동**(unexplained variation) UV로 구분된다.

$$TV = EV + UV \tag{11.164}$$

이들을 확률변수의 변동의 항으로 나타내면,

$$\sum_{i=1}^{n}(y_i - \overline{y})^2 = \sum_{i=1}^{n}(Y_i - \overline{y})^2 + \sum_{i=1}^{n}(y_i - Y_i)^2 \tag{11.165}$$

여기서 y는 관측치, Y는 x의 회귀식에 의한 y의 추정치 $Y = b_o + b_1 x$, $\overline{y}$는 y의 평균이다.

그림 11.14a는 평균치에 관한 관측치의 변동을 나타내는 총변동 $\Sigma(y_i - \overline{y})^2$이다. 그림 11.14b는 평균치에 관한 회귀선의 변동을 나타내는 설명변동으로 식 (11.165)의 $\Sigma(Y - \overline{y})^2$이다. 이는 x, y의 관계식에 의하여 설명 즉, 추정이 가능한 부분이다. 만약 모든 점이 직선상에 오면 설명변동은 총변동과 같게 되고 분산은 영이 된다. 그림 11.14c는 회귀선에 관한 관측점들의 변동으로 식 (17.165)의 $\Sigma(y_i - Y_i)^2$으로 이는 x, y의 관계식에 의하여 설명 즉 예측되지 않는 비설명 변동부분이다. 만약 비설명변동이 총변동과 같게 되면 x, y 사이에 관계식의 존재의 의미가 없다.

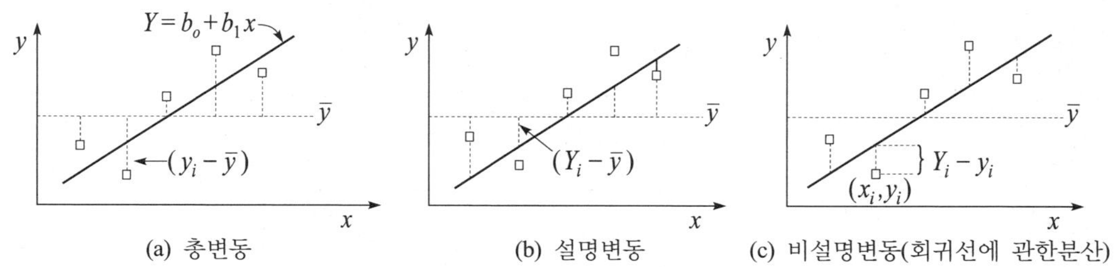

그림 11.14 (a) 총변동, (b) 설명변동 및 (c) 비설명변동(회귀선에 관한 분산)

설명변동과 총변동의 비 EV/TV는 총변동중에서 설명될 수 있는 변동의 비율을 나타낸다. 즉 총변동에 대한 x, y의 선형관계식에 의하여 예측될 수 있는 변동의 비율로써 이를 **결정계수**(coefficient of determinant)라 하고 R^2으로 표시한다.

$$R^2 = \frac{EV}{TV} = \frac{\sum_{i=1}^{n}(Y_i - \bar{y})^2}{\sum_{i=1}^{n}(y_i - \bar{y})^2} \tag{11.166}$$

결정계수의 제곱근이 상관계수 R이다. 설명변동이 총변동과 같으면 R은 1이 된다. 설명변동이 0이면 R은 0으로 x, y 사이에는 선형관계가 존재하지 않는다. 상관계수는 식 (11.167)로 정의되고 실제 상관계수 계산은 식 (11.168)과 같이 변형해서 수행된다.

$$\rho = \frac{E[(X-\mu_x)(Y-\mu_y)]}{\sigma_x \sigma_y} \tag{11.167}$$

$$R = \frac{n\sum_{i=1}^{n} x_i y_i - \sum_{i=1}^{n} x_i \sum_{i=1}^{n} y_i}{\left[n\sum_{i=1}^{n} x_i^2 - \left(\sum_{i=1}^{n} x_i\right)^2\right]^{0.5}\left[n\sum_{i=1}^{n} y_i^2 - \left(\sum_{i=1}^{n} y_i\right)^2\right]^{0.5}} \tag{11.168}$$

결정계수 R^2은 y의 변동중에서 x에 의하여 설명될 수 있는 변동의 백분율을 나타내는 물리적인 해석이 가능한 점에서 예칙에 관한 정확도의 의미 있는 척도이다.

표준추정오차. 예제 11.22의 회귀식 식 (11.163)을 이용해서 표 11.14의 각 x에 대한 y를 추정한다면 이들 추정치는 실제 y값과 다르게 됨을 알게 된다. 예를 들면 $x=8$에서 y의 추정치는 식 (11.163)에 8를 대입하면 $y=-14.84+6.71x=-14.84+6.71\times 8=38.84$이고, 실제 y값은 49.9이므로 편차는 −11.06이 된다. 이와 같은 편차는 12쌍의 모든 측정 자료에 존재한다. 회귀선이 제공하는 값은 단지 최적 추정치이므로 이는 불확실성을 내포한다. 불확실성의 척도로 **표준추정오차**(標準推定誤差; standard error of estimate) S_e가 사용된다. S_e^2는 편차의 자승합을 자유도 ν로 나눈 값이고 수학적으로 표준추정오차는 편차의 표준편차와 같고 y와 동일한 단위를 갖는다.

$$S_e = \left[\frac{1}{\nu}\sum_{i=1}^{n}(Y_i - y_i)^2\right]^{0.5} \tag{11.169}$$

여기서 ν는 자유도로서 표본 수에서 미지수의 수 p를 뺀 값 $\nu = n-p$ 과 같다. 식 (11.155)와 같은 2변량 모형에서는 미지수가 2이므로 자유도는 $\nu = n-2$이다.

표준추정오차(식 11.169)는 비설명변동과 자유드의 비의 제곱근이다. 따라서 S_e가 작을수록 즉 비설명변동이 작아질수록 x, y관계식에 의한 y의 추정치의 정확도는 증가하게 된다. 즉

$S_e=0$은 모든 점들이 회귀선상에 위치함을 의미한다. 경우에 따라서는 S_e가 식 (11.170)으로 계산된다.

$$S_e = S_y\sqrt{1-R^2} \tag{11.170}$$

여기서 S_y는 y의 표준편차이다. 식 (11.170)의 개선형은 다음과 같이 주어진다. 그러나 n이 증가하면 식 (11.170)과 식 (11.171)의 차이는 근소하게 된다.

$$S_e^2 = \frac{n-1}{n-p-1}S_y^2(1-R^2) \tag{11.171}$$

여기서 p는 독립변수(미지수)의 수이다. 이론적으로는 S_e가 S_y보다 크나 일반적으로 S_e는 $0 \sim S_y$의 범위에 있다. 회귀식이 자료 점에 정확하게 적합되면 S_e는 영이 되고 상관계수는 1.0이 된다.

상관이 영이면 S_e는 S_y와 같게 된다(식 (11.170)) S_e는 예측치와 같은 차원을 갖고 그의 크기는 편차의 물리적인 크기를 나타내는 점에서 표준추정오차가 상관계수보다 선호된다.

편차는 그림 11.14c에서 연직절선부분이다. 추정분산 S_e^2는 이들 절선부분의 자승합을 ν로 나눈 값이다. 따라서 S_e^2은 회귀선 주위의 자료점의 흩어진 정도를 나타내는 지수이다. S_e^2이 작을수록 회귀선으로부터 흩어짐이 작다. 분산을 나타내는 자료점의 흩어진 상태 즉 평균이 영이고 표준편차가 S_e인 정규분포를 적합시키는 것이 가능하면 이는 다음을 의미한다. 회귀선의 양측에 연직거리가 S_e가 되도록 회귀선에 두 평행선을 그으면 두 평행선 사이에 놓인 자료점 수가 약 68%가 되고 두 평행선이 $2S_e$, $3S_e$ 연직간격으로 그어지면 두 평행선 사이의 자료점은 각각 95%, 99.7%가 된다(그림 11.13).

예제 11.23

표 11.14와 예제 11.22의 결과를 이용하여 표준추정오차, 설명변동, 결정계수 및 상관계수를 구하고 회귀선의 신뢰도를 검토하라.

풀이▌ 회귀식 식 (11.163)을 이용하여 예측된 월강우량 Y는 표 11.14의 7란에 주어진 바와 같으며 편차 e와 e^2의 계산치가 각각 표 11.14의 8, 9란에 주어진다. 자유도는 미지수가 b_0, b_1의 두 개이므로 $\nu=n-2$이다. 따라서 표준추정오차는 식 (11.169)에 의하여

$$S_e=\left[\frac{1}{n-2}\sum_{i=1}^{n}e_i^2\right]^{0.5}=\left[\frac{1}{10}(28{,}108.79)\right]^{0.5}=53.02\text{mm}$$

표준편차는 식 (11.49)에 의하면

$$S_y=\left[\frac{1}{n-1}\left\{\sum y_i^2-\frac{1}{n}\left(\sum y_i\right)^2\right\}\right]^{0.5}=\left[\frac{1}{11}\left\{179{,}744.93-\frac{(1{,}092.5)^2}{12}\right\}\right]^{0.5}=85.3\text{mm}$$

총변동 $\Sigma(y-y)^2$은 표 11.14 10란의 자승합으로 주어진다.

$$TV=\sum_{i=1}^{n}(y_i-\bar{y})^2=75{,}558.71$$

비설명변동 즉 회귀선에 의하여 설명이 되지 않는 변동은 9란의 합으로 주어진다.

$$UV=\sum_{i=1}^{n}(y_i-Y)^2=28{,}108.79$$

따라서 회귀선에 의하여 설명되는 설명변동은

$$EV=TV-UV=75{,}558.71-28{,}108.79=47{,}449.92$$

결정계수는

$$R^2=\frac{EV}{TV}=\frac{\text{설명변동}}{\text{총변동}}=\frac{47{,}449.92}{75{,}558.71}=0.63$$

이로부터 상관계수는 $R=\sqrt{0.63}=0.79$ 이고 식 (11.168)에 의한 상관계수는 $R=0.806$이다.

그림 11.13에서 회귀선 상하로 연직거리 $S_e=53.02$mm에 두 평행선을 그으면 두 평행선 안에 놓이는 점의 수는 10개이다. 이는 표 11.14의 8란으로부터 $e=(Y-y)$의 절대치가 53.02보다 큰 경우는 7월, 10월의 2개월이므로 이들의 비는 10/12=83%이다. 만약 자료가 정규분포를 한다면 그림 11.13에서 신뢰한계선 안에 들어오는 자료점의 수는 68%가 될 것이다.

문 제

확률개념

11.1 1에서 10까지 10개의 정수로 구성된 집단을 생각한다. $A=\{2,\ 3,\ 4\}$, $B=\{4,\ 5,\ 6,\ 7\}$이라 할 경우 (a) $\overline{A}\cap B$, (b) $\overline{A}\cup B$, (c) $A\cup\overline{B}$에 속하는 숫자를 제시하라.

11.2 크기가 다른 3개의 홍수사상 A > B > C 중 적어도 하나의 홍수사상이 주어진 크기순서에서 일어날 확률을 구하라.

11.3 52카드 중에서 에이스가 두 번 연속해서 뽑힐 확률을 구하라.

11.4 표 11.1의 자료를 이용하여 상대빈도주상도와 누가빈도주상도를 작성하라. 계급간격은 30mm로 한다. 위 결과로부터 95%누가확률과 300mm보다 크게 될 확률을 구하라

11.5 표 11.1의 자료를 이용해서 (a) 어느 한해에 연최대 강우량이 180mm보다 크게 될 확률을 구하라. (b) 연최대 강우량이 2년 연속해서 180mm보다 크게 될 확률을 구하라. (c) 연강우량이 독립과정이라 가정해서 자료로부터 직접 2년 연속해서 180mm보다 크게 될 확률을 구하라.

분위수

11.6 표 11.1의 강우자료에 대한 4분위수 Q_1, Q_2, Q_3, 십분위수 D_1, D_5, D_9 및 백분위수 P_{35}, P_{70}을 구하라.

11.7 표 11.1의 강우자료를 15mm단위의 계급으로 재정리하여 0.3, 0.5분위수를 구하라.

11.8 표 11.1의 강우자료의 누가분포함수를 도시하고 이로부터 누가확률이 $F(x)=0.5$, $F(x)=0.75$인 강우량을 구하라.

11.9 표 11.13의 2, 3란의 자료를 이용하여 분위수 Q_1, Q_2, Q_3을 구하고 각 결과의 유의성을 기술하라.

통계적 매개변수

11.10 다음은 어느 유역의 연유사산출량(ton/yr)이다. 평균, 표준편차, 왜곡도계수 및 첨예도계수를 산정하라.

5.4 4.2 7.6 7.1 5.3 10.2 4.8 5.7

11.11 표 11.1의 1950~1989년의 자료를 이용하여 평균, 표준편차, 왜곡도계수 및 첨예도계수를 계산하라.

11.12 식 (11.47) $Var(X) = \sigma^2 = E(X^2) - \mu^2$을 유도하라.

11.13 식 (11.55)를 유도하라.

L-모멘트

11.14 L-모멘트를 이용하여 표 11.1의 1950~1989년의 자료의 평균과 표준편차를 구하라.

11.15 28년 연최대 풍속자료(1950–1977) (mi/hr) 에 대한 처음 4 확률가중모멘트를 구하라.

32	32	34	37	37	38	40	40	40	42
42	42	43	44	45	45	46	48	49	50
51	51	51	53	53	58	58	60		

11.16 문제 **11.15** 자료에 대한 곱모멘트와 곱모멘트비 그리고 L-모멘트와 L-모멘트비를 추정하고 결과를 비교하라.

11.17 다음 유량자료(m^3/s)에 대한 L-모멘트와 L-모멘트비를 계산하라.

5.6 6.3 4.87 3.4 6.4 4.6 4.2 6.2 5.8 4.8

확률분포형

11.18 10년 홍수가 첫 해에 일어나지 않고 둘째 해에 일어날 확률은?

11.19 25년 홍수가 5년 공사기간에 일어나지 않을 확률을 구하라.

11.20 50년 동안에 50년 홍수에 같거나 초과하는 홍수가 1회 또는 그 이상 일어날 확률을 구하라.

11.21 3년 공사기간에 10년 홍수가 각 해에 발생할 확률을 구하라.

11.22 25년 동안에 95% 안전율에서 초과하지 않을 재현기간은 얼마인가?

11.23 상이한 크기의 유출이 유출구에 도달(또는 대기)시간 X(분)이 다음의 밀도함수로 주어진다. 평균 도달시간을 구하라.

$$f(x) = 10e^{-2x} \quad x \geq 0$$

11.24 표 11.1에 대한 정규분포의 매개변수를 L-모멘트를 이용하여 구하라.

11.25 전주지방의 강우자료(표 11.1)가 정규분포라고 가정하여 다음을 구하라.
(a) 100년 강우량, (b) 50년 강우량, (c) 강우량이 200mm보다 작거나 같게 되는 확률

11.26 대수정규분포하는 것으로 가정하여 문제 **11.25**를 되풀이 하라.

11.27 대수피어션분포를 가정하여 문제 **11.25**를 수행하라.

11.28 3변수 감마분포로 가정하여 문제 **11.25**를 수행하라.

11.29 Gumbel분포로 가정하여 문제 **11.25**를 수행하라.

11.30 공사기간이 6년인 댐공사의 가물막이댐이 25년 홍수에 대하여 설계된다. 다음 조건에서 가물막이 댐이 월류될 위험도를 구하라. (a) 6년 공사기간 동안에 적어도 한번 발생, (b) 공사기간에 단 일회도 발생하지 않을, (c) 첫째 해에 한해서 발생할 (d) 5년째와 6년째에 일어날 위험도.

11.31 공사기간이 5년인 댐에 대한 가물막이 댐이 25년에 설계된다. 위험도를 10%이하로 감소시키는데 필요한 재현기간은?

11.32 5년 홍수가 200m^3/s인 하천변에 위락공원이 건설된다. 다음을 구하라. (a) 다음 해에 공원이 침수될 확률, (b) 다음 10년 동안 적어도 1회 침수될 확률, (c) 다음 10년 동안 3회 침수될 확률, (d) 다음 10년 동안 10회 침수될 확률.

11.33 초과확률이 0.05인 홍수에 대하여 제방이 설계된다. 다음의 경우 확률을 결정하라
(a) 제방이 어느 해에도 월류되지 않는다. (b) 다음 2년 동안 제방이 월류되지 않는다.
(c) 제방이 6년 동안 정확히 1회 월류된다. (d) 다음 10년 동안에 3회 이상 월류한다.

11.34 어느 하천의 한 단면에서의 연최대 홍수량 x (m^3/s)는 대수정규확률분포($\ln x \sim N$ (4.5, 0.42)를 따른다. (a) 중앙치에 해당하는 연최대유량을 계산하라. (b) 50년 홍수에 대하여 제방이 월류나 붕괴되지 않도록 설계되었다. 설계유량을 구하라. (c) 50년 동안에 설계홍수량이 발생하는 회수를 n 으로 나타낼 때 $P(n=0), P(n=1)$ 및 $P(n>1)$ 을 구하라. (d) 하천이 120m^3/s에 안전할 경우 이 홍수량의 재현기간을 구하라.

11.35 다음 5년 동안에 20년 홍수와 같거나 큰 홍수가 발생할 확률을 구하라.

11.36 어느 저수지의 6월중 증발량이 평균 120mm, 표준편차가 40mm인 정규분포를 갖는다. 다음 확률을 구하라. (a) $P(E>6\ \text{mm/day})$, (b) $P(E>3\ \text{mm/day})$, (c) $(4\ \text{mm/day} \le E \le 6\ \text{mm/day})$

11.37 다음은 연최소 7일 평균유량이다. 대수정규빈도곡선을 계산하고 10년과 50년 7일 평균유량을 추정하라. 빈도곡선과 자료를 도시하라.

년	유량(m^3/s)	년	유량(m^3/s)	년	유량(m^2/s)	년	유량(m^3/s)
1956	2.80	1966	3.22	1976	5.10	1986	3.36
57	4.06	67	4.09	77	4.10	87	4.27
58	3.64	68	4.34	78	3.36	88	4.65
59	4.45	69	4.27	79	5.60	89	4.62
60	3.08	70	3.47	80	6.33		
61	2.69	71	2.60	81	5.82		
62	4.70	72	2.86	82	4.59		
63	4.17	73	2.72	83	4.09		
64	3.50	74	3.67	84	3.14		
65	3.42	75	4.76	85	3.14		

11.38 피어선3분포를 갖는 x 계열의 평균, 표준편차 및 왜곡도가 각각 120, 34 및 0.9이다. (a) 매개변수를 추정하고 (b) 피어선3분포의 중앙치와 (c) 50년 분위수를 구하라.

11.39 x는 대수피어선3분포를 갖는 변량이다. $y=\ln x$ 계열의 평균, 분산 및 왜곡도가 각각 2.6, 0.21 및 0.63이다. 매개변수 추정하라.

11.40 EV1분포를 갖는 유량자료 x 의 평균, 표준편차 각각 242m^3/s, 72m^3/s이다. 유량 280m^3/s의 재현기간을 구하라.

매개변수추정(확률분포의 적합)

11.41 정규분포 매개변수의 최우도 추정치가 다음과 같음을 보여라.

$$\mu = \frac{1}{n}\sum_{i=1}^{N} x_i\ , \qquad \sigma^2 = \frac{1}{n}\sum_{i=1}^{N}(x_i - \overline{x})^2$$

11.42 표 11.2의 강우자료에 적합된 정규분포의 매개변수의 최우도 추정치를 구하고 이들 값을 문제 **11.41**의 식을 이용해서 계산한 결과와 비교하라.

11.43 다음 34개 건설현장의 토사산출량 자료를 이용하여 감마분포 매개변수의 최우도 측정치를 유도하라.

Y(tons/km²/yr)	0~20	20~40	40~60	60~80	80~100	100~120
f (yr)	2	7	9	5	7	4

11.44 다음은 30개 건설 현장으로부터 유사산출량을 나타낸다. 모멘트 방법에 의하여 균일분포(uniform dlistribution)을 적합하라.

$$f(x) = \frac{1}{b-a} \qquad a \leq x \leq b$$

Y(tons/km²/yr)	0~10	10~20	20~30	30~40	40~50	50~60
f (yr)	2	6	8	4	6	4

11.45 강우의 사상간 시간이 지수분포하는 것으로 가정한다. 사상간 시간의 평균이 4.3days 일 때 매개변수 λ를 추정하라.

11.46 문제 **11.44** 자료에 대하여 감마분포 매개변수의 측정치를 최우도 방법으로 유도하라.

11.47 강우의 사상간 시간이 2.40, 2.45, 13.32, 3.45, 0.92, 1.36이다. 사상간 시간이 지수분포하는 것으로 가정하고 매개변수 λ를 구하라.

11.48 다음은 접시증발량을 나타낸다. 최우도 방법으로 지수분포의 매개변수를 구하라.

E(mm/day)	0~0.7	0.7~2.0	2.0~3.3	3.3~4.5	4.5~5.8
f (E)	45	75	70	47	35

E(mm/day)	5.8~7.1	7.1~8.3	8.3~9.6	9.6~10.9	10.9~12.2
f (E)	40	19	2	3	1

11.49 다음 20년간의 연최대유량자료에 대한 GEV분포의 매개변수를 모멘트방법으로 추정하라.

125	107	132	147	143	405	146	144	192	716
121	865	106	245	144	63	956	158	143	287

11.50 문제 **11.49**를 PWM방법으로 수행하라.

11.51 문제 **11.37**의 유량자료를 Gumbel확률지에 도시하고 GEV분포의 분위수추정치를 도시하여 적합도를 검토하라.

적합도 검정

11.52 다음 유량자료에 관하여 5%의 유의수준에서 평균 $\overline{x} = 259\text{m}^3/\text{s}$, 표준편차 $S = 123\text{m}^3/\text{s}$인 정규분포와 대수정규분포의 적합여부를 χ^2방법으로 검정을 수행하라.

구간유량(m^3/s)	빈도
0～120	6
120～240	29
240～360	12
360～480	7
480～600	3
600～	1

11.53 다음 일 유량기록에 대한 5%의 유의수준에서 대수정규분포의 적합도를 (a) χ^2방법, (b) Cramer-von mises방법으로 검토하라. 유량등급으로 0.75m^3/s이 제안된다.

0.847, 3.381, 0.165, 1.340, 1.500, 0.954, 0.315, 1.914, 2.182, 0.437

11.54 문제 **11.52**를 Cramer-von mises방법으로 수행하라.

11.55 표 12.3의 강우자료에 대한 정규분포(평균 117.2mm, 표준편차 40.1 mm)의 적합도를 5% 유의수준에서 K-S방법으로 검토하라.

11.56 문제 **11.52**를 PPCC방법으로 수행하라.

11.57 표 11.6 유량자료에 대한 정규분포의 적합도를 L-모멘트비를 이용하여 검토하라.

회귀 분석

11.58 다음은 수위-유량자료이다. (a) 수위-유량자료를 도시하라. (b) 회귀식을 유도하여 도시하라. (c) 설명변동과 상관계수를 결정하라. (d) 회귀선의 신뢰도를 검토하라.

수위(m)	0.3	0.61	0.91	1.22	1.53	1.83	2.14	2.44	2.75	3.05	3.36	3.51
유량(m^3/s)	2	12	33.6	65.8	119	182	266	378	490	630	770	840

11.59 다음 자료에 대한 수위-유량곡선식과 상관계수를 구하라.

수위(m)	0.3	0.4	0.5	0.7	0.8	1.0	1.2	1.5
유량(m^3/s)	0.2	0.16	0.40	1.55	2.35	4.4	7.5	13.5

12 빈도해석

호우, 홍수 및 한발과 같은 극한 사상들의 빈도해석은 치수와 이수에 관한 공학설계와 의사결정, 경제성해석에 필요한 결정적인 인자이다. **빈도해석**(頻度解析; frequency analysis)은 과거 수문기록을 해석하고 분포함수를 적합하여 장래 수문사상의 발생빈도를 추정하고, 확률변수 값들의 발생에 대한 재현기간을 부여하거나 또는 확률을 관련시키는 모형을 개발하고, 특히 확률분포를 통하여 극한 사상의 크기를 발생빈도와 관련시키는 과정이다. 이러한 목적을 위해서는 Monte Carlo기법을 이용하여 합성유량을 발생시키고 이에 다양한 분포의 적합이 모색되기도 한다. 해석에 사용되는 수문자료는 통계적으로 독립적이고 등일한 확률분포를 갖는 것으로 가정된다. 또한 인간과 자연에 의한 시간상의 변화는 빈도관계를 변형하지 않는 정상성으로 가정된다. 홍수 빈도해석의 결과는 댐과 저수지, 교량, 암거, 홍수로, 제방, 도시우수배수계통, 공항배수, 관개계통, 급수, 수력발전 등의 설계, 그리고 홍수조절, 홍수조절 구조물의 경제적 가치의 결정, 홍수터의 경계를 정하고 홍수터 잠식의 영향을 평가하고 갈수해결 방안 등에 이용한다. 빈도해석에는 도시위치와 빈도계수에 의한 방법이 이용된다.

12.1 재현기간

과거에 기록된 특정 크기의 유량이 다시 발생하거나 또는 보다 큰 유량이 발생하여 특정크기를 갖는 유량이 초과될 수 있다. 이와 같이 하나의 수문사상이 다시 일어나거나 초과되는 실제시간간격을 재현기간이라 한다. 따라서 **재현기간**(再現期間; return period 또는 recurrence interval)은 한 특정사상의 크기와 같거나 초과하는 사상이 일어나는 평균기간으로 정의될 수 있다. 또는 확률변수 X가 특정치 x_T에 같거나 크게 되는 평균기간으로 정의된다. 그림 12.1(표11.5)의 한강 한강대교(구 인도교)의 35년(1952 ~ 1986) 동안의 연 최대유량기록에서 연 최대유량이 15,000m^3/s를 초과하는 해는 11회이다. 이들이 다시 발생한 재현기간은 1년에서 5년 사이이고 이들은 29년 동안에 일어났다. 이 29년 동안 15,000m^3/s를 초과한 11회의 홍수사상 사이의 시간간격의 수는 10이다. 따라서 평균 재발생 기간 즉 15,000m^3/s의 재현 기간은 $T = 29/10 = 2.9$ 년이 된다. 재현기간 T의 역수는 사상의 초과확률이 된다. 즉 주어진 어느 해에 하나의 수문사상의 크기와 같거나 초과하는 확률이다.

$$P(X \geq x_T) = \frac{1}{T} \tag{12.1}$$

한강의 한강대교 연 최대유량이 15,000m^3/s에 같거나 초과하는 초과확률은 $p = 1/T = 1/2.9 = 0.345$이다. 식 (11.30)과 식 (12.1)을 고려하면 누가확률 $F(x_T)$와 재현기간 T의 관계는

$$P(X \geq x_T) = 1 - P(X < x_T) = 1 - F(x_T) \tag{11.30}$$

$$F(x_T) = 1 - \frac{1}{T} \tag{12.2}$$

N년 동안에 T년 재현기간을 갖는 사상이 적어도 한번 일어날 확률은 얼마인가? 이는 T년 사상이 N년 동안에 일어나지 않을 확률을 이용해서 구할 수 있다. T년 재현기간을 갖는 사상이 일어날 확률이 $p = P(X \geq x_T)$이면 어느 한해에 일어나지 않을 확률은 $P(X < x_T) = F(x_T) = 1 - p$이고 이는 독립사상이므로 N년 동안에 일어나질 않을 확률은

$$P(X < x_T)_N = (1-p)^N \tag{12.3}$$

따라서 적어도 한번 일어날 확률 즉 초과확률(이는 한번 이상 일어나는 모든 사상의 확률을 포함한다)은 일어나지 않을 확률의 여사상이므로

$$P(X \geq x_T)_N = 1 - (1-p)^N \tag{12.4}$$

위 결과를 이용하면 초과확률을 비초과확률 F와 재현기간 T의 항으로 나타낼 수 있다.

$$P(X \geq x_T)_N = 1 - F^N = 1 - (1 - \frac{1}{T})^N \tag{12.5}$$

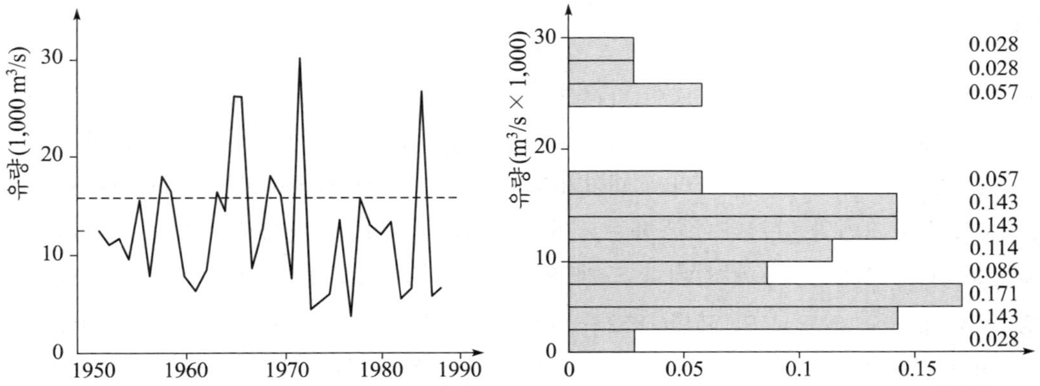

그림 12.1 한강 한강대교(구 인도교)의 연최대유량(표 11.5)

예제 12.1

한강 한강대교에서 연 최대유량이 향후 5년 동안 15,000m^3/s를 적어도 한번 초과(1회 이상 모든 확률을 포함)할 확률을 구하라.

풀이 어느 한해에 15,000 m^3/s를 초과할 확률이 $P(Q \geq 15,000) = 0.345$ 로 주어진바 있으므로 5년 동안에 적어도 한번 일어날 확률은 식 (12.4)에 따라 향후 5년 동안 15,000 m^3/s의 초과확률은

$$P(x \geq 15000) = 1-(1-0.345)^5 = 0.88$$

예제 12.2

100년 홍수가 5년 동안에 적어도 1회 일어날 확률을 구하라.

풀이 100년 홍수의 발생확률은 100년 홍수가 일어나지 않을 사상의 여사상이므로 식 (12.5)에 따라

$$P(\text{5년내 100년 홍수발생확률}) = 1-(1-1/T)^5 = 1-(1-1/100)^5 = 0.049$$

예제 12.3

(a) 25년 홍수가 7년 동안에 2회 일어날 확률을 구하라. (b) 25년 홍수가 7년 동안에 2회 또는 그 이상 발생할 확률을 계산하라.

풀이 (a) 25년 홍수가 발생할 확률은 식 (12.1)에 따라 $P=1/25$ 이므로 식 (11.12)에 의하면

$$P(\text{7시행 2회 성공}) = \binom{7}{2}\left(\frac{1}{25}\right)^2\left(\frac{24}{25}\right)^5 = 0.027 \text{ 또는 } 2.7\,\%\text{이다.}$$

(b) P(7시행 2회 또는 그 이상 성공) = P(7년2회발생)+ P(7년3회발생) + $\cdots$ (a)

여사상의 식 (11.8)을 이용하면 식 (a)는 다음과 같이 계산된다.

$$P(\text{7시행 2회 또는 그 이상 성공}) = 1-P(\text{7년 0회 발생})-P(\text{7년 1회 발생})$$
$$= 1-\binom{7}{0}\left(\frac{1}{25}\right)^0\left(\frac{24}{25}\right)^7-\binom{7}{1}\left(\frac{1}{25}\right)^1\left(\frac{24}{25}\right)^6 = 0.03 \text{ 또는 } 3\%$$

12.2 극치 I (GEV I)분포 - Gumbel분포

하천의 수위가 1시간마다 기록된다면 연간 수위 기록치는 8,760에 이르고 빈도해석에 사용되는 연 최대 유량은 최대수위의 유량으로 8,760중 최대치이다. 따라서 연 최대치(극치)가 추출된 모집단 분포에서 극치의 위치는 꼬리 끝부분이 된다. 그러므로 최대(소)치인 극치의 확률분포는 모집단의 분포와는 다르게 됨을 알 수 있다.

극치 I (또는 Gumbel)**분포**의 확률밀도함수와 확률분포함수는 다음과 같다.

$$f(x) = \frac{1}{\alpha}[\exp(-\frac{x-u}{\alpha}) - \exp(-\frac{x-u}{\alpha})] \tag{12.6}$$

$$F(x)=\exp[-\exp(-\frac{x-u}{\alpha})] \qquad -\infty \leqq x \leqq \infty \tag{12.7}$$

여기서 $\alpha(>0)$는 축척매개변수, u는 위치매개변수이고 형상매개변수 k는 영($k=0$)이다.

모멘트방법에 의한 매개변수

$$\alpha=\frac{\sqrt{6}\,\sigma}{\pi}=0.7797\,\sigma \tag{12.8}$$

$$u=\mu-0.5772\sigma \tag{12.9}$$

이로부터 평균과 표준편차는 각각 $\mu=u+0.5772\,\alpha$, $\sigma=\pi\alpha/\sqrt{6}$ 이고 왜곡도계수는 $\gamma=1.1396$ 이다. **변환변수**(變煥變數; reduced variable) y는 다음과 같이 정의된다.

$$y=\frac{x-u}{\alpha} \tag{12.10}$$

이를 식 (12.7)에 대입하여 $F(x)$를 변환변수 y항으로 나타내면

$$F(x)=\exp(-\exp(-y)) \tag{12.11}$$

식 (12.11)을 y에 관하여 정리하면

$$y=-\ln\left[\ln\frac{1}{F(x)}\right] \tag{12.12}$$

식 (11.30)과 (12.2)로부터 재현기간, 초과확률 및 누가확률의 관계는

$$\frac{1}{T}=P(X\geq x_T)=1-P(X<x_T)=1-F(x_T) \tag{12.13}$$

식 (12.2)의 $F(x)$를 식 (12.12)에 대입하면 변환변수는

$$y_T=-\ln[\ln(\frac{T}{T-1})] \tag{12.14}$$

식 (12.8)과 (12.9)의 α와 u를 식 (12.10)에 대입하면 변환변수 y를 $\overline{x}$와 S의 항으로 나타낼 수 있다.

$$y=\frac{1.283(x-\overline{x})}{S}+0.5772 \tag{12.15a}$$

$$=\frac{1.283}{S}(x-\overline{x}+0.45S) \tag{12.15b}$$

극치 I (또는 Gumbel)분포에서 재현기간 T년 분위수 추정식은 식 (12.10)과 ((12.15)로부터 다음과 같이 주어진다.

$$x_T = u + \alpha y_T \tag{12.16}$$

$$x = \overline{x} - 0.45S + 0.779\,y\,S \tag{12.17}$$

극치분포는 수문학에서 널리 사용되며 특히 주어진 초과확률 또는 재현기간에 대한 연 최대 홍수량의 산정에 주로 사용된다. 식 (12.17)에서 알 수 있는 바와 같이 연 최대홍수량 x와 변환변수 y를 도시하면 많은 경우 선형이 되고 이는 외삽을 가능하게 한다. 호우해석에는 극치 I (Gumbel)분포가, 갈수에는 극치III(Weibull) 분포가 주르 사용된다. 한편 식 (12.2), (12.14), (12.47)에 의하면 $F(x)$, y_T, K_T는 재현기간만의 함수이다.

표 12.1 극치 I (Gumbel)분포

재현기간 T	비초과확률 $F(y)$	변환변수 y	빈도계수 K_T
2	0.5	0.37	−0.17
5	0.8	1.5	0.72
10	0.9	2.25	1.31
20	0.95	2.97	1.87
25	0.96	3.20	2.04
50	0.98	3.90	2.59
100	0.99	4.50	3.14
200	0.995	5.30	3.68

예제 12.4

전남 장성군 삼서지방의 연 최대 일강우량이 표 12.4에 주어진 바와 같다. 극치 I (Gumbel)분포를 이용해서 $T=$ 5, 10, 50, 100년 재현기간의 강우량을 구하라.

표 12.2 삼서 지방의 연 최대 일강우량(mm)

연 도	1960	1970	1980
0	–	178.3	115.3
1	–	89.6	137.2
2	–	127.1	89.0
3	129.8	125.8	64.6
4	112.0	145.3	81.6
5	85.0	114.1	156.0
6	57.5	139.1	167.0
7	93.1	70.0	149.5
8	88.5	221.4	76.0
9	156.0	78.3	–
평균치	$\overline{x} = 117.2$ mm		$\overline{y} = \overline{\log x} = 2.044$
표준편차	$S = 40.1$ mm		$S_y = 0.148$
왜곡도계수	$c_S = 0.622$		$C_{sy} = -0.454$

풀이 표 12.2의 자료로부터 계산된 평균과 표준편차는 각각 $\bar{x}=117.2$mm, $S=40.1$mm이다. 이들을 식 (12.8)과 (12.9)에 대입하면

$$\alpha=\frac{\sqrt{6}\,S}{\pi}=\frac{\sqrt{6}\times 40.1}{\pi}=31.28$$

$$u=\bar{x}-0.5772\alpha=117.2-0.5772\times 31.28=99.15$$

극치 I 확률모형은 식 (12.7)에 따라

$$F(x)=\exp\left[-\exp(-\frac{x-99.15}{31.28})\right]$$

재현기간 T에 대한 강우량 x_T를 결정함에는 변환변수 y_T를 사용함이 편리하다. $T=5$년에 대한 y_T는 식 (12.14)에 의하면

$$y_T=-\ln\left[\ln\left(\frac{T}{T-1}\right)\right]=-\ln\left[\ln\frac{5}{5-1}\right]=1.5$$

따라서 식 (12.16)에 의하여 5년 빈도 강우량은

$$x_T=u+\alpha\, y_T=99.15+31.28\times 1.5=146.07\text{mm}$$

같은 방법으로 10, 50, 100년 빈도 일강우량은 각각 169.5mm, 221.1mm, 243.0mm이다.

PWM방법에 의한 EV1분포의 매개변수(Hosking과 Wallis 1997).

$$\alpha=l_2/\ln 2 \tag{12.18}$$

$$u=l_1-0.5772\alpha=\bar{x}-0.5772\,\alpha \tag{12.19}$$

예제 12.5

표 12.2에서 연 최대일강우량 221.4mm의 재현기간을 구하라.

풀이 예제 12.4에서 계산된 $\alpha=31.28$과 $u=99.15$를 사용하면 변환변수 y는 식 (12.10)에 따라

$$y=\frac{x-u}{\alpha}=\frac{221.4-99.15}{31.28}=3.91$$

누가확률은 식 (12.11)에 따라

$$F(x)=\exp(-\exp(-3.91))=0.98$$

재현기간은 식 (12.2) 또는 표 12.1을 이용해서 구해진다.

$$T=\frac{1}{1-F(x)}=\frac{1}{1-0.98}=50\text{yr}$$

12.3 도시위치

확률도시(確率圖示; probability plot)는 수문자료 x_i의 크기와 이의 확률을 도시한 그래프이다. 확률도시에서 자료점 x_i에 부여할 확률을 결정하는 것이 도시위치이다. 수문자료의 확률분포를 선형방안지에 도시하면 대체로 선형이 되지 않는다. 도시되는 수문자료의 해석, 외삽 및 확률분

포의 적합도 평가에는 자료의 도시가 직선이 되도록 특별히 고안된 확률지에 수문자료를 도시하는 것이다. 확률도시는 각 확률분포가 주어진 수문 자료에 어느 정도 적합되는지 또는 어느 분포의 적합도가 가장 높은지에 관한 육안평가를 가능하게 한다.

확률지와 확률지작성. 선형축척방안지에 도시되는 확률분포는 일반적으로 곡률이 심한 S자형 곡선이 된다. 도시되는 자료의 해석과 내・외삽을 용이하게 하기 위해서는 곡률을 줄이거나 제거하여 거의 직선이 되도록 하는 것이 필요하다. 이를 달성하는 보편적인 방법은 Hazen(1914)이 제안한 확률지이다. **확률지**(確率紙; probability paper)는 도시되는 자료가 거의 직선이 되도록 특별히 고안된 방안지이다.

극치분포의 확률지작성. 극치분포의 분포함수는 $F(x)=\exp[-\exp(-y)]$로 주어지고 이는 $y=-\ln[\ln(1/F)]$ 또는 $y=-\ln[\ln\{T/(T-1)\}]$로 변환된다. 여기서 y는 식 (12.10) $y=(x-\mu)/\sigma$로 정의된다. F의 전체 범위를 포함하는 F의 선정된 값에 대한 y를 계산하여 횡축에 F와 y 축적을 같이 나타내고 종축에는 x를 선형 또는 대스축척으로 표시하면 극치분포의 확률지를 얻는다. 관심대상이 되는 재현기간 T의 전체 범위를 포함하는 선정된 재현기간 T에 대해서도 동일한 작업이 수행되어 T와 y는 횡축을 형성한다. 횡축에 F, T 및 y를 다 같이 나타내기도 한다. 정규분포와 대수정규분포의 확률지도 같은 방법으로 구축된다.

도시위치

도시위치(圖示位置; plotting position)는 자료를 감소(또는 증가) 크기순으로 나열 했을 때 크기 x_i가 도시되는 각 자료점에 부여되는 확률을 의미한다. 도시위치 결정에는 많은 방법이 제안되었으며 대부분이 경험식이다. 가장 널리 사용되는 도시위치식은 Weibull방법으로 초과확률은 다음과 같다.

$$P(X\geq x)=\frac{m}{n+1} \tag{12.20}$$

여기서 n은 총 자료수, m은 자료를 제일 큰 값으로부터 감소 크기순으로 나열했을 때의 순위로서 제일 큰 값이 $m=1$이 된다. 동일한 값에 대해서는 상이한 순위를 부여한다.

연 최대계열의 경우 재현기간 T와 비초과확률(누가확률) F는

$$T=\frac{n+1}{m} \tag{12.21}$$

$$F=1-\frac{m}{n+1} \tag{12.22}$$

대부분의 도시위치공식은 다음 Gringorten의 일반식으로 표현될 수 있다(Blom, 1958).

$$P(X\geq x)=\frac{m-a}{n+1-2a} \tag{12.23}$$

여기서 a는 상수로 표 12.3에 주어진다.

표 12.3 도시위치 공식

공식명	초과확률 $P(X \geq x)$	재현기간 T(yr)	누가확률 $F=1-1/T$
California	$\frac{m}{n}$	$\frac{n}{m}$	$\frac{i-0.5}{n}$
Hazen	$\frac{m-0.5}{n}$	$\frac{n}{m-0.5}$	$\frac{i-0.5}{n}$
Weibull	$\frac{m}{n+1}$	$\frac{n+1}{m}$	$\frac{i}{n+1}$
Chegodayev	$\frac{m-0.3}{n+0.4}$	$\frac{n+0.4}{m-0.3}$	$\frac{i-0.3}{n+0.4}$
Blom	$\frac{m-3/8}{n+1/4}$	$\frac{n+0.25}{m-0.375}$	$\frac{i-0.375}{n+0.25}$
Gringorten	$\frac{m-0.44}{n+0.12}$	$\frac{n+0.12}{m-0.44}$	$\frac{i-0.44}{n+0.12}$
Cunnane	$\frac{m-0.4}{n+0.2}$	$\frac{n+0.2}{m-0.4}$	$\frac{i-0.4}{n+0.2}$

예제 12.6

표 12.2의 삼서의 연 최대일강우량의 빈도해석을 도시위치를 이용하여 수행하라. Weibull과 Blom공식이 이용된다.

풀이 표 12.4의 2란과 같이 먼저 자료를 가장 큰 값이 $m=1$이 되도록 감소 크기순으로 정리한다. 자료의 왜곡도계수가 작아서 정규 분포가 잘 적합될 것으로 판단되어 Blom의 공식과 통상 많이 쓰이는 Weibull공식을 이용하여 초과 확률을 계산한다. 예로 n=26, $m=2$에 대하여

$$3\text{란}: \text{Weibull } P(R \geq 178.3) = \frac{m}{n+1} = \frac{2}{27} = 0.074$$

$$5\text{란}: \text{Blom } P(R \geq 178.3) = \frac{m-3/8}{n+1/4} = \frac{2-3/8}{26+0.25} = 0.062$$

Blom공식을 이용한 초과확률이 그림 12.2의 정규확률지에 도시되었다. 표 12.4에서 알 수 있는 바와 같이 Blom과 Weibull공식에 의한 초과확률에는 거의 차이가 없다. 그림 12.2에서 별표는 Weibull공식에 의한 강우량 자료점이다. 직선은 빈도계수를 이용한 정규분포의 이론치이다. 최대강우량의 관점에서 판단할 경우 Blom공식이 편의가 작으므로 약간 더 적합하다고 할 수 있다.

표 12.4 강우량 빈도 해석(삼서 1963~1988)

순위 m (1)	강우량 (mm) (2)	Weibull 공식 $P(X \geq x)$ $=\frac{m}{n+1}$ (3)	재현기간 (yr) (4)	Bloom 공식 $P(X \geq x)$ $=\frac{m-3/8}{n+1/4}$ (5)	Cunnane 공식 $P(X \geq x)$ $=\frac{m-0.4}{n+0.2}$ (6)
1	221.4	0.037	27	0.024	0.023
2	178.3	0.074	13.5	0.062	0.061
3	167.0	0.111	9.0	0.100	0.099
4	156.0	0.148	6.75	0.138	0.137
5	156.0	0.185	5.40	0.176	0.176
6	149.5	0.222	4.50	0.214	0.214
7	145.3	0.259	3.86	0.252	0.252
8	139.1	0.296	3.38	0.290	0.290
9	137.2	0.333	3.00	0.329	0.328
10	129.8	0.370	2.70	0.367	0.366
11	127.1	0.407	2.45	0.405	0.405
12	125.8	0.444	2.25	0.443	0.443
13	115.3	0.481	2.08	0.481	0.481
14	114.4	0.519	1.93	0.519	0.519
15	112.0	0.556	1.80	0.557	0.552
16	93.1	0.593	1.69	0.595	0.595
17	89.6	0.630	1.58	0.633	0.634
18	89.0	0.667	1.50	0.671	0.672
19	88.5	0.704	1.42	0.709	0.710
20	85.0	0.741	1.35	0.748	0.748
21	81.6	0.778	1.29	0.786	0.786
22	78.3	0.815	1.23	0.824	0.824
23	76.0	0.852	1.17	0.862	0.863
24	70.0	0.889	1.13	0.900	0.901
25	64.6	0.923	1.08	0.938	0.934
26	57.5	0.963	1.04	0.976	0.977

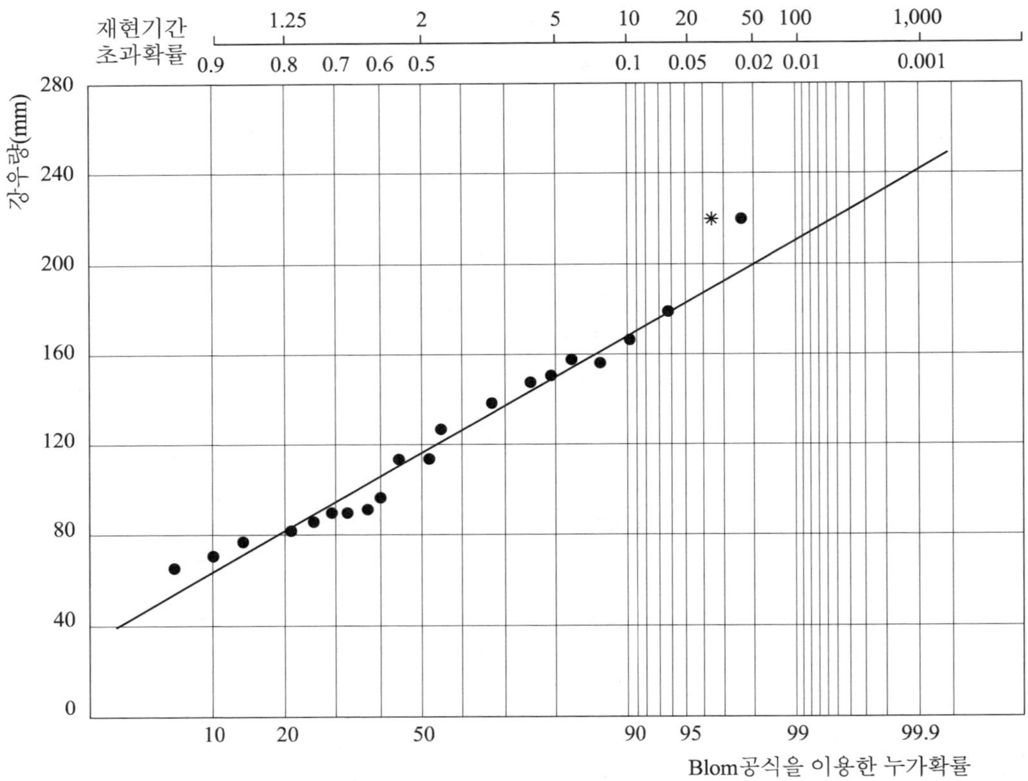

그림 12.2 정규분포 및 피어선Ⅲ분포 적합을 위한 연최대 일강우량 (삼서)의 정규확률지상의 도시(Blom공식) (*)표는 Weibul공식

12.4 빈도계수에 의한 분위수 추정

확률변수는 다음과 같은 형태로 나타낼 수 있다.

$$x = \overline{x} + \Delta x \tag{12.24}$$

여기서 x 는 확률변수, $\overline{x}$ 는 분포의 평균, Δx 는 평균에 대한 편의량으로 재현기간과 확률분포의 통계적 성질의 숫자이다. 따라서 Δx 를 표준편차 S 와 **빈도계수**(頻度係數; frequency factor) K의 곱 $\Delta x = KS$ 로 나타낼 수 있다. 빈도계수는 재현기간과 빈도해석에 사용되는 확률분포의 함수이다. 따라서 식 (12.24)는 다음과 같이 쓸 수 있다.

$$x = \overline{x} + KS \tag{12.25}$$

$$\frac{x}{\overline{x}} = 1 + KC_v \tag{12.26}$$

여기서 C_v 는 변동계수, K는 재현기간 T년(또는 초과확률 $1/T = 1 - F$)에 대한 빈도계수이다.

해석되는 변수가 $y=\log x$ 또는 $y=\ln x$일 경우에는 자료의 대수치의 통계량에 동일한 방법이 적용되고 x는 y의 역대수로 주어진다.

$$y=\bar{y}+KS_y \tag{12.27}$$

$$x=\exp(y),\ \ y=\ln x \tag{12.28}$$

식 (12.25)는 Chow(1951,1954)에 의하여 제안된 식으로 **Chow 방법**이라고도 하며 수문 빈도해석에 널리 이용되고 있다. 각 확률분포에 대한 빈도계수 K와 재현기간 T와의 관계인 $K-T$관계는 식 또는 표로 주어진다. 빈도해석의 절차는 (1) 적용될 확률분포에 필요한 통계적 매개변수(즉 평균, 표준편차)를 자료로부터 모멘트법, 최우도법, 확률가중모멘트법 등에 의하여 계산, (2) $K-T$관계로부터 주어진 재현기간에 대한 빈도계수의 결정, (3)식 (12.25) 또는 (12.27)에 의한 x 또는 y의 계산이다.

12.4.1 정규분포

식 (12.25)로부터 빈도계수는

$$K=\frac{x_T-\mu}{\sigma} \tag{12.29}$$

여기서 x_T의 첨자는 재현기간을 나타낸다. 식 (12.29)를 식 (11.100)과 비교하면 K는 표준정규변량 z와 같음을 알 수 있다. 초과확률 $P(X\geq x_T)=1/T$(식 12.1)에 해당되는 변수 $z=K$는 부록 C-1로부터 $F(z)$의 함수로 주어진다. 한편 Abramowitz와 Stegun(1965)은 변수 w를 도입하여 변량 z의 계산식을 제안하였다.

$$w=\left[\ln\left(\frac{1}{P^2}\right)\right]^{1/2}\qquad 0\leq P\leq 0.5 \tag{12.30}$$

$$z=w-\frac{2.515517+0.802853w+0.010328w^2}{1+1.432788w+0.189269w^2+0.001308w^3} \tag{12.31}$$

$p>0.5$이면 $(1-p)$를 식 (12.30)의 p에 대입하고, 식 (12.31)로 계산되는 z는 음수로 주어진다. Stedinger 등(1992)은 비초과확률(누가확률) $p(=F(x))$에 대한 z를 제시하였다. 빈도계수 $K=z$를 구하는 또 다른 방법은 누가확률 p에 대한 식 (12.32)를 이용하는 것이다.

$$z=\frac{p^{0.135}-(1-p)^{0.135}}{0.1975} \tag{12.32}$$

예제 12.7

표 12.2 삼서의 연 최대일강우량 자료에 정규분포가 적합된다. (a) 매개변수 $(\bar{x},\ S)$를 도시방법으로 결정하라. (b) 재현기간 $T=100$년에 대한 강우량(분위수) x_T와 (c) 강우량이 150mm보다 작거나 같게 될 확률을 구하라.

풀이 (a) 예제 12.4의 결과($\bar{x}=117.2$ mm, $S=40.1$ mm)를 이용한다. 한편 표준정규분포에서 $z=-1,\ 0,\ +1$에 해당하는 누가확률은 다음 그림에서 곡선아래의 면적과 같다. 따라서 $z=(x-\mu)/\sigma$ 에서 $z=0$일 때 누가확률은 50 %이고 이는 $x=\mu$로서 평균이다. 그림 12.2에서 평균은 $\bar{x}=116.5$mm이다.

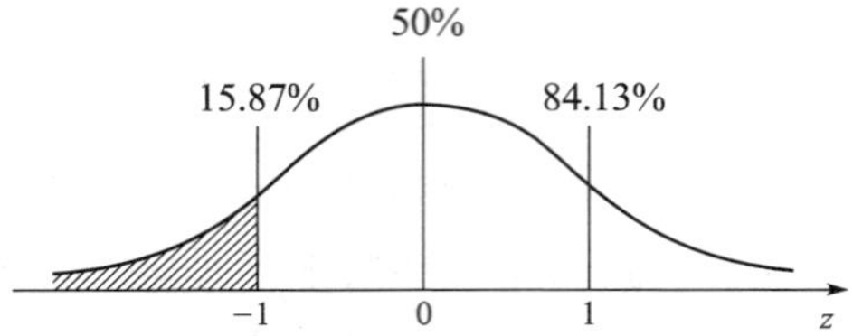

$z=K=-1$에서 누가확률은 15.87 %이고 이에 대한 강우량은 그림 12.2에서 73mm이므로

$$x=\bar{x}+KS=\bar{x}+(-1)S=73\text{mm} \qquad \text{(a)}$$

$z=K=+1$에서 누가 확률은 84.13 %이고 이에 대한 강우량은 그림 12.2에서 160mm이므로

$$x=\bar{x}+KS=\bar{x}+(1)S=160\text{mm} \qquad \text{(b)}$$

식 (a), (b)로부터 S를 구하면 $S=43.5$mm이다.

(b) 100년 강우량은 식과 표를 이용해서 구하라.

① 식 이용

재현기간 $T=100$년에 대한 누가확률 또는 비초과확률은 $F=1-1/T=1-0.01=0.99$이므로 초과확률은 $p=1-F=1-0.99=0.01$이다. 초과확률은 직접 $p=1/T=1/100=0.01(<0.1)$으로도 구해진다. 식 (12.30)으로부터

$$w=\left[\ln\left(\frac{1}{P^2}\right)\right]^{0.5}=\left[\ln\left(\frac{1}{0.01^2}\right)\right]^{0.5}=3.035$$

w를 식 (12.31)에 대입하면

$$z=K_T=3.035-\frac{2.515517+0.802853\times3.035+0.010328\times3.035^2}{1+1.432788\times3.035+0.189269\times3.035^2+0.001308\times3.035^3}=2.327$$

식 (12.32)에 의해서도 $p=0.01$에 대하여 $z=2.327$을 얻는다. 주어진 값들을 식 (12.25)에 대입하면

$$R_{100}=\bar{x}+K_TS=117.2+2.327\times40.1=210.5\text{ mm}$$

② 표 이용

식 (12.2) $F(z)=1-1/T$에 의하면 $F(z)=1-1/100=0.99$이다. $F(z)=0.99$에 대한 z는 부록 C-1에 의하면 $z=K=2.327$이므로 R_{100}은 식 (12.25)에 따라

$$R_{100}=117.2+2.327\times40.1=210.5\text{mm}$$

(c) $x=150$mm에 대한 z는

$$z=\frac{x-\bar{x}}{S}=\frac{150-117.2}{40.1}=0.818$$

부록 C-1로부터 $F(z=0.818)=0.7923$, 따라서 $P(R\leq150)=0.7933$이다.

150mm 강우량의 재현기간은 식 (12.2)에 의하면

$$T=\frac{1}{1-F}-\frac{1}{1-0.7933}=4.8\text{년}$$

12.4.2 대수정규분포

대수정규분포를 적용하기 위해서는 먼저 자료를 대수변환($y=\ln x$)하여 y의 평균과 표준편차를 계산한다. 주목되어야 할 사항은 평균의 대수치가 대수변환된 자료의 평균과 같지 않은 점이고($\log \bar{x} \neq \overline{\log x} = \bar{y}$)이는 표준편차에서도 마찬가지다. x가 대수정규분포일 때 y는 정규분포이므로 y에 대한 빈도계수 K_y는 부록 표 C-1로부터 구한다. T년 홍수분위수 x_T를 추정하는 다른 방법은 자료를 대수변환을 하지 않고 식 (12.33)(Kite 1988) 또는 부록 C-3을 이용하여 T년에 대한 빈도계수 K_T를 구하여 x에 대한 식 (12.27)을 적용하는 것이다.

$$K_T = \left[\exp(A^{1/2}z - A/2) - 1\right]/C_v \tag{12.33}$$

여기서 $A=\ln(1+C_v^2)$, $C_v = S/\bar{x}$는 x의 변동계수, z는 재현기간 T년(또는 초과확률 $1/T = 1-F$)에 대한 표준정규분포의 변환변수이다.

자료의 도시는 대수치 $(\log x)$를 산술방안지에 도시하거나 변환되지 않은 자료(x)를 대수방안지에 도시한다.

예제 12.8

표 12.4의 연 최대일강우량자료에 대수정규분포가 적합된다. (a) 분포의 매개변수를 도시방법으로 결정하라. (b) 100년 강우량을 구하라. (c) 강우량이 150mm보다 작거나 같게 될 확률을 구하라.

풀이 (a) 표 12.4의 감소순으로 정리된 강우량(2란)과 Weibull공식에 의한 초과확률(3란)을 대수확률지에 도시하고 최적선을 나타낸 것이 그림 12.3이다.

① 평균치 : 50% 확률에 대한 강우량은 평균 강우량을 나타내므로 $x_{50} = \bar{x} = 112$mm이다.

② 표준편차 : 그림 12.3에서 $z=K_1=-1$에 해당하는 누가확률 15.87 %에 대한 강우량은 $x_1=76$mm, $z=K_2=1$에 해당하는 누가확률 84.13% 에 대한 강우량은 $x_2=164$mm이다.

따라서 관계식 $\ln x_1 = \overline{\ln x} + K_1 S_y = \overline{\ln x} - S_y$

$$\ln x_2 = \overline{\ln x} + K_2 S_y = \overline{\ln x} + S_y$$

로부터 $y=\ln x$의 평균인 $\bar{y}$, 표준편차 S_y는

$$\bar{y} = 1/2(\ln x_1 + \ln x_2) = 1/2[\ln(76) + \ln(64)] = 4.72$$

$$S_y = \frac{\ln x_2 - \ln x_1}{2} = \frac{\ln(164) - \ln(76)}{2} = 0.385$$

한편 식 (11.94)와 (11.95)에 의한 x의 통계량은 다음과 같다.

$$\bar{x} = \exp(\bar{y} + S_y^2/2) = \exp(4.72 + 0.385^2/2) = 120.8\text{mm}$$

$$S^2 = \bar{x}^2\left[\exp(S_y^2) - 1\right] = 120.8^2\left[\exp(0.385^2) - 1\right] = 2{,}331.5$$

$$S = 48.3\text{mm}$$

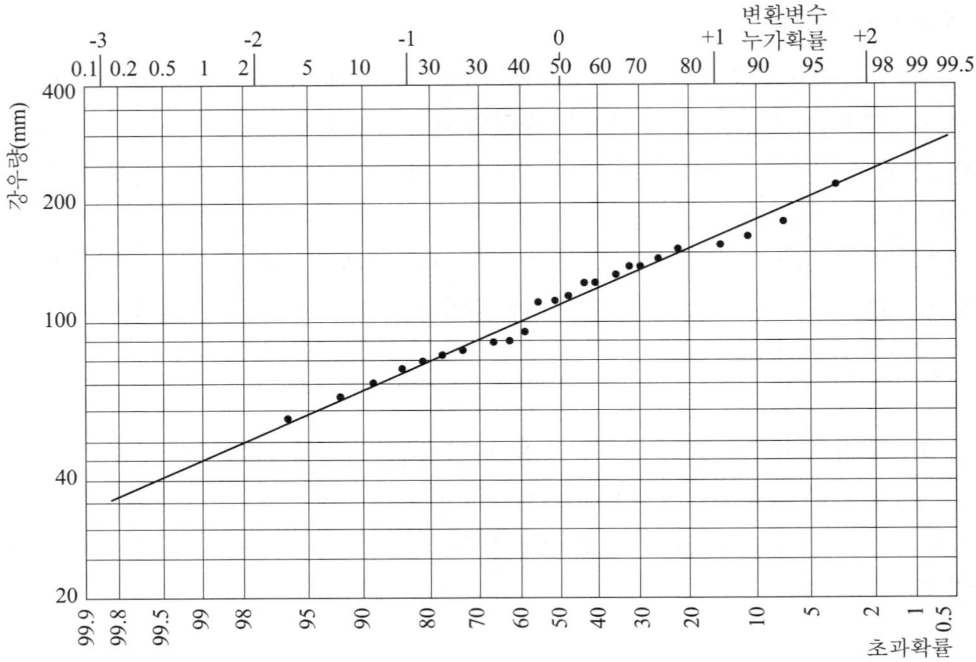

그림 12.3 대수정규분포 및 대수피어선Ⅲ분포 적합을 위한 연최대일 강우량의 대수확률지상에 도시(Weibull 공식-삼서)

③ 왜곡도계수: 변동계수가 $C_v = \frac{S}{\bar{x}} \frac{48.3}{120.8} = 0.4$이므로 왜곡도계수는 식 (11.97)로부터

$$C_s = (C_v)^3 + 3C_v = 0.4^3 + 3(0.4) = 1.264$$

(b) 빈도계수방법:

방법(1) 식 (12.30)과 (12.31)사용:

x의 대수변환 y는 정규분포로 고려되므로 정규분포의 예제 12.7의 결과 $w = 3.035$, $z = 2.327$을 적용한다. 따라서 $K_{100} = 2.327$에 대한 100년 강우량은

$$y_{100} = \bar{y} + K_{100} S_y = 2.044 + 2.327 \times 0.148 = 2.388$$

$$x_{100} = 10^{2.388} = 244.3\text{mm}$$

방법(2) 대수변환($y = \log x$)자료 통계량과 부록 C-1이용:

초과확률이 0.01이므로 누가확률 $P(X < x_T) = 1 - 0.01 = 0.99$에 대한 대수변환 우량계열의 표준정규분포의 변환변수는 $z = 2.327$(표 C-1)이므로 식 (11.100)에 따라

$$y = \mu_y + z\sigma_y = 2.044 + 2.327 \times 0.148 = 2.388$$

$$x_{100} = 10^{2.388} = 244.3\text{mm}$$

대수변환 $y = \ln x$를 이용하는 경우에는 $x_{100} = \exp(y_{100})$이 적용된다.

방법(3) x자료계열과 빈도산정식 식 (12.33)이용:

$$C_v = S_x / \bar{x} = 40.1/117.2 = 0.342,\ A = \ln(1 + C_v^2) = \ln(1 + 0.342^2) = 0.111,\ z = 2.327$$

$$K_T = [\exp(A^{1/2}z - A/2) - 1]/C_v = [\exp(0.111^{1/2}(2.326) - 0.111/2) - 1]/0.342 = 3.082$$

$$x_{100} = \bar{x} + KS = 117.2 + 3.082 \times 40.1 = 240.8\text{mm}$$

방법(4) x자료계열과 부록 C-4이용:

왜곡도계수 $C_s = 0.622$와 초과확률 1%에 대한 빈도계수는 부록 C-4로부터 $K = 2.785$이다. 따라서 R_{100}은

$$R_{100} = 117.2 + 2.785 \times 40.1 = 228.8\text{mm}$$

[참고사항] 대수정규분포를 이용한 $R_{100} = 244.3$mm가 x에 정규분포를 적용한 예제 12.7의 결과 (210.5mm), 방법 3, 4의 결과보다 크다. 그러나 대수정규분포가 실제 유량자료의 왜곡을 보다 정확하게 반영하는 점에서 244.3mm가 개선된 추정치로 판단될 수 있다. 한편 이결과는 대수변환된 자료의 왜곡도계수를 $C_{sy} = 0$으로 취급한 경우이나 실제 왜곡도계수는 $C_{sy} = -0.454$이므로 이에 대한 x_{100}을 구한다. 부록 C-4로부터 초과확률 1%와 $C_{sy} = -0.454$에 대한 빈도계수는 2.66이다. 이에 따라 x_{100}은 $x_{100} = 274.2$mm이고 그림 12.3에 의하면 275mm이다. 왜곡도계수가 영으로 간주할 정도로 작지 않으면 왜곡도계수를 고려한 이 타당한 결과를 제공한다고 고려될 수 있다.

(c) 150mm의 대수값은 $y = \log_{10}150 = 2.176$이다. $y = 2.176$에 대한 z는 식 (11.100)에 의하면

$$z = \frac{y - \bar{y}}{S_y} = \frac{2.176 - 2.044}{0.148} = 0.89$$

부록 C-1으로부터 $z = 0.89$에 대한 $F(0.89)$는 $F(0.89) = 0.8133$이므로 $P(x \le 150) = 0.8133$이다. 재현기간은 $T = 1/(1 - 0.8133) = 5.34$년이다. 그림 12.3에 의하면 $P(x \le 150) = 0.78$이다.

예제 12.9

표 12.5의 유량자료의 통계적 매개변수, L-모멘트와 L-고멘트비를 구하고, 확률가중모멘트방법으로 대수정규분포의 매개변수를 산정하여 100년 홍수량을 추정하라.

풀이 x자료계열과 대수변환계열 $y = \ln x$의 평균, 표준편차 및 왜곡도계수는 다음과 같이 계산된다.

$$\bar{x} = 60.49\text{m}^3/\text{s},\ S = 34.12\text{m}^3/\text{s},\ C_v = 0.564,\ C_s = 1.031,\ \bar{y} = 3.938,\ S_y = 0.373$$

확률가중모멘트(식 11.66-69)

$$b_o = \bar{x} = 50.49$$
$$b_1 = 15,135.4/(20 \times 19) = 39.83$$
$$b_2 = 207,262.2/(20 \times 19 \times 18) = 30.30$$
$$b_4 = 2,876,360.8/(20 \times 19 \times 18 \times 17) = 24.74$$

L-모멘트(식 11.64)

$$l_1 = b_o = 60.49$$
$$l_2 = 2(39.83) - 60.49 = 19.17$$
$$l_3 = 6(30.30) - 6(39.83) + 60.49 = 3.31$$
$$l_4 = 20(24.74) - 30(30.30) + 12(39.83) - 60.49 = 3.27$$

표 12.5 연최대홍수량자료와 확률홍수량 및 L-모멘트계산

연도	유량 x (m³/s)	$(x-\bar{x})^2$	$(x-\bar{x})^3$	$y=\ln x$	$(y-\bar{y})$	$(y-\bar{y})^3$	순위 i	유량 x_i (m³/s)	b_1 (1)	b_2 (2)	b_3 (3)
1985	13.1	2,245.81	−106,429.04	2.57	1.877	−2.571	1	13.1	−	−	−
1986	25.0	1,259.54	−44,701.07	3.22	0.518	−0.373	2	17.2	17.2	−	−
1987	80.6	404.41	8,132.73	4.39	0.203	0.091	3	25.0	50.0	50.0	−
1988	35.0	649.74	−16,561.88	3.56	0.144	−0.055	4	28.0	84.0	168.0	168.0
1989	28.0	1,066.60	−34,296.45	3.33	0.372	−0.227	5	35.0	140.0	420.0	840.0
1990	37.2	542.42	−12,633.06	3.62	0.102	−0.033	6	37.2	186.0	744.0	2,232.0
1991	41.5	360.62	−6,848.18	3.73	0.044	−0.009	7	41.5	249.0	1,245.0	4,980.0
1992	110.0	2,451.24	121,360.90	4.70	0.578	0.439	8	46.0	322.0	1,932.0	9,660.0
1993	46.0	209.96	−3,042.32	3.83	0.012	0.001	9	50.5	404.0	2,828.0	16,968.0
1994	84.0	552.72	12,994.45	4.43	0.012	0.001	10	53.6	482.4	3,859.2	27,014.4
1995	50.5	99.80	−997.00	5.02	1.166	1.260	11	57.4	574.0	5,166.0	41,328.0
1996	152.0	8,374.08	766,312.07	5.02	1.166	1.260	12	62.0	682.0	6,820.0	61,380.0
1997	53.6	47.47	−327.09	3.98	0.002	0.000	13	66.3	795.6	8,751.6	87,516.0
1998	57.4	9.55	−29.50	4.05	0.012	0.001	14	74.4	967.2	11,606.4	127,670.4
1999	62.0	2.28	3.44	4.13	0.036	0.007	15	77.0	1,078.0	14,014.0	168,168.0
2000	66.3	33.76	196.12	4.19	0.063	0.016	16	80.6	1,209.0	16,926.0	220,038.0
2001	74.4	193.49	2,691.42	4.31	0.137	0.051	17	84.0	1,344.0	20,160.0	282,240.0
2002	77.0	272.58	4,500.30	4.34	0.160	0.064	18	99.0	1,683.0	26,928.0	403,920.0
2003	17.2	1,874.02	−81,126.50	2.84	1.21.0	−1.331	19	110.0	1,980.0	33,660.0	538,560.0
2004	99.0	1,483.02	57,111.10	4.60	0.436	0.287	20	152.0	2,888.0	51,984.0	883,728.0
Σ	1,209.0	22,122.12	700,606.89	78.76	7.084	−2.382			15,135.4	207,262.2	2,876,360.8

(1) $b_1=(i-1)x_i$, (2) $b_2=(i-1)(i-2)x_i$, (3) $b_3=(i-1)(i-2)(i-3)x_i$

L-모멘트비(식 11.70-71)

$$t=t_2=l_2/l_1=19.17/60.49=0.317$$

$$t_3=l_3/l_2=3.31/19.17=0.173$$

$$t_4=l_4/l_2=3.27/19.17=0.171$$

$y(=\ln x)$자료계열의 표준편차인 식 (11.104)의 $S_y=2erf^{-1}(l_2/l_1)=2erf^{-1}(t)=2z/\sqrt{2}$를 구한다. $erf^{-1}(t)=z/\sqrt{2}$에서 z는 정규분포함수 $F(z)=(t+1)/2$에 대한 표준정규변량이므로 먼저 $F(z)=(t+1)/2$를 구한다. $t=0.317$이므로

$$F(z)=(t+1)/2=(0.317+1)/2=0.659$$

식 (12.30)과 (12.31) 또는 부록 C-1을 이용하여 z를 구한다. 부록 C-1을 이용하면 $F(z)=0.659$에 대한 z는 $z=0.4097$이므로 S_y와 $\bar{y}$는 각각 식 (11.104)와 (11.105)에 따라

$$S_y=2z/\sqrt{2}=2\times 0.4097/2=0.579$$

$$\bar{y}=\ln l_1-S_y^2/2=\ln(60.49)-0.579^2/2=3.935$$

100년 빈도 표준정규변량은 $K_T=z=2.327$이므로 식 (12.27), (12.28)을 적용하면 100년 분위수는

$$Q_{100}=\exp(\bar{y}+zS_y)=\exp(3.935+2.327\times 0.579)=196.83\text{m}^3/\text{s}$$

12.4.3 피어선Ⅲ분포와 대수 피어선Ⅲ분포

피어선III분포의 누가확률 p에 대한 분위수와 빈도계수(Condie 1977)는

$$x_p = \mu + K_p \sigma \tag{12.34}$$

$$K_p = \frac{2}{\gamma}\left(1 + \frac{\gamma z_p}{6} - \frac{\gamma^2}{36}\right)^3 - \frac{2}{\gamma} \tag{12.35}$$

여기서 z_p는 평균이 영, 분산이 1인 표준정규분포의 p-분위수로 식 (11.89) 또는 부록 C-1에서 주어지며 빈도계수 K_p는 자료의 왜곡도계수와 초과확률에 대하여 표(부록 C-5)를 이용해서도 구해진다.

식 (11.116)과 (11.117)을 이용하여 식 (12.34)를 매개변수 λ, η 및 x_o로 나타내면

$$x_p = x_o + \eta\lambda + K_p\sqrt{r\lambda^2} \tag{12.36}$$

대수피어선Ⅲ분포의 적합과정은 다음과 같다. (1) 먼저 수문자료 x의 대수 $y = \log x$를 취한다. 대수변환에는 자연대수와 상용대수가 다 같이 사용된다. (2) 변수 y의 평균 $\bar{y}$, 표준편차 S_y 및 왜곡도계수 C_s를 계산한다. (3) 빈도계수는 재현기간 T와 왜곡계수 C_s의 함수이다. $C_s = 0$이면 빈도계수는 표준정규변수 z와 같게 된다($K_T = z$). $C_s \neq 0$일때 빈도계수 K_T(Kite, 1977)는

$$K_T = z + (z^2-1)k + \frac{1}{3}(z^2-6z)k^2 - (z^2-1)k^3 + zk^4 + \frac{1}{3}k^5 \tag{12.37}$$

여기서 $k = C_s/6$이고 주어진 재현기간에 대한 z값은 부록 C-1이나 식 (12.30)와 (12.31)에 의하여 계산된다. 식 (12.37)은 피어선Ⅲ분포에도 적용된다 부록 C-5는 대수피어선Ⅲ분포와 피어선Ⅲ분포에서 상이한 재현기간과 왜곡도계수에 대한 빈도계수를 제공한다.

$y = \ln x$에 대한 식 (12.36)의 표현은

$$y_p = y_o + \eta\lambda + K_p\sqrt{\eta\lambda^2} \tag{12.38}$$

대수피어선Ⅲ분포의 홍수분위수(flood quantile)는 다음과 같다.

$$x_p = \exp(\mu_y + K_p\sigma_y),\ x_p = e^{y_p} \tag{12.39}$$

여기서 K_p는 식 (12.37) 또는 왜곡도계수 γ_y와 누가확률 p에 해당하는 빈도계수이고 γ_y와 초과확률$(1-p)$의 함수로 표(부록 C-5)로 주어진다.

예제 12.10 - 피어선Ⅲ분포

표 12.4 삼서의 연최대 일강우량 자료에 피어선Ⅲ분포가 적합된다. (a) 재현기간 100년 분위수 (b) 강우량이 150mm보다 작거나 같게 될 확률을 구하라.

풀이 표 12.4로부터 평균치 $\bar{x}$ =117.2mm, 표준편차 S=40.1mm, 왜곡도계수 C_S=0.622이고 표 12.4의 정리된 결과를 정규확률지에 도시한 결과는 그림 12.2와 같다.

(a)-① 빈도계수 이용:

$T=100$년 $C_s=0.622$에 대한 빈도계수는 부록 C-5로부터 $K=2.7702$이므로 R_{100}은

$R_{100}=\overline{R}+KS=117.2+2.7702\times 40.1=228.3\text{mm}$

(a)-② 모멘트방법 이용:

모멘트와 매개변수의 관계식(11.115-117)에 $\bar{x}=117.2$mm, S=40.1mm, $C_S(=\gamma)$ =0.622를 적용하여 피어선Ⅲ분포의 매개변수의 추정치 $\hat{\lambda}$, $\hat{\eta}$, λ, $\hat{\epsilon}\,(=x_o)$를 계산한다.

$$\hat{\eta}=\left(\frac{2}{C_s}\right)^2=\left(\frac{2}{0.622}\right)^2=10.339$$

$$\hat{\lambda}=\frac{S_x}{\sqrt{\hat{\eta}}}=\frac{40.1}{\sqrt{10.339}}=12.471$$

$$\hat{\epsilon}=\bar{x}-\hat{\eta}\hat{\lambda}=117.2-10.339(12.471)=-11.738$$

$F(z)$=0.99에 대한 z_p는 부록 C-1로부터 z_p=2.327이고 z_p와 $\gamma=0.622$를 식 (12.35)에 대입하면 빈도계수는 $K_p=2.774$이다

$$K_p=\frac{2}{\gamma}\left(1+\frac{\gamma z_p}{6}-\frac{\gamma^2}{36}\right)^3-\frac{2}{\gamma}$$

$$=\frac{2}{0.622}\left(1+\frac{0.622\times 2.327}{6}-\frac{0.622^2}{36}\right)^3-\frac{2}{0.622}=2.774$$

100년 분위수 R_{100}은 식 (12.36)에 따라

$$R_{100}=\hat{\epsilon}+\hat{\eta}\hat{\lambda}+K_p\sqrt{\eta}\,\lambda=-11.738+10.339\times 12.471+2.774\sqrt{1.0339}\times 12.471=228.4\text{mm}$$

(b) 150mm에 대한 빈도계수는 식 (12.25)의 $z=K$로부터

$$K=\frac{x-\bar{x}}{S}=\frac{150-117.2}{40.1}=0.818$$

부록 C-5를 이용하면 $C_s=0.622$, $K=0.818$에 대한 재현기간은 5.2년이다.

C_s \ 재현기간	5	10
0.7	0.790	1.333
0.6	0.800	1.328
0.622	0.798	1.329
0.622	0.818	
	5.2	

따라서 150mm보다 작거나 같게 되는 확률은 식 (12.13)으로부터

$$P(R \leq 150) = 1 - P(R > 150)$$
$$= 1 - 1/T = 1 - 1/5.2 = 0.808$$

예제 12.11 – 피어선Ⅲ분포

표 12.5의 유량기록에 대하여 확률모멘트방법으로 피어선Ⅲ분포의 매개변수를 산정하고 100년 홍수량을 추정하라.

풀이 예제 12.9의 결과 $l_1 = 60.49$, $l_2 = 19.17$, $t_3 = 0.173$, 예제 12.10의 $K_p = 2.774$를 이용한다.

$t_3 < 1/3$이므로 $z = 3\pi t_3^2 = 0.282$이고 η는 식 (11.118)로 주어진다.

$$\eta = \frac{1 + 0.2906z}{z + 0.1882z^2 + 0.0442z^3} = \frac{1 + 0.2906 \times 0.282}{0.282 + 0.1882 \times 0.282^2 + 0.0442 \times 0.282^3} = 3.631$$

$\Gamma(\eta + 1/2) = \Gamma(4.131) = 3.131 \times 2.131 \times 1.131\Gamma(1.131) = 7.090$(부록 C–8을 이용하면 $\Gamma(1.131) = 0.93958$이므로)

$\Gamma(\eta) = \Gamma(3.631) = 2.631 \times 1.631\Gamma(1.631) = 3.851$(브록 C–8에 따라 $\Gamma(1.631) = 0.89738$이므로)

λ와 x_o는 식 (11.120–121)에 따라

$$\lambda = \frac{\sqrt{\pi}\, l_2 \Gamma(\eta)}{\Gamma(\eta + 1/2)} = \frac{\sqrt{\pi} \times 19.17 \times 3.851}{7.090} = 18.450$$
$$x_o = l_1 - \eta\lambda = 60.49 - 3.631 \times 18.45 = -6.502$$

100년 분위수 R_{100}은 식 (12.36)에 따라

$$x_p = x_0 + \eta\lambda + K_p\sqrt{\eta\lambda^2} = -6.502 + 3.631 \times 18.45 + 2.774\sqrt{3.631 \times 18.45^2}$$
$$= 158.01\,\text{m}^3/\text{s}$$

예제 12.12 – 대수피어선Ⅲ분포

표 12.4삼서의 연 최대일강우량자료에 대수피어선Ⅲ분포가 적합된다. (a) 100년 빈도의 분위수와 (b) 강우량 150mm의 누가확률을 구하라.

풀이 표 12.4의 Weibull공식으로 정리된 자료를 대수확률지에 도시하고 최적선을 그은 것이 그림 12.3이다.

(a)– ① 빈도계수 이용 :

$T = 100$년, $C_{sy} = -0.454$(표 12.2)에 대한 빈도계수는 부록 C–5로부터 $K = 1.995$ 이다.

$\bar{y} = 2.044$, $S_y = 0.148$(표 12.2)이므로 y_{100}은

$$y_{100} = \bar{y} + KS_y = 2.044 + 1.995 \times 0.148 = 2.339$$
$$R_{100} = 10^{2.339} = 218.3\text{mm}$$

참고로 식 (12.39)를 이용하는 경우 $\bar{y} + KS_y = 2.339$는 상용대수를 이용한 값이므로 자연대수로 변환한다. 즉 $2.339 \times 2.3 = 5.38$. 따라서 100년 강우량은 $R_{100} = \exp(5.38) = 217.0$mm.

② 빈도계수－식 (12.37)이용 :

유량자료의 왜곡도계수 $C_s=0.622$(표 12.2) 를 식 (12.37)에 적용하면 빈도계수는 $K=2.775$이다. 따라서 R_{100}은 $R_{100}=\overline{R}+KS=117.2+2.775\times 40.1=228.5\text{mm}$

③ 모멘트방법 이용 :

모멘트와 매개변수의 관계식(표 11.7)에 $\overline{y}=2.044$, $S_y=0.148$, $C_{sy}=-0.454$을 적용하여 대수피어 선 III분포의 매개변수의 추정치 $\hat{\eta}$, $\hat{\lambda}$, $\hat{\epsilon}(=y_o)$를 구한다.

$$\hat{\eta}=\left(\frac{2}{C_s(y)}\right)^2=\left(\frac{2}{-0.454}\right)^2=19.407$$

$$\hat{\lambda}=\frac{S_y}{\sqrt{\hat{\eta}}}=\frac{0.148}{\sqrt{19.407}}0.0336$$

$$\hat{\epsilon}=\overline{y}-S_y\sqrt{\eta}=2.044-0.148\sqrt{19.407}=1.392$$

$F(z)=0.99$에 대한 z_p는 부록 C-1로부터 $z_p=2.327$이고 z_p와 $\gamma=0.622$를 식 (12.37)에 대입하면 빈도계수는 $K_p=2.321$이다. y_{100}은 식 (12.38)에 따라

$$y_{100}=\hat{\epsilon}+\hat{\eta}\hat{\lambda}+K_p\sqrt{\hat{\eta}}\,\hat{\lambda}=1.392+19.407\times 0.0336+2.327\sqrt{19.407}\times 0.0336=2.388$$

$y=\log x$가 적용되었으므로 100년 분위수 R_{100}은

$$R_{100}=10^{y_{100}}=10^{2.388}=244.3\text{ mm}$$

(b) 150mm의 대수치는 $y=\log x=\log 150=2.176$이고, 식 (12.27)에 의하면 K는

$$K=\frac{y-\overline{y}}{S_y}=\frac{2.176-2.044}{0.148}=0.892$$

$K=0.892$, $C_{sy}=-0.454$에 대한 재현기간 T는 부록 C-5를 이용하면 $T=5.5$년이다.

C_s \ 재현기간	5	10
−0.400	0.855	1.231
−0.500	0.856	1.216
−0.454	0.8554	1.224
−0.454	0.892	
	5.5	

따라서 $P(R\leqq 150\text{mm})$는 식 (12.13)에 의하면

$$P(R\leq 150)=1-P(R>150)=1-1/T=1-1/5.5=0.818$$

12.4.4 일반극치(GEV)분포

$F=1-1/T$를 식 (11.126)에 대입하면 재현기간 T년 분위수에 관한 표현을 얻는다.

$$x_T=u+\frac{\alpha}{k}\left[1-\left\{-\log\left(1-\frac{1}{T}\right)\right\}^k\right] \tag{12.40}$$

식 (11.124)와 (11.125)를 식 (12.25)의 $\overline{x}$와 S에 대입하면 식 (12.41)을 얻는다.

$$x_T = u + \frac{\alpha}{k}[1-\Gamma(1+k)] + K_T\left[\frac{\alpha}{k}\{\Gamma(1+2k)-\Gamma^2(1+k)\}^{1/2}\right] \tag{12.41}$$

식 (12.40)과 (12.41)을 같게 놓고 K_T에 관하여 정리하면 일반극치분포의 빈도계수를 얻는다.

$$K_T = \frac{\Gamma(1+k) - [-\log(1-1/T)]^k}{[\Gamma(1+2k)-\Gamma^2(1+k)]^{1/2}} \tag{12.42}$$

예제 12.13

표 12.5의 유량기록에 대하여 모멘트방법으로 일반극치(GEV)분포의 매개변수를 산정하고 100년 홍수량을 추정하라.

풀이 예제 12.9의 결과 $\bar{x}=60.49$, $S=34.12$, $C_s=1.031$을 이용한다.

$C_s < 1.14$이므로 식 (11.129)를 이용한다.

$$k = 0.277648 - 0.322016\times 1.031 + 0.060278\times 1.031^2 + 0.016759\times 1.031^3$$
$$- 0.005873\times 1.031^4 - 0.00244\times 1.031^5 - 0.000050\times 1.031^6 = 0.0186$$

부록 C-8을 이용하여 감마함수의 값을 구하여 식 (11.130-131)의 α와 u를 계산한다.

$$\Gamma(1+k) = \Gamma(1+0.0186) = \Gamma(1.0186) = 0.9896$$

$$\Gamma(1+2k) = \Gamma(1+2\times 0.0186) = \Gamma(1.0372) = 0.9799$$

$$\alpha = [S^2k^2/\{\Gamma(1+2k)-\Gamma^2(1+k)\}]^{1/2}$$
$$= [34.12^2\times 0.0186^2/(0.9799-0.9896^2)]^{1/2} = 26.087$$

$$u = \bar{x} - \frac{\alpha}{k}[1-\Gamma(1+k)] = 60.49 - \frac{26.087}{0.0186}(1-0.9896) = 45.904$$

식 (12.40)에 의한 100년 홍수량은

$$Q_{100} = 45.904 + \frac{26.087}{0.0186}\left[1-\left\{-\log\left(1-\frac{1}{100}\right)\right\}^{0.0186}\right] = 180.74\text{m}^3/\text{s}$$

예제 12.14

표 12.5의 유량기록에 대하여 확률모멘트방법으로 일반극치(GEV)분포의 매개변수를 산정하고 100년 홍수량을 추정한다.

풀이 예제 12.9의 결과 $\bar{x}=60.49$, $S=34.12$, $C_s=1.031$, $\lambda_1=l_1=60.49$, $\lambda_2=l_2=19.17$, $t_3=0.173$을 이용한다. 식 (11.132)에 의하면 c와 k는

$$c = \frac{2}{3+\tau_3} - \frac{\log 2}{\log 3} = \frac{2}{3+0.173} - \frac{\log 2}{\log 3} = -0.000611$$

$$k \approx 7.8590c + 2.9554c^2 = 7.8590\times(-0.000611) + 2.9554\times(-0.000611)^2 = -0.004801$$

$$\Gamma(1+k) = \Gamma[1+(-0.004801)] = \Gamma(0.9952)$$

부록 C-8의 간략식을 사용해서 계산하면 $\Gamma(0.9952) = 1.001$이다. 식 (11.133)에 따라 α, u는

$$\alpha = \frac{\lambda_2 k}{(1-2^{-k})\Gamma(1+k)} = \frac{19.17(-0.004801)}{(1-2^{-(-0.004801)})\times 1.001} = 27.583$$

$$u = \lambda_1 - \alpha\,[1-\Gamma(1+k)]/k = 60.49 - 27.583(1-1.001)/(-0.004801) = 54.745$$

식 (12.40)에 의한 100년 홍수량은

$$Q_{100} = 54.745 - \frac{27.583}{-0.004801}[1-\{-\log(1-1/100)\}^{-0.004801}] = 206.61\,\mathrm{m^3/s}$$

12.4.5 극치 I (Gumbel)분포

식 (12.7)을 (12.13)에 대입하면

$$\frac{1}{T} = 1 - F(x) = 1 - \exp\left[-\exp\left(-\frac{x-u}{\alpha}\right)\right] \tag{12.43}$$

이를 변량 x에 관하여 정리하면

$$x = u - \alpha\ln[-\ln(1-1/T)] \tag{12.44}$$

$F(x) = 1 - 1/T$를 고려하면

$$x = u - \alpha\ln[-\ln F(x)] \tag{12.45}$$

식 (12.8)과 (12.9)의 α, u를 식 (12.44)에 대입하면

$$x = \bar{x} - \frac{\sqrt{6}\,S}{\pi}\left[0.5772 + \ln\left(\ln\frac{T}{T-1}\right)\right] \tag{12.46}$$

식 (12.25)의 $x = \bar{x} + KS$와 (12.46)을 비교하면 Gumbel분포의 빈도계수는

$$K_T = -\frac{\sqrt{6}}{\pi}\left\{0.5772 + \ln[\ln\frac{T}{T-1}]\right\} \tag{12.47a}$$

또는

$$K_T = -0.45 - 0.7797\ln[-\ln(1-1/T)] \tag{12.47b}$$

식 (12.25)의 $x - \bar{x} = K_T S$를 (12.15b)에 대입하고 K_T에 관하여 정리하면

$$K_T = \frac{y - 0.5772}{1.283} \tag{12.48}$$

식 (12.48)은 자료수 n이 아주 크거나 무한일 때 적용 가능하다. n이 유한한 경우 식 (12.47a)을 T에 관하여 정리하여 재현기간을 빈도계수 K_T항으로 나타낼 수 있다.

$$T = \frac{1}{1 - \exp\left\{-\exp\left[-\left(0.5772 + \frac{\pi K_T}{\sqrt{6}}\right)\right]\right\}} \tag{12.49}$$

식 (12.25)에서 $x_T = \mu$일 때 $K_T = 0$이다. 즉 $K_T = 0$에서 x는 평균치가 되므로 식 (12.47) 또는 (12.49)에 $K_T = 0$을 대입하면 T는 연평균치의 재현기간 $T = 2.33$년을 제공한다. 즉 극치 I 분포에서 평균치의 재현기간은 2.33년이 된다.

예제 12.15

표 12.2 삼서 강우량자료에 극치 I 분포가 적합된다 (a) 100년 강우량과 (b) $P(R \leq 150\text{mm})$을 구하라.

풀이 표 12.4의 Weibull도시위치공식에 의한 결과를 Gumbel확률지에 도시하고 육안으로 직선을 적 합시킨 것이 그림 12.4이다.

① 빈도계수이용: 식 (12.47a)에 의하면 $T = 100$년에 대한 빈도계수 K_T는

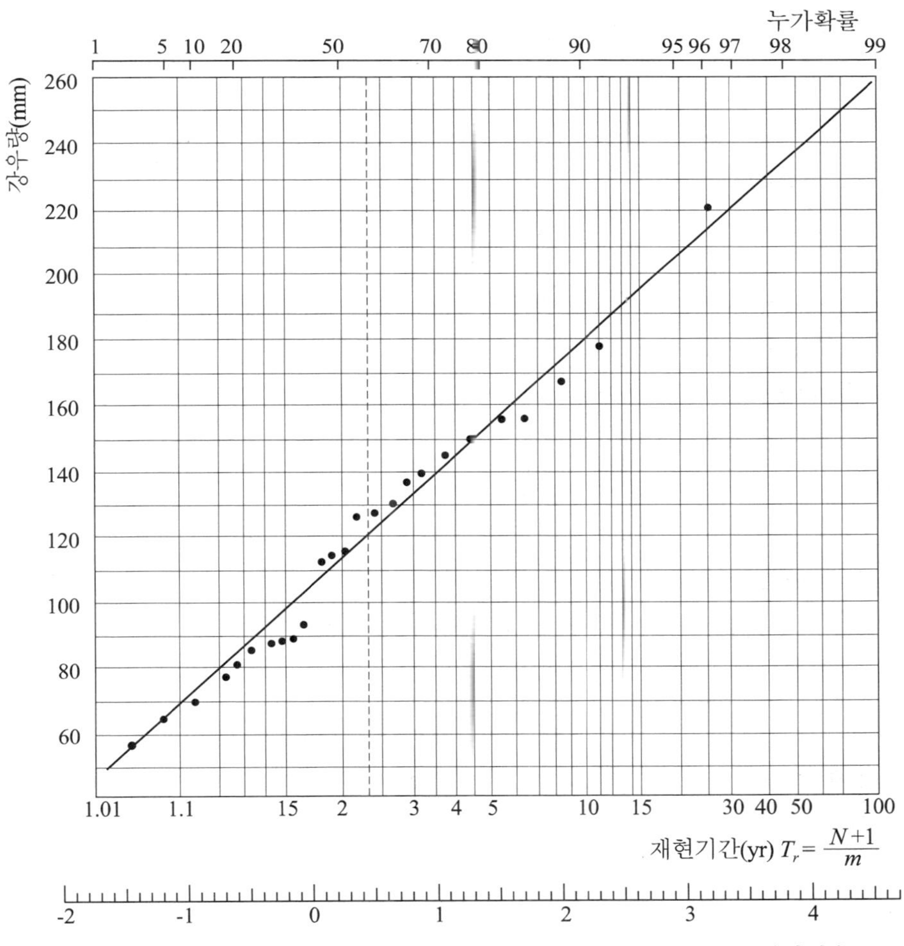

그림 12.4 극치 I 분포 적합을 위한 Gumbel확률지상에 도시(삼서)

$$K_T = -\frac{\sqrt{6}}{\pi}\left[0.5772 + \ln\left\{\ln\left(\frac{T}{T-1}\right)\right\}\right]$$

$$= -\frac{\sqrt{6}}{\pi}\left[0.5772 + \ln\left\{\ln\left(\frac{100}{100-1}\right)\right\}\right] = 3.138$$

식 (12.25)에 의하여 $R_T = \overline{R} + K_T S = 117.2 + 3.138 \times 40.1 = 243.03\text{mm}$

그림 12.4에서 R_{100}은 외삽에 의하면 $R_{100} = 260\text{mm}$가 된다.

② 모멘트방법에 의한 매개변수이용: 식 (12.8)과 (12.9)에 따라

$$\alpha = \frac{\sqrt{6}\,S}{\pi} = \frac{\sqrt{6}\;40.1}{3.14} = 31.28$$

$$u = \overline{x} - 0.5772\alpha = 117.2 - 0.5772 \times 31.28 = 99.15$$

식 (12.44)에 이들 값과 $T = 100$을 적용하면

$$R_{100} = 99.15 - 31.28\ln\left[\ln 100 - \ln(100-1)\right] = 243.04\text{mm}$$

(b) 식 (12.7)에 따라 $P(R < 150)$은 $F(R) = \exp\left[-\exp\left(-\frac{150-99.15}{31.28}\right)\right] = 0.821$이다.

따라서 150mm의 재현기간은 식 (12.13)에 의하여

$$T = \frac{1}{1-F} - \frac{1}{1-0.821} = 5.6\text{년}$$

예제 12.16

표 12.5의 유량기록에 대하여 확률모멘트방법으로 극치 I(Gumbel)분포의 매개변수를 산정하고 100년 홍수량을 추정하라.

풀이▌ 예제 12.9의 결과인 L-모멘트 $l_1 = 60.49$, $l_2 = 19.17$을 식 (12.18)과 (12.19)에 적용 하여 매개변수 α와 u를 구한다.

$$\alpha = l_2/\ln 2 = 19.17/\ln 2 = 27.656$$

$$u = l_1 - 0.5772\alpha = 60.49 - 0.5772 \times 27.656 = 44.527$$

식 (12.44)를 적용하면 100년 홍수량은

$$Q_{100} = u - \alpha\ln\left[-\ln(1-1/T)\right] = 44.527 - 27.656\ln\left[-\ln(0.99)\right] = 171.75\text{m}^3/\text{s}$$

이상의 상이한 방법에 의한 100년 강우량의 계산결과를 종합하면 다음과 같다. 이로부터 주어진 수문자료에 대하여 상이한 분포와 상이한 방법은 주어진 재현기간에 대하여 상이한 크기의 수문량(홍수량, 강우량)과 상이한 재현기간을 부여한다.

확률분포	100년 강우량(mm)	
	빈도계수방법	모멘트방법
정규	210.5	–
대수 정규	228.8–244.9	–
피어선III	228.3	228.4
대수 피어선III	218.3	244.3
극치 I (Gumbel)	243.0	243.0

12.5 이상치와 신뢰한계

이상치(異常値; outlier)는 자료의 전체적인 경향으로부터 현저하게 벗어나는 자료점이다. 자료의 왜곡도가 −0.4 ~ 0.4의 범위를 벗어나면 이상치에 관한 검토가 먼저 수행된다.

이상치 판별의 도해적 방법은 원자료를 확률지에 도시하여 나타나는 경향으로부터 현저하게 벗어나는 자료점을 찾는다. 확률지에 도시하여도 뚜렷하게 벗어나지 않는 경우에는 변수변환자료에 대해 확률분포형을 결정하고 고 · 저이상치 판별에 다음 빈도식이 사용된다.

$$y_H = \bar{y} + K_n S_y \tag{12.50}$$

$$y_L = \bar{y} - K_n S_y \tag{12.51}$$

여기서 y_H = 고이상치 경계치의 대수치, y_L은 저이상치 경계치의 대수치, $\bar{y}$ = 연 홍수대수치의 평균, S_y = 연 홍수대수치의 표준편차 및 K_n = 표본수 n에 따르는 계수(표 12.6)이다. y_H보다 크거나 y_L보다 작으면 이상치로 해석에서 제외된다.

표 12.6 이상치 검정의 K_n 값–10% 유의수준

표본수 n	K_n	표본수 n	K_n	표본수 n	K_n	표본수 n	K_n
10	2.036	24	2.467	38	2.661	60	2.837
11	0.088	25	2.486	39	2.671	65	2.866
12	2.314	26	2.502	40	2.682	70	2.893
13	2.175	27	2.519	41	2.692	75	2.917
14	2.213	28	2.534	42	2.700	80	2.940
15	2.247	29	2.549	43	2.710	85	2.961
16	2.279	30	2.563	44	2.719	90	2.981
17	2.309	31	2.577	45	2.727	95	3.000
18	2.335	32	2.591	46	2.736	100	3.017
19	2.361	33	2.604	47	2.744	110	3.049
20	2.385	34	2.616	48	2.753	120	3.078
21	2.108	36	2.628	49	2.760	130	3.104
22	2.429	37	2.639	50	2.768	140	3.129
23	2.448		2.650	55	2.804		

해석의 신뢰한계. 빈도해석 결과의 신뢰도는 가정한 확률모형이 주어진 수문자료에 얼마나 가까이 적합되는가에 따라 결정된다. 주어진 자료가 적합되는 확률분포에 속한다면 자료점들은 적합된 누가분포곡선상이나 곡선주위에 있게 된다. 자료점들이 누가분포곡선에 가까이 있는 정도를 정량적으로 나타내기 위하여 곡선양쪽에 기지의 양(백분률)의 자료점을 포함하는 구간을 **신뢰구간**(信賴區間; confidence interval)이라 하고 신뢰구간의 경계를 나타내는 누가분포곡선 양측의 곡선을 **신뢰한계곡선**(信賴限界曲線; control curve)이라 한다. 신뢰구간의 크기는 신뢰수준 β에 따라 결정된다. 신뢰수준 β는 유의수준 α의 항으로 주어진다.

$$\alpha = \frac{1-\beta}{2} \tag{12.52}$$

만약 신뢰구간 β가 90 %이면 유의수준 α는 5 %이다. 재현기간이 T인 사상의 크기를 추정하는 신뢰구간의 경계인 상한계 y_U와 하한계 y_L는 빈도계수식을 다음과 같이 변형하여 설정된다.

$$y_U = \bar{y} + K_U S_y \tag{12.53}$$

$$y_L = \bar{y} - K_L S_y \tag{12.54}$$

여기서 $\bar{y}$와 S_y는 각각 주어진 자료의 대수치의 평균과 표준편차이고 K_U, K_L는 상하 신뢰한계 계수이다.

$$K_U = \frac{K + \sqrt{K^2 - ab}}{a} \tag{12.55}$$

$$K_L = \frac{K - \sqrt{K^2 - ab}}{a} \tag{12.56}$$

$$a = 1 - \frac{z_a^2}{2(n-1)} \tag{12.57}$$

$$b = K^2 - \frac{z_a^2}{n} \tag{12.58}$$

여기서 K는 빈도계수, n은 표본크기 및 z_a는 초과 확률 α를 갖는 표준정규변수이다.

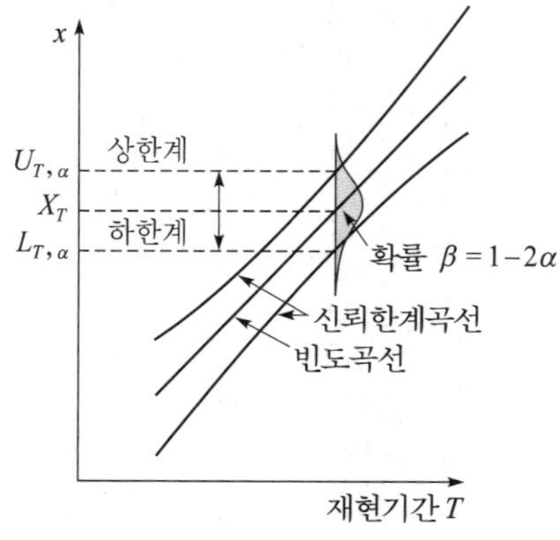

그림 12.5 신뢰한계의 정의

예제 12.17

대수피어선III분포를 이용한 삼서지방 강우량의 2, 5, 10, 50, 100년 강우량에 대한 90% 신뢰구간을 결정하라.

풀이 26년간 강우량의 대수치의 평균, 표준편차 및 왜곡도계수는 각각 2.044, 0.15 및 −0.042이다. $\beta=0.9$ 에 대한 유의수준은 $\alpha=0.05$ 이고 이에 상응하는 표준정규변수 z_a 는 초과확률 0.05 또는 누가확률(비초과확률) 0.95를 갖는다. 계산과정은 $T=100$ 년에 한해서 기술되고 다른 재현기간에 대한 결과는 표 12.7에 주어진다. $T=100$ 년에 대한 z 는 $F(z)=0.95$ 에 대한 z 로서 부록 C-1로부터 $z=1.645$ 이다. $C_s=-0.042$, $T=100$ 년에 대한 빈도계수 K_{100} 은 부록 C-5로부터 $K_{100}=2.2949$ 이 다. 따라서 식 (12.55~12.58)에 의하면

$$a=1-\frac{z_a^2}{2(n-1)}=1-\frac{(1.645)^2}{2(26-1)}=0.9459$$

$$b=K_{100}^2-\frac{z_a^2}{n}=2.2949^2-\frac{1.645^2}{26}=5.1625$$

$$K_{U100,\,0.05}=\frac{K_T+\sqrt{K_T^2-ab}}{a}=\frac{2.2949+(2.2949^2-0.9459\times5.1625)^{0.5}}{0.9459}=3.087$$

$$K_{L100,\,0.05}=\frac{K_T-\sqrt{K_T^2-ab}}{a}=\frac{2.2949-(2.2949^2-0.9459\times5.1625)^{0.5}}{0.9459}=1.776$$

신뢰한계는 식 (12.53)과 (12.54)에 의하면

$$y_U=\bar{y}+K_US_y=2.044+3.087\times0.15=2.506$$

$$R_U=10^{2.506}=320.6\text{mm}$$

$$y_L=\bar{y}-K_LS_y=2.044-1.776\times0.15=2.31$$

$$R_L=10^{2.31}=204.2\text{mm}$$

100년 강우량은 표 12.7의 3란의 빈도계수를 이용하여 계산된다.

$$y_T=\bar{y}+KS=2.044+2.2949\times0.15=2.3883$$

$$R_{100}=10^{2.3883}=244.5\text{mm}$$

표 12.7 90% 신뢰한계 계산

T (1)	z (2)	K (3)	a (4)	b (5)	K_U (6)	K_L (7)	y_U (8)	y_L (9)	R_U (10)	R_L (11)	R_T (12)
2	1.645	0.0071	0.9459	−0.1040	0.3392	−0.3242	2.0949	1.9954	124.4	98.9	110.9
5	1.645	0.8437	0.9459	0.6078	1.2831	0.5008	2.2364	2.1191	172.3	131.5	148.1
10	1.645	1.2770	0.9459	1.5266	1.8069	0.8932	2.3150	2.1780	206.5	150.7	172.0
50	1.645	2.0313	0.9459	4.0221	2.7471	1.5479	2.4561	2.2762	285.8	188.9	223.2
100	1.645	2.2949	0.9459	5.1625	3.0807	1.7716	2.5061	2.3097	320.7	204.0	244.5

표 12.7에 의하면 T년 강우량이 신뢰한계내에 있다. 즉 R_T가 R_U와 R_L 사이에 존재하는 사실을 90% 확신을 가지고 이야기할 수 있다. 신뢰구간의 폭은 자료수에 좌우된다. 기록기간이 길면 신뢰구간의 폭은 감소한다.

12.6 지역홍수빈도해석

미계측 유역이나 기록기간이 짧은 유역에 대한 홍수빈도해석은 도시되는 점들의 광범위한 분산으로 적합되는 빈도함수의 신뢰도가 매우 낮아서 별다른 가치를 갖지 않는다. 이를 극복하기 위한 **지역홍수빈도해석**(地域洪水頻度解析; regional flood frequency analysis)은 지역 내 다수 관측지점의 자료를 단일빈도해석에 사용하여 지역 내 모든 지점에 적용가능한 지역홍수빈도곡선을 유도하는 방법이다. 결과적으로 지역해석은 공간영역에서 수집 가능한 기록의 연장이고 특히 미계측지역의 홍수량산정에 필요하다. 홍수빈도모형의 설정은 동질성검토, 유역특성과 연 평균홍수와의 관계식의 개발, 여러 분포에 대한 지역적 매개변수의 결정, 최적 분포의 선정, 홍수빈도공식의 결정을 포함한다. 지역해석에 포함되는 지역은 수문학적으로 동질유역으로 정의된다. 지역빈도해석의 대표적인 방법은 지수홍수방법, 중회귀방법 및 관측소-기록연수법 등이다.

12.6.1 지수 - 홍수방법

지수-홍수방법(指數-洪水方法; index-flood method)은 미국지질조사청(Dalrymple (1960), Benson(1962)에 의하여 개발되었으며 기본전제는 지역 내 다수의 수문학적으로 유사한 지점의 유량기록의 조합을 이용한 빈도해석은 그 지역의 빈도해석의 신뢰도의 증가이다. 특히 유량자료가 충분하지 않은 지점의 홍수빈도해석에 지수-홍수방법이 효과적이고 이는 지역정보를 이용하여 짧은 기록을 보완함으로서 공간을 시간으로 대체하는 효과를 갖기 때문이다. 지수-홍수방법의 기본개념은 각 유역의 크기, 강우량 및 유출특성을 반영하는 축척 매개변수인 지수-홍수이외에 지역 내 N개 지점의 홍수빈도분포는 동일하다는 점이다. 유역은 지리적으로 그리고 유역면적과 표고를 포함한 지형특성에 따라 집단화된다. 이 경우 집단에 포함되는 유역은 꼭 인접유역일 필요는 없고 수문학적으로 유사성을 갖는 유역이다. 수문학적으로 동질인 지역에서 상이한 하천에 대한 홍수분포함수는 유사하다. 이 경우 유사성은 분포함수가 각 지수-홍수로 변환(scaled)될 때 결과적인 지역의 모든 유역의 무차원 분포는 유역면적과 유역특성에 관계없이 같은 모양을 갖는 것으로 가정될 수 있다.

연평균홍수. **지수홍수**(指數-洪水; index-flood)로 사용되는 **연평균홍수**(平均年洪水; mean annual flood, MAF)는 연홍수(연 최대유량계열)의 산술평균으로 2.33년의 재현기간을 갖는다. 여기서 연홍수(annual flood)는 연간 순간 최대유량이다. 극치분포에서는 연 최대유량계열의 중앙치가 사용된다. 연평균홍수는 지형적인 인자와 기상인자들의 함수이다. 지형인자로는 유역면적, 하도경사, 수로, 저수지 및 호수의 저류량, 유역경사, 토지이용, 지질, 하천밀도, 유역형상, 평균표고, 산악위치, 토양피복 등이며, 기상인자는 지역기후 특성, 강우강도, 강우량, 호우의 방향 등이다. 이들 인자중에서 연평균홍수에 가장 중요하고 쉽게 얻을 수 있는 인자는 유역면적으로 연평균홍수 $\overline{Q}$ 또는 $Q_{2.33}$은 유역면적의 함수로 주어진다(그림 12.6).

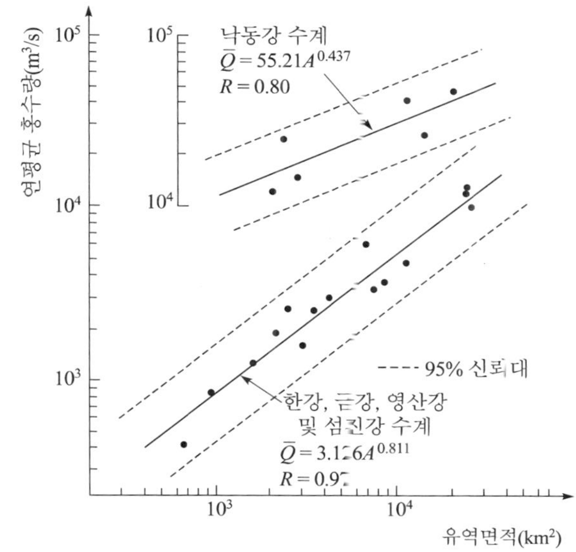

그림 12.6 유역면적과 지수홍수(평균연홍수량)의 관계곡선(윤, 1972)

$$Q_T = Q_{2.33} = aA^b \tag{12.59}$$

여기서 a와 b는 수문학적으로 동질지역에 대한 상수이고 b는 0.65–1.00의 범위의 값을 갖는다.

지역(홍수)빈도(지역성장)곡선

지역(홍수)빈도곡선(地域(洪水)頻度曲線; regional flood frequency curve)은 확률홍수량 $Q(F)$(또는 홍수분위수 Q_T)와 지수홍수 μ(또는 $\overline{Q}$)의 비 $Q(F)/\mu$(또는 $Q_T/\overline{Q}$)를 재현기간 T에 대하여 도시한 곡선이다. 이를 영국에서 유래된 **지역성장극선**(地域成長曲線; regional growth curve) 간단히 성장곡선이라고도 하며 오히려 많이 쓰이는 추세이다. Q_T는 T년 홍수분위수로, 지수홍수 μ는 연평균홍수량 $\overline{Q}$로 추정된다($\mu = \overline{Q}$). $Q(F)/\mu$ 또는 $Q_T/\overline{Q}$는 동질성 지역을 구성하는 N지점에 공통으로 적용되는 지역성장인자로 다음과 같이 정의된다.

$$Q(F)/\mu = q(F) \text{ 또는 } Q_T/\overline{Q} = x_T \tag{12.60}$$

여기서 x_T 또는 $q(F)$는 재현기간 T년에 대한 **지역성장인자**(地域成長因子; reginal growth factor) 또는 지역성장곡선이라고도 하는 어느 지점에나 공통으로 적용되는 지역빈도분포의 무차원 분위수함수이다.

GEV분포가 적용되는 경우 지역성장곡선은 재현기간 T에 상응하는 변환변수 $y_T = -\ln(-\ln(1-1/T)) = -\ln(-\ln F))$ 또는 T와 y_T에 대해서 도시된다. 지역성장곡선 $Q_T/\overline{Q} = f(T)$는 일반적으로 곡선이나 Gumbel(GEV I)분포의 경우에는 직선이 된다. 이 경우 변환변수 $y_T = -\ln(-\ln F)$는 Gringorten도시위치공식 $F = (m+0.44)/(n+0.12)$로 계산되고 m은 n개의 증

가 크기순의 홍수계열에서 m번째 크기 홍수량의 위치이다. GEV분포에 형상계수 k가 도입되면 즉 식 (11.126)에 식 (12.14) $y=(x-u)/\alpha$와 $F=1-1/T$를 차례로 적용하거나 식 (12.40)에 식 (12.10)을 적용하면 변환변수 y_T는

$$y_T=\left[1-(-\ln F)^k\right]/k=\left[1-\left\{-\ln\left(1-\frac{1}{T}\right)\right\}^k\right]/k \tag{12.61}$$

지역확률홍수량의 추정

(1) 계측유역의 지역홍수공식

지점 i의 확률 p 또는 재현기간 T년 홍수량(분위수) Q_T는 성장곡선에서 재현기간 T년에 대한 성장인자 x_T와 지점 i의 지수홍수 $\overline{Q}_i$의 곱으로 주어진다.

$$Q_T=\overline{Q_i}x_T \tag{12.62}$$

비초과확률 $F(=1-1/T)$에 근거한 $Q_i(F)$의 표현은 다음과 같다(Hosking and Wallis 1997).

$$Q_i(F)=\mu_i q(F) \tag{12.63}$$

GEV분포가 적용되는 경우 지역빈도홍수량은

$$\frac{Q_T}{\overline{Q}}=u+\alpha y_T \tag{12.64}$$

여기서 u와 α는 GEV의 매개변수, y_T는 T년 재현기간에 해당되는 GEV분포의 변환변수(식 12.10)이다. 비초과확률 $F(=1-1/T)$ 또는 T년 홍수량(T-year flood quantile)을 산정하는 계측유역의 지역빈도홍수량공식은 식 (12.64)에 식 (12.61)을 대입하면

$$\begin{aligned} Q_T &= \left\{u+\frac{\alpha}{k}\left[1-\left\{-\ln\left(1-\frac{1}{T}\right)\right\}^k\right]\right\}\overline{Q} \\ &= \left[u+\frac{\alpha}{k}\left\{1-(-\ln F)^k\right\}\right]\overline{Q} \end{aligned} \tag{12.65}$$

이로부터 GEV분포의 성장인자는 $q(F)=u+\dfrac{\alpha}{k}\left[1-(-\ln F)^k\right]$이다.

(2) 미계측유역의 지역홍수공식

미계측유역에서는 지수홍수 $\overline{Q}$가 계산될 수 없으므로 $\overline{Q}$를 산출하기 위해서는 지역 내 계측지점들의 연평균 첨두홍수량 $\overline{Q}$와 유역의 지형특성과 기후특성간의 관계식이 필요하나 일반적으로 입수가 용이한 유역면적 A의 항으로 정의된다(식 12.59). 따라서 지역빈도홍수량 Q_T는

$$Q_T=(u+\alpha y_T)aA^b \tag{12.66}$$

지역성장곡선의 작성과정. (1) 동시발생기간으로 5년 이상의 기록을 갖는 다수 지점(보통 10~15)의 연 최대치계열을 수집한다. (2) 각 지점별로 기록을 감소 크기순으로 정리하여 Weibull과 같은 도시위치공식을 이용하여 재현기간을 계산한다. (3) 각 지점에 대한 연평균홍수량 $\overline{Q}$의 결정: 연 최대유량의 평균 또는 연 최대유량과 그의 재현기간을 극치확률지에 도시하여 빈도곡선을 육안으로 적합시키고 재현시간 2.33년에 해당하는 $\overline{Q}$를 결정한다. (4) 각 지점에 대하여 몇 개의 선정된 빈도(예를 들면 5, 10, 20, 25, 30, 50, 100년 등)의 홍수량을 연평균유량 $\overline{Q}$로 나누어 지역빈도분포인 홍수량비 $Q/\overline{Q}$를 계산한다. (5) 4항의 홍수량비를 각 빈도별로 지점수와 같은 수의 홍수량비 계열로 정리하고 각 계열의 중앙치를 결정한다. (6) 이와 같이 결정된 중앙치와 이에 대응하는 빈도(재현기간)를 극치확률지에 도시하고 최적선을 적합하여 지역빈도곡선(그림 12.7)을 얻는다.

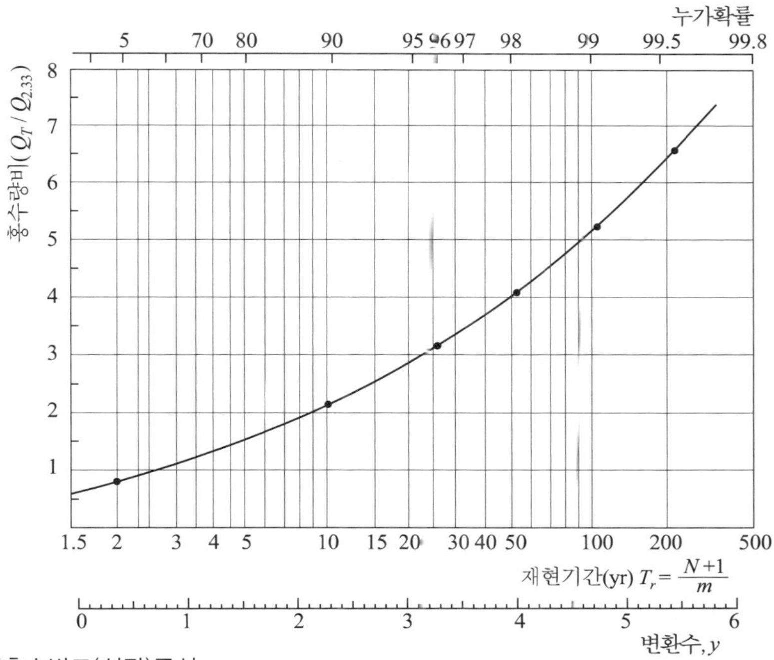

그림 12.7 지역홍수빈도(성장)곡선

수문학적 동질성 검사. 지수-홍수방법은 지역의 수문학적 동질성 검사를 필요로 한다. 동질성 검사에는 Dalrymple test, L-모멘트를 이용한 H-test, CV-test, S-test 및 R-test가 있으며 H-test가 가장 많이 이용되는 추세이다. 여기서는 Dalrymple test(Dalrymple, 1960)가 기술된다. (1) 각 지점의 빈도곡선으로부터 재현기간 2.33년 연평균홍수 $\overline{Q}$와 10년 홍수 Q_{10}을 결정한다. (2) 각 지점에 대하여 $Q_{10}/\overline{Q}$를 계산한다. (3) 모든 지점에 대한 $Q_{10}/\overline{Q}$의 평균 $\left(Q_{10}/\overline{Q}\right)_m$을 구한다. (4) 각 지점의 $\overline{Q}$에 평균 $\left(Q_{10}/\overline{Q}\right)_m$를 곱하여 각 지점에 대한 조정 Q_{10}를 계산하고 (1)항의 빈도곡선으로부터 조정 Q_{10}에 대한 재현기간 T_{10}을 구한다. (5) 각 지점의 T_{10}과 기록연수

n 을 그림 12.8과 같이 도시하여 이들 점들이 곡선 안에 위치하면 수문학적으로 동질로 평가되어 분석에 포함시키고 곡선 외측에 위치하면 제외한다.

지수 – 홍수방법의 한계. 지수 – 홍수방법은 다음과 같이 적용에 한계점을 갖는다. (1) 기록기간이 짧은 경우 연평균홍수는 대표적이 되지 못하기도 한다. 이 경우 $Q/\overline{Q}$는 지점 간에 큰 변화를 보여 결과는 많은 오류를 포함하게 된다. (2) 많은 지점의 기록이 짧을 경우 동질성 검사가 10년 이상인 기록에 적용되지 않는다. (3) 유역면적이 증가함에 따라 빈도곡선은 완만해지고 $Q/\overline{Q}$ 는 감소한다. 유역면적이 크게 되면 긴 재현기간의 홍수에 대한 유역면적의 영향이 크게 되는데 반하여 지역 내의 모든 유역크기에 대한 빈도곡선이 포함되나 제일 큰 유역인 전 지역은 제외된다.

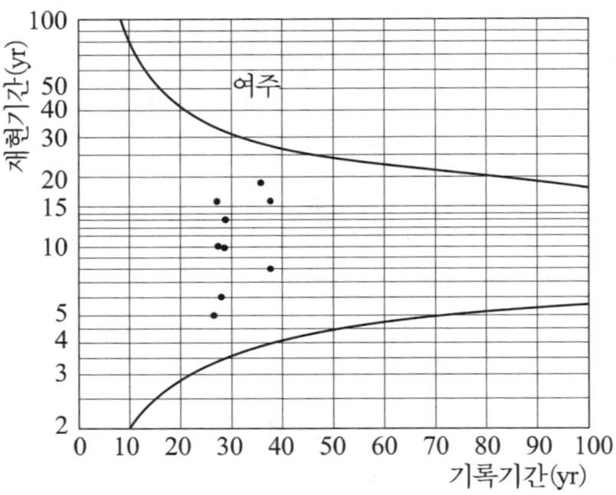

그림 12.8 확률강우량산정을 위한 수문학적 동질성(한강수계)(김(1991))

예제 12.16

한강수계에 위치한 면적이 2000km^{2}인 유역의 100년 홍수량을 결정하라. 그림 12.7이 적용 가능한 것으로 가정하고 수문학적으로 동질성을 갖는 것으로 가정된다.

풀이▮ 그림 12.6으로부터 유역면적 2000km^{2}에 대한 지수홍수(연평균홍수량)는 15,00m^3/s이다. 그림 12.7로부터 100년 빈도에 대한 $Q/\overline{Q}$= 5.3 이다. 따라서 100년 홍수량은 $Q_{100} = (Q/\overline{Q}) \times \overline{Q} = 5.3 \times 1{,}500 = 7{,}950$m^3/s이다.

예제 12.19

표 12.8에 주어진 홍수빈도곡선으로부터 (a) 지역홍수빈도곡선을 작성하고 (b) 관측점들이 동질성 지역인지 검토하라.

풀이▮ (a) 표 12.8에 주어진 23개 관측소에 대하여 재현기간별 홍수량을 각 관측소의 연평균 홍수량(2.33년 홍수량) $Q_{2.33}$ 으로 나누어 표 12.9의 홍수량비를 계산하고 재현기간 별 홍수량비의 중앙치를 구한다. 홍수량비의 중앙치와 이에 대응하는 재현기간을 확률지에 도시하여 지역홍수빈도곡선(지역성장곡선)(그림 12.7)을 얻는다.

(b) 표 12.8의 재현기간 2.33년 홍수량 $Q_{2.33}$과 10년 홍수량인 Q_{10}으로부터 표 12.10의 2란과 3란을 작성하고 $Q_{10}/Q_{2.33}$을 계산한다(4란). 4란의 자료로부터 $Q_{10}/Q_{2.33}$의 평균 $(Q_{10}/Q_{2.33})_m = 1.913$을 구하고 이를 2란의 $Q_{2.33}$에 곱하여 조정 Q_{10}을 계산한다(5란). 각 지점의 빈도곡선에서 조정 Q_{10}에 대한 재현기간 T_{10}을 구한다(6란). 본 예제에서는 간략방법으로 표 12.8 자료를 이용하여 내삽법으로 구하였다. 각 지점의 기록기간이 10~30년의 범위라고 가정할 때 표 12.10의 6란의 재현기간이 전부 그림 12.8의 두 곡선 내에 위치하므로 지리적으로 동질성이라 판단된다.

표 12.8 수위표별 홍수빈도곡선(Gumbel 분포)

관측소 번호	재현기간별 홍수량(m³/s)						관측평균 홍수량 (m³/s)	$Q_{2.33}$ (m³/s)
	2년	10년	25년	50년	100년	200년		
1	29	72	105	136	173	219	38	41
2	67	169	245	317	404	510	86	78
3	219	550	800	1033	1317	1663	283	248
4	70	175	254	329	420	530	92	86
5	784	1981	2877	3713	4740	5999	1038	924
6	412	1039	1508	1949	2484	3137	544	502
7	385	970	1409	1821	2322	2931	508	389
8	136	342	497	643	819	1034	179	147
9	124	263	382	493	629	794	138	123
10	114	286	420	543	692	874	151	134
11	119	300	435	562	717	905	157	141
12	202	509	740	956	1219	1539	266	204
13	60	151	219	283	362	457	79	66
14	40	100	146	139	241	304	53	49
15	22	55	80	154	132	167	29	25
16	90	227	330	427	544	687	119	82
17	322	811	1178	1522	1941	2450	425	278
18	18	47	68	88	112	141	24	19
19	151	381	554	716	913	1152	200	132
20	112	283	411	532	678	845	148	112
21	35	88	129	167	212	268	46	33
22	139	352	511	660	842	1063	184	183
23	99	250	364	470	600	757	131	131

표 12.9 예제 18.17의 홍수량비

수위표 번호	2년 $Q_2/Q_{2.33}$	10년 $Q_{10}/Q_{2.33}$	25년 $Q_{25}/Q_{2.33}$	50년 $Q_{50}/Q_{2.33}$	100년 $Q_{100}/Q_{2.33}$	200년 $Q_{200}/Q_{2.33}$	평균 $\bar{Q}/Q_{2.33}$
1	0.707	1.756	2.561	3.317	4.220	5.341	0.927
2	0.859	2.167	3.141	4.064	5.179	5.538	1.103
3	0.883	2.218	3.226	4.165	5.310	6.706	1.141
4	0.814	2.035	2.953	3.826	4.884	6.163	1.070
5	0.848	2.144	3.117	4.024	5.130	6.492	1.123
6	0.821	2.070	3.004	3.882	4.948	6.249	1.084
7	0.990	2.494	3.623	4.682	5.970	7.535	1.306
8	0.925	2.327	3.381	4.374	5.571	7.034	1.218
9	0.846	2.138	3.106	4.008	5.114	6.455	1.122
10	0.851	2.134	3.134	4.052	5.164	6.522	1.127
11	0.844	2.128	3.085	3.986	5.085	6.418	1.113
12	0.990	2.495	3.627	4.686	5.966	7.544	1.304
13	0.909	2.288	3.318	4.288	5.485	6.924	1.197
14	0.816	2.041	2.980	3.857	4.918	6.204	1.081
15	0.880	2.200	3.200	4.160	5.280	6.680	1.160
16	1.098	2.768	4.024	5.207	6.634	8.378	1.451
17	1.158	2.917	4.237	5.475	6.982	8.813	1.529
18	0.947	2.474	3.580	4.631	5.895	7.421	1.263
19	1.144	2.886	4.091	5.424	6.917	8.727	1.515
20	1.000	2.527	3.670	4.750	6.053	7.643	1.321
21	1.061	2.667	3.909	5.061	6.424	8.121	1.394
22	0.760	1.923	2.792	3.606	4.601	5.809	1.005
23	0.756	1.908	2.778	3.588	4.580	5.778	1.000
중앙치	0.880	2.200	3.200	4.160	5.280	6.680	1.141

표 12.10 예제 12.19의 지역동질성 검토

수위표 번호 (1)	평균홍수량 $Q_{2.33}$ (m^3/s) (2)	Q_{10} (m^3/s) (3)	$Q_{10}/Q_{2.33}$ (4)	조정 Q_{10} (m^3/s) (5)	조정 Q_{10}에 대한 재현기간 (yr) (6)
1	38	72	1.895	72.694	10.315
2	86	169	1.965	164.518	9.115
3	283	550	1.943	541.397	9.483
4	92	175	1.902	175.996	10.189
5	1038	1981	1.909	198.694	10.079
6	544	1039	1.910	1.040.672	10.053
7	508	970	1.909	971.804	10.062
8	179	342	1.911	342.427	10.041
9	138	263	1.906	263.994	10.125
10	151	286	1.894	288.863	10.320
11	157	300	1.911	300.341	10.038
12	266	509	1.914	508.858	9.991
13	79	151	1.911	151.127	10.028
14	53	100	1.887	101.389	10.453
15	29	55	1.897	55.477	10.286
16	119	227	1.908	227.647	10.074
17	425	811	1.908	813.025	10.083
18	24	47	1.958	45.912	9.223
19	200	381	1.905	382.6	10.139
20	148	283	1.912	283.124	10.015
21	46	88	1.913	87.998	9.999
22	184	352	1.913	351.992	9.999
23	131	250	1.908	250.603	10.079

12.6.2 중회귀방법

임의의 재현기간의 홍수첨두에 대한 유역과 기상의 특성인자간의 관계는 **중회귀방법**(重回歸方法; multiple regression method)으로 결정된다.

$$Q_T = bX_1^{a_1}X_2^{a_2}...X_n^{a_n} = b\prod_{i=1}^{n} X_i^{a_i} \tag{12.67}$$

여기서 Q_T는 홍수량, b는 회귀상수, X_i는 유역과 기상인자, n은 인자의 수, a_i는 회귀계수 ($i=1, 2, \cdots, n$) 이다. 특성인자 중에서 가장 중요한 것은 유역면적, 유로경사, 연평균강우량이다. 이 경우 중회귀식은 다음과 같이 표현된다.

$$Q_T = bA^{a_1}S^{a_2}R^{a_3} \tag{12.68}$$

양변에 대수를 취하면 $\log Q_T = \log b + a_1\log A + a_2\log S + a_3\log R$ (12.69)

회귀식 (12.70)의 계수들은 최소자승법을 이용해서 결정될 수 있다.

12.6.3 L-모멘트 지역빈도해석

연 최대치계열의 모형화의 오류는 주로 매개변수추정과정에 기인한다. 최적분포와 적정 매개변수의 선정에 확률가중평균모멘트(PWM)의 적용은 편의가 작은 홍수분위수를 제공하고 표본의 수가 적은 경우 신뢰성이 높은 것으로 판명되었다. PWM을 이용하는 L-모멘트기법은 지역홍수빈도해석에 거의 불편 매개변수추정을 가능하게 한다. L-모멘트 지수홍수방법은 불일치척도를 이용하는 자료선별, 이질성검정에 의한 동질성의 확인, 지수홍수추정 또는 지수홍수와 지역특성의 관계식 수립, 최적분포모형의 결정 및 홍수빈도공식(곡선) 도출의 과정으로 구성된다.

12.7 갈수

12.7.1 갈수의 정의와 해석목적

하천유량의 현저한 감소는 생활, 농업 및 공업용수의 공급, 하천생태계의 생존, 수질 저하, 수력발전, 각종 오수처리장의 방류, 위생매립지 침출수의 유입 등에 미치는 영향이 크다. 이러한 문제해석은 저수의 유량자료와 저수해석을 필요로 한다.

저수(低水; low flow) : 세계기상기구(WMO)에 의하면 저수는 장기간 지속된 건조기간의 하천유량이다. 저수는 순간 최소 연 유량이 아니라 1주일과 같은 일정 기간에 대한 평균치로 하천에 흐르는 유량이 적은 계절적인 현상으로 하천의 흐름영역의 중요한 성분이다. 저수는 유량지속곡선(그림 6.17)으로부터 추정될 수 있다. 반면 **갈수**(渴水; drought)는 평균보다 작은 강수량과 토양수분의 부족이 장기간 지속되어 생물과 인간에 악영향을 야기하는 자연적인 물부족현상이다. 갈수는 저수를 포함하나 계속되는 계절적인 저수사상이 반드시 갈수로 고려되지는 않는다. 이러한 점을 고려하여 본서에서는 저수보다 갈수와 갈수량의 표현이 사용된다. 미국에서는 물 사용허가목적으로 저수를 정의하는데 7-일 10년 갈수량 $Q_{7,10}$을 사용된다. 한편 종래의 하천공학에서 정의하는 저수와 이와 관련된 갈수량은 다음과 같다.

저수량: 1년중 275일에 해당하는 동안 흐름이 지속되는 유량이다. 따라서 275일 동안에는 이와 같거나 큰 유량이 흐른다.

갈수량: 연도별 유량지속(기간)곡선 또는 유황곡선상에서 355일에 해당하는 유량이다. 즉 1년 355일 동안에는 하천유량이 이보다 감소하지 않아서 1년 중 355일 흐르는 최소유량이다. **평균갈수량**은 최근 10년간 갈수량의 평균이다.

기준갈수량: 최근 10년간 연도별 갈수량 중 최저 1위 또는 2위에 해당하는 갈수량이다.

미국에서 사용되는 갈수량 기준인 **7-일 10년 갈수량**(7 day 10 year low flow, $Q_{7,10}$)은 평균 10년에 1회 발생하는 7일간 지속된 최저 유량의 평균으로 정의된다. 7일 갈수량은 1년중 저유량이 발생된 기간의 연속된 7일 평균 유량 중에서 제일 작은 값으로 7-일 이동평균의 최소치와 같다. $Q_{7,10}$은 10년간 10개 기록 중에서 제일 작은 값이다. $Q_{7,10}$은 하천으로부터 취수허가에 적용된다. 즉 하천의 유량이 하천유지용수를 충족시킬 수 있는 $Q_{7,10}$보다 많을 때 취수나 유수전환이 가능하다. $Q_{7,10}$은 또한 오염물의 수용수역이 되는 하천에 대한 오폐수방류의 영향을 평가하는 데에 사용된다. 평균 갈수량은 지속된 저유량이 아닌 점에서 가뭄관리에는 $Q_{7,10}$의 이용이 권장된다. 영국에서 사용되는 갈수지수로 95 percent 10 day flow($Q_{95,10}$)는 10일 단위의 유량 평균을 이용하여 작성한 유량지속기간 곡선에서 초과확률 95%에 해당하는 유량이다.

예제 12.20

다음 자료는 365일 일유량 자료의 일부이다. 7-일 갈수량 Q_7을 구하라.

일 (1)	유량 (2)	7-일평균 (3)	일 (4)	유량 (5)	7-일평균 (6)	일 (7)	유량 (8)	7-일평균 (9)
1	4.31	–	6	3.63	–	11	4.12	3.76
2	3,67	–	7	3.88	3.44	12	6.43	4.29
3	2.96	–	8	3.81	**3.37**	–	–	–
4	2.84	–	9	3.80	3.39	364	4.80	3.76
5	2.81	–	10	4.33	3.58	365	4.36	3.75

풀이 7-일간의 평균유량은 7-일 이동평균으로 3, 6, 9란에 보인 바와 같다. 이는 365 유량자료에 대하여 359개의 7-일 이동평균유량이 주어진다. 이 359개의 값 중에서 최소치인 3.37m^3/s가 주어진 연도의 7-일 평균 갈수량(저수)이다.

예제 12.21

다음은 15년의 7일 갈수량자료이다. 7-일 10년 **갈수량** $Q_{7,10}$을 추정하라.

풀이

연 갈수량	3.96	2.88	4.77	5.40	**2.61**	**2.70**	**2.12**	**3.51**	**3.42**	**5.22**
10년 이동평균	-	-	-	-	-	-	-	-	-	3.66
연 갈수량	**4.41**	**3.87**	**4.05**	**3.15**	3.35					
10년 이동평균	3.70	3.80	3.73	**3.51**	3.58					

이들 자료에 대하여 계산된 10일 이동평균은 6개이고 이중 최소치는 3.51m³/s이며 이를 구성 하는 자료가 고딕으로 표시되었다. 고딕으로 표시된 자료의 평균과 표준편차가 각각 3.51m³/s, 0.924m³/s이다. 이 자료를 정규분포로 가정하여 10년 갈수량을 구한다. $T=10$에 대한 $T=10$에 대한 비초과확률은 $F=1-1/T=1-1/10=0.9$이다. $F(z)=0.9$에 대한 z는 부록 C-1 로부터 $z=K=1.282$ 이므로 10년 갈수량의 추정치 $Q_{7,10}$은

$$Q_{7,10}=\bar{x}-KS$$

$$=3.51-1.282\times 0.924=2.325\text{m}^3/\text{s}$$

여기서 (−)기호가 사용된 것은 100년 갈수량과 같이 빈도가 낮은 저수는 평균치보다 작기 때문이다.

갈수가 지속되면 가뭄이 유발된다. 미국기상청에 의하면 **가뭄** 또는 **한발**(旱魃; drought)은 한 지역의 동식물의 생명에 악영향을 끼치고 각종 용수공급을 고갈시키는 장기간 지속되는, 특히 상기 목적을 충족시키는 충분한 강우가 있던 지역에 대한 무강우로 정의된다(Havens, 1954). 가뭄은 기상, 기상, 농업, 수문 및 물관리 가뭄으로 분류되고 가장 일반적으로 사용되는 가뭄의 정의는 다음과 같다(Dracup, 1980).

(1) 기상한발(氣象旱魃; meteorologic drought). 대기중의 지속적인 수분고갈로 야기되는 장기간 지속되는 무강우 기간

(2) 수문한발(水文旱魃; hydrologic drought). 장기간 댐 저수량의 감소, 하천유량의 감소, 지하수위의 저하로 인하여 책정된 물 수요에 대한 공급부족을 나타내는 기간

(3) 농업한발(農業旱魃; agricultural drought). 토양수분부족으로 작물성장에 지장을 주는 기간

갈수해석의 목적은 급수의 계획과 설계, 환경과 경제적인 영향평가, 하천수질 모형화, 하천유지용수 결정, 폐기물의 방류량 할당과 방류의 허가, 처리장과 쓰레기 매립장의 위치 선정을 포함한 수질관리, 발전소, 급수, 냉각시설 및 기타시설로부터 하류수질 조건에 따라 방류될 수 있는 최소유량 결정 등에 필요한 정보를 제공하기 위함이다.

한발이 일어나기 쉬운 지역은 연강우량의 변동성이 매우 높은 지역이다. 연구결과에 의하면 연강우량의 장기간 경향을 나타내는 나무의 나이테는 건·습기온의 주기적인 양상을 명확하게 설명한다. 장기간 해석에 의하면 가뭄해는 연속해서 일어나는 경향을 갖는다. 이는 가뭄해가 연속되는 것은 무작위가 아니라 가뭄해에 이어 가뭄해가 발생하는 **지속성**(持續性; persistency)이 존재함을 시사한다.

가뭄지수

물부족이 얼마나 심하고 오래 계속되는지를 나타내는 **가뭄우심도**(drought severity)는 갈수의 크기와 지속기간을 같이 고려해야 한다. 가뭄우심도는 (1) 강우－유출의 부족, (2) 토양수분의 감소 및 (3) 지하수위의 강하의 함수로 정립될 수 있다.

갈수의 우심도와 특성을 나타내는 가뭄지수로는 Palmer가뭄지수와 표준강수지수 등이 있고 우심도와 특성은 유량지속기간곡선, 갈수지속기간, 갈수의 연 최소치계열의 빈도해석으로부터 유도될 수 있다.

Palmer가뭄 지수(Palmer drought severity index, PDSI, Palmer 1965): 이는 미 농무부가 비상가뭄지원의 시기를 결정하는데 사용되는 가뭄의 우심도를 나타내는 지수로 범위는(−4, 4)이다. 지수가 (−4)이면 극심한 가뭄을, 영이면 정상을, +4이면 극심한 습윤상태이다. Palmer지수는 실제 강우량과 지역의 기온, 증발산량 및 물수지 성분에 필요한 강우량과의 누가차이의 함수로 계산된다.

포준강수지수(standardized precipitation index, SPI): 이는 강수의 부족이 지하수, 저수지 저수량, 토양수분, 적설 및 하천 유량에 미치는 수분공급조건을 이용하여 다양한 시간에서 PDSI보다 이른 시기에 예상가뭄을 예고한다(McKee 등, 1993). SPI는 특정 지역의 충분한 강우자료만을 이용해서 다양한 지속 기간(1, 3, 6, 9, 12개월 등)에 대한 지수계산이 가능하다. 지수가 (−2)이면 극심한 가뭄을, (−1, 1)이면 정상을, +2이면 극심한 습윤상태를 나타낸다.

작물수분지수(crop moisture index, CMI). 주요 농경지역의 토양별 단기간의 수분공급조건을 예고하여 농업가뭄의 평가에 효과적이고 장기간에는 적용되지 않는다(Palmer, 1968).

평년강수량백분율(percent of normal). 이는 실제 강수량을 평년강수량으로 나누고 100을 곱하여 %로 나타내는 지수로 단일지역, 단일계절에 효과적으로 적용된다(Willeke 등, 1994)

갈수지속기간

일평균유량의 연속기록으로부터 특정 기준 저유량에 미달하는 유량이 지속되는 기간(일수)을 **갈수지속기간**(渴水持續期間; low flow spell)이라 정의한다. 상이한 지속기간에 대한 갈수지속기간의 발생빈도 또는 확률은 유량기록으로부터 구해진다. 이는 갈수량의 발생 순서를 나타내지 못하는 유량지속기간곡선의 결점을 보완한다. 만약 Q_{95}가 7일 연속해서 초과되지 않으면 7일간의 갈수기간이 발생한다.

하천에 물부족이 발생하면 이는 생활, 공업 및 농업용수의 공급에 차질을 유발하고 폐수를 수용하고 오염물에 대한 희석을 제공하는 하천의 기능을 상실하게 되고 생태계의 보전에도 위협을 받게 된다. 따라서 하천으로서 최소한의 기능을 유지하기 위해서는 하천유지용수라고 하는 유량을 항상 유지해야 한다. 국토교통부에 의하면 **하천유지용수**(河川維持用水)는 하천의 주요지점에서 흐름의 정상적 기능 및 상태를 유지하기 위하여 필요한 유량으로 정의된다. 이는 평균 갈수량과 환경보전유량 중에서 큰 값으로 책정된다. 여기서 평균 갈수량은 앞에서 정의한 바 있으나, 실제적으로 갖는 의미는 자연 상태의 하천에서 갈수시에 흘렀다고 볼 수 있는 유량으로 하천의 건천화 방지 등 자연하천이 갖고 있는 최소한 하천기능을 수행하도록 하류에 흐름을 보장해 주어야 할 유량을 의미한다.

한국수자원학회(2005)에 의하면 하천유지용수는 본류에서는 평균 갈수량으로, 상류에 댐과 같은 유량조절기능이 없는 지류에서는 기준갈수량으로 산정된다. 또한 **환경보전유량**(環境保全流量)이란 주운, 하천관리시설의 보호, 수질보전, 어업, 하구폐쇄의 방지, 지하수위의 유지, 동식물의 보호, 경관의 기능을 종합적으로 고려하여 하천환경보전을 위하여 설정하여야 할 유량이다.

12.7.2 극치Ⅲ(Weibull)분포

연 최소치유량계열은 극치 Ⅲ분포 또는 Weibull분포로 가장 적절하게 기술되는 것으로 밝혀져 저수(또는 갈수량)해석에는 주로 Weibull분포가 이용된다. 확률밀도함수와 분포함수는 각각 다음과 같다.

$$f(x) = \frac{k}{\alpha}\left(\frac{x-u}{\alpha}\right)^{k-1}\exp\left[-(\frac{x-u}{\alpha})^k\right] \tag{12.70}$$

$$F(x) = 1 - \exp\left[-(\frac{x-u}{\alpha})^k\right] \tag{12.71}$$

분위수추정식은 분포함수의 역으로 주어진다.

$$x = u + \alpha\,[-\log(1-F)]^{1/k} \tag{12.72}$$

$F = 1 - 1/T$를 이용하면 분위수는 재현기간 항으로 계산된다.

$$x_T = u + \alpha(\log T)^{1/k} \tag{12.73}$$

빈도계수(Rao와 Hamed 2000)는

$$K_T = \frac{(\log T)^{1/k} - \Gamma(1/k+1)}{[\Gamma(2/k+1) - \Gamma(1/k+1)^2]^{1/2}} \tag{12.74}$$

$k < 1.0$이면 Weibull확률밀도함수는 $x=0$에 접근함에 따라 무한대가 되고 x가 증가함에 따라 서서히 감소한다. $k=1$이면 지수분포가 되며 $k > 1.0$이면 피어션 III분포가 된다. Weibull과 Gumbel분포사이에는 다음과 같은 관계가 존재한다. X가 Weibull분포이면 $Y = -\ln X$는 Gumbel 분포가 된다.

모멘트방법에 의한 매개변수(Rao와 Hamed 2000)

평균 $$\mu = u + \alpha\Gamma(1+1/k) \tag{12.75}$$

분산 $$\sigma^2 = \alpha^2 [\Gamma(1+2/k) - \{\Gamma(1+1/k)\}^2] \tag{12.76}$$

왜곡도계수 $$C_s = \frac{\mu_3}{\mu_2^{3/2}} = \frac{\Gamma(3/k+1) - 3\Gamma(1/k+1)\Gamma(2/k+1) + 2\Gamma(1/k+1)^3}{[\Gamma(2/k+1) - \Gamma(1/k+1)^2]^{3/2}} \tag{12.77}$$

식 (12.77)의 $1/k$는 Newton방법의 수치해로 주어지고 $1/k$의 초기치는 식 (12.78)으로 주어진다. k를 식 (12.79), (12.80)에 대입하여 α와 u가 계산된다.

$$1/k = 0.277561 + 0.3219\, C_s + 0.061566\, C_s^2 - 0.017376\, C_s^3 \tag{12.78}$$

$$- 0.00771\, C_s^4 + 0.00398\, C_s^5 - 0.00051\, C_s^6$$

$$\alpha = \mu_2^{1/2} / [\Gamma(1+2/k) - \Gamma(1+1/k)^2]^{1/2} \tag{12.79}$$

$$u = \mu_1 - \alpha\, \Gamma(1+1/k) \tag{12.80}$$

PWM방법에 의한 매개변수

매개변수 k는 Hosking(1986)에 의하여 식 (12.86)으로 주어지고 이로부터 k의 근사해와 매개변수 α와 u가 계산된다.

$$\frac{3-t_3}{2} = (1-3^{-1/k})/(1-2^{-1/k}) \tag{12.81}$$

$$k = 1/(7.8590\, C + 2.9554\, c^2) \tag{12.82}$$

$$c = \frac{2}{3-t_3} - \frac{\log 2}{\log 3} \tag{12.83}$$

$$\alpha = \mathrm{t}l_1 / [\Gamma(1+1/k)(1-2^{-1/k})] \tag{12.84}$$

$$u = l_1 - \alpha\, \Gamma(1+1/k) \tag{12.85}$$

예제 12.22

유역면적이 4,830km^{2}인 지점의 48년간 유량기록의 통계량과 L-모멘트가 다음과 같다. Weibull분포의 매개변수를 추정하고 100년 홍수량을 구하라.

$\bar{x} = 12{,}665\,\mathrm{m^3/s}$, $C_V = 0.3719$, $C_s = 0.1194$

$l_1 = 12{,}665$, $t = 0.2150$, $t_3 = 0.0348$

풀이 1) 모멘트방법

$C_s = 0.1194$에 대한 $1/k$은 식 (12.78)로부터 $1/k = 0.3168$이므로 $k = 3.1566$이다. 감마함수는 부록 C-8에 의하면 $\Gamma(1+1/k) = \Gamma(1.3168) = 0.8951$, $\Gamma(1+2/k) = \Gamma(1.6336) = 0.8978$,

$C_V = S/\bar{x}$로 부터 $S = C_V \bar{x}$이므로 S는 $\mu_2^{1/2} = S = C_V \bar{x} = \gamma\mu$로 주어진다.

식 (12.79), (12.80)으로부터 α, u는

$$\alpha=(0.3719\times 12{,}665)/\left[0.8978-(0.8951)^2\right]^{1/2}=15{,}154.8$$

$$u=\mu_1-\alpha\,\Gamma(1+1/k)=12{,}665-15{,}154.8\times 0.8951=-900.06$$

100년 홍수량은 식 (12.73)을 이용하여

$$x_{100}=u+\alpha(\log T)^{1/k}=-900.06+15{,}154.8\,(\log 100)^{0.3168}=17{,}976.2\text{m}^3/\text{s}$$

2) PWM방법

식 (12.83)으로부터 먼저 c를 계산한다.

$$c=\frac{2}{3-0.0348}-\frac{\log 2}{\log 3}=0.0436$$

식 (12.82) $k=1/\left[7.8590\times 0.0436+2.9554(0.0436)^2\right]=2.8713$

감마함수는 부록 C-8을 이용하면 $\Gamma(1+1/k)=\Gamma(1+1/2.8713)=\Gamma(1.3483)=0.8914$

매개변수 α, u는 식 (12.84)와 (12.85)로 구해진다.

$$\alpha=(0.2150\times 12{,}665)/\left[0.8914(1-2^{-1/2.8713})\right]=14{,}242.6$$

$$u=12{,}665-14{,}242.6\times 0.8914=-30.85$$

100년 홍수량은 식 (12.73)에 의하여

$$x_{100}=u+\alpha(\log T)^{1/k}=-30.85+14{,}242.6(\log 100)^{1/2.8713}=18{,}100.5\text{m}^3/\text{s}$$

12.7.3 갈수량추정

하천은 취수원이고 각종 방류수의 수용수역이기도 하다. 하천이 이러한 역할을 감당할 수 있기 위해서는 최소한의 유량을 연중 유지해야 한다. 이는 갈수해석을 필요로 하고 이로부터 갈수량(저수)의 추정이 가능해진다. 갈수해석에 사용되는 유량기록은 취수, 하수의 유입 등의 영향을 받지 않는 자연 상태의 유량기록이어야 한다. 단약 급수, 도시화에 의한 취수 및 하수처리장과 홍수조절로 인한 유입량이 있을 경우 빈도해석을 수행하기 이전에 이들에 대한 보정이 필요하다. 빈도해석에 사용되는 자료는 연 최소치계열, 연초과치계열 및 2, 3, 7 또는 10일 연속 최소유량의 평균치 등이다. 빈도해석이 갈수량 해석에 가장 보편적인 방법으로서 홍수해석에서와 같이 도시위치방법, 빈도계수방법 및 확률분포함수방법 등이 있다. 갈수량에 적합한 분포는 대수정규분포, 대수피어선Ⅲ분포 및 극치Ⅲ(Weibull)분포 등이 있다.

(1) 유량지속(기간)곡선

이는 6.6절에 기술된 바와 같이 유량지속곡선은 하천유량의 범위에 있는 각 유량이 발생하는 지속기간을 제공하고 작은 유량에 해당하는 곡선부분은 유량 부족량의 척도를 제공한다. 유량분포는 왜곡되는 경우가 많으므로 왜곡도를 줄이기 위하여 유량자료의 대수변환을 적용하기도 한다. 대수변환된 자료를 정규확률지에 도시하면 선형이 되어 해석을 용이하게 한다. 전 기간의 95%를 초과하는 유량 Q_{95}를 갈수의 지수로 사용할 수 있다. 이는 누가확률이 95%되는 유량이고 1에서 누가확률을 빼주면 초과확률을 얻는다. 그림 5.17에서 Q_{95}을 초과하는 유량 즉 전기간의 95%에 해당하는 기간의 유량이 65m^3/s이다. 만약 이 하천의 하천유지유량 20m^3/s을 유지하면서 60m^3/s의 유수전환이 계획된다면 80m^3/s의 수요는 85%에 해당되는 기간에는 가능하나 15%의 기간에는 물부족이 발생된다. 유역간의 갈수량을 비교함에는 Q_{95}를 단위 유출고 mm/day로 나타내면 편리하다. 그림 6.17의 경우 단위 유출고는 유역면적이 4,000km^{2}이라면 $Q_{95}/A = 65\,\text{m}^3/\text{s}/4{,}000\,\text{km}^2 = 1.4\,\text{mm/day}$이다. Q_{95}/A를 유역특성과 상관시켜 한발의 지역적인 특성을 나타낼 수 있다. 그러나 이는 갈수량의 발생순서나 가뭄의 지속기간에 관한 정보를 제공하지는 못한다. 유량지속곡선을 이용해서 저수추정이 가능하고 유사한 인접유역의 유량지속곡선을 조합하여 구축되는 지역유량지속곡선을 이용하면 저수추정을 개선할 수 있다.

(2) 저수빈도곡선

이는 홍수빈도에서와 유사한 방법으로 저수빈도곡선을 작성하는 것이다. 저수빈도곡선은 어느 해에 발생한 특정 지속기간(일, 월 또는 연)의 저수발생확률을 나타낸다. 저수빈도해석과정은 다음과 같다. (a) 일 평균유량 기록으로부터 연 최소 일유량을 취하여 연 최소치계열을 형성한다. (b) 가장 작은 값을 1위로 하여 연 최소치계열을 증가 크기순으로 나열하고 순위를 부여한다(연 최대치의 홍수해석에서는 감소 크기순으로 나열한다). 같은 값인 유량에 대해서는 상이한 순위가 부여된다. (c) Weibull 또는 Gringorten 도시위치공식으로 초과확률을 계산한다. 재현기간 T는 초과확률의 역수이다. (d) 계산결과를 대수정규 또는 대수극치 I (Gumbel)방안지에 도시한다. 연 최소계열에는 Weibull분포가 잘 맞는 것으로 밝혀졌다. 인접한 유사유역의 조합된 자료를 이용한 지역저수빈도곡선을 구축하면 저수추정의 개선이 가능하다.

(3) 빈도계수방법에 의한 갈수빈도해석

홍수해석에 사용된 빈도계수방법이 갈수량해석에도 적용된다.

$$x = \bar{x} + KS \tag{12.25}$$

빈도계수 K는 부록 C-2, C-3 및 C-5에 주어진다. 부록 C-3의 극치 I 형 분포의 빈도계수는 극치Ⅲ형 분포에도 적용된다.

부록에 주어진 빈도계수는 초과확률을 나타내는 첨두유량에 대하여 작성되었다. 갈수량빈도곡선은 지정된 유량에 같거나 작은 유량의 확률을 나타낸다. 따라서 갈수량에 이용하기 위해서는 부록에 주어진 확률 값을 1.0에서 빼줌으로써 변환해야 한다(예제 12.24).

예제 12.23

표 12.11의 2란에 주어진 평균 갈수량자료에 대한 (a) 갈수량빈도곡선을 작성하고, (b) 유량이 1.35m^3/s보다 작거나 같게 되는 확률, (c) 2.1m^3/s의 재현기간 및 (d) 10년 재현기간의 갈수량을 구하라.

풀이 (a) 증가 크기순으로 정리된 유량(2란, 7란)에 Weibull공식$(n+1)/m$으로 재현기간을 계산한다. (5, 10란). 재현기간과 갈수량의 대수치를 Gumbel확률지에 도시한다(그림 12.9). 대수치를 이용한 것은 갈수량계열에 잘 맞는 Weibull 분포 X의 대수변환인 $\log X$는 Gumbel분포를 하기 때문이다.

표 12.11 예제 12.23의 계산예

연도	갈수량		순위	재현기간	연도	갈수량		순위	재현기간
	Q m^3/s	$y=\log_Q$				Q m^3/s	$y=\log_Q$		
(1)	(2)	(3)	(4)	(5)	(6)	(7)	(8)	(9)	(10)
1981	1.02	0.0086	1	26.0	1983	1.53	0.184	14	1.86
1974	1.05	0.011	2	13.0	1967	1.60	0.200	15	1.73
1972	1.06	0.025	3	8.7	1976	1.61	0.210	16	1.63
1973	1.08	0.033	4	6.5	1983	1.65	0.220	17	1.53
1965	1.10	0.041	5	5.2	1961	1.73	0.240	18	1.44
1984	1.14	0.057	6	4.3	1971	1.76	0.245	19	1.37
1962	1.16	0.064	7	3.7	1979	1.80	0.260	20	1.30
1966	1.20	0.079	8	3.25	1970	1.85	0.267	21	1.24
1985	1.26	0.100	9	2.9	1964	1.90	0.280	22	1.18
1978	1.30	0.114	10	2.6	1977	2.00	0.300	23	1.13
1964	1.40	0.146	11	2.36	1980	2.20	0.340	24	1.08
1965	1.50	0.176	12	2.17	1958	2.50	0.400	25	1.04
1971	1.52	0.182	13	2.0					

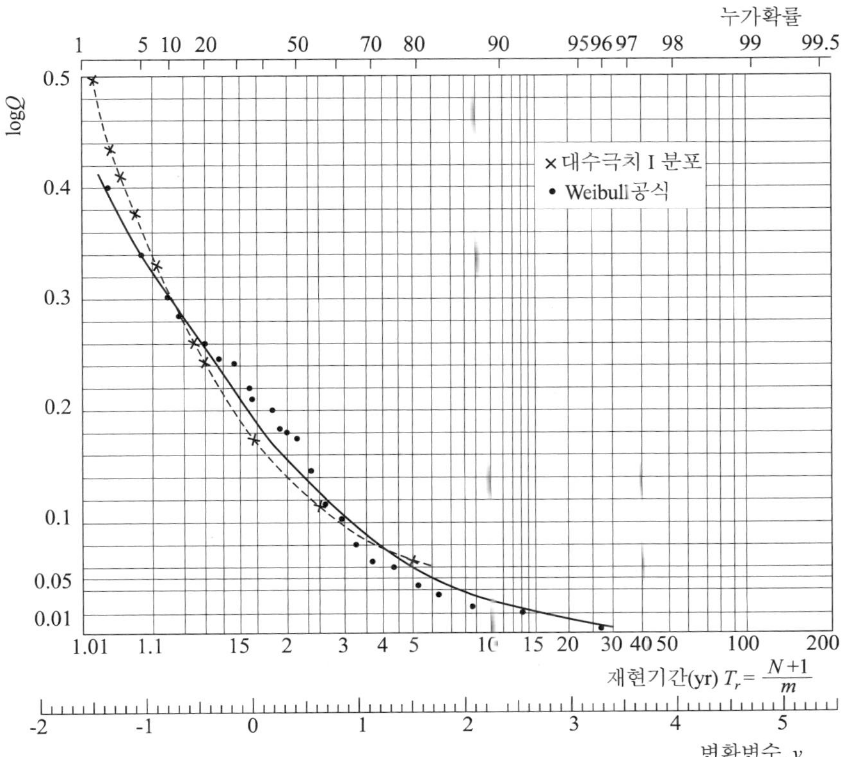

그림 12.9 Gumbel 확률지에 갈수량(대수치)의 도시

(b) 목측으로 적합시킨 실선으로 나타낸 분포(그림 12.9)에 의하면 $Q=1.35\text{m}^3/\text{s}$, $\log Q(=1.35)=0.130$에 대한 재현기간은 곡선으로부터 $T=2.4$ 년이므로 $1.35\text{m}^3/\text{s}$보다 작게 되는 확률은 $P=1/T=1/2.4=0.417$이다.

(c) $Q=2.1\text{m}^3/\text{s}$, $\log Q=\log 2.1=0.322$에 대한 재현기간은 빈도곡선(실선)으로부터 1.1년이다.

(d) 빈도곡선으로부터 $T=10$년에 대한 $\log Q=0.032$, $Q=\log^{-1}0.032=1.077\text{m}^3/\text{s}$

예제 12.24

빈도계수방법을 이용하여 예제 12.23을 수행하라.

풀이 갈수량자료를 표 12.11의 3란과 8란의 대수변환 ($y=\log x$) 된 자료로부터 평균 $\bar{y}=0.161$과 표준편차 $S_y=0.11$을 계산한다. 계산내용은 표 12.12와 같다.

(1)란 - 부록 C-3을 참고하여 상이한 수준의 초과확률을 선정한다.

(2)란 - 1란의 값은 홍수량에 대한 초과확률이므로 갈수량에 필요한 어느 기준치보다 작은 사상의 발생누가확률은 1.0에서 1란의 확률을 빼줌으로 얻는다.

(3)란 - 재현기간의 계산: 갈수에서는 주어진 유량에 같거나 작은 유량에 대한 확률을 구하는 것이므로 재현기간은 $T=1/(1-\text{초과확률})=1/[1-P(X>x)]$로 구해진다. 갈수량의 재현기간은 비초과확률의 재현기간으로 홍수량에 대한 초과확률의 재현기간과 구별된다.

표 12.12 예제 18.18의 계산 예

$P(X>x)$	$P(X\leq x)=1-P(X>x)$	$T=\dfrac{1}{P(X\leq x)}$	K	$y=\bar{y}+KS_y$ $(=\log x)$	$Q=\log^{-1}y$
(1)	(2)	(3)	(4)	(5)	(6)
0.8*	0.2	5	−0.821	0.071	1.178
0.6*	0.4	2.50	−0.383	0.119	1.315
0.4*	0.6	1.67	0.0737	0.169	1.476
0.2	0.8	1.25	0.888	0.259	1.816
0.1	0.9	1.11	1.575	0.334	2.158
0.067	0.933	1.07	1.963	0.377	2.382
0.050	0.95	1.053	2.235	0.407	2.553
0.040	0.96	1.042	2.444	0.430	2.692
0.020	0.98	1.031	3.088	0.501	3.170
0.0133	0.987	1.013	3.463	0.542	3.484
0.010	0.99	1.010	3.729	0.571	3.824
0.001	0.999	1.009	5.842	0.804	6.370

* 표본크기 $n=\infty$에 대한 값

(4)란 - 빈도계수는 부록 C-3을 이용하고 부록에 주어지지 않은 K값은 $n=\infty$에 대한 값을 사용한다. 예로 부록 C-5에서 $n=25$, 초과확률 0.1에 대한 재현기간은 $T=1/[1-P(X>x)]=1/(1-0.1)=1/0.9=1.11$년이 되고 빈도계수는 $K=1.575$가 된다.

(5)-(6)란 - 식 (12.25)에 따라 갈수량의 대수변환치 $y=\log x$를 계산한다. 초과확률 0.1의 경우 $y=\bar{y}+KS_y=0.161+1.575\times 0.11=0.334$이고 $y=0.334$의 역대수를 취하여 갈수량 $x=\log^{-1}(y=0.334)=2.158\text{m}^3/\text{s}$을 얻는다.

(5)란에 주어진 값을 이용하여 그림 12.9에 곱표로 나타낸 빈도곡선을 얻는다. $Q=1.35\text{m}^3/\text{s}$, $\log 1.35=0.130$에 대한 재현기간은 빈도곡선으로부터 $T=2.2$년이므로 $1.35\text{m}^3/\text{s}$보다 작게 되는 확률은 $p=1/T=0.45$이다.

(4) 수문곡선의 감수곡선

수문곡선의 감수부는 지수함수형태를 갖는다(8.3절 참조).

$$Q_t = Q_o e^{-kt} \tag{12.86}$$

여기서 Q_t는 시간 t에서 유량, Q_o는 초기 유량 및 k는 유역 특성의 영향을 나타내는 감수계수이다. 시간 t에 대한 Q_t를 전대수지에 도시하면 기울기는 감수계수 k를 제공한다. 건기가 지속되는 지점에서는 감수곡선을 연장하여 수주 또는 수개월에 대한 저수가 예측될 수 있다.

12.7.4 지역갈수량의 추정

하천으로부터 물을 직접 취수하거나 오수방류가 계획되는 지점에서 갈수(저수)의 추정을 필요로 한다. 갈수량 해석에 필요한 유량기록이 없는 경우 다음과 같은 방법으로 갈수량을 추정한다.

1) 지역 회귀과정. 미계측 지점에서 유역의 지상학적 매개변수를 이용하여 갈수량을 추정하는 지역모형이다. 그러나 유역의 토지표면과 지질학적인 특성을 정확하게 포함시키지 못함에 따라 결과는 일반적으로 큰 오차를 갖는다(Vogel, 1989, 1990).

$$Q = \alpha + \beta_1 \log A + \beta_2 \log S + \cdots + \epsilon \tag{12.87}$$

여기서 Q는 갈수량, A는 유역면적, S는 유역경사, ϵ는 오차 및 α, β_1, β_2는 계수이다. ϵ는 주로 Q의 표본추정과 모형자체의 결함에 의하여 발생한다.

2) 유역 면적비방법. 이는 강우 특성과 유역특성이 유사한 유역의 갈수기록으로부터 유역면적을 이용하여 갈수량을 추정하는 방법이다. 이 방법은 동일 수계에 적합하며 상·하류에 계측지점이 있는 경우에 보다 개선된 추정이 가능하고 갈수량에 국한되지 않고 다른 유량에도 적용된다.

$$Q_x = \frac{A_x}{A_y} Q_y \tag{12.88}$$

여기서 Q_x, Q_y는 각각 미계측, 인근계측지점의 갈수량, A_x, A_y는 각각 미계측, 인근계측지점의 유역면적이다.

3) 지역통계적방법. 계측지점의 기록을 이용하여 미계측 지점의 월 하천유량을 발생시킬 수 있다(Stedin-ger 등, 1992).

$$y(i,j) = M(y_i) + \frac{S(y_i)[x(i,j) - M(x_i)]}{S(x_i)} \tag{12.89}$$

여기서 $y(i,\ j)$, $x(i,\ j)$는 각각 미계측, 인근계측지점에서 j년 i월의 하천유량, $M(x_i)$, $S(x_i)$

는 계측지점에서 i월에 관측된 유량의 평균과 표준편차, $M(y_i)$, $S(y_i)$는 지역회귀식으로부터 구한 미계측지점에서 i월 유량의 평균과 표준편차이다.

문 제

재현기간

12.1 표 12.2에서 연최대 일강우량 140mm의 재현기간을 구하라.

12.2 표 12.2에서 연최대 일강우량 50, 90, 130, 170, 210mm의 재현기간을 구한 후 강우량과 재현기간을 도시하라.

12.3 100년 홍수가 주어진 지점에서 향후 5, 10, 50, 100년 동안에 적어도 한번 일어날 확률을 계산하라.

12.4 50년 홍수가 100년 동안에 3회 일어날 확률은 얼마인가?

12.5 25년 동안에 제방이 월류될 위험도를 5%로 허용할 경우 설계홍수량의 재현기간은?

12.6 100년 수명 구조물에서 월류위험도를 1%로 할 경우 설계홍수량의 재현기간은?

분위수 추정

12.7 다음은 어느 수위관측지점의 유량자료이다. 연최대치계열을 선정하라. 극치 I 분포를 적합하여 10, 50, 100년 재현기간에 대한 홍수량을 결정하라.

연도	유량(m^3/s)	연도	유량(m^3/s)	연도	유량(m^3/s)	연도	유량(m^3/s)
1960	272	1963	795	1966	1794	1969	693
1961	279		735		723		990
	903		387		495	1970	915
	801		360	1967	378		864
1962	771		447	1968	1389		475
	531	1964	483		807		
	591		1248		1248		
	471	1965	231	1969	504		

12.8 문제 **12.7** 자료에서 연초과치계열을 선정하고 극치 I 분포를 적합하여 10, 50, 100년 홍수량을 구하여 문제 **12.7**의 결과와 비교하라.

12.9 문제 **12.7**을 대수분포를 이용하여 수행하라.

12.10 문제 **12.7**을 대수피어선분포를 이용하여 수행하라.

12.11 다음 연 최대유량에 Gumbel분포를 적용하여 110m^3/s의 재현기간과 100년 연 최대유량을 구하라. 또한 연 최대유량을 변환변수 y에 대하여 도시하고 결과를 검토하라.

38.8,	72.2,	111.0,	79.2,	65.3,	47.2,	52.2,	56.3,	61.8,	68.5,
80.2,	74.3,	62.8,	58.4,	54.6,	63.7,	42.6,	41.1,	106.9,	49.8

12.12 어느 지점의 연 최대 유량계열의 평균이 1,200m^3/s, 표준편차가 420m^3/s이다. (a) Gumbel분포를 적용할 경우 분포의 매개변수를 추정하고 50년 빈도 유량을 구하라. (b) 대수정규분포를 적용할 경우 분포의 매개변수를 추정하고 50년 빈도 유량을 계산하라.

12.13 다음은 연최대유량계열이다. 대수분포를 이용하여 다음을 결정하라. (a) 연최대유량 51m³/s을 초과하지 않을 확률, (b) 51m³/s의 재현기간, (c) 20년 홍수량의 크기

연 도	1971	1972	1973	1974	1975	1976	1977	1978	1979	1980
유량(m³/s)	54.4	33.0	20.3	49.3	37.4	23.9	27.2	70.8	42.5	45.0

12.14 다음 연최대유량기록에 대수피어선Ⅲ방법을 이용하여 2, 10, 25, 50 및 100년 홍수량을 계산하라.

연도	유량(m³/s)	연도	유량(m³/s)	연도	유량(m³/s)
1952	47	1962	39	1972	227
1953	186	1963	43	1973	120
1954	46	1964	353	1974	137
1955	168	1965	378	1975	120
1956	33	1966	341	1976	163
1957	82	1967	216	1977	239
1958	124	1968	99	1978	152
1959	136	1969	100	1979	77
1960	103	1970	191	1980	284
1961	713	1971	126	1981	190

12.15 어느 관측소의 24년간 유량기록의 대수변환계열 $\log Q$의 평균이 3.4, 표준편차가 0.25, 왜곡도계수가 0.72이다. (a) 대수분포를 이용하여 2, 25, 50 및 100년 홍수량을 구하라. (b) 대수피어선Ⅲ분포를 이용하여 같은 계산을 수행하라.

12.16 어느 지점의 갈수량계열이 정규분포를 하는 것으로 나타났다. 기록기간의 95%, 90%를 초과하는 것으로 예상되는 유량이 각각 15, 21m³/s이다. 기간의 80% 초과예상되는 유량은 얼마인가?

12.17 문제 **12.11**의 유량자료에 대한 100년 홍수량을 모멘트방법에 의한 매개변수를 이용하여 추정하라.

12.18 문제 **12.11**의 유량자료에 대한 100년 홍수량을 PWM방법에 의한 매개변수를 이용하여 추정하라.

12.19 문제 **12.11**의 연 최대유량에 대한 Gumbel분포를 이용하여 110m³/s에 대한 재현기간과 100년의 연 최대유량을 PWM방법으로 구하라.

도시위치

12.20 정규분포, 대수정규분포 및 극치분포의 확률지를 작성하라.

12.21 다음은 연최대유량계열이다. Bloom의 도시위치공식을 이용하여 대수확률지에 도시하라.

연도	유량 (m³/s)	연도	유량 (m³/s)	연도	유량 (m³/s)	연도	유량 (m³/s)	연도	유량 (m³/s)
1	736	9	420	17	316	25	226	33	161
2	628	10	400	18	313	26	216	34	140
3	556	11	363	19	304	27	194	35	123
4	520	12	353	20	283	28	192	36	109
5	492	13	346	21	276	29	183	37	106
6	480	14	344	22	252	30	183	38	91
7	440	15	338	23	246	31	178	39	85
8	440	16	323	24	233	32	166	40	46

12.22 문제 **12.14**를 Weibull도시위치공식을 이용하여 도시하고 문제 **12.14**의 결과와 비교하라.

12.23 문제 **12.21**의 자료를 극치 I 확률지에 환산변량 y를 횡축으로 하여 도시하라. Gringorten 도시위치공식을 이용하라.

12.24 문제 **12.21**에 Weibull도시위치공식을 이용하여 도시하고 두 결과를 비교하라.

12.25 문제 **12.21** 자료에 대한 홍수량빈도곡선의 90% 신뢰한계를 도시하라. 2, 10, 25, 50 및 100년 재현기간이 고려되도록 한다. 10년, 100년 홍수의 예상확률을 결정하라.

신뢰한계

12.26 표 12.2 삼서지방강우자료의 우량빈도곡선의 90% 신뢰한계를 도시하라. 10년, 100년 강우량의 예상확률을 결정하라.

12.27 문제 **12.14** 재현기간별 홍수빈도곡선의 90% 신뢰한계를 도시하라.

지역홍수 빈도곡선

12.28 다음 표의 강우와 유역특성, 지점별 홍수빈도 곡선 자료를 이용하여 지역빈도곡선을 작성하라.

측점 번호	유역면적 (km^2)	유역경사	연평균 강수량 (mm)	재현기간별 홍수량					
				2년	5년	20년	25년	50년	100년
1	2.0	.007	1,220	22	36	47	62	75	88
2	1.3	.005	940	85	115	134	156	176	194
3	36.9	.002	960	48	109	159	225	281	338
4	1.3	.018	920	11	18	23	29	51	57
5	14.5	.009	1,040	57	112	158	220	264	312
6	4.6	.0002	980	32	49	60	24	84	94
7	3.1	.007	1,020	37	58	72	89	101	114
8	4.1	.012	1,040	46	77	96	120	139	156
9	2.8	.006	1,120	27	44	56	72	83	96
10	10.5	.004	1,000	108	159	194	237	263	291
11	43.8	.004	1,020	84	164	225	306	372	441
12	13.9	.0004	1,040	19	27	33	42	47	53
13	0.7	.072	1,120	8	14	19	24	28	32
14	1.5	.011	1,120	21	37	48	62	74	85
15	8.7	.005	1,280	81	127	162	210	248	287
16	34.0	.0008	1,180	84	122	152	194	222	254
17	0.7	.002	1,080	14	18	20	24	26	28
18	9.8	.008	1,180	66	97	117	144	164	185
19	7.3	.0003	1,100	58	89	109	136	158	180
20	6.4	.0002	920	15	29	40	55	65	76

12.29 주변 6개 하천의 유량자료에 지역빈도해석을 적용하여 50년 홍수를 추정하라.

홍수빈도	하천별 유량(m^3/s)					
	A	B	C	D	E	F
Q_{50}	624	312	77	22	100	48
Q_{20}	408	180	55	17	77	35
Q_{10}	288	110	41	14	61	26
Q_5	180	61	29	11	46	19
Q_2	76	20	14	6	31	10
$Q_{1.1}$	20	3.6	5.0	3.0	11.5	3.6

12.30 문제 **12.29**에서 작성된 지역빈도곡선을 이용하여 25, 50, 100 및 200년 홍수량을 결정하라.

12.28 다음 자료를 이용하여 지역홍수빈도곡선을 작성하라. 또한 관측소들이 동질성 지역에 속하는지 검토하라.

관측점 번호	재현기간별 홍수량(m^3/s)						관측평균 홍수량 (m^3/s)	$Q_{2.33}$ (m^3/s)
	2년	10년	25년	50년	100년	200년		
1	104	288	581	581	763	992	147	100
2	534	1,472	2,965	2,965	3,394	5,067	749	659
3	57	157	319	319	416	541	80	66
4	67	184	370	370	487	663	94	60
5	196	567	1,142	1,142	1,500	1,952	288	292
6	114	490	785	785	1,031	1,342	198	191
7	103	285	574	574	753	980	156	106
8	170	469	947	947	1,240	1,613	239	216
9	88	243	491	491	645	839	124	87
10	184	506	1,020	1,020	1,339	1,743	258	207
11	193	536	1,080	1,080	1,418	1,845	273	273
12	75	207	417	417	547	712	105	91
13	190	524	1,056	1,056	1,387	1,805	267	222
14	112	310	624	624	820	1,067	158	149
15	41	112	226	226	297	387	57	64

갈수

12.32 일평균 유량기록을 구하여 7-일 평균 갈수량을 계산하라.

12.33 다음 34년간(1957-1990)의 7-일 평균 갈수량 자료(m^3/s)에 대한 7-일 10년 갈수량 $Q_{7,10}$ 산정하고 극치III분포(대수 Gumbel) 확률지상에 갈수량빈도곡선을 작성하라. 또한 3.75m^3/s의 확률과 3.2m^3/s의 재현기간을 결정하라.

2.47	2.45	2.90	2.48	3.10	3.12	4.43	2.00	2.07	2.77
2.80	3.17	2.42	1.58	3.20	3.15	2.32	2.07	3.00	2.90
2.45	3.62	5.50	3.32	2.76	2.52	1.80	2.00	1.77	2.10
1.40	2.70	3.07	3.05						

12.34 문제 **12.28**을 대수극치 I 분포를 이용하여 해석하라

12.35 문제 **12.28**을 극치III분포를 이용하여 해석하라.

12.36 문제 **12.33**의 7-일 평균 갈수량자료를 대수 Gumbel확률지에 Weibull, Gumbel, 대수피어선분포를 도시하여 각 분포의 적합도를 비교하라.

12.37 문제 **12.33**의 7-일 평균 갈수량자료에 Weibull분포를 적용하여 모멘트방법으로 매개변수를 추정하고 20년 갈수량을 추정하라

12.38 다음 30년간(1952-1981)의 연평균갈수량자료(m^3/s)에 Weibull분포를 적용하여 PWM방법으로 매개변수를 추정하고 20년 갈수량을 추정하라.

2.48	3.63	3.25	3.96	2.75	2.40	4.20	3.73	3.13	3.05
2.88	3.65	3.88	3.73	3.10	2.33	2.55	2.43	3.28	4.25
4.55	5.00	5.54	5.20	4.10	3.65	2.80	3.00	4.15	4.13

12.39 문제 **12.38**을 대수극치 I 분포를 이용하여 수행하라.

12.40 32년 유량기록의 통계량이 다음과 같다. Weibull분포의 매개변수와 빈도계수를 추정하고 100년 유량을 구하라. $\bar{x} = 42\text{m}^3/\text{s}, \ C_v = 0.25, \ C_s = 0.75$

12.41 삼서 강우기록(mm)의 대수 평균이 2,044, 표준편차가 0.148 및 왜곡도계수가 -0.454이다. 매개변수를 추정하고 100년 강우량을 구하라.

13 설계호우

많은 수자원 구조물의 수문설계는 첨두유량 또는 완전한 수문곡선에 근거한다. 첨두유량이나 유량수문곡선을 안전하게 수용(소통 또는 저류)할 수 있는 능력을 갖는 수공구조물의 규모를 결정하는데 사용되는 유량을 **설계유량**(設計流量; design discharge) 또는 **설계홍수량**(設計洪水量; design flood)이라 한다. 설계유량은 공학설계에 기본으로 채택되는 첨두유량 또는 완전한 수문곡선으로 정의되고 이는 홍수의 특성, 홍수빈도, 홍수로 인한 피해 등 수문학적 및 경제적인 인자를 고려하여 결정된다.

댐, 여수로와 같은 수자원 구조물에 대한 설계홍수량의 선정은 안전기준의 선정과 이 기준을 만족하는 홍수량의 선정으로 구성된다. 댐과 여수로에 대한 안전기준은 두 가지 방법에서 선정된다. (1) 댐붕괴가 인명손실을 유발하거나 경제 사회적인 파국을 초래한다면 어떠한 비용을 감수하더라도 이러한 댐붕괴는 막아야 하는 무위험기준(無危險基準)이다. (2) 모든 댐의 붕괴를 방지하는 것은 불가능하므로 어느 정도의 댐붕괴확률을 감수하는 확률기준(確率基準)이다. 설계홍수량은 빈도해석과 강우-유출방법을 이용해서 결정된다. 빈도해석방법은 해당지점의 장기간의 하천유량기록의 빈도해석에 의한다. 그러나 많은 경우 유량기록이 존재하지 않거나 단기간이여서 빈도해석이 가능하지 않으므로 설계홍수량 산정에 강우-유출방법이 이용된다. 강우-유출방법은 입력이 되는 강우를 필요로 하고 이 강우는 설계강우가 된다.

미계측 또는 기록이 짧아서 홍수빈도해석이 가능하지 않은 유역에서 설계호우의 개념이 개발되었다. **설계호우**(設計豪雨; design storm) 또는 **설계강우량**은 수자원구조물의 설계에 사용될 수 있도록 선정되는 강우양상이다. 설계강우량은 3가지 방법으로 정의될 수 있다. (1) 한 지점에서 강수량의 깊이(또는 총체적), (2) 강우기간 동안 강우의 시간 분포를 나타내는 **설계강우주상도**(設計降雨柱狀圖; design rainfall hyetograph) 및 (3) 강우의 공간 양상을 나타내는 등우선도.

설계호우는 한 지점의 강우기록이나 또는 주변 강우 특성을 이용한 합성에 의하여 결정된다. 설계강우량의 적용은 우수관거나 도로의 암거에 대한 첨두유량을 결정하는 합리식에 대한 점강우량, 도시 유수지의 강우-유출해석, 댐의 여수로 설계에 대한 입력이 되는 호우주상도 등에 이른다. 일반적으로 강수기록은 홍수기록보다 장기간이므로 강수량자료의 빈도해석이 보다 높은 신뢰도를 갖는다. 그러나 이와 같은 신뢰도는 강우-유출 변환 과정에서 감소한다.

13.1 설계호우의 해석

설계호우의 규모는 설계빈도로 결정되고 빈도가 결정되면 설계호우의 해석이 필요하다. 이는 호우의 선정, 강우지속기간의 결정, 강우깊이, 점강우량의 면적조정, 강우강도, 강우의 시간과 공간분포를 포함한다.

설계빈도

모든 수자원 구조물의 규모는 안전하게 수용(소통 또는 저류)해야 하는 특정 크기의 홍수량에 의하여 결정된다. 이와 같은 특정 크기의 홍수량은 설계빈도에 의하여 정의 될 수 있다. 수리구조물의 설계에 채택되는 홍수량(수문곡선 또는 첨두유량)인 설계홍수량은 빈도로 규정되고 이를 **설계빈도**(設計頻度; design frequency)(또는 설계재현기간)이라 한다. 설계빈도는 구조물의 규모, 붕괴에 의한 예상피해액에 따라 결정된다. 모든 수자원구조물은 그 목적에 부합되는 규모를 가져야 하고 그 규모는 설계유량에 따라 결정된다. 설계유량의 규모별 설계기준은 재현기간 또는 빈도로 나타내며 구조물별 설계빈도는 표 13.2와 같다. 강우유출해석에서 강우량과 이로 인한 유출이 동일한 빈도를 갖는 것으로 고려되는 점에서 표 13.2는 설계호우에도 적용 가능할 것이다.

표 13.1 Snyder(1964)에 의한 댐의 규모별 설계빈도

구분	저류위험도		댐붕괴로 인한 피해		여수로 설계홍수량
	저류량(10^6 m^3)	높이(m)	인명손실	자산피해액	
대규모	> 62 (62)	> 20 (30)	막대	극심 (지역사회, 산업 및 농업)	가능최대홍수량 (PMF)
중규모	1.2～62 (1.2～62)	12～30 (12～30)	가능하나 경미	상당한 피해 (농업, 산업 또는 구조물)	표준계획홍수량 (SPF)
소규모	<1.2 (0.062～1.2)	15 (8～12)	무	경미(농업)	50～100년

※ 괄호안은 US National Academy of Sciences와 US Army, Corps of Engineers(1979)에 의한 분류

호우지속기간. 설계호우의 지속기간은 유역면적과 수자원 구조물의 규모에 따라 다르게 된다. 호우지속기간은 일반적으로 도달시간에 같게 취해진다. 이는 강우가 유역에 균일하게 발생할 때 전 유역이 첨두유량에 기여하기 때문이다. 지속기간 동안 강우강도가 일정하지 않으면 도달시간보다 긴 지속기간이 사용된다. 긴 지속기간이 첨두유량을 증가시키는 것이 아니라 첨두유량을 단지 지속시키기 때문이다. 미 자연자원보전청(NRCS, 1971)에서는 소규모 댐의 여유고와 여수로의 설계에 대한 지속기간으로 도달시간과 6시간 중에서 큰 것을 사용한다. 도시유역에 대해서는 24시간 지속기간을 사용한다(NRCS, 1975). 작은 유역에 대해서는 6시간이나 보다 짧은 지속기간이 사용되고, 큰 유역에 대해서는 수일간의 지속기간이 되기도 한다.

점강우량. 점강우량(点降雨量; point rainfall)은 단일 지점에서 발생하는 강우깊이이고 한 지역에 대한 면적강우량과는 다르다. 점강우량의 빈도해석은 주어진 지속기간에 대한 연 최대강우계열을 이용해서 수행된다. 상이한 재현기간에 대한 설계강우깊이를 유도하기 위하여 각 지속기간

표 13.2 수자원구조물의 설계빈도(재현기간)

구조물의 종류		규모	재현기간(년) 미국	재현기간(년) 한국
고속도로	암거			
교통량		소	5–10	5–10
		중	10–25	10–25
		대	50–100	50–100
고속도로	교량			
	지선		0–50	10–50
	간선		50–100	50–100
농지배수				
	암거		5–50	5–50
	배수로		5–50	5–50
도시우수	배수관거			
	소도시		2–25	5–25
	대도시		25–50	25–50
유수지				
배수펌프장				20이상
비행장				
교통량		소	5–10	5–10
		중	10–25	10–25
		대	50–100	50–100
하천				
직할하천(주요구간)				200 이상
직할하천				100–200
지방하천, 도시하천				50–100
준용하천				30–100
기타하천				30 이하
제방				
	농경지		2–50	50–100
	도시주변		50–200	50–200
	지방하천			50–200
	국가하천			100–200
댐(인명피해 없는)				
		소	50–100	
		중	100+	50–100%(PMF)
		대	50–100%(PMF)	
댐(상당한 인명피해)				
		소	50%(PMF)	50%(SPF)
		중	50–100%(PMF)	50–100%(SPF)
		대	100%(PMF)	100%(SPF)
댐(심한 인명피해)				
		소	50–100%(PMF)	50–100%(PMF)
		중	100%(PMF)	100%(PMF)
		대	100%(PMF)	100%(PMF)

자료 : Applied Hydrology, V.T.Chow et al.(1988), U.S. National Academy of Science(1983), 하천설계기준, 한국수자원학회(2000)

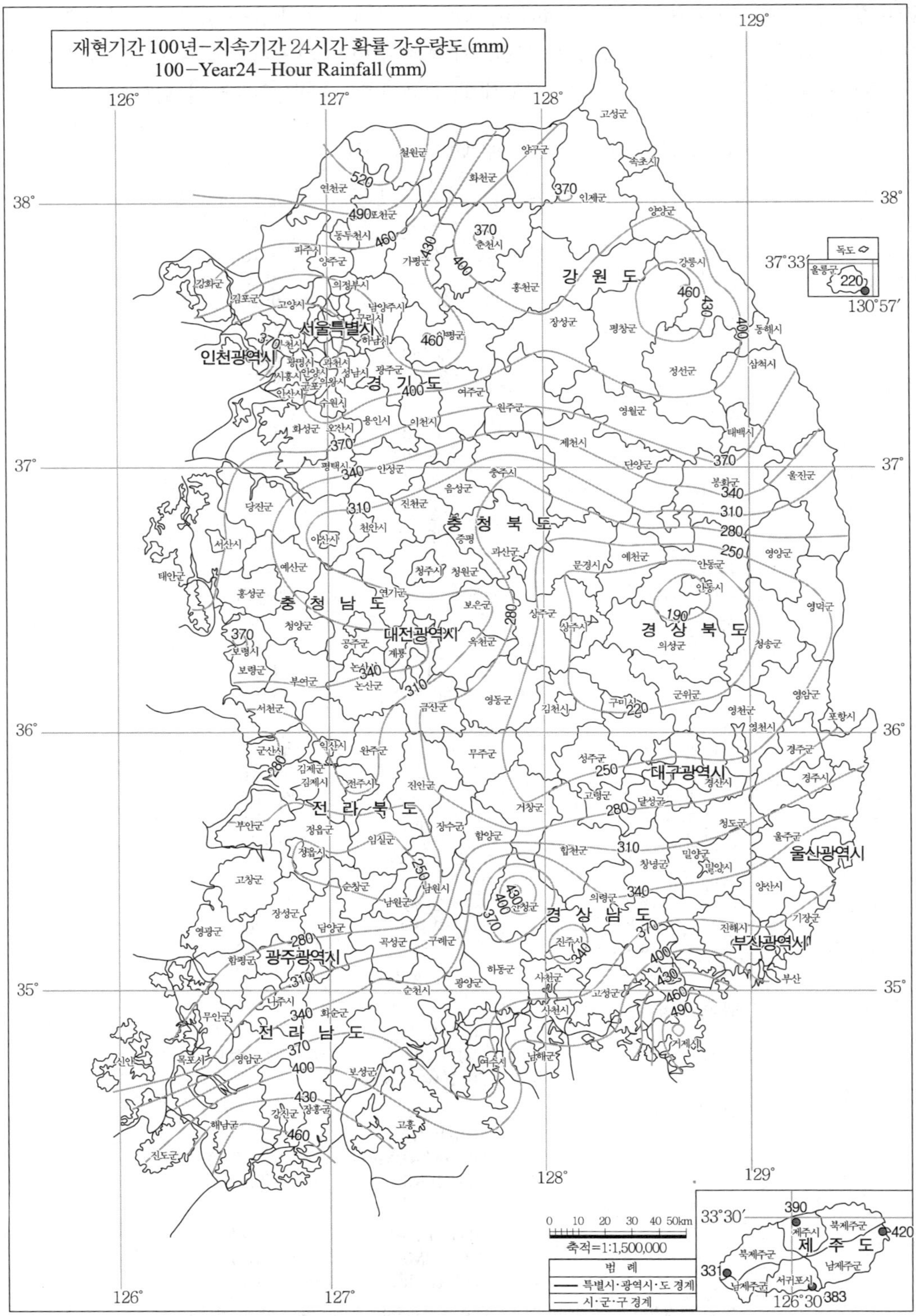

그림 13.1 100년 24시간 강우량

에 대해서 빈도해석이 수행된다. 이와 같이 구해진 설계강우량은 지속기간으로 나누어 강우강도로 환산된다.

이와 같은 방법으로 한국건설기술연구원은 우리나라 전역에 대한 설계강우량의 등우선도를 작성하였으며 지속기간은 30분~24시간, 재현기간을 2~200년 범위이고 그림 13.1은 그의 한 예이다.

강우깊이-면적관계

점강우량은 단일 지점에서 발생하는 강우깊이로 한 지역에 대한 면적 평균강우량을 정확하게 나타내지는 않는다. 주어진 유역의 설계강우량은 하나의 값으로 주어진다. 이를 위하여 유역 내 여러 지점의 점강우량자료에 Thiessen방법을 적용하여 면적 평균강우량을 계산한다. 이는 Thiessen망 내 면적 평균강우량이 점강우량과 같다는 가정에 근거한다. 그러나 이는 면적이 증가하면 점강우량이 감소하는 사실에 위배되므로 이를 보정하기 위하여 면적보정인자(area correction factor, ACF)가 도입된다.

점강우량은 26km^{2}보다 작은 면적에는 적합하나 26km^{2}을 초과하면 보정이 필요하다. 그림 13.1의 강우량은 점강우량 측정치의 빈도해석결과이므로 면적이 26km^{2}보다 작은 지역에 적용가능한 것으로 고려된다. 면적이 크게 되면 면적강우량은 감소하므로 큰 면적에 대해서는 점강우량의 보정이 필요하다. 그림 13.2는 면적 1024km^{2}에 까지 적용가능한 점강우량을 면적강우량으로 환산하기 위하여 **강우깊이-면적관계**(depth-area relationship)로 미국기상청 의하여 개발되었다.

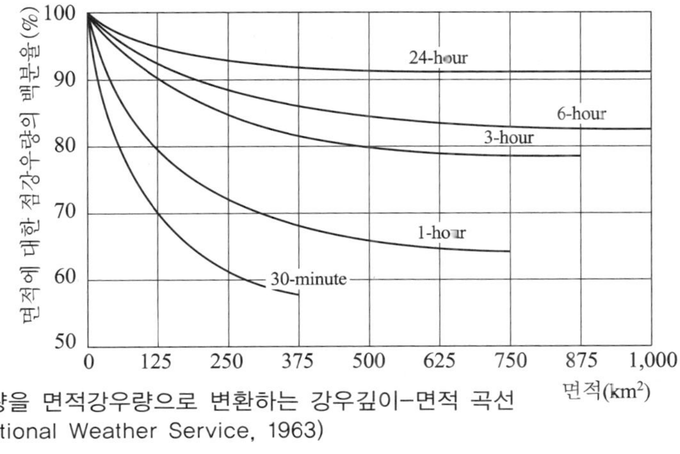

그림 13.2 점강우량을 면적강우량으로 변환하는 강우깊이-면적 곡선
(U.S.National Weather Service, 1963)

예제 13.1

500km^{2}유역의 점강우량자료에 Thiessen방법을 적용하여 구한 지속기간이 3시간 호우가 R=100mm이다. 이 유역의 면적 평균강우량을 산정하라.

풀이 면적이 26km^{2}을 초과하므로 점강우량은 보정을 필요로 한다. 그림 13.2에서 500km^{2}에 대한 3시간 강우량에 대한 면적보정인자 ACF)는 80%이다. 따라서 면적 평균강우량은 $R \times ACF = 100 \times 0.8 =$ 80mm이다.

13.2 강우강도 – 지속기간 빈도(IDF)곡선

소유역 특히 도시우수배수설계와 같은 수문설계에서는 강우강도(또는 깊이),지속기간, 빈도(또는 재현기간)간의 관계를 포함한 강우사상의 결정이 필요하다. 즉 수자원구조물 설계에 사용되는 설계강우량은 시설과 위치에 알 맞는 강우강도(또는 깊이), 지속기간 및 빈도(또는 재현기간)의 관계인 **강우강도 – 지속기간 – 빈도**(降雨强度 – 持續期間–頻度; intensity–duration–frequency, IDF) 곡선이 필요하다. 그림 13.3은 서울지역의 IDF곡선이다. IDF곡선은 주어진 빈도와 지속기간에 대한 강우강도를 구하는데 이용된다. 또한 IDF곡선은 측정된 강우량의 빈도를 구하는 데에도 이용된다. 예를 들면 서울지역에 3시간 동안 102mm가 내렸다면 강우강도는 102/3＝34mm/hr가 된다. 따라서 그림 13.3에서 3시간 34mm/hr에 대한 재현기간은 5년 또는 초과확률은 0.2이다.

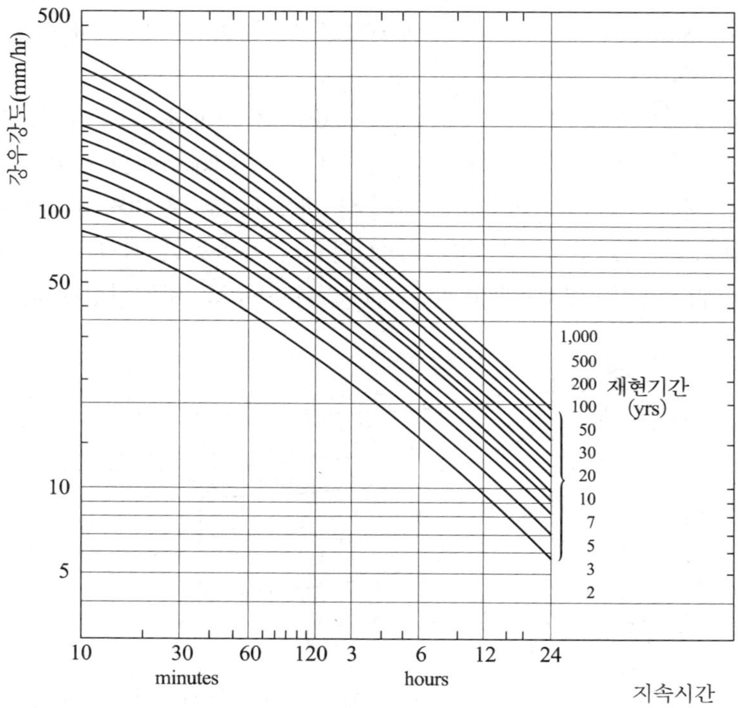

그림 13.3 서울지역의 강우강도–지속시간–빈도곡선

예제 13.2

서울지역의 10년 빈도 2시간 강우강도와 강우깊이를 결정하라.

풀이▮ 서울지역의 IDF곡선인 그림 13.3으로부터 10년 빈도 2시간 강우강도는 52mm/hr이다. 이에 대한 강우깊이는 $R = i \times t_d$＝52mm/hr×2hr＝104mm이다.

IDF곡선식. IDF곡선은 식을 이용해서도 나타낼 수 있다. 강우강도는 강우의 지속기간이 길수록 작아진다. 따라서 강우강도 i는 지속기간 t_d에 반비례하는 $i = a/f(t_d)$의 관계를 갖는다. 한국에서 많이 적용되는 경험식은

Tallbot형 $$i = \frac{a}{t+b} \tag{13.1}$$

Sherman형 $$i = \frac{c}{t^n} \tag{13.2}$$

Japanese형 $$i = \frac{d}{\sqrt{t}+e} \tag{13.3}$$

여기서 i는 강우강도(mm/ur), t는 지속기간(min) a, b, c, d, e는 지역에 따라 결정되는 상수이다. IDF곡선식은 최소자승법에 의한 최적식으로 결정된다. 서울지역(한국건설기술연구원, 1987)의 재현기간이 $T = 10$년인 강우강도식은

$$i = \frac{651.1}{\sqrt{t}+1.014} \tag{13.4}$$

여기서 i는 강우강도(mm/hr), t는 강우지속시간(min)이다. 재현기간 T를 포함시킬 경우 강우강도식의 일반형은 다음 형태를 취한다.

$$i = \frac{aT^m}{t_d + c} \tag{13.5}$$

13.3 설계 우량주상도

우수관리구조물의 설계에서 많은 경우 우량주상도를 필요로 한다. 그러나 설계강우량이 총강우량으로 주어지면 이 총강우량을 지속기간에 걸쳐 분포시켜 강우의 시간분포를 나타내는 우량주상도를 유도하는 것이 필요하다. 즉 주어진 재현기간에 대한 강우깊이와 지속기간이 결정되면 우량주상도의 작성이 가능하다. **설계우량주상도**(設計雨量柱狀圖; design rainfall hyetograph)는 지속기간 내 설계강우량의 시간분포를 나타내는 주상도이다. 우량주상도의 작성방법에 따라 유출수문곡선의 모양과 첨두 크기가 달라진다.

시간분포곡선(時間分布曲線; time distribution curve). 이는 지속기간과 강우깊이 또는 총강우량이 주어졌을 때 지속기간 내에서 총강우량의 시간에 대한 분포를 나타내는 곡선이다. 시간분포곡선을 유도하는 일반적인 과정은 다음과 같다.

(1) 24시간(또는 48시간)의 총강우량이 일반적으로 150mm, 또는 200mm의 하한치를 초과하는 모든 호우를 선정한다. 하한치는 기후특성과 유역에 따라 다르게 된다.

(2) 연속된 시간강우기록을 이용하여 지속기간 1, 2, 3, 6, 9, 12, 15, 18, 21, 24(또는 48) 시간에 대한 강우량을 계산한다.

(3) 단계 (2)의 각 지속기간에 대한 강우량을 24(또는 48)시간 총강우량으로 나누어 백분율로 나타내고 또한 각 지속기간을 24(또는 48)시간에 대한 백분율로 나타낸다.
(4) 각 지속기간 백분율(횡축)에 대하여 강우량 백분율(종축)을 도시한다.
(5) 선정된 모든 호우에 대하여 2-4의 과정을 되풀이 한다.
(6) 단계(5)까지의 결과를 동일방안지에 도시하고 각 지속기간의 최고치들을 연결하는 포락선을 긋는다(그림 13.4a).
(7) 포락선으로부터 각 지속기간에 대한 강우량을 읽어 우량주상도를 작성한다(그림 13.4b).

설계수문곡선은 단위도를 이용한 설계우량주상도의 변환이다. 이 설계우량주상도는 특정 지속기간에 대한 총강우량을 지속기간에 따라 배분함으로서 유도된다. 설계우량주상도를 유도하는 방법에는 다음과 같은 기법들이 있다.

(1) Huff분포
(2) 삼각형우량주상도법(Yen-Chow 방법)
(3) 교호블락방법
(4) 순간강우강도방법(Keifer-Chu방법 또는 Chicago방법)
(5) Mononobe방법

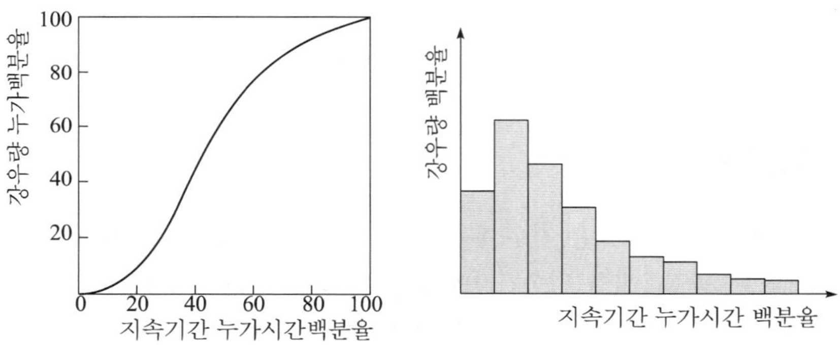

그림 13.4 강우량 시간분포곡선

13.3.1 Huff분포

Huff분포는 미 일리노이주 중동부의 400mi^2(1040km^2)의 면적에 위치한 49개의 우량계의 우량관측망으로부터 11년간의 우량자료의 해석을 통하여 최대강우백분율이 지속기간의 첫째, 둘째, 셋째, 또는 넷째 4분위 중 어느 분위에 일어나는가에 따라 모든 강우분포를 4개 집단으로 분류하고 각 집단의 강우량자료에 확률을 부여하여 누가강우량의 무차원 시간분포를 나타내는 Huff곡선(그림 13.5)를 제시했다(Huff, 1967). Huff는 첫째구간이 가장 심한 호우를, 넷째구간이 가장 약한 호우를 나타내고 짧은 지속기간의 경우 첫째, 둘째 구간이 지배적임을 밝혔다.

Huff곡선의 작성. Huff곡선은 다음 절차에 따라 작성된다. (1) 한 지점 또는 지역의 각 호우기록의

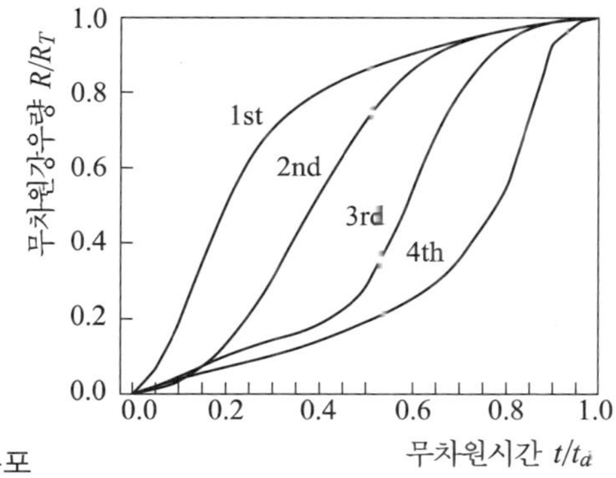

그림 13.5 Huff의 4개 호우분포

우량누가곡선을 작성한다. (2) 우량누가곡선의 우량들을 총강우량으로 나누고, 각 우량에 상응하는 시간은 호우의 지속기간으로 나누어 모든 우량누가곡선을 무차원 시간－우량누가곡선으로 바꾼다. (3) 무차원 시간－우량누가곡선은 최대 강우깊이에 따라 4개 부분으로 분류된다. 호우사상의 최대 강우가 강우지속기간의 처음 25%기간이 발생했다면 이 호우사상은 1분위호우(1st quartile storm)로 분류된다. 같은 방법으로 호우사상의 최대 강우가 강우지속기간의 두 번째 25% 기간(25–50%)에 발생한 강우를 2분위호우(2nd quartile storm), 세 번째 25% 기간(50–75%)에 발생한 호우를 3분위호우(3rd–quartile storm), 네 번째 25% 기간(75–100%)에 발생한 호우를 4분위호우(4th quartile storm)로 분류된다. (4) 각 분위의 무차원 시간－우량누가곡선도에서 무차원 지속기간의 10%(또는 5%, 2%)마다 연직선을 세운다. 모든 연직선과 무차원 우량누가곡선들의 교차점의 무차원 우량을 내삽법으로 구한다. (5) 모든 연직선상의 교차점의 무차원 누가우량자료계열에 백분율의 확률을 부여한다.

$$P = \frac{100m}{n+1} \tag{13.6}$$

여기서 P는 무차원 강우깊이의 누가백분율, m은 자료점 번호 및 n은 자료점의 수이다. (6)

표 13.3 Huff4분위의 50% 무차원 시간별 누가강우량

t/t_d	분위별 R/RT			
	1st	2nd	3rd	4th
0.00	0.000	0.000	0.000	0.000
0.10	0.210	0.045	0.038	0.038
0.20	0.452	0.126	0.079	0.079
0.30	0.625	0.268	0.143	0.114
0.40	0.724	0.500	0.2[illegible]6	0.164
0.50	0.778	0.698	0.342	0.224
0.60	0.836	0.820	0.543	0.286
0.70	0.880	0.901	0.757	0.375
0.80	0.929	0.946	0.911	0.569
0.90	0.969	0.979	0.969	0.839
1.00	1.000	1.000	1.000	1.000

서울 우량관측소 (건설교통부, 2000)

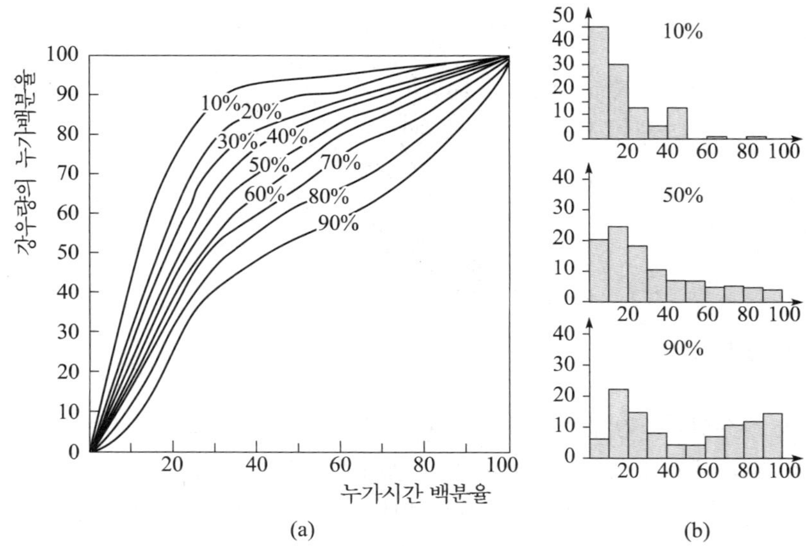

그림 13.6 (a) 제1분위호우의 확률별 시간분포곡선(서울지역), (b) 제1구간의 강우주상도

10%, 20%, ⋯, 90%로 같은 확률이 부여되는 점들을 연결하여 형성되는 곡선들은 Huff곡선을 형성한다. 4개의 분위마다 9개의 Huff곡선이 작성되어 총 36개의 Huff곡선이 생성된다.

Huff곡선의 사용방법(Huff, 1990)

(1) 4개 4분위의 총 36개 Huff곡선 중 어느 곡선을 사용해야 하는가? 지속기간이 6hr이하이면 1분위 분포, 지속기간이 6.1–12hr이면 2분위 분포, 12.1–24hr이면 3분위 분포, 24hr이상이면 4분위 분포가 일반적으로 권장된다. 50%분포곡선은 중앙치로 각 4분위의 시간분포 확률곡선을 대표한다고 볼 수 있어서 대부분의 경우에 적용이 권장된다.

(2) 서울지역의 지속기간 6hr 150mm 설계호우의 결정: 6hr(360min)의 지속기간조건에 따라 1분위호우의 50%곡선이 적절하다. 따라서 그림 13.6a에서 시간 10%(36min)에서 강우량은 15%인 22.5mm이고, 25%(90min)에서는 50%인 76mm, 50%(3hr)에서는 75%인 112.5mm가 된다.

그림 13.6a에서 10%곡선은 전 호우 중에서 발생할 확률이 10% 또는 그 미만인 호우를 나타내고 이는 큰 호우사상을 의미한다. 한편 90%곡선은 자주 일어나므로 작은 강우를 나타낸다. 지속기간이 총 지속기간의 40%에 달할 때까지 내린 무차원 누가강우량이 총 강우량의 93.6%가 되는 확률은 10%(또는 비가 내릴 확률이 10%인 강우량은 총 강우량의 93.6%)이고, 86.2%가 내릴 확률은 20%, 82%가 내릴 확률은 30%가 됨을 나타낸다. 그림 13.6b는 제1구간 강우의 발생누가확률 10%, 50% 및 90%에 대한 우량주상도를 나타낸다. 50% 막대그림은 전 호우의 50%에 같거나 초과되는 누가강우의 양상을 나타낸다. 비가 내릴 확률이 90%인 시간분포곡선은 강우량이 비교적 적은 강우사상을 나타낸다. 따라서 90% 우량주상도는 전 호우의 10% 또는

미만의 호우와 같거나 초과되는 강우량분포로 해석될 수 있다. 이는 비교적 균일한 강우형태이다. 10% 막대그림에서 강우지속기간의 처음 30% 동안에 총 강우량의 90%가 내린다.

예제 13.3

Huff분포의 둘째 4분위분포를 이용하여 서울 지역의 10년 빈도, 2시간 설계우량주상도를 10분 증분으로 결정하라.

풀이 식 13.4를 이용하면 2시간(120분) 강우강도는 $i=651.1/(\sqrt{120}+1.014)=54.4$mm/hr이므로 2시간 총 강우량은 $R_T=(54.4\text{mm/hr})\times 2\text{hr}=108.8\text{mm}$이다. 강우주상도의 계산은 표 13.4에 요약된다. 계산 내용은 t=30분의 경우 2란은 2시간(120분)의 무차원시간 t/t_d=30/120=0.25를, 3란은 표 13.3에서 Huff 둘째 4분위 분포로부터 t/t_d=0.25에 대한 R/R_T=0.197을, 4란은 30분까지의 누가강우량 R=21.43mm(=0.197×108.8)를, 5란은 t=20분에서 30분사이의 강우량 ΔR=10.66mm(=21.43−10.77)를, 6란은 강우강도로 10.66×(60/10)=63.96mm/hr이다. 1란에 대한 5란의 도시는 10년 빈도, 2시간 설계우량주상도를 타낸다(그림 13.7).

표 13.4 설계 강우량 주상도 계산(Huff방법)

t min (1)	t/t_d (2)	R/R_T (3)	R mm (4)	ΔR mm (5)	$i=\Delta R/\Delta t$ mm/hr (6)
10	0.083	0.037	4.03	4.03	24.185
20	0.167	0.099	10.77	6.74	40.44
30	0.250	0.197	21.43	10.66	63.96
40	0.333	0.345	37.54	16.11	96.66
50	0.417	0.534	58.10	20.56	123.36
60	0.500	0.698	75.94	17.84	107.04
70	0.583	0.799	86.93	10.99	65.82
80	0.667	0.874	95.09	8.16	48.96
90	0.750	0.924	100.53	5.44	32.64
100	0.833	0.957	104.12	3.59	21.54
110	0.917	0.983	106.95	2.83	16.98
120	1.000	1.000	108.80	1.85	11.10

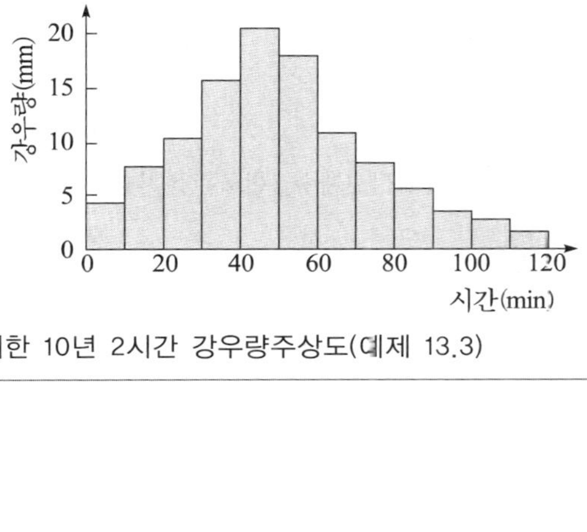

그림 13.7 Huff방법에 의한 10년 2시간 강우량주상도(예제 13.3)

13.3.2 삼각형 우량주상도 방법-Yen-Chow방법

이 방법은 Yen-Chow방법(1980)방법이라고도 하며 삼각형 설계우량 주상도는 총 강우량(깊이) $R(\mathrm{mm})$와 지속기간 t_d(hr)가 알려지면 저변길이와 높이의 결정이 가능하므로 간단하게 결정 된다(그림 13.8). 그림 13.8에서 저변길이는 지속기간 t_d, 높이는 첨두강우강도 i_P이므로 총 강우깊이는 $R = 1/2 t_d i_P$로 주어지므로 i_P는 식 (13.7)과 같고 평균 강우강도를 $\bar{i}$ 라할 때 $i_p / \bar{i} = 2$가 됨이 주목된다.

$$i_P = \frac{2R}{t_d} \tag{13.7}$$

호우전진계수(豪雨前進係數; storm advanced coefficient) r은 첨두까지의 시간 t_P와 총 지속기간 t_d와의 비이다.

$$r = t_a / t_d \tag{13.8}$$

첨두후 시간인 감소시간 t_b는 $t_b = t_d - t_a = (1-r)t_d$ (13.9)

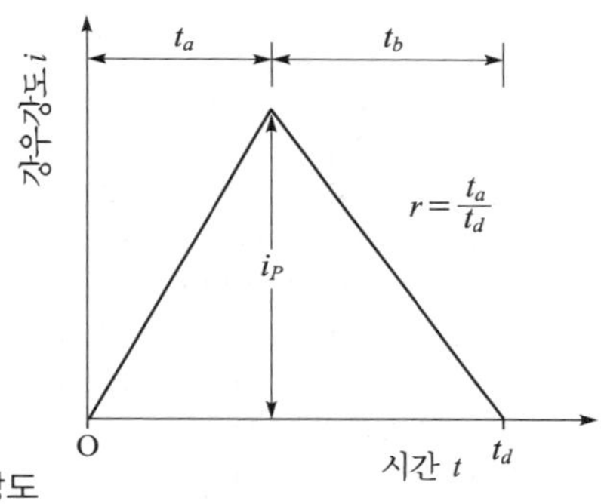

그림 13.8 삼각형 설계 우량주상도

$r = 0.5$ 이면 첨두강우강도는 지속기간의 중앙에 일어나므로 중앙집중형(中央集中形), $r < 0.5$ 이면 중앙점 이전에 일어나므로 전진형(前進形), $r > 0.5$이면 중앙점 이후에 첨두가 일어나므로 지연형(遲延形)이라 한다. 표 13.5는 우리나라 주요지점에 대한 호우전진계 수로 그 대부분이 0.5전후이다.

표 13.5 호우전진계수 (한국건설기술연구원, 1989)

지점	r	지점	r	지점	r
강릉	0.522	포항	0.490	부산	0.509
서울	0.472	전주	0.449	목포	0.457
수원	0.501	광주	0.482	여수	0.524
대전	0.456				

예제 13.4

서울 지역의 10년 빈도, 2시간 설계우량주상도를 Yen-Chow방법으로 결정하라.

풀이 식 (13.4)를 이용하면 서울지역의 10년 빈도, 2시간 강우강도는 54.4mm/hr이므로 10년 빈도, 2시간 설계강우량은

$$R = (54.4\text{mm/hr}) \times (2\text{hr}) = 108.8\text{mm}$$

따라서 2시간 첨두 강우강도는 $i_P = \dfrac{2R}{t_d} = \dfrac{2 \times 108.8}{2} = 108.8\text{mm/hr}$

표 13.5로부터 서울지역의 호우전진계수는 $r = 0.472$ 이다.

첨두 강우강도까지 시간 t_a: $t_a = rt_d = 0.472 \times 120\text{min} = 58.4\text{min}$

감수부 시간 t_b: $t_b = t_d - t_a = 120 - 58.4 = 61.6\text{min}$

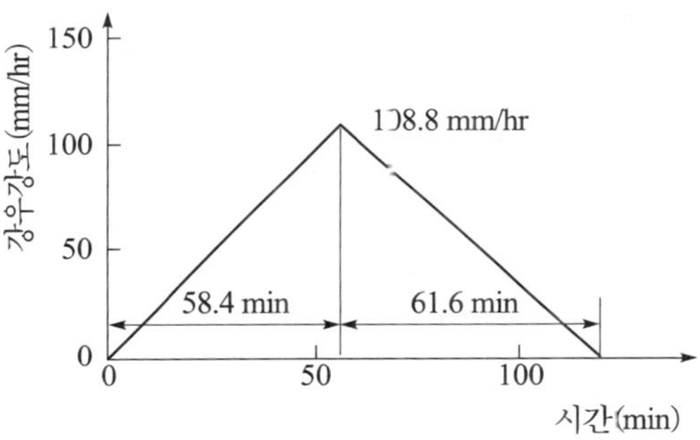

그림 13.9 서울지역의 삼각형 설계강우주상도(10년, 2시간)

13.3.3 교호블락방법

교호블락방법(交互블락方法; alternating block method)은 IDF곡선으로부터 설계우량주상도를 도출하는 간단한 방법이다. 이 방법에 의한 설계우량주상도는 지속기간 $t_d = n\Delta t$ 동안 개개의 Δt 시간동안에 발생하는 강우량을 결정한다. 재현기간이 결정되면 각 지속기간 Δt, $2\Delta t$, $3\Delta t$, … 에 대한 강우강도를 IDF곡선으로부터 읽고 이들에 대응하는 누가강우깊이는 강우강도와 지속기간(hr)의 곱으로 주어진다. 표 13.6에서 3란의 누가강우깊이의 차이는 각 시간 간격에서 발생하는 강우깊이를 나타내고 이는 강우증분을 제공한다(4란). 이와 같은 강우량증분 또는 블락의 순서를 조정해서 최대강우강도가 지속기간 t_d 의 중앙에 오고 다음 크기의 블락들이 오른쪽, 왼쪽 순으로 오도록 배치하여 설계우량주상도를 얻는다.

예제 13.5

서울 지역의 10년 빈도, 2시간 설계우량주상도를 10분 증분으로 결정한다.

풀이 식 (13.4)를 이용하여 주어진 지속기간에 대하여 강우강도를 계산한다. 계산 예로 지속기간 20분에 대한 강우강도는 $651.1/(\sqrt{20}+1.014) = 118.7$ mm/h로 계산된다. 다른 지속기간에 대한 강우강도는

표 13.6의 2란과 같다. 강우강도와 지속기간을 곱해서 강우깊이가 계산된다. 지속기간 20분에 대한 강우깊이는 $R = i \times t_d$ =118.7mm/hr×(20/60)hr=39.5mm이고 다른 지속기간에 대한 값은 3란과 같다. 강우가 가장 심한 처음 20분 동안에 내린 강우량은 39.5mm이다. 이중 처음 10분 동안에 내린 강우량은 26mm이고 다음 10분 동안에 내린 강우량은 39.5－26.0＝13.5mm이다. 이와 같은 방법으로 호우 지속기간의 각 시간 증분에 해당하는 강우량 증분이 4란과 같이 구해진다. 6란과 같이 강우깊이의 순서를 재조정해서 최대블락 26mm가 50–60min에 오고, 다음으로 큰 블락(13.5mm)이 최대 블락의 오른쪽에 위치시켜 60–70 min에 오도록 하고, 세번째로 큰 블락(10.7mm)이 최대 블락의 왼쪽(40–50min)에 오도록 한다. 이와 같은 순서로 배열한 것이 6란과 같다.

표 13.6 설계강우량주상도계산(교호블락방법)

1 지속기간 (min)	2 강우강도 (mm/h)	3 누가강우깊이 (mm)	4 강우량분 (mm)	5 시간 (min)	6 강우량 (mm)
10	155.9	26.0	26.0	0–10	5.3
20	118.7	39.5	13.5	10–20	5.8
30	100.3	50.2	10.7	20–30	8.0
40	88.7	59.1	8.9	30–40	6.7
50	80.5	67.1	8.0	40–50	10.7
60	74.3	74.3	7.2	50–60	26.0
70	69.4	81.0	6.7	60–70	13.5
80	65.4	87.2	6.2	70–80	8.9
90	62.0	93.0	5.8	80–90	7.2
100	59.1	98.5	5.5	90–100	6.2
100	56.6	103.8	5.3	100–110	5.5
120	54.4	108.8	5.0	110–120	5.0

13.3.4 Chicago(또는 Keifer-Chu)방법

Chicago(또는 Keifer-Chu)방법은 IDF곡선에 근거하여 설계우량주상도에서 시간에 대한 강우량(강도)의 변화를 식으로 나타낼 수 있게 한다. 이 방법에서 강우강도는 호우기간동안 계속해서 변하는 순간치로 고려되는 점에서 **순간강우강도방법**(瞬間降雨强度方法; instantaneous intensity method)라고도 한다.

그림 13.10에 보인 호우 주상도에서 강우강도 i를 나타내도록 그은 절선은 첨두를 전후하여 주상도를 나타내는 곡선과 교차한다. 첨두강우강도의 발생시간을 기준으로 하여 첨두이전 교차시간을 t_a, 첨두 이후 교차시간을 t_b라 하면 이들 교차점간의 시간 t_d는

$$t_d = t_a + t_b \tag{13.10}$$

호우전진계수는 이전과 같이 식 (13.8)로 정의된다. 따라서 t_d는 다음과 같이 표현된다.

$$t_d = \frac{t_a}{r} = \frac{t_b}{1-r} \tag{13.11}$$

Keifer and Chu(1957)는 시카고하수망설계에 적용을 위한 합성우량주상도를 개발하고 평균강우강도식을 식 (13.12)와 같이 정의하였다 이로부터 첨두전후의 강우강도인 i_a와 i_b가 유도된다.

$$i_{av} = \frac{c}{t_d^e + f} \tag{13.12}$$

첨두발생전
$$i_a = \frac{c[(1-e)(t_a/r)^e + f]}{[(t_a/r)^e + f]^2} \tag{13.13}$$

첨두발생후
$$i_b = \frac{c\left[(1-e)\{t_b/(1-r)\}^e + f\right]}{\left[\{t_b/91-r)\}^e + f\right]^2} \tag{13.14}$$

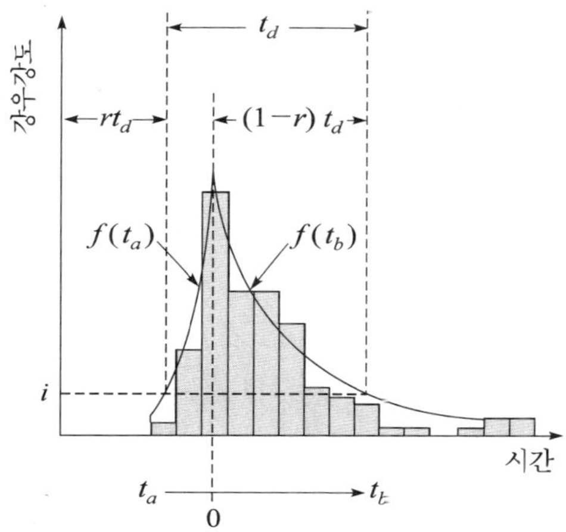

그림 13.10 강우주상도의 Chicago방법의 곡선적합

예제 13.6

서울지역의 10년 빈도, 2시간 설계우량주상도를 Chicago방법으로 개발하라.

풀이 표 13.5로부터 호우전진계수는 $r=0.472$이나 계산의 편이를 위해서 $r=0.5$를 적용한다. 이 경우 강우지속기간이 120분이므로 첨두강우강도는 강우시작으로부터 $t=60$분에 위치한다. 첨두 시간 전후의 시간 t_a, t_b는 표 13.7의 2란에 보인바와 같다. 첨두주변에서는 정확도를 높이기 위해서 2분 간격으로 하고 나머지는 10분 간격으로 한다. 강우강도는 식 (13.13), (13.14)로 계산되고 식 (13.12)를 식 (13.4)와 비교하면 $c=651.1$, $e=0.5$, $f=1.014$의 값을 갖는다.

첨두이전

$t_d = t_a/r$이므로 예를 들면 $t=50$min에서는 $t_a = 60-50 = 10$min이고 $t_d = t_a/r = 10/0.5 = 20$min이다. 따라서 식 (13.13)에 의하면

$$i = i_a = \frac{651.1[(1-0.5)20^{0.5} + 1.014]}{(20^{0.5} + 1.014)^2}$$

$$= 70.3\ \mathrm{mm/h}$$

같은 방법으로 모든 시간간격에 대하여 계산된 값들이 표 13.7의 3란에 주어진다.

첨두이후

$t_d = t_b/(1-r)$ 를 이용하여 첨두이전과 같은 과정으로 첨두이후의 강우강도가 계산된다. 예로 $t=80$ min에서 $t_b = 80-60 = 20$min, $t_d = 20/(1-0.5) = 40$min이므로 식 (13.14)로부터 $i_b = 50.5$mm/h로 계산된다. 3란의 강우강도는 순간치이므로 각 시간간격의 강우깊이는 제형공식으로 계산된다. 예를 들면 처음 10분동안은 $(29.5+32.3)/2\times 10/60 = 5.15$mm로 4란에 보인 바와 같다. 강우량증분의 합은 121.74mm로 예제 13.5에서 계산된 108.8mm보다 크다. 이러한 차이는 강우량의 증분계산에 제형공식의 적용에 기인한다. 따라서 이 차이는 시간간격을 작게 함으로서 줄일 수 있다.

표 13.7 설계우량주상도계산(Keifer−Chu방법)

시간 t (min) (1)	상대시간 $t_a,\ t_b$ (min) (2)	강우강도 (mm/h) (3)	강우량증분 (mm) (4)
0	60	29.5	
10	50	32.3	5.15
20	40	36.0	5.69
30	30	41.5	6.46
40	20	50.5	7.67
50	10	70.3	10.07
52	8	78.1	2.47
54	6	89.2	2.79
56	4	107.1	3.27
58	2	144.4	4.19
60	0 0	642.1	13.11
62	2	144.1	13.11
64	4	107.1	4.19
66	6	89.2	3.27
68	8	78.1	2.79
70	10	70.3	2.47
80	20	50.5	10.07
90	30	41.5	7.67
100	40	36.0	6.46
110	50	32.3	5.69
120	60	29.5	5.15
		총강우량(mm)	121.74

13.3.5 Mononobe방법

Mononobe방법은 시간강우기록이 없는 경우 1일(24시간) 강우량 R_{24} (mm)로부터 지속기간이 t (hr)인 최대강우강도를 구하는 방법이다.

$$R_t = \frac{R_{24}}{24}\left(\frac{24}{t}\right)^{2/3} \tag{13.15}$$

여기서 R_t 는 t 시간 최대강우강도(mm/h), R_{24} 는 24시간 강우량(mm), t 는 지속기간(hr)이다. 식 (13.15)를 이용하면 t 시간 우량주상도를 작성하는 것이 가능하다. 적용과정은 예제에서 기술된다.

예제 13.7

서울지역의 10년 빈도 2시간 우량주상도를 Mononobe방법으로 유도한다.

풀이 식 (13.4)를 이용하면 서울 지역의 10년 빈도 24시간(=1440min) 강우강도가 $i=651.1/(\sqrt{1440}+1.014)$ $=16.7$mm/hr이므로 지속기간 24시간 강우량은 (16.7mm/hr)(24hr)=400.8mm이다. 계산 내용은 표 13.8과 같다. 계산예로 지속기간 20min=0.333hr에 대한 3란의 강우강도는 식 (13.15)에 따라 $R_{0.333}=$ 289.6mm/ht($=(400.8/24)(24/0.333)^{2/3}$)이고 4란의 강우량은 (289.6mm/ht)×(0.333kr)=96.4mm이다. 5란의 우량증분 19.8mm는 지속기간 20분 강우량(또는 t=20분까지의 누가강우량) R_{20}=96.4mm에서 지속기간 t=10분 강우량 R_{10}=76.6mm를 빼줌으로서 구해진다. 우량주상도는 중앙 집중형을 적용하여 최대 강우량 76.6mm를 중앙 시간대 50–60분대에 위치시키고 다음으로 큰 강우량 19.8mm를 다음 시간대 60–70분대에, 셋째로 큰 강우량 14mm를 바로 전 시간대인 40–50분대에 위치시키는 순서로 7란을 작성하면 서울지역의 10년 빈도 2시간 우량주상도가 얻어진다.

표 13.8 설계강우주상도 계산(모노노베 방법)

시간		강우강도	누가강우량	우량증분	시간대	우량주상도
(mm) (1)	(hr) (2)	(mm/h) (3)	(mm) (4)	(mm) (5)	(min) (6)	(mm) (7)
10	0.167	459.0	76.6	76.6	0–10	5.4
20	0.333	289.6	96.4	19.8	10–20	6.1
30	0.50	220.9	110.4	14.0	20–30	7.4
40	0.667	182.2	121.5	11.1	30–40	9.4
50	0.833	157.1	130.9	9.4	40–50	14.0
60	1.00	139.1	139.1	8.2	50–60	76.6
70	1.167	125.5	146.5	7.4	60–70	19.8
80	1.333	114.8	153.0	6.5	70–80	11.1
90	1.500	106.1	159.1	6.1	80–90	8.2
100	1.667	98.9	164.9	5.8	90–100	6.5
110	1.833	92.9	170.3	5.4	100–110	5.8
120	2.00	87.6	175.2	4.9	110–120	4.9

13.4 유효강우량결정

설계호우 또는 설계강우량은 총강우량으로 주어지고 이로부터 손실을 제거하여 유효강우량 또는 초과강우량이 산정된다. 초과강우량(또는 유효강우량)은 직접유출을 유발하는 강우량이다. 설계강우량의 지속기간이 길어서 강우량의 시간분포를 필요하는 경우에는 13.3절의 방법이나 시간분포곡선에 따라 총강우량을 시간분포시켜 우량주상도를 구하고 이로부터 손실을 제거하여 **유효우량주상도**(effective rainfall hyetogragh)를 유도한다. 유도방법에는 다음과 같은 방법들이 있다.

일정비 손실우량법(constant rainfall loss fraction). 각 시간구간별 강우량의 일정비에 해당하는 강우량이 손실되고 나머지가 유효강우량이 되는 경우로 유출계수 개념의 연장이다. 선행강우로 유역이 거의 포화상태인 경우 비교적 정확한 결과를 제공한다.

일정량 손실우량법(constant rainfall loss rate). 이는 강우기간 동안 손실 또는 침투능이 일정한 경우로 ϕ－지수 방법과 같은 개념을 갖는다. 이 방법은 선행토양함수량이 많고 큰 호우를 대상으로 하는 경우에 적절하다.

초기손실－일정량 손실우량법(initial loss–constant rainfall loss rate). 초기손실은 유역의 토양수분 부족이 충족될 때까지 침투되는 초기강우량이다. 따라서 초기손실이 충족될 때까지는 유출이 발생하지 않으며 초기손실이후에는 손실이 일정한 경우이다. 초기손실이후의 손실에 일정비 손실이 적용되기도 한다. 이는 유역이 비교적 건조한 상태에 있을 경우 절적한 방법이다.

침투곡선법(infiltration curve). 이는 침투율곡선으로 주어지는 침투율을 시간구간별 손실로 계산하는 방법이다.

강우－유출관계방법(rainfall-runoff relation method). 이는 유역특성에 따른 강우－유출관계를 수립하고 이를 이용하여 특정 강우량에 대한 유출고를 구하는 방법이다. 대표적인 방법이 미국 자연자원보전국(U.S.NRCS)의 유출곡선방법이다(6.4절 참조).

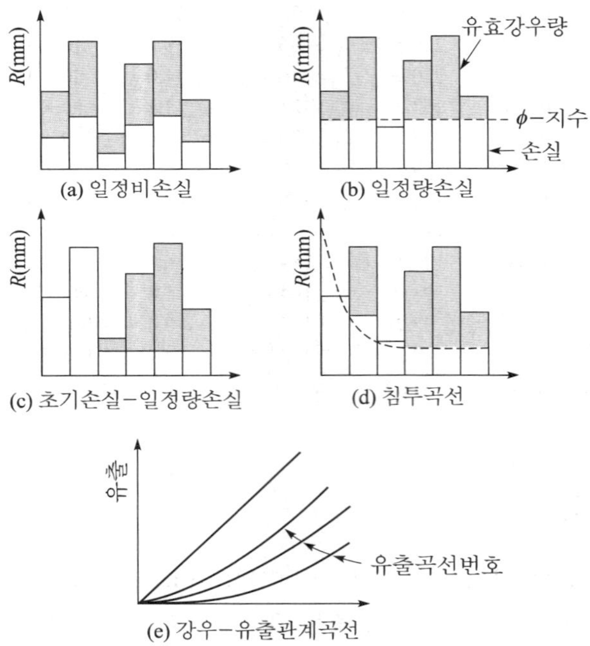

그림 13.11 유효강우량(또는 손실)산정방법

13.5 강우깊이－면적－지속기간의 해석

상이한 면적과 강우지속기간에 대한 강우량의 분포를 **강우깊이－면적－지속기간해석**(depth–area–duration(DAD) analysis)이라 한다. DAD해석의 목적은 상이한 지속기간 상이한 면적에 대한 최대강우량을 결정하기 위함이다. 예를 들면 DAD해석은 6시간 200km^{2}에 대한 최대강우량을 제공한다. 이러한 자료는 설계호우의 결정에 사용된다.

DAD해석은 다음과 같은 과정을 통해서 수행된다.

1. 강우의 시작과 종료시간이 분명한 지속기간 예로 24, 48, 72시간에 대한 유역내의 모든 관측소의 강우자료를 수집한다.
2. 총지속기간 내의 각 지속기간(예 2, 4, 6시간 등)에 대한 강우량을 관측소별로 계산하여 표로 작성한다.
3. 단계 2의 각 지속시간에 대한 등우선도를 작성한다.
4. Thiessen 방법으로 대상유역의 면적을 각 관측소의 강우영향권의 구역으로 분할한다.
5. 연속된 두 등우선 사이의 면적에 대한 평균강우량을 구한다. 이 평균강우량은 두 등우선의 평균으로 계산된다.
6. 각 지속기간에 대한 최대강우량을 결정한다.
7. 각 지속기간별로 면적(대수횡축)과 최대강우량(종축)을 반대수지에 도시하고 각 지속기간에 대한 점들은 매끄러운 곡선으로 나타내면 이들은 DAD곡선이 된다.

예제 13.8

유역면적이 82km^{2}인 지역의 24시간 지속된 표 13.9의 호우기록에 대한 DAD곡선을 작성하라.

풀이 1. 표 13.9와 같은 12개 관측소의 각 관측소별 6시간 간격의 지속기간별 강우량을 이용하여 등 우선도를 작성한다(그림 13.12).

표 13.9 관측도별 지속기간별 강우량

관측소	지속기간별 누가강우량(mm)			
	6h	12h	18h	24h
1	30	125	128	160
2	27	120	124	153
3	21	106	108	130
4	19	87	90	114
5	17	70	72	90
6	14	55	60	80
7	14	53	58	78
8	15	60	62	76
9	17	42	50	65
10	10	30	40	60
11	12	40	45	55
12	12	35	40	45

2. 각 관측소의 강우량에 면적가중인자를 부여하기 위하여 Thiessen 다각형을 작성한다.

3. 두 등우선 사이에 위치한 면적의 평균강우량을 결정한다. 150mm등우선 내의 면적인 $10km^2$이 먼저 고려된다. 면적 $10km^2$에 대한 면적평균강우량을 155mm로 결정한다(표 13.10). 150mm 등우선 내의 두 관측소 1, 2의 면적비율은 각각 0.7, 0.3이다. 각 지속기간에 대한 강우량에 면적가중인자를 곱하고(2, 4행) 이들의 합이 5행에 주어진다. 그러나 24시간 지속기간에 대한 면적평균강우량이 155mm이므로 5행의 157.9mm를 155mm으로 조정한다. 다른 지속기간의 값들도 같은 비율(155/157.9)를 곱하여 조정된다.

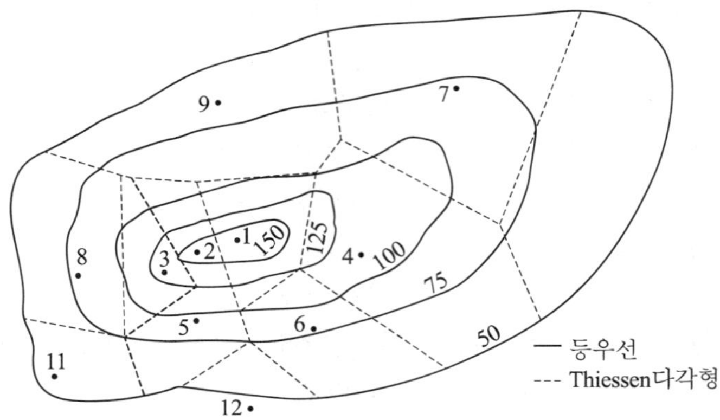

그림 13.12 등우선도와 Thiessen다각형

4. 지속기별 최대강우량을 결정한다. 각 지속기간별 강우량증분을 계산한다(7행). 6시간 최대강우량은 두번째 6시간 기간에 발생한 92.6mm가 되고, 12시간 최대강우량은 12시간 연속된 강우로서 처음 6시간과 두번째 6시간 기간의 강우의 합 121.2mm가 된다.
5. 다음 단계인 125mm에 대한 해석은 표13.11에 주어진 바와 같다. 125mm등우선내에는 4개의 관측소 1, 2, 3, 4가 있고 면적가중인자는 각각 0.4, 0.3, 0.1 및 0.2이다. 등우선 150 mm와 125mm로 둘러쌓인 면적($15km^2$)의 평균강우량은 137.5 mm 이고 125mm등우선내의 면적은 $25km^2$이므로 면적평균 강우량은 $(155\times10+137.5\times15)/25=144.5$mm이다. 다음 과정은 $10km^2$의 경우와 같다.
6. 4개의 각 지속기간에 대한 면적(대수횡축)과 강우량(종축)을 반대수지에 도시하여 매끄러운 곡선을 연결하면 DAD곡선이 얻어진다(그림 13.13).

표 13.10 150mm 등우선내의 계산($A=10km^2$, 면적평균강우량=155mm)

	관측소	면적 가중인자		6h	12h	18h	24h
1	1	0.7	누가강우량	**30**	**125**	**128**	**160**
2			0.7×누가강우량	21	87.5	89.6	112
3	2	0.3	누가강우량	**27**	**120**	**124**	**153**
4			0.3×누가강우량	8.1	36	37.2	45.9
5			면적가중강우량의 합	29.1	123.5	126.8	157.9
6			면적평균에 조정된 누가강우량	28.6	121.2	124.4	155
7			강우량증분	28.6	92.6	3.3	30.5
8			지속기간별 최대강우량	92.6	121.2	126.4	155

표 13.11 125 mm 등우선내의 계산(A =25km², 면적평균강우량=144.5mm)

관측소	면적	가중인자		6h	12h	18h	24h
1	1	0.4	누가강우량	**30**	**125**	**128**	**160**
2			0.4×누가강우량	12	50	51.2	64
3	2	0.3	누가강우량	**27**	**120**	**124**	**153**
4			0.3×누가강우량	8.1	36	37.2	45.9
5	3	0.1	누가강우량	**21**	**106**	**108**	**130**
6			0.1×누가강우량	2.1	10.6	10.8	13.0
7	4	0.2	누가강우량	**19**	**87**	**90**	**114**
8			0.2×누가강우량	3.8	17.4	18	22.8
9			면적가중강우량의 합	26	114	117.2	145.7
10			면적평균에 조정된 누가강으량	25.8	113.1	116.2	144.5
11			강우량증분	25.8	87.3	3.1	28.3
12			지속기간별 최대강우량	87.3	113.1	118.7	144.5

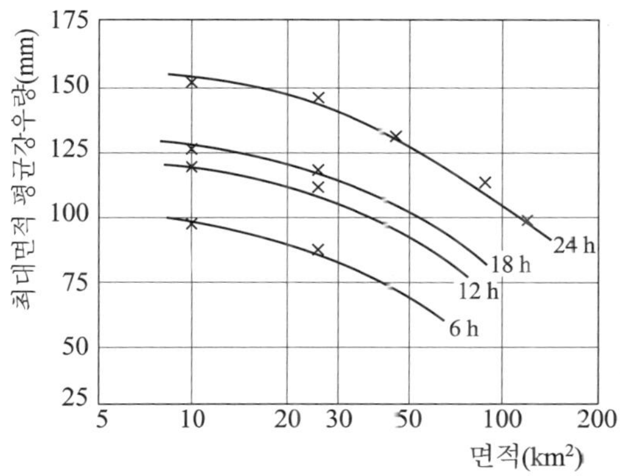

그림 13.13 DAD곡선

13.6 가능최대강수량

댐의 붕괴가 인명손실과 재난적인 사고를 야기하는 경우 대댐 여수로의 설계에는 가능최대홍수량이 표준으로 채택되고 가능최대홍수량은 가능최대강수량의 변환으로 주어진다.

가능최대강수량(可能最大降水量; probable maximum precipitation, PMP)은 주어진 지속기간에 대하여 특정유역에서 물리적으로 가능한 상한계에 이르는 강수량이다. 미국 국립기상청에 의한 PMP의 정의는 다음과 같다. "PMP is the theoretically the greatest depth of precipitation for a given duration that is physically possible over a given storm area at a particular geographical location at a certain time of year." PMP는 설계기준에서 유용한 도구이나 PMP가 완벽하게 산정될 수 없고 발생확률이 미지인 점에서 PMP의 개념이 전적으로 신뢰할 수는 없는 점이 주목되어야 한다.

PMP는 최대관측치의 수배에 이르고 이의 발생확률은 미지이다. 이와 같은 강수량을 설계호우로 채택한다고 해서 위험도 평가의 필요성이 제거되는 것은 아니다. PMP는 추정치이므로 이의 적용에는 판단이 수반되어야 한다. PMP 결정에는 기상학적, 통계적 및 일반화방법의 세 방법이 가능하다.

13.6.1 기상학적 방법

비산악지역에 대한 PMP추정은 관측된 면적호우강수량에 대하여 (1) 수분최대화, (2) 호우전이 및 (3) 포락화의 세 작업을 수행된다. 수분최대화는 대상 지역의 실제 수분과 가능한 최대수분의 비를 이용하여 관측 호우강수량을 증가하는 방안이다. 호우전이는 유역에 적절한 호우기록이 없는 경우에는 다른 지역의 호우를 전이한다. 이 경우 적정 호우의 선정, 호우이동방향, 고도, 탁월풍 및 산악의 영향에 대한 보정을 필요로 한다. 호우전이는 최대 강우잠재력을 평가하는데 필요한 사용가능한 자료를 증가하기 위하여 기상학적으로 동질성인 지역내의 호우강수량의 이동을 의미한다. 포락은 상이한 지속기간 또는 면적 또는 양자에 대한 최대 강수량간의 내삽을 매끄럽게 하는 것이다.

13.6.2 포락선

미국 국립기상청(1969)은 세계적으로 가장 우심했던 강우량에 대한 **포락선**(包絡線; enveloping curve)을 작성하였다. 세계기상기구(1983)에 의한 이 포락선의 근사식은 다음과 같다(그림 2.15).

$$P = 422D^{0.475} \tag{13.16}$$

여기서 P는 강수깊이(mm), D는 지속시간(hr)이다.

한국 기상청(1976)에 의한 전국에 적용 가능한 PMP식은 다음과 같다.

$$PMP = 118.6D^{0.449} \quad D \leq 24\text{hr} \tag{13.17}$$

$$PMP = 186.8D^{0.306} \quad D > 24\text{hr} \tag{13.18}$$

식 (13.16)은 세계적으로 가장 우심했던 강우량을 이용한 결과로 한국에 적용되는 식 (13.17–18)보다 3배 이상의 큰 PMP를 나타낸다.

13.6.3 통계적 방법

빈도계수방법을 이용하여 PMP를 산정할 경우 식 (12.25)는 다음과 같이 표현된다.

$$P_M = \overline{P}_n + K_M S_n \tag{13.19}$$

여기서 P_M은 지속기간 D(hr)에 대한 최대 강우량, K_M은 재현기간 T에 대한 빈도계수에 상응하는 계수, $\overline{P}$와 S_n은 연 최대강우량계열의 평균과 표준편차이다.

Hershfield(1961)의 해석에 의하면 K_M은 15정도이고 $\overline{P}$와 S_n은 기록기간에 따라 조정되며 조정에 의한 P_M의 변화는 5~10% 범위이다.

13.6.4 일반화 PMP 산정방법

크기가 다양한 어느 유역에서나 PMP 결정이 가능하도록 지도상에 등우선으로 나타낸 PMP를 **일반화가능최대강수량**(一般化可能最大降水量; generalized PMP)이라 하고 이는 특정 지속기간, 유역크기, 연 또는 계절변화에 대한 PMP의 변화를 나타내는 등우선도로 표시된다. 이러한 지도를 일반화 PMP도라 하고 그림 13.14는 한국건설기술연구원에 의한 일반화 PMP도의 예이다.

13.7 가능최대홍수량

가능최대홍수량(可能最大洪水量; probable maximum flood, PMF)은 홍수를 유발하는 극한 상태의 유역조건에서 가능최대강수량으로부터 발생하는 홍수량이다. 즉 극한 상태의 강우와 유출이 일어날 수 있는 두 조건이 일치할 때 발생되는 홍수량이다. 중규모 내지 대규모 댐의 여수로는 가능최대홍수량(PMF)을 방류할 수 있는 규모로 설계되나 이는 댐 붕괴가 과대한 피해와 인명손실을 초래하는 경우에 한한다. 또한 기존 댐의 안전도조사에 이용된다.

PMF는 강우-유출관계, 단위도 또는 모의기법을 이용하여 PMP를 변환하여 산정된다. PMF는 유역의 기왕 최대홍수의 수배에 이른다. 단위도를 이용하는 경우 높은 선행 토양함수조건과 낮은 손실율이 적용된다. 손실율은 큰 홍수기록중 최소치보다 작은 값이 적용된다. 선형 수문곡선모형이 사용되는 경우에는 비선형의 영향을 반영하기 위하여 홍수첨두를 상향조정한다. Linsley 등(1982)은 대홍수의 경우 5~20% 상향 조정하고 단위도를 이용하는 경우 수계를 통하여 신속한 홍수이동을 반영하기 위하여 단위도 첨두의 20~50% 증가를 제안했다. PMF에 근접하는 경험식이 제안되었으나(Crippen 1982) 이는 신뢰성이 낮으므로 PMF의 규모를 파악하는 수준에서 이용되어야 한다.

$$Q_M = 577.26A^{0.8405}Z^{-0.751} \tag{13.20}$$

$$Z = 0.6214A^{0.5} + 5$$

여기서 Q_M는 PMF(m^3/s), A는 유역면적(km^2)이다.

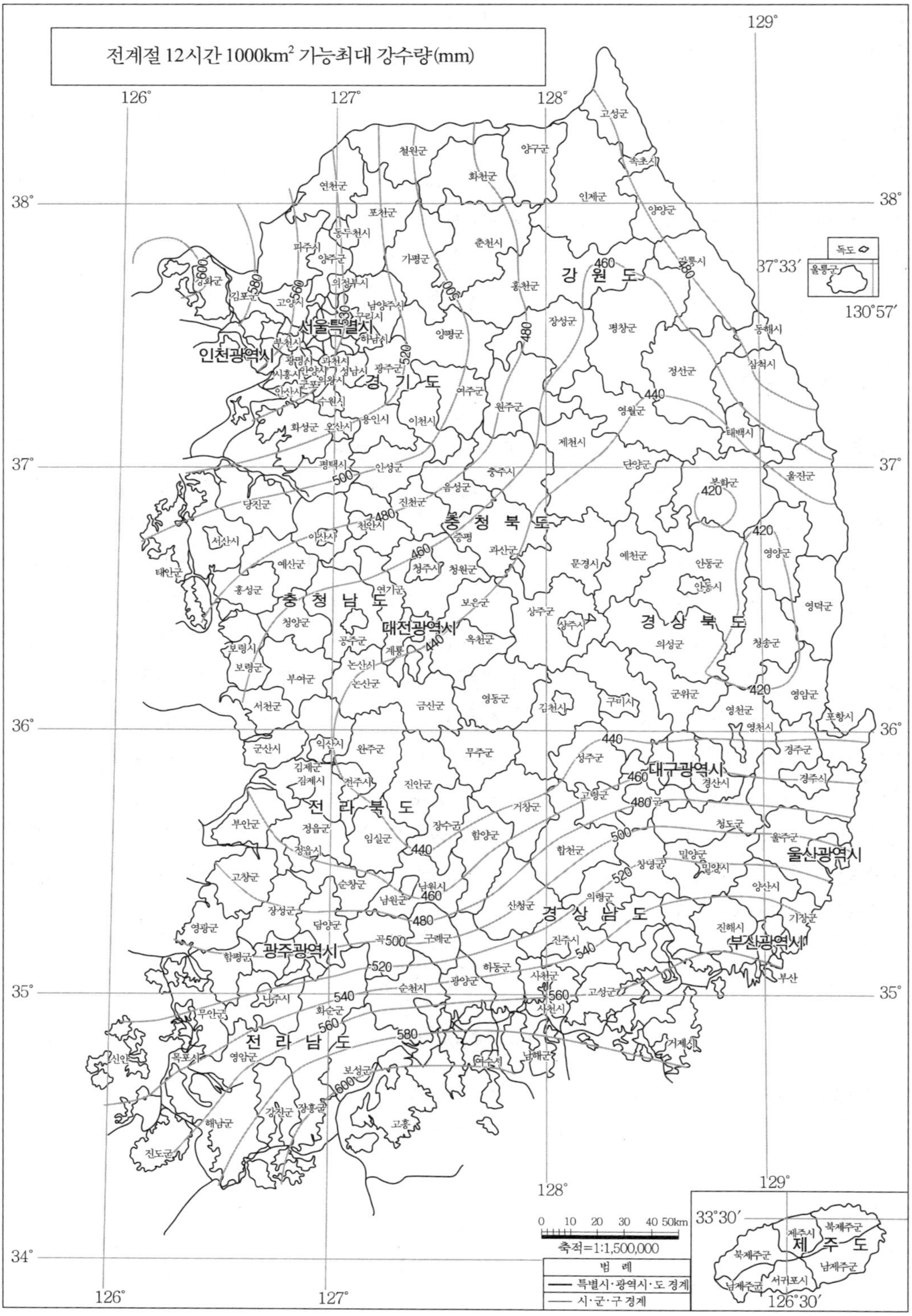

그림 13.14 전 계절 12시간 1000km² 가능최대강수량도

문 제

IDF곡선

13.1 그림 13.1에서 수원지역의 100년 24시간 강우량을 구하라.

13.2 그림 13.3의 IDF곡선을 이용하여 서울지역의 20년, 시간 강우강도와 강우깊이를 구하라.

13.3 평균이 50mm, 표준편차가 20mm인 지점의 1시간 지속기간의 10, 50 및 100년 호우의 강우강도를 결정하라. Gumbel분포가 적용되는 것으로 가정한다.

13.4 30분 지속시간 연최대강우계열의 평균이 38mm, 표준편차가 13mm인 지역의 2, 5, 10, 25, 50 및 100년 강우량을 산정하라. Gumbel분포를 가정한다.

설계우량주상도

13.5 그림 13.1에서 한 지점을 선정하여 100년 빈도 24시간 확률강우강도와 그림 13.6a의 50% 강우분포양상을 이용하여 100년 24시간 설계우량주상도를 작성하라.

13.6 서울지역의 암거설계에 대한 삼각형 우량주상도를 결정하라. 설계빈도는 10년, 지속기간은 60분이다. r값은 표 13.5에 주어진다.

13.7 재현기간 50년, 지속기간 60분에 대한 서울지방의 암거의 삼각형 설계우량주상도를 작성하라.

13.8 순간강우강도 방법으로 서울지역의 20년빈도 1시간 설계우량주상도를 구하여 도시하라.

13.9 $r=0.5$ 의 순간 강우강도 방법으로 대전지역의 10년빈도 1시간 설계우량주상도를 계산하여 도시하라.

13.10 문제 **13.8**의 전진계수를 $r=0.35$ 로 하여 수행하고 두 호우전진계수 대한 설계우량주상도를 같이 도시하라.

13.11 10년 5시간 호우의 강우강도가 20mm/hr이다. 30분 간격으로 2분위(표 13.3의 3란) 10년 5시간 Huff설계우량을 계산하고 주상도를 도시하라.

13.12 문제 **13.8**의 강우기록을 이용하여 Huff곡선을 유도하라.

13.13 전주지방의 10년 2시간 설계우량주상도를 Keifer–Chu방법으로 계산하여 도시하라.

13.14 문제 **13.8**을 10분 간격으로 교호블락방법을 이용해서 수행하라.

13.15 서울지역의 지속기간 1시간, 20년빈도 강우량의 시간분포를 Huff, 삼각형, 교호블락, Keifer–chu, 모노노베방법으로 계산하여 비교하라.

DAD 해석

13.16 위천유역(문제 2.8)에서 관측된 강우량자료(1992.8.24-25)를 이용하여 DAD해석을 수행하라. 시간간격은 2, 4, 6, 12 및 18시간으로 한다.

단위(mm)

시간 (h)		유량관측소 번호										
		1	2	3	4	5	6	7	8	9	10	11
92.8.24	18:00	.0	.0	.0	4.0	1.5	.5	.2	.8	.5	.5	1.5
	19:00	.5	1.0	3.5	3.0	2.5	1.0	2.8	1.8	2.0	2.2	2.5
	20:00	1.0	3.8	2.5	3.5	2.5	6.0	3.6	4.6	5.5	4.8	4.0
	21:00	17.5	19.0	18.0	15.5	12.0	18.0	17.7	15.6	17.0	17.5	13.0
	22:00	5.0	2.5	2.5	1.5	2.5	.5	1.8	1.3	1.0	1.2	3.5
	23:00	2.0	2.0	1.0	.5	6.0	1.5	1.3	3.1	2.0	1.6	2.0
	24:00	3.0	1.0	2.0	.5	1.0	1.0	1.6	.8	.5	1.3	1.5
92.8.25	01:00	3.0	.5	.0	.5	1.7	.0	.0	.5	.0	.0	.5
	02:00	2.0	1.0	.0	.5	1.5	.0	.0	.5	.0	.0	.0
	03:00	1.0	2.0	.5	2.5	2.0	.0	.5	.8	.5	0.5	.0
	04:00	.5	1.5	.5	5.0	2.0	.5	.5	1.1	1.0	.5	1.0
	05:00	2.5	3.5	1.0	6.0	2.5	.0	.8	1.0	.5	.7	2.0
	06:00	4.0	5.5	3.0	24.0	4.8	6.5	3.5	4.9	3.5	4.0	5.0
	07:00	3.5	3.5	3.5	3.0	4.0	4.0	3.6	3.5	2.5	3.8	13.0
	08:00	18.5	13.0	17.5	4.0	15.8	12.0	16.1	11.9	8.0	14.7	15.0
	09:00	4.5	5.0	13.0	3.5	4.7	15.5	13.6	12.4	17.0	14.3	8.5
	10:00	5.5	9.0	4.0	2.5	7.5	8.5	5.1	8.3	9.0	6.2	6.0
	11:00	5.5	6.5	10.0	3.5	6.0	7.0	9.2	7.0	8.0	8.5	3.0
	12:00	2.5	2.5	2.0	1.5	2.0	1.0	1.7	2.0	3.0	1.5	1.0
	13:00	2.0	1.5	.5	1.0	2.0	2.0	1.0	2.1	2.5	1.5	1.0
	14:00	1.0	1.0	2.0	.5	.5	.5	1.7	.8	1.5	1.5	1.0
	15:00	.0	.0	.0	.0	.0	.5	.0	.1	.0	.0	.0
	16:00	.5	.5	.5	.5	.5	.0	.5	.5	1.0	.5	.5
	17:00	.5	.5	.5	.5	1.0	1.0	.5	.8	.5	.5	.5
	18:00	.0	.0	.0	.0	.0	.0	.0	.0	.0	.0	.0
	19:00	.5	1.0	1.0	.5	1.5	2.5	.7	1.3	.0	.5	1.0
	20:00	.0	.0	.0	.0	.0	.0	.0	.1	.5	.0	.0
	21:00	.5	.0	.0	.0	.0	.0	.0	.0	.0	.0	.0

14 도시수문학

14.1 도시수문학의 특성

서 론

수문순환의 원리에서는 크게 다르지 않으나 도시지역의 수문학은 (1) 대부분의 지면이 포장, 지붕등과 같은 불투수성이고, (2) 우수배수관거와 같이 인공적이고 수리학적으로 잘 정비된 배수계통으로 되어있는 점에서 특징지어진다. 불투수층의 증가, 수목의 제거, 지면의 평탄화 및 표토의 다짐을 수반하는 도시화 또는 도시지역의 영향은 기후와 유출의 변화를 유발한다. 또한 도시 지면에는 인간 활동으로 인하여 오염물이 쌓이게 되고 이러한 오염물은 빗물에 씻겨 내려 수용수역의 수질을 악화시킨다. 이와 같은 비점오염은 건설 현장으로부터의 토사, 자동차로부터 기름과 그리스, 비료로부터 질소와 인, 살충제, 동물배설물, 각종 먼지를 포함한다.

도시화로 인한 기후의 가장 현저한 변화는 기온의 상승이다. 도시는 농경지보다 온도가 높고 특히 야간에 높아 열대야와 소위 **열섬**(thermal island)을 형성한다(그림 14.1). 도시지역 온도상승의 주요 인자는 도시의 인구로 100,000명 이상의 도시에서 온도는 인구의 대수함수로 증가한다(Bonan 2002). 유럽 대도시의 경우

$$\Delta T = 3.02 \log P - 3.29 \tag{14.1}$$

여기서 ΔT는 온도상승(℃), P는 인구이다. 도시와 농경지역의 온도 차이는 도시구조(크기, 건물과 도로의 방향)과 도시지표면의 특성(반사계수, 열용량, 열전도, 젖음 정도)의 영향을 받는다.

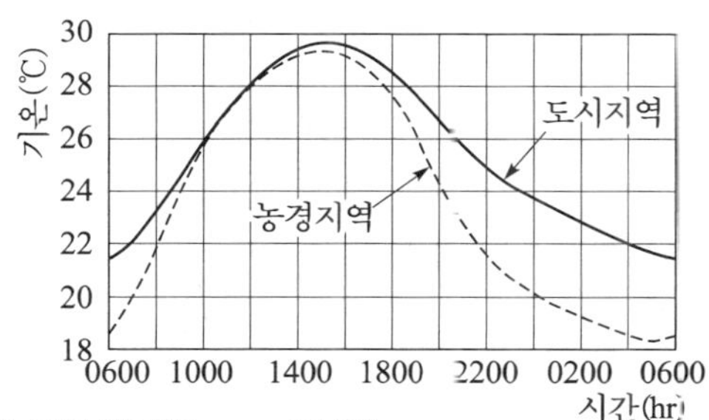

그림 14.1 도시와 농경지역의 기온차이(Bonan 2002)

도시의 건물은 조도의 증가를 유발하여 풍속이 감소되고 햇볕이 감소된다. 또한 도시지역에서는 강수량의 증가가 관측되었다. 따라서 동일한 면적, 경사 및 토양의 농경지 유역에서 보다 도시지역에서는 강우에 대한 반응이 신속하다. 도시화로 인한 유출의 영향은 다음과 같다. (1) 침투에 대한 투수성면적의 감소로 유출률이 증가하고 총 유출체적이 증가한다(표 14.1). (2) 포장과 같은 불투수지면은 거칠고 요부를 갖는 농경지보다 매끄러워 유역응답이 신속해져서 수문곡선의 상승부가 급해져서, 첨두시간이 빨라지고 유역지체는 감소한다. (3) 홍수첨두가 증가된다. 이와 같은 현상들은 그림 14.2에서 설명된다. (4) 침투의 감소로 지하저류로부터 기여가 감소하여 갈수량이 감소한다. (5) 도시 배출물로 인하여 하천수질이 악화된다. 신속한 반응과 증가된 유출체적으로 배수와 수방문제는 복잡해질 수도 있으나 손실의 추정이 간단해지고 수로의 형식, 경사 및 조도가 알려지므로 오히려 쉽게 되는 점도 있다.

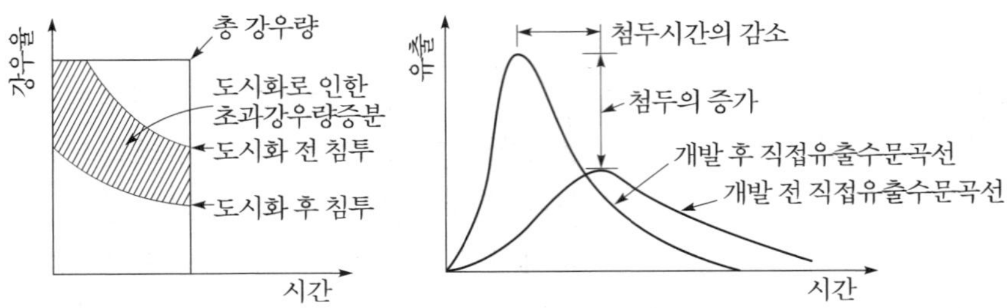

그림 14.2 도시유출수문곡선에 도시화의 영향

표 14.1 24시간 100mm 강우량에 대한 침투와 지표유출(Bonan 2002)

	강우량 (mm)	침투 (mm)	지표유출 (mm)	유출곡선번호(CN)
삼림	100	87	13	55
초지	100	69	31	69
주거지역	100	50	50	61(투수지역), 80(복합), 50% 불투수지역
상업지역	100	17	83	61(투수지역), 94(복합), 90% 불투수지역

도시의 배수계통은 우수배제가 주목적이면 **우수관거**(雨水管渠; storm sewer)라 하고 가정오수와 우수를 동시에 배제하면 **합류하수관거**(合流下水管渠; combined sewer)라 한다. 합류하수관거는 위어나 오리피스와 같은 수리학적 조절구조인 조절기(調節器; regulator)를 하류단에 가져서 건천후 흐름(가정오수)을 분리하여 처리장까지 도수하는 차집관거(遮集管渠; interceptor)를 갖는다. 우기에는 차집관거와 조절기의 용량이 초과되어 우수와 오수는 혼합되어 하천과 같은 수용수역으로 직접 방류되고 이는 오염물을 수반하게 된다. 우수와 가정오수를 분리하여 도수하는 배수계통을 **분류하수관거**(分流下水管渠; separate sewer)라 한다.

우수관거는 주어진 재현기간에 대한 첨두유량을 감당하도록 설계된다. 만약 이와 같이 설계된 용량이 초과되면 빗물은 맨홀을 통하여 지상으로 분출되며 도로와 같은 지면을 따라 흐르게 된다. 이러한 도로와 같은 지면이 초과된 용량을 감당하도록 설계되지 않으면 지면흐름은 구조물을 통해서 흐르게 되어 재난을 초래하게 된다. 즉 우수관거가 초과되더라도 배수가 가능하도록 설계된 도시하부구조라야 한다.

도시수문학의 공학적인 문제. 도시수문학에서 공학적인 문제는 첨두유량의 크기를 조절하고 배수계통의 최대수심 즉 관거의 크기결정으로 구성된다고 볼 수 있다. 기존 우수관거계통의 용량초과는 새로 개발된 지역의 우수를 기존의 오래된 관거가 담당하게 될 때 종종 일어난다. 이는 우수관거, 개수로의 흐름단면의 증대 또는 조정지(유수지)를 필요로 한다. 도시유출은 수질이 나쁘므로 수용수역에 방류되기 전에 유출의 수질을 개선하도록 하는 조치가 취해져야 한다. 이는 특히 합류식에서 절실하다.

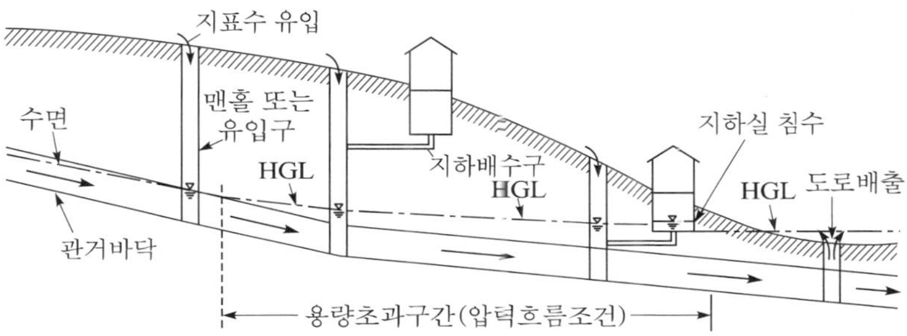

그림 14.3 우수관거의 용량초과로 인한 동수경사선의 변화

그림 14.3과 같이 흐름의 동수경사선이 관거의 정부보다 높게 되면 용량초과현상(surcharging)이 일어나게 된다. 동수경사선이 높게 되면 지하실이 침수되고 맨홀을 통하여 우수가 도로로 배출되어 도로가 침수됨과 동시에 배수로 역할을 하게 된다. 단약 합류식에서 동수경사선이 높게 되면 하수가 지하실에 유입되어 보건문제가 발생하게 된다.

표 14.2 도시유출 조절방안

방 안	내 용
저류시설	
조정지	물을 가두고 서서히 방류
저류지	물을 저장하여 방류하지 않고 침투와 증발로 제거된다.
예	저지대, 각종탱크, 배수계통의 저류조, 저습지, 공원, 지붕 주차장
	용지확보가 가능하면 저렴하고 수자원보전의 역할
침투증대	투수지면의 증대
예	다공성 침투성 포장과 주차장
	수자원 보전의 역할, 큰 호우의 경우 홍수량 감소효과는 작다.
홍수조절수단	
예	수로화, 홍수터의 구획화(zoning), 건물의 내수화

도시유출의 양을 조절하는 방안들이 표 14.2에 수록된 바와 같다. 새로 개발되는 지역에서는 강우유출을 소통시킬 수리학적으로 충분한 용량을 갖는 우수관거나 개수로의 배수계통을 설계

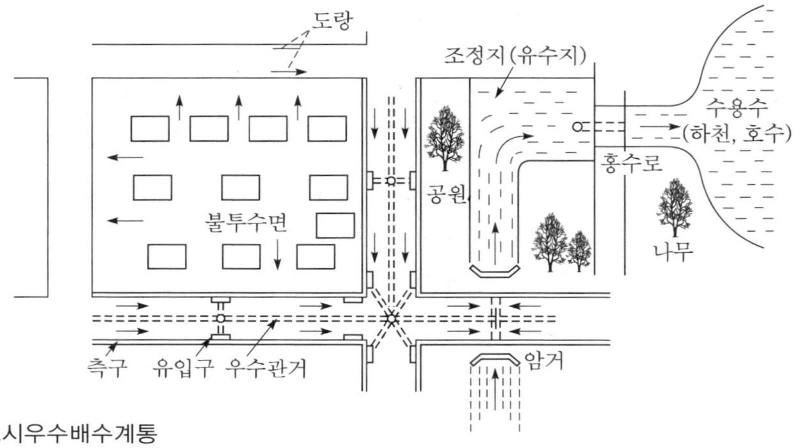

그림 14.4 도시우수배수계통

하는 것이 용이하다. 그러나 기존 관거계통에서는 경제성이 없거나 수리학적으로 가능성이 낮게 된다. 지면저류 또는 관거 내 여분의 저류용량을 이용하여 첨두를 감소시키는 것이 가장 일반적인 대안이 된다. 지면저류는 침투와 증발을 증가시켜 첨두와 유출고를 감소시키는 2차적인 이점이 있다. 또한 저류시설은 수질개선을 위한 침전지 역할을 한다.

14.2 도시우수관거 설계(강)우량

설계(강)우량은 계획된 배수계통의 설계에 기본으로 사용되는 강우사상으로 정의될 수 있다. 설계 강우량은 두 형태로 구분될 수 있다. (1) 첫째는 강우기록의 IDF해석에 근거한 설계호우(design storm)라고 하는 인위적인 사상이다. 이는 첨두유량이 기본사항이 되는 배수설계나 이에 준하는 설계에 사용된다. (2) 둘째 형태는 실제 강우기록을 직접 사용하는 것이다. 이는 조정지(detention basin)와 같이 유출체적이 필요하거나 수질이 중요한 문제에 사용된다.

설계강우량은 빈도 또는 재현기간, 총 강우깊이(총강우량), 지속기간 및 강우량의 시간분포(우량주상도)의 성분을 포함한다. 공간분포는 그 영향을 무시할 만큼 배수면적이 작을 경우로 간주하며 균일한 것으로 가정한다. 설계에서 먼저 선정되는 사항은 빈도 또는 재현기간이다. 빈도의 선정은 건설비용과 침수, 사회기능상의 지장 및 불편으로 인한 피해액과의 절충을 반영한다. 빈도선정에 내재된 사실은 설계강우량의 재현기간이 배수계통의 설계용량을 초과하는 재현기간과 같다는 가정이다. 다음은 설계강우량의 주요성분이 기술된다.

강우자료. 강우자료는 강우강도-지속기간-빈도(IDF)곡선, 합성설계호우, 기록에 의한 설계호우, 장기 강우기록 등의 형태로 사용된다. IDF곡선은 경험적인 첨두유량공식이나 합성설계호우의 입력으로 사용된다. 합성호우는 많은 수의 실제호우의 특성을 발생하거나 합성하여 유도된다. 호우의 특성은 재현기간, 총 강우깊이, 지속기간, 공간분포를 포함한다. 이에 관한 기술은 13장에 주어진다. 설계 강우량의 개발은 짧게는 5분 간격의 상세한 강우자료를 필요로 한다.

IDF 해석. 설계목적으로 강우자료를 나타내는 유일한 방법은 상이한 지속기간에 대한 강우깊이

(또는 강우강도)와 빈도(또는 재현기간)과의 관계형태이다. 이에 관해서는 13.2절에 상술된다.

설계강우량의 지속기간. 대상지역의 면적이 증가하면 점강우량이 감소함은 13.1절에서 기술된 바와 같다. 유역면적이 26km²보다 작으면 점강우량은 보정함 없이 사용된다. 설계강우량의 지속기간은 유역의 모든 부분이 설계지점에서의 유출에 기여할 수 있는 충분히 긴 시간으로 선정된다. 이러한 기준은 지속기간이 유역의 도달시간과 같음을 시사한다. 설계강우의 지속기간으로 도달시간의 사용은 합리식의 기본이 된다.

설계강우의 시간분포. 설계재현기간과 지속기간에 해당하는 총강우량의 시간분포 또는 우량주상도는 첨두유출에 미치는 영향이 현저하다. 합리식에서는 균일분포가 적용되나 다른 유출계산과정에서는 불균일 우량주상도가 이용된다. 설계강우량의 시간분포를 결정하는 방법에는 Huff, Keifer-Chu, Yen-Chow(13장)방법 등이 있다.

유수지(또는 조정지)의 설계강우량. 첨두유량을 도출하는 방법들은 첨두유량과 유출체적간에 관계를 정의하지 않으므로 유출체적을 필요로 하는 문제에는 적합하지 않다. 따라서 첨두유량 설계에 선정된 합성강우사상은 첨두체적설계에는 적당하지 않다. 예를 들면 중간유수지의 설계 규모는 하류에 방류되는 최대허용유량, 저류용량과 경관에 따라서 결정되고 외수에 대비한 하류에 위치한 유수지의 규모는 저류용량, 인근지역 침수정도 또는 강제 배수하는 경우에는 펌프용량에 따라 결정된다. 따라서 유수지로 유입되는 직접유출수문곡선의 모양과 체적이 중요하다. 이는 강우강도뿐만 아니라 지속기간이 중요함을 시사한다.

설계재현기간. 도시 우수구조물의 설계에 통상 적용되는 설계재현기간은 다음과 같다. 도로측구에는 2～5년, 우수관거에는 2～25년, 조정지/저류지에는 10～100년, 도로의 교통량에 따라 암거에는 5～100년의 재현기간이 적용된다.

14.3 합리식

합리식(合理式; rational method)은 주로 도시지역의 소규모 지표수 배수구조물의 설계에 널리 이용되는 경험적 첨두 유출모형이다. 유역 전역에 걸쳐 일정한 강우강도의 강우가 지속되어 가장 먼 지점 R(그림 14.5)에 내린 강우가 유출구 O에 이르는 도달시간 t_c에서 유출은 첨두가 되고 동일한 강우강도의 강우가 지속되면 첨두는 계속된다(그림 14.5 a). 만약 강우 지속기간(D)가 도달시간(t_c)보다 짧으면 유출구에서 유출은 첨두 Q_P에 이르지 못한다(그림 14.5d). 한편

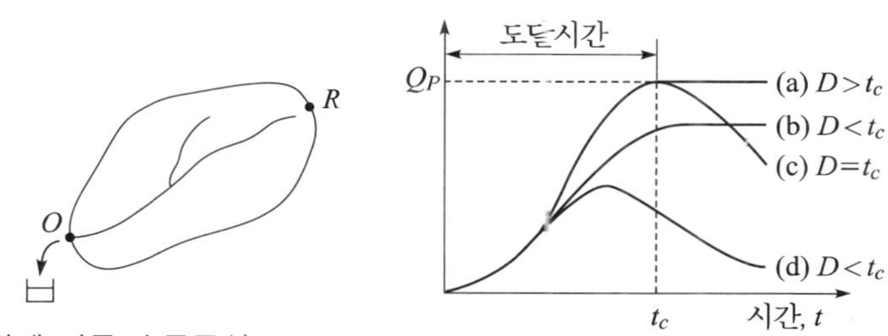

그림 14.5 지속기간에 따른 수문곡선

도달시간보다 긴 지속기간이 선정되면 일반적으로 평균 강우강도는 지속기간에 반비례하므로 유출은 첨두 Q_P에 이르지 못한다(그림 14.5b).
첨두유출을 계산하는 합리식은 다음과 같다.

$$Q_P = 0.278\,CiA \tag{14.2}$$

여기서 Q_P = 첨두유량(m^3/s), C = 유출계수, i = 재현기간이 T이고 도달시간 t_c동안 지속되는 강우강도(mm/hr), A = 유역면적(km^2)이다.

합리식에서는 전 유역에 강우가 균일하고, 지속기간동안 강우강도가 일정하고, 강우지속기간이 도달시간 t_c와 같고, 첨두강우량과 이로 인한 첨두유출의 재현기간이 같은 것으로 가정된다. 이러한 제약에 따라 합리식의 적용은 $A \leq 15\text{km}^2$의 작은 유역에 권장된다.

유출계수, C. 이는 주어진 재현기간과 강우강도를 갖는 강우를 동일한 재현기간(빈도)의 첨두유출로 변환하는 인자이다. 따라서 유출계수는 유출과정의 많은 복잡한 현상인 침투, 증발 및 요부저류에 의한 손실을 반영한다. 유출계수의 크기는 선행강우조건, 지면경사, 피복상태, 요부저류, 토양함수상태, 유역의 모양, 지표류 속도, 강우강도 등에 따라 영향을 받는다. 강우량과 지속기간이 증가함에 따라 유출계수가 증가하는 것으로 조사되었다. 그러나 지표면 형태에 따라 고정된 값이 사용되며 이와 같은 간단화가 합리식의 강점이며 약점이다.

강우량의 손실은 유출계수에 의하여 유출에 반영되므로 C는 토지이용의 함수로 주어진다.

표 14.3 유출계수 C(미국토목학회, Manual No. 37)

토지이용별 유출계수		지면 상태에 대한 유출계수	
상업지역	0.50–0.95	도로	0.70–0.95
도심지역	0.70–0.95	아스팔트	0.70–0.95
도심근접지역	0.50–0.70	콘크리트	0.80–0.95
주거지역	0.25–0.75	벽돌	0.70–0.85
단독가구 구역 지역	0.30–0.50	보도, 주차장	0.75–0.85
다수가옥으로 건물이 떨어진 구역	0.40–0.60	지붕	0.75–0.95
다수가옥으로 건물이 근접해 있는 구역	0.60–0.75	잔디(사질토)	0.05–0.20
		평탄 0–2%	0.05–0.10
아파트 구역	0.50–0.70	보통 2–7%	0.10–0.15
교외주거지역	0.25–0.40	급경사 7%이상	0.15–0.20
공업지역	0.50–0.90	잔디(세립토)	0.13–0.35
밀집되지 않은 구역	0.50–0.80	평탄 0–2%	0.13–0.17
밀집해 있는 구역	0.60–0.90	보통 2–7%	0.18–0.22
녹지, 기타	0.10–0.25	급경사 7%이상	0.25–0.35
공원, 묘지	0.10–0.25		
놀이터, 운동장	0.20–0.35		
철도 조차장	0.20–0.40		
미개량 구역	0.10–0.30		

한 유역이 상이한 토지이용의 피복상태로 구성되는 복합토지이용인 경우에는 상이한 피복상태의 면적을 가중인자로 하는 **가중평균유출계수**(加重平均流出係數; weighted average runoff coefficient)를 사용한다.

$$C = \frac{\sum A_i C_i}{\sum A_i} \tag{14.3}$$

여기서 C = 가중평균 유출계수, A_i = 상이한 피복상태의 면적, C_i = 상이한 피복 상태의 유출계수이다.

예제 14.1

한 배수구역이 60%의 포장지역($C=0.9$)과 40%의 잔디($C=0.3$)로 구성된다. 가중평균유출계수를 결정하라.

풀이 가중평균유출계수

$$C = \frac{0.4(0.3)+0.6(0.9)}{0.4+0.6} = 0.66$$

유역면적(A). 유역면적은 대상지점에 대한 배수면적으로 분수령을 경계로 하는 지역의 면적이다. 이는 일반적으로 지형도상에서 구적기를 이용하여 결정한다. 자연계에서는 유역면적이 되나 도시지역에서는 배수면적을 나타낸다. 하수관거에서는 **유입지점**(流入地點; inlet)에 대한 면적이 된다.

강우강도(i). 강우강도는 강우의 지속기간과 호우빈도 또는 재현기간에 따라 다르게 된다. 자기우량계의 관측자료를 이용하여 IDF곡선이 작성된다(13장). 합리식의 적용에서 IDF곡선을 이용하여 강우강도 i를 결정함에는 먼저 재현기간이 선정되고 도달시간과 같은 지속기간이 선정되어야 한다.

도달시간(到達時間; time of concentration) t_c는 유역의 가장 먼 곳에 내린 빗물이 유역의 유출구(outlet; 流出口) 또는 문제의 지점에 도달하는데 소요되는 시간으로 정의된다. 도달시간은 유역내 모든 지점이 유출에 기여하기 시작하는 시간이다. 강우강도는 호우 지속기간이 증가함에 따라 감소하는 경향을 가지므로 균일 강우강도의 조건을 만족하기 위해서는 지속기간이 가능하면 짧아야 한다. 그러나 만약 지속기간이 도달시간 t_c보다 짧으면 유역면적의 일부분만이 유출에 기여하게 된다. 도달시간은 강우강도가 결정되는 단위지속기간으로 사용된다. 한 유역내에서 유출구에 도달하는 흐름경로는 여러 경로가 있을 수 있다. 이러한 경우 (1) 유출계수가 동일하면 도달시간은 상이한 흐름경로의 시간 중에서 가장 긴 시간을 도달시간으로 취하고, (2) 유출계수가 다를 경우에는 높은 유출계수를 갖는 경로의 도달시간이 최대 첨두를 유발하는 경향을 갖는다.

우수관거의 설계에 따라서는 도달시간이 가장 먼 지점에 내린 빗물이 지표면, 도로와 측구를 흘러 관거의 유입구까지 도달하는데 소요되는 **유입시간**(流入時間; inlet time) 또는 **지표류시간**

(地表流時間; overland flow time)과 우수관거내를 흐르는 **유하시간**(travel time)(min)합으로 정의된다.

$$t_c = t_i + t_t \tag{14.4}$$

여기서 t_i는 유입시간(min), t_t는 관거, 수로내의 유하시간(min)이다. 이 경우 판상류의 유입시간은 최원점에서 도시화지역의 거리가 100m(비도시화 지역에서는 150m)를 초과하지 않으면 유입시간 t_i는 다음 식으로 계산될 수 있다(Urbonas 1992).

$$t_i = \frac{0.552\left[1.8\,(1.1 - C_5)L^{0.5}\right]}{S^{1/3}} \tag{14.5}$$

여기서 t_i= 유입시간 또는 초기 지표류시간(min), C_5= 5년 빈도강우에 사용되는 유출계수(표 14.4), L= 지표류길이(m), S= 평균유역경사(%)이다.

표 14.4 불투수성 면적과 토지이용에 대한 식 (14.5)의 유출계수(CDOT, 2009)

토지이용, 표면특성	불투수성 면적(%)	재현기간별 유출계수			
		2년	5년	10년	100년
상업지역	95	0.87	0.87	0.88	0.89
상업지역 주변	75	0.60	0.65	0.70	0.80
주거지역					
단독가구	0.40	0.45	0.50	0.60	
분리 다가구	50	0.45	0.50	0.60	0.70
연속 다가구	70	0.60	0.65	0.70	0.80
2,000 m^2 이상 대지	0.30	0.35	0.40	0.50	
아파트	70	0.65	0.70	0.70	0.80
산업지역					
경공업	80	0.71	0.72	0.76	0.82
중공업	90	0.80	0.80	0.85	0.90
공원	7	0.10	0.18	0.25	0.45
놀이터	13	0.15	0.20	0.30	0.50
학교	50	0.45	0.50	0.60	0.70
철도 조차장	20	0.20	0.25	0.35	0.45
미개발지역	2	0.05	0.15	0.25	0.50
도로 포장	100	0.87	0.88	0.90	0.93
다진 자갈	40	0.40	0.45	0.50	0.60
차도, 보도	96	0.87	0.87	0.88	0.89
지붕	90	0.80	0.85	0.90	0.90
잔디 사질토	7	0.10	0.18	0.25	0.45
점토질	7	0.10	0.18	0.25	0.45

유입시간으로 5~30분이 많이 발표되었으나 개발이 많이 되어 불투수지역인 경우 5분이 채택되기도 하나 대부분의 경우 최소 10~20분이 적용된다.

고도로 개발된 불투수성 도시지역, 조밀 지역의 빗물유입구	5분
주거 밀도가 낮은 개발도시지역	10~15분
주거지역	20~30분

t_c 산정방법에는 여러 방법이 있으며(표 14.5), 그중 어느 것은 주로 지표류에, 어느 것은 수로흐름에, 또는 지표류와 수로흐름에 대한 식이다. 표 14.5의 1–4는 주로 지표류에 대한 공식이다. Izzard방법은 강우강도를 필요로 한다. Izzard방법에 의하여 도달시간 산정과정은 먼저 도달시간을 가정하여 강우강도를 IDF곡선 또는 식 (13.4)와 같은 식으로 구하고 Izzard식으로 t_c를 계산한다. 가정한 t_c와 계산된 t_c가 일치하지 않으면 과정을 반복한다. 운동파방법도 강우강도를 포함하므로 Izzard 방법에 준한다.

유역에서 빗물이 흐르는 과정은 지표면을 흐르는 **판상류**(板狀流; sheet flow) 또는 박류, 수심은 작으나 모여서 흐르는 실개천흐름과 같은 **천집중류**(淺集中流; shallow concentrated flow), 개수로 흐름의 세 과정으로 구성된다. 따라서 도달시간은 세 과정흐름의 유하시간의 합이다.

표 14.5 도달시간의 산정공식

조사자	도달시간공식	비고
1. Kerby	$3.03\left(\frac{nL^{1.5}}{H}\right)^{0.467}$	$L < 0.4$km
2. Izzard	$\frac{(0.024i^{0.331}+878k/i^{0.67})L^{0.67}}{(CH^{0.5})^{0.67}}$	$IL < 3.8$ $k=0.007$ 매끄러운아스팔트 0.012 콘크리트포장 0.046 짧게 깍은잔디 0.060 조밀한잔디
3. Bransby–Williams	$\frac{0.96L^{1.2}}{H^{0.2}A^{0.1}}$	
4. US Federal Aviation Agency	$\frac{3.64(1.1-C)L^{0.83}}{H^{0.33}}$	공항배수
5. Kirpich	$\frac{0.0663L^{0.77}}{S^{0.385}}$	미국의 농경지 급경사(3∼10%)소유역 불투수성 포장지역의 계산 t_c에 0.4를, 콘크리트수로에는 0.2를 곱한다.
6. California	$(0.87\frac{L^3}{H})^{0.385}$	미국 California주의 작은 산간유역
7. Kinematic wave (Morgali and Linsley)	$\frac{0.0156(nL)^{0.6}}{i^{0.4}S^{0.3}}$	L은 ft, i는 in/hr
8. Rizha	$0.0139\frac{L}{S^{0.6}}$	자연하천 상류부 $S \geq 1/200$
9. Kraven	$0.0074\frac{L}{S^{0.515}}$	자연하천 하류부 $S < 1/200$
10. US NRCS	$0.278\frac{L}{V}$	
11. US NRCS	$t_L=\frac{1.347L^{0.8}(S+2.54)^{0.7}}{1900S_b^{0.5}}$ $t_L=0.6t_c,\ S=2540/CN-25.4$	L은 유역길이(m), S는 최개잠재보유수량(식 6.12), S_b는 평균유역경사(%)

$A=$ 유역면적(km^2), $i=$강우강도(mm/hr), $H=$표고차이(m)
$L=$유로연장(km), $t_c=$도달시간(hr), $S=$H/L

그러나 실제로 판상류와 천집중류에 해당하는 시간은 유입시간으로 계산된다. 개수로흐름의 유속과 유하시간은 마닝공식을 이용해서 구한다.

미국 Denver시(Denver 1991)는 t_c의 상한치로 식 (14.6)을 제안하였다. 만약 계산된 t_c가 식 (14.6)에 의한 t_c를 초과하면 식 (14.6)에 의한 t_c를 사용한다.

$$t_c = 0.305\left(\frac{L}{180}\right) + 10 \tag{14.6}$$

여기서 t_c는 경사가 0.4% 또는 그 이상인 유역의 최대도달시간(min), L은 유입점까지 최대거리(m)이다.

표 14.6 Kerby공식의 n값(ASCE 1959)

지표면 상태	n
불투수, 포장지면	0.02
다져진 나지토양	0.10
빈약한 잔디, 작물경작지, 거친 나지	0.20
방목초지, 잔디	0.40
낙엽있는 삼림지	0.60
침엽수 삼림, 낙엽과 가지 또는 잔디가 쌓인 삼림지	0.80

예제 14.2

다음 그림의 유출구 C점에서의 도달시간을 산정하라. 우수관거의 평균유속은 1m/s이다.

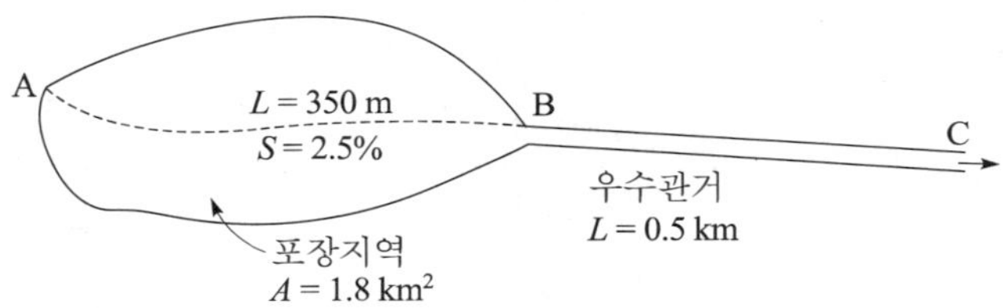

풀이 먼저 최원점 A에서 우수관거의 유입구 B점까지의 유입시간 t_i를 계산한다.

1. Kerby방법

표 14.7로부터 $n = 0.02$이고 H=(경사×거리)$= \frac{2.5}{100} \times 350 = 8.75$m이므로

$$t_i = 3.03\left(\frac{0.02 \times 0.35^{1.5}}{8.75}\right)^{0.467} = 0.085\text{hr 또는 } 5.1\text{min}$$

2. Kirpich $\quad t_i = \dfrac{0.0663(0.35)^{0.77}}{(0.025)^{0.385}} = 0.123$hr 또는 6.5min

3. Bransby−Williams $\quad t_i = \dfrac{0.96(0.35)^{1.2}}{(8.75)^{0.2}1.8^{0.1}} = 1.66$hr 또는 9.98min

4. Izzard

도달시간을 15분으로 가정한다. 서울지역으로 가정하면 5년 빈도에 대한 강우강도는 그림 13.3으

로부터 $i = 110\text{mm}$

$$iL = 110(0.35) = 38.5 > 3.8$$

따라서 Izzard공식은 적용되지 않는다.

5. 한편 $C_s = 0.9$에 대하여 식 (14.5)에 의하면 $t_i = 2.74\text{min}$, 식 (14.6)에 의하면 $t_c = 0.305\left(\frac{350}{180}\right) + 10 = 10.6\text{mim}$이 된다.
6. 우수관거 유하시간

$$t_p = \frac{\text{우수관거길이}}{\text{유속}} = \frac{500}{1} = 500\text{sec} \text{ 또는 } 8.3\text{min}$$

따라서 도달시간 $t_c = t_i + t_p$는 적용방법에 따라 11.04~18.28min 범위의 값을 갖는다.

합리식의 적용

합리식을 이용하여 첨두유량을 구하는 과정을 다음과 같다.

1. 대상 지점에 대한 유역경계를 정하고 유역면적, 토지이용상태, 유역표고, 유로연장을 결정하고 관거가 처음 매설되는 지점인 유입점(inlet point)을 정한다.
2. 표 14.3으로부터 각 소유역에 대한 유출계수를 결정하고 필요하면 가중평균유출계수를 계산한다.
3. 도달시간을 구한다. 2개 이상의 소유역이 만나는 하류지점에서의 도달시간은 그 중에서 제일 큰 값이 채택된다.
4. 재현기간 T를 선정하고 T년 강우강도 i를 그림 13.3과 같은 강우강도-지속기간-빈도(IDF)곡선으로부터 도달시간과 같은 강우 지속기간에 대하여 구한다. 대표적인 재현기간 T는 주거지역에는 5년, 상업 및 고가지역에는 20년, 홍수방어시설에는 50년 그 이상이 적용된다.
5. 식 (14.2)를 이용하여 첨두유량 Q를 계산한다.

예제 14.3

서울지역에 위치한 그림과 같은 지역에 합리식을 이용하여 재현기간 10년 설계유량을 결정하라.

풀이 주어진 자료로부터 도달시간=지표류 유입시간+관거 유하시간$= 20 + 7 = 27\text{min}$

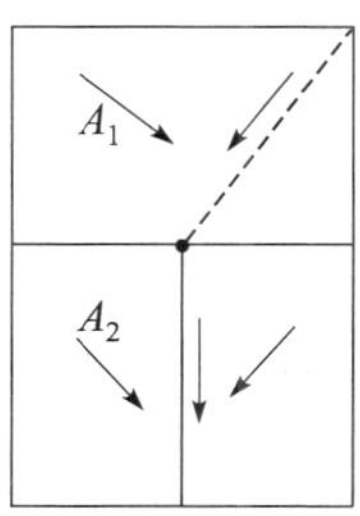

$A_1 = 0.05\ \text{km}^2$
$C_1 = 0.3$
$t_{c1} = 20\ \text{min}$

$A_2 = 0.07\ \text{km}^2$
$C_2 = 0.8$
$t_{c2} = 7\ \text{min}$

$$\text{가중평균유출계수} = \frac{0.3 \times 0.05 + 0.8 \times 0.7}{0.05 + 0.07} = 0.6$$

강우강도는 그림 13.3으로부터 지속기간 27분과 재현기간 10년에 대하여 112mm/hr이므로 설계 첨두유량은 식 (14.2)로부터

$$Q = 0.278CiA = 0.278 \times 0.6 \times 112 \times 0.12 = 2.24\text{m}^3/\text{s}$$

유역면적이 상이한 토지이용으로 구성되었을 경우 가중평균 유출계수를 이용하는 대신 식 (14.7)이 이용될 수 있다.

$$Q = 0.278i\sum_{k=1}^{n} C_k A_k \tag{14.7}$$

여기서 C_k는 분할구역의 유출계수, A_k는 분할구역의 면적이다.

설계과정에서 주의할 사항은 첨두유량은 각 소유역에서 발생된 첨두유량의 합으로 주어지지 않는 점이다. 왜냐하면 각 소유역의 첨두는 서로 다른 시간에 일어나기 때문이다. 평균 강우강도 i는 총유역면적의 도달시간에 해당하는 지속기간에 대한 강우강도이다. 설계가 하류로 진행됨에 따라 유역면적과 유로연장(또는 흐름경로)이 증가한다. 흐름경로가 길어지면 도달시간(=지속기간)이 증가하므로 IDF곡선에서 강우강도 i는 감소한다. 강우강도 i는 감소하나 면적은 계속 증가하므로 첨두유량 또한 계속 증가한다. 이로부터 합리식은 유역면적이 유로연장의 증가에 따라 선형으로 증가하는 유역 즉 유역면적이 하류방향으로 선형으로 증가하는 유역에 적용가능하다. 이러한 조건이 아니면 유역면적의 증가에 따른 첨두유출은 증가하지 않는다.

유출계수가 균일한 유역의 중간지점(A)과 하류 유출구(B)의 강우강도, 도달시간, 유역면적 및 첨두유출을 각각 i_A, t_A, A_A, Q_A와 i_B, t_B, A_B, Q_B라 하면 $A_B > A_A$이다. 또한 $t_B > t_A$이므로 $i_B < i_A$이다. 두 지점이 첨두유출은 각각 $Q_A = Ci_AA_A$, $Q_B = Ci_BA_B$이다. 이로부터 $Q_B > Q_A$가 되기 위해서는 A_B/A_A가 i_A/i_B보다 커야 한다. 이는 하류방향으로 면적의 증가율이 강우강도의 감소율보다 커야한다.

유역형상이 복잡한 경우에는 설계가 하류로 진행됨에 따라 주목되는 점은 면적이 증가하는 각 지점에서 합리식이 새로이 적용되는 것이다. 즉 면적이 증가함에 따라 유출계수, 도달시간, 강우강도가 달라지기 때문이다.

우수관거 설계

우수관거 단면의 설계과정은 다음과 같다.

1. 설계유량 Q_d에 대하여 관거내에 퇴적을 억제하는 최소 수로유속(0.9m/s) 및 최소 관경(0.3~0.6m)에 대한 우수관거의 직경을 연속방정식 $Q = AV$에 의하여 계산한다. 이는 최대단면 즉 관경의 상한선이 된다.
2. 설계유량 Q_d와 지표면 경사에 마닝공식을 적용하여 우수관거의 직경을 계산한다.
3. 단계 2의 직경이 단계 1의 상한직경을 초과하지 않으면 단계 2의 직경을 취하되 실제관의

크기를 정할 때에는 단계 2의 직경보다 큰 표준크기를 채택한다.

4. 단계 2의 직경이 단계 1에 의한 상한직경을 초과하면 단계 1의 우수관거 직경을 이용한 마닝공식에 의하여 관거의 경사를 다시 계산한다. 이 경우 지면경사보다 급한 경사가 선택된다.
5. 설계유량이 만수상태로 흐르는 관거의 용량보다 크게 되면 **초과유량**(超過流量; surcharge)이 일어나고 결과적으로 맨홀이 물로 채워지게 된다. 이와 같은 초과유량을 피하기 위해서는 관거의 경사를 크게 하거나 관거의 단면을 증가시켜야 한다.

도시우수 배수설계의 대부분의 경우 합리식이 이용되나 면적이 약 3km^2 이상이 되면 흐름추적과 수로저류 영향을 포함하는 수문곡선기법을 사용하는 것이 타당하다.

예제 14.4

우수배수계통이 4개의 소구역으로 구성된다. 재현기간 5년에 대한 각 우수관거의 설계유량을 결정하라. 이 경우 우수관거의 평균유속은 1.5 m/s이고 유역을 서울지역으로 가정하여 그림 13.3을 이용하라.

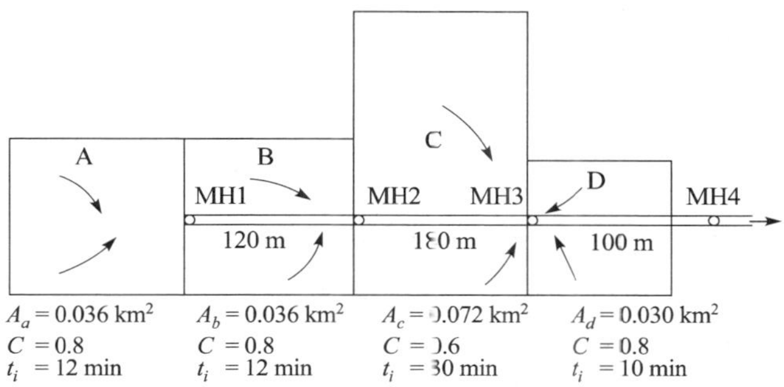

풀이 우수관거의 유하시간

우수관거 1−2: $t_{t1-2} = L/V = 120/1.5 = 80$sec 또는 1.33min

우수관거 2−3: $t_{t2-3} = L/V = 180/1.5 = 120$sec 또는 2.00min

우수관거 3−4: $t_{t3-4} = L/V = 100/1.5 = 66.67$sec 또는 1.11min

계산과정은 표 14.7과 같다.

맨홀MH3에 대한 계산과정이 설명된다. 맨홀HM3에는 소구역 A, B, C, D의 유출이 다 유입되므로 이 소구역에 대한 면적(A), 유출계수(C), 이들의 곱(AC)는 각각 2, 3, 4란에 주어지고 5란은 ΣAC이다. 즉 $\Sigma AC = 0.1248$은 0.1008+0.024 = (0.0288+0.0288+0.0432)+0.024 = 0.1248과 같이 산정된다. 6란은 맨홀 MH3에 유입되는 유로를 나타내고, 7란은 각 유로의 유입시간, 8란은 수로 유하시간이다. 9란은 유입시간과 수로 유하시간의 합으로 이중에서 가장 큰 값이 맨홀MH3의 도달시간이 되고 이들 값에는 밑줄이 그어져 있다. 10란은 도달시간에 해당하는 지속시간과 재현기간 5년에 대한 강우 강도로서 그림 13.3의 IDF곡선으로부터 얻는다. 첨두유량은 (0.278×5란×10란)으로 주어진다. 즉 $0.278 \times 0.1248 \times 85 = 2.95$m^3/s.

표 14.7 합리식 적용 계산 예

맨홀	면적 A (km^2)	유출계수 C	AC	ΣAC	유하시간(min) 유로	유입시간	수로	도달 시간 (min)	강우 강도 (mm/hr)	첨두 유량 (m^3/s)
(1)	(2)	(3)	(4)	(5)	(6)	(7)	(8)	(9)	(10)	(11)
MH 1	0.036	0.8	0.0288	0.0288	A–1	12	–	12	120	0.96
MH 2	0.036	0.8	0.0288	0.0576	B–2	12	–	12		
					A–1–2	12	1.33	**13.33**	119	1.91
MH 3	0.072	0.6	0.0432	0.1008	C–3	30	–	**30**	85	2.95
					A–1–2–3	13.33	2	15.33		
	0.030	0.8	0.024	0.1248	D–3	10	–	10		

14.4 수정합리식

수정합리식(修正合理式; modified rational method)은 첨두유출을 제공하는 합리식을 이용하여 유출수문곡선을 유도하는 과정이다. 이는 선정된 재현기간과 방류율(discharge rate)에 대한 유수지(조정지)와 저류지의 설계에 사용된다.

수정합리식은 합리식의 가정에 근거한다. 유출수문곡선은 삼각형 또는 사다리꼴로 근사되고 이들 모양은 도달시간(t_c)과 강우지속기간(t_d)의 크기에 따라 다르게 된다. 수문곡선은 전유역이 유출구에서의 유출에 기여할 때까지 즉 강우가 도달시간동안 지속될 때까지 계속 증가하여 첨두유출(또는 평형유출)에 이르고 강우가 중단되면 유출은 감소한다. 이 경우 유출의 증가와 감소의 시간에 대한 변화는 선형으로 가정된다.

수문곡선의 모양은 도달시간과 강우지속기간에 따라 세 가지 유형이 가능하다. 유역면적이 A인 유역에 강우강도 i인 강우가 지속시간 t_d동안 내리는 강우로 인한 유출을 생각한다.

(i) 강우지속기간이 도달시간과 같은 경우($t_d = t_c$)

강우가 t_d동안 지속되므로 유출은 계속 선형으로 증가하여 시간 $t = t_d$에서 첨두에 이르고 동시에 감소하여 2등변 삼각형 수문곡선을 형성한다. 지표면 흐름의 속도를 일정하다고 가정하면 증수부와 감수부의 시간 폭은 같게 된다. 즉

$$t_P = t_r = t_c$$

여기서 t_P는 수문곡선의 시점에서 첨두까지 첨두시간으로 증수부 시간을 나타내고 t_r은 감수부 시간을 나타내며 이들은 도달시간(t_c)와 같다. 강우주상도의 윗부분은 유효강우량으로서 그 체적은 $\forall_1 = 0.278\,C i t_d A$ 이다. 강우주상도의 아래부분은 손실로서 유출로 나타나지 않는 강우부분으로 총강우량체적 $0.278\, i\, t_d\, A$ 의 (1−C)배에 해당한다. 삼각형 수문곡선의 체적은 $\forall_2 = Q_P t_c$ 이므로 $t_d = t_c$, $\forall_1 = \forall_2$을 고려하면

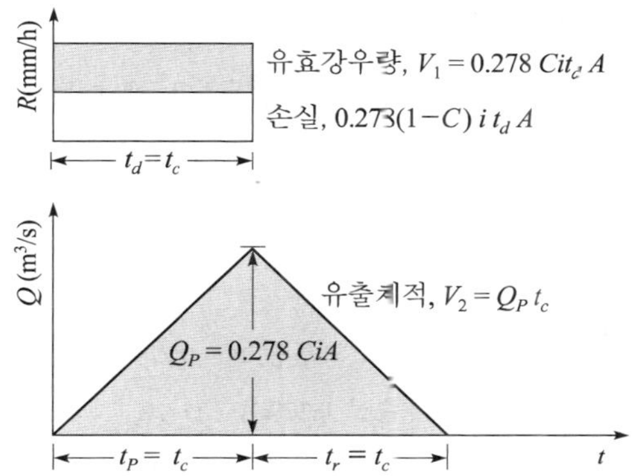

그림 14.6 합리식에 의한 수문곡선($t_d = t_c$)

$$0.278\, Ci\, t_d A = Q_P t_c$$

따라서 첨두유량은 $$Q_P = 0.278\, CiA$$

위 식의 Q_P는 합리식에 의한 첨두와 같음을 알 수 있다. 즉 합리식으로 계산된 Q_P는 기저시간이 $2t_c$인 삼각형수문곡선의 높이와 같다.

(ii) 강우지속기간이 도달시간보다 큰 경우($t_d > t_c$)

강우는 도달시간 보다 오래 지속되므로 유출은 계속 증가하여 시간 $t = t_c$에서 첨두에 이르고 첨두는 $(t_d - t_c)$동안 지속되고 t_d에서 감소하기 시작한다 유효강우량의 체적은 $\forall_1 = 0.278\, Ci\, t_d A$, 유출체적은 $\forall_2 = Q_P\, t_d$이고 이들은 크기가 같다. 즉 $\forall_1 = \forall_2$이므로 Q_P는

$$Q_P = 0.278\, Ci\, A$$

$t_d > t_c$인 경우 유출수문곡선의 첨두는 합리식에 의한 첨두유량과 같고 $(t_d - t_c)$시간동안 지속된다. 수문곡선은 기저시간이 $t_d + t_c$인 사다리꼴이 되고 증수부와 감수부는 t_c의 시간폭을 갖는다.

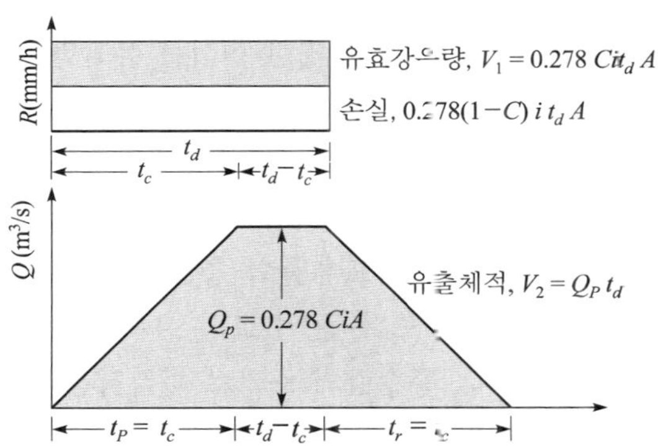

그림 14.7 합리식에 의한 수문곡선($t_d > t_c$)

(iii) 강우지속기간이 도달시간보다 작은 경우($t_d < t_c$)

강우지속시간이 도달시간 보다 짧으므로 유출은 첨두 Q_P에 이르지 못하고 시간 $t = t_d < t_c$에서 최대유출 $Q_P' < Q_P$는 $(t_c - t_d)$시간 지속되고 시간 t_c에서 감소하기 시작한다. 유효강우량 체적은 $\forall_1 = 0.278\, C i\, t_d\, A$, 유출체적은 $\forall_2 = Q_P{}'\, t_c$이고 이들은 같다. 즉 $\forall_1 = \forall_2$이므로

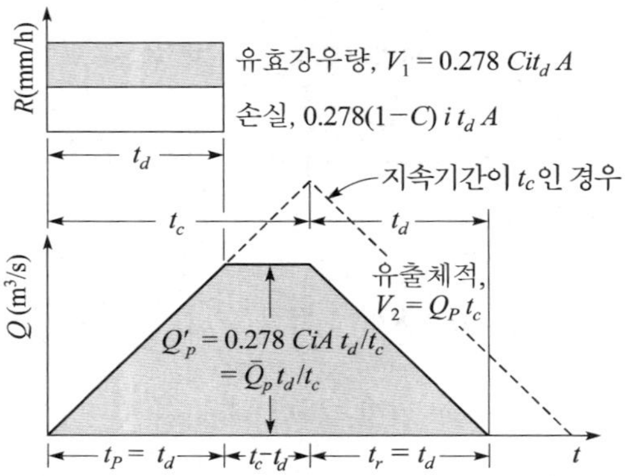

그림 14.8 합리식에 의한 수문곡선($t_d < t_c$)

$$0.278\, C i\, t_d\, A = Q_p{}'\, t_c$$

$Q_P{}'$에 관하여 정리하면

$$Q_P{}' = 0.278\, C i\, A\, \frac{t_d}{t_c} = Q_P \frac{t_d}{t_c} \tag{14.8}$$

$t_d < t_c$인 경우 유출수문곡선은 첨두가 합리식에 의한 첨두유출보다 작고 $\left(\frac{t_d}{t_c} Q_P\right)$ 기저시간이 $t_d + t_c$인 사다리꼴이 되고 증수부와 감수부는 t_d의 시간을 갖는다.

14.5 조정지에 의한 도시유출 조절

14.5.1 서 론

토지개발은 특히 도시지역에서 유출특성에 현저한 변화를 유발한다. 토지개발은 유역의 자연적인 저류용량을 감소시키고 초목의 제거는 차단용량의 체적을 감소시키며 정지작업은 오목한 부분의 저류체적을 줄이고 표토층의 투수계수를 감소시킨다. 도시지역에서는 불투수지면의 증가가 우수의 침투와 토양저류를 감소시킨다. 이와 같은 자연저류감소(차단, 요부, 토양저류)는 유출특성을 변화시킨다. 이로 인하여 지표유출의 총체적과 첨두는 증가한다. 유출속도가 증가되어 실개천의 침식율이 증가되고, 보다 큰 수로의 유속은 소류사이송률을 증대시킨다. 또한 도시화에 따른 소류사 이송능력과 홍수량의 증가로 하각작용, 참호성 침식 및 제방침식과 같이 수로의 안정성이 파괴되기도 한다. 토지개발은 배수형태와 수로특성의 변화를 수반하기도 한다. 예로 수로가 정리되거나 직강되고 콘크리트나 사석으로 피복되기도 한다. 수로의 개수는

수로의 저류와 조도의 감소로 나타나 유속을 증가시키고 개발지역 하류에 위치한 지역에 범람 가능성을 크게 한다.

유출특성의 변화가 지역사회의 주민에 주는 영향이 대두됨에 따라 자연저류의 감소를 상쇄할 여러 가지 방안이 제안되어 왔다. **우수관리**(雨水管理; stormwater manage-ment, SWM)의 목적은 인공적인 저류를 이용하여 손실된 자연 저류의 수문학적 영향을 완화시키기 위함이다.

우수관리에 관한 여러 가지 대안이 제안되었으나 우수관리유수지가 가장 널리 적용되고 있다(표 14.2). 우수관리유수지는 저류지와 조정지로 구븐되나 기본개념이 유사한 점에서 동의어로 사용되기도 한다. 토지개발의 악영향을 완화하기 위하여 개발지역의 첨두유량을 개발 이전의 첨두 크기로 한정하는 의도에서 우수관리 정책이 채용된다. 이러한 의도는 개발 후 조건에 대한 홍수빈도 곡선이 개발전의 빈도곡선과 일치하는 것을 의미하는 것으로 해석될 수 있다. 이는 재해영향평가(災害影響評價)에 의하여 시행된다. 이러한 정책은 일반적으로 2, 10 또는 100년의 재현기간을 사용한다. 정책은 설계방법을 지정한다. 어느 방법이 가장 좋다고 할 수 없더라도 방법을 지정함으로서 설계의 일관성을 유지할 수 있기 때문이다.

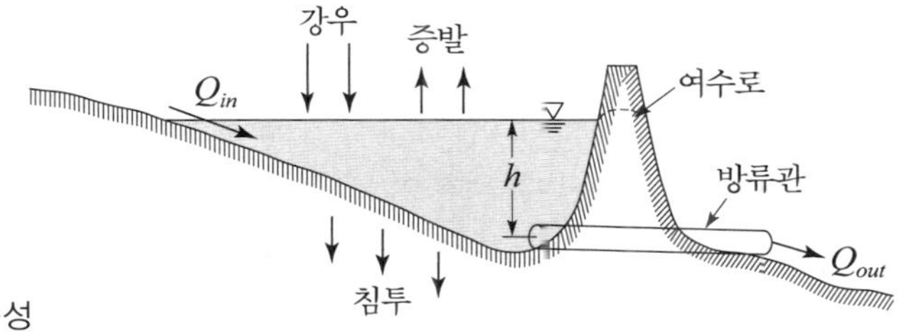

그림 14.9 조정지 구성

그림 14.9는 조정지의 횡단면을 나타낸다. 상시수면을 유지하기도 한다. 상시 수위의 유지는 수질관리, 경관, 야생서식지 개선 등의 이점을 갖는다 물론 상시수면은 총 저류용량을 증가시켜 구조물이 커지고 용지매수가 증가하여 이들은 사업비용을 증가시킨다. 방류관의 입구에는 와류와 부유물 제거시설이 설치되어야 한다.

조정지 설계는 재현기간이 20년, 30년인 단일 빈도호우에 대하여 설계되고 있다. 그러나 50년, 100년 호우에 대해서도 홍수조절기능을 가져야 할 뿐 아니라 구조물자체도 안전해야 한다. 따라서 다중빈도조정지의 필요성이 대두되고 또한 적용되어야 한다.

유수지가 축조되면 수문곡선에 주는 영향을 평가하기 위하여 저수지추적이 적용된다. 조정지는 그림 14.9에 보인 바와 같이 방류관과 여수로를 갖도록 설계되며 저수지추적을 통하여 이들 규모가 결정된다. 조정지는 유출에 함유된 토사와 오염물제거에도 이용되어 결과적으로 수질을 개선한다.

조정지 또는 유수지는 다음의 하나 또는 그 이상의 기능을 달성하기위하여 설계된다. (1) 하류 홍수량감소, (2) 수질개선, (3) 하류 수로의 불안정성의 방지 또는 감소. 조정지설계는 기본적으로 개발로 인한 첨두 홍수량이 개발 이전의 첨두 홍수량을 초과하지 않고 뷰유고형물을 포착 침전시키기 위한 조정지와 저류지, 계통내와 계통외 조정지의 선택이다.

14.5.2 조정지와 저류지

조정지 또는 유수지(調整池 또는 遊水池; detention basin, stormwater management basin, retarding basin)는 저수지에 빗물을 잠정적으로 가둬 뒀다가 하류조건에 따라 서서히 방류하고 비강우기에는 건조상태로 유지하는 것이 보통이다.

이는 평균 체류시간이 수 시간 또는 수일인 단기 저수지로 지표수로 방류된다. 호우시에 한해서 물을 보유하고 그 외 기간에는 일반적으로 건조 상태인 조정지를 **건조정지**(乾調整池; dry ponds), 상시수위를 유지하는 경우를 **습조정지**(濕調整池; wet ponds)라 한다. 유수지는 전자에 속한다. 특히 조정지는 특정 강우 사상으로부터 유발되는 유출체적을 수용하도록 설계된다. 수용되는 빗물은 지표수로 방류되거나 관개용으로 사용되고 또한 침투된다. 최대 지표방류량은 하류 수로의 용량을 초과하지 않도록 규정된다. 조정지의 보완적인 기능을 갖는 구조의 예로 요부, 지하탱크, 저수지, 지붕저류지 및 침투지를 들 수 있다.

저류지(濕調整池; wet ponds)는 물을 항구적으로 가둬두고 방류하지 않으며 증발과 침투로 물이 감소된다. 홍수첨두의 감소와 토사, 오염물의 제거(침전)에 이용된다. 이는 평균 체류시간이 수주 또는 수개월인 장기 저수지로서 저류목적은 위락, 경관 및 급수를 위함이고, 일반적으로 지표방류가 되지 않는다. 호우기간 동안에는 지표수가 상시 저수위 위에 잠정적으로 저류된다. 연못, 호수 등은 자연적인 저류지의 예이다. 저류지는 부유물질의 침전, 생물적인 섭취, 분해 및 식물, 조류 및 박테리아에 의한 소비에 의하여 오염물이 제거된다.

침사지(沈砂池; sedimentation basin) : 토사, 부유물 및 오염물을 포착, 침전시키기 위한 지표수 조정지이다.

신도시와 같은 도시화는 유출의 첨두와 체적을 증가시켜 하류에 악영향을 준다. 따라서 개발된 지역에 설정된 호우빈도에 대하여 개발후의 유출이 개발전의 유출을 초과하지 않도록 즉 **무초과유출**(無超過流出; zero excess runoff)이 되도록 규정하고 있다. 유수지의 주목적은 하류로 방류되는 첨두유량을 감소하는 수단으로 이용된다.

조정지/저류지는 기능과 위치에 따라 구분될 수 있다. 우수관거 계통이나 배수로 계통의 최상류 유입구보다 상류에 위치면 간단히 (1) **조정지/저류지**(調整池/貯留池; on-site detention/ retention basin)이라 하고, 계통의 일부분으로 설치되는 경우에는 (2) **계통내 조정지/저류지**(系統內 調整池/貯留池; on-line detention/ retention basin)이라 하고, 계통과 분리되어 있는 경우에는 (3) **계통외 조정지/저류지**(系統外 調整池/貯留池; off-line detention/ retention basin)라 한다. (2)는 계통내 여분의 용량을 활용하거나, 저류시설을 추가하기도 한다. 예로 콘크리트통, 터널, 지하저수지, 지표저수지 등을 들 수 있다. (3)은 계통의 용량을 초과하는 유량을 계통으로 부터 전환하여 계통을 벗어나는 저수지

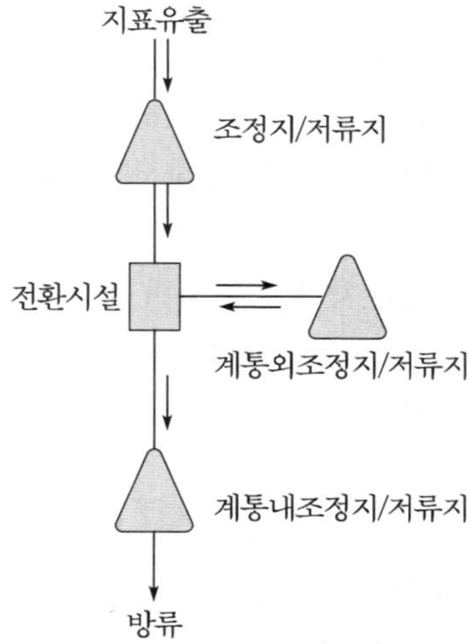

그림 14.10 조정지 구분

에 저류시 켰다가 하류계통의 통수능력이 회복될 때 계통으로 재방류한다. 계통내 조정지에서는 총 홍수량이 조정지를 통과하게 되고 유출수문곡선의 첨두는 유입수문곡선의 감수부에서 일어난다.

14.5.3 조정지용량결정

호우동안에 조정지에 억류될 수 있는 빗물의 체적은 조정지에 유입되는 유출의 체적, 조정지의 방류특성 및 조정지 크기의 함수이다. 설계자의 목표는 여러 재현기간의 설계강우에 대하여 하류 방류조건을 만족하는 저류용량을 결정하는 것이다. 조정지의 용량은 유입수문곡선과 유출수문곡선의 차이를 적분하여 결정된다.

$$\forall = \int_0^{t_e} (Q_i - Q_o)\, dt \tag{14.9}$$

여기서 $\forall$ 는 소요 조정지용량, t_e 는 유출수문곡선이 유입수문곡선의 감수부와 교차하는 시간 즉 $Q_i = Q_o$가 되는 시간(그림 14.11a), Q_i는 유입유량 및 Q_o는 유출유량이다.

수용할 수 있는 저수지 용량보다 큰 체적의 유입수문곡선이 유입되는 경우 초과되는 수량은 여수로를 통해서 방류하거나 외수의 수위가 높아서 자연방류가 불가능한 경우에는 펌프를 이용해서 배제한다. 저류용량이 큰 경우에는 9장의 저수지 추적기법에 의한 추적이 수행된다.

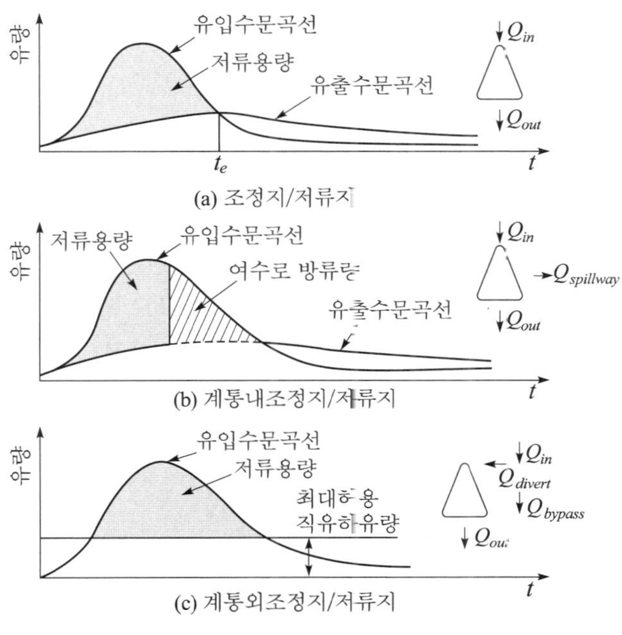

그림 14.11 조정지/저류지의 소요용량 결정

1) 도달시간을 고려하지 않는 합리식에 의한 방법

조정지 소요 용량은 누가유입체적과 누가방류체적의 최대차이가 된다.

$$\forall = \max(\forall_{in} - \forall_{out}) \tag{14.10}$$

여기서 $\forall$는 소요용량(m^3), $\forall_{in}$은 유출에 의한 누가 유입체적(m^3), $\forall_{out}$는 누가방류량의 체적(m^3)이다. $\forall_{in}$는 합리식에 의한 첨두유량에 지속기간을 곱해서 결정되고 이는 조정지에 유입되는 유출체적이 된다(Kropf 1957).

$$\forall_{in} = t_d Q = t_d(0.278 CiA) \tag{14.11}$$

여기서 t_d는 호우지속기간(sec), Q는 첨두유출(m^3/s)이다. 방류관을 통해서 방류되는 호우기간 동안의 총방류체적 $\forall_{out}$는 방류량에 지속기간을 곱해서 결정된다.

$$\forall_{out} = Q_{out}\, t_d \tag{14.12}$$

여기서 Q_{out}는 최대방류량(m^3/s)이다.

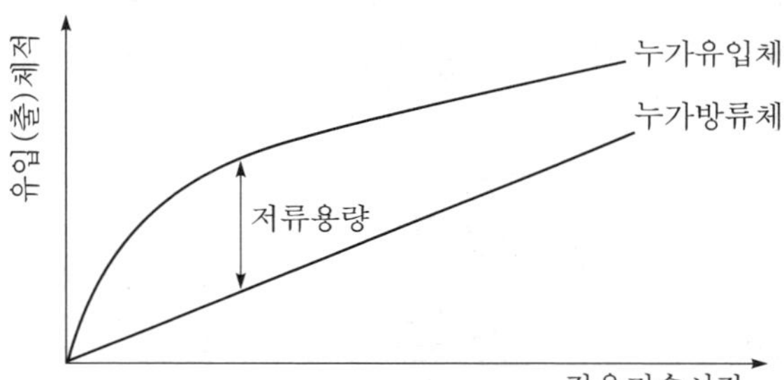

그림 14.12 유수지 용량결정

식 (14.10)을 그림으로 나타낸 것이 그림 14.12이다. 소요용량은 그림에서 두 곡선의 최대 종거차이로 주어진다. 이 과정은 하나의 재현기간에 대한 것이므로 필요하면 다른 재현기간에 대해서도 반복한다. 이 방법은 큰 유역에서는 유출을 과도하게 산정해서 조정지 용량을 과대하게

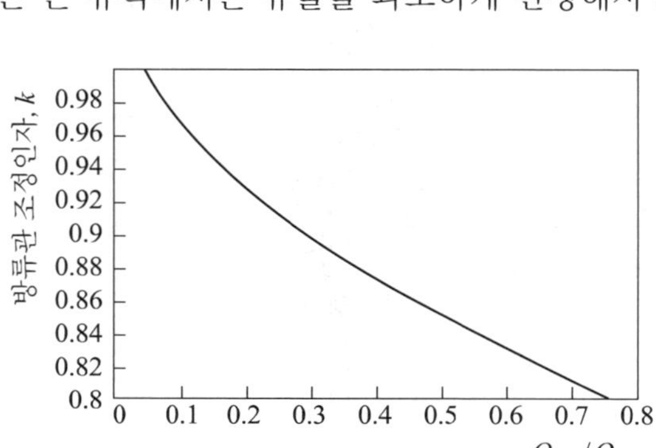

그림 14.13 방류량조정인자(Denver 1991)

하는 경향이 있어서 0.65 km^2보다 작은 유역에 권장된다(DRCOG, 1961).

식 (14.12)는 방류량 Q_{out}가 일정한 것으로 가정되고 이는 조정지가 만수일 때 방류되는 최대방류량이다. 이와 같이 결정되는 조정지 용량은 과소하게 되고 또한 방류량은 조정지의 수위에 따라 변하므로 이를 보정하기 위하여 조정인자 k를 도입한다.

$$V_{\mathrm{out}} = \ k\, Q_{\mathrm{out}}\, t_d \tag{14.13}$$

k값은 그림 14.13에서 주어지고 그림에서 Q_{Pin}은 합리식으로 계산되는 첨두 유입량이다.

2) 합리식 수문곡선방법

합리식 수문곡선방법(合理式 水文曲線方法; rational formula hydrograph method)은 도달시간 t_c를 첨두시간 t_P로, $2t_c$를 기저시간으로 수문곡선을 정의하고(그림 14.14) 개발전 후 두 수문곡선의 첨두유량의 차이에 개발전의 도달시간을 곱해서 조정지/저류지 용량을 결정한다(McCuen 1989).

$$\forall \ = \ 3600(Q_{Pa} - \ Q_{Pb})\, t_{cb} \tag{14.14}$$

여기서 Q_{Pb}, Q_{Pa}는 각각 개발전후의 첨두유량(m^3/s), t_{cb}와 t_{ca}는 각각 개발전후의 도달시간(hr)이고 이 방법의 개요는 그림 14.14와 같다.

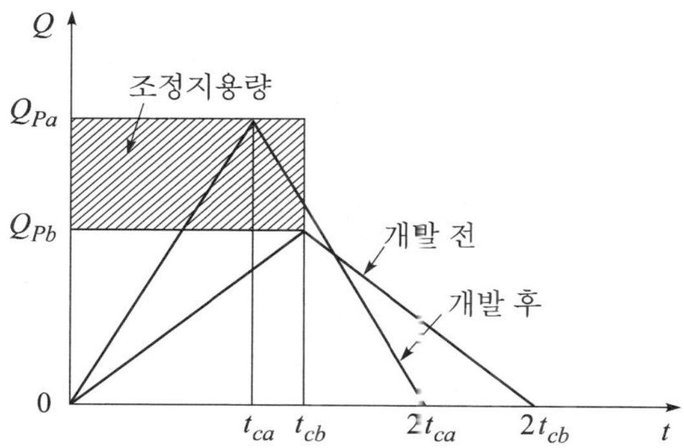

그림 14.14 합리식 수문곡선에 의한 조정지 용량결정

3) 도달시간을 고려한 수정합리식에 의한 방법

상이한 도달시간과 같은 호우지속기간에 대하여 수정합리식 방법에 의한 유출수문곡선을 작성하여 그림 14.15와 같이 도시한다. 수문곡선의 모양은 삼각형 또는 사다리꼴이 된다. 가장 짧은 지속기간으로 유역의 도달시간이 일반적으로 선정된다. 조정지의 소요용량은 제형유입수문곡선과 방류유량 Q_o 사이의 면적 중 최대치로 결정된다.

예제 14.5

배수구역의 면적이 4.65km^2, 도달시간이 40분, 유출계수가 0.6인 유역으로부터 하류로 방류되는 유량이 40m^3/s로 제한되는 경우 20년 빈도에 해당하는 조정지의 용량을 결정한다. 40m^3/s는 펌프의 배수용량 또는 개발이전의 유량으로 해석될 수 있다. 20년 빈도 강우강도식은 $753.8/(\sqrt{t}+1.023)$ 과 같다.

풀이 조정지 용량결정은 표 14.8과 같이 계산되며 조정지 용량은 각 지속기간에 대한 유입량과 방류량의 최대 차이가 된다.

(2)란 - 강우강도 : 한국건설기술연구원에 의한 서울지역의 20년 빈도 강우강도식 $I = 753.8/(\sqrt{t}+1.023)$에 의해 계산된다. $t_d = 20$분인 경우 i = 137.2mm/hr로 계산된다.

표 14.8 합리식에 의한 조정지 용량결정(도달시간 고려않음)

강우지속 기간 (min) (1)	강우강도 i (mm/hr) (2)	첨두유출 Q_r (m^3/s) (3)	유출 체적 (1)×(3)×60 (m^3) (4)	방류량체적 40×(1)×60 (m^3) (5)	저류용량 (4)−(5) (m^3) (6)
20	137.2	106.4	127,680	48,000	79,680
25	125.2	97.1	145,650	60,000	85,650
30	116.0	90.0	162,000	72,000	90,000
35	108.6	84.2	176,820	84,000	92,820
40	102.6	79.6	191,040	96,000	95,040
45	97.5	75.6	204,120	108,000	96,120
50	93.1	72.2	216,030	120,000	96,030
55	89.3	69.3	228,690	132,000	**96,690**
60	86.0	66.7	240,120	144,000	96,120
65	83.0	64.4	251,160	156,000	95,160
70	80.3	62.3	261,660	168,000	93,660
80	75.6	58.6	281,280	192,000	89,280
90	71.7	55.6	300,240	216,000	84,240
100	68.4	53.0	318,000	240,000	78,000

(3)란 - 합리식에 의한 첨두유출 : $t_d = 20$ 분인 경우 $0.278 \times 0.6 \times 137.2 \times 4.65 = 106.4 r$m^3/s

(4)란 - 유출체적: 식 (14.11) 또는 첨두유량에 지속기간을 곱해서 구해진다. $t_d = 20$ 분인 경우 유출체적은 $V = Q t_d = 106.4 \times 20(60) = 127{,}680$m^3

(5)란 - 방류량 : 40m^3/s에 지속기간을 곱해서 계산된다. $t_d = 20$ 분의 경우 $V_{out} = 40 \times 20 \times 60$분 $= 48{,}000$m^{3}이 된다.

(6)란 - 조정지 용량 : 식 (14.10)에 따라 6란의 최대치인 96,690m^{3}이 되고 지속기간은 55분이 된다.

예제 14.6

예제 14.5를 수정합리식을 이용해서 조정지의 용량을 결정한다.

풀이 1. 수문곡선과 첨두유량 : 각 지속기간에 대한 수문곡선을 계산한다. 가장 짧은 지속기간으로 도달시간이 일반적으로 선정된다. 본 예제의 지속기간은 $t_c = 40$ 분이다. 참고로 $t_d = 20$, 30분도 포함된다.

$t_d = 20$분의 수문곡선-지속기간이 20분 인 경우 첨두유량은 106.4m^3/s(예제 14.5의 3란 풀이 참조)로 계산되나 유역의 도달시간이 40분이므로 첨두유량은 $106.4 \times (20/40) = 53.2$m^3/s이 된다(식 14.8). 따라서 수문곡선은 높이가 53.2m^3/s인 사다리꼴이 된다.

$t_d = 60$ 분인 경우 수문곡선 - 첨두유량은 $Q = 0.278 \times 0.6 \times 86.0 \times 4.65 = 66.7$m^3/s이므로 수문곡

선은 높이가 67.2m³/s, 윗변이 $t_d - t_c = 60 - 40 = 20$ 분, 밑변이 $t_d + t_c = 60 + 40 = 100$ 분인 사다리꼴이다(그림14.15).

2. 유입체적(4란): 삼각형 또는 사다리꼴 수문곡선의 면적이 된다. $t_d = 20$ 분의 경우는 사다리꼴 수문곡선이므로 $V_{in} = 53.2 \times (20+60)/2 \times 60 = 127{,}680\text{m}^3$이고 $t_d = 40$ 분의 경우는 삼각형이므로 $V_{in} = 79.6 \times 80/2 \times 60 = 191{,}040\text{m}^3$이 된다.
3. 저류용량 : 허용 방류유량 $Q_o = 40\text{m}^3/\text{s}$를 그림 14.15에 나타낸다. 조정지의 소요용량은 수문곡선과 허용방류량($Q_o = 40\text{m}^3/\text{s}$)이 나타내는 직선 사이의 면적이 된다. 이는 유입체적에서 방류체적을 빼줌으로써 얻어진다.
   $t_d = 20$분의 경우. 방류체적은 그림 14.15에서 아래에 있는 사다리꼴의 면적이다. 이 사다리꼴은 윗변이 30분(=5+20+5)(그림 14.8 참조)이고 밑변이 60분이므로 방류체적은 $(30+60)/2 \times 40 \times 60 = 10{,}800\text{m}^3$이다. 따라서 저류용량은 $127{,}680 - 10{,}800 = 19{,}680\text{m}^3$이다.
4. 조정지용량(6란): 이는 유입수문곡선과 허용방류량(40m³/s)을 나타내는 직선으로 둘러싸인 면적(그 림 14.15에서 음영부분의 면적)으로 각 지속기간에 대한 소요 조정지용량을 나타낸다. 소요저류용량 은 각 지속기간에 대한 저류용량 중 최대가 된다. 따라서 소요용량은 6란의 최대치인 59.340m³이 됨을 알 수 있고 이를 유발하는 지속기간은 70분이다.

표 14.9 수정합리식에 의한 조정지용량결정(도달시간고려)

강우지속기간 (min) (1)	강우강도 i (mm/hr) (2)	첨두유량 Q_r (m³/s) (3)	유입체적 $\forall_{in}$ (m³) (4)	방류체적 $\forall_{out}$ (m³) (5)	저류용량 (4)−(5) (m³) (6)
20	137.2	53.2	127,680	108,000	19,680
30	116.0	67.5	162,000	125,280	36,700
40	102.6	79.6	191,040	144,000	47,040
50	93.1	72.2	216,600	163,200	53,400
60	86.0	66.7	240,120	182,400	57,720
70	80.3	62.3	261,660	202,320	**59,340**
80	75.6	58.6	281,280	222,480	58,800
90	71.7	55.6	300,240	242,400	57,840
100	68.4	53.0	318,000	264,000	54,000

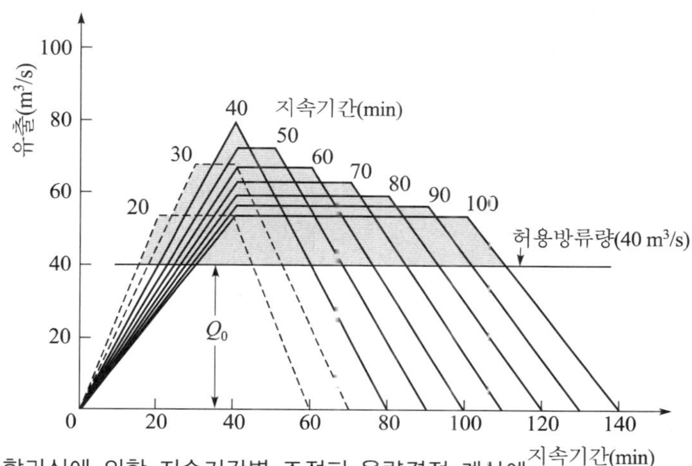

그림 14.15 수정합리식에 의한 지속기간별 조정지 용량결정 계산예

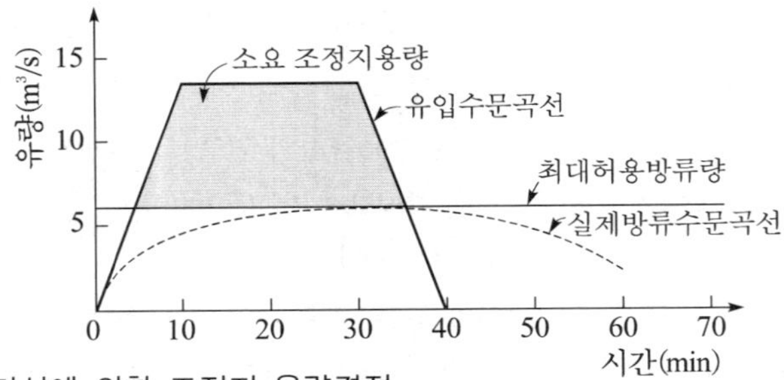

그림 14.16 수정합리식에 의한 조정지 용량결정

그림 14.16에서 알 수 있는 바와 같이 일정한 방류유량에 대하여 계산되는 조정지용량은 실제 보다 작게 산정된다.

---

4) 조정지/저류지 추적

댐 설계에서와 같이 조정지/조절지에서도 조절용량의 확보에 필요한 조정지의 수위, 뚝 높이, 방류구조의 위치와 규모결정은 입력수문곡선의 조정지를 통한 추적을 필요로 한다. 9장의 저수지추적기법이 조정지/조절지에도 적용되나 여기에서는 간단한 방법이 기술된다.

조정지/저류지의 체적을 $\forall$, 유입율을 Q_i, 유출율을 Q_o라 하면

$$Q_i - Q_o = \frac{d\forall}{dt} \tag{14.15}$$

방류 오리피스의 중심에서 수면까지의 수두를 h(그림 14.9)라 하면

$$d\forall/dt = A_s h \frac{dh}{dt} \tag{14.16}$$

여기서 A_s는 조정지의 수면적이다. 오리피스의 유량은

$$Q_o = C_d A_o \sqrt{2gh} \tag{14.17}$$

여기서 C_d는 오리피스의 유량계수, A_o는 오리피스의 단면적이다.

예제 14.7

조정지/저류지의 입력수문곡선이 표 14.102의 2란의 삼각형수문곡선으로 주어지는 경우 다음 조건에 대한 방류수문곡선을 구하고 조정지하류 뚝의 높이가 5m로 제한되는 경우 적절성을 검토하라. 오리피스 직경 $D = 0.25$m, 유량계수 $C_d = 0.9$, 수면적 $A_s = 500h^{0.6}(\mathrm{m}^2)(\mathrm{m}^2)$

풀이 식 (14.15–17)을 조합하고 $A_s = 500h^{0.6}$을 적용하면

$$Q_i - C_d A_o \sqrt{2gh} = 500h^{0.6}\, dh/dt$$

$A_o = \pi 0.25^2/4 = 0.049\mathrm{m}^2$과 $C_d = 0.9$를 위 식에 대입하고 dh/dt에 관하여 정리하면

$$\frac{dh}{dt}=\frac{Q_i-0.195h^{1/2}}{500h^{0.6}} \tag{14.18}$$

표 14.10 조정지/저류지추적 계산 예

t (hr)	Q_i (m³/s)	$h(t)$ (m)	Q_o (m³/s)	A_s (m²)	$f(h,t)=dh/dt$ (m/s)	$h(t+\triangle t)$ (m)
0.00	0.00	0.500	0.138	329.9	−0.000418	0.124
0.25	0.16	0.124	0.069	142.9	0.000639	0.699
0.50	0.33	0.699	0.163	403.3	0.000414	1.072
0.75	0.50	1.072	0.202	521.3	0.000572	1.587
1.00	0.67	1.587	0.246	659.6	0.000643	2.156
1.25	0.84	2.156	0.286	792.8	0.000699	2.785
1.50	1.00	2.785	0.325	924.4	0.000730	3.442
1.75	0.84	3.442	0.362	1,049.7	0.000456	3.852
2.00	0.67	3.852	0.383	1,123.0	0.000256	4.082
2.25	0.50	4.082	0.394	1,162.8	0.000091	4.164
2.50	0.33	4.146	0.398	1,176.7	−0.000058	4.112
2.75	0.16	4.112	0.395	1,167.9	−0.000202	3.930
3.00	0.00	3.930	0.387	1,136.6	−0.000340	3.524
3.25	0.00	3.624	0.371	1,082.6	−0.000343	3.315
3.50	0.00	3.315	0.355	1,026.3	−0.000346	3.004
3.75	0.00	3.004	0.338	967.4	−0.000349	2.691
4.00	0.00	2.691	0.320	905.6	−0.000353	2.373

식 (14.18)을 푸는 데에는 통상 Runge–Kutta방법이 적용되나 여기서는 간단을 위해 Euler방법이 적용된다. 식 (14.18)의 우변을 f로 나타낼 때 $dh/dt=f(h,\ t)$는 시간단계 $\triangle t$에 대하여 다음과 같이 근사된다.

$$f(h,t)=\frac{dh}{dt}\approx\frac{h(t+\triangle t)-h(t)}{\triangle t} \tag{14.19}$$

$h(t+\triangle t)$에 관하여 정리하면

$$h(t+\triangle t)=h(t)+\triangle t f(h,t) \tag{14.20}$$

식 (14.17), $A_s=500h^{0.6}$, (14.19), (14.20)을 이용한 추적내용은 표 14.10과 같고 조정지의 수위와 방류량은 각각 3, 4란에 주어진다. 최대 수심은 4.150m이고 최대 유출량 0.399m³/s는 유입량과 유출

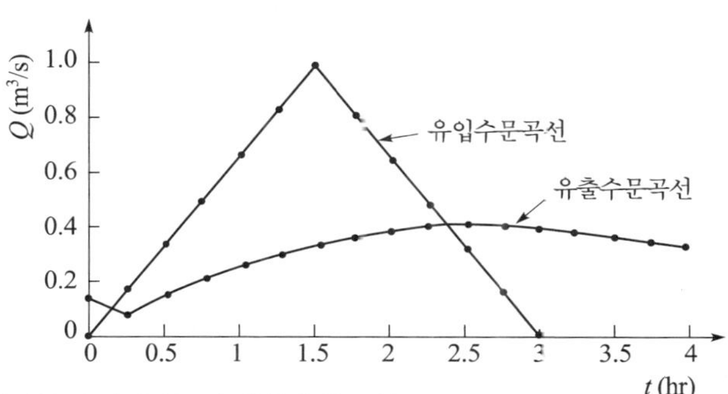

그림 14.17 조정지/저류지의 유입 및 유출수문곡선

량이 같게 되는 시간 $t=2.37\text{hr}$에서 일어나며 이는 식 (14.15)에 의하여 저류량이 최대가 되고 수위 또한 최대가 된다. 초기에 Q_o의 감소는 $t=0$에서 유입량이 영($Q_i=0$)이고 초기수두가 0.5m인 상태에서 방류만이 일어나기 때문이다. $t=15$분에서 유입량이 유출량보다 크게 됨에 따라 수위는 상승하기 시작한다. 여유고를 0.6m로 가정하면 최대 수위는 4.164+0.6=4.764m로 5m를 초과하지 않으므로 설계는 적절하다.

14.6 유출저감 및 수질향상을 위한 침투증대방안

도시화는 불투수지면을 증가하고 이에 따라 유출이 증가하여 하류에 악영향을 준다. 따라서 유출감소가 필요하고 감소방안의 하나는 침투시설을 이용하여 침투를 증가시키는 것이고 이는 침전에 의한 수질향상에도 기여한다. 침투시설은 현지 토양이 투수성이고 지하수위와 암반이 침투구조물보다 적어도 1.2m 아래에 위치하는 지역에서 가능하고 면적이 0.2km^2 이상인 유역에는 적절하지 않다. 우수의 양적관리를 위한 침투시설은 유출체적의 일부를 수용하도록 크기가 결정된다. 소규모 배수구역에서는 주어진 재현기간에 대한 개발전과 개발후의 유출의 차이가 되고 개발후의 첨두유량이 개발전의 첨두유량을 초과하지 않는 것이 요구되기도 한다. 침투증대 방안으로 다음과 같은 방법들이 가능하다.

침투상(infiltration beds). 빗물이 넓고 평평한 초지와 같은 공간을 흐르도록 하여 유속을 감소시켜 침투를 유도한다. 이는 지표면아래 자갈이나 다공성 재료층을 조성하여 우수를 잠정적으로 저류하여 침투가 되도록 하는 방안이 보다 일반적이다. 따라서 지표하 침투상은 침투성포장이나 잔디와 연계하여 조성된다. 이는 건물주변 공간, 잔디밭, 초지, 보행로 등에 적합하다.

개거, 도랑(open ditch). 도로변이나 주차장주변에 도랑을 설치하고 빗물이 흐르는 과정에서 침투가 발생하도록 한다.

다공성 포장(porous pavement). 다공성 콘크리트로 포장을 하거나 유공 콘크리트블럭, 일정한 크기와 형상의 각석을 박고 사이에는 투수성 흙 또는 잔디를 심어 지면을 통해서 침투를 유도한다. 포장 아래 토양은 투수성이라야 한다. 이는 주차장이나 교통량이 적은 도로에 이용된다.

침투지(浸透池; infiltration basin 또는 infiltration ponds). 침투지는 유출을 유집시켜 침 투되도록 둑을 쌓거나 지반을 굴착해서 물을 저류시키는 시설로 비상여수로 외에는 방류구조를 갖지 않는다. 둑사면의 경사는 침식과 관리를 위해 1:4의 완만한 경사로 한다. 침투지는 투수성 토양 위에 주변 지하수위와 암반보다 1.2m 보다 높게 위치되도록 한다. 깊이는 1~4m 범위이고 최대 깊이 $d_{\max}$는 다음과 같이 정의된다.

$$d_{\max}=f_c C t_s \tag{14.21}$$

여기서 f_c는 종기 침투율, t_s는 저류시간이다. 유집되는 물은 24~36시간 내에 전량 침투되도록 설계되며 미국 Maryland주는 최대 72시간 을 규정한다. 면적이 $0.02\sim0.2\text{km}^2$ 인 유역에 적합하고 조경을 위해 나무나 잔디를 심는다. 우수 수질개선을 위해서는 유출의 초기부분은 포착하고 계속되는 유출은 전환될 때 가장 효과적이다.

침투갱(infiltration pits or wells). 오목한 지형구조나 지하수 함양을 위한 우물을 통해서 빗물을 침투시킨다.

초지도랑(swale). 초지도랑은 평탄한 종단경사와 완만한 사면경사를 갖는 깊이가 작은 잔디를 심은 개수로이다. 이는 도로, 주차장 및 지붕 등으로부터 유출이 배수계통에 이르기 전에 박류로 흐르도록 하여 유속을 감소시켜 침투기회를 제공하여 침투를 유도한다. 침투율이 높으면 여과기능이 최대 80%에 이른다. 도랑의 설계는 개수로 공식에 준한다.

침투도랑(infiltration trench). 침투도랑에는 지면형과 지하 매설형이 있다. 침투도랑은 지반을 굴착하고 지표면까지 잡석과 모래로 채워 공극에 물이 잠정적으로 저류되도록 한다. 잡석의 크기는 직경이 40～80mm로 공극율이 30～40% 범우로 한다. 침투도랑의 깊이는 1～4 m범위이나 침투지에서와 같이 최대 허용 저류시간에 근거한다.

$$d_{t\max} = \frac{f_c t_s}{r} \tag{14.22}$$

여기서 $d_{t\max}$는 도랑의 최대 깊이, f_c는 종기 침투율, t_s는 최대 허용저류시간, η는 잡석채움의 공극율이다. 이는 투수성이 높은 토양에서 지하수위가 낮은 지역에 위치시키고 바닥이 최대 지하수위와 암반보다 1.2 m이상 높게 위치시킨다. 드랑으로부터 배수시간은 24～30(Maryland주는 72시간)시간을 초과하지 않도록 한다.

침투도랑은 고속도로의 분리지역, 주차장의 경지지역 및 좁은 조경지역에 적합하다. 기름, 그리스, 유기물 및 침전성 고형물질은 여과를 거쳐 침투지에 유입되도록 하고 토립자의 유입을 막기 위하여 도랑 주위에 여과막을 설치한다. 관리의 중요한 사항은 공극이 막힘으로 인하여 침투가 일어나지 않는 점이다.

건정(乾井; dry well). 지붕유출을 주로 침투시키기 의한 수단으로 건정이 채용된다. 4,000m^{2}보다 작은 지붕구조로부터 우수를 포착하기 위하여 1-4m 깊이로 지반을 굴착해서 잡석을 채운 구조상 작은 침투도랑이다. 우수는 관로와 건정 상부에 두께 30cm정도의 토양여과층을 통해서 유입된다.

14.7 우수수질관리 조정지

도시유출은 영양물, 살충제, 중금속, 기름 및 그리스 등을 포함하고 도시개발에 따른 토사, 겨울철 소금, 병원균 및 높아진 BOD가 수용수인 하천수질의 오염원이 되고 있다. 우수의 수질개선은 우수유출의 장기간 저류와 침투를 통해서 이루어진다. 흐름의 지체는 중력에 의한 부유입자와 입자에 부착된 다른 오염물의 침강을 유발한다. 효과적인 침강이 일어나기 위해서는 충분한 저류기간인 **체류시간**(detention time)이 필요하다(그림14.18).

홍수 조절지는 큰 홍우에 의한 유출을 저류시킬 수 있도록 설계된다. 재현기간이 큰 호우에 대한 홍수조절과 내수문제와는 달리 유출에 의한 수질문제의 대상이 되는 강우는 재현기간이

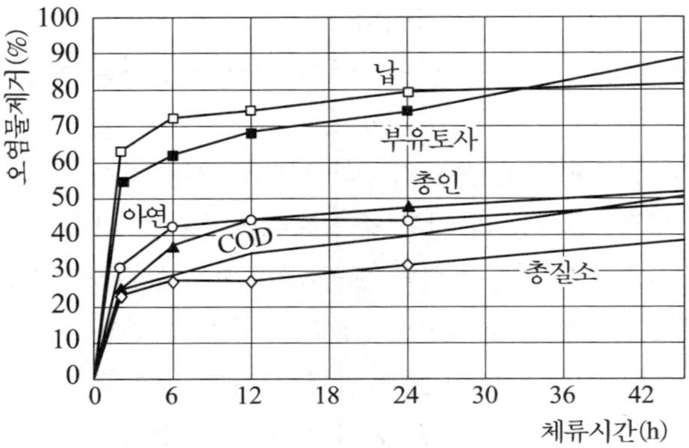

그림 14.18 상이한 오염물별 체류시간에 대한 제거율(Schueler 1987)

일반적으로 0.6~1년 낮은 빈도의 빈번한 강우이다. 즉 도시우수에 포함되는 오염물의 대부분은 빈번히 일어나는 작은 유출사상에 포함되고 큰 홍수보다 오염농도가 매우 높다. 따라서 수질관리 입장에서는 큰 홍수의 조정지보다 작고 빈번한 유출사상에 대한 조정지가 더 중요하다. 빈번한 유출사상에 대하여 설계되는 우수 수질관리 조정지는 (1) 처리수준이 달성될 수 있도록 설계유출을 충분히 장기간 저류시키고, (2) 다음 유출사상에 이용될 수 있는 용량이 확보될 수 있도록 신속하게 설계유출을 방류해야 한다. 따라서 우수 수질 조정지의 핵심 개념은 체류시간과 비우는 시간(emptying time)이다. 체류시간은 오염물의 침강속도에 좌우되고 비우는 시간은 연속되는 설계호우간의 평균 시간간격에 달려 있다. 체류시간을 통해서 미세 실트와 점토를 제거하는 경우에는 12-24시간이 적정기간으로 통용되고 용해된 오염물의 처리에는 수일이 소요된다. Delaware and Raritan운하관리청은 조정지의 90%를 36시간내에 비우는 것을 규정화한다(Whipple and Randall, 1983).

14.7.1 조정지 활용현황

여러 형태의 침투를 이용하는 우수처리 방안들은 강우유출의 오염을 감소시키는 데에도 효과적이다. 그러나 토양의 투수성이 높고 유역면적이 작지 않으면 침투기법은 실용적이 되지 못한다. 따라서 대부분의 우수관리 계통에는 조정지가 필요하게 되고 특히 도시에서 널리 이용된다. 그러나 아직 한국에서 조정지는 수질관리보다는 첨두유량 감소와 수해경감이 그 주목적으로 유수지가 그 예이다.

수질관리 조정지에는 **건조정지**(乾調整池; dry detention basins)와 **저류지** 또는 **습조정지**(濕調整池; retention ponds 또는 wet detention ponds)가 있다. 건조정지는 호우기간외에는 완전히 비워두는 시설로 물을 전부 빼는데 소요되는 시간은 24~60시간정도이다. 저류지는 상시저수위를 유지하고 여기에 추가하여 빗물을 저류함과 동시에 침전과 생화학적인 과정을 통하여 수질개선이 이루어진다.

많은 현지 조사에 의하면 오염물 제거에는 조정지보다 저류지가 효과적임이 밝혀졌다. 이는 영양물 제거에 특히 효과적이어서 적절하게 설계된 저류지는 오염물 제거효과가 인의 경우 조정지의 20~30%보다 50~60%로 2~3배에 이르고, 총질소의 경우 조정지의 20~30% 보다 30~40%로 1.3~2배로 확장조정지보다 효과가 크다. 저류지는 확장조정지보다 2~7배에 달하는 저류용량을 필요로 한다. 저류지의 경우 방류 유입구는 상시만수위에 위치하고 조정지에 해당하는 용량은 상시만수위 상부에 위치한다.

14.7.2 우수에 포함되는 총 부유고형물

빗물에 포함되는 **총부유고형물**(總浮遊固形物; total suspended solid, TSS)의 제거는 고형물에 부착된 다른 오염물의 제거가 수반되는 점에서 중요성을 갖는다. TSS 침전에 영향을 주는 중요한 인자들은 우수에 포함된 오염물의 종류와 양 그리고 이들이 유사와 결합되어 있는 상태이다. TSS와 이에 연관된 오염물의 침강특성을 기술하는데 중요한 사항은 종류별 오염 부하량, 침전가능한 오염물의 백분율, 입자크기 분포, 침강속도별 고형물 분포, 침강속도별 고형오염물의 분포, 고형물입자의 체적 분포, 침전성 오염물의 밀도 등이다.

초기세류. 오염물이 우수에 포함되는 경우는 다음과 같다. (1) 물방울이 대기를 통과할 때 대기중의 오염물을 흡수한다. (2) 우수유출에 의하여 지면의 오염물이 씻겨 내려간다. (3) 지난 호우로 인하여 하수거, 도랑 및 수로에 집적된 오염물이 새로운 호우에 의한 유출에 포착된다.

조사연구에 의하면 유출과정의 초기에 오염물의 농도는 제일 크다. 이는 도로와 같이 포장된 표면이 강우 이전에 오염이 가장 심하기 때문이다. 강우가 지속됨에 따라 지표면에 집적된 오염물은 감소되고 이송계통의 증가된 유량에 의하여 오염이 희석된다. 이와 같이 강우초기에 오염물이 씻겨나가는 현상인 **초기세류**(初期洗流; first flush)는 강우강도와 지속기간의 영향을 받는다. 효율적인 수질관리는 가능하면 많은 강우의 초기흐름을 포착하도록 조정지의 크기를 결정하고 조정지내의 충분한 체류시간을 제공하는 것이다. 침전에 대한 체류시간은 대략 12-24 시간 범위이다. 지역에 따라서는 초기세류가 일어나지 않는다. 조정지에 의한 수질개선은 새로 부상되는 기술 분야로 주로 침전에 의한 오염물을 제거하는 기법이고 다른 기법으로는 상시수위의 저수지에서 생물학적 작용에 의하여 영양물을 제거하는 것이다.

입자침강속도 분포. 부유고형물의 제거율은 입자의 침강속도에 직접적으로 관계된다. 미국 환경청에 의하여 제시된 총부유고형물(TSS)의 입자침강속도 분포는 다음과 같다.

표 14.11 TSS의 침강속도(Urbonas 1989)

크기 부분	도시유출에 포함된 TSS의 백분율	평균침강속도 (m/h)
1	0 - 20	0.01
2	20 - 40	0.10
3	40 - 60	0.50
4	60 - 80	2.00
5	80 - 100	20.0

14.8 우수 수질관리 조정지/조절지 설계

오염물을 효과적으로 제거함에는 수질향상조정지의 크기와 형태가 중요하다. 조립, 건・습조정지 및 다목적오염물 제거지가 기술된다.

14.8.1 조립 오염물제거지

입자가 큰 오염물이 조정지에 유입될 때 이들을 우선적으로 제거하는 것은 조작면에서 이점이 있다. 이러한 목적으로 조정지 유입부에 **상부조정지**(上部調整池; forebay)가 건설될 수 있다. 또 다른 방법은 저류지의 유입부에 조립물질을 분리하는 시설을 설치하는 것이다. 상부조정지 또는 **분리지**(分離池)는 청소를 용이하게 하기 위하여 콘크리트나 흙시멘트로 라이닝을 한다.

입자가 큰 조립오염물 제거지는 퇴적된 유사의 빈번한 재부상을 방지하기 위하여 충분한 깊이가 필요하다. 이는 또한 계절 평균유입율을 5분간 정도 억류하는 경우에도 충분한 저류용량이 필요하고, 계절평균 시간당 유입량에 대하여 V_s=15m/hr 정도의 수면부하를 제공하기 위하서는 충분한 수면적이 필요하다.

평균호우로부터 유출이 $C=0.3$, $i=10$mm/hr, $A=0.04\text{km}^2$에 대하여 $Q=0.278\,CiA=0.278\times0.3\times10\times0.04=0.0334\text{m}^3/\text{s}=120.24\text{m}^3/\text{hr}$로 예상된다면 평균계절유출을 임의로 2배 즉 240.48m^3/hr로 가정한다. 이러한 가정하에서 상부조정지의 수면적은

$$A = \frac{Q}{V_s} = \frac{240.48}{15} = 16.03\text{m}^2$$

따라서 5분간 억류에 필요한 상부조정지의 용량은

$$\text{V} = 240.48(\text{m}^3/\text{hr})\frac{5\text{min}}{60\text{min}/\text{hr}} = 20.04\text{m}^3$$

이상이라야 한다. 따라서 이 경우 적정 상부조정지의 규모는 깊이 1m, 길이 7m, 폭 3m가 될 것이다. 모든 큰 입자는 이 상부조정지에 침강되어 결과적으로 조정지의 유효가용수명이 연장된다. 큰 입자가 조정지에 침강되면 조정지의 용량이 감소하므로 상부조정지에 큰 입자가 침강될 때 이들의 청소작업은 수질향상시설의 조작에 중요한 부분이다.

상부조정지의 또 다른 기능은 상부조정지와 조정지 사이에 설치되는 부유물 제거시설이 부유쓰레기의 조정지 유입을 막아서 부유물을 용이하게 제거할 수 있는 구역에 국한시키는 것이다.

14.8.2 건조정지

건조정지는 호우로 인한 빗물은 잠정적으로 가둬두고 건기에는 건조상태로 유지되는 조정지의 가장 보편적인 형태로 주목적은 첨두유량을 감소하는 우수의 양을 관리하는 효과적인 수단이다. 그러나 조정지의 방류구조는 큰 홍수에 적합한 구조로 설계되어 오염물을 많이 함유한 작은 유출을 저류하기에는 너무 크다. 따라서 우수의 양과 질의 관리기능을 제공하도록 개선된

조정지를 건조정지 또는 **확장조정지**(擴張調整池; extended detention basin)라 한다. 확장조정지는 상부조정지, 상부지 및 하부지로 구성된다 (그림 14.20). 상부지는 큰 호우이외에는 건조상태에 있고, 하부지는 작고 빈번한 강우로 인한 유출을 저류하여 오염물의 침전을 도모한다. 오염물의 제거효율은 설계유출이 하부지에 얼마나 오래 잠겨있는가에 달려있다. 침전에 의하여 오염물을 제거하기 위한 건조정지는 24～60시간의 체류시간을 필요로 한다. 그러나 이 기간에도 용존오염물은 제거되지 않는다. 체류시간과 방류구조의 규도결정은 설계수문곡선의 추적을 수행해서 결정된다. 많은 경우 우수관리는 유출율보다는 오염물을 제거하기 위하여 건조정지에 억류하는데 필요한 유출체적에 근거한다. 이와 같이 억류에 필요한 유출체적을 **수질체적**(水質體積; water quality volume, WQV)이라 한다. 수질체적은 연 평균 호우유출체적의 약 90%를 포착 처리하는데 필요한 용량이다. 포착되는 강우사상은 호우사상의 90% 또는 연 단위로 모든 24시간 호우의 90%에 같거나 큰 호우사상이다. 그림 14.19는 이를 설명하는 강우량빈도분포의 한 예이다. 실무에서 체류시간은 수질방류구를 통하여 수질체적을 배출시키는데 소요되는 시간이다. 수질관리용 용량이 채워지면 추가유입량은 유입이전에 전환시키거나 여수로를 통해서 월류시킨다.

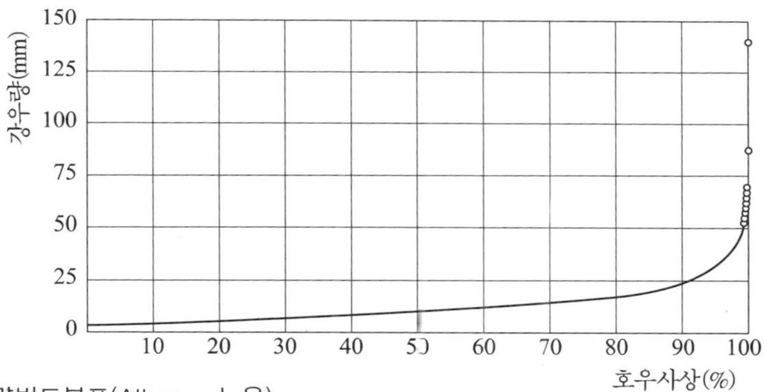

그림 14.19 강우량빈도분포(Albany, 뉴욕)

건조정지 용량과 방류구의 결정. 하부지는 수질체적을 억류할 수 있도록 설계된다. 미국에서 사용되는 수질체적과 배출시간은 다음과 같다.

수질체적(WQV) 산정식 $$WQV = R_V I_{90} A \qquad (14.23)$$

여기서 WQV는 수질체적(m^3), R_V는 체적유출계수(volumetric runoff coefficient), I_{90}은 90% 누가빈도강우깊이(mm)(그림 14.19), A는 유역면적(m^2)이다(Akan 2003).

$$R_V = 0.05 + 0.009(I) \qquad (14.24)$$

여기서 I는 불투수피복면적의 면적비(%)이다.

표 14.12 수질체적과 배출시간

지역	수질체적	배출시간(hr)
Hampton, 버지니아(1991)	(불투수지면 면적)×(13 mm)	30
Prince George County, 조지아(1984)	1년, 24시간 강우량에 의한 유출	24
Marlyland(1998)	R_V×(25.4 mm)×A	24

우수 수질방류구는 다음 식으로 결정될 수 있다(Akan 2003).

$$nA_o = \frac{V_Q}{t_e C_d \sqrt{gh}} \tag{14.25}$$

여기서 n은 오리피스의 수, A_o는 오리피스단면적, V_Q는 수질체적, t_e는 비우는 시간, C_d는 오리피스 유량계수, h는 방류구의 중심에서 V_Q에 이르는 수심이다.

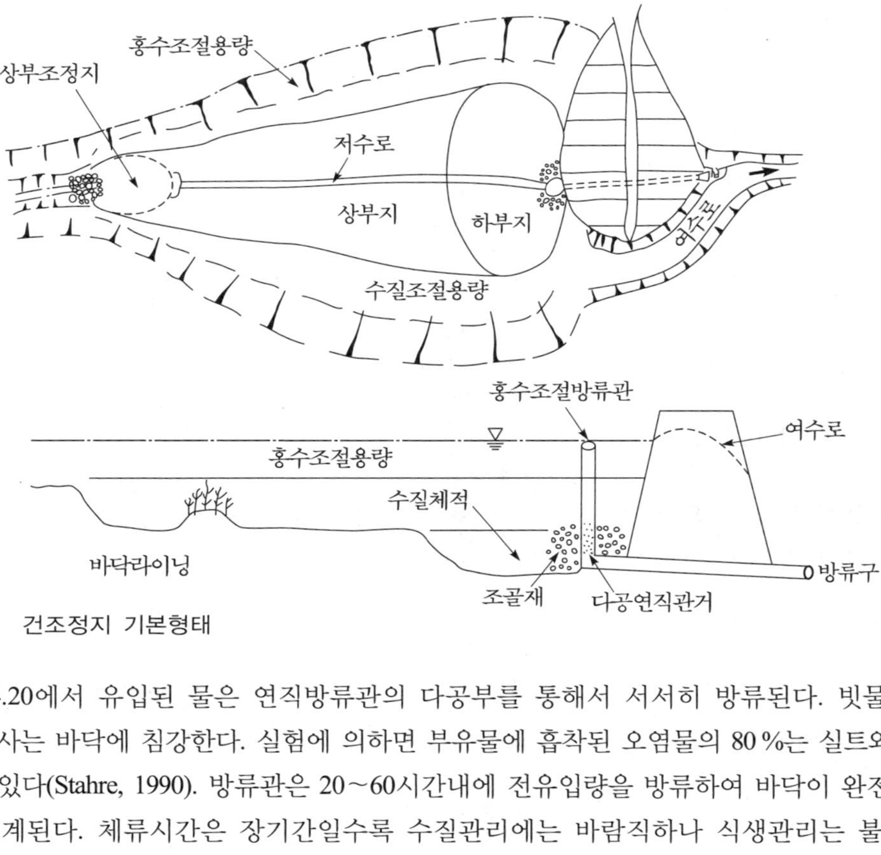

그림 14.20 건조정지 기본형태

그림 14.20에서 유입된 물은 연직방류관의 다공부를 통해서 서서히 방류된다. 빗물과 같이 유입된 토사는 바닥에 침강한다. 실험에 의하면 부유물에 흡착된 오염물의 80%는 실트와 점토에 부착되어 있다(Stahre, 1990). 방류관은 20~60시간내에 전유입량을 방류하여 바닥이 완전히 배수되도록 설계된다. 체류시간은 장기간일수록 수질관리에는 바람직하나 식생관리는 불리하다.

조정지의 기능, 미관 및 유지관리를 위하여 다음 사항들이 필요하다.

- 유입부와 유출부간의 흐름길이를 길게 연장한다.
- 조정지를 채우는 단계에서 단락류를 최소화한다. **단락류**(短絡流; short circuit flow)는 수조나

수로에서 흐름이 유입구에서 유출구를 통과하는 시간이 평균체류시 간보다 짧은 흐름이다.

- 물이 조정지에서 배수되기 전에 침전이 효과적으르 일어나도록 하기 위하여 가능하면 유역으로부터 많은 유출을 수용하도록 충분한 용량을 제공한다.
- 호우사이 기간에는 미관과 활용도를 최대화한다.
- 정기적인 유지가 용이한 구조로 한다.

그림 14.20에서와 같이 (1) 건조정지는 기다란 모양을 갖는다. 상부조정지를 제외할 때 길이－폭의 비는 3정도로 한다. (2) 방류를 서서히 하고 큰 자갈로 방류구를 채워 단락류를 감소시킨다. 호우로 인한 빗물로 채워지고 배수되는 용량(습조정지의 초과용량과 비슷한)은 다양한 호우의 유출을 포착하기 위하여 습조정지보다 약간 큰 것이 필요하다. (3) 조정지 용량을 연직방향에서 구분하여 낮은 구간(하부지)은 빈번한 유출에 사용되도록 한다. 질퍽한 바닥이나 습지를 제한해서 바닥의 많은 부분이 위락공간으로 활용되고 유지관리가 용이하도록 한다. (4) 유입부에서부터 유출구에 이르는 저수로를 유지함으로서 조정지 바닥공간의 대부분을 건조상태로 활용하여 위락 공간으로서의 이용도와 유지관리를 제고한다.

14.8.3 습조정지

저류지 또는 습조정지는 0.04km^{2}보다 큰 유역에 적용되는 도시유출의 오염물을 제거하기 위한 건기에도 물이 잠겨있는 상시연못을 유지하는 작은 규모의 저수지이다. 저류지에서 오염물 제거는 그림 14.22에서 침전에 의하여 고형 오염물이 제거되고 오염물과 영양물은 생물학적 분해, 식물, 조류, 박테리아에 의한 소비에 의하여 제거된다. 저류시간을 길게 유지하면 토사, BOD, 유기영양물, 미량금속의 제거율이 높다. 상부조정지는 큰 입자의 유사의 제거와 준설에 효과적이다.

방류관은 상시 만수위 상부의 **임시초과**(臨時超過; temporary surcharge) 저류량을 서서히 방류하도록 설계된다. 이 임시초과 저류량은 작은 호우에 의한 유출이나, 큰 호우에 의한 유출의

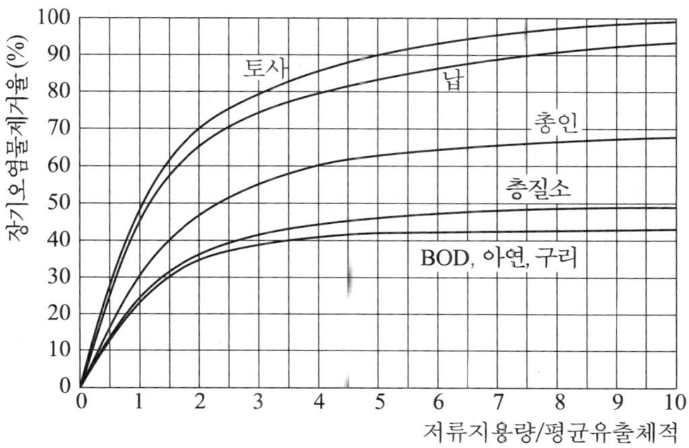

그림 14.21 상시 연못크기에 대한 오염물 제거율(Schueler 1987)

초기 부분이 된다. 경우에 따라서는 초기유출을 유집하고 계속되는 유출은 전환하는 구조도 채택된다(그림 14.10). 용존 인을 제거하는 기준에 따르면 상시 만수위에 해당하는 저류지 용량은 우기 최다우(最多雨) 14일 동안의 평균유출 체적으로 계산된다(Hartigan, 1981). 그러나 인의 제거가 아니면 용량은 더 작아질 수 있다.

저류지의 물은 증발과 침투로 감소한다. 바닥은 투수성이 낮은 토양이어야 한다. 투수성이 높은 토양이면 점토나 토목섬유를 이용하여 바닥의 침투를 줄인다. 깊이는 빛 침투를 최소로 해서 수초성장을 억제할 수 있을 정도로 깊고 바람에 의해 혼합을 허용해서 폭기가 일어날 수 있을 정도로 얕아야 한다. 바닥에서 산소가 고갈되면 바닥토사는 산소결핍이 되고 영양물을 방출해서 조정지의 목적을 무위로 끝나게 한다. 가장 적합한 수심은 1～4 m 정도이다.

상시연못의 용량. 저류지에 의한 오염물의 제거효율에 가장 중요한 인자는 상시연못의 크기이다. 상시연못의 용량이 클수록 제거효과 또한 크게 된다. 그러나 용량이 어느 한계치 이상이 되면 침강에 의한 제거효과는 미미하다(그림 14.21).

	상시연못의 용량
FHWA(Brown 등, 1996)	＞3(수질체적)
Montgomery, Maryland(1984)	＞(13 mm)A(km^2)
Denver	1.0～1.5(수질체적)

습조정지(wet ponds)는 상시저수위를 유지하는 조정지로 다음 사항들이 필요하다.

- 유입부와 유출부간의 흐름길이를 가능하면 길게 연장한다.
- 정상적으로 발생하는 호우기간 동안에는 수면적을 최소화한다.
- 단락류를 방지한다.
- 연속되는 호우 사이 기간 동안 정지조건에서 유사제거를 위하여 가능하면 보다 많은 유출을 포용할 수 있는 충분한 상시저수위의 용량을 제공한다.
- 호우 사이 기간의 생화학적 처리의 조건을 향상시킨다.

그림 14.22에서와 같이 길이를 길게 하여 (1) 상부조정지를 제외할 경우 길이-폭 비를 2이상 3정도로 해서 몸체흐름이 가능하게 한다. **몸체흐름**(plug flow)은 먼저 유입된 흐름이 먼저 유출되고 흐름의 몸체(plug)내에서는 혼합이 이루어지지 않는 흐름으로 정의된다. (2) 유입부에서 유출부방향으로 폭을 증가하여 확산효과를 높이고 **사대**(死帶; deadzone)가 형성되지 않도록 한다. (3) 상부조정지의 유출부에 정류시설을 설치하여 젵흐름(jet flow)을 방지하여 조정지에 유입될 때 완전한 확산이 일어나도록 한다. 정류시설은 부식에 강한 목재, 부식에 강한 재료, 또는 식생이 이용된다. (4) 상시 저수위의 용량을 충분히 크게 하고 다년간의 유사퇴적에 대비하여 25%정도 증가시킨다. (5) 평균유출이 상시저수위 위에 위치하는 초과용량(surcharge)을 포용할 수 있도록 유출구를 설계한다. 초과용량은 일반적으로 약 12시간에 배수한다. 보다 큰 호우기간에는 초과용량이 방류관이나 여수로를 통하여 월류되도록 허용된다. (6) 평균수심은 1～4m를 유지한다. 바닥식생을 조성하여 조정지의 생물학적 처리 특성을 향상시킨다.

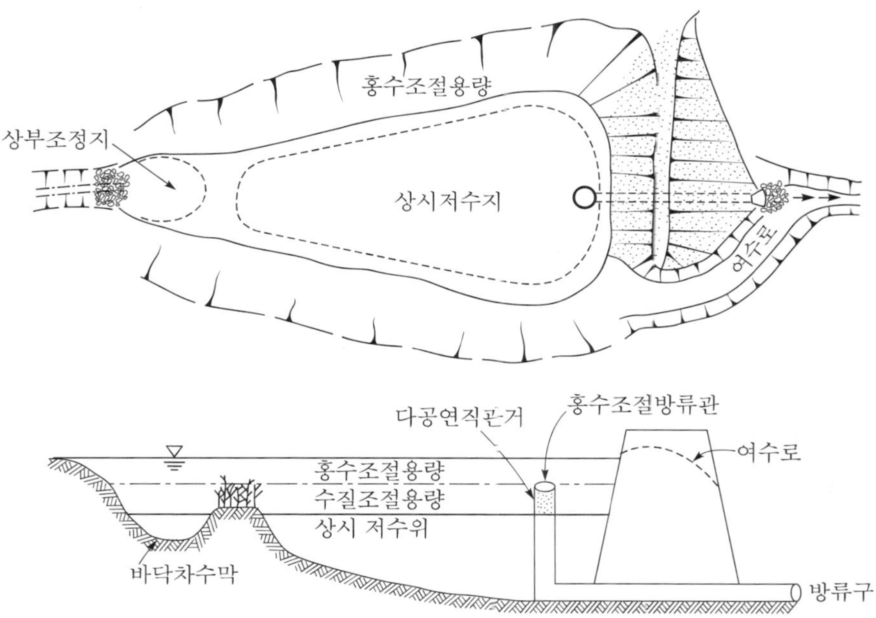

그림 14.22 습조정지 기본형태

예제 14.8

불투수피복면적의 비율이 46%, 면적이 0.2km^{2}인 지역에 대한 불투수지면에 내린 90% 누가빈도 강우깊이 12mm의 강우유출을 30시간에 방류하는 저류지가 계획된다. 상시저수지(연못)의 용량은 수질체적의 3배의 체적을 필요로 하고 수질방류구의 유량계수는 0.6이다. 수위-우량곡선은 그림 14.23과 같다. 상시연못의 용량, 수질체적, 수질방류구의 크기를 결정하라.

풀이 먼저 수질체적을 결정한다. 체적유출계수 R_V는 식 (14.24)에 따라

$$R_V = 0.05 + 0.009(I) = 0.05 + 0.009 \times 46 = 0.464$$

불투수피복면적이 0.46(0.2×10^6)=92,000m^{2}이므로 12mm 강우량에 대한 수질체적은

$$WQV = R_V I_{90} A = 0.464\left(\frac{12}{1000}\right)(0.2 \times 10^6) = 1,114\text{m}^3$$

수질체적의 3배에 해당하는 상시연못의 체적은 3(1,114)=3,342m^{3}이다. 상시연못의 바닥표고는 10m이다. 그림 14.23으로부터 3,342m^{3}에 해당하는 수위는 11.73m이고 이는 상시연못의 수면표고가 된다. 저류량 오리피스는 11.73m바로 위에 위치한다. 3,342m^{3}에 해당하는 상시연못수위 11.73m위에 1,114m^{3}의 수질체적이 유입되므로 수질체적과 상시연못체적의 합은 1,114+3,342=4,456m^{3}이고 이에 상응하는 수위는 그림 14.23으로부터 12.17m이다. 따라서 저류지의 최대 수위는 12.17m가 된다. 방류구에 대한 수두는 h=12.17-11.73 =0.44m, 유량계수 0.6, 오리피스 수 n=1, 비우는 시간은 t_e=30h=30×3600=10,800s 이므로 방류구의 면적은 식 (14.25)에 따라

$$A_o = \frac{1,114}{0.6(108,000)\sqrt{9.81 \times 0.44}} = 0.00827\text{m}^2 = 82.7\text{cm}^2$$

오리피스의 면적 82.7m^{2}에 대한 오리피스직경은 10cm이다.

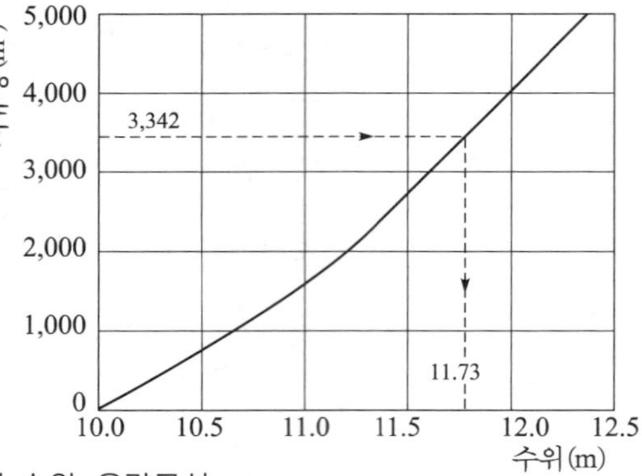

그림 14.23 예제 22.15의 수위-유량곡선

14.8.4 수량 · 수질관리를 위한 다목적 조정지

유역으로부터 유출의 수질관리는 재현기간이 6개월 내지 1년의 작은 강우에 의한 유출을 대상으로 설계된다. 그러나 홍수조절의 대상이 되는 경우는 재현기간이 5년 또는 그 이상이 된다.

이들 양자의 목적을 달성하기 위해서는 **계통내**(系統內; on-line)다목적 시설이 필요하다 (Whipple 1987). 다목적 조정지의 방류공은 수질관리의 대상이 되는 유출은 서서히 방류할 수 있는 수위에 위치해야 하고 이보다 높은 수위에서는 홍수조절에 필요한 저류용량과 방류능력이 확보되어야 한다.

그림 14.24는 다목적 조정지의 개괄도이다. 1단계 방류관은 수질관리 대상이 되는 유출을 포착해서 서서히 방류하도록 설계된다. 2단계 방류는 5년 빈도 이상의 강우에 대한 유출을 수용하도록 하여 5년 빈도 강우사상이 발생하는 동안에 개발이후 방류량이 개발 이전 유량을 초과하지 않도록 설계된다. 3단계는 여수로와 2단계 방류관을 통한 유량의 합이 개발전 10~100년 홍수량을 초과하지 않도록 한다. 여수로는 둑이 월류되지 않고 개발 이후의 100년 또는 그 이상의 홍수를 안전하게 방류할 수 있도록 설계되어야 하며, 둑과 여수로는 큰 홍수에 대해서 안전하게 견딜 수 있도록 설계되어야 한다. 산업시설에 필요한 조정지의 규모는 공원의 6배, 주거지역의 2배가 필요하다.

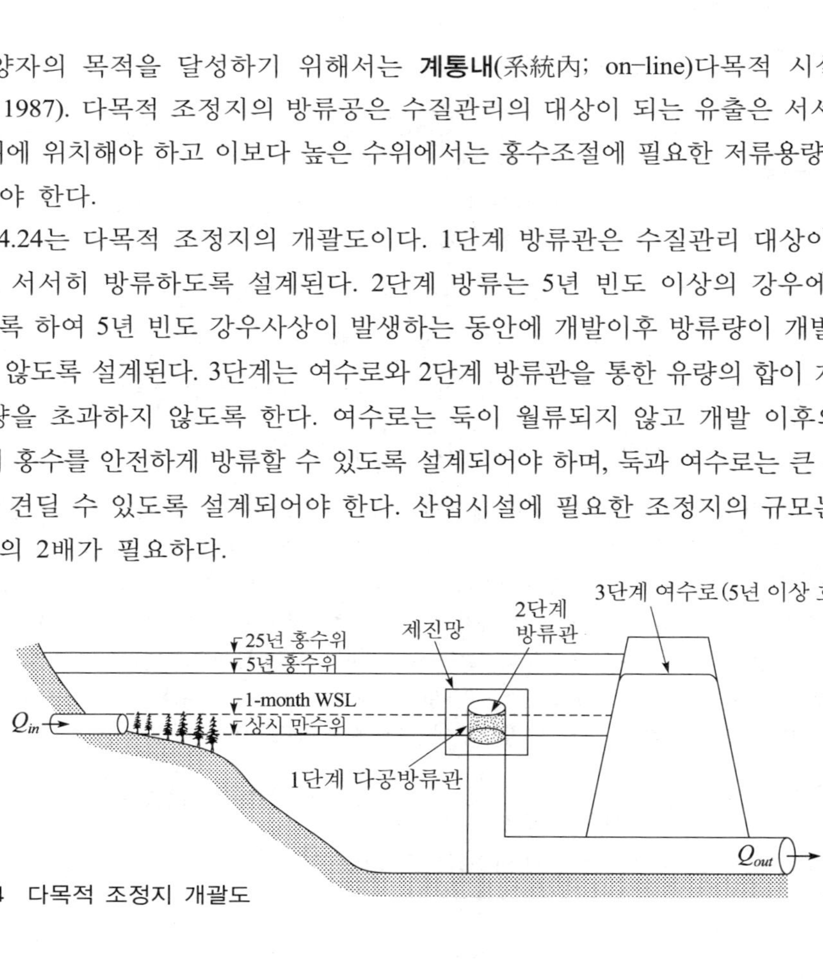

그림 14.24 다목적 조정지 개괄도

문 제

합리식

14.1 어느 유역이 잔디($C=0.3$) 30 %, 나지($C=0.4$) 35 %, 포장($C=0.4$) 35 %로 구성된다. 가중평균 유출계수를 구하라.

14.2 상이한 방법으로 지점 D에 대한 도달시간을 산정하라.

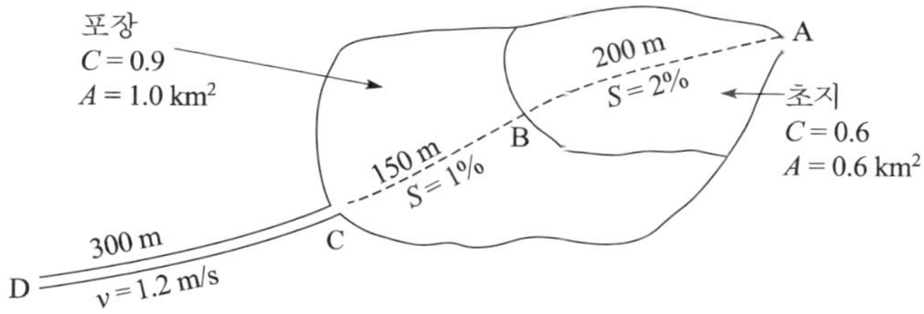

14.3 합리식에서 Ci 는 무엇을 나타내는가? 설계유량과 지속기간의 항으로 i 의 의미를 기술하라.

14.4 0.024 km^2 주차장의 도달시간이 20분이다. $C=0.6$ 일 때 다음 어느 경우에 첨두유량이 크게 되는가? 필요하면 가정을 하라.

(a) 10분 지속기간에 100mm/hr　　(b) 40분 지속기간에 25mm/hr

14.5 유역면적이 25 km^2, 도달시간이 100분인 유역에 200분 동안 70 mm/hr의 강우가 내렸다. 유출계수가 0.8일 때 강우시작 130분에서 최대 유량을 합리식으로 결정하라.

14.6 문제 14.2의 C 점의 10년 빈도 첨두유량을 합리식으로 산정하라. 그림 13.3의 IDF곡선을 이용한다.

우수관거설계

14.7 그림에 보인 유역에 대하여 각 유입구에 대한 첨두유량을 합리식으로 구하고 각 관거의 용량을 결정하라. 20년 빈도와 그림 13.3을 이용하라.

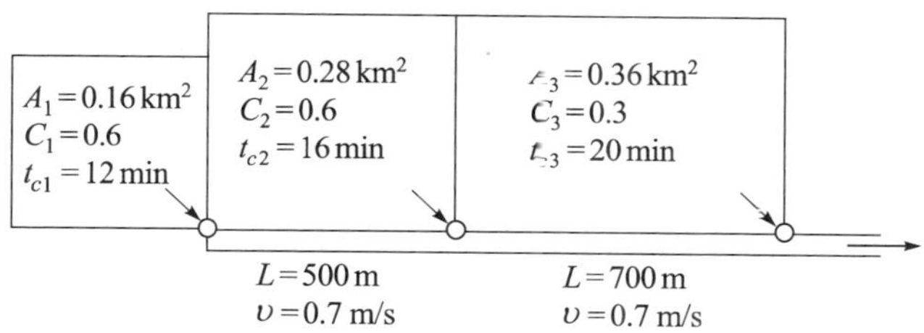

14.8 다음 배수구역의 흐름방향이 표시되어 있다. 합리식으로 각 우수관거에 유입되는 10년 빈도 첨두유량을 그림 13.3을 적용하여 합리식에 의하여 산정하라. 맨홀 사이의 유하시간은 각각 5분, 4분이다. 또한 각 우수관거의 용량을 산정하라.

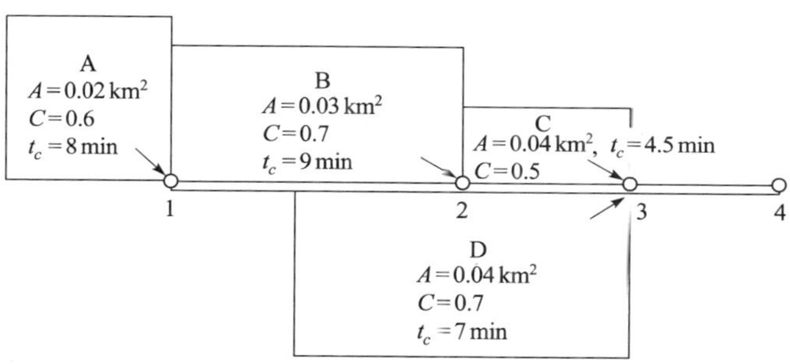

14.9 합리식에 의하여 각 우수관거의 10년 설계우량을 결정하라. 강우강도는 식 (13.4)를 적용한다. 우수관거의 평균유속은 1.3m/s이다.

배수구역	면적 (ha)	C	유입시간 (min)	우수관거	길이 (m)	경사
A	0.20	0.7	10	1～3	170	0.0075
B	0.25	0.6	10	2～3	500	0.0100
C	0.15	0.9	6	3～5	200	0.0080
D	0.15	0.9	6	4～5	250	0.0120
E	0.20	0.65	10	5～6	200	0.0075
F	0.25	0.6	10			
G	0.30	0.8	10			

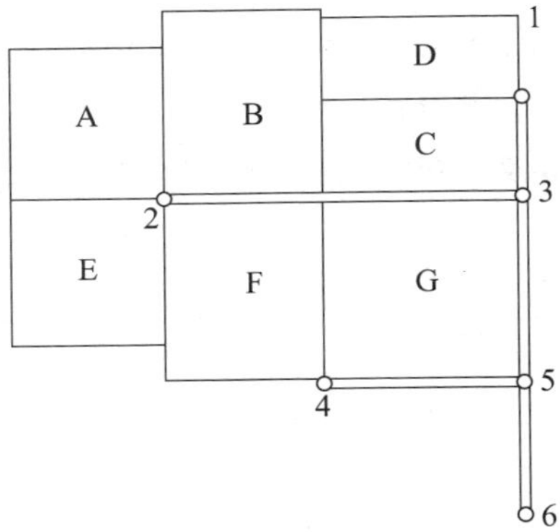

조정지

14.10 8ha의 면적이 개발되어 배수구역의 가중평균 유출계수가 $C=0.4$가 되었다. 도달시간은 15분이다. 이 지역에 연결되는 기존의 우수관거 용량이 0.35 m^3/s이다. 조정지가 필요한가? 필요하다면 용량을 결정하라. 서울지역으로 20년 빈도가 적용된다.

14.11 유역면적이 60ha이고 그중 40%는 불투수면이고 나머지는 잔디이다. 이 지역의 유출을 0.36 m^3/s로 제한하는 경우 조정지의 규모를 결정하라. 도달시간은 15분이고 10년 빈도에 서울지역 IDF를 적용한다.

14.12 면적이 40ha인 주거지역의 유출계수는 $C=0.65$이고 도달시간은 35분이다. 이 지역의 유출을 0.07$m^3/s/ha$로 제한하는 경우 조정지의 용량을 결정하라. 30년 빈도에 서울지역 IDF를 적용한다.

14.13 0.1 km^2의 면적이 개발되어 유출계수는 0.2에서 0.4로 증가하고 도달시간은 0.25 hr에서 0.15hr로 감소했다. 서울지역에서 10년 빈도에 대한 조정지용량을 결정하라.

14.14 0.8 km^2의 면적개발로 인하여 유출계수는 0.3에서 0.5로 증가하고 도달시간은 45분에서 30분으로 감소했다. 서울지역에서 재현기간 30년에 대한 조정지 규모를 결정하라.

14.15 유역면적이 0.4 km^2, 도달시간이 30분, 유출계수가 0.6인 유역으로부터 하류로 방류되는 유량이 3m^3/s로 제한되는 경우 100년 빈도에 해당하는 조정지용량을 결정하라. 100년 빈도 강우강도는 다음과 같다.

지속시간(min)	10	15	20	25	30	35	40	45	50
강우강도(mm/hr)	178	150	130	115	103	94	87	80.8	75.4

지속시간(min)	60	70	80	90	100	110	120	120	140
강우강도(mm/hr)	66.8	60.0	54.8	50.5	46.7	43.7	41.1	38.6	36.6

14.16 문제 14.15에 수정합리식을 적용하여 조정지용량을 결정하라.

14.17 면적 0.25km^2이 개발된다. 개발전 후 유출계수는 각각 0.3, 0.55이고 도달시간은 각각 30분, 18분이다. 그림 13.3이 적용되는 것으로 가정하고 25년 빈도 조정지용량을 구하라. 개발 후 첨두유량은 개발전의 값을 초과할 수 없다.

14.18 면적 1.2km^{2}의 지역이 개발된다. 계통내 조정지로 100년 홍수에 이르기까지 개발후의 유출이 개 발전 유출첨두의 초과가 허용되지 않는다. 강우량 자료에는 그림 13.3이 이용되는 것으로 가정된다. 개발전후 수문조건과 표고-저류량은 다음과 같다.

	개발전	개발후
유출계수	0.3	0.6
도달시간(hr)	1.1	0.6

표고(m)	0	2	4	6	8	10	12
저류량(1000m^3)	0	2	6.5	15	30	56	100

우수수질관리 조정지

14.19 확장조정지의 수심-저류량의 관계가 $S = 600h^{2/3}$이다. 수질체적이 600m^3, 오리피스 유량계수는 $C_d = 0.6$, 비우는 시간이 24시간인 경우 방류구를 설계하라.

14.20 면적 1.6km^{2}에 대한 습조정지를 설계하라. 불투수피복면적의 비율이 42%, 14mm의 강우유출은 24시간에 방류되고 상시연못의 용량은 수질체적의 2.5배의 체적을 필요로 한다. 수질 방류구의 유량계수는 0.6, 방류구는 상시연못수위에 위치한다. 수위-유량곡선은 그림 14.23과 같다.

부 록

부 록 A

물의 성질과 환산표

표 A-1 물의 성질

온도 (℃)	비중 s	밀도 ρ (g/cm³)	증발열 L (cal/g)	점성계수 $\mu \times 10^3$ (N · s/m²)	동점성계수 $\nu \times 10^6$ (m²/s)	증기압 P_v (mmHg)	(mb)	(g/cm²)
0	0.99987	0.99984	597.3	1.792	1.792	4.58	6.11	6.23
5	0.99999	0.99996	594.5	1.519	1.519	6.54	8.72	8.89
10	0.99973	0.99970	591.7	1.308	1.308	9.20	12.27	12.51
15	0.99913	0.99910	588.9	1.140	1.141	12.78	17.04	17.38
20	0.99824	0.99821	586.0	1.005	1.007	17.53	23.37	23.83
25	0.99708	0.99705	583.2	0.894	0.897	23.76	31.67	32.30
30	0.99568	0.99565	580.4	0.801	0.804	31.83	42.43	43.27
35	0.99407	0.99404	577.6	0.723	0.727	42.18	56.24	57.34
40	0.99225	0.99222	574.7	0.656	0.661	55.34	73.78	75.23
50	0.98807	0.98804	569.0	0.549	0.556	92.56	123.40	125.83
60	0.98323	0.98320	563.2	0.469	0.477	149.46	199.26	203.19
70	0.97780	0.97777	557.4	0.406	0.415	233.79	311.69	317.84
80	0.97182	0.97179	551.4	0.357	0.367	355.28	473.67	483.01
90	0.96534	0.96531	545.3	0.317	0.328	525.89	701.13	714.95
100	0.95839	0.95836	539.1	0.284	0.296	760.00	1,013.25	1,033.23

출처: Linsley, R. K. et al.(1982), Hydrology for Engineers. 3d. ed., McGraw-Hill New York.
Streeter, V. L. and E. B. Wylie(1929), Fluid Mechanics, 7th ed., New York.

표 A-2 길이 환산

단위	mm	cm	m	km	in	ft	yd	mi
1 mm	1	0.1	0.001	10^{-6}	0.0397	0.00328	0.00109	6.21×10^{-7}
1 cm	10	1	0.01	0.0001	0.3937	0.0328	0.0109	6.21×10^{-6}
1 m	1,000	100	1	0.001	39.37	3.281	1.094	6.21×10^{-4}
1 km	10^6	10^5	1,000	1	39.370	3,281	1,093.6	0.621
1 in	25.4	2.54	0.0254	2.54×10^{-5}	1	0.0833	0.0278	1.58×10^{-5}
1 ft	304.8	30.48	0.3048	3.05×10^{-4}	12	1	0.333	1.89×10^{-4}
1 yd	914.4	91.44	0.9144	9.14×10^{-4}	36	3	1	5.68×10^{-4}
1 mi	1.61×10^6	1.61×10^5	1.61×10^3	1.6093	63.360	5,280	1,760	1

표 A-3 면적 환산

단위	cm^2	m^2	km^2	ha	in^2	ft^2	yd^2	mi^2	ac
1 cm^2	1	0.0001	10^{-10}	10^{-8}	0.155	1.08×10^{-3}	1.2×10^{-4}	3.86×10^{-11}	2.47×10^{-8}
1 m^2	10^4	1	10^{-6}	10^{-4}	1,550	10.76	1.196	3.86×10^{-7}	2.47×10^{-4}
1 km^2	10^{10}	10^6	1	100	1.55×10^9	1.076×10^7	1.196×10^6	0.3861	247.1
1 ha	10^8	10^4	0.01	1	1.55×10^7	1.076×10^5	1.196×10^4	3.861×10^{-3}	2.471
1 in^2	6.452	6.45×10^{-4}	6.45×10^{10}	6.45×10^{-8}	1	6.94×10^{-3}	7.7×10^{-4}	2.49×10^{-10}	1.574×10^7
1 ft^2	929	0.0929	9.29×10^{-8}	9.29×10^{-6}	144	1	0.111	3.587×10^{-8}	2.3×10^{-5}
1 yd^2	8,361	0.8361	8.36×10^{-7}	8.36×10^{-5}	1,296	9	1	3.23×10^{-7}	2.07×10^{-4}
1 mi^2	2.59×10^{10}	2.59×10^6	2.59	259	4.01×10^9	2.79×10^7	3.098×10^6	1	640
1 ac	4.04×10^7	4047	4.047×10^{-3}	0.4047	6.27×10^6	43,560	4,840	1.562×10^{-3}	1

표 A-4 체적 환산

단위	mL	liters	m^3	in^3	ft^3	gal	ac-ft	million gal
1 ml	1	0.001	10^{-6}	0.06102	3.53×10^{-5}	2.64×10^4	8.1×10^{-10}	2.64×10^{-10}
1 liter	10^3	1	0.001	61.02	0.0353	0.264	8.1×10^{-7}	2.64×10^{-7}
1 m^3	10^6	1,000	1	61.023	35.31	264.17	8.1×10^{-4}	2.64×10^{-4}
1 in^3	16.39	1.64×10^{-2}	1.64×10^{-5}	1	5.79×10^{-4}	4.33×10^{-3}	1.218×10^{-8}	4.329×10^{-9}
1 ft^3	28.317	28.317	0.02832	1,728	1	7.48	2.296×10^{-5}	7.48×10^6
1 U.S. gal	3785.4	3.785	3.78×10^{-3}	231	0.134	1	3.069×10^{-6}	10^6
1 ac-ft	1.233×10^9	1.233×10^6	1,233.5	75.27×10^6	43,560	3.26×10^5	1	0.3260
1 million gal	3.785×10^9	3.785×10^6	3,785	2.31×10^8	1.338×10^5	10^6	3.0684	1

표 A-5 유량 환산

단위	m^3/s	m^3/day	L/s	ft^3/s	ft^3/day	ac-ft/day	gal/min	gal/day	mg/d
1 m^3/s	1	8.64×10^4	10^3	3.31	3.051×10^6	70.05	1.58×10^4	2.282×10^7	22.824
1 m^3/day	1.157×10^{-5}	1	0.00116	4.09×10^{-4}	35.31	8.1×10^{-4}	0.1835	264.17	2.64×10^{-4}
1 liter/s	0.001	86.4	1	0.0353	3,051.2	0.070	15.85	2.28×10^4	2.28×10^{-2}
1 ft^3/s	0.0283	2,446.6	28.32	1	8.64×10^4	1.984	448.8	6.46×10^5	0.646
1 ft^3/day	3.28×10^{-7}	0.02832	3.28×10^{-4}	1.16×10^{-5}	1	2.3×10^{-5}	5.19×10^{-3}	7.48	7.48×10^{-6}
1 ac-ft/day	0.0143	1,233.5	14.276	0.5042	43,560	1	226.28	3.259×10^5	0.3258
1 gal/min	6.3×10^{-5}	5.451	0.0631	2.23×10^{-3}	192.5	4.42×10^{-3}	1	1,440	1.44×10^{-3}
1 gal/day	4.3×10^{-8}	3.79×10^{-3}	4.382×10^{-5}	1.55×10^{-6}	11,337	3.07×10^{-6}	6.94×10^{-4}	1	10^{-6}
1 million gal/day	4.38×10^{-2}	3,785	43.82	1.55	1.337×10^5	3.07	694	10^6	1

표 A-6 속도 환산

단위	ft/s	mi/hr	m/s	m/day	km/hr	kn
Feet per second	1	0.6818	0.3048	26.335	1.097	0.5925
Miles per hour	1.467	1	0.4470	3.8640×10^4	1.609	0.8690
Meters per second	3.281	2.237	1	86,400	3.600	1.944
Meters per day	3.7973×10^{-5}	2.5875×10^{-5}	1.1574×10^{-5}	1	4.1667×10^{-5}	2.2500×10^{-5}
Kilometers per hour	0.9113	0.6214	0.2778	2.400×10^4	1	0.5400
Knots	1.688	1.151	0.5144	1.3340×10^4	1.852	1

표 A-7 압력 환산

단위	ft H_2O	in. Hg	mmHg	mbar	kPa	psi	kg/m^2
Feet per water(32 °F)	1	0.883	22.42	29.89	2.989	0.4335	304.8
Inch of mercury(32 °F)	1.133	1	25.40	33.86	3.386	0.4912	345.3
Millimeter of mercury(0 ℃)	0.0446	0.03937	1	1.333	0.1333	0.01934	13.60
Millibar	0.0335	0.02953	0.7501	1	0.1000	0.01450	10.20
Kilopascal(N/$m^2 \times 10^3$)	0.335	0.2953	7.501	10.00	1	0.1450	102.0
Pounds per square inch	2.307	2.036	51.71	68.95	6.895	1	703.1
Kilograms per square meter	0.00328	0.002896	0.07356	0.09807	0.009807	0.001422	1

표 A-8 질량 환산

단위	mg	g	kg	slug	lbm
Milligram	1	0.001	10^{-6}	6.8522×10^{-8}	2.2046×10^{-6}
Gram	1,000	1	0.001	6.8522×10^{-5}	0.0022046
Kilogram(kg)	10^6	1,000	1	0.068522	2.2046
Slug	1.4594×10^7	14,594	14.594	1	32.174
Pound mass(lb)	4.5359×10^5	453.59	0.45359	0.031081	1

표 A-9 힘(ML/T^2) 환산

단위	N	kg	dyne	lb
Newton(N=kg m s^{-2})	1	0.10197	10^5	0.22481
Kilogram(kg)	9.8067	1	9.8067×10^5	2.2046
Dyne(=g cm s^{-2})	10^{-5}	1.0197×10^{-5}	1	2.2481×10^{-6}
Pound(lb)	4.4482	0.45395	4.4482×10^5	1

표 A-10 일률(power) 환산

단위	W	kW	Btu/h	ft–lbf/s	hp
Watt(W=Js^{-1})	1	0.001	3.4121	0.73756	0.0013410
Kilowatt	1,000	1	3412.1	737.56	1.3410
Btu per hour	0.29307	2.9307×10^{-4}	1	0.21616	3.9301×10^{-4}
Foot–pound force per sec	1.3558	0.0013558	4.6262	1	0.0018182
Horsepower	745.70	0.74570	2544.4	550	1

표 A-11 에너지 환산

단위	J	kWh	cal	Btu	erg	ft–lbf
Joule	1	2.7778×10^{-7}	0.23885	9.4782×10^{-4}	10^7	0.73756
Kilowat–jour	3.6×10^6	1	8.5985×10^5	3,412.1	3.6×10^{13}	2.6552×10^6
Calorie	4.1816	1.1630×10^{-6}	1	0.0039683	4.1816×10^7	3.0880
British thermal unit	1,055.1	2.9037×10^{-4}	252.00	1	1.0551×10^{10}	778.17
Erg	10^{-7}	2.7778×10^{-14}	2.3885×10^{-8}	9.4782×10^{-11}	1	7.3756×10^{-8}
Foot–pound force	1.3558	3.7662×10^{-7}	0.32383	0.0012851	1.3558×10^7	1

표 A-12 복사에너지 환산(단위면적 단위시간에 대한 에너지)

단위	MJ m^{-2} day^{-1}	J cm^{-2} day^{-1}	cal cm^{-2} day^{-1}	W m^{-2}	equivalent evaporation mm day^{-1}
1 MJ m^{-2} day^{-1}	1	100	23.9	11.6	0.408
1 cal cm^{-2} day^{-1}	4.1868 10^{-2}	4.1868	1	0.485	0.0171
1 W m^{-2}	0.0864	8,64	2.06	1	0.035
1 mm day^{-1}	2.45	245	58.5	28.4	1

유용한 환산인자

$e = 2.71828$

$\log_{10}e = 0.43429$

$\ln 10 = \log_e 10 = 2.30259$

물의 녹음숨은열(heat of fussion)= 79.7 cal/g = 144 Btu/lb

증발(기화)잠재열=540 cal/g = 970 Btu/lb

에너지/면적(langley) 1 ly = 1 cal/cm^2

Calorie(IT) (International Steam Table) (cal(IT))= 4.1868 J = 4.1868 10^7 erg

밀도 1 lb/ft^3 = 16.02 kg/m^3

1 kg/m^3 = 0.06243 lb/ft^3

1 kg/m^3 = 0.001 g/cm^3

Stefan-Bolzman상수 $\sigma = 1.17 \times 10^{-7}$ cal/cm^2/K^4/day, 2.0×10^{-9} mm/day $^oK^{-4}$,

4.903×10^{-9} MJ m^{-2} K^{-1} day^{-1}, 5.6710^{-8} W m^{-2} K^{-4}

기체상수 건조공기 $R_d = 287.04$ J kg^{-1} K^{-1}

수증기 $R_w = 461.5$ J kg^{-1} K^{-1}

비열 건조공기 $c_{pd} = 1{,}005$ J kg^{-1} K^{-1}, $c_{vd} = 716$ J kg^{-1} K^{-1}

수증기 $c_{pw} = 1{,}846$ J kg^{-1} K^{-1}, $c_{vw} = 1{,}386$ J kg^{-1} K^{-1}

압력 1 Pa = 0.01 mb = 1N/m^2 = 1kg/ms^2

1 mb = 100 Pa = 1 hPa = 10^3 μbar = 10^3 dyne/cm^2

1 atm = 760 mmHg = 10.332 mH_2O = 1,013 mb = 760 Torr = 1,013.25 hPa

= 101.325 kPa = 13.595 t/m^3 × 0.76 m = 10.33 t/m^2 = 1.033 kg/cm^2 = 1,033 g/cm^2

1 hectoPascal (1 hPa) = 100 Pa = 0.1 kPa = 1 millibar

부 록B

대기수의 성질

표 B-1 온도에 대한 포화증기압, 포화증기압기울기 및 습도측정상수

온도 T	포화증기압 e_s	포화증기압기울기 Δ	습도측정상수 γ
℃	kPa	kPa °C−1	kPa °C−1
0	0.611	0.044	0.0654
1	0.657	0.047	0.0655
2	0.706	0.051	0.0656
3	0.758	0.054	0.0656
4	0.814	0.057	0.0657
5	0.873	0.061	0.0658
6	0.935	0.065	0.0659
7	1.002	0.069	0.0659
8	1.073	0.073	0.0660
9	1.148	0.078	0.0660
10	1.228	0.082	0.0661
11	1.313	0.087	0.0661
12	1.403	0.093	0.0662
13	1.498	0.098	0.0663
14	1.599	0.104	0.0663
15	1.706	0.110	0.0664
16	1.819	0.116	0.0665
17	1.938	0.123	0.0665
18	2.065	0.130	0.0666
19	2.198	0.137	0.0666
20	2.339	0.145	0.0667
21	2.488	0.153	0.0668
22	2.645	0.161	0.0668
23	2.810	0.170	0.0669
24	2.985	0.179	0.0670
25	3.169	0.189	0.0670
26	3.363	0.199	0.0671
27	3.567	0.209	0.0672
28	3.781	0.220	0.0672
29	4.007	0.232	0.0673
30	4.244	0.243	0.0674
31	4.494	0.256	0.0674
32	4.756	0.269	0.0675
33	5.032	0.282	0.0676
34	5.321	0.296	0.0676
35	5.625	0.311	0.0677
36	5.943	0.326	0.0678
37	6.277	0.342	0.0678
38	6.627	0.358	0.0679
39	6.994	0.375	0.0670

부 록 C

통계표

표 C-1 표준정규분포

z	.00	.01	.02	.03	.04	.05	.06	.07	.08	.09
0.0	0.5000	0.5040	0.5080	0.5120	0.5160	0.5199	0.5239	0.5279	0.5319	0.5359
0.1	0.5398	0.5438	0.5478	0.5517	0.5557	0.5596	0.5636	0.5675	0.5714	0.5753
0.2	0.5793	0.5832	0.5871	0.5910	0.5948	0.5987	0.6026	0.6064	0.6103	0.6141
0.3	0.6179	0.6217	0.6255	0.6293	0.6331	0.6368	0.6406	0.6443	0.6480	0.6517
0.4	0.6554	0.6591	0.6628	0.6664	0.6700	0.6736	0.6772	0.6808	0.6844	0.6879
0.5	0.6915	0.6950	0.6985	0.7019	0.7054	0.7088	0.7123	0.7157	0.7190	0.7224
0.6	0.7257	0.7291	0.7324	0.7357	0.7389	0.7422	0.7454	0.7486	0.7517	0.7549
0.7	0.7580	0.7611	0.7642	0.7673	0.7704	0.7734	0.7764	0.7794	0.7823	0.7852
0.8	0.7881	0.7910	0.7939	0.7967	0.7995	0.8023	0.8051	0.8078	0.8106	0.8133
0.9	0.8159	0.8186	0.8212	0.8238	0.8264	0.8289	0.8315	0.8340	0.8365	0.8389
1.0	0.8413	0.8438	0.8461	0.8485	0.8508	0.8531	0.8554	0.8577	0.8599	0.8621
1.1	0.8643	0.8665	0.8686	0.8708	0.8729	0.8749	0.8770	0.8790	0.8810	0.8830
1.2	0.8849	0.8869	0.8888	0.8907	0.8925	0.8944	0.8962	0.8980	0.8997	0.9015
1.3	0.9032	0.9049	0.9066	0.9082	0.9099	0.9115	0.9131	0.9147	0.9162	0.9177
1.4	0.9192	0.9207	0.9222	0.9236	0.9251	0.9265	0.9279	0.9292	0.9306	0.9319
1.5	0.9332	0.9345	0.9357	0.9370	0.9382	0.9394	0.9406	0.9418	0.9429	0.9441
1.6	0.9452	0.9463	0.9474	0.9484	0.9495	0.9505	0.9515	0.9525	0.9535	0.9545
1.7	0.9554	0.9564	0.9573.	0.9582	0.9591	0.9599	0.9608	0.9616	0.9625	0.9633
1.8	0.9641	0.9649	0.9656	0.9664	0.9671	0.9678	0.9686	0.9693	0.9699	0.9706
1.9	0.9713	0.9719	0.9726	0.9732	0.9738	0.9744	0.9750	0.9756	0.9761	0.9767
2.0	0.9772	0.9778	0.9783	0.9788	0.9793	0.9798	0.9803	0.9808	0.9812	0.9817
2.1	0.9821	0.9826	0.9830	0.9834	0.9838	0.9842	0.9846	0.9850	0.9854	0.9857
2.2	0.9861	0.9864	0.9868	0.9871	0.9875	0.9878	0.9881	0.9884	0.9887	0.9890
2.3	0.9893	0.9896	0.9898	0.9901	0.9904	0.9906	0.9909	0.9911	0.9913	0.9916
2.4	0.9918	0.9920	0.9922	0.9925	0.9927	0.9929	0.9931	0.9932	0.9934	0.9936
2.5	0.9938	0.9940	0.9941	0.9943	0.9945	0.9946	0.9948	0.9949	0.9951	0.9952
2.6	0.9953	0.9955	0.9956	0.9957	0.9959	0.9960	0.9961	0.9962	0.9963	0.9964
2.7	0.9965	0.9966	0.9967	0.9968	0.9969	0.9970	0.9971	0.9972	0.9973	0.9974
2.8	0.9974	0.9975	0.9976	0.9977	0.9977	0.9978	0.9979	0.9979	0.9980	0.9981
2.9	0.9981	0.9982	0.9982	0.9983	0.9984	0.9984	0.9985	0.9985	0.9986	0.9986
3.0	0.9987	0.9987	0.9987	0.9988	0.9988	0.9989	0.9989	0.9989	0.9990	0.9990
3.1	0.9990	0.9991	0.9991	0.9991	0.992	0.9992	0.9992	0.9992	0.9993	0.9993
3.2	0.9993	0.9993	0.9994	0.9994	0.9994	0.9994	0.9994	0.9995	0.9995	0.9995
3.3	0.9995	0.9995	0.9995	0.9996	0.9996	0.9996	0.9996	0.9996	0.9996	0.9997
3.4	0.9997	0.9997	0.9997	0.9997	0.9997	0.9997	0.9997	0.9997	0.9997	0.9998

(1) $z<0$ 예: $z=-1.53$에 대한 $F(x)$: $z_1=1.53$에 대한 $F(z_1=1.53)=0.9370$

$$F(z)=1-F(z_1)=1-0.9370$$
$$=0.063$$

(2) $F(z)<0.5$ 예: $F(z)=0.121$에 대한 z, $F(z_1)=1-F(z)=1-0.121=0.8790$이므로 $z_1=F^{-1}(0.8790)=1.270$이다. 따라서 $z=-z_1=-1.270$

표 C-2 정규분포 빈도계수

초과확률	재현기간	K	초과확률	재현기간	K
0.0001	10,000	3.719	0.500	2.00	0.000
0.0005	2,000	3.291	0.550	1.82	−0.126
0.001	1,000	3.090	0.600	1.67	−0.253
0.005	200	2.576	0.650	1.54	−0.385
0.010	100	2.326	0.700	1.43	−0.524
0.025	40	1.960	0.750	1.33	−0.674
0.050	20	1.645	0.800	1.25	−0.842
0.100	10	1.282	0.850	1.18	−1.036
0.150	6.67	1.036	0.900	1.11	−1.282
0.200	5.00	0.842	0.950	1.053	−1.645
0.250	4.00	0.674	0.975	1.026	−1.960
0.300	3.33	0.524	0.990	0.010	−2.326
0.350	2.86	0.385	0.995	1.005	−2.576
0.400	2.50	0.253	0.999	1.001	−3.090
0.450	2.22	0.126	0.9995	1.0005	−3.291
0.500	2.00	0.000	0.9999	1.0001	−3.719

표 C-3 Gumbel분포 빈도계수(극치 I 분포)

표본크기	초과확률								
	0.2	0.1	0.067	0.05	0.04	0.02	0.0133	0.01	0.001
n	재현기간								
	5	10	15	20	25	50	75	100	1,000
15	0.967	1.703	2.117	2.410	2.632	3.321	3.721	4.005	6.265
20	0.919	1.625	2.032	2.302	2.517	3.179	3.563	3.836	6.006
25	0.888	1.575	1.963	2.235	2.444	3.088	3.463	3.729	5.842
30	0.866	1.541	1.922	2.188	2.393	3.026	3.393	3.653	5.727
35	0.851	1.516	1.891	2.152	2.354	2.979	3.341	3.598	
40	0.838	1.495	1.866	2.126	2.326	2.943	3.301	3.554	5.576
45	0.829	1.478	1.847	2.104	2.303	2.913	3.268	3.520	
50	0.820	1.466	1.831	2.086	2.283	2.889	3.241	3.491	5.478
55	0.813	1.455	1.818	2.071	2.267	2.869	3.219	3.467	
60	0.807	1.446	1.806	2.059	2.253	2.852	3.200	3.446	
65	0.801	1.437	1.796	2.048	2.241	2.837	3.183	3.429	
70	0.797	1.430	1.788	2.038	2.230	2.824	3.169	3.413	5.359
75	0.792	1.423	1.780	2.029	2.220	2.812	3.155	3.400	
80	0.788	1.417	1.773	2.020	2.212	2.802	3.145	3.387	
85	0.785	1.413	1.767	2.013	2.205	2.793	3.135	3.376	
90	0.782	1.409	1.762	2.007	2.198	2.785	3.125	3.367	
95	0.780	1.405	1.757	2.002	2.193	2.777	3.116	3.357	
100	0.779	1.401	1.752	1.998	2.187	2.770	3.109	3.349	5.261
∞ a	0.719	1.305	1.635	1.866	2.044	2.592	2.911	3.137	4.936

[a] $n = \infty$ 에 대한 추가자료

초과확률	K
0.3	0.354
0.4	0.0737
0.5	−0.164
0.6	−0.383
0.8	−0.821
0.9	−1.100

표 C-4 대수정규분포 빈도계수

C_s	초과확률								C_v
	99	95	80	50	20	5	1	0.1	
	−	−	−	−	+	+	+	+	
0	2.33	1.65	0.84	0	0.84	1.64	2.33	3.09	0
0.1	2.25	1.62	0.85	0.02	0.84	1.67	2.40	3.22	0.033
0.2	2.18	1.59	0.85	0.04	0.83	1.70	2.47	3.39	0.067
0.3	2.11	1.56	0.85	0.06	0.82	1.72	2.55	3.56	0.100
0.4	2.04	1.53	0.85	0.07	0.81	1.75	2.62	3.72	0.136
0.5	1.98	1.49	0.86	0.09	0.80	1.77	2.70	3.88	0.166
0.6	1.91	1.46	0.85	0.10	0.79	1.79	2.77	4.05	0.197
0.7	1.85	1.43	0.85	0.11	0.78	1.81	2.84	4.21	0.230
0.8	1.79	1.40	0.84	0.13	0.77	1.82	2.90	4.37	0.262
0.9	1.74	1.37	0.84	0.14	0.76	1.84	2.97	4.55	0.292
1.0	1.68	1.34	0.84	0.15	0.75	1.85	3.03	4.72	0.324
1.1	1.63	1.31	0.83	0.16	0.73	1.86	3.09	4.87	0.351
1.2	1.58	1.29	0.82	0.17	0.72	1.87	3.15	5.04	0.381
1.3	1.54	1.26	0.82	0.18	0.71	1.88	3.21	5.19	0.409
1.4	1.49	1.23	0.81	0.19	0.69	1.88	3.26	5.35	0.436
1.5	1.45	1.21	0.81	0.20	0.68	1.89	3.31	5.51	0.462
1.6	1.41	1.18	0.80	0.21	0.67	1.89	3.36	5.66	0.490
1.7	1.38	1.16	0.79	0.22	0.65	1.89	3.40	5.80	0.517
1.8	1.34	1.14	0.78	0.22	0.64	1.89	3.44	5.96	0.544
1.9	1.31	1.12	0.78	0.23	0.63	1.89	3.48	6.10	0.570
2.0	1.28	1.10	0.77	0.24	0.61	1.89	3.52	6.25	0.596
2.1	1.25	1.08	0.76	0.24	0.60	1.89	3.55	6.39	0.620
2.2	1.22	1.06	0.76	0.25	0.59	1.89	3.59	6.51	0.643
2.3	1.20	1.04	0.75	0.25	0.58	1.88	3.62	6.65	0.667
2.4	1.17	1.02	0.74	0.26	0.57	1.88	3.65	6.77	0.691
2.5	1.15	1.00	0.74	0.26	0.56	1.88	3.67	6.90	0.713
2.6	1.12	0.99	0.73	0.26	0.55	1.87	3.70	7.02	0.734
2.7	1.10	0.97	0.72	0.27	0.54	1.87	3.72	7.13	0.755
2.8	1.08	0.96	0.72	0.27	0.53	1.86	3.74	7.25	0.776
2.9	1.06	0.95	0.71	0.27	0.52	1.86	3.76	7.36	0.796
3.0	1.04	0.93	0.71	0.28	0.51	1.85	3.78	7.47	0.818
3.2	1.01	0.90	0.69	0.28	0.49	1.84	3.81	7.65	0.857
3.4	0.98	0.88	0.68	0.29	0.47	1.83	3.84	7.84	0.895
3.6	0.95	0.86	0.67	0.29	0.46	1.81	3.87	8.00	0.930
3.8	0.92	0.84	0.66	0.29	0.44	1.80	3.89	8.16	0.966
4.0	0.90	0.82	0.65	0.29	0.42	1.78	3.91	8.30	1.000
4.5	0.84	0.78	0.63	0.30	0.39	1.75	3.93	8.60	1.081
5.0	0.80	0.74	0.62	0.30	0.37	1.71	3.95	8.86	1.155

표 C-4 피어선Ⅲ분포 빈도계수

왜곡도 계수 C_s 또는 C_w	재현기간(yr)						
	2	5	10	25	50	100	200
	초과확률						
	0.50	0.20	0.10	0.04	0.02	0.01	0.005
3.0	−0.396	0.420	1.180	2.278	3.152	4.051	4.970
2.9	−0.390	0.440	1.195	2.277	3.134	4.013	4.909
2.8	−0.384	0.460	1.210	2.275	3.114	3.973	4.847
2.7	−0.376	0.479	1.224	2.272	3.093	3.932	4.783
2.6	−0.368	0.499	1.238	2.267	3.071	3.889	4.718
2.5	−0.360	0.518	1.250	2.262	3.048	3.845	4.652
2.4	−0.351	0.537	1.262	2.256	3.023	3.800	4.584
2.3	−0.341	0.555	1.274	2.248	2.997	3.753	4.515
2.2	−0.330	0.574	1.284	2.240	2.970	3.705	4.444
2.1	−0.319	0.592	1.294	2.230	2.942	3.656	4.372
2.0	−0.307	0.609	1.302	2.219	2.912	3.605	4.298
1.9	−0.294	0.627	1.310	2.207	2.881	3.553	4.223
1.8	−0.282	0.643	1.318	2.193	2.848	3.499	4.147
1.7	−0.268	0.660	1.324	2.179	2.815	3.444	4.069
1.6	−0.254	0.675	1.329	2.163	2.780	3.388	3.990
1.5	−0.240	0.690	1.333	2.146	2.743	3.330	3.910
1.4	−0.225	0.705	1.337	2.128	2.706	3.271	3.828
1.3	−0.210	0.719	1.339	2.108	2.666	3.211	3.745
1.2	−0.195	0.732	1.340	2.087	2.626	3.149	3.661
1.1	−0.180	0.745	1.341	2.066	2.585	3.087	3.575
1.0	−0.164	0.758	1.340	2.043	2.542	3.022	3.489
0.9	−0.148	0.769	1.339	2.018	2.498	2.957	3.401
0.8	−0.132	0.780	1.336	1.993	2.453	2.891	3.312
0.7	−0.116	0.790	1.333	1.967	2.407	2.824	3.223
0.6	−0.099	0.800	1.328	1.939	2.359	2.755	3.132
0.5	−0.083	0.808	1.323	1.910	2.311	2.686	3.041
0.4	−0.066	0.816	1.317	1.880	2.261	2.615	2.949
0.3	−0.050	0.824	1.309	1.849	2.211	2.544	2.856
0.2	−0.033	0.830	1.301	1.818	2.159	2.472	2.763
0.1	−0.017	0.836	1.292	1.785	2.107	2.400	2.670
0.0	0	0.842	1.282	1.751	2.054	2.326	2.576
−0.1	0.017	0.846	1.270	1.716	2.000	2.252	2.482
−0.2	0.033	0.850	1.258	1.680	1.945	2.178	2.388
−0.3	0.050	0.853	1.245	1.643	1.890	2.104	2.294
−0.4	0.066	0.855	1.231	1.606	1.834	2.029	2.201
−0.5	0.083	0.856	1.216	1.567	1.777	1.955	2.108
−0.6	0.099	0.857	1.200	1.528	1.720	1.880	2.016
−0.7	0.116	0.857	1.183	1.488	1.663	1.806	1.926
−0.8	0.132	0.856	1.166	1.448	1.606	1.733	1.837
−0.9	0.148	0.854	1.147	1.407	1.549	1.660	1.749
−1.0	0.164	0.852	1.128	1.366	1.492	1.588	1.664
−1.1	0.180	0.848	1.107	1.324	1.435	1.518	1.581
−1.2	0.195	0.844	1.086	1.282	1.379	1.449	1.501
−1.3	0.210	0.838	1.064	1.240	1.324	1.383	1.424
−1.4	0.225	0.832	1.041	1.198	1.270	1.318	1.351
−1.5	0.240	0.825	1.018	1.157	1.217	1.256	1.282
−1.6	0.254	0.817	0.994	1.116	1.166	1.197	1.216
−1.7	0.268	0.808	0.970	1.075	1.116	1.140	1.155
−1.8	0.282	0.799	0.945	1.035	1.069	1.087	1.097
−1.9	0.294	0.788	0.920	0.996	1.023	1.037	1.044
−2.0	0.307	0.777	0.895	0.959	0.980	0.990	0.995
−2.1	0.319	0.765	0.869	0.923	0.939	0.946	0.949
−2.2	0.330	0.752	0.844	0.888	0.900	0.905	0.907
−2.3	0.341	0.739	0.819	0.855	0.864	0.867	0.869
−2.4	0.351	0.725	0.795	0.823	0.830	0.832	0.833
−2.5	0.360	0.711	0.771	0.793	0.798	0.799	0.800
−2.6	0.368	0.696	0.747	0.764	0.768	0.769	0.769
−2.7	0.376	0.681	0.724	0.738	0.740	0.740	0.741
−2.8	0.384	0.666	0.702	0.712	0.714	0.714	0.714
−2.9	0.390	0.651	0.681	0.683	0.689	0.690	0.690
−3.0	0.396	0.636	0.666	0.666	0.666	0.667	0.667

표 C-6 χ^2 분포

ν자유도, α%에 대한 χ^2 분포

$P(\chi^2 > \chi^2_{\nu,\alpha}) = \alpha$

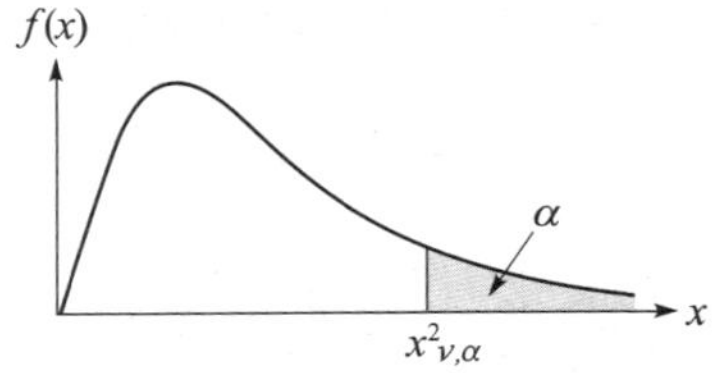

ν	α =.995	.99	.975	.95	.90	.75	.50
1	.04393	.03157	.03982	.000393	.0158	.102	.455
2	.0100	.0201	.0506	.103	.211	.575	1.386
3	.0717	.115	.216	.352	.584	1.213	2.366
4	.207	.297	.484	.711	1.064	1.923	3.357
5	.412	.554	.831	1.145	1.610	2.675	4.351
6	.676	.872	1.237	1.635	2.204	3.455	5.348
7	.989	1.239	1.690	2.167	2.833	4.255	6.346
8	1.344	1.646	2.180	2.733	3.490	5.071	7.344
9	1.735	2.088	2.700	3.325	4.168	5.899	8.343
10	2.156	2.558	3.247	3.940	4.865	6.737	9.342
11	2.603	3.053	3.816	4.575	5.578	7.584	10.341
12	3.074	3.571	4.404	5.226	6.304	8.438	11.340
13	3.565	4.107	5.009	5.892	7.042	9.299	12.340
14	4.075	4.660	5.629	6.571	7.790	10.165	13.339
15	4.601	5.229	6.262	7.261	8.547	11.036	14.339
16	5.142	5.812	6.908	7.962	9.312	11.912	15.338
17	5.697	6.408	7.564	8.672	10.085	12.792	16.338
18	6.265	7.015	8.231	9.390	10.865	13.675	17.338
19	6.844	7.633	8.907	10.117	11.651	14.562	18.338
20	7.434	8.260	9.591	10.851	12.443	15.452	19.337
21	8.034	8.897	10.283	11.591	13.240	16.344	20.337
22	8.643	9.542	10.982	12.338	14.041	17.240	21.337
23	9.260	10.196	11.688	13.091	14.848	18.137	22.337
24	9.886	10.856	12.401	13.848	15.659	19.037	23.337
25	10.520	11.524	13.120	14.611	16.473	19.939	24.337
26	11.160	12.198	13.844	15.379	17.292	20.843	25.336
27	11.808	12.879	14.573	16.151	18.114	21.749	26.336
28	12.461	13.565	15.308	16.928	18.939	22.657	27.336
29	13.121	14.256	16.047	17.708	19.768	23.567	28.336
30	13.787	14.953	16.791	18.493	20.599	24.478	29.336
40	20.707	22.164	24.433	26.509	29.051	33.660	39.335
50	27.991	29.707	32.357	34.764	37.689	42.942	49.335
60	35.535	37.485	40.482	43.188	46.459	52.294	59.335
70	43.275	45.442	48.785	51.739	55.329	61.698	69.334
80	51.172	53.540	57.153	60.391	64.278	71.145	79.334
90	29.196	61.754	65.647	69.126	73.291	80.625	89.334
100	67.328	70.065	74.222	77.929	82.358	90.133	99.334
K_α	−2.576	−2.326	−1.960	−1.645	−1.282	−0.6745	0.000

표 C-6 χ^2 분포(계속)

ν자유도, α %에 대한 χ^2분포

.25	.10	.05	.025	.01	.005	.001	α / ν
1.323	2.706	3.841	5.024	6.635	7.879	10.828	1
2.773	4.605	5.991	7.378	9.210	10.597	13.816	2
4.108	6.251	7.815	9.348	11.345	12.838	16.266	3
5.385	7.779	9.488	11.143	13.277	14.860	18.467	4
6.626	9.236	11.070	12.832	15.086	16.750	20.515	5
7.841	10.645	12.592	14.449	16.812	18.548	22.458	6
9.037	12.017	14.067	16.013	18.475	20.278	24.322	7
10.219	13.362	15.507	17.535	20.090	21.955	26.125	8
11.389	14.684	16.919	19.023	21.666	23.589	27.877	9
12.549	15.987	18.307	20.483	23.209	25.188	29.588	10
13.701	17.275	19.675	21.920	24.725	26.757	31.264	11
14.845	18.549	21.026	23.337	26.217	28.300	32.909	12
15.984	19.812	22.362	24.736	27.688	29.819	34.528	13
17.117	21.064	23.685	26.119	29.141	31.319	36.123	14
18.245	22.307	24.996	27.488	30.578	32.801	37.697	15
19.369	23.542	26.296	28.845	32.000	34.267	39.252	16
20.489	24.769	27.587	30.191	33.409	35.718	40.790	17
21.605	25.989	28.869	31.526	34.805	37.156	43.312	18
22.718	27.204	30.144	32.852	36.191	38.582	43.820	19
23.828	28.412	31.410	34.170	37.566	39.997	45.315	20
24.935	29.615	32.671	35.479	38.932	41.401	46.797	21
26.039	30.813	33.924	36.781	40.289	42.796	48.268	22
27.141	32.007	35.172	38.076	41.638	44.181	49.728	23
28.241	33.196	36.415	39.364	42.980	45.558	51.179	24
29.339	34.382	37.652	40.646	44.314	46.928	52.620	25
30.434	35.563	38.885	41.923	45.642	48.290	54.052	26
31.528	36.741	40.113	43.194	46.963	49.645	55.476	27
32.620	37.916	41.337	44.461	48.278	50.993	56.892	28
33.711	39.087	42.557	45.722	49.588	52.336	58.302	29
34.800	40.256	43.773	46.979	50.892	53.672	59.703	30
45.616	51.805	55.758	59.342	63.691	66.766	73.402	40
56.334	63.167	67.505	71.420	76.154	79.490	86.661	50
66.981	74.397	79.082	83.298	88.379	91.952	99.607	60
77.577	85.527	90.531	95.023	100.425	104.215	112.317	70
88.130	96.578	101.879	106.629	112.329	116.321	124.839	80
98.650	107.565	113.145	118.136	124.116	128.299	137.208	90
109.141	118.498	124.342	129.561	135.807	140.169	149.449	100
+0.6745	+1.282	+1.645	+1.960	+2.326	+2.576	+3.090	K_α

표 C-7 K−S 검정통계량

표본크기(n)	유의수준		
	10%	5%	1%
1	0.950	0.975	0.995
2	0.776	0.842	0.929
3	0.642	0.708	0.829
4	0.564	0.624	0.734
5	0.510	0.563	0.669
6	0.470	0.521	0.618
7	0.438	0.486	0.577
8	0.411	0.457	0.543
9	0.388	0.432	0.514
10	0.368	0.409	0.486
11	0.352	0.391	0.468
12	0.338	0.375	0.450
13	0.325	0.361	0.433
14	0.314	0.349	0.418
15	0.304	0.338	0.404
16	0.295	0.328	0.392
17	0.286	0.318	0.381
18	0.278	0.309	0.371
19	0.272	0.301	0.363
20	0.264	0.294	0.352
25	0.24	0.264	0.317
30	0.22	0.242	0.290
35	0.21	0.23	0.27
40		0.210	0.252
50		0.188	0.226
60		0.172	0.207
70		0.160	0.192
80		0.150	0.180
90		0.141	
100		0.134	
개략식:	$\frac{1.22}{\sqrt{n}}$	$\frac{1.36}{\sqrt{n}}$	$\frac{1.63}{\sqrt{n}}$

감마함수의 계산(Abramowitz와 Stegun, 1965)

(1) $0 \le y \le 1$에 대한 $\Gamma(y)$에 대한 계산

$$\Gamma(y+1) = 1 + b_1 y + b_2 y^2 + \cdots + b_8 y^8 \qquad 0 \le y \le 1 \tag{1}$$

$b_1 = -0.57719\,1652$　　$b_2 = 0.98820\,5891$　　$b_3 = -0.89705\,6937$

$b_4 = 0.91820\,6857$　　$b_5 = -0.76670\,4078$　　$b_6 = 0.48219\,9394$

$b_7 = -0.19352\,7818$　　$b_8 = 0.03586\,8343$

(2) $y > 1$에 대한 $\Gamma(y)$에 대한 계산

$$\Gamma(y+1) = y\Gamma(y) \qquad y > 0 \tag{2}$$

$\Gamma(3.26)$을 구하는 경우 식 (2)를 이용

$3.26 = 2.26 + 1$이므로

$$\Gamma(3.26) = 2.26\Gamma(2.26) = 2.26 \times 1.26\Gamma(1.26)$$

표에서 $\Gamma(1.26) = 0.9044$이므로 $\Gamma(3.26) = 2.26 \times 1.26 \times 0.9044 = 2.58$이다.

(3) $y < 1$에 대한 $\Gamma(y)$에 대한 계산

$$\Gamma(y) = \Gamma(y+1)/y \qquad y < 1 \tag{3}$$

$\Gamma(0.5)$를 구하는 경우 식 (3)을 이용

$\Gamma(0.5+1) = \Gamma(1.5)$, 표에서 $\Gamma(1.5) = 0.88623$이드로 $\Gamma(0.5) = \Gamma(1.5)/0.5 = 1.77$이다.

(4) $\Gamma(-0.75)$에 대한 $\Gamma(y)$에 대한 계산 식 (3)을 2회 적용

$$\Gamma(-0.75) = \frac{\Gamma(-0.75+1)}{-0.75} = \frac{\Gamma(0.25)}{-0.75} = \frac{\Gamma(0.25+1)}{-0.75 \times 0.25} = \frac{0.9064}{-0.75 \times 0.25} = -4.83$$

$$\Gamma(-0.75) = \frac{\Gamma(0.25)}{-0.75} = \frac{\Gamma(1.25)}{-0.75 \times 0.25}$$

이 경우 $\Gamma(1.25) = 0.9064$이다.

(5) $\Gamma(2) = \Gamma(1) = 1$, $\Gamma(1/2) = \sqrt{\pi}$

표 C-8 감마함수

$\Gamma(n) = \int_0^\infty e^{-x} x^{n-1} dx$ 의 값; $\Gamma(n+1) = n\Gamma(n)$

n	$\Gamma(n)$	n	$\Gamma(n)$	n	$\Gamma(n)$	n	$\Gamma(n)$
1.00	1.00000	1.25	.90640	1.50	.88623	1.75	.91906
1.01	.99433	1.26	.90440	1.51	.88659	1.76	.92137
1.02	.98884	1.27	.90250	1.52	.88704	1.77	.92376
1.03	.98355	1.28	.90072	1.53	.88757	1.78	.92623
1.04	.97844	1.29	.89901	1.54	.88818	1.79	.92877
1.05	.97350	1.30	.89747	1.55	.88887	1.80	.93138
1.06	.96874	1.31	.89600	1.56	.88964	1.81	.93408
1.07	.96415	1.32	.89464	1.57	.89049	1.82	.93685
1.08	.95973	1.33	.89338	1.58	.89142	1.83	.93969
1.09	.95546	1.34	.89222	1.59	.89243	1.84	.94261
1.10	.95135	1.35	.89115	1.60	.89352	1.85	.94561
1.11	.94740	1.36	.89018	1.61	.89468	1.86	.94869
1.12	.94359	1.37	.88931	1.62	.89592	1.87	.95184
1.13	.93993	1.38	.88854	1.63	.89724	1.88	.95507
1.14	.93642	1.39	.88785	1.64	.89864	1.89	.95838
1.15	.93304	1.40	.88726	1.65	.90012	1.90	.96177
1.16	.92980	1.41	.88676	1.66	.90167	1.91	.96523
1.17	.92670	1.42	.88636	1.67	.90330	1.92	.96877
1.18	.92373	1.43	.88604	1.68	.90500	1.93	.97240
1.19	.92089	1.44	.88581	1.69	.90678	1.94	.97610
1.20	.91817	1.45	.88566	1.70	.90864	1.95	.97988
1.21	.91558	1.46	.88560	1.71	.91057	1.96	.98374
1.22	.91311	1.47	.88563	1.72	.91258	1.97	.98768
1.23	.91075	1.48	.88575	1.73	.91466	1.98	.99171
1.24	.90852	1.49	.88595	1.74	.91683	1.99	.99581
						2.00	1.00000

* x의 큰 값에 대한 $F(x)$는 Stirling's asymptotic series에 근사된다.

$$x^x e^{-x} \sqrt{\frac{2x}{x}} \left[1 + \frac{1}{12x} + \frac{1}{288x^2} - \frac{139}{51{,}840x^3} - \frac{571}{2{,}488{,}320x^4} + \cdots \right]$$

자료: Abramowitz, M. and Stegun, I. A., 1965, Handbook of mathematical Functions, Dover Publications, New York.

참고문헌

1장 서론

대한토목학회, 2009. 자연과 문명의 조화, 오금컬럼, 벽골제를 찾아서, 이정규. 72~76.

건설교통부, 2006. 수자원장기종합계획(2006~2020).

물과 미래, 2013. 국토교통부.

시오노 나나미. 2002. 로마인 이야기, 10, 한길사.

Baumgartnea, A. and E. Reichel. 1975. The World Water Balance, New York, N. Y. Elseview Scientitic Publishing Co.

Biswas, A. K. 1992. History of Hydrology, American Elsevier, New York.

Carke, R. T. 1973. mathematical models in hydrology, irrigation and Drainage Paper No. 19, Food and Agric. Org. of UN, Rome.

Chow, V. T. 1964. Handbook of Applied Hydrology, McGraw-Hill, New York.

Chow, V. T., D. R. Maidment and L. W. Mays. 1988. Applied Hydrology, McGraw-Hill, New York.

Dooge, J. C. I. 1968. The hydrological cycle as a closed system, Bull. Int. Assoc. Sci. hydrol. 13(1), 58-68.

Fraziee, A. H. 1974. Water current meters, Smithsonian Studies in Hydrology and Technology, no. 28, Smithsonian Institution Press, Washington, D. C.

Rouse, H. and S. Ince. 1957. History of Hydraulics, Dover, New York.

Shaw, E. M. 1985. Hydrology in Practice, Van Nostrand Reinhold, London.

Shihklomanov, I. A. and A. A. Sokolov. 1983. Methodological basis of world water balance investigation and computation, IAHS, publication No. 148.

Smith. J. A. 1992. Precipitation: Handbook of Applied Hydrology, D. R. Maidment ed., McGraw-Hill, New York.

UNESCO. 1978. Studies and Report in Hydrology, 25, Paris.

UN Environmental Program. 2008. Global Environmental Outlook, Chapter 4, Water.

2장 강수량

건설교통부, 2005. 한국수자원연보, 우량편.

건설교통부, 2006. 수자원장기종합계획(2006~2020).

기상청, 2001. 한국기후표.

기상청, 2001. 한국기후도 제2권.

한국건설기술연구원, 연구보고서 건기연 89-WR-111. 1989. 지역별 설계강우의 시간적 분포.

한국수자원공사, 1990. 수자원 장기종합계획(1991~2011) 보고서, 건설부/한국수자원공사.

Gupta, R.S. 1992. Hydrology and Hydraulic Systems, Prentice-Hall, Englewood Cliffs, N.Y.

Richards, F. and P. Arkin. 1981. On the relationship between satellite-observed cloud cover and precipitation, *Mon. Weather Rev.*, vol. 109, pp. 1081-1093.

Smith, J. A. 1992. Precipitation, Handbook of Applied Hydrology, D.A. Maidment, ed., McGraw-Hill, New York.

World Meteorological Organization, 1986. Manual for Estimation of Probable Maximum Precipitation, second edition, Operational Hydrology Rept. NO.1, WMO-No. 332, Geneva, Switzerland.

3장 증발과 증발산

기상청, 2001. 한국기후표.

기상청, 2001. 한국기후도.

조희구. 1974. 한국영역의 위도권에서 대기외 수평면 일사량, 한국기상학회지, 10권, 1호, pp. 29–42.

Allen, R. G. 1986. A Penman for all seasons, Jour. of Irrigation and Drainage Div., ASCE, 112(4), 348–368.

Allen, R. G., Jensen, M.E., Wright, J.J., and R. D. Burman. 1989. Operational estimate of reference evapotranspiration, Agron, J., 81, 650–662.

Allen, R.G., L.S. Pereira, D. Raes, and M. Smith. 1998. *Crop evapotranspiration, guidelines for computing crop water requirements*. FAO Irrig. and Drain. Paper 56, Food and Agric. Orgn. of the United Nations, Rome, Italy. 300 pp.

ASCE, 1996. Hydrology Handbook 2nd Ed. ASCE manuals and Reports on Engineering Practice No.28

Blaney, H. F., and W. D. Criddle. 1962. Determining consumptive use and irrigation water requirements, Technical Bulletin 1275, Washington, D. C., U.S. Department of Agriculture. Bonan(2002).

Bras, R. L. 1990. Hydrology, Addison–Wesley, New York.

Criddle, W. D. 1958. Methods of computing consumptive use of water, Jour. of Irrigation and Drainage Div., ASCE, vol. 84, no. 1, 1–27.

Eagleson, P.S. 1970. Dynamic Hydrology, New York, McGraw–Hill.

Fuchs, M., and A. Hadas, 1972. The heat flux density in a nonhomogeneous bare loessial soil. *Boundary–Layer Meteorol*.3:191–200.

Gray, D. M. 1970. Handbook on the Principles of Hydrology, Water Information Center Publication, port Washington, N.Y.

Harbeck, G.E. 1962, A practical field techniques for measuring reservoir evaporation utilizing mass–transfer theory, USGS, Prof, paper. 272–E, 101–105.

Idso, S. B., J. K. Aase, and Jackson R. D. 1975. Net radiation–soil heat flux relations as influenced by soil water content variations. *Boundary–Layer Meteorol*. 9:113–122.

Jensen, ME, J. L. Wright, and B.J. Pratt. 1973. 'stimating soil moisture depletion from climate, crop and soil data' *Transactions of the American Society of Agricultural Engineering*, vol. 14, pp. 954 - 59.

Jensen, M. E., R. D. Burman, and R. G. Allen (ed). 1990. Evapotranspiration and Irrigation Water Requirements. ASCE Man. and Rep. on Engineering Pract. No. 70, New York.

Kimbal H. H. 1914. The total radiation received on a horizontal surface from the sun and sky at Mt. Weather, Va. Monthly Weather Rev. 42, 474–487.

Knowles, L. 1996. Estimation of evapotranspirarion in the Rainbow Springs and Silver Springs basins in North–Central Florida, U.S. Geological Survey, Water–Resources Investigation Report 96–4024, Tallahassee, florida.

Meyer, A. F. 1944. Evaporation from lakes and reservoir, St. Paul, Minnesota Resources Commission.

Monteith, J. L. 1965. Evaporation and the Environment, Symp. Soc. Expl. Biol., vol. 19, 205–234.

Murray, F. W. 1967. On the computation of saturation vapor pressure, J. Appl. Meteorol. 6: 203–204.

Penman, H. L. 1944. Natural evaporation from open water, bare soil and grass, Proc. Royal Society(London) A 193, 120–146.

Penman, H. L. 1948. Natural evaporation from open water, bare soil and grass, Proc. Roy. Soc. London, A 193, 120–145.

Ponce, V. M. 1989. Engineering Hydrology, Prentice Hall, Englewood Cliffs, N. J.

Prescott, J. A. 1940. Evaporation from water surface in relation to solar radiation, Trans. Roy. Soc. S. Auster. 64, 114–118.

Priestley, C. H. B., and R. J., Taylor. 1972. On the assessment for surface heat flux and evaporation using large–scale parameters, Monthly Weather Rev., vol. 100, 91–92.

Richard, G. A., S. P. Luis, R. Dirk, and S. Marten. 1998. Crop evapotranspiration–Guidelines for computing crop water requirements, FAO Irrigation and Drainage paper 56.

Shaw, E. M. 1994. Hydrology in Practice, Chapman & Hall, London.

Shuttleworth, W. J. 1993. Evaporation. In: Handbook of Hydrology, D.R. Maidment(Ed.), McGraw–Hill, New York, Chap. 4.

Singh, V. P. 1992. Elementary Hydrology, Prentice–Hall, Englewood Cliffs, N.J.

Swinbank, W. C. 1951. The measurement of vertical transfer of heat and water vapor by eddies in the lower atmosphere. J. Meteorol. 8(3):135–145. Knowles, L. 1996.

Thornthwaite, C.W. 1948. An approach toward a rational classification of climate, Geophysical Review, 38, 55–94.

Walter, I. A., R. G. Allen, R. Elliott, M. E. Jensen, D. Itenfisu, T. A. Howell. 2005. THE ASCE STANDARDIZED REFERENCE EVAPOTRANSPIRATION EQUATION, Final Report, Task Committee on Standardization of Reference Evapotranspiration, Environmental and Water Resources Institute, American Society of Civil Engineers.

Ward, A. D., S.W. Trimble. 1995. Environmental Hydrlogy, Lewis Publishers, Boca Raton.

White, W. N. 1932. A method of estimating ground water supplies based on discharge by plants and evaporation from soil. Results of investigation in Esclante Valley, Utah, USGS Water Supply Paper 659–A.

Xu, C.–Y. and V. P. Singh. 2001. 'Evaluation and Generalization of Radiation–based Methods for Calculating Evaporation', *Hydrolog. Processes* 15, 305–319.

4장 지표하흐름

Frere, M. H., et al., 1975. "ACTMO, An Agricultural Chemical Transport Model", USDA–ARS, ARS–H3.

Green, W. H. and C. A. Ampt. 1911. Studies on soil physics, Part I – Flow of water and air through soils, Jour. of Agricultural Sciences 4, 1–24.

Haan, C. T, D. L. Brakensiek, and H. P. Johnson. 1982. Hydrologic Modeling of Small Watersheds, Chapter 3 MODELING OF FLOW IN POROUS MEDIA, American Society of Agricultural Engineers, Hardcover.

Holtan, H. N. 1961. A concept of infiltrations estimates in watershed engineering, paper 41–51, Washington, D.C., Agricultural Research Service, U.S., Department of Agriculture.

Horton, R. E. 1939. Analysis of run–off plot experiments with varying infiltration capacity, Trans. American Geophysical Union, vol, 20, 693–711.

Linsley, R. K. M. A. Kohler, and J. L. H. Paulhus. 1982. Hydrology for Engineers, McGraw Hill, New York.

Mein, R. G., and C. L. Larson. 1973. Modeling infiltration during a steady rain, Water Resources Res., vol. 9, No, 384–394.

Musgrave, G. W. 1955. How much of the rain enters the soil, USDA, Water Yearbook of Agriculture, Washington, D.C., 151–159.

Philip, J. R. 1957. The theory of infiltration; 4 Sorptivity and algebraic infiltration equations, Soils Sci., vol. 84, 257–264.

Rawls, W. J. et al., 1983. Green–Ampt infiltration parameters from soils data, J. Hydraulics Div., ASCE, vol, 109, no. 1, 62–70.

Terstriep, M. L., and Stall, J. B. 1974. The illinois Urban Drainage Area Simulator, ILLUDAS, ISWS–74–Bul. 58, State Illinois, Department of Registration and Education, Urbana, IL

5장 지하수

Ferris, J. G., others, 1962. Theory of aquifer tests, U.S. Geol. Survey, Water Supply papers, 1536–E, 69–174.

Hantush, M. S. 1964. Hydraulics of wells, Advances in Hydrosicences, vol. I, ed. V. T, Chow, Academic Press, New York.

Jacob, C. E. 1944. Notes on determining permeability by pumping tests under water table conditions. *U.S. Geol.Surv*. Open File Rept.

Jacob, C. E. 1950. Flow of Groundwater Engineering Hydraulics, ed. H. Rouse, John Wiley & Sons, New York.

Jacob, C .E. 1963. Correction of drawdown caused by a pumped well tapping less than the full thickness of an aquifer, Water Supply Paper, US Geological Survey 1536–I:272–282.

Lohman, S.W. 1972. *Groundwater hydraulics*. Professional paper 708, U.S. Geological Survey. Washington, D.C.

Lohman, S.W. 1980. Ground–water Hydraulics, Geological Survey Professional Paper 708, US Government Printing Office, Washington, USA.

Mansell, M.G. 2003. Rural and urbal hydrology, Thomas Telford Ltd. London

Meinzer, O. E. 1923. Outline of groundwater hydrology with definitions, U. S. Geological Survey Water Supply Paper 494, 71.

Schmorak, V.T., and A. Mercado. 1968. Upconing of fresh water–sea water interface below pumping wells, field study, Water resources Research, 5, 1290–1311.

Todd, D. K. 1980. Groundwater Hydrology, 2nd ed, John Wiley & Sons, New York.

6장 지표수

Chow, V. T. and B. C. Yen. 1976. Urban stormwater runoff: Determination of volumes and flow rates, Report EPA-600/2-76-116, Municipal Environmental Res. Lab., Office of Res. and Dev, U. S. EPA, Cincinnati, Ohio.

Chow, V. T., D. R, Maidment and L. W. Mays. 1988. Applied Hydrology, McGraw-Hill, New York.

Dooge, J. C. I. 1973. Linear theory of hydrologic systems, Agricultural Research Service, Technical Bulletin, no. 1468, U. S. Department of Agriculture, Washington, D. C.

Hawkins, R. H, A. T. Hjelmfelt and A. W. Zevenbergen. 1985. Runoff probability, storm depth, and curve numbers, Journal of Irrigation and Drainage Division, ASCE, 111~4, 330~340.

Horton, R. E. 1938. The interpretation and application of runoff plot experiments with reference to soil erosion problem, Proc, Soil Science Society of America, vol. 3, 340~349.

Izzard, C. F. 1944. The surface profile of overland flow, Trans, American Geophysical Unions, vol. 25, no. 6, 959~968.

Linsley, R. K, M. A, Kohler and J. L. H, Phulhus. 1982. Hydrology for Engineers, McGraw-Hill, New York.

McCuen, R. H. 1989. Hydrologic Analysis and Design, Prentice Hall, Englewood Cliffs, N. J.

Ponce, V. M. 1989. Engineering Hydrology, Prentice Hall, Englewood Cliffs, N.J.

U. S. Natural Resoures Conservation Service, 1972. National Engineering Handbook, Section 4, Hydrology, U. S. Department of Agriculture, Washington, D. C.

U. S. Natural Resoures Conservation Service, 1986. Urban hydrology for small watersheds, Tec. Release No.55, Soil Conservation Service, U. S. Department of Agriculture, Washington, D. C.

Woolhsier, D. A. 1975. Simulation of unsteady overland flow, Unsteady Flow in Open Channels, vol.Ⅱ, Water Resources Pub., Fort Collins, Co.

Woolhsier, D. A. and J. A. Liggett. 1977. Unsteady one dimensional flow from over a plane: The rising hydrograph, Water Resources Res., vol. 3, No. 3, 753~771.

7장 흐름계측

건설부 한강홍수통제소, 1980, 한강홍수예경보 유출 및 상수분석 보고서.

Chen, C. L. 1990. Unified theory on power laws for flow resistance Jour. Hyd. Eng., vol. 117, 371~389.

Coles, D. 1956. The law of the wake in the turbulent boundary layer, Journal of Fluid Mechanics, vol. 1, 191-226.

Dickinson, W. T. 1967. Accuracy of discharge determination, Hydrology Paper, CSU, Fort Collins, Co.

Gupta, R. S. 1989. Hydrology and Hydraulic Systems, Prentice Hall, Englewood Cliffs, N. J.

Herschy, R. W. 1978. Hydrometry, Wiley, New York.

Herschy, R. W. 1985. Streamflow Measurements, Elsevier, Applied Science Publishers, Barking Essex, England.

RD Instruments, 1996. Acoustic Doppler Current Profiler, Principles of Operation, A Practical Primer, San Diego, California, USA.

Shaw, E. M. 1985. Hydrology in Practice, Van Nostrand Reinhold, England.

Villemonte, J. R. 1947. Submerged-weir discharge studies, Eng. News Record, Vol. 139, No. 26.

Levesque, V. A., and K. A. Oberg. 2012. Computing discharge using the index velocity method: U.S. Geological Survey Techniques and Methods 3-A23.

Huang, H. 2004. Index-velocity Rating Development for Rapidly Changing Flows in an Irrigation Canal Using Broadband StreamPro ADCP and ChannelMaster H-ADCP. 1st Int. Conf. on Managing Rivers in the 21st Century: Issues and Challenges, Penang, Malaysia.

8장 강우유출해석

윤태훈, 전시영. 1986. 선형유출모형의 매개변수추정, 대한토목학회논문집, 6권 1호, 79~86.

윤태훈, 김성탁, 박진원. 2005. 한국 중소하천의 Clark모형 도달시간 및 저류상수의 재정의, 대한토목학회논문집, 25권, 3B호, 181~188.

Brutsaert, W. 2005. Hydrology, Cambridge University Press, Cambridge, UK.

Clark, C. O. 1943. Storage and unit hydrograph, Proc, ASCE, vol. 9, 1333~1360.

Clark, C. O. 1945. "Storage and the uni hydrograph." Transactions of the American Society of Civil Engineers, Vol. 110, pp. 1419–1446.

Chow, V. T., D. R. Maidment and L. W. Mays. 1989. Applied Hydrology, McGraw–Hill, New York.

Dooge, J. C. I. 1959. A general theory of the unit hydrograph, J. Geophysical Res, vol. 64, no. 1, 241～256.

Diskin, M. H. and A. Boneh. 1975. Determination of an optimal IUH for linear time invariant systems from the multi–storm records, Jour. of Hydrology, vol. 24, 57～76.

Gray, D. M. 1961. Synthetic unit hydrograph for small watersheds, Jour. Hyd. Div., ASCE, vol. 87, No. HY4, 33～34.

Hoggan, D. H. 1989. Computer–Assisted Floodplain Hydrology and Hydraulics, McGraw–Hill, New York.

Linsley, R.K. 1945. "Discussion of storage and the unit hydrograph by C.O. Clark." Transactions of the American Society of Civil Engineers, Vol. 110, pp. 1452–145.

Nash, J. E. 1957. The from of the instantaneous unit hydrograph, IASH Pub. 45, vol. 3～4, 114～121.

Nash, J. E. 1958. Determining runoff from rainfall, Proc. of the Institution of Civil Engineers(Ireland) 10, 163～184.

Nash, J. E. 1959. Systematic determination of unit hydrograph parameters, J. Geophysical Res, vol. 64, no. 1, 111～115.

Sabol, G. V. 1988. Clark unit hydrograph and R–parameter estimation, Jour. Hyd. Eng., ASCE, vol. 114, No. 1, 103～111.

Singh, K. P. 1976. Unit hydrographs–A comparative study, Water Resources Bull., vol. 12, No. 2, 387～391.

Snyder, F. F. 1938. Synthetic unit–graph, Trans, American Geophysical Union, vol. 19, 447～454.

U. S. Army Corps of Engineers. 1959. Flood hydrograph analysis and computation, Engineering and Design Manual, EM 1110–2–1405, U. S. Government Printing Office, Washington D. C.

U. S. Army Corps of Engineers, Hydrologic Engineering Center. 1996. A pilot application of weather radar–based runoff forecasting, Salt River Basin, MO.

US Natural Resources Conservation Service. 1972. Hydrology, Sec 4 of National Engineering Handbook, U. S, Department of Agriculture, Washington, D. C.

9장 홍수추적

Bedient, P. B. and W. C. Huber. 1988. Hydrology and Floodplain Analysis, Addison–Wesley.

Brutsaert, W. 2005. Hydrology, Cambridge University Press, Cambridge, UK.

Chow, V. T., D. R. Maidment and L. W. Mays. 1988. Applied Hydrology, McGraw–Hill, New York.

Cunge, J. A. 1969. On the subject of a flood propagation method(Muskingum method), Jour. of Hydraulic Res., vol. 7, No. 2, 205～230.

Dooge, J. C. I., W. B. Strupczewski, 5.5 Napiorkowski, 1982. Hydrodynamic derivation of storage parameters of the Muskingum model, Jour. of Hydrology, vol. 54, 371～387.

Fread, D. L. 1976. Theoretical development of implicit dynamic routing model, Dynamic Routing Seminar at Lower Mississippi River Forecast Center, Slidell, Louisiana National Weather Service, NOAA, Silver Spring, MD.

Fread, D. L. 1985. Channel routing in Hydrological Forecasting, M. G. Anderson and T. B. Burt, ed, John Wiley, New York.

Fread, D. L. 1992. Flow routing, Handbook of Hydrology, ed. D. R. Maidment, McGraw–Hill.

Jones, S. B. 1981. Choice of space and time steps in the Muskingum–Cunge flood routing method, Proc. Inst. Civ. Eng., part 2, No. 71, 759～772.

Koussis, A. D. 1978. Theoretical estimations of flood routing parameters, Jour. Hydraulics Div., ASCE, vol. 104, No. Hy1, 109～115.

Lighthill, M. H. and G. B., Whitham. 1955. On the kinematic waves, Ⅰ, Flood movement in long rivers, Proc, Royal Soc. London A, vol, 229, No. 1178, 281～316.

Merkel, W. H. 2002. Muskingum–Cunge flood routing procedure in NRCS hydrologic models, 2nd Federal Interagency Hydrologic Modeling Cinf., July.

McCuen, R. H. 1989. Hydrologic Analysis and Design, Prentice Hall, Englewood Cliffs, N. J.

Ponce, V. and V. Yevjevich. 1978. Muskingum–Cunge method with variable parameters, Jour. of Hydraulics Div., ASCE, vol. 104, no. HY12, 1663～1667.

Ponce, V. 1989. Engineering Hydrology, Prentice Hall, Englewood Cliffs, N. J.

Puls, L. G. 1928. Flood regulation of the Tennessee River, 70th Congress, 1st Sess., H. D. 185, part 2, Appendix B.

U.S. Bureau of Reclamation Manual, 1949. Flood routing, Chap. 6.10, Flood Hydrology, part 6, in Water Studies vol. IV.

Woolhsier, D. A. and J. A. Liggett. 1967. Unsteady one dimensional flow over a plane, The rising hydrograph, Water Resources Res., 3(3), 753~771.

10장 유사이송

Bagnold, R. A. 1966. An appproach to the sediment transport problem from general physics, U. S. Geol. Survey, professional Paper, 422-J.

Boyce, R. 1975. Sediment routing and sediment delivery ratio, in present and prospective technology for predicting sediment yields and sources, USDA, ARS-S-40, 61~65.

Brown, C. B. 1950. Sediment Transport, Chap. XII, Engineering Hydraulics, H. Hunter ed., John Wiley, New York.

Chadwick, A. and J. E. Marfet. 1992. Hydraulics in Civil and Environmental Engineerings, E & FN Spon, London.

Chang. H. H. 1982. Mathematical model for erodible channels, Jour. of Hydraulics Div., ASCE, vol. 108, No. HY5, 678~689.

Chang. H. H. 1988. Fluvial Processes in River Engineering, Wiley, New York.

Chanson, H. 2004. The Hydraulics of Open Channel Flow, Butterworth-Heinemann, Oxford, UK.

Coleman, N. L. 1970. Flume studies of the sediment transfer coefficient. Water Res. Res. 6-1, 801~809.

Dendy, F. E. and G. C. Bolton. 1976. Sediment yield-runoff drainage Area relationship in the United States, Jour. of Soil and Water Conservation, 31(6), 264~266.

Einstein, H. A. 1942. Formulas for the transportation of bed load, Trans. ASCE, 107, 56~77.

Einstein, H. A. and N. Barbarossa. 1952. River channel roughness, Trans., ASCE, Vol. 117, Paper No. 2528, 1121~1146.

Engelund, F. and E. Hansen. 1972. A Monograph on Sediment Transport in Alluvial Streams, Teknisk Vorlag, Copenhagen, Denmark.

Fleming. G. 1969. Design curve for suspended load estimation, Proc. Inst. Civil. Eng., vol. 43, 1~9.

Frenetle, M. and P. Y. Julien. 1987. Computer modeling of soil erosion and sediment yield from large watersheds, Int. J. Sediment Res. vol. 2, 38~68.

Julien, P. Y. 1995. *Erosion and Sedimentation*, Cambridge, University Press, Cambridge, UK.

Lane, E. W. 1947. Report of the Subcommittee on sediment terminology, Trans. American Geophysical Union, vol. 28, No. 6, 936~938.

Lane, E. W. and V. A. Koelzer. 1953. Density of sediments deposited in reservoirs, Report No. 9, St. Paul, U. S. Army Engineering District, St. Paul. Minnesota.

Meyer-Peter, E., and R. Miiller. 1948. "Formulas for Bedload Transport," *Proceedings*, the Second Meeting of the International Association for Hydraulic Structures Research, Stockholm.

Ponce. V. M. 1989. Engineering Hydrology, Prentice Hall, Englewood Cliffs, N. J.

Simons, D. B. and F. Senturk. 1992. Sediment Transport Technology, Water Resources Publications, Fort Collins, CO.

Singh, V. P. 1992. Elementary Hydrology, Prentice Hall, Englewood Cliffs, N. J.

Straub, L. G. 1935. Missouri River Report, House Document 238, Appendix, Corps of Engineers, U. S. Department of Arm to 73rd U. S. Congress, 1156.

USDA, 1979. Field Manual for Research in Agricultural Hydrology, USDA Agriculture Handbook No. 224, U. S. Goverment Printing Office, Washington, D. C.

U. S. Natural Resources Conservation Service, 1971. National Engineering Handbook, Section 3, Chapter 6: Sediment sources, yield and delivery ratios, USDA NRCS, Washington, D. C.

U. S. Natural Resources Conservation Service, 1983. National Engineering Handbook, Section 3, Sedimentation, 2nd ed.

van Rijn, L. C. 1984a. Sediment Transport, part I: Bed load transport, J. of Hydraulic Eng., ASCE, vol. 110, No. 11, 1431~1456.

van Rijn, L. C. 1984b. Sediment Transport, part II: Suspended load transport, J. of Hydraulics Eng., ASCE, vol. 110, No. 10, 1613~1641.

Vanoni, V. A.(Ed.). 1975. Sedimentation Engineering, American Society of Civil Engineers.

Winschmeier, W. H. and D. D. Smith. 1960. A Universal Soil Loss Equation to Guide Conservation Farm Planning, Trans.

International Congress on Soil Science, Vol. 1.

Winschmeier, W. H. and D. D., Smith. 1978. Predicting Rainfall Erosion Losses-A Guide to Conservation Planning, Agricultural Handbook No. 537, Washington, D. C.

11장 수문통계학

Blom, G. 1958. Statistical Estimates and Transformed beta-Variables, John Wiley, N. Y.

Bobee, B. 1975. The log-pearson type 3 distribution and its application in hydrology, Water Resources Res., vol. 11, No. 5, 681~689.

Bowker, A. H. and G. J. Liebean. 1972. Engineering Statistics, Prentice Hall, Englewood Ciffs, N. J.

Chow, V. T. et al., 1988. Applied Hydrology, McGraw-Hill, New York.

Dorenzo, S. E. 1977. Approximations for hand calculators using small integer coefficients, Math Computation, 31~137, 214~225.

Fill, H. and J. R. Stedinger. 1995. L-moment and PPCC goodness-of-fit tests for the Gumbel distribution and effect of autocorrelation. Water Resources Research, 31-1, 225~29.

Filliben, J. J. 1975. The probability plot correlation coefficient test for normality, Technometrics, 17(1).

Haan, C. T. 1977. Statistical Methods in Hydrology, Iowa State Univ. Press, Ames, Iowa.

Hosking, J. R. M. 1990. L-moments: Analysis and estimation of distribution using linear combinations of order statistics. Journal of the Royal Statistical Society, Series B, 52, 105-124.

Hosking, J. R. M. and J. R. Wallis. 1997. Regional Frequency Analysis, Cambridge University Press.

Hosking, J. R. M. 1986. The Theory of Probability weighted moments, Res. Report RC12210, IBM Res. Div., Yorktown Heights, N. Y.

Hosking, J. R. M. 1990. L-moments: Analysis and estimation of distribution using linear combinations of order statistics. Journal of the Royal Statistical Society, Series B, 52, 105~124.

Hosking, J. R. M., J. R. Wallis. 1993. Some statistics useful in regional frequency analysis. Water Resour. Res. 29 (2), 271-281.

Kite, G. W. 1977. Frequency and Risk analysis in Hydrology, Water Res. Publications, Fort Collins Co.

Joiner, B. L. and J. R. Rosenblatt. 1971. Some properties of the range in samples from Tukey's symmetric lambda distributions, J. Amer. Statistical Assoc., 66, 394~399.

McCuen, R. H. 1989. Hydrologic Analysis and Design, Prentice Hall, Englewood Cliffs, N. J.

Natural Environment Research Council, 1975. Flood Studies, Vol. 1, Hydrological Studies, London.

Rao, A. R. and K. H. Hamed. 2000. Flood Frequency Analysis, CRS Press, New York.

Soong, T. T. 1981. Probabilistic Modeling and Anaysis in Science and Engineering, Wiley.

Spiegel, M. R. 1961. Theory and Problems of Statistics, Schaum, New York.

Steel. R. G. D. and J. H. Torrie. 1960. Principles and Procedures of Statistics, McGraw-Hill, New York.

Sturges, H. A. 1926. The Choice of a class interval, Jour. of American Statistical Association, vol. 21, 65~66.

Vogel, R. M. 1987. The probability plot correlation coefficient test for the normal, lognormal, and Gumbel distributional hypotheses, Water Resources Research, 22-4, 587~90.

12장 빈도해석

김창남. 1991. 확률홍수량 산정을 위한 지역빈도해석, 한양대학교 석사학위논문.

윤태훈. 1973. 지역화한 홍수빈도해석, 대한토목학회지, 21권 3호, 43~51.

Abramowitz, M. and I. A. Stegun. 1965. Handbook of Mathematical Functions, Dover Publications, New York.

Blom, G. 1958. Statistical Estimates and Transformed beta-Variables, John Wiley, N. Y.

Benson, M. A. 1952. Characteristics of frequency curves based on a theoretical 1000-year record, U. S. G. S. Water-Supply paper no. 1543-A, 51~74.

Benson, M. A. 1962. Evolution of method for evaluation of the occurrence of floods, U. S. Geological Survey, Water-Supply paper no. 1580-A, Department of Interior, Washington, D. C.

Blom, G. 1958. Statistical Estimates and Transformed Beta-variables, Wiley, New York.

Chow, V. T. 1951. A general formula for hydrologic frequency, Trans. American Geophysical Union, vol. 32, 231~237.

Chow, V. T. 1954. The log-probability law and its engineering applications, proc, ASCE, vol. 80, 1~25.

Chow, V. T., D. R. Maidment and L. W. Mays. 1988. Applied Hydrology, McGraw-Hill, New York.

Condie, R. 1977. The Log-Pearson type 3 distribution; The T-year event and its asymptotic standard error by maximum likelihood theory, Water Resources Research, 13-6, 987~991.

Cunnane, C. 1978. Unbiased plotting positions-A Review. Jour. of Hydrology, 37, 205~222.

Dalrymple, T. 1960. Flood frequency analysis, Water Supply Paper no. 1543-A, U. S. Government Printing Office, Washington, D. C.

Dracup, J. A., K. S. Lee and E. J. Paulson. 1980. On the definition of droughts, Water Resources Res., 16(2), 297~302.

Flood Studies Report, 1975. Hydrological Studies, vol. 1, National Environmental Res. Council, London.

Grubbs, F. E. and G. Beck. 1922. Extensien of sample size and percentage points for significance test of outlying observations, Technometrics, vol. 14, 847~854.

Havens, A. V. 1954. Droughts and Agriculture, vol. 7, 51~55.

Hosking, J. R. M. and J. R. Wallis. 1997. Regional Frequency Analysis-An approach based on L-moments, Cambridge University Press.

Hosking, J. R. M. 1986. The theory of probability weight moments, Res. Rep. RC12210, IBM Res. Div., Yorktown Heights, N. Y.

Kite, G. W. 1977. Frequency and Risk analysis in Hydrology, Water Res. Publications, Fort Collins Co.

Kite, G. W. 1988. Frequency and risk analysis in hydrology, Water Resources Publication, Fort Collins, CO.

McKee, T. B., N. J. Doesken and J. Kleist. 1993. The relationship of drought frequency and duration 11 to time scales. Preprints, 8th Conference on Applied Climatology, 17-22 January, Anaheim, CA, 179~84.

Palmer, W. C. 1965. Meteorological droughts, Research Paper, No. 45, U. S. Weather Bureau, Washington, D. C.

Pfaundler, M. U. 1970. Adapting, analysing and evaluating a flexible index flood regionalisation approach for heterogenous geographical environments, Doctoral thesis, Swiss Feferal institute of Technology, Zurich.

Palmer, W. C. 1968. Keeping track of crop moisture conditions, nationwide: the new Crop Moisture Index, Weatherwise, 21, 156~161.

Rao, A. R. and K. H., Hamed. 2000. Flood Frequency Analysis, CRC Press, New York.

Singh, K. P. and J. B. Stall. 1974. Hydrology of 7-day 10-year low flows, Jour. of Hydraulics Div., ASCE, vol. 100, No. HY12, 1753~1722.

Singh, V. P. 1922. Elementary Hydrology, Prentice Hall, Englewood Cliffs, N. J.

Stedinger, J. R., R. M. Vogel, and Efi Foufoula-Georgiou, 1992. Handbook of Hydrology, Chap. 18. Frequency Analysis of Extreme Events, D. R. Maidment(ed.), McGraw-Hill, New York.

Vogel, R. M. et al., 1989. Regional geohydrologic-geomorphic relationships for the estimation of low flows. Proc. Inter. Conference on channel flows and catchment runoff, B. C. Yen ed., Univ. of Virginia.

Vogel, R. M. and C. N. Knoll. 1990. Generalized low flow frequency relationship for the gaged site in Massachusetts, Water Resources Bull., vol. 26, No. 2, 241~253.

Willeke, G., J. R. M. Hosking, J. R. Wallis and N. B. Guttman. 1994. The National Drought Atlas. Institute for Water Resources Report 94-NDS-4, U. S. Army Corps of Engineers.

U. S. Water Resources Council(Interagency Advisory Committee on Water Data로 개칭), 1981. Guidelines of determining flood flow frequency, Bulletin 17B(Office of water Data Coordination, U. S. Geological Survey, Reston, VA 20092 USA).

13장 설계호우

건설교통부, 하천설계기준·해설, 2009.

건설부, 1988. 수자원관리기법개발연구 보고서, 별책부록 2권, 한국확률강우량망.

건설부, 1988. 수자원관리기법개발연구 보고서, 한국가능최대강우량도, 별책부록 3권.

건설교통부, 2000. 한국확률강우량도, 1999년도 수자원관리기법개발 연구조사보고서, 제1권 및 별책부록.

건설교통부, 2000. 한국 가능최대강수량추정, 1999년도 수자원관리기법개발조사 보고서, 제2권.

한국건설기술연구원, 1989. 지역별설계강우의 시간적 분포.

한국수자원학회, 2000. 하천설계기준.

Chow, V. T., D. R. Maidment and L. W. Mays. 1988. Applied Hydrology, McGraw-Hill, New York.

Crippen, J. R. 1982. Envelope curves for extreme flood events, J. Hydr. Eng., 108(10), 1208~1212.

Hershfield, D. M. 1961. Estimating the probable maximum precipitation, Jour. Hydraulics Div., ASCE, vol. 87. No. HY5, 99~116.

Huff, F. A. 1967. Time distribution of rainfall in heavy storms, Water Resources Res., vol. 3, No. 4, 1007~1019.

Huff, F. A. 1990. Time distribution of heavy storms in Illinois, Illinois State Water Survey, Champaign, Ill.

Keifer, C. J. and H. H. Chu. 1957. Synthetic storm pattern of drainage design, Jour. Hydraulics Div. ASCE, vol. 83, No. HY4, 1~25.

Linsley, R. K., M. A. Kohler and J. L. H. Paulhus. 1982. Hydrology for Engineers, McGraw-Hill, New York.

Ponce, V. M. 1989. Engineering Hydrology, Prentice Hall, Eaglewood Cliffs, N. J.

Snyder, F. F. 1964. Hydrology of spillway design: Large structures-adequate data. ASCE, J. Hyd. Div., vol. 90, No. HY3, 239~259.

U. S. Army Corps of Engineers, 1979. Engineering and Design, National Program for Inspection of Non-Federal Dams, ER no-1110-2-106, U. S. Department of Army, Washington, D. C.

U. S. Department of Commerce, NOAA, 1978. Probable Maxium precipitation Estimates, U. S. East of the 105th Meridian, Hydrometerological Report No. 51. Washington, D. C.

U. S. National Academy of Sciences, 1983. Safety of Existing Dams: Evaluation and Implementation, National Academy Press, Washington, D. C.

U. S. Natural Resources Conservation Service, 1971. Hydrology, NRCS National Engineering Handbook, Section 4, U. S. Department of Agriculture, Washington, D. C.

U. S. Natural Resources Conservation Service, 1975. Urban hydrology for small watersheds, Technical release No. 55, U. S. Department of Agriculture, Washington, D. C.

U. S. National Weather Service, 1963. Rainfall Frequency Atlas of United States for Durations from 30 Minutes to 24 hours and Return Period from 1 to 100 Years, U. S. Weather Bureau Technical Paper, No. 4, Washington, D. C., Department of Commerce.

U. S. National Weather Service, 1969. Probable Maximum and TVA Precipitation for Tennessee River Basins up to 3,000 square miles in Area and Durations to 72 hours, Weather Bureau Hydrometeorological Report No. 45, Washington, D. C. Department of Commence.

U. S. National Weather Service, 1982. Application of probable maximum precipitation estimates, U. S. East of the 105th Meridian, NOAA Hydrometeorological Report No. 52. Washington, D. C.: Department of Commerce.

World Meteorological Organization, 1986. Manual for Estimation of Probable Maximum Precipitation, second edition, Operational Hydrology Rept. No.1, WMO-No. 332, Geneva, Switzerland.

Yen, B. C. and V. T. Chow. 1980. Design Hyetograph for small drainage structures, Jour. Hydraulics Div., ASCE, vol. 106, No. HY6, 1055~1076.

14장 도시수문학

Akan, A. O. and R. J. Houghtalen. 2003. Urban Hydrology, Hydraulics, and Stormwater Quality, Wiley.

ASCE, 1959. Time of concentration for overland flow, Civil Engineering.

ASCE, 1982. Design and construction of sanitary and storm sewers, Manual on Engineering Practice, No. 37.

Bonan, G. 2002. Ecological Climate, Cambridge University Press, Cambridge, UK.

Brown, S. Q., S. M. Stein, and J. C. Warner. 1996. Urban Drainage Design Manual, Hydraulic Engineering Circular No. 22, FHMA, Washington, D. C.

CDOT, 2009. Drainage Design Manual, Chapter 7 Hydrology, Department of Transportation, Colorado.

Denver, Urban Drainage and Flood Control District, 1991. Urban Storm Drainage Criteria, Denver, Colo., Revised.

DRCOG, 1961. Urban Storm Drainage Criteria Manual, Denver Regional Council of Government, Denver, Colo.

Hampton Roads Planning District Commission, 1991. Best Management Pracrices Design Guidance Manual for Hampton Roads

Hartigan, J. P. 1989. Basis for design of wet detention basin BMP's, Design of Urban Runoff Quality Control, American Society of Civil Engineers, N. Y.

Izzard, C. F. 1946. Hydraulics of runoff from developed surfaces, proc. Highway Research Board, vol. 26, 129～146.

Kerby, W. S. 1959. Time of concentration for overland flow, Civil Engineering, 29(3), 174.

Kirpich, Z. P. 1940. Time of concentration of small agricultural watersheds, Civil Eng., 10(6), 362.

Kropf, A and A. Geiser. 1957. Detention basins and storm water clarification installations, Schweizerische Bauzeitung No. 18.

Kuichling. E. 1889. The relation between the rainfall and the discharge of sewers in populous districts, ASCE, Trans, 20, 1～56.

Maryland Department of Natural Resources, 1984. Standards and Specifications for Infiltration Practices, Stormwater Management Division, Annapolis, MD.

Maryland Department of the environment, 1998. Maryland Stormwater design Manual, Maryland DEM, MD.

McCuen, R. H. 1989. Hydrologic Analysis and Design, Prentice Hall, Englewood Cliffs, N. J.

Morgali, J. R. and R. K. Linsley. 1985. Computer analysis of overland flow, J. Hyd. Div., ASCE, vol. 91, No. HY3, 81～100.

Mulvaney, T. J. 1850. On the use of self-registering rain and flood gauges, Trans, Inst. Civ. Eng. Ireland, 4(2), 1～8.

Prince George County Department of Environmental Resources, 1984. Stormwater Management Design maual, Washington Suburban Sanitary Commission, Washington, D. C.

Schueler, T. B. 1987. Controlling Urban Runoff: A Practical Manual for Planning and Designing Urban BMPs, Washington Metropolitan Water Resources Planning Board, Washington, D. C.

Stahre, P. and B. Urbonas. 1990. Stormwater Detention, Prentice Hall, Englewood Cliffs, N. J.

Urbonas, B. R., et al., 1989. Stream stability under a changing environment. Proc. Stream Bank Erosion Symposium, Snowmass, Colo.

Urbonas, B. R., and L. A. Rosener. 1992. Hydrological design for urban drainage and flood control, Handbook of Applied Hydrology, D. R. Maidment, ed, McGraw-Hill.

U. S. FAA, 1966. Airport Drainage, Federal Aviation Agency, Washington, D. C.

U. S. Federal Aviation Agency(FAA), 1970. Department of Transportation Advisory Circular on airport drainage, Rep. A/C 050-5320-5B, Washington, D. C.

U. S. Natural Resources Conservation Service, 1975. 1986 Urban Hydrology for Small Watersheds, Technical report No. 55, Washington, D. C.

U. S. Natural Resources Conservation Service, 1976. Rainfall Runoff for Small Watersheds, Technical Releasee No. 55, US Government Printing Office, Washington, D. C.

U. S. Natural Resources Conservation Service, 1985. NRCS National Engineering Handbook, U. S. Department of Agriculture, Washington, D. C.

Whipple, W. and C. W. Randall. 1983. Detention and Flow Retardation Devices, Stormwater Management in Urbanizing Areas, Prentice-Hall, Englewood Cliffs, N. J.

찾아보기

ㅈ

수 문 학

저 자 | 윤 태 훈

발행인 | 임 해 진
발행처 | 구미서관

인 쇄 | 2014년 02월 18일 초판 1쇄
발 행 | 2014년 02월 25일 초판 1쇄

주 소 | 서울시 마포구 신촌로 2길 5-15 구미빌딩
등 록 | 1979년 6월 29일 No.9-6호
ISBN | 978-89-8225-975-3 (93530)

TEL : (代) 333-1101 FAX : 335-2201
http://www.goomibook.com

정가 28,000원